D1658377

Teilchen und Kerne

Subatomare Physik

von

Hans Frauenfelder

University of Illinois

und

Ernest M. Henley

University of Washington

2. Auflage

Mit 206 Abbildungen und 40 Tabellen

R. Oldenbourg Verlag München Wien 1987

Original English language edition published by
Prentice-Hall, Inc., Englewood Cliffs, New Jersey, U.S.A.
Copyright © 1974 by Prentice-Hall, Inc.

Übersetzt von: Dr. rer. nat. Manfred Pieper
Dipl.-Phys. Klaus Hackstein

CIP-Kurztitelaufnahme der Deutschen Bibliothek

Frauenfelder, Hans:
Teilchen und Kerne : subatomare Physik / von
Hans Frauenfelder u. Ernest M. Henley. [Übers.
von: Manfred Pieper ; Klaus Hackstein]. – 2.
Aufl. – München ; Wien : Oldenbourg, 1987.
Einheitssacht.: Subatomic physics ⟨dt.⟩
ISBN 3-486-20334-7

NE: Henley, Ernest M.:

© 1979 R. Oldenbourg Verlag GmbH, München
2. Auflage 1987, unveränderter Nachdruck der 1. Auflage

Das Werk und seine Teile sind urheberrechtlich geschützt. Jede Verwertung in anderen als den gesetzlich zugelassenen Fällen bedarf deshalb der vorherigen schriftlichen Einwilligung des Verlages.

Druck: Grafik + Druck, München
Bindearbeiten: R. Oldenbourg Graphische Betriebe GmbH, München

ISBN 3-486-20334-7

Inhaltsverzeichnis

Teil II – Teilchen und Kerne

Teil III – Symmetrien und Erhaltungssätze

Teil IV – Wechselwirkungen

Teil V – Modelle

Teil VI – Kernphysik und Technik

Vorwort zur deutschen Ausgabe

In den vier Jahren, die seit dem Erscheinen der englischen Originalfassung verflossen sind, hat sich die subatomare Physik stürmisch weiterentwickelt. Neue Teilchen mit großer Masse (~ 3 GeV/c^2) und langer Lebensdauer, J/4 genannt, wurden in Brookhaven und Stanford entdeckt. Noch überraschender ist das Auftreten noch schwererer Teilchen, upsilon getauft, bei 9,6 GeV/c^2. Schwache neutrale Ströme wurden in Neutrinoreaktionen bei CERN, FNAL und in Brookhaven beobachtet. Neue Quantenzahlen ("color", "charm") sind im wesentlichen gesichert und weitere scheinen aufzutauchen. Schwere Leptonen, mit einer Masse von etwa 1,8 GeV/c^2, existieren. Wir haben die neuen Entdeckungen aus zwei Gründen noch nicht in den Text aufgenommen. Einerseits fließt der Strom der neuen Entdeckungen ungebrochen weiter, so daß die Hoffnung besteht, in einigen Jahren das ganze Gebiet einfacher und einheitlicher beschreiben zu können. Andererseits behandeln wir die Konzepte, die dem Leser erlauben, die neuen Entdeckungen selbst einzubauen. Zum Beispiel werden die neuen Teilchen J/4 am besten mit der schon in 10.7 beschriebenen Methode studiert. Neutrale schwache Ströme sind bereits in 11.11 erwähnt. Neue Quantenzahlen passen in das allgemeine Schema von Kapitel 7. Zusätzliche Quarks, die durch die neuen Quantenzahlen eingeführt werden, fügen sich natürlich in das in Kapitel 13 erklärte Schema ein. So glauben wir, daß unser Buch auch heute noch die Grundlagen für eine erste Einführung in die subatomare Physik bietet.

Wir danken den Übersetzern, den Herren Manfred Pieper und Klaus Hackstein, für ihre ausgezeichnete Arbeit, Herrn Professor Edgar Lüscher für die Anregung und Förderung der Übersetzung, und Herrn M. John für die umsichtige Überwachung.

Hans Frauenfelder   Ernest M. Henley

1. Hintergrund und Begriffe

Die Erforschung der subatomaren Physik begann 1896 mit Becquerels Entdeckung der Radioaktivität. Seitdem stellte sie eine unerschöpfliche Quelle für alle möglichen Überraschungen, unerwartete Erscheinungen und neue Einblicke in die Naturgesetze dar. In einer später verfilmten Science Fiction Geschichte fliegt ein Team von Astronauten durch den Hyperraum zu einer fernen Galaxie. Am Ende einer gefährlichen Reise kämpfen sie im Innern schrecklicher Höhlen mit riesigen Untieren. Schließlich entdecken sie, daß sie durch den Hyperraum ins Innere einer Raupe auf der Erde gereist waren und von Mikroben angegriffen wurden. In der subatomaren Physik verlief der Weg umgekehrt. Der Kern ist das schwere, dichte und kleine Zentrum des Atoms. Als die Physiker tiefer in dieses kleine Objekt eindrangen, tat sich ihnen das Universum auf. Sie begriffen die thermonuklearen Reaktionen in der Sonne, erzeugten neue und seltsame Formen von Materie und fanden sich den Fragen im Zusammenhang mit der Entstehung der Elemente im Universum konfrontiert.

In diesem ersten Kapitel beschreiben wir, in welchen Größenordnungen sich die subatomare Physik bewegt, definieren wir die Einheiten und stellen die Begriffe vor, die wir für das Studium der subatomaren Phänomene benötigen.

1.1 *Größenordnungen*

Die subatomare Physik unterscheidet sich von allen anderen Wissenschaften durch eine wesentliche Eigenschaft: Sie ist der Wirkungsbereich dreier verschiedener Wechselwirkungen, von denen zwei nur bemerkbar sind, wenn die Objekte sehr nahe zusammen kommen. Die Biologie, Chemie, Atom- und Festkörperphysik werden durch die langreichweitige elektromagnetische Kraft bestimmt. Die Vorgänge im Universum werden von zwei langreichweitigen Kräften beherrscht, der Schwerkraft und der elektromagnetischen Kraft. Die subatomare Physik jedoch ist ein kompliziertes Wechselspiel von drei Wechselwirkungen - der starken (oder hadronischen), der elektromagnetischen und der schwachen - wobei die starke und schwache Wechselwirkung bei Abständen von Atomgröße oder mehr verschwindet. (Möglicherweise existiert noch eine Wechselwirkung, die superschwache, aber der Nachweis ist noch nicht schlüssig.) Die starke Wechselwirkung hält die Kerne zusammen. Ihre Reichweite ist sehr klein, aber ihre Stärke ist sehr groß.

Die schwache Wechselwirkung hat eine noch geringere Reichweite. Bis jetzt sind stark, schwach und kurzreichweitig nur Namen, aber im weiteren Verlauf werden wir mit diesen Kräften vertraut werden.

Die Bilder 1.1, 1.2 und 1.3 geben eine Vorstellung von den Größenordnungen der verschiedenen betrachteten Bereiche. Wir geben sie hier ohne weiteren Kommentar wieder, sie sprechen für sich selbst.

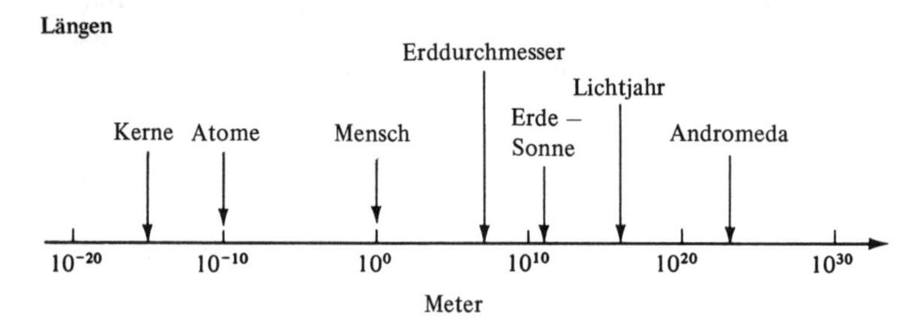

Bild 1.1 Typische Längen. Der Bereich unterhalb von 10^{-17} m ist unerforscht. Es ist nicht bekannt, ob dort neue Kräfte und Erscheinungen zu erwarten sind.

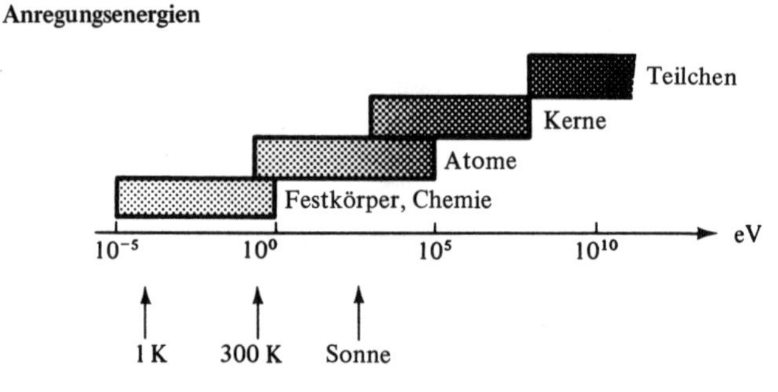

Bild 1.2 Bereich der Anregungsenergien. Die angegebenen Temperaturen entsprechen den jeweiligen Energien.

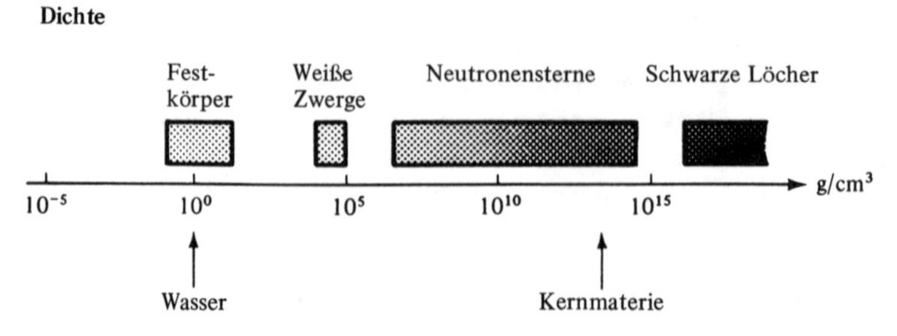

Bild 1.3 Dichtebereiche.

1.2 Einheiten

Die Grundeinheiten, die wir benutzen werden, sind in Tabelle 1.1 angegeben. Die in Tabelle 1.2 definierten Vorsätze geben den dezimalen Bruchteil oder das Vielfache der Grundeinheit an, z.B. 10^6 eV = MeV, 10^{-12} s = ps und 10^{-15} m = fm. Die letzte Einheit, Femtometer, wird auch als Fermi bezeichnet und in der Elementarteilchenphysik sehr viel gebraucht. Die Einführung des Elektronenvolts als Energieeinheit bedarf einiger rechtfertigender Worte. Ein eV ist die Energie, die ein Elektron bei der Beschleunigung durch die Potentialdifferenz von 1 V (Volt) gewinnt:

$$1\,\text{eV} = 1{,}60 \times 10^{-19}\,\text{C (Coulomb)} \times 1\,\text{V} = 1{,}60 \times 10^{-19}\,\text{J (Joule)} = 1{,}60 \times 10^{-12}\,\text{erg.} \tag{1.1}$$

Das Elektronenvolt (oder dezimale Vielfache davon) ist als Energieeinheit bequem, da die Teilchen ihre Energie gewöhnlich durch Beschleunigung im elektromagnetischen Feld erhalten. Um die Energieeinheiten für die Masse und den Impuls zu erklären, benötigen wir eine der wichtigsten Gleichungen der speziellen Relativitätstheorie, die die Gesamtenergie E, die Masse m und den Impuls $\mathbf{p}$ eines freien Teilchens verknüpft [1]):

$$E^2 = p^2c^2 + m^2c^4. \tag{1.2}$$

Tabelle 1.1 Grundeinheiten. c ist die Lichtgeschwindigkeit.

Größe	Einheit	Abkürzung
Länge	Meter	m
Zeit	Sekunde	sec
Energie	Elektronenvolt	eV
Masse		eV/c^2
Impuls		eV/c

Tabelle 1.2 Vorsätze für die Potenzen von 10.

Potenz	Name	Symbol	Potenz	Name	Symbol
10^1	Deka	da	10^{-1}	Dezi	d
10^2	Hekto	h	10^{-2}	Zenti	c
10^3	Kilo	k	10^{-3}	Milli	m
10^6	Mega	M	10^{-6}	Mikro	μ
10^9	Giga	G	10^{-9}	Nano	n
10^{12}	Tera	T	10^{-12}	Piko	p
			10^{-15}	Femto	f
			10^{-18}	Atto	a

1 Eisberg, Gl. 1.25, oder Jackson, Gl. 12.11.

Diese Gleichung besagt, daß die Gesamtenergie eines Teilchens aus einem von der Bewegung unabhängigen Teil, der Ruheenergie mc^2 und einem vom Impuls abhängigen Teil besteht. Für ein masseloses Teilchen wird Gl. 1.2 zu

(1.3) $$E = pc;$$

anderseits folgt für ein ruhendes Teilchen die berühmte Beziehung

(1.4) $$E = mc^2.$$

Diese Gleichungen machen deutlich, warum die Einheiten eV/c^2 für die Masse und eV/c für den Impuls vorteilhaft sind. Sind z. B. die Masse und Energie eines Teilchens bekannt, so folgt aus Gl. 1.2 sofort der Impuls in eV/c. In den vorhergehenden Gleichungen wurde der Vektor mit $\mathbf{p}$ und sein Betrag mit p bezeichnet.

In Gleichungen mit elektromagnetischen Größen benutzen wir das cgs-System (Gauß-Einheiten). Das cgs-System wird von Jackson benutzt und bei ihm findet sich in Anhang 4 (Seite 817) die Umrechnung von cgs- und MKS-Einheiten.

1.3 *Die Sprache – Feynman Diagramme*

In unseren Erläuterungen werden wir Begriffe und Gleichungen aus der Elektrodynamik, der speziellen Relativitätstheorie und der Quantenmechanik benutzen. Die Tatsache, daß man den Apparat der Elektrodynamik benötigt, sollte nicht überraschen. Schließlich sind die meisten Teilchen und die Kerne geladen. Ihre Wechselwirkungen untereinander und ihr Verhalten in äußeren elektrischen und magnetischen Feldern wird durch die Maxwellschen Gleichungen bestimmt.

Warum die spezielle Relativitätstheorie hier wesentlich ist, wird sofort aus zwei Punkten klar. Erstens gehört zur subatomaren Physik die Erzeugung und Vernichtung von Teilchen, oder in anderen Worten, die Umwandlung von Energie in Materie und umgekehrt. Für ruhende Materie ist die Beziehung zwischen Materie und Energie durch Gl. 1.4 gegeben, wenn sie sich bewegt durch Gl. 1.2. Zweitens bewegen sich die Teilchen in den modernen Beschleunigern mit Geschwindigkeiten nahe der Lichtgeschwindigkeit und die nichtrelativistische (Newtonsche) Mechanik gilt nicht mehr. Wir betrachten zwei Koordinatensysteme, K und K'. Das System K' hat seine Achsen parallel zu denen von K, bewegt sich aber mit der Geschwindigkeit v in der positiven z-Richtung relativ zu K. Die Beziehungen zwischen den Koordinaten (x', y', z', t') des

Systems K' und (x, y, z, t) von K sind durch die Lorentztransformation [2]) gegeben

$$x' = x, \qquad y' = y$$
$$z' = \gamma(z - vt) \tag{1.5}$$
$$t' = \gamma\left(t - \frac{\beta}{c} z\right),$$

wobei

$$\gamma = \frac{1}{(1 - \beta^2)^{1/2}}, \qquad \beta = \frac{v}{c}. \tag{1.6}$$

Impuls und Geschwindigkeit sind durch die Beziehung

$$\mathbf{p} = m\gamma\mathbf{v} \tag{1.7}$$

verbunden. Quadriert man diesen Ausdruck, so erhält man mit Gl. 1.2 und Gl. 1.6

$$\beta \equiv \frac{v}{c} = \frac{pc}{E}. \tag{1.8}$$

Als eine der Anwendungen der Lorentztransformation auf die subatomare Physik sei das Myon betrachtet, ein Teilchen, dem wir noch oft begegnen werden. Es ist im wesentlichen ein schweres Elektron mit einer Masse von 106 MeV/c^2. Während das Elektron jedoch stabil ist, zerfällt das Myon mit einer mittleren Lebensdauer τ:

$$N(t) = N(0)e^{-t/\tau}.$$

Hierbei ist $N(t)$ die Anzahl der Myonen zur Zeit t. Wenn zur Zeit t_1 insgesamt $N(t_1)$ Myonen vorhanden sind, so sind es zur Zeit $t_2 = t_1 + \tau$ nur noch $N(t_1)/e$. Als mittlere Lebensdauer eines ruhenden Myons wurde 2,2 μs gemessen. Nun wird ein Myon betrachtet, das im NAL (National Accelerator Laboratory, USA) Beschleuniger mit einer Energie von 100 GeV erzeugt wurde. Welche mittlere Lebensdauer τ_{lab} mißt man bei Beobachtung im Labor? Die nichtrelativistische Mechanik sagt 2,2 μs voraus. Um das richtige Ergebnis zu erhalten, muß man die Lorentztransformation heranziehen. Im Ruhesystem des Myons, K, ist die mittlere Lebensdauer gerade das oben eingeführte Zeitintervall zwischen den beiden Zeiten t_2 und t_1, $\tau = t_2 - t_1$. Die entsprechenden Zeiten t'_2 und t'_1 im Laborsystem K' erhält man mit Gl. 1.5 und die beobachtete mittlere Lebensdauer $\tau_{lab} = t'_2 - t'_1$ wird

$$\tau_{lab} = \gamma\tau.$$

Mit Gl. 1.6 und Gl. 1.8 wird das Verhältnis der mittleren Lebensdauern zu

$$\frac{\tau_{lab}}{\tau} = \gamma = \frac{E}{mc^2}. \tag{1.9}$$

2 Eisberg, Gl. 1.13; Jackson, Gl. 11.19.

Mit $E = 100$ GeV und $mc^2 = 106$ MeV erhält man $\tau_{lab}/\tau \approx 10^3$. Die mittlere Lebensdauer eines im Labor beobachteten Myons ist etwa 1000 mal länger als diejenige im Ruhesystem (die man als wahre mittlere Lebensdauer bezeichnet).

Die Quantenmechanik wurde der Physik wegen anders nicht zu erklärender Eigenschaften von Atomen und Festkörpern aufgezwungen. Deshalb ist es nicht überraschend, daß man auch zur Beschreibung der subatomaren Physik die Quantenmechanik braucht. Tatsächlich macht die Existenz von Quantenniveaus und das Auftreten von Interferenzeffekten in der subatomaren Physik deutlich, daß hier Erscheinungen der Quantentheorie vorkommen. Wird aber die in der Atomphysik gewonnene Kenntnis ausreichen? Die wichtigsten Eigenschaften von Atomen kann man verstehen, ohne auf die Relativitätstheorie zurückzugreifen und nahezu alle atomaren Eigenschaften werden durch die nichtrelativistische Quantenmechanik gut beschrieben. Im Gegensatz dazu läßt sich die subatomare Physik nicht ohne die Relativitätstheorie erklären, wie oben gezeigt wurde. Man wird also erwarten, daß die nichtrelativistische Quantenmechanik nicht ausreicht. Ein Beispiel, wo sie versagt, kann man sofort angeben: Ein Teilchen werde durch die Wellenfunktion $\psi(\mathbf{x}, t)$ beschrieben. Die Normierungsbedingung [3]

$$\int_{-\infty}^{+\infty} \psi^*(\mathbf{x}, t)\psi(\mathbf{x}, t)d^3x = 1 \tag{1.10}$$

besagt, daß das Teilchen zu allen Zeiten irgendwo zu finden sein muß. Die Erzeugung und Vernichtung von Teilchen ist aber eine häufig vorkommende Erscheinung in der subatomaren Physik. Ein spektakuläres Beispiel zeigt Bild 1.4. Links ist die Wiedergabe eines Blasenkammerbildes. (Blasenkammern werden in Abschnitt 4.4 besprochen.) Rechts sind die wichtigen Spuren aus der Blasenkammer wiederholt und bezeichnet. Die verschiedenen Teilchen werden in Kapitel 5 beschrieben. Hier nehmen wir nur an, daß Teilchen mit den in Bild 1.4 angegebenen Namen existieren und kümmern uns nicht weiter um ihre Eigenschaften. Das Bild erzählt dann folgende Geschichte: Ein K^-, oder negatives Kaon, kommt von unten in die Blasenkammer. Die Blasenkammer ist mit Wasserstoff gefüllt und das einzige Teilchen, mit dem das Kaon mit einer gewissen Wahrscheinlichkeit zusammenstoßen kann, ist der Kern des Wasserstoffatoms, also das Proton. Tatsächlich stößt das negative Kaon mit einem Proton zusammen und erzeugt dabei ein positives Kaon, ein neutrales Kaon und ein Omega minus. Das Ω^- zerfällt in ein Ξ^0 und ein π^-, und so weiter. Die in Bild 1.4 gezeigten Vorgänge machen den wesentlichen Punkt deutlich: In physikalischen Prozessen werden Teilchen erzeugt und vernichtet. Ohne spezielle Relativitätstheorie lassen sich diese Beobachtungen nicht verstehen. Genauso sicher kann Gl. (1.10) nicht gelten, da sie besagt, daß

3 Das Integral sollte richtig als $\int\int\int d^3x$ geschrieben werden. Der Konvention folgend schreiben wir nur ein Integralzeichen.

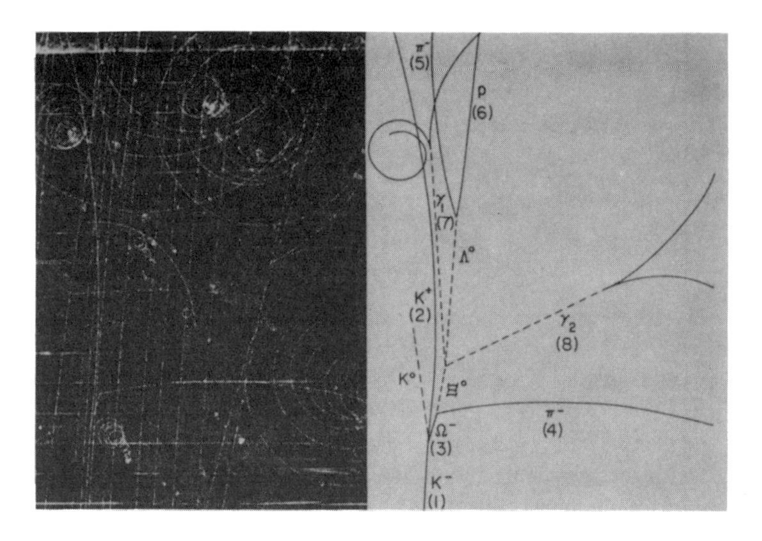

Bild 1.4 Blasenkammerbild (mit flüssigem Wasserstoff). Dieses Photo und die Spuren rechts zeigen die Erzeugung und den Zerfall vieler Teilchen. Ein Teil des Vorgangs wird im Text erklärt. (Mit freundlicher Genehmigung des Brookhaven National Laboratory, USA, wo das Bild 1964 aufgenommen wurde.)

die Gesamtwahrscheinlichkeit, das durch ψ beschriebene Teilchen zu finden, unabhängig von der Zeit ist. Die nichtrelativistische Quantenmechanik kann demnach die Erzeugung und Vernichtung von Teilchen nicht beschreiben. [4])

Eine ausführliche Beschreibung der starken und schwachen Prozesse, einschließlich der Erzeugung und Vernichtung von Teilchen, geht über den Rahmen dieses Werkes hinaus. Wir benötigen jedoch wenigstens eine Sprache zur Darstellung dieser Vorgänge. Eine solche Sprache gibt es und sie ist allgemein gebräuchlich. Es handelt sich dabei um die Methode der Feynmandiagramme oder -graphen. Wir werden hier eine vereinfachte Variante davon benutzen und weisen aber darauf hin, daß die Diagramme mehr können und weitaus verfeinertere Anwendungen zulassen, als es von der hier gegebenen Beschreibung her erscheinen mag. Die Feynmangraphen für die beiden in Bild 1.4 enthaltenen Prozesse sind in Bild 1.5 gegeben. Der erste beschreibt den Zerfall eines Lambda (Λ^0) in ein Proton und ein π^-, und der zweite den Zusammenstoß eines K^- und eines Protons, wobei ein K^0, ein K^+ und ein Ω^- entstehen. In beiden Diagrammen ist die Wechselwirkung als eine "Blase" gezeichnet, um anzudeuten, daß der exakte Mechanismus

4 Das Theorem, daß die nichtrelativistische Quantenmechanik unstabile Elementarteilchen nicht beschreiben kann, wurde durch Bargmann bewiesen. Der Beweis steht im Anhang 7 von F. Kaempffer, *Concepts in Quantum Mechanics,* Academic Press, New York, 1965. Der Anhang heißt „If Galileo Had Known Quantum Mechanics.“ (Wenn Galilei die Quantenmechanik gekannt hätte.)

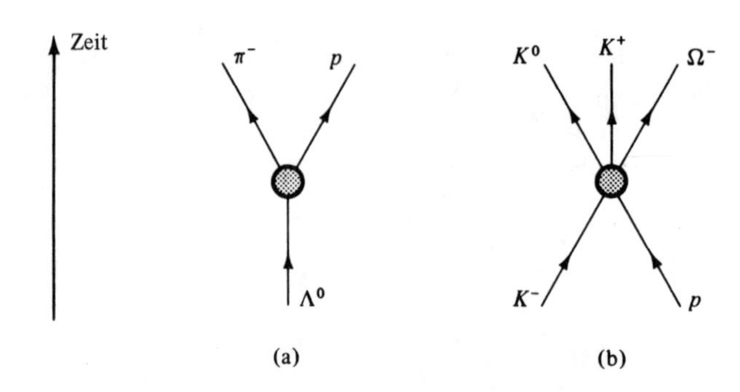

Bild 1.5 Feynmandiagramme für (a) den Zerfall $\Lambda° \longrightarrow p\pi^-$ und (b) die Reaktion $K^-p \longrightarrow K°K^+\Omega^-$.

erst noch erforscht werden muß. In den folgenden Kapiteln werden wir oft Feynmandiagramme verwenden und dabei weitere Einzelheiten erklären, wenn wir sie benötigen.

1.4 *Literaturhinweise*

Die spezielle Relativitätstheorie wird in vielen Büchern behandelt und jeder Lehrer und Leser hat seine Lieblingswerke. Gute Einführungen stehen in Feynman, Vorlesungen über Physik, Band I, Kapitel 15 - 17 und in J.H. Smith, *Introduction to Special Relativity*, Benjamin, Reading, Mass., 1967. Eine kurzgefaßte und vollständige Darstellung gibt Jackson, Kapitel 11 und 12. Diese beiden Kapitel sind eine ausgezeichnete Grundlage für alle Anwendungen in der subatomaren Physik. Eine ausführliche Darstellung mit besonderer Berücksichtigung der subatomaren Physik ist auch R.D. Sard, *Relativistic Mechanics*, Benjamin, Reading, Mass., 1970.
Ein spannendes und unkonventionelles Buch ist E.F. Taylor and J.A. Wheeler, *Spacetime Physics*, W.H. Freeman, San Francisco, 1963, 1966.
Bücher über Quantenmechanik wurden bereits am Ende des Vorworts aufgezählt. Hier sind jedoch ein paar zusätzliche Bemerkungen über Feynmandiagramme am Platze. Feynmandiagramme sind nirgends mühelos zu erlernen. Verhältnismäßig schonende Einführungen gibt es in

R.P. Feynman, *Theory of Fundamental Processes*, Benjamin, Reading, Mass., 1962.

F. Mandl, *Introduction to Quantum Field Theory*, Wiley-Interscience, New York, 1959.

J.M. Ziman, *Elements of Advanced Quantum Theory*, Cambridge University Press, Cambridge, 1969.

Aufgaben

1.1 Versuchen Sie mit allen erreichbaren Informationen eine charakteristische Zahl für die Stärke der vier grundlegenden Wechselwirkungen zu finden. Begründen Sie Ihre Zahlen.

1.2 Erläutern Sie die Reichweite der vier grundlegenden Wechselwirkungen.

1.3 Zählen Sie einige wichtige Prozesse auf, für die die elektromagnetische Wechselwirkung verantwortlich ist.

1.4 Welche kosmologischen und astrophysikalischen Erscheinungen beruhen auf der schwachen Wechselwirkung?

1.5 Es ist bekannt, daß das Myon (das schwere Elektron, mit der Masse von etwa 100 MeV/c^2) einen Radius von weniger als 0,1 fm hat. Berechnen Sie die Mindestdichte des Myons. Wo würde das Myon in Bild 1.3 liegen? Welche Probleme ergeben sich aus dieser groben Berechnung?

1.6 Beweisen Sie Gl. 1.8.

1.7 Beweisen Sie Gl. 1.9.

1.8 Ein Pion habe die kinetische Energie 200 MeV. Geben Sie den Impuls in MeV/c an.

1.9 Gegeben sei ein Proton mit dem Impuls 5 MeV/c. Berechnen Sie die kinetische Energie in MeV.

1.10 Für ein bestimmtes Experiment werden Kaonen mit der kinetischen Energie 1 GeV benötigt. Sie werden mit einem Magneten ausgewählt. Welchen Impuls muß der Magnet aussondern?

1.11 Geben Sie zwei Beispiele an, bei denen die spezielle Relativitätstheorie in der subatomaren Physik wesentlich ist.

1.12 Wie weit fliegt ein Myonenstrahl mit der kinetischen Energie
(a) 1 MeV (b) 100 GeV
im luftleeren Raum, bevor seine Intensität auf den halben Anfangswert abgesunken ist?

1.13 Wiederholen Sie Aufgabe 1.12 für geladene und neutrale Pionen.

1.14 Welche subatomaren Erscheinungen zeigen quantenmechanische Interferenzeffekte?

1.15 Geben Sie die Größenordnungen

$$F_{\text{Stark}} : F_{\text{em}} : F_{\text{Schwach}} : F_{\text{Grav}}$$

für zwei Protonen im Abstand 1 fm an. Die starke und schwache Wechselwirkung soll näherungsweise als über 1 fm konstant angenommen werden. Benutzen Sie sämtliche physikalischen Erkenntnisse und Daten, die Ihnen zugänglich sind, um die gefragten relativen Stärken zu erhalten.

Teil I – Werkzeuge

Eines der frustrierendsten Erlebnisse im Leben ist es, ohne das geeignete Werkzeug festzusitzen. Die Lage kann einfach darin bestehen, sich mit einem gerissenen Schnürsenkel und ohne einen Draht oder ein Messer in der Wildnis zu befinden, oder sie stellt sich einfach so dar, daß einem im Death Valley ein Kühlerschlauch leckt und man kein Klebeband hat, um ihn abzudichten. In diesen Fällen wissen wir aber wenigstens, wo der Fehler liegt und was wir brauchen. Zur Lösung der Geheimnisse in der subatomaren Physik benötigen wir auch Werkzeuge und wissen oft nicht einmal welche. In den letzten 75 Jahren haben wir jedoch eine Menge gelernt und es wurden viele schöne Hilfsmittel erfunden und gebaut. Wir haben Beschleuniger, um Teilchen zu erzeugen, Detektoren, um sie zu beobachten und Instrumente, um das zu messen, was wir beobachten. In den drei folgenden Kapiteln beschreiben wir einige wichtige Werkzeuge.

2. Beschleuniger

2.1 *Wozu Beschleuniger?*

Beschleuniger kosten viel Geld. Was leisten sie? Warum sind sie entscheidend für das Studium der subatomaren Physik? Wenn wir die verschiedenen Gebiete der subatomaren Physik durchgehen, werden wir diese Fragen beantworten. Hier weisen wir einfach nur auf ein paar der wichtigsten Gesichtspunkte hin.

Beschleuniger erzeugen Strahlen geladener Teilchen mit Energien von einigen MeV bis einigen hundert GeV. Man erreicht Intensitäten bis 10^{16} Teilchen/s und die Strahlen können auf Targets (Ziele) von wenigen mm^2 Fläche konzentriert werden. Als primäre Geschosse werden meist Protonen und Elektronen verwendet.

Zwei Aufgaben können nur von Beschleunigern gut gelöst werden, nämlich die Erzeugung neuer Teilchen und die Untersuchung der genauen Strukturen subatomarer Systeme. Betrachten wir zunächst die Teilchen und Kerne. In der Natur gibt es nur wenige stabile Teilchen - das Proton, das Elektron, das Neutrino und das Photon. Von den Nukliden gibt es in der Erdrinde auch nur eine beschränkte Anzahl und sie befinden sich meist im Grundzustand. Um die engen Grenzen des in der Natur Zugänglichen zu überschreiten, müssen neue Zustände künstlich erzeugt werden. Um ein Teilchen mit der Masse m zu erzeugen, wird wenigstens die Energie $E = mc^2$ benötigt. Wie sich herausstellen wird, braucht man tatsächlich beträchtlich mehr Energie. Bis jetzt fand man noch keine Begrenzung nach oben für die Masse neuer Teilchen und wir wissen nicht, ob es eine gibt. Höhere Energien sind also sicher eine Voraussetzung, wenn man dies herausfinden will.

Hohe Energien braucht man aber nicht nur zur Erzeugung neuer Teilchen; sie sind auch unerläßlich, um Einzelheiten über die Struktur subatomarer Systeme aufzuklären. Man sieht leicht, daß die Teilchenenergie größer werden muß, wenn die betrachtete Dimension kleiner wird. Die de Broglie-Wellenlänge eines Teilchens mit Impuls p ist durch

$$\lambda = \frac{h}{p} \tag{2.1}$$

gegeben, wobei h das Plancksche Wirkungsquantum ist. In den meisten Ausdrücken benutzen wir die reduzierte de Broglie-Wellenlänge

$$\bar{\lambda} = \frac{\lambda}{2\pi} = \frac{\hbar}{p}, \tag{2.2}$$

wobei h, bzw. Diracs $\hbar$,

$$\hbar = \frac{h}{2\pi} = 6{,}5820 \times 10^{-22}\ \text{MeV s} \tag{2.3}$$

ist. Wie aus der Optik bekannt ist, braucht man zur Auflösung von Strukturen der linearen Dimension d eine Wellenlänge vergleichbar oder kleiner d:

$$\bar{\lambda} \leq d. \tag{2.4}$$

Der dann notwendige Impuls ist

$$p \geq \frac{\hbar}{d}. \tag{2.5}$$

Um kleine Dimensionen noch aufzulösen, braucht man also große Impulswerte und deshalb auch große Energien. Als Beispiel betrachten wir $d = 1\,\text{fm}$ und nehmen Protonen zur Untersuchung. Wir werden sehen, daß hier die nichtrelativistische Näherung gestattet ist. Die kinetische Energie der Protonen wird dann mit Gl. 2.5

$$E_{\text{kin}} = \frac{p^2}{2m_p} = \frac{\hbar^2}{2m_p d^2}. \tag{2.6}$$

Hier kann man einfach die Konstanten $\hbar$ und m_p von Tabelle A1 im Anhang einsetzen. Wir werden jedoch dieses Beispiel benutzen, um E_{kin} auf eine etwas umständlichere, aber auch elegantere Weise zu berechnen, indem wir so viele Größen wie möglich durch dimensionslose Verhältniswerte ausdrücken. E_{kin} hat die Dimension einer Energie, desgleichen $m_pc^2 =$ 938 MeV. Die kinetische Energie wird folglich als Verhältnis geschrieben:

$$\frac{E_{kin}}{m_pc^2} = \frac{1}{2d^2}\left(\frac{\hbar}{m_pc}\right)^2.$$

Ein Blick auf die Tabelle A1 zeigt, daß die Größe in der Klammer gerade die Comptonwellenlänge des Protons ist,

$$\lambda\!\!\!^{-}_p = \frac{\hbar}{m_pc} = 0{,}210\,\text{fm}, \tag{2.7}$$

so daß die kinetische Energie durch

$$\frac{E_{kin}}{m_pc^2} = \frac{1}{2}\left(\frac{\lambda\!\!\!^{-}_p}{d}\right)^2 = 0{,}02 \tag{2.8}$$

gegeben ist. Die benötigte kinetische Energie, um lineare Dimensionen von der Größenordnung 1 fm noch zu sehen, ist also etwa 20 MeV. Da die kinetische Energie viel kleiner als die Ruheenergie des Nukleons ist, ist die nichtrelativistische Näherung gerechtfertigt. Die Natur gibt uns keine intensiven Teilchenstrahlen dieser Energie an die Hand; sie müssen also künstlich erzeugt werden. (Die kosmische Strahlung enthält zwar Teilchen mit viel höheren Energien, aber die Intensität ist so niedrig, daß nur sehr wenige Probleme damit systematisch angegangen werden können.)

Der übliche Weg zur Erzeugung eines Teilchenstroms hoher Energie ist die Beschleunigung geladener Teilchen in einem elektrischen Feld. Die Kraft, die ein elektrisches Feld $\boldsymbol{\mathcal{E}}$ auf Teilchen mit der Ladung q ausübt ist

$$\mathbf{F} = q\boldsymbol{\mathcal{E}}. \tag{2.9}$$

Im einfachsten Beschleuniger, zwei Gittern mit der Potentialdifferenz V im Abstand d (Bild 2.1), ist das mittlere Feld durch $|\boldsymbol{\mathcal{E}}| = V/d$ gegeben und die vom Teilchen aufgenommene Energie wird

$$E = Fd = qV. \tag{2.10}$$

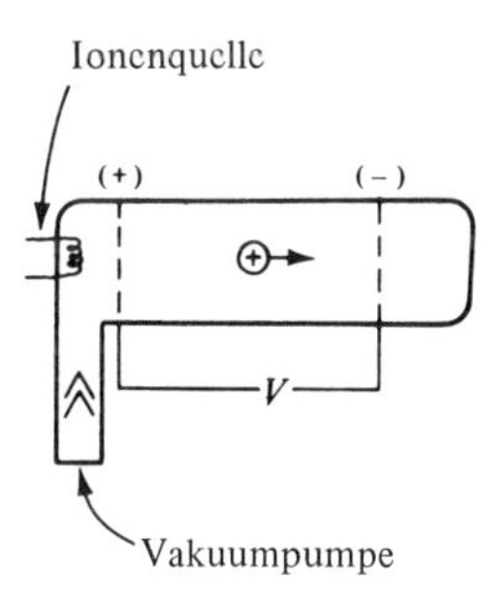

Bild 2.1 Prototyp des einfachsten Beschleunigers.

Natürlich muß sich das System im Vakuum befinden, andernfalls stoßen die beschleunigten Teilchen mit Luftmolekülen zusammen und verlieren nach und nach viel von der gewonnenen Energie. Bild 2.1 enthält deshalb eine Vakuumpumpe. Ferner ist eine Ionenquelle angedeutet - sie erzeugt die geladenen Teilchen. Diese Elemente - Teilchenquelle, Beschleunigungsmechanismus und Vakuumpumpe - erscheinen in jedem Beschleuniger.

Kann man mit so einfachen Maschinen wie in Bild 2.1 Teilchenstrahlen von 20 MeV herstellen? Jeder, der einmal mit hohen Spannungen gespielt hat, weiß, daß dies nicht einfach ist. Schon bei wenigen kV können Spannungszusammenbrüche auftreten und es bedarf einiger Erfahrung, um wenigstens 100 kV zu erreichen. Tatsächlich hat es beträchtlichen Einfallsreichtum und Arbeit gekostet, um die elektrostatischen Generatoren an den Punkt zu bringen, an dem sie Teilchen mit Energien in der Größenordnung von 10 MeV erzeugen. Es ist jedoch unmöglich, Energiewerte, die um Größenordnungen höher liegen, zu erreichen, gleichgültig wie hochentwickelt der elektrostatische Generator sein mag. Um weiterzukommen, braucht man also ein anderes Prinzip und ein solches Prinzip wurde gefunden, nämlich mehrfaches Einwirken derselben Spannung auf das gleiche Teilchen. An einigen Stellen auf dem langen Marsch zu den großen Beschleunigern hat es in der Tat so ausgesehen, als ob die maximal mögliche Beschleunigungsenergie erreicht wäre. Jede scheinbar unüberwindliche Schwierigkeit wurde jedoch durch ein einfallsreiches neues Angehen überwunden.

Wir werden nur drei Arten von Beschleunigern besprechen, den elektrostatischen Generator, den Linearbeschleuniger und das Synchrotron.

2.2 *Der elektrostatische Generator (Van de Graaff)*

Es ist schwierig, hohe Spannungen direkt zu erzeugen, z.B. durch eine Kombination aus Transformator und Gleichrichter. Im Van de Graaff-Generator [1]) wird das Problem umgangen, indem man die Ladung Q zu einem Pol eines Kondensators transportiert. Die entstehende Spannung,

$$V = \frac{Q}{C}, \tag{2.11}$$

wird zur Beschleunigung der Ionen benutzt. Die Hauptbestandteile eines Van de Graaff-Generators zeigt Bild 2.2. Positive Ladungen werden mit der Spannung von 20 - 30 kV auf ein isolierendes Band gesprüht. Die positive Ladung wird dann durch das motorgetriebene Band zum Pol transportiert. Dort wird sie von einem Satz von Nadeln abgesaugt und geht zur Poloberfläche. In der Ionenquelle werden positive Ionen (Protonen, Deu-

1 R.J. Van de Graaff, *Phys. Rev.* 38, 1919A (1931). R.J. Van de Graaff, J.G. Trump, and W.W. Buechner, *Rept. Progr. Phys.* 11, 1 (1948).

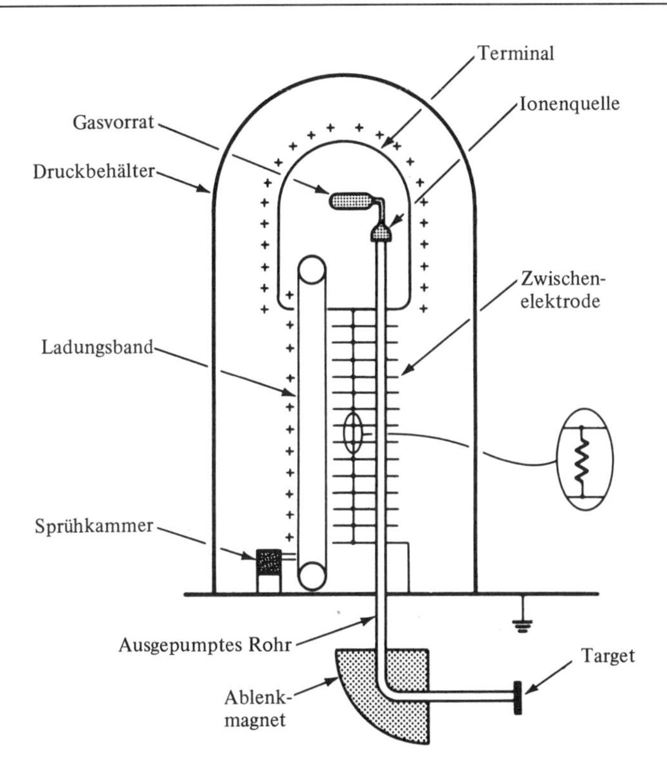

Bild 2.2 Schematische Darstellung eines Van de Graaff-Generators.

teronen, usw.) erzeugt und in der ausgepumpten Beschleunigersäule werden sie beschleunigt. Der aus der Säule austretende Strahl wird gewöhnlich noch von einem Magnet auf das Target hin abgelenkt. Befindet sich das ganze System in Luft, so können Spannungen bis zu wenigen MV erreicht werden, bevor künstliche Blitze den Pol entladen. Setzt man das System dagegen in einen Druckbehälter mit trägem Gas, z. B. Stickstoff oder Kohlenstoffdioxid bei 15 atm, so kann man Spannungen bis 12 MV erreichen.

In Tandembeschleunigern, siehe Bild 2.3, kann die maximale Spannung doppelt ausgenutzt werden. Bei ihnen befindet sich der Pol in der Mitte eines langen Hochdruckbehälters. Die Ionenquelle ist an einem Ende und erzeugt negative Ionen, z. B. H^-. Diese Ionen werden zum Pol in der Mitte hin beschleunigt, dort werden ihnen die zwei Elektronen beim Durchgang durch eine Folie oder einen gasgefüllten Kanal abgestreift. Die positiven Ionen fallen nun dem Target entgegen und gewinnen dabei noch einmal Energie. Der gesamte Energiegewinn ist deshalb doppelt so groß wie bei der einstufigen Maschine.

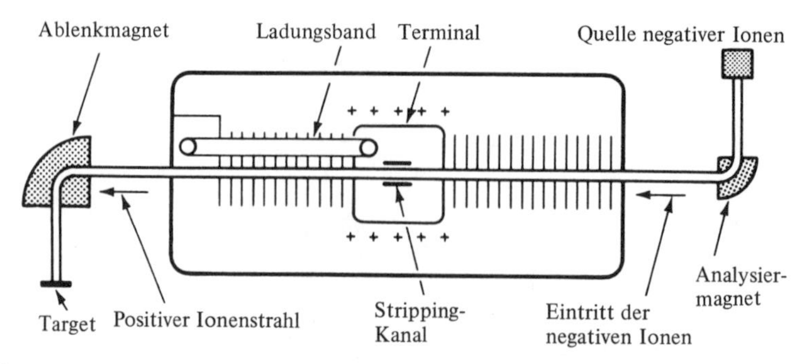

Bild 2.3 Van de Graaff Tandembeschleuniger. Die negativen Ionen werden zuerst zum Pol in der Mitte hin beschleunigt. Dort werden ihnen die Elektronen abgestreift und als positive Ionen werden sie dann zum Target hin weiterbeschleunigt.

Photo 1: Der Van de Graaff Tandembeschleuniger an der University of Washington, Seattle, Washington (USA). Nachdem der Strahl den Beschleuniger verläßt, tritt er in ein Strahltransportsystem ein: Ein Quadrupolmagnet am Ausgang fokussiert den Strahl. Er wird dann um 90° abgelenkt und schließlich in eine Anzahl von Teilstrahlen zerlegt, die zu den verschiedenen Experimenten gehen. (Mit freundlicher Genehmigung der University of Washington.)

Van de Graaff-Generatoren für verschiedene Energiebereiche und Preislagen sind kommerziell erhältlich und es gibt sie überall. Sie haben eine hohe Strahlintensität (bis 100 μA), ihr Strahl ist kontinuierlich und gut gebündelt und die Austrittsenergie ist gut stabilisiert ($\pm$10 keV). Sie sind gegenwärtig die Arbeitspferde der nuklearen Strukturuntersuchungen. Jedoch ist ihre maximale Energie momentan auf 30 - 40 MeV für Protonen begrenzt und sie können deshalb in der Elementarteilchenforschung nicht eingesetzt werden.

2.3 *Der Linearbeschleuniger*

Um hohe Energien zu erreichen, muß man die Teilchen sehr oft hintereinander beschleunigen. Von der Idee her ist der Linearbeschleuniger ("Linac") [2] das einfachste System, siehe Bild 2.4. Eine Serie von zylinderförmigen Rohren wird an einen Hochfrequenzoszillator angeschlossen. Aufeinanderfolgende Rohre sind entgegengesetzt gepolt. Der Teilchenstrahl tritt entlang der Mittelachse ein. In den Zylindern ist das elektrische Feld immer Null, in den Spalten wechselt es mit der Generatorfrequenz. Wir betrachten nun ein Teilchen mit der Ladung e, das den ersten Spalt zu der Zeit durchfliegt, zu der das beschleunigende Feld maximal ist. Die Länge L des nächsten Zylinders ist dann so gewählt, daß das Teilchen den nächsten Spalt gerade erreicht, wenn das Feld das Vorzeichen umgekehrt hat. Das Teilchen trifft also wieder auf die maximale Beschleunigungsspannung und hat dann bereits die Energie $2\,eV_0$ gewonnen. Um dieses Kunststück zu vollführen, muß L gleich $\frac{1}{2}vT$ sein, wobei v die Teilchengeschwindigkeit und T die Oszillatorperiode ist. Da die Geschwindigkeit mit jedem Spalt zunimmt, müssen die Zylinderlängen ebenfalls zunehmen. Für Elektronen-Linearbeschleuniger nähert sich die Elektronengeschwindigkeit bald c und L wird zu $\frac{1}{2}cT$.

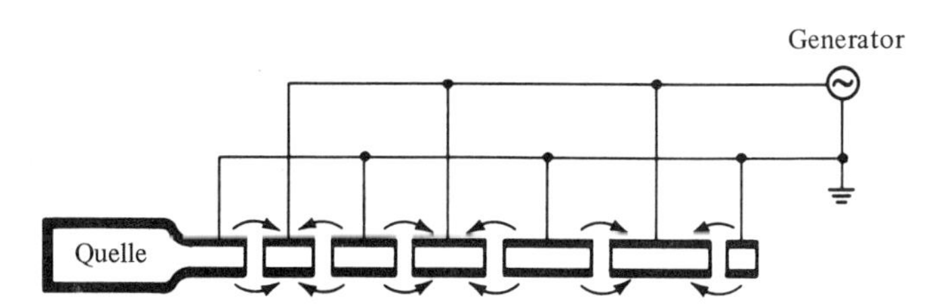

Bild 2.4 Driftröhren-Linearbeschleuniger. Die Pfeile an den Spalten zeigen die Richtung des elektrischen Feldes zu einer gegebenen Zeit.

2 R. Wideröe, *Arch. Elektrotechn.* **21**, 387 (1928). D.H. Sloan and E.O. Lawrence, *Phys. Rev.* **38**, 2021 (1931).

Photo 2: Anfangsstadium des Protonen-Linearbeschleunigers in Los Alamos. Die Konstruktion ist im wesentlichen die in Bild 2.4 gezeigte; die Driftröhren sind deutlich zu erkennen. (Mit freundlicher Genehmigung des Los Alamos Scientific Laboratory.)

Die Driftröhrenandordnung ist jedoch nicht die einzig mögliche. Genausogut können elektromagnetische Wellen, die sich in Hohlräumen ausbreiten, zur Teilchenbeschleunigung benutzt werden. In beiden Fällen braucht man starke HF-Leistungsquellen zur Beschleunigung und ungeheuere technische Probleme mußten gelöst werden, bevor Linearbeschleuniger zu nützlichen Maschinen wurden. Gegenwärtig hat Stanford (USA) einen Elektronen-Linearbeschleuniger von 3 km ("2 Meilen") Länge, der Elektronen von mehr als 20 GeV erzeugt. Ein Protonen-Linearbeschleuniger von 800 MeV Energie mit einem Teilchenstrom von 1 mA, eine sogenannte Mesonenfabrik, wurde in Los Alamos (USA) gebaut.

2.4 *Strahloptik*

Bei der Beschreibung der Linearbeschleuniger wurden viele Probleme unter den Teppich gekehrt und dort werden die meisten davon auch bleiben. Eine Frage jedoch wird sich jeder stellen, der über eine Maschine von ein paar km Länge nachdenkt: Wie kann man den Strahl so gut gebündelt hal-

Photo 3: Ein Beschleunigungs-Hohlraumresonator des 800 MHz Teils vom Beschleuniger in Los Alamos. Die „Seitenankoppelung" der Hohlräume, die man hier sieht, ergibt eine größere Wirksamkeit. (Mit freundlicher Genehmigung des Los Alamos Scientific Laboratory.)

ten? Der Strahl einer Taschenlampe z. B. divergiert, läßt sich aber mit Linsen wieder fokussieren. Gibt es entsprechende Linsen für geladene Teilchen? Es gibt sie und wir werden hier einige der elementaren Überlegungen dazu besprechen und dabei die Analogie zu den gewöhnlichen optischen Linsen ausnutzen.

In der Lichtoptik erhält man den Weg eines monochromatischen Lichtstrahls durch ein System dünner Linsen und Prismen leicht aus der geometrischen Optik.[3]) Dort ist z. B. die Kombination einer fokussierenden und einer zerstreuenden dünnen Linse der gleichen Brennweite f im Abstand d voneinander (Bild 2. 5) immer fokussierend, mit der gesamten Brennweite von

$$f_{\text{comb}} = \frac{f^2}{d}. \tag{2.12}$$

Im Prinzip könnten elektrische oder magnetische Linsen zur Führung geladener Teilchen benutzt werden. Das zur Fokussierung hochenergetischer Teilchen nötige elektrische Feld ist jedoch unerreichbar hoch und so werden nur magnetische Elemente verwendet. Die Ablenkung eines monochro-

3 Siehe z.B. H.D. Young, *Fundamentals of Optics and Modern Physics,* McGraw-Hill, New York, 1968, oder irgend ein anderes einführendes Werk in die Physik.

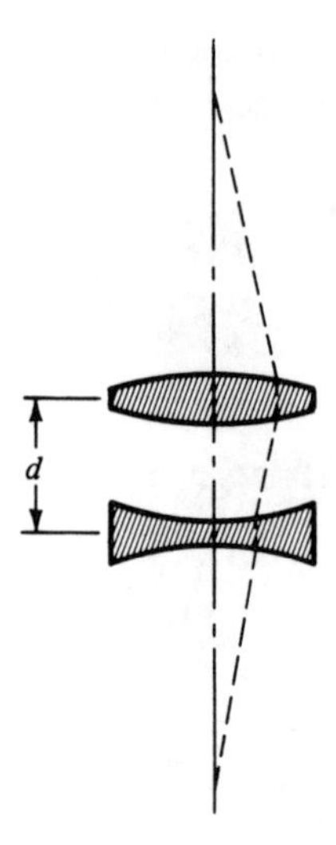

Bild 2.5 Die Kombination einer fokussierenden mit einer zerstreuenden dünnen Linse der gleichen Brennweite ist immer fokussierend.

matischen (monoenergetischen) Strahls um einen gewünschten Winkel oder die Aussonderung eines Strahls mit bestimmtem Impuls wird mit einem Dipolmagnet durchgeführt, wie in Bild 2.6 zu sehen. Der Krümmungsradius ρ kann aus der Lorentzgleichung[4]) berechnet werden. Sie gibt die Kraft **F**, die auf ein Teilchen mit der Ladung q und der Geschwindigkeit $\mathbf{v}$ in einem elektrischen Feld $\boldsymbol{\mathcal{E}}$ und einem magnetischen Feld **B** ausgeübt wird:

$$\mathbf{F} = q\left\{\boldsymbol{\mathcal{E}} + \frac{1}{c}\mathbf{v} \times \mathbf{B}\right\}. \tag{2.13}$$

Der magnetische Teil der Kraft wirkt immer senkrecht zur Flugbahn. Für die Normalkomponente der Kraft folgt aus dem Newtonschen Gesetz, $\mathbf{F} = d\mathbf{p}/dt$, und aus Gl. 1.7

$$F_n = \frac{pv}{\rho}, \tag{2.14}$$

so daß sich der Radius der Krümmung[5]) mit Gl. 2.13 zu

$$\rho = \frac{pc}{|q|B} \tag{2.15}$$

ergibt.

4 Jackson, Gl. 6.87.

5 Gleichung 2.15 ist in cgs-Einheiten gegeben. Die Einheit von B ist dort 1 G und die des Potentials 1 stat$V$ = 300 V. Um ρ für ein Teilchen mit der Einheitsladung ($|q| = e$) zu berechnen, wird pc in eV ausgedrückt. Dann gibt Gl. 2.15

$$B\,(\text{Gauss}) \times \rho\,(\text{cm}) = \frac{V}{300}. \tag{2.15a}$$

Gegeben sei z.B. ein Elektron mit der kinetischen Energie 1 MeV; pc folgt dann aus Gl. 1.2 zu $pc = (E_{\text{kin}}^2 + 2E_{\text{kin}}mc^2)^{1/2} = 1{,}42 \cdot 10^6$ eV.V ist dann $1{,}42 \cdot 10^6$ V und $B\rho = 4{,}7 \cdot 10^3$ G. Gleichung 2.15 kann man auch in MKS-Einheiten umschreiben, dort ist die Einheit von B 1 T (Tesla) = 10 Wb (Weber) m^{-2} = 10^4 G.

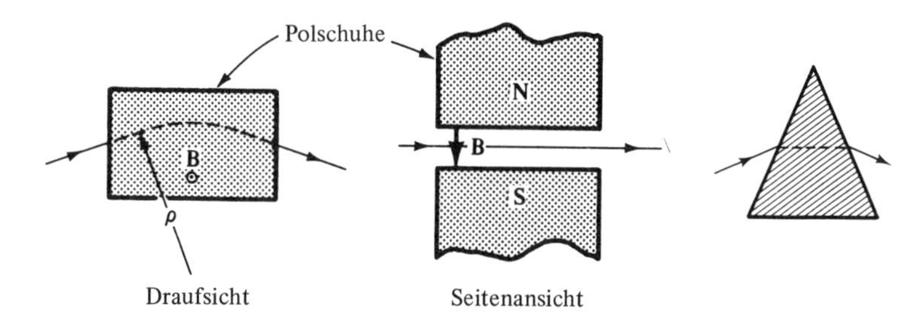

Bild 2.6 Rechtwinkliger Dipolmagnet. Das optische Analogon ist ein Prisma, rechts im Bild.

Probleme entstehen, wenn der Strahl fokussiert werden soll. Bild 2.6 zeigt deutlich, daß ein gewöhnlicher (Dipol-) Magnet Teilchen nur in einer Ebene ablenkt und die Fokussierung also nur in dieser Ebene zu erreichen ist. Man kann keine magnetische Linse mit Eigenschaften analog zu denen einer optischen fokussierenden Linse bauen und diese Tatsache lähmte die Physiker für viele Jahre. Unabhängig voneinander fanden schließlich 1950 Christofilos und 1952 Courant, Livingston und Snyder eine Lösung.[6] Die der sogenannten starken Fokussierung zugrundeliegende Idee läßt sich mit Bild 2.5 einfach erklären: Wenn fokussierende und zerstreuende Elemente gleicher Brennweite hintereinander angeordnet werden, ergibt sich insgesamt eine fokussierende Wirkung. In Strahltransportsystemen erreicht man die starke Fokussierung oft durch Quadrupolmagnete. Bild 2.7 zeigt den Querschnitt eines solchen Magneten. Er besteht aus vier Polen.

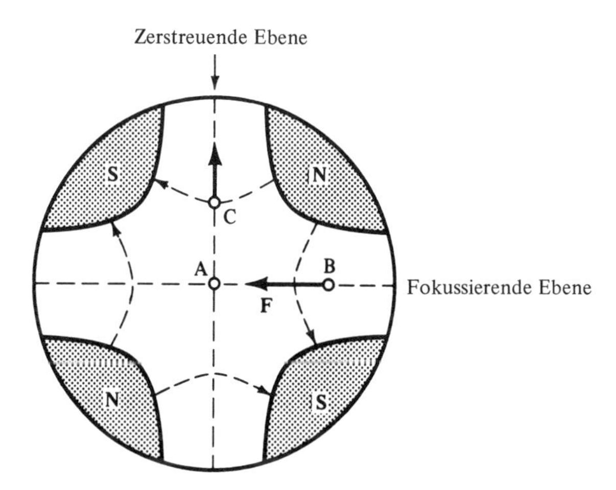

Bild 2.7 Querschnitt durch einen Quadrupolmagnet. Drei positive Teilchen treten parallel zur zentralen Symmetrieachse an den Punkten A, B und C in den Magneten ein. Das Teilchen A wird nicht abgelenkt, B wird zur Mitte gezogen und C nach außen abgelenkt.

6 E.D. Courant, M.S. Livingston, and H.S. Snyder, *Phys. Rev.* 88, 1190 (1952).

Das Feld verschwindet in der Mitte und wächst nach außen hin in alle Richtungen an. Zum Verständnis der Wirkungsweise eines Quadrupolmagneten seien drei positive Teilchen betrachtet, die an den Punkten A, B und C in den Magneten eintreten. Teilchen A in der Mitte wird nicht abgelenkt; die Lorentzkraft Gl. 2.13 lenkt Teilchen B zur Symmetrieachse in der Mitte und Teilchen C davon weg. Der Magnet verhält sich also in der einen Ebene wie ein fokussierendes Element und in der anderen wie ein zerstreuendes Element. Die Kombination von zwei Quadrupolmagneten wirkt in beiden Ebenen fokussierend, wenn der zweite Magnet um 90° gegen den ersten verdreht ist. Solche Quadrupoldubletts sind ein wesentlicher Bestandteil aller modernen Teilchenbeschleuniger und auch der Strahlengänge, die von den Maschinen zu den Experimenten führen. Mit dieser Fokussierungseinrichtung läßt sich ein Strahl mit geringem Intensitätsverlust über Entfernungen von vielen km transportieren.

2.5 *Das Synchrotron*

Warum brauchen wir noch einen weiteren Beschleunigertyp? Offensichtlich kann man mit dem Linearbeschleuniger Teilchen beliebig hoher Energie erzeugen. Man beachte jedoch die Kosten: Der Stanford Linearbeschleuniger mit 20 GeV ist bereits 3 km lang, ein 500 GeV Beschleuniger würde etwa 75 km lang werden. Die Probleme bei der Konstruktion und bei der Energieversorgung wären riesig. Vernünftiger ist es, die Teilchen öfter dieselbe Strecke im Kreis herumlaufen zu lassen. Der erste kreisförmige Beschleuniger, das Zyklotron, wurde 1930 von Lawrence vorgeschlagen. [7]) Zyklotrons waren für die Entwicklung der subatomaren Physik von ungeheuerer Bedeutung und es werden auch noch einige sehr moderne und technisch ausgefeilte Exemplare in den nächsten paar Jahren in Betrieb genommen werden. Wir lassen jedoch die Besprechung des Zyklotrons hier aus, da sein Verwandter, das Synchrotron viele ähnliche Eigenschaften hat und höhere Energien erreicht.

Das Synchrotron wurde von McMillan und unabhängig davon von Veksler 1945 vorgeschlagen. [8]) Seine wesentlichen Elemente werden in Bild 2.8 gezeigt. Über die Zuführung treten Teilchen mit der Anfangsenergie E_i in den Ring ein. Dipolmagnete mit dem magnetischen Ablenkradius ρ halten die Teilchen auf der Kreisbahn, während Quadrupolsysteme den Strahl bündeln. Die Teilchen werden in einer Anzahl von mit der Kreisfrequenz ω betriebenen HF-Hohlraumresonatoren beschleunigt. Der tatsächliche Weg der Teilchen besteht aus geraden Abschnitten in den beschleunigenden

7 E.O. Lawrence and N.E. Edlefsen, *Science* **72**, 376 (1930). E.O. Lawrence and M.S. Livingston, *Phys. Rev.* **40**, 19 (1932).

8 E.M. McMillan, *Phys. Rev.* **68**, 143 (1945); V. Veksler, *J. Phys.* (U.S.S.R.) **9**, 153 (1945).

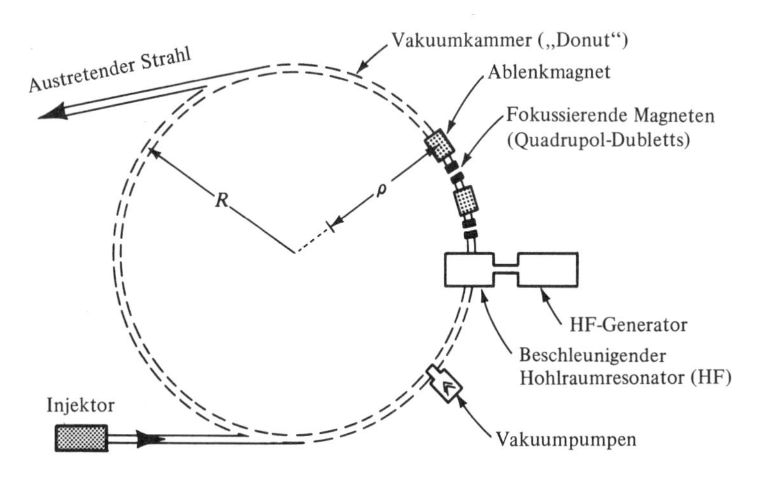

Bild 2.8 Wesentliche Elemente eines Synchrotrons. Von den sich wiederholenden Elementen sind nur ein paar eingezeichnet.

Hohlräumen, den fokussierenden und einigen anderen Elementen und aus gekrümmten Abschnitten in den ablenkenden Magneten. Der Radius R des Rings ist deshalb größer als der Radius ρ der Ablenkung.

Wir betrachten jetzt die Situation direkt nach dem Eintritt der Teilchen mit der Energie E_i und dem Impuls p_i, wobei Energie und Impuls durch Gl. 1.2 verknüpft sind. Zunächst sei das HF-Feld noch nicht angeschaltet. Die Teilchen fliegen dann im Leerlauf mit der Geschwindigkeit v um den Ring und für T, die Zeit für einen vollen Umlauf, ergibt sich mit Gl. 1.8

(2.16) $$T = \frac{2\pi R}{v} = \frac{2\pi R E_i}{p_i c^2}.$$

Die entsprechende Kreisfrequenz Ω ist

(2.17) $$\Omega = \frac{2\pi}{T} = \frac{p_i c^2}{R E_i},$$

und das magnetische Feld, das nötig ist, um sie auf der Bahn zu halten, folgt aus Gl. 2.15

(2.18) $$B = \frac{p_i c}{|q| \rho}.$$

Sobald das HF-Feld angeschaltet wird, ändert sich die Lage. Als erstes muß die Hochfrequenz ω ein ganzzahliges Vielfaches k von Ω sein, damit die Teilchen immer im richtigen Moment angeschoben werden. Aus Gl. 2.17 sieht man, daß die angelegte HF mit zunehmender Energie höher werden muß, bis zu dem Punkt, an dem die Teilchen völlig relativistisch werden, also $pc = E$ gilt. Gleichzeitig muß auch das magnetische Feld größer werden:

$$\omega = k\Omega = \frac{kc}{R}\frac{pc}{E} \longrightarrow \frac{kc}{R}; \qquad B = \frac{pc}{|q|\rho}. \tag{2.19}$$

Sobald diese beiden Bedingungen erfüllt sind, werden die Teilchen richtig beschleunigt. Das Verfahren verläuft dann folgendermaßen: Ein Paket von Teilchen der Energie E_i tritt zur Zeit $t=0$ ein. Das magnetische Feld und die HF werden dann von ihren Anfangswerten B_i und ω_i zu den Endwerten B_f und ω_f so erhöht, daß immer die Beziehungen Gl. 2.19 gelten. Die Energie der Teilchengruppe erhöht sich während dieses Vorgangs von ihrer Eintrittsenergie E_i auf die Endenergie E_f. Die Zeit, die notwendig ist, um die Teilchen auf die Endenergie zu bringen, hängt von der Größe der Maschine ab; für sehr große Maschinen erreicht man etwa einen Puls pro Sekunde.

Gleichung 2.19 macht eine andere Eigenschaft dieser großen Beschleuniger deutlich: Die Teilchen können nicht in einem Ring von Null weg auf die Endenergie beschleunigt werden. Der Bereich, über den die HF und das magnetische Feld zu variieren wären, ist zu groß. Die Teilchen werden deshalb in kleineren Maschinen vorbeschleunigt und dann eingeschossen. Dies geschieht z.B. beim 300 GeV Synchrotron des NAL (Bild 2.9) folgendermaßen: Ein elektrostatischer Generator (Cockcroft-Walton)

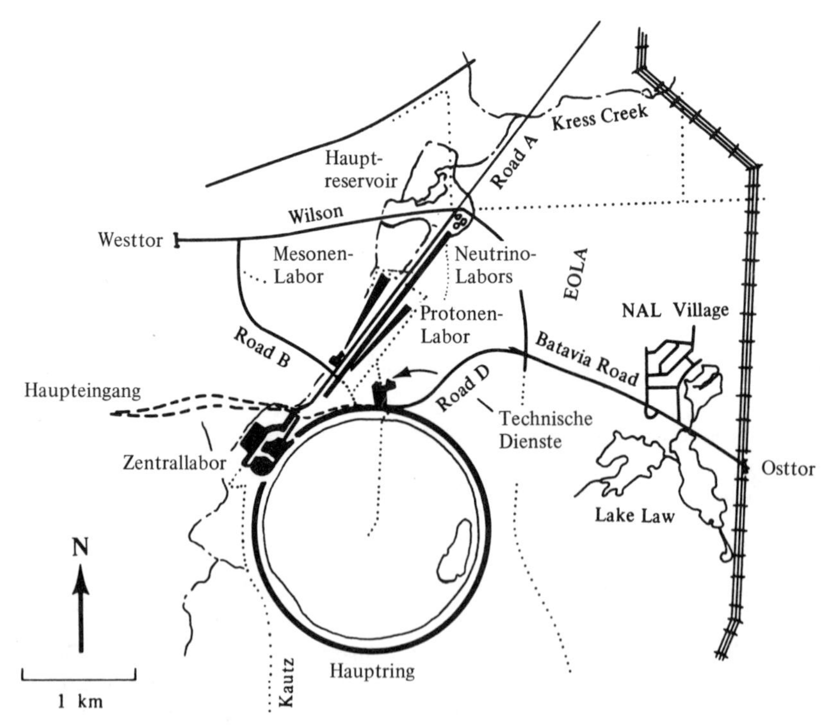

Bild 2.9 Karte des National Accelerator Laboratory (NAL), in Batavia, Illinois (USA). (Mit freundlicher Genehmigung des National Accelerator Laboratory.)

erzeugt einen Strahl von Protonen mit 750 keV, ein Linearbeschleuniger erhöht dann die Energie auf 200 MeV; anschließend kommt ein Booster-(Hilfs-)Synchrotron und erhöht die Energie auf 8 GeV und erst danach tritt endlich die große Maschine in Aktion. Die ungeheuere Ausdehnung der gesamten Anlage wird in Bild 2.9 deutlich.

Mit Synchrotrons kann man Protonen oder Elektronen beschleunigen. Elektronen-Synchrotrons haben mit anderen kreisförmigen Elektronenbeschleunigern eine Eigenschaft gemeinsam: Sie stellen eine intensive Quelle kurzwelligen Lichts dar. Der Ursprung dieser Synchrotronstrahlung läßt sich mit der klassischen Elektrodynamik erklären. Maxwells Gleichungen besagen, daß jedes beschleunigte Teilchen strahlt. Ein auf eine Kreisbahn gezwungenes Teilchen wird dauernd in Richtung auf den Kreismittelpunkt hin beschleunigt und sendet deshalb elektromagnetische Strahlung aus. Die abgestrahlte Leistung eines Teilchens mit der Ladung e und der Geschwindigkeit $v = \beta c$ auf einer Kreisbahn mit dem Radius R beträgt [9])

(2.20) $$P = \frac{2e^2c}{3R^2} \frac{\beta^4}{(1-\beta^2)^2}.$$

Die Geschwindigkeit eines relativistischen Teilchens liegt nahe bei c. Mit Gl. 1.6 und Gl. 1.9 und mit $\beta \approx 1$ wird Gl. 2.20 zu

(2.21) $$P \approx \frac{2e^2c}{3R^2}\gamma^4 = \frac{2e^2c}{3R^2}\left(\frac{E}{mc^2}\right)^4.$$

Die Zeit T für einen Umlauf ist durch Gl. 2.16 gegeben und der Energieverlust in einem Umlauf beträgt demnach

(2.22) $$-\delta E = PT \approx \frac{4\pi e^2}{3R}\left(\frac{E}{mc^2}\right)^4.$$

Der Unterschied zwischen dem Protonen- und Elektronen-Synchrotron wird aus Gl. 2.22 offensichtlich. Für gleiche Radien und gleiche Gesamtenergie E ist das Verhältnis der Energieverluste

(2.23) $$\frac{\delta E(e^-)}{\delta E(p)} = \left(\frac{m_p}{m_e}\right)^4 \approx 10^{13}.$$

Der Energieverlust muß bei der Konstruktion von Elektronen-Synchrotrons berücksichtigt werden. Glücklicherweise ist die abgegebene Strahlung für die Festkörperforschung brauchbar und der Schaden der Hochenergieforschung ist der Gewinn der Festkörperforschung. [10])

9 Jackson, Gl. 14.31 und Gl. 11.76.

10 R.P. Godwin, *Springer Tracts Modern Phys.* **51**, 1 (1969).

Photo 4

Photo 5 ▼

Photo 6 ▲

▼ Photo 7

Photos 4-7: Die Photographien 4-7 zeigen die wesentlichstenTeile des 300 GeV Protonensynchrotrons am National Accelerator Laboratory. Protonen werden in einem elektrostatischen Beschleuniger (Cockcroft-Walton) auf 750 keV beschleunigt; dann bringt ein Linearbeschleuniger die Energie auf 200 MeV und lenkt die Protonen in ein Booster-Synchrotron. Dieses Vorsynchrotron erhöht die Energie auf 8 GeV; die Endenergie wird dann im Hauptring erreicht. (Mit freundlicher Genehmigung der National-Accelerator Laboratory.)

2.6 *Laborsystem und Schwerpunktsystem*

Der Versuch, mit gewöhnlichen Beschleunigern höhere Energiewerte zu erreichen, ähnelt dem, mehr Geld zu verdienen - es bleibt einem weniger, als man dazuverdient. Im letzteren Fall verschlingt das Finanzamt einen immer größeren Anteil und im ersteren Fall wird ein zunehmender Teil der Gesamtenergie bei einem Stoß für die Schwerpunktsbewegung verbraucht und steht so nicht zur Anregung innerer Freiheitsgrade zur Verfügung. Um diese Tatsache zu erläutern, beschreiben wir kurz die Labor- (lab) und die Schwerpunktkoordinaten (c. m., center-of-momentum). Bei der folgenden Zweiteilchenreaktion,

(2.24) $$a + b \longrightarrow c + d,$$

soll a das Geschoß und b das Targetteilchen sein. Im Laborsystem ruht das Target und das Geschoß trifft mit der Energie E^{lab} und dem Impuls $\mathbf{p}^{\text{lab}}$ auf. Nach dem Stoß, im Endzustand c und d, bewegen sich meist beide Teilchen. Im Schwerpunktsystem, mit dem Gesamtimpuls Null, nähern sich beide Teilchen einander mit gleich großem, aber entgegengesetztem Impuls. Die beiden Systeme werden definiert durch

(2.25) Laborsystem: $\mathbf{p}_b^{\text{lab}} = 0, \qquad E_b^{\text{lab}} = m_b c^2$

(2.26) Schwerpunktsystem: $\mathbf{p}_a^{\text{c. m.}} + \mathbf{p}_b^{\text{c. m.}} = 0.$

Nur die Energie eines Teilchens relativ zum anderen ist zur Erzeugung von neuen Teilchen oder zur Anregung innerer Freiheitsgrade verfügbar. Die gleichförmige Bewegung des Schwerpunkts des Gesamtsystems ist unerheblich. Es kommt also auf die Energie und den Impuls im Schwerpunktsystem an. Ein einfaches Beispiel macht deutlich, um wieviel man im Laborsystem beraubt wird. Neue Teilchen kann man z. B. durch den Beschuß von Protonen mit Pionen erzeugen,

$$\pi p \longrightarrow \pi N^*,$$

wobei N^* ein Teilchen großer Masse ist ($m_{N^*} > m_p \gg m_\pi$). Im Schwerpunktsystem treffen das Pion und das Proton mit entgegengesetztem Impuls aufeinander. Der Gesamtimpuls am Anfang und also auch am Ende ist Null. Die größte Masse für das neue Teilchen erreicht man, wenn das Pion und das N^* im Endzustand in Ruhe sind, da dann keine Energie zur Erzeugung von Bewegung verschwendet wird. Den Stoß im Schwerpunktsystem zeigt Bild 2.10. Die Gesamtenergie im Endzustand ist

(2.27) $$W^{\text{c. m.}} = (m_\pi + m_{N^*})c^2 \approx m_{N^*}c^2.$$

Die Gesamtenergie bleibt beim Stoß erhalten, also

(2.28) $$W^{\text{c. m.}} = E_\pi^{\text{c. m.}} + E_p^{\text{c. m.}}.$$

Die Energie des Pions E_π^{lab}, die zur Erzeugung des N^* im Laborsystem

π p

$\mathbf{p}_\pi^{\text{c.m.}}$ $\mathbf{p}_p^{\text{c.m.}}$

Vor dem Stoß

Nach dem Stoß

Bild 2.10 Erzeugung eines neuen Teilchens N^* bei einem Stoß $\pi p \longrightarrow \pi N^*$, betrachtet im Schwerpunktsystem (c.m.).

benötigt wird, kann aus der Lorentztransformation berechnet werden. Wir werden hier einen anderen Weg gehen, um den Begriff der relativistischen Invarianten (Erhaltungsgrößen) einzuführen. Wir betrachten dazu ein System von i Teilchen mit den Energiewerten E_i und den Impulswerten $\mathbf{p}_i$. In einer Herleitung ähnlich der von Gl. 1.2 kann man zeigen, daß

$$\left(\sum_i E_i\right)^2 - \left(\sum_i \mathbf{p}_i\right)^2 c^2 = M^2c^4. \tag{2.29}$$

Hier wird M als Gesamtmasse oder invariante Masse des Systems der i Teilchen bezeichnet; sie ist nur dann gleich der Summe der Ruhemassen der i Teilchen, wenn diese alle in ihrem gemeinsamen Schwerpunktsystem in Ruhe sind. Den entscheidenden Punkt in Gl. 2.29 stellt die Lorentzinvarianz dar: die rechte Seite ist eine Konstante und muß deshalb in allen Koordiantensystemen gleich sein. Draus folgt, daß die linke Seite auch eine relativistische Invariante (manchmal auch als relativistischer Skalar bezeichnet) sein muß, die in allen Koordinatensystemen denselben Wert hat. Wir wenden diese Invarianz auf die Stoßgleichung Gl. 2.24 an, vom Schwerpunkt- und Laborsystem aus betrachtet,

$$(E_a^{\text{c.m.}} + E_b^{\text{c.m.}})^2 - (\mathbf{p}_a^{\text{c.m.}} + \mathbf{p}_b^{\text{c.m.}})^2c^2 = (E_a^{\text{lab}} + E_b^{\text{lab}})^2 - (\mathbf{p}_a^{\text{lab}} + \mathbf{p}_b^{\text{lab}})^2c^2, \tag{2.30}$$

oder mit Gl. 2.25 und Gl. 2.26

$$\begin{aligned} W^2 = (E_a^{\text{c.m.}} + E_b^{\text{c.m.}})^2 &= (E_a^{\text{lab}} + m_bc^2)^2 - (\mathbf{p}_a^{\text{lab}}\, c)^2 \\ &= 2E_a^{\text{lab}}m_bc^2 + (m_a^2 + m_b^2)c^4. \end{aligned} \tag{2.31}$$

Gleichung 2.31 verknüpft W^2, das Quadrat der Gesamtenergie im Schwerpunktsystem, mit der Energie im Laborsystem. Mit $E_a^{\text{lab}} \gg m_ac^2, m_bc^2$, wird die Energie W zu

$$W \approx [2E_a^{\text{lab}}m_bc^2]^{1/2}. \tag{2.32}$$

Nur die im Schwerpunktsystem verfügbare Energie steht zur Erzeugung neuer Teilchen oder zur Erforschung innerer Strukturen zur Verfügung. Gleichung 2.32 zeigt, daß diese Energie W bei hohen Energiewerten nur wie die Quadratwurzel der Energie im Laborsystem zunimmt.

2.7 *Speicherringe*

Der Preis für die Arbeit im Laborsystem ist hoch, wie Gl. 2.32 deutlich zeigt. Wird die Energie der Maschine um den Faktor 100 erhöht, so ist der effektive Gewinn nur ein Faktor 10. 1956 schlugen deshalb Kerst und seine Mitarbeiter und O'Neill zur Gewinnung sehr hoher ausnutzbarer Energien die Verwendung von aufeinanderstoßenden Strahlen vor [11]. Zwei frontal zusammenstoßende Protonenstrahlen von je 21,6 GeV entsprächen dabei einem 1000 GeV Beschleuniger. Das technische Hauptproblem ist die Intensität. Um genügend Ereignisse im Stoßbereich zu erzeugen, müssen beide Strahlen intensiver sein, als es in normalen Beschleunigern zu erreichen ist. In den letzten Jahren wurde dieses Problem jedoch dank der starken Fokussierung und den Fortschritten in der Vakuumtechnik gelöst. Gegenwärtig sind bereits eine Anzahl von Maschinen mit aufeinanderstoßenden Strahlen in Betrieb. Der Protonenspeicherring bei CERN, siehe Bild 2.11, ISR genannt (für intersecting storage rings, sich überschneidende Speicherringe), ist der größte, der gegenwärtig arbeitet. Das Verfahren ist einfach zu erklären: Protonen werden in einem Protonensynchrotron von 28 GeV beschleunigt. Dann werden sie zu einem Wechsel-

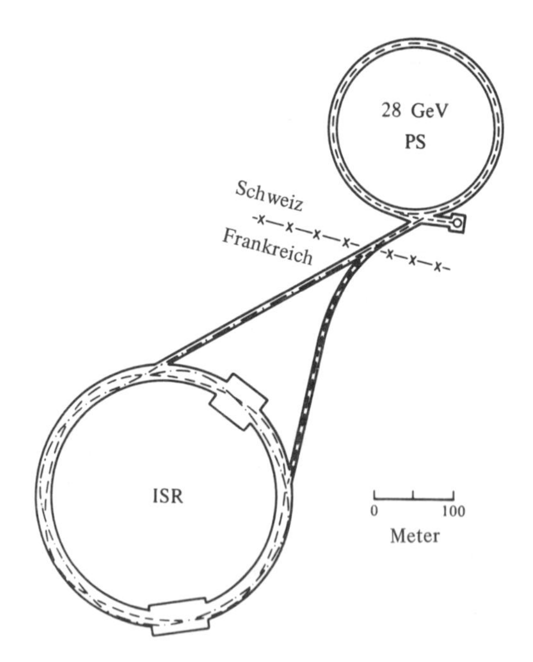

Bild 2.11 Das 28 GeV Protonen-Synchrotron (PS) und sich überschneidende Speicherringe (ISR) in CERN. (Aus *CERN Courier*, **6**, 127 (1966)).

11 D.W. Kerst et al., *Phys. Rev.* **102**, 590 (1956). G.K. O'Neill, *Phys. Rev.* **102**, 1418 (1956).

Photo 8: Das CERN Protonensynchrotron und sich überlagernde Speicherringe (ISR). Der Hauptring biegt nach links ab; die Protonen, die den ISR auffüllen, werden, wie in Bild 2.11 angedeutet, geradeaus geleitet. (Mit freundlicher Genehmigung von CERN.)

schalter tangential herausgeführt. Dort sendet ein Ablenkungsmagnet abwechselnd Teilchenpakete in die beiden Abzweigungen. Von jeder Abzweigung werden die Protonen in einen Speicherring (ISR) eingeschossen. Die beiden Speicherringe überlagern sich eng. Beide Ringe enthalten HF-Hohlraumresonatoren zur Beschleunigung, die die Energie jedes Teilchenpaketes gerade genug erhöhen, um es von der Einschußbahn wegzubewegen. Der nächste Puls kann dann verarbeitet werden und viele Pulse können im Ring "gestapelt" werden. Jeder Ring kann etwa 400 Pulse aufnehmen und einen Protonenstrom von etwa 20 A enthalten. Stöße zwischen den beiden 28 GeV Strahlen kann man an einer Anzahl von Kreuzungen beobachten. Die maximale Gesamtenergie im Schwerpunktsystem ist 56 GeV, was einer Energie von 1700 GeV in herkömmlichen Beschleunigern entspricht.

2.8 *Literaturhinweise*

Eine spannende und sehr gut lesbare Einführung über Beschleuniger ist R. R. Wilson und R. Littauer, *Accelerators, Machines of Nuclear Physics*, Anchor Books, Doubleday, Garden City, N.Y., 1960.

Photo 9: Ein Kreuzungsbereich des ISR vor dem Aufbau eines Experiments. Rechts unten im Vordergrund sieht man einen der Teilstrahlen der vom Protonensynchrotron kommt. (Mit freundlicher Genehmigung von CERN.)

Auf einer fortgeschritteneren Stufe gibt es eine sorgfältige und verständliche Behandlung der verschiedenen Teilchenbeschleuniger von E. Persico, E. Ferrari, und S. E. Segrè, *Principles of Particle Accelerators*, Benjamin, Reading, Mass., 1968.

Weitaus mehr Einzelheiten und kurze Geschichten aus der Entwicklung jedes Typs können bei M. S. Livingston und J. P. Blewett, *Particle Accelerators*, McGraw-Hill, New York, 1962, nachgelesen werden.

R. B. Neal, ed., *The Stanford Two-Mile Accelerator*, Benjamin, Reading, Mass., 1968, enthält eine Sammlung ausführlicher Artikel, die alle Aspekte des 20 GeV Linearbeschleunigers beschreiben. Kreisförmige Beschleuniger werden von J. J. Livingood, *Principles of Cyclic Particle Accelerators*, Van Nostrand Reinhold, New York, 1961, gut beschrieben.

Einen Überblick über neuere Entwicklungen findet sich bei J. P. Blewett, *Advan. Electron Phys.* 29, 233 (1970).

Die relativistische Bewegungstheorie, die wir nur kurz berührt haben, steht ausführlich bei R. Hagedorn, *Relativistic Kinematics*, Benjamin,

Reading, Mass., 1963 und bei E. Byckling und K. Kajantie, *Particle Kinematics*, J. Wiley, New York, 1973.

Die Strahloptik wird besprochen von K.G. Steffen, *High Energy Beam Optics*, Wiley-Interscience, New York, 1965, und von A. Septier, ed., *Focusing of Charged Particles*, Academic Press, New York, 1967 (zwei Bände).

Einen Führer durch die Beschleunigerliteratur liefert J. P. Blewett, "Research Letter PA-1 on Particle Accelerators", *Am J. Phys.* 34, 9 (1966).

Aufgaben

2.1 Ein Elektronenbeschleuniger ist so zu bauen, daß damit lineare Strukturen von 1 fm untersucht werden können. Welche kinetische Energie benötigt man dazu?

2.2 Schätzen Sie die Kapazität eines typischen Van de Graaff-Pols gegen Erde ab (nur Größenordnung). Der Pol sei auf 1 MV aufgeladen. Berechnen Sie die Ladung auf dem Pol. Wie lange dauert es, bis diese Spannung erreicht wird, wenn das Band einen Strom von 0,1 mA transportiert?

2.3 Ein Protonen-Linearbeschleuniger arbeite mit der Frequenz $f = 200$ MHz. Wie lange müssen die Driftröhren an dem Punkt sein, an dem die Protonenenergie
(a) 1 MeV
(b) 100 MeV
erreicht? Was ist etwa die kleinste Energie, mit der ein Proton eingeschossen werden kann und wodurch ist die untere Grenze bestimmt? Warum ändert sich die Frequenz beim Los Alamos Linearbeschleuniger von 200 auf 800 MHz, bei einer Protonenenergie von ungefähr 200 MeV?

2.4 Ein Protonenstrahl mit der kinetischen Energie von 10 MeV soll in einem Dipolmagneten von 2 m Länge um 10° abgelenkt werden. Berechnen Sie das dafür notwendige Feld.

2.5 Ein Protonenstrahl mit der kinetischen Energie von 200 GeV geht durch einen 2 m langen Dipolmagnet mit der Feldstärke 20 kG. Berechnen Sie die Ablenkung des Strahls.

2.6 Die maximale Feldstärke, die in einem konventionellen Magneten erzeugt werden kann, ist ungefähr 20 kG. Denken Sie sich einen Beschleuniger, der dem Erdäquator folgt. Wie groß ist die maximale Energie, auf die die Protonen in einer solchen Maschine beschleunigt werden können?

2.7 Verwenden Sie Bild 2.9 und die in Abschnitt 2.5 gegebenen Werte, um abzuschätzen, über welchen Bereich die Frequenz und das magnetische Feld im Hauptring der NAL-Maschine während eines Beschleunigungsdurchgangs geändert werden müssen.

2.8 Beweisen Sie Gl. 2.29.

2.9 Protonen aus dem Beschleuniger in Aufgabe 2.6 sollen auf ruhende Protonen stoßen. Berechnen Sie die Gesamtenergie W in GeV im Schwerpunktsystem. Vergleichen Sie W mit dem entsprechenden Wert eines Experiments mit zusammenstoßenden Strahlen, wobei jeder Strahl die maximale Energie E_0 hat. Wie groß muß E_0 sein, damit man die gleiche Gesamtenergie W erhält?

2.10

(a) Beweisen Sie Gl. 2.20.

(b) Berechnen Sie den Energieverlust pro Umlauf für einen 10 GeV Elektronenbeschleuniger mit einem Radius R von 100 m.

(c) Wie (b), mit einem Radius von 1 km.

2.11 Beschreiben Sie eine typische Ionenquelle. Welche physikalischen Vorgänge sind daran beteiligt? Wie wird sie gebaut?

2.12 Auf welche Weise unterscheidet sich ein konventionelles Zyklotron von einem Synchrotron? Wodurch wird die maximale Energie des Zyklotrons beschränkt? Warum sind die Hochenergiebeschleuniger meistens Synchrotrons?

2.13 Was bedeutet Phasenstabilität? Erläutern Sie das Prinzip für Linearbeschleuniger und für Synchrotrons.

2.14 Was ist der "duty cycle" (Betriebszyklus) eines Beschleunigers? Erläutern Sie den duty cycle beim Van de Graaff-Generator, beim Linearbeschleuniger und beim Synchrotron. Skizzieren Sie die Strahlstruktur, d.h. die Intensität des austretenden Strahls als Funktion der Zeit, für diese drei Maschinen.

2.15 Wie wird der Strahl aus einem Synchrotron herausgeführt?

2.16 Wo und wie ist die Supraleitung wichtig für die Beschleunigerphysik?

2.17 Warum ist es teuer, sehr hochenergetische Elektronensynchrotrons oder sehr hochenergetische Protonen-Linearbeschleuniger zu bauen?

2.18 An verschiedenen Orten existieren moderne Zyklotrons, z.B. an der Indiana University (USA) und am Schweizer Institut für Nuklearforschung (SIN). Skizzieren Sie die Prinzipien, nach denen diese zwei Zyklotrons konstruiert sind. Auf welche Weise unterscheiden sie sich von klassischen Zyklotrons?

2.19 Erläutern Sie die Richtung der Emission und die Polarisation der Synchrotronstrahlung. Warum ist sie für die Festkörperforschung nützlich?

2.20 Vergleichen Sie das Verhältnis der ausnützbaren (kinetischen oder totalen) Energie im Schwerpunktsystem und im Laborsystem für den

(a) nichtrelativistischen Energiebereich.

(b) extrem relativistischen Energiebereich.

2.21 Ein Teilchenstrom von 10 A in jedem Speicherring des CERN ISR besitze eine Fokussierung der Strahlen auf einen Querschnitt von 1 cm^2 an der Kreuzungsstelle und eine Überlappung von 10 cm. Vergleichen Sie die Zahl der Stöße pro s mit der am NAL-Beschleuniger bei einem angenommenen Strom von 10^{-7} A, der auf ein 10 cm langes Target aus flüssigem Wasserstoff trifft. Nehmen Sie gleiche Wirkungsquerschnitte und gleiche Strahldurchmesser an.

3. Durchgang von Strahlung durch Materie

Im täglichen Leben machen wir laufend von unserem Verständnis des Durchgangs von Materie durch Materie Gebrauch. Wir versuchen nicht durch eine geschlossene Stahltür zu gehen, aber wir schieben uns dort durch, wo der Weg nur von einem Vorhang versperrt wird. Wir schlendern über eine Wiese mit hohem Gras, aber ein Kakteenfeld vermeiden wir sorgfältig. Schwierigkeiten gibt es dann, wenn wir die entsprechenden Gesetzmäßigkeiten nicht kennen; z. B. kann das Fahren auf der rechten Straßenseite in England oder Japan zu einem Unglück führen. Ähnlich ist die Kenntnis des Durchgangs von Strahlung durch Materie unerläßlich für die Planung und Durchführung von Experimenten. Bei der Erarbeitung des gegenwärtigen Wissens ging es nicht ohne Überraschungen und Unfälle ab. Die Pioniere der Röntgenstrahlung verbrannten sich ihre Hände und Körper; viele der ersten Zyklotronphysiker haben grauen Star. Es dauerte Jahre, bevor die verschwindend kleine Wechselwirkung des Neutrinos mit Materie experimentell beobachtet wurde, da es ein Lichtjahr von Materie mit nur geringer Dämpfung durchlaufen kann. Schließlich gab es noch den Kosmotronstrahl in Brookhaven, der zufällig einige km vom Beschleuniger entfernt entdeckt wurde, als er fröhlich Long Island hinunterwanderte.

Der Durchgang von geladenen Teilchen und von Photonen durch Materie wird von der Atomphysik beschrieben. Zwar gibt es einige Wechselwirkungen mit den Kernen, aber der hauptsächliche Energieverlust und die meisten Streueffekte entstehen aus den Wechselwirkungen mit den Elektronen der Atome. Wir werden deshalb in diesem Kapitel nur wenige Einzelheiten und keine theoretischen Herleitungen angeben, sondern nur die wichtigsten Begriffe und Gleichungen zusammenfassen.

3.1 *Begriffe*

Ein gutgebündelter Strahl durchquere eine Materieschicht. Die Eigenschaften des Strahls nach dem Durchgang hängen von der Art der Teilchen und der Schicht ab und wir betrachten zuerst zwei Extremfälle, die beide von großer Bedeutung sind. Im ersten Fall, siehe Bild 3.1 (a), erfährt jedes Teilchen viele Wechselwirkungen. Bei jeder Wechselwirkung verliert es einen kleinen Energiebetrag und wird um einen kleinen Winkel gestreut.

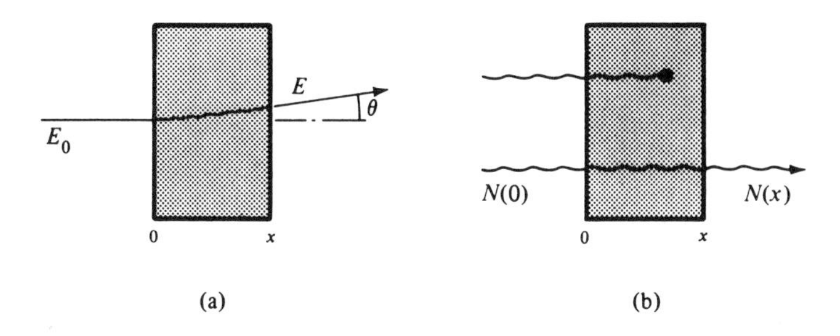

Bild 3.1 Durchgang eines gut gebündelten Strahls durch eine Schicht. Bei (a) erleidet jedes Teilchen viele Wechselwirkungen; bei (b) bleibt es entweder unverletzt oder wird vernichtet.

Im zweiten Fall, siehe Bild 3.1 (b), geht das Teilchen entweder ungeschoren durch die Schicht oder wird in einer "tödlichen" Begegnung vernichtet und geht dem Strahl verloren. Der erste Fall trifft z. B. für schwere geladene Teilchen zu, während der zweite etwa dem Verhalten von Photonen entspricht. (Elektronen liegen dazwischen.) Wir werden nun die beiden Fälle genauer erläutern.

Viele kleine Wechselwirkungen. Jede Wechselwirkung bewirkt einen Energieverlust und eine Ablenkung. Die Verluste und Ablenkungen addieren sich statistisch. Nach Durchlaufen des Absorbers wird der Strahl in seiner Energie geschwächt sein, nicht länger monoenergetisch sein und eine Winkelverteilung aufweisen. Die charakteristische Form des Strahls vor und nach dem Durchgang zeigt Bild 3.2. Die Anzahl der im Strahl verbliebenen Teilchen hängt von der Absorberdicke x ab. Bis zu einer gewissen Dicke werden praktisch alle Teilchen durchgelassen. Ab einer bestimmten Dicke werden nicht mehr alle Teilchen durchkommen. Bei der Dicke R_0, die man als mittlere Reichweite bezeichnet, wird gerade die Hälfte der Teilchen aufgehalten und schließlich treten bei ausreichend großer Dicke gar keine Teilchen mehr aus. Die Abhängigkeit der Anzahl der durchgehenden Teilchen von der Absorberdicke zeigt Bild 3.3. Die Fluktuation der Reichweite wird als straggling bezeichnet.

"Alles- oder-nichts"-Wechselwirkungen. Wenn durch eine Wechselwirkung dem Strahl Teilchen verloren gehen, so sieht das charakteristische Verhalten des durchgehenden Strahls anders aus, als oben beschrieben. Da die durchgegangenen Teilchen keine Wechselwirkungen erfahren haben, hat der austretende Strahl dieselbe Energie- und Winkelverteilung wie der einfallende. In jeder differentiellen Schichtdicke dx der Schicht ist die Zahl der wechselwirkenden Teilchen proportional zu der Anzahl der einfallenden Teilchen. Die Proportionalitätskonstante wird als Absorptionskoeffizient μ bezeichnet:

$$dN = -N(x)\mu \, dx.$$

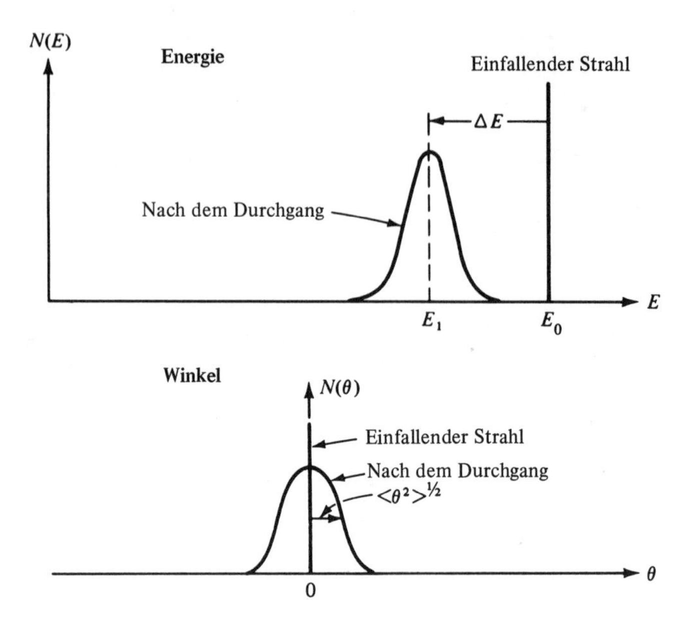

Bild 3.2 Energie und Winkelverteilung eines Strahls schwerer geladener Teilchen vor und nach Durchlaufen eines Absorbers.

Die Integration ergibt

(3.1) $$N(x) = N(0)e^{-\mu x}.$$

Die Anzahl der durchgehenden Teilchen nimmt also exponentiell ab, wie in Bild 3.4 gezeigt. Eine Reichweite kann nicht definiert werden, aber die mittlere Entfernung, die ein Teilchen zurücklegt, bevor es wechselwirkt, heißt mittlere freie Weglänge und ist gleich $1/\mu$.

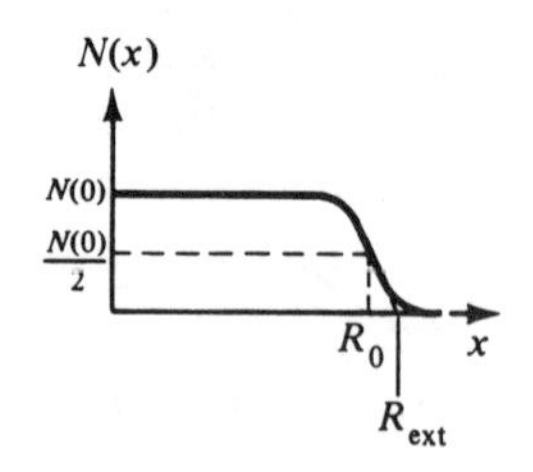

Bild 3.3 Reichweite schwerer geladener Teilchen. $N(x)$ ist die Anzahl von Teilchen, die durch einen Absorber der Dicke x geht. R_0 ist die mittlere Reichweite; R_{ext} nennt man die extrapolierte Reichweite.

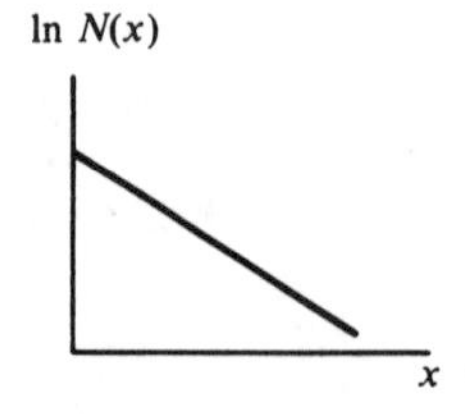

Bild 3.4 In Alles-oder-nichts-Wechselwirkungen nimmt die Zahl der durchgehenden Teilchen $N(x)$ exponentiell mit der Absorberdicke x ab.

3.2 Schwere geladene Teilchen

Schwere geladene Teilchen verlieren über die Coulombwechselwirkung Energie durch Stöße mit gebundenen Elektronen. Die Elektronen können dabei auf höhere diskrete Niveaus angehoben werden (Anregung) oder sie können aus dem Atom gestoßen werden (Ionisation). Die Ionisation überwiegt bei Teilchen mit großer Energie, verglichen mit der atomaren Bindungsenergie. Die Energieverlustrate durch Stöße mit Elektronen wurde klassisch von Bohr und quantenmechanisch von Bethe und Bloch berechnet. [1]) Das Ergebnis, üblicherweise als Bethe-Bloch-Gleichung bezeichnet, lautet

$$-\frac{dE}{dx} = \frac{4\pi n z^2 e^4}{m_e v^2}\left\{\ln \frac{2m_e v^2}{I[1-(v/c)^2]} - \left(\frac{v}{c}\right)^2\right\}. \quad (3.2)$$

Hier ist $-dE$ der Energieverlust in der Dicke dx, n ist die Anzahl der Elektronen pro cm^3 in der bremsenden Substanz; m_e ist die Elektronenmasse; ze und v sind die Ladung bzw. die Geschwindigkeit der Teilchen und I ist das mittlere Anregungspotential der Atome in der bremsenden Substanz. (Gleichung 3.2 ist eine Näherung, aber sie genügt für unsere Zwecke.)

Für praktische Anwendungen wird die Dicke des Absorbers nicht in Längeneinheiten gemessen, sondern in Einheiten von ρx, wobei ρ die Dichte ist. ρx wird gewöhnlich in g/cm^2 angegeben und wird bestimmt, indem man die Masse und den Querschnitt des Absorbers mißt und das Verhältnis der beiden Werte bildet. Der spezifische Energieverlust

$$\frac{dE}{d(\rho x)} = \frac{1}{\rho}\frac{dE}{dx}$$

wird tabelliert oder als Kurve dargestellt.

Bild 3.5 gibt den spezifischen Energieverlust von Protonen in Wasserstoff und Blei als Funktion der kinetischen Energie E_{kin} wieder. Bild 3.5 und Gl. 3.2 zeigen deutlich, wovon der Energieverlust schwerer Teilchen in Materie abhängt. Der spezifische Energieverlust ist proportional zur Anzahl der Elektronen im Absorber und proportional zum Quadrat der Teilchenladung. Bei einer bestimmten Energie, für Protonen etwa 1 GeV, gibt es ein Ionisationsminimum. Unterhalb des Minimums ist $dE/d(\rho x)$ proportional zu $1/v^2$. Folglich nimmt der Energieverlust eines nichtrelativistischen Teilchens in Materie zu, wenn es abgebremst wird. Gleichung 3.2 verliert jedoch ihre Gültigkeit, wenn die Teilchengeschwindigkeit vergleichbar oder kleiner als die Geschwindigkeit der Elektronen im Atom wird. Der Energieverlust nimmt dann wieder ab und die Kurve in Bild 3.5 nimmt unterhalb von etwa 1 MeV weniger stark zu. Oberhalb

1 N. Bohr, *Phil. Mag.* **25**, 10 (1913); H.A. Bethe, *Ann. Physik* **5**, 325 (1930); F. Bloch, *Ann. Physik* **16**, 285 (1933).

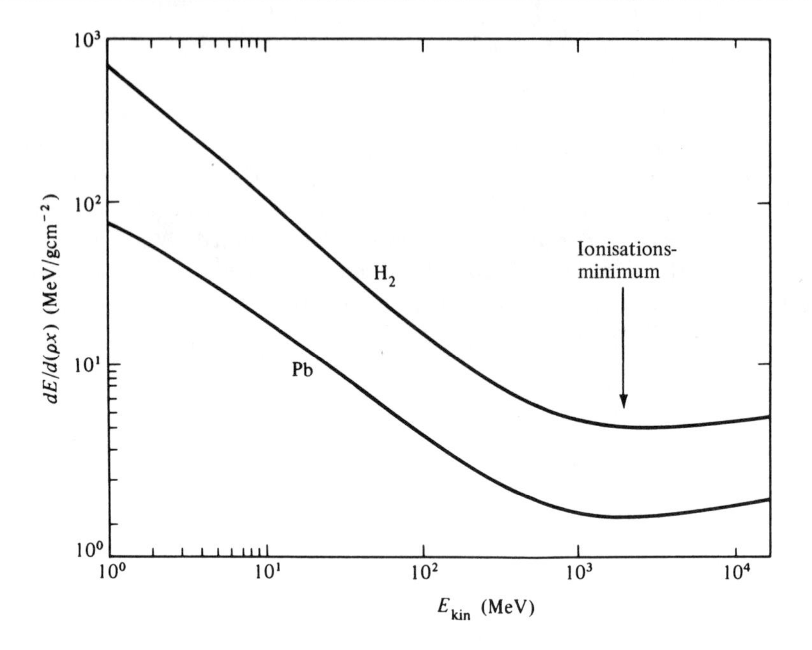

Bild 3.5 Spezifischer Energieverlust $dE/d(\rho x)$ von Protonen in Wasserstoff und Blei.

des Ionisationsminimums steigt $dE/d(\rho x)$ langsam an. Es ist oft nützlich, sich daran zu erinnern, daß der Energieverlust am Minimum und wenigstens zwei Größenordnungen darüber für alle Stoffe derselbe ist und zwar von der Größenordnung

$$(3.3) \qquad -\frac{dE}{d(\rho x)} \text{ (beim Minimum)} \approx 2 \text{ MeV/g cm}^{-2}.$$

Gleichung 3.2 zeigt auch, daß der spezifische Energieverlust nicht von der Masse des Teilchens abhängt (vorausgesetzt, sie ist viel größer als die des Elektrons), sondern nur von seiner Ladung und Geschwindigkeit. Die Kurven in Bild 3.5 gelten also außer für Protonen auch für andere schwere Teilchen, wenn die Energieskala entsprechend verschoben wird.

Die Reichweite eines Teilchens in einer gegebenen Substanz erhält man aus Gl. 3.2 durch Integration:

$$(3.4) \qquad R = \int_{T_o}^{0} \frac{dT}{(dT/dx)}.$$

Hier ist T die kinetische Energie und der Index o bezieht sich auf den Anfangswert. Einige nützliche Angaben über Reichweite und speziellen Energieverlust sind in Bild 3.6 zusammengefaßt.

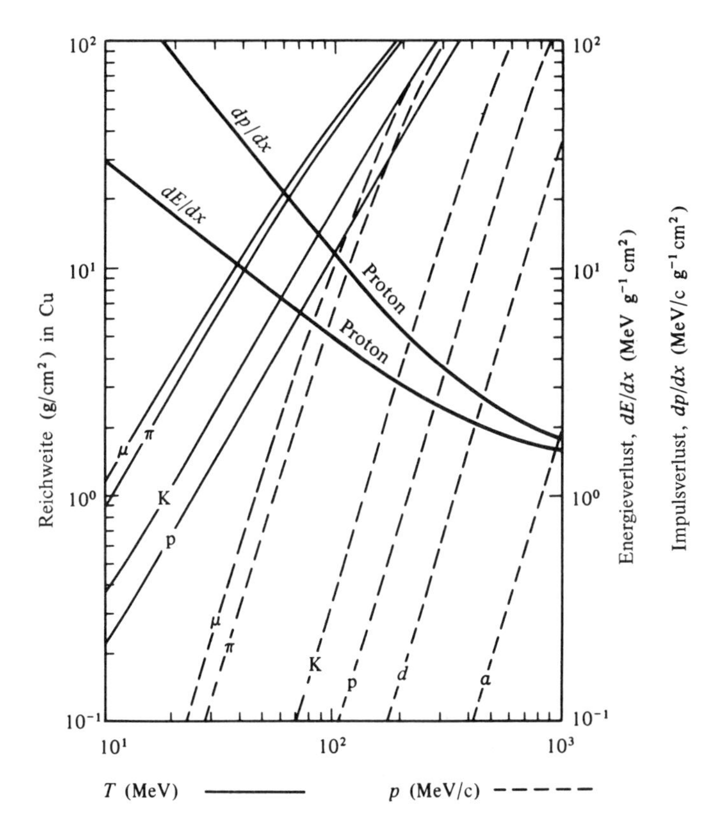

Bild 3.6 Spezifischer Energieverlust und Reichweite von schweren Teilchen in Kupfer. (Aus M. Roos et al., *Phys. Letters* **33B**, 18 (1970).) Die Größe x ist identisch mit ρx im Text.

Zwei weitere Größen werden in Bild 3.2 gezeigt, die Verbreiterung des Energie- und Winkelbereichs, aber sie sind nicht wesentlich für den ersten Überblick über die subatomare Welt. Deshalb werden sie hier nicht erläutert; die Erklärungen dazu findet man in den Literaturstellen in Abschnitt 3.5.

3.3 *Photonen*

Photonen wechselwirken hauptsächlich durch drei Reaktionen mit Materie:

1. Photoeffekt.
2. Compton-Effekt.
3. Paarerzeugung.

Die vollständige Behandlung der drei Prozesse ist ziemlich kompliziert und erfordert den Apparat der Quantenelektrodynamik. Die wesentlichen

Tatsachen sind jedoch einfach. Im Photoeffekt wird das Photon von einem Atom absorbiert und ein Elektron wird aus einer Schale geworfen. Im Compton-Effekt wird das Photon an einem Elektron des Atoms gestreut. Bei der Paarerzeugung zerfällt das Photon in ein Elektron-Positron-Paar. Diese Reaktion ist im freien Raum unmöglich, da Energie und Impuls beim Zerfall des Photons in zwei massive Teilchen nicht gleichzeitig erhalten bleiben können. Im Coulombfeld eines Kerns, der für den Ausgleich der Energie- und Impulsbilanz sorgt, tritt Paarerzeugung jedoch auf.

Die Energieabhängigkeit der Reaktionen 1 - 3 ist sehr verschieden. Bei niedriger Energie, unterhalb weniger keV, überwiegt der Photoeffekt, der Compton-Effekt ist dort klein und die Paarerzeugung energetisch nicht möglich. Ab der Energie $2m_ec^2$ wird die Paarerzeugung möglich und sie überwiegt bald völlig.

Zwei der drei Reaktionen, der Photoeffekt und die Paarerzeugung, vernichten die wechselwirkenden Photonen. In der Compton-Streuung verliert das gestreute Photon Energie. Die Alles-oder-nichts-Situation, wie sie in Abschnitt 3.1 beschrieben und in Bild 3.1 (b) dargestellt wird, ist deshalb hier eine gute Näherung und der austretende Strahl sollte ein exponentielles Verhalten zeigen, wie in Gl. 3.1 angegeben. Der Absorptionskoeffizient μ ist die Summe aus den drei Gliedern

$$\mu = \mu_{\text{Photo}} + \mu_{\text{Compton}} + \mu_{\text{Paar}} \tag{3.5}$$

und jeder einzelne Koeffizient läßt sich genau berechnen. Das Verhalten der drei einzelnen und des gesamten Absorptionskoeffizienten wird in Bild 3.7 gezeigt. Die Photonenenergie $\hbar\omega$ ist, wie allgemein üblich, in Einheiten von $m_ec^2 = 0,511$ MeV dargestellt.

3.4 *Elektronen*

Die Vorgänge, die zum Energieverlust bei Elektronen führen, unterscheiden sich von denen bei schweren Teilchen aus mehreren Gründen. Der wichtigste Unterschied ist der Energieverlust durch Strahlung. Dieser Mechanismus ist für schwere Teilchen unerheblich, für hochenergetische Elektronen dagegen der vorherrschende. Die Strahlung macht es notwendig, zwei Energiebereiche getrennt zu betrachten. Bei Energiewerten weit unterhalb der kritischen Energie E_c, die näherungsweise durch

$$E_c \approx \frac{600 \text{ MeV}}{Z} \tag{3.6}$$

gegeben ist, überwiegt die Anregung und Ionisation der gebundenen Absorberelektronen. In Gl. 3.6 ist Z die Ladungszahl der bremsenden Atome. Oberhalb der kritischen Energie überwiegen dann die Strahlungsverluste. Wir werden deshalb beide Bereiche getrennt behandeln.

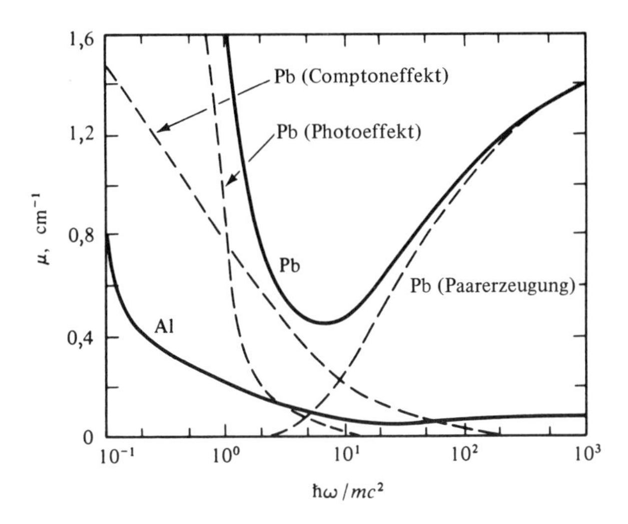

Bild 3.7 Der Gesamtabsorptionskoeffizient für γ-Strahlen in Blei und Aluminium als Funktion der Energie (durchgezogene Linien). Die Absorption durch den Photoeffekt in Aluminium ist bei dem hier betrachteten Energiebereich vernachlässigbar. Die gestrichelten Linien zeigen für Pb die Beiträge des Photoeffekts, der Compton-Streuung und der Paarerzeugung gesondert. Die Abszisse ist eine logarithmische Energieskala: $\hbar\omega/mc^2 = 1$ entspricht 511 keV. (Aus W. Heitler, *The Quantum Theory of Radiation*, The Clarendon Press, Oxford, 1936, p. 216.)

Ionisationsbereich ($E < E_c$). In diesem Bereich ist der Energieverlust eines Elektrons und eines Protons gleicher Geschwindigkeit etwa derselbe und Gl. 3.2 kann mit einigen kleinen Abänderungen übernommen werden. Es gibt jedoch einen gewichtigen Unterschied, der in Bild 3.8 skizziert ist. Der Weg eines schweren Teilchens ist gerade und $N(x)$ als Funktion von x ist in Bild 3.3 aufgetragen. Das Elektron erleidet auf Grund seiner kleinen Masse viele Streuungen um beträchtliche Winkel. Das Verhalten der durchgehenden Elektronen als Funktion der Absorberdicke ist in Bild 3.8 skizziert. Dort wird eine extrapolierte Reichweite R_p definiert. Etwa zwischen 0,6 und 12 MeV folgt die extrapolierte Reichweite in Aluminium der linearen Beziehung

(3.7) $$R_p\,(\text{in g/cm}^2) = 0{,}526\, E_{\text{kin}}\,(\text{in MeV}) - 0{,}094.$$

Strahlungsbereich ($E > E_c$). Auf ein geladenes Teilchen, das an einem Kern mit der Ladung Ze vorbeifliegt, wirkt die Coulombkraft und lenkt es ab, siehe Bild 3.9(a). Dieser Vorgang wird als Coulombstreuung bezeichnet. Die Ablenkung beschleunigt (bzw. bremst) das vorbeifliegende Teilchen. Wie in Abschnitt 2.5 ausgeführt wurde, strahlen beschleunigte geladene Teilchen. Im Fall des Elektrons im Synchrotron heißt die Strahlung Synchrotronstrahlung; im Fall des geladenen Teilchens, das im Coulombfeld des Kerns gestreut wird, heißt sie Bremsstrahlung.

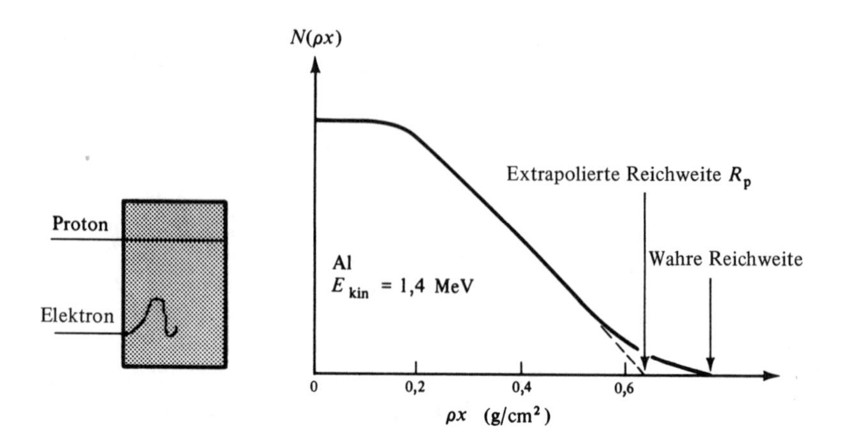

Bild 3.8 Durchgang eines Protons und eines Elektrons mit gleicher Gesamtweglänge durch einen Absorber. Das Verhalten von $N(x)$ für Elektronen ist rechts gegeben.

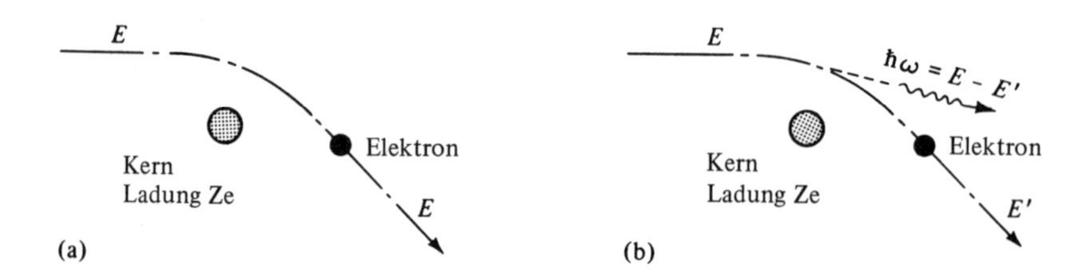

Bild 3.9 Coulombstreuung. (a) Elastische Streuung. (b) Das beschleunigte Elektron strahlt Energie in Form eines Photons ab (Bremsstrahlung).

Die Gleichungen 2.21 und 2.22 zeigen, daß bei gleicher Beschleunigung die an die Photonen abgegebene Energie proportional zu $(E/mc^2)^4$ ist. Die Bremsstrahlung ist deshalb ein wichtiger Mechanismus für den Energieverlust der Elektronen, aber nur sehr klein bei schweren Teilchen wie Myonen, Pionen oder Protonen.

Tatsächlich wurde Gl. 2.21 mit Hilfe der klassischen Elektrodynamik berechnet. Die Bremsstrahlung muß jedoch quantenmechanisch behandelt werden. Bethe und Heitler haben dies durchgeführt und die wesentlichen Ergebnisse sind die folgenden. [2]) Die Anzahl der Photonen mit Energiewerten zwischen $\hbar\omega$ und $\hbar(\omega + d\omega)$, die von einem Elektron der Energie E im Feld eines Kerns mit der Ladung Ze erzeugt werden, ist proportional zu Z^2/ω:

$$N(\omega)d\omega \propto Z^2 \frac{d\omega}{\omega}. \quad (3.8)$$

2 H.A. Bethe and W. Heitler, *Proc. Roy. Soc.* (London) **A146**, 83 (1934).

Durch die Aussendung dieser Photonen verlieren die Elektronen Energie und der Abstand, in dem die Energie um den Faktor e abnimmt, heißt Strahlungslänge und wird üblicherweise als X_0 bezeichnet. Für eine große Elektronenenergie ist der Strahlungsverlust, in Einheiten von X_0,

$$(3.9)\qquad -\left(\frac{dE}{dx}\right)_{\mathrm{rad}} \approx \frac{E}{X_0} \quad \text{oder} \quad E = E_0 e^{-x/X_0}.$$

Die Strahlungslänge wird entweder in g/cm² oder in cm angegeben; ein paar Werte von X_0 und der kritischen Energie E_c sind in Tabelle 3.1 aufgeführt.

Tabelle 3.1 Werte für die kritische Energie E_c und die Strahlungslänge X_0 für verschiedene Substanzen

Material	Z	Dichte (g/cm^3)	Kritische Energie (MeV)	Strahlungslänge g/cm^2	Strahlungslänge cm
H_2 (flüssig)	1	0,071	340	62,8	887
He (flüssig)	2	0,125	220	93,1	745
C	6	1,5	103	43,3	28
Al	13	2,70	47	24,3	9,00
Fe	26	7,87	24	13,9	1,77
Pb	82	11,35	6,9	6,4	0,56
Luft		0,0012	83	37,2	30 870
Wasser		1	93	36,4	36,4

Nach Gl. 3.9 nimmt die Energie eines hochenergetischen Elektrons exponentiell ab und nach etwa sieben Strahlungslängen ist nur noch ein Tausendstel der Anfangsenergie übrig. Betrachtet man jedoch nur das primäre Elektron, so führt dies zu Fehlschlüssen. Viele der Bremsstrahlungsphotonen haben eine Energie weit über 1 MeV und können ihrerseits Elektron-Positron-Paare erzeugen (Abschnitt 3.3). Tatsächlich hängt die mittlere freie Weglänge, d.h. die mittlere Entfernung X_p, die ein Photon zurücklegt, bevor es ein Paar erzeugt, auch mit der Strahlungslänge zusammen:

$$(3.10)\qquad X_p = \tfrac{9}{7} X_0.$$

In aufeinanderfolgenden Schritten erzeugt ein hochenergetisches Elektron einen ganzen Schauer. (Natürlich kann der Schauer auch durch ein Photon ausgelöst werden.) Die genaue Theorie eines solchen Schauers ist sehr kompliziert und wird in der Praxis mit Computern durchgerechnet. Bild 3.10 zeigt die Anzahl n der Elektronen in einem Schauer als Funktion der Absorberdicke. Die Energie E_0 der einfallenden Elektronen wird in Einheiten der kritischen Energie gemessen; die Dicke ist in Einheiten der Strahlungslänge X_0 angegeben. Bild 3.10 demonstriert das Anwachsen und den Tod eines Schauers. Die Elektronenzahl nimmt am Anfang sehr schnell zu. Mit der fortschreitenden Entwicklung der Kaskade nimmt die

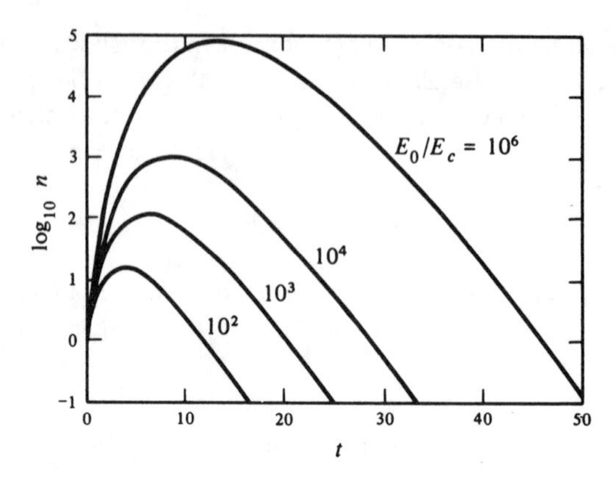

Bild 3.10 Anzahl n von Elektronen in einem Schauer als Funktion der durchquerten Dicke t, in Strahlungslängen. (Diese Kurven wurden der Arbeit von B. Rossi und K. Greisen, *Rev. Modern Phys.* 13, 240 (1941) entnommen.)

mittlere Energie pro Elektron (oder pro Photon) ab. Ab einem bestimmten Punkt wird sie so klein, daß die Photonen keine Paare mehr erzeugen können und der Schauer stirbt.

3.5 *Literaturhinweise*

Die Ideen, die der Berechnung des Energieverlustes geladener Teilchen in Materie zugrundeliegen, sind bei N. Bohr, "Penetration of Atomic Particles Through Matter", *Kgl. Danske Videnskab. Selskab Mat-fys Medd.* XVIII, No. 8 (1948), und bei E. Fermi, *Nuclear Physics*, ein von J. Orear, A.H. Rosenfeld, and R.A. Schluter, University of Chicago Press, 1950, gesammeltes Skriptum, klar beschrieben.

Einzelheiten über den Durchgang von Strahlung durch Materie, Tabellen, Bilder und weitere Literaturhinweise findet man in folgenden Artikeln:

H.A. Bethe und J. Ashkin, in *Experimental Nuclear Physics*, Vol. 1 (E. Segrè, ed.), Wiley, New York, 1953. Dieser Artikel ist das grundlegende Werk und die meisten späteren Veröffentlichungen beziehen sich auf ihn.

R.M. Sternheimer, in *Methods of Experimental Physics*, Vol. 5: Nuclear Physics (L.C.L. Yuan and C.S. Wu, eds.); Academic Press, New York, 1961.

G. Knop und W. Paul; ferner C.M. Davisson, in *Alpha-, Beta- and Gamma-Ray Spectroscopy* (K. Siegbahn, ed.), North-Holland, Amsterdam, 1965.

Weitere Literaturhinweise werden in W. P. Trower, "Resource Letter PD-1 on Particle Detectors", *Am. J. Phys.* 38, 795 (1970), aufgezählt und beschrieben.

Kurven, Tabellen und Gleichungen, die den Durchgang von Strahlung durch Materie betreffen, stehen auch in *American Institute of Physics Handbook*, 3rd ed., McGraw-Hill, New York, 1972, Section 8.

Aufgaben

3.1 Ein Beschleuniger erzeugt einen Strahl von Protonen mit der kinetischen Energie 100 MeV. Für ein bestimmtes Experiment wird eine Protonenenergie von 50 MeV verlangt. Berechnen Sie die Dicke eines
(a) Kohle- und
(b) Bleiabsorbers,
jeweils in cm und in g/cm^2, die zur Abschwächung der Strahlenergie von 100 auf 50 MeV nötig sind. Welcher Absorber ist vorzuziehen? Warum?

3.2 Ein Zähler muß in einem Myonenstrahl von 100 MeV kinetischer Energie aufgestellt werden. Es soll jedoch kein Myon den Zähler erreichen. Wieviel Kupfer braucht man, um alle Myonen aufzuhalten?

3.3 Wir haben festgestellt, daß der Durchgang geladener Teilchen durch Materie von atomaren und nicht von nuklearen Wechselwirkungen beherrscht wird. Wann gilt dies nicht mehr, d.h. wann werden die Wechselwirkungen mit den Kernen wichtig?

3.4 Am Ende eines Beschleunigers braucht man eine Strahlabschirmung, um zu verhindern, daß die Teilchen sich selbständig machen. Wie viele m fester Erde würde man am NAL brauchen, um die 200 GeV Protonen aufzuhalten, wenn man nur elektromagnetische Wechselwirkungen annimmt? Warum ist die tatsächliche Strahlabschirmungslänge kleiner?

3.5 Myonen aus der kosmischen Strahlung werden noch in mehr als 1 km unter der Erde liegenden Bergwerken beobachtet. Wie groß ist die minimale Anfangsenergie dieser Myonen? Warum beobachtet man keine Protonen oder Pionen aus der kosmischen Strahlung in diesen unterirdischen Laboratorien?

3.6 Erläutern Sie die einfachste Herleitung von Gl. 3.2.

3.7 Zeigen Sie, daß die mittlere freie Weglänge eines Teilchens, dessen Absorption nach Gl. 3.1 exponentiell verläuft, durch $1/\mu$ gegeben ist.

3.8 Ein Protonenstrahl von 1 mA mit der kinetischen Energie 800 MeV geht durch einen Kupferwürfel von 1 cm^3. Berechnen Sie die maximal pro s an das Kupfer abgegebene Energie. Nehmen Sie an, der Kupferwürfel sei thermisch isoliert und berechnen Sie den Temperaturanstieg pro s.

3.9 Vergleichen Sie den Energieverlust des nichtrelativistischen π^+, K^+, d, $^3He^{2+}$, $^4He^{2+} \equiv \alpha$ mit dem der Protonen gleicher Energie in demselben Material.

3.10 In einem Experiment treten α-Teilchen der Energie 20 MeV durch eine Kupferfolie von 1 mm Dicke in eine Streukammer ein.
(a) Bestimmen Sie mit Gl. 3.2 die Energie des Protonenstrahls, der denselben Energieverlust wie der α-Strahl hat.
(b) Berechnen Sie den Energieverlust.

3.11 Skizzieren Sie die Ionisation entlang dem Weg eines schweren geladenen Teilchens (Bragg-Kurve) mit Hilfe von Gl. 3.2 und Bild 3.5. Was passiert bei sehr niedriger Energie, d.h. gegen Ende der Teilchenspur? Das Verhalten für sehr kleine Energie ist nicht in Gl. 3.2 oder Bild 3.5 enthalten - es muß den Literaturstellen in Abschnitt 3.5 entnommen werden.

3.12 Berechnen Sie mit Hilfe von Gl. 3.2 zahlenmäßig den Energieverlust von Protonen mit 20 MeV in Aluminium ($I = 150$ eV).

3.13 Eine radioaktive Quelle emittiert γ-Strahlen von 1,1 MeV Energie. Die Intensität dieser γ-Strahlen muß durch einen Bleibehälter um den Faktor 10^4 reduziert werden. Wie dick (in cm) müssen die Wände des Behälters sein?

3.14 ^{57}Fe hat eine γ-Strahlung von 14 keV Energie. Eine Quelle befindet sich in einem Metallzylinder. Wünschenswert wäre eine Austrittsrate von 99%. Wie dünn müssen dann die Wände des Zylinders aus
(a) Aluminium
(b) Blei
sein?

3.15 Eine Quelle emittiert γ-Strahlen von 14 und 6 keV. Die γ-Strahlen mit 6 keV sind 10 mal intensiver als die Strahlen mit 14 keV. Suchen Sie einen Absorber, der die Intensität der Strahlung von 6 keV um den Faktor 10^3 verkleinert, aber die Strahlung von 14 keV so wenig wie möglich stört. Welche Wahl treffen Sie? Um welchen Faktor wird die Intensität der 14 keV reduziert?

3.16 Die drei in Abschnitt 3.3 besprochenen Prozesse sind nicht die einzigen Wechselwirkungen von Photonen. Zählen Sie andere Photonenwechselwirkungen auf und erläutern Sie sie kurz.

3.17 Eine radioaktive Quelle enthält zwei γ-Strahler gleicher Intensität, mit den Energiewerten 85 bzw. 90 keV. Berechnen Sie die Intensität der zwei γ-Linien nach Durchlaufen eines Bleiabsorbers von 1 mm Dicke. Erläutern Sie das Ergebnis.

3.18 Elektronen mit der kinetischen Energie 1 MeV sollen in einem Absorber aufgehalten werden. Wie dick (in cm) muß der Absorber sein?

3.19 Wie groß ist die Energie eines Elektrons, das etwa dieselbe gesamte (wahre) Weglänge wie ein Proton von 10 MeV zurücklegt?

3.20 Ein Elektron mit 10^3 GeV Energie trifft auf die Meeresoberfläche. Beschreiben Sie das Schicksal des Elektrons. Wie groß ist die maximale Anzahl von Elektronen in dem resultierenden Schauer? In welcher Tiefe (in m) tritt das Maximum auf?

3.21 Ein Elektron von 10 GeV aus dem Stanford-Linearbeschleuniger (SLAC) geht durch eine 1 cm dicke Aluminiumplatte. Wieviel Energie geht verloren?

3.22 Zeigen Sie, daß die Paarerzeugung ohne Anwesenheit eines Kerns, der den Rückstoßimpuls aufnimmt, nicht möglich ist.

3.23 Zeigen Sie, daß die Energie, die maximal von einem Elektron bei einem Stoß mit einem Teilchen der kinetischen Energie T und der Masse M ($M \gg m_e$) aufgenommen werden kann, $(4m_e/M)T$ ist.

4. Detektoren

Was würde ein Physiker tun, den man bittet, Geister oder Telepathie zu untersuchen? Wir können es vermuten. Er würde wahrscheinlich (1) die Literatur durchsehen und (2) versuchen, einen Detektor zur Beobachtung von Geistern und zum Empfang telepathischer Signale zu entwickeln. Der erste Schritt ist von zweifelhaftem Wert, da er leicht von der Wahrheit wegführen kann. Der zweite Schritt jedoch wäre wesentlich. Ohne einen Detektor, der dem Physiker die Messung seiner Beobachtungen erlaubt, würde die Ankündigung der Entdeckung von Geistern von Physical Review Letters zurückgewiesen werden. Genauso wichtig sind Detektoren in der experimentellen subatomaren Physik, deren Geschichte weitgehend die Geschichte von immer weiterentwickelten Detektoren ist. Selbst ohne Beschleuniger, nur mit den spärlichen Teilchen der kosmischen Strahlung, kann man schon sehr viel lernen, indem man die Detektoren vergrößert und verbessert. In diesem Kapitel werden vier verschiedene Typen von Detektoren besprochen. Wegen der willkürlichen Beschränkung auf vier, können hier viele schöne und elegante Apparate nicht behandelt werden. Wenn man jedoch die Ideen hinter den typischen Geräten verstanden hat, begreift man leicht weitere Einzelheiten über andere. Wir fügen dann noch einen kurzen Abschnitt über Elektronik an, da diese ein integraler Bestandteil jedes Detektorsystems ist.

4.1 *Der Szintillationszähler*

Der erste Szintillationszähler, Spinthariskop genannt, wurde 1903 von Sir William Crookes gebaut. Er bestand aus einem ZnS-Schirm und einem Mikroskop; trafen α-Teilchen auf den Schirm, so sah man einen Lichtblitz. 1910 führten Geiger und Marsden das erste Koinzidenzexperiment durch. Wie Bild 4.1 zeigt, verwendeten sie zwei Schirme, S_1 und S_2, mit zwei Beobachtern an den Mikroskopen M_1 und M_2. Wenn das radioaktive Gas zwischen den beiden Schirmen innerhalb einer "kurzen" Zeit zwei α-Teilchen aussandte und jedes auf einen Schirm traf, sahen beide Beobachter einen Blitz. Wahrscheinlich verständigten sie sich durch Zuruf über die Ankunfszeit der Teilchen.

Das menschliche Auge ist langsam und unzuverlässig und der Szintillationszähler wurde deshalb für viele Jahre aufgegeben. Er wurde jedoch 1944 mit

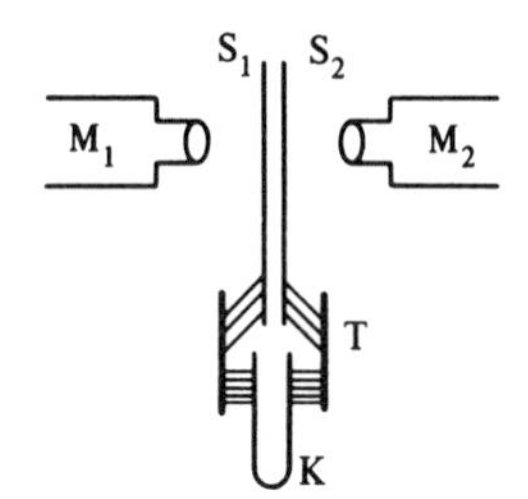

Bild 4.1 Koinzidenzmessung mit dem Auge. (Aus E. Rutherford, *Handbuch der Radiologie*, Band II, Akademische Verlagsgesellschaft, Leipzig, 1913.)

einem Photomultiplier (Sekundärelektronenvervielfacher, SEV) anstelle des Auges wieder eingeführt. Den grundlegenden Aufbau eines modernen Szintillationszählers zeigt Bild 4.2. Ein Szintillator ist mit einem (oder mehreren) Photomultipliern über einen Lichtleiter verbunden. Ein Teilchen, das durch den Szintillator geht, erzeugt Anregungen. Diese werden durch Ausstrahlung von Photonen wieder abgegeben. Die Photonen werden dann durch einen entsprechend geformten Lichtleiter zur Photokathode des Photomultipliers übertragen. Dort lösen sie Elektronen aus, die beschleunigt und in die erste Dynode fokussiert werden. Jedes primäre Elektron, das auf eine Dynode trifft, löst zwei bis fünf Sekundärelektronen aus. Ein moderner Photomultiplier hat bis zu 14 Vervielfältigungstufen und erreicht

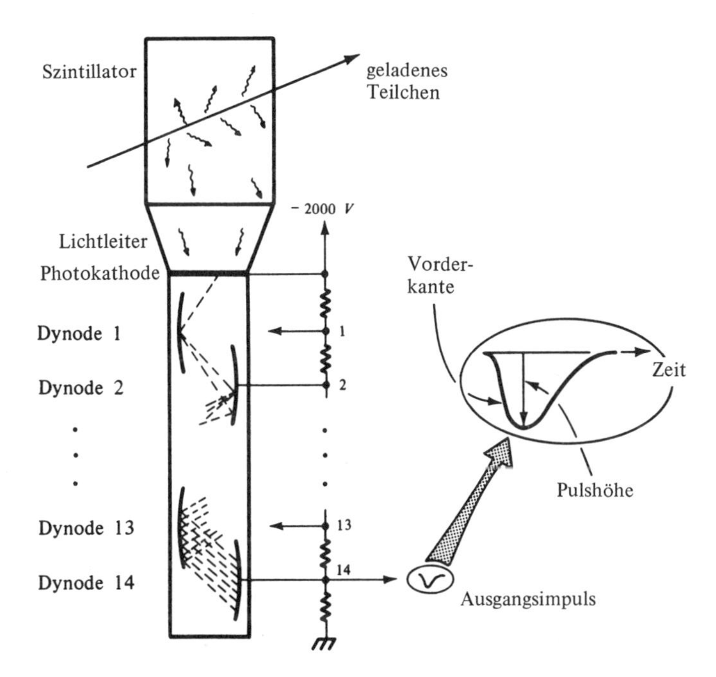

Bild 4.2 Szintillationszähler. Ein Teilchen, das durch den Szintillator geht, erzeugt Licht, das durch einen Lichtleiter auf einen Photomultiplier übertragen wird.

eine Gesamtverstärkung bis zu 10^9. Die wenigen einfallenden Photonen erzeugen also einen meßbaren Impuls am Ausgang des Photomultipliers. Die Form des Impulses ist in Bild 4.2 schematisch dargestellt. Die Impulshöhe ist proportional der im Szintillator abgegebenen Gesamtenergie.

Zwei Arten von Szintillationszählern werden allgemein verwendet, Natriumjodid und Plastikmaterialien. Natriumjodidkristalle werden üblicherweise mit etwas Thallium dotiert und als NaJ(Tl) bezeichnet. Die Tl-Atome dienen als Leuchtzentren. Die Nachweiswahrscheinlichkeit dieser anorganischen Kristalle für γ-Strahlen ist groß, aber die Impulse fallen langsam ab, in etwa 0,25 μs. Ferner ist NaJ(Tl) hygroskopisch und große Kristalle sind sehr teuer. Plastikszintillatoren, z.B. Polystyrene mit Terphenylen, sind billig. Man kann sie als große Folien kaufen und zu nahezu jeder gewünschten Form verarbeiten. Der Szintillator mit den Lichtleitern kann dann wie ein Kunstwerk aussehen (Bild 4.3). Die Abklingzeit beträgt wenige ns, aber dafür ist die Nachweiswahrscheinlichkeit für Photonen niedrig. Sie werden deshalb hauptsächlich zum Nachweis geladener Teilchen benutzt.

Hier sind ein paar Bemerkungen über das Beobachtungsverfahren von γ-Strahlen in NaJ(Tl)-Kristallen angebracht. Für γ-Strahlen von weniger als 1 MeV sind nur der Photoeffekt und der Compton-Effekt zu berücksichtigen. Der Photoeffekt liefert ein Elektron mit der Energie $E_e = E_\gamma - E_b$, wobei E_b die Bindungsenergie des Elektrons vor dem Stoß mit dem Photon ist. Das Elektron wird in der Regel im Kristall vollständig absorbiert. Die an den Kristall abgegebene Energie erzeugt eine Anzahl von Lichtquanten,

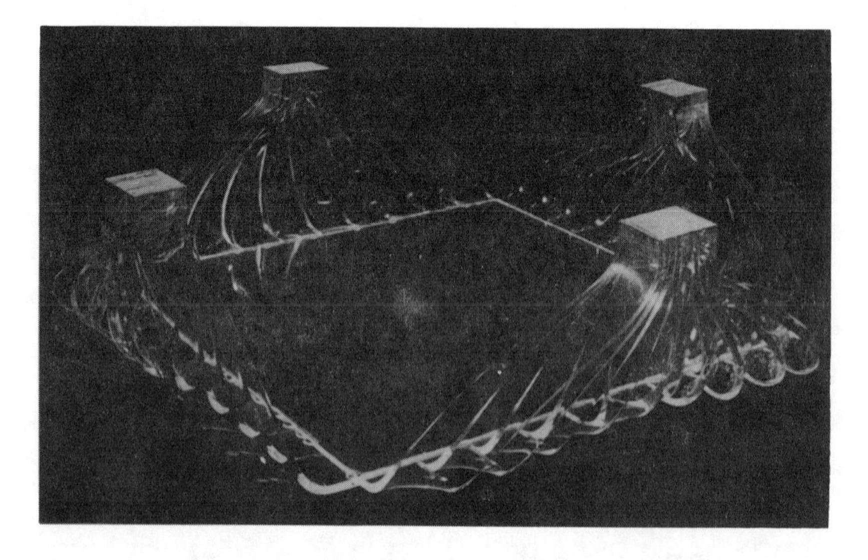

Bild 4.3 Lichtleiter zum Transport des Lichts von den Szintillatoren zu den Photomultipliern. (Mit freundlicher Genehmigung von New England Nuclear, Pilot Chemicals Division.)

die man im Photomultiplier sieht. Die Photonen ihrerseits liefern einen Impuls proportional zu E_e mit einer bestimmten Breite ΔE. Diesen Photopeak mit der vollen Energie zeigt Bild 4.4. Die Energie der Elektronen aus dem Compton-Effekt hängt von dem Winkel ab, um den sie gestreut werden. Der Compton-Effekt liefert also ein Spektrum, wie in Bild 4.4 angegeben. Die Breite des Photopeaks, auf halber Höhe des Maximalwerts gemessen, hängt von der Anzahl der vom einfallenden γ-Strahl erzeugten Lichtquanten ab. Typische Werte für $\Delta E/E_\gamma$ sind etwa 20% bei $E_\gamma = 100\,\text{keV}$ und 6 - 8% bei 1 MeV. Bei Energiewerten über 1 MeV kann der einfallende γ-Strahl ein Elektron-Positron-Paar erzeugen. Das Elektron wird absorbiert und das Positron zerstrahlt in zwei Photonen von 0,51 MeV. Diese Photonen können unter Umständen aus dem Kristall entweichen. Die abgegebene Energie ist E_γ, wenn kein Photon entkommt, $E_\gamma - m_ec^2$, wenn eines entkommt und $E_\gamma - 2m_ec^2$, falls beide Vernichtungsphotonen entkommen.

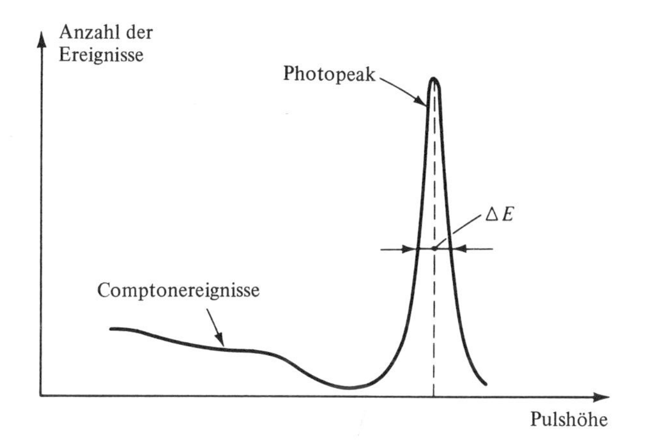

Bild 4.4 Szintillationsspektrum des NaJ(Tl)-Kristalls.

Zur Energieauflösung $\Delta E/E$ sind einige zusätzliche Überlegungen notwendig. Reicht eine Auflösung von 10% aus, um γ-Strahlen aus Kernen zu untersuchen? In einigen Fällen trifft dies zu. Bei vielen Gelegenheiten haben jedoch γ-Strahlen so nahe beieinanderliegende Energiewerte, daß ein Szintillationszähler sie nicht trennen kann. Bevor wir einen Zähler mit besserer Auflösung besprechen, müssen wir erst verstehen, was zur Breite beiträgt. Der Ablauf der Ereignisse in einem Szintillationszähler geht folgendermaßen vor sich: Die einfallenden γ-Strahlen erzeugen ein Photoelektron mit der Energie $E_e \approx E_\gamma$. Das Photoelektron erzeugt über Anregung und Ionisation n_{lq} Lichtquanten, jedes mit einer Energie von $E_{\text{lq}} \approx 3$ eV ($\lambda \approx 400$ nm). Um Verwechslungen zu vermeiden, nennen wir das einfallende Photon γ-S t r a h l und das optische Photon L i c h t q u a n t. Die Anzahl der Lichtquanten ist durch

$$n_{1q} \approx \frac{E_\gamma}{E_{1q}} \epsilon_{\text{Licht}}$$

gegeben, wobei ϵ_{Licht} der Wirkungsgrad ist, mit dem die Anregungsenergie in Lichtquanten verwandelt wird. Von den n_{1q} Lichtquanten wird nur der Bruchteil ϵ_{ges} an der Kathode des Photomultipliers gesammelt. Jedes Lichtquant, das auf die Kathode trifft, hat die Wahrscheinlichkeit $\epsilon_{\text{Kathode}}$ ein Elektron herauszuschlagen. Die Anzahl n_e der am Eingang des Photomultipliers erzeugten Elektronen ist deshalb

$$n_e = \frac{E_\gamma}{E_{1q}} \epsilon_{\text{Licht}}\, \epsilon_{\text{ges}}\, \epsilon_{\text{Kathode}}. \tag{4.1}$$

Typische Werte für die Wirkungsgrade sind

$$\epsilon_{\text{Licht}} \approx 0{,}1, \qquad \epsilon_{\text{ges}} \approx 0{,}4, \qquad \epsilon_{\text{Kathode}} \approx 0{,}2.$$

Die Anzahl der an der Photokathode freigesetzten Elektronen nach der Absorption eines γ-Strahls mit 1 MeV ist demnach $n_e \approx 3 \times 10^4$. (Der Wert $\epsilon_{\text{Licht}} \approx 0{,}1$ gilt für den NaJ(Tl)-Kristall; der entsprechende Wert für Plastikszintillatoren ist etwa 0,03.) Da alle Prozesse in Gl. 4.1 statistisch sind, wird n_e Fluktuationen unterworfen sein und diese Fluktuationen liefern den größten Beitrag zur Linienbreite. Eine zusätzliche Verbreiterung rührt von der Verstärkung im Photomultiplier her, da diese ebenfalls statistisch erfolgt. Vor der weiteren Besprechung der Linienbreite schweifen wir hier ab, um erst einige der grundlegenden statistischen Begriffe zu erläutern.

4.2 *Statistische Betrachtungen*

Zufallsprozesse spielen eine wichtige Rolle in der subatomaren Physik. Das Standardbeispiel ist die Ansammlung radioaktiver Atome, von denen jedes unabhängig von allen anderen zerfällt. Wir werden hier ein äquivalentes Problem besprechen, das im vorhergehenden Abschnitt auftauchte, nämlich die Erzeugung von Elektronen an der Photokathode eines Multipliers. Die zu beantwortende Frage ist in Bild 4.5 illustriert. Jedes einfallende Photon erzeugt n Photoelektronen am Ausgang. Wir können die Messung der austretenden Elektronen N mal wiederholen, wobei N sehr groß ist. In jeder dieser N identischen Messungen werden wir eine Zahl n_i, $i = 1, \ldots, N$ finden. Die mittlere Anzahl der Elektronen am Ausgang ist dann

$$\bar{n} = \frac{1}{N} \sum_{i=1}^{N} n_i. \tag{4.2}$$

Es stellt sich nun die Frage: Wie sind die verschiedenen Werte n_i um $\bar{n}$

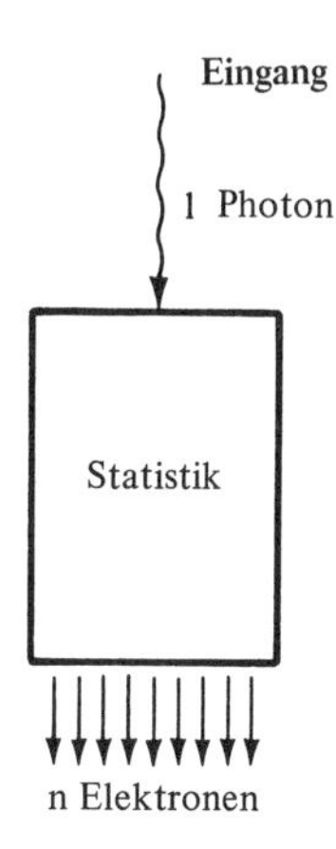

Bild 4.5 Erzeugung von Photoelektronen als statistischer Prozeß.

verteilt? Oder, die gleiche Frage anders formuliert: Wie groß ist die Wahrscheinlichkeit $P(n)$, einen speziellen Wert n in einer bestimmten Messung zu finden, wenn die mittlere Anzahl $\bar{n}$ ist? Oder, um es noch deutlicher zu machen, betrachten wir einen Prozeß, bei dem die mittlere Anzahl der Elektronen am Ausgang klein ist, sagen wir $\bar{n} = 3,5$. Wie groß ist die Wahrscheinlichkeit, den Wert $n = 2$ zu finden? Dieses Problem hat die Mathematiker für lange Zeit beschäftigt und die Lösung ist bekannt [1]: Die Wahrscheinlichkeit $P(n)$, n Ereignisse zu beobachten, wird durch die Poissonverteilung beschrieben,

$$(4.3) \qquad P(n) = \frac{(\bar{n})^n}{n!} e^{-\bar{n}},$$

wobei $\bar{n}$ der durch Gl. 4.2 definierte Mittelwert ist. Wie es sich für die Wahrscheinlichkeit gehört, ist die Summe über alle möglichen Werte n gleich eins, $\sum_{n=0}^{\infty} P(n) = 1$. Mit Gl. 4.3 kann man die vorher gestellten Fragen beantworten und wir wenden uns gleich der speziellsten zu. Mit $\bar{n} = 3,5$ und $n = 2$ ergibt sich aus Gl. 4.3 $P(2) = 0,185$. Es kann nun die Wahrscheinlichkeit aller gefragter Werte von n einfach berechnet werden. Die entsprechende Werteverteilung ist in Bild 4.6 gegeben. Sie zeigt, daß die Verteilung sehr breit ist. Es gibt eine nicht zu vernachlässigende Wahrscheinlichkeit, so kleine Werte wie Null oder so große Werte wie 9 zu messen. Wenn wir nur ein Experiment durchführen und z.B. $n = 7$ messen, wissen wir nicht, wie groß der Mittelwert sein wird.

---

1 Die Herleitung findet man z.B. in H.D. Young, *Statistical Treatment of Experimental Data*, McGraw-Hill, New York, 1962, Gl. 8.5. Eine faszinierende Sammlung von Auszügen aus statistischen Arbeiten enthält Band II und III von J.R. Newman, *The World of Mathematics*, Simon and Schuster, New York, 1956.

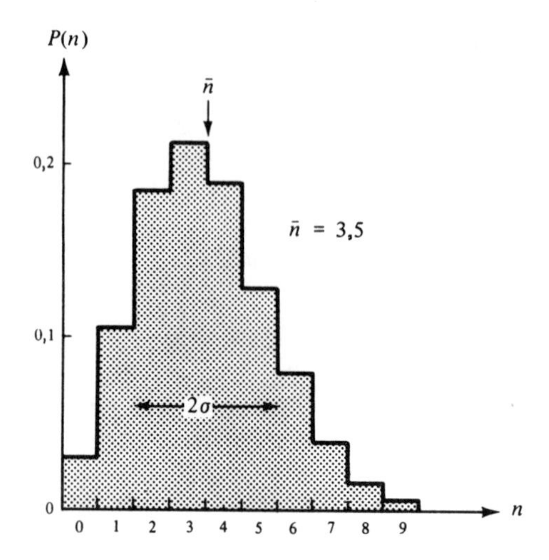

Bild 4.6 Poissonverteilung für $\bar{n}$ = 3,5. Die Verteilung ist nicht symmetrisch bezüglich $\bar{n}$.

Ein Blick auf Bild 4. 6 zeigt, daß es nicht ausreicht, den Mittelwert $\bar{n}$ zu messen und festzuhalten. Die Messung der Breite der Verteilung ist genauso wichtig. Üblicherweise wird die Breite einer Verteilung durch die Streuung σ^2 charakterisiert:

$$\sigma^2 = \sum_{n=0}^{\infty} (\bar{n} - n)^2 P(n), \tag{4.4}$$

oder durch die Wurzel aus der Streuung, die man als Standardabweichung bezeichnet. Für die Poissonverteilung Gl. 4. 3 lassen sich die Streuung und die Standardabweichung leicht berechnen. Sie sind

$$\sigma^2 = \bar{n}, \qquad \sigma = \sqrt{\bar{n}}. \tag{4.5}$$

Es ist üblich, Meßergebnisse von statistischen Größen folgendermaßen anzugeben:

$$\text{Ergebnis} = \bar{n} \pm \sigma. \tag{4.6}$$

Für kleine Werte von $\bar{n}$ ist die Verteilung nicht symmetrisch um $\bar{n}$, wie aus Bild 4. 6 ersichtlich ist. Dies muß man bei der Anwendung von Gl. 4. 6 in Erinnerung behalten.

Bis jetzt haben wir die Poissonverteilung für kleine Werte von n besprochen. Eine entsprechende experimentelle Situation tritt z. B. an der ersten Dynode eines Photomultipliers auf, wo jedes einfallende Elektron zwei bis fünf Sekundärelektronen erzeugt. Die Daten werden dann als Verteilungskurven wie in Bild 4. 6 gegeben. Bei vielen Gelegenheiten kann $\bar{n}$ aber sehr groß werden. Im Fall des im vorhergehenden Abschnitt besprochenen Szintillationszählers ist die Zahl der Photoelektronen im Mittel $\bar{n} = 3 \times 10^3$. Für $\bar{n} \gg 1$ wird die Auswertung von Gl. 4.3 mühsam. Für große n kann man jedoch $\bar{n}$ als kontinuierliche Variable betrachten und Gl. 4.3 durch

$$(4.7) \qquad P(n) = \frac{1}{(2\pi n)^{1/2}} e^{-(\bar{n}-n)^2/2n}$$

annähern, was einfacher zu berechnen ist. Ferner wird das Verhalten von $P(n)$ jetzt durch den Faktor $(\bar{n} - n)^2$ im Exponenten bestimmt. Insbesondere kann man nahe dem Mittelwert der Verteilung n durch $\bar{n}$ ersetzen, außer im Faktor $(\bar{n} - n)^2$, und es ergibt sich

$$(4.8) \qquad P(n) = \frac{1}{(2\pi \bar{n})^{1/2}} e^{-(\bar{n}-n)^2/2\bar{n}}.$$

Dieser Ausdruck ist symmetrisch um $\bar{n}$ und wird als Normal- oder Gaußverteilung bezeichnet. Die Standardabweichung und die Streuung sind durch Gl. 4.5 gegeben. Als ein Beispiel für den Bereich, in dem die Poissonverteilung durch die Normalverteilung ersetzt werden kann, zeigen wir in Bild 4.7 $P(n)$ für $\bar{n} = 3 \times 10^3$, die Anzahl von Photoelektronen unseres Beispiels im vorhergegangenen Abschnitt. Die Standardabweichung ist gleich $(3 \times 10^3)^{1/2} = 55$, was eine relative Abweichung von $\sigma/\bar{n} \approx 2\,\%$ ergibt. Um den Wert mit $\Delta E/E_\gamma$ zu vergleichen, erinnern wir uns, daß ΔE die volle Breite des halben Maximus ist. Mit Gl. 4.5 und Gl. 4.8 sieht man sofort, daß Δn, die volle Breite beim halben Maximum, über

$$(4.9) \qquad \Delta n = 2{,}35\sigma$$

mit der Standardabweichung zusammenhängt. Mit $\Delta E/E_\gamma = \Delta n/\bar{n}$ ergibt sich die erwartete relative Energieauflösung zu etwa 5%. Da noch zusätzliche Fluktuationen zu berücksichtigen sind, z.B. im Multiplier, ist die Übereinstimmung mit der experimentell beobachteten Auflösung von 6 - 8% befriedigend.

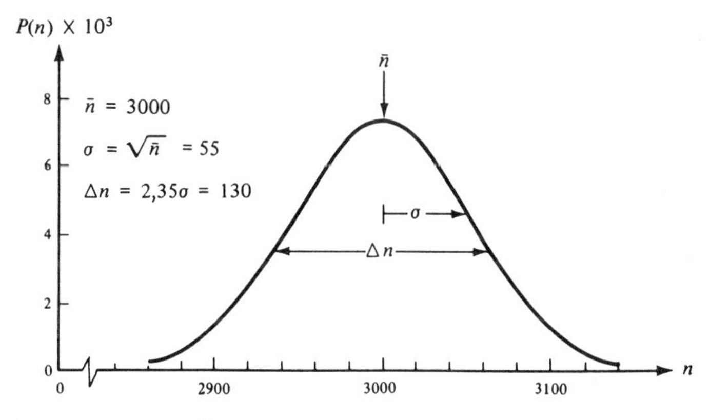

Bild 4.7 Poissonverteilung für $\bar{n} \gg 1$, wo sie zur Normalverteilung wird.

4.3 *Der Halbleiterdetektor*

Szintillationszähler bewirkten eine Revolution beim Nachweis der nuklearen Strahlung und sie herrschten unangeforchten von 1944 bis in die späten 50er Jahre. Sie sind für viele Experimente immer noch lebensnotwendig, aber auf vielen anderen Gebieten wurden sie durch Halbleiterdetektoren ersetzt. Bild 4.8 zeigt ein kompliziertes γ-Spektrum, einmal mit einem Szintillationszähler und einmal mit einem Halbleiterdetektor aufgenommen. Die überlegene Energieauflösung des Halbleiterzählers ist offensichtlich. Wie kommt sie zustande? Im Szintillationszähler verringern die Wirkungsgrade aus Gl. 4.1 die Anzahl der gezählten Photoelektronen. Es ist schwer vorstellbar, wie man irgendeinen der Faktoren aus Gl. 4.1 auf 1 hin verbessern könnte. Es ist deshalb eine völlig neue Methode nötig und der Halbleiterdetektor bietet sich dafür an.

Die dem Halbleiterzähler zugrundeliegende Idee ist alt und wird in der Ionisationskammer benutzt: Ein geladenes Teilchen, das sich durch ein Gas oder einen Festkörper bewegt, erzeugt Ionenpaare, deren Anzahl durch

$$n_{\text{ion}} = \frac{E_e}{W} \qquad (4.10)$$

gegeben ist, wobei W die zur Erzeugung eines Ionenpaares notwendige Energie ist. Werden die Ionenpaare im elektrischen Feld getrennt und die gesamte Ladung gesammelt und gemessen, so kann die Energie des geladenen Teilchens bestimmt werden. Eine gasgefüllte Ionisationskammer ar-

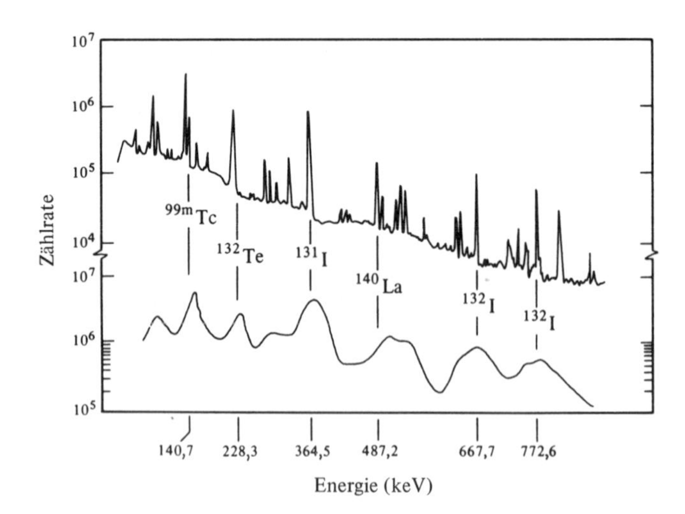

Bild 4.8 Kompliziertes γ-Spektrum von schweren Spaltprodukten, mit einem Germaniumdetektor (obere Kurve) und einem Szintillationszähler (untere Kurve) aufgenommen. (Aus F.S. Goulding and Y. Stone, *Science* **170**, 280 (1970). Copyright 1970 by the American Association for the Advancement of Science.)

beitet nach diesem Prinzip, sie hat aber zwei Nachteile: (1) Die Dichte des Gases ist klein, so daß die Energie, die ein Teilchen abgibt, gering ist. (2) Die notwendige Energie zur Erzeugung eines Ionenpaares ist groß ($W = 42$ eV für die He, 22 eV für Xe und 34 eV für Luft). Beide Nachteile werden im Halbleiterdetektor vermieden, siehe Bild 4.9. Wenn sich ein geladenes Teilchen durch den Halbleiter bewegt, werden Ionenpaare erzeugt. Die Energie W beträgt etwa 2,9 eV bei Germanium und 3,5 eV bei Silizium. Die Energiewerte sind so niedrig, da die Ionisation nicht von einem Atomniveau aus ins Kontinuum erfolgt, sondern vom Valenzband ins Leitungsband.[2]) Das elektrische Feld bewegt die negativen Ladungen zur positiven und die positiven Ladungen zur negativen Oberfläche. Den resultierenden elektrischen Impuls gibt man in einen rauscharmen Verstärker ein. Bei Zimmertemperatur kann die thermische Anregung einen unerwünschten Strom liefern und viele Halbleiterdetektoren werden deshalb auf die Temperatur des flüssigen Stickstoffs abgekühlt.

Der niedrige Wert von W und die Sammlung aller Ionen erklärt die in Bild 4.8 gezeigte hohe Auflösung des Halbleiterdetektors. Bild 4.10 zeigt die Energieauflösung als Funktion der Teilchenenergie für den Germanium- und Siliziumdetektor.

Der Halbleiterdetektor hat zwar eine weitaus höhere Dichte als die gasgefüllte Ionisationskammer, er kann aber nicht so groß wie ein Szintillationszähler gemacht werden. Große Halbleiterdetektoren haben Volumina bis zu 100 cm^3 und man hofft, daß eine verbesserte Technologie die Herstellung von Detektoren mit Volumina bis zu 1000 cm^3 erlauben wird. Szintilla-

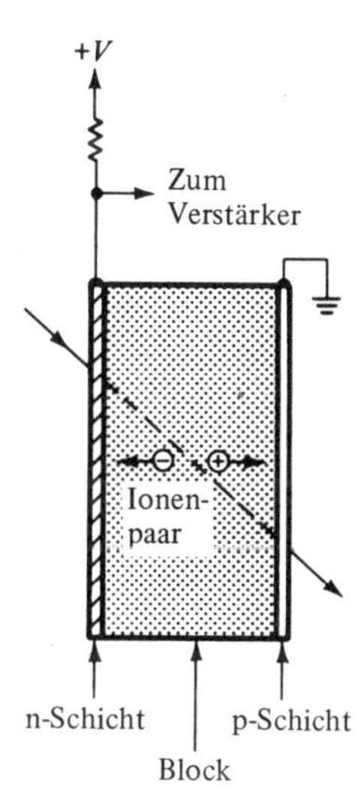

Bild 4.9 Idealer, völlig verarmter Halbleiterdetektor mit entgegengesetzt stark dotierten Oberflächenschichten.

---

2 Eine einfache Beschreibung der Bandstruktur von Halbleitern steht in H. D. Young, *Fundamentals of Optics and Modern Physics*, McGraw-Hill, New York, 1968, Abschnitt 11.6, oder in den *Feynman Lectures,* Band III, Kapitel 14.

tionszähler kann man eine Größenordnung größer bauen und sie brauchen nicht gekühlt zu werden. Für jede spezielle Anwendung muß deshalb erwogen werden, welcher Zählertyp geeigneter und bequemer ist.

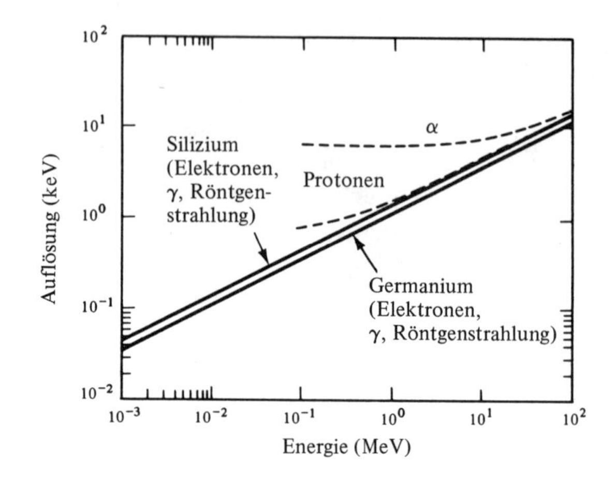

Bild 4.10 Energieauflösung von Halbleiterzählern als Funktion der Energie. Der Beitrag vom Verstärkerrauschen ist nicht berücksichtigt. (Aus F.S. Goulding and Y. Stone, *Science* **170**, 280 (1970). Copyright 1970 by the American Association for the Advancement of Science.) Als Auflösung ist die volle Breite bei halbem Maximum genommen.

4.4 *Die Blasenkammer*

Die beiden Zählertypen, die bis jetzt besprochen wurden, registrieren den Durchgang oder das Steckenbleiben eines Teilchens und die an den Zähler abgegebene Energie, aber sie sind blind für weitere Einzelheiten. Wenn z.B. zwei Teilchen zur selben Zeit durch den Zähler fliegen, gibt er nur die gesamte Energie an. Natürlich lassen sich zur Beobachtung weiterer Einzelheiten mehrere Zähler zusammensetzen, aber selbst dann gibt das System nur Antwort auf die speziell gestellte Frage und im allgemeinen treten keine unerwarteten Erscheinungen zu Tage. Es ist klar, daß Szintillationszähler und Halbleiterzähler durch Detektoren ergänzt werden müssen, die alle Prozesse so unvoreingenommen wie möglich betrachten. Die Blasenkammer ist ein solcher Detektor. Seit ihrer Erfindung durch Glaser im Jahre 1952 hat sie eine entscheidende Rolle bei der Enthüllung von Eigenschaften der subatomaren Teilchen gespielt.[3])

Die physikalische Erscheinung, die der Blasenkammer zugrunde liegt, wird am besten durch Glasers eigene Worte beschrieben[4]): "Eine Blasenkammer ist ein Behälter, gefüllt mit einer durchsichtigen Flüssigkeit, die

3 L.W. Alvarez, *Science* **165**, 1071 (1969).

4 D.A. Glaser and D.C. Rahm, *Phys. Rev.* **97**, 474 (1955).

so stark überhitzt ist, daß ein ionisierendes Teilchen beim Durchfliegen heftiges Sieden in einer Kette wachsender Bläschen entlang seinem Weg auslöst." Eine überhitzte Flüssigkeit hat einen Druck, der tiefer liegt als der Gleichgewichtsdampfdruck für diese Temperatur, bzw. hat eine Temperatur, die höher ist, als die Siedetemperatur bei diesem Druck. Der Zustand ist instabil und der Durchgang eines einzigen geladenen Teilchens löst die Bildung von Bläschen aus. Um den überhitzten Zustand einzustellen, wird die Flüssigkeit in der Kammer (Bild 4.11) zunächst beim Gleichgewichtsdruck gehalten. Der Druck wird dann durch Bewegung eines Kolbens schnell gesenkt. Wenige ms, nachdem die Kammer sensitiv wurde, wird der Prozeß umgekehrt und der Druck wieder auf den Gleichgewichtswert eingestellt. Die Zeit, zu der die Kammer sensitiv ist, synchronisiert man mit der Ankunftszeit eines Teilchenpulses vom Beschleuniger. Die Blasen werden mit einem elektrischen Blitzlicht beleuchtet und mit Stereophotographie aufgenommen.

Glasers erste Kammer enthielt nur ein paar cm^3 Flüssigkeit. Die Entwicklung ging jedoch sehr schnell. In weniger als 20 Jahren vergrößerte sich das Volumen um mehr als das 10^6-fache. Die heutigen Blasenkammern sind Monstren und kosten Millionen. Man braucht enorme Magnete, um die Bahn der geladenen Teilchen zu krümmen. Die überhitzte Flüssigkeit, oft Wasserstoff, ist explosiv, wenn sie mit Sauerstoff in Berührung kommt und trotz extremer Sicherheitsvorkehrungen kam es zu Unfällen. Die bestehenden Blasenkammern liefern etwa 35 Millionen Photographien pro Jahr und die Auswertung der Daten ist schwierig.

Zwei Beispiele für die schönen und aufregenden Ereignisse, die man schon beobachtet hat, seien hier erwähnt. Bild 1.4 zeigt die Entstehung und den

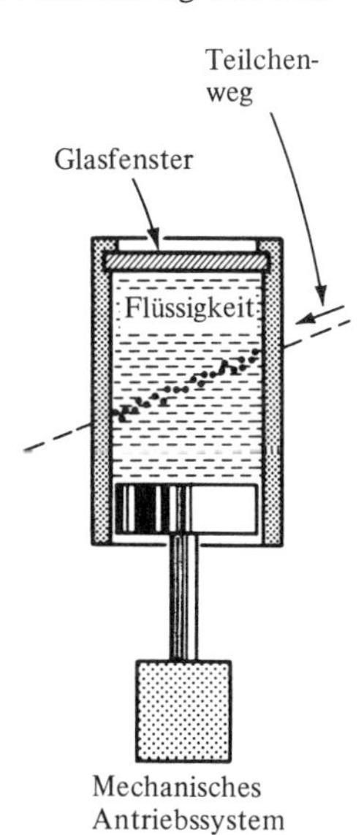

Bild 4.11 Schema der Blasenkammer.

Photo 10: Blasenkammer. Während die ursprünglichen Blasenkammern klein und einfach waren, sind moderne Ausführungen sehr groß und kompliziert. (Mit freundlicher Genehmigung des Argonne National Laboratory.)

Zerfall des Ω^-, eines höchst bemerkenswerten Teilchens, dem wir später noch begegnen werden. Bild 4.12 stellt die erste beobachtete Neutrinowechselwirkung dar. Sie wurde am 13. November 1970 in der 3,6 m (12 ft) großen Blasenkammer des Argonne National Laboratory gefunden. Diese Kammer ist die größte existierende und sie enthält etwa 20 000 Liter reinen Wasserstoff. Ein supraleitender Magnet erzeugt ein Feld von etwa 18 kG in dem Kammervolumen von 25 m^3.

4.5 *Die Funkenkammer*

Blasenkammern sind schöne Geräte, aber sie haben einen Nachteil: Sie sind nicht selektiv, da sie nicht getriggert (automatisch ausgelöst) werden können. Eine Blasenkammer ist wie die Überwachungskamera in einer Bank, die wahllos jeden Besucher photographiert. Um das Bild des Bankräubers zu finden, muß jedes Negativ entwickelt und betrachtet werden. Es ist sicher nützlicher, eine Kamera einzubauen, die immer bereit ist, aber nur Bilder aufnimmt, nachdem sie alarmiert wurde, z. B. durch den Kassierer oder ein Magnetometer, das eine Pistole entdeckte. Die

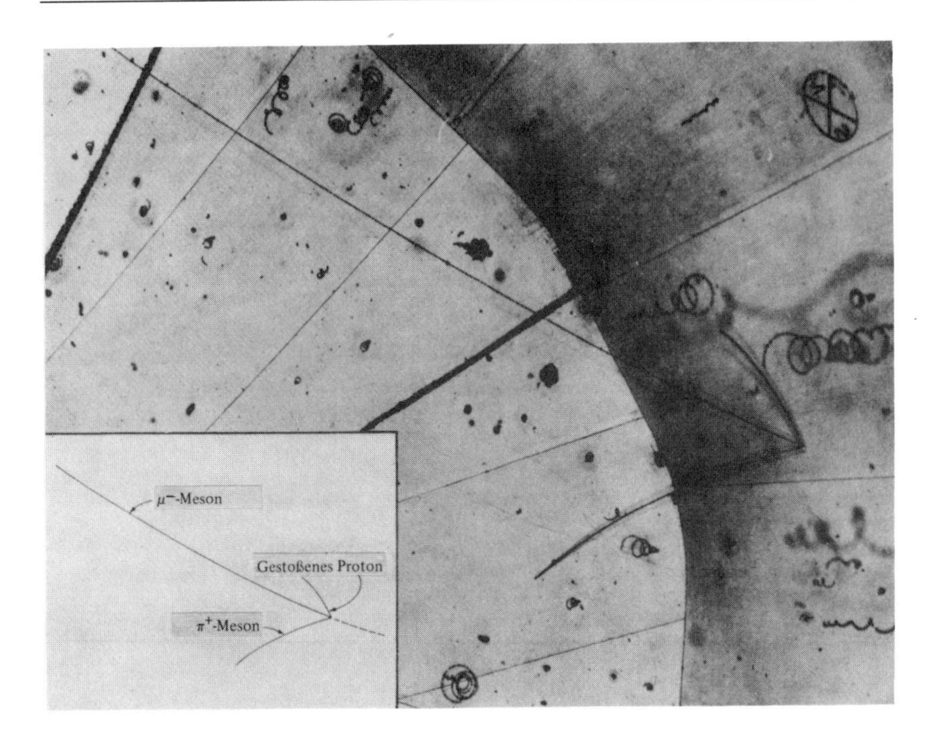

Bild 4.12 Neutrinowechselwirkung in der Wasserstoffblasenkammer des Argonne National Laboratory. Ein Neutrino kommt von rechts, siehe die eingefügte Skizze, und stößt mit einem Proton aus einem Wasserstoffatom zusammen, wodurch ein positives Pion, ein Proton und ein Myon entstehen. (Mit freundlicher Genehmigung des Argonne National Laboratory.)

Blasenkammer kann nicht getriggert werden, da die Flüssigkeit überhitzt werden muß, bevor das Teilchen durch die Flüssigkeit fliegt, damit das Sieden einsetzt. Die Funkenkammer hat viele der Vorteile der Blasenkammer und kann getriggert werden.

Die Funkenkammer beruht auf einer einfachen Tatsache. Wird die Spannung zwischen zwei Metallplatten, in einem Abstand in der Größenordnung von cm, über einen bestimmten Wert erhöht, so erfolgt ein Überschlag. Fliegt ein ionisierendes Teilchen durch den Raum zwischen den Platten, so erzeugt es Ionenpaare und der Überschlag folgt als Funken der Teilchenspur. Da die Ionen einige μs zwischen den Platten bleiben, kann die Spannung nach dem Teilchendurchgang angelegt werden: Die Funkenkammer ist ein triggerbarer Detektor.

Die Teile des Funkenkammersystems zeigt Bild 4.13. Das in dieser vereinfachten Anordnung untersuchte Problem ist die Reaktion eines einfallenden geladenen Teilchens mit einem Kern in der Kammer, wobei min-

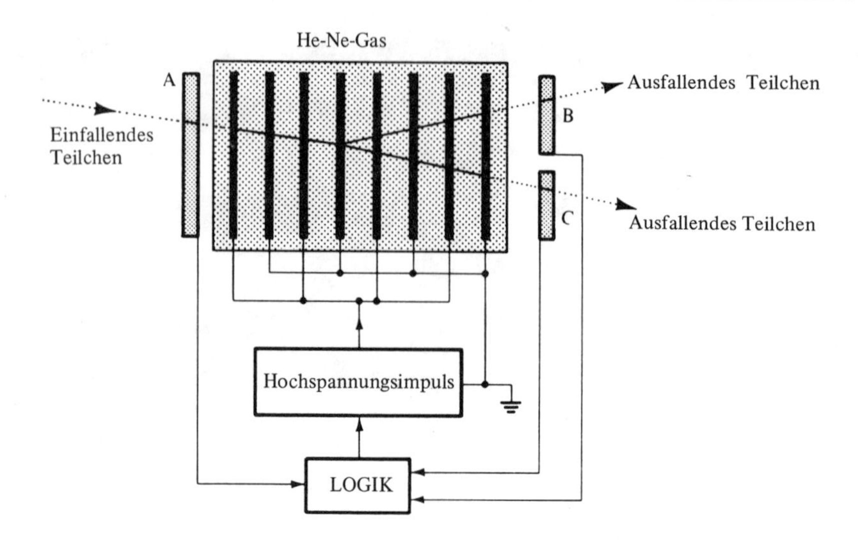

Bild 4.13 Funkenkammeranordnung. Die Funkenkammer besteht aus einem Feld von Metallplatten in einer Helium-Neon-Mischung. Wenn das Zähler- und Logiksystem entschieden hat, daß ein gesuchtes Ereignis stattgefunden hatte, wird ein Hochspannungsimpuls zu jeder zweiten Platte geschickt und entlang der Ionenspuren Funken erzeugt.

destens zwei geladene Teilchen entstehen sollen. Die Signatur des gewünschten Ereignisses ist also "ein geladenes hinein, zwei geladene heraus". Drei Szintillationszähler, A, B, und C, registrieren die drei geladenen Teilchen. Wenn die drei Teilchen durch die drei Zähler gegangen sind, aktiviert die LOGIK-Schaltung die Hochspannungsversorgung und in weniger als 50 ns wird ein Hochspannungsimpuls (10 - 20 kV) an die Platten angelegt. Die entstehenden Funken werden auf Stereophotographien aufgenommen.

Die Standardanordnung der Funkenkammer in der gerade besprochenen Form wurde in vielen Experimenten verwendet und es wurden Kammern zur Lösung vieler Probleme entwickelt. Dünne Platten als Elektroden verwendet man, wenn nur die Richtung des geladenen Teilchens gefragt ist; dicke Bleiplatten werden benutzt, wenn γ-Strahlen zu beobachten sind oder Elektronen von Myonen unterschieden werden sollen. Die Elektronen erkennt man an den Schauern, die sie in den Bleiplatten auslösen. Sehr kleine Kammern werden mit Erfolg für kernphysikalische Untersuchungen verwendet; riesige helfen beim Nachweis von Neutrinos.

Die optischen Funkenkammern haben mit der Blasenkammer einen Nachteil gemeinsam: Die Daten müssen aus Spuren auf Photographien gewonnen werden. Es gibt inzwischen jedoch automatische Funkenkammern, die das Problem der Datengewinnung erleichtern. In ihnen sind die Platten durch Drähte ersetzt, die ein Koordinatensystem bilden. Die Funken lösen in den Drähten Impulse aus und diese Impulse werden elektromagnetisch registriert, z. B. durch Ferritkerne. Die Information wird dann direkt in einen Computer eingegeben.

4.6 *Zählerelektronik*

Der ursprüngliche Szintillationszähler und selbst die ursprünglichen Koinzidenzanordnungen (Bild 4.1) kamen noch ohne Elektronik aus. Das menschliche Auge und das menschliche Gehirn stellten die notwendigen Elemente dar und die Aufzeichnung fand mit Tinte und Papier statt. Nahezu alle moderne Detektoren enthalten jedoch elektronische Komponenten als integrale Bestandteile. Ein typisches Beispiel ist die Schaltung des Szintillationszählers in Bild 4.14.

Die stabilisierte Spannungsversorgung liefert die Spannung für den Photomultiplier. Der Ausgangsimpuls des Multipliers wird im Analogteil geformt und verstärkt. Die Höhe V des ausgehenden Impulses ist proportional zur Höhe des ursprünglichen Impulses. Im ADC, dem Analog-to-Digital-Converter (Analog-Digital-Wandler), wird die Information in digitale Form gebracht. Im einfachsten Fall werden nur Impulse gemessen, die eine Höhe zwischen V_0 und $V_0 + \Delta V$ haben. Liegt ein Impuls in diesem Fenster, so erhält man einen Standardimpuls als Ausgangssignal des ADC. Liegt der Eingangsimpuls außerhalb dieses Fensters, so erscheint kein Ausgangsimpuls. Der Digitalteil verarbeitet dann den Standardimpuls. Er kann z. B. ein Scaler (Untersetzer) sein, der für je 10 (oder 10^n, n ganzzahlig) Eingangsimpulse einen Ausgangsimpuls liefert. Das Ausgangssignal ist dann eine Zahl, die in Einheiten von 10^n die Eingangsimpulse in einem bestimmten Intervall angibt.

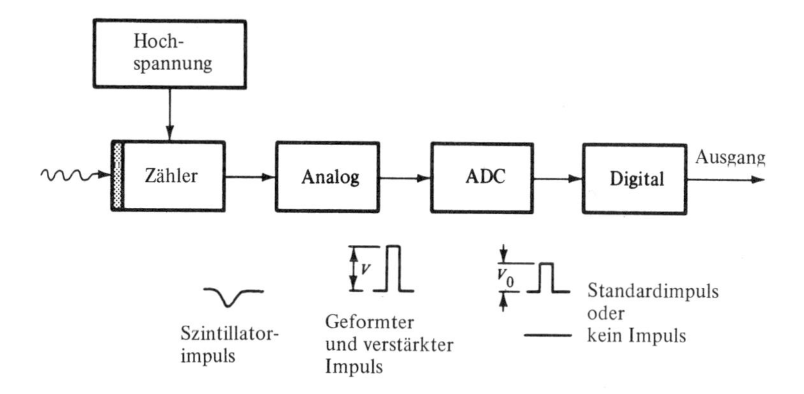

Bild 4.14 Schematische Darstellung der Hauptbestandteile einer Zählerelektronik.

Dieses Beispiel ist nur eines von vielen möglichen. Der Aufbau des Elektroniksystems für einen Detektor wird vereinfacht durch standardisierte Bauelemente, die im Handel erhältlich sind. Der Physiker wählt sich die gewünschten Komponenten aus und paßt sie aneinander an.[5] Wir werden hier die Bauelemente nicht näher besprechen, sondern nur zwei zusätzliche Bemerkungen zum ADC und zur Datenverarbeitung machen. Ein Ausgangssignal gab es dann und nur dann, wenn der Eingangsimpuls innerhalb einer vorbestimmten Höhe lag. Ein solches Verfahren ist offensichtlich zu verschwenderisch, da die Information aus allen anderen Impulsen verlorengeht. Normalerweise unterdrückt man keinen der interessanten Analogimpulse, sondern digitalisiert alle, d.h. jedem wird ein Digitalsignal zugeordnet. Das Digitalsignal kann z.B. eine Zahl proportional zur Höhe des Analogimpulses sein. Gewöhnlich wird diese Zahl binär ausgedrückt.

Die zweite Bemerkung betrifft die Datenverarbeitung. Im obigen Beispiel ist die Datenverarbeitung einfach: Der Ausgang ist an ein Register angeschlossen und die Zählrate wird registriert. Wenn jedoch alle Analogimpulse digitalisiert werden, so wird die Datenverarbeitung umfangreicher. Ein direkter Weg wäre es, viele Scaler und Register zu verwenden. Dieses Verfahren ist jedoch ungebräuchlich, stattdessen benutzt man Vielkanalanalysatoren, in denen die digitale Information zweidimensional gespeichert wird. Ein Impuls mit einer gegebenen Impulshöhe, d.h. einem bestimmten Digitalsignal, wird immer im selben Teil des Speichers registriert. Die im Speicher gesammelte Information kann mit einem Oszillographen oder auf Magnetband ausgelesen werden. Das vielseitigste Datenverarbeitungssystem ist ein direkt angeschlossener Computer (Online-Verfahren).

4.7 *Elektronik: Logik*

Im vorhergehenden Abschnitt besprachen wir die Elektronik eines einzelnen Detektors. Elektronische Einheiten können jedoch beträchtlich mehr als nur die Daten von einem Zähler verarbeiten. Ein einfaches Beispiel ist das Abbremsen von Myonen in Materie, siehe Bild 4.15. Myonen aus einem Beschleuniger gehen durch zwei Zähler und fallen in einen Absorber ein, wo sie langsamer werden und schließlich in ein Elektron und zwei Neutrinos zerfallen:

$$\mu \longrightarrow e\nu\bar{\nu}.$$

Wir haben bereits in Abschnitt 1.3 erwähnt, daß die mittlere Lebensdauer für den Zerfall eines Myons in Ruhe 2,2 μs beträgt. Die spezielle Frage-

5 Natürlich muß er auch die nötigen Mittel dazu finden. Zu diesem Zweck arbeitet er gewöhnlich einen detaillierten Antrag aus, in dem er sein Forschungsvorhaben darstellt, warum es wichtig ist und was es möglicherweise an neuen Erkenntnissen liefert. Dann reicht er seinen Antrag bei verschiedenen Stellen ein und wartet ab.

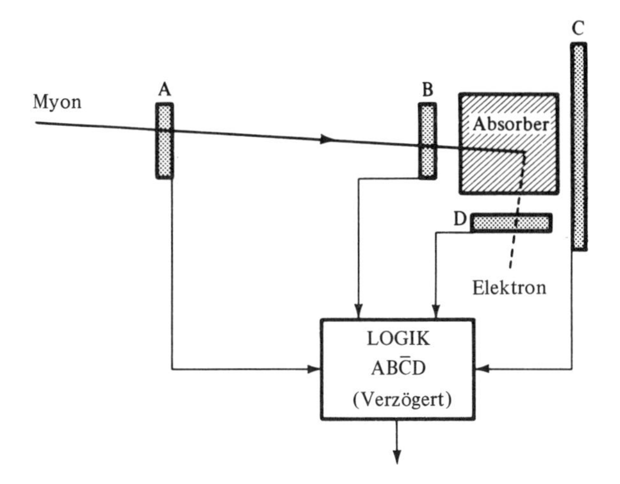

Bild 4.15 Logische Elemente eines Zählersystems.

stellung im in Bild 4.15 skizzierten Experiment ist folgende: Das Myon sollte durch die Zähler A und B gehen und im Absorber stecken bleiben und demnach *nicht* durch den Zähler C kommen. Nach einer Verzögerung von etwa 1 μs sollte im Zähler D ein Elektron zu beobachten sein. Die *Logik* soll nur dann ein Myon registrieren, wenn diese Ereignisse in der beschriebenen Form ablaufen. Abgekürzt kann die Bedingung $AB\bar{C}D$ (verz) geschrieben werden, wobei $AB\bar{C}D$ eine Koinzidenz zwischen ABD darstellt und eine Antikoinzidenz dieser dreifachen Koinzidenz zu C. Ferner darf D frühestens 1 μs nach A und B reagieren. Solche Probleme können mit logischen Schaltungen auf einfache Weise gelöst werden.

Vier *logische Elemente* sind besonders wichtig und nützlich: UND, ODER, NAND und NOR. Die Funktion dieser vier Typen kann mit Hilfe von Bild 4.16 erklärt werden. Das allgemeine Logikelement hat drei Eingänge und einen Ausgang. Eingangs- und Ausgangsimpulse haben Standardformat (bezeichnet als 1); 0 bedeutet keinen Impuls. Ein UND-Element liefert kein Ausgangssignal (0), wenn nur einer oder zwei Impulse ankommen. Kommen jedoch drei Impulse innerhalb der Auflösungszeit (wenige ns) an, so führt dies zu einem Standardausgangsimpuls (1). ODER erzeugt einen Ausgangsimpuls, wenn ein oder mehrere Eingangsimpulse ankommen. NAND (NICHT UND) und NOR (NICHT ODER) sind logisch komplementär dazu. Sie erzeugen immer dann Impulse, wenn UND bzw. ODER *nichts* liefern würden. Die Funktion der vier Elemente ist in Tabelle 4.1 zusammengefaßt. Zum Element NOR muß noch etwas angemerkt werden: Es gibt ein stetiges Signal ab, solange kein Eingangsimpuls eintrifft. Das Signal verschwindet, wenn wenigstens ein Impuls ankommt.

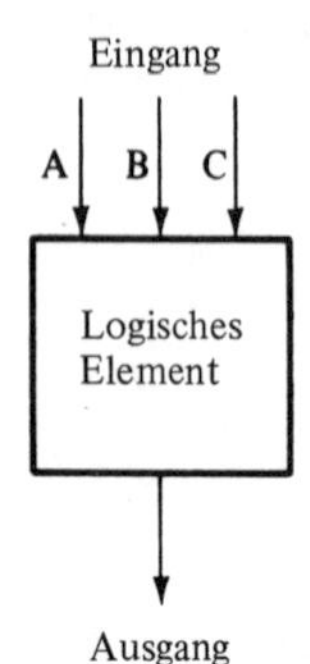

Bild 4.16 Logisches Element.

Tabelle 4.1 Funktion der vier logischen Elemente UND, ODER, NAND und NOR. 1 bedeutet einen Standardimpuls, 0 keinen Impuls. Die Elemente sind symmetrisch bezüglich A, B und C. Es werden nur typische Fälle gezeigt.

Eingang			Ausgang			
A	B	C	UND	NAND	ODER	NOR
1	1	1	1	0	1	0
1	1	0	0	1	1	0
1	0	0	0	1	1	0
0	0	0	0	1	0	1

Mit den vier in Tabelle 4.1 gezeigten Elementen kann man selbst für hochkomplizierte Experimente das elektronische System zusammensetzen. Im allgemeinen dienen UND-Elemente als Koinzidenzschaltung, NAND und NOR geben Antikoinzidenzsignale und ODER wird als Puffer benutzt.

4.8 *Literaturhinweise*

Die Literatur über Teilchendetektoren findet man aufgezählt und geordnet in W.P. Trower, "Resource Letter PD-1 on Particle Detectors", *Am. J. Phys.* 38, 7 (1970).

Teilchendetektoren werden in folgenden Büchern besprochen:

L.C.L. Yuan und C.S. Wu, eds., *Methods of Experimental Physics*, Vol. 5-A: Nuclear Physics, Academic Press, New York, 1961.

D.M. Ritson, ed., *Techniques of High Energy Physics*, Wiley-Interscience, New York, 1961.

K. Siegbahn, ed., *Alpha-, Beta- and Gamma-Ray-Spectroscopy*, North-Holland, Amsterdam, 1965.

W.J. Price, *Nuclear Radiation Detection*, McGraw-Hill, New York, 1964.
O.C. Allkofer, *Teilchendetektoren*, Thiemig, München, 1971.

Experiments in Modern Physics, Academic Press, New York, 1966 von A. Melissinos ist ein gut geschriebenes Lehrbuch; es beschreibt Experimente mit Detektoren, die in einem Anfängerpraktikum benutzt oder gebaut werden können.

Speziellere Bücher und Artikel sind z.B.
Szintillationszähler: J.B. Birks, *The Theory and Practice of Scintillation Counting*, Pergamon, Elmsford N.Y., 1964.

Halbleiterzähler: A.J. Tavendale, *Ann. Rev. Nucl. Sci.* 17, 73 (1967).

Blasen- und Funkenkammern: R.P. Shutt, ed., *Bubble and Spark Chambers*, Academic Press, New York, 1967 (zwei Bände); O.C. Allkofer, *Spark Chambers*, Karl Thiemig, München, 1969, and G. Charpak, *Ann. Rev. Nucl. Sci.* 20, 195 (1970).

Es gibt viele gute Bücher über die Anwendungen von Statistik bei Experimenten. Eine leicht zu lesende Einführung ist H.D. Young, *Statistical Treatment of Experimental Data*, McGraw-Hill, New York, 1962. Die Anwendung der statistischen Betrachtungen auf die subatomare Physik wird bei R.D. Evans, *The Atomic Nucleus*, McGraw-Hill, New York, 1955, Kapitel 26 - 28, ausführlich besprochen. Eine klare und sehr kurze Besprechung der Wahrscheinlichkeit und Statistik findet man in Jon Mathews und R. L. Walker, *Mathematical Methods of Physics*, Benjamin, Reading, Mass., 1964. Tabellen der verschiedenen Verteilungen sind gesammelt in R.S. Burington und D.C. May Jr., *Handbook of Probability and Statistics*, Handbook Publishers McGraw-Hill, New York, 1969, und in W.H. Beyer, *CRC Handbook of Tables for Probability and Statistics*, Chemical Rubber Co., Cleveland, 1968.

Eine genauere Behandlung der statistischen Methoden und ihrer Anwendung auf die subatomare Physik auf einer fortgeschrittenen Ebene gibt D. Drijard, W.T. Eadie, F.E. James, M.G.W. Roos, und B. Sadoulet, *Statistical Methods in Experimental Physics*, North-Holland, Amsterdam, 1971.

Neuere Abhandlungen über nukleare Elektronik sind E. Kowalski, *Nuclear Electronics*, Springer, Berlin, 1970, und H.H. Chiang, *Basic Nuclear Electronics*, Wiley-Interscience, New York, 1969.

Die digitalen Gesichtspunkte werden auch bei H.V. Malmstadt and C.G. Enke, *Digital Electronics for Scientists*, Benjamin, Reading, Mass., 1969, besprochen. Die allgemeinen elektronischen Gesichtspunkte stehen in H.V. Malmstadt, C.G. Enke, und E.C. Toren, *Electronics for Scientists*, Benjamin, Reading, Mass. 1962, und in U. Tietze und C. Schenk, *Halbleiter-Schaltungstechnik*, Springer, Berlin, 1974.

Sehr viel erfährt man auch aus den Veröffentlichungen der verschiedenen Hersteller. Den Gebrauch von On-line-Computern als Datenerkennungs- und -verarbeitungssystem erklärt S. J. Lindenbaum, *Ann. Rev. Nucl. Sci.* **16**, 619 (1966).

Aufgaben

4.1 Suchen Sie sich den Schaltplan für einen Photomultiplier. Erläutern Sie die Bedeutung und die Auswahl der Komponenten.

4.2 Ein Photon mit der kinetischen Energie E_k trifft auf einen 5 cm dicken Plastikszintillator. Skizzieren Sie die Lichtausbeute als Funktion von E_k.

4.3 Photonen mit 3 MeV Energie werden in einem 3×3 inch (1 inch = 2,54 cm) großen NaJ(Tl)-Zähler beobachtet.
(a) Skizzieren Sie das Spektrum.
(b) Bestimmen Sie die Wahrscheinlichkeit dafür, ein Photon im Photopeak zu beobachten.

4.4 Der 14 keV γ-Strahl des ^{57}Fe muß mit einem NaJ(Tl)-Zähler beobachtet werden. γ-Strahlen mit höherer Energie sind dabei hinderlich. Bestimmen Sie die optimale Dicke das NaJ(Tl)-Kristalls.

4.5 Berechnen und zeichnen Sie die Poissonverteilung für $\bar{n} = 1$ und $\bar{n} = 100$.

4.6 Geben Sie kurz die Herleitung von Gl. 4.3 an. Zeigen Sie, daß Gl. 4.5 richtig ist.

4.7 Berechnen Sie die Streuung von $P(n)$ in Gl. 4.8.

4.8 Zeigen Sie, daß Gl. 4.8 der Grenzfall der Poissonverteilung ist.

4.9 Beweisen Sie Gl. 4.9.

4.10 Vergleichen Sie die Poissonverteilungen

$$\frac{P(2\bar{n})}{P(\bar{n})} \quad \text{für } \bar{n} = 1, 3, 10, 100.$$

4.11 Ein unter der Erde eingesetzter Szintillationszähler zählt im Mittel acht Myonen pro Stunde. Ein Experiment läuft über 10^3 h und die Zählrate wird jede Stunde notiert. Wie oft sind $n = 2, 4, 7, 8, 16$ Ereignisse in den Aufzeichnungen zu erwarten?

4.12 Erläutern Sie die Vorgänge im Germaniumzähler ausführlicher als im Text. Beantworten Sie insbesondere die Fragen:
(a) Warum muß der Hauptteil des Zählers an Ladungsträgern verarmt sein?

(b) Warum kann man nicht einfach zur Sammlung der Ladung Metallfolien an beiden Seiten anbringen?
(c) Einen wie starken Stromimpuls erwartet man sich von einem 100 keV Photon?
(d) Wodurch ist der niederenergetische Bereich eines solchen Zählers begrenzt?

4.13 Berechnen Sie den Wirkungsgrad eines 1 cm dicken Germaniumzählers für Photonen mit
(a) 100 keV.
(b) 1,3 MeV.

4.14 Skizzieren Sie die Anlage einer großen Blasenkammer.

4.15
(a) Wie groß darf die Energie eines Protons höchstens sein, damit es gerade noch in der Argonne-Wasserstoff-Blasenkammer von 12 ft (1 ft = 30,5 cm) aufgehalten wird?
(b) Nehmen Sie an, die Kammer sei mit Propan gefüllt. Berechnen Sie die Reichweite des Protons für diesen Fall. Welche Energie darf das Proton jetzt höchstens haben, damit es noch gestoppt werden kann?

4.16 Berechnen Sie die magnetische Energie, die in der Argonne-Blasenkammer von 12 ft steckt. Von welcher Höhe (in m) müßte man ein mittleres Auto fallenlassen, um dieselbe Energie zu erhalten?

4.17 Erläutern Sie das Prinzip der Streamer-Kammer. Wie wird die Spannung erzeugt, die nötig ist, um Streamer auszubilden?

4.18 Wodurch ist die Geschwindigkeit, mit der eine Funkenkammer getriggert werden kann, begrenzt? Suchen Sie die typischen Verzögerungszeiten in den verschiedenen Komponenten der logischen Kette.

4.19 Benutzen Sie die Elemente aus Tabelle 4.1, um die Logik für das Experiment in Bild 4.15 zu skizzieren.

4.20 Skizzieren Sie die elektrischen Schaltungen, mit denen die vier logischen Elemente UND, ODER, NAND und NOR realisiert werden können.

Teil II – Teilchen und Kerne

Die Situation ist jedem vertraut. Bei einem Treffen wird uns jemand vorgestellt. Einige Minuten später merken wir zu unserer Verlegenheit, daß wir seinen Namen schon vergessen haben. Nach wiederholtem Vorstellen nimmt der Fremde langsam einen Platz in unserem Bewußtsein ein. Das gleiche erleben wir, wenn wir neuen Ideen oder Tatsachen begegnen. Zuerst sind sie kaum faßbar und erst nachdem man sich öfter mit ihnen herumgeschlagen hat, werden sie vertraut. Dies gilt besonders für Teilchen und Kerne. Es gibt soviele davon, daß die einzelnen zuerst keine ausgeprägte Identität zu besitzen scheinen. Was ist also der Unterschied zwischen einem Myon und einem Pion?

In Teil II werden wir viele subatomare Teilchen vorstellen und einige ihrer Eigenschaften beschreiben. Eine solche erste Einführung reicht nicht aus, um ein deutliches Bild zu erhalten und wir werden deshalb in späteren Kapiteln zu den Teilchen- und Kerneigenschaften zurückkehren. Dabei werden sie hoffentlich ihre Anonymität verlieren und es wird klarwerden, daß z. B. Myonen und Pionen weniger gemeinsam haben als Mensch und Mikrobe.

Die ersten und naheliegendsten Fragen sind: Was sind Teilchen? Kann man zusammengesetzte und elementare Teilchen unterscheiden? Wir werden zu erklären versuchen, warum eindeutige Antworten auf diese scheinbar so einfachen Fragen so schwierig zu finden sind. Wir betrachten zunächst das Franck-Hertz-Experiment [1]), bei dem ein Gas, z. B. Helium oder Quecksilber, mit durchgehenden Elektronen untersucht wird. Unterhalb der Energie von 4,9 eV im Quecksilberdampf verhält sich das Hg-Atom wie ein Elementarteilchen. Bei der Energie von 4,9 eV ist der erste angeregte Zustand des Hg erreicht und das Hg-Atom zeigt seine Struktur. Bei 10,4 eV wird ein Elektron abgetrennt; bei 18,7 eV geht ein zweites Elektron verloren und es zeigt sich so, daß im Atom Elektronen enthalten sind. Ähnlich geht es bei den Kernen. Bei niedriger Elektronenenergie kann das Elektron die Kernniveaus nicht anregen, der Kern erscheint als Elementarteilchen. Bei höherer Energie erscheinen die Kernniveaus und es wird möglich, Kernbausteine, Protonen und Neutronen aus dem Kern zu schlagen. Dieselbe Frage stellt sich nun wieder für die neuen Bausteine. Sind Protonen und Neutronen elementar? Auch Protonen und Neutronen können

1 Eisberg, Abschnitt 5.5.

mit Elektronen untersucht werden. Bei der Energie von ein paar Hundert MeV wird klar, daß die Nukleonen, Proton und Neutron, keine punktförmigen Teilchen sind, sondern eine "Ausdehnung" in der Größenordnung von 1 fm haben. Es zeigt sich auch, daß die Nukleonen angeregte Zustände, wie Atome und Kerne, besitzen. Diese angeregten Zustände zerfallen sehr schnell, meist unter Emission von Pionen. Woher kommen die Pionen? Sind sie schon im Nukleon vorhanden oder entstehen sie erst bei der Emission? Ferner deuten Experimente mit Elektronen um 10 GeV Energie möglicherweise die Existenz von Untereinheiten in den Nukleonen an[2]. Wir wissen noch nicht, ob es diese Untereinheiten (manchmal Partonen genannt) gibt, was sie sind und ob sie unabhängig von ihrem Wirtsteilchen existieren können. Experimente mit dem NAL-Beschleuniger und mit Speicherringen werden diese Fragen hoffentlich klären, aber die einleitenden Bemerkungen hier sollten schon deutlich machen, daß das Problem der Elementarteilchen nicht so einfach ist, wie es zunächst den Anschein hatte. Auf die grundlegenden Fragen kommen wir in Kapitel 13 zurück, in den folgenden Abschnitten werden wir bescheidener sein und nur von den experimentellen Tatsachen über die subatomaren Teilchen berichten. Um die Teilchen zu beschreiben und zu ordnen, werden die Erhaltungsgrößen wie Energie, Drehimpuls und Ladung herangezogen. Die Erhaltungsgrößen und die zugehörigen Symmetrien werden in Teil III ausführlicher behandelt.

5. Der subatomare Zoo

Ein gewöhnlicher Zoo ist eine Sammlung von mehr oder weniger fremdartigen Tieren. Der subatomare Zoo beherbergt ebenfalls eine große Anzahl verschiedener Einwohner und auch hier entstehen Fragen nach deren Einfangen, Pflegen und Füttern: (1) Wie können die Teilchen erzeugt werden? (2) Wie kann man sie charakterisieren und identifizieren? (3) Können sie zu Familien zusammengefaßt werden? Im vorliegenden Kapitel konzentrieren wir uns auf die zweite Frage. In den beiden ersten Abschnitten werden die Eigenschaften eingeführt, die zur Charakterisierung von Teilchen wesentlich sind. Einige Mitglieder des Zoos werden schon in diesen Abschnitten als Beispiele erscheinen. In den folgenden Abschnitten werden die verschiedenen Familien dann genauer beschrieben. Da es so viele Tiere im subatomaren Zoo gibt, ist eine anfängliche Verwirrung des Lesers unvermeidlich. Wir hoffen jedoch, daß die Verwirrung verschwindet, wenn dieselben Teilchen immer wieder erscheinen.

---

2 W. Kendall and W. Panofsky, *Sci. Amer.* 224, 60 (June 1971).

5.1 *Masse und Spin. Fermionen und Bosonen*

Zur ersten Einordnung eines Teilchens stellt man seine Masse m fest. Im Prinzip kann die Masse aus dem 1. Newtonschen Gesetz bestimmt werden, wenn die Beschleunigung $\mathbf{a}$ in einem Kraftfeld $\mathbf{F}$ gemessen wird:

$$m = \frac{|\mathbf{F}|}{|\mathbf{a}|}. \tag{5.1}$$

Gleichung 5.1 gilt im relativistischen Bereich nicht, aber die exakte Verallgemeinerung ist unproblematisch. Mit der Masse ist hier immer die Ruhemasse gemeint. Wie man die Masse tatsächlich bestimmt, wird in Abschnitt 5.3 erläutert. Die Ruhemassen der subatomoren Teilchen erstrecken sich über einen weiten Bereich. Einige, wie das Photon und die Neutrinos, haben Ruhemasse Null. Das leichteste massive Teilchen ist das Elektron mit der Masse m_e von etwa 10^{-27} g. Seine Ruheenergie, $E = mc^2$, beträgt 0,51 MeV. Das nächstschwerere Teilchen ist das Myon mit der Masse von etwa 200 m_e. Von da ab wird die Sache komplizierter und viele Teilchen mit fremdartigen und wunderbaren Eigenschaften haben Massen zwischen 270 mal der Elektronenmasse und zwei bis drei Größenordnungen höher. Kerne, die selbstverständlich auch zu den subatomaren Teilchen gehören, beginnen mit dem Proton, dem Kern des Wasserstoffatoms, das eine Masse von etwa 2000 m_e hat. Der schwerste bekannte Kern ist etwa 260 mal massiver als das Proton. Die Massen (ohne Ruhemasse Null) variieren also bis zu einem Faktor von fast einer Million. Wir werden noch ein paar mal auf die Masse zurückkommen und weitere Einzelheiten werden deutlicher werden, sobald mehr Beispiele auftauchen. Aber genauso, wie es ohne Kenntnis des Periodensystems unmöglich ist, Chemie zu verstehen, ist es unmöglich, ein klares Bild der subatomaren Welt zu erlangen, ohne die wichtigsten Bewohner des subatomaren Zoos zu kennen. Es empfiehlt sich deshalb, oft in die Tafeln A3 - A5 im Anhang zu schauen.

Eine zweite wesentliche Eigenschaft zur Ordnung von Teilchen ist der Spin oder Eigendrehimpuls. Der Spin ist eine rein quantenmechanische Erscheinung und sein Prinzip ist zunächst schwer zu erfassen. Als Einleitung bringen wir deshalb erst einmal den Bahndrehimpuls, der eine klassische Bedeutung hat. Klassisch ist der Bahndrehimpuls eines Teilchens mit Impuls $\mathbf{p}$ definiert als

$$\mathbf{L} = \mathbf{r} \times \mathbf{p}, \tag{5.2}$$

wobei $\mathbf{r}$ der Radiusvektor vom Schwerpunkt des Teilchens zur Drehachse ist. Klassisch kann der Drehimpuls jeden Wert annehmen. Quantenmechanisch ist $\mathbf{L}$ auf bestimmte Werte beschränkt. Ferner kann der Drehimpulsvektor zu einer gegebenen Richtung nur bestimmte Orientierungen annehmen. Die Tatsache einer solchen räumlichen Quantisierung widerspricht zunächst dem physikalischen Empfinden. Jedoch beweist das

Stern-Gerlach-Experiment deutlich das Vorhandensein der räumlichen Quantisierung [1]), die sich zugleich logisch aus den Postulaten der Quantenmechanik herleiten läßt. In der Quantenmechanik wird **p** durch den Operator $-i\hbar(\partial/\partial x,\ \partial/\partial y,\ \partial/\partial z) \equiv -i\hbar\,\nabla$ ersetzt und folglich wird auch der Bahndrehimpuls zu einem Operator [2]), dessen z-Komponente z.B. durch

$$L_z = -i\hbar\left(x\frac{\partial}{\partial y} - y\frac{\partial}{\partial x}\right) = -i\hbar\frac{\partial}{\partial\varphi} \tag{5.3}$$

gegeben ist. Hier ist φ der Azimutwinkel (Geographische Länge) in Polarkoordinaten. Die Wellenfunktion eines Teilchens mit bestimmtem Drehimpuls kann als Eigenfunktion von $\mathbf{L}^2$ und L_z gewählt werden: [3])

$$\begin{aligned} \mathbf{L}^2\psi_{\ell m} &= \ell(\ell+1)\hbar^2\psi_{\ell m} \\ L_z\psi_{\ell m} &= m\hbar\psi_{\ell m}. \end{aligned} \tag{5.4}$$

Die erste Gleichung besagt, daß die Größe des Drehimpulses quantisiert und auf Werte $[\ell(\ell+1)]^{1/2}\hbar$ beschränkt ist. Die zweite Gleichung besagt, daß die Komponente des Drehimpulses in einer gegebenen Richtung, für die man im allgemeinen z nimmt, nur Werte $m\hbar$ annehmen kann. Die Quantenzahlen ℓ und m müssen g a n z z a h l i g sein und für einen gegebenen Wert von ℓ kann m die $2\ell + 1$ Werte von $-\ell$ bis $+\ell$ annehmen. Die räumliche Quantisierung kommt in einem V e k t o r d i a g r a m m zum Ausdruck, siehe Bild 5.1 für $\ell = 2$. Die Komponente entlang der willkürlich gewählten Richtung z kann nur die gezeigten Werte annehmen.

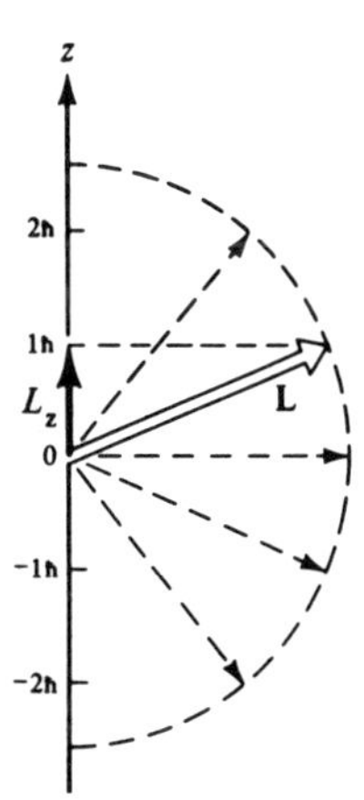

Bild 5.1 Vektordiagramm für den Drehimpuls mit den Quantenzahlen $l = 2$ und $m = 1$. Die anderen möglichen Einstellungen sind durch gestrichelte Linien angedeutet.

1 Eisberg, Abschnitt 11.3; *Feynman Lectures*, II-35-3.

2 Eisberg, Gl. 10.51 und Gl. 10.52; Merzbacher, Kapitel 9.

3 Verwirrung kann aus der üblichen Verwendung der gleichen Symbole für die klassischen Größen (z.B. L) und den entsprechenden quantenmechanischen Operatoren (z.B. L) entstehen. Dazu werden oft noch die Quantenzahlen durch ähnliche Buchstaben (l oder L) bezeichnet. Wir schließen uns dieser Konvention an, da die meisten Bücher und Veröffentlichungen sie benutzen. Nach anfänglichen Verwechslungen wird die Bedeutung aller Symbole aus dem Zusammenhang deutlich werden. Gelegentlich werden wir jedoch den Index *op* für einen quantenmechanischen Operator verwenden.

Wir wiederholen, daß die Quantisierung des Bahndrehimpulses Gl. 5.2 zu ganzzahligen Werten von ℓ führt und demnach zu ungeraden Werten $2\ell + 1$ als Anzahl der möglichen Einstellungen. Es war deshalb überraschend, als die Alkalispektren eindeutige Dubletts zeigten. Zwei Einstellungen bedeuten aber $2\ell + 1 = 2$ oder $\ell = \frac{1}{2}$. Vor 1924 wurden viele Versuche zur Erklärung dieses halbzahligen Drehimpulses unternommen. Die erste Hälfte der richtigen Lösung wurde 1924 von Pauli gefunden; er schlug vor, daß Elektronen eine klassisch nicht erklärbare Doppelwertigkeit besitzen, aber er verband mit dieser Eigenschaft kein physikalisches Bild. Die zweite Hälfte der Lösung lieferten Uhlenbeck und Goudsmit, die ein kreiselndes (englisch: spinning) Elektron postulierten. Die Zweiwertigkeit kommt dann aus den zwei verschiedenen Drehrichtungen.

Natürlich muß der Wert $\frac{1}{2}$ in die Quantenmechanik passen. Es ist leicht zu sehen, daß die quantenmechanischen Operatoren, die **L** in Gl. 5.2 entsprechen, folgende Vertauschungsregeln erfüllen:

$$\begin{aligned} L_xL_y - L_yL_x &= i\hbar L_z \\ L_yL_z - L_zL_y &= i\hbar L_x \\ L_zL_x - L_xL_z &= i\hbar L_y. \end{aligned} \tag{5.5}$$

Es wird postuliert, daß die Vertauschungsregeln Gl. 5.5 fundamentaler sind als die klassische Definition Gl. 5.2. Um dies auszudrücken, wird mit **L** nun der Bahndrehimpuls bezeichnet und ein Symbol **J** für beliebigen Drehimpuls eingeführt. **J** soll die Vertauschungsregeln erfüllen:

$$\begin{aligned} J_xJ_y - J_yJ_x &= i\hbar J_z \\ J_yJ_z - J_zJ_y &= i\hbar J_x \\ J_zJ_x - J_xJ_z &= i\hbar J_y. \end{aligned} \tag{5.6}$$

Mit algebraischen Methoden lassen sich Folgerungen aus Gl. 5.6 berechnen[4]). Das Ergebnis ist die Rechtfertigung der Vorschläge von Pauli und von Goudsmit und Uhlenbeck. Der Operator **J** erfüllt Eigenwertgleichungen analog zu denen für den Bahndrehimpulsoperator Gl. 5.4:

$$J^2\psi_{JM} = J(J+1)\hbar^2\psi_{JM} \tag{5.7}$$

$$J_z\psi_{JM} = M\hbar\psi_{JM}. \tag{5.8}$$

Die erlaubten Werte von J sind jedoch nicht nur ganzzahlig, sondern auch halbzahlig:

$$J = 0, \tfrac{1}{2}, 1, \tfrac{3}{2}, 2, \ldots. \tag{5.9}$$

Für jeden Wert von J kann M die $2J + 1$ Werte von $-J$ bis $+J$ annehmen.

Die Gleichungen 5.7 - 5.9 sind für jedes quantenmechanische System gültig. Wie jeder Drehimpuls hängt der spezielle Wert von J nicht nur vom

4 Eine gut verständliche Ableitung bringt Messiah, Kapitel XIII.

betreffenden System ab, sondern auch von der Drehachse, auf die er bezogen wird. Wir kehren jetzt zu den Teilchen zurück. Es stellt sich heraus, daß jedes Teilchen einen Eigendrehimpuls hat, der üblicherweise als Spin bezeichnet wird. Der Spin kann nicht durch die klassischen Koordinaten von Ort und Impuls wie in Gl. 5.2 ausgedrückt werden und er hat in der klassischen Mechanik keine Entsprechung. Der Spin wird oft so dargestellt, als ob das Teilchen ein schnelldrehender Kreisel wäre. Für jeden in Frage kommenden Radius jedoch wäre dann die Geschwindigkeit auf der Teilchenoberfläche größer als die Lichtgeschwindigkeit, weshalb dieses Bild nicht haltbar ist. Zudem besitzen selbst Teilchen mit Ruhemasse Null, wie das Photon und das Neutrino, einen Spin. Die Existenz des Spins muß als Tatsache hingenommen werden. Im Ruhesystem des Teilchens verschwindet jeder Bahnbeitrag zum Gesamtdrehimpuls und der Spin ist der Drehimpuls im Ruhesystem. Er ist eine unveräußerliche Eigenschaft des Teilchens. Der Spinoperator wird mit $\mathbf{J}$ oder $\mathbf{S}$ bezeichnet;[5]) er erfüllt die Eigenwertgleichungen 5.7 und 5.8. Die Quantenzahl J ist eine Konstante und charakterisiert das Teilchen, während die Quantenzahl M die Orientierung des Teilchens im Raum beschreibt und von der Bezugsachse abhängt.

Wie kann J experimentell bestimmt werden? Für makroskopische Systeme kann man den klassischen Drehimpuls messen. Für ein Teilchen ist eine solche Messung nicht durchführbar. Wenn es jedoch gelingt die Anzahl der möglichen Einstellungen im Raum zu bestimmen, folgt daraus die Spinquantenzahl J, die oft einfach als der Spin bezeichnet wird, da es $2J+1$ mögliche Einstellungen gibt.

Wir haben oben festgestellt, daß ganzzahlige Werte von J in Verbindung mit dem Bahndrehimpuls auftreten, bei dem es einen klassischen Grenzfall gibt, daß es aber für halbzahlige Werte keine klassische Entsprechung gibt. Wie wir bald sehen werden, gibt es Teilchen mit ganzzahligem und halbzahligem Spin. Beispiele für die Klasse der ganzzahligen sind das Photon und das Pion, während Elektron, Neutrinos, Myonen und Nukleonen Spin $\frac{1}{2}$ haben. Kommt der Unterschied zwischen ganzzahligen und halbzahligen Werten auf irgendeine tiefere Weise zum Ausdruck? Dies ist der Fall und die beiden Teilchenklassen verhalten sich sehr unterschiedlich. Der Unterschied wird sichtbar, wenn man die Eigenschaften der Wellenfunktion untersucht. Wir betrachten dazu ein System von zwei identischen Teilchen, 1 und 2. Die Teilchen haben den gleichen Spin J, aber ihre Orientierung $J_z^{(i)}$ kann verschieden sein. Die Wellenfunktion des Systems wird folgendermaßen geschrieben:

$$\psi(\mathbf{x}^{(1)}, J_z^{(1)}; \mathbf{x}^{(2)}, J_z^{(2)}) \equiv \psi(1, 2).$$

Werden die zwei Teilchen ausgetauscht, so wird die Wellenfunktion zu

5 S wird später auch für die *Strangeness* gebraucht, es steht also nicht immer für die Spinquantenzahl.

$\psi(2,1)$. Es ist eine bemerkenswerte Eigenschaft der Natur, daß alle Wellenfunktionen für identische Teilchen entweder symmetrisch oder antisymmetrisch bezüglich der Vertauschung $1 \rightleftharpoons 2$ sind:

$$\begin{aligned} \psi(1,2) &= +\psi(2,1), \quad \text{symmetrisch} \\ \psi(1,2) &= -\psi(2,1), \quad \text{antisymmetrisch.} \end{aligned} \tag{5.10}$$

Die vollständige Symmetrie oder Antisymmetrie bezüglich des Austausches von irgend zwei Teilchen kann leicht auf n identische Teilchen ausgedehnt werden.[6]

Es besteht ein tieferer Zusammenhang zwischen Spin und Symmetrie, der zuerst von Pauli bemerkt und von ihm mit der relativistischen Quantenfeldtheorie bewiesen wurde: Die Wellenfunktion eines Systems von n identischen Teilchen mit halbzahligem Spin, Fermionen genannt, wechselt das Vorzeichen, wenn irgend zwei Teilchen vertauscht werden. Die Wellenfunktion eines Systems von n identischen Teilchen mit ganzahligem Spin, Bosonen genannt, bleibt beim Austausch irgend zweier Teilchen unverändert. Die Spin-Symmetrie-Relation ist in Tabelle 5.1 zusammengefaßt.

Tabelle 5.1 Bosonen und Fermionen.

Spin J	Teilchen	Verhalten der Wellenfunktion beim Austausch zweier identischer Teilchen
ganzzahlig	Bosonen	symmetrisch
halbzahlig	Fermionen	antisymmetrisch

Der Zusammenhang zwischen Spin und Symmetrie führt zu Paulis Ausschließungsprinzip. Zwei Teilchen sollen dieselben Quantenzahlen haben. Die zwei Teilchen sind dann im selben Zustand. Ein Austausch $1 \rightleftharpoons 2$ läßt die Wellenfunktion unverändert. Wenn die Teilchen aber Fermionen sind, wechselt sie das Vorzeichen und sie muß deshalb Null sein. Das Pauliprinzip besagt demnach, daß ein quantenmechanischer Zustand nur von einem Fermion[7] besetzt sein kann. Das Prinzip ist außerordentlich wichtig für die gesamte subatomare Physik.

6 Park, Kapitel 11.

7 Pauli beschreibt die Situation mit den folgenden Worten:
„Stellt man die nichtentarteten Zustände eines Elektrons durch Schachteln dar, so besagt das Ausschließungsprinzip, daß in jeder Schachtel nur ein Elektron sein darf. Das macht die Atome größer als wenn sich viele Elektronen z.B. in der innersten Schale aufhalten könnten. Andere Teilchen, wie Photonen oder leichte Teilchen, zeigen nach der Quantentheorie das entgegengesetzte Verhalten; d.h. so viele wie möglich wollen in dieselbe Schachtel. Man kann die Teilchen, die dem Ausschließungsprinzip gehorchen, als die antisozialen Teilchen bezeichnen, während die Photonen sozial sind. In beiden Fällen jedoch werden die Soziologen die Physiker beneiden, wegen der vereinfachenden Annahme, daß alle Teilchen desselben Typs exakt gleich sind."
Aus W. Pauli, *Science* **103**, 213 (1946). Abgedruckt in *Collected Scientific Papers by Wolfgang Pauli* (R. Kronig and V.F. Weisskopf, eds.), Wiley-Interscience, New York, 1964.

5.2 *Elektrische Ladung und magnetisches Dipolmoment*

Viele Teilchen besitzen eine elektrische Ladung. In einem äußeren elektromagnetischen Feld ist die Kraft auf ein Teilchen der Ladung q durch Gl. 2.13 gegeben,

$$\mathbf{F} = q\left(\boldsymbol{\varepsilon} + \frac{1}{c}\mathbf{v} \times \mathbf{B}\right). \tag{5.11}$$

Die Ablenkung des Teilchens im rein elektrischen Feld $\boldsymbol{\varepsilon}$ bestimmt q/m. Ist m bekannt, so kann man q berechnen. Historisch verlief die Entwicklung umgekehrt: Die Elektronenladung wurde von Millikan in seinem Öltröpfchenexperiment bestimmt. Aus bekanntem q und q/m wurde dann die Elektronenmasse gefunden.

Die Gesamtladung eines subatomaren Teilchens bestimmt seine Wechselwirkung mit $\boldsymbol{\varepsilon}$ und $\mathbf{B}$ nach der Lorentzgleichung 5.11. Es ist eine bemerkenswerte und noch nicht verstandene Erscheinung, daß die Ladung immer in ganzzahligen Vielfachen der Elementarladung e auftritt. Wegen dieser Tatsache erfährt man aus der Gesamtladung wenig über die Struktur eines subatomaren Systems. Aus anderen elektromagnetischen Eigenschaften jedoch ist dies möglich und die bekannteste ist das magnetische Dipolmoment. Mit schlechtem Gewissen (weil wir wissen, daß es eigentlich nicht zutrifft) stellen wir uns ein Elementarteilchen als einen rotierenden Körper vor (Bild 5.2).

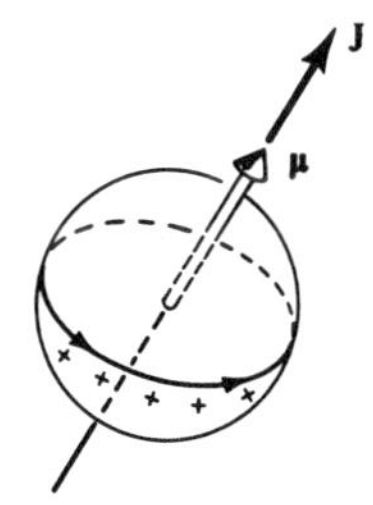

Bild 5.2 Magnetisches Dipolmoment. Im klassischen Modell erzeugt die Drehung des Teilchens Kreisströme, die ihrerseits ein magnetisches Dipolmoment erzeugen.

Sind elektrische Ladungen über das Teilchen verteilt, so drehen sie sich mit und erzeugen Kreisströme, die ein magnetisches Dipolmoment $\boldsymbol{\mu}$ hervorrufen. Wie wirkt ein äußeres Feld $\mathbf{B}$ auf dieses Dipolmoment? Die klassische Elektrodynamik zeigt, daß ein Kreisstrom wie in Bild 5.3 zu einer Energie von

$$E_{\text{mag}} = -\boldsymbol{\mu}\cdot\mathbf{B} \tag{5.12}$$

führt, wobei die Größe des magnetischen Dipolmoments $\boldsymbol{\mu}$, im cgs-System, durch

$$\mu = \frac{1}{c}\,\text{Strom} \times \text{Fläche} \tag{5.13}$$

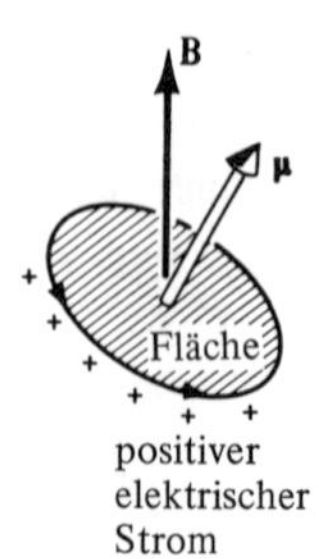

Bild 5.3 Ein Kreisstrom ruft ein magnetisches Moment $\boldsymbol{\mu}$ hervor. Das magnetische Moment steht senkrecht zur stromumflossenen Ebene.

gegeben ist. Die Richtung von $\boldsymbol{\mu}$ ist senkrecht zur Ebene des Kreisstroms. Der positive Strom und $\boldsymbol{\mu}$ bilden eine Rechtsschraube.[8]) Die Verbindung zwischen magnetischem Moment und Drehimpuls wird durch Betrachtung eines Teilchens der Ladung q herbeigeführt, das sich mit der Geschwindigkeit $\mathbf{v}$ und Radius r auf einer Kreisbahn bewegt (Bild 5.4). Das Teilchen läuft $v/(2\pi r)$ mal pro s um und erzeugt folglich den Strom $qv/2\pi r$. Mit Gl. 5.2 und Gl. 5.13 sind $\boldsymbol{\mu}$ und $\mathbf{L}$ durch

$$\boldsymbol{\mu} = \frac{q}{2mc}\mathbf{L} \tag{5.14}$$

verbunden. Dieses Ergebnis beruht auf zwei nur beschränkt gültigen Voraussetzungen. Es wurde mit Hilfe der klassischen Physik abgeleitet und es bezieht sich auf eine Punktladung auf einer Kreisbahn. Trotzdem zeigt Gl. 5.14 zwei bedeutsame Tatsachen: $\boldsymbol{\mu}$ zeigt in die Richtung von $\mathbf{L}$ und das Verhältnis μ/L ist durch $q/2mc$ gegeben. Diese beiden Tatsachen zeigen den Weg zur Definition eines quantenmechanischen Operators $\boldsymbol{\mu}$ für ein Teilchen mit der Masse m und dem Spin J. Auch dann sollte $\boldsymbol{\mu}$ parallel zu $\mathbf{J}$ sein, da es keine andere bevorzugte Richtung gibt. Die Operatoren $\boldsymbol{\mu}$ und $\mathbf{J}$ sind folglich verknüpft durch

$$\boldsymbol{\mu} = \text{const. } \mathbf{J}.$$

Gemäß Gl. 5.14 hat die Konstante die Dimension e/mc und sie wird vorteilhaft als const. $= g(e/2mc)$ geschrieben. Die neue Konstante g ist dann

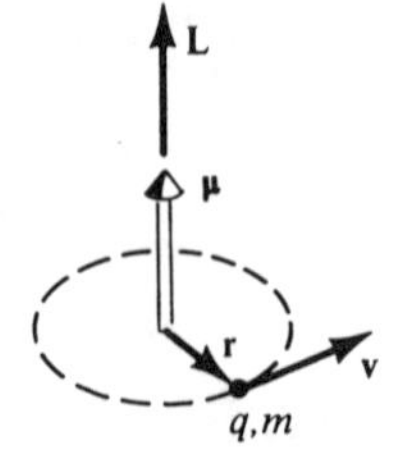

Bild 5.4 Ein Teilchen mit der Masse m und der Ladung q auf einer Kreisbahn erzeugt das magnetische Moment $\boldsymbol{\mu}$ und den Bahndrehimpuls $\mathbf{L}$.

8 Jackson, Gl. 5.60 und Gl. 5.73.

dimensionslos und aus der Beziehung zwischen $\boldsymbol{\mu}$ und $\mathbf{J}$ wird

$$\boldsymbol{\mu} = g\frac{e}{2mc}\mathbf{J}. \tag{5.15}$$

Die Konstante g mißt die Abweichung des tatsächlichen magnetischen Moments vom einfachen Wert $e/2mc$. Hierbei ist zu beachten, daß e und nicht q in Gl. 5.15 steht. Während q positiv oder negativ sein kann, ist e als positiv definiert und das Vorzeichen von μ ist durch das des g-Faktors bestimmt. $\mathbf{J}$ hat dieselbe Dimension wie $\hbar$, so daß $\mathbf{J}/\hbar$ dimensionslos ist. Gleichung 5.15 kann demnach umgeschrieben werden zu

$$\boldsymbol{\mu} = g\mu_0\frac{\mathbf{J}}{\hbar} \tag{5.16}$$

$$\mu_0 = \frac{e\hbar}{2mc}. \tag{5.17}$$

Die Konstante μ_0 heißt Magneton und ist die Einheit, in der magnetische Momente gemessen werden. Ihr Wert hängt von der eingesetzten Masse ab. In der Atomphysik und allen Problemen mit Elektronen wird für m in Gl. 5.17 die Elektronenmasse genommen und die Einheit heißt dann Bohrsches Magneton μ_B:

$$\mu_B = \frac{e\hbar}{2m_ec} = 0{,}5788 \times 10^{-14} \text{ MeV/G}. \tag{5.18}$$

In der subatomaren Physik werden die magnetischen Momente in Einheiten des Kernmagnetons ausgedrückt, das man aus Gl. 5.17 mit $m = m_p$ erhält:

$$\mu_N = \frac{e\hbar}{2m_pc} = 3{,}1525 \times 10^{-18} \text{ MeV/G}. \tag{5.19}$$

Das Kernmagneton ist etwa 2000 mal kleiner als das Bohrsche Magneton.

Die Information über die Teilchenstruktur steckt im g-Faktor. Für eine große Anzahl von Kernzuständen und für wenige Teilchen wurde der g-Faktor gemessen. Es ist ein Problem der Theorie, die beobachteten Werte zu erklären.

Die Energieniveaus eines Teilchens mit dem magnetischen Moment $\boldsymbol{\mu}$ in einem magnetischen Feld $\mathbf{B}$ erhält man aus der Schrödinger Gleichung,

$$H\psi = E\psi,$$

wobei der Hamiltonoperator H die Form haben soll

$$H = H_0 + H_{mag} = H_0 - \boldsymbol{\mu}\cdot\mathbf{B},$$

oder mit Gl. 5.16

$$H = H_0 - \frac{g\mu_0}{\hbar}\mathbf{J}\cdot\mathbf{B}. \tag{5.20}$$

Der spinunabhängige Hamiltonoperator H_0 liefert die Energie E_0: $H_0\psi = E_0\psi$. Um die Energiewerte zu finden, die zum gesamten Hamiltonoperator gehören, wählt man am besten die z-Achse entlang dem magnetischen Feld, so daß $\mathbf{J}\cdot\mathbf{B} = J_z B_z \equiv J_z B$. Mit Gl. 5.8 sind die Eigenwerte E des Hamiltonoperators H

$$E = E_0 - g\mu_0 MB. \tag{5.21}$$

Hier nimmt M die $2J + 1$ Werte von $-J$ bis $+J$ an. Die entsprechende Zeemanaufspaltung zeigt Bild 5.5 für den Spin $J = \frac{3}{2}$.

Die Aufspaltung $\Delta E = g\mu_0 B$ zwischen zwei Zeemanniveaus wird experimentell bestimmt. Ist B bekannt, so folgt g. Trotzdem sind die angegebenen Werte in der Literatur nicht g sondern eine Größe μ, definiert durch

$$\mu = g\mu_0 J. \tag{5.22}$$

Hier ist J die in Gl. 5.7 definierte Quantenzahl. Wie aus Bild 5.5 ersichtlich, ist $2\mu B$ die totale Aufspaltung der Zeemanniveaus. Quantenmechanisch ist μ der Erwartungswert des Operators Gl. 5.16 im Zustand $M = J$. Um μ zu bestimmen, müssen g und J bekannt sein. J kann man im Prinzip mit dem Zeemaneffekt finden, da die Anzahl der Niveaus gleich $2J + 1$ ist.

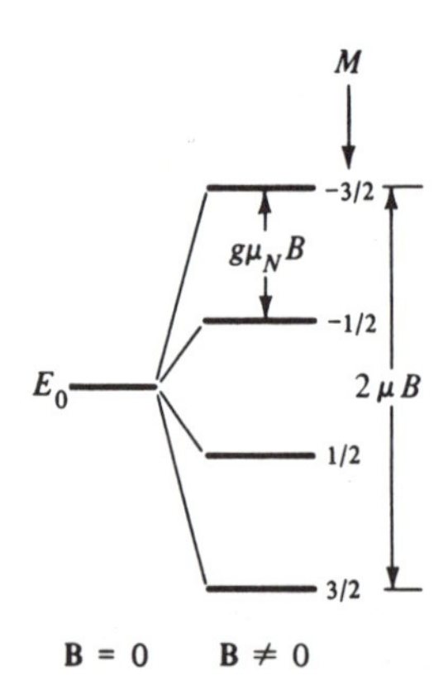

Bild 5.5 Zeemanaufspaltung der Energieniveaus eines Teilchens mit Spin J und g-Faktor g im äußeren Magnetfeld **B**. **B** verläuft entlang der z-Achse, $g > 0$.

5.3 *Massenbestimmung*

Die Masse ist sozusagen die Heimatanschrift eines Teilchens oder Kerns und es ist deshalb nicht verwunderlich, daß es viele Meßmethoden gibt, um sie zu bestimmen. Wir werden hier nur drei davon besprechen und haben solche ausgesucht, die verschiedenartig sind und in sehr unterschiedlichen Situationen angewendet werden.

Subatomare Teilchen sind Quantensysteme und nahezu alle besitzen angeregte Zustände. Schematisch sehen die Anregungsspektren aus wie in Bild 5.6

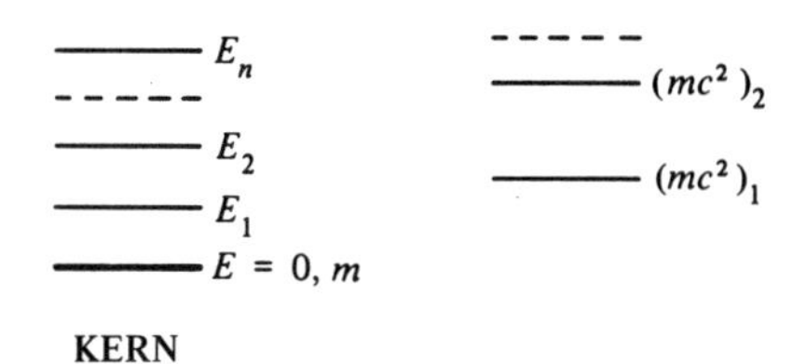

Bild 5.6 Anregungsspektren von Kernen und Teilchen. Die Bezeichnungen sind im Text erklärt.

gezeigt. Obwohl die grundlegenden Gesichtspunkte für Kerne und Teilchen ähnlich sind, unterscheiden sie sich in den Einheiten und den Bezeichnungen. Im Fall von Kernen wird die Masse des Grundzustands nicht für den Kern allein, sondern für das neutrale Atom einschließlich aller Elektronen angegeben. Die internationale Einheit für die Atommasse ist ein Zwölftel der Atommasse von ^{12}C. Diese Einheit heißt die relative Nuklidmasseneinheit oder atomare Masseneinheit und wird als u abgekürzt (von "unified mass unit"). In Einheiten von g und MeV ist sie

$$\begin{aligned} 1u &= 1{,}66043 \times 10^{-24}\ \text{g (Masse)} \\ &= 931{,}481\ \text{MeV (Energie)}. \end{aligned} \tag{5.23}$$

Die Masse der nuklearen Grundzustände wird in u angegeben. Die angeregten Kernzustände werden nicht durch ihre Masse, sondern durch ihre Anregungsenergie (MeV über dem Grundzustand) charakterisiert. Im Fall von Teilchen werden die Ruheenergien angegeben und zwar in MeV oder GeV. Diese Bezeichnungsweise ist willkürlich, aber sinnvoll, da im Fall der Teilchen die Anregungsenergien und die Grundzustandsenergie vergleichbar sind.

Nach diesen einleitenden Bemerkungen kommen wir zur Massenspektroskopie, der Bestimmung von Kernmassen. Das erste Massenspektrometer wurde 1910 von J.J. Thomson gebaut, aber den Hauptfortschritt daran verdanken wir F.W. Aston. Die Bestandteile des Astonschen Massenspektrometers sind in Bild 5.7 gezeigt. Die Atome werden in einer Ionenquelle ionisiert. Die Ionen werden dann durch eine Spannung von 20 - 50 kV beschleunigt. Der Strahl wird durch Spalte gebündelt und durchläuft ein elektrisches und ein magnetisches Feld. Diese Felder sind so gewählt, daß Ionen verschiedener Geschwindigkeit, aber mit gleichem Verhältnis von Ladung zu Masse auf der Photoplatte fokussiert werden. Die Lage der verschiedenen Ionen auf der Photoplatte gestattet die Bestimmung der relativen Massen mit hoher Genauigkeit.

Die Massenspektroskopie funktioniert gut bei Kernen, sie ist aber schwierig (oder unmöglich) auf die meisten Elementarteilchen anzuwenden. Im Mas-

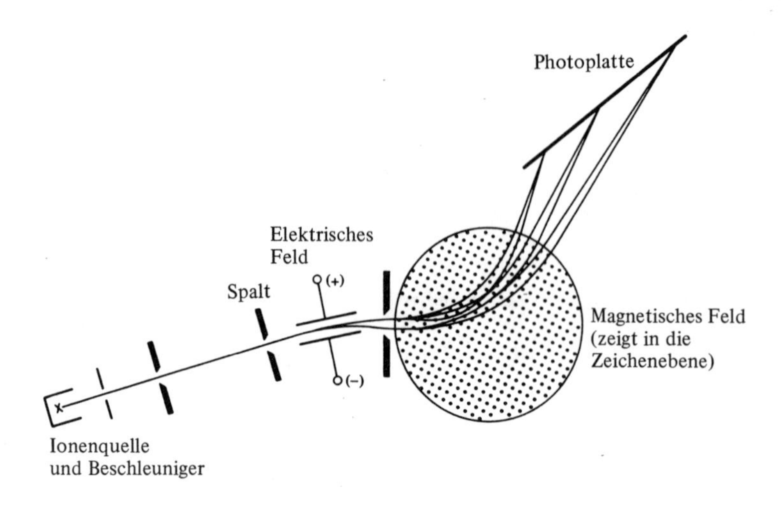

Bild 5.7 Astonsches Massenspektrometer.

senspektrometer starten alle Ionen mit sehr kleiner (thermischer) Geschwindigkeit und werden dann im selben Feld beschleunigt. Ihre relativen Massen können deshalb sehr genau bestimmt werden. Elementarteilchen jedoch entstehen in Reaktionen und ihre Anfangsgeschwindigkeiten sind nicht genau bekannt. Zudem sind einige Teilchen neutral und können nicht abgelenkt werden. Hier muß man deshalb anders vorgehen und die Grundlage dazu bilden die Gleichungen 1.2 und 1.7:

(1.2) $$E^2 = p^2c^2 + m^2c^4$$

(1.7) $$\mathbf{p} = m\gamma\mathbf{v}$$

(1.6) $$\gamma = \frac{1}{(1-(v/c)^2)^{1/2}}.$$

Diese Beziehungen zeigen, daß die Masse eines Teilchens berechnet werden kann, wenn der Impuls und die Energie oder der Impuls und die Geschwindigkeit bekannt sind. Viele Verfahren beruhen darauf und die Anordnung in Bild 5.8 ist ein Beispiel dafür. Ein Magnet sondert Teilchen mit dem Impuls $\mathbf{p}$ aus. Zwei Szintillationszähler, S_1 und S_2, registrieren den Durchgang des Teilchens. Die Signale dieser beiden Zähler werden auf einem Oszillographen betrachtet und die Verzögerung zwischen den Signalen S_1 und S_2 kann auf dem Schirm abgelesen werden. Mit dem bekannten Abstand zwischen S_1 und S_2 kann man die Geschwindigkeit berechnen. Impuls und Geschwindigkeit ergeben zusammen die Masse.

Die gerade besprochene Methode versagt für neutrale Teilchen, oder wenn die Lebensdauer so kurz ist, daß weder Impuls noch Geschwindigkeit gemessen werden können. Als Beispiel dafür, wie es selbst dann möglich ist,

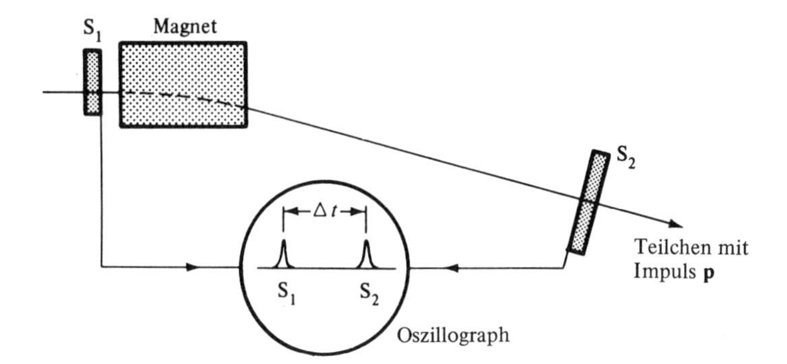

Bild 5.8 Bestimmung der Masse eines Teilchens durch Selektion seines Impulses **p** und Messung seiner Geschwindigkeit v.

die Masse zu bestimmen, besprechen wir die Methode des Spektrums der invarianten Masse. Wir betrachten dazu die Reaktion

$$(5.24) \qquad p\pi^- \longrightarrow n\pi^+\pi^-,$$

wie sie in einer Wasserstoffblasenkammer vorkommt. Die Reaktion kann auf zwei verschiedene Arten verlaufen, siehe Bild 5.9. Verläuft sie wie in Bild 5.9 (a), so werden die drei Teilchen im Endzustand unabhängig voneinander erzeugt. Es ist jedoch auch möglich, daß ein Neutron und ein neues Teilchen, neutrales Rho genannt, erzeugt werden, siehe Bild 5.9 (b). Das ρ^0 zerfällt dann in zwei Pionen. Kann man diese beiden Fälle unterscheiden? Ja, wie wir jetzt sehen werden.

Wenn das ρ^0 lang genug lebt, entsteht eine Lücke zwischen den Spuren des Protons und denen der Pionen. Wir werden in Abschnitt 5.7 sehen, daß die

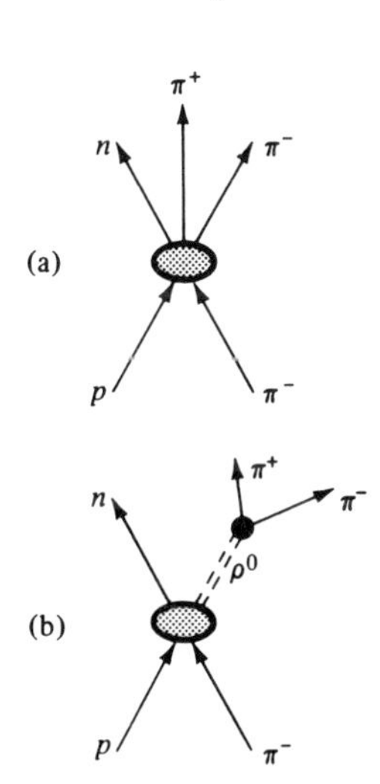

Bild 5.9

Die Reaktion $p\pi^- \longrightarrow n\pi^+\pi^-$ kann auf zwei verschiedene Arten verlaufen: (a) Die drei Teilchen im Endzustand können alle auf einmal erzeugt werden oder (b) im ersten Schritt werden zwei Teilchen, n und ρ^0, erzeugt. Das ρ^0 zerfällt dann in zwei Pionen.

Lebensdauer des ρ^0 etwa 6×10^{-24} s ist. Selbst wenn sich das ρ^0 mit Lichtgeschwindigkeit bewegt, legt es nur etwa 1,5 fm während seiner Lebensdauer zurück, was etwa um den Faktor 10^{10} weniger ist als zur Beobachtung nötig wäre. Wie kann man das ρ^0 trotzdem nachweisen und seine Masse bestimmen? Um zu sehen, wie der Trick geht, betrachten wir die hier auftretenden Energie- und Impulswerte (Bild 5.10). Früher, in Gl. 2.29, definierten wir die Gesamtmasse oder invariante Masse eines Teilchensystems. Wenden wir diese Definition auf die Pionen an und benutzen die Bezeichnungen aus Bild 5.10, so wird die invariante Masse m_{12} der beiden Pionen

$$m_{12} = \frac{1}{c^2}[(E_1 + E_2)^2 - (\mathbf{p}_1 + \mathbf{p}_2)^2 c^2]^{1/2}. \tag{5.25}$$

Legt man an die Blasenkammer ein magnetisches Feld an, so kann der Impuls der beiden Pionen bestimmt werden. Die Energie findet man aus ihrer Reichweite (Bild 3.6) oder ihrer Ionisation. Für jedes beobachtete Pionenpaar kann dann die invariante Masse m_{12} aus Gl. 5.25 berechnet werden. Verläuft die Reaktion gemäß Bild 5.9 (a), ohne Zusammenhang zwischen den beiden Pionen und dem Neutron, so verteilt sich die Energie und der Impuls statistisch. Die Anzahl $N(m_{12})$ der Pionenpaare mit einer bestimmten invarianten Masse kann man einfach berechnen und als Ergebnis erhält man ein sogenanntes Phasenraumspektrum. (Der Phasenraum wird in Abschnitt 10.2 besprochen.) Es ist in Bild 5.11 skizziert. Wenn jedoch die Reaktion über die Erzeugung eines ρ^0 verläuft, so verlangt die Energie- und Impulserhaltung

$$\begin{aligned} E_\rho &= E_1 + E_2 \\ \mathbf{p}_\rho &= \mathbf{p}_1 + \mathbf{p}_2. \end{aligned} \tag{5.26}$$

Die Masse des ρ^0 ist durch Gl. 1.2 gegeben als

$$m_\rho = \frac{1}{c^2}[E_\rho^2 - \mathbf{p}_\rho^2 c^2]^{1/2}$$

oder mit Gl. 5.25 und Gl. 5.26 als

$$m_\rho = m_{12}. \tag{5.27}$$

Stammen die Pionen aus dem Zerfall eines Teilchens, so muß ihre invariante Masse eine Konstante und gleich der Masse des zerfallenden Teilchens sein. Bild 5.12 zeigt ein frühes Ergebnis, das Spektrum der invarianten Masse von Pionenpaaren aus der Reaktion Gl. 5.24 mit Pionen vom

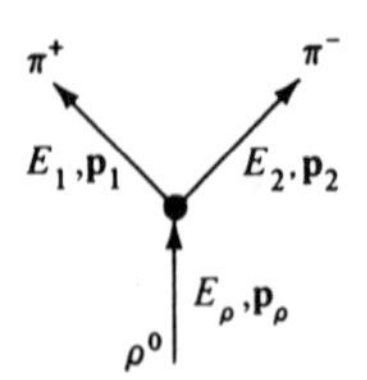

Bild 5.10 Energie- und Impulswerte beim Zerfall des ρ^0.

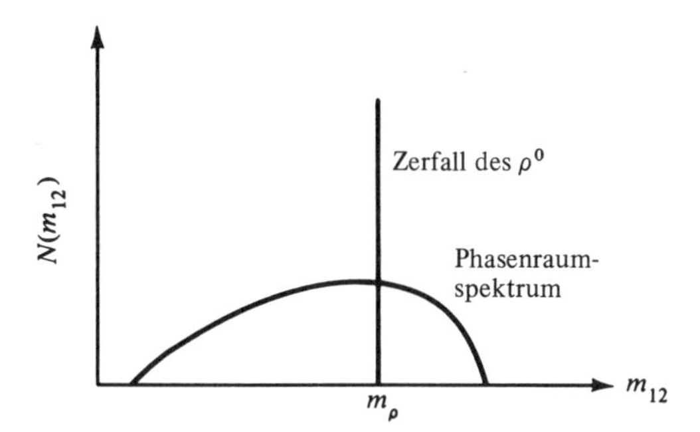

Bild 5.11 Spektrum der invarianten Masse, für den Fall daß die Pionenpaare unabhängig voneinander erzeugt werden (Phasenraum) oder für den Fall, daß sie vom Zerfall eines ρ^0 mit kleiner Zerfallsbreite herrühren.

Impuls 1,89 GeV/c. Ein breites Maximum bei der invarianten Masse von 765 MeV/c^2 ist unübersehbar. Das Teilchen, das dieses Maximum erzeugt, heißt ρ^0. Obwohl es nur etwa 6×10^{-24} s lebt, ist seine Existenz nachgewiesen und seine Masse bekannt.

Das Spektrum der invarianten Masse ist nicht auf die Teilchenphysik beschränkt, sondern wird auch in der Kernphysik angewendet. Wir betrachten z. B. die Reaktion

$$p + {}^{11}\mathrm{B} \begin{cases} \rightarrow 3\alpha \\ \rightarrow {}^{8}\mathrm{Be} + \alpha \\ \quad \hookrightarrow 2\alpha \end{cases}$$

Da ^{8}Be nur 2×10^{-16} s lebt, bevor es in zwei α-Teilchen zerfällt, werden auf jeden Fall drei α-Teilchen beobachtet. Trotzdem kann die Bildung des ^{8}Be mit dem Spektrum der invarianten Masse untersucht werden.

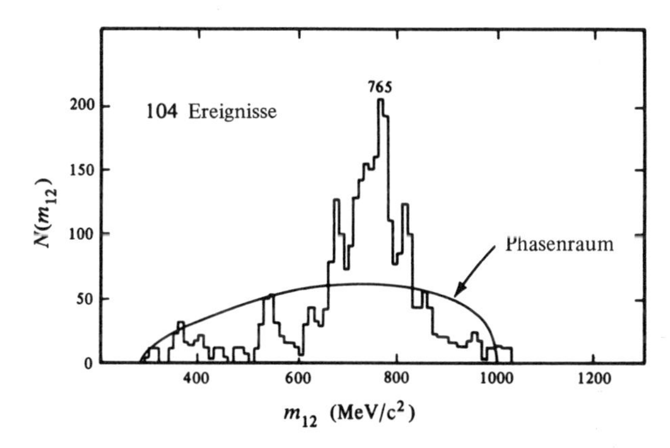

Bild 5.12 Spektrum der invarianten Masse der zwei Pionen, die bei der Reaktion $p\pi^- \longrightarrow n\pi^+\pi^-$ erzeugt werden. [Nach A.R. Erwin, R. March, W.D. Walker, and E. West, *Phys. Rev. Letters* **6**, 628 (1961).]

5.4 *Ein erster Blick auf den subatomaren Zoo*

Die bis jetzt besprochenen Verfahren haben zur Entdeckung von über 100 Teilchen und einer noch größeren Anzahl von Kernen geführt. Wie können diese sinnvoll geordnet werden? Eine erste Trennung erreicht man durch Betrachtung der Wechselwirkungen, an denen die Teilchen teilnehmen. Vier Wechselwirkungen sind bekannt, wie in Abschnitt 1.1 dargelegt. In der Reihenfolge zunehmender Stärke sind dies die Gravitation, die schwache, die elektromagnetische und die starke Wechselwirkung. Im Prinzip kann man alle vier Wechselwirkungen zur Klassifizierung subatomarer Teilchen heranziehen. Die Gravitation ist jedoch so schwach, daß sie in der heutigen subatomaren Physik keine Rolle spielt. Aus diesem Grund beschränken wir unsere Aufmerksamkeit auf die drei anderen Wechselwirkungen.

Wie kann man feststellen, welche Wechselwirkungen das Verhalten eines speziellen Teilchens bestimmen? Wir betrachten dazu zunächst das Elektron. Es unterliegt sicher der elektromagnetischen Wechselwirkung, da es eine elektrische Ladung hat und im elektromagnetischen Feld abgelenkt wird. Nimmt es an der schwachen Wechselwirkung teil? Der Prototyp eines schwachen Prozesses ist der Neutronenzerfall,

$$n \longrightarrow pe^-\bar{\nu}.$$

Tabelle A. 3 im Anhang zeigt, daß dieser Zerfall sehr langsam vor sich geht. Das Neutron lebt im Durchschnitt etwa 15 min bevor es in ein Proton, ein Elektron und ein Neutrino zerfällt. Wenn wir den Neutronenzerfall einen schwachen Zerfall nennen, dann nimmt das Elektron daran teil. Beteiligt sich das Elektron an der starken Wechselwirkung? Um dies herauszufinden, werden Kerne mit Elektronen bombardiert und das Verhalten der ge-

Tabelle 5.2 Wechselwirkungen und Teilchen. Die Angaben sind nicht immer eindeutig. Das Photon z.B. verhält sich bei hohen Energiewerten als ob es sowohl stark als auch schwach wechselwirken könnte. Einige der Gesichtspunkte dieser Mehrdeutigkeit werden in Abschnitt 10.8 besprochen.

Teilchen	Typ	Schwach	Elektro-magnetisch	Stark
Photon	Boson	nein	ja	nein
Leptonen				
Neutrino	Fermion	ja	nein	nein
Elektron	Fermion	ja	ja	nein
Myon	Fermion	ja	ja	nein
Hadronen				
Mesonen	Bosonen	ja	ja	ja
Baryonen	Fermionen	ja	ja	ja

streuten Elektronen untersucht. Es stellt sich heraus, daß die Streuung allein mit der elektromagnetischen Wechselwirkung erklärt werden kann. Das Elektron wechselwirkt nicht stark. Zerfall und Stoßprozesse benutzt man auch, um die Wechselwirkungen der anderen Teilchen zu untersuchen. Das Ergebnis ist in Tabelle 5.2 zusammengefaßt.

Die subatomaren Teilchen werden in drei Gruppen eingeteilt, das Photon, Leptonen und Hadronen. Das Photon nimmt an der elektromagnetischen Wechselwirkung teil, obwohl es keine elektrische Ladung hat. Dies folgt z.B. aus der Emission von Photonen durch geladene Teilchen, siehe Gl. 2.20. Neutrino, Elektron und Myon faßt man als Leptonen zusammen. Alle Leptonen unterliegen der elektromagnetischen Kraft. Alle anderen Teilchen, einschließlich aller Kerne, sind Hadronen und ihr Verhalten wird durch die starke (hadronische), die elektromagnetische und die schwache Wechselwirkung bestimmt. Die Unterteilung der Hadronen in Mesonen und Baryonen wird in späteren Kapiteln genauer besprochen. Eine bemerkenswerte Tatsache fällt bei Betrachtung der Teilchenmassen auf: Es scheint ein Zusammenhang zwischen Masse und Wechselwirkung zu bestehen. Das leichteste Hadron, das Pion, ist schwerer als das schwerste Lepton, das Myon. In den folgenden Abschnitten werden wir die Teilchen genauer besprechen.

5.5 *Photonen*

Die Teilcheneigenschaften von Licht führen unvermeidlich zu einiger Verwirrung. Es ist unmöglich auf einer elementaren Stufe jede Verwirrung auszuschließen, da eine befriedigende Behandlung der Photonen nur mit der Quantenelektrodynamik möglich ist. Ein paar Bemerkungen jedoch machen möglicherweise einige der wichtigen physikalischen Eigenschaften deutlicher. Wir betrachten eine elektromagnetische Welle mit der Kreisfrequenz ω und der reduzierten Wellenlänge $\lambdabar = \lambda/2\pi$, die sich entlang dem Einheitsvektor $\hat{k}$ ausbreitet (Bild 5.13). Anstelle von $\hat{k}$ und $\lambdabar$ wird ein Wellenvektor $\mathbf{k} = \hat{k}/\lambdabar$ eingeführt. Er zeigt in Richtung von $\hat{k}$ und hat den Wert $1/\lambdabar$. Nach Einstein besteht eine monochromatische elektromagnetische Welle aus N monoenergetischen Photonen, jedes mit der Energie E und dem Impuls $\mathbf{p}$, wobei gilt

$$E = \hbar\omega, \qquad \mathbf{p} = \hbar\mathbf{k}. \tag{5.28}$$

Die Anzahl der Photonen in der Welle ist so groß, daß ihre Gesamtenergie $W = NE = N\hbar\omega$ gleich der Gesamtenergie der elektromagnetischen Welle ist.

Gleichung 5.28 zeigt, daß Photonen Energie und Impuls besitzen. Wie steht es mit Drehimpuls? 1909 wurde von Poynting vorhergesagt, daß eine zirkular polarisierte elektromagnetische Welle einen Drehimpuls hat und er

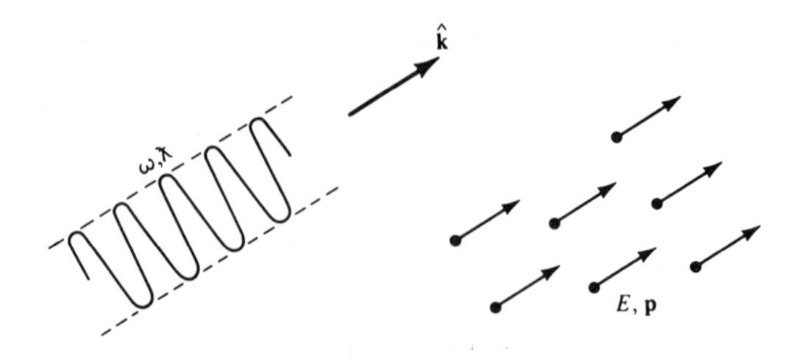

Bild 5.13 Eine elektromagnetische Welle setzt sich aus Photonen mit der Energie E und dem Impuls p zusammen.

schlug ein Experiment vor, um diese Vorhersage zu beweisen: Wenn eine zirkular polarisierte Welle absorbiert wird, so wird der in der elektromagnetischen Welle enthaltene Drehimpuls auf den Absorber übertragen. Dieser sollte sich dann drehen. Das erste erfogreiche Experiment wurde 1935 von Beth durchgeführt.[9] Eine moderne Variante davon, einen Mikrowellenmotor, zeigt Bild 5.14. Eine zirkular polarisierte Mikrowelle trifft auf einen am Ende eines kreisförmigen Wellenleiters aufgehängten Dipol. Ein Teil der Energie und des Drehimpulses werden vom Dipol absorbiert und er fängt an sich zu drehen. Das Verhältnis der absorbierten

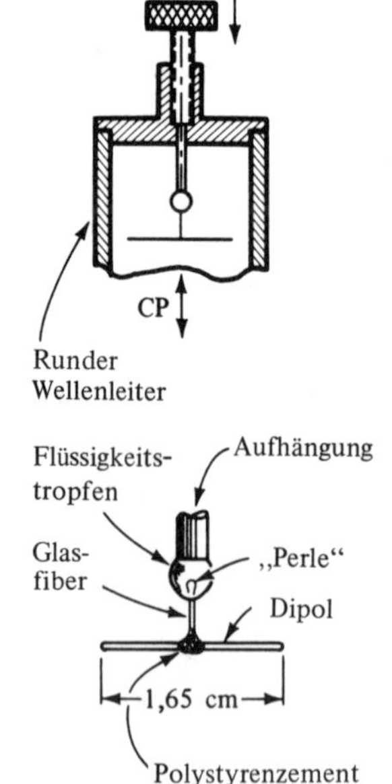

Bild 5.14

Ein an einem Tropfen aufgehängter Dipol, auf den zirkular polarisierte Mikrowellen einwirken, rotiert, da der Drehimpuls des elektromagnetischen Felds ein Drehmoment ausübt. [Aus P.J. Allen, *Am. J. Phys.* **34**, 1185 (1964).]

9 R.A. Beth, *Phys. Rev.* **50**, 115 (1936). Abgedruckt in *Quantum and Statistical Aspects of Light,* American Institute of Physics, New York, 1963.

Energie zum absorbierten Drehimpuls kann leicht berechnet werden[10]) und man erhält

(5.29) $$\frac{\Delta E}{\Delta J_z} = \omega.$$

Diese Beziehung zeigt, daß das Drehmomentexperiment mit Mikrowellen einfacher ist als mit sichtbarem Licht, da der Drehimpulsübertrag für einen gegebenen Energieübertrag wie $1/\omega$ zunimmt.

Gleichung 5.29 wurde aus der klassischen Elektrodynamik berechnet. Sie kann quantenmechanisch ausgedrückt werden, indem man annimmt, daß n Photonen mit der Energie $\Delta E = n\hbar\omega$ und dem Drehimpuls $\Delta J_z = nJ_z$, die sich entlang der z-Achse bewegen, absorbiert werden. Gleichung 5.29 wird dann zu

(5.30) $$J_z = \hbar.$$

Der Drehimpuls eines Photons ist $\hbar$, oder anders ausgedrückt, das Photon hat den Spin 1.

Der Spin 1 für das Photon ist nicht überraschend. Ein Teilchen mit Spin 1 hat drei unabhängige Einstellmöglichkeiten. Zur Beschreibung von drei Einstellmöglichkeiten braucht man eine Größe mit drei unabhängigen Komponenten, also einen Vektor.

Das elektromagnetische Feld ist ein Vektorfeld, es wird durch die Vektoren $\boldsymbol{\mathcal{E}}$ und $\mathbf{B}$ beschrieben und entspricht einem Vektorteilchen - also einem Teilchen mit Spin 1.[11]) Die Sache hat jedoch noch einen Haken. Aus der klassischen Optik ist bekannt, daß eine elektromagnetische Welle nur z w e i unabhängige Polarisationszustände hat. Könnte es sein, daß das Photon den Spin $\frac{1}{2}$ hat? Diese Möglichkeit kann schnell ausgeschlossen werden. Die Verbindung von Spin und Symmetrie, in Abschnitt 5.1 besprochen, würde aus dem Photon sonst ein Fermion machen und es würde dem Pauliprinzip unterliegen. Nicht mehr als ein Photon könnte in einem Zustand sein, elektromagnetische Wellen und damit das Fernsehen wären unmöglich. Die Lösung zu diesem scheinbaren Widerspruch kommt nicht aus der Quantentheorie, sondern aus der Relativitätstheorie. Das Photon hat keine Ruhemasse, es ist Licht und bewegt sich mit Lichtgeschwindigkeit. Es gibt kein Koordinatensystem, in dem das Photon ruht. Gleichung 5.8 und die $2J + 1$ Einstellmöglichkeiten waren jedoch für das Ruhesystem hergeleitet worden und gelten nicht für das

10 Siehe z.B. R.T. Weidner and R.L. Sells, *Elementary Classical Physics*, Allyn and Bacon, Boston, 1965, Gl. 47.5.

11 Tatsächlich ist die Lage noch etwas komplizierter. Die exakte Beschreibung des elektromagnetischen Felds geschieht über ein Potential. Das skalare und das Vektorpotential zusammen bilden einen Vierervektor, (A^0, A). Dieser Vierervektor scheint zunächst vier Freiheitsgraden zu entsprechen. Ein Freiheitsgrad wird aber für die Eichung der Potentiale, z.B. die Lorentzeichnung, gebraucht, es bleiben also nur drei.

Photon. Tatsächlich können masselose Teilchen höchstens zwei Spinorientierungen besitzen, parallel oder antiparallel zu ihrem Impuls, unabhängig vom Spin.[12] Wir können das Ergebnis der vorliegenden Überlegungen zusammenfassen, indem wir sagen, daß das freie Photon ein Teilchen mit Spin 1 ist, das seinen Spin entweder parallel oder antiparallel zur Bewegungsrichtung hat.[13] Die zwei Zustände werden der rechts- oder linkszirkular polarisierte, beziehungsweise der mit positiver oder negativer Helizität genannt.

5.6 *Leptonen*

Elektronen, Myonen und Neutrinos heißen zusammen Leptonen. Die Leptonen sind die am besten untersuchten und gleichzeitig die geheimnisvollsten Teilchen. Einerseits sind ihre Eigenschaften extrem gut gemessen und erforscht und die theoretische Beschreibung ihres Verhaltens und speziell ihres g-Faktors ist außerordentlich erfolgreich. Andererseits scheinen sie in kein bekanntes Schema zu passen. Das Myon paßt scheinbar überhaupt nicht in diese Welt: Bis jetzt wurde kein Hinweis auf eine starke Wechselwirkung des Myons gefunden, aber seine Masse ist fast so groß wie die des Pions. Wenn Masse und Wechselwirkung miteinander zusammenhängen, wie wir vorher feststellten, warum ist dann das Myon so schwer? Der einzige Daseinszweck des Myons scheint gegenwärtig zu sein, die Physiker daran zu erinnern, daß sie die subatomare Physik immer noch nicht verstehen.

Die Hälfte der Leptonen ist in Tabelle 5.3 aufgeführt. Das Wort Hälfte bedarf einer einführenden Erklärung. Eine der am besten belegten Tatsachen der subatomaren Physik ist es, daß jedes Teilchen ein Antiteilchen hat, mit der entgegengesetzten Ladung, aber sonst sehr ähnlichen Eigenschaften. Jedes der vier Leptonen in Tabelle 5.3 hat ein Antilepton und diese Antileptonen wurden beobachtet. Eine sorgfältigere Erklärung der Idee der Antiteilchen folgt in den Kapiteln 7 und 9.

Die Art, in der wir hier das Neutrino und das Myon eingeführt haben, ist wirklich sträflich. Sie kann damit verglichen werden, einen Meisterverbrecher wie Professor Moriarty[14] durch Angabe seines Gewichts, sei-

12 E.P. Wigner, *Rev. Modern Phys.* **29**, 255 (1957).

13 Zwei Worte der Warnung sind hier angebracht. Einzelne Photonen müssen kein Eigenzustand des Impulses oder des Drehimpulses sein. Es ist möglich, Linearkombinationen von Eigenzuständen zu bilden, die einzelnen Photonen entsprechen, aber keinen wohldefinierten Impuls oder Drehimpuls haben. Die zweite Bemerkung betrifft den *Polarisationsvektor.* In der Elektrodynamik ist es üblich, die Richtung des elektrischen Feldvektors als die Polarisationsrichtung zu bezeichnen. *Der elektrische Feldvektor eines Photons mit Spin in Richtung seines Impulses steht senkrecht zum Impuls.*

14 A.C. Doyle, *The Complete Sherlock Holmes,* Doubleday, New York, 1953.

Tabelle 5.3 Leptonen.

Lepton	Spin	Masse (mc^2)	Magnetisches Moment	Lebensdauer
ν_e	$\frac{1}{2}$	< 60 eV	0	stabil
ν_μ	$\frac{1}{2}$	$< 1{,}6$ MeV	0	stabil
e^-	$\frac{1}{2}$	0,5110041 $\pm$ 0,0000016 MeV	$-$ 1,001 159 6577 $\pm$ 0,000 000 0035 $e\hbar/2m_ec$	stabil ($> 2 \times 10^{21}$ a)
μ^-	$\frac{1}{2}$	105,6599 $\pm$ 0,0014 MeV	$-$1,001 166 16 $\pm$ 0,000 000 31 $e\hbar/2m_\mu c$	2,1994 $\pm$ 0,0006 $\times 10^{-6}$ s

ner Größe und Haarfarbe vorzustellen, anstatt von seinen vollbrachten Taten zu berichten. Tatsächlich verhielt sich das Neutrino wie ein Meisterverbrecher und entzog sich zunächst jedem Verdacht und dann noch lange der Entdeckung. Das Myon erschien als Hadron verkleidet und verwirrte die Physiker für eine beträchtliche Zeit, bevor es als Hochstapler entlarvt wurde. Die Vorstellung, wie wir sie durchgeführt haben, kann nur durch den Hinweis darauf entschuldigt werden, daß ausgezeichnete Berichte von der Geschichte des Neutrinos und des Myons vorliegen.[15])

5.7 *Zerfälle*

Zwei Beobachtungen veranlassen uns hier abzuschweifen und über Zerfälle zu sprechen, bevor die Hadronen an der Reihe sind. Die erste ist der Vergleich des Myons mit dem Elektron. Das Elektron ist stabil, während das Myon mit einer mittleren Lebensdauer von 2,2 μs zerfällt. Bedeutet dies, daß das Elektron elementarer als das Myon ist? Die zweite Beobachtung ergibt sich aus dem Vergleich der Bilder 5.11 und 5.12. In Bild 5.11 wird das ρ^0 durch eine scharfe Linie mit der Masse m_ρ dargestellt; das tatsächlich beobachtete ρ^0 zeigt eine weite Resonanz von über 100 MeV/c^2 Breite. Ist diese Breite experimenteller Natur oder hat sie grundlegende Bedeutung? Um die Fragen, die sich aus diesen beiden Tatsachen ergeben, zu beantworten, wenden wir uns der Erläuterung von Zerfällen zu.

Wir betrachten eine Ansammlung unabhängiger Teilchen, von denen jedes die Wahrscheinlichkeit λ besitzt, in der Zeiteinheit zu zerfallen. Die Anzahl der in der Zeit dt zerfallenden Teilchen ist durch

(5.31) $$dN = -\lambda N(t)\, dt$$

gegeben, wobei $N(t)$ die Anzahl der zur Zeit t vorhandenen Teilchen ist.

15 C.S. Wu, „The Neutrino", in *Theoretical Physics in the Twentieth Century* (M. Fierz and V.F. Weisskopf, eds.), Wiley-Interscience, New York, 1960; C.D. Anderson, *Am. J. Phys.* **29**, 825 (1961); C.N. Yang, *Elementary Particles,* Princeton University Press, Princeton, N.J., 1961.

Durch Integration erhält man das exponentielle Zerfallsgesetz,

(5.32) $N(t) = N(0)e^{-\lambda t}$.

Bild 5.15 zeigt log $N(t)$ als Funktion von t. Die Halbwertszeit und die mittlere Lebensdauer sind eingetragen. In der Halbwertszeit zerfällt die Hälfte aller vorhandenen Teilchen. Die mittlere Lebensdauer ist die mittlere Zeit, die ein Teilchen existiert, bevor es zerfällt. Sie ist mit λ und $t_{1/2}$ verbunden durch

(5.33) $\tau = \frac{1}{\lambda} = \frac{t_{1/2}}{\ln 2} = 1{,}44\ t_{1/2}$.

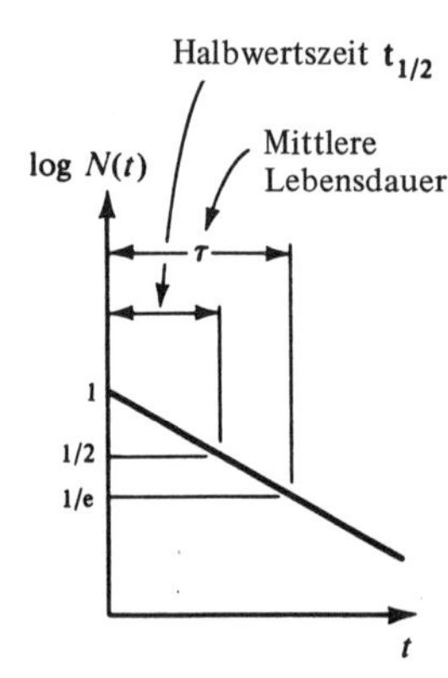

Bild 5.15 Exponentieller Zerfall.

Um den exponentiellen Zerfall mit den Eigenschaften des zerfallenden Zustands in Verbindung zu bringen, wird die Zeitabhängigkeit der Wellenfunktion eines Teilchens in Ruhe ($\mathbf{p} = 0$) explizit geschrieben:

(5.34) $\psi(t) = \psi(0)e^{-iEt/\hbar}$.

Wenn die Energie E dieses Zustands reell ist, so ist die Wahrscheinlichkeit das Teilchen zu finden keine Funktion der Zeit, denn

$$|\psi(t)|^2 = |\psi(0)|^2.$$

Ein Teilchen, das durch eine Wellenfunktion vom Typ Gl. 5.34 mit reeller Energie E beschrieben wird, zerfällt nicht. Um den exponentiellen Zerfall eines Zustands einzuführen, der durch $\psi(t)$ beschrieben wird, addiert man einen kleinen imaginären Anteil zur Energie,

(5.35) $E = E_0 - \frac{1}{2}i\Gamma$,

wobei E_0 und Γ reell sind und der Faktor $\frac{1}{2}$ aus praktischen Erwägungen gewählt wurde. Mit Gl. 5.35 wird die Wahrscheinlichkeit

(5.36) $|\psi(t)|^2 = |\psi(0)|^2 e^{-\Gamma t/\hbar}$.

Dies stimmt mit dem Zerfallsgesetz Gl. 5.32 überein, wenn

$$\Gamma = \lambda\hbar. \tag{5.37}$$

Mit Gl. 5.34 und Gl. 5.35 ist demnach die Wellenfunktion eines zerfallenden Zustands

$$\psi(t) = \psi(0)e^{-iE_0t/\hbar}e^{-\Gamma t/2\hbar}. \tag{5.38}$$

Der Realteil von $\psi(t)$ wird in Bild 5.16 für positive Zeiten gezeigt. Das Hinzufügen eines kleinen Imaginärteils zur Energie erlaubt die Beschreibung eines exponentiell zerfallenden Zustands, aber was bedeutet es? Die Energie ist eine meßbare Größe, ist dann eine imaginäre Komponente sinnvoll? Um dies herauszubekommen, stellen wir fest, daß $\psi(t)$ in Gl. 5.38 eine Funktion der Zeit ist. Wie groß ist die Wahrscheinlichkeit, daß ein Teilchen die Energie E hat? In anderen Worten, wir hätten die Wellenfunktion lieber als Funktion der Energie anstatt als Funktion der Zeit. Ein Wechsel von $\psi(t)$ zu $\psi(E)$ ist eine Fouriertransformation, eine Verallgemeinerung der gewöhnlichen Fourierreihe. Eine kurze und gut verständliche Einführung darüber gibt es von Mathews und Walker[16]; hier bringen wir nur die wesentlichen Gleichungen. Wir betrachten eine Funktion $f(t)$. Unter ziemlich allgemeinen Bedingungen kann sie als Integral dargestellt werden,

$$f(t) = (2\pi)^{-1/2} \int_{-\infty}^{+\infty} d\omega g(\omega) e^{-i\omega t}. \tag{5.39}$$

Die Entwicklungskoeffizienten der gewöhnlichen Fourierreihe wurden zu der Funktion $g(\omega)$. Die Umkehrung von Gl. 5.39 ergibt

$$g(\omega) = (2\pi)^{-1/2} \int_{-\infty}^{+\infty} dt f(t) e^{+i\omega t}. \tag{5.40}$$

Die Variablen t und ω werden so gewählt, daß das Produkt ωt dimensionslos ist, sonst ist $\exp(i\omega t)$ nicht sinnvoll. So können t und ω Zeit und Frequenz oder Koordinate und Wellenzahl sein. Wir setzen $f(t)$ in Gl. 5.40

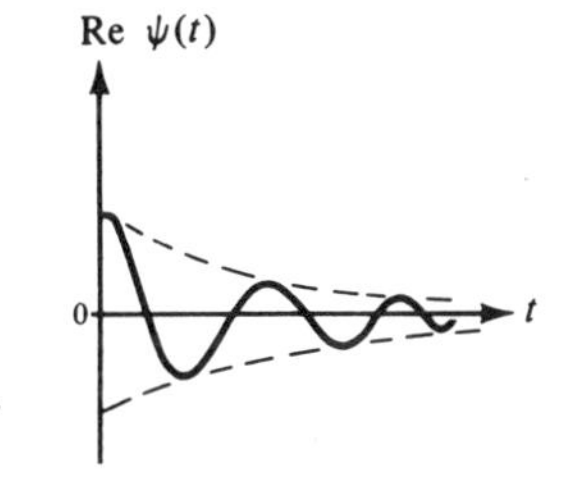

Bild 5.16 Realteil der Wellenfunktion eines zerfallenden Zustands. Der Zustand entsteht bei $t = 0$.

16 Mathews und Walker, Kapitel 4. Kurze Tabellen zur Fouriertransformation stehen in *Standard Mathematical Tables, Chemical Rubber Co.*, Cleveland, Ohio. Ausführlichere Tabellen findet man in A. Erdelyi, W. Magnus, F. Oberhettinger, and F.G. Tricomi, *Tables of Integral Transforms*, McGraw-Hill, New York, 1954.

gleich $\psi(t)$ aus Gl. 5.38. Wenn der Zerfallsprozeß zur Zeit $t = 0$ beginnt, kann man die untere Grenze des Integrals gleich Null setzen und $g(\omega)$ wird zu

$$g(\omega) = (2\pi)^{-1/2}\psi(0)\int_0^\infty dt e^{+i(\omega - E_0/\hbar)t} e^{-\Gamma t/2\hbar} \tag{5.41}$$

oder

$$g(\omega) = \frac{\psi(0)}{(2\pi)^{1/2}} \frac{i\hbar}{(\hbar\omega - E_0) + i\Gamma/2}. \tag{5.42}$$

Die Funktion $g(\omega)$ ist proportional zur Wahrscheinlichkeit, mit der die Frequenz ω in der Fourierentwicklung von $\psi(t)$ enthalten ist. Da $E = \hbar\omega$ gilt, wird die Wahrscheinlichkeitsdichte $P(E)$ die Energie E zu finden, proportional zu $|g(\omega)|^2 = g^*(\omega)g(\omega)$[17]:

$$P(E) = \text{const.}\ g^*(\omega)g(\omega) = \text{const.}\ \frac{\hbar^2}{2\pi} \frac{|\psi(0)|^2}{(E - E_0)^2 + \Gamma^2/4}.$$

Die Bedingung

$$\int_{-\infty}^{+\infty} P(E)\, dE = 1 \tag{5.43}$$

gibt

$$\text{const.} = \frac{\Gamma}{\hbar^2 |\psi(0)|^2},$$

und $P(E)$ wird endgültig zu

$$P(E) = \frac{\Gamma}{2\pi} \frac{1}{(E - E_0)^2 + (\Gamma/2)^2}. \tag{5.44}$$

Die Energie des zerfallenden Zustands ist nicht scharf. Der kleine Imaginärteil in Gl. 5.35 führt zum Zerfall *und* bewirkt eine Verbreiterung des Zustands. Die Breite des Zustands aufgrund seines Zerfalls heißt *natürliche Linienbreite*. Die Form wird Lorentz- oder Breit-Wigner-Kurve genannt und ist in Bild 5.17 dargestellt. Γ ergibt sich als die Breite beim halben Maximum. Mit Gl. 5.33 und Gl. 5.37 wird das Produkt aus mittlerer Lebensdauer und Breite

$$\tau\Gamma = \hbar. \tag{5.45}$$

Diese Beziehung kann als Heisenbergsche Unschärferelation, $\Delta t\, \Delta E \geq \hbar$, verstanden werden. Um die Energie des Zustands oder Teilchens mit der Genauigkeit $\Delta E = \Gamma$ zu messen, ist mindestens die Zeit $\Delta t = \tau$ notwendig. Selbst wenn mehr Zeit zur Verfügung steht, kann die Energie nicht genauer bestimmt werden.

17 Für Photonen verknüpft die Beziehung $E = \hbar\omega$ die Energie und die Frequenz der elektromagnetischen Welle. Für massive Teilchen *definiert* sie die Frequenz ω. Die Herleitung von (5.44) bleibt dabei gültig, da sie unabhängig von der tatsächlichen Form von ω ist.

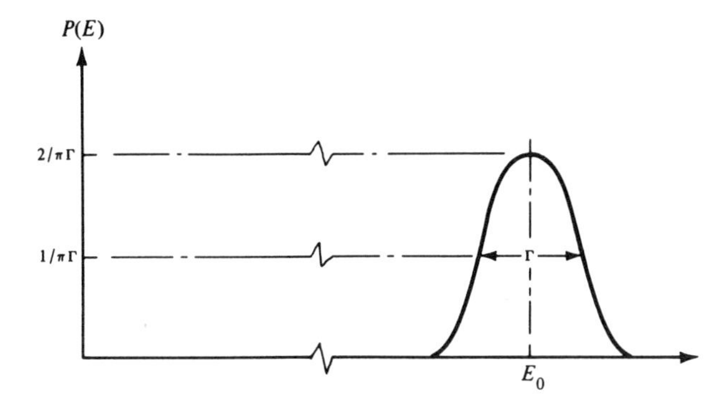

Bild 5.17 Natürliche Linienform eines zerfallenden Zustands. Γ ist die Breite beim halben Maximum.

Wir können nun die zweite der am Anfang dieses Abschnitts gestellten Fragen beantworten: Die beobachtete Breite beim Zerfall des ρ^0 wird vom Zerfall verursacht. Die experimentelle Breite ist viel kleiner. Nach Tabelle A4 im Anhang ist $\Gamma_\rho = 125$ MeV und die mittlere Lebensdauer wird

$$\tau_\rho = \frac{\hbar}{\Gamma_\rho} = 6 \times 10^{-24}\,\text{s}.$$

Wir haben jedoch immer noch nicht die erste Frage beantwortet: Sind zerfallende Teilchen weniger elementar als stabile? Um dies zu beantworten, führen wir in Tabelle 5.4 einige instabile Teilchen auf.

Tabelle 5.4 Ausgewählte Zerfälle. Die Angabe unter „Klasse" gibt die Zerfallsart an. W bedeutet schwach („weak"), EM elektromagnetisch und H stark (hadronisch).

Teilchen	Masse (MeV/c^2)	Wichtigste Zerfälle	Zerfallsenergie (MeV)	Lebensdauer (s)	Klasse
μ	106	$e\nu\bar{\nu}$	105	$2{,}2 \times 10^{-6}$	W
$\pi^\pm$	140	$\mu\nu$	34	$2{,}6 \times 10^{-8}$	W
π^0	135	$\gamma\gamma$	135	$7{,}6 \times 10^{-17}$	EM
η	549	$\gamma\gamma$, $\pi\pi\pi$	549	3×10^{-19}	EM
ρ	765	$\pi\pi$	485	6×10^{-24}	H
n	940	$pe^-\bar{\nu}$	0,8	$0{,}93 \times 10^3$	W
Λ	1116	$p\pi^-$, $n\pi^0$	39	$2{,}5 \times 10^{-10}$	W
Δ	1236	$N\pi$	159	6×10^{-24}	H
$^8\text{Be}^*$	—	2α	3	6×10^{-22}	H

Aus Tabelle 5.4 wird folgendes sichtbar:

1. Eine Verbindung zwischen einfacher Struktur und Zerfall ist nicht zu sehen. Das Elektron und das Myon unterscheiden sich nur in der Masse,

trotzdem zerfällt das Myon. Das Deuteron, aus Neutron und Proton zusammengesetzt, ist nicht aufgeführt, da es stabil ist, aber das freie Neutron zerfällt. Das geladene Pion zerfällt langsam, aber das neutrale zerfällt schnell. Die Angaben lassen vermuten, daß ein Teilchen zerfällt, wenn es kann und nur stabil ist, wenn es keinen Zustand tieferer Energie (Masse) gibt, in den es übergehen kann. Stabilität scheint also kein Kriterium für elementaren Charakter zu sein.

2. Der Vergleich von Teilchen mit etwa derselben Energie zeigt das Auftreten von Gruppen. Wir wissen, daß starke, elektromagnetische und schwache Kräfte existieren und erwarten entsprechende Zerfälle. Tatsächlich treten diese drei Arten auf. Genauere Berechnungen sind nötig, um zu bestätigen, daß die drei Wechselwirkungen Zerfälle mit den angegebenen Lebensdauern hervorrufen können. Trotzdem erhält man eine sehr grobe Abschätzung der typischen Lebensdauern durch Vergleich des Δ, des neutralen Pions und des Λ. Diese Teilchen haben Energiewerte zwischen 40 und 160 MeV und zerfallen in zwei Teilchen. Näherungswerte der entsprechenden Lebensdauern sind

	starker Zerfall (Δ)	10^{-23} s
(5.46)	elektromagnetischer Zerfall (π^0)	10^{-18} s
	schwacher Zerfall (Λ)	10^{-10} s.

Das Verhältnis dieser Lebensdauern gibt nur sehr näherungsweise das Verhältnis der Stärke der drei Kräfte an. Um ein besseres Maß für die relativen Stärken zu erhalten, muß man die Wechselwirkungen genauer untersuchen, was in Teil IV geschehen wird.

3. Die Art des emittierten Teilchens oder Quants ist nicht immer ein Hinweis auf die zuständige Wechselwirkung. Λ und Δ zerfallen beide in Proton und Pion, trotzdem zerfällt das Δ etwa 10^{14} mal schneller. Es müssen also noch Auswahlregeln eine Rolle spielen und es wird eine der Aufgaben der kommenden Kapitel sein, diese Regeln zu finden.

5.8 *Mesonen*

In Tabelle 5.2 sind die Hadronen in Mesonen und Baryonen unterteilt. Den Unterschied zwischen diesen beiden Arten von Hadronen werden wir in Kapitel 7 genauer erklären, wo eine neue Quantenzahl, die Baryonenzahl, eingeführt wird. Sie ist ähnlich der elektrischen Ladung: Teilchen können die Baryonenzahlen 0, ± 1, ± 2, ... haben. Der Prototyp eines Teilchens mit Baryonenzahl 1 ist das Nukleon. Wie die elektrische Ladung bleibt die Baryonenzahl "erhalten", d.h. ein Zustand mit Baryonenzahl 1 kann nur in einen anderen Zustand mit Baryonenzahl 1 zerfallen. Mesonen sind

Hadronen mit Baryonenzahl 0. Alle Mesonen führen ein vergängliches Dasein und zerfallen durch eine der drei im vorhergehenden Abschnitt besprochenen Wechselwirkung.

Als erstes Meson erschien das Pion im Zoo. Da seine Existenz mehr als 10 Jahre vor seiner experimentellen Entdeckung vorhergesagt worden war, ist die Grundlage dieser Prophezeiung eine Erklärung wert. Dazu müssen wir zum Photon und zur elektromagnetischen Wechselwirkung zurückkehren. Wegen der Relativitätstheorie nimmt man allgemein an, daß es keine Fernwechselwirkung gibt.[18] Die elektromagnetische Kraft, z.B. zwischen zwei Elektronen, wird als durch Photonen übertragen angenommen. Bild 5.18 erklärt die Idee. Ein Elektron emittiert ein Photon, das durch das andere Elektron absorbiert wird. Der Austausch von Photonen oder Feldquanten bewirkt die elektromagnetische Wechselwirkung zwischen den beiden geladenen Teilchen, ob es sich dabei um Stöße handelt oder um gebundene Zustände, wie z.B. das Positronium (Atom aus e^-e^+). Der Austauschvorgang wird am besten im Schwerpunktsystem der beiden zusammenstoßenden Elektronen untersucht. Da es sich dabei um einen elastischen Stoß handelt, bleibt die Energie der Elektronen unverändert, so daß gilt $E'_1 = E_1$, $E'_2 = E_2$. Vor der Emission des Photons ist die gesamte Energie $E = E_1 + E_2$. Nach der Emission, aber vor der Absorption des Quants, ist die gesamte Energie durch $E = E_1 + E_2 + E_\gamma$ gegeben, die Energie wird also nicht erhalten. Ist diese Verletzung des Energiesatzes erlaubt? Die Energieerhaltung kann tatsächlich wegen der Heisenbergschen Unschärferelation für die Zeit Δt übertreten werden,

$$\Delta E \Delta t \geq \hbar. \tag{5.47}$$

Gleichung 5.47 besagt, daß die notwendige Zeit Δt zur Beobachtung der Energie mit der Genauigkeit ΔE größer als $\hbar/\Delta E$ sein muß. Die Nichter-

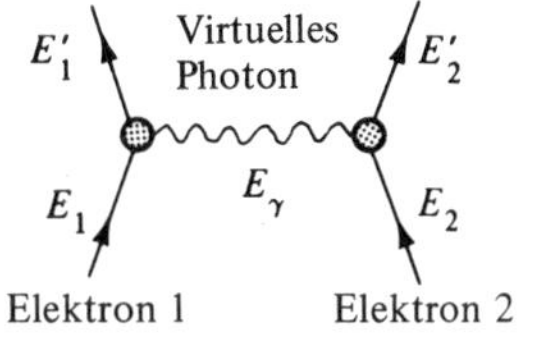

Bild 5.18 Austausch eines Photons zwischen zwei Elektronen 1 und 2. Das virtuelle Photon wird von einem Elektron emittiert und vom anderen absorbiert.

18 In Newtons Gravitationstheorie wird angenommen, daß die Wechselwirkung zwischen zwei Körpern augenblicklich stattfindet. Eine schnelle Beschleunigung der Sonne z.B. würde sich auf die Erde sofort und nicht erst nach 8 Minuten auswirken. Diese grundlegende These steht im Widerspruch zur speziellen Relativitätstheorie, die annimmt, daß sich kein Signal schneller als die Lichtgeschwindigkeit ausbreiten kann. Diese Inkonsistenz führte Einstein zu seiner allgemeinen Relativitätstheorie. [S. Chandrasekhar, *Am. J. Phys.* **40**, 224 (1972).] In der Quantentheorie wird die Übertragung von Kräften mit höchstens der Lichtgeschwindigkeit durch den Austausch von Quanten dargestellt. Selbst wenn es möglicherweise Teilchen mit Geschwindigkeiten schneller als Licht (Tachyonen) geben sollte, ändert sich nichts an dieser Betrachtung. [O.M. Bilaniuk and E.C. G. Sudarshan, *Phys. Today,* 22, 43 (May 1969); G. Feinberg, *Phys. Rev.* **159**, 1089 (1967).]

haltung der Energie innerhalb des Betrags ΔE ist deshalb nicht zu beobachten, wenn sie innerhalb der Zeit T stattfindet, die durch

(5.48) $$T \leq \frac{\hbar}{\Delta E}$$

gegeben ist. Ein Photon der Energie $\Delta E = \hbar\omega$ kann folglich nicht beobachtet werden, wenn es kürzer lebt als

(5.49) $$T = \frac{\hbar}{\hbar\omega} = \frac{1}{\omega}.$$

Da die unbeobachteten Photonen kürzer als T existieren, können sie höchstens die Entfernung

(5.50) $$r = cT = \frac{c}{\omega}$$

zurücklegen.

Die Frequenz ω kann beliebig klein werden, die Entfernung über die ein Photon die elektromagnetische Wechselwirkung überträgt, ist demnach beliebig groß. Tatsächlich hängt die Coulombkraft wie $1/r^2$ von der Entfernung ab und dehnt sich wahrscheinlich bis ins Unendliche aus. Da das Austauschphoton nicht beobachtet wird, heißt es virtuelles Photon.

1934 war bekannt, daß die starke Wechselwirkung sehr stark ist und eine Reichweite von etwa 2 fm hat, aber es war vollkommen unbekannt, wodurch sie verursacht wird. Yukawa, ein japanischer theoretischer Physiker, schlug in einer brillanten Veröffentlichung vor, daß eine "neue Art von Quant" verantwortlich sein könnte.[19] Yukawas Argumente sind viel mathematischer, als wir sie hier darstellen können, aber die Analogie zum virtuellen Photonenaustausch erlaubt eine Abschätzung der Masse m des "neuen Quants", des Pions. Nach Yukawa wird die Kraft zwischen zwei Hadronen, z.B. zwei Neutronen, durch ein unbeobachtetes Pion übertragen, siehe Bild 5.19. Die Mindestenergie des Pions ist durch $E = m_\pi c^2$ gegeben und seine maximale Geschwindigkeit durch c. Mit Gl. 5.48 ist die

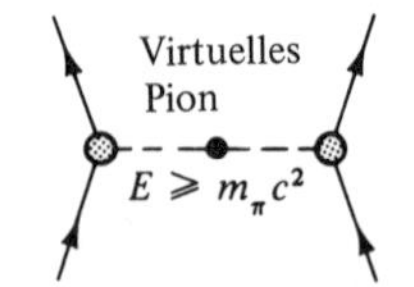

Bild 5.19 Austausch eines virtuellen Pions zwischen zwei Neutronen.

19 H. Yukawa, *Proc. Math. Soc. Japan* 17, 48 (1935). Abgedruckt in D.M. Brink, *Nuclear Forces*, Pergamon, Elmsford, N.Y., 1965. Dieses Buch enthält auch einen Abdruck des Artikels von G.C. Wick, auf dem unsere Diskussion der Verbindung zwischen Reichweite der Kraft und Masse der Quanten beruht.

größte Entfernung, die das virtuelle Pion zurücklegen kann, durch die Unschärferelation gegeben als

$$R \leq cT = \frac{\hbar}{m_\pi c} \approx 1{,}4\,\text{fm}. \tag{5.51}$$

Die Reichweite ist deshalb höchstens gleich der Comptonwellenlänge des Pions. Ursprünglich ging die Überlegung natürlich in der anderen Richtung und die Masse des postulierten hadronischen Quants wurde von Yukawa zu 100 MeV/c^2 abgeschätzt.

Die Physiker waren entzückt, als 1938 ein Teilchen mit der Masse von etwa 100 MeV/c^2 gefunden wurde. Die Freude verwandelte sich in Bestürzung, als man feststellte, daß der Neuankömmling, das Myon, mit Materie nicht stark wechselwirkt und demnach nicht für die hadronische Wechselwirkung verantwortlich gemacht werden konnte. Das wahre Yukawateilchen, das Pion, wurde schließlich 1947 in Kernemulsionen gefunden.[20] Nach 1947 tauchten weitere Mesonen auf und heute gibt es eine lange Liste davon. Einige der neuen Mesonen leben lange genug, um sie mit herkömmlichen Techniken zu untersuchen. Einige zerfallen so schnell, daß die Methode des Spektrums der invarianten Masse erfunden werden mußte, wie sie in Abschnitt 5.3 erklärt wurde. Eine vollständige Liste der bekannten Mesonen befindet sich im Anhang. In Tabelle 5.5 sind die hadronisch stabilen Mesonen aufgezählt.

Tabelle 5.5 Hadronisch stabile Mesonen. Die hier aufgeführten Mesonen zerfallen entweder durch schwache oder durch elektromagnetische Prozesse.

Teilchen	Masse (MeV/c^2)	Ladung (e)	Mittlere Lebensdauer (s)
π^0	135,0	0	$0{,}89 \times 10^{-16}$
$\pi^\pm$	139,6	+, −	$2{,}60 \times 10^{-8}$
$K^\pm$	493,8	+, −	$1{,}24 \times 10^{-8}$
K^0	497,8	0	Kompliziert
η	548,8	0	$2{,}5 \times 10^{-19}$

5.9 *Baryonen – Grundzustände*

Das Spektrum der Baryonen ist noch reichhaltiger als das der Mesonen. Wir beginnen den Überblick mit der Betrachtung von nuklearen Grundzuständen. Ungefähr um 1920 war man sicher, daß die elektrische Ladung Q und die Masse M einer speziellen Kernart durch zwei ganze Zah-

20 C.M.G. Lattes, H. Muirhead, G.P.S. Occhialini, and C.F. Powell, *Nature* **159**, 694 (1947).

len charakterisiert sind, Z und A:

(5.52) $$Q = Ze$$

(5.53) $$M \approx Am_p.$$

Die erste Beziehung ist exakt, wie man herausfand, während die zweite näherungsweise gilt. Die Kernladungszahl Z wurde durch Rutherfords Streuung von α-Teilchen, Röntgenstreuung und aus der Messung der charakteristischen Röntgenstrahlung bestimmt. Man fand auch, daß Z identisch mit der chemisch bestimmten Atomzahl des entsprechenden Elements ist. Die Massenzahl A erhielt man aus der Massenspektroskopie, wobei sich herausstellte, daß ein bestimmtes Element Kerne mit verschiedenen Werten von A haben kann. Der Grundzustand irgend einer Kernart kann nach Gl. 5.52 und Gl. 5.53 durch zwei ganze Zahlen, A und Z, charakterisiert werden. Vor der Entdeckung des Neutrons war die Erklärung dieser Tatsachen ziemlich schwierig. Als das Neutron endlich 1932 von Chadwick [21]) gefunden wurde, paßte plötzlich alles zusammen: Ein Kern (A, Z) besteht aus Z Protonen und $N = A - Z$ Neutronen. Da Neutronen und Protonen etwa gleich schwer sind, ist die Gesamtmasse näherungsweise durch Gl. 5.53 gegeben. Die Ladung kommt ausschließlich von den Protonen, so daß Gl. 5.52 erfüllt ist.

An diesem Punkt fügen wir einige Definitionen ein: Ein Nuklid ist ein bestimmter Kern mit einer gegebenen Anzahl von Protonen und Neutronen; Isotope sind Nuklide mit gleicher Protonenzahl Z; Isotone sind Nuklide mit gleicher Neutronenzahl N; Isobare sind Nuklide mit gleicher Gesamtzahl von Nukleonen A. Ein spezieller Kern wird als (A, Z) oder ${}^A_Z$Element geschrieben. Das α-Teilchen z.B. wird durch Gl. 4.2 oder ${}^4_2$He oder einfach ^{4}He dargestellt.

Die stabilen Nuklide, charakterisiert durch $N = A - Z$ und Z, sind als kleine Quadrate in Bild 5.20 aufgetragen. Das Diagramm zeigt, daß stabile Nuklide nur in einem kleinen Streifen in der N-Z-Ebene vorkommen. Er steigt zunächst mit 45° (gleiche Protonen- und Neutronenzahlen) und wendet sich dann langsam den neutronenreichen Nukliden zu. Dieses Verhalten liefert einen Schlüssel zum Verständnis der Eigenschaften von Kernkräften.

Bild 5.20 enthält nur stabile Kerne. In Abschnitt 5.7 haben wir darauf hingewiesen, daß Stabilität kein wesentliches Kriterium bei der Betrachtung von Hadronen ist. Nichtstabile Kerngrundzustände können deshalb dem N-Z-Diagramm hinzugefügt werden. Einige der Eigenschaften eines derart erweiterten Diagramms werden in Kapitel 14 erforscht.

Bei der Massenzahl $A = 1$ treffen sich Kern- und Teilchenphysik. Die Protonen und Neutronen, die beiden Bausteine aller schweren Nuklide, können

21 J. Chadwick, *Nature* **129**, 312 (1932); *Proc. Roy. Soc.* (London) **A126**, 692 (1932).

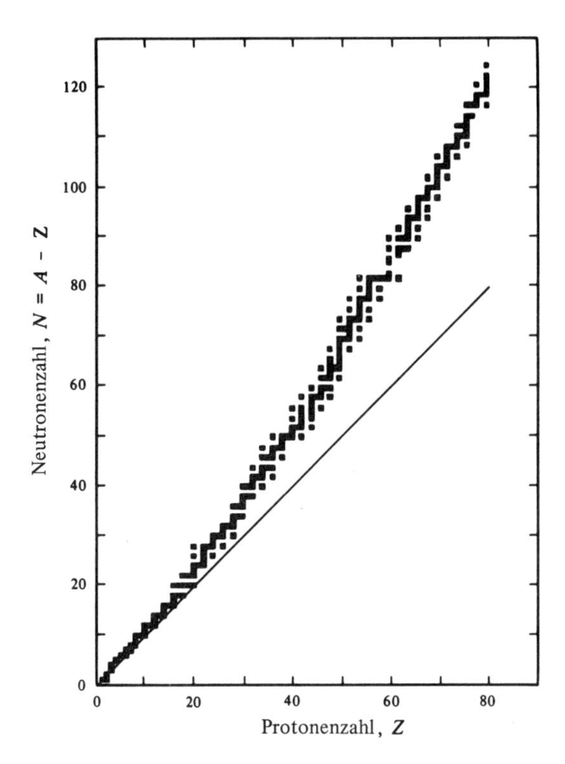

Bild 5.20 Stabile Kerne. Jeder stabile Kern ist durch ein Quadrat in diesem N-Z-Diagramm dargestellt. Die ausgezogene Linie entspräche Nukliden mit gleicher Protonen- und Neutronenzahl. (Nach D.L. Livesey, *Atomic and Nuclear Physics,* Blaisdell, 1966.)

als einfachste Kerne oder als Teilchen betrachtet werden. Es ist überraschend, daß die beiden Nukleonen nicht die einzigen Hadronen mit $A = 1$ sind. Es gibt andere Baryonen mit der Massenzahl $A = 1$, sie heißen Hyperonen.

Als Beispiel der Untersuchung von Hyperonen betrachten wir die Erzeugung des Λ. Wenn Pionen mit einigen GeV Energie durch eine Wasserstoff-Blasenkammer fliegen, werden Ereignisse wie das in Bild 5.21 gezeigte beobachtet: Das negative Pion "verschwindet" und weiter stromabwärts erscheinen zwei V-förmige Ereignisse. Zunächst scheinen die beiden V sehr ähnlich zu sein. Wenn jedoch die Energie- und Impulswerte der vier Teilchen bestimmt werden (Abschnitt 5.3), zeigt sich, daß ein V aus zwei Pionen und das andere aus einem Pion und einem Proton besteht. Mit Diagrammen der invarianten Masse, wie in Abschnitt 5.3 erklärt, erhält man für das Teilchen, aus dem die zwei Pionen entstehen, die Masse von etwa 500 MeV/c^2, während das in Proton und Pion zerfallende Teilchen eine Masse von 1116 MeV/c^2 hat. Das erste Teilchen, das neutrale Kaon, hat

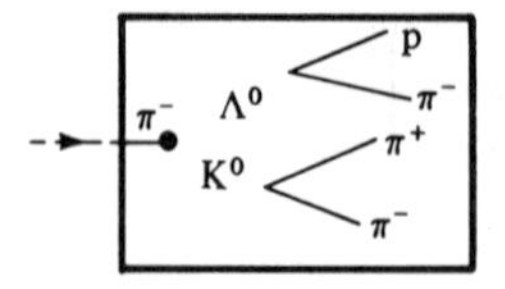

Bild 5.21 Beobachtung des Prozesses $p\pi^- \longrightarrow \Lambda^0 K^0$ in einer Wasserstoffblasenkammer.

die Baryonenzahl 0 und wurde bereits im vorhergehenden Abschnitt besprochen. Das zweite Teilchen heißt Lambda (Λ, der Name bezieht sich natürlich auf die charakteristische Erscheinung der Spuren des Protons und des Pions). Die Lebensdauer jedes Teilchens kann aus der zurückgelegten Entfernung in der Blasenkammer und aus seinem Impuls berechnet werden. Die vollständige Reaktion lautet

$$p\pi^- \longrightarrow \Lambda^0 K^0, \quad K^0 \to \pi^+\pi^-, \quad \Lambda^0 \to p\pi^- \tag{5.54}$$

Das Λ ist nicht das einzige Hyperon. Eine Anzahl von anderen hadronisch stabilen Teilchen mit ähnlichem Charakter wurde gefunden. Sie verdienen die Bezeichnung hadronisch stabil, da ihre Lebensdauer viel länger als 10^{-22} s ist und sie heißen Baryonen, weil sie letztlich alle in ein Proton oder Neutron zerfallen. Die hadronisch stabilen Baryonen sind in Tabelle 5.6 aufgeführt.

Tabelle 5.6 Hadronisch stabile Baryonen. Weitere Einzelheiten über diese Teilchen sind im Anhang gegeben.

Teilchen	Ladung (e)	Masse (MeV/c^2)	Mittlere Lebensdauer (s)
N	+	938,3	$> 2 \times 10^{28}$ a
	0	939,6	$0{,}93 \times 10^3$
Λ	0	1115,6	$2{,}5 \times 10^{-10}$
Σ	+	1189,4	$0{,}80 \times 10^{-10}$
	0	1192,5	$< 1{,}0 \times 10^{-14}$
	−	1197,3	$1{,}5 \times 10^{-10}$
Ξ	0	1314,7	$3{,}0 \times 10^{-10}$
	−	1321,2	$1{,}7 \times 10^{-10}$
Ω	−	1672,5	1×10^{-10}

5.10 *Angeregte Zustände und Resonanzen*

In der Atomphysik ist die Entwicklung von Modellen und Theorien eng verknüpft mit der Erforschung von angeregten Zuständen, besonders denen des Wasserstoffatoms. Die Balmerserie, das Ritzsche Kombinationsprinzip, die Bohrsche Atomtheorie, die Schrödinger-Gleichung, die Dirac-Gleichung und die Lambshift sind alle mit dem Wasserstoffspektrum verbunden. Ohne die Einfachheit und Reichhaltigkeit des Wasserstoffspektrums wäre der Fortschritt langsamer gewesen. In der subatomaren Physik ist die Lage schwieriger. Das nukleare System, das dem Wasserstoff entspräche, ist das Deuteron, ein gebundenes System aus einem Proton und einem Neutron. Dieses System hat nur einen gebundenen Zustand und liefert folglich nicht so reichhaltige Informationen wie das Wasserstoffatom. Es müssen also die angeregten Zustände komplizierter Systeme, z. B. schwerer Kerne, betrachtet werden. Ferner gibt es angeregte Zustände von Baryonen und Mesonen, die auch im Einzelnen untersucht werden müssen, in der Hoffnung, daß sich daraus Anhaltspunkte zum Verständnis der hadronischen Physik ergeben.

Zum Verständnis der Eigenschaften der angeregten hadronischen Zustände werden einige quantenmechanische Begriffe vorausgesetzt. Diese lassen sich am einfachsten an der Behandlung des Kastenpotentials zeigen. Ein Teilchen mit der Masse m befinde sich in einem Kastenpotential, wie in Bild 5.22 gezeigt. Die Schrödinger-Gleichung für dieses Problem ist einfach zu lösen und liefert die erlaubten Energieniveaus. Wir betrachten zunächst den Fall $E < 0$, für den die numerische oder graphische Lösung der Schrödinger-Gleichung eine Anzahl von gebundenen Zuständen ergibt. Gebunden bedeutet, daß ein Teilchen in einem dieser Zustände am Kraftzentrum festgehalten wird.

Die Schrödinger-Gleichung für das Kastenpotential ist eine Eigenwertgleichung, $H\psi = E_i\psi$, und die Eigenwerte E_i sind scharfe Energiezustände. In Wirklichkeit zerfallen jedoch gewöhnlich alle Zustände, z. B. durch

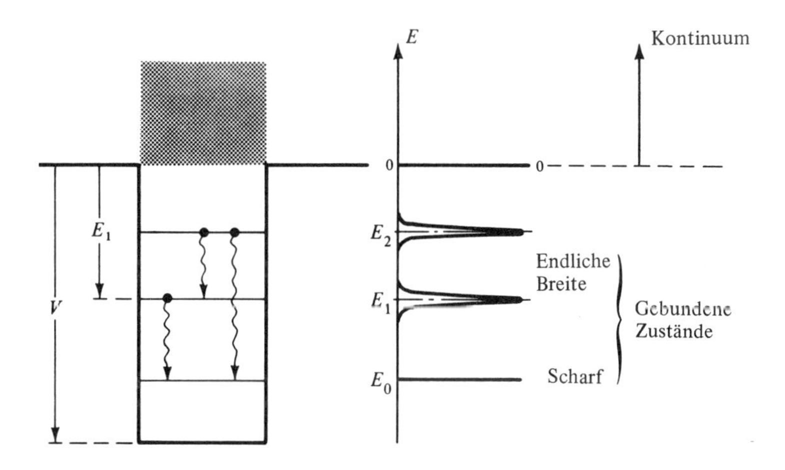

Bild 5.22 Energieniveaus in einem Potentialtopf. Der Grundzustand ist scharf. Die angeregten Zustände können durch Emission von Photonen in den Grundzustand zerfallen, sie zeigen also eine natürliche Linienbreite. Die Zustände mit positiver Energie bilden ein Kontinuum.

Emission von Photonen, außer dem tiefsten. In Abschnitt 5.7 haben wir gesehen, daß zerfallende Zustände eine endliche Breite besitzen und ihre Energie sich nach Gl. 5.35 aus einem großen Realteil und einem kleinen Imaginärteil zusammensetzt. Für einen gebundenen Zustand ist die große Realteilkomponente negativ, wenn man als den Nullpunkt der Energie den Potentialwert im Unendlichen annimmt, siehe Bild 5.22.

Für positive Energiewerte kann E beliebig sein. Anders ausgedrückt, das Spektrum bildet ein Kontinuum. Daraus würde man vermuten, daß in diesem Bereich nichts Aufregendes passieren kann. Diese Vermutung ist falsch. Um zu sehen, was sich hier ereignet, muß man Streuvorgänge betrachten. Im eindimensionalen Fall, wie in Bild 5.23, ist die Streuung einfach. Ein Teilchenstrahl soll von links auf den Potentialtopf auftreffen. Klassisch fliegt ein solches Teilchen ungestört über den Topf. In der Quantenmechanik ist die Lage schwieriger. Die Schrödinger-Gleichung ist einfach zu lösen und es stellt sich heraus, daß nur ein Teil des einfallenden Strahls durchgeht. Ein anderer Teil wird an der Schwelle reflektiert. Der transmittierte Teil T ist durch [22]

$$\frac{1}{T} = 1 + \frac{V^2}{4E(E + |V|)} \sin^2 ka \tag{5.55}$$

gegeben, wobei E die kinetische Energie der einfallenden Teilchen, $V\,(< 0)$ die Tiefe und a die Breite des Potentialtopfes ist. Die Wellenzahl k ist durch

$$k^2 = \frac{2m}{\hbar^2}(E + |V|) \tag{5.56}$$

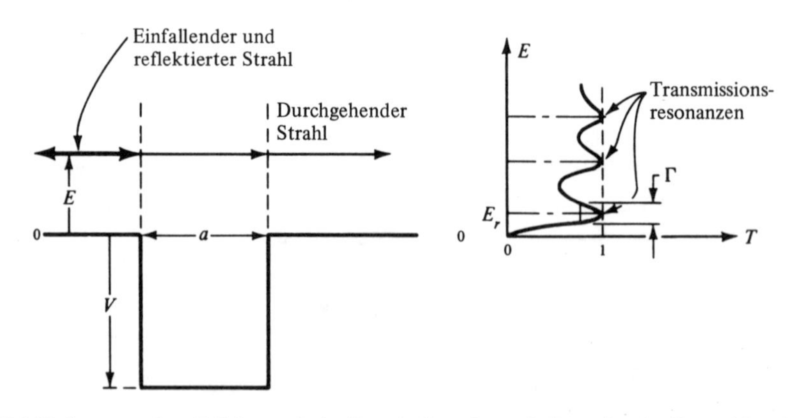

Bild 5.23 Streuung eines Teilchens mit der Energie E an einem eindimensionalen Potentialtopf. Klassisch gehen alle einfallenden Teilchen durch. Quantenmechanisch ist der Transmissionskoeffizient T nur bei bestimmten Energiewerten Eins. Die Erscheinung von *Transmissionsresonanzen* beim Durchgang als Funktion der Teilchenenergie E ist rechts gezeigt.

22 Eisberg, Gl. 8.55; Park, Gl. 4.38.

gegeben. Die Gleichungen 5.55 und 5.56 zeigen, daß der Transmissionskoeffizient T nur für bestimmte Energiewerte 1 ist. In Bild 5.23 ist T als Funktion von E skizziert. Das Auftreten von Transmissionsresonanzen ist deutlich zu sehen. Das Verhalten eines Teilchens mit der Energie E_r, die der maximalen Transmission entspricht, kann durch Verwendung von Wellenpaketen anstelle von ebenen Wellen für den einfallenden Strahl untersucht werden. Es zeigt sich, daß sich die einfallenden Teilchen für eine weitaus längere Zeit im Bereich des Potentialtopfs aufhalten, als dies von der klassischen Mechanik her zu erwarten wäre. [23]) Die mittlere im Bereich des Potentialtopfs zugebrachte Zeit τ und die Breite der entsprechenden Resonanz Γ erfüllen Gl. 5.45. Mathematisch kann die Existenz einer Resonanz bei der Energie E_r in Analogie zu Gl. 5.35 wieder beschrieben werden durch Einführung einer komplexen Energie

$$E = E_r - \tfrac{1}{2}i\Gamma.$$

Hier ist E_r positiv und Γ kann dieselbe Größenordnung wie E_r annehmen.

Das Auftreten einer Resonanz im Kontinuum ist nicht auf den gerade besprochenen einfachen eindimensionalen Fall beschränkt, sondern ist eine allgemeine Erscheinung. Um das Problem in Hinblick auf konkrete Situationen zu behandeln, muß die Streuung von Teilchen an einem dreidimensionalen Potential untersucht werden. Die grundlegenden Ideen sind jedoch bereits in unserem einfachen Beispiel enthalten: Im kontinuierlichen Energiespektrum können Resonanzen erscheinen, die durch die Energie ihres Maximums E_r und ihre Breite Γ charakterisiert sind. Breite und Lage können gemeinsam durch Einführung einer komplexen Energie $E = E_r - \frac{1}{2}i\Gamma$ beschrieben werden.

Die Verwendung der komplexen Energie erlaubt die Einordnung der Energieniveaus eines Quantensystems. Die Klassifizierung ist in Bild 5.24 dargestellt. Jeder Punkt der komplexen Energieebene stellt Energie und Breite eines bestimmten Zustands dar. Zusätzlich zu den Resonanzen entspricht jede positive Energie einer erlaubten Lösung des Streuproblems. Dieser Tatbestand wird in Bild 5.24 ausgedrückt, indem das Kontinuum entlang der positiven Energieachse eingezeichnet ist. [24])

Die Resonanzen werden durch eindeutige Quantenzahlen charakterisiert. Energie, Breite und die Quantenzahlen der Zustände, die in einem speziellen System erscheinen, hängen von den Bestandteilen des Systems und von den Kräften, die zwischen ihnen wirken, ab. Es ist die Aufgabe der experimentellen subatomaren Physik, die Niveaus zu finden und ihre Quantenzah-

23 Eine ausführliche Erläuterung befindet sich in Merzbacher, Kapitel 6, und in D. Bohm, *Quantum Theory*, Prentice-Hall, Englewood Cliffs, N.J., 1951, Kapitel 11 und 12.

24 In der Behandlung der Streuung auf einer höheren Ebene erscheinen die gebundenen Zustände und Resonanzen als Pole und das Kontinuum als Schnitt der Streumatrix in der komplexen Energieebene.

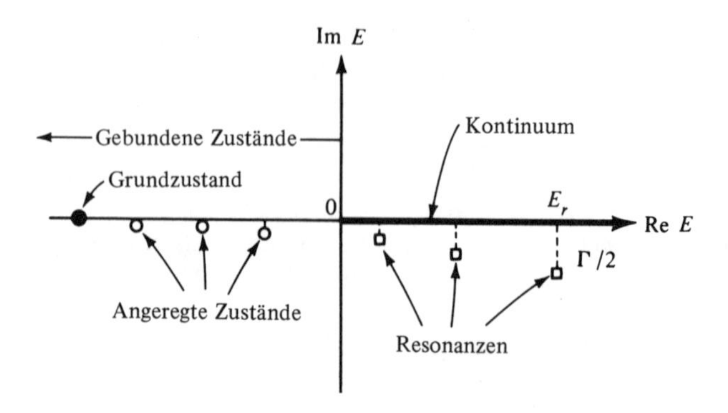

Bild 5.24 Klassifizierung der Energiezustände eines quantenmechanischen Systems in der komplexen Energieebene. Re $E = 0$ wird durch das Potential im Unendlichen bestimmt. Die Breiten Γ der Resonanzen sind in Wirklichkeit meist viel kleiner als hier gezeigt.

len zu bestimmen und es ist das Ziel der theoretischen subatomaren Physik, die Eigenschaften der beobachteten gebundenen Zustände und Resonanzen durch Modelle und Kräfte zu erklären.

5.11 *Angeregte Zustände von Baryonen*

Alle angeregten Zustände der Baryonen zu finden, ist wahrscheinlich aussichtslos. Entscheidend ist jedoch, genug Zustände zu finden, damit man Gesetzmäßigkeiten feststellen, Hinweise für die Bildung von Theorien erhalten und die Theorien überprüfen kann. Selbst diese eingeschränkte Forderung ist in der subatomaren Physik schwer zu erfüllen. Sehr viel Einfallsreichtum und Anstrengung wurde in die nukleare und Teilchenspektroskopie gesteckt, d.h. in das Studium der angeregten Zustände von Kernen und Teilchen. In diesem Abschnitt werden einige Beispiele dafür angegeben, wie man angeregte Zustände und Resonanzen findet.

Als erstes Beispiel betrachten wir das Nuklid ^{58}Fe, das im natürlichen Eisen zu 0,31% enthalten ist. In Bild 5.25 sind zwei Methoden skizziert, mit denen die Energieniveaus des ^{58}Fe untersucht wurden. Ein Beschleuniger, z.B. ein Van de Graaff, erzeugt einen Protonenstrahl mit wohldefinierter Energie. Der Impuls des Strahls wird gemessen und der Strahl in eine Streukammer weitertransportiert, wo er auf ein dünnes Target trifft. Das Target besteht aus einer mit ^{58}Fe angereicherten Eisenfolie. Die Transmission durch die Folie kann nun als Funktion der Energie der einfallenden Protonen untersucht werden, oder der Impuls der gestreuten Protonen kann gemessen werden. Wir betrachten den zweiten Fall, bezeichnet mit (p, p'). Die Notation (p, p') besagt, daß das einfallende und das gestreute Teilchen ein Proton ist und daß das gestreute Teilchen im Schwer-

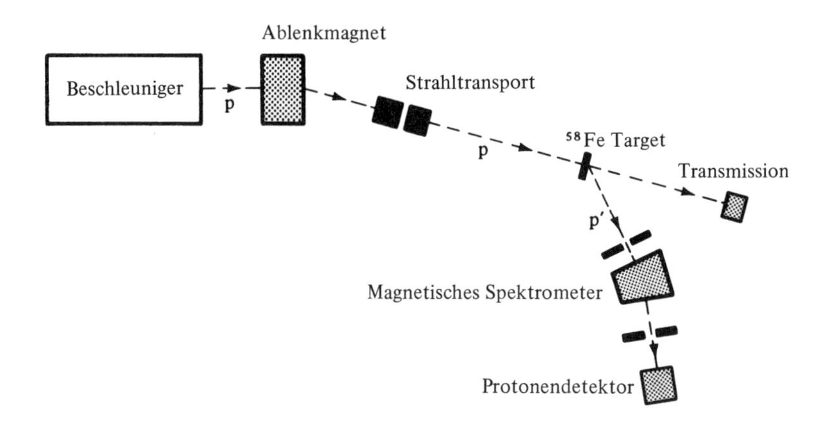

Bild 5.25 Untersuchung der Energiezustände durch Transmission und inelastische Streuung.

punktsystem eine andere Energie hat. Der Impuls und demnach auch die Energie des gestreuten Protons p' werden in einem magnetischen Spektrometer bestimmt, d.h. in einer Kombination von Ablenkmagneten, Spalten und Detektoren. Die Energie des einfallenden Protons sei E_p, die des gestreuten E'_p, der Kern erhält dann die Energie $E_p - E'_p$ und ein Niveau mit dieser Energie wird angeregt. Dieses Experiment stellt den nuklearen Franck-Hertz-Versuch dar. (Da der Kern des $^{58}Fe^*$ einen Rückstoß erfährt, muß die Rückstoßenergie noch von $E_p - E'_p$ abgezogen werden, damit man die richtige Anregungsenergie erhält.) Ein typisches Ergebnis eines solchen Experiments zeigt Bild 5.26. Die vielen Anregungsniveaus sind deutlich zu erkennen. Die Reaktion (p, p') ist nur eine von vielen, die zur Anregung und zur Untersuchung nuklearer Energieniveaus verwendet werden. Weitere Möglichkeiten sind (e, e'), (γ, γ'), (γ, n), (p, n), (p, γ), $(p, 2p)$, (d, p), (d, n) und andere. Auch Zerfälle sind eine Informationsquelle und Bild 4.8 zeigt als Beispiel einen Ausschnitt aus einem γ-Spektrum. Um das Anregungsspektrum eines bestimmten Nuklids zusammenzusetzen, werden die Daten aus einer großen Anzahl verschiedener Experimente verwendet. Bild 5.30 zeigt das Anregungsspektrum von ^{58}Fe.

Erhöht man die Anregungsenergie, so wird die Sache schwieriger. Sie kann nach Bild 5.23 mit einer vereinfachten Darstellung erläutert werden, deren wesentliche Punkte Bild 5.27 zeigt. Bei einer Anregungsenergie von etwa 8 MeV ist der Rand des Potentialtopfs erreicht und es wird möglich, ein Nukleon aus dem Kern zu entfernen, z.B. durch eine der Reaktionen (γ, n), (γ, p), (e, ep) oder (e, en). Direkt über dem Potentialtopf sind solche Prozesse noch nicht sehr wahrscheinlich und die meisten angeregten Zustände werden durch Emission von einem oder mehr Photonen zum Grundzustand des Kerns zurückkehren. Die Teilchenemission ist wegen der Reflexionen an der Kernoberfläche (Bild 5.23), Drehimpulseffekten und der

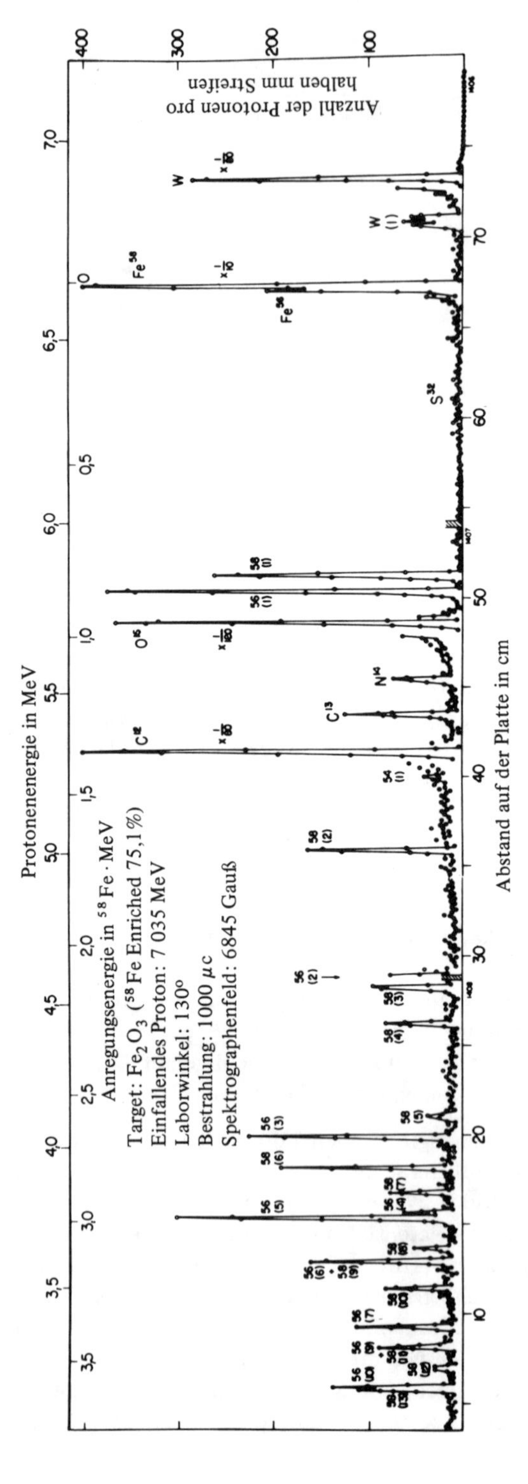

Bild 5.26 Spektrum der Protonenstreuung an angereichertem ^{58}Fe (75,1 %). Der Detektor besteht aus Photoplatten, so daß viele Linien gleichzeitig beobachtet werden können. [Aus A. Sperduto and W.W. Buechner, *Phys. Rev.* **134**, B142 (1964).] Da das Target noch andere Isotope als ^{58}Fe enthält, erscheinen zusätzliche Linien. Die Eisenlinien sind mit ihrer Massenzahl *A* bezeichnet.

kleinen Anzahl der pro Energieeinheit verfügbaren Zustände (kleiner Phasenraum) verboten. Trotzdem sind diese Zustände nicht mehr gebunden und werden jetzt als Resonanzen bezeichnet. In der idealisierten Streuquerschnittsfunktion in Bild 5.27 sind die individuellen Resonanzen im Bereich II zu sehen. Wird die Energie weiter erhöht, so werden die Resonanzen immer zahlreicher und breiter. Sie fangen an sich zu überlappen und die Einzelstrukturen mitteln sich heraus. Im Bereich III, statistischer Bereich genannt, wird die Einhüllende der sich überlappenden individuellen Resonanzen gemessen. Sie zeigt ein charakteristisches Verhalten, das als Riesenresonanz bezeichnet wird: Bei einer Anregungsenergie von ungefähr 20 MeV geht der Gesamtstreuquerschnitt durch ein ausgeprägtes Maximum. Bei noch höheren Energiewerten verliert das Kontinuum jede Struktur.

Die drei Bereiche in Bild 5.27 werden durch drei Zahlen charakterisiert, der mittleren Breite $\bar{\Gamma}$ der Niveaus, dem mittleren Abstand $\bar{D}$ zwischen den Niveaus und der Anregungsenergie E. Typische Werte für diese drei

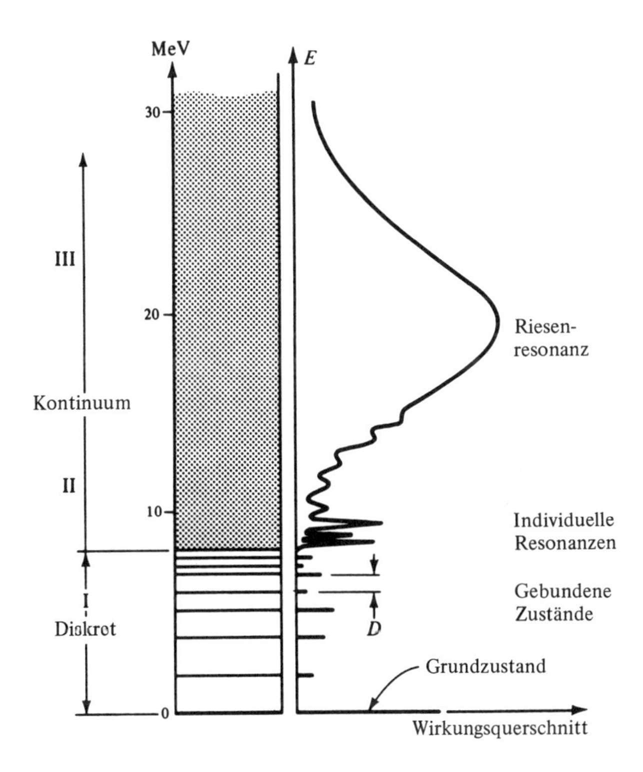

Bild 5.27 Typische Eigenschaften der angeregten Zustände im Kern. Die Kurve für den Wirkungsquerschnitt ist idealisiert, sie kann näherungsweise durch inelastische Elektronenstreuung oder durch die Absorption von γ-Strahlen als Funktion der γ-Energie bestimmt werden. Drei Bereiche sind zu unterscheiden: I, gebundene (diskrete) Zustände; II, einzelne Resonanzen; und III, statistischer Bereich (überlappende Resonanzen).

Größen in den drei Bereichen enthält Tabelle 5.7. Die Einzelheiten sind von Nuklid zu Nuklid sehr verschieden, aber die allgemeine Erscheinung bleibt dieselbe.

Tabelle 5.7 Charakteristika der Kernniveaus für die drei Bereiche aus Bild 5.27. E ist die Anregungsenergie, $\bar{\Gamma}$ die mittlere Breite und $\bar{D}$ der mittlere Abstand der Niveaus.

Bereich	Charakteristik		Typische Werte	
		E (MeV)	$\bar{\Gamma}$ (eV)	$\bar{D}$ (eV)
I. Gebundene Zustände	$\bar{\Gamma} \ll \bar{D} \approx E$	1	10^{-3}	10^5
II. Resonanzbereich	$\bar{\Gamma} < \bar{D} \ll E$	8	1	10^2
III. statistischer Bereich	$\bar{D} \ll \bar{\Gamma} \ll E$	20	10^4	1

Die Erforschung der angeregten Zustände von Baryonen mit $A = 1$ ist aus drei Gründen schwieriger: (1) Es gibt keine gebundenen Zustände; und Resonanzen sind schwerer zu untersuchen als gebundene Zustände. (2) Die meisten der Resonanzen zerfallen durch hadronische Prozesse, sie sind sehr breit und es ist schwierig, die individuellen Niveaus zu sehen. (3) Das einzige stabile Baryon, das als Target verwendet werden kann, ist das Proton; Targets aus flüssigem Wasserstoff gehören zur Standardausrüstung aller Hochenergielaboratorien. Es gibt kein Target, das ausschließlich aus Neutronen besteht. Alle anderen Baryonen, siehe Tabelle 5.6, haben eine so kurze Lebensdauer, daß Experimente von der in Bild 5.25 gezeigten Art unmöglich sind und auf indirekte Methoden ausgewichen werden muß.

Der erste angeregte Zustand des Protons wurde 1951 von Fermi und Mitarbeitern entdeckt. Sie maßen die Streuung von Pionen an Protonen und fanden, daß der Streuquerschnitt mit der Energie schnell zunahm bis hinauf zu etwa 200 MeV kinetischer Energie der Pionen und dann gleich blieb oder wieder abnahm.[25] Brueckner schlug vor, daß dieses Verhalten interpretiert werden könne, wenn man annimmt, daß es von einem Nukleonenisobar (angeregtem Nukleonenzustand) mit Spin $\frac{3}{2}$ herrührt.[26] Es dauerte noch sehr lange und bedurfte noch vieler Experimente, bevor klar wurde, daß die Fermiresonanz nur der erste von vielen angeregten Zuständen des Nukleons ist.

Die Untersuchung der angeregten Protonenzustände verläuft ähnlich wie die Untersuchung der angeregten Kernzustände. Hochenergetische Teilchen, hauptsächlich Elektronen oder Pionen, treffen auf ein Wasserstofftarget und der durchgehende und der gestreute Strahl werden gemessen und ana-

25 H.L. Anderson, E. Fermi, E.A. Long und D.E. Nagle, *Phys. Rev.* 85, 936 (1952).
26 K.A. Brueckner, *Phys. Rev.* 86, 106 (1952).

lysiert. Das Verhalten des Gesamtstreuquerschnitts für Pionen an Protonen zeigt Bild 5.28. Das Auftreten von Resonanzen ist deutlich zu erkennen. Seit 1951 wurde viel Anstrengung darauf verwandt, solche Resonanzen zu finden und ihre Quantenzahlen zu bestimmen. Die gegenwärtig bekannten sind in Tabelle A5 im Anhang aufgeführt. Die oben besprochene Fermiresonanz, die als erstes Maximum in Bild 5.28 erscheint, wird $\Delta(1236)$ genannt, wobei die Zahl die Ruheenergie der Resonanz in MeV angibt.

In den Bildern 5.29 und 5.30 werden die Energiespektren des Nuklids ^{58}Fe und des Nukleons verglichen. Bild 5.29 stellt die Gesamtmasse (Ruheener-

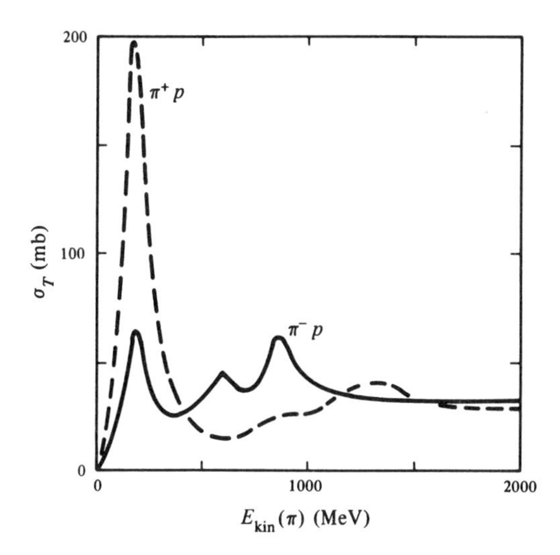

Bild 5.28 Gesamtwirkungsquerschnitt der Streuung von positiven und negativen Pionen an Protonen als Funktion der kinetischen Energie der Pionen. (1 mb = 1 millibarn = 10^{-27} cm^2).

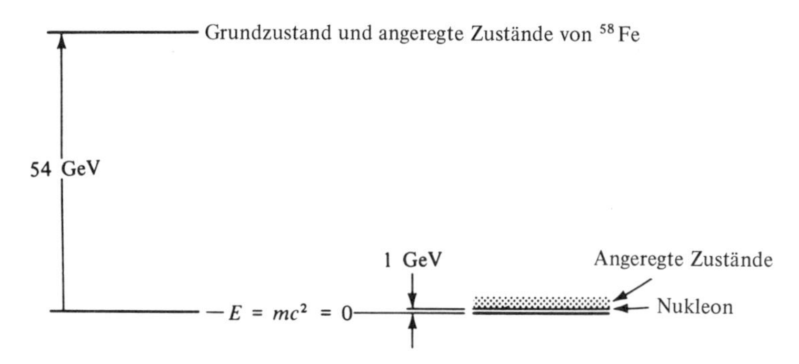

Bild 5.29 Ruheenergie des Nuklids ^{58}Fe und des Nukleons und seiner angeregten Zustände. Bei dem hier gezeigten Maßstab sind die angeregten Zustände des ^{58}Fe so nahe am Grundzustand, daß sie ohne Vergrößerung nicht zu unterscheiden sind. Ein vergrößertes Spektrum ist in Bild 5.30 zu sehen.

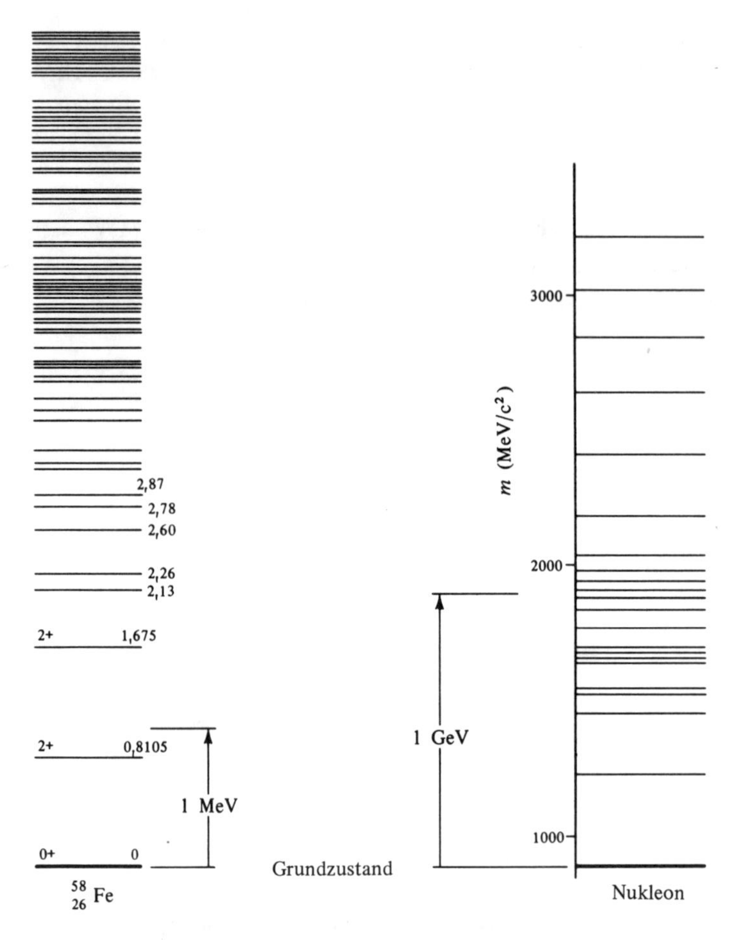

Bild 5.30 Grundzustand und angeregte Zustände des Nuklids ^{58}Fe und des Nukleons (Neutron oder Proton). Der Bereich über dem nuklearen Grundzustand aus Bild 5.29 ist um den Faktor 10^4 vergrößert. Das Spektrum des Nukleons aus Bild 5.29 ist 25-fach vergrößert. Die nuklearen Zustände haben Breiten von der Größenordnung eV oder weniger und können deshalb getrennt beobachtet werden. Die angeregten Teilchenzustände oder Resonanzen dagegen haben Breiten in der Größenordnung von einigen hundert MeV; sie überlappen und sind oft schwer zu finden. Wahrscheinlich gibt es viele Niveaus zusätzlich zu den hier gezeigten.

gie) dar, während Bild 5.30 die Anregungsspektren wiedergibt, d.h. die Energie über dem Grundzustand. Die Bilder machen klar, daß die Anregungen des Kerns sehr klein sind, verglichen mit der Ruheenergie des Grundzustands, während die Anregungsenergien des Teilchens sehr groß sein können im Vergleich zur Ruheenergie des Grundzustands. Die Anregungsenergien des Teilchens liegen etwa 2 - 3 Größenordnungen höher als die des Kerns. Noch ein Unterschied besteht zwischen den angeregten Zuständen des Kerns und des Teilchens: Kerne besitzen gebundene Zustände und Resonanzen, wie Bild 5.27 zeigt. Die angeregten Teilchenzustände sind dagegen ausschließlich Resonanzen.

Zum Abschluß weisen wir noch darauf hin, daß wir die Spektroskopie von Kernen und Teilchen hier extrem kurz behandelt haben. Wir haben nur eine Methode skizziert, um angeregte Zustände zu finden, daneben gibt es viele andere. Ferner kann die Bestimmung der verschiedenen Quantenzahlen eines Zustands (Spin, Parität, Ladung, Isospin, magnetisches Moment, Quadrupolmoment) eine außerordentlich schwierige Aufgabe sein. Tatsächlich lassen sich einige dieser Quantenzahlen nur für sehr wenige Zustände messen. Die Literaturstellen in Abschnitt 5.12 beschreiben die meisten der verwendeten Techniken und Ideen der subatomaren Spektroskopie, aber wir werden dieses Thema nicht weiter behandeln.

5.12 *Literaturhinweise*

Die Veröffentlichungen über die Mitglieder des subatomaren Zoos nehmen sehr schnell an Zahl zu und jede Sammlung veraltet fast so schnell, wie sie gedruckt wird. Die Eigenschaften von Elementarteilchen werden periodisch von der Particle Data Group in "Review of Particle Properties" zusammengefaßt und die Sammlung wird jährlich veröffentlicht, abwechselnd in *Reviews of Modern Physics* und *Physics Letters B.*

Die Eigenschaften von Kerniveaus sind z. B. zusammengefaßt in C. M. Lederer, J. M. Hollander, and I. Perlman, *Table of Isotopes*, Wiley, New York, 1968.

Neuere Informationen findet man in den Zeitschriften *Nuclear Data Table* und *Nuclear Data Sheets*, herausgegeben von Academic Press.

Die Kernspektroskopie wird an vielen Stellen besprochen und die folgenden Bücher liefern zusätzliche Informationen zu den meisten in diesem Kapitel behandelten Problemen:

F. Ajzenberg-Selove, ed., *Nuclear Spectroscopy*, Academic Press, New York, 1960 (zwei Bände).

E. Segrè, ed., *Experimental Nuclear Physics*, Wiley, New York, 1953, 1959 (drei Bände).

L. C. L. Yuan und C. S. Wu, eds., *Methods of Experimental Physics*, Band 5, Academic Press, New York, 1963.

K. Siegbahn, ed., *Alpha-, Beta-, and Gamma-Ray Spectroscopy*, North-Holland, Amsterdam, 1965 (zwei Bände).

G. Giacomelli, *Progr. Nucl. Phys.* 12, Part 2, 77 (1970).

Die Teilchenspektroskopie wird in Lehrbüchern weit weniger ausführlich behandelt. Das Gebiet entwickelt sich so schnell, daß niemand die

Zeit hatte Bücher zu schreiben und herauszugeben, die so gut wären wie die zur Kernspektroskopie aufgezählten. Die Informationen müssen aus den Originalveröffentlichungen, Übersichtsartikeln und Konferenzberichten zusammengetragen werden. Zwei neuere Übersichtsartikel und zwei neuere Konferenzberichte mit den entsprechenden Informationen sind R.D. Tripp, "Spin and Parity Determination of Elementary Particles", *Ann. Rev. Nucl. Sci.* 15, 325 (1965); I. Butterworth, "Boson Resonances", *Ann. Rev. Nucl. Sci.* 19, 179 (1969); H. Filthuth, ed., *Proceedings of the Heidelberg International Conference on Elementary Particles*, North-Holland, Amsterdam, 1968; und J. Prentki und J. Steinberger, eds., *Proceedings of the 14th International Conference on High-Energy Physics*, CERN, Geneva, 1968.

Der Photonenbegriff, in Abschnitt 5.5 kurz behandelt, führt oft zu langen und hitzigen Streitgesprächen. Eine interessante und kurze Besprechung steht in M.O. Scully und M. Sargent III, "The Concept of the Photon", *Phys. Today* 25, 38 (March 1972).

Eine vollständigere Darstellung findet sich bei M. Sargent III, M.O. Scully, und W.E. Lamb, Jr., *Quantum Electronics.*

Aufgaben

5.1 Bedeutet eine verschwindende Ruhemasse, daß das entsprechende Teilchen keine Gravitationswechselwirkung erfährt? Wenn nicht, wie kann die Kraft im Gravitationsfeld definiert werden?

5.2 Erläutern Sie das Mößbauerexperiment, in dem gezeigt wird, daß im Gravitationsfeld der Erde fallende Photonen Energie gewinnen. Warum kann ein solches Experiment nicht mit optischen Photonen durchgeführt werden? [R.V. Pound and J.L. Snider, *Phys. Rev.* 140 *B*, 788 (1965).]

5.3 Berechnen Sie mit Hilfe von Gl. 5.4 und den entsprechenden vollständigen Audrücken für die Operatoren L^2 und L_z die Eigenwerte l und m für die Funktionen

$$Y_0^0(\theta,\varphi) = (4\pi)^{-1/2}$$

$$Y_1^0(\theta,\varphi) = \frac{1}{2}\left(\frac{3}{\pi}\right)^{1/2} \cos\theta$$

$$Y_1^{\pm 1}(\theta,\varphi) = \mp\frac{1}{2}\left(\frac{3}{2\pi}\right)^{1/2} \sin\theta e^{\pm i\varphi}.$$

θ und φ sind die Winkel der sphärischen Koordinaten.

5.4 Beweisen Sie Gl. 5.5.

5.5 Elektron und Myon seien homogene Kugeln mit Radius 0,1 fm. Wie groß sind die Geschwindigkeiten an der Oberfläche bei einer Rotation mit Spin $(\frac{3}{4})^{1/2}\hbar$?

5.6 Ein System bestehe aus zwei identischen Teilchen und werde durch eine Gesamtwellenfunktion der Form

$$\psi(\mathbf{x}_1, \mathbf{x}_2) = A\psi(\mathbf{x}_1)\varphi(\mathbf{x}_2) + B\psi(\mathbf{x}_2)\varphi(\mathbf{x}_1)$$

beschrieben. Bestimmen Sie die Werte von A und B, so daß die Gesamtwellenfunktion auf 1 normiert ist und (a) symmetrisch, (b) antisymmetrisch oder (c) keines von beiden bezüglich des Austausches $1 \rightleftharpoons 2$ ist.

5.7 Hat ein Teilchen ohne elektrische Ladung notwendigerweise keine Wechselwirkung mit einem äußeren elektromagnetischen Feld? Geben Sie ein Beispiel für ein neutrales Teilchen an, das mit einem äußeren elektromagnetischen Feld wechselwirkt. Suchen Sie ein Beispiel für ein Teilchen, das nicht wechselwirkt. Wechselwirkt ein Teilchen mit elektrischer Ladung notwendigerweise mit äußeren elektromagnetischen Feldern?

5.8 Ein Kern mit Spin $J = 2$ und einem g-Faktor von $g = -2$ wird in ein magnetisches Feld von 1 MG gesetzt.
(a) Wo findet man so ein Feld?
(b) Skizzieren Sie die eintretende Aufspaltung der Energieniveaus. Bezeichnen Sie die Niveaus mit den magnetischen Quantenzahlen M. Wie groß ist die Aufspaltung zwischen zwei benachbarten Niveaus in eV und K?

5.9 Zeigen Sie, daß das magnetische Dipolmoment eines Teilchens mit Spin $J = 0$ verschwinden muß.

5.10 Die Besprechung der Massenbestimmung von Nukliden im Text ist stark vereinfacht. In konkreten Experimenten wird die sogenannte Dublettmethode benutzt. Erläutern Sie die dieser Methode zugrundeliegende Idee.

5.11 Zur Massenbestimmung eines Teilchens muß man oft die Geschwindigkeit kennen. Erläutern Sie das Prinzip des Čerenkovzählers. Zeigen Sie, daß der Čerenkovzähler ein geschwindigkeitsabhängiger Detektor ist.

5.12 Wie wurde die Masse der folgenden Teilchen bestimmt:
(a) Myon.
(b) Geladenes Pion.
(c) Neutrales Pion.
(d) Geladenes K.
(e) Geladenes Σ.
(f) Kaskadenteilchen (Ξ).

5.13 In Gl. 5.24, $\pi^- p \longrightarrow n\pi^+\pi^-$, bleibt das Neutron im Endzustand unbeobachtet. Die Tatsache, daß das "fehlende" Teilchen ein Neutron ist, wird durch das Diagramm der fehlenden Masse nachgewiesen: Gegeben sei eine Reaktion der Form $a + b \longrightarrow 1 + 2 + 3 + \ldots$. Bezeichnen Sie die Gesamtenergie mit $E_\alpha = E_a + E_b$ und den Gesamtimpuls der zusammenstoßenden Teilchen mit $p_\alpha = p_a + p_b$. Bezeichnen Sie entsprechend die

Summen für alle beobachteten Teilchen im Endzustand mit E_β und p_β. Das unbeobachtete (neutrale) Teilchen nimmt dann die "fehlende" Energie $E_m = E_\alpha - E_\beta$ und den "fehlenden" Impuls $p_m = p_\alpha - p_\beta$ mit. Die "fehlende Masse" wird definiert durch

$$m_m^2 c^4 = E_m^2 - p_m^2 c_m^2.$$

(a) Skizzieren Sie ein Diagramm der fehlenden Masse, d.h. die Anzahl von Ereignissen, die man für die Masse m_m erwartet, als Funktion von m_m, wenn das einzige unbeobachtete Teilchen ein Neutron ist.

(b) Wiederholen Sie Teil (a) für den Fall, daß ein Neutron und ein neutrales Pion verschwinden.

(c) Suchen Sie ein Diagramm der fehlenden Masse in der Literatur.

5.14 Erläutern Sie die Reaktion $d\pi^+ \longrightarrow pp\pi^+\pi^-\pi^0$. Das Spektrum der invarianten Masse für die drei Pionen im Endzustand liefert den Hinweis auf zwei kurzlebige Mesonen. Lesen Sie die entsprechende Literatur und erläutern Sie, wie diese Mesonen gefunden wurden.

5.15 Betrachten Sie Gl. 5.24. Nehmen Sie an, daß die beiden Pionen keinen Resonanzzustand (ρ^0) bilden, sondern unabhängig emittiert werden. Berechnen Sie dann die obere und untere Grenze für das Spektrum im Phasenraum in Bild 5.11.

5.16 Beweisen Sie Gl. 5.29.

5.17 Erläutern Sie die Bestimmung der oberen Schranke für die Masse
(a) des Elektronenneutrinos
(b) des Myonenneutrinos.
(c) Wie kann die Schranke für die Masse des Myonenneutrinos verbessert werden?

5.18 Wie kann man die Stabilität von Elektronen messen? Entwerfen Sie ein einfaches Experiment und schätzen Sie die Grenze für die Lebensdauer ab, die von diesem Experiment zu erwarten ist.

5.19 Was war Prof. Moriartys Beruf? Wo verschwand er schließlich?

5.20 Beschreiben Sie die experimentellen Ergebnisse, die Pauli veranlaßten, die Existenz des Neutrinos zu postulieren.

5.21 ^{64}Cu zerfällt zu 62% in ^{64}Ni und zu 38% durch Elektronenemission in ^{64}Zn. Die Gesamthalbwertszeit von ^{64}Cu beträgt 12,8 h. Ein Spektrometer (Magnet und Szintillationszähler) wird so angebracht, daß nur der Elektronenzerfall in ^{64}Zn registriert wird. Wie lange dauert es, bis die Intensität dieser Zerfallsart um den Faktor 2 reduziert ist?

5.22 Beweisen Sie Gl. 5.33.

5.23 Bestimmen Sie die Fouriertransformierte der Funktion

$$f(x) = \begin{cases} 1, & |x| < a, \\ 0, & |x| > a. \end{cases}$$

5.24 Bestimmen Sie die Fouriertransformierte der Funktion

$$f(x) = \begin{cases} 0, & x < -1, \\ \frac{1}{2}, & -1 < x < 1, \\ 0, & x > 1. \end{cases}$$

5.25 Beweisen Sie Gl. 5.42.

5.26 Der Zustand, von dem die 14,4 keV γ-Strahlen in ^{57}Fe stammen, zerfällt mit einer Halbwertszeit von 98 ns. Berechnen Sie Γ, die volle Breite beim halben Maximum, in eV.

5.27 Beweisen Sie Gl. 5.44.

5.28 Erläutern Sie Methoden zur Messung von Lebensdauern in der Größenordnung von
(a) 10^6 a.
(b) 1 s.
(c) 10^{-8} s.
(d) 10^{-12} s.
(e) 10^{-20} s.

5.29 Man nimmt an, daß das ρ^0 zur starken Wechselwirkung zwischen den Hadronen beiträgt. Berechnen Sie die Reichweite dieser Kraft.

5.30 Mit welchen Experimenten könnte man überprüfen, ob das Myon das von Yukawa vorhergesagte Teilchen ist? Vergleichen Sie diese Experimente mit den tatsächlichen Hinweisen, die zu dem Schluß führten, daß das Myon nicht das Yukawateilchen ist. [M. Conversi, E. Pancini und O. Piccioni, *Phys. Rev.* **71**, 209 (1947); E. Fermi, E. Teller und V.F. Weisskopf, *Phys. Rev.* **71**, 314 (1947).]

5.31 Erfüllt ein im Atom gebundenes Elektron die Gl. 1.2?

5.32 Erläutern Sie folgende Methoden zur Bestimmung der Kernladungszahl Z:
(a) Röntgenstreuung.
(b) Beobachtung der charakteristischen Röntgenstrahlung.

5.33 Vor der Entdeckung des Neutrons stellte man sich vor, der Kern bestehe aus A Protonen und $A - Z$ Elektronen. Führen Sie Argumente gegen diese Hypothese an.

5.34 Ab welcher kinetischen Energie der Pionen ist der Prozeß $p\pi^- \longrightarrow \Lambda^\circ K^\circ$ möglich? (D.h. bestimmen Sie die Schwelle für diese Reaktion.)

5.35 Führen Sie zwei Reaktionen an, die zur Erzeugung des Ξ^- führen; berechnen Sie die zugehörige Schwellenenergie.

5.36
(a) Geben Sie Herleitung von Gl. 5.55 an.
(b) Skizzieren Sie die Transmission T als Funktion von E/V_0 für einen eindimensionalen, rechteckigen Potentialtopf mit den Parametern $(2mV_0)^{1/2}a/\hbar = 100$.

5.37 Betrachten Sie einen Potentialtopf mit den Parametern $a = 10$ fm und $V_0 = -100$ MeV. Bestimmen Sie (numerisch oder graphisch) die zwei niedrigsten Energieniveaus für ein Proton in diesem Topf.

5.38 Betrachten Sie einen Potentialtopf, wie er in Bild P. 5.38 gezeigt wird.

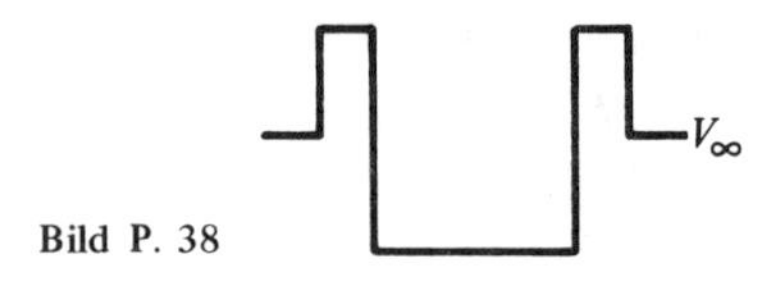

Bild P. 38

(a) In welchem Bereich gibt es gebundene Zustände?
(b) Wie verhalten sich Teilchen im Bereich über V_∞?

5.39 Für das im Abschnitt 5.11 besprochene Experiment braucht man angereichertes ^{58}Fe.
(a) Wie wird das angereicherte Eisen hergestellt?
(b) Wie teuer ist 1 mg angereichertes ^{58}Fe?

5.40 In der elastischen und inelastischen Streuung wird etwas Energie auf das Targetteilchen als Rückstoß übertragen.
(a) Betrachten Sie die Reaktion $^{58}\text{Fe}(p, p')\ ^{58}\text{Fe}^*$. Die einfallenden Protonen sollen eine Energie von 7 MeV haben, die Protonenstreuung im Labor unter einem Winkel von 130° beobachtet und der erste angeregte Zustand von ^{58}Fe untersucht werden. Wie groß ist die Energie der gestreuten Protonen?
(b) Es soll die erste Nukleonenresonanz, $N^*(1236)$, durch inelastische Proton-Proton-Streuung angeregt werden. Die kinetische Anfangsenergie der Protonen sei 1 GeV. Wie groß ist der maximale Streuwinkel, bei dem gestreute Protonen beobachtet werden können? Bei welcher Energie liegt das Maximum der inelastisch gestreuten Protonen bei diesem Winkel?

5.41 Erläutern Sie die Resonanzfluoreszenz:
(a) Um was für einen Prozeß handelt es sich dabei?
(b) Wie kann die Resonanzfluoreszenz beobachtet werden?
(c) Welche Informationen kann man daraus erhalten?

6. Die Struktur der subatomaren Teilchen

In Kapitel 5 haben wir die Einwohner des subatomaren Zoos nach ihrer Wechselwirkung, ihrem Symmetrieverhalten und ihrer Masse geordnet. Im vorliegenden Kapitel werden wir einige Teilchen genauer untersuchen, insbesondere die Struktur des Grundzustands von einigen Nukliden, der geladenen Leptonen und der Nukleonen. Was meinen wir aber mit Struktur des Grundzustands? Für Atome ist die Antwort bekannt: Unter ihrer Struktur versteht man die räumliche Verteilung der Elektronen, wie sie durch die Wellenfunktion des Grundzustands beschrieben wird. Für das Wasserstoffatom ist, bei Vernachlässigung des Spins, die Wahrscheinlichkeitsdichte $\rho(\mathbf{x})$ am Ort $\mathbf{x}$ gegeben durch

$$\rho(\mathbf{x}) = \psi^*(\mathbf{x})\psi(\mathbf{x}), \tag{6.1}$$

wobei $\psi(\mathbf{x})$ die Wellenfunktion des Elektrons bei $\mathbf{x}$ ist. Die elektrische Ladungsdichte ist durch $e\rho(\mathbf{x})$ gegeben, Ladungs- und Aufenthaltswahrscheinlichkeit sind also proportional zueinander. Zur Struktur gehören natürlich auch die angeregten Zustände, und nur wenn die Wellenfunktionen aller möglichen Atomzustände bekannt sind, ist die Struktur bestimmt. Wir werden uns hier jedoch auf die Besprechung des Grundzustands beschränken.

Für Kerne ist der Begriff der Ladungsverteilung noch sinnvoll, aber Ladungs- und Masseverteilung sind nicht mehr identisch. Für Nukleonen tritt ein neues Problem auf. Zur Untersuchung ihrer Struktur benötigt man so hohe Energiewerte, daß die ursprünglich sich in Ruhe befindenden Nukleonen mit Geschwindigkeiten nahe der Lichtgeschwindigkeit weggestoßen werden. Es ist dann sehr schwierig, die Ladungsverteilung der Nukleonen aus den beobachteten Wirkungsquerschnitten zu berechnen. Um dieses Problem zu umgehen, beschreibt man die Nukleonenstruktur durch Formfaktoren. Es dauert zwar einige Zeit, bis man sich an diesen Begriff gewöhnt hat, aber er hängt direkter mit den experimentellen Daten zusammen als die Ladungsverteilung. Für Leptonen fand man überhaupt keine Struktur, auch nicht bei den kleinsten untersuchten Abständen von weniger als 0,1 fm. Sie scheinen echte punktförmige Diracteilchen zu sein.

6.1 Die elastische Streuung

Den elastischen Streuexperimenten verdanken wir viele Erkenntnisse über die Struktur der subatomaren Teilchen. Wie unterscheiden sich solche Untersuchungen von den spektroskopischen Experimenten aus Kapitel 5? Eine scharfe Trennung ist nicht möglich, aber die wesentlichen Punkte sind die folgenden: Beide Untersuchungsarten verwenden eine Anordnung von der Art, wie sie in Bild 5.25 dargestellt ist. In der Spektroskopie wählt man einen Winkel aus und untersucht das Spektrum der gestreuten Teilchen bei diesem Winkel. Die Energieniveaus des untersuchten Nuklids erhält man aus Daten ähnlich den in Bild 5.26 gezeigten. Bei Strukturuntersuchungen (des elastischen Formfaktors) beobachtet man im Detektor nur den elastischen Peak und bestimmt die Intensität als Funktion des Streuwinkels. Dabei ist zu beachten, daß die Energie des elastischen Peaks wegen des Rückstoßes des Targetteilchens vom Streuwinkel abhängt, deshalb muß der Detektor bei jedem neuen Winkel entsprechend nachgeregelt werden. Aus der beobachteten Intensität berechnet man dann den differentiellen Wirkungsquerschnitt, der im Abschnitt 6.2 definiert wird. Aus dem Wirkungsquerschnitt erhält man dann Aufschluß über die Struktur der Targetteilchen.

Rutherford untersuchte 1911 die elastische Streuung von α-Teilchen an Kernen. Er fand eine kleine Abweichung von der für Punktteilchen erwarteten Streuung und kam so zu einer guten Abschätzung für die Größe des Kerns.[1]) Viele der späteren Untersuchungen verwendeten ebenfalls Hadronen, meist α-Teilchen oder Protonen. Diese Experimente haben jedoch einen schwerwiegenden Nachteil: Effekte durch die Kernform überlagern sich mit solchen von den Kernkräften und die beiden müssen erst getrennt werden. Bei Untersuchungen mit Leptonen tritt dies nicht auf, weshalb man die genauesten Informationen über die Kernladungsverteilung mit Elektronen und Myonen gewinnt.

6.2 Wirkungsquerschnitte

Stöße sind die wichtigsten Prozesse bei Strukturuntersuchungen in der subatomaren Physik. Das Stoßverhalten wird gewöhnlich durch einen Wirkungsquerschnitt charakterisiert. Zur Definition des Wirkungsquerschnitts geht man von einem monoenergetischen Teilchenstrahl wohldefinierter Energie aus, der auf ein Target treffen soll (Bild 6.1). Der Fluß F des einfallenden Strahls wird definiert als die Anzahl von Teilchen, die pro Flächen- und Zeiteinheit eine Fläche senkrecht zum Strahl durchqueren. Ist der Strahl homogen und enthält n_i Teilchen pro Volumeneinheit, die sich mit der Ge-

1 E. Rutherford *Phil. Mag.* 21, 669 (1911).

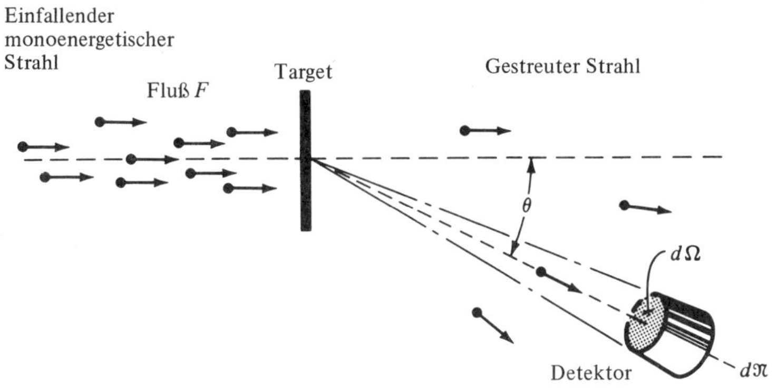

Bild 6.1 Ein monoenergetischer Strahl wird an einem Target gestreut. Der Zähler, mit dem die gestreuten Teilchen nachgewiesen werden, steht im Winkel θ zum einfallenden Strahl, umfaßt den Raumwinkel $d\Omega$ und registriert $d\mathcal{N}$ Teilchen pro Zeiteinheit.

schwindigkeit v auf das ruhende Target zubewegen, so ist der Fluß durch

(6.2) $$F = n_i v$$

gegeben. In den meisten Berechnungen wird die Zahl der einfallenden Teilchen auf ein Teilchen pro Volumeneinheit V normiert. Die Anzahl n_i ist dann gleich $1/V$. Die am Target gestreuten Teilchen werden mit einem Zähler registriert, der alle um den Winkel θ gestreuten Teilchen im Raumwinkelelement $d\Omega$ nachweist. Die pro Zeiteinheit gemessene Anzahl $d\mathcal{N}$ ist proportional zum einfallenden Fluß F, dem Raumwinkel $d\Omega$ und der Anzahl N der unabhängigen Streuzentren im Target, auf die der Strahl trifft [2]):

(6.3) $$d\mathcal{N} = FN\sigma(\theta)d\Omega.$$

Die Proportionalitätskonstante wird mit $\sigma(\theta)$ bezeichnet, sie heißt differentieller Wirkungsquerschnitt (Streuquerschnitt) und kann auch als

(6.4) $$\sigma(\theta)\, d\Omega = d\sigma(\theta) \qquad \text{oder} \qquad \sigma(\theta) = \frac{d\sigma(\theta)}{d\Omega}$$

geschrieben werden. Die Gesamtzahl der pro Zeiteinheit gestreuten Teilchen erhält man durch Integration über den gesamten Raumwinkel,

(6.5) $$\mathcal{N}_s = FN\sigma_{\text{tot}},$$

wobei

(6.6) $$\sigma_{\text{tot}} = \int \sigma(\theta)\, d\Omega$$

2 Es wird hier angenommen, daß jedes Teilchen höchstens einmal im Target streut und daß jedes Streuzentrum unabhängig von den anderen wirkt.

der totale Wirkungsquerschnitt ist. Gleichung 6.5 zeigt, daß der totale Wirkungsquerschnitt die Dimension einer Fläche hat und üblicherweise werden Wirkungsquerschnitte in barn, b, oder dezimalen Vielfachen davon angegeben. Es ist

$$1 \text{ b} = 10^{-24} \text{ cm}^2 = 100 \text{ fm}^2. \tag{6.7}$$

Die Bedeutung von σ_{tot} wird klar, wenn man den Bruchteil der gestreuten Teilchen berechnet. Bild 6.2 stellt das Target vom Strahl aus gesehen dar. Die Fläche a, auf die der Strahl trifft, enthält N Streuzentren. Die gesamte Anzahl der einfallenden Teilchen pro Zeiteinheit wird durch

$$\mathfrak{N}_{in} = Fa,$$

die gesamte Anzahl der gestreuten Teilchen durch Gl. 6.5 gegeben, so daß das Verhältnis der gestreuten zu einfallenden Teilchen durch

$$\frac{\mathfrak{N}_s}{\mathfrak{N}_{in}} = \frac{N\sigma_{tot}}{a} \tag{6.8}$$

gegeben ist. Was diese Beziehung bedeutet, ist klar: Wenn keine Mehrfachstreuung auftritt, so ist der Bruchteil der gestreuten Teilchen gleich dem effektiven Teil der Gesamtfläche, der von Streuzentren angefüllt ist. $N\sigma_{tot}$ muß folglich die Gesamtfläche aller Streuzentren sein und σ_{tot} die Fläche eines Streuzentrums. Wir weisen darauf hin, daß σ_{tot} die effektive Fläche für die Streuung ist. Sie hängt von der Art und Energie der Teilchen ab und ist nur manchmal gleich der tatsächlichen geometrischen Fläche der Streuzentren.

Schließlich stellen wir noch fest, daß für die Anzahl von n Streuzentren pro Volumeneinheit, die Targetdicke d und die vom Strahl getroffene Fläche a, N durch

$$N = and$$

gegeben ist. Wenn das Target aus Kernen mit dem Atomgewicht A und der

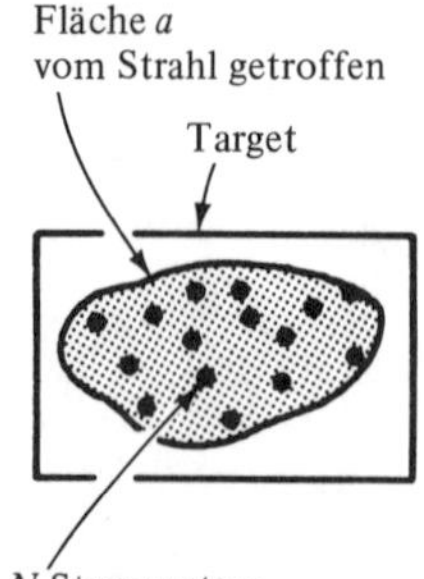

Bild 6.2 Vom einfallenden Strahl wird die Fläche a getroffen. Die Fläche a enthält N Streuzentren, jedes mit dem Streuquerschnitt σ_{tot}.

Dichte ρ besteht, so wird n zu

$$n = \frac{N_0 \rho}{A}, \tag{6.9}$$

wobei $N_0 = 6{,}0222 \times 10^{23}$ Teilchen/Mol die Loschmidtsche Zahl ist.

6.3 *Rutherford- und Mott-Streuung*

Bild 6.3 zeigt das klassische Bild der elastischen Streuung von α-Teilchen am Coulombfeld eines Kerns mit der Ladung Ze. Wenn der Kern keinen Spin besitzt und das α-Teilchen ebenfalls Spin 0 hat, heißt sie Rutherfordstreuung. Der Wirkungsquerschnitt für die Streuung von Teilchen mit Spin 0 an Kernen ohne Spin kann klassisch oder quantenmechanisch berechnet werden, was zum selben Ergebnis führt. Die Rutherfordsche Streuformel ist eine der wenigen Gleichungen, die ohne Änderung in der Quantenmechanik gelten und auf diese Tatsache war Rutherford außerordentlich stolz. [3])

Ein schneller Weg zur Herleitung des differentiellen Wirkungsquerschnitts für die Rutherfordstreuung beruht auf der 1. Bornschen Näherung. Der differentielle Wirkungsquerschnitt wird im allgemeinen als

$$\frac{d\sigma}{d\Omega} = |f(\mathbf{q})|^2 \tag{6.10}$$

geschrieben, wobei $f(\mathbf{q})$ als Streuamplitude bezeichnet wird und $\mathbf{q}$ der Impulsübertrag ist,

$$\mathbf{q} = \mathbf{p} - \mathbf{p}'. \tag{6.11}$$

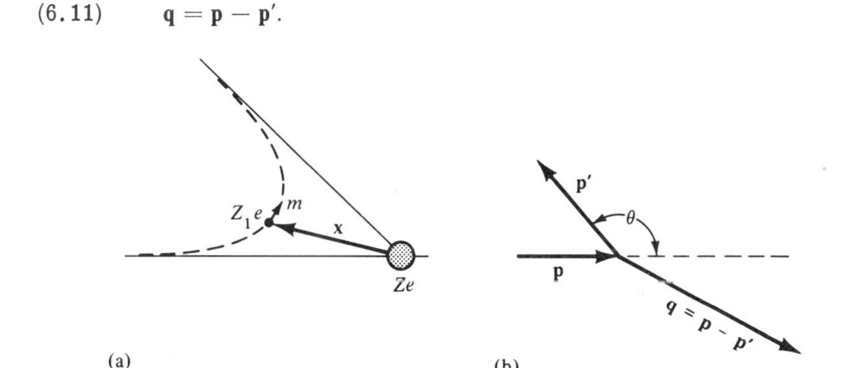

Bild 6.3 Rutherfordstreuung. (a) Klassische Bahn eines Teilchens mit der Ladung $Z_1 e$ im Feld eines schweren Kerns mit der Ladung Ze. (b) Darstellung des Stoßes im Impulsraum.

3 Rutherford verachtete komplizierte Theorien und pflegte zu sagen, eine Theorie tauge nur dann etwas, wenn auch eine Bardame sie verstehen kann. (G. Gamow, *My World Line*, Viking, New York, 1970.)

$\mathbf{p}$ ist der Impuls des einfallenden und $\mathbf{p}'$ der des gestreuten Teilchens. Für die elastische Streuung sieht man aus Bild 6.3(b), daß die Größe des Impulsübertrags mit dem Streuwinkel θ über

(6.12) $$q = 2p \sin \tfrac{1}{2}\theta$$

zusammenhängt. Bei der 1. Bornschen Näherung wird angenommen, daß man das einfallende und das gestreute Teilchen durch ebene Wellen beschreiben kann. Die Streuamplitude läßt sich dann als

(6.13) $$f(\mathbf{q}) = -\frac{m}{2\pi\hbar^2}\int V(\mathbf{x})e^{i\mathbf{q}\cdot\mathbf{x}/\hbar}\,d^3x$$

schreiben.[4] $V(\mathbf{x})$ ist das Streupotential. Wenn es kugelsymmetrisch ist, so kann man die Integration über die Winkel durchführen. Die Streuamplitude wird dann mit $x = |\mathbf{x}|$ zu

(6.14) $$f(\mathbf{q}^2) = -\frac{2m}{\hbar q}\int_0^\infty dx\, x \sin\left(\frac{qx}{\hbar}\right)V(x).$$

Da f nicht mehr von der Richtung von $\mathbf{q}$ abhängt, sondern nur noch von seinem Betrag, wird es als $f(\mathbf{q}^2)$ geschrieben.

Für die Rutherfordstreuung ist $V(x)$ das Coulombpotential.[5] Üblicherweise wird die Coulombwechselwirkung zwischen zwei Ladungen q_1 und q_2 im Abstand x als

$$V(x) = \frac{q_1 q_2}{x}$$

geschrieben. Im Streuexperiment von Bild 6.3 ist der Kern von einer Elektronenwolke umgeben, die die Kernladung Ze abschirmt. Die Abschirmung wird berücksichtigt, indem man schreibt:

(6.15) $$V(x) = \frac{Z_1 Z e^2}{x}e^{-x/a},$$

wobei a eine für die atomare Ausdehnung charakteristische Länge ist. Mit Gl. 6.15 kann man das Integral in Gl. 6.14 lösen und erhält für die Streuamplitude

(6.16) $$f(\mathbf{q}^2) = -\frac{2mZ_1Ze^2}{q^2 + (\hbar/a)^2}.$$

4 Wir führen hier Gl. 6.10 und die Bornsche Näherung ohne Herleitung ein. Diese Unterlassung wird später in Abschnitt 6.8 wieder gutgemacht und noch einmal in Aufgabe 10.3 auf eine andere Weise. Wem die Gleichungen 6.10 und 6.13 noch nicht begegnet sind, sollte sie hier einfach als Werkzeug benutzen und ihre Herleitung später studieren. Herleitungen findet man auch in Eisberg, Abschnitt 15.3; Merzbacher, Abschnitt 11.4; und Park, Abschnitt 9.3.

5 Im ursprünglichen Rutherfordexperiment waren die gestreuten Teilchen α-Teilchen. Diese sind Hadronen und wenn sie nahe genug an den Kern herankommen, muß die starke Wechselwirkung berücksichtigt werden. Die hier besprochenen Experimente werden mit Elektronen durchgeführt, weshalb sich aus der starken Wechselwirkung keine Probleme ergeben.

Bei allen Stößen zur Erforschung von Kernstrukturen ist der Impulsübertrag q wenigstens in der Größenordnung von einigen MeV/c und der Term $(\hbar/a)^2$ kann völlig vernachlässigt werden. Mit Gl. 6.16 und Gl. 6.10 folgt für den differentiellen Rutherford-Wirkungsquerschnitt

$$(6.17)\qquad \left(\frac{d\sigma}{d\Omega}\right)_R = \frac{4m^2(Z_1 Ze^2)^2}{q^4}.$$

Die Rutherfordsche Streuformel Gl. 6.17 beruht auf einer Anzahl von Annahmen. Die vier wichtigsten sind

1. Die Bornsche Näherung.
2. Das Targetteilchen ist schwer und nimmt keine Energie auf, d.h. kein Rückstoß.
3. Das einfallende und das Targetteilchen haben Spin 0.
4. Das einfallende und das Targetteilchen haben keine Struktur, d.h. sie werden als punktförmig angenommen.

Diese vier Einschränkungen müssen gerechtfertigt oder ausgeräumt werden. Wir werden die ersten beiden beibehalten und begründen, und die letzten beiden teilweise beseitigen.

1. Die Bornsche Näherung geht davon aus, daß man das einfallende und das gestreute Teilchen durch ebene Wellen beschreiben kann. Diese Annahme ist erlaubt, solange gilt:

$$(6.18)\qquad \frac{Z_1 Ze^2}{\hbar c} \ll 1.$$

Wenn die Bedingung Gl. 6.18 nicht erfüllt ist, so ist eine genauere Rechnung notwendig, die sog. Phase-shift-Analyse oder Bornsche Näherungen höherer Ordnung[6]. Die wesentlichen physikalischen Aspekte sind jedoch auch mit der 1. Bornschen Näherung zu verstehen und wir werden hier deshalb nicht über sie hinausgehen.

2. Hier wird nur die elastische Streuung betrachtet. Das Targetteilchen bleibt in seinem Grundzustand und nimmt keine Anregungsenergie auf. Ferner wird angenommen, es sei so schwer, daß seine Rückstoßenergie zu vernachlässigen ist. Wie Bild 6.3(b) zeigt, kann jedoch ein großer Impuls auf das Targetteilchen übertragen werden. Zunächst erscheint die Vorstellung eines Stoßes mit großem Impulsübertrag, aber vernachlässigbarem Energieübertrag unrealistisch. Ein einfaches Experiment wird jedoch etwaige Zweifler davon überzeugen, daß ein solcher Prozeß möglich ist: Man nehme ein Auto oder Motorrad und renne damit gegen eine Betonwand. Wenn sie gut gebaut ist, wird die Wand den gesamten Impuls, aber wenig Energie aufnehmen. Hier werden wir es im folgenden meist mit der Streuung von Elektronen an Kernen und Nukleonen zu tun haben. In diesem Fall ist die Einschränkung 2 erfüllt, solange das Verhältnis der Energie der

6 D. R. Yennie, D. G. Ravenhall, und R. N. Wilson, *Phys. Rev.* **95**, 500 (1954).

einfallenden Elektronen zur Ruheenergie des Targets klein ist. Bei höheren Energiewerten kann man den Rückstoß des Kerns oder Nukleons jedoch leicht für den Wirkungsquerschnitt berücksichtigen. Das Ergebnis bleibt im wesentlichen dasselbe und wir werden deshalb die Rückstoßkorrekturen hier nicht behandeln.

3. Wie gerade festgestellt, betreffen die meisten der Experimente, die hier besprochen werden, die Streuung von Elektronen. In diesem Fall muß man den Spin berücksichtigen. Die Streuung von Teilchen mit Spin $\frac{1}{2}$ und Ladung $Z_1 = 1$ an Targetteilchen ohne Spin wurde von Mott behandelt, der Wirkungsquerschnitt für die Mott-Streuung ist [7])

$$\left(\frac{d\sigma}{d\Omega}\right)_{\text{Mott}} = 4(Ze^2)^2 \frac{E^2}{(qc)^4}\left(1 - \beta^2 \sin^2 \frac{\theta}{2}\right). \tag{6.19}$$

E ist dabei die Energie der einfallenden Elektronen und $v = \beta c$ ihre Geschwindigkeit. Der Term $\beta^2 \sin^2 \theta/2$ stammt von der Wechselwirkung des magnetischen Moments der Elektronen mit dem Magnetfeld des Targets. Im Ruhesystem des Targets verschwindet dieses Feld, aber im Ruhesystem des Elektrons ist es vorhanden. Der Term tritt speziell für Spin $\frac{1}{2}$ auf, er verschwindet für $\beta \longrightarrow 0$ und wird für $\beta \longrightarrow 1$ so wichtig wie die normale elektrische Wechselwirkung, da die magnetischen und elektrischen Kräfte dann gleich stark werden. Im Grenzfall $\beta \longrightarrow 0\ (E \longrightarrow mc^2)$ reduziert sich der Mottsche Wirkungsquerschnitt auf die Rutherfordsche Streuformel Gl. 6.17.

4. Das Ziel des vorliegenden Kapitels ist die Erforschung der Struktur subatomarer Teilchen und die Einschränkung 4 muß folglich beseitigt werden. Dies wird im folgenden Abschnitt durchgeführt.

6.4 *Formfaktoren*

Wie ändert sich der Wirkungsquerschnitt, wenn die zusammenstoßenden Teilchen ausgedehnte Strukturen besitzen? Wir werden die Leptonen in Abschnitt 6.6 behandeln und feststellen, daß sie sich wie Punktladungen verhalten. Dadurch eignen sie sich ideal zur Untersuchung, und die Korrekturen zu Gl. 6.19 betreffen nur die räumliche Verteilung der betrachteten Targetteilchen. Zur Vereinfachung nehmen wir hier eine kugelsymmetrische Ladungsverteilung in den Targetteilchen an. Weiter unten wird dann gezeigt, daß der Wirkungsquerschnitt für die Streuung von Elektronen an

---

7 Eine verhältnismäßig leichtverständliche Herleitung von Gl. 6.19 befindet sich in R. Hofstadter, *Ann. Rev. Nucl. Sci.* 7, 231 (1958). Ein anspruchsvollerer Beweis steht bei J.D. Bjorken und S.D. Drell, *Relativistic Quantum Mechanics*, McGraw-Hill, New York, 1964, p. 106, oder in J.J. Sakurai, *Advanced Quantum Mechanics*, Addison-Wesley, Reading, Mass., 1967, p. 193.

einem solchen Target von der Form

(6.20) $$\frac{d\sigma}{d\Omega} = \left(\frac{d\sigma}{d\Omega}\right)_{\text{Mott}} |F(\mathbf{q}^2)|^2$$

ist. Der multiplikative Faktor $F(\mathbf{q}^2)$ heißt Formfaktor und

(6.21) $$\mathbf{q}^2 = (\mathbf{p} - \mathbf{p}')^2$$

ist das Quadrat des Impulsübertrags.

Formfaktoren spielen eine immer wichtigere Rolle in der subatomaren Physik, da sie die direkte Verbindung zwischen den experimentellen Beobachtungen und der theoretischen Analyse darstellen. Aus Gl. 6.20 sieht man, daß sich der Formfaktor direkt aus der Messung ergibt. Zur Klärung der theoretischen Seite betrachtet man ein System, das durch die Wellenfunktion $\psi(\mathbf{r})$ beschrieben wird, die man als Lösung der Schrödinger-Gleichung finden kann. Für ein geladenes Objekt ist dann die Ladungsdichte als $Q\rho(\mathbf{r})$ darstellbar, wobei $\rho(\mathbf{r})$ die normalisierte Wahrscheinlichkeitsdichte ist: $\int d^3r\, \rho(\mathbf{r}) = 1$. Weiter unten wird gezeigt, daß man den Formfaktor als Fouriertransformierte der Wahrscheinlichkeitsdichte schreiben kann,

(6.22) $$F(\mathbf{q}^2) = \int d^3r\, \rho(\mathbf{r})\, e^{i\mathbf{q}\cdot\mathbf{r}/\hbar}.$$

Der Formfaktor für den Fall, daß kein Impuls übertragen wird, $F(0)$, wird für geladene Teilchen gewöhnlich auf 1 normiert, für neutrale Teilchen jedoch auf $F(0) = 0$. Die Kette, die den experimentell beobachteten Wirkungsquerschnitt mit dem theoretischen Ausgangspunkt verbindet, läßt sich dann so skizzieren:

Experiment — Vergleich — Theorie

$$\frac{d\sigma}{d\Omega} \longrightarrow |F(q^2)| \Longleftrightarrow F(q^2) \longleftarrow \rho(\mathbf{r}) \longleftarrow \psi(\mathbf{r}) \longleftarrow \text{Schrödinger-Gleichung}$$

In Wirklichkeit sind die einzelnen Schritte oft komplizierter als hier dargestellt, aber der wesentliche Zusammenhang ist immer derselbe.

Zur Verdeutlichung dieser einleitenden Bemerkungen berechnen wir die Streuung eines Elektrons ohne Spin an einem kugelsymmetrischen Kern in erster Bornscher Näherung, siehe Bild 6.4. Das Streupotential $V(x)$ in Gl. 6.13 am Ort des Elektrons setzt sich aus den Beiträgen der differentiellen Elemente des ganzen Kerns zusammen. Jedes Volumenelement d^3r enthält die Ladung $Ze\rho(r)\,d^3r$ und liefert den Beitrag

$$dV(x) = -\frac{Ze^2}{z} e^{-z/a} \rho(r)\, d^3r,$$

so daß

(6.23) $$V(x) = -Ze^2 \int d^3r \rho(r) \frac{e^{-z/a}}{z}.$$

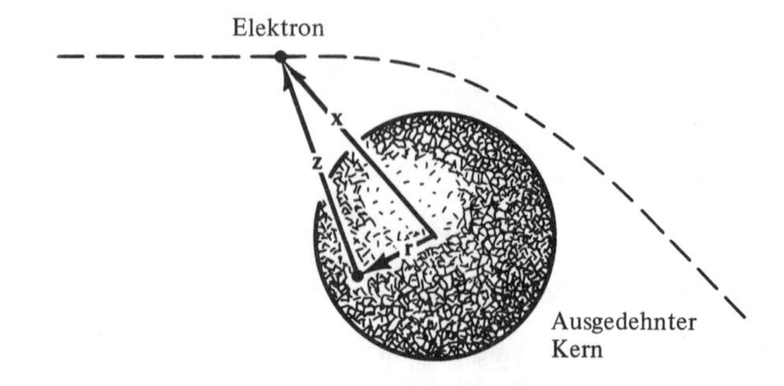

Bild 6.4 Streuung eines punktförmigen Elektrons an einem Kern mit Spin 0 und ausgedehnter Ladungsverteilung.

Der Vektor $\mathbf{z}$ vom Volumenelement d^3r zum Elektron wird in Bild 6.4 gezeigt. Einsetzen von $V(x)$ in Gl. 6.13 und $\mathbf{x} = \mathbf{r} + \mathbf{z}$ ergibt

$$f(\mathbf{q}^2) = \frac{mZe^2}{2\pi\hbar^2} \int d^3r\, e^{i\mathbf{q}\cdot\mathbf{r}/\hbar}\, \rho(r) \int d^3x \frac{e^{-z/a}}{z}\, e^{i\mathbf{q}\cdot\mathbf{z}/\hbar}.$$

Für feste $\mathbf{r}$ kann d^3x durch d^3z ersetzt werden. Das Integral über d^3z ist dann dasselbe, wie es bei der Herleitung von Gl. 6.16 auftrat und hat den Wert

(6.24) $$\int d^3z \frac{e^{-z/a}}{z}\, e^{i\mathbf{q}\cdot\mathbf{z}/\hbar} = \frac{4\pi\hbar}{\mathbf{q}^2 + (\hbar/a)^2} \longrightarrow \frac{4\pi\hbar}{\mathbf{q}^2}.$$

Das Integral über d^3r ist der in Gl. 6.22 definierte Formfaktor, damit wird der Wirkungsquerschnitt $d\sigma/d\Omega = |f|^2$ zu

(6.25) $$\frac{d\sigma}{d\Omega} = \left(\frac{d\sigma}{d\Omega}\right)_R |F(\mathbf{q}^2)|^2.$$

Die Berechnung für Elektronen mit Spin verläuft ganz ähnlich. Gleichung 6.20 ist die korrekte Verallgemeinerung von Gl. 6.25. Zur Dichte $\rho(r)$ ist noch eine Anmerkung nötig. Durch Gl. 6.22 wurde die Dichte so definiert, daß gilt

(6.26) $$\int \rho(r)\, d^3r = 1.$$

Gleichung 6.20 zeigt, wie der Formfaktor $|F(\mathbf{q}^2)|$ experimentell bestimmt werden kann. Man mißt dazu den differentiellen Wirkungsquerschnitt bei verschiedenen Winkeln, berechnet den Mott-Wirkungsquerschnitt und das Verhältnis liefert $|F(\mathbf{q}^2)|$. Der Schritt von $F(\mathbf{q}^2)$ zu $\rho(r)$ ist weniger einfach. Im Prinzip kann man Gl. 6.22 umkehren und erhält dann

(6.27) $$\rho(r) = \frac{1}{(2\pi)^3} \int d^3q\, F(\mathbf{q}^2)\, e^{-i\mathbf{q}\cdot\mathbf{r}/\hbar}.$$

Die Gleichungen 6.22 und 6.27 sind die dreidimensionale Verallgemeinerung von Gl. 5.39 und Gl. 5.40. Der Ausdruck für $\rho(r)$ zeigt, daß die Wahrscheinlichkeitsverteilung vollständig bestimmt ist, wenn $F(q^2)$ für alle Werte von q^2 bekannt ist. Experimentell ist der maximale Energieübertrag jedoch durch den verfügbaren Teilchenimpuls begrenzt. Ferner wird der Wirkungsquerschnitt für große Werte von q^2 sehr klein, wie wir bald sehen werden und es ist dann extrem schwierig, $F(q^2)$ zu bestimmen. Man geht deshalb in der Praxis anders vor. Man macht für $\rho(\mathbf{r})$ bestimmte Ansätze mit einer Anzahl freier Parameter. Die Parameter bestimmt man durch Berechnung von $F(\mathbf{q}^2)$ mit Gl. 6.22 und Anpassung an die gemessenen Formfaktoren. [8])

Um etwas mehr Einblick in die Bedeutung von Formfaktoren und Wahrscheinlichkeitsverteilungen zu gewinnen, verknüpfen wir $F(\mathbf{q}^2)$ mit dem Kernradius und zeigen Beispiele für die Beziehung zwischen dem Formfaktor und der Wahrscheinlichkeitsverteilung. Für $qR \ll 1$, wobei R ungefähr der Kernradius ist, läßt sich die Exponentialfunktion in Gl. 6.22 entwickeln, wodurch $F(q^2)$ zu

(6.28) $$F(\mathbf{q}^2) = 1 - \frac{1}{6\hbar^2}\mathbf{q}^2\langle r^2\rangle + \cdots$$

wird, wobei $\langle r^2\rangle$ durch

(6.29) $$\langle r^2\rangle = \int d^3r\, r^2\rho(r)$$

definiert ist und als mittlerer quadratischer Radius bezeichnet wird. Für kleinen Impulsübertrag mißt man nur das nullte und erste Moment der Ladungsverteilung, weitere Einzelheiten sind nicht zu erhalten.

Wenn die Wahrscheinlichkeitsdichte der Gaußverteilung,

(6.30) $$\rho(r) = \rho_0 e^{-(r/b)^2},$$

gehorcht, dann ist der Formfaktor einfach zu berechnen und man erhält

(6.31) $$F(\mathbf{q}^2) = e^{-\mathbf{q}^2b^2/4\hbar^2}, \qquad \langle r^2\rangle = \tfrac{3}{2}b^2.$$

Wird b sehr klein, so nähert sich die Verteilung einer Punktladung und der Formfaktor geht gegen eins. Dieser Grenzfall ist der Punkt, an dem wir begannen. In Tabelle 6.1 sind einige Wahrscheinlichkeitsdichten und Formfaktoren aufgeführt.

---

8 Ein berühmtes Problem wird in der nach Gl. 6.22 gezeigten Kette deutlich. Experimentell erhält man das absolut genommene Quadrat des Formfaktors und nicht den Formfaktor selbst. Dasselbe Problem entsteht bei Strukturbestimmungen mit Röntgenstrahlen. Um weitere Informationen über den Formfaktor zu erhalten, müssen Interferenzeffekte studiert werden. In Röntgenuntersuchungen von großen Molekülen wird die Interferenz erzeugt, indem man ein schweres Atom, z.B. Gold, in das große Molekül substituiert und die entstehenden Änderungen des Röntgenbildes betrachtet. Was könnte man in der subatomaren Physik verwenden?

Tabelle 6.1 Wahrscheinlichkeitsdichten und Formfaktoren für einige einparametrige Ladungsverteilungen. (Nach R. Herman und R. Hofstadter, *High-Energy Electron Scattering Tables,* Stanford University Press, Stanford, Calif., 1960)

Wahrscheinlichkeitsdichte, $\rho(r)$	Formfaktor, $F(\mathbf{q}^2)$
$\delta(r)$	1
$\rho_0 e^{-r/a}$	$(1+\mathbf{q}^2a^2/\hbar^2)^{-2}$
$\rho_0 e^{-(r/b)^2}$	$e^{-\mathbf{q}^2b^2/4\hbar^2}$
$\left.\begin{matrix}\rho_0, & r \leq R \\ 0, & r > R\end{matrix}\right\}$	$\dfrac{3[\sin(\lvert\mathbf{q}\rvert R/\hbar) - (\lvert\mathbf{q}\rvert R/\hbar)\cos(\lvert\mathbf{q}\rvert R/\hbar)]}{(\lvert\mathbf{q}\rvert R/\hbar)^3}$

Ein abschließendes Wort betrifft die Abhängigkeit des Formfaktors von experimentellen Größen. Gleichung 6.22 zeigt, daß $F(\mathbf{q}^2)$ nur vom Quadrat des auf das Target übertragenen Impulses abhängt und nicht von der Energie des einfallenden Teilchens. $F(\mathbf{q}^2)$ für einen bestimmten Wert von $\mathbf{q}^2$ kann deshalb mit Geschossen verschiedener Energie bestimmt werden. Gleichung 6.12 besagt, daß dazu nur der Streuwinkel entsprechend geändert werden muß, damit man denselben Wert für $F(\mathbf{q}^2)$ erhält. Die Tatsache, daß $F(\mathbf{q}^2)$ nur von $\mathbf{q}^2$ abhängt, gilt nur für die erste Bornsche Näherung; bei höheren Ordnungen wird sie ungültig. Deshalb kann man sie zur Überprüfung der ersten Bornschen Näherung benutzen.

6.5 *Die Ladungsverteilung kugelförmiger Kerne*

Die Untersuchung der Kernstruktur durch Elektronenstreuung wurde durch Hofstadter und seine Mitarbeiter eingeleitet. [9]) Die grundsätzliche experimentelle Anordnung dazu ist ähnlich zu der in Bild 5.25 gezeigten: Ein Elektronenbeschleuniger erzeugt einen intensiven Elektronenstrahl mit Energien zwischen 250 MeV und einigen GeV. Die Elektronen werden zu einer Streukammer geleitet, wo sie auf das Target treffen und gestreut werden. Die Intensität der elastisch gestreuten Elektronen wird als Funktion des Streuwinkels bestimmt. Bild 6.5 zeigt als Beispiel den differentiellen Wirkungsquerschnitt für die Streuung von Elektronen mit 750 MeV an ^{40}Ca und ^{48}Ca. Die durchgezogene Linie ist die beste Anpassung (Fit) an die Meßpunkte. Die Anpassung liefert Werte für $|F(\mathbf{q}^2)|$ und aus diesen Werten erhält man die Informationen über die Ladungsverteilung.

Der einfachste Ansatz für die Kernladungsverteilung ist eine einparametrige Funktion, z.B. eine gleichmäßige Verteilung oder eine Gaußverteilung. Solche Verteilungen ergeben schlechte Anpassungen, und der einfachste von

9 R. Hofstadter, H.R. Fechter und J.A. McIntyre, *Phys. Rev.* **92**, 978 (1953).

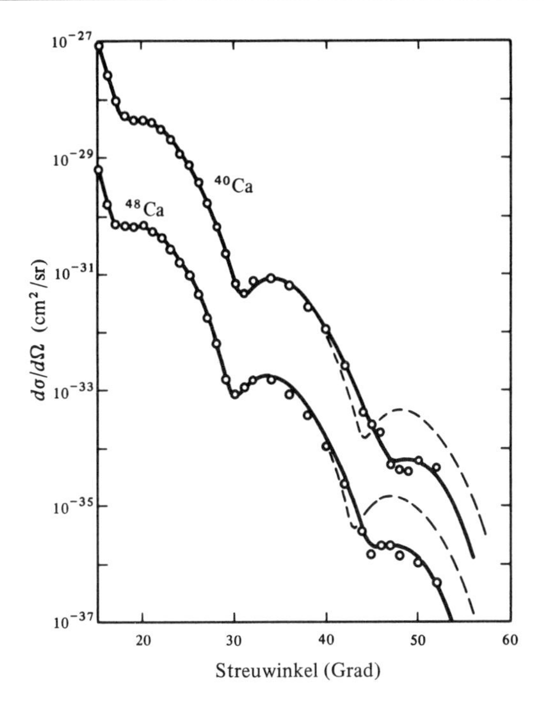

Bild 6.5 Differentieller Wirkungsquerschnitt für die Streuung von 750 MeV Elektronen an Kalziumisotopen. Der Wirkungsquerschnitt für ^{40}Ca wurde mit 10 multipliziert und der von ^{48}Ca mit 10^{-1}. [Aus J.B. Bellicard et al., *Phys. Rev. Letters* **19**, 527 (1967).]

den brauchbaren Ansätzen ist die Fermiverteilung mit zwei Parametern

(6.32) $$\rho(r) = \frac{N}{1 + e^{(r-c)/a}}.$$

N ist die Normierungskonstante und c und a sind die Parameter zur Beschreibung des Kerns. Bild 6.6 zeigt die Fermiverteilung. c ist der Radius der halben Dichte und t die Oberflächendicke. Der Parameter a aus Gl. 6.32 und t hängen durch

(6.33) $$t = (4 \ln 3)a$$

zusammen. Man kann die Ergebnisse vieler Experimente mit den in Gl. 6.29 und Gl. 6.32 definierten Parametern folgendermaßen zusammenfassen:

1. Für mittlere und schwere Kerne ist der mittlere quadratische Radius der Ladung näherungsweise durch die Beziehung

(6.34) $$\langle r^2 \rangle^{1/2} = r_0 A^{1/3}, \qquad r_0 = 0{,}94 \text{ fm},$$

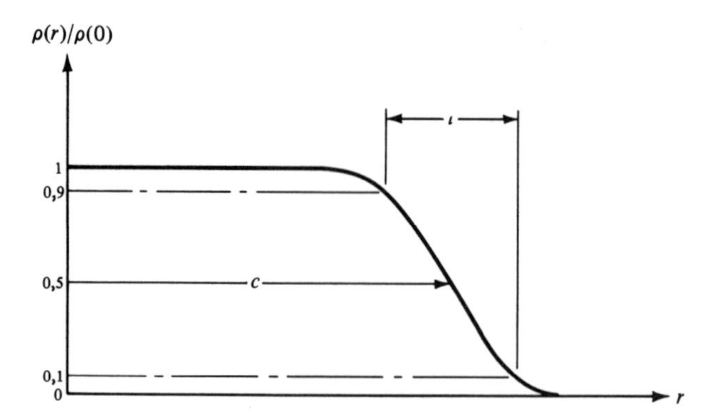

Bild 6.6 Fermiverteilung für die Kernladungsdichte. c ist der Radius der halben Dichte und t die Oberflächendicke.

gegeben, wobei A die Massenzahl (Anzahl der Nukleonen) ist. Das Kernvolumen ist folglich proportional zur Anzahl der Nukleonen. Die Kerndichte ist näherungsweise konstant; Kerne verhalten sich demnach eher wie Festkörper oder Flüssigkeiten und nicht wie Atome.

2. Der Radius der halben Dichte und die Oberflächendicke erfüllen näherungsweise

$$c \text{ (in fm)} = 1{,}18\, A^{1/3} - 0{,}48 \qquad (6.35)$$
$$t \approx 2{,}4 \text{ fm}.$$

Aus diesen Werten folgt für die Dichte der Nukleonen im Zentrum

$$\rho_n \approx 0{,}17 \text{ Nukleonen/fm}^3. \qquad (6.36)$$

Dieser Wert liegt in der Nähe von dem für Kernmaterie, d.h. bei der Dichte, von der man annimmt, daß sie in einem unendlich großen Kern ohne Oberflächeneffekte herrscht.

3. Die Ladungsverteilung ist nicht so einfach wie bei der zweiparametrigen Fermiverteilung. Insbesondere ist die Dichte im Innern des Kerns nicht konstant, wie es in Gl. 6.32 angenommen wird. Sie kann zum Zentrum hin zu oder abnehmen. In Bild 6.7 werden zwei typische Fälle gezeigt.

4. In der älteren Literatur, die aus der Zeit stammt, als die Form von Kernen noch nicht gut bekannt war, war es üblich, den Kernradius anders zu schreiben. Man nahm an, der Kern habe gleichmäßige Dichte und den Radius R. Aus Gl. 6.29 folgt dann, daß R^2 und $\langle r^2 \rangle$ durch

$$\langle r^2 \rangle = 4\pi \int_0^R \frac{3r^4\, dr}{4\pi R^3} = \frac{3}{5} R^2 \qquad (6.37)$$

zusammenhängen. R erfüllt näherungsweise die Beziehung

$$R = R_0 A^{1/3}, \qquad R_0 = 1{,}2 \text{ fm}. \qquad (6.38)$$

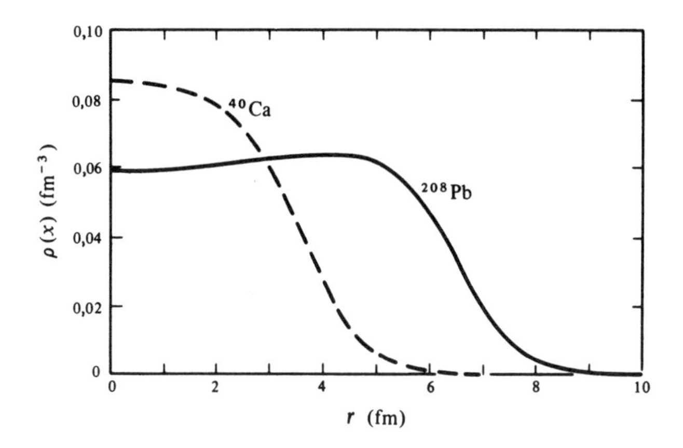

Bild 6.7 Wahrscheinlichkeitsverteilung für ^{40}Ca und ^{208}Pb, durch Elektronenstreuung ermittelt. (Mit freundlicher Genehmigung von D.G. Ravenhall.)

Die bisher in diesem Abschnitt vorgetragenen Fakten geben eine erste Ahnung von der Struktur der Kerne. Man weiß jedoch schon sehr viel mehr und hat feinere Einzelheiten untersucht und Daten über viele Nuklide gesammelt. Wahrscheinlich wird die nächste Zukunft weitere Verbesserungen bringen. Schließlich muß noch daran erinnert werden, daß man mit der Streuung geladener Leptonen nur die Ladungs- und Stromverteilung im Kern sieht und daß entsprechende Daten über die hadronische Struktur (Materieverteilung) nur durch Streuung mit Hadronen erhältlich ist.[10])

6.6 *Leptonen sind punktförmig*

Wir kehren nun zum g-Faktor der Elektronen zurück. 1926 war die Vorstellung vom kreiselnden Elektron und seinem magnetischen Moment allgemein akzeptiert[11]), aber der g-Faktor, siehe Gl. 5.16,

$$g(1926) = -2,$$

mußte experimentell bestimmt werden. (Das Minuszeichen besagt, daß das magnetische Moment für das negative Elektron in die entgegengesetzte Richtung wie der Spin zeigt.) Der g-Faktor war genau doppelt so groß wie der für die Bahnbewegung, siehe Gl. 5.14. In anderen Worten, obwohl das

10 „International Congress on Nuclear Sizes and Density Distributions“ *Rev. Modern Phys.* **30**, 414–569 (1958); R. Wilson, „What is the Radius of a Nucleus?“ *Comments Nucl. Particle Phys.* **4**, 116 (1970).

11 Eine faszinierende Beschreibung der Geschichte des Spins gibt B.L. Van der Waerden, in *Theoretical Physics of the Twentieth Century* (M. Fierz und V.F. Weisskopf, eds.), Wiley-Interscience, New York, 1960. Siehe auch S.A. Goudsmit, *Phys. Today* **14**, 18 (Juni 1961) und P. Kusch, *Phys. Today* **19**, 23 (Februar 1966).

Elektron Spin $\frac{1}{2}$ hatte, besaß es ein Bohrmagneton. 1928 stellte Dirac seine berühmte Gleichung auf, aus der sich das magnetische Moment und der Wert $g = -2$ als natürliche Folge ergaben.[12]

Kusch und Foley maßen 1947 den g-Faktor sorgfältig mit der damals neuen Mikrowellentechnik und entdeckten eine kleine Abweichung von -2.[13] Schon kurz darauf konnte Schwinger die Abweichung erklären. Das Experiment war auf 5×10^{-5} genau und die Theorie noch etwas besser. Seitdem wetteifern die theoretischen und experimentellen Physiker miteinander, um den Wert zu verbessern. Der Gewinner war immer die Physik, da jeder etwas dazulernte. Der Vergleich zwischen Experiment und Theorie ist sehr wichtig, deshalb werden wir beide noch etwas näher betrachten.

Zur theoretischen Erklärung sind virtuelle Photonen nötig, ein bereits in Abschnitt 5.8 besprochener Begriff. Ein physikalisches Elektron existiert nicht immer als Diracelektron. Zeitweise emittiert es virtuelle Photonen, die es dann wieder absorbiert. (Dies entspricht in der klassischen Betrachtung der Wechselwirkung des Elektrons mit seinem eigenen elektromagnetischen Feld.) Die Messung des g-Faktors erfolgt über die Wechselwirkung des Elektrons mit Photonen. Die Anwesenheit von virtuellen Photonen ändert die Wechselwirkung und folglich auch den g-Faktor. Bild 6.8 zeigt, wie die einfache Wechselwirkung eines Photons mit einem Diracelektron sich durch dessen eigenes elektromagnetisches Feld ändert und komplizierter wird. Insgesamt bewirkt dieser Effekt ein zusätzliches *anomales* magnetisches Moment. Ein enormer Aufwand wurde in die Berechnung des magnetischen Moments von Teilchen unter Berücksichtigung der in Bild 6.8

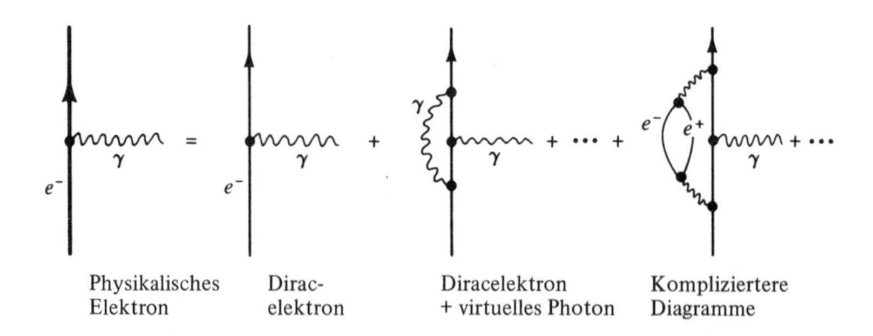

Bild 6.8 Ein physikalisches Elektron ist nicht immer ein reines Diracelektron. Die Anwesenheit von virtuellen Photonen ändert die Eigenschaften des Elektrons, insbesondere ändert sie den g-Faktor um einen Betrag, der berechnet und gemessen werden kann.

12 Für die Herleitung des magnetischen Moments des Elektrons aus der Diractheorie, siehe z.B. Merzbacher, Gl. 24.37 oder Messiah, Abschnitt XX, 29. Tatsächlich kann das magnetische Moment schon als nichtrelativistische Erscheinung hergeleitet werden, wie z.B. in A. Galino und C. Sanchez del Rio, *Am. J. Phys.* **29**, 582 (1961) oder R.P. Feynman, *Quantum Electrodynamics*, Benjamin, Reading, Mass., 1961, p. 37.

13 P. Kusch and H.M. Foley, *Phys. Rev.* 72, 1256 (1947); **74**, 250 (1948).

gezeigten Korrekturen gesteckt. Das Ergebnis wird durch die Zahl

$$a = \frac{|g| - 2}{2} \tag{6.39}$$

ausgedrückt. Ein reines Diracteilchen, d.h. ein Teilchen, dessen Eigenschaften allein durch die Diracgleichung bestimmt sind, hätte den Wert $a = 0$. Der Wert von a für ein physikalisches Elektron wurde vielfach berechnet und der gegenwärtig beste theoretische Wert ist [14])

$$a_e^{\text{th}} = \frac{1}{2}\left(\frac{\alpha}{\pi}\right) - 0{,}328479\left(\frac{\alpha}{\pi}\right)^2 + 1{,}29\left(\frac{\alpha}{\pi}\right)^3, \tag{6.40}$$

wobei α die Feinstrukturkonstante ist, $\alpha = e^2/\hbar c$.

Die frühen experimentellen Ergebnisse für a_e beruhten auf einem Verfahren, das anhand von Bild 5.5 zu erklären ist: Für ein Elektron im äußeren magnetischen Feld tritt Zeemanaufspaltung auf. Eine genaue Bestimmung des Energieabstands der Niveaus und des angelegten Felds ergibt g. Tatsächlich wurde der nichtverschwindende Parameter a_e mit dieser Technik entdeckt. Neuere Experimente beruhen auf einem anderen Verfahren, in dem $|g| - 2$ anstelle von g bestimmt wird [15]): In einem homogenen magnetischen Feld bleibt der Winkel zwischen dem Spin und Impuls eines Teilchens mit Spin $\frac{1}{2}$ und $|g| = 2$ konstant. Dies wird mit der experimentellen Anordnung aus Bild 6.9 untersucht. Man schießt dazu longitudinal polarisierte Elektronen, d.h. Elektronen mit Spin und Impuls in der glei-

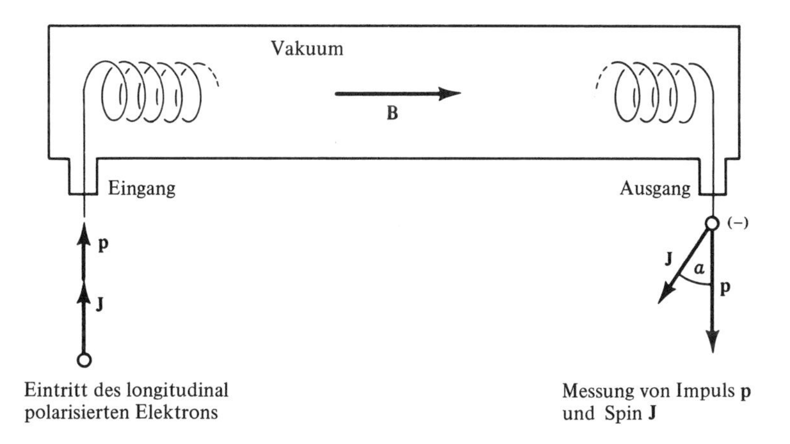

Bild 6.9 Prinzip der direkten Bestimmung von $a = (|g| - 2)/2$. Erklärung im Text.

14 S.J. Brodsky und S.D. Drell, *Ann. Rev. Nucl. Sci.* **20**, 147 (1970); M.J. Levine und J. Wright, *Phys. Rev. Letters* **26**, 1351 (1971).

15 Eine genauere Beschreibung der den ($|g| - 2$) Experimenten zugrundeliegenden Ideen findet sich bei R.D. Sard, *Relativistic Mechanics*, Benjamin, Reading, Mass., 1971.

chen Richtung, in das Magnetfeld einer Spule ein. Die Elektronen bewegen sich in diesem Feld auf Kreisbahnen. Nach vielen Umläufen mißt man ihren Spin und Impuls. Wäre der g-Faktor genau 2, so blieben der Spin und Impuls der austretenden Elektronen parallel, unabhängig von der im Feld $\mathbf{B}$ verbrachten Zeit. Der kleine anomale Anteil a verursacht jedoch eine geringfügig verschiedene Drehung des Spins und des Impulses. Nach der Zeit t im Feld $\mathbf{B}$ ist der Winkel α zwischen $\mathbf{p}$ und $\mathbf{J}$

(6.41) $$\alpha = a\omega_c t,$$

wobei

(6.42) $$\omega_c = \frac{eB}{mc}$$

die Zyklotronfrequenz ist. Ist das Produkt Bt sehr groß, so wird auch α sehr groß, und a kann entsprechend genau gemessen werden. Dieses Verfahren wurde für Elektronen und Myonen beiderlei Vorzeichens angewandt. Der am genauesten gemessene Wert ist

$$a_{e^-}^{\text{exp}} = 0{,}001\ 159\ 658(4),$$

wobei (4) eine Unsicherheit von ± 4 der letzten Stelle bedeutet.[16] Weniger genaue Werte von a hat man für andere geladene Leptonen gemessen.[17] In Tabelle 6.2 werden die theoretischen und experimentellen Werte verglichen.

Tabelle 6.2 Vergleich der theoretischen und experimentellen Werte von $a = (|g| - 2)/2$.

Teilchen	$(a^{\text{th}} - a^{\text{exp}})/a^{\text{th}}$
e^-	$(2 \pm 5) \times 10^{-6}$
e^+	$(5 \pm 10) \times 10^{-4}$
$\mu^\pm$	$(2{,}5 \pm 2{,}7) \times 10^{-4}$

Tabelle 6.2 zeigt, daß der theoretische mit dem experimentellen Wert für a_{e^-} besser als 1×10^{-5} übereinstimmt. Die theoretischen Werte für den g-Faktor weichen um weniger als 1×10^{-8} voneinander ab. Die Quantenelektrodynamik, die Theorie der Wechselwirkung geladener Leptonen und Photonen, ist, wie man sieht, eine unglaublich erfolgreiche Theorie.

Die theoretischen Berechnungen setzten voraus, daß die Leptonen punktförmig sind. Jede Abweichung von dieser Annahme würde zu Widersprüchen in Tabelle 6.2 führen. Aus der Übereinstimmung folgt eine obere

16 J.C. Wesley and A. Rich, *Phys. Rev.* **A4**, 1341 (1971).

17 J.R. Gilleland und A. Rich, *Phys. Rev.* **A5**, 38 (1972); J. Bailey, W. Bartl, G. Von Bochmann, R.C.A. Brown, F.J.M. Farley, H. Jöstlein, E. Picasso und R.W. Williams, *Phys. Letters* **B28**, 287 (1968); Nuovo Cimento **9A**, 369 (1972).

Grenze für die Größe der Leptonen. Demnach müssen sie kleiner als 0,1 fm sein. Die Annahme von strukturlosen Teilchen im vorhergehenden Abschnitt ist also berechtigt.

Experimente mit hochenergetischen Leptonen zeigen auch, daß die Quantenelektrodynamik alle beobachteten Erscheinungen genau vorhersagt.[14]) Der ungeheuere Erfolg der Quantenelektrodynamik führt zu der Frage, ob es eine Grenze für ihre Gültigkeit gibt. Hat das Elektron letztlich doch eine endliche Ausdehnung? Warum ist das Myon schwerer als das Elektron? Wenn seine schwere Masse aus einer starken Wechselwirkung stammt, sollte sich dies auch im g-Faktor zeigen. Die heutige Physik kann diese Fragen nicht beantworten und man kann nur Wetten darauf abschließen, ob der nächste größere Fortschritt durch neue experimentelle Überraschungen oder durch einen theoretischen Durchbruch kommt.

6.7 *Der elastische Formfaktor der Nukleonen*

1932 war bekannt, daß Elektronen den Spin $\frac{1}{2}$ und ein magnetisches Moment von 1 μ_B (Bohrsches Magneton) haben, wie es die Dirac-Gleichung vorhersagt. Zwei andere Teilchen mit Spin $\frac{1}{2}$ waren damals bekannt, das Proton und das Neutron. Man glaubte sicher, daß diese ebenfalls die aus der Dirac-Gleichung folgenden magnetischen Momente hätten, nämlich ein nukleares Magneton für das Proton und kein magnetisches Moment für das Neutron. Auftritt Otto Sterns. Stern hatte Prinzipien für die Auswahl seiner Experimente: "Versuche nur entscheidende Experimente. Entscheidende Experimente sind solche, die allgemein anerkannte Prinzipien überprüfen." Als er begann, seine Apparatur zur Messung des magnetischen Moments des Protons aufzubauen, verspotteten ihn seine Freunde und rieten ihm, seine Zeit nicht mit Experimenten zu verschwenden, deren Ausgang von vornherein feststeht. Die Überraschung war groß, als Stern und seine Mitarbeiter für das Proton ein magnetisches Moment von 2,5 μ_N und für das Neutron eines von etwa $-2\,\mu_N$ fanden.[18])

Wie kann die Abweichung des magnetischen Moments des Protons und Neutrons von den "Diracwerten" verstanden werden? Die gegenwärtige Erklärung der anomalen magnetischen Momente der Nukleonen geht davon aus, daß die Teilchen die von der Diractheorie vorhergesagten magnetischen Momente hätten, wenn es keine starke Wechselwirkung gäbe. Die starke Wechselwirkung existiert aber und erzeugt virtuelle Teilchen, die das ("nackte") Diracteilen umgeben ("bekleiden"). Durch Feynmandiagramme ausgedrückt, setzt sich das reale Nukleon aus vielen Zuständen zusammen, wie in Bild 6.10 gezeigt. Z. B. hat ein echtes Proton eine be-

18 I. Estermann, R. Frisch und O. Stern, *Nature* **132**, 169 (1933); R. Frisch und O. Stern, *Z. Physik* **85**, 4 (1933).

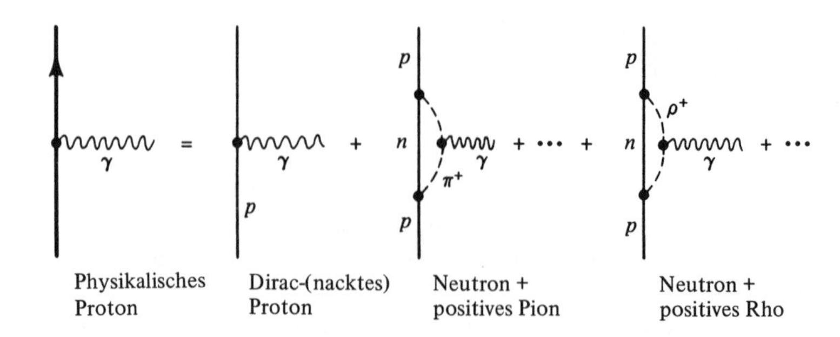

Bild 6.10 Ein physikalisches Proton wird als eine Überlagerung von vielen Zuständen betrachtet, z.B. eines nackten Protons, eines nackten Neutrons mit einem Pion und so weiter. Die Messung des magnetischen Moments erfolgt über die Wechselwirkung des elektromagnetischen Felds (Photon) mit dem Proton. Das Photon sieht nicht nur das nackte Proton, sondern auch die geladenen Teilchen in der Mesonenwolke.

stimmte Wahrscheinlichkeit, ein reines Proton zu sein oder ein Neutron mit einem positiven Pion und so weiter.

Im vorhergehenden Abschnitt erfuhren wir, daß Leptonen der Dirac-Gleichung gehorchen und sich wie punktförmige Teilchen verhalten. Man ist versucht anzunehmen, daß nackte Nukleonen auch punktförmig sind und daß die endliche Ausdehnung der realen Nukleonen nur von der Wolke aus virtuellen Teilchen stammt. Die Pionen sind die leichtesten davon und sie bilden den "äußersten" Teil. Da die Pionen zurückkehren müssen, können sie sich nur um die halbe Comptonwellenlänge entfernen, siehe Gl. 5.51. Als maximaler Radius für die Nukleonen erwartet man also etwa $\hbar/2m_\pi c$ oder etwa 0,7 fm. Die Pionenwolke trägt auch zum magnetischen Moment bei und das anomale Moment kann zumindest näherungsweise bestimmt werden. Das Wort n ä h e r u n g s w e i s e fordert folgende Frage heraus: Bild 6.10 und 6.8 sehen sehr ähnlich aus. Warum kann der anomale g-Faktor für Elektronen so genau berechnet werden und der für Nukleonen nicht? Die Antwort steckt in den auftretenden Wechselwirkungen. Der anomale g-Faktor der Leptonen wird durch elektromagnetische Kräfte, die verhältnismäßig schwach sind, verursacht und kann mit der Störungstheorie berechnet werden. Das anomale magnetische Moment der Nukleonen wird durch hadronische Effekte verursacht. Diese sind stark und es gibt noch keine befriedigende Methode zu ihrer Berechnung.

Das beste Verfahren zur Erforschung der Ladungs- und Stromverteilung der Nukleonen ist wieder die Elektronenstreuung. Experimentell gibt es für Protonen keine Schwierigkeiten. Man bringt ein Target aus flüssigem Wasserstoff in einen Elektronenstrahl und bestimmt den differentiellen Wirkungsquerschnitt der elastisch gestreuten Elektronen. Für Neutronen ist die Situation nicht so einfach. Es gibt kein Target, das nur aus Neutronen besteht, so daß man Deuterium benutzen und den Effekt der Protonen abziehen muß. Diese Subtraktion enthält einige Unsicherheiten. Der Wirkungsquerschnitt der Streuung e^-n ist folglich weniger gut bestimmt als der von e^-p.

Für Targetteilchen ohne Spin kann der Formfaktor mit Gl. 6.20 aus dem Wirkungsquerschnitt berechnet werden. Nukleonen haben den Spin $\frac{1}{2}$ und Gl. 6.20 muß deshalb verallgemeinert werden. Auch ohne Berechnung kann man einige Eigenschaften dieser Verallgemeinerung angeben. $F(q^2)$, Gl. 6.20, beschreibt die Verteilung der elektrischen Ladung und kann deshalb als elektrischer Formfaktor bezeichnet werden. Das Proton besitzt aber zusätzlich zu seiner Ladung ein magnetisches Moment. Es ist unwahrscheinlich, daß es sich wie ein punktförmiges Moment verhält und im Zentrum des Protons sitzt. Man erwartet, daß die Magnetisierung ebenfalls über das Volumen des Nukleons verteilt ist und daß diese Verteilung durch einen magnetischen Formfaktor beschrieben wird.[19] Die genaue Berechnung beweist tatsächlich, daß die elastische Streuung an ausgedehnten Teilchen mit Spin $\frac{1}{2}$ durch zwei Formfaktoren beschrieben werden muß. Der Wirkungsquerschnitt im Laborsystem kann folgendermaßen geschrieben werden:

$$\frac{d\sigma}{d\Omega} = \left(\frac{d\sigma}{d\Omega}\right)_{\text{Mott}} \left\{\frac{G_E^2 + bG_M^2}{1+b} + 2bG_M^2 \tan^2\left(\frac{\theta}{2}\right)\right\}, \tag{6.43}$$

wobei

$$b = \frac{-q^2}{4m^2c^2}. \tag{6.44}$$

Gleichung 6.43 wird als Rosenbluth-Formel bezeichnet.[20] m ist die Masse der Nukleonen, θ der Streuwinkel und q der auf das Nukleon übertragene Viererimpuls.[21] Der Wirkungsquerschnitt der Mottstreuung ist durch Gl. 6.19 gegeben. G_E und G_M sind der elektrische bzw. magnetische Formfaktor und beide sind eine Funktion von q^2. Die Bezeichnung elektrisch und magnetisch stammt daher, daß für $q^2 = 0$, den statisti-

19 Atomkerne mit Spin $J \geq \frac{1}{2}$ besitzen ebenfalls ein magnetisches Moment und die Magnetisierung ist auch über das Kernvolumen verteilt. Für solche Kerne muß die Abhandlung in Abschnitt 6.5 verallgemeinert werden.

20 M.N. Rosenbluth, *Phys. Rev.* **79**, 615 (1950).

21 Hier ist eine Erklärung nötig: Die Variable q ist der Viererimpulsübertrag. Er ist als

$$q = \left\{\frac{E}{c} - \frac{E'}{c}, \mathbf{p} - \mathbf{p}'\right\}$$

definiert. Sein Quadrat

$$q^2 = \frac{1}{c^2}(E - E')^2 - (\mathbf{p} - \mathbf{p}')^2 = \frac{1}{c^2}(E - E')^2 - \mathbf{q}^2$$

ist eine lorentzinvariante Größe. [Jackson, Gl. 12.5]. Da q^2 ein Lorentzskalar ist, wird dies in der Hochenergiephysik bevorzugt. Für elastische Streuung im Schwerpunktssystem oder bei niedrigen Energien gilt $q^2 = -\mathbf{q}^2$.

schen Grenzfall, die Formfaktoren durch

$$G_E(q^2 = 0) = \frac{Q}{e}$$
(6.45)
$$G_M(q^2 = 0) = \frac{\mu}{\mu_N}$$

gegeben sind, wobei Q und μ die Ladung bzw. das magnetische Moment des Nukleons sind. Die speziellen Werte von $G_E(0)$ und $G_M(0)$ für das Proton und Neutron sind

(6.46) $$G_E^p(0) = 1, \qquad G_E^n(0) = 0$$
$$G_M^p(0) = 2{,}79, \qquad G_M^n(0) = -1{,}91.$$

Frühe Elektron-Proton-Streuexperimente [22] mit einer Elektronenenergie von 188 MeV wurden durch Anpassung der beobachteten differentiellen Wirkungsquerschnitte an einen Ausdruck der Form Gl. 6.43 mit festen Werten für die Parameter G analysiert. Ein Beispiel ist in Bild 6.11 gegeben.

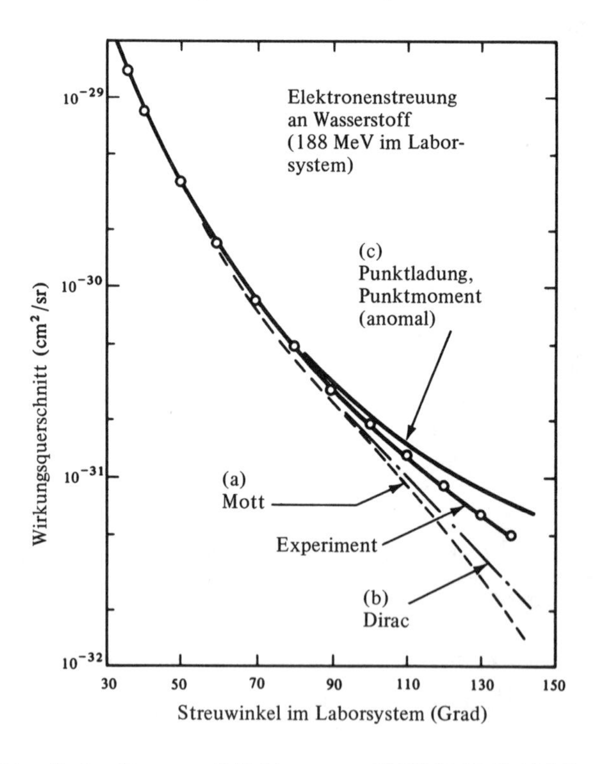

Bild 6.11 Elektron-Proton-Streuung mit Elektronen von 188 MeV. [R. W. McAllister und R. Hofstadter, *Phys. Rev.* **102**, 851 (1956).] Die theoretischen Kurven entsprechen den folgenden Werten von G_E und G_M : Mott (1; 0), Dirac (1; 1), anomal (1; 2,29).

22 R.W. McAllister und R. Hofstadter, *Phys. Rev.* **102**, 851 (1956).

Ein Vergleich der verschiedenen theoretischen Kurven mit den experimentellen zeigt, daß das Proton nicht punktförmig ist. Die Schlußfolgerungen aus der Diskussion des anomalen magnetischen Moments wurden also folgerichtig durch eine direkte Messung bestätigt. Elektronenenergien um 200 MeV sind jedoch zu klein, um Untersuchungen bei den entscheidenden Werten des Impulsübertrags durchzuführen und Informationen über die q^2-Abhängigkeit von G_E und G_M zu erhalten. Seit 1956 sind viele Experimente an Beschleunigern mit Elektronenenergien bis 20 GeV durchgeführt worden. Um aus dem gemessenen Wirkungsquerschnitt die Formfaktoren zu erhalten, werden die Wirkungsquerschnitte für einen festen Wert von q^2 durch Division mit dem Mottschen Wirkungsquerschnitt normiert und gegen $\tan^2 \theta/2$ aufgetragen, siehe Bild 6.12. Diese Funktion sollte eine gerade Linie geben. Aus der Steigung erhält man den Wert für G_M^2 und aus dem Schnitt mit der y-Achse den von G_E^2.

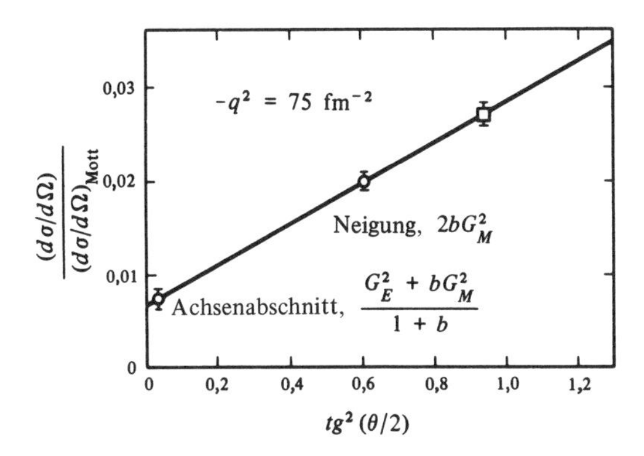

Bild 6.12 Rosenbluthdiagramm. Beschreibung im Text.

Bild 6.13 zeigt den magnetischen Formfaktor des Protons. Der Deutlichkeit halber ist $G_M/(\mu/\mu_N)$ aufgetragen, wobei μ das magnetische Moment des Protons ist. Zusätzlich wird eine besonders einfache Anpassung an die Meßwerte gezeigt: Man fand empirisch, daß ein Dipolfit der Form

$$G_D(q^2) = \frac{1}{(1 + |q|^2/q_0^2)^2}, \tag{6.47}$$

mit $q_0^2 = 0{,}71\ (\mathrm{GeV}/c)^2$, den Verlauf der Formfaktorkurve gut beschreibt. Für den Dipolfit gibt es keine theoretische Grundlage, aber wie die Balmerformel ist er einfach und könnte den Weg zu einem tieferen Verständnis zeigen. Die Anpassung ist jedoch nicht perfekt und die Abweichungen davon sind in der Einfügung in Bild 6.13 zu sehen.

Bild 6.13 zeigt den magnetischen Formfaktor des Protons. Ähnliche Werte, wenn auch mit größeren Fehlern, wurden für die anderen Formfaktoren

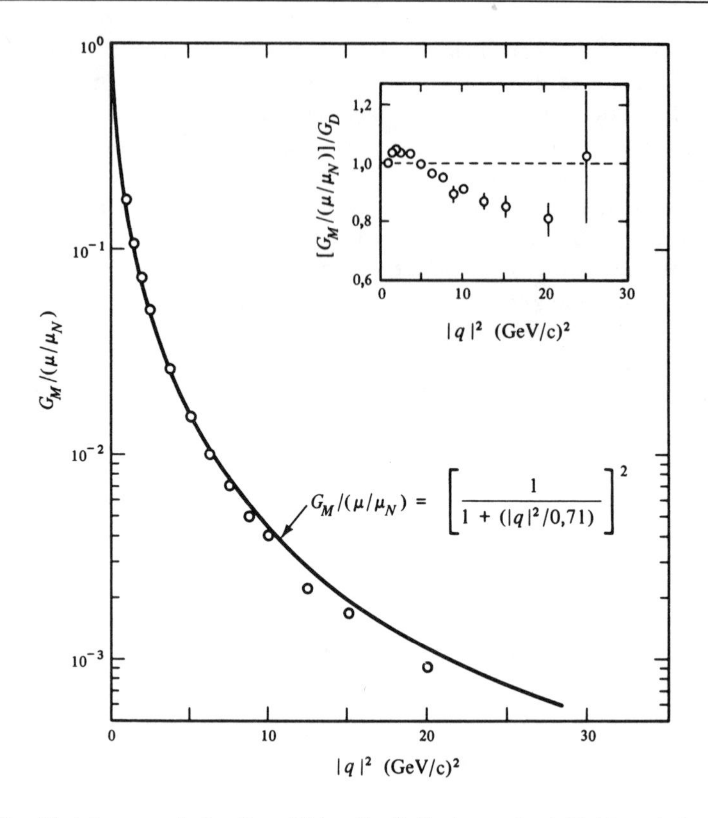

Bild 6.13 Wert des magnetischen Formfaktors G_M für Protonen, durch Division mit dem magnetischen Moment von Protonen normiert, gegen den Impulsübertrag q^2 aufgetragen. Ein empirischer *Dipolfit* an die Werte ist als durchgehende Linie eingezeichnet. Die Einfügung zeigt das Verhältnis der gemessenen Werte von G_M zum Dipolfit. Aus P.N. Kirk et al., *Phys. Rev.* **D8**, 63 (1973).

der Nukleonen ermittelt. In guter Näherung gilt für die Formfaktoren

$$G_E^p(q^2) \approx \frac{G_M^p(q^2)}{(\mu_p/\mu_N)} \approx \frac{G_M^n(q^2)}{(\mu_n/\mu_N)} = G_D(q^2) \tag{6.48}$$
$$G_E^n \approx 0.$$

Aus diesen Beziehungen werden einige Eigenschaften der Nukleonenstruktur deutlich:

1. Die Nukleonen sind nicht punktförmig. Für punktförmige Teilchen wären die Formfaktoren konstant. Die Ladungsverteilung, die dem beobachteten Dipolformfaktor Gl. 6.47 entspricht, ergibt sich aus Tabelle 6.1 zu

$$\rho(r) = \rho(0)e^{-r/a}$$
$$a = \frac{\hbar}{q_0} = 0{,}23\ \text{fm}. \tag{6.49}$$

Nukleonen sind ausgedehnte Systeme, aber besitzen keine wohldefinierte Oberfläche. Eine Bemerkung muß dem hinzugefügt werden: Die hier verwendete Fouriertransformation gilt nur für kleine Werte von $|q|^2$. Für große Werte von $|q|^2$ erfährt das ursprünglich ruhende Proton einen Rückstoß mit einer Geschwindigkeit nahe der Lichtgeschwindigkeit und $\exp(-r/a)$ stellt nicht mehr die Ladungsverteilung dar.

2. Alle Formfaktoren außer dem Ladungsformfaktor des Neutrons haben dieselbe q^2-Abhängigkeit und erfüllen das Normierungsgesetz Gl. 6.48.

3. Wird eine bestimmte Eigenschaft, z.B. die Ladung, durch einen Formfaktor G, mit $G(0) = 1$, beschrieben, so gilt nach Gl. 6.28, daß der mittlere Radius dieser Eigenschaft aus der Steigung von $G(q^2)$ am Ursprung folgt:

$$\langle r^2 \rangle = -6\hbar^2 \left(\frac{dG(q^2)}{dq^2} \right)_{q^2=0}. \tag{6.50}$$

Mit dem Dipolfit Gl. 6.48 werden die mittleren Radien zu

$$\langle r_E^2(\text{Proton}) \rangle \approx \langle r_M^2(\text{Proton}) \rangle \approx \langle r_M^2(\text{Neutron}) \rangle \approx 0{,}7\ \text{fm}^2. \tag{6.51}$$

Die vorherige Abschätzung für den Protonenradius aus der Betrachtung der virtuellen Pionen stimmt qualitativ mit diesen Werten überein. Die Annahme, daß die Abweichungen der magnetischen Momente von den Diracwerten aus der hadronischen Struktur herrühren, ist damit bestätigt.

4. Die Bestimmung des mittleren Radius der Neutronenladung wird durch die Unsicherheit wegen der Verwendung des Deuteriumtargets erschwert. Glücklicherweise gibt es noch einen anderen Weg, um $\langle r_E^2(\text{Neutron}) \rangle$ zu bestimmen, nämlich die Streuung von niederenergetischen Neutronen an im Atom gebundenen Elektronen. Der größte Beitrag zur Wechselwirkung zwischen Neutronen und Elektronen kommt aus der Dipol-Dipol-Wechselwirkung zwischen den magnetischen Momenten der Elektronen und Neutronen. In abgeschlossenen Elektronenschalen treten alle Elektronenspins paarweise auf und tragen nichts bei. Die beiden wichtigen Beiträge sind demnach die Wechselwirkung des magnetischen Moments des Neutrons mit dem Coulombfeld der Elektronen (Foldy-Term) und die Wechselwirkung einer möglichen elektrischen Ladung "im" Neutron mit $\langle r_E^2(\text{Neutron}) \rangle$ ungleich Null. [23] Die Verallgemeinerung von Gl. 6.50 enthält beide Ausdrücke:

$$-6\hbar^2 \left(\frac{dG_E^n(q^2)}{dq^2} \right)_{q^2=0} = \frac{3}{2} \frac{\mu_n}{\mu_N} \left(\frac{\hbar}{m_n c} \right)^2 + \langle r_E^2(\text{Neutron}) \rangle. \tag{6.52}$$

Der Beitrag des Foldy-Terms ergibt

$$\frac{3}{2} \frac{\mu_n}{\mu_N} \left(\frac{\hbar}{m_n c} \right)^2 = 0{,}126\ \text{fm}^2. \tag{6.53}$$

23 L.L. Foldy, *Phys. Rev.* **83**, 688 (1955); *Rev. Modern Phys.* **30**, 471 (1958).

Der Streuquerschnitt langsamer Neutronen an Elektronen liefert $(dG_E^n/dq^2)_{q^2=0}$. Die Experimente sind nicht leicht; in langwieriger und sorgfältiger Arbeit ergab sich der Wert [24])

(6.54) $$6\hbar^2\left(\frac{dG_E^n}{dq^2}\right)_{q^2=0} = 0,118 \pm 0,002 \text{ fm}^2,$$

aus dem sich folgende Schlüsse ziehen lassen:

a) Die Steigung des Formfaktors G_E^n am Ursprung ist ungleich Null. Selbst wenn Gl. 6.48 angibt, daß $G_E^n(q^2)$ nahezu Null ist, kann es doch nicht ganz verschwinden.

b) Der mittlere Radius für die Ladung des Neutrons ist durch

(6.55) $$\langle r_E^2 \text{(Neutron)}\rangle \approx 0{,}008 \pm 0{,}006 \text{ fm}^2.$$

gegeben. Zur Zeit ist der sehr kleine oder verschwindende Radius für die Ladung des Neutrons unerklärlich. Das Neutron besteht, grob gesprochen, ganz aus Magnetismus und "enthält" sehr wenig elektrische Ladung.

6.8 *Tief inelastische Elektronenstreuung*

Das Thomsonmodell des Atoms, vor 1911 in Mode, ging davon aus, daß die positiven und negativen Ladungen gleichförmig über das Atom verteilt seien. Rutherfords Streuexperiment bewies, daß die positive Ladung im Kern konzentriert ist. Diese Entdeckung beeinflußte die Atomphysik wesentlich und begründete die Kernphysik. Es ist möglich, daß neuere Experimente mit sehr stark inelastischer Elektronenstreuung ähnliche Folgen für die Teilchenphysik haben und wir besprechen deshalb hier die überraschenden Ergebnisse dieser Experimente. [25])

Bei der inelastischen Elektronenstreuung wird der differentielle Wirkungsquerschnitt für Elektronen gemessen, die einen bestimmten Energiebetrag an das Proton verloren haben. Die Diagramme für die elastische und inelastische Elektronenstreuung zeigt Bild 6.14. Die Wechselwirkung zwischen dem Elektron und dem Proton wird durch ein Photon übermittelt, siehe Bild 5.18. In der elastischen Streuung wird kein neues Teilchen erzeugt und im Endzustand sind nur ein Elektron und ein Proton vorhanden. In der inelastischen Streuung werden zusätzlich Teilchen erzeugt. In den Experimenten, die hier besprochen werden sollen, werden diese Teilchen nicht beobachtet, sondern nur die Energie- und Impulswerte der einfallen-

24 V.E. Krohn und G.R. Ringo, *Phys. Rev.* **148**, 1303 (1966), *Phys. Rev.* **8**, 1305 (1973); L.L. Koester, W. Nistler und W. Waschkowsky, *Phys. Rev. Letters* **36**, 1021 (1976).

25 H.W. Kendall und W.K.H. Panofsky, *Sci. Amer.* **224**, 60 (Juni 1971); S.D. Drell, in „Subnuclear Phenomena, International School of Physics" *Ettore Majorana,* **2** (1970); J.I. Friedman and H.W. Kendall, *Ann. Rev. Nucl. Sci.* **22**, 203 (1972).

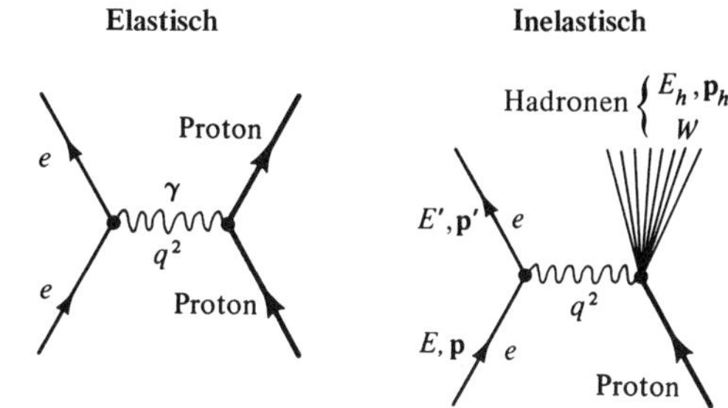

Bild 6.14 Elastische und inelastische Elektronenstreuung.

den und der gestreuten Elektronen gemessen, siehe Bild 6.14. Aus den Werten von E, $\mathbf{p}$, E' und $\mathbf{p}'$ bestimmt man zwei Größen, ν und q^2, die den Streuvorgang charakterisieren und die definierten physikalischen Größen entsprechen. So ist ν der Energieverlust des Elektrons

(6.56) $$\nu = E - E',$$

und q^2 der vom Elektron auf das Proton übertragene Viererimpuls

(6.57) $$q^2 = \frac{\nu^2}{c^2} - (\mathbf{p} - \mathbf{p}')^2.$$

Für die Energie und den Impuls der Hadronen im Endzustand ergibt die Energie- und Impulserhaltung

$$E_h = \nu + mc^2$$
$$\mathbf{p}_h = \mathbf{p} - \mathbf{p}'.$$

Hierbei ist m die Masse des Protons, und alle Größen werden im Laborsystem gemessen. Durch E_h und $\mathbf{p}_h$, oder q und ν, kann man eine weitere dynamische Variable, W, definieren

(6.58) $$W^2 = E_h^2 - (\mathbf{p}_h c)^2 = m^2c^4 + q^2c^2 + 2\nu mc^2.$$

Im Schwerpunktsystem der Hadronen nach dem Stoß gilt $\mathbf{p}_h = 0$ und demnach $W = E_h$. W ist also die Gesamtenergie der Hadronen im Schwerpunktsystem nach dem Stoß. Alle drei Größen, ν, q^2 und W, von denen nur zwei unabhängig sind, sind lorentzinvariant und haben folglich denselben Wert in jedem Bezugssystem. Die Größe q^2 wird üblicherweise mit t bezeichnet, $t \equiv q^2$. (In der Hochenergiephysik bedeutet t also nicht immer die Zeit.)

Ein typisches Streuspektrum ist in Bild 6.15 skizziert. Die Anzahl der unter einem festen Winkel beobachteten Teilchen mit fester Einfallsenergie (10 GeV) ist als Funktion der Energie E' der gestreuten Elektronen aufgetragen. Drei Bereiche fallen auf, der elastische Peak, Resonanzen und ein Kontinuum. Die Resonanzen entsprechen angeregten Zuständen der Nukleonen, siehe Bild 5.30.

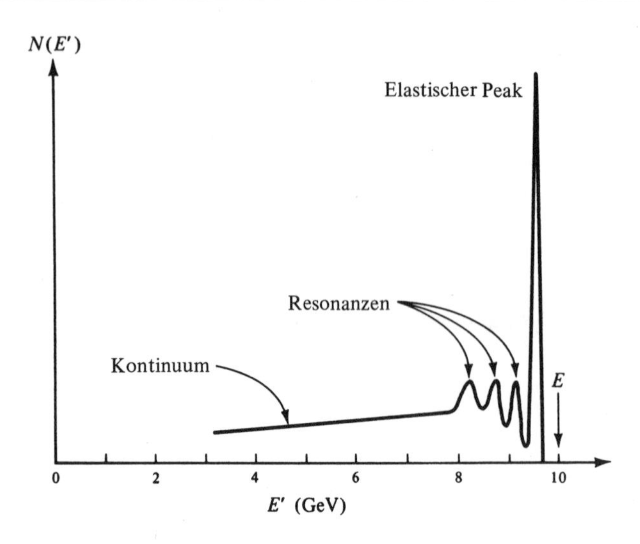

Bild 6.15 Streuspektrum: Zahl der gestreuten Elektronen als Funktion der Energie E' der gestreuten Elektronen. Die Anfangsenergie der Elektronen beträgt 10 GeV.

Der elastische Wirkungsquerschnitt wurde schon in Abschnitt 6.7 besprochen. Er wird in Bild 6.16, normiert durch die Division mit dem Mottschen Wirkungsquerschnitt, Gl. 6.19, gezeigt. Ähnlich können die Wirkungsquerschnitte für die Erzeugung spezieller Resonanzen untersucht werden. Ihre Winkelverteilungen zeigen ein ähnliches Verhalten wie im elastischen Fall. Das Nukleon in einem niedrigen Anregungszustand hat folglich eine ähnliche räumliche Ausdehnung wie im Grundzustand.

Die Messung des differentiellen Wirkungsquerschnitts im Kontinuum ist etwas aufwendiger. Dazu ist es notwendig, den doppelt differentiellen Wirkungsquerschnitt $d^2\sigma/dE'd\Omega$ zu bestimmen, der proportional zur Wahrscheinlichkeit ist, daß die Streuung in das Raumwinkelelement $d\Omega$ und in den Energiebereich zwischen E' und $E' + dE'$ erfolgt. Ein zweites Problem ist auch noch zu lösen: Welche Energiewerte E' soll man bei den verschiedenen Streuwinkeln auswählen? Die Antwort folgt aus der elastischen Streuung und den Resonanzen: Die elastische Streuung entspricht der Untersuchung des Endzustands mit $W = m_p c^2$; die Beobachtung einer Resonanz bedeutet die Auswahl des Endzustands mit $W = m_{res}c^2$, wobei m_{res} die Masse der Resonanz ist. W charakterisiert die Gesamtenergie der Hadronen im Endzustand, und der Wirkungsquerschnitt $d^2\sigma/dE'\,d\Omega$ für das Kontinuum ist für einen festen Wert von W folglich als Funktion von q^2 bestimmt.

Die inelastische Elektron-Proton-Streuung im Kontinuum wurde am SLAC

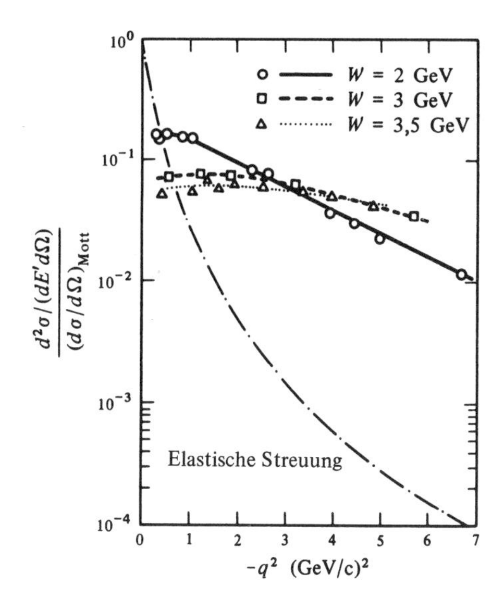

Bild 6.16 Elastischer und doppelt differentieller Wirkungsquerschnitt, normiert durch Division mit $\sigma_{Mott} \equiv (d\sigma/d\Omega)_{Mott}$. $(d^2\sigma/dE'\,d\Omega)/\sigma_{Mott}$, in GeV^{-1} ist für $W = 2$; 3 und 3,5 GeV gegeben. [Nach M. Breidenbach et al., *Phys. Rev. Letters* 23, 935 (1969).]

untersucht.[26, 27] Die Anfangsenergie der Elektronen wurde zwischen 4,5 und 18 GeV variiert, W erreichte Werte bis hinauf zu 5 GeV und $-q^2$ bis zu 21 $(GeV/c)^2$. Die großen Impulsüberträge und invarianten Massen führten zu dem Namen t i e f i n e l a s t i s c h e S t r e u u n g. Das Verhältnis $(d^2\sigma/dE'\,d\Omega)/(d\sigma/d\Omega)_{Mott}$ wird für drei Werte von W in Bild 6.16 gezeigt. Der Unterschied zwischen der elastischen und inelastischen Kontinuumsstreuung ist dramatisch: Das Verhältnis für den elastischen Wirkungsquerschnitt fällt schnell ab mit zunehmendem $|q^2|$, während es für den inelastischen Fall nahezu unabhängig von $|q^2|$ ist. Das Verhältnis stellt einen Formfaktor dar und nach Tabelle 6.1 bedeutet ein konstanter Formfaktor ein punktförmiges Streuzentrum. Diese Schlußfolgerung wird durch Betrachtung des Verhältnisses der Wirkungsquerschnitte verstärkt. Der Wirkungsquerschnitt $d^2\sigma/dE'\,d\Omega$, wie er in Bild 6.16 gezeigt wird, stellt den Wirkungsquerschnitt dar für die Streuung in das Energieintervall zwischen E' und $E' + dE'$, wobei dE' 1 GeV ist. Um den Wirkungsquerschnitt des Kontinuums zu erhalten, muß $d^2\sigma/dE'\,d\Omega$ über alle Werte von E' integriert werden. Um diese Integration grob durchführen zu können, berücksichtigen wir, daß das Verhältnis der Wirkungsquerschnitte in Bild

26 M. Breidenbach, J.I. Friedman, H.W. Kendall, E.D. Bloom, D.H. Coward, H. DeStaebler, J. Drees, L.W. Mo und R.E. Taylor, *Phys. Rev. Letters* 23, 935 (1969).

27 G. Miller, E.D. Bloom, G. Buschhorn, D.H. Coward, H. DeStaebler, J. Drees, C.L. Jordan, L.W. Mo, R.E. Taylor, J.I. Friedman, G.C. Hartmann, H.W. Kendall und R. Verdier, *Phys. Rev.* **D5**, 528 (1972).

6.16 über einen weiten Bereich nahezu unabhängig von q^2 und W ist. Gleichung 6.58 besagt, daß es dann auch unabhängig von E' ist. Die Integration über dE' kann demnach durch eine Multiplikation mit dem gesamten Bereich von E' ersetzt werden. E' erstreckt sich über etwa 10 GeV. Demnach ist der gesamte Wirkungsquerschnitt für die inelastische Streuung im Kontinuum etwa 10 mal größer als $d^2\sigma/dE'\,d\Omega$ in Bild 6.16, oder

$$\left(\frac{d\sigma}{d\Omega}\right)_{\text{cont}} \approx \frac{1}{2}\left(\frac{d\sigma}{d\Omega}\right)_{\text{Mott}}.$$

Man wird an Rutherford erinnert. Der Mottsche Wirkungsquerschnitt gilt für ein punktförmiges Streuzentrum und die tief inelastische Streuung verhält sich demnach so, als ob sie durch punktförmige Streuzentren im Proton erzeugt würde. Aus anderen Experimenten kamen weitere Hinweise auf punktförmige Bestandteile im Proton, z.B. ist der Wirkungsquerschnitt für die Erzeugung von Myonenpaaren durch Photonen mit 10 GeV sehr viel größer als man für eine verschmierte Ladungsverteilung erwartet.[28]) Die Natur dieser punktförmigen Streuzentren und ihre Beziehung zu beobachteten oder postulierten Teilchen ist noch unklar. Feynman hat das Wort Partonen zu ihrer Beschreibung geprägt,[29]) und es wurde versucht, sie als Quarks [30]) (Kapitel 13) oder als den in Abschnitt 6.7 besprochenen nackten Kern [31]) zu identifizieren. Bisher war keine Theorie völlig erfolgreich und wahrscheinlich sind weitere Überraschungen zu erwarten.[32])

6.9 *Streuung und Struktur*

● Die Abschnitte 6.4-6.8 haben gezeigt, daß aus Streuexperimenten viel über die subatomaren Strukturen zu erfahren ist. Selbst ein flüchtiger Blick auf den differentiellen Wirkungsquerschnitt, ohne weitere Berechnungen, macht die groben Eigenschaften deutlich. Als Beispiel wird die in den Bildern 6.5, 6.7, 6.11 und 6.13 enthaltene Information in Bild 6.17 schematisch wiedergegeben. Sie erhellt einen Unterschied zwischen schweren Kernen und Nukleonen: Schwere Kerne haben typischerweise gut definierte Oberflächen. Wie in der Optik ergeben sich dann Minima und Maxima im differentiellen Wirkungsquerschnitt aus Interferenzeffekten. Nukleonen dagegen haben keine solchen Oberflächen, ihre Dichte nimmt langsam ab und sie zeigen also keine auffallenden Beugungseffekte.

---

28 J.F. Davis, S. Hayes, R. Imlay, P.C. Stein und P.J. Wanderer, *Phys. Rev. Letters* **29**, 1356 (1972).

29 R.P. Feynman, in *High Energy Collisions,* Third International Conference, State University of New York, Stony Brook, 1969 (C.N. Yang, J.A. Cole, M. Good, R. Hwa und J. Lee-Franzini, eds.), Gordon & Breach, New York, 1969.

30 J.D. Bjorken und E.A. Paschos, *Phys. Rev.* **185**, 1975 (1969); J. Kuti und V.F. Weisskopf, *Phys. Rev.* **D4**, 3418 (1971).

31 S.D. Drell und T.D. Lee, *Phys. Rev.* **D5**, 1738 (1972).

32 Die gegenwärtige Situation wird zum Teil durch Mephistos Worte in Goethes **Faust** beschrieben: „Denn eben, wo Begriffe fehlen, da stellt ein Wort zur rechten Zeit sich ein".

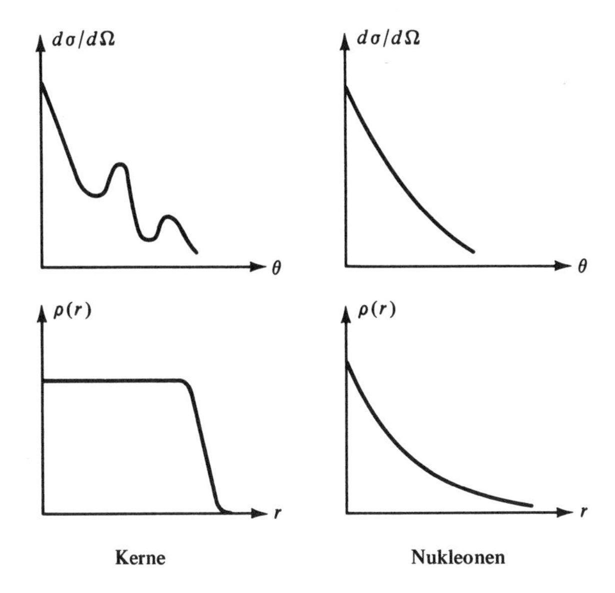

Bild 6.17 Wirkungsquerschnitt und Ladungsverteilung: Das Beugungsminimum im Wirkungsquerschnitt der schweren Kerne weist auf die wohldefinierte Kernoberfläche hin. Nukleonen dagegen besitzen eine langsam abnehmende Ladungsdichte an der Oberfläche.

Die Streuamplitude. In diesem Abschnitt werden wir die Streuung in einigen Punkten genauer behandeln als dies vorher geschehen ist. Ein Blick in irgend ein neueres Buch über Streuung[33]) wird klarmachen, daß der hier vorgestellte Stoff nur ein winziger Bruchteil dessen ist, was tatsächlich in der Forschung verwendet wird. Aber auch dies wenige sollte einen Einblick in die Zusammenhänge von Streuung und Struktur vermitteln.

Wir beginnen die Diskussion mit einem einfachen Fall, der nichtrelativistischen Streuung an einem festen Potential $V(\mathbf{x})$, und wir beschreiben das einfallende Teilchen näherungsweise durch eine ebene Welle, die sich entlang der z-Achse ausbreitet, $\psi = \exp(ikz)$. Die Lösung des Streuproblems ist eine Lösung der zeitunabhängigen Schrödinger-Gleichung.

$$-\frac{\hbar^2}{2m}\nabla^2\psi + V\psi = E\psi$$

oder

$$(\nabla^2 + k^2)\psi = \frac{2m}{\hbar^2}V\psi, \tag{6.59}$$

wobei die Wellezahl mit der Energie durch

$$k = \frac{p}{\hbar} = \frac{1}{\hbar}\sqrt{2mE} \tag{6.60}$$

zusammenhängt. Weit weg vom Streuzentrum wird die gestreute Welle kugelförmig, mit dem Streuzentrum als Mittelpunkt, das hier in den Ursprung des Koordinatensystems gelegt wird. Die

33 M.L. Goldberger und K.M. Watson, *Collision Theory*, Wiley, New York, 1964; R.G. Newton, *Scattering Theory of Waves and Particles*, McGraw-Hill, New York, 1966; L.S. Rodberg und R.M. Thaler, *Introduction to the Quantum Theory of Scattering*, Academic Press, New York, 1967.

gesamte asymptotische Wellenfunktion, wie sie in Bild 6.18 gezeigt wird, hat folglich die Form

$$\psi = e^{ikz} + \psi_s, \qquad \psi_s = f(\theta, \varphi)\frac{e^{ikr}}{r}. \tag{6.61}$$

Die Streuamplitude f beschreibt die Winkelabhängigkeit der auslaufenden Kugelwelle, ihre Bestimmung ist das Ziel des Streuexperiments.

Der Zusammenhang zwischen dem differentiellen Wirkungsquerschnitt und der Streuamplitude ist durch Gl. 6.10 gegeben. Zur Bestätigung dieser Beziehung benutzen wir Gl. 6.3 und Gl. 6.4 angewendet für den Fall eines Streuzentrums ($N = 1$), und erhalten für den differentiellen Wirkungsquerschnitt:

$$\frac{d\sigma}{d\Omega} = \frac{(d\mathfrak{N}/d\Omega)}{F_{\text{in}}}.$$

Der vom Streuzentrum ausgehende Fluß, d.h. die Anzahl von Teilchen, die pro Zeiteinheit durch die Flächeneinheit im Abstand r gehen, ist mit $d\mathfrak{N}/d\Omega$ durch

$$F_{\text{out}} = \frac{d\mathfrak{N}}{da} = \frac{d\mathfrak{N}}{r^2\, d\Omega}$$

verknüpft, so daß

$$\frac{d\sigma}{d\Omega} = \frac{r^2 F_{\text{out}}}{F_{\text{in}}}. \tag{6.62}$$

Da der Fluß durch den Wahrscheinlichkeitsstrom gegeben ist, wird jetzt die Berechnung von $d\sigma/d\Omega$ einfach. Für die einfallende Welle, $\psi = e^{ikz}$, finden wir

$$F_{\text{in}} = \frac{\hbar}{2mi}|\psi^*\nabla\psi - \psi\nabla\psi^*| = \frac{\hbar k}{m}.$$

In allen Richtungen, außer direkt nach vorn (0°), wird die gestreute Welle durch den zweiten Ausdruck in Gl. 6.61 gegeben, so daß gilt

$$F_{\text{out}} = \frac{\hbar k}{mr^2}|f(\theta, \varphi)|^2.$$

Mit Gl. 6.62 ist die Beziehung Gl. 6.10 zwischen der Streuamplitude und dem Wirkungsquerschnitt bewiesen[34]).

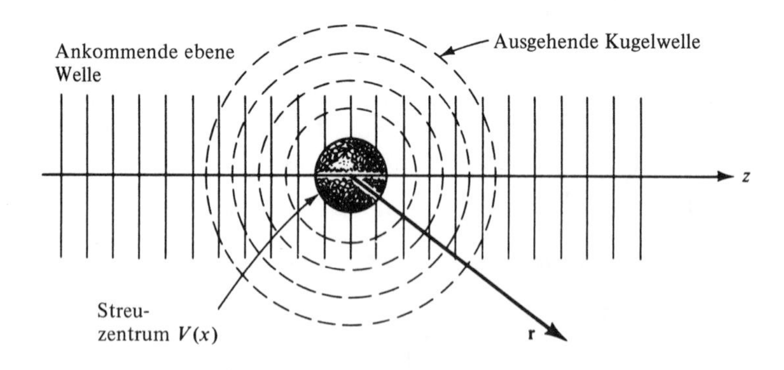

Bild 6.18 Die asymptotische Wellenfunktion besteht aus einer einfallenden ebenen Welle und einer vom Streuzentrum ausgehenden Kugelwelle.

34 Die hier gezeigte Herleitung ist oberflächlich. Eine sorgfältigere Abhandlung findet sich in K. Gottfried, *Quantum Mechanics.* Benjamin, Reading, Mass., 1966, Abschnitt 12.2.

In *Vorwärtsrichtung* kann die Interferenz zwischen der einfallenden und der gestreuten Welle nicht mehr vernachlässigt werden. Sie ist notwendig für die Flußerhaltung: Die gestreuten Teilchen verschwinden aus dem einfallenden Strahl und zwischen der Streuung in Vorwärtsrichtung und dem gesamten Wirkungsquerschnitt muß ein Zusammenhang bestehen. Dieser Zusammenhang heißt *optisches Theorem*: Der gesamte Wirkungsquerschnitt und der Imaginärteil der Streuamplitude in Vorwärtsrichtung sind verbunden durch[35])

(6.63) $$\sigma_{\text{tot}} = \frac{4\pi}{k}\,\text{Im}\, f(0°).$$

Die Integralgleichung der Streuung. Um die allgemeine Lösung der Schrödinger-Gleichung 6.59 zu finden, erinnern wir uns daran, daß sie als Summe einer speziellen Lösung und der allgemeinen Lösung der entsprechenden homogenen Gleichung mit $V = 0$ geschrieben werden kann. Um eine spezielle Lösung von Gl. 6.59 zu finden, ist es vorteilhaft, den Ausdruck $(2m/\hbar^2)V\psi$ auf der rechten Seite als gegebene Inhomogenität zu betrachten, obwohl er die unbekannte Wellenfunktion ψ enthält. Als ersten Schritt lösen wir dann das Streuproblem für eine Punktquelle, für die die Inhomogenität eine dreidimensionale Diracsche Deltafunktion wird. Gleichung 6.59 nimmt dann folgende Form an:

(6.64) $$(\nabla^2 + k^2)G(\mathbf{r}, \mathbf{r}') = \delta(\mathbf{r} - \mathbf{r}').$$

Die Lösung dieser Gleichung, die einer auslaufenden Welle entspricht, ist

(6.65) $$G(\mathbf{r}, \mathbf{r}') = \frac{-1}{4\pi}\,\frac{e^{ik|\mathbf{r}-\mathbf{r}'|}}{|\mathbf{r} - \mathbf{r}'|}.$$

Um zu zeigen, daß diese *Greensche Funktion* tatsächlich Gl. 6.64 erfüllt, setzen wir zur Vereinfachung $\mathbf{r}' = 0$ und $|\mathbf{r}| = r$ und benutzen die Beziehungen [36])

(6.66) $$\nabla^2\left(\frac{1}{r}\right) = -4\pi\delta(\mathbf{r})$$

(6.67) $$\nabla^2(FG) = \nabla^2 F + 2(\nabla F)\cdot(\nabla G) + \nabla^2 G$$

(6.68) $$\nabla^2\ (\text{Polarkoord.}) = \frac{1}{r^2}\frac{\partial}{\partial r}\left(r^2\frac{\partial}{\partial r}\right) + \frac{1}{r^2\sin\theta}\frac{\partial}{\partial\theta}\left(\sin\theta\frac{\partial}{\partial\theta}\right) + \frac{1}{r^2\sin^2\theta}\frac{\partial^2}{\partial\phi^2}.$$

Nach einigen Umrechnungen erhalten wir

(6.69) $$(\nabla^2 + k^2)\frac{e^{ikr}}{r} = -4\pi\delta(\mathbf{r})e^{ikr} = -4\pi\delta(\mathbf{r}).$$

Der zweite Schritt in dieser Gleichungskette folgt
aus der Tatsache, daß $\int d^3r\,\delta(\mathbf{r})f(r)$ und $\int d^3r\,\delta(\mathbf{r})e^{ikr}f(\mathbf{r})$ dasselbe Ergebnis $f(0)$ für jede stetige Funktion f liefern. Die Lösung von (6.59) für ein Potential $V(\mathbf{r})$ findet man, indem man annimmt, daß die Inhomogenität $(2m/\hbar^2)V(\mathbf{r})\psi(\mathbf{r})$ sich aus Deltafunktionen $\delta(\mathbf{r}')$ aufbaut, jede mit dem Gewicht $(2m/\hbar^2)V(\mathbf{r}')\psi(\mathbf{r}')$, so daß gilt

(6.70) $$\psi_s(\mathbf{r}) = \frac{2m}{\hbar^2}\int d^3r'G(\mathbf{r}, \mathbf{r}')V(\mathbf{r}')\psi(\mathbf{r}'),$$

wobei $G(\mathbf{r},\mathbf{r}')$ die Greensche Funktion für ein Deltapotential ist, siehe Gl. 6.65. Die allgemeine Lösung der homogenen Schrödingergleichung beschreibt ein Teilchen, das entlang der z-Achse auf das Target zufliegt; die allgemeine Lösung der inhomogenen Gleichung ist demnach

(6.71) $$\psi(\mathbf{r}) = e^{ikz} + \frac{2m}{\hbar^2}\int d^3r'G(\mathbf{r}, \mathbf{r}')V(\mathbf{r}')\psi(\mathbf{r}').$$

35 Für die Herleitung des optischen Theorems, siehe Park, S. 376; Merzbacher, S. 505; und Messiah, S. 867.

36 Für eine Herleitung von Gl. 6.66 siehe z.B. Jackson, S. 13.

Die ursprüngliche Schrödingersche Differentialgleichung für die Wellenfunktion ψ wurde in eine Integralgleichung umgeformt, die als *Integralgleichung der Streuung* bezeichnet wird. Für viele Probleme ist es einfacher, von einer Integralgleichung anstelle einer Differentialgleichung auszugehen.

In Streuexperimenten wird der einfallende Strahl weit weg vom Streupotential erzeugt und die gestreuten Teilchen werden auch weit entfernt davon analysiert und nachgewiesen. Die genaue Form der Wellenfunktion im Streubereich wird folglich nicht untersucht und man benötigt nur die *asymptotische* Form der gestreuten Welle $\psi_s(\mathbf{r})$. Mit $\hat{\mathbf{r}} = \mathbf{r}/r$ und $\mathbf{k} = k\hat{\mathbf{r}}$, siehe Bild 6.19, wird $|\mathbf{r} - \mathbf{r}'|$ zu

$$(6.72) \qquad |\mathbf{r} - \mathbf{r}'| = r\left\{1 - \frac{2\mathbf{r}\cdot\mathbf{r}'}{r^2} + \frac{r'^2}{r^2}\right\}^{1/2} \underset{r\to\infty}{\longrightarrow} r - \hat{\mathbf{r}}\cdot\mathbf{r}'$$

und die Greensche Funktion nimmt den asymptotischen Wert

$$(6.73) \qquad G(\mathbf{r}, \mathbf{r}') \underset{r\to\infty}{\sim} \frac{-1}{4\pi}\frac{e^{ikr}}{r} e^{-i\mathbf{k}\cdot\mathbf{r}'}$$

an. Einsetzen von $G(\mathbf{r},\mathbf{r}')$ in Gl. 6.70 und Vergleich mit Gl. 6.61 liefert den Ausdruck für die Streuamplitude

$$(6.74) \qquad f(\theta, \varphi) = \frac{-m}{2\pi\hbar^2}\int d^3r' e^{-i\mathbf{k}\cdot\mathbf{r}'} V(\mathbf{r}')\psi(\mathbf{r}').$$

Die erste Bornsche Näherung. Die erste Bornsche Näherung entspricht einer schwachen Wechselwirkung. Wäre die Wechselwirkung zu vernachlässigen, so würde die Streuamplitude verschwinden und $\psi(\mathbf{r}')$ wäre durch $e^{ikz'} \equiv e^{i\mathbf{k}_o\cdot\mathbf{r}'}$ gegeben. Als erste Näherung wird dieser Wert der Wellenfunktion in Gl. 6.74 eingesetzt, mit dem Ergebnis

$$(6.75) \qquad f(\theta, \varphi) = \frac{-m}{2\pi\hbar^2}\int d^3r' V(\mathbf{r}') e^{i\mathbf{q}\cdot\mathbf{r}'/\hbar},$$

wobei $\mathbf{q} = \hbar(\mathbf{k}_o - \mathbf{k})$ der Impuls ist, den das gestreute Teilchen dem Streuzentrum überläßt, wie bereits in Gl. 6.11 definiert. Gleichung 6.75 heißt die erste Bornsche Näherung. Wir haben sie in Gl. 6.13 ohne Beweis zitiert. Die Streuung von hochenergetischen Elektronen an Nukleonen und leichten Kernen, sowie schwache Prozesse werden durch die Bornsche Näherung zutreffend beschrieben. In Abschnitt 6.3 verwendeten wir sie zur Herleitung des Rutherfordschen Wirkungsquerschnitts. Als nächstes wenden wir uns einer Näherung zu, die unter bestimmten Bedingungen auch für starke Kräfte gilt.

Beugungsstreuung – Fraunhofersche Näherung. Wenn die Wellenlänge der einfallenden Teilchen klein ist im Vergleich zum Wechselwirkungsbereich, so ist selbst für starke Kräfte eine halbklassische Behandlung möglich. Ein solches Vorgehen ist gerechtfertigt, da sich die Bahn der Teilchenbewegung im Mittel der klassischen nähert. Die Näherung für die elastische Streuung ist aus der Optik gut bekannt, nämlich als Fraunhoferbeugung. Bei der Streuung von elektromagnetischen

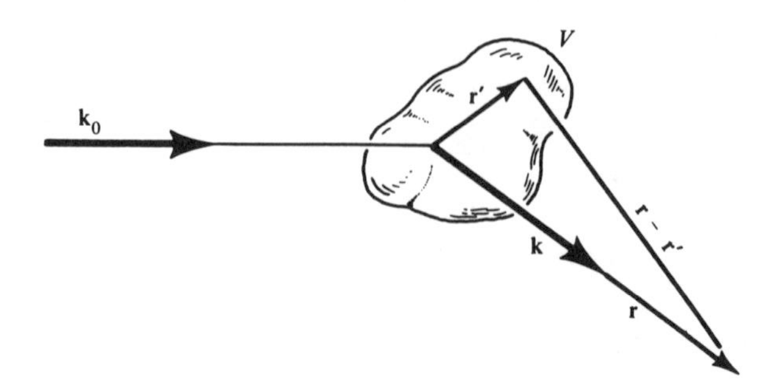

Bild 6.19 Bei der Beschreibung der Streuung benutzte Vektoren.

Wellen, optischen oder Mikrowellen, sind Beugungsfiguren schon sehr lange bekannt und ihre Beschreibung ist gut verstanden. [37]) Ein charakteristisches Beispiel, die Beugung an einer schwarzen Scheibe, zeigt Bild 6.20. *Schwarz* heißt, daß jedes Photon, das auf die Scheibe trifft, absorbiert wird. Die optische Beugung zeigt eine Anzahl von charakteristischen Eigenschaften, von denen wir drei hervorheben:

1. Ein sehr großer Peak in Vorwärtsrichtung, das erste Beugungsmaximum.
2. Das Auftreten von Minima und Maxima, mit dem ersten Minimum näherungsweise bei dem Winkel

$$\theta_{\min} \approx \frac{\lambda}{2R_0}, \tag{6.76}$$

wobei R_0 der Radius der Scheibe ist.

3. Bei sehr kurzen Wellenlängen (was unendlichen Energiewerten entspricht) nähert sich der gesamte Wirkungsquerschnitt für die Streuung von Licht an der Scheibe einem konstanten Wert,

$$\sigma \longrightarrow \text{const.} \quad \text{für } E \longrightarrow \infty. \tag{6.77}$$

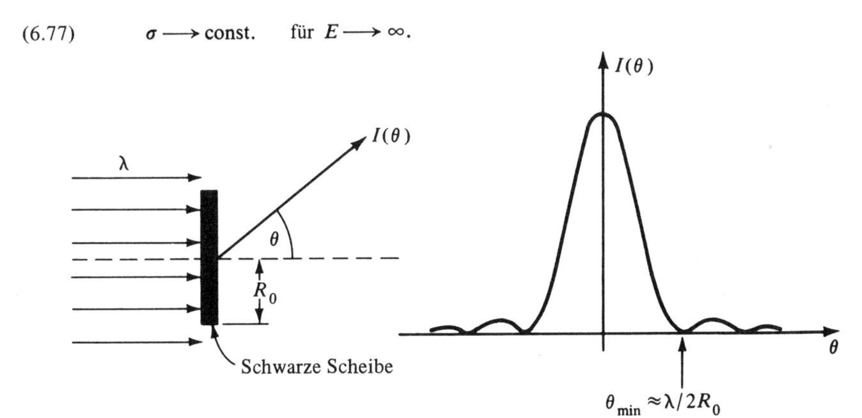

Bild 6.20 Optisches Beugungsmuster einer schwarzen Scheibe.

Eine genaue Betrachtung der Beugungsmuster für verschiedene Wellenlängen erlaubt es, Schlüsse bezüglich der Form des streuenden Objektes zu ziehen. Beugungsstreuung gibt es nicht nur in der Optik, sondern auch in der subatomaren Physik, wo sie ein nützliches Instrument für Strukturuntersuchungen ist. Beugungserscheinungen treten auf, da die Wellenlänge des einfallenden Teilchens kleiner als die Ausdehnung des Targetteilchens gewählt werden kann. Die Fraunhofernäherung gilt, weil die einfallende und die gestreute Welle als ebene Welle betrachtet werden können. Wir werden die der theoretischen Behandlung der Beugungsstreuung zugrundeliegenden Ideen[38]) beschreiben und dann einige Beispiele anführen.

Wir betrachten ein lokalisiertes Streuzentrum, auf das eine ebene Welle auftrifft, wie in Bild 6.21. Wir werden zeigen, daß die gestreute Wellenfunktion $\psi_s(\mathbf{r})$ vollständig durch den Wert der Wellenfunktion und ihrer Ableitungen in einer Ebene senkrecht zum Strahl und direkt hinter dem Target festgelegt ist. Um diese Beziehung herzustellen, wird Gl. 6.64 für die Greensche Funktion mit $\psi_s(\mathbf{r})$ multipliziert und über einen Bereich außerhalb des Streuzentrums integriert:

$$\int d^3r'\psi_s(\mathbf{r}')[\nabla'^2 + k^2]G(\mathbf{r}', \mathbf{r}) = \int d^3r'\psi_s(\mathbf{r}')\,\delta(\mathbf{r}' - \mathbf{r}) = \psi_s(\mathbf{r}).$$

37 J.R. Meyer-Arendt, *Introduction to Classical and Modern Optics,* Prentice-Hall, Englewood Cliffs, N.J., 1972, Abschnitt 2.3; M.V. Klein, *Optics*, Wiley, New York, 1970, Kapitel 7; M. Born und E. Wolf, *Principles of Optics,* Pergamon, Elmsford, N.Y., 1959; Jackson, Kapitel 9.

38 J.S. Blair, in *Lectures in Theoretical Physics,* (P.D. Kunz, D.A. Lind und W.E. Brittin, eds.), Vol. VIII-C, University of Colorado Press, Boulder, 1966. p. 343.

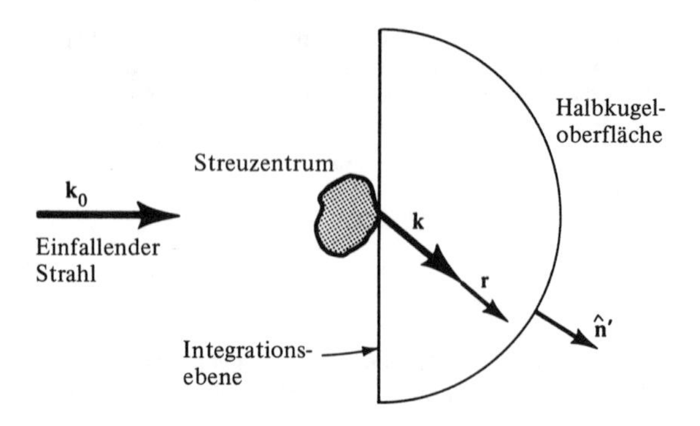

Bild 6.21 Streuung an einem lokalisierten Target.

Außerhalb des Streuzentrums erfüllt $\psi_s(\mathbf{r}')$ die Wellenfunktion Gl. 6.59 des freien Teilchens mit $V = 0$. Die Multiplikation dieser Gleichung mit $G(\mathbf{r}', \mathbf{r})$ und die Integration über denselben Bereich ergibt

$$\int d^3r' G(\mathbf{r}', \mathbf{r})\, [\nabla'^2 + k^2]\psi_s(\mathbf{r}') = 0.$$

Die Subtraktion der beiden letzten Gleichungen lierfert

$$\psi_s(\mathbf{r}) = \int d^3\mathbf{r}' \{\psi_s(\mathbf{r}')\nabla'^2 G(\mathbf{r}', \mathbf{r}) - G(\mathbf{r}', \mathbf{r})\nabla'^2\psi_s(\mathbf{r}')\}. \tag{6.78}$$

Mit dem Greenschen Theorem wird dieses Volumenintegral in ein Oberflächenintegral verwandelt

$$\psi_s(\mathbf{r}) = \oint ds' \{\psi_s(\mathbf{r}')\hat{\mathbf{n}}' \cdot \nabla' G(\mathbf{r}', \mathbf{r}) - G(\mathbf{r}', \mathbf{r})\hat{\mathbf{n}}' \cdot \nabla'\psi_s(\mathbf{r}')\}. \tag{6.79}$$

Hierbei ist $\hat{\mathbf{n}}'$ ein Einheitsvektor senkrecht zur Oberfläche mit Richtung nach außen. Wenn man als Oberfläche die Ebene hinter dem Target und die Halbkugel wie in Bild 6.21 nimmt, so verschwindet der Beitrag von der Halbkugel im Unendlichen für endliches r. Nur das Integral über die Ebene hinter dem Target trägt noch bei und die vorhergehende Behauptung wurde damit bestätigt.

Gleichung 6.79 ist exakt. Zu ihrer Berechnung macht man dann Näherungen. Wir beschränken die Diskussion auf die *Fraunhoferstreuung*. In der Optik gibt es Fraunhoferbeugung, wenn der Abstand vom Streuzentrum (Scheibe) zur Quelle und zum Detektor groß ist, verglichen mit der Ausdehnung des Streuzentrums. Diese Bedingung, $r \gg r'$, kann hier erfüllt werden, wie sich mit dem Prinzip von Babinet zeigen läßt: [37]) Demnach ist das Beugungsbild eines Targets wie in Bild 6.18 das gleiche, wie das von einem Schirm mit einem dem Target entsprechenden Loch. $\psi(\mathbf{r}')$ ist dann nur im Bereich des Lochs von Null verschieden. Die Integration über ds' in Gl. 6.79 erstreckt sich folglich nur über einen der Targetgröße vergleichbaren Bereich. In der subatomaren Physik sind Quelle und Detektor immer weit weg vom Target und $r \gg r'$ ist erfüllt. Setzt man die Entwicklung Gl. 6.72 in $G(\mathbf{r}', \mathbf{r})$ ein, so erhält man die asymptotische Form Gl. 6.73 und (für $r \longrightarrow \infty$)

$$\psi_s(\mathbf{r}) = \frac{e^{ikr}}{r}\left\{\frac{-1}{4\pi}\int_{\text{Ebene}} ds'[\psi_s(\mathbf{r}')\hat{\mathbf{n}}' \cdot \nabla' e^{-i\mathbf{k}\cdot\mathbf{r}'} - e^{-i\mathbf{k}\cdot\mathbf{r}'}\hat{\mathbf{n}}' \cdot \nabla'\psi_s(\mathbf{r}')]\right\}.$$

Der Vergleich mit Gl. 6.61 zeigt, daß die Größe in der geschweiften Klammer die Streuamplitude ist:

$$f(\theta) = \frac{-1}{4\pi}\int_{\text{Ebene}} ds'[\psi_s(\mathbf{r}')\hat{\mathbf{n}}' \cdot \nabla' e^{-i\mathbf{k}\cdot\mathbf{r}'} - e^{-i\mathbf{k}\cdot\mathbf{r}'}\hat{\mathbf{n}}' \cdot \nabla'\psi_s(\mathbf{r}')]. \tag{6.80}$$

Als Beispiel wenden wir dies auf die schwarze Scheibe in Bild 6.20 an. Die Integrationsebene legen wir direkt hinter die Scheibe. Für $\psi_s(\mathbf{r}')$ gilt nach Gl. 6.61

(6.81) $$\psi_s(\mathbf{r}') = \psi(\mathbf{r}') - e^{ikz}.$$

Für ein schwarzes Streuzentrum ist die gesamte Welle $\psi(\mathbf{r}')$ in der Integrationsebene durch die ebene Welle gegeben, außer im Schatten des Streuzentrums, wo sie Null ist. Folglich ist der Wert von $\psi_s(\mathbf{r}')$ überall in der Ebene Null, außer hinter der Scheibe, dort ist er

$$\psi_s(\mathbf{r}') = -e^{ikz}.$$

Als Integrationsebene nimmt man $z = 0$ und erhält dann für die Streuamplitude

$$f(\theta) = \frac{ik}{4\pi}(1 + \cos\theta) \int_{\text{Schatten}} ds' e^{-i\mathbf{k}\cdot\mathbf{r}'}.$$

Zur Lösung des Integrals legen wir die Schattenebene in die xy-Ebene, nehmen an, daß $\mathbf{k}$ in der xz-Ebene liegt und führen Zylinderkoordinaten, z, ρ und φ, ein. Dann ist $ds' = \rho\, d\rho\, d\varphi$, $\mathbf{k}\cdot\mathbf{r}' = k \sin\theta \rho \cos\varphi$ und

$$f(\theta) = \frac{ik}{4\pi}(1 + \cos\theta) \int_0^{R_0} d\rho\, \rho \int_0^{2\pi} d\varphi\, e^{-ik\rho \sin\theta \cos\varphi}.$$

Für $kR_0 \gg 1$ verschwindet das Integral, außer für kleine θ. Für kleine θ wird $\cos\theta \approx 1$ und

$$f(\theta) = \frac{ik}{2\pi} \int_0^{R_0} d\rho\, \rho \int_0^{2\pi} d\varphi\, e^{-ik\rho\theta \cos\varphi}.$$

Das Integral über $d\varphi$ ist proportional zur nullten Besselfunktion [39],

$$\int_0^{2\pi} d\varphi\, e^{iz\cos\varphi} = 2\pi J_0(z).$$

Mit

$$\int dz\, zJ_0(z) = zJ_1(z)$$

erhalten wir schließlich

(6.82) $$f(\theta) = ikR_0^2 \frac{J_1(kR_0\theta)}{kR_0\theta}$$

(6.83) $$\frac{d\sigma}{d\Omega} = (kR_0^2)^2 \left(\frac{J_1(z)}{z}\right)^2, \qquad z = kR_0\theta$$

und

(6.84) $$\sigma = \int d\Omega \frac{d\sigma}{d\Omega} \approx \pi R_0^2.$$

Die letzten drei Beziehungen wurden für eine schwarze Scheibe abgeleitet. Sie sind jedoch auch für eine schwarze Kugel mit dem Radius R_0 gültig, da Kugel und Scheibe den gleichen Schatten werfen.

Die Gleichungen 6.82 - 6.84 zeigen die drei vorher aufgeführten charakteristischen Eigenschaften der Fraunhoferschen Streuung:

1. Der differentielle Wirkungsquerschnitt hat die in Bild 6.20 gezeigte Form für $I(\theta)$ mit einem auffallenden Maximum in Vorwärtsrichtung.
2. Die erste Nullstelle von $J_1(z)$ liegt bei $z = 3{,}84$. Das erste Minimum des Beugungsmusters erscheint demnach bei

(6.85) $$\theta_{\min} = \frac{3{,}84}{kR_0} = 0{,}61 \frac{\lambda}{R_0},$$

39 Besselfunktionen werden in nahezu jedem Buch über mathematische Methoden der Physik behandelt, z.B. in Mathews und Walker. Für Gleichungen, Tabellen und Abbildungen siehe M. Abramowitz und I.A. Stegun (eds.), *Handbook of Mathematical Functions,* Government Printing Office, Washington, D.C., 1964 (eine äußerst vorteilhafte Erwerbung).

in Übereinstimmung mit der Abschätzung Gl. 6.76. Der Winkel θ_{min} nimmt bei fester Targetgröße R_0 mit $1/k$ ab.
3. Der gesamte und der elastische Wirkungsquerschnitt sind unabhängig von der Energie. Sie hängen nur von der Ausdehnung des Wechselwirkungsbereichs R_0 ab.
4. Zusätzlich zu diesen drei charakteristischen Eigenschaften drückt Gl. 6.83 einen weiteren Tatbestand aus: Da $J_1(z) \longrightarrow z/2$ für $z \longrightarrow 0$ gilt, ist der differentielle Wirkungsquerschnitt für die elastische Vorwärtsstreuung durch

$$(6.86) \qquad \frac{d\sigma(0^\circ)}{d\Omega} = \frac{1}{4} k^2 R_0^4$$

gegeben. Bei hohen Energien nimmt der differentielle Wirkungsquerschnitt bei 0° mit k^2 $(k = p/\hbar)$ zu.

Diese Beobachtungen werden oft in einer anderen Formulierung dargestellt. Im Schwerpunktsystem ist der Impulsübertrag für die Kleinwinkelstreuung durch $|\mathbf{q}| = 2\hbar k \sin(\theta/2) \approx \hbar k\theta$ gegeben. Ausgedrückt durch das Quadrat dieser Größe

$$(6.87) \qquad -t \equiv \mathbf{q}^2,$$

wird $-dt = 2\hbar^2 k^2 \theta \, d\theta = \hbar^2 k^2 \, d\Omega/\pi$ und Gl. 6.83 zu

$$(6.88) \qquad \frac{d\sigma}{dt} = \frac{-\pi}{\hbar^2 k^2} \frac{d\sigma}{d\Omega} = \frac{\pi R_0^4}{\hbar^2} \frac{J_1^2(\sqrt{-tR_0^2/\hbar^2})}{tR_0^2/\hbar^2}.$$

Anstelle von Gl. 6.86 erhält man dann

$$(6.89) \qquad \frac{d\sigma}{dt}(t=0) = \frac{-\pi}{4\hbar^2} R_0^4.$$

Demnach sollte $d\sigma/dt$ nur von t, dem Quadrat des Impulsübertrags, abhängen und nicht von der Einfallsenergie. Der Wert von $d\sigma/dt$ bei $t = 0$ sollte unabhängig von der Energie der einfallenden Teilchen sein.

Wir werden jetzt einige Beispiele der Beugungsstreuung aus der Kern- und Elementarteilchenphysik vorstellen. Zuerst betrachten wir *Kerne.* [38]) Bild 6.22 zeigt den differentiellen Wirkungsquerschnitt für die elastische Streuung von α-Teilchen mit 42 MeV an ^{24}Mg. [40]) Ein scharfes Maximum in Vorwärtsrichtung und ausgeprägte Beugungsminima und -maxima sind deutlich zu sehen. Gleichung 6.83 gibt die Lage der Minima und Maxima gut wieder, aber mit zunehmendem Streuwinkel werden die beobachteten Maxima zunehmend kleiner als die vorhergesagten. Der Grund für diese Abweichung ist offensichtlich: Kerne haben keine scharfen Ränder, wie sie in der Herleitung von Gl. 6.83 vorausgesetzt waren. Bild 6.7 zeigt, daß sie eine Oberflächenschicht von beträchtlicher Dicke haben. Zudem sind Kerne nicht immer kugelförmig, sondern können eine feste Deformation besitzen, was in Abschnitt 16.1 besprochen wird. Schließlich sind Kerne noch teilweise durchlässig für nieder- und mittelenergetische Hadronen. Man kann die einfache Theorie zur Berücksichtigung dieser Effekte verallgemeinern und erhält eine Theorie, die ziemlich gut mit den experimentellen Daten übereinstimmt. [41-43])

Beugungserscheinungen treten auch in der *Elementarteilchenphysik* auf. [44-46]) Wir beschränken unsere Besprechung auf die elastische Proton-Proton-Streuung, da sie alle charakteristischen Beu-

40 I.M. Naqib und J.S. Blair, *Phys. Rev.* **165**, 1250 (1968).
41 S. Fernbach, R. Serber und T.B. Taylor, *Phys. Rev.* **75**, 1352 (1949).
42 J.S. Blair, *Phys. Rev.* **115**, 928 (1959).
43 E.V. Inopin und Yu.A. Berezhnoy, *Nucl. Phys.* **63**, 689 (1965).
44 F. Zachariasen, *Phys. Rept.* **C2**, 1 (1971).
45 B.T. Feld, *Models of Elementary Particles,* Ginn/Blaisdell, Waltham, Mass., 1969, Kapitel 11.
46 M.M. Islam, *Phys. Today* **25**, 23 (Mai 1972).

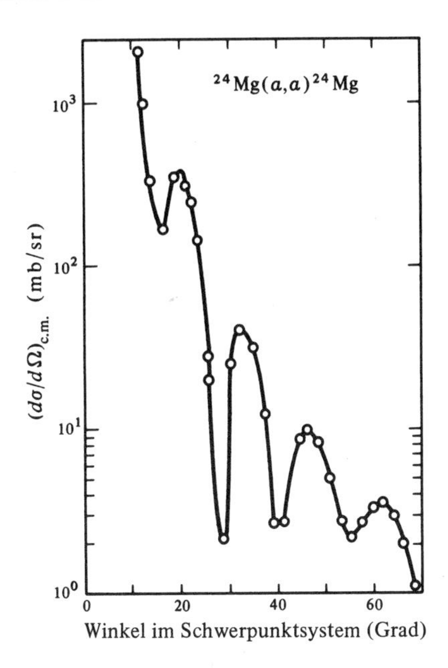

Bild 6.22 Differentieller Wirkungsquerschnitt für die elastische Streuung von α-Teilchen an ^{24}Mg. [I.M. Naqib und J.S. Blair, *Phys. Rev.* **165**, 1250 (1968).]

gungseigenschaften zeigt. Die differentiellen Wirkungsquerschnitte $d\sigma/dt$ für die elastische pp-Streuung mit verschiedenen Impulswerten werden in Bild 6.23 gezeigt. [47] Das auffallende Maximum in Vorwärtsrichtung ist deutlich zu sehen und einige andere Beugungseigenschaften sind ebenfalls zu erkennen. Insbesondere ist der Wert von $d\sigma/dt$ bei $t = 0$ näherungsweise unabhängig vom einfallenden Impuls, wie in Gl. 6.89 vorhergesagt. Mit $-d\sigma/dt \approx 10^{-25}$ cm^2/(GeV/c)^2 ergibt Gl. 6.89 für $R_0^2 \approx 0{,}7$ fm^2. Dieser Wert widerspricht dem Wert des elektromagnetischen Radius aus Gl. 6.51 nicht.

Ein anderes Verhalten der Beugungsstreuung, nämlich die Konstanz des gesamten Wirkungsquerschnitts bei hohen Energien, ist über einen weiten Energiebereich erfüllt. Den totalen Wirkungsquerschnitt kann man auf zwei verschiedene Arten erhalten. Eine davon ist, die Abnahme der Strahlintensität nach Durchgang durch flüssigen Wasserstoff von gegebener Dicke zu messen. Die andere ist die Untersuchung der elastischen Vorwärtsstreuung und die Verwendung des optischen Theorems Gl. 6.63. Beide Methoden wurden angewendet, und es wurden Hochenergiemessungen am 70 GeV Protonensynchrotron in Serpuchov,[48] am NAL,[49] und am ISR bei CERN[50] durchgeführt. Der gesamte Wirkungsquerschnitt ist tatsächlich für Energien von etwa 2 GeV bis hinauf zu 500 GeV im Laborsystem innerhalb der experimentellen Fehlergrenze konstant, Der Wert liegt bei etwa 39 mb. Bei ultrahohen Energien ist der gesamte Wirkungsquerschnitt nicht länger konstant: Daten vom ISR[50] und aus der kosmischen Strahlung[51] zeigen einen leichten Anstieg von σ_{tot}

47 J.V. Allaby et al., *Nuclear Phys.* **B52**, 316 (1973); G. Barbiellini et al., *Phys. Letters* **38B**, 663 (1972); A. Böhm et al., *Phys. Letters* **49B**, 491 (1974).

48 S.P. Denisov et al., *Phys. Letters* **36B**, 415 (1971).

49 V. Bartenev et al., *Phys. Rev. Letters* **29**, 1755 (1972), und *Phys. Rev. Letters* **31**, 1088 (1973).

50 M. Holder et al., *Phys. Letters* **35B**, 361 (1971); S.R. Amendolia et al., *Phys. Letters* **44B**, 119 (1973); U. Amaldi et al., *Phys. Letters* **44B**, 112 (1973).

51 G.B. Yodh, Y. Pal und J.S. Trefil, *Phys. Rev. Letters* **28**, 1005 (1972).

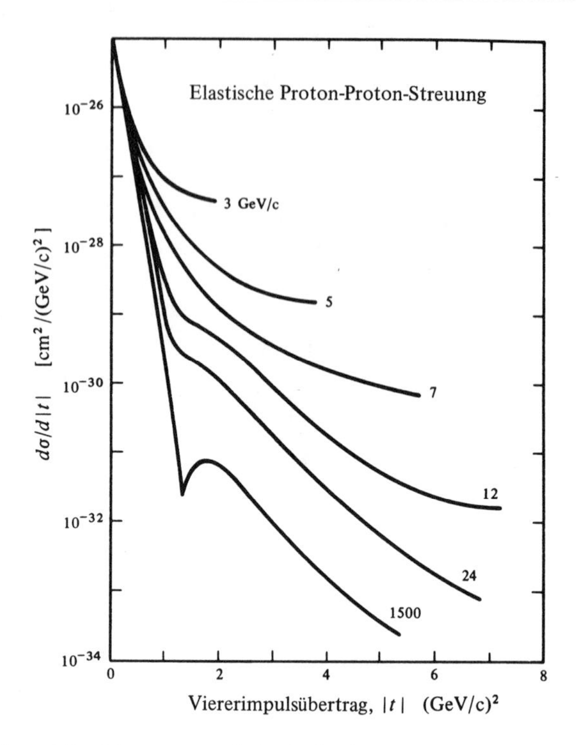

Bild 6.23 Differentieller Wirkungsquerschnitt für die elastische *pp*-Streuung. Der Parameter an den Kurven gibt den Impuls der einfallenden Protonen im Laborsystem an. Die Wirkungsquerschnitte bis hinauf zu $p_{\text{lab}} = 24$ GeV/*c* wurden im Protonensynchroton von CERN gemessen; der für $p_{\text{lab}} = 1500$ GeV/*c* stammt aus dem ISR von CERN.

mit der Energie. Der gesamte Wirkungsquerschnitt für die *pp*-Streuung ist in Bild 6.24 als Funktion des Impulses im Laborsystem aufgetragen. Wir werden in Abschnitt 12.7 kurz auf diesen Anstieg zurückkommen.

In den Beugungsmustern der Kernphysik ist das Erscheinen von Maxima und Minima am auffallendsten, siehe Bild 6.22. In der Elementarteilchenphysik wird durch die gleichmäßige Verteilung der elektrischen Ladung und vermutlich auch der nuklearen Materie die Beugungsstruktur bis hinauf zu Impulsen von wenigstens 20 GeV/c verschmiert. Beim höchsten Impuls jedoch erscheint das erste Minimum und das folgende Maximum, wie in der untersten Kurve von Bild 6.23 zu sehen ist. Es ist bemerkenswert, daß die Form dieser Kurve mit einer nuklearen Materieverteilung erklärt werden kann, die proportional ist zu der elektrischen Verteilung, die vom Dipolformfaktor, Gl. 6.47, beschrieben wird.[52]

Das Profil.[53–54] Die bislang verwendete Näherung der schwarzen Scheibe gibt die groben Eigenschaften, aber nicht die feineren Einzelheiten der Beugungsstreuung wieder. Die Näherung läßt sich

52 R. Serber, *Rev. Modern Phys.* **36**, 649 (1964); T.T. Chou und C.N. Yang, *Phys. Rev.* **170**, 1591 (1968); L. Durand und R. Lipes, *Phys. Rev. Letters* **20**, 637 (1968); J.N.J. White, *Nuclear Phys.* **B51**, 23 (1973).

53 R.J. Glauber, in *Lectures in Theoretical Physics,* Vol. 1 (W.E. Brittin et al., eds.), Wiley-Interscience, New York, 1959, p. 315; R.J. Glauber, in *High Energy Physics and Nuclear Structure* (G. Alexander, ed.), North-Holland, Amsterdam, 1967, p. 311.

54 W. Czyz, in *The Growth Points of Physics,* Rivista Nuovo Cimento **1**, Special No., 42 1969 (Von Conf. European Physical Society).

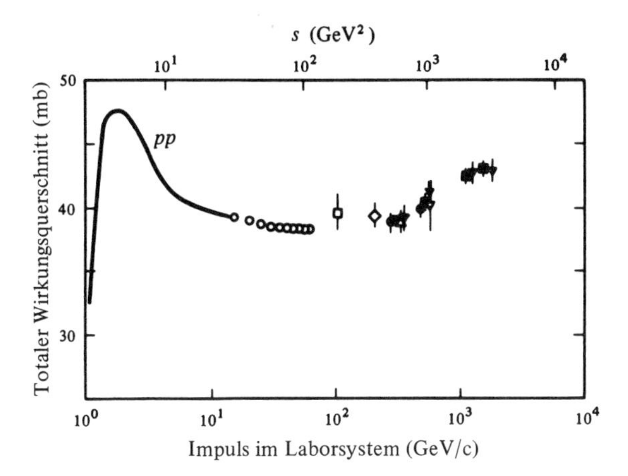

Bild 6.24 Totaler Proton-Proton-Wirkungsquerschnitt als Funktion des Quadrats der Energie im Schwerpunktsystem, s, und dem entsprechenden Impuls im Laborsystem. Die Werte beruhen auf in Serpuchov, am NAL und am ISR (CERN) durchgeführten Experimenten. (Mit freundlicher Genehmigung von CERN).

verbessern, wenn man annimmt, das Streuzentrum sei *grau*. Der Schatten eines grauen Streuzentrums ist nicht gleichmäßig schwarz; sein Grauwert (Transmission) ist eine Funktion von $\boldsymbol{\rho}$, wobei $\boldsymbol{\rho}$ der Radiusvektor in der Schattenebene ist, siehe Bild 6.25. Für die schwarze Scheibe ist die Wellenfunktion $\psi(\mathbf{r}') \equiv \psi(\boldsymbol{\rho})$ in der Schattenebene hinter der Scheibe Null, und dies wurde bei der Herleitung von Gl. 6.82 verwendet. Für ein graues Streuzentrum nimmt man für die gesamte Wellenfunktion hinter der Scheibe in der Schattenebene folgende Form an:

(6.90) $$\psi(\boldsymbol{\rho}) = e^{i\mathbf{k}_0\cdot\boldsymbol{\rho}} e^{i\chi(\boldsymbol{\rho})}.$$

Die gesamte Welle wird also durch einen multiplikativen Faktor modifiziert. Für schwarze Scheiben ist die Phase χ rein imaginär und groß. Der Faktor $\exp(i\mathbf{k}_0\cdot\boldsymbol{\rho})$ ist gleich 1, aber wir behalten ihn bei, da er für die weitere Rechnung nützlich ist. Mit Gl. 6.81 und $kz = \mathbf{k}_0\cdot\boldsymbol{\rho}$ in der Schattenebene, wird die gestreute Welle zu

(6.91) $$\psi_s(\boldsymbol{\rho}) = e^{i\mathbf{k}_0\cdot\boldsymbol{\rho}}\,\Gamma(\boldsymbol{\rho}),$$

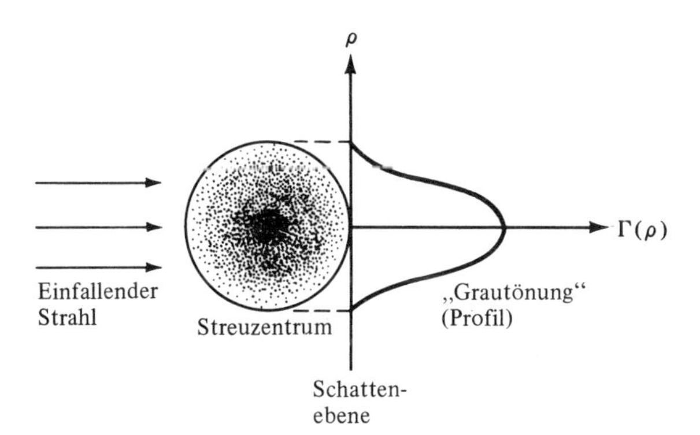

Bild 6.25 Graues Streuzentrum und Profil seines Schattens. $\Gamma(\rho)$ und ρ werden im Text erklärt.

wobei

(6.92) $\boldsymbol{\Gamma}(\boldsymbol{\rho}) = 1 - e^{i\chi(\boldsymbol{\rho})}$

als *Profil* bezeichnet wird.[53]) Setzt man Gl. 6.91 in Gl. 6.80 ein, so erhält man mit $ds' = d^2\rho$ und $\mathbf{r}' = \boldsymbol{\rho}$ die Streuamplitude bei kleinen Winkeln ($\cos\theta \approx 1$):

(6.93) $$f(\mathbf{q}) = \frac{ik}{2\pi}\int d^2\rho\, e^{i\mathbf{q}\cdot\boldsymbol{\rho}/\hbar}\boldsymbol{\Gamma}(\boldsymbol{\rho}).$$

Dabei ist $\mathbf{q} = \hbar(\mathbf{k}_0 - \mathbf{k})$ der Impulsübertrag. Die Streuamplitude ist die Fouriertransformierte des Profils. Für azimutale Symmetrie des Streuzentrums ergibt die Integration über den azimutalen Winkel

(6.94) $$f(\theta) = ik\int d\rho\, \rho\boldsymbol{\Gamma}(\rho)\, J_0(k\rho\theta).$$

Dieser Ausdruck stimmt für $\boldsymbol{\Gamma}(\rho) = 1$ mit $f(\theta)$ für schwarze Streuzentren überein. Die Beziehung, die $\boldsymbol{\Gamma}(\rho)$ und $f(\theta)$ in Gl. 6.94 verknüpft, heißt Fourier-Bessel- (oder Hankel-)Transformation.[55])

Für ein gegebenes Profil kann man die Streuamplitude berechnen. Als Beispiel nehmen wir ein Gauß-Profil an:

(6.95) $$\boldsymbol{\Gamma}(\rho) = \boldsymbol{\Gamma}(0)\, e^{-(\rho/\rho_0)^2}.$$

Die Fourier-Bessel-Transformation wird dann[39])

$$f(\theta) = \tfrac{1}{2}ik\boldsymbol{\Gamma}(0)\,\rho_o^2\, e^{-(k\theta\rho_0/2)^2}.$$

Mit $-t = (\hbar k\theta)^2$ wird der entsprechende differentielle Wirkungsquerschnitt zu

(6.96) $$-\frac{d\sigma}{dt} = \frac{\pi}{4\hbar^2}\boldsymbol{\Gamma}^2(0)\,\rho_0^4\, e^{-(\rho_0^2/2\hbar^2)|t|}.$$

Ein Gauß-Profil führt also zu einem exponentiell abfallenden Wirkungsquerschnitt $d\sigma/dt$.

Die physikalische Interpretation des Profils wird klar, wenn man den totalen Wirkungsquerschnitt betrachtet. Das optische Theorem Gl. 6.63 liefert mit Gl. 6.93 für $\theta = 0°$

(6.97) $$\sigma_{\text{tot}} = 2\int d^2\rho\, Re\boldsymbol{\Gamma}(\rho).$$

Für schwarze Streuzentren ist $\boldsymbol{\Gamma}(\rho) = 1$ real und $f(\theta)$ rein imaginär. Wenn wir annehmen, daß im Grenzfall sehr hoher Energien die Amplitude imaginär ist,[56]) dann ist $\boldsymbol{\Gamma}$ real und Gl. 6.97 wird zu

(6.98) $$\sigma_{\text{tot}} = 2\int d^2\rho\boldsymbol{\Gamma}(\rho).$$

$2\boldsymbol{\Gamma}(\rho)$ kann folglich als die Wahrscheinlichkeit betrachtet werden, daß im Element $d^2\rho$ im Abstand ρ vom Zentrum eine Streuung stattfindet, siehe Bild 6.25. $\boldsymbol{\Gamma}(\rho)$ ist die Wahrscheinlichkeitsverteilung der Streuung in der Schattenebene, daher der Name Profil.

Zur Anwendung all dieser Betrachtungen kehren wir zur elastischen *pp*-Streuung zurück.[52]) Bild 6.23 zeigt, daß das Beugungsmaximum über viele Größenordnungen exponentiell abfällt. Dieses Verhalten läßt vermuten, daß der Wirkungsquerschnitt im Bereich des Vorwärtsmaximums näherungsweise durch

(6.99) $$\frac{d\sigma}{dt}(s,t) = \frac{d\sigma}{dt}(s, t = 0)e^{-b(s)|t|}$$

55 W. Magnus und F. Oberhettinger, *Formulas and Theorems for the Functions of Mathematical Physics,* Chelsea, New York, 1954, pp. 136, 137.

56 Das Verhältnis zwischen dem Real- und Imaginärteil der Proton-Proton-Vorwärtsstreuamplitude wurde gemessen und ist tatsächlich klein für hohen Anfangsimpuls. (G.G. Beznogikh, *Phys. Letters* **39B**, 411 (1972).

zu beschreiben ist. Hierbei ist s das übliche Symbol für das Quadrat der gesamten Energie der stoßenden Protonen in ihrem Schwerpunktsystem und $b(s)$ wird als *Neigungsparameter* bezeichnet. Es ist bemerkenswert, daß man die experimentellen Werte über einen weiten Bereich von s und t tatsächlich durch solch einen einfachen Ausdruck beschreiben kann. Der Neigungsparameter erweist sich als eine langsam veränderliche logarithmische Funktion der gesamten Energie s, siehe Bild 6.26. Der exponentielle Abfall von $d\sigma/dt$ kann durch ein Gauß-Profil wie in Gl. 6.95 gedeutet werden. Der Vergleich von Gl. 6.96 und Gl. 6.99 führt zu der Beziehung

$$(6.100) \qquad \rho_0 = \hbar(2b)^{1/2}.$$

ρ_0 charakterisiert die Breite des Gauß-Profils, das die Streuung von zwei ausgedehnten Protonen durch starke Wechselwirkungen beschreibt. Es ist deshalb nicht zulässig, ρ_0^2 oder einen entsprechenden mittleren Radius, direkt mit dem mittleren Radius der Protonen zu vergleichen, den man mit der elektromagnetischen Streuung bestimmt hat. Trotzdem ist es beruhigend, daß die beiden Messungen der Protonenausdehnung vergleichbar sind: Der elektromagnetische Radius ist durch Gl. 6.51 gegeben als $\langle r^2\rangle^{1/2} \approx 0{,}8$ fm, während der Wert für $b = 10\,(\mathrm{GeV}/c)^{-2}$ aus Bild 6.26 zu $\rho_0 \approx 0{,}9$ fm führt.

Die „Ausdehnung" des Protons und der Neigungsparameter $b(s)$ sind durch Gl. 6.100 verknüpft, ein konstantes ρ_0 bedeutet auch ein konstantes $b(s)$. Bild 6.26 zeigt jedoch, daß $b(s)$ logarithmisch mit dem Quadrat der Energie im Schwerpunktsystem zunimmt. Da $b(s)$ die Breite des Beugungsmaximums beschreibt, bedeutet ein zunehmendes $b(s)$ ein abnehmendes Beugungsmaximum und weist auf eine Zunahme der Ausdehnung ρ_0 des Wechselwirkungsbereichs hin. Dieses Verhalten wird noch nicht völlig verstanden.

Die Glauber-Näherung. [53-54] Bisher haben wir nur die Beugung an einem einzelnen Objekt behandelt. Wir wenden uns jetzt der kohärenten Streuung eines Projektils an einem Target aus mehreren Untereinheiten, z.B. einem aus Nukleonen aufgebauten Kern, zu. Ein einfallendes hochenergetisches Teilchen kann mit einem einzelnen Nukleon zusammenstoßen, mit vielen hintereinander oder mit mehreren gleichzeitig stark wechselwirken. Die Behandlung eines solchen Vielfachprozesses ist schwierig, aber mit der Beugungstheorie ist das Problem zu lösen. Sie führt zur Glauber-Näherung. [57]

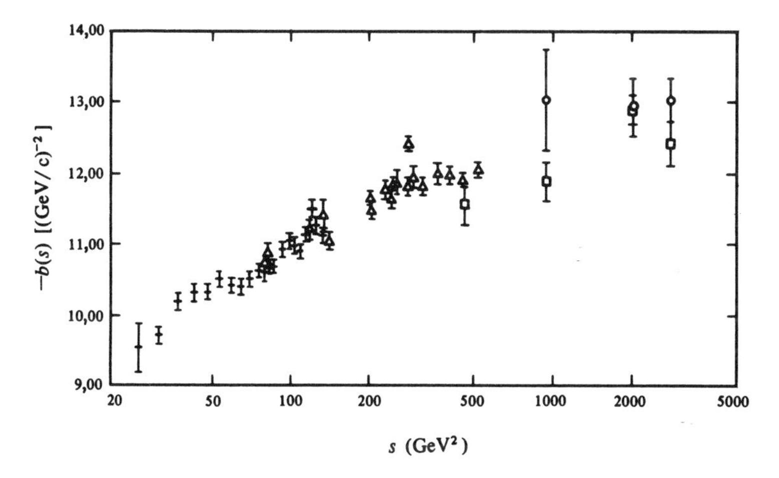

Bild 6.26 Neigungsparameter $b(s)$ des Beugungsmaximums für die elastische pp-Streuung als Funktion des Quadrats der Energie im Schwerpunktsystem s. Das Bild ist aus Bartenev et al., *Phys. Rev. Letters* **31**, 1088 (1973) und enthält auch Werte anderer Gruppen.

57 R.J. Glauber, *Phys. Rev.* **100**, 252 (1955).

Zum besseren Verständnis der Glauber-Näherung betrachten wir zunächst das optische Analogon, den Durchgang einer Lichtwelle mit dem Impuls $p = \hbar k$ durch ein Medium mit dem Brechungsindex n und der Dicke d. Der elektrische Vektor $\boldsymbol{\mathcal{E}}_1$, nach dem Durchgang durch den Absorber, hängt mit dem der einfallenden Welle $\boldsymbol{\mathcal{E}}_0$, über[58])

(6.101) $$\boldsymbol{\mathcal{E}}_1 = \boldsymbol{\mathcal{E}}_0 e^{i\chi_1}, \qquad \chi_1 = k(1 - n)d$$

zusammen. Bei komplexem Berechnungsindex beschreibt der Imaginärteil die Absorption der Welle. Wenn die Welle mehrere Absorber hintereinander durchläuft, von denen jeder durch eine Phase χ_i charakterisiert wird, so ist das Endergebnis

(6.102) $$\boldsymbol{\mathcal{E}}_n = \boldsymbol{\mathcal{E}}_0 e^{i\chi_1} e^{i\chi_2} \cdots e^{i\chi_n} = \boldsymbol{\mathcal{E}}_0 e^{i(\chi_1 + \cdots + \chi_n)}.$$

Die Phasen der verschiedenen Absorber addieren sich. Dieselbe Technik läßt sich auf die Streuung hochenergetischer Teilchen anwenden. Gleichung 6.90 zeigt, daß die Wellen hinter einem einzelnen Streuzentrum sich zur einfallenden Welle verhalten wie die elektrischen Wellen in Gl. 6.101. In der Glauber-Näherung wird angenommen, daß sich die Phasen der einzelnen Streuzentren in einem zusammengesetzten System, z.B. einem Kern, ebenfalls addieren. Zur Formulierung der Näherung nehmen wir an, daß die einzelnen Streuzentren wie in Bild 6.27 angeordnet sind. Der Abstand jedes Streuzentrums von der Achse senkrecht zur Schattenebene wird mit s_i bezeichnet. Der Abstand, der das Profil für jedes Nukleon bestimmt, ist nicht länger ρ, sondern $\rho - s_i$ und der Phasenfaktor für das i-te Nukleon ist durch Gl. 6.92 gegeben als

$$e^{i\chi_i} = 1 - \Gamma_i(\rho - s_i).$$

Für den gesamten Phasenfaktor ergibt die Additivität der einzelnen Phasen

$$e^{i\chi} = e^{i\chi_1} e^{i\chi_2} \cdots e^{i\chi_A} = \prod_{i=1}^{A} [1 - \Gamma_i(\rho - s_i)],$$

und für das vollständige Profil

(6.103) $$\Gamma(\rho) = 1 - \prod_{i=1}^{A} [1 - \Gamma_i(\rho - s_i)].$$

Diese Beziehung beschreibt die Glauber-Näherung. Sind die Profile der einzelnen Nukleonen bekannt, so kann das Profil des ganzen Kerns berechnet werden. Um den Glauber-Ausdruck für die Streuamplitude zu erhalten, ist ein weiterer Schritt nötig. Nukleonen sind nicht fest, wie in Bild 6.27, sondern bewegen sich und ihre Aufenthaltswahrscheinlichkeit ist durch die entsprechende

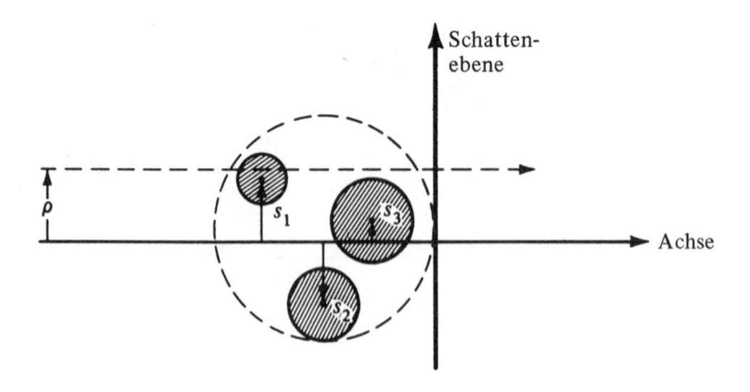

Bild 6.27 Anordnung der einzelnen Streuzentren in einem Kern.

58 Feynman, Vorlesungen über Physik, Band 1, Kapitel 31.

Wellenfunktion gegeben. Für die *elastische Streuung* sind die einfallende und die gestreute Wellenfunktion identisch, und $\boldsymbol{\Gamma}(\rho)$ in Gl. 6.93 muß durch

$$\int d^3x_1 \cdots d^3x_A\, \psi^*(\mathbf{x}_1, \cdots, \mathbf{x}_A)\boldsymbol{\Gamma}(\rho)\psi(\mathbf{x}_1 \cdots, \mathbf{x}_A) \equiv \langle i|\boldsymbol{\Gamma}(\rho)|i\rangle$$

ersetzt werden. Die Streuamplitude Gl. 6.93 wird so zu

$$f(\mathbf{q}) = \frac{ik}{2\pi}\int d^2\rho\, e^{i\mathbf{q}\cdot\boldsymbol{\rho}/\hbar}\langle i|\boldsymbol{\Gamma}(\rho)|i\rangle, \tag{6.104}$$

mit der Umkehrung

$$\langle i|\boldsymbol{\Gamma}(\rho)|i\rangle = \frac{1}{2\pi ik}\int e^{-i\mathbf{q}\cdot\boldsymbol{\rho}/\hbar} f(\mathbf{q})d^2q.$$

Als Beispiel betrachten wir die elastische Streuung eines hochenergetischen Geschosses am einfachsten Kern, dem Deuteron, Bild 6.28. Wenn die Energie der einfallenden Teilchen so hoch ist, daß die Wellenlänge viel kleiner als der Deuteronenradius ($R \approx 4$ fm) ist, kann man zunächst annehmen, daß die Streuung am Neutron und Proton unabhängig verläuft und der gesamte Wirkungsquerschnitt einfach die Summe der beiden einzelnen ist. Die Anwendung der Glauber-Näherung zeigt, daß diese Annahme falsch ist und das Experiment bestätigt die Berechnungen. Für das Deuteron, mit $\mathbf{r} = \mathbf{r}_p - \mathbf{r}_n$, wird Gl. 103 zu

$$\Gamma_d(\boldsymbol{\rho}) = \Gamma_p\left(\boldsymbol{\rho} + \frac{1}{2}\mathbf{r}\right) + \Gamma_n\left(\boldsymbol{\rho} - \frac{1}{2}\mathbf{r}\right) - \Gamma_p\left(\boldsymbol{\rho} + \frac{1}{2}\mathbf{r}\right)\Gamma_n\left(\boldsymbol{\rho} - \frac{1}{2}\mathbf{r}\right). \tag{6.105}$$

Setzt man $\boldsymbol{\Gamma}_d(\rho)$ in Gl. 6.104 ein und benutzt die Tatsache, daß die Wellenfunktion des Deuterons $\psi_d(\mathbf{r})$ nur eine Funktion der relativen Koordinate $\mathbf{r}$ ist, so erhält man für die Streufunktion des Deuterons

$$f_d(\mathbf{q}) = f_p(\mathbf{q})F\left(\frac{1}{2}\mathbf{q}\right) + f_n(\mathbf{q})F\left(\frac{1}{2}\mathbf{q}\right) + \frac{i}{2\pi k}\int F(q')f_p\left(\frac{1}{2}\mathbf{q} - \mathbf{q}'\right) f_n\left(\frac{1}{2}\mathbf{q} + \mathbf{q}'\right) d^2q', \tag{6.106}$$

wobei $F(\mathbf{q})$ der Formfaktor des Deuterongrundzustands ist,

$$F(\mathbf{q}) = \int d^3r\, e^{i\mathbf{q}\cdot\mathbf{r}/\hbar}\, |\psi_d(\mathbf{r})|^2. \tag{6.107}$$

Die ersten beiden Glieder in Gl. 6.106 beschreiben die einzelnen Streuungen, das letzte stellt die Korrektur durch die Doppelstreuung dar. Für den gesamten Wirkungsquerschnitt liefert das optische Theorem Gl. 6.63

$$\sigma_d = \sigma_p + \sigma_n + \frac{2}{k^2}\int d^2q\, F(\mathbf{q})\, \mathrm{Re}\{f_p(-\mathbf{q})f_n(\mathbf{q})\}. \tag{6.108}$$

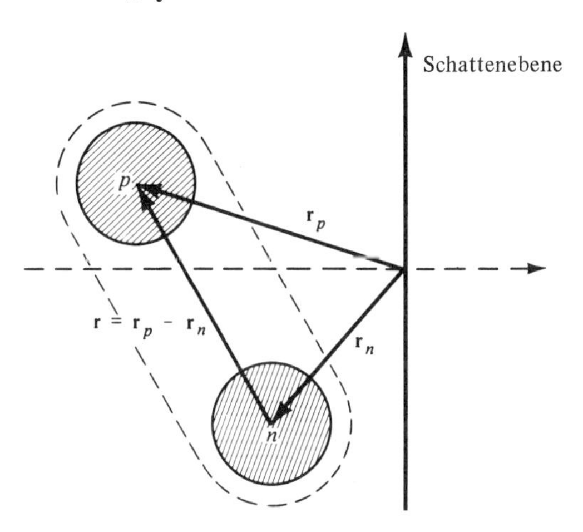

Bild 6.28 Bei der Beschreibung der Streuung an Deuteronen verwendete Koordinaten.

Der Deuteronradius ist beträchtlich größer als die Reichweite der starken Wechselwirkung. Der Formfaktor $F(\mathbf{q})$ hat also ein scharfes Maximum in Vorwärtsrichtung und der gesamte Wirkungsquerschnitt wird

$$\sigma_d \approx \sigma_p + \sigma_n + \frac{2}{k^2}\,\mathrm{Re}[f_p(0) f_n(0)]\langle r^{-2}\rangle_d,$$

wobei $\langle r^{-2}\rangle_d$ der Erwartungswert von r^{-2} im Deuterongrundzustand ist. Wird die Streuung wieder als voll absorbierend angenommen, so daß die Vorwärtsstreuamplituden imaginär sind, so gilt

$$\sigma_d \approx \sigma_p + \sigma_n - \frac{1}{4\pi}\sigma_p \sigma_n \langle r^{-2}\rangle_d. \quad (6.109)$$

Das letzte Glied zeigt hier die Wirkung des Schattens des einen Nukleons auf dem anderen. Der Schatten- oder Doppelstreuterm hat ein negatives Vorzeichen: Der gesamt Wirkungsquerschnitt ist kleiner als die Summe der Wirkungsquerschnitte der einzelnen Nukleonen. Diese Eigenschaft folgt schon aus Gl. 6.105, wo der Doppelstreubeitrag das entgegengesetzte Vorzeichen der Beiträge der Einzelstreuung hat. Bei der Entwicklung von Gl. 6.103 zeigt sich allgemeiner, daß die Vorzeichen aufeinanderfolgender Beiträge abwechseln. Dieses Verhalten wurde experimentell bestätigt.

Die Winkelverteilung der Streuung an Deuteronen liefert weitaus mehr Erkenntnisse als der totale Wirkungsquerschnitt. Mit Gl. 6.10 und Gl. 6.88 wird $d\sigma/dt$ zu

$$\frac{d\sigma}{dt} = \frac{-\pi}{\hbar^2 k^2}|f(\mathbf{q})|^2. \quad (6.110)$$

Zur Berechnung von $d\sigma/dt$ wird $f_d(\mathbf{q})$ aus Gl. 6.106 in Gl. 6.110 eingesetzt. Wir betrachten speziell die Proton-Deuteron-Streuung. Die Streuamplituden f_n und f_p erhält man aus der pp- und np-Streuung; die entsprechenden Grundlagen wurden am Anfang dieses Abschnitts behandelt. Um den Formfaktor $F(\mathbf{q})$ zu finden, muß man von einer speziellen Form der Deuteronenwellenfunktion als Annahme ausgehen. Für eine gegebene Form ψ_d kann man $f_d(\mathbf{q})$ und daraus $d\sigma/dt$ berechnen. Bild 6.29 zeigt $d\sigma/dt$ für die Streuung von Protonen mit 1 und 2 GeV an Deuteronen. Einige charakteristische Eigenschaften sind deutlich sichtbar: Ein schneller Abfall am Anfang, ein flaches Minimum und dann eine langsamere Abnahme für $d\sigma/dt$. Dieses Verhalten kann mit Gl. 6.106 verstanden werden. Die beiden ersten Beiträge, die der Einzelstreuung entsprechen, haben Beugungsmaxima mit Breiten proportional zu $1/k$, wie in Gl. 6.85 gezeigt. Bei der Doppelstreuung absorbiert jedes Nukleon den halben Energieübertrag, die entsprechende Beugungsbreite ist größer. Der schnelle Abfall am Anfang kommt von der Einzelstreuung, die Doppelstreuung herrscht dagegen bei größeren Werten von t vor. Die explizite Berechnung von $d\sigma/dt$ zeigt, daß die Streuung tatsächlich die Struktur von Kernen wiedergibt.[59] Wie wir in Abschnitt 12.5 sehen werden, sind die beiden Nukleonen im Deuteron überwiegend in einem Zustand mit relativer Bahndrehimpulszahl $L = 0$ (s-Zustand), aber es besteht eine kleine Beimischung des Drehimpulses $L = 2$ (d-Zustand), siehe Bild 12.9. Werden die Wirkungsquerschnitte nur mit der Wellenfunktion des s-Zustands allein berechnet, so ergeben sich die gestrichelten Linien in Bild 6.29, die nicht ganz mit den experimentellen Werten übereinstimmen. Um die gute Übereinstimmung zu erhalten, wie sie die durchgezogene Linie zeigt, muß man einen kleinen Anteil (6,7%) des d-Zustandes beimengen. Diese kleine Überlagerung verwischt die tiefen Interferenzminima zwischen der Einfach- und der Doppelstreuung.

Die hier für das Deuteron beschriebene Technik wurde auch zur Erforschung der Struktur anderer Nuklide benutzt.[53, 54, 60] Sie ist auch für andere Projektile als Protonen anwendbar, z.B. für Pionen oder Antiprotonen. ●

59 V. Franco und R.J. Glauber, *Phys. Rev. Letters* **22**, 370 (1969).

60 W. Czyz, *Advan. Nucl. Phys.*, **4**, 61 (1971).

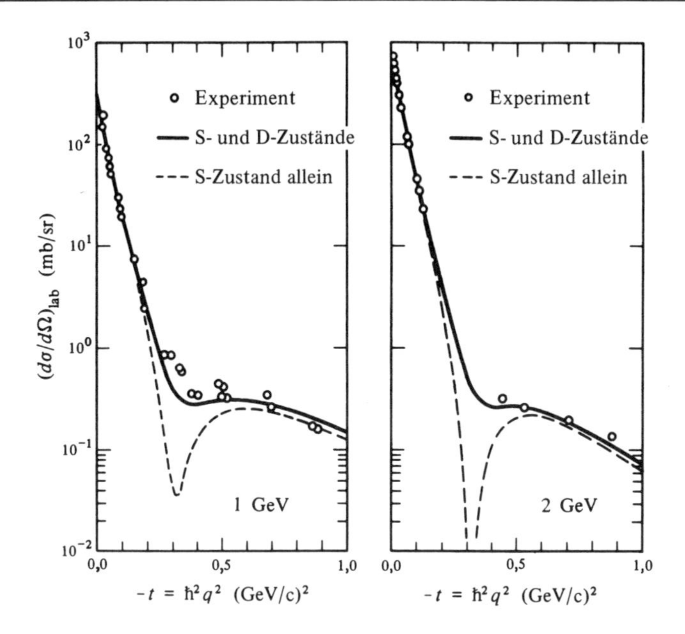

Bild 6.29 Gemessener und berechneter Wirkungsquerschnitt der elastischen p-d-Streuung. Nach V. Franco und R.J. Glauber, *Phys. Rev. Letters* 22, 370 (1969).

6.10 *Literaturhinweise*

R. Hofstadter, *Nucleon Structure*, Benjamin, Reading, Mass., 1963. In diesem Band sind die wichtigen Veröffentlichungen über die Struktur subatomarer Teilchen zusammengefaßt. Unter den abgedruckten Werken sind einige ausgezeichnete Übersichtsartikel. Für die Suche nach Informationen über die Struktur subatomarer Teilchen, die vor 1963 bekannt waren, ist es vorteilhaft, erst einmal hier nachzuschauen.

Die in diesem Kapitel behandelten Probleme werden in einer Anzahl von leicht verständlichen Artikeln besprochen. Von besonderem Interesse sind die folgenden:

H.R. Crane, "The g Factor of the Electron", *Sci. Amer.* 218, 72 (Januar 1968).

H.W. Kendall und W.K.H. Panofsky, *Sci. Amer.* 224, 61 (Juni 1971).

M.J. Perl, "How Does the Muon Differ from the Electron?", *Phys. Today*, 24, 34 (Juli 1971).

Die g-Faktoren von Leptonen sind in A. Rich and J.C. Wesley, *Rev. Modern Phys.* 44, 250 (1972) zusammengefaßt.

Eine gute Einführung in die Ideen und die verschiedenen Techniken, die der Untersuchung der Kerngröße zugrundeliegen, ist L.R.B. Elton,

Nuclear Sizes, Oxford University Press, London, 1961. Eine verständliche Erläuterung der Strukturuntersuchungen mit Elektronen gibt H. Überall, *Elektron Scattering from Complex Nuclei*, Academic Press, New York, 1971 (zwei Bände).

Im vorliegenden Kapitel wurde nur ein Verfahren zur Bestimmung der Kernladungsverteilung besprochen, nämlich die elastische Elektronenstreuung. Es gibt jedoch noch viele andere Methoden. Von besonderer Bedeutung ist die Beobachtung von myonischer Röntgenstrahlung. Dieser Punkt wird in den folgenden Veröffentlichungen zusammenfassend behandelt:

S. Devons and I. Dueroth, *Advan. Nucl. Phys.* 2, 295 (1969).

C.S. Wu and L. Wilets, *Ann. Rev. Nucl. Sci.* 19, 527 (1969).

Y.N. Kim, *Mesic Atoms and Nuclear Structure*, American Elsevier- North-Holland, New York, 1971.

Die experimentellen Daten über Kernradien sind gesammelt in R. Hofstadter und H.R. Collard, in Landolt-Börnstein, *Numerical Data and Functional Relationships in Science and Technology*, Group I, Vol. 2: Nuclear Radii (H. Schopper, ed.), Springer, Berlin, 1967.

Uns ist keine wirklich elementare Behandlung der Formfaktoren der Elementarteilchen bekannt. Ein eifriger Student kann den folgenden Übersichtsartikeln, die auf höherem Niveau als das vorliegende Buch geschrieben sind, einiges darüber entnehmen:

S.D. Drell, "Form Factors of Elementary Particles", in *Selected Topics on Elementary Particle Physics*, Academic Press, New York, 1963.

T.A. Griffy and L.I. Schiff, "Electromagnetic Form Factors", in *High-Energy Physics*, Vol. 1, Academic Press, New York, 1967.

D. Bartoli, F. Felicetti, and V. Silvestrini, "Electromagnetic Structure of Hadrons", Rivista Nuovo Cimento 2, 241 (1972).

Aufgaben

6.1 Ein Elektronenstrahl von 10 GeV Energie und einem Strom von 10^{-8} A wird auf eine Fläche von 0,5 cm^2 gebündelt. Wie groß ist der Fluß F?

6.2 Ein Teilchen-Puls im 100 GeV Beschleuniger enthalte 10^{13} Protonen, werde auf eine Fläche von 2 cm^2 gebündelt und sei gleichmäßig auf 0,5 s verteilt. Berechnen Sie den Fluß.

6.3 Ein Kupfertarget, 0,1 cm dick, befindet sich in einem Teilchenstrahl von 4 cm^2 Fläche. Die Kernstreuung wird beobachtet.

a) Berechnen Sie die Anzahl der Streuzentren, die im Strahl liegen.

b) Der gesamte Wirkungsquerschnitt für einen Streuvorgang sei 10 mb. Welcher Bruchteil des einfallenden Strahls wird gestreut?

6.4 Positive Pionen mit der kinetischen Energie von 190 MeV treffen auf ein 50 cm langes Target aus flüssigem Wasserstoff. Welcher Bruchteil der Pionen erfährt Pion-Proton-Streuung? (Siehe Bild 5.28.)

6.5 Untersuchen Sie den Stoß eines α-Teilchens mit einem Elektron. Zeigen Sie, daß der maximale Energieverlust und der maximale Impulsübertrag in einem Stoß klein sind. Berechnen Sie den maximalen Energieverlust, den ein α-Teilchen mit 10 MeV durch Stoß mit einem ruhenden Elektron verlieren kann.

6.6 Geben Sie die klassische Ableitung der Rutherfordschen Streuformel kurz an.

6.7 Zeigen Sie, daß für ein kugelsymmetrisches Potential Gl. 6.14 aus Gl. 6.13 folgt.

6.8 Beweisen Sie Gl. 6.16.

6.9

a) Zeigen Sie, daß in allen Experimenten, die Auskunft über die Struktur subatomarer Teilchen geben, der Term $(\hbar/a)^2$ in Gl. 6.16 vernachlässigt werden kann.

b) Für welche Streuwinkel ist der Korrekturterm $(\hbar/a)^2$ wichtig?

6.10 Drücken Sie Gl. 6.17 durch die kinetische Energie des einfallenden Teilchens und den Streuwinkel aus. Beweisen Sie, daß dieser Ausdruck mit der Rutherfordschen Formel übereinstimmt.

6.11 Ein Elektron mit der Energie von 100 MeV schlägt auf einen Bleikern.

a) Berechnen Sie den maximalen Impulsübertrag.

b) Berechnen Sie die Rückstoßenergie für den Bleikern bei diesem Impulsübertrag.

c) Zeigen Sie, daß das Elektron für dieses Problem als masselos betrachtet werden kann.

6.12 Beweisen Sie Gl. 6.28 und geben Sie das nächste Glied in der Entwicklung an.

6.13 Es sei folgende Wahrscheinlichkeitsverteilung gegeben ($x = |\mathbf{x}|$):

$$\rho(x) = \rho_0 \quad \text{für} \quad x \leq R$$

$$\rho(x) = 0 \quad \text{für} \quad x > R.$$

a) Berechnen Sie den Formfaktor für diese "gleichmäßige Ladungsverteilung".

b) Berechnen Sie $\langle x^2 \rangle^{1/2}$.

6.14 Elektronen mit 250 MeV werden an ^{40}Ca gestreut.

a) Berechnen Sie mit den im Text gegebenen Gleichungen die numerischen

Werte des Wirkungsquerschnitts als Funktion des Streuwinkels für folgende Annahmen:

a1) Elektronen ohne Spin, punktförmiger Kern.

a2) Elektronen mit Spin, punktförmiger Kern.

a3) Elektronen mit Spin, "gaußförmiger" Kern, siehe Gl. 6.31.

b) Suchen Sie experimentelle Werte für den Wirkungsquerschnitt und vergleichen Sie sie mit den Berechnungen. Bestimmen Sie einen Wert für b in Gl. 6.31.

6.15

a) Was sind myonische Atome?

b) Wie kann man mit myonischen Atomen Kernstrukturen untersuchen?

c) Berechnen Sie den Wert des $2p - 1s$ myonischen Übergangs in ^{208}Pb unter Annahme, daß Pb einen punktförmigen Kern hat. Vergleichen Sie dies mit dem beobachteten Wert von 5,8 MeV.

d) Benutzen Sie die in Teil c) berechneten und gegeben Werte zur Abschätzung des Kernradius von Pb. Vergleichen Sie dies mit dem tatsächlichen Wert.

6.16 Berechnen Sie mit Gl. 6.26 die Normierungskonstante N in Gl. 6.32.

6.17 Bestimmen Sie mit den Werten aus Gl. 6.35 den mittleren Abstand zweier Nukleonen in einem Kern.

6.18 Erläutern Sie die $(g - 2)$-Experimente für das Elektron und das Myon.

a) Leiten Sie Gl. 6.41 für den nichtrelativistischen Fall her.

b) Skizzieren Sie die experimentelle Anordnung für das $(g - 2)$-Experiment mit negativen Elektronen. Wie werden die Elektronen polarisiert? Wie wird die Polarisation am Ende gemessen?

c) Wiederholen Sie Teil b) für Myonen.

6.19 Wie bestimmten Stern, Estermann und Frisch das magnetische Moment des Protons?

6.20

a) Wie wurde das magnetische Moment des Neutrons zuerst bestimmt (indirektes Verfahren)?

b) Erläutern Sie ein direktes Verfahren zur Bestimmung des magnetischen Moments des freien Neutrons.

c) Kann man Speicherringe für Neutronen bauen? Wenn ja, skizzieren Sie eine mögliche Anordnung und beschreiben Sie die zugrundeliegenden physikalischen Ideen.

6.21 Ein Neutron soll zeitweise als Diracneutron ohne magnetisches Moment und zeitweise als Diracproton (ein nukleares Magneton) mit einem negativen Pion existieren. Das negative Pion und das Diracproton sollen ein System mit Bahndrehimpuls 1 bilden. Schätzen Sie ab, welchen Teil der Zeit sich das physikalische Neutron im Proton-Pion-Zustand befinden muß, um das beobachtete magnetische Moment zu erhalten.

6.22 Beweisen Sie Gl. 6.50 und Gl. 6.51.

6.23 Erläutern Sie eine der Methoden zur Bestimmung des mittleren Radius für die Ladung des Neutrons aus der Streuung langsamer Neutronen an Materie.

Teil III – Symmetrien und Erhaltungssätze

Wenn die Gesetzmäßigkeiten der subatomaren Welt vollständig bekannt wären, so bestände keine Notwendigkeit mehr zur Untersuchung von Symmetrien und Erhaltungssätzen. Der Zustand jedes Teils der Welt könnte aus einer Grundgleichung berechnet werden, in der alle Symmetrien und Erhaltungssätze enthalten wären. In der klassischen Elektrodynamik z.B. enthalten die Maxwellschen Gleichungen bereits alle Symmetrien und Erhaltungssätze. In der subatomeren Physik jedoch sind die grundlegenden Gleichungen noch nicht aufgestellt, wie wir in Teil IV sehen werden. Die Untersuchung der verschiedenen Symmetrien und Erhaltungssätze und die Konsequenzen daraus liefern deshalb wesentliche Hinweise für die Formulierung der fehlenden Gleichungen. Eine besondere Konsequenz von Symmetriegesetzen ist dabei von äußerster Wichtigkeit: Immer wenn ein Gesetz bezüglich einer bestimmten Symmetrieoperation invariant ist, gibt es einen dazugehörigen Erhaltungssatz. Invarianz bezüglich der Translation der Zeit z.B. führt zur Energieerhaltung, Invarianz bezüglich der räumlichen Drehung führt zur Erhaltung des Drehimpulses. Diese grundlegende Beziehung gilt in beiden Richtungen: Findet oder vermutet man eine Symmetrie, so wird die zugehörige Erhaltungsgröße gesucht, bis sie entdeckt wird. Sobald eine Erhaltungsgröße auftaucht, beginnt die Suche nach dem entsprechenden Symmetrieprinzip. Hier ist jedoch Vorsicht geboten: Die Intuition kann sich irren. Oft sieht ein Symmetrieprinzip verlockend aus, stellt sich aber dann als teilweise oder völlig falsch heraus. Das Experiment ist der alleinige Richter darüber, ob ein Symmetrieprinzip gilt oder nicht.

Die Erhaltungsgrößen können zur Kennzeichnung von Zuständen benutzt werden. Ein Teilchen kann man durch seine Masse oder Ruheenergie charakterisieren, da die Energie erhalten bleibt. Dasselbe gilt für die elektrische Ladung q. Sie bleibt erhalten und tritt nur in Einheiten der Elementarladung e auf. Der Wert q/e eignet sich deshalb zur Unterscheidung von Teilchen gleicher Masse. Positive, neutrale und negative Pionen können so getauft werden; Pion ist der Familienname und positiv der Vorname.

In den nächsten drei Kapiteln werden wir eine Anzahl von Symmetrien und Erhaltungssätzen besprechen. Es gibt darüberhinaus weitere Symmetrien und einer davon werden wir später begegnen. Einige der Symmetrien sind selbst bei genauester Betrachtung vollkommen und keine Verletzung des zugehörigen Erhaltungssatzes wurde je gefunden. Die Rotationssymmetrie und die Erhaltung des Drehimpulses ist ein Beispiel dieser "vollkommenen" Klasse. Andere Symmetrien werden "verletzt" und der zugehörige Erhaltungssatz gilt nur näherungsweise. Die Invarianz bezüglich der Spiegelung (Parität) ist ein Beispiel einer solchen verletzten Symmetrie. Gegenwärtig ist nicht klar, warum einige Symmetrien verletzt werden und andere nicht. Es ist nicht einmal klar, ob die Frage heißen muß "Warum werden Symmetrien verletzt?" oder "Warum sind einige Symmetrien vollkommen?" Wir müssen die Symmetrien und ihre Folgen weiter untersuchen und hoffen, damit ein vollständigeres Verständnis dieser Gesetze zu erreichen.[1])

7. Additive Erhaltungssätze

In diesem Kapitel werden wir zuerst die Beziehung zwischen den Erhaltungsgrößen und den Symmetrien allgemein besprechen. Dies ist ein wenig theoretisch, ebnet aber den Weg zum Verständnis der Beziehung zwischen den Symmetrien und Invarianzen. Anschließend werden wir einige zusätzliche Erhaltungssätze behandeln, beginnend mit der elektrischen Ladung. Die elektrische Ladung ist der Prototyp einer Größe, für die ein additiver Erhaltungssatz gilt: Die Ladung einer Ansammlung von Teilchen ist die algebraische Summe der Ladungen der einzelnen Teilchen. Außerdem ist sie quantisiert und wurde nur in Vielfachen der Elementarladung e gefunden. Es gibt andere additive, erhaltene und quantisierte Beobachtungsgrößen und in diesem Kapitel werden wir die besprechen, die zweifelsfrei feststehen.

7.1 *Erhaltungsgrößen und Symmetrie*

Wann bleibt eine physikalische Größe erhalten? Zur Beantwortung dieser Frage betrachten wir ein System, das durch einen zeitunabhängigen Hamiltonoperator H beschrieben wird. Die Wellenfunktion dieses Systems erfüllt die Schrödinger-Gleichung

$$i\hbar\frac{d\psi}{dt} = H\psi. \tag{7.1}$$

1 Die Bedeutung der Symmetrien für die Physik, und noch allgemeiner für die menschlichen Bemühungen, ist in folgenden Werken schön beschrieben:
Feynman, Vorlesungen über Physik, Kapitel 52.
H. Weyl, *Symmetry,* Princeton University Press, Princeton, N.J., 1952.
E.P. Wigner, *Symmetries and Reflections,* Indiana University Press, Bloomington, 1967.
C.N. Yang, *Elementary Particles,* Princeton University Press, Princeton, N.J., 1962.

Der Wert einer Beobachtungsgröße (Observablen)[1] F im Zustand $\psi(t)$ ist durch den Erwartungswert $\langle F \rangle$ gegeben. Wann ist $\langle F \rangle$ unabhängig von der Zeit? Um dies herauszufinden, nehmen wir an, daß der Operator F nicht von t abhängt und berechnen $(d/dt)\langle F \rangle$:

$$\frac{d}{dt}\langle F \rangle = \frac{d}{dt}\int d^3x\, \psi^* F \psi = \int d^3x \frac{d\psi^*}{dt} F\psi + \int d^3x\, \psi^* F \frac{d\psi}{dt}.$$

Zur Berechnung des letzten Ausdrucks benötigt man die konjugiert komplexe Schrödinger-Gleichung

$$-i\hbar \frac{d\psi^*}{dt} = (H\psi)^* = \psi^* H. \tag{7.2}$$

Hierbei wurde berücksichtigt, daß H reell ist. Mit Gl. 7.1 und Gl. 7.2 wird $(d/dt)\langle F \rangle$ zu

$$\frac{d}{dt}\langle F \rangle = \frac{i}{\hbar}\int d^3x\, \psi^*(HF - FH)\psi. \tag{7.3}$$

Der Ausdruck $HF - FH$ heißt Kommutator von H und F und wird durch Klammern abgekürzt:

$$HF - FH \equiv [H, F]. \tag{7.4}$$

Gleichung 7.3 zeigt, daß $\langle F \rangle$ erhalten bleibt (d.h. eine Konstante der Bewegung ist), wenn der Kommutator von H und F verschwindet

$$[H, F] = 0 \longrightarrow \frac{d}{dt}\langle F \rangle = 0. \tag{7.5}$$

Kommutiert H und F, so können die Eigenfunktionen von H so gewählt werden, daß sie auch Eigenfunktionen von F sind,

$$\begin{aligned} H\psi &= E\psi \\ F\psi &= f\psi. \end{aligned} \tag{7.6}$$

---

1 Erfahrungsgemäß sind die Begriffe der *Observablen* und des *Matrixelements* den Studenten zunächst fremdartig. Wiederholte Erklärung und gelegentliches Lesen eines Quantenmechanikbuches – z.B. Eisberg, Abschnitt 7.8 oder noch besser Kapitel 8 von Merzbacher – wird die Schwierigkeiten beseitigen. Wir merken nur an, daß eine Observable durch einen quantenmechanischen Operator F dargestellt wird, dessen Erwartungswert einer Messung entspricht. Der Erwartungswert von F im Zustand ψ_a ist definiert als

$$\langle F \rangle = \int d^3x\, \psi_a^*(\mathbf{x}) F \psi_a(\mathbf{x}).$$

Da der Erwartungswert von F gemessen werden kann, muß er reell sein und deshalb muß F hermitesch sein. Werden zwei Zustände betrachtet, so kann man eine ähnliche Größe wie $\langle F \rangle$ bilden, indem man schreibt

$$F_{ba} = \int d^3x\, \psi_b^*(\mathbf{x}) F \psi_a(\mathbf{x}).$$

F_{ba} heißt das Matrixelement von F zwischen den Zuständen a und b. Der Erwartungswert von F im Zustand a ist das Diagonalelement von F_{ba} für $b = a$:

$$\langle F \rangle = F_{aa}.$$

Die nichtdiagonalen Elemente entsprechen keinen klassischen Größen. Übergänge zwischen den Zuständen a und b hängen jedoch mit F_{ba} zusammen (Eisberg, Abschnitt 9.2; Merzbacher, Abschnitt 5.4).

Hierbei ist E der Eigenwert der Energie und f der Eigenwert des Operators F im Zustand ψ.

Wie findet man Erhaltungsgrößen? Nach Beantworung der Frage, wann eine Observable erhalten bleibt, gehen wir das mehr physikalische Problem an: Wie findet man Erhaltungsgrößen? Der direkte Weg, H hinzuschreiben und alle Observablen in den Kommutator einzusetzen, ist normalerweise undurchführbar, da H nicht vollständig bekannt ist. Glücklicherweise muß H nicht explizit bekannt sein; eine Erhaltungsgröße findet man, wenn H unter einer Symmetrieoperation invariant ist. Zur Definition der Symmetrieoperation führen wir den Transformationsoperator U ein. U verwandelt die Wellenfunktion $\psi(\mathbf{x}, t)$ in die Wellenfunktion $\psi'(\mathbf{x}, t)$:

$$\psi'(\mathbf{x}, t) = U\psi(\mathbf{x}, t). \tag{7.7}$$

Eine solche Transformation ist nur statthaft, wenn die Normierung der Wellenfunktion sich nicht ändert:

$$\int d^3x\, \psi^*\psi = \int d^3x\, (U\psi)^* U\psi = \int d^3x\, \psi^* U^\dagger U\psi.$$

Der Transformationsoperator U muß folglich unitär sein,[2])

$$U^\dagger U = UU^\dagger = I. \tag{7.8}$$

U ist ein Symmetrieoperator, wenn $U\psi$ dieselbe Schrödinger-Gleichung erfüllt wie ψ. Aus

$$i\hbar\frac{d(U\psi)}{dt} = HU\psi$$

folgt

$$i\hbar\frac{d\psi}{dt} = U^{-1}HU\psi,$$

wobei U als zeitunabhängig angenommen wird und U^{-1} der inverse Operator ist. Der Vergleich mit Gl. 7.1 liefert

$$H = U^{-1}HU = U^\dagger HU$$

oder

$$HU - UH \equiv [H, U] = 0. \tag{7.9}$$

Der Symmetrieoperator U kommutiert mit dem Hamiltonoperator.

2 **Notation und Definitionen**: Zu einem Operator A ist der hermitesch adjungierte Operator $A^\dagger$ *definiert* durch

$$\int d^3x\, (A\psi)^*\phi = \int d^3x\, \psi^* A^\dagger\phi.$$

Der Operator A ist hermitesch, falls $A^\dagger = A$ gilt; er ist ein unitärer Operator, wenn $A^\dagger = A^{-1}$ oder $A^\dagger A = 1$ gilt. Unitäre Operatoren sind Verallgemeinerungen von $e^{i\alpha}$, den komplexen Zahlen mit Absolutwert 1 (Merzbacher, Kapitel 14). **Notation**: Zu einer Matrix A mit den Elementen a_{ik} ist A^* mit den Elementen a^*_{ik} die konjugiert komplexe Matrix. $\tilde{A}$ mit den Elementen a_{ki} ist die transponierte Matrix. $A^\dagger$ mit den Elementen a^*_{ki} ist die hermitesch konjugierte Matrix. $(AB)^\dagger = B^\dagger A^\dagger$. I ist die Einheitsmatrix. Die Matrix F heißt hermitesch, wenn $F^\dagger = F$ gilt. Die Matrix U ist unitär, falls $U^\dagger U = UU^\dagger = I$ gilt.

Der Vergleich von Gl. 7.5 und Gl. 7.9 zeigt, wie man Erhaltungsgrößen findet: Wenn U hermitesch ist, so ist es eine Observable. Ist U nicht hermitesch, so kann man einen hermiteschen Operator finden, der mit U verwandt ist und Gl. 7.9 erfüllt. Bevor wir ein Beispiel eines solchen verwandten Operators angeben, fassen wir noch einmal die wesentlichen Punkte über die Operatoren F und U zusammen.

Der Operator F ist eine Observable; er stellt eine physikalische Größe dar. Seine Erwarungswerte müssen reell sein, um gemessenen Werten zu entsprechen und F muß folglich hermitesch sein.

(7.10) $$F^\dagger = F.$$

Der Transformationsoperator U ist unitär; er verwandelt eine Wellenfunktion in eine andere, wie in Gl. 7.7.

Im allgemeinen sind Transformationsoperatoren nicht hermitesch und entsprechen folglich auch keiner Observablen. Es gibt jedoch Ausnahmen, und bevor wir diese besprechen, stellen wir zunächst fest, daß es in der Natur zwei Arten von Transformationen gibt, kontinuierliche und diskontinuierliche. Die kontinuierlichen lassen sich einfach mit dem Einheitsoperator verknüpfen, bei den diskontinuierlichen ist dies nicht möglich. Unter den letzteren finden wir Operatoren, die gleichzeitig unitär und hermitesch sind. Die Paritätsoperation (Inversion des Raums) z.B., die $\mathbf{x}$ in $-\mathbf{x}$ verwandelt, stellt eine Spiegelung am Ursprung dar. Eine solche Operation ist offensichtlich nicht kontinuierlich; es ist unmöglich "nur ein bißchen" zu spiegeln. Entweder spiegelt man oder nicht. Wenn die Raumumkehr zweimal angewandt wird, erhält man wieder die ursprüngliche Lage. Diskontinuierliche Operatoren haben oft diese Eigenschaft

(7.11) $$U_h^2 = 1.$$

Wie man aus Gl. 7.8 und Gl. 7.10 sieht, ist U_h dann unitär und hermitesch und demnach eine Observable.

Ein bekanntes Beispiel einer kontinuierlichen Transformation ist die gewöhnliche Drehung (Rotation). Die Drehung um eine gegebene Achse kann um jeden beliebigen Winkel α erfolgen und man kann α so klein machen, wie man will. Im allgemeinen kann man eine kontinuierliche Transformation so klein machen, daß ihr Operator sich dem Einheitsoperator nähert. Der Operator U kann für eine kontinuierliche Transformation als

(7.12) $$U = e^{i\epsilon F}$$

geschrieben werden, wobei ϵ ein reeller Parameter ist. F heißt die Erzeugende von U. Die Wirkung eines solchen exponentiellen Operators auf die Wellenfunktion ψ ist durch

$$U\psi = e^{i\epsilon F}\psi \equiv \left[1 + i\epsilon F + \frac{(i\epsilon F)^2}{2!} + \cdots\right]\psi$$

definiert. Im allgemeinen gilt $e^{i\epsilon F} \neq e^{-i\epsilon F^\dagger}$ und ist U nicht hermitesch. Die Unitaritätsbedingung Gl. 7.8 gibt jedoch, falls $[F, F^\dagger] = 0$ ist,

$$e^{-i\epsilon F^\dagger} e^{i\epsilon F} = e^{i\epsilon(F - F^\dagger)} = 1$$

oder

$$F^\dagger = F. \tag{7.13}$$

Die Erzeugende F des Transformationsoperators U ist ein hermitescher Operator und sie ist die zu U gehörige Observable, falls U nicht hermitesch ist. Um F zu finden, ist es meist am günstigsten, nur infinitesimal kleine Transformationen zu betrachten:

$$U = e^{i\epsilon F} \longrightarrow U = 1 + i\epsilon F, \qquad \epsilon F \ll 1. \tag{7.14}$$

Wenn ein System invariant unter einer endlichen Transformation ist, dann ist es sicher auch invariant unter einer infinitesimalen Transformation. Die Untersuchung infinitesimaler Transformationen ist jedoch viel weniger mühselig, als die der endlichen Transformationen. Ist U insbesondere ein Symmetrieoperator, so kommutiert er mit H, wie in Gl. 7.9 gezeigt. Einsetzen der Entwicklung Gl. 7.14 in Gl. 7.9 ergibt

$$H(1 + i\epsilon F) - (1 + i\epsilon F)H = 0$$

oder

$$[H, F] = 0. \tag{7.15}$$

Die Erzeugende F ist ein hermitescher Operator, der erhalten bleibt, wenn U erhalten bleibt.

Die Darstellung in diesem Abschnitt war bis jetzt ziemlich formal und abstrakt. Die Anwendungen werden jedoch zeigen, daß diese vorwiegend trockenen Betrachtungen weitreichende Folgen haben. Kontinuierliche und diskontinuierliche Transformationen spielen eine bedeutende Rolle in der subatomaren Physik. Invarianz unter einer kontinuierlichen Transformation führt zu einem additiven Erhaltungssatz, und wichtige Beispiele dafür werden in diesem und im folgenden Kapitel besprochen. Invarianz unter einer diskontinuierlichen Transformation kann zu einem multiplikativen Erhaltungssatz führen und spezielle Beispiele dafür werden in Kapitel 9 behandelt.

Ein Beispiel. Die Abhandlungen in den folgenden Abschnitten und Kapiteln sind kurz gefaßt und deshalb stellen wir hier zunächst ein einfaches Beispiel in weitschweifiger Ausführlichkeit dar, um die folgenden Fälle leichter verdaulich zu machen.

Wir betrachten das Verhalten eines Teilchens (oder Systems), das sich in einer Dimension, x, bewegt. Bild 7.1 zeigt das Teilchen an zwei verschiedenen Stellen mit den entsprechenden Wellenfunktionen. $\psi(x)$ ist die Wellenfunktion des Teilchens am Ort x_0 und $\psi^\Delta(x)$ ist die Wellenfunktion des

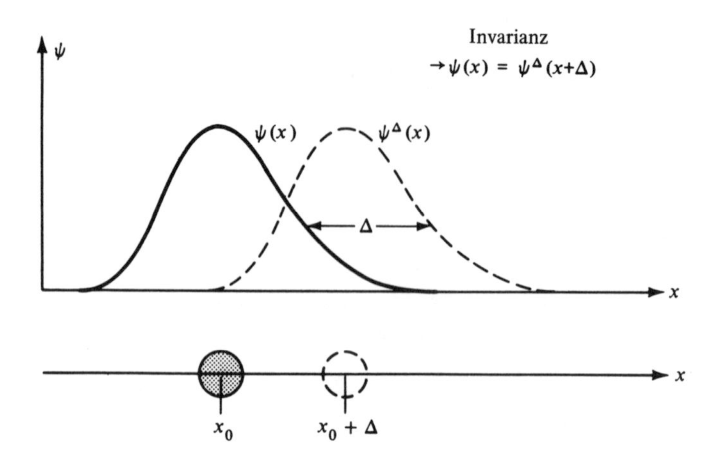

Bild 7.1 Ein Teilchen in einer Dimension. Es ist an zwei verschiedenen Stellen im Abstand Δ mit den entsprechenden Wellenfunktionen eingezeichnet.

um den Abstand Δ verschobenen Teilchens. Nach Gl. 7.7 sind ψ und ψ^Δ an derselben Stelle x durch einen Transformationsoperator U verknüpft,

$$\psi^\Delta(x) = U(\Delta)\psi(x). \tag{7.7a}$$

Bis hierhin wurden keine Invarianzeigenschaften verwandt und die Wellenfunktionen ψ und ψ^Δ können völlig verschiedene Form haben. Wenn das System jedoch invariant bezüglich der Translation ist, dann erfüllen ψ und ψ^Δ dieselbe Schrödinger-Gleichung und H und U kommutieren. Die Invarianz besagt, daß die Wellenfunktion ihre Form nicht ändert, wenn sie mit dem Teilchen entlang x verschoben wird und demnach, wie in Bild 7.1 zu sehen,

$$\psi(x) = \psi^\Delta(x + \Delta).$$

Das Ziel ist es nun, einen expliziten Ausdruck für den Symmetrieoperator U und die zugehörige Erzeugende F zu finden. Für infinitesimal kleine Verschiebungen Δ ergibt die Entwicklung der obigen Gleichung

$$\psi(x) \approx \psi^\Delta(x) + \frac{d\psi^\Delta(x)}{dx}\Delta = \left(1 + \Delta\frac{d}{dx}\right)\psi^\Delta(x).$$

Die Multiplikation mit $(1 - \Delta d/dx)$ von links und Vernachlässigung des Terms proportional zu Δ^2 liefert

$$\psi^\Delta(x) \approx \left(1 - \Delta\frac{d}{dx}\right)\psi(x).$$

Der Vergleich mit Gl. 7.7a zeigt, daß

$$U(\Delta) \approx 1 - \Delta \frac{d}{dx}.$$

Der allgemeine infinitesimale Operator U steht in Gl. 7.14; der reelle Parameter ϵ ist die Verschiebung Δ und es zeigt sich, daß die Erzeugende F proportional zum Impulsoperator p_x ist:

$$F = i\frac{d}{dx} = -\frac{1}{\hbar}p_x.$$

Da U mit H kommutiert, kommutiert auch F mit H, wie in Gl. 7.15 gezeigt wurde. Die Invarianz bezüglich einer Translation entlang der x-Achse führt zur Erhaltung des zugehörigen Impulses p_x.

7.2 *Die elektrische Ladung*

Als erstes Beispiel einer Erhaltungsgröße betrachten wir die elektrische Ladung. Wir sind so daran gewöhnt, daß Elektrizität nicht spontan erscheint oder verschwindet, daß wir oft vergessen zu fragen, wie gut die Erhaltung der elektrischen Ladung bewiesen ist. Eine gute Möglichkeit zur Überprüfung der Ladungserhaltung ist die Suche nach dem Zerfall des Elektrons. Wenn die Ladung nicht erhalten bleibt, so wäre der Zerfall des Elektrons in ein Neutrino und ein Photon,

$$e \longrightarrow \nu\gamma,$$

nach allen bekannten Erhaltungssätzen erlaubt. Wie könnte ein solches Ereignis beobachtet werden? Wenn ein im Atom gebundenes Elektron zerfällt, hinterläßt es ein Loch in der Schale. Das Loch wird dann von einem Elektron aus einem höheren Zustand gefüllt, und dabei ein Röntgenquant emittiert. Eine solche Röntgenstrahlung wurde nie beobachtet und die mittlere Lebensdauer eines Elektrons ist demnach größer als 2×10^{21} a. [3]) Das Ergebnis wird verallgemeinert, indem man sagt, die elektrische Ladung wird in jeder Reaktion erhalten. Die elektrische Ladung im Anfangs- und Endzustand jeder Reaktion muß die gleiche sein:

(7.16) $$\sum q_{\text{Anfang}} = \sum q_{\text{Ende}}.$$

Dieser Erhaltungssatz stimmt mit allen Beobachtungen überein.

Die Quantisierung der elektrischen Ladung erlaubt es uns, die Ladungserhaltung etwas anders darzustellen. Alle Untersuchungen stimmen darin überein, daß die elektrische Ladung eines Teilchens immer ein ganzzahliges Vielfaches der Elementarladung e ist:

(7.17) $$q = Ne.$$

3 M.K. Moe und F. Reines, *Phys. Rev.* **140B**, 992 (1965).

N heißt elektrische Ladungszahl oder manchmal einfach nur die elektrische Ladung. Die Beziehung Gl. 7.17 besagt, daß die Ladung des Neutrons genau Null und die Ladungen des Elektrons und Protons genau gleich groß sein müssen. Tatsächlich zeigt die Beobachtung von Neutronenstrahlen oder neutralen Atomstrahlen in elektrischen Feldern, daß die Neutronenladung kleiner als $3 \times 10^{-20}e$ und die Summe der Elektronen- und Protonenladung kleiner als $3 \times 10^{-17}e$ ist.[4]) Jedem Teilchen wird deshalb eine Ladungszahl N zugeordnet. Die Erhaltung der elektrischen Ladung, Gl. 7.16, bedeutet, daß N einen additiven Erhaltungssatz erfüllt: In jeder Reaktion

$$a + b \longrightarrow c + d + e$$

bleibt die Summe der Ladungszahlen konstant,

$$N_a + N_b = N_c + N_d + N_e. \tag{7.18}$$

Gleichung 7.16 ist ein Beispiel eines Erhaltungssatzes. Wir haben in der Einführung festgestellt, daß zu jedem Erhaltungssatz ein Symmetrieprinzip gehört. Welches Symmetrieprinzip bewirkt die Erhaltung der elektrischen Ladung? Zur Beantworung dieser Frage gehen wir wie in Abschnitt 7.1 vor, nur diesmal speziell für die elektrische Ladungserhaltung. Beim Lesen der folgenden Ableitung ist es empfehlenswert, nebenher die allgemeinen Schritte in Abschnitt 7.1 zu verfolgen. ψ_q soll einen Zustand mit Ladung q beschreiben und die Schrödinger-Gleichung Gl. 7.1 erfüllen:

$$i\hbar\frac{d\psi_q}{dt} = H\psi_q. \tag{7.19}$$

Wenn Q der Operator der elektrischen Ladung ist, so wissen wir aus Gl. 7.5 und Gl. 7.6, daß $\langle Q\rangle$ erhalten bleibt, wenn H und Q kommutieren. ψ_q kann dann als Eigenfunktion von Q gewählt werden,

$$Q\psi_q = q\psi_q, \tag{7.20}$$

und der Eigenwert q bleibt auch erhalten. Welche Symmetrie garantiert, daß H und Q kommutieren? Die Antwort darauf stammt von Weyl,[5]) der eine Transformation vom Typ der Gl. 7.12 betrachtete:

$$\psi'_q = e^{i\epsilon Q}\psi_q. \tag{7.21}$$

Dabei ist ϵ ein beliebiger reeller Parameter und Q der Operator der elektrischen Ladung. Diese Transformation nennt man Eichtransformation erster Ordnung. Eichinvarianz bedeutet, daß ψ'_q dieselbe Schrödinger-Gleichung wie ψ_q erfüllt:

$$i\hbar\frac{d\psi'_q}{dt} = H\psi'_q$$

4 C.G. Shull, W.K. Billman und F.A. Wedgwood, *Phys. Rev.* 153, 1415 (1967); J.G. King, *Phys. Rev. Letters* 5, 562 (1960).

5 H. Weyl, *The Theory of Groups and Quantum Mechanics*, Dover, New York, 1950 pp. 100, 214.

oder

$$i\hbar \frac{d}{dt}(e^{i\epsilon Q}\psi_q) = He^{i\epsilon Q}\psi_q.$$

Multipliziert man dies von links mit $e^{-i\epsilon Q}$ und berücksichtigt, daß Q ein zeitunabhängiger und hermitescher Operator ist, so erhält man nach Vergleich mit Gl. 7.19

(7.22) $$e^{-i\epsilon Q}He^{i\epsilon Q} = H.$$

Da ϵ ein beliebiger Parameter ist, kann es so klein gewählt werden, daß $\epsilon Q \ll 1$ ist. Die Entwicklung der Exponentialfunktion gibt dann

$$(1 - i\epsilon Q)H(1 + i\epsilon Q) = H$$

oder

(7.23) $$[Q, H] = 0.$$

Die Invarianz bezüglich der Eichtransformation Gl. 7.21 garantiert die Erhaltung der elektrischen Ladung. Die richtige Betrachtung ist vermutlich die umgekehrte: Da die elektrische Ladung erhalten bleibt, muß der geeignete Hamiltonoperator invariant bezüglich der Eichtransformation sein. Die bisherige Betrachtung erscheint möglicherweise ziemlich formal, sie ist aber sehr wichtig, da sie die Elektrizität (Q) mit der Quantenmechanik (ψ) verknüpft.

7.3 *Die Baryonenzahl*

Die Erhaltung der elektrischen Ladung allein garantiert noch keine Stabilität gegen Zerfall. Das Proton z.B. könnte in ein Positron und ein γ-Quant zerfallen, ohne die Ladungs- oder Drehimpulserhaltung zu verletzen. Was verhindert diesen Zerfall? Stueckelberg schlug als erster vor, daß die Gesamtzahl der Nukleonen erhalten bleiben soll. [6]) Dieses Gesetz kann kurz formuliert werden, indem man dem Proton und dem Neutron eine Baryonenzahl $A = 1$ und dem Antiproton und dem Antineutron $A = -1$ zuordnet. (Antiteilchen werden in Abschnitt 7.5 besprochen.) Leptonen, Photonen und Mesonen erhalten $A = 0$. Die Elementarteilchenphysiker bezeichnen die Baryonenzahl mit B, wir verwenden hier aber die in der Kernphysik übliche Bezeichnung A. Der additive Erhaltungssatz für die Baryonenzahl lautet dann

(7.24) $$\sum A_i = \text{const.}$$

Wie genau Gl. 7.24 gilt, kann man durch eine Grenze für die Lebensdauer von Nukleonen angeben. Einen guten Wert erhält man, indem man den

6 E.C.G. Stueckelberg, *Helv. Phys. Acta* 11, 225, 299 (1938).

Wärmefluß aus dem Innern der Erde betrachtet. Sollten Nukleonen zerfallen, würde Wärme frei und der Wärmefluß könnte zur Bestimmung der Lebensdauer der Nukleonen benutzt werden. Zieht man die Beiträge von den bekannten radioaktiven Elementen vom beobachteten Wärmefluß ab, so ergibt sich eine Grenze von 10^{20} a. Eine noch bessere Begrenzung findet man durch Messung von möglichen Zerfällen in einem großen Materieblock mit sehr großen Zählern, die tief unter der Erde von der kosmischen Strahlung abgeschirmt sind. [7]) Der Grenzwert wird dann 10^{28} a. Wir brauchen uns also keine Sorgen zu machen, durch den Zerfall von Nukleonen zu vergehen, sondern wir haben nur den biologischen Zerfall zu fürchten.

Die Entdeckung der seltsamen (strange) Teilchen führte zu einer Verallgemeinerung der Nukleonenzahlerhaltung. Betrachtet man z. B. die Zerfälle

$$\Lambda^0 \longrightarrow n\pi^0$$

$$\Sigma^+ \begin{cases} \longrightarrow p\pi^0 \\ \longrightarrow \Lambda e^+ \nu \end{cases}$$

$$\Sigma^- \longrightarrow n\pi^-$$

oder irgendeinen der im Anhang A3 aufgeführten Hyperonenzerfälle, so bleibt in jedem dieser Zerfälle die Baryonenzahl erhalten, wenn sie zu

$$A = 1 \qquad \text{für} \quad pn\Lambda\Sigma\Xi\Omega$$

und $A = -1$ für die entsprechenden Antiteilchen verallgemeinert wird. Ähnlich können Resonanzen und Kerne durch ihre Baryonenzahl charakterisiert werden. Da Kerne aus Protonen und Neutronen aufgebaut sind, ist ihre Baryonenzahl A identisch mit der Massenzahl, wie sie in Abschnitt 5.9 eingeführt wurde. Hyperkerne sind Kerne, in denen ein oder zwei Nukleonen durch Hyperonen ersetzt wurden.

Wie im Fall der elektrischen Ladung erhebt sich auch hier die Frage nach der Symmetrie, die für die Baryonenzahlerhaltung verantwortlich ist. Wieder führt formal die Eichtransformation

$$\psi' = \psi e^{i\epsilon A} \tag{7.25}$$

zum Erhaltungssatz, Gl. 7.24. Der physikalische Ursprung dieser Eichtransformation ist jedoch noch ein Rätsel.

7.4 *Leptonen- und Myonenzahl*

In Abschnitt 5.6 wurden die grundlegenden Eigenschaften der vier Leptonen (Elektron, Myon und zwei Neutrinos) skizziert und darauf hingewiesen, daß es vier Antileptonen gibt. Zur Erklärung, warum einige Zerfälle nicht stattfinden, obwohl sie durch alle anderen Erhaltungssätze er-

7 W.R. Kropp, Jr., und F. Reines, *Phys. Rev.* **137B**, 740 (1965).

laubt wären, führten im wesentlichen Konopinski und Mahmoud eine Leptonenzahl L und die Leptonenerhaltung ein.[8] Sie wählten $L = 1$ für e^-, μ^-, ν_e und ν_μ; $L = -1$ für die Antileptonen e^+, μ^+, $\bar{\nu}_e$ und $\bar{\nu}_\mu$; und $L = 0$ für alle anderen Teilchen. Die Leptonenerhaltung fordert dann

(7.26) $\sum L_i = \text{const.}$

Leptonen, wie Baryonen, können nur in Paaren von Teilchen und Antiteilchen erzeugt oder vernichtet werden. Hochenergetische Photonen können Paare der Art

(7.27) $\gamma \longrightarrow e^- e^+, \qquad \gamma \longrightarrow p\bar{p}$

erzeugen, aber nicht $\gamma \longrightarrow e^- p$. Wir erinnern daran, daß solche Prozesse nur im Feld eines Kerns stattfinden können, der den Impuls übernimmt, siehe auch Aufgabe 3.22.

Ist die Zuordnung einer Leptonenzahl sinnvoll und richtig? Wenn ja, wie kann man dann sicher sein, daß die Zuordnung stimmt? Wir stellen zunächst fest, daß eine positive Antwort auf die erste Frage eine Herausforderung an die Intuition darstellt. Insgesamt gibt es vier Neutrinos, das zum Elektron gehörige e-Neutrino und das zum Myon gehörige μ-Neutrino und ihre beiden Antiteilchen. Neutrinos haben weder Ladung noch Masse, sie besitzen lediglich Spin und Impuls. Wie kann ein so einfaches Teilchen in vier Versionen erscheinen? Wenn sich andererseits herausstellen sollte, daß das Neutrino und Antineutrino identisch sind, dann ist die Zuordnung einer Leptonenzahl falsch.

Die Beweise für die Leptonenerhaltung stammen von Neutrinoreaktionen und von Untersuchungen des doppelten β-Zerfalls. Wir werden hier nur über Neutrinoreaktionen sprechen, da sie in der vordersten Linie der Forschung stehen und sehr wahrscheinlich in den nächsten Jahren zu aufregenden Ergebnissen führen werden. Wir betrachten als erstes den Einfang von Antineutrinos,

(7.28) $\bar{\nu}_e p \longrightarrow e^+ n.$

Dieser Prozeß ist durch die Leptonenerhaltung erlaubt, da die Leptonenzahl auf beiden Seiten -1 ist. Der Einfang von Antineutrinos wurde von Reines, Cowan und Mitarbeitern mit Antineutrinos aus einem Kernreaktor untersucht.[9] Ein Reaktor erzeugt überwiegend Antineutrinos, da die Kernspaltung neutronenreiche Kerne liefert, siehe Kapitel 17. Diese zerfallen durch Prozesse, in denen folgende Reaktion vorkommt:

(7.29) $n \longrightarrow p e^- \bar{\nu}_e.$

Da das Neutron $L = 0$ hat, muß rechts auch $L = 0$ stehen und das zusam-

8 E.J. Konopinski und H.M. Mahmoud, *Phys. Rev.* 92, 1045 (1953).

9 F. Reines, C.L. Cowan, F.B. Harrison, A.D. McGuire und H.W. Kruse, *Phys. Rev.* 117, 159 (1960)

men mit dem negativen Elektron emittierte masselose Teilchen muß ein Antineutrino sein. Die Beobachtung der Reaktion Gl. 7.28 ist in Übereinstimmung mit Gl. 7.29. Jedoch sind Reaktionen der Art $\bar{\nu}_e n \longrightarrow e^- p$ und $\nu_e p \longrightarrow e^+ n$ durch die Leptonenerhaltung verboten. Davis suchte nach einer Reaktion der Art

(7.30) $\bar{\nu}_e\ {}^{37}\mathrm{Cl} \longrightarrow e^-\ {}^{37}\mathrm{Ar},$

auch mit Antineutrinos aus dem Reaktor. Hier ist links $L = -1$ und rechts $L = +1$, die Leptonenerhaltung wäre demnach verletzt, wenn die Reaktion beobachtet würde. Davis hat die Reaktion Gl. 7.30 nicht gefunden und die Grenze, die er für den Wirkungsquerschnitt angeben konnte, schließt die Möglichkeit aus, daß Neutrino und Antineutrino identisch sind.[10]) Die Reaktion

(7.31) $\nu_e\ {}^{37}\mathrm{Cl} \longrightarrow e^-\ {}^{37}\mathrm{Ar}$

sollte jedoch stattfinden und Davis versuchte, sie zur Beobachtung der Neutrinos, die durch thermonukleare Reaktionen in der Sonne emittiert werden, zu benutzen, siehe Kapitel 18.

Die Ergebnisse aus den Neutrinoreaktionen Gl. 7.28 und Gl. 7.30 wurden durch andere Experimente bestätigt und es steht fest, daß Neutrinos und Antineutrinos verschieden sind. Ein Unterschied wurde beim β-Zerfall beobachtet und ist in Bild 7.2 gezeigt: Das Neutrino hat seinen Spin immer entgegengesetzt zu seiner Bewegungsrichtung, während das Antineutrino parallelen Spin und Impuls hat. Mit anderen Worten, das Neutrino ist ein linksdrehendes und das Antineutrino ein rechtsdrehendes Teilchen. Diese Situation ist mit der Leptonenerhaltung nur verträglich, wenn die Neutrinos keine Masse haben. Masselose Teilchen bewegen sich mit Lichtgeschwindigkeit und ein rechtsdrehendes Teilchen bleibt rechtsdrehend in jedem Bezugssystem. Für ein massives Teilchen kann man eine Lorentztransformation bezüglich des Impulses so durchführen, daß der Impuls im

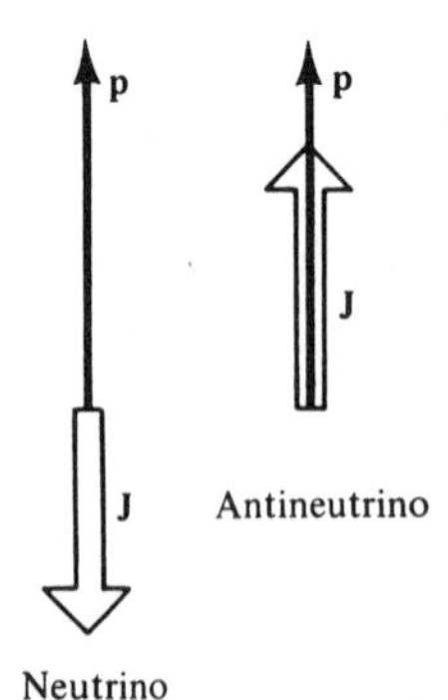

Bild 7.2 Das Neutrino und das Antineutrino sind immer *polarisiert*. Das Neutrino hat seinen Spin immer entgegengesetzt zum Impuls, das Antineutrino hat parallelen Spin und Impuls.

10 R. Davis, *Phys. Rev.* 97, 766 (1955).

neuen Koordinatensystem seine Richtung umgekehrt hat. Der Spin kann jedoch als Rotation des Teilchens um die Impulsachse betrachtet werden. Die Richtung dieser Rotation im Raum wird durch eine Lorentztransformation bezüglich der Impulsrichtung nicht verändert. Die Lorentztransformation, die die Impulsrichtung umkehrt, läßt folglich den Drehsinn bezüglich des Raums unverändert und ein rechtsdrehendes Teilchen verwandelt sich in ein linksdrehendes, in Bewegungsrichtung betrachtet. Ein massives Antineutrino würde sich also in ein Neutrino verwandeln und die Leptonenzahl bliebe nicht erhalten.

Die in Bild 7.2 gezeigte Situation liefert einen beobachtbaren Unterschied zwischen Neutrino und Antineutrino. Warum haben wir auch ein μ-Neutrino und ein e-Neutrino unterschieden? Beide haben $L = 1$. Wodurch unterscheiden sie sich? Um diese Frage anzugehen, muß ein weiteres Rätsel um die Neutrinos vorgestellt werden. Das Myon zerfällt durch

$$\mu \longrightarrow e\bar{\nu}\nu, \tag{7.32}$$

aber die Möglichkeit

$$\mu \longrightarrow e\gamma \tag{7.33}$$

ist durch alle bisher besprochenen Erhaltungssätze erlaubt. Über Jahre hinweg haben viele Gruppen nach dem γ-Zerfall des Myons gesucht, ohne Erfolg. Die Grenze für den Anteil dieses Zerfalls ist kleiner als 2×10^{-8}. Der einfachste Weg zur Erklärung des fehlenden γ-Zerfalls des Myons ist ein neuer Erhaltungssatz, die Erhaltung der Myonenzahl L_μ. Dem negativen Myon wird $L_\mu = +1$ und dem positiven $L_\mu = -1$ zugeordnet. Die Leptonenzahl der zu den Myonen gehörigen Neutrinos kann man durch den Pionenzerfall feststellen:

$$\begin{array}{lccccccc} & \pi^- & \longrightarrow & \mu^- \; \bar{\nu}_\mu, & \quad & \pi^+ & \longrightarrow & \mu^+\nu_\mu \\ L_\mu: & 0 & & 1 \;\; -1 & & 0 & & -1 \;\; 1 \end{array} \tag{7.34}$$

Das μ-Neutrino hat $L_\mu = 1$ und das μ-Antineutrino $L_\mu = -1$. Allen anderen Teilchen wird $L_\mu = 0$ zugeordnet. $\bar{\nu}_\mu$ wird als Antineutrino bezeichnet, da es rechtsdrehend ist.

Die Erhaltung der Myonenzahl erklärt den fehlenden Zerfall $\mu \longrightarrow e\gamma$. Wenn die Einführung der Myonenzahl nichts anderes liefert, ist sie nicht sinnvoll. Tatsächlich aber führt sie zu neuen Vorhersagen, wie man bei Betrachtung dieser beiden Reaktionen sieht:

$$\begin{array}{l} \nu_\mu n \longrightarrow \mu^- p \\ \nu_\mu n \longrightarrow e^- p. \end{array} \tag{7.35}$$

Wenn die Myonenzahl erhalten bleibt, ist nur die erste erlaubt; die zweite ist dann verboten. Die Reaktionen können überprüft werden, da der Pionenzerfall Gl. 7.34 nur μ-Neutrinos erzeugt. Die experimentelle Beobachtung ist schwierig, da Neutrinos einen extrem kleinen Wirkungsquerschnitt haben und der Detektor für die Reaktion Gl. 7.35 gegen alle anderen Teilchen abgeschirmt sein muß. 1962 führte eine Gruppe der Columbia-Universität (USA) ein erfolgreiches Experiment am Beschleuniger in Brookhaven durch und fand, daß tatsächlich keine Elektronen durch μ-Neutrinos erzeugt werden.[11]) Seit diesem ersten Experiment wurde diese Tatsache vielfach bestätigt.

7.5 *Teilchen und Antiteilchen*

Der Teilchen-Antiteilchen-Begriff ist einer der faszinierendsten in der Physik. Er führt zu vielen Fragen und nach den Erklärungen ist die Verwirrung oft größer als vorher. Dieser Abschnitt ist kurz und begrenzt und läßt viele Probleme offen. Es sollten aber doch einige der in späteren Abschnitten benötigten Betrachtungen etwas deutlicher werden.

Die Geschichte beginnt um 1927 mit der Gleichung 1.2:

$$E^2 = (pc)^2 + (mc^2)^2. \tag{1.2}$$

Dies ist die Energie eines Teilchens mit dem Impuls **p** und der Masse m. Aber jeder von uns lernte früher einmal, ein Quadrat mit Plus und Minus aufzulösen,

$$E^{\pm} = \pm[(pc)^2 + (mc^2)^2]^{1/2}. \tag{7.36}$$

Es erscheinen also zwei Lösungen, eine positive und eine negative. Was bedeutet die Lösung mit negativer Energie? In der klassischen Physik richtete sie keinen Schaden an. Als die klassischen Götter die Welt erschufen, wählten sie die Anfangsbedingungen ohne negative Energien. Die Kontinuität sorgte dafür, daß später keine mehr auftauchten. In der Quantenmechanik ist die Lage ernster. Betrachtet man die Energieniveaus eines Teilchens mit der Masse m, so besagt Gl. 7.36, daß positive und negative Zustände möglich sind, wie sie in Bild 7.3 gezeigt werden. Die kleinstmögliche positive Energie ist $E = mc^2$, die höchste negative Energie ist $-mc^2$. Nach Gl. 7.36 kann das Teilchen Energien zwischen mc^2 und $+\infty$ und von $-mc^2$ bis $-\infty$ haben. Haben die möglichen negativen Energiezustände beobachtbare Folgen? Wir werden sehen, daß dies zutrifft und eine gewaltige Fülle experimenteller Beweise diese Behauptung belegt. Bevor wir dies vorführen, bringen wir ein mathematisches Argument, das ebenfalls die Existenz der negativen Energiezustände verlangt: Eines der grundlegendsten Theoreme der Quantenmechanik besagt, daß jede Observable einen vollständigen Satz von Eigenfunktionen besitzt.[12]) In der re-

11 G. Danby, J.M. Gaillard, K. Goulianos, L.M. Lederman, N. Mistry, M. Schwartz und J. Steinberger, *Phys. Rev. Letters* **9**, 36 (1962). Siehe auch *Adventures in Experimental Physics.*, Vol. α, 1972.

12 Merzbacher, Abschnitt 8.3.

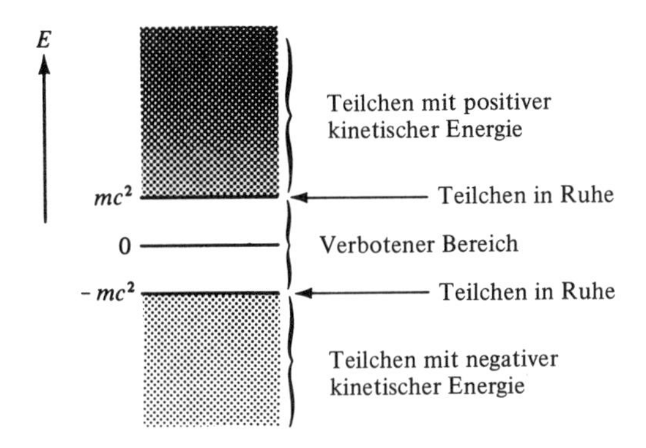

Bild 7.3 Positive und negative Energiezustände eines Teilchens mit der Masse m.

lativistischen Quantenmechanik wird gezeigt, daß die Eigenfunktionen ohne die negativen Energiezustände keinen vollständigen Satz bilden.

Wenn es die negativen Energiezustände gibt, was bedeuten sie dann? Sie können keine normalen Energiezustände sein, wie in Bild 7.3 angedeutet; andernfalls könnten gewöhnliche Teilchen unter Energieabgabe in die negativen Energiezustände übergehen und die gesamte Materie würde schnell verschwinden. Die erste brauchbare Interpretation der negativen Energiezustände stammt von Dirac,[13]) der sie als vollständig besetzt betrachtete und fehlende Teilchen (Löcher) darin als Antiteilchen erkannte. Wir werden seine Löchertheorie nicht besprechen, sondern sofort zu einer modernen Deutung übergehen, wie sie zuerst von Stueckelberg und später viel durchschlagender von Feynman vorgeschlagen wurde.[14]) Wir werden hier deren Vorgehen in vereinfachter Form darstellen und betrachten zunächst ein Teilchen, das sich entlang der positiven x-Achse mit dem positiven Impuls p und der positiven Energie E^+ bewegt. Die Bahn dieses Teilchens in der xt-Ebene zeigt Bild 7.4. Seine Wellenfunktion ist von der Form

$$\psi(x, t) = e^{(i/\hbar)(px - E^+t)}. \tag{7.37}$$

Die Tatsache, daß das Teilchen sich nach rechts bewegt, sieht man am einfachsten, wenn man beachtet, daß die Phase der Wellenfunktion konstant bleibt, falls

$$px - E^+t = \text{const.}$$

oder wenn

$$x = \frac{E^+}{p} t. \tag{7.38}$$

13 P.A.M. Dirac, *Proc. Roy. Soc. (London)* **A126**, 360 (1930).

14 E.C.G. Stueckelberg, *Helv. Phys. Acta,* **14**, 588 (1941); R.P. Feynman, *Phys. Rev.* **74**, 939 (1948).

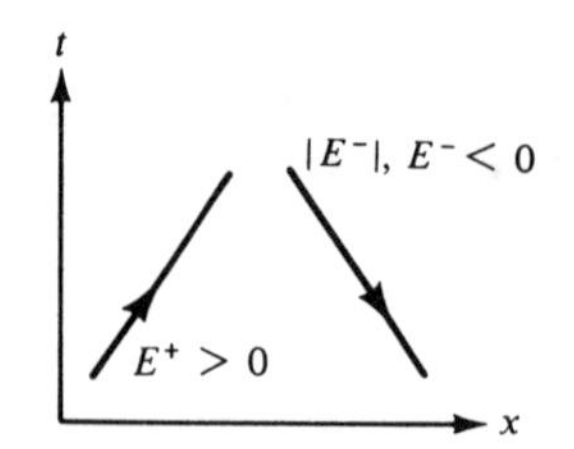

Bild 7.4 Das Teilchen mit positiver Energie E^+ bewegt sich wie ein gewöhnliches Teilchen. Das Teilchen mit negativer Energie E^- ist als Teilchen mit der positiven Energie $|E^-|$ dargestellt, das sich aber rückwärts in der Zeit bewegt. Beide bewegen sich nach rechts.

Der Punkt x bewegt sich nach rechts. (Die Ableitung wäre genauer, wenn man ein Wellenpaket verwenden würde.) Für die Lösungen mit negativer Energie gilt

$$(7.39) \qquad \psi(x,t) = e^{(i/\hbar)(px - E^- t)}, \qquad E^- < 0,$$

und Gl. 7.38 wird zu

$$(7.40) \qquad x = \frac{E^-}{p} t = -\frac{|E^-|}{p} t = \frac{|E^-|}{p}(-t),$$

und kann als ein Teilchen betrachtet werden, das sich zeitlich rückwärts bewegt, mit der positiven Energie $|E^-|$.

Was ist ein sich zeitlich rückwärts bewegendes Teilchen? Die klassische Bewegungsgleichung eines Teilchens mit der Ladung $-q$ im magnetischen Feld wird, mit der Lorentzkraft Gl. 2.13,

$$(7.41) \qquad m\frac{d^2\mathbf{x}}{dt^2} = \frac{-q}{c}\frac{d\mathbf{x}}{dt} \times \mathbf{B} = \frac{q}{c}\frac{d\mathbf{x}}{d(-t)} \times \mathbf{B}.$$

Ein Teilchen mit der Ladung q, das sich zeitlich rückwärts bewegt, erfüllt dieselbe Bewegungsgleichung wie ein Teilchen mit der Ladung $-q$, das sich zeitlich vorwärts bewegt. [15])

Die Aussagen von den Gl. 7.40 und Gl. 7.41 kann man zusammenfassen: Gleichung 7.40 legt nahe, daß die Lösung mit negativer Energie als ein Teilchen betrachtet wird, das sich mit positiver Energie zeitlich rückwärts bewegt. Gleichung 7.41 beweist, daß ein sich zeitlich rückwärts bewegendes Teilchen dieselbe Bewegungsgleichung erfüllt, wie ein Teilchen mit entgegengesetzter Ladung, das sich zeitlich vorwärts bewegt. Zusammengenommen beinhalten die beiden Beziehungen, daß ein Teilchen mit der Ladung q und n e g a t i v e r Energie sich wie ein Teilchen mit der Ladung $-q$ und p o s i t i v e r Energie verhält. Das Teilchen mit der Ladung $-q$ ist das Antiteilchen zu dem mit der Ladung q. Die negativen Energiezustände verhalten sich also wie Antiteilchen. Mit dieser Interpretation kann der in Bild 7.5 gezeigte Prozeß auf zwei verschiedene, aber gleichwerti-

15 Die Begründung wird überzeugender in der kovarianten Formulierung wie sie z.B. in Jackson, Gl. 12.65 benutzt wird.

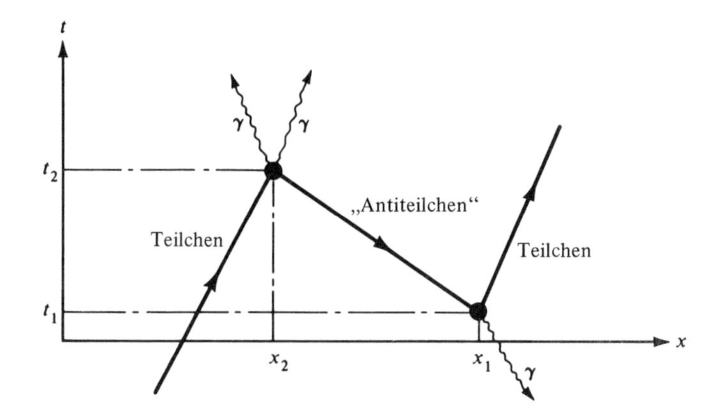

Bild 7.5 Paarerzeugung bei (x_1, t_1) und Teilchen-Antiteilchen-Vernichtung bei (x_2, t_2). Wie in Kapitel 3 gezeigt wurde, kann die Paarerzeugung nur im Feld eines Kerns stattfinden, der den Impuls aufnimmt. Nahe dem Punkt (x_1, t_1) wird ein Kern angenommen.

ge Arten, beschrieben werden: Im üblichen Sprachgebrauch wird zur Zeit t_1 am Ort x_1 ein Teilchen-Antiteilchen-Paar erzeugt. Das Antiteilchen trifft zur Zeit t_2 am Ort x_2 auf ein anderes Teilchen, wodurch zwei γ-Quanten entstehen, die sich zeitlich vorwärts fortbewegen. In der Stueckelberg-Feynman-Sprache betrachtet man das Teilchen, das sich vorwärts und rückwärts durch Raum und Zeit bewegt. Zur Zeit t_2 emittiert das Teilchen zwei Photonen und kehrt zeitlich um, bis zum Punkt (x_1, t_1). Dort wird es durch ein Photon gestreut und bewegt sich wieder zeitlich vorwärts.

Welchen Vorteil bringt es, die negativen Energiezustände so zu betrachten? Die negativen Energiezustände werden so durch Antiteilchen mit positiver Energie ersetzt. Die Beschreibung macht deutlich, daß der Antiteilchenbegriff für Bosonen und Fermionen gleichermaßen gut anwendbar ist.

Aus der Vorstellung des Antiteilchens als eines Teilchens, das sich zeitlich rückwärts bewegt, kann sofort eine Anzahl von Schlüssen gezogen werden. Ein Teilchen und sein Antiteilchen müssen dieselbe Masse und denselben Spin haben, da sie dasselbe Teilchen darstellen und sich nur in verschiedener Zeitrichtung bewegen:

$$\begin{aligned} m(\text{Teilchen}) &= m(\text{Antiteilchen}) \\ J(\text{Teilchen}) &= J(\text{Antiteilchen}). \end{aligned} \tag{7.42}$$

Teilchen und Antiteilchen sollen jedoch entgegengesetzte additive Quantenzahlen haben. Dies sieht man an der Paarerzeugung zur Zeit t_1 in Bild 7.5. Zu Zeiten $t < t_1$ ist nur ein Photon in der Gegend um x_1 da und seine additiven Quantenzahlen q, A, L und L_μ sind Null. Wenn diese Quan-

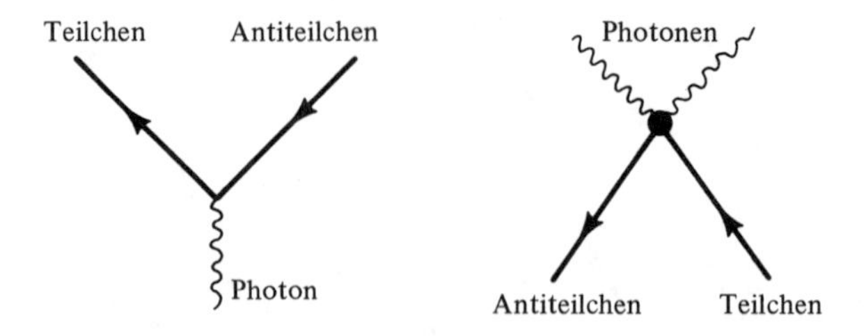

Bild 7.6 *Richtungspfeile* für Teilchen und Antiteilchen.

tenzahlen erhalten bleiben, so muß die Summe der entsprechenden Quantenzahlen für das Teilchen-Antiteilchen-Paar auch Null werden, also

(7.43) $\quad N(\text{Teilchen}) = -N(\text{Antiteilchen}).$

Hier steht N für jede additive Quantenzahl, deren Wert für das Photon Null ist.

Wir machen hier eine abschließende Bemerkung zur Bezeichnung bei Feynman-Diagrammen, um eine mögliche Verwirrung zu vermeiden. Die Paarerzeugung wird gewöhnlich wie in Bild 7.6(a) dargestellt. Das entstandene Teilchen hat seinen Richtungspfeil parallel zum Impuls. Das Antiteilchen jedoch hat seinen entgegengesetzt dazu. Die Übereinkunft macht die Diagramme eindeutig lesbar und das Beispiel in Bild 7.6(b) sollte klar sein.

Ist der Stueckelberg-Feynman-Begriff von Teilchen und Antiteilchen korrekt? Nur das Experiment kann dies entscheiden und die Experimente haben tatsächlich eine starke Unterstützung dafür geliefert. Dirac sagte 1931 das Antielektron voraus und 1933 wurde es gefunden.[16] Nach diesem wichtigen Erfolg erhob sich die Frage, ob es ein Antiproton gibt, aber trotz hartnäckiger Suche in der kosmischen Strahlung wurde es nicht entdeckt. Es wurde schließlich 1955 nachgewiesen, als das Betatron in Berkeley zu arbeiten begann.[17] Seitdem wurden im wesentlichen zu allen Teilchen die Antiteilchen gefunden. Ein bedeutsames Beispiel ist die Beobachtung des Antiomega.[18] Dieses Hyperon wurde in der Reaktion

(7.44) $\quad dK^+ \longrightarrow \bar{\Omega}\Lambda\Lambda p\pi^+\pi^-.$

erzeugt. Erzeugung und Zerfall sind in Bild 7.7 und 7.8 gezeigt.

16 C.D. Anderson, *Phys. Rev.* **43**, 491 (1933); *Am. J. Phys.* **29**, 825 (1961).

17 O. Chamberlain, E. Segrè, C. Wiegand und T. Ypsilantis, *Phys. Rev.* **100**, 947 (1955).

18 A. Firestone, G. Goldhaber, D. Lissauer, B.M. Sheldon und G.H. Trilling, *Phys. Rev. Letters* **26**, 410 (1971).

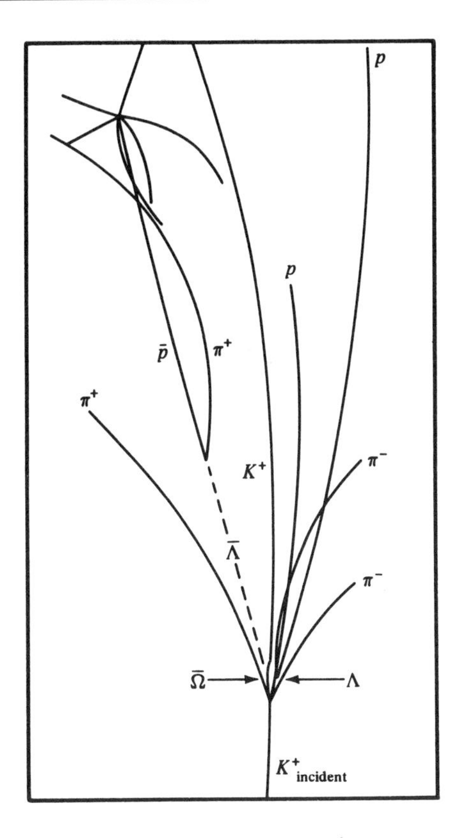

Bild 7.7 Zeichnung der Reaktion $dK^+ \longrightarrow \bar{\Omega}\Lambda\Lambda p\pi^+\pi^-$ und der folgenden Zerfälle. [A. Firestone et al., *Phys. Rev. Letters* **26**, 410 (1971).]

7.6 *Hyperladung (Strangeness)*

Rochester und Butler beobachteten 1947 die ersten V-Teilchen, [19] siehe Bild 5.21. Um 1952 waren schon viele V-Ereignisse beobachtet worden und dabei war ein Problem entstanden: Die V-Teilchen entstehen reichlich, aber zerfallen langsam. Die Erzeugung, z. B. über Gl. 5.54 $p\pi^- \longrightarrow \Lambda^0 K^0$, geschieht mit einem Wirkungsquerschnitt in der Größenordnung von mb, während die Zerfälle nach der mittleren Lebensdauer von etwa 10^{-10} s stattfinden. Wirkungsquerschnitte in der Größenordnung von mb sind typisch für die starke Wechselwirkung, während Zerfälle in der Größenordnung von 10^{-10} s charakteristisch für die schwache Wechselwirkung sind. Kaonen und Hyperonen werden also stark erzeugt, aber zerfallen schwach. Pais tat den ersten Schritt zur Lösung dieses Widerspruchs, in-

19 G.D. Rochester und C.C. Butler, *Nature* **160**, 855 (1947).

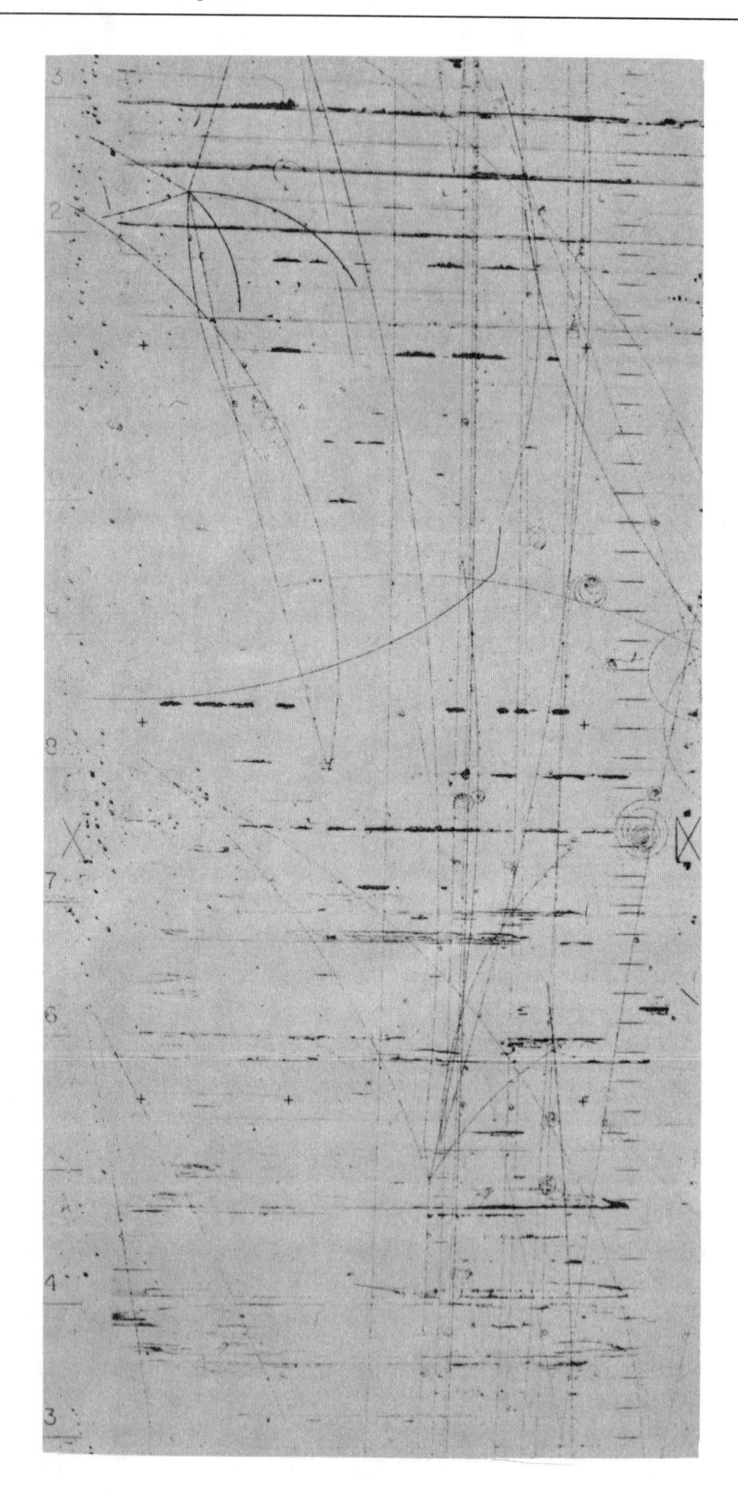

dem er vorschlug, daß V-Teilchen immer paarweise erzeugt werden. [20]) Die vollständige Lösung stammt von Gell-Mann und von Nishijima, die beide eine neue Quantenzahl einführten. [21]) Gell-Mann nannte sie Strangeness (Seltsamkeit, Fremdartigkeit) und der Name setzte sich durch. Wir werden die Zuordnung dieser neuen additiven Quantenzahl zu den Teilchen durch wohlbekannte starke Reaktionen beschreiben. [22])

Wir fangen damit an, daß wir den Nukleonen und Pionen die Strangeness $S = 0$ zuweisen und feststellen, daß die Strangeness für Leptonen nicht definiert ist. Die Strangeness soll eine Erhaltungsgröße in allen nicht-schwachen Wechselwirkungen sein:

(7.45) $\sum_i S_i =$ const. in starken und elektromagnetischen Wechselwirkungen.

Wir haben hier das erste Beispiel einer "verletzten" Symmetrie: S wird in der starken und der elektromagnetischen Wechselwirkung erhalten, aber in der schwachen verletzt. Mit einer solchen Quantenzahl kann das Rätsel der reichlichen Erzeugung und des langsamen Zerfalls leicht erklärt werden. Wir betrachten z.B. die Erzeugungsreaktion $p\pi^- \longrightarrow \Lambda^0 K^0$ und teilen K^0 die Strangeness $S = 1$ zu. Die gesamte Strangeness auf beiden Seiten der Reaktion muß Null sein, da anfangs nur Teilchen ohne Strangeness gegenwärtig sind. Folglich muß das Λ^0 die Strangeness -1 besitzen und damit ist die Regel von Pais erklärt: In Reaktionen, in denen nur Teilchen ohne Strangeness im Anfangszustand auftreten, müssen Teilchen mit Strangeness paarweise erzeugt werden. Ferner kann ein einzelnes Teilchen mit Strangeness nicht stark oder elektromagnetisch in einen Zustand zerfallen, in dem nur Teilchen ohne Strangeness vorkommen. Solche Prozesse müssen über die schwache Wechselwirkung ablaufen und sind deshalb langsam. Die große Lebensdauer der Teilchen mit Strangeness ist demnach erklärt.

Die Zuordnung der Strangeness zu den verschiedenen Hadronen beruht auf beobachteten Reaktionen, die über die starke Wechselwirkung verlaufen. Durch Definition wird die Strangeness des positiven Kaons gleich 1 gesetzt:

(7.46) $S(K^+) = 1.$

20 A. Pais, *Phys. Rev.* **86**, 663 (1952).

21 M. Gell-Mann, *Phys. Rev.* **92**, 833 (1953); T. Nakano und K. Nishijima, *Progr. Theoret. Phys.* **10**, 581 (1953).

22 Es muß gesagt werden, daß diese Zuordnung heute viel einfacher ist als 1952 oder 1953. Heute sind eine ungeheure Anzahl von Reaktionen bekannt, während Pais, Gell-Mann und Nishijima mit wenigen Hinweisen arbeiten mußten und auf intelligentes Raten angewiesen waren.

◄ **Bild 7.8** Erzeugung des $\overline{\Omega}$, beobachtet bei der Untersuchung von K^+d Wechselwirkungen bei einem Impuls von 12 GeV/c in der 2 m langen Blasenkammer des SLAC (Stanford Linear Accelerator Center, USA). [18]) (Mit freundlicher Genehmigung von Gerson Goldhaber, Lawrence Berkeley Laboratory.)

Die Reaktion

(7.47) $p\pi^- \longrightarrow nK^+K^-$

verläuft mit einem für die starke Wechselwirkung charakteristischem Wirkungsquerschnitt und liefert deshalb

(7.48) $S(K^-) = -1.$

Positive und negative Kaonen haben entgegengesetzte Strangeness und wir nehmen mit Gl. 7.43 an, daß sie ein Teilchen-Antiteilchen-Paar bilden.

Als nächstes wenden wir uns den stabilen Baryonen zu, die in Tabelle A3 im Anhang aufgezählt sind. Als erstes stellen wir fest, daß alle $A = 1$ haben und also alle Teilchen sind. Den zugehörigen Satz von Antiteilchen gibt es auch und die Quantenzahl für die Strangeness dieser Antiteilchen ist entgegengesetzt zu der, die wir für die Teilchen finden werden.

Die beiden geladenen Kaonen sind ein ausgezeichnetes Hilfsmittel, um die Werte von S festzustellen. Wir betrachten zunächst die Reaktion

(7.49) $p\pi^- \longrightarrow XK.$

Der Anfangszustand enthält nur Teilchen ohne Strangeness und die Beobachtung der Reaktion, Gl. 7.49, liefert folglich $S(X) = -S(K)$. Das Hyperon hat $S = -1$, wenn das Kaon positiv und $S = +1$, wenn das Kaon negativ ist. In modernen Beschleunigern stehen getrennte Kaonenstrahlen zur Verfügung und Reaktionen der Art

(7.50) $pK^- \begin{cases} \nearrow X\pi \\ \searrow X'K^+ \end{cases}$

oder die entsprechenden mit positiven Kaonen lassen sich auch gut beobachten. In der ersten der Reaktionen Gl. 7.50 ist $S(X) = S(K^-) = -1$ und in der zweiten $S(X') = -2$. Die Reaktionen Gl. 7.49 und Gl. 7.50 sind nur zwei typische Beispiele, es finden viel verwickeltere Prozesse statt, die alle dazu benutzt werden, S zu finden.

Als Beispiel der Art Gl. 7.49 weist der Prozeß

$$p\pi^- \longrightarrow \Sigma^-K^+$$

dem negativen Sigma $S = -1$ zu. Ein Beispiel der Art Gl. 7.50 ist

$$pK^- \longrightarrow \Sigma^+\pi^-,$$

was $S(\Sigma^+) = -1$ liefert. Σ^- und Σ^+ sind beides Baryonen mit $A = 1$, sie haben dieselbe Strangeness, aber entgegengesetzte Ladung. Dies widerspricht nicht der Bedingung Gl. 7.43, die nur verlangt, daß Antiteilchen entgegengesetzte Ladung haben, aber nicht sagt, daß ein Paar mit entgegengesetzter Ladung ein Teilchen-Antiteilchen-Paar ist.

Die Reaktionen

$$pp \longrightarrow p\Sigma^0 K^+ \qquad \text{und} \qquad pK^- \longrightarrow \Lambda^0 \pi^0$$

weisen Λ^0 und Σ^0 die Strangeness -1 zu. Die Reaktion

$$pK^- \longrightarrow \Xi^- K^+$$

ergibt $S = -2$ für Ξ^-. Ähnlich findet man die Strangeness von Ω^- als -3 und die von $\bar{\Omega}^-$ folgt aus Gl. 7.44 als $+3$.

Wir kehren nun zu den Kaonen zurück. Die Reaktion Gl. 5.54

$$p\pi^- \longrightarrow \Lambda^0 K^0$$

bestimmt die Strangeness des K^0 als positiv. Diese Tatsache wirft eine Frage auf. Wir haben

$$S(K^+) = 1, \qquad S(K^-) = -1$$
$$S(K^0) = 1, \qquad ?$$

Es fehlt etwas: Wir haben zwei Kaonen mit $S = 1$ und nur eines mit $S = -1$. Gell-Mann schlug deshalb vor, daß das K^0 auch ein Antiteilchen haben sollte, $\overline{K^0}$, mit $S = -1$. Dieses Antiteilchen wurde gefunden; es kann z.B. in der Reaktion

$$p\pi^+ \longrightarrow pK^+\overline{K^0}$$

erzeugt werden. Die Existenz von zwei neutralen Kaonen, die sich nur durch ihre Strangeness und sonst keine andere Quantenzahl unterscheiden, ist die Ursache von wahrhaft schönen quantenmechanischen Interferenzeffekten; sie werden in Kapitel 9 besprochen. Diese Effekte sind das subatomare Analogon zum Inversionsspektrum von Ammoniak.

Für die meisten Anwendungen ist es üblich, die Hyperladung Y an Stelle der Strangeness zu verwenden. Die Hyperladung ist definiert als

$$Y = A + S. \tag{7.51}$$

In Tabelle 7.1 sind für einige Hadronen die Werte der Baryonenzahl, Strangeness und Hyperladung zusammengefaßt. In der letzten Spalte steht der mittlere Wert der Ladungszahl aller in der entsprechenden Zeile aufgeführten Teilchen. Diese Größe wird später gebraucht.

Tabelle 7.1 liefert reichlich Stoff zum Nachdenken und es fallen einige bemerkenswerte Tatsachen auf. Ein paar davon werden wir später erklären können. Zunächst stellen wir fest, daß sich die Anzahl von Teilchen in jeder Zeile ändert. Es gibt drei Pionen, zwei Kaonen, zwei Nukleonen, ein Lambda und so weiter. Warum? Wir werden dies in Kapitel 8 erklären. Zweitens stellen wir fest, daß alle Antiteilchen existieren und gefunden wurden. In einigen Fällen ist der Satz von Antiteilchen identisch zum Teilchensatz. Wann kann dies zutreffen? Gleichung 7.43 besagt, daß ein Teil-

Tabelle 7.1 Baryonenzahl A, Strangeness S, Hyperladung Y und mittlerer Wert der Ladungszahl $N_q = q/e$.

Teilchen		A	S	Y	$\langle N_q \rangle$
Photon	γ	0	0	0	0
Pion	$\pi^+\pi^0\pi^-$	0	0	0	0
Kaon	K^+K^0	0	1	1	$\frac{1}{2}$
Nukleon	pn	1	0	1	$\frac{1}{2}$
Lambda	Λ^0	1	−1	0	0
Sigma	$\Sigma^+\Sigma^0\Sigma^-$	1	−1	0	0
Kaskadenteilchen (Xi)	$\Xi^-\Xi^0$	1	−2	−1	$-\frac{1}{2}$
Omega	Ω^-	1	−3	−2	−1

chen nur gleich seinem Antiteilchen sein kann, wenn alle additiven Quantenzahlen verschwinden. Die einzigen Teilchen in Tabelle 7.1, die diese Bedingung erfüllen, sind das Photon und das neutrale Pion. Der Satz von Pionen ist identisch mit seinem Antisatz und das positive Pion ist das Antiteilchen des negativen. Alle anderen Teilchen in Tabelle 7.1 sind von ihrem Antiteilchen verschieden. Drittens stellen wir fest, daß

$$Y = 2 < N_q > = 2 < \frac{q}{e} > . \tag{7.52}$$

Diese Beziehung wird später benötigt.

7.7 *Literaturhinweise*

Ein sorgfältiger und interessanter Überblick über die Literatur von Symmetrien ist D. Park, "Resource Letter SP-1 on Symmetry in Physics", *Am. J. Phys.* 36, 577 (1968).

Die beiden folgenden Bücher handeln von Symmetrien und Invarianzprinzipien: J. J. Sakurai, *Invariance Principle and Elementary Particles*, Princeton University Press, Princeton, N.J., 1964; F. Low, *Symmetries and Elementary Particles*, Gordon & Breach, New York, 1967. Beide liegen über dem Niveau dieses Buches, trotz des einleitenden Satzes bei Low, der sagt "Diese Vorlesungen sind äußerst elementar". Trotzdem sind diese Bücher empfehlenswert zur tieferen Einsicht in die Probleme in diesem und in den folgenden zwei Kapiteln.

Die Grenzwerte für die Gültigkeit der verschiedenen Erhaltungssätze werden in G. Feinberg and M. Goldhaber, *Proc. Natl. Acad. Sci. U.S.* 45, 1301 (1959) behandelt.

Weitere Informationen findet man in den verschiedenen Lehrbüchern über Teilchenphysik, speziell in R. K. Adair und E. C. Fowler, *Strange Particles*, Wiley-Interscience, New York, 1963, und in W. R. Frazer, *Elementary Particles*, Prentice-Hall, Englewood Cliffs, N. J., 1966.

Aufgaben

7.1 Zeigen Sie, daß der Operator F hermitesch sein muß, wenn der Erwartungswert $\langle F \rangle$ reell ist.

7.2 Erläutern Sie sorgfältiger und ausführlicher als im Text
a) Die quantenmechanischen Operatoren und die mit ihnen verknüpften Matrizen. Wie ist die Matrix mit der Observablen F und dem Transformationsoperator U verknüpft?
b) Wie ist Hermitezität für Operatoren und die zugehörigen Matrizen definiert?
c) Wie ist Unitarität für Operatoren und Matrizen definiert?

7.3 Erläutern Sie die Beweise für die Erhaltung der elektrischen Ladung und des elektrischen Stroms im makroskopischen System (klassische Elektrodynamik).

7.4 Denken Sie sich ein Experiment aus, mit dem eine mögliche Neutronenladung zu messen wäre. Nehmen Sie realistische Werte für Neutronenfluß, Neutronengeschwindigkeit, elektrische Feldstärke und räumliche Auflösung der Neutronenzähler an und schätzen Sie die Grenze ab, die man erhalten kann.

7.5 Nehmen Sie an, daß die Nukleonen mit einer Halbwertszeit von 10^{15} a zerfallen und alle Energie der in der Erde zerfallenden Nukleonen in Wärme verwandelt wird. Berechnen Sie den Wärmefluß an der Erdoberfläche. Vergleichen Sie die erzeugte Energie mit der Energie, die die Erde in derselben Zeit von der Sonne empfängt.

7.6 Skizzieren Sie die experimentelle Anordnung von Reines und Kropp [*Phys. Rev.* **137B**, 740 (1965)] zur Messung der Nukleonenlebensdauer. Wie könnte das Experiment verbessert werden?

7.7 Der Wirkungsquerschnitt für die Absorption von Antineutrinos mit Energiewerten, wie sie aus Kernreaktoren kommen, ist etwa 10^{-43} cm^2.
a) Berechnen Sie, wie dick ein Absorber aus Wasser sein muß, um die Intensität eines Antineutrinostrahls um den Faktor 2 zu reduzieren.
b) Nehmen Sie einen flüssigen Szintillator mit einem Volumen von 10^3 l und einen Antineutrinostrahl mit der Intensität von 10^{13} $\bar{\nu}$/cm^2 s an. Wie viele Einfangereignisse Gl. 7.28 sind pro Tag zu erwarten?
c) Wie ist der Antineutrinoeinfang von anderen Reaktionen zu unterscheiden?

7.8 Wie läßt sich Gl. 7.31 beobachten? (Beginnen Sie bei Bahcall and Davis, *Phys. Rev. Letters* **26**, 662 (1971), und arbeiten Sie sich von dort aus zurück.)

7.9 Verwenden Sie Wellenpakete, um die Darstellung eines Teilchens mit negativer Energie als ein Teilchen mit positiver Energie, das sich zeitlich rückwärts bewegt, zu beweisen.

7.10 Verwenden Sie die kovariante Formulierung der Bewegungsgleichung von geladenen Teilchen im elektromagnetischen Feld, um zu zeigen, daß ein Teilchen mit der Ladung $-q$, das sich zeitlich rückwärts bewegt, sich wie ein Antiteilchen mit der Ladung q verhält, das sich zeitlich vorwärts bewegt.

7.11 Können einzelne Teilchen mit Strangeness durch Reaktionen von Teilchen ausschließlich ohne Strangeness erzeugt werden? Wenn ja, geben Sie eine mögliche Reaktion an.

7.12 Folgen Sie der Erzeugung und dem Zerfall des $\bar{\Omega}$ in Bild 7.7 und 7.8 und prüfen Sie, ob die additiven Quantenzahlen A und q in jeder Wechselwirkung erhalten bleiben. Wo bleibt S erhalten und wo nicht?

7.13 Erläutern Sie die Reaktion(en), die die Zuordnung $S = -3$ zu Ω^- und $S = +3$ zu $\overline{\Omega^-}$ rechtfertigen.

7.14 Welche der folgenden Reaktionen können stattfinden? Falls sie verboten sind, geben Sie an, durch welche Auswahlregel. Falls sie erlaubt sind, geben Sie an, über welche Wechselwirkung die Reaktion abläuft.

a) $p\bar{p} \longrightarrow \pi^+\pi^-\pi^0\pi^+\pi^-$.
b) $pK^- \longrightarrow \Sigma^+\pi^-\pi^+\pi^-\pi^0$.
c) $p\pi^- \longrightarrow pK^-$.
d) $p\pi^- \longrightarrow \Lambda^0\overline{\Sigma^0}$.
e) $\bar{\nu}_\mu p \longrightarrow \mu^+ n$.
f) $\bar{\nu}_\mu p \longrightarrow e^+ n$.
g) $\nu_e p \longrightarrow e^+\Lambda^0 K^0$.
h) $\nu_e p \longrightarrow e^-\Sigma^+ K^+$.

8. Drehimpuls und Isospin

In diesem Kapitel werden wir zeigen, daß die Invarianz bezüglich der Drehung im Raum zur Erhaltung des Drehimpulses führt. Dann werden wir den Isospin einführen, eine Größe, die viele Eigenschaften mit dem gewöhnlichen Spin gemeinsam hat und anschließend werden wir die Verletzung der Isospinerhaltung erläutern.

8.1 *Invarianz bezüglich der räumlichen Drehung*

Die Invarianz bezüglich der räumlichen Drehung stellt eine wichtige Anwendung der allgemeinen Überlegungen aus Abschnitt 7.1 dar. Wir betrachten einen idealisierten experimentellen Aufbau wie in Bild 8.1 und nehmen der Einfachheit halber an, daß die Apparatur in der xy-Ebene liegt, ihre Orientierung wird dann durch den Winkel φ beschrieben. Ferner nehmen wir an, daß sich das Ergebnis des Experiments durch eine Wellenfunktion $\psi(\mathbf{x})$ darstellen läßt. Dann wird die Anordnung um den Winkel α um die z-Achse gedreht. Diese Drehung wird durch $R_z(\alpha)$ beschrieben und verschiebt den Punkt $\mathbf{x}$ zum Punkt $\mathbf{x}^R$:

(8.1) $$\mathbf{x}^R = R_z(\alpha)\mathbf{x}.$$

Die Drehung ändert die Wellenfunktion, der Zusammenhang zwischen der gedrehten und ungedrehten Wellenfunktion am Punkt $\mathbf{x}$ ist durch Gl. 7.7 gegeben:

(8.2) $$\psi^R(\mathbf{x}) = U_z(\alpha)\psi(\mathbf{x}).$$

Die Bezeichnungen besagen, daß die Drehung um den Winkel α um die z-Achse stattfindet. Bislang wurden keine Invarianzeigenschaften benutzt und Gl. 8.1 und Gl. 8.2 sind auch dann gültig, wenn sich das System während der Drehung ändert.

Die Invarianz kann nun verwendet werden, um U zu finden. Wenn der Zustand des Systems von der Drehung nicht beeinflußt wird, dann ist die Wellenfunktion am Punkt $\mathbf{x}$ im ursprünglichen System identisch mit der gedrehten Wellenfunktion am gedrehten Punkt $\mathbf{x}^R$:

(8.3) $$\psi(\mathbf{x}) = \psi^R(\mathbf{x}^R).$$

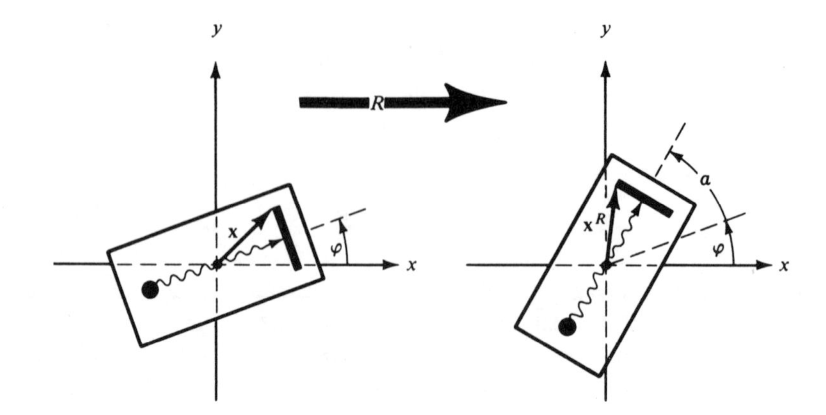

Bild 8.1 Drehung um die z-Achse. Der Winkel φ gibt die ursprüngliche Achsenlage der Anordnung an, er beschreibt keine Drehung. Die Anordnung wird um die z-Achse um den Winkel α gedreht. Invarianz bezüglich der Rotation heißt, daß die Drehung das Ergebnis des Experiments nicht beeinflußt.

Dies unterscheidet sich von Gl. 8.2, wo $\psi(\mathbf{x})$ mit ψ^R am selben Punkt verknüpft wird, während in Gl. 8.3 $\psi(\mathbf{x})$ mit ψ^R am gedrehten Punkt $\mathbf{x}^R$ verknüpft wird. U kann bestimmt werden, wenn man $\psi^R(\mathbf{x}^R)$ durch $\psi^R(\mathbf{x})$ ausdrücken kann. Da Drehungen kontinuierlich sind, läßt sich jede Drehung um einen endlichen Winkel aus Drehungen um infinitesimal kleine Winkel zusammensetzen. Es genügt also eine infinitesimal kleine Drehung, um U zu finden. Wenn das System um den infinitesimalen Winkel $\delta\alpha$ um die z-Achse gedreht wird, so wird $\psi^R(\mathbf{x}^R)$ zu

$$\psi^R(\mathbf{x}^R) = \psi^R(\mathbf{x}) + \frac{\partial\psi^R(\mathbf{x})}{\partial\varphi}\delta\alpha = \left(1 + \delta\alpha\frac{\partial}{\partial\varphi}\right)\psi^R(\mathbf{x}).$$

Diese Beziehung kann man durch Multiplikation mit $[1 - \delta\alpha(\partial/\partial\varphi)]$ umkehren. Die Vernachlässigung der Glieder mit $\delta\alpha^2$ liefert dann zusammen mit Gl. 8.3

$$\psi^R(\mathbf{x}) = \left(1 - \delta\alpha\frac{\partial}{\partial\varphi}\right)\psi(\mathbf{x}). \tag{8.4}$$

Der Vergleich mit Gl. 8.2 zeigt, daß der Operator vor $\psi(\mathbf{x})$ der gesuchte Operator $U_z(\delta\alpha)$ ist. Der allgemeine Ausdruck für den Operator einer infinitesimalen unitären Transformation ist durch Gl. 7.14 gegeben. Gleichsetzen von ϵ mit $\delta\alpha$ und der Vergleich der beiden Ausdrücke für U gibt den gewünschten hermiteschen Operator F, [1])

$$F = i\frac{\partial}{\partial\varphi}. \tag{8.5}$$

1 Hier könnte Verwirrung entstehen, da formal $F^\dagger = -i\partial/\partial\varphi$ anders aussieht als F. Hermitesch ist jedoch keine Eigenschaft des Operators allein, sondern auch der beiden Wellenfunktionen und

(Fortsetzung nächste Seite)

Falls U mit H kommutiert, so kommutiert nach Gl. 7.15 auch F mit H und wir haben die gewünschte Erhaltungsgröße gefunden. Wir könnten nun anfangen, die physikalischen Wirkungen von F zu untersuchen und die Eigenfunktionen und Eigenwerte bestimmen. Dieses Vorgehen ist überflüssig, da F ein alter Bekannter ist. Gleichung 5.3 zeigt, daß

(8.6) $$F = -\frac{L_z}{\hbar}.$$

F ist, nicht ganz unerwartet, proportional zur z-Komponente des Bahndrehimpulses. Die Invarianz eines Systems bezüglich der Drehung um die z-Achse führt zur Erhaltung von F und demnach auch zu der von L_z.

Zwei Verallgemeinerungen sind physikalisch vernünftig und wir geben sie hier ohne Beweis an: (1) Wenn das System den Gesamtdrehimpuls $\mathbf{J}$ (Spin und Bahn) hat, dann wird L_z durch J_z ersetzt. (2) U ist für eine Drehung um den Winkel δ um eine beliebige Richtung $\hat{\mathbf{n}}$ (wobei $\hat{\mathbf{n}}$ ein Einheitsvektor ist)

(8.7) $$U_{\mathbf{n}}(\delta) = e^{-i\,\delta\hat{\mathbf{n}}\cdot\mathbf{J}/\hbar}.$$

Wenn das System invariant bezüglich der Drehung um $\hat{\mathbf{n}}$ ist, dann kommutiert der Hamiltonoperator mit $U_{\mathbf{n}}$ und also auch mit $\hat{\mathbf{n}}\cdot\mathbf{J}$:

(8.8) $$[H, U_{\mathbf{n}}] = 0 \longrightarrow [H, \hat{\mathbf{n}}\cdot\mathbf{J}] = 0.$$

Die Komponente des Drehimpulses in Richtung $\hat{\mathbf{n}}$ bleibt erhalten. Da $\hat{\mathbf{n}}$ jede beliebige Richtung sein kann, werden alle Komponenten von $\mathbf{J}$ erhalten und $\mathbf{J}$ ist demnach eine Konstante der Bewegung.

Mit Gl. 8.7 lassen sich die Kommutatorregeln für die Komponenten von $\mathbf{J}$ leicht finden:

(5.6) $$[J_x, J_y] = i\hbar J_z,$$
zyklisch.

Die einzelnen Schritte der Herleitung sind in Aufgabe 8.1 dargelegt. Die Kommutatorregeln Gl. 5.6 sind eine Folge der unitären Transformation Gl. 8.7, die wiederum eine Folge der Invarianz von H unter der Drehung ist.

(Fortsetzung von Anm. 1)

des Integrationsbereichs (Park, Seite 61). Für einen hermiteschen Operator, mit $F^\dagger = F$, wird die Gleichung in der Anmerkung 2 von Kapitel 7 zu

$$\int d^3x\,(F\psi)^*\phi = \int d^3x\,\psi^* F\phi.$$

$F = i\partial/\partial\varphi$ erfüllt die Beziehung:

$$\int d^3x\left(i\frac{\partial\psi}{\partial\varphi}\right)^*\phi = \int d^3x\left(-i\frac{\partial}{\partial\varphi}\right)\psi^*\phi = \int d^3x\,\psi^* i\frac{\partial\phi}{\partial\varphi}.$$

Im letzten Schritt hat eine partielle Integration den Operator auf die rechte Seite von ψ^* gebracht. Die tatsächliche Form eines hermiteschen Operators hängt also deutlich von seiner Lage relativ zur Wellenfunktion ab.

8.2 Symmetrieverletzung durch das magnetische Feld

Ein Teilchen mit dem Spin **J** und dem magnetischen Moment **μ** kann durch den Hamiltonoperator

(8.9) $$H = H_0 + H_{\text{mag}}$$

beschrieben werden, wobei H_{mag} in Gl. 5.20 gegeben ist. Gewöhnlich ist H_0 isotrop und das durch H_0 beschriebene System invariant bezüglich der Drehung in beliebige Richtungen. Dies wird durch

(8.10) $$[H_0, \mathbf{J}] = 0$$

ausgedrückt. Die Energie des Teilchens ist unabhängig von seiner räumlichen Orientierung. Schaltet man ein magnetisches Feld ein, so wird die Symmetrie verletzt und Gl. 8.10 gilt nicht mehr:

(8.11) $$[H, \mathbf{J}] = [H_0 + H_{\text{mag}}, \mathbf{J}] \neq 0.$$

Falls er benötigt wird, läßt sich der Kommutator aus Gl. 5.20 und Gl. 5.6 berechnen. Die Drehimpulskomponente in Richtung des Felds bleibt jedoch erhalten. Es ist üblich, die Quantisierungsachse z in Richtung des magnetischen Felds zu legen. Die Gleichungen 5.6 und 5.20 liefern dann

(8.12) $$[H_0 + H_{\text{mag}}, J_z] = 0.$$

Das System ist immer noch invariant bezüglich Drehungen um die Richtung des angelegten Felds, nämlich die z-Achse. Jedoch wird durch die Auszeichnung einer Richtung durch das angelegte magnetische Feld die vollständige Symmetrie zerstört und **J** bleibt nicht mehr erhalten. Vor Anlegen des Felds waren die Energieniveaus des Systems $(2J + 1)$-fach entartet, wie auf der linken Seite von Bild 5.5 gezeigt. Die Einführung des Felds bewirkt die Aufhebung der Entartung und die entsprechende Zeemanaufspaltung zeigt Bild 5.5.

8.3 Ladungsunabhängigkeit der starken Wechselwirkung

Als 1932 das Neutron entdeckt wurde, war die Natur der Kräfte, die die Kerne zusammenhalten, noch ein Rätsel. Um 1936 waren dann die grundlegenden Eigenschaften der Kernkräfte bekannt.[2] Besonders erfolgreich war die Analyse der *pp*- und *np*-Streudaten. In jenen Jahren konnten solche Streuexperimente natürlich nur mit niedrigen Energien durchgeführt werden, aber das Ergebnis war trotzdem überraschend: Nachdem die Wir-

2 1936 und 1937 gaben Bethe und seine Mitarbeiter in einer Serie von drei Artikeln einen Überblick über den Stand der Forschung, die später als *Bethes Bibel* bekannt wurden. Es ist auch heute noch von Nutzen, diese bewundernswerten Übersichtsartikel in *Rev. Modern Phys.* **8**, 82 (1936), **9**, 69 (1937) und **9**, 245 (1937) zu lesen.

kung der Coulombkraft in der *pp*-Streuung abgezogen war, stellte man fest, daß die starke *pp*- und *np*-Wechselwirkung von etwa gleicher Stärke und gleicher Reichweite war.[3] Dieses Ergebnis wurde durch Untersuchungen der Massen von ^{3}H und ^{3}He bestätigt, die annähernd gleiche Werte für die *pp*-, *np*- und *nn*-Wechselwirkung ergaben. Einen deutlichen Beweis für die Ladungsunabhängigkeit der Kernkräfte fanden auch Feenberg und Wigner.[4] Die Ladungsunabhängigkeit der Kernkräfte bedeutet, daß die Kräfte zwischen zwei Nukleonen im selben Zustand bis auf elektromagnetische Effekte gleich sind. Heute ist die experimentelle Bestätigung der Ladungsunabhängigkeit gesichert und man weiß, daß alle starken Wechselwirkungen, nicht nur die zwischen Nukleonen, ladungsunabhängig sind.[5] Wir werden hier die experimentellen Bestätigungen für die Ladungsunabhängigkeit nicht erläutern, sondern nur darauf hinweisen, daß der Begriff des Isospins, der in den folgenden Abschnitten behandelt werden wird, eine direkte Folge der Ladungsunabhängigkeit der starken Wechselwirkung ist.

8.4 *Der Isospin der Nukleonen*

Die Ladungsunabhängigkeit der Kernkräfte bewirkte die Einführung einer neuen Quantenzahl, die erhalten bleibt, des Isospins. Schon 1932 behandelte Heisenberg das Neutron und das Proton als zwei Zustände eines Teilchens, des Nukleons N.[6] Ohne die elektromagnetische Wechselwirkung haben die beiden Zustände vermutlich die gleiche Masse, aber mit ihr sind die Massen leicht verschieden. Unterstützt wird die Idee, daß das Neutron und Proton zwei Zustände desselben Teilchens sind, durch die Strukturuntersuchungen wie sie in Abschnitt 6.7 vorgestellt wurden. Gleichung 6.48 zeigt, daß die magnetischen Formfaktoren G_M des Neutrons und Protons dieselbe Abhängigkeit besitzen. Nimmt man an, daß das magnetische Moment mit der hadronischen Struktur zusammenhängt, ist die Ähnlichkeit beeindruckend.

Zur Beschreibung der beiden Zustände des Nukleons führt man den Isospinraum ein und stellt die folgende Analogie zu den beiden Zuständen eines Teilchens mit Spin $\frac{1}{2}$ her:

3 G. Breit, E.U. Condon und R.D. Present, *Phys. Rev.* **50**, 825 (1936).

4 E. Feenberg und E.P. Wigner, *Phys. Rev.* **51**, 95 (1937).

5 Die experimentelle Bestätigung für die Ladungsunabhängigkeit der starken Wechselwirkung ist bei E.M. Henley in *Isospin in Nuclear Physics* (D.H. Wilkinson, ed.), North-Holland, Amsterdam, 1969, dargelegt.

6 W. Heisenberg, *Z. Physik* 77, 1 (1932).

	Spin-½-Teilchen im Ortsraum	Nukleon im Isospin-Raum
Orientierung	nach oben nach unten	nach oben, Proton nach unten, Neutron

Die beiden Zustände eines normalen Teilchens mit Spin $\frac{1}{2}$ werden nicht als zwei Teilchen behandelt, sondern als zwei Zustände eines Teilchens. Ähnlich wird das Proton und Neutron als der Zustand des Nukleons mit Orientierung nach oben bzw. nach unten betrachtet. Formal wird dies durch eine neu eingeführte Größe, den Isospin $\vec{I}$ beschrieben.[7] Das Nukleon mit Isospin $\frac{1}{2}$ hat $2I + 1 = 2$ Einstellmöglichkeiten im Isospinraum. Die drei Komponenten des Isospinvektors $\vec{I}$ werden mit I_1, I_2 und I_3 bezeichnet. Der Wert von I_3 unterscheidet *per Definition* zwischen dem Proton und dem Neutron. $I_3 = +\frac{1}{2}$ ist das Proton und $I_3 = -\frac{1}{2}$ das Neutron.[8] Am einfachsten schreibt man den Wert von I und I_3 als Diracschen Ketvektor:

$$|I, I_3>.$$

Dann sind Proton und Neutron

$$\begin{aligned} &\text{Proton } |\tfrac{1}{2}, \tfrac{1}{2}> \\ &\text{Neutron } |\tfrac{1}{2}, -\tfrac{1}{2}>. \end{aligned} \tag{8.13}$$

Die Ladung des Teilchens $|I, I_3>$ ist durch

$$q = e(I_3 + \tfrac{1}{2}). \tag{8.14}$$

gegeben. Mit dem Wert der dritten Komponente I_3 aus Gl. 8.13 hat das Proton die Ladung e und das Neutron die Ladung 0.

8.5 *Isospininvarianz*

Was gewinnt man durch die Einführung des Isospins? Bis jetzt sehr wenig. Das Neutron und das Proton können formal als zwei Zustände eines Teilchens beschrieben werden. Neue Gesichtspunkte und neue Ergebnisse erhält man jedoch, wenn die Ladungsunabhängigkeit eingeführt und der Isospin auf alle Teilchen verallgemeinert wird.

Die Ladungsunabhängigkeit besagt, daß die starke Wechselwirkung nicht zwischen Proton und Neutron unterscheidet. Solange nur die starke Wech-

7 Um Spin und Isospin zu unterscheiden, schreiben wir die Isospinvektoren mit einem Pfeil.

8 In der Kernphysik wird der Isospin oft auch Isobarenspin genannt und mit T bezeichnet. Für das Neutron wird dort $I_3 = \frac{1}{2}$ und für das Proton $I_3 = -\frac{1}{2}$ genommen, da es in stabilen Kernen mehr Neutronen als Protonen gibt und I_3 (bzw. T_3) in diesem Fall positiv wird.

selwirkung vorhanden ist, kann der Isospinvektor $\vec{I}$ in jede beliebige Richtung zeigen. Mit anderen Worten, es besteht Rotationsinvarianz im Isospinraum; das System ist invariant bezüglich Drehungen in jede Richtung. Wie in Gl. 8.10 wird dies durch

(8.15) $$[H_h, \vec{I}] = 0$$

ausgedrückt. Ist nur H_h vorhanden, so sind die $2I + 1$ Zustände mit verschiedenen Werten von I_3 entartet, sie haben dieselbe Energie (Masse). Einfacher ausgedrückt, falls es nur die starke Wechselwirkung gäbe, hätten Neutron und Proton dieselbe Masse. Die elektromagnetische Wechselwirkung zerstört die Isotropie des Isospinraums. Sie verletzt die Symmetrie und gibt, wie in Gl. 8.11,

(8.16) $$[H_h + H_{em}, \vec{I}] \neq 0.$$

Aus Abschnitt 7.1 wissen wir jedoch, daß die elektrische Ladung immer erhalten bleibt, auch in Gegenwart von H_{em}:

(8.17) $$[H_h + H_{em}, Q] = 0.$$

Q ist der Operator, der zur elektrischen Ladung q gehört, er hängt mit I_3 über Gl. 8.14: $Q = e(I_3 + \frac{1}{2})$ zusammen. Einsetzen von Q in den Kommutator Gl. 8.17 ergibt

(8.18) $$[H_h + H_{em}, I_3] = 0.$$

Die dritte Komponente des Isospins bleibt selbst in Gegenwart der elektromagnetischen Wechselwirkung erhalten. Die Analogie zum Fall des magnetischen Felds ist offensichtlich; Gl. 8.18 ist die Isospinentsprechung von Gl. 8.12.

In Abschnitt 8.4 wurde darauf hingewiesen, daß die Ladungsunabhängigkeit nicht nur für Nukleonen, sondern für alle Hadronen gilt. Bevor wir den Begriff des Isospins auf alle Hadronen verallgemeinern und die Folgerungen aus dieser Annahme untersuchen, machen wir einige einführende Bemerkungen über den Isospinraum. Die Richtung im Isospinraum hat nichts mit irgendeiner Richtung im gewöhnlichen Ortsraum zu tun und der Wert des Operators $\vec{I}$ oder I_3 im Isospinraum hat nichts mit dem Ortsraum zu tun. Bis jetzt haben wir nur für die dritte Komponente einen Zusammenhang mit einer physikalischen Observablen angegeben, mit der Ladung q, siehe Gl. 8.14. Was bedeuten I_1 und I_2 physikalisch? Diese beiden Größen hängen nicht direkt mit meßbaren physikalischen Größen zusammen. Der Grund liegt in der Natur: Im Labor kann man zwei magnetische Felder aufbauen. Das erste kann in z-Richtung und das zweite in x-Richtung zeigen. Die Wirkung beider zusammen auf den Spin eines Teilchens kann man ausrechnen und die Messung ist in jeder Richtung sinnvoll (im Rahmen der Unschärferelation). Das elektromagnetische Feld im Isospinraum kann jedoch nicht an- oder ausgeschaltet werden.

Die Ladung hängt immer mit einer Komponente von $\vec{I}$ zusammen und als diese Komponente nimmt man konventionell I_3. Eine Umbenennung der Komponenten und der Verknüpfung der Ladung z.B. mit I_2 ändert die Lage nicht.

Wir gehen jetzt von der allgemein gültigen Existenz des Isospins aus, dessen dritte Komponente mit der Ladung des Teilchens durch eine lineare Beziehung der Form

(8.19) $$q = aI_3 + b$$

zusammenhängt. Mit dieser Beziehung beinhaltet die Ladungserhaltung die Erhaltung von I_3. I_3 ist folglich eine gute Quantenzahl, selbst bei Anwesenheit der elektromagnetischen Wechselwirkung. Der unitäre Operator für die Drehung im Isospinraum um den Winkel ω und um die Achse $\hat{\alpha}$ ist

(8.20) $$U_{\alpha}(\omega) = e^{-i\omega\hat{\alpha}\cdot\vec{I}}.$$

Hierbei ist $\vec{I}$ die hermitesche Erzeugende des unitären Operators U und $\vec{I}$ sollte eine Observable sein. Die Schlußfolgerungen verlaufen wie für den Drehimpulsoperator **J** nach den in Abschnitt 7.1 gezeigten allgemeinen Schritten. Um die physikalischen Eigenschaften von $\vec{I}$ zu untersuchen, nehmen wir zunächst an, es wäre nur die starke Wechselwirkung vorhanden. Dann ist die elektrische Ladung für alle Systeme Null und die Richtung von I_3 wird nicht durch Gl. 8.19 bestimmt. Die Ladungsunabhängigkeit besagt also, daß ein hadronisches System ohne elektromagnetische Wechselwirkung invariant bezüglich jeder Drehung im Isospinraum ist. Wir wissen aus Abschnitt 7.1, Gl. 7.9, daß U dann mit H_h kommutiert:

(8.21) $$[H_h, U_{\alpha}(\omega)] = 0.$$

Wie in Gl. 7.15 folgt sofort die Erhaltung des Isospins,

$$[H_h, \vec{I}] = 0.$$

Die Ladungsunabhängigkeit der starken Wechselwirkung führt also zur Erhaltung des Isospins.

Im Fall des gewöhnlichen Drehimpulses folgen die Kommutatorregeln für **J** durch einfache algebraische Berechnungen aus dem unitären Operator Gl. 8.7. Es sind dabei keine weiteren Annahmen gemacht worden. Dieselben Schlüsse kann man demnach für $U_{\alpha}(\omega)$ ziehen und alle drei Komponenten des Isospinvektors müssen die Kommutatorregeln

(8.22) $$\begin{aligned} [I_1, I_2] &= iI_3 \\ [I_2, I_3] &= iI_1 \\ [I_3, I_1] &= iI_2 \end{aligned}$$

erfüllen. Die Eigenwerte und Eigenfunktionen des Isospinoperators müssen nicht neu berechnet werden, da sie analog zu den entsprechenden Größen für den gewöhnlichen Spin sind. Die Schritte von Gl. 5.6 nach Gl.

5.7 und 5.8 sind unabhängig von der physikalischen Bedeutung der Operatoren. Alle Ergebnisse des gewöhnlichen Drehimpulses können folglich übernommen werden. Insbesondere gehorchen I^2 und I_3 den Eigenwertgleichungen

(8.23) $$I_{op}^2 | I, I_3\rangle = I(I+1) | I, I_3\rangle$$

(8.24) $$I_{3,op} | I, I_3\rangle = I_3 | I, I_3\rangle .$$

Hier sind I_{op}^2 und $I_{3,op}$ auf der linken Seite Operatoren und I und I_3 auf der rechten Seite Quantenzahlen. $|I, I_3\rangle$ bezeichnet die Eigenfunktion ψ_{I,I_3}. (In Situationen, in denen keine Verwechslung zu befürchten ist, wird der Index "op" weggelassen.) Die möglichen Werte von I sind dieselben wie für J in Gl. 5.9,

(8.25) $$I = 0, \tfrac{1}{2}, 1, \tfrac{3}{2}, 2, \ldots .$$

Für jeden Wert von I kann I_3 die $2I+1$ Werte von $-I$ bis I annehmen.

In den folgenden Abschnitten wenden wir die durch Gl. 8.22 - 8.25 ausgedrückten Ergebnisse auf Kerne und Teilchen an. Es wird sich zeigen, daß der Isospin wesentlich zum Verständnis und zur Ordnung der subatomaren Teilchen beiträgt.

● Wir haben oben gesagt, daß die Komponenten I_1 und I_2 nicht direkt mit Observablen zusammenhängen. Die Linearkombinationen

(8.26) $$I_\pm = I_1 \pm iI_2$$

haben jedoch eine physikalische Bedeutung. Wenn sie auf den Zustand $|I, I_3\rangle$ angewendet werden, erhöht I_+ und erniedrigt I_- den Wert von I_3 um eine Einheit

(8.27) $$I_\pm | I, I_3\rangle = [(I \mp I_3)(I \pm I_3 + 1)]^{1/2} | I, I_3 \pm 1\rangle .$$

Gl. 8.27 läßt sich mit Hilfe von Gl. 8.22 – Gl. 8.24 herleiten.[9]) ●

8.6 *Der Isospin von Elementarteilchen*

Der Begriff des Isospins wurde zuerst auf Kerne angewandt, aber seine charakteristischen Eigenschaften sind an Teilchen leichter zu sehen. Wie im vorhergehenden Abschnitt festgestellt wurde, ist der Isospin eine Erhaltungsgröße, solange ausschließlich die starke Wechselwirkung vorhanden ist. Die elektromagnetische Wechselwirkung zerstört die Isotropie des Isospinraums, genau wie ein magnetisches Feld die Isotropie des Ortsraums zerstört. Der Isospin und seine Auswirkungen sollte folglich in Situationen, in denen die elektromagnetische Wechselwirkung klein ist, am deutlichsten in Erscheinung treten. Für Kerne kann die gesamte Ladungszahl Z bis zu 100 werden, während sie für Teilchen gewöhnlich 0 oder 1

9 Merzbacher, Abschnitt 16.2; Messiah, Abschnitt XIII.I.

ist. Der Isospin sollte demnach in der Teilchenphysik eine bessere und leichter erkennbare Quantenzahl sein.

Wenn der Isospin eine in der Natur vorhandene Observable ist, dann muß er nach Gl. 8.15 und Gl. 8.23 - 8.25 folgende Eigenschaften haben: Die Quantenzahl I kann nur die Werte $0, \frac{1}{2}, 1, \frac{3}{2}, \ldots$ annehmen. Für ein gegebenes Teilchen ist I eine unveränderliche Eigenschaft. Ein Teilchen mit Isospin I ist in Abwesenheit der elektromagnetischen Wechselwirkung $(2I+1)$-fach entartet und die $(2I+1)$ Subteilchen haben alle die gleiche Masse. Da H_h und $\vec{I}$ kommutieren, haben alle Subteilchen dieselben hadronischen Eigenschaften und unterscheiden sich nur durch den Wert von I_3. Die elektromagnetische Wechselwirkung hebt die Entartung teilweise oder vollständig auf, wie in Bild 8.2 dargestellt, und bewirkt so die Isospin-Analogie zum Zeemaneffekt. Man sagt, die $2I+1$ Subteilchen, die zu einem gegebenen Zustand mit Isospin I gehören, bilden ein Isospin-Multiplett. Die elektrische Ladung jedes Mitglieds hängt mit I_3 über Gl. 8.19 zusammen. Quantenzahlen, die in der elektromagnetischen Wechselwirkung erhalten bleiben, ändern sich nicht, wenn H_{em} angeschaltet wird. Da dies für die meisten Quantenzahlen gilt, zeigen die Mitglieder eines Isospin-Multipletts ein fast identische Verhalten. Sie haben z.B. denselben Spin, dieselbe Baryonenzahl, Hyperladung und Parität. (Die Parität wird in Abschnitt 9.2 besprochen.) Die verschiedenen Mitglieder eines Isospin-Multipletts stellen im wesentlichen dasselbe Teilchen dar, das mit verschiedenen Orientierungen des Isospins auftritt, genau wie die verschiedenen Zeemanniveaus Zustände des gleichen Teilchens mit verschiedener Einstellung seines Spins zum angelegten magnetischen Feld sind. Die Bestimmung der Quantenzahl I für einen gegebenen Zustand ist unproblematisch, wenn man alle Subteilchen findet, die zum Multiplett gehören. Ihre Anzahl ist $2I+1$ und liefert deshalb I. Manchmal ist eine Zählung jedoch nicht möglich und man muß dann auf andere Verfahren zurückgreifen, wie z.B. die Anwendung von Auswahlregeln.

Die bislang gezeigten Folgerungen lassen sich am einfachsten auf das Pion anwenden. Die möglichen Werte des Isospins des Pions findet man aus

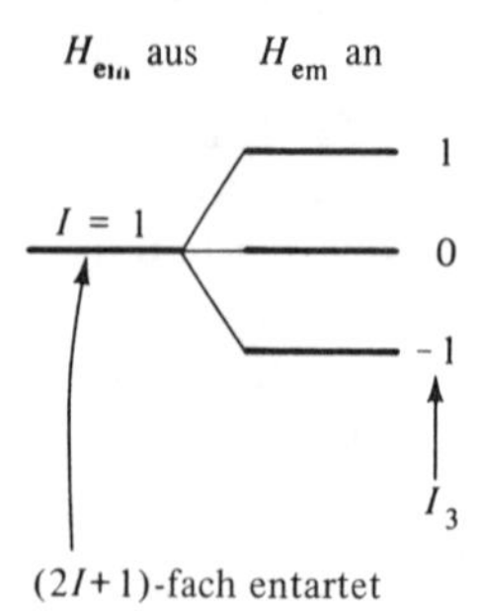

Bild 8.2 Ein Teilchen mit Isospin I ist bei Abwesenheit der elektromagnetischen Wechselwirkung $(2I+1)$-fach entartet. H_{em} hebt die Entartung auf und die entstehenden Subteilchen sind durch ihre I_3-Werte bezeichnet.

Bild 5.19. Werden virtuelle Pionen zwischen den Nukleonen ausgetauscht, so sollte die grundlegende Yukawa-Reaktion

$$N \longrightarrow N' + \pi$$

den Isospin erhalten. Nukleonen haben den Isospin $\frac{1}{2}$; die Isospins addieren sich wie Drehimpulse und die Pionen müssen folglich Isospin 0 oder 1 haben. Wenn I Null wäre, gäbe es nur ein Pion. Die Zuordnung $I = 1$ andererseits beinhaltet die Existenz von drei Pionen. [10]) Tatsächlich sind drei, und nur drei, Hadronen mit einer Masse um 140 MeV bekannt. Diese drei bilden einen Isovektor mit der Zuordnung

$$I_3 = \begin{cases} +1 & \pi^+, \quad m = 139{,}576\ \mathrm{MeV}/c^2, \\ 0 & \pi^0, \quad m = 134{,}972\ \mathrm{MeV}/c^2, \\ -1 & \pi^-, \quad m = 139{,}576\ \mathrm{MeV}/c^2. \end{cases}$$

Die Ladung ist mit I_3 über

$$q = eI_3 \tag{8.28}$$

verknüpft, einem Sonderfall von Gl. 8.19. Die Pionen zeigen außergewöhnlich deutlich, daß die Eigenschaften im gewöhnlichen Raum und im Isospinraum nicht zusammenhängen, da sie im Isospinraum einen Vektor bilden, aber im Ortsraum ein Skalar sind (Spin 0).

Im gewöhnlichen Zeemaneffekt kann man leicht zeigen, daß die verschiedenen Subniveaus Mitglieder eines Zeeman-Multipletts sind: Wenn das angelegte Feld gegen Null geht, fallen sie in ein entartetes Niveau zusammen. Dieses Verfahren läßt sich auf das Isospin-Multiplett nicht anwenden, da die elektromagnetische Wechselwirkung nicht abgeschaltet werden kann. Um zu zeigen, daß an der beobachteten Aufspaltung nur H_{em} schuld ist, muß man auf Berechnungen zurückgreifen. Der Vergleich des Pions mit dem Nukleon zeigt, daß das Problem nicht trivial ist: Das Proton ist leichter als das Neutron, während die geladenen Pionen schwerer als das neutrale sind. Trotzdem lassen die bis heute durchgeführten Berechnungen es als wahrscheinlich erscheinen, daß die Massenaufspaltung von der elektromagnetischen Wechselwirkung herrührt. [11])

Nachdem wir beträchtliche Zeit auf den Isospin des Pions verwandt haben, können die anderen Hadronen nun kürzer besprochen werden.

Das Kaon erscheint in zwei Teilchen und zwei Antiteilchen. Die Zuordnung $I = \frac{1}{2}$ widerspricht keiner bekannten Erfahrung.

Die Zuordnung von I für die Hyperonen ist ebenfalls unproblematisch. Man nimmt an, daß Hyperonen mit annähernd gleicher Masse Iso-

10 N. Kemmer, *Proc. Cambridge Phil. Soc.* **34**, 354 (1938).

11 R.P. Feynman und G. Speisman, *Phys. Rev.* **94**, 500 (1954); F.E. Low, *Comments Nucl. Particle Phys.* **2**, 111 (1968). A. Zee, *Phys. Rept.* **3C**, 127 (1973). Eine moderne Betrachtung findet man z.B. bei K.H. Georgi und T. Goldman, *Phys. Rev. Letters* **30**, 514 (1973).

spin-Multipletts bilden. Das Lambda erscheint allein und ist ein Singulett. Das Sigma zeigt drei Ladungszustände und ist ein Isovektor. Das Kaskadeteilchen ist ein Dublett und das Omega ein Singulett.

Die bisher bekannten Hadronen können alle durch einen Satz von additiven Quantenzahlen, A, q, Y und I_3 charakterisiert werden. Für Pionen ist die Ladung und I_3 durch Gl. 8.28 verknüpft. Gell-Mann und Nishijima zeigten, wie diese Beziehung für Teilchen mit Strangeness verallgemeinert werden kann. Sie nahmen zwischen der Ladung und I_3 einen linearen Zusammenhang an, wie in Gl. 8.19. Die Konstante a in Gl. 8.19 ist nach Gl. 8.28 e. Um die Konstante b zu finden, stellen wir fest, daß I_3 Werte von $-I$ bis $+I$ annehmen kann. Die mittlere Ladung eines Multipletts ist demnach gleich b:

$$\langle q \rangle = b.$$

Die mittlere Ladung eines Multipletts wurde aber bereits in Gl. 7.52 bestimmt:

$$\langle q \rangle = \tfrac{1}{2} e Y. \qquad (8.29)$$

Nur Teilchen mit Hyperladung Null haben den Ladungsmittelpunkt eines Multipletts bei $q = 0$; für alle anderen ist er verschoben. Folglich ist die Verallgemeinerung von Gl. 8.14 und Gl. 8.24

$$q = e(I_3 + \tfrac{1}{2} Y) = e(I_3 + \tfrac{1}{2} A + \tfrac{1}{2} S). \qquad (8.30)$$

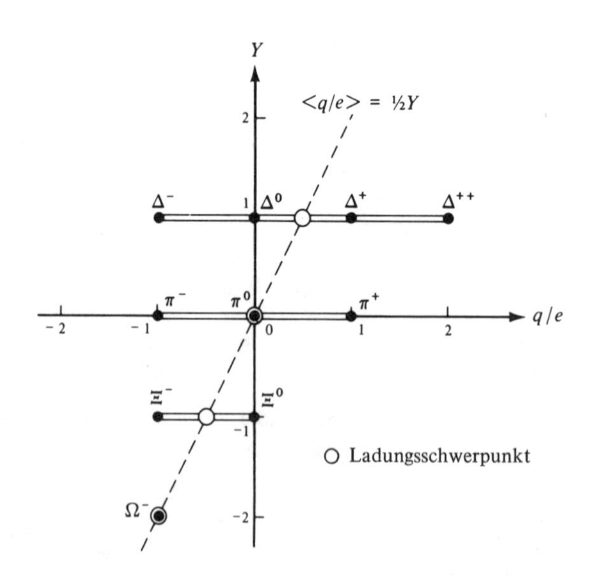

Bild 8.3 Isospin-Multipletts mit $Y \neq 0$ sind verschoben: Ihr Ladungsschwerpunkt (mittlere Ladung) ist $\frac{1}{2}eY$. Das Bild zeigt ein paar repräsentative Multipletts, aber außer diesen gibt es noch viel mehr.

Diese Gleichung heißt Gell-Mann-Nishijima-Relation. Betrachtet man q als Operator, so kann man sagen, daß der Operator der elektrischen Ladung sich aus einem Isoskalar ($\frac{1}{2}eY$) und der dritten Komponente eines Isovektors (eI_3) zusammensetzt.

Die Gell-Mann-Nishijima-Gleichung kann man in einem Diagramm Y gegen q/e deutlich machen, siehe Bild 8.3. Einige Isospin-Multipletts sind eingezeichnet. Die Multipletts mit $Y \neq 0$ sind verschoben: Ihr Ladungsmittelpunkt ist nicht bei Null, sondern nach Gl. 8.29 bei $\frac{1}{2}eY$.

Die Überlegungen in diesem Abschnitt zeigten, daß der Isospin in der Teilchenphysik eine nützliche Quantenzahl ist. Der Wert von I für ein gegebenes Teilchen bestimmt die Anzahl von Subteilchen, die zu diesem speziellen Isospin-Multiplett gehören. Die dritte Komponente I_3 bleibt bei allen Wechselwirkungen erhalten, während $\vec{I}$ nur bei der starken Wechselwirkung erhalten bleibt. Im folgenden Abschnitt werden wir vorführen, daß der Isospin auch in der Kernphysik ein nützliches Prinzip darstellt.

8.7 *Der Isospin in Kernen* [12]

Ein Kern mit A Nukleonen, Z Protonen und N Neutronen hat die Gesamtladung Ze. Die Gesamtladung kann mit Gl. 8.14 als eine Summe über die A Nukleonen geschrieben werden:

$$Ze = \sum_{i=1}^{A} q_i = e(I_3 + \tfrac{1}{2}A), \tag{8.31}$$

wobei man die dritte Komponente des gesamten Isospins durch Addition über alle Kerne erhält,

$$I_3 = \sum_{i=1}^{A} I_{3,i}. \tag{8.32}$$

Der Isospin $\vec{I}$ verhält sich mathematisch wie der gewöhnliche Spin **J** und der gesamte Isospin des Kerns A ist die Summe über die Isospinwerte der Nukleonen:

$$\vec{I} = \sum_{i=1}^{A} \vec{I}_i. \tag{8.33}$$

Haben diese Gleichungen einen Sinn? Alle Zustände eines bestimmten Nuklids werden durch dieselben Werte von A und Z charakterisiert. Was bedeuten die Werte von I und I_3 ? Nach Gl. 8.31 haben alle Zustände eines Nuklids denselben Wert von I_3, nämlich

$$I_3 = Z - \tfrac{1}{2}A = \tfrac{1}{2}(Z - N). \tag{8.34}$$

12 E.P. Wigner, *Phys. Rev.* **51**, 106, 947 (1937).

Die Zuordnung einer gesamten Isospinquantenzahl I ist nicht so einfach. Es sind A Isospinvektoren mit $I = \frac{1}{2}$ vorhanden und da sie sich vektoriell addieren, können sie zu vielen unterschiedlichen Werten von I zusammengesetzt werden. Der größtmögliche Wert für I ist $\frac{1}{2}A$ und er tritt auf, wenn die Beiträge aus allen Nukleonen parallel sind. Der kleinstmögliche Wert ist $|I_3|$, da ein Vektor nicht kleiner als eine seiner Komponenten sein kann. Für I gilt deshalb

$$\frac{1}{2}|Z - N| \leq I \leq \frac{1}{2}A. \tag{8.35}$$

Kann man nun einem gegebenen Kernniveau einen bestimmten Wert I zuordnen und kann man ihn auch experimentell bestimmen? Zur Beantwortung dieser Frage kehren wir wieder zu der Welt zurück, in der alle Wechselwirkungen außer der starken ausgeschaltet sind und betrachten einen Kern aus A Nukleonen. In der rein hadronischen Welt ist I eine Erhaltungsgröße und jeder Zustand des Kerns ist durch einen Wert von I charakterisiert. Gleichung 8.35 zeigt, daß I für gerades A ganzahlig und für ungerades A halbzahlig ist. Der Zustand ist $(2I + 1)$-fach entartet. Wird die elektromagnetische Wechselwirkung angeschaltet, so wird die Entartung aufgehoben, wie in Bild 8.4 zu sehen ist. Jeder der Subzustände ist durch einen eigenen Wert von I_3 charakterisiert und tritt, wie in Gl. 8.31 gezeigt, in einem anderen Isobar auf. Solange die elektromagnetische Wechselwirkung ausreichend klein ist, $(Ze^2/\hbar c) \ll 1$, kann man erwarten, daß sich die wirklichen Kernzustände so verhalten, wie es eben beschrieben wurde, und durch I gekennzeichnet sind. Es stellt sich heraus, daß man sogar den Zuständen in schweren Kernen ein I zuordnen kann, obwohl dort diese Bedingung nicht erfüllt ist. Solche Zustände nennt

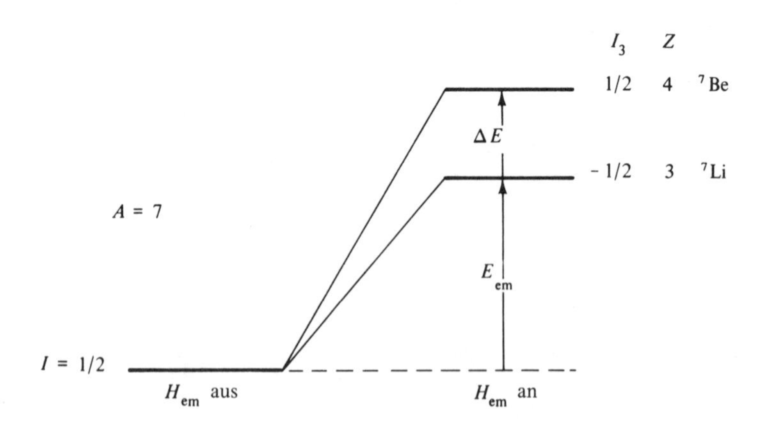

Bild 8.4 Isospin-Dublett. Ohne die elektromagnetische Wechselwirkung sind die beiden Subzustände entartet. Wird H_{em} angeschaltet, so wird die Entartung aufgehoben und jedes Subniveau erscheint in einem anderen Isobar. Man sagt, die Niveaus in den Nukliden bilden ein Isospin-Multiplett.

man **isobare Analogzustände**, sie wurden 1961 entdeckt.[13] Bild 8.4 ist die nukleare Entsprechung von Bild 8.2. Beide sind die Isospin-Analogie des in Bild 5.5 gezeigten Zeemaneffekts. Im magnetischen Fall (Spin) werden die Niveaus mit J und J_z bezeichnet und im Isospinfall mit I und I_3. Im magnetischen Fall wird die Aufspaltung durch das magnetische Feld bewirkt und im Isospinfall durch die Coulombwechselwirkung.

Den Wert von I findet man auf dieselbe Weise wie bei den Teilchen: Findet man alle Mitglieder eines Isospin-Multipletts, so kann man sie zählen. Es sind $2I + 1$ Mitglieder und damit ist I bestimmt. Wie in Abschnitt 8.6 dargelegt wurde, erwartet man, daß alle Mitglieder eines Isospin-Multipletts dieselben Quantenzahlen haben, abgesehen von I_3 und q. Andere Eigenschaften als die diskreten Quantenzahlen können durch die elektromagnetische Wechselwirkung beeinflußt sein, sollten aber noch annähernd gleich sein. Man beginnt die Suche mit einem bestimmten Isobar und hält nach Niveaus mit ähnlichen Eigenschaften in den Nachbarkernen Ausschau. Im Gegensatz zur Teilchenphysik, wo der Effekt der elektromagnetischen Wechselwirkung schwierig zu berechnen ist, kann hier die Lage der Niveaus ziemlich sicher vorhergesagt werden. Die elektromagnetische Kraft bewirkt zwei Effekte, die Abstoßung zwischen den Protonen im Kern und den Massenunterschied zwischen Neutron und Proton. Die Coulombabstoßung kann man berechnen und den Massenunterschied entnimmt man dem Experiment. Der Energieunterschied zwischen Mitgliedern eines Isospin-Multipletts in Isobaren $(A, Z + 1)$ und (A, Z) ist

(8.36) $$\Delta E = E(A, Z + 1) - E(A, Z) \approx \Delta E_{\text{Coul}} - (m_n - m_p)c^2,$$

mit $(m_n - m_p)c^2 = 1{,}293$ MeV. Die einfachste Abschätzung der Coulombenergie erhält man, indem man annimmt, daß die Ladung Ze gleichmäßig über eine Kugel vom Radius R verteilt ist. Die klassische elektrostatische Energie ist dann durch

(8.37) $$E_{\text{Coul}} = \frac{3}{5}\frac{(Ze)^2}{R}$$

gegeben und führt zu der in Bild 8.4 gezeigten Verschiebung. Der Energieunterschied zwischen Isobaren der Ladung $Z + 1$ und Z wird annähernd zu

(8.38) $$\Delta E_{\text{Coul}} \approx \frac{6}{5}\frac{e^2}{R}Z,$$

falls beide Nuklide den gleichen Radius haben. (Sie sollten den gleichen Radius haben, da ihre hadronische Struktur gleich ist.) Die Werte für R erhält man aus Gl. 6.38 und damit läßt sich der elektromagnetische Energieunterschied berechnen.

13 J.D. Anderson und C. Wong, *Phys. Rev. Letters* 7, 250 (1961). Isobare Analogzustände werden in Abschnitt 15.6 behandelt.

Der Kernspin nimmt Werte von 0 bis mehr als 10 an. Sind die Isospinwerte ähnlich reichhaltig? Dies ist der Fall, es gibt viele Isospinwerte und wir werden ein paar davon besprechen, um zu zeigen, wie wichtig der Isospinbegriff ist. Alle Beispiele zeigen eine Gesetzmäßigkeit: Der Isospin des Kerngrundzustands nimmt immer den kleinsten nach Gl. 8.35 erlaubten Wert an, $I_{min} = |Z - N|/2$.

Isospin-Singuletts, $I = 0$, können nur in Nukliden mit $N = Z$ auftreten, wie man aus Gl. 8.35 sieht. Solche Nuklide nennt man selbstkonjugiert. Die Grundzustände von ^{2}H, ^{4}He, ^{6}Li, ^{8}Be, ^{12}C, ^{14}N und ^{16}O haben $I = 0$. ^{14}N ist ein gutes Beispiel. Die untersten Niveaus der Isobaren mit $A = 14$ sind in Bild 8.5 gezeigt. Da A gerade ist, sind nur ganzzahlige Isospinwerte erlaubt. Wenn der Grundzustand von ^{14}N einen Wert $I \neq 0$ hätte, müßten ähnliche Niveaus in ^{14}C und ^{14}O mit $I_3 = \pm 1$ auftreten. Diese Niveaus müßten denselben Spin und dieselbe Parität wie der Grundzustand des ^{14}N haben, nämlich 1^+. Gleichung 8.36 erlaubt es, ihre ungefähre Lage zu berechnen: Das Niveau in ^{14}O sollte etwa 2,4 MeV höher und das Niveau in ^{14}C etwa 1,8 MeV tiefer liegen als der Grundzustand des ^{14}N. Diese Zustände gibt es nicht. Im Sauerstoff erscheint das erste Niveau bei 5,1 MeV und hat den Spin 0 und positive Parität. Im ^{14}C ist der erste angeregte Zustand höher anstatt tiefer und hat ebenfalls den Spin 0. Alle Beweise sprechen dafür, daß der Grundzustand des ^{14}N den Isospin 0 hat.

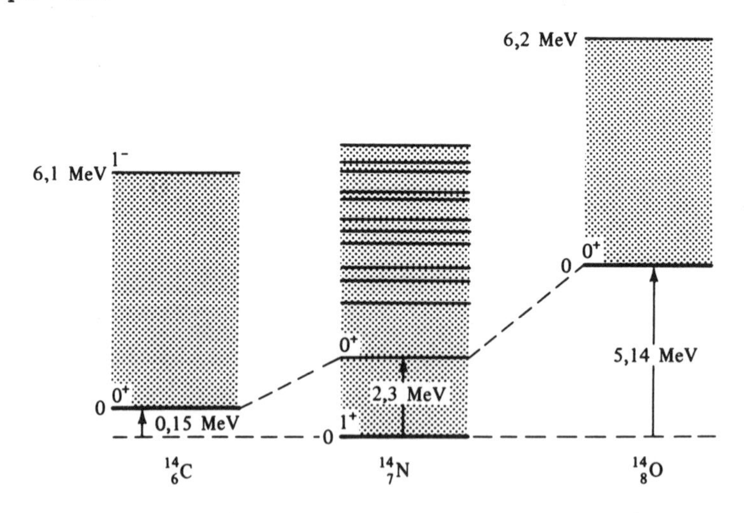

Bild 8.5 Die Isobaren mit $A = 14$. Die Bezeichnung gibt Spin und Parität an, z.B. 0^+ (Konfiguration). Der Grundzustand von ^{14}N ist ein Isospin-Singlett, der erste angeregte Zustand ein Mitglied eines Isospin-Tripletts.

Isospin-Dubletts treten in Spiegelkernen auf, für die $Z = (A \pm 1)/2$ gilt. In Bild 8.6 sind zwei Beispiele gezeigt. Der Grundzustand und die

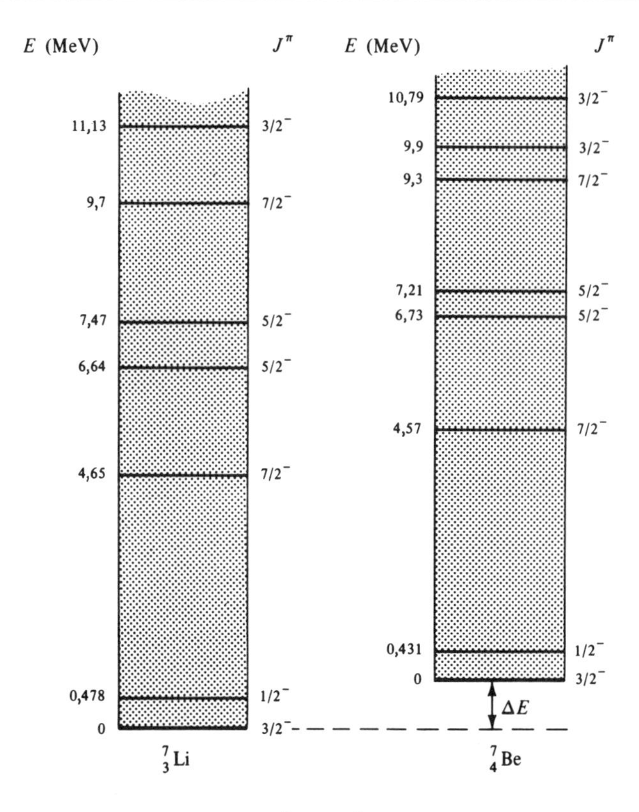

Bild 8.6 Termschema der beiden Isobaren ^{7}Li und ^{7}Be. Beide Nuklide enthalten die gleiche Anzahl von Nukleonen und abgesehen von elektromagnetischen Effekten, sollten ihre Niveaus identisch sein. J^π gibt den Spin und die Parität eines Zustands (Konfiguration) an. Die Parität wird in Kapitel 9 erläutert.

ersten fünf angeregten Zustände haben Isospin $\frac{1}{2}$. Gleichung 8.36 sagt eine Energieverschiebung um 0,6 MeV voraus, was in vernünftiger Übereinstimmung mit der beobachteten Verschiebung um 0,86 MeV ist.

Ein Beispiel für ein Isospin-Triplett zeigt Bild 8.5. Die Grundzustände von ^{14}C und ^{14}O bilden mit dem ersten angeregten Zustand des ^{14}N ein Triplett mit $I = 1$. Alle drei Zustände haben Spin 0 und positive Parität. Die Energien sind in vernünftiger Übereinstimmung mit der Vorhersage aus Gl. 8.36. Es wurden auch Quartette und Quintette gefunden, [14]) das Auftreten von Isospin-Multipletts in Isobaren kann als gesichert betrachtet werden.

14 J. Cerny, *Ann. Rev. Nucl. Sci.* 18, 27 (1968).

8.8 *Literaturhinweise*

Allgemeine Literaturhinweise für Invarianzeigenschaften sind in Abschnitt 7.7 angegeben. Zusätzlich werden die folgenden Bücher und Artikel empfohlen.

Drehungen im Ortsraum und die daraus folgende Quantenmechanik des Drehimpulses sind überall in der subatomaren Physik wichtig. Wir haben hier nur die Oberfläche berührt. Für weitere Einzelheiten sind die Bücher von Messiah und Merzbacher nützlich. Ausführlicher wird das Gebiet durch D.M. Brink und G.R. Satchler, *Angular Momentum*, Oxford University Press, London, 1968, behandelt.

Die ersten Ideen über den Isospin sind sehr gut verständlich von E. Feenberg und E.P. Wigner, *Rept. Progr. Phys.* 8, 274 (1941), und von W.E. Burcham, *Progr. Nucl. Phys.* 4, 171 (1955) beschrieben. Eine neuere Übersicht gibt D. Robson, *Ann. Rev. Nucl. Sci.* 16, 119 (1966). Das Buch *Isospin in Nuclear Physics* (D.H. Wilkinson, ed.), North-Holland, Amsterdam, 1969, liefert einen aktuellen Überblick über das gesamte Gebiet. Obwohl einige Beiträge in diesem Buch weit über dem Niveau der hier gebrachten Abhandlungen liegen, kann es bei Fragen zu Rate gezogen werden.

Gleichung 8.37 für die Coulombenergie reicht für Abschätzungen aus. Für eine genauere Berechnung muß sie verbessert werden. Eine gründliche Erläuterung der Coulombenergien gibt der Übersichtsartikel von J.A. Nolan, Jr., und J.P. Schiffer, *Ann. Rev. Nucl. Sci.* 19, 471 (1969).

Aufgaben

8.1 Leiten Sie die Kommutatorregel für J_x und J_y her:
a) Gleichung 8.2 gibt den Zusammenhang zwischen einer Wellenfunktion vor und nach der Drehung an, $\psi^R = U\psi$. Man kann Matrixelemente eines Operators F zwischen den ursprünglichen und den gedrehten Zuständen angeben. Man kann jedoch auch die Drehung des Operators F betrachten und die Zustände unverändert lassen. Beweisen Sie, daß die Beziehung zwischen dem gedrehten und dem ursprünglichen Operator durch

$$F^R = U^\dagger F U$$

gegeben ist.
b) $\mathbf{J} \equiv (J_x, J_y, J_z)$ sei ein Vektor. Betrachten Sie eine infinitesimale Drehung von $\mathbf{J}$ um den Winkel ϵ um die y-Achse. Drücken Sie $\mathbf{J}^R \equiv (J_x^R, J_y^R, J_z^R)$ durch $\mathbf{J}$ und ϵ aus.
c) $\mathbf{J}$ sei die Erzeugende der Drehung U, siehe Gl. 8.7. Leiten Sie mit Hilfe infinitesimaler Drehungen und mit $F = J_x$ in Teil a) und dem Ergebnis aus Teil b) die Kommutatorregel zwischen J_x und J_y her.

8.2 Untersuchen Sie den Operator $U = \exp(-i\mathbf{a}\cdot\mathbf{p}/\hbar)$, wobei $\mathbf{a}$ eine Verschiebung im Ortsraum und $\mathbf{p}$ ein Impulsvektor ist.
a) Welche Operation wird durch U beschrieben?
b) Nehmen Sie an, H sei invariant bezüglich räumlicher Translation. Suchen Sie die zu dieser Symmetrieoperation gehörige Erhaltungsgröße und untersuchen Sie ihre Eigenfunktionen und Eigenwerte.

8.3 Erläutern Sie einige Beweise für die Ladungsunabhängigkeit der Pion-Nukleon-Wechselwirkung.

8.4 Beweisen Sie die Rechenschritte in Anmerkung 1.

8.5 Berechnen Sie den Kommutator Gl. 8.11.

8.6 Beweisen Sie, daß der Isospin des Deuterons Null ist
a) aus den experimentellen Daten.
b) durch die Verallgemeinerung des Pauliprinzips, die besagt, daß die gesamte Wellenfunktion, die ein Produkt aus Orts-, Spin- und Isospinanteil sein soll, antisymmetrisch bezüglich des Austauschs zweier Nukleonen sein muß.

8.7 Die Reaktion

$$dd \longrightarrow \alpha\pi^0$$

wurde nicht beobachtet. Der Isospin des Deuterons und des α-Teilchens sind Null. Was besagt das Fehlen dieser Reaktion?

8.8 Beweisen Sie Gl. 8.37 und Gl. 8.38.

8.9 Untersuchen Sie die Energieniveaus der Isobaren mit $A = 12$.
a) Skizzieren Sie die Termschemata.
b) Zeigen Sie, daß der Grundzustand und die ersten angeregten Zustände in ^{12}C Isospin Null haben.
c) Suchen Sie den ersten Zustand in ^{12}C mit $I = 1$ und zeigen Sie, daß er mit den Grundzuständen des ^{12}B und ^{12}N ein Triplett bildet.

8.10 Betrachten Sie die Reaktionen

$$d\,^{16}\text{O} \longrightarrow \alpha\,^{14}N$$
$$d\,^{12}C \longrightarrow p\,^{13}\text{C}.$$

Die Isospininvarianz sei vorausgesetzt. Welche Werte von I der Zustände in ^{14}N und ^{13}C kann man durch diese Reaktionen erreichen? (^{16}O, ^{12}C, α und d sollen Grundzustände sein; ^{14}N und ^{13}C können angeregt sein.)

8.11 Betrachten Sie den β-Zerfall des ^{14}O. Normalerweise hat der β-Zerfall eine Halbwertszeit proportional zu E^{-5}, wobei E die maximale Energie der β-Teilchen ist. Erklären Sie mit der Isospininvarianz das beobachtete Verhältnis der Zerfallsarten.

8.12 Vergleichen Sie ΔE_{Coul} für $A = 10$, 80 und 200. Warum ist es schwieriger (oder unmöglich) alle Mitglieder eines Isospin-Multipletts in schweren Kernen zu finden als in leichten?

8.13 Betrachten Sie die Reaktionen

$$\gamma A \longrightarrow nA'$$
$$dA \longrightarrow pA'$$
$$dA \longrightarrow \alpha A'$$
$$^3\text{He}\, A'' \longrightarrow {}^3\text{H}\, A'.$$

Welche Isospinzustände in A' kann man durch diese Reaktionen erreichen, wenn A ein selbstkonjugiertes Nuklid ist $(N = Z)$? Das Photon "besitzt" Isospin 0 und 1. Was sind die möglichen Werte für die Isospinzustände in A', wenn A'' den Isospin 0, $\frac{1}{2}$ oder $\frac{3}{2}$ hat?

8.14

a) Beweisen Sie die Kommutatorregeln

$$[I_\pm, I^2] = 0, \quad [I_3, I_\pm] = \pm I_\pm, \quad [I_+, I_-] = 2I_3.$$

b) Beweisen Sie mit diesen Kommutatorregeln und mit Gl. 8.24 die Beziehung Gl. 8.27.

9. P, C und T

In den vorhergehenden Kapiteln haben wir zwei kontinuierliche Symmetrieoperationen besprochen: Die Drehung im Ortsraum und im Isospinraum. Diese Drehungen können beliebig klein sein und sind folglich durch infinitesimale Transformationen zu beschreiben. Die Invarianz bezüglich dieser Drehungen führte zur Erhaltung von Spin und Isospin. In diesem Kapitel werden wir Beispiele für diskontinuierliche Transformationen besprechen, die zu Operatoren der Art führen, wie sie in Gl. 7.11 gegeben wurden, nämlich

$$U_h^2 = 1.$$

Solche Operatoren sind hermitesch **und** unitär. Die Invarianz bezüglich U_h führt zu einem multiplikativen Erhaltungssatz, in dem das Produkt von Quantenzahlen invariant ist.

9.1 *Die Paritätsoperation*

Invarianz bezüglich der Parität bedeutet, einfach ausgedrückt, Invarianz bezüglich der Vertauschung von links und rechts, oder die Symmetrie von Spiegelbild und Gegenstand. Lange waren die Physiker überzeugt, daß alle Naturgesetze bezüglich solcher Spiegelungen invariant sein sollten. Diese Ansicht hat ersichtlich nichts mit der täglichen Erfahrung zu tun, da unsere Welt nicht links/rechts-invariant ist. Schlüssel, Schrauben und DNA-Moleküle haben eine Vorzugsrichtung. Vom Vitamin C gibt es zwei Formen, L- und D-Askorbinsäure und nur eine davon soll gegen den Schnupfen helfen.[1]) Woher kommt dann der Glaube an die Invarianz bezüglich der Raumspiegelung? Die Geschichte der Paritätsoperation zeigt, wie eine Gesetzmäßigkeit gefunden wird, wie sie verstanden wird, sich zu einem Dogma entwickelt und wie das Dogma schließlich gestürzt wird. 1924 entdeckte Laporte, daß die Atome zwei Arten von Anregungszuständen haben. Er stellte die Auswahlregeln für die Übergänge zwischen den beiden Arten auf, aber er konnte sie nicht erklären. Wigner zeigte dann, daß die zwei Arten aus der Invarianz der Wellenfunktionen bezüglich der Raumspiegelung folgen.[2]) Diese Symmetrie war so bestechend, daß sie

1 L. Pauling, *Vitamin C and the Common Cold,* W.H. Freeman, San Francisco, 1970.

2 E.P. Wigner, *Z. Physik* **43**, 624 (1927).

zu einem Dogma erhoben wurde. Die beobachteten Links/Rechts-Asymmetrien in der Natur wurden sämtlich den Anfangsbedingungen angelastet. Es war deshalb eine böse Überraschung, als Lee und Yang 1956 zeigten, daß in der schwachen Wechselwirkung kein Hinweis auf die Paritätserhaltung existiert [3]) und als die Paritäsverletzung daraufhin von Wu und Mitarbeitern im β-Zerfall gefunden wurde. [4]) Der Sturz der Parität erfolgte jedoch nur teilweise. Die Parität bleibt in der starken und elektromagnetischen Wechselwirkung erhalten.

Die Paritätsoperation (Raumumkehr) P ändert das Vorzeichen jedes echten (polaren) Vektors:

$$\mathbf{x} \xrightarrow{P} -\mathbf{x}, \qquad \mathbf{p} \xrightarrow{P} -\mathbf{p}. \tag{9.1}$$

Axiale Vektoren bleiben jedoch unter P unverändert. Ein Beispiel ist der Bahndrehimpuls $\mathbf{L} = \mathbf{r} \times \mathbf{p}$. Unter P ändern $\mathbf{r}$ und $\mathbf{p}$ das Vorzeichen, folglich bleibt $\mathbf{L}$ unverändert. Ein allgemeiner Drehimpulsvektor $\mathbf{J}$ verhält sich genauso:

$$\mathbf{J} \xrightarrow{P} \mathbf{J}. \tag{9.2}$$

Dieses Verhalten folgt aus der Feststellung, daß P mit infinitesimalen Drehungen und folglich auch mit $\mathbf{J}$ kommutiert. Ferner läßt die Transformation, Gl. 9.2, die Kommutatorregeln, Gl. 5.6, für den Drehimpuls unverändert. Die Wirkung der Paritätsoperation auf den Impuls und Drehimpuls wird in Bild 9.1 gezeigt.

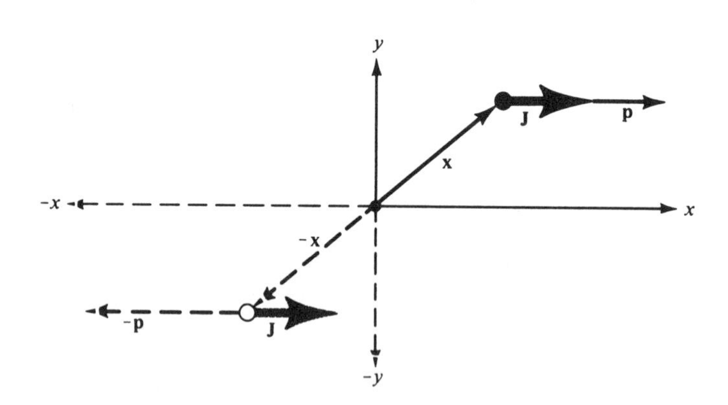

Bild 9.1 Die Paritätsoperation transformiert **x** in −**x**, **p** in −**p**, läßt aber den Drehimpuls **J** unverändert. Der Deutlichkeit halber erfolgt die Darstellung in zwei Dimensionen.

3 T.D. Lee und C.N. Yang, *Phys. Rev.* **104**, 254 (1956).

4 C.S. Wu, E. Ambler, R.W. Hayward, D.D. Hoppes und R.P. Hudson, *Phys. Rev.* **105**, 1413 (1957).

Der Paritätsoperator ist ein Sonderfall des in Abschnitt 7.1 besprochenen Transformationsoperators U. P verwandelt die Wellenfunktion in eine andere Wellenfunktion:

(9.3) $$P\psi(\mathbf{x}) = \psi(-\mathbf{x}).$$

Wird P ein zweites mal auf Gl. 9.3 angewandt, so erhält man wieder den ursprünglichen Zustand,[5])

(9.4) $$P^2\psi(\mathbf{x}) = P\psi(-\mathbf{x}) = \psi(\mathbf{x}).$$

Folglich erfüllt P die Operatorgleichung

(9.5) $$P^2 = I.$$

P ist ein Beispiel des Operators Gl. 7.11, der dort mit U_h bezeichnet wurde und hermitesch und unitär gleichzeitig ist. Gleichung 9.5 zeigt, daß die Eigenwerte von P entweder $+1$ oder -1 sind.

Bis hierher wurden keine Invarianzen berücksichtigt. Die Überlegungen bezogen sich ausschließlich auf die Paritätsoperation und behandelten nur, was sich unter P abspielt. Die Wellenfunktionen $\psi(\mathbf{x})$ und $\psi(-\mathbf{x})$ können völlig verschieden sein. Die Situation wird jedoch eingeschränkt, wenn die Invarianz bezüglich der Parität eingeführt wird. Ein System sei durch den Hamiltonoperator H beschrieben, der mit P kommutieren soll:

(9.6) $$[H, P] = 0.$$

In diesem Fall kann die Wellenfunktion $\psi(\mathbf{x})$ als eine Eigenfunktion des Paritätsoperators gewählt werden, wie man folgendermaßen sehen kann: $\psi(\mathbf{x})$ ist eine Eigenfunktion von H,

$$H\psi(\mathbf{x}) = E\psi(\mathbf{x}).$$

Anwendung von P gibt mit Gl. 9.6

$$HP\psi(\mathbf{x}) = PH\psi(\mathbf{x}) = PE\psi(\mathbf{x}),$$

oder

$$H\psi'(\mathbf{x}) = E\psi'(\mathbf{x}),$$

wobei

$$\psi'(\mathbf{x}) \equiv P\psi(\mathbf{x}).$$

Die Wellenfunktionen $\psi(\mathbf{x})$ und $P\psi(\mathbf{x})$ erfüllen dieselbe Schrödinger-Gleichung mit denselben Eigenwerten E und es gibt jetzt zwei Möglichkeiten. Der Zustand mit der Energie E kann entartet sein, so daß zwei verschiedene physikalische Zustände, die durch die Wellenfunktion $\psi(\mathbf{x})$ und $\psi'(\mathbf{x}) \equiv P\psi(\mathbf{x})$ beschrieben werden, dieselbe Energie haben. Wenn der Zustand n i c h t entartet ist, dann müssen $\psi(\mathbf{x})$ und $P\psi(\mathbf{x})$ dieselbe physikalische Situation beschreiben und folglich einander proportional sein:

(9.7) $$P\psi(\mathbf{x}) = \pi\psi(\mathbf{x}).$$

5 Für relativistische Wellenfunktionen muß Gl. 9.4 verallgemeinert werden.

Diese Beziehung hat die Form einer Eigenwertgleichung und der Eigenwert π wird als Parität der Wellenfunktion $\psi(\mathbf{x})$ bezeichnet. Die Begründung in Anschluß an Gl. 9.5 besagt, daß der Eigenwert $+1$ oder -1 sein muß:

(9.8) $\pi = \pm 1.$

Man sagt, die entsprechenden Wellenfunktionen haben gerade (+) oder ungerade (−) Parität. Da nach Gl. 9.6 P mit H kommutiert, bleibt die Parität erhalten und π ist der beobachtete Eigenwert, der zum hermiteschen Operator P gehört.

Ein besonders nützliches Beispiel einer Eigenfunktion der Parität ist $Y_l^m(\theta, \varphi)$, die Eigenfunktion des Bahndrehimpulsoperators. In Gl. 5.4 schrieben wir diese Eigenfunktion als $\psi_{l,m}$ und definierten sie als die Eigenfunktion der Operatoren L^2 und L_z. Die Funktion Y_l^m heißt Kugelfunktion. Die Eigenschaften der Funktionen Y_l^m und ihre explizite Form bis $l = 3$ sind in Tabelle A8 im Anhang gegeben. In Polarkoordinaten ist die Paritätsoperation $\mathbf{x} \longrightarrow -\mathbf{x}$ durch

(9.9)
$$\begin{aligned} r &\longrightarrow r \\ \theta &\longrightarrow \pi - \theta \\ \varphi &\longrightarrow \pi + \varphi \end{aligned}$$

gegeben. Unter einer solchen Transformation ändert Y_l^m das Vorzeichen, wenn l ungerade ist und bleibt gleich, wenn l gerade ist:

(9.10) $PY_l^m = (-1)^l Y_l^m.$

Die Erhaltung der Parität führt zu einem multiplikativen Erhaltungssatz, wie man durch Betrachtung der folgenden Reaktion sehen kann

$$a + b \longrightarrow c + d.$$

Der Anfangszustand kann symbolisch als

$$|\text{Anfang}\rangle = |a\rangle |b\rangle |\text{relative Bewegung}\rangle$$

geschrieben werden, wobei $|a\rangle$ und $|b\rangle$ den inneren Zustand der beiden Teilchen darstellt und $|\text{relative Bewegung}\rangle$ den Teil der Wellenfunktion, der die relative Bewegung von a und b beschreibt. Die Raumspiegelung wirkt sich auf jeden Faktor aus, so daß

(9.11) $P|\text{Anfang}\rangle = P|a\rangle P|b\rangle P|\text{relative Bewegung}\rangle.$

Gleichung 9.9 zeigt, daß der radiale Teil der Wellenfunktion der relativen Bewegung durch P nicht beeinflußt wird und der Bahnanteil den Beitrag $(-1)^l$ liefert, wobei l der relative Drehimpuls zwischen den beiden Teilchen a und b ist. Die Ausdrücke $P|a\rangle$ und $P|b\rangle$ beziehen sich auf die inneren Wellenfunktionen der beiden Teilchen. Da die Struktur dieser Teilchen vorwiegend durch die starke und elektromagnetische Wechselwirkung bestimmt ist, können wir den Teilchen eine Eigenparität zuordnen, z.B.

$$P|a\rangle = \pi_a|a\rangle.$$

Gleichung 9.11 wird dann

(9.12) $$\pi_{\text{Anfang}} = \pi_a \pi_b (-1)^l.$$

Eine ähnliche Gleichung gilt für den Endzustand und die Paritätserhaltung bei der Reaktion verlangt, daß

(9.13) $$\pi_a \pi_b (-1)^l = \pi_c \pi_d (-1)^{l'},$$

wobei l' der relative Bahndrehimpuls der Teilchen c und d im Endzustand ist. Gleichung 9.13 besagt, daß die Parität eine multiplikative Quantenzahl ist, die erhalten bleibt.

P ist selbst ein hermitescher Operator, deshalb führt er zu einer multiplikativen Quantenzahl, während die Eichtransformation zu einer additiven Quantenzahl führt, da bei ihr der hermitesche Operator im Exponenten erscheint. Das Produkt zweier Exponentialfunktionen führt zur Summe der Exponenten und demnach zu einem additiven Gesetz.

9.2 *Die Eigenparität der subatomaren Teilchen*

Kann man den subatomaren Teilchen eine Eigenparität zuordnen? Wir werden zeigen, daß eine solche Zuordnung möglich ist, aber wir werden auch ein schönes Beispiel für eine unerwartete Falle kennenlernen.

Wie in allen Fällen, bei denen es sich um ein Vorzeichen handelt, muß ein Anfangswert definiert werden. Bei der elektrischen Ladung wird die Aufladung des Katzenfells als positiv definiert, weshalb das Proton eine positive Ladung trägt. Die Eigenparität des Protons ist ebenfalls als positiv definiert,

(9.14) $$\pi(\text{Proton}) = +.$$

Die Bestimmung der Parität der anderen Teilchen beruht dann auf Beziehungen der Art Gl. 9.13. Als Beispiel betrachten wir den Einfang negativer Pionen durch Deuterium.[6] Niederenergetische negative Pionen treffen auf ein Deuteriumtarget und man beobachtet die Reaktionsprodukte. Von den drei Reaktionen

(9.15) $$d\pi^- \longrightarrow nn$$

(9.16) $$d\pi^- \longrightarrow nn\gamma$$

(9.17) $$d\pi^- \longrightarrow nn\pi^0$$

6 W.K.H. Panofsky, R.L. Aamodt und J. Hadley, *Phys. Rev.* 81, 565 (1951).

werden nur die beiden ersten beobachtet, die dritte fehlt. Die Paritätserhaltung für die erste Reaktion führt zu der Beziehung

$$\pi_d \pi_{\pi^-}(-1)^l = \pi_n \pi_n (-1)^{l'} = (-1)^{l'}.$$

Zunächst betrachten wir Spin und Parität des Anfangszustands. Das Deuteron ist der gebundene Zustand eines Protons und eines Neutrons. Die Nukleonenspins sind parallel und addieren sich zum Deuteronenspin 1. Der relative Bahndrehimpuls der beiden Nukleonen ist hauptsächlich Null. (Das Deuteron wird in Kapitel 12 genauer besprochen.) Folglich ist die Parität des Deuterons $\pi_d = \pi_p \pi_n$. Das negative Pion wird im Target abgebremst und schließlich von einem Deuteron eingefangen. Es umkreist das Deuteron und bildet mit ihm ein pionisches Atom. Unter Photonenemission fällt das Pion schnell in eine Bahn mit Bahndrehimpuls Null, von wo aus die Reaktionen Gl. 9.15 und Gl. 9.16 stattfinden. Folglich ist der Bahndrehimpuls $l = 0$ und die Parität des Anfangszustands durch $\pi_{\pi^-} \pi_p \pi_n$ gegeben. Den Drehimpuls l' des Endzustands erhält man genauso einfach. Die gesamte Wellenfunktion im Endzustand muß antisymmetrisch sein, da es sich um zwei identische Fermionen handelt. Wenn der Spin der beiden Neutronen antiparallel ist, so ist der Spinzustand antisymmetrisch und der Ortsteil muß symmetrisch sein. Folglich muß l' gerade sein und die möglichen Werte für den gesamten Drehimpuls sind 0, 2, ... Der gesamte Drehimpuls im Anfangszustand ist 1; die Drehimpulserhaltung verbietet also den antisymmetrischen Spinzustand. Für den symmetrischen Spinzustand, bei dem die beiden Spins parallel sind, muß der Drehimpuls l' ungerade sein, $l' = 1, 3, \ldots$. Nur für $l' = 1$ kann der gesamte Drehimpuls 1 sein und der Endzustand ist deshalb ${}^3P_1$. Mit $l' = 1$ wird die Paritätsgleichung zu

$$(9.18) \qquad \pi_p \pi_n \pi_{\pi^-} = -1.$$

Diese Gleichung hat zwei Lösungen, mit der Anfangsbedingung Gl. 9.14 sind sie

$$(9.19) \qquad \pi_p = \pi_n = 1, \qquad \pi_{\pi^-} = -1,$$

und

$$(9.19a) \qquad \pi_p = \pi_{\pi^-} = 1, \qquad \pi_n = -1.$$

Die beiden Lösungen sind vom Experiment her gleichwertig. Es stellt sich heraus, daß kein Experiment möglich ist, das diese Zweideutigkeit aufheben und die relative Parität zwischen Proton und Neutron messen kann. Die Entscheidung wird also theoretisch getroffen. Proton und Neutron bilden ein Isodublett. Nach Gl. 8.15 sollten die Mitglieder eines Isospin-Multipletts dieselben hadronischen Eigenschaften besitzen und man nimmt an, daß sie dieselbe Eigenparität haben. Setzt man

$$(9.20) \qquad \pi(\text{Neutron}) = +,$$

so wird die Parität des Pions negativ; das Pion ist ein Pseudoskalar-

Teilchen. Das Fehlen der Reaktion Gl. 9.17 bedeutet, daß das neutrale Pion ebenfalls ein Pseudoskalar ist.

● Warum läßt sich die relative Parität des Protons und Neutrons, oder des positiven und neutralen Pions, nicht messen? Der Grund hängt mit der Existenz der additiven Erhaltungssätze zusammen. Wir betrachten die Paritätsgleichungen für das Proton und das Neutron,

$$P|p\rangle = |p\rangle$$
$$P|n\rangle = |n\rangle.$$

Durch die Definition

$$P' = Pe^{i\pi Q} \tag{9.21}$$

wird ein modifizierter Paritätsoperator P' eingeführt, wobei Q der Operator der elektrischen Ladung ist. Physikalisch ist der neue Operator P' nicht von P zu unterscheiden. Er übt dieselbe Funktion aus, z.B. Verwandlung von **x** und −**x** und kommutiert nach Gl. 7.22 mit H. P und P' sind deshalb gleich gute Partitätsoperatoren. Wendet man P' auf $|p\rangle$ und $|n\rangle$ an, so erhält man

$$P'|p\rangle = Pe^{i\pi Q}|p\rangle = -P|p\rangle = -|p\rangle, \qquad P'|n\rangle = |n\rangle.$$

Der modifizierte Paritätsoperator weist dem Proton eine negative Eigenparität zu und läßt die des Neutrons unverändert. Da P und P' gleich gute Paritätsoperatoren sind und wir keinen Grund dafür haben, den einen oder anderen vorzuziehen, schließen wir daraus, daß die relative Parität zwischen Systemen mit verschiedener elektrischer Ladung keine meßbare Größe ist. Es gibt also keine Möglichkeit experimentell zu bestimmen, welche der beiden Lösungen in Gl. 9.19 richtig ist. Die Zuordnung der gleichen Parität für das Proton und Neutron läßt sich nicht durch Messungen beweisen, aber sie beruht auf festen theoretischen Grundlagen.

Anstelle der Modifikation Gl. 9.21 lassen sich auch Paritätsoperatoren der Form

$$P'' = Pe^{i\pi A} \qquad \text{oder} \qquad P''' = Pe^{i\pi Y}$$

einführen, wobei A der Operator der Baryonenzahl und Y der der Hyperladung ist. Die Überlegungen verlaufen dann wie oben und man sieht, daß die relative Parität nur innerhalb von Systemen mit gleichen additiven Quantenzahlen Q, A und Y meßbar ist. ●

Wir haben gerade gezeigt, daß die relative Parität zweier Systeme nur meßbar ist, wenn die beiden Systeme die gleichen Quantenzahlen Q, A und Y besitzen. Diese Einschränkung begrenzt die Nützlichkeit des Paritätsbegriffs, aber nicht so stark, wie man vermuten könnte. Man muß nur die Eigenparität von drei Hadronen festlegen. Die Parität aller anderen Hadronen findet man dann durch Bildung von aus diesen *Standardteilchen* zusammengesetzten Systemen und Messung der relativen Parität aller anderen Zustände zu diesen Systemen. Die Parität des Protons und Neutrons wurde bereits als positiv festgelegt; üblicherweise nimmt man das Λ als drittes Standardteilchen, so daß

$$\pi(\text{Proton}) = \pi(\text{Neutron}) = \pi(\text{Lambda}) = +. \tag{9.22}$$

Mit diesen Definitionen lassen sich die Paritäten aller anderen Hadronen, einschließlich aller Kernzustände, experimentell bestimmen, zumindest im Prinzip. (Die Leptonen wurden hier ausgelassen; warum, wird in Abschnitt 9.3 klar.)

Ein erstes Beispiel für die Paritätsbestimmung eines Teilchens wurde bereits oben angegeben, als gezeigt wurde, daß die Reaktion Gl. 9.15 zur Zuordnung der negativen Parität für das Pion führt. Als zweites Beispiel werden folgende Reaktionen betrachtet:

(9.23) $dd \longrightarrow p\,{}^3\mathrm{H}$

(9.24) $dd \longrightarrow n\,{}^3\mathrm{He}$

(9.25) $d\,{}^3\mathrm{H} \longrightarrow n\,{}^4\mathrm{He}$.

Spin und Parität des Deuterons d wurden bereits oben erläutert und dabei festgestellt, daß die Konfiguration 1^+ heißt. Die Spins von ^{3}H, ^{3}He und ^{4}He lassen sich mit den üblichen Verfahren bestimmen. Die Untersuchung der Reaktionen Gl. 9.23 - 9.25 liefert die Werte für l und l' und die Konfiguration J^π wird zu $\frac{1}{2}^+$ für ^{3}H und ^{3}He und 0^+ für ^{4}He.

Im Prinzip können die Paritäten anderer Zustände mit ähnlichen Reaktionen erforscht werden. Ein weiteres Beispiel ist in Bild 9.2 angegeben. Angenommen, die Konfiguration 0^+ für ^{228}Th ist bekannt und die Spins der verschiedenen Zustände in ^{224}Ra sind auch bestimmt. Wie oben festgestellt wurde, hat das α-Teilchen Spin 0 und positive Parität. Wird es mit dem Bahndrehimpuls L emittiert, so hat es die Parität $(-1)^L$. Da der Anfangszustand vor dem Zerfall Spin 0 hat, kann ein mit Drehimpuls L emittiertes α-Teilchen nur Zustände mit $J = L$ erreichen. Die Parität dieser Zustände muß dann $(-1)^L = (-1)^J$ oder $0^+, 1^-, 2^+, 3^-, 4^+, \ldots$ sein. Tatsächlich beobachtet man die Besetzung solcher Zustände durch den α-Zerfall, siehe Bild 9.2.

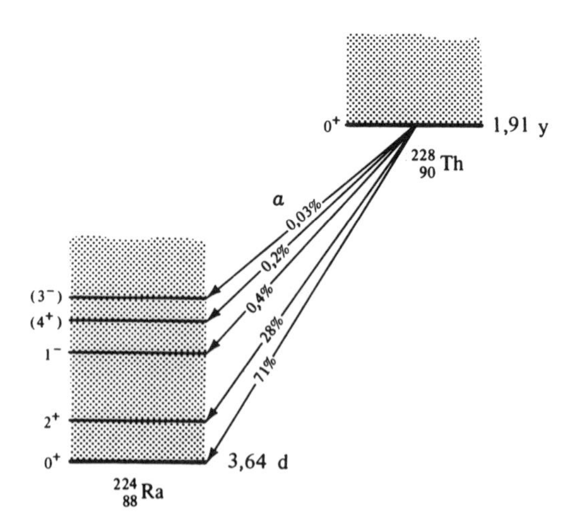

Bild 9.2 Der α-Zerfall von ^{228}Th. Die Intensitäten der verschiedenen α-Zerfallszweige sind in % angegeben. Spin- und Paritätswerte, die noch nicht völlig gesichert sind, stehen in Klammern.

Die bisher gegebenen Beispiele sind einfach. Für die tatsächliche Zuordnung der Parität für Teilchen und angeregte Zustände sind oft umfangreichere Methoden notwendig, aber die grundlegenden Ideen bleiben dieselben. Die verschiedenen in der Kern- und Elementarteilchenphysik verwendeten Methoden sind in der in Abschnitt 5.12 angegebenen Literatur beschrieben.

9.3 *Erhaltung und Zusammenbruch der Parität*

Im vorhergehenden Abschnitt haben wir die experimentelle Bestimmung der Eigenparität einiger subatomarer Teilchen besprochen. In allen Überlegungen steckte die Erhaltung der Parität in den zur Bestimmung von π betrachteten Prozessen. Wie gut ist der Nachweis für die Paritätserhaltung bei den verschiedenen Wechselwirkungen? Zur Beantwortung dieser Frage muß ein Maß für die Paritätserhaltung eingeführt werden. Wenn $|\alpha\rangle$ ein nichtentarteter Zustand eines Systems mit z. B. positiver Parität ist, wird er als

$$|\alpha\rangle = |\,\text{gerade}\rangle$$

geschrieben. Wenn die Parität nicht erhalten bleibt, läßt sich $|\alpha\rangle$ als Kombination aus einem geraden und ungeraden Teil schreiben

$$\begin{aligned} |\alpha\rangle &= c\,|\,\text{gerade}\rangle + d\,|\,\text{ungerade}\rangle \\ |c|^2 &+ |d|^2 = 1. \end{aligned} \tag{9.26}$$

Ein Zustand dieser Art, mit $c \neq 0$ und $d \neq 0$, ist kein Eigenzustand des Paritätsoperators P mehr, da

$$P|\alpha\rangle = c\,|\,\text{gerade}\rangle - d\,|\,\text{ungerade}\rangle \neq \pi\,|\,\alpha\rangle.$$

$\mathfrak{F} = d/c$ ist also ein Maß für die Paritätsnichterhaltung ($d \leq c$). Die Paritätsverletzung ist am größten, wenn der Zustand gleiche Amplituden für $|\,\text{gerade}\rangle$ und $|\,\text{ungerade}\rangle$ besitzt, d. h. wenn $|\mathfrak{F}| = 1$.

Eine empfindliche Überprüfung der Paritätserhaltung in der starken und elektromagnetischen Wechselwirkung beruht auf den Auswahlregeln für den α-Zerfall. In Bild 9.2 wurde gezeigt, wie ein bekannter α-Zerfall zur Bestimmung der Parität eines Zustands, zu dem ein Übergang stattfindet, benutzt werden kann. Die Überlegung läßt sich umkehren: Da ein α-Teilchen mit dem Bahndrehimpuls L die Parität $(-1)^L$ besitzt, sind Zerfälle wie $1^+ \xrightarrow{\alpha} 0^+$ oder $2^- \xrightarrow{\alpha} 0^+$ von der Parität verboten. Sie können nur stattfinden, wenn einer oder beide auftretende Zustände eine Beimengung der entgegengesetzten Parität enthalten. Bild 9.3 zeigt die im ersten Experiment verwendeten Zustände.[7]) Das Niveau mit 1^+ in ^{20}Ne bei der Anregungsenergie von etwa 14 MeV läßt sich erreichen, indem man ^{19}F mit

7 N. Tanner, *Phys. Rev.* 107, 1203 (1957).

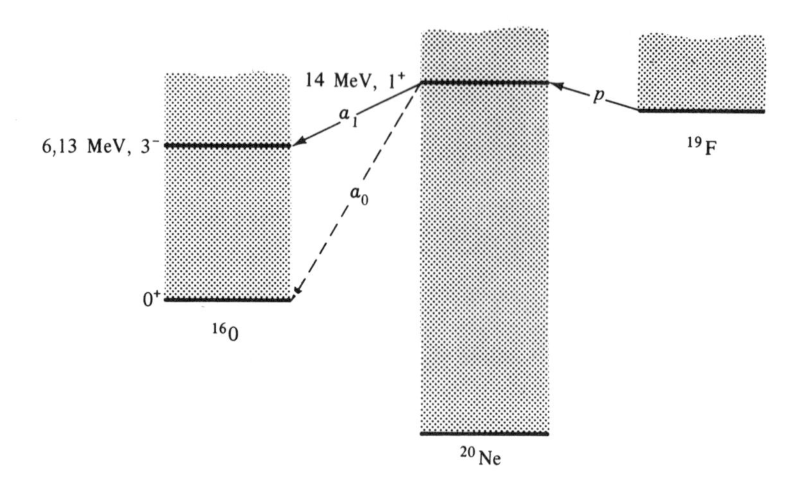

Bild 9.3 α-Zerfälle von einem 1^+-Niveau in ^{20}Ne. Es sind nur die betrachteten Niveaus eingezeichnet.

Protonen beschießt. Es zerfällt durch α-Emission in den 3^--Zustand bei 6,13 MeV in ^{16}O. Dieser Übergang ist von der Parität her erlaubt, da die vektorielle Addition des Drehimpulses die Emission eines α-Teilchens mit $L = 3$ für den Übergang $1^+ \xrightarrow{\alpha} 3^-$ erlaubt. Der Übergang zum Grundzustand kann jedoch nur mit $L = 1$ verlaufen, die entsprechende Parität ist also negativ und der Zerfall $1^+ \xrightarrow{\alpha} 0^+$ ist von der Parität her verboten. Die Suche nach einem solchen paritätsverbotenen Zerfall bedeutet folglich die Suche nach $|\mathfrak{F}|^2$. Im gerade besprochenen Experiment wurde als obere Grenze für $|\mathfrak{F}|^2$ etwa 4×10^{-8} gefunden. Spätere Experimente mit verschiedenen Zerfällen ergaben einen besseren Wert,[8]

(9.27) $$|\mathfrak{F}|^2 \lesssim 3 \times 10^{-13}.$$

Eine so kleine Zahl liefert einen sehr guten Beweis für die Paritätserhaltung bei der starken Wechselwirkung. Gleichzeitig zeigt sie, daß die Parität auch bei der elektromagnetischen Wechselwirkung erhalten bleibt. Wenn die Parität bei der elektromagnetischen Wechselwirkung verletzt würde, wäre nämlich die Wellenfunktion des Kerns auch von der Form Gl. 9.26 und von der Parität verbotene α-Zerfälle würden möglich. Da die elektromagnetische Wechselwirkung um den Faktor 100 schwächer ist als die starke, liegt die Grenze für die entsprechende Verletzung der Parität höher als Gl. 9.27, aber immer noch sehr tief.

Die Grenze, Gl. 9.27, ist neueren Datums; vor 1957 waren die Werte viel weniger überzeugend. Da die Paritätserhaltung jedoch bereits zu einem Dogma geworden war, waren nur wenige Physiker bereit, ihre Zeit dar-

8 Die Experimente zur Überprüfung sind in E.M. Henley, *Ann. Rev. Nucl. Sci.* 19, 367 (1969) besprochen.

auf zu verwenden, einen Wert zu verbessern, der ohnehin als gesichert galt. Das Erstaunen war deshalb groß, als Anfang 1957 entdeckt wurde, daß die Parität in der schwachen Wechselwirkung nicht erhalten bleibt. [9]) Das Problem, das die entscheidenden Gedankengänge auslöste, ergab sich vor 1956. Um 1956 war deutlich geworden, daß es zwei seltsame Teilchen mit bemerkenswerten Eigenschaften gab. Sie wurden Tau und Theta genannt und schienen in jeder Hinsicht identisch zu sein (Masse, Wirkungsquerschnitt bei der Entstehung, Spin, Ladung), außer in ihrem Zerfall. Eines zerfiel in einen Zustand negativer Parität und das andere in einen Zustand positiver Parität. Das Dilemma sah also folgendermaßen aus: Entweder gab es zwei praktisch identische Teilchen mit verschiedener Parität oder die Paritätserhaltung mußte aufgegeben werden. Lee und Yang untersuchten das Problem sehr genau [3]) und fanden zu ihrer großen Überraschung, daß es zwar Beweise für die Paritätserhaltung gab, aber nur bei der starken und elektromagnetischen Wechselwirkung, nicht jedoch bei der schwachen. Die Zerfälle des Tau und Theta waren so langsam, daß sie schwach sein mußten. Lee und Yang schlugen ein Experiment speziell zur Überprüfung der Paritätserhaltung bei der schwachen Wechselwirkung vor. Das erste Experiment wurde von Wu und Mitarbeitern durchgeführt und zeigte, daß die Annahmen von Lee und Yang richtig waren. [4])

Das Prinzip des Experiments von Wu et al. wird in Bild 9.4 erklärt. ^{60}Co-Kerne werden polarisiert, so daß ihre Spins $\mathbf{J}$ entlang der positiven z-Achse ausgerichtet sind. Wenn die Kerne zerfallen,

$$^{60}\text{Co} \longrightarrow {}^{60}\text{Ni} + e^- + \bar{\nu},$$

wird die Intensität der emittierten Elektronen in den zwei Richtungen 1 und 2 gemessen. Die Impulswerte der Elektronen werden mit $\mathbf{p}_1$ und $\mathbf{p}_2$ bezeichnet und die entsprechenden Intensitäten mit I_1 und I_2. Bei der Paritätstransformation bleibt der Spin unverändert, aber die Impulswerte $\mathbf{p}_1$ und $\mathbf{p}_2$ und die Intensitäten I_1 und I_2 werden vertauscht. Invarianz bezüglich der Paritätsoperation bedeutet, daß sich die ursprüngliche und die paritätstransformierte Situation nicht unterscheiden lassen. Bild 9.4 zeigt, daß die beiden Anordnungen gleiche Intensitäten liefern, wenn $I_1 = I_2$ ist. Die Paritätserhaltung verlangt also, daß die Intensität der parallel zu $\mathbf{J}$ und der antiparallel zu $\mathbf{J}$ emittierten Elektronen gleich ist.

Formaler ausgedrückt, ist der wesentliche Gesichtspunkt des Experiments

9 Die Entdeckung der Paritätsverletzung bedeutete einen großen Schock für die meisten Physiker. Der Hintergrund und die Geschichte ist in einer Anzahl von Büchern und Übersichtsartikeln beschrieben. Wir empfehlen C.N. Yang, *Elementary Particles, Princeton University Press,* Princeton, N.J., 1962. Ein Brief von Pauli an Weisskopf steht in W. Pauli, *Collected Scientific Papers,* Vol. 1 (R. Kronig und V.F. Weisskopf, eds.), Wiley-Interscience, New York, 1964, p. xii. Der Brief zeigt, wie nahe der Sturz der Parität den Physikern ging.

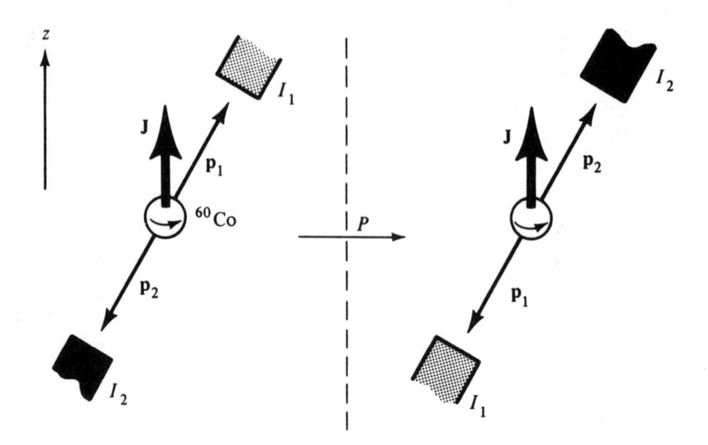

Bild 9.4 Prinzip des Experiments von Wu et al. Ein polarisierter Kern emittiert Elektronen mit den Impulsen $\mathbf{p}_1$ und $\mathbf{p}_2$. Links ist die ursprüngliche Lage, rechts die paritätstransformierte. Invarianz bezüglich der Parität bedeutet, daß diese beiden Anordnungen nicht unterschieden werden können.

die Beobachtung des Erwartungswerts des Operators

$$\mathcal{P} = \mathbf{J} \cdot \mathbf{p}, \tag{9.28}$$

wobei $\mathbf{J}$ der Spin des Kerns und $\mathbf{p}$ der Impuls des emittierten Elektrons ist. $\mathcal{P}$ ist ein Pseudoskalar, der sich bei der Paritätsoperation folgendermaßen transformiert

$$\mathbf{J} \cdot \mathbf{p} \xrightarrow{P} -\mathbf{J} \cdot \mathbf{p}. \tag{9.29}$$

Invarianz bezüglich der Paritätsoperation bedeutet, daß die Übergangsraten in den beiden Situationen $\mathbf{J} \cdot \mathbf{p}$ und $-\mathbf{J} \cdot \mathbf{p}$ identisch sind. Gleichung 9.29 liefert die Anleitung für den Experimentalphysiker, wie er die Paritätserhaltung überprüfen kann. Demnach muß die Übergangsrate für eine feste Richtung von $\mathbf{J}$ und $\mathbf{p}$ gemessen und das Ergebnis mit der Übergangsrate für den Zustand $-\mathbf{J} \cdot \mathbf{p}$ verglichen werden. Der Zustand $-\mathbf{J} \cdot \mathbf{p}$ läßt sich durch Umkehrung von $\mathbf{J}$ oder $\mathbf{p}$ erreichen. Das Experiment von Wu et al. bestand darin, die Übergangsrate für $\mathbf{J} \cdot \mathbf{p}$ und $-\mathbf{J} \cdot \mathbf{p}$ zu vergleichen, indem $\mathbf{J}$ durch Umkehrung der Polarisation der ^{60}Co-Kerne umgekehrt wurde.

In einer radioaktiven Quelle bei Zimmertemperatur zeigen die Kernspins in beliebige Richtungen. Es ist also nötig, die Kerne zu polarisieren, damit alle Spins $\mathbf{J}$ in die gleiche Richtung zeigen. Dann kann die Übergangsrate für die Elektronenemission parallel und antiparallel zu $\mathbf{J}$ verglichen werden. Zur Beschreibung des experimentellen Vorgehens betrachten wir den hypothetischen Zerfall in Bild 9.5(a). Ein Nuklid mit Spin 1 und g-Faktor $g > 0$ zerfällt unter Emission eines Elektrons und eines Antineutrinos in einen Zustand mit Spin 0. Um die Kerne auszurichten, wird die

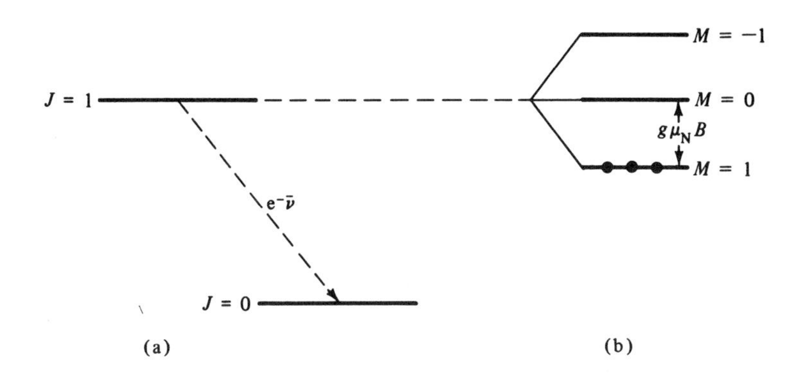

Bild 9.5 (a) β-Zerfall eines Zustands mit Spin 1 in einen Zustand mit Spin 0. (b) Bei sehr tiefen Temperaturen und einem starken Magnetfeld ist nur das tiefste Zeeman-Niveau besetzt. Der Kern (mit $g > 0$) ist dann vollständig polarisiert und zeigt in Richtung von **B**.

Probe in ein starkes Magnetfeld **B** gesetzt und auf sehr tiefe Temperaturen T abgekühlt. Die magnetischen Subniveaus des ursprünglichen Zustands spalten wie in Bild 5.5 auf, und die Energie des Zustands mit der magnetischen Quantenzahl M ist durch Gl. 5.21 als $E(M) = E_0 - g\mu_N BM$ gegeben. Das Verhältnis der Besetzungszahlen $N(M')/N(M)$ der beiden Zustände M' und M bestimmt der Boltzmannfaktor

$$\frac{N(M')}{N(M)} = e^{-\{E(M')-E(M)\}/kT}, \tag{9.30}$$

oder mit Gl. 5.21

$$\frac{N(M')}{N(M)} = e^{(M'-M)g\mu_N B/kT}. \tag{9.31}$$

Wenn die Bedingung

$$kT \ll g\mu_N B \tag{9.32}$$

erfüllt ist, dann ist nur das tiefste Zeemanniveau besetzt und der Kern vollständig polarisiert; seine Spins zeigen in Richtung des magnetischen Felds, siehe Bild 9.5(b). Der Wechsel von $\mathbf{J}\cdot\mathbf{p}$ nach $-\mathbf{J}\cdot\mathbf{p}$ findet statt, wenn man das äußere Feld **B** umkehrt. Die experimentelle Durchführung verlangt die Beherrschung vieler Techniken. Die radioaktiven Kerne werden in einen Cer-Magnesium-Nitrat-Kristall eingebracht und durch adiabatische Entmagnetisierung bis auf eine Temperatur von 0,01 K abgekühlt. Das zur Erfüllung der Bedingung Gl. 9.32 benötigte Feld ist sehr hoch. Um ein so hohes Feld zu erhalten, nimmt man paramagnetische Atome, bei denen das Feld am Kernort dann hauptsächlich von der eigenen Elektronenhülle erzeugt wird. Die radioaktive Quelle muß so dünn sein, daß die Elektronen sie verlassen und in einem Zähler innerhalb des Kryostaten nachgewiesen werden können, siehe Bild 9.6(a). Das Ergebnis ist in Bild

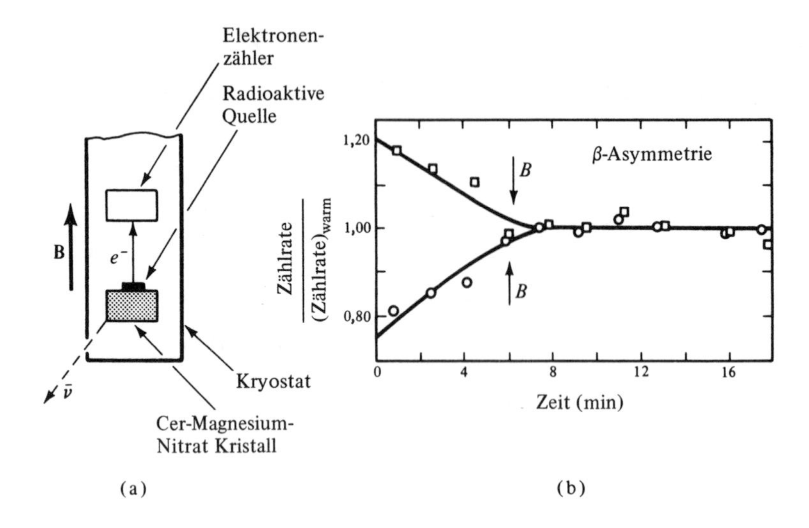

Bild 9.6 (a) Anordnung zur Messung der β-Emission von polarisierten Kernen. (b) Ergebnis des ersten Experiments, das Paritätsverletzung zeigte. [C.S. Wu, E. Ambler, R.W. Hayward, D.D. Hoppes und R.P. Hudson, *Phys. Rev.* **105**, 1413 (1957).] Die normierte Zählrate im β-Detektor ist für die beiden Richtungen im äußeren Magnetfeld angegeben. Nach der adiabatischen Entmagnetisierung erwärmt sich die Quelle, die Polarisation nimmt ab und der Effekt verschwindet.

9.6(b) wiedergegeben. Der Beweis ist schlagend. Der Erwartungswert von $\mathcal{P} = \mathbf{J} \cdot \mathbf{p}$ verschwindet nicht und die Parität bleibt folglich beim β-Zerfall nicht erhalten. Viele weitere Experimente bestätigen das bemerkenswerte Ergebnis, daß die Parität bei der schwachen Wechselwirkung verletzt wird. Wir können nun zu einem früheren Bild zurückkehren und dieses besser verstehen. In Bild 7.2 werden das Neutrino und Antineutrino als vollständig polarisiert gezeigt. Vollständige Polarisation bedeutet, daß das Neutrino und Antineutrino einen nicht verschwindenden Wert $\mathbf{J} \cdot \mathbf{p}$ haben und deshalb eine ständige Bestätigung der Paritätsverletzung bei der schwachen Wechselwirkung darstellen.

● Üblicherweise beschreibt man die Polarisation eines Teilchens mit Spin 1/2 nicht durch $\mathbf{J} \cdot \mathbf{p}$, sondern durch den Helizitätsoperator

$$\mathcal{H} = 2\frac{\mathbf{J} \cdot \hat{\mathbf{p}}}{\hbar}, \tag{9.33}$$

wobei $\hat{\mathbf{p}}$ der Einheitsvektor in Richtung des Impulses ist. Der Erwartungswert von $\mathcal{H}$ für ein Teilchen, dessen Spin parallel zu seinem Impuls ist, beträgt $+1$. $\langle | \mathcal{H} | \rangle = -1$ beschreibt ein Teilchen mit Spin entgegengesetzt zu $\hat{\mathbf{p}}$. Teilchen mit nichtverschwindender Helizität treten bei vielen Experimenten auf, bei denen es immer eine Vorzugsrichtung gibt, z.B. durch ein angelegtes Magnetfeld. Wenn es keine Vorzugsrichtung gibt, dann ist ein nichtverschwindender Wert von $\langle | \mathbf{J} \cdot \hat{\mathbf{p}} | \rangle$ und demnach von $\langle | \mathcal{H} | \rangle$ ein Zeichen für die Paritätsverletzung. Ein Beispiel ist die Helizität von Leptonen, die von isotropen schwachen Quellen emittiert werden, wie der β- oder Myonenzerfall. Die Helizität der geladenen Leptonen in diesen schwachen Zerfällen wurde gemessen.[10]) Das Ergebnis

(9.34) $$\langle \mathcal{H}(e^-)\rangle = -\frac{v}{c}, \quad \langle \mathcal{H}(e^+)\rangle = +\frac{v}{c},$$

wobei v die Leptonengeschwindigkeit ist, bestätigt die Paritätsverletzung in der schwachen Wechselwirkung. ●

9.4 *Die Ladungskonjugation*

In Abschnitt 7.5 wurde der Begriff des Antiteilchens eingeführt. Dieser Begriff löste lange und im wesentlichen philosophische Diskussionen aus über Fragen wie "Gibt es wirklich einen See mit negativen Energiezuständen?" oder "Kann sich ein Teilchen wirklich zeitlich rückwärts bewegen?" Die wichtigen Fragen sind jedoch nicht mit solch vagen Gesichtspunkten verbunden, sondern betreffen die nicht zu leugnende Tatsache, daß es Antiteilchen gibt. In diesem Abschnitt wird der Zusammenhang von Teilchen und Antiteilchen in einem formaleren Rahmen behandelt als in Abschnitt 7.5. Viele der Ideen sind den schon in Abschnitt 9.1 im Zusammenhang mit der Parität eingeführten ähnlich, weshalb ihre Darstellung kurz gefaßt werden kann.

Wir beschreiben ein Teilchen durch den Ket-Vektor $|N\rangle$, wobei N für die additiven Quantenzahlen A, q, S, L und L_μ steht. Die Operation der Ladungskonjugation C ist dann definiert durch

(9.35) $$C|N\rangle = |-N\rangle.$$

Die Ladungskonjugation kehrt das Vorzeichen der additiven Quantenzahlen um, läßt aber Impuls und Spin unverändert. C wird zuweilen auch Teilchen-Antiteilchen-Konjugation genannt, um auszudrücken, daß nicht nur die elektrische Ladung, sondern auch die Baryonenzahl, Strangeness, Leptonenzahl und Myonenzahl das Vorzeichen ändern. Die Ladungskonjugation ist in Bild 9.7 dargestellt. Wenn C ein zweitesmal angewandt wird, so erhält man wieder den ursprünglichen Zustand, so daß

(9.36) $$C^2 = 1.$$

C ist wie P ein diskontinuierlicher Operator der Art Gl. 7.11 und ist unitär und hermitesch.

Gleichung 9.36 besagt, daß die Eigenwerte der Ladungskonjugation $+1$ oder -1 sind. Es gibt jedoch einen wesentlichen Unterschied zwischen P und C, da C n i c h t immer Eigenzustände besitzt. Um dieses neue Verhalten zu untersuchen, machen wir den Ansatz

(9.37) $$C|N\rangle \stackrel{?}{=} \eta_c|N\rangle$$

10 H. Frauenfelder und R.M. Steffen, in *Alpha-, Beta- and Gamma-Ray Spectroscopy*, Vol. 2, (K. Siegbahn, ed.), North-Holland, Amsterdam, 1965.

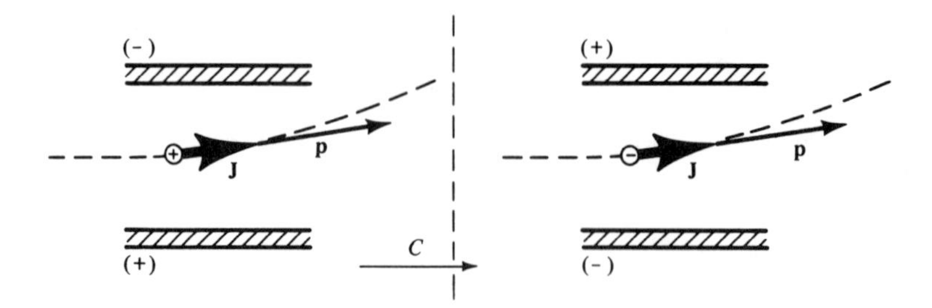

Bild 9.7 Geladene Teilchen im elektrischen Feld. Die Ladungskonjugation, angewandt auf das ganze System, kehrt die additiven Quantenzahlen des Teilchens um, läßt aber die Raum-Zeit-Eigenschaften (**p** · **J**) unverändert. Die Ladungen des äußeren Felds werden auch umgekehrt,so daß die Bahn des Teilchens und Antiteilchens gleich ist.

und fragen, ob eine solche Beziehung sinnvoll ist. Als Beispiel nehmen wir den Zustand $|N\rangle$ als Eigenzustand des Ladungsoperators Q an. Für ein Teilchen mit der Ladung q, das durch $|q\rangle$ beschrieben wird, gilt die Eigenwertgleichung

$$Q|q\rangle = q|q\rangle \tag{9.38}$$

Aber mit Gl. 9.35 folgt für C angewandt auf $|q\rangle$

$$C|q\rangle = |-q\rangle.$$

Den Kommutator der beiden Operatoren Q und C, wenn sie auf $|q\rangle$ wirken, kann man einfach berechnen:

$$CQ|q\rangle = qC|q\rangle = q|-q\rangle$$

oder

$$QC|q\rangle = Q|-q\rangle = -q|-q\rangle$$

$$(CQ - QC)|q\rangle = 2q|-q\rangle = 2CQ|q\rangle. \tag{9.39}$$

Die Operatoren C und Q kommutieren also nicht, oder in Operatorschreibweise ausgedrückt

$$[C, Q] = 2CQ. \tag{9.40}$$

Da die beiden Operatoren C und Q nicht kommutieren, ist es im allgemeinen nicht möglich, Zustände zu finden, die gleichzeitig Eigenzustände beider Operatoren sind. Ein geladenes Teilchen kann die Eigenwertgleichung, Gl. 9.37, nicht erfüllen, da die Teilchen in der Natur Eigenzustände von Q sind. Dasselbe gilt für die Baryonenzahl A und die Hyperladung Y. Die Teilchen erscheinen in der Natur als Eigenzustände von A und Y, die ebenfalls nicht mit C kommutieren. Es gibt jedoch noch eine Lücke. Vollständig neutrale Teilchen, d.h. Teilchen mit $q = A = Y = 0$ können Eigenzustände von C sein, da die Zustände $|q = A = Y = 0\rangle$ und $C|q = A = Y = 0\rangle$ dieselben additiven Quantenzahlen haben, nämlich 0. Für solche Systeme gilt Gl. 9.37:

(9.41) $C|N=0\rangle = \eta_c|N=0\rangle, \qquad \eta_c = \pm 1.$

η_c heißt die Ladungsparität oder Quantenzahl der Ladungskonjugation. Sie gehorcht einem multiplikativen Erhaltungssatz.

Was ist die Ladungsparität der völlig neutralen Teilchen, des Photons, des neutralen Pions und des η^0? Um eine befriedigende Antwort zu geben, muß man die Quantenfeldtheorie heranziehen, aber die richtigen Werte erhält man auch durch Plausibilitätsüberlegungen. Das Photon wird durch sein Vektorpotential **A** beschrieben. Das Potential wird durch Ladungen und Ströme hervorgerufen und ändert folglich unter C sein Vorzeichen

(9.42) $\mathbf{A} \xrightarrow{C} -\mathbf{A}.$

Ein Beispiel für diesen Vorzeichenwechsel wurde bereits in Bild 9.7 gezeigt. Gleichung 9.42 legt die Zuordnung

(9.43) $\eta_c(\gamma) = -1.$

nahe. π^0 und η^0 zerfallen elektromagnetisch in zwei Photonen,

$$\pi^0 \longrightarrow 2\gamma \qquad \text{und} \qquad \eta^0 \longrightarrow 2\gamma,$$

und müssen deshalb positive C-Parität besitzen, wenn C in diesen Zerfällen erhalten bleibt:

(9.44) $\eta_c(\pi^0) = 1, \qquad \eta_c(\eta^0) = 1.$

Wäre die Ladungskonjugation C lediglich auf das Photon, π^0 und η^0 anwendbar, so wäre sie nicht sehr nützlich. Es gibt jedoch viele Teilchen-Antiteilchen-Systeme, die vollständig neutral sind. Beispiele sind das Positronium $(e^+e^-), \pi^+\pi^-, p\bar{p}, n\bar{n}$. Die C-Parität dieser Systeme hängt vom Drehimpuls und Spin ab und sie ist bei der Überlegung der möglichen Zerfallswege nützlich.

Die Verwendung der Ladungsparität bei der Betrachtung von Zerfällen verlangt, daß η_c eine Erhaltungsgröße ist. Sie bleibt erhalten, wenn C mit dem Hamiltonoperator H kommutiert. Man sieht schnell, daß C in der schwachen Wechselwirkung H_w nicht erhalten bleibt,

(9.45) $[H_w, C] \neq 0.$

In Bild 7.2 wurde gezeigt, daß das Neutrino und Antineutrino entgegengesetzte Helizität besitzen. Wenn die Ladungskonjugation in der schwachen Wechselwirkung erhalten bliebe, müßten die beiden Teilchen die gleiche Helizität haben.

Zur Überprüfung der Erhaltung von C bei der elektromagnetischen Wechselwirkung sucht man nach Zerfällen, die durch die Ladungsparität verboten sind, z.B.

$$\pi^0 \longrightarrow 3\gamma \qquad \text{und} \qquad \eta^0 \longrightarrow 3\gamma.$$

π^0 und η^0 haben positive Ladungsparität, die drei Photonen im Endzustand aber haben negative Ladungsparität und der Zerfall ist verboten. Die Zerfälle wurden nicht gefunden, aber die Grenze, die man gegenwärtig für eine mögliche Ladungsparitätsverletzung angeben kann, ist noch nicht sehr gut.

Die Erhaltung von C bei der starken Wechselwirkung wurde in Reaktionen der Art

$$(9.46) \qquad p\bar{p} \longrightarrow \pi^+\pi^-\pi^0.$$

überprüft. Wirkt C auf diese Reaktion, so folgt

$$(9.46a) \qquad \bar{p}p \longrightarrow \pi^-\pi^+\pi^0.$$

Wenn der Hamiltonoperator der starken Wechselwirkung mit C kommutiert, so sollten die beiden Reaktionen dasselbe Ergebnis liefern. Der Anfangszustand $p\bar{p}$ ist in beiden Fällen der gleiche. Die C-Invarianz verlangt dann, daß die positiven und negativen Pionen dasselbe Energiespektrum zeigen. Der Vergleich der beiden Verteilungen und der entsprechenden Verteilungen in anderen ähnlichen Reaktionen zeigt keinen Unterschied. Das Ergebnis läßt sich durch

$$(9.47) \qquad \left|\frac{\text{Amplitude bei } C\text{-Verletzung}}{\text{Amplitude bei } C\text{-Erhaltung}}\right| \lesssim 0{,}01$$

darstellen. [11] Die gegenwärtigen Erkenntnisse deuten darauf hin, daß die Ladungskonjugation und der hadronische Hamiltonoperator kommutieren.

9.5 *Die Zeitumkehr*

In den beiden vorhergehenden Abschnitten wurden die beiden nicht stetigen Transformationen P und C eingeführt. Beide Operationen sind unitär und hermitesch zugleich und liefern multiplikative Quantenzahlen. In diesem Abschnitt wird eine dritte nicht stetige Transformation eingeführt, die Zeitumkehr T. Es wird sich herausstellen, daß T nicht unitär ist und es von daher Schwierigkeiten geben wird. Es ist keine Erhaltungsgröße damit verknüpft, wie mit der Parität oder Ladungsparität. Trotzdem ist die Invarianz der Zeitumkehr eine sehr brauchbare Symmetrie in der subatomaren Physik.

11 C. Baltay, N. Barash, P. Franzini, N. Gelfand, L. Kirsch, G. Lütjens, J.C. Severiens, J. Steinberger, D. Tycko und D. Zanello, *Phys. Rev. Letters* **15**, 591 (1965).

Die Zeitumkehroperation ist formal definiert als

(9.48) $t \xrightarrow{T} -t, \qquad \mathbf{x} \xrightarrow{T} \mathbf{x}.$

Da klassisch $\mathbf{p} = d\mathbf{x}/dt$ gilt, ändern Impuls und Drehimpuls unter T ihr Vorzeichen:

(9.49) $$\mathbf{p} \xrightarrow{T} -\mathbf{p}$$
$$\mathbf{J} \xrightarrow{T} -\mathbf{J}.$$

In der klassischen Mechanik und Elektrodynamik sind die grundlegenden Gleichungen invariant bezüglich T. Die Newtonsche Bewegungsgleichung und die Maxwellgleichungen sind Differentialgleichungen zweiter Ordnung in t und bleiben deshalb beim Austausch von t mit $-t$ unverändert.

Die wesentlichen Punkte der Zeitumkehrinvarianz in der Quantenmechanik treten schon bei der Behandlung eines nichtrelativistischen Teilchens ohne Spin auf, das durch die Schrödinger-Gleichung beschrieben wird,

(9.50) $$i\hbar \frac{d\psi(t)}{dt} = H\psi(t).$$

Diese Gleichung ähnelt in der Form der Diffusionsgleichung, die bezüglich $t \longrightarrow -t$ nicht invariant ist. Wie sich T von P und C unterscheidet, zeigt sich, wenn die Verbindung zwischen ψ und $T\psi$ untersucht wird. Nach den in Abschnitt 7.1 entwickelten Überlegungen ist T ein Symmetrieoperator und erfüllt

(9.51) $$[H, T] = 0,$$

wenn $T\psi(t)$ und $\psi(t)$ derselben Schrödinger-Gleichung gehorchen. Die Schrödinger-Gleichung für $T\psi(t)$ ist

(9.52) $$i\hbar \frac{dT\psi(t)}{dt} = HT\psi(t).$$

Der einfachste Ansatz zur Erfüllung dieser Gleichung,

(9.53) $$T\psi(t) = \psi(-t),$$

ist falsch. Setzt man Gl. 9.53 in Gl. 9.52 ein und schreibt $-t = t'$, so erhält man

(9.54) $$-i\hbar \frac{d\psi(t')}{dt'} = H\psi(t').$$

Diese Gleichung stimmt nicht mit Gl. 9.50 überein. Die Tatsache, daß in Gl. 9.54 t' anstelle von t steht, ist unerheblich, da t nur ein Parameter ist. Was zählt, ist die Invarianz der Form: $\psi(t)$ und $T\psi(t)$ müssen Gleichungen derselben Form erfüllen.

Die richtige Zeitumkehrtransformation wurde von Wigner gefunden, der den Ansatz

$$(9.55)\qquad T\psi(t) = \psi^*(-t)$$

machte.[12] Setzt man $\psi^*(-t)$ in Gl. 9.52 ein und nimmt das konjugiert-komplexe der gesamten Gleichung, so erhält man eine Beziehung von derselben Form wie die ursprüngliche Schrödinger-Gleichung, wenn H reell ist.

Die einfachste Anwendung der Zeitumkehrtransformation, Gl. 9.55, ist die auf ein Teilchen mit dem Impuls $\mathbf{p}$, das durch die Wellenfunktion

$$\psi(\mathbf{x}, t) = e^{i(\mathbf{p}\cdot\mathbf{x}-Et)/\hbar}$$

beschrieben wird. Die zeitumgekehrte Wellenfunktion ist

$$(9.56)\qquad T\psi(\mathbf{x}, t) = \psi^*(\mathbf{x}, -t) = e^{-i(\mathbf{p}\cdot\mathbf{x}+Et)/\hbar} = e^{i(-\mathbf{p}\cdot\mathbf{x}-Et)/\hbar}.$$

Die zeitumgekehrte Wellenfunktion beschreibt ein Teilchen mit dem Impuls $-\mathbf{p}$, was mit Gl. 9.49 übereinstimmt. Man muß die Funktion $T\psi(\mathbf{x}, t)$ nicht als Beschreibung eines Teilchens auffassen, das sich zeitlich rückwärts bewegt. Die physikalische Betrachtungsweise von T ist die der Bewegungsumkehr: T kehrt den Impuls und Drehimpuls um

$$(9.57)\qquad T|\mathbf{p}, \mathbf{J}\rangle = |-\mathbf{p}, -\mathbf{J}\rangle.$$

An diesem Punkt des Spiels war bei P und C die Frage nach den Eigenwerten, die erhalten bleiben, fällig. Die Antwort war die Parität π und die Ladungsparität η_c. Hat T Eigenwerte, die beobachtbar sind und erhalten bleiben? Solche Eigenwerte wären Lösungen der Gleichung

$$T\psi(t) = \eta_T\psi(t).$$

Gleichung 9.55 zeigt jedoch, daß die Funktion ψ durch T in ihre konjugiert komplexe verwandelt wird und die Eigenwertgleichung ist damit sinnlos. Dies hängt damit zusammen, daß T antiunitär ist. P und C sind unitäre Operatoren; unitäre Operatoren sind linear und genügen der Beziehung

$$(9.58)\qquad U(c_1\psi_1 + c_2\psi_2) = c_1 U\psi_1 + c_2 U\psi_2.$$

Antiunitäre Operatoren gehorchen jedoch der Beziehung

$$(9.59)\qquad T(c_1\psi_1 + c_2\psi_2) = c_1^* T\psi_1 + c_2^* T\psi_2.$$

Die Zeitumkehrtransformation ist antiunitär. Warum sind P und C unitär, aber T nicht? In Abschnitt 9.1 und 9.4 rechtfertigten wir die Wahl von P und C als unitäre Operatoren, indem wir feststellten, daß sie die Normierung $\mathfrak{N}$ invariant lassen müssen, wobei $\mathfrak{N}$ als

$$\mathfrak{N} = \int d^3x\, \psi^*(\mathbf{x})\psi(\mathbf{x})$$

12 E. Wigner, *Nachr. Akad. Wiss. Goettingen, Math. Physik. Kl. IIa*, **31**, 546 (1932).

definiert ist. Ein antiunitärer Operator läßt $\mathcal{N}$ auch invariant, wie man durch Einsetzen von Gl. 9.55 in $\mathcal{N}$ sieht. Die Wahl zwischen den beiden Möglichkeiten wird durch die physikalische Natur der Transformation bestimmt. Für P und C erfüllt die transformierte Wellenfunktion die ursprünglichen Gleichungen, wenn die Transformation unitär ist. Für T verlangt die Forminvarianz, daß es antiunitär ist.

Wir haben gerade gesehen, daß T keine beobachtbaren Eigenwerte besitzt. Es können also keine Zustände mit diesen Eigenwerten gekennzeichnet werden und T läßt sich nicht überprüfen, indem man nach Zerfällen sucht, die von der *Zeitparität* her verboten sind. Glücklicherweise gibt es andere Überprüfungsmöglichkeiten. Die Zeitumkehr sagt z.B. voraus, daß die Übergangswahrscheinlichkeiten für eine Reaktion und die inverse Reaktion gleich sind (Prinzip des detaillierten Gleichgewichts, "detailed balance"). Es wurde viel Arbeit in die Überprüfung der Zeitumkehrinvarianz für die verschiedenen Wechselwirkungen gesteckt und dabei wurde keine Verletzung bei der starken, elektromagnetischen und gewöhnlichen schwachen Wechselwirkung gefunden.[8] Zwei Bemerkungen sind jedoch anzufügen. Die erste betrifft die Genauigkeit dieser Überprüfungen. Die Zeitumkehrexperimente sind schwierig durchzuführen und die Erhaltung ist nur bis zur Grenze von 10^{-2}–10^{-3} gesichert. Die zweite Anmerkung betrifft einige Experimente mit neutralen Kaonen. Wir haben bereits vorher festgestellt, daß das neutrale Kaon bemerkenswerte Eigenschaften hat. Diese Eigenschaften machen es zu einer empfindlichen Probe für die Zeitumkehrinvarianz (eigentlich CP- ~). Wegen der Wichtigkeit dieser Überprüfungsmöglichkeit werden wir das Kaonensystem in den folgenden Abschnitten beschreiben und die Zeitumkehrverletzung im Abschnitt 9.8 besprechen.

9.6 *Das Zweizustandsproblem*

Vor der Besprechung der neutralen Kaonen betrachten wir zur Einführung zwei identische, getrennte Potentialtöpfe L und R, siehe Bild 9.8(a). Die Energiewerte der stationären Zustände $|L\rangle$ und $|R\rangle$ sind durch die Schrödinger-Gleichung gegeben,

$$H_0|L\rangle = E_0|L\rangle, \qquad H_0|R\rangle = E_0|R\rangle.$$

Da H_0 die beiden Töpfe nicht verbindet, schreiben wir

$$\langle L|H_0|R\rangle = \langle R|H_0|L\rangle = 0.$$

Der Einfachheit halber nehmen wir an, daß nur die Zustände $|L\rangle$ und $|R\rangle$ eine Rolle spielen. Alle anderen Zustände sollen bei so hohen Energien liegen, daß sie vernachlässigt werden können. Wenn wir jetzt eine Wechselwirkung H_{int} als Störung einführen, die die Schranke zwischen den Töpfen erniedrigt und Übergänge $L \rightleftharpoons R$ induziert, dann sind die statio-

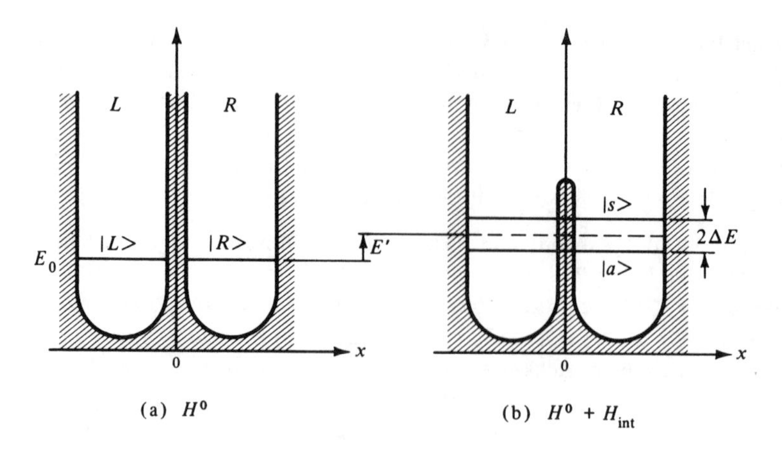

Bild 9.8 Eigenwerte und Eigenfunktionen eines Teilchens in zwei identischen Potentialtöpfen, mit und ohne Durchgang durch eine Trennwand.

nären Zustände des Systems durch

(9.60) $$H|\psi\rangle \equiv (H_0 + H_{\text{int}})|\psi\rangle = E|\psi\rangle.$$

bestimmt. Das Problem besteht darin, die Eigenwerte und Eigenfunktionen des gesamten Hamiltonoperators $H \equiv H_0 + H_{\text{int}}$ zu finden. Da die beiden ungestörten Zustände $|L\rangle$ und $|R\rangle$ entartet sind, braucht man zur Lösung die richtigen Linearkombinationen der ungestörten Eigenfunktionen. [13]) Diese Kombinationen lassen sich durch Symmetrieüberlegungen finden. Da die Potentiale symmetrisch zum Ursprung liegen, ist der Hamiltonoperator invariant bezüglich der Spiegelung am Ursprung und H und der Paritätsoperator P kommutieren,

(9.61) $$[H, P] = [H_0 + H_{\text{int}}, P] = 0.$$

Mit der Wahl der Koordinaten wie in Bild 9.8 ergibt der Paritätsoperator

(9.62) $$P|L\rangle = |R\rangle, \qquad P|R\rangle = |L\rangle.$$

Die gemeinsamen Eigenfunktionen von H_0 und P sind leicht zu finden. Sie sind die symmetrische und die antisymmetrische Kombination der ungestörten Zustände $|L\rangle$ und $|R\rangle$:

(9.63) $$|s\rangle = \sqrt{\tfrac{1}{2}}\{|L\rangle + |R\rangle\}$$
$$|a\rangle = \sqrt{\tfrac{1}{2}}\{|L\rangle - |R\rangle\}.$$

Diese Kombinationen sind tatsächlich Eigenzustände von P,

(9.64) $$P|s\rangle = +|s\rangle$$
$$P|a\rangle = -|a\rangle.$$

13 Merzbacher, Abschnitt 17.5; Park, Abschnitt 8.4; Eisberg, Abschnitt 9.4.

Die Gleichungen 9.61 und 9.64 zusammen beweisen, daß H keine Verbindung zwischen $|a\rangle$ und $|s\rangle$ herstellt:

$$\langle a|H|s\rangle = \langle a|HP|s\rangle = \langle a|PH|s\rangle = \langle a|P^{\dagger}H|s\rangle = -\langle a|H|s\rangle,$$

oder

(9.65) $$\langle a|H|s\rangle = 0.$$

Auf die Zustände $|a\rangle$ und $|s\rangle$ kann deshalb die normale Störungstheorie angewandt werden. Die durch die Störung H_{int} verursachte Energieverschiebung ist durch den Erwartungswert von H_{int} gegeben,

(9.66) $$\begin{aligned}\langle s|H_{\text{int}}|s\rangle &= E' + \Delta E\\ \langle a|H_{\text{int}}|a\rangle &= E' - \Delta E,\end{aligned}$$

wobei

(9.67) $$\begin{aligned}\langle L|H_{\text{int}}|L\rangle &= \langle R|H_{\text{int}}|R\rangle = E'\\ \langle L|H_{\text{int}}|R\rangle &= \langle R|H_{\text{int}}|L\rangle = \Delta E.\end{aligned}$$

Die Wechselwirkung verschiebt den Mittelwert der Energieniveaus um E' und spaltet die entarteten Niveaus um $2\Delta E$ auf, siehe Bild 9.8(b). Diese Aufspaltung tritt im ionisierten Wasserstoffmolekül und besonders deutlich im Inversionsspektrum von Ammoniak auf.[14]

Was geschieht mit einem Teilchen, das man zur Zeit $t = 0$ in e i n e n Potentialtopf, z. B. L, wirft? Gleichung 9.63 gibt den Zustand bei $t = 0$ an:

(9.68) $$|\psi(0)\rangle = |L\rangle = \sqrt{\tfrac{1}{2}}\{|s\rangle + |a\rangle\}.$$

Der Zustand hat keine definierte Parität und ist kein Eigenzustand von H. Die Untersuchung des Teilchenverhaltens zu späteren Zeiten erfolgt mit der zeitabhängigen Schrödinger-Gleichung

(9.69) $$i\hbar\frac{d}{dt}|\psi(t)\rangle = (H_0 + H_{\text{int}})|\psi(t)\rangle$$

und die Entwicklung

(9.70) $$\begin{aligned}&|\psi(t)\rangle = \alpha(t)|L\rangle + \beta(t)|R\rangle\\ &|\alpha(t)|^2 + |\beta(t)|^2 = 1.\end{aligned}$$

Setzt man die Entwicklung Gl. 9.70 in die Schrödinger-Gleichung 9.69 ein und multipliziert von links mit $\langle L|$ und $\langle R|$, so erhält man ein System von zwei gekoppelten Differentialgleichungen für $\alpha(t)$ und $\beta(t)$:

(9.71) $$\begin{aligned}i\hbar\dot{\alpha}(t) &= (E_0 + E')\alpha(t) + \Delta E\beta(t)\\ i\hbar\dot{\beta}(t) &= \Delta E\alpha(t) + (E_0 + E')\beta(t).\end{aligned}$$

Die Lösungen dieser Gleichungen mit den Anfangsbedingungen $\alpha(0) = 1$ und

14 Zweizustandssysteme und der Ammoniak-MASER sind sehr schön in Feynman, Vorlesungen über Physik, Kapitel 8-11, behandelt.

$\beta(0) = 0$ ergeben

$$|\psi(t)\rangle = e^{-i(E_0+E')t/\hbar}\left\{\cos\left(\frac{\Delta Et}{\hbar}\right)|L\rangle - i\sin\left(\frac{\Delta Et}{\hbar}\right)|R\rangle\right\}. \tag{9.72}$$

Die Wahrscheinlichkeit dafür, ein Teilchen, das zur Zeit $t = 0$ in den Topf L fiel, zur Zeit t im Topf R zu finden, ist durch das Quadrat des Entwicklungskoeffizienten von $|R\rangle$ gegeben, oder

$$\text{prob}(L) = \sin^2\left(\frac{\Delta Et}{\hbar}\right). \tag{9.73}$$

Das Teilchen oszilliert also mit der Kreisfrequenz

$$\omega = \frac{\Delta E}{\hbar} = \langle L|H_{\text{int}}|R\rangle\frac{1}{\hbar} \tag{9.74}$$

zwischen den beiden Töpfen hin und her.

9.7 *Die neutralen Kaonen*

Die Hyperladung ist die einzige Quantenzahl, die das neutrale Kaon von seinem Antiteilchen unterscheidet: $Y(K^0) = 1$, $Y(\overline{K^0}) = -1$. Da in der starken und elektromagnetischen Wechselwirkung die Hyperladung erhalten bleibt, erscheinen K^0 und $\overline{K^0}$ als zwei deutlich verschiedene Teilchen in allen Experimenten mit diesen beiden Kräften. In der schwachen Wechselwirkung bleibt die Hyperladung jedoch nicht erhalten und es können virtuelle schwache Übergänge zwischen den beiden Teilchen auftreten. Beide Teilchen zerfallen z. B. in zwei Pionen, $K^0 \longrightarrow 2\pi$ und $\overline{K^0} \longrightarrow 2\pi$. Sie sind deshalb durch virtuelle schwache Übergänge zweiter Ordnung verknüpft,

$$K^0 \rightleftharpoons 2\pi \rightleftharpoons \overline{K^0}, \tag{9.75}$$

siehe Bild 9.9. Diese virtuellen Übergänge führen zu bemerkenswerten Effekten, wie als erste Gell-Mann und Pais festellten.[15] Die Effekte sind einfach zu verstehen, wenn man die Analogie zum Zweitopfproblem erkannt hat. Ohne die schwache Wechselwirkung sind $|K^0\rangle$ und $|\overline{K^0}\rangle$ zwei getrennte, entartete Zustände wie $|L\rangle$ und $|R\rangle$ ohne H_{int}. Die schwache Wechselwirkung H_w spielt dann die Rolle von H_{int} und verbindet die beiden Zustände $|K^0\rangle$ und $|\overline{K^0}\rangle$. Mit kleinen Änderungen können dann die Gleichungen und Ergebnisse des vorhergehenden Abschnitts auf das neutrale Kaonensystem angewandt werden, wenn man

$$H_0 = H_h + H_{em} \equiv H_s, \qquad H_{\text{int}} = H_w \tag{9.76}$$

setzt. Um die Transformation zu finden, die Gl. 9.62 entspricht, stellen

15 M. Gell-Mann und A. Pais, *Phys. Rev.* 97, 1387 (1955).

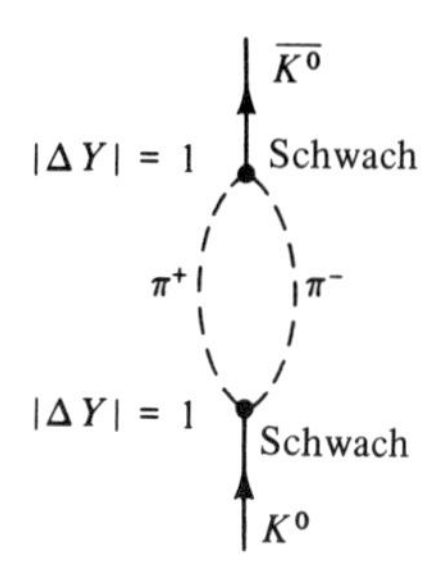

Bild 9.9 Beispiel eines virtuellen schwachen Übergangs zweiter Ordnung $K^0 \to \overline{K^0}$.

wir fest, daß die Ladungskonjugation K^0 in $\overline{K^0}$ und umgekehrt verwandelt

$$C|K^0\rangle = |\overline{K^0}\rangle, \qquad C|\overline{K^0}\rangle = |K^0\rangle. \tag{9.77}$$

Gell-Mann und Pais verwendeten diese Beziehungen anstelle von Gl. 9.62 in ihrer Originalarbeit, um die richtigen Linearkombinationen der ungestörten Eigenzustände $|K^0\rangle$ und $|\overline{K^0}\rangle$ zu finden. Nach der Entdeckung der Paritätsverletzung wurde deutlich, daß C nicht mit dem gesamten Hamiltonoperator kommutiert und dies ist in Gl. 9.45 ausgedrückt. Die zusammengesetzte Parität CP stellt eine bessere Wahl dar, wie man folgendermaßen sehen kann. Wendet man C auf ein Neutrino mit negativer Helizität an, so wird dies in ein Antineutrino mit negativer Helizität verwandelt, im Widerspruch zum Experiment. CP jedoch verwandelt ein Neutrino mit negativer Helizität in ein Antineutrino mit positiver Helizität, was mit der Beobachtung übereinstimmt. Wir suchen nun die Wirkung von CP auf die Zustände $|K^0\rangle$ und $|\overline{K^0}\rangle$ und beginnen mit der negativen Eigenparität des Kaons

$$P|K^0\rangle = -|K^0\rangle, \qquad P|\overline{K^0}\rangle = -|\overline{K^0}\rangle, \tag{9.78}$$

woraus die Wirkung durch die kombinierte Parität folgt

$$CP|K^0\rangle = -|\overline{K^0}\rangle, \qquad CP|\overline{K^0}\rangle = -|K^0\rangle. \tag{9.79}$$

Wenn beim gesamten Hamiltonoperator CP erhalten bleibt,

$$[H, CP] = [H_s + H_w, CP] = 0, \tag{9.80}$$

so können die Eigenzustände von H gleichzeitig als Eigenzustände von CP gewählt werden. (Wir kehren in Abschnitt 9.8 zur Frage der CP-Erhaltung zurück.) Wie in Gl. 9.63 schreiben wir diese Eigenzustände als [16]

$$\begin{aligned} |K_1^0\rangle &= \sqrt{\tfrac{1}{2}}\{|K^0\rangle - |\overline{K^0}\rangle\} \\ |K_2^0\rangle &= \sqrt{\tfrac{1}{2}}\{|K^0\rangle + |\overline{K^0}\rangle\}, \end{aligned} \tag{9.81}$$

16 Die Freiheit, die in der beliebigen Phasenwahl für die Definition von C und P liegt, führte zu verschiedenen Schreibweisen der Linearkombinationen Gl. 9.81. Die beobachtbaren Konsequenzen werden durch die Phasenwahl jedoch nicht geändert.

mit

$$(9.82)\qquad CP|K_1^0\rangle = +|K_1^0\rangle, \qquad CP|K_2^0\rangle = -|K_2^0\rangle.$$

K_1^0 hat eine kombinierte Parität η_{CP} von $+1$ und K_2^0 eine von -1.

Die Analogie mit dem Zweitopfproblem in Abschnitt 9.6 ist offensichtlich: Die Zustände $|K^0\rangle$ und $|\overline{K^0}\rangle$ sind wie die Zustände $|L\rangle$ und $|R\rangle$ Eigenzustände des ungestörten Hamiltonoperators. Die Zustände $|K_1^0\rangle$ und $|K_2^0\rangle$ sind wie $|s\rangle$ und $|a\rangle$ gleichzeitig Eigenzustände des gesamten Hamiltonoperators und des entsprechenden Symmetrieoperators. Die Ergebnisse aus Abschnitt 9.6 können auf die neutralen Kaonen angewandt werden und daraus folgen bemerkenswerte Vorhersagen:

1. Das K^0 ist das Antiteilchen des $\overline{K^0}$. Beide sollten deshalb die gleiche Masse und Lebensdauer haben. K_1^0 ist jedoch nicht das Antiteilchen von K_2^0 und diese beiden Teilchen können sehr verschiedene Eigenschaften besitzen.

2. Das Gedankenexperiment "man lasse ein Teilchen bei $t = 0$ in einen Potentialtopf fallen", wie es in Abschnitt 9.6 besprochen wurde, läßt sich mit Kaonen verwirklichen. Kaonen werden durch die starke Wechselwirkung erzeugt, z.B. durch die Reaktion $\pi^- p \longrightarrow K^0\Lambda^0$. Eine solche Erzeugung mit einem Zustand wohldefinierter Hyperladung entspricht dem Fallenlassen in einen Potentialtopf. Das Teilchen wird gemäß Gl. 9.72 und Gl. 9.73 nach einiger Zeit in den anderen Potentialtopf tunneln. Der andere Potentialtopf entspricht der entgegengesetzten Hyperladung. Ein neutrales Kaon, im Zustand $Y = 1$ erzeugt, wird sich nach einer bestimmten Zeit teilweise in den Zustand $Y = -1$ transformiert haben.

3. Die Zustände $|s\rangle$ und $|a\rangle$ haben geringfügig verschiedene Energien, wie aus Gl. 9.66 und Bild 9.8 ersichtlich ist. Die entsprechenden Kaonenzustände, $|K_1^0\rangle$ und $|K_2^0\rangle$ sollten deshalb auch geringfügig verschiedene Energiewerte besitzen.

Im folgenden werden wir die Richtigkeit zweier dieser drei Vorhersagen beweisen.

1. K_1^0 und K_2^0 zerfallen auf verschiedene Weise. Energetisch können Kaonen in zwei oder drei Pionen zerfallen. Da der Kaonenspin Null ist, muß der gesamte Drehimpuls der Pionen am Ende auch Null sein. Wir betrachten zunächst das Zwei-Pionen-System $\pi^+\pi^-$. Im Schwerpunktsystem der beiden Pionen vertauscht die Paritätsoperation π^+ und π^-. Die Ladungskonjugation vertauscht π^- und π^+ noch einmal, so daß die kombinierte CP-Operation den ursprünglichen Zustand wieder herstellt. Dasselbe gilt für zwei neutrale Pionen, so daß

$$(9.83)\qquad CP|\pi\pi\rangle = +|\pi\pi\rangle \qquad \text{in allen Zuständen mit } J = 0.$$

Zwei Pionen mit dem Gesamtdrehimpuls Null haben die kombinierte Parität $\eta_{CP} = +1$. Wenn beim gesamten Hamiltonoperator CP erhalten bleibt, wie in Gl. 9.80 angenommen, dann muß CP beim Zerfall des neutralen Kaons erhalten bleiben. K_1^0 mit $\eta_{CP} = 1$ kann dann in zwei Pionen zerfallen. K_2^0 mit $\eta_{CP} = -1$ kann nicht in zwei Pionen zerfallen, es muß wenigstens in drei zerfallen

(9.84) $K_2^0 \not\rightarrow 2\pi$ falls CP erhalten bleibt.

Die für den Zwei-Pionen-Zerfall zur Verfügung stehende Energie beträgt etwa 220 MeV und die für den Drei-Pionen-Zerfall etwa 90 MeV. Der verfügbare Phasenraum für den Zerfall in drei Pionen ist deshalb beträchtlich kleiner als der für zwei Pionen (Kapitel 10) und man erwartet eine viel kleinere Lebensdauer τ_1 für K_1^0 als τ_2 für K_2^0.

Der Zerfall des K^0 (oder des $\overline{K^0}$) ist viel komplizierter. Das K^0, das z.B. durch die Reaktion $\pi^- p \rightarrow K^0 \Lambda^0$ erzeugt wird, ist im Zustand mit der Hyperladung $Y = 1$. Mit Gl. 9.81 ist der Anfangszustand

(9.85) $|t = 0\rangle \equiv |K^0\rangle = \sqrt{\tfrac{1}{2}}\{|K_1^0\rangle + |K_2^0\rangle\}$.

Wenn das Teilchen frei zerfallen kann, dann tut es dies über die schwache Wechselwirkung. Wir haben oben festgestellt, daß man für den Zerfall von K_1^0 und K_2^0 verschiedene Lebensdauer τ_1 und τ_2 erwartet. K^0 wird deshalb nicht mit einer einzigen Lebensdauer zerfallen. Gell-Mann und Pais kleideten ihre Vorhersage in folgende Worte[15]: "Zusammenfassend kann man sagen, daß unser Bild vom K^0 bedeutet, daß es eine Teilchenmischung mit zwei verschiedenen Lebensdauern darstellt. Jede Lebensdauer hängt mit verschiedenen Zerfallsarten zusammen und es können nicht mehr als die Hälfte aller K^0 den bekannten Zerfall in zwei Pionen erfahren." Sie stellten auch fest: "Da wir genaugenommen das Wort 'Elementarteilchen' für ein Objekt mit einer eindeutigen Lebensdauer reservieren sollten, sind K_1^0 und K_2^0 die wahren 'Elementarteilchen', während K^0 und $\overline{K^0}$ die 'Teilchenmischungen' sind."

Die eindeutigen Vorhersagen von Gell-Mann und Pais über die Zerfallseigenschaften des K^0 stellten eine Herausforderung an die Experimentalphysiker dar: Besitzt das K^0 eine langlebige Komponente, die in drei Pionen zerfällt? Zur Zeit der Veröffentlichung von Gell-Mann und Pais kannte man eine Kaonenzerfallszeit von etwa 10^{-10} s. Die langlebige Komponente wurde von einer Gruppe aus Columbia-Brookhaven mit einer Nebelkammer gefunden.[17] Die experimentelle Anordnung ist in Bild 9.10 skizziert. Auf ein Kupfertarget treffen Protonen mit 3 GeV und erzeugen den neutralen Strahl, der dann in eine Nebelkammer von 90 cm Durchmesser gelenkt wird. Geladene Teilchen werden durch einen Ablenkungsmagnet ausgesondert. Zum Durchfliegen des Abstands von 6 m zwischen Target und Nebelkammer braucht das Teilchen etwa die 100-fache Lebensdauer der bekann-

17 K. Lande, E.T. Booth, J. Impeduglia, L.M. Lederman und W. Chinowsky, *Phys. Rev.* **103**, 1901 (1956); **105**,1925 (1957).

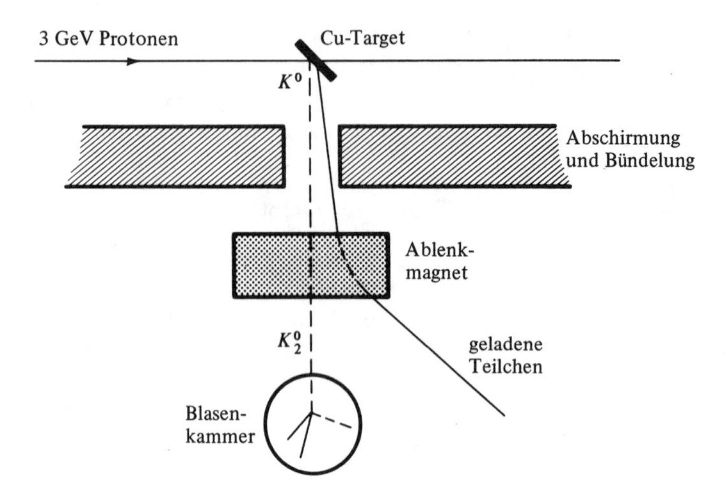

Bild 9.10 Beobachtung der langlebigen neutralen Kaon-Komponenten K_2^0 durch eine Columbia-Brookhaven-Gruppe in einer Blasenkammer. [K. Lande et al., *Phys. Rev.* **103**, 1901 (1956); **105**, 1925 (1957).] Die geladenen Teilchen werden durch einen Magnet aus dem Strahl ausgelenkt. Die neutralen Teilchen im Strahl werden nach etwa 3×10^{-8} s beobachtet. Die beobachteten V-Zerfälle lassen sich nicht durch Zwei-Teilchen-Zerfälle erklären.

ten Zerfallskomponente. Die K_1^0-Komponente war deshalb in der Nebelkammer nicht mehr vorhanden. Die Beobachtung vieler V-Ereignisse, die vom Energie- und Impulssatz her keine Zwei-Pionen-Zerfälle sein konnten, zeigt die Existenz des langlebigen Drei-Pionen-Zerfalls des K_2^0 und stellt eine deutliche Bestätigung der glänzenden Vorhersagen von Gell-Mann und Pais dar. Spätere Experimente unterstützten diese Folgerungen und die Lebensdauern der zwei Komponenten sind $\tau(K_2^0) = 0{,}52 \times 10^{-7}$ s und $\tau(K_1^0) = 0{,}86 \times 10^{-10}$ s.

2. Hyperladungsoszillationen.[18]) Gleichung 9.72 besagt, daß ein zur Zeit $t = 0$ in einen Potentialtopf geworfenes Teilchen ewig zwischen beiden Töpfen mit der in Gl. 9.74 gegebenen Frequenz oszilliert. Wenn die neutralen Kaonen stabil wären, täten sie dies auch. Da sie jedoch zerfallen, sind die Schwingungen gedämpft. Wir betrachten ein zur Zeit $t = 0$ erzeugtes K^0, wie in Gl. 9.85. Nach einer Zeit, die groß gegen $\tau(K_1^0)$ ist, sind alle K_1^0 zerfallen und nur die K_2^0 bleiben übrig, siehe Bild 9.10. Gleichung 9.81 gibt K_2^0 ausgedrückt durch die Eigenzustände der Hyperladung,

$$|K_2^0\rangle = \sqrt{\tfrac{1}{2}}\{|K^0\rangle + |\overline{K^0}\rangle\}.$$

Der Kaonenstrahl wird zu gleichen Teilen aus K^0 und $\overline{K^0}$ bestehen. Ein Kaonenstrahl, der bei der Erzeugung ein reiner Zustand mit $Y = 1$ war, hat sich in einen Zustand mit gleichen Anteilen $Y = 1$ und $Y = -1$ verwandelt.

18 A. Pais und O. Piccioni, *Phys. Rev.* **100**, 1487 (1955).

Experimentell kann man das Auftreten der $\overline{K^0}$-Komponente durch die Beobachtung starker Wechselwirkungen wie z.B. $\overline{K^0}p \longrightarrow \pi^+\Lambda^0$ nachweisen. Da Nukleonen $Y = 1$ besitzen und Λ^0 $Y = 0$, kann ein Zustand $\pi^+\Lambda^0$ nur aus $\overline{K^0}$ und nicht aus K^0 entstehen. Der Ablauf des $\overline{K^0}$-Nachweises ist in Bild 9.11 dargestellt.

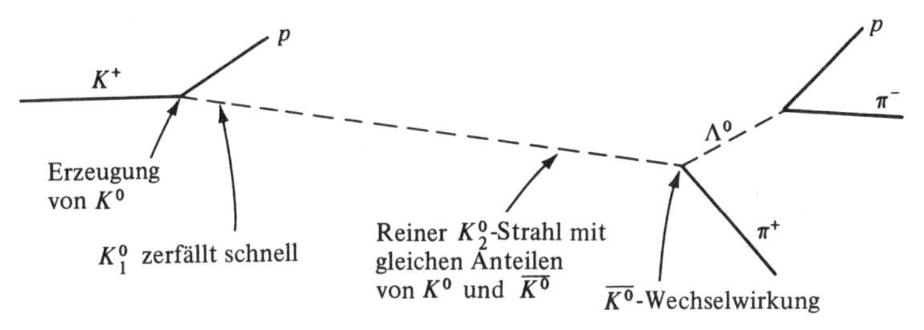

Bild 9.11 Beobachtung der $\overline{K^0}$-Komponente eines ursprünglich reinen K^0-Strahls.

9.8 *Der Sturz der CP-Invarianz*

Die Kaonen stellen eine Quelle immer neuer überraschender Effekte dar. In Abschnitt 9.3 beschrieben wir, wie die Beobachtung der beiden verschiedenen Zerfallsarten zum Sturz der Paritätsinvarianz führte. Im vorhergehenden Abschnitt zeigten wir, daß das Kohärenzverhalten des neutralen Kaons zwei verschiedene Zerfallszeiten und Hyperladungsoszillationen bewirkt. Die Kohärenzeigenschaften wurden theoretisch vorhergesagt und die nachfolgende experimentelle Bestätigung war aufregend, aber nicht überraschend. Der Zusammenbruch der Parität kam unerwartet, wurde aber spielend erledigt und schnell in die Theorie eingebaut. In diesem Abschnitt werden wir die nächste große Überraschung behandeln, die Verletzung der CP-Invarianz. Ihre Wirkung wird am besten durch die angeführte Karikatur beschrieben und bis jetzt war es nicht möglich, sie auf befriedigende Weise zu erklären.

Den Experimenten zum Nachweis der CP-Verletzung liegen drei im vorhergehenden Abschnitt besprochene Prinzipien zugrunde:

1. Ein neutraler Kaonenstrahl ist weit weg vom Ort seiner Erzeugung ein reiner $|K_2^0\rangle$-Zustand.

2. Der Zustand $|K_2^0\rangle$ ist ein Eigenzustand des Hamiltonoperators. Im Vakuum ist kein Übergang von $|K_2^0\rangle$ zu $|K_1^0\rangle$ möglich.[19] Für die beiden Po-

19 Wenn ein K_2^0-Strahl durch einen Absorber geht, wird ein kleiner Teil wieder zu K_1^0. Dies rührt daher, daß K_2^0 aus gleichen Teilen K^0 und $\overline{K^0}$ besteht und $\overline{K^0}$ mit dem Absorber anders reagiert als K^0. Nach dem Durchgang sind die Anteile nicht mehr gleich und der Unterschied entspricht einer Beimischung von einigen K_1^0. Im Vakuum, in dem es keine starke Wechselwirkung gibt, tritt kein unterschiedlicher Anteil von K^0 und $\overline{K^0}$, auf und deshalb gelten dort die Überlegungen, die zu Gl. 9.86 führten.

J. Fabergé, *CERN Courier*, **6**, Nr. 10, 193 (Oktober 1966). (Mit freundlicher Genehmigung von Frau Fabergé.)

tentialtöpfe wird das Fehlen eines solchen Übergangs durch Gl. 9.65 ausgedrückt. Die entsprechende Beziehung für Kaonen folgt aus Gl. 9.80 und Gl. 9.81,

$$\langle K_1^0 | H | K_2^0 \rangle = 0. \tag{9.86}$$

3. Nach Gl. 9.84 kann K_2^0 nicht in zwei Pionen zerfallen, wenn CP erhalten bleibt.

In Princeton wurde 1964 ein Experiment durchgeführt, um für den Zwei-Pionen-Zerfall des K_2^0 eine tiefere Grenze zu erhalten.[20] Gleichzeitig wurde ein anderes Experiment in Illinois gemacht.[21] Beide hatten das verblüffende Ergebnis, daß der Zerfall in zwei Pionen stattfindet. Die Zerfallsverzweigung fand man annähernd zu

$$\frac{\mathrm{Int}(K_L^0 \longrightarrow \pi^+\pi^-)}{\mathrm{Int}(K_L^0 \longrightarrow \text{alle geladenen Zweige})} \approx 2 \times 10^{-3}. \tag{9.87}$$

Wir haben hier die Bezeichnungen geändert und das langlebige neutrale Kaon mit K_L^0 und das kurzlebige mit K_S^0 bezeichnet. Der Grund liegt in Gl. 9.82,

20 J.H. Christenson, J.W. Cronin, V.L. Fitch und R. Turlay, *Phys. Rev. Letters* **13**, 138 (1964).

21 A. Abashian, R.J. Abrams, D.W. Carpenter, G.P. Fisher, B.M.K. Nefkens und J.H. Smith, *Phys. Rev. Letters* **13**, 243 (1964).

wo K_1^0 und K_2^0 als Eigenzustände von CP definiert sind. Gleichung 9.87 besagt jedoch, daß das langlebige Kaon kein Eigenzustand von CP ist. Üblicherweise behält man die Bezeichnung K_1^0 und K_2^0 für die Eigenzustände von CP bei und nennt die echten Teilchen K_S^0 und K_L^0.

Die Neuigkeit von der CP-Verletzung breitete sich nahezu mit Lichtgeschwindigkeit in der physikalischen Welt aus, genauso wie sieben Jahre vorher die der Paritätsverletzung. Man begegnete ihr eher noch skeptischer. Um den Grund für diese Zweifel besser zu sehen, fügen wir hier die Beschreibung des berühmten TCP-Theorems ein. Das TCP-Theorem ist leicht einzusehen, aber schwer zu beweisen. Einfach ausgedrückt lautet es so: Das Produkt der drei Operatoren T, C und P kommutiert praktisch mit jedem denkbaren Hamiltonoperator,

$$[TCP, H] = 0. \tag{9.88}$$

Mit anderen Worten, unsere Welt und eine zeit- und paritätsgespiegelte Antiwelt müßten sich gleich verhalten. Die Reihenfolge der drei Operatoren T, C und P ist dabei gleichgültig. [22] Der Operator TCP unterscheidet sich demnach stark von den Einzeloperatoren T, C und P. Man kann sehr einfach einen lorentzinvarianten Hamiltonoperator bilden, der z. B. P und C verletzt, und wir werden einen solchen in Kapitel 11 besprechen. Es ist jedoch fast unmöglich einen lorentzinvarianten Hamiltonoperator zu bilden, der TCP verletzt. (Diese Feststellungen sind etwas vereinfacht, stimmen aber im wesentlichen.)

Das TCP-Theorem führte lange ein Aschenbrödeldasein. In einer Vorform wurde es unabhängig von Schwinger und von Lüders entdeckt [23] und Pauli verallgemeinerte es dann. [24] Bis 1956 wurde es jedoch als ziemlich esoterisch angesehen. Das Dogma besagte, daß die drei Operatoren T, C und P einzeln erhalten bleiben und man nahm an, daß das TCP-Theorem darüberhinaus wenig nützliche Information liefert. Als die Verletzung der Parität möglich wurde, wurde das TCP-Theorem plötzlich wieder wichtig. [25] Nach Gl. 9.88 muß bei Verletzung von P auch noch eine andere Operation verletzt werden. Wir haben in Abschnitt 9.4 erwähnt, daß C in der schwachen Wechselwirkung auch nicht erhalten bleibt.

Nach dieser Abschweifung kehren wir zur Lage von 1964 zurück. Die beobachtete CP-Verletzung im Zerfall der neutralen Kaonen führt zusammen

22 Da die Reihenfolge der Operatoren T, C und P unwichtig ist, gibt es 3! Möglichkeiten das Theorem zu benennen. Lüders und Zumino sorgten dafür, daß ihre Wahl mit dem Namen eines bekannten Benzinzusatzes übereinstimmt. Wir verwenden ihre Wahl. [G. Lüders, *Physikalische Blätter* 22, 421 (1966)].

23 J. Schwinger, *Phys. Rev.* **82**, 914 (1951); **91**, 713 (1953); G. Lüders, *Kgl. Danske Videnskab Selskab, Mat.fys. Medd.* **28**, No. 5 (1954).

24 W. Pauli, in *Niels Bohr and the Development of Physics,* (W. Pauli, ed.) McGraw-Hill, New York, 1955.

25 T.D. Lee, R. Oehme und C.N. Yang, *Phys. Rev.* **106**, 340 (1957).

mit dem *TCP*-Theorem unweigerlich zu einer der beiden Schlußfolgerungen: Entweder bleibt *T* nicht erhalten oder das *TCP*-Theorem ist falsch. Die Theoretiker haben aber inzwischen starke Beweise für das *TCP*-Theorem gefunden[26] und gäben es nur widerwillig auf. Andererseits ist die Zeitumkehr auch eine geheiligte Symmetrie. Der einfachste Ausweg wäre die Kapitulation der Experimentalphysiker und das Eingeständnis, daß die Experimente falsch sind. Zusätzliche Meßwerte bestärkten jedoch inzwischen die ersten Ergebnisse. Die genaue Analyse aller Informationen aus den Zerfällen des neutralen Kaons liefert wenigstens einen etwas tieferen Einblick. Demnach gilt das *TCP*-Theorem, aber nicht nur *CP*, sondern auch die *T*-Invarianz ist verletzt.[27] Während so tatsächlich sicher scheint, daß die Zeitumkehr beim Zerfall des neutralen Kaons verletzt ist, bleibt die Ursache dieser Verletzung unklar. Trotz heroischer Anstrengungen wurde in keinem anderen System ein Beweis für die Verletzung von *CP* oder *T* gefunden. Es ist auch nicht klar, welche Wechselwirkung für die Verletzung verantwortlich ist. Wir werden in Kapitel 11 kurz auf dieses Problem zurückkommen.

9.9 *Literaturhinweise*

Allgemeine Literaturhinweise über Invarianzeigenschaften sind in Abschnitt 7.7 gegeben. Ein Überblick über die Literatur der Paritätsverletzung steht in L.M. Lederman, "Resource Letter Neu-1 History of the Neutrino", *Am. J. Phys.* 38, 129 (1970).

Nichtkontinuierliche Transformationen und unitäre und antiunitäre Operatoren werden genauer in Messiah, Band II, Kapitel XV behandelt. Der gegenwärtige Stand der experimentellen und theoretischen Erkenntnisse über die Invarianz von *T* und *P* wird in verschiedenen Übersichtsartikeln besprochen: E.M. Henley, "Parity and Time-Reversal Invariance in Nuclear Physics", *Ann. Rev. Nucl. Sci.* 19, 367 (1969), W.D. Hamilton, "Parity Violation in Electromagnetic and Strong Interaction Processes", *Progr. Nucl. Phys.* 10, 1 (1969), E. Fischbach und D. Tadić, "Parity-Violating Nuclear Interactions and Models of the Weak Hamiltonian", *Phys. Reports* 6C, 124 (1973) und M. Gari, "Parity Non-Conservation in Nuclei", *Phys. Reports* 6C, 318 (1973).

26 Für Beweise des *TCP*-Theorems braucht man die relativistische Quantenfeldtheorie, und sie sind nie einfach. Für den, der sich selbst davon überzeugen will, führen wir hier einige Literaturhinweise an, etwa in der Reihenfolge zunehmender Schwierigkeit: J.J. Sakurai, *Invariance Principles and Elementary Particles,* Princeton University Press, Princeton, N.J., 1964; G. Lüders, *Ann. Phys.* (New York) 2, 1 (1957); R.F. Streater und A.S. Wightman, *PCT, Spin, and Statistics, and All That,* Benjamin, Reading, Mass., 1964.

27 R.C. Casella, *Phys. Rev. Letters* **21**, 1128 (1968); **22**, 554 (1969); K.R. Schubert, B. Wolff, J.C. Chollet, J.M. Gaillard, M.R. Jane, T.J. Ratcliffe und J.-P. Repellin, *Phys. Letters* **31B**, 662 (1970); G.V. Dass, *Fortschritte Phys.* **20**, 77 (1972).

Obwohl diese Artikel auf einem höheren Niveau liegen, kann man auch auf dem Niveau dieses Buches einige nützliche Informationen herausziehen.

Die neutralen Kaonen und die *CP*-Verletzung wird in P. K. Kabir, *The CP Puzzle*, Academic Press, New York, 1968, behandelt. Eine mehr populärwissenschaftliche Zusammenfassung der Verletzung von *CP* und *T* steht bei R. G. Sachs, *Science* 176, 587 (1972).

Aufgaben

9.1

a) Zeigen Sie, daß eine infinitesimale Drehung R und die Raumumkehr (Parität) P kommutieren, indem Sie in einer Skizze darstellen, daß PR und RP einen beliebigen Vektor $\mathbf{x}$ in denselben Vektor $\mathbf{x}'$ transformieren.
b) Zeigen Sie mit a), daß P und $\mathbf{J}$ kommutieren, wobei $\mathbf{J}$ die Erzeugende der infinitesimalen Drehung R ist.

9.2 Zeigen Sie, daß die Kommutatorregeln für den Drehimpuls bei der Paritätsoperation unverändert bleiben.

9.3 Zeigen Sie, daß $\psi(-\mathbf{x})$ die Schrödinger-Gleichung mit dem Hamiltonoperator $H = (p^2/2m) + V(\mathbf{x})$ erfüllt, wenn $\psi(\mathbf{x})$ dies tut und $V(\mathbf{x}) = V(-\mathbf{x})$ gilt.

9.4 Zeigen Sie, daß die Eigenfunktionen ψ_{lm} in Aufgabe 5.3 Eigenfunktionen von P sind. Berechnen Sie die Eigenwerte und vergleichen Sie das Ergebnis mit Gl. 9.10.

9.5 Verwenden Sie eine Eichtransformation der Form Gl. 7.25, mit einem geeignetem Wert für ϵ, um zu zeigen, daß die relative Parität des Protons und des positiven Pions keine meßbare Größe ist.

9.6 Wäre es möglich, allen Hadronen eine sinnvolle Eigenparität zuzuordnen, wenn man in Gl. 9.22 anstelle der Parität des Λ die des
a) π^0 oder
b) K^+
genommen hätte? Begründen Sie die Antwort.

9.7 Erläutern Sie die Reaktion

$$np \longrightarrow d\gamma$$

und verwenden Sie Informationen aus der Literatur zur Bestimmung der Eigenparität des Deuteron.

9.8 Suchen Sie Informationen über die Reaktionen

$$dd \longrightarrow \mathrm{p}\,{}^3\mathrm{H}$$
$$dd \longrightarrow n\,{}^3\mathrm{He}$$

und erläutern Sie die Paritäten von ^{3}H und ^{3}He.

9.9 Erläutern Sie die Paritätsbestimmung eines Hyperons (nicht des Λ).

9.10 Wie würden Sie die Parität des Kaons bestimmen? Vergleichen Sie Ihren Vorschlag mit tatsächlichen Experimenten.

9.11 Der Operator für die Emission der elektrischen Dipolstrahlung hat die Form $q\mathbf{x}$, wobei q die Ladung ist. Das Matrixelement für den Übergang $i \longrightarrow f$ hat die Form

$$F_{fi} = \int d^3x \psi_f^*(\mathbf{x}) q\mathbf{x}\, \psi_i(\mathbf{x}).$$

Verwenden Sie diesen Ausdruck zur Bestimmung der Auswahlregeln der Parität für die elektrische Dipolstrahlung.

9.12 Erläutern Sie die Überlegungen und Fakten, die dem α-Teilchen (Grundzustand von ^{4}He) Spin 0 und positive Parität zuordnen.

9.13 Elektronen und Positronen, die bei schwachen Wechselwirkungen entstehen, können durch ihre Impuls- und Spinwerte charakterisiert werden.
a) Zeigen Sie, daß ein nicht verschwindender Erwartungswert $\langle \mathbf{J} \cdot \mathbf{p} \rangle$ Paritätsverletzung bedeutet.
b) Erläutern Sie ein Experiment, mit dem die Helizität von Elektronen gemessen werden kann.

9.14 Ein Kern mit dem g-Faktor $g = 1$ befinde sich in einem Magnetfeld von 1 MG. Berechnen Sie die Temperatur, bei der wenigstens 99% der Kerne polarisiert sind.

9.15 Verwenden Sie die Informationen aus den Bildern 7.2 und 9.6 zur Beantwortung der folgenden Frage: Werden Elektronen und Antineutrinos vorwiegend in dieselbe oder entgegengesetzte Richtung emittiert?

9.16 Erläutern Sie den Beweis für die Paritätsverletzung im Zerfall $\pi^+ \longrightarrow \mu^+ \nu$:

a) Welche Polarisation erwartet man für das Myon?
b) Wie kann man die Myonenpolarisation messen?

9.17 Die beim nuklearen β-Zerfall entstehenden Elektronen besitzen negative Helizität, während Positronen positive Helizität zeigen. Was kann man aus dieser Beobachtung schließen?

9.18 Gegeben sei ein System aus einem positiven und einem negativen Pion ($\pi^+\pi^-$), mit dem Bahndrehimpuls l im Schwerpunktsystem.

a) Bestimmen Sie die C-Parität dieses Systems.
b) Kann das System für $l = 1$ in zwei Photonen zerfallen? Begründen Sie Ihre Antwort.

9.19 Zeigen Sie, daß die Maxwellschen Gleichungen invariant gegen die Zeitumkehr sind.

9.20 Gegeben sei ein Pauli-Spinor mit zwei Komponenten,

$$\psi = \begin{pmatrix}\psi_1 \\ \psi_2\end{pmatrix}$$

der die Pauligleichung erfüllt. Bestimmen Sie die Wellenfunktion $T\psi$, die die Pauligleichung erfüllt.

9.21 Erläutern Sie eine Möglichkeit zur Überprüfung der Zeitumkehrinvarianz in der starken und eine in der elektromagnetischen Wechselwirkung.

9.22 Zeigen Sie, daß die Helizität $\mathbf{J} \cdot \hat{\mathbf{p}}$ invariant gegen die Zeitumkehroperation ist.

9.23 Bei Kernzerfällen wurde eine sehr kleine Verletzung der Parität beobachtet ($\mathfrak{F} \approx 10^{-7}$). Wie kann man diese Verletzung erklären, ohne die Paritätserhaltung in der starken Wechselwirkung aufzugeben?

9.24 Zeigen Sie kurz die Anwendung des Modells mit den zwei Potentialtöpfen auf das Ammoniakmolekül. Wie groß ist die Gesamtaufspaltung $2\Delta E$ zwischen den Zuständen $|a\rangle$ und $|s\rangle$? Welcher Zustand liegt höher? Beobachtet man Übergänge zwischen den Zuständen $|a\rangle$ und $|s\rangle$? Wenn ja, wo sind diese Übergänge wichtig?

9.25

a) Bestimmen Sie die allgemeine Lösung von Gl. 9.71.

b) Zeigen Sie, daß Gl. 9.72 eine spezielle Lösung von Gl. 9.71 mit den Anfangsbedingungen $\alpha(0) = 1$ und $\beta(0) = 0$ ist.

9.26 Das Neutron und Antineutron sind neutrale Antiteilchen, wie das K_0 und $\overline{K_0}$. Warum ist es trotzdem nicht sinnvoll, Linearkombinationen N_1 und N_2 analog zu K_1^0 und K_2^0 zu bilden?

9.27 Ein K^0 werde zur Zeit $t = 0$ erzeugt.

a) Zeigen Sie, daß die Wellenfunktion des ruhenden K^0 zur Zeit t als

$$|t\rangle = \sqrt{\frac{1}{2}}\left\{|K_1^0\rangle \exp\left(\frac{-im_1c^2t}{\hbar} - \frac{t}{2\tau_1}\right)\right.$$

$$\left. + |K_2^0\rangle \exp\left(\frac{-im_2c^2t}{\hbar} - \frac{t}{2\tau_2}\right)\right\}$$

geschrieben werden kann, wobei m_i und τ_i Masse und Lebensdauer des K_i sind.

b) Drücken Sie $|t\rangle$ durch $|K^0\rangle$ und $|\overline{K^0}\rangle$ aus.

c) Berechnen Sie die Wahrscheinlichkeit dafür, $\overline{K^0}$ zur Zeit t zu finden, als Funktion von $\Delta m = m_1 - m_2$.

d) Skizzieren Sie die Wahrscheinlichkeit für

$$\Delta m = 0, \qquad \Delta m = \frac{\hbar}{c^2\tau_1}, \qquad \Delta m = \frac{2\hbar}{c^2\tau_1}.$$

9.28 K_1^0 und K_2^0 haben geringfügig verschiedene Massen.
a) Schätzen Sie den Betrag des Massenunterschieds unter der Annahme ab, daß die Aufspaltung von einem schwachen Effekt zweiter Ordnung herrührt und daß die schwache Wechselwirkung um den Faktor 10^7 schwächer ist als die starke.
b) Beschreiben Sie, wie die Massendifferenz bestimmt werden kann.
c) Vergleichen Sie den tatsächlichen Wert mit Ihrer Abschätzung.

9.29
a) Strahlen von K^0 und $\overline{K^0}$ gleicher Energie gehen durch einen Festkörper. Werden die Strahlen auf die gleiche Weise absorbiert? Wenn nicht, warum nicht?
b) Ein reiner K_2^0-Strahl geht durch einen Festkörper. Wird der austretende Strahl rein aus K_2^0 bestehen? Erklären Sie die Antwort.
c) Wie kann man experimentell feststellen, ob der Strahl nach dem Durchgang noch rein aus K_2^0 besteht?

9.30 Beschreiben Sie die zum Nachweis des Zwei-Pionen-Zerfalls des langlebigen neutralen Kaons verwendete experimentelle Anordnung.

9.31 Nehmen Sie an, Sie hätten Verbindung mit Physikern einer anderen Galaxie. Sie können jedoch nur Informationen austauschen. Können Sie feststellen, ob die anderen Physiker aus Materie oder Antimaterie bestehen? Untersuchen Sie die folgenden Möglichkeiten:
a) C, P und T bleiben bei allen Wechselwirkungen erhalten.
b) C und P werden bei der schwachen Wechselwirkung verletzt.
c) C, P und CP werden verletzt, wie in Abschnitt 9.8 besprochen.

9.32 Zeigen Sie, daß aus der TCP-Erhaltung die gleiche Masse für Teilchen und Antiteilchen folgt.

Teil IV – Wechselwirkungen

In den vorigen neun Kapiteln haben wir das Konzept der Wechselwirkung ohne detaillierte Diskussion benutzt. Jetzt wollen wir das Versäumte nachholen und die wichtigsten Aspekte der drei Wechselwirkungen darstellen, die die subatomare Physik beherrschen: es sind die hadronische, die elektromagnetische und die schwache Wechselwirkung.

In der Behandlung von Wechselwirkungen ist es angebracht, zwischen Bosonen und Fermionen zu unterscheiden. Bosonen können einzeln erzeugt und vernichtet werden. Baryonen- und Leptonenerhaltung garantieren, daß Fermionen immer in Paaren emittiert oder absorbiert werden. Zwei Beispiele werden in Bild IV.1 gezeigt. Die Wechselwirkungen erscheinen an

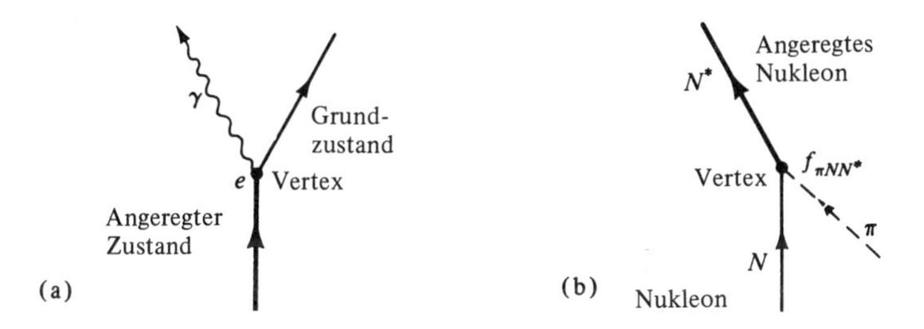

Bild IV.1 Emission und Absorption eines Bosons durch ein Fermion. Die Kopplungskonstanten werden durch e und $f_{\pi NN^*}$ bezeichnet.

den Vertices, wo drei Teilchenlinien zusammentreffen. Die Fermionen verschwinden nicht, aber das Boson wird entweder erzeugt oder vernichtet. In beiden Fällen kann die Stärke der Wechselwirkung durch eine Kopplungskonstante charakterisiert werden. Die Kopplungskonstante ist an den Vertex geschrieben. Ein Boson kann auch in ein anderes Boson transformiert werden, wie in Bild IV.2 gezeigt. Dort verschwindet ein Photon und

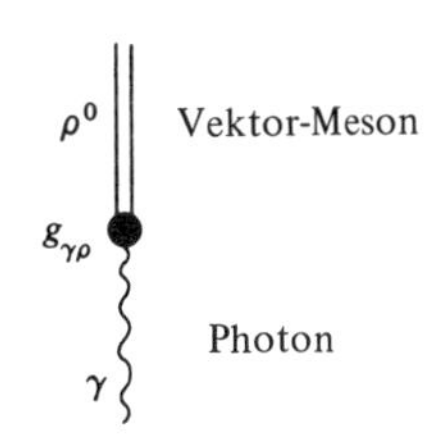

Bild IV.2 Transformation eines Bosons in ein anderes.

ein Vektormeson z. B. ein ρ übernimmt seinen Platz. Die Kopplungskonstante steht wieder neben dem Vertex. Die Kraft zwischen zwei Teilchen wird üblicherweise als durch Teilchen vermittelt angenommen, wie es in Abschnitt 5.8 diskutiert wurde. Der Austausch eines Pions zwischen zwei Nukleonen, Bild 5.19, ist ebenfalls in Bild IV.3 gezeigt. Momentan ist

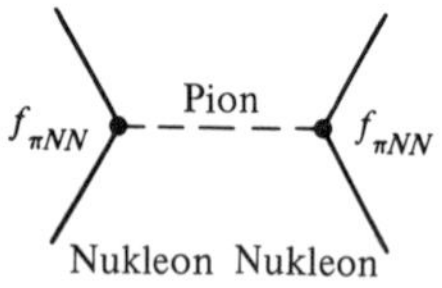

Pion
$f_{\pi NN}$ $f_{\pi NN}$
Nukleon Nukleon

Bild IV.3 Die Kraft zwischen zwei Nukleonen wird durch den Austausch von Mesonen vermittelt, z.B. wie hier durch Pionen.

nicht klar, ob alle Kräfte durch virtuelle Teilchen übertragen werden oder ob es andere Arten der Wechselwirkungen gibt. Wenn die ausgetauschten Teilchen extrem schwer werden, wird der Bereich der Kraft entsprechend klein und der Prozeß sieht wie eine Vierteilchenwechselwirkung aus, wie in Bild IV.4 gezeigt wird. Natürlich ist es möglich, daß einige Kräfte tatsächlich durch eine Vierteilchenwechselwirkung korrekt beschrieben werden. Das hier gegebene Beispiel gibt die Natur und die Eigenschaften der involvierten Kräfte nur recht grob wieder. In den nächsten drei Kapiteln wollen wir die Wechselwirkungen etwas detaillierter untersuchen.

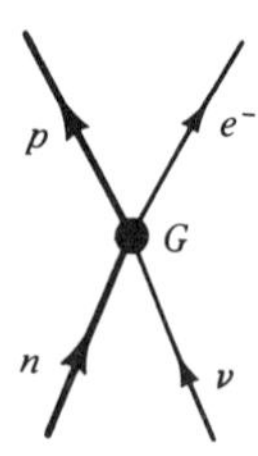

Bild IV.4 Beispiel einer Vierteilchenwechselwirkung, an der vier Fermionen beteiligt sind.

10. Elektromagnetische Wechselwirkung

Man wecke einen theoretischen Physiker aus seinen Träumen und frage ihn nach einer Wechselwirkung. Wahrscheinlich wird er "j · A" oder "minimale elektromagnetische Wechselwirkung" sagen. Diese beiden Ausdrücke gehören in die Sprache der subatomaren Physik und wir werden sie diskutieren, wobei wir mit der klassischen Physik beginnen. Tatsächlich ist die elektromagnetische Wechselwirkung aus zwei Gründen wichtig. Erstens tritt sie immer auf, wenn ein geladenes Teilchen als Sonde benutzt wird. Zweitens ist sie die einzige Wechselwirkung, die mit Hilfe der klassischen Physik studiert werden kann, und sie liefert damit ein Modell, mit dem andere Wechselwirkungen nachgebildet werden können.

Ohne einige, wenigstens angenäherte Berechnungen können Wechselwirkungen nicht verstanden werden. In ihrer einfachsten Form basieren solche Rechnungen auf der quantenmechanischen Störungstheorie und im besonderen auf dem Ausdruck für die Übergangsrate von einem Anfangszustand α in einen Endzustand β

$$w_{\beta\alpha} = \frac{2\pi}{\hbar}|\langle\beta|H_{\text{int}}|\alpha\rangle|^2\rho(E). \tag{10.1}$$

Fermi nannte diesen Ausdruck wegen seiner Nützlichkeit und Wichtigkeit die Goldene Regel.

In Abschnitt 10.1 werden wir diese Beziehung ableiten; in Abschnitt 10.2 wollen wir die Zustandsdichte $\rho(E)$ diskutieren. Leser, die mit diesen Tatsachen vertraut sind, können diese Abschnitte übergehen.

10.1 *Die Goldene Regel*

Man betrachte ein System, das durch einen zeitabhängigen Hamiltonoperator H_0 beschrieben wird; die Schrödinger-Gleichung ist

$$i\hbar\frac{\partial\varphi}{\partial t} = H_0\varphi. \tag{10.2}$$

Die stationären Zustände findet man, wenn man den Ansatz

$$\varphi = u_n(\mathbf{x})e^{-iE_nt/\hbar} \tag{10.3}$$

in Gl. 10.2 einsetzt. Das Ergebnis ist die zeitunabhängige Schrödinger-Gleichung

$$H_0u_n = E_nu_n. \tag{10.4}$$

Für die weitere Diskussion wird angenommen, daß diese Gleichung gelöst wurde, daß die Eigenwerte E_n und die Eigenfunktionen u_n bekannt sind, und daß die Eigenfunktionen eine vollständige orthonormale Menge bilden, mit

$$\int d^3x\, u_N^*(\mathbf{x})u_n(\mathbf{x}) = \delta_{Nn}. \tag{10.5}$$

Wenn das System in einem der Eigenzustände u_n gebildet wird, bleibt es für immer in diesem Zustand und es gibt keine Übergänge zu anderen Zuständen.

Als nächstes betrachten wir ein ähnliches System, wie wir es eben diskutiert haben, dessen Hamiltonoperator H sich aber durch einen kleinen Term H_{int} - den Wechselwirkungsterm - von H_0 unterscheidet

$$H = H_0 + H_{\text{int}}.$$

Der Zustand dieses Systems kann in nullter Näherung immer noch durch die Energien E_n und die Eigenfunktionen u_n gekennzeichnet werden. Es bleibt möglich, das System in einem Zustand zu bilden, der durch die Eigenfunktionen u_n beschrieben werden kann, und wir bezeichnen einen solchen bestimmten Anfangszustand mit $|\alpha\rangle$. Jedoch wird ein solcher Zustand im allgemeinen nicht länger stationär sein; der Störhamiltonoperator H_{int} wird Übergänge zu anderen Zuständen, z.B. $|\beta\rangle$, veranlassen. Im folgenden wollen wir einen Ausdruck für die Übergangsrate $|\alpha\rangle \longrightarrow |\beta\rangle$ entwickeln. Zwei Beispiele solcher Übergänge sind in Bild 10.1 gezeigt. Im Bild 10.1(a) ist die Wechselwirkung für den Zerfall des Zustands durch γ-Emission verantwortlich. In Bild 10.1(b) wird ein im Zustand $|\alpha\rangle$ einfallendes Teilchen in den Zustand $|\beta\rangle$ gestreut.

Um die Übergangsrate zu berechnen, benützen wir die Schrödinger-Gleichung

$$i\hbar\frac{\partial\psi}{\partial t} = (H_0 + H_{\text{int}})\psi. \tag{10.6}$$

Zur Lösung dieser Gleichung wird ψ in ein vollständiges System ungestörter Eigenfunktionen Gl. 10.3 entwickelt:

$$\psi = \sum_n a_n(t) u_n e^{-iE_n t/\hbar}. \tag{10.7}$$

Die Koeffizienten $a_n(t)$ hängen gewöhnlich von der Zeit ab und $|a_n(t)|^2$ ist die Wahrscheinlichkeit dafür, das System zur Zeit t im Zustand n mit der Energie E_n zu finden. Setzt man ψ in die Schrödinger-Gleichung ein, so erhält man ($\dot{a} \equiv da_n/dt$)

$$i\hbar \sum_n \dot{a}_n u_n e^{-iE_n t/\hbar} + \sum_n E_n a_n u_n e^{-iE_n t/\hbar} = \sum_n a_n (H_0 + H_{\text{int}}) u_n e^{-iE_n t/\hbar}.$$

Wegen Gl. 10.4 heben sich der zweite Ausdruck auf der linken Seite und der erste Ausdruck auf der rechten Seite heraus. Multipliziert man mit u_N^* von links, integriert über den ganzen Raum und benutzt die Orthonormalitätsrelation, so ergibt sich

$$i\hbar\dot{a}_N = \sum_n \langle N|H_{\text{int}}|n\rangle a_n e^{i(E_N - E_n)t/\hbar}. \tag{10.8}$$

Hier wurde eine gebräuchliche Abkürzung für das Matrixelement von H_{int} eingeführt:

$$\langle N|H_{\text{int}}|n\rangle \equiv \int d^3x\, u_N^*(\mathbf{x}) H_{\text{int}} u_n(\mathbf{x}). \tag{10.9}$$

(a) $|\alpha\rangle$, γ, $|\beta\rangle$ (b) $|\alpha\rangle$, H_{int}, $|\beta\rangle$

Bild 10.1 Der Wechselwirkungsoperator H_{int} ist für den Übergang von einem ungestörten Eigenzustand $|\alpha\rangle$ zu einem ungestörten Eigenzustand $|\beta\rangle$ verantwortlich.

Die Menge der Beziehungen Gl. 10.8 für alle N ist äquivalent zur Schrödinger-Gleichung 10.6, und es wurde keine Näherung eingeführt. Eine nützliche Näherungslösung der Gl. 10.8 erhält man, wenn man annimmt, daß sich das wechselwirkende System anfänglich in einem speziellen Zustand des ungestörten Systems befindet und daß die Störung H_{int} schwach ist. In Bild 10.1 ist $|\alpha\rangle$ der Anfangszustand; er kann z.B. ein wohldefinierter angeregter Zustand sein. Mit der Entwicklung Gl. 10.7 wird die Situation durch

$$(10.10) \qquad a_\alpha(t) = 1, \qquad \text{alle anderen } a_n(t) = 0, \qquad \text{für } t < t_0$$

beschrieben. Nur einer der Entwicklungskoeffizienten ist von Null verschieden; alle anderen verschwinden. Die Annahme einer schwachen Störung bedeutet, daß während der Beobachtungszeit so wenige Übergänge aufgetreten sind, daß der Anfangszustand nicht merklich gestört wurde und daß andere Zustände nicht wesentlich bevölkert wurden. In der niedrigsten Ordnung kann man dann

$$(10.11) \qquad a_\alpha(t) \approx 1, \qquad a_n(t) \ll 1, \qquad n \neq \alpha, \qquad \text{alle } t$$

setzen. Gleichung 10.8 vereinfacht sich dann zu

$$\dot{a}_N = (i\hbar)^{-1}\langle N|H_{\text{int}}|\alpha\rangle e^{i(E_N-E_\alpha)t/\hbar}.$$

Wenn H_{int} zur Zeit $t_0 = 0$ eingeschaltet wird und danach zeitunabhängig ist, ergibt die Integration für $N \neq \alpha$

$$a_N(T) = (i\hbar)^{-1}\langle N|H_{\text{int}}|\alpha\rangle \int_0^T dt\, e^{i(E_N-E_\alpha)t/\hbar}$$

oder

$$(10.12) \qquad a_N(T) = \frac{\langle N|H_{\text{int}}|\alpha\rangle}{E_N - E_\alpha}[1 - e^{i(E_N-E_\alpha)T/\hbar}].$$

Die Wahrscheinlichkeit, das System nach einer Zeit T in einem bestimmten Zustand N zu finden, ist durch das Absolutquadrat von $a_N(T)$ oder

$$(10.13) \qquad P_{N\alpha}(T) = |a_N(T)|^2 = 4|\langle N|H_{\text{int}}|\alpha\rangle|^2 \frac{\sin^2[(E_N - E_\alpha)T/2\hbar]}{(E_N - E_\alpha)^2}$$

gegeben.

Ist die Energie E_N verschieden von E_α, dann drückt der Faktor $(E_N - E_\alpha)^{-2}$ die Übergangswahrscheinlichkeit so stark herab, daß man Übergänge zu entsprechenden Niveaus für große Zeiten T vernachlässigen kann. Es kann jedoch eine Gruppe von Zuständen mit Energien $E_N \approx E_\alpha$ geben, wie in Bild 10.2 gezeigt, für die das Matrixelement $\langle N|H_{\text{int}}|\alpha\rangle$ fast immer unabhängig von N ist. Dieser Fall erscheint z.B., wenn die Zustände N im Kontinuum liegen. Um die Tatsache auszudrücken, daß das Matrixelement als von N unabhängig angesehen wird, schreibt man $\langle\beta|H_{\text{int}}|\alpha\rangle$. Die Übergangswahrscheinlichkeit wird durch den Faktor $\sin^2[(E_N - E_\alpha)T/2\hbar]$

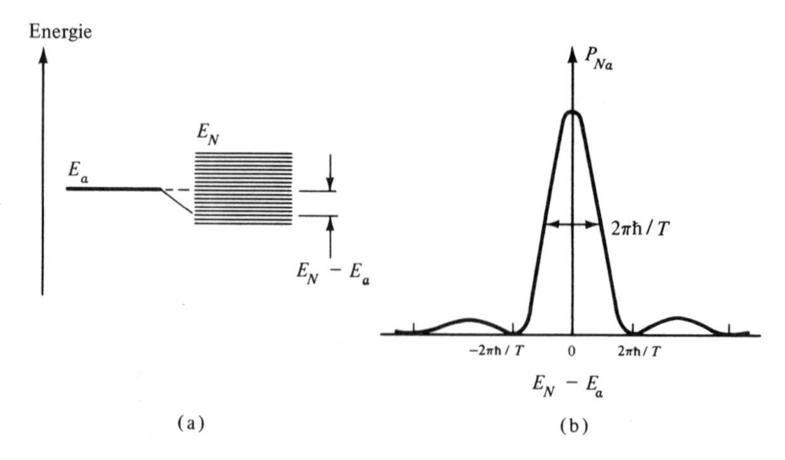

Bild 10.2 (a) Hauptsächlich treten Übergänge auf, die zu Zuständen mit Energien E_N gehen, die nahe bei der ursprünglichen Energie E_α liegen. (b) Übergangswahrscheinlichkeit als Funktion der Energiedifferenz $E_N - E_\alpha$.

$(E_N - E_\alpha)^{-2}$ bestimmt und ist in Bild 10.2(b) gezeigt. Die Übergangswahrscheinlichkeit ist nur in einem Energiebereich

$$E_\alpha - \Delta E \text{ bis } E_\alpha + \Delta E, \qquad \Delta E = \frac{2\pi\hbar}{T} \tag{10.14}$$

wesentlich. Mit wachsender Zeit wird die Breite geringer: innerhalb der durch die Unbestimmtheitsrelation gegebenen Grenzen ist die Energieerhaltung eine Konsequenz der Berechnung und muß nicht als separate Annahme hinzugefügt werden.

Gleichung 10.13 gibt die Übergangswahrscheinlichkeit von einem Anfangs- zu einem Endzustand. Die totale Übergangswahrscheinlichkeit zu allen Zuständen E_N im Intervall Gl. 10.14 ist die Summe über alle individuellen Übergänge

$$P = \sum_N P_{N\alpha} = 4|\langle\beta|H_{\text{int}}|\alpha\rangle|^2 \sum_N \frac{\sin^2[(E_N - E_\alpha)T/2\hbar]}{(E_N - E_\alpha)^2}, \tag{10.15}$$

wobei angenommen wurde, daß das Matrixelement unabhängig von N ist. Diese Annahme ist gerechtfertigt, so lange $\Delta E/E_\alpha$ klein gegen 1 ist. Mit Gl. 10.14 wird die Bedingung zu

$$T \gg \frac{2\pi\hbar}{E_\alpha} \approx \frac{4 \times 10^{-21}\text{MeV s}}{E_\alpha\,(\text{in MeV})}, \tag{10.16}$$

wo T die Beobachtungszeit ist. In den meisten Experimenten ist diese Bedingung erfüllt.

Nun kehren wir zum ursprünglichen Problem zurück, wie es z.B. in Bild 10.1(a) gezeigt wird. Hier ist die Energie im Anfangszustand genau definiert, aber im Endzustand ist das emittierte Photon frei und kann eine beliebige Energie annehmen (Bild 10.3). Die diskreten Energiezustände E_N in Bild 10.2(a) werden daher durch ein Kontinuum ersetzt. Diese Tatsache drückt man dadurch aus, daß man die Energie als $E(N)$ schreibt. N kennzeichnet nun die Energiezustände des Photons im Kontinuum; und das ist eine kontinuierliche Variable. Die gesamte Übergangswahrscheinlichkeit folgt aus Gl. 10.15, wenn die Summe durch ein Integral ersetzt wird, $\sum_N \rightarrow \int dN$:

$$P(T) = 4|\langle\beta|H_{\text{int}}|\alpha\rangle|^2 \int \frac{\sin^2[(E(N)-E_\alpha)T/2\hbar]}{(E(N)-E_\alpha)^2}\, dN. \tag{10.17}$$

Das Integral erstreckt sich über die Zustände, zu denen die Übergänge erfolgen können. Da das Integral sehr schnell konvergiert, können die Grenzen nach $\pm\infty$ ausgedehnt werden. Mit

$$x = \frac{(E(N)-E_\alpha)T}{2\hbar},$$

$$dN = \frac{dN}{dE}dE = \frac{2\hbar}{T}\frac{dN}{dE}dx$$

wird die Übergangswahrscheinlichkeit

$$P(T) = 4|\langle\beta|H_{\text{int}}|\alpha\rangle|^2 \frac{dN}{dE}\frac{T}{2\hbar}\int_{-\infty}^{+\infty} dx\, \frac{\sin^2 x}{x^2}.$$

Das Integral hat den Wert π, so daß die Übergangswahrscheinlichkeit schließlich

$$P(T) = \frac{2\pi T}{\hbar}|\langle\beta|H_{\text{int}}|\alpha\rangle|^2 \frac{dN}{dE} \tag{10.18}$$

wird.

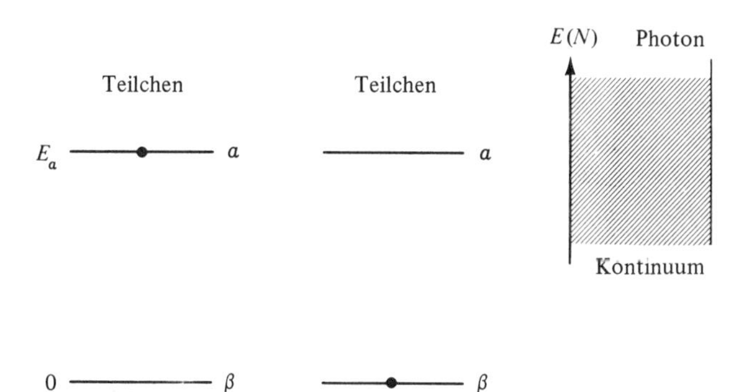

Bild 10.3 Im Anfangszustand ist das subatomare Teilchen im angeregten Zustand α; ein Photon ist nicht vorhanden. Im Endzustand ist das subatomare System im Zustand β und ein Photon mit der Energie $E(N)$ wurde emittiert. Die Energie des Photons liegt „im Kontinuum".

Die Bezeichnung $\langle\beta|H_{int}|\alpha\rangle$ zeigt an, daß der Übergang von Zuständen $|\alpha\rangle$ zu Zuständen $|\beta\rangle$ erfolgt. Da H_{int} als zeitunabhängig angenommen wird, ist die Übergangswahrscheinlichkeit proportional zu T. Die Übergangs r a t e ist die Übergangswahrscheinlichkeit pro Zeiteinheit:

$$w_{\beta\alpha} = \dot{P}(T) = \frac{2\pi}{\hbar}|\langle\beta|H_{int}|\alpha\rangle|^2 \frac{dN}{dE}. \tag{10.19}$$

Wir haben damit die Goldene Regel abgeleitet (Fermi nannte sie die G o l d e n e R e g e l N r . 2). Sie ist extrem nützlich in allen Diskussionen von Übergangsprozessen und wir werden häufig auf sie verweisen. Der Faktor

$$\frac{dN}{dE} \equiv \rho(E) \tag{10.20}$$

wird Z u s t a n d s d i c h t e genannt; er gibt die Zahl der verfügbaren Zustände pro Energieeinheit an und wird in Abschnitt 10.2 erklärt.

● Bei einigen Anwendungen kommt es vor, daß das Matrixelement $\langle\beta|H_{int}|\alpha\rangle$ verschwindet, das Zustände gleicher Energie verbindet. Die Näherung, die zu Gl. 10.18 führt, kann dann einen Schritt weiter geführt werden. Fermi nannte dieses Ergebnis die Goldene Regel Nr. 1. Die Regel läßt sich einfach beschreiben: man ersetze das Matrixelement $\langle\beta|H_{int}|\alpha\rangle$ in Gl. 10.19 durch

$$\langle\beta|H_{int}|\alpha\rangle \longrightarrow -\sum_n \frac{\langle\beta|H_{int}|n\rangle\langle n|H_{int}|\alpha\rangle}{E_n - E_\alpha}. \tag{10.21}$$

Der einstufige Übergang $|\alpha\rangle \longrightarrow |\beta\rangle$ vom Anfangszustand zum Endzustand wird durch eine Summe zweistufiger Übergänge ersetzt. Diese erfolgen vom Anfangszustand $|\alpha\rangle$ zu allen möglichen Zwischenzuständen $|n\rangle$ und von dort zu dem Endzustand $|\beta\rangle$. ●

10.2 *Der Phasenraum*

In diesem Abschnitt wollen wir einen Ausdruck für den Faktor der Zustandsdichte $\rho(E) \equiv dN/dE$ ableiten. Wir betrachten zuerst ein eindimensionales Problem, wo sich die Teilchen mit einem Impuls p_x in x-Richtung bewegen. Lage und Impuls eines Teilchens werden gleichzeitig in einem x-p_x-Koordinatensystem (Phasenraum) beschrieben. Die Darstellungen in der klassischen Mechanik und in der Quantenmechanik unterscheiden sich. In der klassischen Mechanik können Lage und Impuls gleichzeitig mit beliebiger Genauigkeit gemessen werden, und der Zustand eines Teilchens kann durch einen Punkt beschrieben werden [Bild 10.4(a)]. Die Quantenmechanik dagegen beschränkt die Beschreibung im Phasenraum. Die Unbestimmtheitsrelation

$$\Delta x\, \Delta p_x \geq \hbar$$

besagt, daß Lage und Impuls nicht gleichzeitig mit beliebiger Genauigkeit gemessen werden können. Das Produkt der Unsicherheiten muß größer als $\hbar$ sein; ein Teilchen muß daher durch eine Zelle, nicht durch einen Punkt

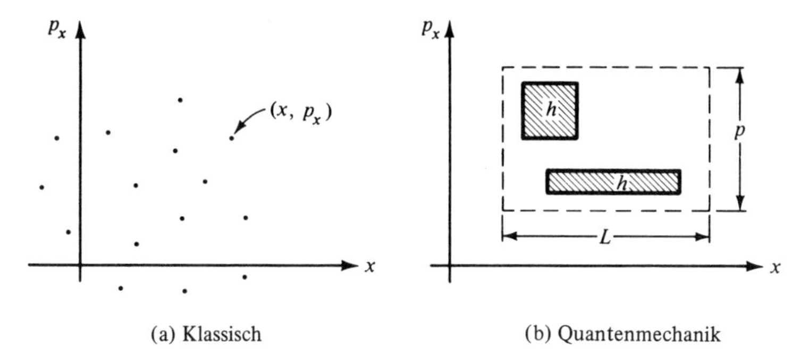

(a) Klassisch (b) Quantenmechanik

Bild 10.4 Klassischer und quantenmechanischer, eindimensionaler Phasenraum. Im klassischen Fall kann der Zustand eines Teilchens durch einen Punkt beschrieben werden. Im quantenmechanischen Fall muß ein Zustand durch eine Zelle mit dem Volumen $h = 2\pi\hbar$ beschrieben werden.

repräsentiert werden. Die Form der Zelle hängt von den gemachten Messungen ab, aber das Volumen bleibt immer gleich $h = 2\pi\hbar$. Im Bild 10.4(b) ist ein Volumen Lp gezeigt. Die maximale Zahl der Zellen, die in dieses Volumen passen, ist durch das Verhältnis Gesamtvolumen zu Zellenvolumen gegeben

$$N = \frac{Lp}{2\pi\hbar}. \tag{10.22}$$

N ist die Zahl der Zustände im Volumen Lp [1]).

Gl. 10.22 kann dadurch verifiziert werden, daß man ein eindimensionales, unendlich hohes Rechteckpotential wie in Bild 10.5 betrachtet. Die Schrödinger-Gleichung im Potentialwall ist

$$\frac{d^2\psi}{dx^2} + \frac{2m}{\hbar^2}E\psi = 0, \tag{10.23}$$

und die Wellenfunktion muß an den Rändern verschwinden

$$\psi(0) = \psi(L) = 0.$$

Der Ansatz $\psi(x) = A \sin kx$ erfüllt die Randbedingungen bei $x = 0$. In die Schrödinger-Gleichung 10.23 eingesetzt, ergibt das

$$E = \frac{\hbar^2 k^2}{2m}.$$

Die Randbedingungen $\psi(L) = 0$ liefert $\sin kL = 0$ oder $kL = N\pi$, N ganzzahlig. Die Energieeigenwerte werden dann

$$E = \frac{\pi^2\hbar^2}{2mL^2}N^2, \qquad N = 1, 2, \ldots . \tag{10.24}$$

1 Man beachte, daß N die Zahl der Zustände, nicht die Zahl der Teilchen ist. Ein Zustand kann ein Fermion aufnehmen, aber eine beliebige Anzahl von Bosonen.

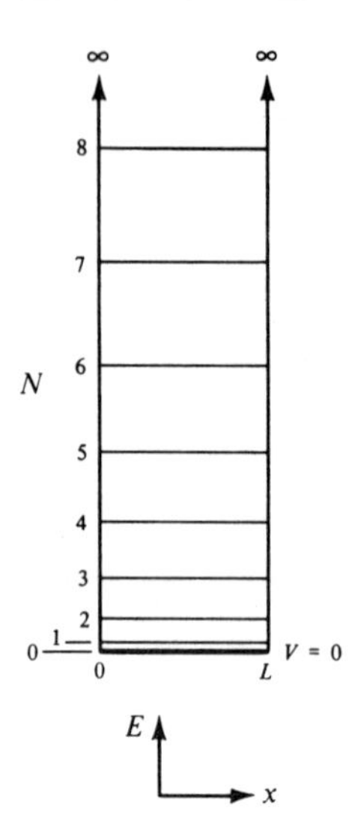

Bild 10.5 Energiezustände in einem unendlichen Kastenpotential.

Die Zahl der Niveaus bis zu einer Energie E ist durch N gegeben. Für jede Energie gibt es zwei mögliche Werte des Impulses $p = \pm(2mE)^{1/2}$, wobei sich das Vorzeichen auf die Bewegungsrichtung entlang der x-Achse bezieht. Gleichung 10.24 ergibt damit

$$N = \frac{Lp}{2\pi\hbar},$$

in Übereinstimmung mit Gl. 10.22.

Gleichung 10.22 gilt für ein Teilchen mit einem Freiheitsgrad. Für ein Teilchen in drei Dimensionen ist das Zellenvolumen durch $h^3 = (2\pi\hbar)^3$ gegeben und die Zahl der Zustände in einem Volumen $\int d^3x\, d^3p$ in dem sechsdimensionalen Phasenraum ist

$$N_1 = \frac{1}{(2\pi\hbar)^3} \int d^3x\, d^3p. \tag{10.25}$$

Der Index 1 bedeutet, daß N_1 die Zahl der Zustände für ein Teilchen ist. Wenn sich das Teilchen in einem Raumvolumen V befindet, ergibt die Integration über d^3x

$$N_1 = \frac{V}{(2\pi\hbar)^3} \int d^3p. \tag{10.26}$$

Die Zustandsdichte Gl. 10.20 kann jetzt leicht berechnet werden:

$$\rho_1 = \frac{dN_1}{dE} = \frac{V}{(2\pi\hbar)^3} \frac{d}{dE} \int d^3p = \frac{V}{(2\pi\hbar)^3} \frac{d}{dE} \int p^2\, dp\, d\Omega. \tag{10.27}$$

Hier ist $d\Omega$ das Raumwinkelelement. Mit $E^2 = (pc)^2 + (mc^2)^2$, wird d/dE

$$\frac{d}{dE} = \frac{E}{pc^2}\frac{d}{dp}$$

und daher [mit $(d/dp)\int dp \longrightarrow 1$]

$$(10.28) \qquad \rho_1 = \frac{V}{(2\pi\hbar)^3}\frac{pE}{c^2}\int d\Omega.$$

Für Übergänge zu allen Endzuständen, unabhängig von der Richtung des Impulses $\mathbf{p}$ ist die Zustandsdichte

$$(10.29) \qquad \rho_1 = \frac{VpE}{2\pi^2 c^2 \hbar^3}.$$

Als nächstes betrachten wir die Zustandsdichte für zwei Teilchen 1 und 2. Wenn der Gesamtimpuls der beiden Teilchen fest ist, bestimmt der Impuls des einen den Impuls des anderen und es gibt keine extra Freiheitsgrade. Die Gesamtzahl der Zustände im Impulsraum ist die gleiche wie für ein Teilchen, nämlich N_1, wie in Gl. 10.26. Jedoch ist die Zustandsdichte ρ_2 verschieden von Gl. 10.28, weil E nun die Gesamtenergie der beiden Teilchen ist:

$$(10.30) \qquad \rho_2 = \frac{V}{(2\pi\hbar)^3}\frac{d}{dE}\int d^3p_1 = \frac{V}{(2\pi\hbar)^3}\frac{d}{dE}\int p_1^2\, dp_1\, d\Omega_1,$$

wobei

$$dE = dE_1 + dE_2 = \frac{p_1c^2}{E_1}dp_1 + \frac{p_2c^2}{E_2}dp_2.$$

Die Berechnung ist am leichtesten im c.m. System, wo $\mathbf{p}_1 + \mathbf{p}_2 = 0$, oder

$$p_1^2 = p_2^2 \longrightarrow p_1\, dp_1 = p_2\, dp_2$$

und

$$dE = p_1\, dp_1 \frac{(E_1 + E_2)}{E_1E_2}c^2.$$

Die Zustandsdichte ist dann durch

$$\rho_2 = \frac{V}{(2\pi\hbar)^3c^2}\frac{E_1E_2}{(E_1+E_2)p_1}\frac{d}{dp_1}\int p_1^2\, dp_1\, d\Omega_1$$

oder

$$(10.31) \qquad \rho_2 = \frac{V}{(2\pi\hbar)^3c^2}\frac{E_1E_2p_1}{(E_1+E_2)}\int d\Omega_1.$$

gegeben.

Die Erweiterung von Gl. 10.30 auf 3 oder 4 Teilchen ist recht einfach. Man betrachte 3 Teilchen; in ihrem c.m. System sind die Impulse auf

$$(10.32) \qquad \mathbf{p}_1 + \mathbf{p}_2 + \mathbf{p}_3 = 0.$$

beschränkt. Die Impulse zweier Teilchen können unabhängig variieren, aber der des dritten ist festgelegt. Die Zahl der Zustände ist daher

$$N_3 = \frac{V^2}{(2\pi\hbar)^6} \int d^3p_1 \int d^3p_2, \tag{10.33}$$

und die Zustandsdichte wird

$$\rho_3 = \frac{V^2}{(2\pi\hbar)^6} \frac{d}{dE} \int d^3p_1 \int d^3p_2. \tag{10.34}$$

Für n Teilchen ist die Verallgemeinerung von Gl. (10.34):

$$\rho_n = \frac{V^{n-1}}{(2\pi\hbar)^{3(n-1)}} \frac{d}{dE} \int d^3p_1 \cdots \int d^3p_{n-1}. \tag{10.35}$$

Eine Anwendung von Gl. 10.34 wollen wir in Kapitel 11 besprechen und dann auch die weitere Auswertung diskutieren.

10.3 *Die klassische elektromagnetische Wechselwirkung*

Die Energie (die Hamiltonfunktion) für ein freies nichtrelativistisches Teilchen mit der Masse m und dem Impuls $\mathbf{p}_{\text{frei}}$ ist durch

$$H_{\text{frei}} = \frac{\mathbf{p}_{\text{frei}}^2}{2m} \tag{10.36}$$

gegeben. Wie ändert sich die Hamiltonfunktion, wenn das Teilchen einem elektrischen Feld $\boldsymbol{\mathcal{E}}$ und einem Magnetfeld $\mathbf{B}$ ausgesetzt wird? Die resultierende Modifikation kann man besser durch Potentiale als durch die Felder $\boldsymbol{\mathcal{E}}$ und $\mathbf{B}$ ausdrücken. Ein skalares Potential A_0 und ein Vektorpotential $\mathbf{A}$ werden eingeführt, und die Felder sind mit den Potentialen durch[2])

$$\mathbf{B} = \nabla \times \mathbf{A} \tag{10.37}$$

$$\boldsymbol{\mathcal{E}} = -\nabla A_0 - \frac{1}{c}\frac{\partial \mathbf{A}}{\partial t} \tag{10.38}$$

verknüpft. Man erhält die Hamiltonfunktion eines punktförmigen Teilchens mit der Ladung q in Anwesenheit externer Felder aus der freien Hamiltonfunktion durch eine Prozedur, die durch Larmor eingeführt wurde [3]). Energie und Impuls des freien Teilchens werden durch

$$H_{\text{frei}} \longrightarrow H - qA_0, \qquad \mathbf{p}_{\text{frei}} \longrightarrow \mathbf{p} - \frac{q}{c}\mathbf{A} \tag{10.39}$$

ersetzt. Die resultierende Wechselwirkung heißt m i n i m a l e e l e k t r o m a -

2 Jackson, Abschnitt 6.4.

3. J. Larmor, *Aether and Matter*, Cambridge University Press, Cambridge 1900. Siehe auch Messiah, Abschnitt 20.4 und 20.5; Jackson, Abschnitt 12.5; Park, Abschnitt 7.6. Man beachte, daß q positiv oder negativ sein kann, e ist dagegen immer positiv.

gnetische Wechselwirkung. Dieser Ausdruck wurde von Gell-Mann eingeführt, um die Tatsache auszudrücken, daß nur die Ladung q als fundamentale Größe eingeht. Alle Ströme werden durch die Bewegung der Teilchen erzeugt. Im speziellen ist der Strom eines punktförmigen Teilchens durch $q\mathbf{v}$ gegeben. Alle höheren Momente (Dipolmoment, Quadropolmoment, etc.) werden als von der Teilchenstruktur herrührend angesehen; sie werden nicht als fundamentale Konstanten eingeführt.

Mit der Substitution Gl. 10.39 ändert sich die Hamiltonfunktion Gl. 10.36 zu

$$H = \frac{1}{2m}\left(\mathbf{p} - \frac{q}{c}\mathbf{A}\right)^2 + qA_0 \tag{10.40}$$

oder

$$H = H_{\text{frei}} + H_{\text{int}} + \frac{q^2A^2}{2mc^2}, \tag{10.41}$$

wobei H_{frei} durch Gl. 10.36 und H_{int} durch

$$H_{\text{int}}(\mathbf{x}) = -\frac{q}{mc}\mathbf{p}\cdot\mathbf{A} + qA_0 \tag{10.42}$$

gegeben sind.

Für alle praktischen Feldstärken ist der letzte Ausdruck in Gl. 10.41 so klein, daß er vernachlässigt werden kann. Wenn keine externen Ladungen vorhanden sind, verschwindet das Skalarpotential und die Wechselwirkungsenergie wird

$$H_{\text{int}}(\mathbf{x}) = -\frac{q}{mc}\mathbf{p}\cdot\mathbf{A} = -\frac{q}{c}\mathbf{v}\cdot\mathbf{A}. \tag{10.43}$$

$H_{\text{int}}(\mathbf{x})$ in Gl. 10.42 ist die Wechselwirkungsenergie eines nichtrelativistischen punktförmigen Teilchens in der Position $\mathbf{x}$ mit den Feldern, die durch die Potentiale $\mathbf{A}$ und A_0 charakterisiert werden. Diese Form ist für viele Anwendungen schon ausreichend. Im besonderen erlaubt sie eine Beschreibung der Photonenemission und -absorption. Für einige andere Anwendungen, z.B. die elektromagnetische Wechselwirkung zwischen zwei Teilchen, müssen die Gleichungen umgeschrieben werden, indem die Potentiale durch die Ströme und die sie erzeugenden Ladungen ausgedrückt werden. Anstatt den allgemeinen Ausdruck abzuleiten, wollen wir lieber spezifische Beispiele behandeln, die später von Nutzen sind.

Die einfachste Situation entsteht, wenn das elektromagnetische Feld durch eine Punktladung q' in Ruhe bei $\mathbf{x}'$, erzeugt wird. Das Potential ist dann durch

$$A_0(\mathbf{x}) = \frac{q'}{|\mathbf{x} - \mathbf{x}'|} \tag{10.44}$$

gegeben, und die Wechselwirkung ist die gewöhnliche Coulombenergie, die schon in Gl. 6.15 eingeführt wurde. Ist die Ladung q' über ein

Volumen V, z.B. das Volumen eines Kerns, verteilt, dann ist das Skalarpotential durch [4])

$$(10.45) \qquad A_0(\mathbf{x}) = q' \int d^3x' \frac{\rho'(\mathbf{x}')}{|\mathbf{x} - \mathbf{x}'|}$$

gegeben, und die Wechselwirkung hat die Form von Gl. 6.23. Die im Volumen d^3x' am Punkt $\mathbf{x}'$ enthaltene Ladung ist durch $q'\rho'(\mathbf{x}')\, d^3x'$ gegeben; die Wahrscheinlichkeitsdichte $\rho'(\mathbf{x}')$ ist durch Gl. 6.26 normiert.

Die Wechselwirkung eines Punktteilchens mit dem Vektorpotential ist durch Gl. 10.43 gegeben. Für ein Teilchen mit einer ausgedehnten Struktur, die durch die Ladungsverteilung $q\rho(\mathbf{x})$ beschrieben wird, muß der Faktor $q\mathbf{p}/m = q\mathbf{v}$ in Gl. 10.43 durch

$$q \int d^3x\, \rho(\mathbf{x})\mathbf{v}(\mathbf{x})$$

ersetzt werden.

Es ist leicht einzusehen, daß

$$(10.46) \qquad q\rho(\mathbf{x})\mathbf{v}(\mathbf{x}) = q\mathbf{j}(\mathbf{x}),$$

wobei $q\mathbf{j}(\mathbf{x})$ die Ladungsstromdichte ist, nämlich die Ladung, die in der Zeiteinheit durch die Flächeneinheit fließt. Mit Gl. 10.46 wird die Wechselwirkung mit einem äußeren Potential $\mathbf{A}(\mathbf{x})$

$$(10.47) \qquad H_{\text{int}} = -\frac{q}{c} \int d^3x\, \mathbf{j}(\mathbf{x}) \cdot \mathbf{A}(\mathbf{x}).$$

Hier tritt das berühmte Skalarprodukt $\mathbf{j} \cdot \mathbf{A}$ ("jay-dot-A") auf. Gleichung 10.47 ist eine der fundamentalen Gleichungen, auf der viele Berechnungen beruhen.

Das Vektorpotential $\mathbf{A}(\mathbf{x})$, das durch die Stromdichte $q'\mathbf{j}'(\mathbf{x}')$ erzeugt wird, ist durch [5])

$$(10.48) \qquad \mathbf{A}(\mathbf{x}) = \frac{q'}{c} \int d^3x'\, \mathbf{j}'(\mathbf{x}') \frac{1}{|\mathbf{x} - \mathbf{x}'|}$$

gegeben. Setzt man diesen Ausdruck in Gl. 10.47 ein, so erhält man

$$(10.49) \qquad H_{\text{int}} = -\frac{qq'}{c^2} \int d^3x\, d^3x'\, \mathbf{j}(\mathbf{x}) \cdot \mathbf{j}'(\mathbf{x}') \frac{1}{|\mathbf{x} - \mathbf{x}'|}.$$

Eine solche Strom-Strom-Wechselwirkung wurde zuerst von Ampère angegeben, und sie wird bei der Behandlung der schwachen Wechselwirkung ein hilfreicher Führer sein. Eine weitere klassische Beziehung

4 Jackson, Gl. 1.17. Die Gleichungen hier unterscheiden sich von denen bei Jackson durch einen Faktor q oder q', weil unser $\rho(\mathbf{x})$ die Wahrscheinlichkeitsdichte und nicht die Ladungsdichte ist. Ähnlich ist unser $\mathbf{j}(\mathbf{x})$, das weiter unten eingeführt wird, eine Wahrscheinlichkeitsstromdichte und keine Stromdichte.

5 Jackson, Gl. 5.32.

ist in der subatomaren Physik ebenso nützlich: die Kontinuitätsgleichung. Maxwells Gleichungen zeigen, daß die Dichte ρ und die Stromdichte $\mathbf{j}$ die Beziehung

$$\frac{\partial \rho}{\partial t} + \nabla \cdot \mathbf{j} = 0 \tag{10.50}$$

erfüllen. Eine Verbindung der Kontinuitätsgleichung und der Erhaltung der elektrischen Ladung erreicht man durch Integration der Gl. 10.50 über ein Volumen V:

$$\int_V d^3x \frac{\partial \rho(\mathbf{x})}{\partial t} = -\int_V d^3x \, \nabla \cdot \mathbf{j} = -\int_S d\mathbf{S} \cdot \mathbf{j}.$$

Hier ist S die Oberfläche, die das Volumen V umgibt. Wenn die Oberfläche weit vom betrachteten System entfernt ist, verschwindet der Strom. Vertauscht man Integration und Differentiation auf der linken Seite und multipliziert mit der Konstanten q, so erhält man

$$\frac{\partial}{\partial t} \int_V d^3x q \rho(\mathbf{x}) = \frac{\partial}{\partial t} Q_{\text{total}} = 0. \tag{10.51}$$

Die Kontinuitätsgleichung impliziert Erhaltung der gesamten elektrischen Ladung.

10.4 *Photonenemission* [6])

Die Beziehungen im letzten Abschnitt waren klassisch und können nicht direkt auf die Elementarprozesse in der Quantenmechanik angewendet werden. Eine zweifache Aufgabe kommt damit auf uns zu. Erstens muß die Wechselwirkungsenergie in die Quantenmechanik übersetzt werden, wo sie zu einem Operator wird, dem Wechselwirkungsoperator. Ist H_{int} gefunden, muß zweitens die Übergangsrate oder der Wirkungsquerschnitt für einen bestimmten Prozeß berechnet werden, so daß er mit dem Experiment verglichen werden kann. Wir kommen bei der Lösung dieser Aufgabe ohne plausible Annahmen nicht sehr weit. Das Hauptproblem liegt beim Photon. Es bewegt sich immer mit Lichtgeschwindigkeit, und eine nichtrelativistische Beschreibung des Photons hat keinen Sinn. Zusätzlich haben die Teilchen in den meisten interessierenden Prozessen Energien, die groß sind im Vergleich zu ihrer Ruheenergie, und sie müssen daher auch relativistisch behandelt werden. Eine korrekte Diskussion der Quantenelektro-

6 Die Probleme, die bei einer Behandlung der Strahlungstheorie auftreten, machen es schwer, eine wirklich einfache Einführung zu schreiben. Der wahrscheinlich leichteste Übersichtsartikel stammt von E. Fermi, *Rev. Modern Phys.* **4**, 87 (1932). Eine moderene lesbare Einführung ist R.P. Feynman, *Quantum Elektrodynamics*, Benjamin, Reading, Mass., 1962. (Deutsch als BI-Taschenbuch, Bd. 401). Dieser Abschnitt ist etwas schwieriger als die anderen, und einige Teile können ohne Verlust an Information übergangen werden, die für spätere Kapitel wesentlich wären.

dynamik steht somit weit über unserem Niveau. Wir wollen deshalb hier nur einen Prozeß etwas ausführlicher behandeln, nämlich die Emission eines Photons durch ein quantenmechanisches System. Viele der in der Quantenelektrodynamik wichtigen Ideen erscheinen in diesem einfachen Problem.

Der elementare Strahlungsprozeß, die Emission oder Absorption eines Quants ist in Bild 10.6 gezeigt. Man kann zwei Arten von Fragen über einen solchen Prozeß stellen, kinematische und dynamische. Die kinematischen sind vom Typ "wie groß sind Energie und Impuls des Protons, wenn es unter einem bestimmten Winkel emittiert wird?" Diese Frage kann mit Hilfe der Energie- und Impulserhaltung beantwortet werden. Die dynamischen betrachten z.B. die Zerfallswahrscheinlichkeit oder die Polarisation der emittierten Strahlung; sie können nur beantwortet werden, wenn die Form der Wechselwirkung bekannt ist. In diesem Abschnitt wollen wir das einfachste dynamische Problem lösen, die Berechnung der Lebensdauer eines elektromagnetischen Zerfalls mit Hilfe der Goldenen Regel, Gl. 10.1. Der erste Schritt ist die Wahl einer geeigneten Hamiltonfunktion für die Wechselwirkung H_{int}. Ein geeigneter Kandidat ist Gl. 10.43 in Abschnitt 10.3 [7]). Für ein Elektron mit der Ladung $q = -e, e > 0$ ist die Hamiltonfunktion der Wechselwirkung, jetzt als H_{em} geschrieben,

$$H_{em} = e\frac{\mathbf{p}}{mc} \cdot \mathbf{A}. \tag{10.52}$$

Die drei Faktoren in diesem Ausdruck können mit den Elementen des Diagramms in Bild 10.6 verknüpft werden: das Vektorpotential $\mathbf{A}$ beschreibt das emittierte Photon, $(\mathbf{p}/mc)$ charakterisiert das Teilchen und die Konstante e gibt die Stärke der Wechselwirkung an.

Die klassische Größe H_{em} wird zu einem Operator, indem man $\mathbf{p}$ und $\mathbf{A}$

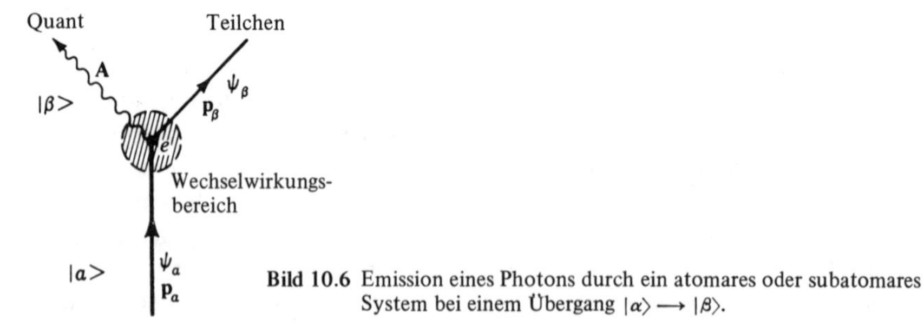

Bild 10.6 Emission eines Photons durch ein atomares oder subatomares System bei einem Übergang $|\alpha\rangle \longrightarrow |\beta\rangle$.

7 Für viele Studenten ist der folgende Lösungsweg für physikalische Aufgaben der beste: man schreibt alle physikalischen Größen auf, die in dem Problem auftreten. Dann sucht man die Gleichung im Text, die die gleichen Symbole enthält. Dann setzt man ein und erhält die Lösung. Sonst lachen wir über eine solch naive Methode; aber wir tun das gleiche, wenn wir mit einem neuen Phänomen konfrontiert werden. Wir schauen, welche Observable die Natur uns geliefert hat; dann bilden wir eine Kombination mit den Eigenschaften, die man aus Invarianzgesetzen erwartet.

in die Quantenmechanik übersetzt. Der Impuls $\mathbf{p}$ wird einfach durch

$$(10.53) \qquad \mathbf{p} \longrightarrow -i\hbar\nabla$$

zum Impulsoperator. Diese Ersetzung ist für die nichtrelativistische Quantenmechanik gut bekannt. Die entsprechende Substitution von $\mathbf{A}$ hängt vom betrachteten Prozeß ab. Zwei Arten von Emissionsereignissen sind vom Zustand $|\alpha\rangle$ aus möglich. Das erste findet in Gegenwart eines äußeren elektromagnetischen Feldes statt, das z.B. von den einfallenden Photonen hervorgerufen wird, die auf das System treffen. $\mathbf{A}$ ist das Feld dieser Photonen und es verursacht stimulierte oder induzierte Emission von Photonen. Stimulierte Photonenemission ist der physikalische Grundprozeß bei den Lasern. Hier sind wir an der zweiten Art der Emission interessiert, die spontane Emission genannt wird. Der Zustand $|\alpha\rangle$ kann auch ohne ein äußeres elektromagnetisches Feld zerfallen. Den Ausdruck von $\mathbf{A}$ für spontane Emission kann man nicht aus der nichtrelativistischen Quantenmechanik erhalten, weil die Photonen immer relativistisch sind. Wir umgehen die Quantenelektrodynamik durch das Postulat, daß $\mathbf{A}$ die Wellenfunktion des erzeugten Photons ist [8]). Die Form von $\mathbf{A}$ kann man durch Betrachtung des Vektorpotentials einer ebenen elektromagnetischen Welle

$$(10.54) \qquad \mathbf{A} = a_0 \hat{\boldsymbol{\epsilon}} \cos(\mathbf{k} \cdot \mathbf{x} - \omega t)$$

finden. Hier ist $\hat{\boldsymbol{\epsilon}}$ der Polarisationsvektor und a_0 die Amplitude. Wenn diese Welle in einem Volumen V enthalten ist, dann ist die durchschnittliche Energie durch

$$W = \frac{V}{4\pi} \overline{|\boldsymbol{\mathcal{E}}|^2}$$

oder mit Gl. 10.38 durch

$$(10.55) \qquad W = \frac{V\omega^2 a_0^2}{4\pi c^2} \overline{\sin^2(\mathbf{k} \cdot \mathbf{x} - \omega t)} = \frac{V\omega^2 a_0^2}{8\pi c^2}$$

gegeben. Wenn $\mathbf{A}$ ein Photon im Volumen V beschreiben soll, muß W gleich der Energie $E_\gamma = \hbar\omega$ dieses Photons sein. Diese Bedingung bestimmt die Konstante a_0 zu

$$(10.56) \qquad a_0 = \left[\frac{8\pi\hbar c^2}{\omega V}\right]^{1/2}.$$

Mit $E_\gamma = \hbar\omega$ und $\mathbf{p}_\gamma = \hbar\mathbf{k}$ ist die Wellenfunktion des Photons, Gl. 10.54, bestimmt. $\mathbf{A}$ ist reell, da es mit den beobachtbaren, und damit reellen Feldern $\boldsymbol{\mathcal{E}}$ und $\mathbf{B}$ durch die Gln. 10.37 und 10.38 verbunden ist. Für die Anwendung auf die Emission und Absorption ist es üblich, die Gl. 10.54

8 Dieser Schritt kann durch die Anwendung der Quantenelektrodynamik gerechtfertigt werden. Hier haben wir weiter keine Wahl, als ihn ohne weitere Erklärung zu postulieren. S. Merzbacher, Kap. 22; Messiah, Abschnitt 21.27.

in die Form

(10.57) $$\mathbf{A}(\text{ein Photon}) = \left[\frac{2\pi\hbar^2c^2}{E_\gamma V}\right]^{1/2} \hat{\boldsymbol{\epsilon}}\{e^{i(\mathbf{p}_\gamma\cdot\mathbf{x}-E_\gamma t)/\hbar} + e^{-i(\mathbf{p}_\gamma\cdot\mathbf{x}-E_\gamma t)/\hbar}\}$$

umzuschreiben. Hier ist $\mathbf{A}$ nicht länger ein klassisches Vektorpotential, sondern man postuliert, daß es die Wellenfunktion des emittierten Photons sein soll. $\mathbf{A}$ ist ein Vektor, wie er für Photonen als Spin-1-Teilchen passend ist (Abschnitt 5.5). Der nächste Schritt ist die Konstruktion des Matrixelements von H_{em}

(10.58) $$\begin{aligned}\langle\beta|H_{em}|\alpha\rangle &\equiv \int d^3x\psi_\beta^* H_{em}\psi_\alpha \\ &= \frac{e}{mc}\int d^3\psi_\beta^*\mathbf{p}\psi_\alpha\cdot\mathbf{A} = -i\frac{e\hbar}{mc}\int d^3x\psi_\beta^*\nabla\psi_\alpha\cdot\mathbf{A}.\end{aligned}$$

Zur Auswertung von $\langle\beta|H_{em}|\alpha\rangle$ machen wir Näherungen. Die erste ist die elektrische Dipolnäherung. Der Impulsanteil des Exponenten von $\mathbf{A}$ kann entwickelt werden

(10.59) $$e^{\pm i\mathbf{p}_\gamma\cdot\mathbf{x}/\hbar} = 1 \pm i\frac{\mathbf{p}\cdot\mathbf{x}}{\hbar} + \cdots.$$

Die Exponentialfunktion kann durch eins ersetzt werden, wenn $\mathbf{p}_\gamma\cdot\mathbf{x} \ll \hbar$ ist. Um eine ungefähre Idee davon zu bekommen, was diese Näherung bedeutet, nehmen wir an, daß x ungefähr die Größe des Systems ist, daß das Photon emittiert, und wir beschreiben diese Dimension mit R. Die Bedingung für die γ-Strahlung ist dann

(10.60) $$E_\gamma = p_\gamma c \ll \frac{\hbar c}{R} \simeq \frac{197\text{ MeV-fm}}{R\text{ (in fm)}}.$$

Die zweite Annahme bezieht sich auf das zerfallende System. Wir nehmen an, daß es spinlos und so schwer ist, daß es vor und nach der Emission des Photons in Ruhe ist. Die Wellenfunktionen ψ_α und ψ_β kann man dann als

(10.61) $$\begin{aligned}\psi_\alpha(\mathbf{x},t) &= \Phi_\alpha(\mathbf{x})e^{-iE_\alpha t/\hbar} \\ \psi_\beta(\mathbf{x},t) &= \Phi_\beta(\mathbf{x})e^{-iE_\beta t/\hbar}\end{aligned}$$

schreiben, wobei $\Phi_\alpha(\mathbf{x})$ und $\Phi_\beta(\mathbf{x})$ die räumliche Ausdehnung des Systems vor und nach der Photonenemission beschreiben (Kap. 6). E_α und E_β sind die Ruhenergien im Anfangs- und Endzustand. Die Energieerhaltung fordert

(10.62) $$E_\alpha = E_\beta + E_\gamma.$$

Mit den Gln. 10.57, 10.59 und 10.61 wird das Matrixelement Gl. 10.58 zu

(10.63) $$\begin{aligned}\langle\beta|H_{em}|\alpha\rangle = \frac{-i\hbar^2e}{m}\left[\frac{2\pi}{E_\gamma V}\right]^{1/2}&(e^{i(E_\beta-E_\gamma-E_\alpha)t/\hbar} \\ &+ e^{i(E_\beta+E_\gamma-E_\alpha)t/\hbar})\hat{\boldsymbol{\epsilon}}\cdot\int d^3x\,\Phi_\beta^*\nabla\Phi_\alpha.\end{aligned}$$

Die beiden Exponentialfaktoren, die in dem Matrixelement auftreten, benehmen sich völlig unterschiedlich. Mit Gl. 10.62 wird der erste Faktor $\exp[-2iE_\gamma t/\hbar]$. Die in Abschnitt 10.1 entwickelte Störungstheorie gemäß Gl. 10.16 gilt nur, wenn die Zeit t groß ist im Vergleich mit $2\pi\hbar/E_\gamma$. Für solche Zeiten ist der Exponentialfaktor eine sehr schnell oszillierende Funktion der Zeit. Jede Beobachtung involviert eine Zeitmittelung, die Gl. 10.16 erfüllt; die schnelle Oszillation wischt jeden Beitrag des ersten Terms zum Matrixelement aus.

Der zweite Exponentialfaktor ist eins wegen der Energieerhaltung Gl. 10.62, und das Emissionsmatrixelement wird

$$\langle\beta|H_{em}|\alpha\rangle = -i\frac{\hbar^2 e}{m}\left[\frac{2\pi}{E_\gamma V}\right]^{1/2}\hat{\epsilon}\cdot\int d^3x\,\Phi_\beta^*\nabla\Phi_\alpha. \tag{10.64}$$

Wenn ein Photon im Übergang $|\alpha\rangle \longrightarrow |\beta\rangle$ absorbiert statt emittiert wird, so liest sich Gl. 10.62 als $E_\alpha + E_\gamma = E_\beta$. Der erste Exponentialausdruck in Gl. 10.63 ist dann eins und der zweite trägt nichts bei. Die Übergangsrate für spontane Emission erhält man nun mit der Goldenen Regel, Gl. 10.19, die wir als

$$dw_{\beta\alpha} = \frac{2\pi}{\hbar}|\langle\beta|H_{em}|\alpha\rangle|^2\rho(E_\gamma) \tag{10.65}$$

schreiben. Mit $p_\gamma = E_\gamma/c$ ist die Zustandsdichte $\rho(E_\gamma)$ durch Gl. 10.28 als

$$\rho(E_\gamma) = \frac{E_\gamma^2 V\,d\Omega}{(2\pi\hbar c)^3} \tag{10.66}$$

gegeben. Hier ist $dw_{\beta\alpha}$ die Wahrscheinlichkeit pro Zeiteinheit, daß das Photon mit dem Impuls $\mathbf{p}_\gamma$ in den Raumwinkel $d\Omega$ emittiert wird. Mit dem Matrixelement Gl. 10.64 wird die Übergangsrate

$$dw_{\beta\alpha} = \frac{e^2 E_\gamma}{2\pi m^2 c^3}|\hat{\epsilon}\cdot\int d^3x\,\Phi_\beta^*\nabla\Phi_\alpha|^2\,d\Omega. \tag{10.67}$$

Wenn die Wellenfunktionen Φ_α und Φ_β bekannt sind, kann die Übergangsrate berechnet werden. Das Integral, das die Wellenfunktionen enthält, kann jedoch in eine Form gebracht werden, die die hervorstechenden Eigenschaften klarer beschreibt. Die Hamiltonfunktion H_0, die das zerfallende System, aber nicht die elektromagnetische Wechselwirkung beschreibt, sei

$$H_0 = \frac{p^2}{2m} + V(\mathbf{x}),$$

wo $V(\mathbf{x})$ nicht vom Impuls abhängt und daher mit $\mathbf{x}$ kommutiert. H_0 erfüllt die Eigenwertgleichungen

$$H_0\Phi_\alpha = E_\alpha\Phi_\alpha, \qquad H_0\Phi_\beta = E_\beta\Phi_\beta. \tag{10.68}$$

Mit der Vertauschungsrelation

$$xp_x - p_x x = i\hbar, \tag{10.69}$$

und den entsprechenden Beziehungen für die y und z-Komponenten wird der Kommutator von $\mathbf{x}$ und H_0

$$\mathbf{x}H_0 - H_0\mathbf{x} = \frac{i\hbar}{m}\mathbf{p} = \frac{\hbar^2}{m}\nabla. \tag{10.70}$$

Mit diesem Ausdruck kann der Gradientenoperator in Gl. 10.67 ersetzt werden und mit Gl. 10.68 wird das Integral

$$\int d^3x\, \Phi_\beta^* \nabla \Phi_\alpha = \frac{m}{\hbar^2} \int d^3x\, \Phi_\beta^*(\mathbf{x}H_0 - H_0\mathbf{x})\Phi_\alpha = \frac{m}{\hbar^2}(E_\alpha - E_\beta) \int d^3x\, \Phi_\beta^* \mathbf{x} \Phi_\alpha$$
$$= \frac{m}{\hbar^2} E_\gamma \int d^3x\, \Phi_\beta^* \mathbf{x} \Phi_\alpha.$$

Das Integral ist das Matrixelement des Vektors $\mathbf{x}$ und wird

$$\int d^3x\, \Phi_\beta^* \mathbf{x} \Phi_\alpha \equiv \langle \beta | \mathbf{x} | \alpha \rangle \tag{10.71}$$

geschrieben. Die Übergangsrate in den Raumwinkel $d\Omega$ ist daher

$$dw_{\beta\alpha} = \frac{e^2}{2\pi\hbar^4 c^3} E_\gamma^3 |\hat{\boldsymbol{\epsilon}} \cdot \langle \beta | \mathbf{x} | \alpha \rangle|^2 \, d\Omega. \tag{10.72}$$

Für einen Moment können wir e^2 in das Matrixelement setzen, das dann zu $\langle \beta | e\mathbf{x} | \alpha \rangle$ wird. Da $e\mathbf{x}$ das elektrische Dipolmoment ist, wird die durch Gl. 10.72 beschriebene Strahlung elektrische Dipolstrahlung genannt, wie oben erwähnt. Der Vektor $\langle \beta | \mathbf{x} | \alpha \rangle$ charakterisiert das zerfallende System; die Energie E_γ und der Polarisationsvektor $\hat{\boldsymbol{\epsilon}}$ beschreiben das emittierte Photon. Für ein freies Photon ist der Einheitsvektor $\hat{\boldsymbol{\epsilon}}$ senkrecht zum Photonenimpuls $\mathbf{p}_\gamma$ (Abschnitt 5.5). Die Vektoren $\langle \beta | \mathbf{x} | \alpha \rangle$, $\mathbf{p}_\gamma$ und $\hat{\boldsymbol{\epsilon}}$ sind in Bild 10.7 gezeigt. Ohne Verlust von Allgemeinheit kann das Koordinatensystem so gewählt werden, daß $\mathbf{p}_\gamma$ in die z-Richtung weist und $\langle \beta | \mathbf{x} | \alpha \rangle$ in der xz-Ebene liegt. Der Polarisationsvektor $\hat{\boldsymbol{\epsilon}}$ muß in der xy-Ebene liegen. Mit dem in Bild 10.7 definierten Winkeln θ und φ sind die Komponenten von $\langle \beta | \mathbf{x} | \alpha \rangle$ und $\hat{\boldsymbol{\epsilon}}$: $\langle \beta | \mathbf{x} | \alpha \rangle = |\langle \beta | \mathbf{x} | \alpha \rangle| (\sin\theta, 0, \cos\theta)$, $\hat{\boldsymbol{\epsilon}} = (\cos\varphi, \sin\varphi, 0)$. Nach Ausführung des Skalarprodukts in Gl. 10.72 erhält man

$$dw_{\beta\alpha} = \frac{e^2}{2\pi\hbar^4 c^3} E_\gamma^3 |\langle \beta | \mathbf{x} | \alpha \rangle|^2 \sin^2\theta \cos^2\varphi \, d\Omega. \tag{10.73}$$

Wenn die Polarisation des emittierten Photons nicht beobachtet wird, muß $dw_{\beta\alpha}$ über den Winkel φ integriert und über die beiden Polarisationszustände summiert werden. Die Summe ergibt einen Faktor 2; mit $d\Omega = \sin\theta \, d\theta \, d\varphi$ und $\int_0^{2\pi} d\varphi \cos^2\varphi = \pi$ wird die Übergangsrate für ein unpolarisiertes Photon

$$dw_{\beta\alpha} = \frac{e^2}{\hbar^4 c^3} E_\gamma^3 |\langle \beta | \mathbf{x} | \alpha \rangle|^2 \sin^3\theta \, d\theta. \tag{10.74}$$

Die gesamte Übergangsrate $w_{\beta\alpha}$ erhält man durch Integration über $d\theta$

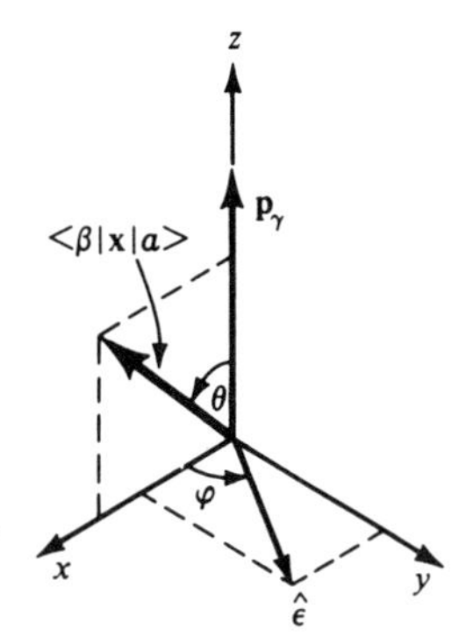

Bild 10.7 Der Polarisationsvektor $\hat{\epsilon}$ eines Photons, das in Richtung der z-Achse emittiert wird, liegt in der xy-Ebene. Der Vektor $\langle\beta|\mathbf{x}|\alpha\rangle$, der das zerfallene System beschreibt, soll in der xz-Ebene liegen.

$$w_{\beta\alpha} = \int_0^\pi dw_{\beta\alpha} = \frac{4}{3}\frac{e^2}{\hbar^4 c^3} E_\gamma^3 |\langle\beta|\mathbf{x}|\alpha\rangle|^2. \tag{10.75}$$

Die Lebensdauer ist das Reziproke von $w_{\beta\alpha}$.

Der physikalische Inhalt des Ausdrucks (10.75) für die gesamte Übergangsrate wird transparenter, wenn man passende Einheiten einführt. Wenn das zerfallende System oder Teilchen eine Masse m hat, dann ist die damit verbundene charakteristische Länge die Comptonwellenlänge $\lambda\!\!\!^{-}_c = \hbar/mc$, und $E_0 = mc^2$ ist die charakteristische Energie. Die Zeit, die das Licht benötigt, um die Strecke $\lambda\!\!\!^{-}_c$ zu durchlaufen, ist durch $t_0 = \hbar/mc^2$ gegeben und das Inverse dieser Zeit, $w_0 = 1/t_0 = mc^2/\hbar$ ist die charakteristische Übergangsrate. Mit $\lambda\!\!\!^{-}_c$, $E_0 = mc^2$ und w_0 kann man die Übergangsrate als

$$\frac{w_{\beta\alpha}}{w_0} = \frac{4}{3}\left(\frac{e^2}{\hbar c}\right)\left(\frac{E_\gamma}{mc^2}\right)^3 \frac{|\langle\beta|\mathbf{x}|\alpha\rangle|^2}{\lambda\!\!\!^{-}_c{}^2}. \tag{10.76}$$

schreiben. Die Übergangsrate, ausgedrückt in Einheiten einer "natürlichen" Übergangsrate w_0, wird ein Produkt von drei dimensionslosen Faktoren, von denen jeder eine klare physikalische Erklärung hat. Der letzte Ausdruck $|\langle\beta|\mathbf{x}|\alpha\rangle|^2/\lambda\!\!\!^{-}_c{}^2$ enthält die Information über die Struktur des zerfallenden Systems. Wenn die Wellenfunktionen Φ_α und Φ_β bekannt sind, kann das Matrixelement des elektrischen Dipols $\langle\beta|\mathbf{x}|\alpha\rangle$ berechnet werden. Auch ohne Rechnung kann man jedoch einige Eigenschaften ableiten. Z. B. müssen die Zustände $|\alpha\rangle$ und $|\beta\rangle$ entgegengesetzte Parität haben; ansonsten verschwindet $\langle\beta|\mathbf{x}|\alpha\rangle$ und es kann keine elektrische Dipolstrahlung emittiert werden.

Der Term $(E_\gamma/mc^2)^3$ gibt die Abhängigkeit der elektrischen Dipolstrahlung von der Energie des emittierten Photons an. Gl. 10.66 zeigt, daß zwei der drei Potenzen von E_γ durch die Zustandsdichte vermittelt werden: mit wachsender Photonenenergie wird das zugängliche Volumen im Phasenraum größer und der Zerfall wird daher schneller. Der dritte Faktor E_γ wird durch das Matrixelement $\langle\beta|\nabla|\alpha\rangle$ hereingebracht und ist dynamischen Ursprungs, wie man sagt.

Der Faktor

$$(10.77) \qquad \frac{e^2}{\hbar c} \equiv \alpha \approx \frac{1}{137}$$

charakterisiert die Stärke der Wechselwirkung zwischen den geladenen Teilchen und dem Photon, und wird gewöhnlich Feinstrukturkonstante genannt. Einige Bemerkungen über α sind hier angebracht. Die erste betrachtet die Tatsache, daß α, aus drei Naturkonstanten gebildet, eine dimensionslose Zahl ist. Da α eine reine Zahl ist, muß es überall den gleichen Wert haben, auch auf Trantor und Terminus [9]). Weiter sollte der Wert in einer wirklich fundamentalen Theorie berechenbar sein. Gegenwärtig existiert keine solche Theorie, die allgemein akzeptiert und verstanden wird. Die zweite Bemerkung betrifft die Größe von α. Glücklicherweise ist α klein gegen 1, und diese Tatsache macht die Anwendung der Störungstheorie erfolgreich. Der Ausdruck für die Übergangsrate, Gl. 10.76, wurde mit dem Ausdruck erster Ordnung, Gl. 10.1, berechnet und das Ergebnis ist proportional zu α. Der Term zweiter Ordnung Gl. 10.21 involviert H_{em} zweimal und der Einfluß ist daher von der Größenordnung α^2 und wesentlich kleiner als der Term erster Ordnung. Ein Beispiel dieser schnellen Konvergenz wurde schon in der Diskussion des g-Faktors des Elektrons in Gl. 6.40 gezeigt. In der dritten Bemerkung weisen wir darauf hin, daß die elektrische Ladung e zwei verschiedene Rollen spielt. In Abschnitt 7.2 trat die Ladung als eine additive Quantenzahl auf; in diesem Abschnitt wurde gezeigt, daß die Stärke der elektromagnetischen Wechselwirkung proportional zu e^2 ist; e wird daher Kopplungskonstante genannt. Die doppelte Rolle der elektrischen Ladung als additive Quantenzahl und als Kopplungskonstante wirft eine Frage auf: in Kapitel 7 wurden andere additive Quantenzahlen eingeführt, nämlich die baryonische, die Hyperladung und die leptonische. Es ist noch nicht klar, ob diese Eigenschaften auch mit Wechselwirkungskonstanten verknüpft sind, und wenn nicht, warum nicht.

10.5 *Multipolstrahlung*

Im vorigen Abschnitt wurde ein einfaches Beispiel für den Einfluß der elektromagnetischen Wechselwirkung, nämlich die Emission der elektrischen Dipolstrahlung, etwas genauer berechnet. In diesem Abschnitt wird der Zerfall von wirklichen subatomaren Systemen diskutiert, und es wird sich zeigen, daß die vorangegangenen Bemerkungen etwas verallgemeinert werden müssen. Zwei subatomare elektromagnetische Zerfälle sind in Bild 10.8 gezeigt. Beim nuklearen Beispiel zerfällt das Nuklid ^{170}Tm mit einer Halbwertszeit von 130 d zu einem angeregten Zustand von ^{170}Yb das dann über eine γ-Emission von 0,084 MeV in den Grundzustand zerfällt. Das

9 I. Asimov, *Foundation*, Avon Books, New York, 1951. Deutsch bei Heyne, 1080, 1082, 1084.

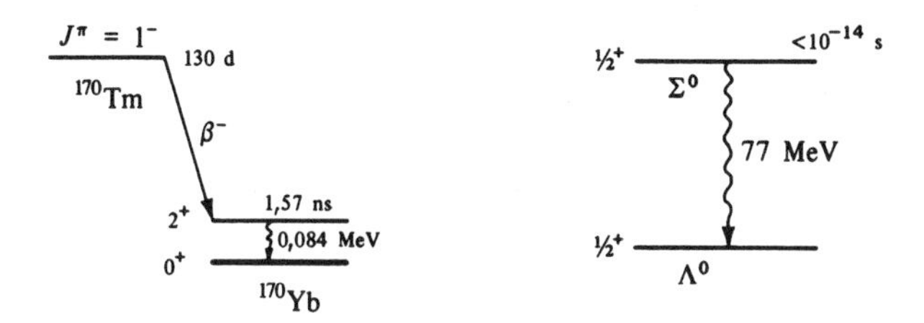

Bild 10.8 Zwei Beispiele von subatomaren Gamma-Zerfällen. Man beachte die Energieskalen, die sich um den Faktor 100 unterscheiden.

zweite Beispiel ist der Zerfall des neutralen Σ^0; in dem Übergang $\Sigma^0 \xrightarrow{\gamma} \Lambda^0$ wird ein γ-Strahl von 77 MeV Energie emittiert.

Die Lebensdauer des Σ^0 wurde noch nicht gemessen; nur eine Grenze $\tau < 1{,}0 \times 10^{-14}$ s wurde bestimmt. Die Halbwertszeit des 84 keV-Zustands in ^{170}Yb andererseits wurde zu 1,57 ns gemessen. (Es ist üblich, von mittleren Lebensdauern in der Teilchenphysik und von Halbwertszeiten in der Kernphysik zu sprechen.) Die Grundidee bei der Halbwertszeitmessung ist in Bild 10.9 [10]) gezeigt. Die radioaktive Quelle, im Beispiel ^{170}Tm, wird zwischen zwei Zähler gesetzt. Der β-Zähler registriert den β-Strahl, der den 2^+-Zustand in ^{170}Yb bevölkert. Nach einiger Verzögerung zerfällt der angeregte Zustand mit der Emission eines 0,084 MeV Photons. Dieses Photon hat eine bestimmte Wahrscheinlichkeit, daß es um eine Zeit D verzögert ist, und die Koinzidenzrate zwischen den verzögerten β-Impulsen und den γ-Impulsen wird mit einer UND-Schaltung (Abschnitt 4.7) gemessen. Die Koinzidenzzählrate $N(D)$ ist in halblogarithmischem Plot gegen D aufgetragen und die Steigung der resultierenden Kurve gibt die gewünschte Halbwertszeit. Die entsprechenden Ideen wurden schon in Abschnitt 5.7 diskutiert, und die Zeichnung in Bild 10.9 ist ein spezielles Beispiel eines exponentiellen Zerfalls, der in Bild 5.15 dargestellt wurde.

Die hier gezeigte Methode, in der die Zerfallskurve Punkt für Punkt gemessen wird, ist nicht die einzige. Viele andere Techniken zur Untersuchung von Zerfallszeiten sind entwickelt worden [10]); gegenwärtig sind die Halbwertszeiten von mehr als 1500 Zuständen bekannt.

Nach diesem kurzen Ausflug in die experimentellen Aspekte der elektromagnetischen Übergänge von subatomaren Teilchen kehren wir zur Theorie zurück und fragen: können die Zerfälle, die als Beispiel in Bild 10.8 gezeigt sind, durch die in Abschnitt 10.4 gegebene Behandlung erklärt werden? Man sieht sofort, daß der Übergang $\Sigma^0 \longrightarrow \Lambda^0$ nicht durch elektrische Dipolübergänge veranlaßt werden kann: das Matrixelement, das in

10 Die Messung kurzer Halbwertzeiten wird diskutiert von R. E. Bell, in *Alpha-, Beta- and Gamma-Ray Spectroscopy*, Bd. 2 (K. Siegbahn, ed.), North-Holland, 1965, Amsterdam und von A. Z. Schwarzschild und E. K. Warburton, *Ann. Rev. Nucl. Sci.* 18, 265 (1968).

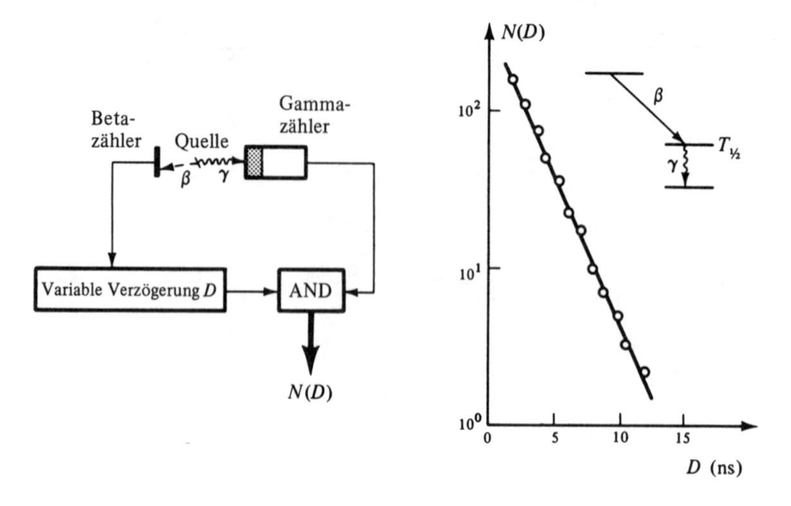

Bild 10.9 Bestimmung der Halbwertszeit eines kurzlebigen Kernzustands, der durch γ-Emission zerfällt. Links wird die Schaltung gezeigt; eine typische Kurve der Koinzidenzzählrate $N(D)$ als Funktion der Verzögerungszeit D ist rechts dargestellt.

der Übergangsrate des elektrischen Dipols auftritt, Gl. 10.75, hat die Form

$$\langle\beta|\mathbf{x}|\alpha\rangle \equiv \langle\Lambda^0|\mathbf{x}|\Sigma^0\rangle \equiv \int d^3x\, \psi_\Lambda^* \mathbf{x} \psi_\Sigma .$$

Die Wellenfunktionen ψ_Λ und ψ_Σ haben gleiche Parität und ihr Produkt bleibt gerade unter einer Paritätsoperation. Der Vektor $\mathbf{x}$ jedoch zeigt ungerade Parität, und der Integrand ist daher auch ungerade; das Integral muß daher verschwinden. Ähnlich kann man zeigen, daß die Dipolstrahlung den $2^+ \longrightarrow 0^+$-Übergang ^{170}Yb nicht erklären kann. Die im vorigen Abschnitt gegebene Behandlung muß daher verallgemeinert werden, wenn sie alle elektromagnetischen Strahlungen erklären soll, die von subatomaren Systemen emittiert werden.

Die Näherung, die zur elektrischen Dipolstrahlung führt, entsteht dadurch, daß man nur den ersten Term in der Entwicklung (10.59) mitnimmt. Die Entwicklung ohne diese Beschränkung ist einfach, aber langwierig und wir geben nur das Endresultat an [11]): die emittierte Strahlung kann charakterisiert werden durch ihre Parität π und ihre Drehimpulsquantenzahl j. Für einen gegebenen Wert von j kann das Photon gerade oder ungerade Parität mit sich forttragen. Es ist üblich, einen der beiden einen elektri-

11 Einführungen in die Theorie der Multipolstrahlung finden sich in folgenden Literaturstellen: G. Baym, *Lectures on Quantum Mechanics*, Benjamin, Reading, Mass., 1959, Seite 281, 376; Jackson, Kapitel 16; Blatt und Weisskopf, Kapitel 12 und Anhang; S. A. Moszkowski, in *Alpha-, Beta- and Gamma-Ray Spectroscopy*, Bd. 2, (K. Siegbahn, ed.), North-Holland, Amsterdam, 1965, Kapitel 15.

schen und den anderen einen magnetischen Übergang zu nennen. Parität und Drehimpuls sind durch

(10.78)
$$\text{elektrische Strahlung:} \quad \pi = (-1)^j$$
$$\text{magnetische Strahlung:} \quad \pi = -(-1)^j$$

verknüpft.

Als Beispiel trägt die elektrische Dipolstrahlung $E1$ einen Drehimpuls $j = 1$ und gemäß Gl. 10.78 negative Parität mit sich fort. Allgemeiner wird die elektrische (magnetische) Strahlung mit der Quantenzahl j als $Ej(Mj)$ geschrieben. [Wir erinnern den Leser daran, daß die Quantenzahl j durch Gl. 5.4 definiert ist: wenn $\mathbf{J}$ der Drehimpulsoperator des Photons ist, so ist $j(j+1)\hbar^2$ der Eigenwert von J^2.]

Die Werte von j und π der Photonen, die in einem Übergang $\alpha \longrightarrow \beta$ emittiert werden, sind durch die Erhaltung des Drehimpulses und der Parität beschränkt:

(10.79)
$$\mathbf{J}_\alpha = \mathbf{J}_\beta + \mathbf{J}$$
$$\pi_\alpha = \pi_\beta \pi.$$

Einige wenige Beispiele von möglichen Werten von j und π sind in Bild 10.10 gegeben. Man beachte, daß Anfangs- und Endspin Vektoren sind. Die verschiedenen Werte des Drehimpulses der emittierten Strahlung erhält man durch Vektoraddition, wie in Bild 10.10 gezeigt.

Die Auswahlregeln Gl. 10.79 bestimmen, welche Übergänge bei einem gegebenem Zerfall erlaubt sind, aber sie geben keine Information über die Wahrscheinlichkeit, mit der sie auftreten. Zu diesem Zweck müssen dynamische Rechnungen durchgeführt werden. Im vorigen Abschnitt wurde die Übergangsrate für $E1$-Strahlung gefunden, und Gl. 10.75 drückt diese Rate durch das Matrixelement $\langle\beta|\mathbf{x}|\alpha\rangle$ aus. Zu Gl. 10.75 ähnliche Ausdrücke können für alle Multipolordnungen Ej und Mj bestimmt werden. Das wirkliche Problem beginnt dann: die relevanten Matrixelemente müssen berechnet werden und dieser Schritt erfordert die Kenntnis der Wellenfunktionen ψ_α und ψ_β. Die Suche nach der korrekten Wellenfunktion für ein bestimmtes subatomares System ist gewöhnlich ein langer und mühsamer Prozeß, und nur in einigen Fällen ist man zu einer befriedigenden Lösung gekommen. Für eine Abschätzung der Übergangsrate ist daher ein grobes Modell eine Notwendigkeit; es sorgt für einen, wenigstens angenäherten Wert, der mit beobachteten Halbwertszeiten verglichen werden kann. Für Kerne wird oft das Einteilchenmodell benutzt, um die Halbwertszeiten verschiedener Multipolordnungen abzuschätzen. Im Einteilchenmodell wird angenommen, daß der Übergang eines Nukleons Strahlung verursacht. (Das Einteilchenmodell werden wir in Kapitel 15 behandeln.) Bei Verwendung einer einfachen Form für die Einnukleonwellenfunktion können die Übergangsraten berechnet werden [11]); ein Ergebnis ist in Bild 10.11 gezeigt. Die Kur-

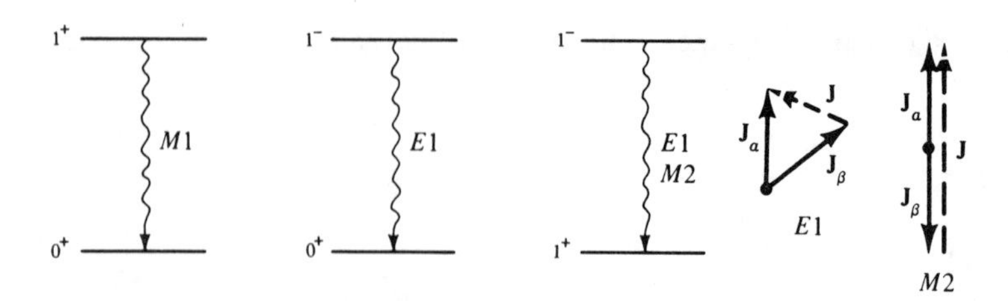

Bild 10.10 Einige Beispiele von möglichen Werten des Drehimpulses und der Parität, die bei einem vorgegebenen Übergang auftreten. Die Vektordiagramme für den $1^- \rightarrow 1^+$ - Übergang werden rechts gezeigt.

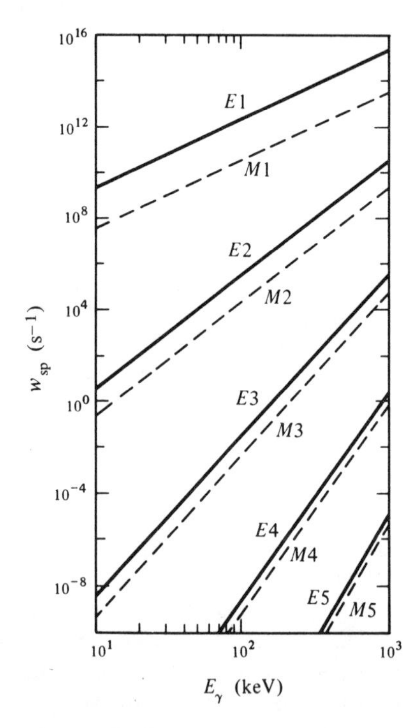

Bild 10.11 Übergangsrate für einzelne Protonen als Funktion der γ-Energie (in keV) für verschiedene Multipolaritäten (Nach S.A. Moskowski, in *Alpha-, Beta- and Gamma-Ray Spectroscopy*, Vol. 2 (K. Siegbahn, ed.), North Holland, Amsterdam, 1965, Kapitel 15, S. 882.)

ven in Bild 10.11 sind für ein einzelnes Proton in einem Kern mit $A = 100$ berechnet worden. Unter diesen Annahmen sieht man, daß die niedrigsten Multipole dominieren, die durch die Paritäts- und Drehimpulsauswahlregeln erlaubt sind. Bei der Verwendung der Einteilchenübergangsrate muß man vorsichtig sein; in realen Kernen treten Abweichungen von einer oder mehreren Größenordnungen auf.

10.6 *Elektromagnetische Streuung von Leptonen*

Wir sind schon einige Male auf elektromagnetische Prozesse gestoßen, in denen nur Leptonen und Photonen involviert waren. Photoeffekt, Comptonstreuung, Paarerzeugung und Bremsstrahlung wurden in Abschnitt 3.3 und 3.4 erwähnt. Der g-Faktor der Leptonen, in Abschnitt 6.6 diskutiert, involviert ebenfalls nur die elektromagnetische Wechselwirkung der Leptonen. In diesem Abschnitt wollen wir einige Aspekte der elektromagnetischen Wechselwirkung der Leptonen aufzeigen, ohne Rechnungen durchzuführen. Der Prozeß, der erklärt werden soll, ist die Streuung von Elektronen. Die Diagramme für die Streuung von Elektronen an Elektronen (Møllerstreuung) oder von Elektronen an Positronen (Bhabhastreuung) sind in Bild 10.12 gezeigt. Die beiden Elektronen der Møllerstreuung sind nicht unterscheidbar, und beide Graphen, Bild 10.12(a) und (b), müssen berücksichtigt werden. Da es nicht möglich ist zu sagen, welcher Prozeß stattgefunden hat, müssen die Amplituden für die beiden Diagramme in Bild 10.12(a) und (b) addiert werden und nicht die Intensitäten. Die Teilchen in der Bhabhastreuung können durch ihre Ladung unterschieden werden. Trotzdem erscheinen zwei Graphen und es ist unmöglich zu sagen, durch welchen die Streuung erfolgt ist. Wiederum müssen für beide Prozesse die Amplituden addiert werden. Der Beitrag von Bild 10.12(c) wird Photonenaustauschterm und der von Bild 10.12(d) Annihilationsterm genannt.

Der Vernichtungsterm, Bild 10.12(d), erfordert nähere Beachtung. Er tritt auf, weil die additiven Quantenzahlen eines Elektron-Positron-Paares die gleichen sind wie die des Photons, nämlich $A = q = S = L = L_\mu = 0$. Ist das virtuelle Photon einmal gebildet, so erinnert es sich nicht mehr daran, woher es kommt, und es kann eine Reihe von Prozessen verursachen:

$$
\begin{aligned}
e^-e^+ \longrightarrow\ & e^-e^+ \\
& 2\gamma \\
& \mu^+\mu^- \\
& \pi^+\pi^-, \qquad \pi^+\pi^-\pi^0 \\
& K^+K^-, \qquad \bar{p}p, \qquad \bar{n}n \\
& \vdots
\end{aligned}
$$

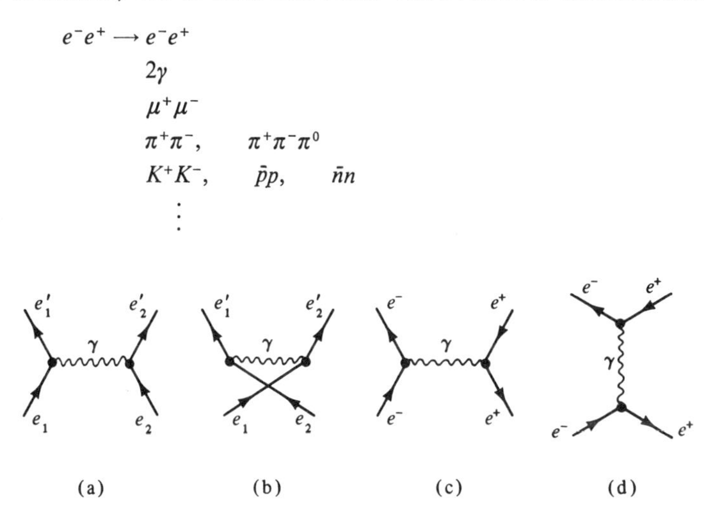

Bild 10.12 Diagramme der Streuung $e^-e^- \to e^-e^-$ und $e^+e^- \to e^+e^-$.

Nur die ersten drei beinhalten die elektromagnetische Wechselwirkung ausschließlich, und nur der erste ist in Bild 10.12(d) gezeigt.

Die Berechnung des Wirkungsquerschnitts für die Møller- und Bhabhastreuung ist einfach, aber erfordert Kenntnisse der Quantenelektrodynamik und der Diractheorie. Die Wirkungsquerschnitte hängen ab von der gesamten Energie der beiden Elektronen und vom Streuwinkel θ. Wenn E die Energie eines der beiden Leptonen im Schwerpunktsystem ist, dann hat der Wirkungsquerschnitt der Møllerstreuung für große Energien ($E \gg m_e c^2$) die Form

$$\frac{d\sigma}{d\Omega} = \frac{\alpha^2}{E^2}(\hbar c)^2 f(\theta). \tag{10.80}$$

Hier ist α die Feinstrukturkonstante und $f(\theta)$ eine Funktion von θ, die in verschiedenen Texten der Quantenelektrodynamik explizit angegeben ist. Wir weisen darauf hin, daß $\alpha = e^2/\hbar c$ in Gl. 10.80 quadratisch auftritt, in Übereinstimmung mit der Tatsache, daß in allen Graphen von Bild 10.12 zwei Vertizes erscheinen.

Die Form der Gl. 10.80 folgt eindeutig aus Dimensionsargumenten: bei sehr hohen Energien kann die Elektronenmasse keine Rolle spielen, und die einzigen Größen, die in den Wirkungsquerschnitt eingehen, sind die dimensionslose Kopplungskonstante α und die Energie E. Aus diesen beiden Größen und den Naturkonstanten $\hbar$ und c läßt sich eine einzige Kombination mit der Dimension eines Wirkungsquerschnitts (Fläche) erzeugen, wie in Gl. 10.80 gegeben. Nur die dimensionslose Funktion $f(\theta)$ hängt von der Theorie ab.

Experimentell kann man Møller- und Bhabhastreuung auf zwei verschiedenen Wegen studieren. Die einfache Methode: man beobachtet die Streuung eines Elektronen- oder Positronenstrahls an den Elektronen einer Metallfolie, Bild 10.13. Dabei ergibt sich eine Schwierigkeit, wenn die Wirkungsquerschnitte der Møller- und Rutherfordstreuung verglichen werden. Für ein Material mit der Ladungszahl Z ist das Verhältnis der Wirkungsquerschnitte ungefähr $1/Z^2$. Für die meisten vernünftigen Targetmaterialien ist Rutherfordstreuung häufiger als Møllerstreuung. Wie kann man beide Prozesse trennen? Zur Vereinfachung nehmen wir an, daß die Projektilenergie E_0 viel größer sein soll als die Bindungsenergie des Elektrons im Atom. Die Elektronen im Target sind daher im wesentlichen frei. Bei symmetrischer Streuung, Bild 10.13, haben beide emittierten Elektronen den gleichen Winkel θ_{lab} zur Strahlachse, die Energien $E_0/2$ und sind simultan. Befinden sich zwei Zähler unter geeigneten Winkeln, die nur Elektronen mit der Energie $E_0/2$ akzeptieren, und sind die Signale, wie gefordert, simultan, dann kann man Møller- und Bhabhastreuung sauber von der Rutherfordstreuung trennen. Eine zweite Schwierigkeit bei der eben erwähnten Methode ist nicht so leicht zu überwinden: die im Schwerpunktsystem verfügbare Energie zur Untersuchung der Struktur der elektromagnetischen Wechselwirkung

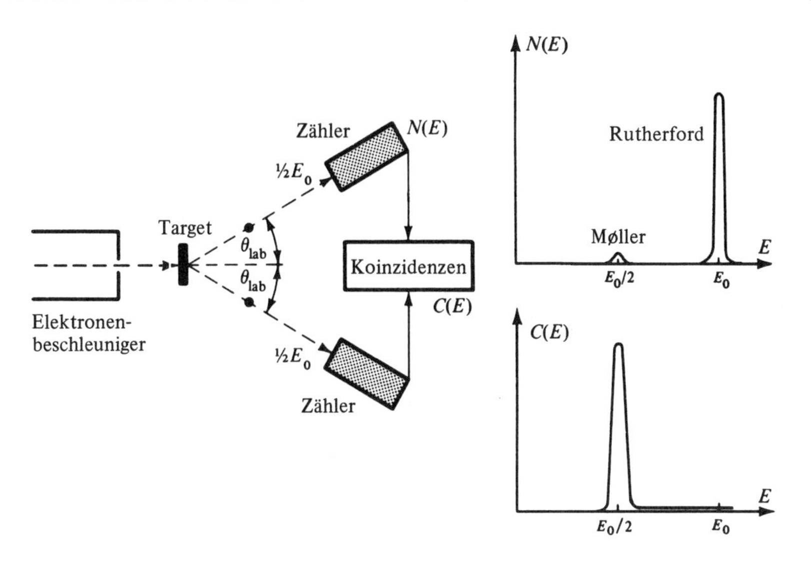

Bild 10.13 Beobachtung der Møller- und Bhabha-Streuung durch Messung der Zusammenstöße mit Elektronen in Materie. $N(E)$ bedeutet die Zahl der Elektronen mit der Energie E, die in einem Zähler beobachtet werden. $C(E)$ bezeichnet die Zahl der Koinzidenzen, in denen beide Elektronen die Energie E haben.

ist klein wegen der kleinen Elektronenruhemasse. Wir haben dieses Problem in Abschnitt 2.6 untersucht; in Gl. 2.32 haben wir die gesamte verfügbare Energie im Schwerpunktsystem gefunden.

(10.81) $$W \approx [2E_0 m_e c^2]^{1/2}.$$

Mit $E_0 = 10$ GeV wird die gesamte verfügbare Energie im Schwerpunktsystem

$$W \approx 100 \text{ MeV}.$$

Auch bei 10 GeV Einfallenergie ist nicht genügend Schwerpunktenergie vorhanden, um ein Myonenpaar zu erzeugen. Der Ausweg aus dieser Schwierigkeit wurde schon in Abschnitt 2.7 gezeigt; es ist die Verwendung von Speicherringen.

Speicherringe mit Elektronen, oder Elektronen und Positronen, existieren, und Experimente zum Studium der Møller- und Bhabhastreuung sind durchgeführt worden [12]). In vereinfachter Form ist die grundlegende Anordnung in Bild 10.14 gezeigt. Zwei Strahlen, z.B. Elektronen und Positronen, stoßen im Wechselwirkungsvolumen zusammen. Das Volumen ist durch Szintillationszähler definiert, die es erlauben, die Funkenkammer nur dann zu triggern, wenn zwei Teilchen gleichzeitig in die entgegenge-

12 Für einen Überblick von Experimenten mit zusammenstoßenden Strahlen siehe B. Touschek, ed., *Physics with Intersecting Storage Rings*, Academic Press, New York 1971.

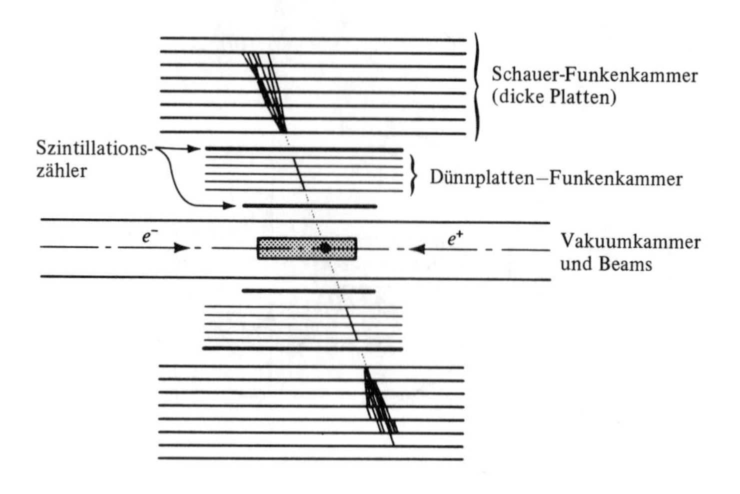

Bild 10.14 Untersuchung der Bhabha-Streuung in Speicherringen.

setzten Zähleranordnungen gelangen. Die Teilchen werden durch ihre Reichweite und durch ihre An- oder Abwesenheit in der Funkenkammer identifiziert. Die totale verfügbare Energie ist $2E_0$.

Messungen der Møller- und Bhabhastreuung beeinhalten Winkelverteilungen und absolute Wirkungsquerschnitte. Alle Experimente stimmen mit den Voraussagen der Quantenelektrodynamik überein [13]. Ein interessanter Punkt taucht bei der Bhabhastreuung auf. Die virtuellen Photonen im Photonenaustausch- und Vernichtungsdiagramm, Bild 10.12(c) und (d), haben verschiedene Eigenschaften. Beide Photonen sind virtuell und erfüllen nicht die Beziehung $E = pc$. Man betrachte beide Reaktionen im Schwerpunktsystem. Im Austauschdiagramm haben einfallende und emittierte Elektronen die gleiche Energie, aber entgegengesetzte Impulse. Daher sind Energie und Impuls des virtuellen Photons durch

$$E_\gamma = E_e - E'_e = 0$$
$$\mathbf{p}_\gamma = \mathbf{p}_e - \mathbf{p}'_e = +2\mathbf{p}_e \tag{10.82}$$

gegeben. Wenn wir eine "Masse" des virtuellen Photon durch die Beziehung $E^2 = (pc)^2 + (mc^2)^2$ definieren, finden wir [14]

$$(mc^2)^2 = -(2p_e c)^2 < 0. \tag{10.83}$$

Das virtuelle Photon trägt nur Impuls, aber keine Energie mit sich. Das

13 S. J. Brodsky und S. D. Drell, *Ann. Rev. Nucl. Sci.* **20**, 147 (1970). R. Madaras et al., *Phys. Rev. Letters* **30**, 507 (1973).

14 Studenten, die die Vierervektoren kennen, werden erkennen, daß die hier definierte „Masse" mit dem Viererimpulsübertrag q über $m^2 = (q/c)^2$ zusammenhängt. Er stimmt mit der wirklichen Teilchenmasse nur bei freien Teilchen überein.

Quadrat seiner Masse ist negativ. Ein solches Elektron wird raumartig genannt. Im Vernichtungsdiagramm ist die Situation umgekehrt.

(10.84)
$$E_\gamma = E_{e^-} + E_{e^+} = 2E$$
$$\mathbf{p}_\gamma = \mathbf{p}_{e^-} + \mathbf{p}_{e^+} = 0.$$

Das virtuelle Photon trägt nur Energie, aber keinen Impuls. Das Quadrat der Masse ist durch

(10.85) $$(mc^2)^2 = (2E)^2 > 0$$

gegeben, es ist positiv und das Photon wird zeitartig genannt. Bei der Elektron-Positronstreuung kommen beide Photonen, raum- und zeitartige vor. Die Übereinstimmung der Experimente mit der Theorie zeigt, daß diese Konzepte korrekt sind, auch wenn sie zuerst etwas fremd klingen.

10.7 *Die Photon-Hadron-Wechselwirkung: Vektormesonen*

The changing of Bodies into Light, and Light into Bodies, is very conformable to the Course of Nature, which seems delighted with Transmutations.

Newton, *Opticks*

In den Abschnitten 6.6 und 10.6 wurden Quantenelektrodynamik und Wechselwirkung von Photonen und Leptonen behandelt. Bevor wir uns der elektromagnetischen Wechselwirkung mit Hadronen zuwenden, wollen wir eine der zentralen Annahmen der Quantenelektrodynamik nochmals ansehen, nämlich die Form des Hamiltonoperators der Wechselwirkung. Wie in Abschnitt 10.3 dargestellt, erhält man den Hamiltonoperator aus dem Prinzip der minimalen elektromagnetischen Wechselwirkung, Gl. 10.39. Dieses Prinzip führt nur die Ladung als eine fundamentale Konstante ein, und die Ströme werden als Bewegungen von Ladungen betrachtet. Leptonen werden als Punktladungen angesehen und die Wahrscheinlichkeitsstromdichte eines Leptons mit der Geschwindigkeit $\mathbf{v}$ ist durch Gl. 10.46 gegeben

(10.86) $$\mathbf{j}_{em}\,(\text{Lepton}) = \rho\mathbf{v}.$$

Der Wechselwirkungsoperator, Gl. 10.42, kann als

(10.87) $$H_{em}\,(\text{Lepton}) = \frac{q}{c}\int d^3x\,(c\rho A_0 - \mathbf{j}_{em}\cdot\mathbf{A})$$

geschrieben werden. Der Strom bleibt erhalten; er genügt der Kontinuitätsgleichung 10.50.

● Wechselwirkungsoperator und Kontinuitätsgleichung können mit Vierervektoren kürzer geschrieben werden[15]). Die Größe $A \equiv A_\mu = (A_0, \mathbf{A})$ wird Vierervektor genannt, wenn sie sich unter

15 Feynman, *Vorlesungen über Physik*, Band 1, Kapitel 17; Band II, Kapitel 25.

Lorentztransformation wie $(ct, \mathbf{x})$ verhält. Das Skalarprodukt zweier Vierervektoren A_μ und B_μ ist durch

(10.88) $$A \cdot B \equiv A_\mu B_\mu = A_0 B_0 - \mathbf{A} \cdot \mathbf{B}$$

definiert. Das Skalarprodukt von zwei beliebigen Vierervektoren ist ein Lorentzskalar oder Invariante; es bleibt unter Lorentztransformation konstant. Die am häufigsten vorkommenden Vierervektoren sind

(10.89)

Zeit-Raum	$x_\mu = (ct, \mathbf{x})$
Viererimpuls	$p_\mu = \left(\frac{E}{c}, \mathbf{p}\right)$
Viererstrom	$j_\mu = (c\rho, \mathbf{j})$
Viererpotential	$A_\mu = (A_0, \mathbf{A})$
Vierergradient (Vorzeichen!)	$\nabla_\mu = \left(\frac{1}{c}\frac{\partial}{\partial t}, -\nabla\right)$.

Mit Vierervektoren wird die minimale elektromagnetische Wechselwirkung G. 10.39 als

(10.90) $$(p_\mu)_{\text{frei}} \longrightarrow \left(p_\mu - \frac{q}{c} A_\mu\right)$$

geschrieben; der Wechselwirkungsoperator wird lorentzinvariant

(10.91) $$H_{em}(\text{Leptonen}) = \frac{q}{c} \int d^3x\, j_\mu A_\mu,$$

und die Kontinuitätsgleichung nimmt die lorentzinvariante Form

(10.92) $$\nabla_\mu j_\mu = 0$$

an. Im folgenden verwenden wir wieder gewöhnliche Dreiervektoren. Der Leser jedoch, der die Vierervektoren kennt, sollte sich an die zugrundeliegende, einfachere Form erinnern, die Viererströme und Viererpotentiale mit sich bringen. ●

Wir wissen schon, daß der elektromagnetische Strom von Hadronen nicht so einfach ist wie der der Leptonen. Der g-Faktor und der elastische Formfaktor von Nukleonen, beide in Abschnitt 6.7 erklärt, zeigen an, daß die Wechselwirkung von Nukleonen mit dem elektromagnetischen Feld nicht direkt durch die minimale elektromagnetische Wechselwirkung gegeben ist. Daher schreiben wir für die totale elektromagnetische Stromdichte eines Systems

(10.93) $$e\mathbf{j}_{em} = e\mathbf{j}_{em}\,(\text{Leptonen}) + e\mathbf{j}_{em}\,(\text{Hadronen})$$

und fragen: welche Experimente zeigen uns den hadronischen Anteil? Da angenommen wird, daß die elektromagnetische Wechselwirkung durch Photonen vermittelt wird, kann die Frage anders formuliert werden: welche Experimente geben Informationen über die Wechselwirkung der Photonen mit Hadronen? Wie wechselwirkt das Photon mit Hadronen?

Die Wechselwirkung eines Photons mit einem Hadron geschieht nicht nur durch die elektrische Ladung, wie sich beim elektromagnetischen Zerfall des neutralen Pions in zwei Photonen zeigt. Ein möglicher Weg, wie ein Photon mit einem Hadronenstrom wechselwirken kann, ist in Bild 10.15 gezeigt. In Bild 10.15(a) erzeugt das Photon ein Hadron-Antihadron-Paar, und die Partner des Paares wechselwirken hadronisch mit dem Hadronen-

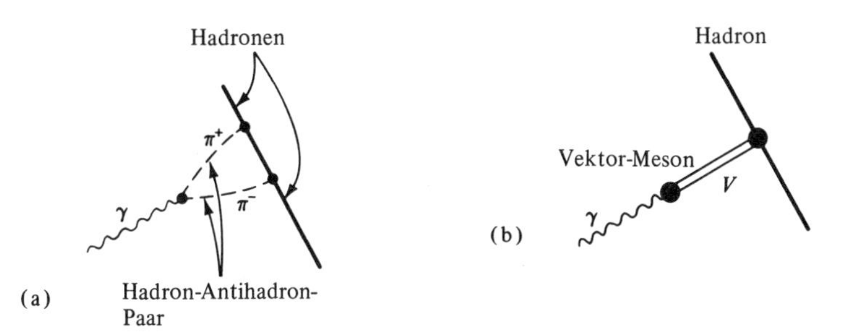

Bild 10.15 Wechselwirkung eines Photons mit einem Hadron. (a) Das Photon kann ein Vektormeson erzeugen, das dann mit dem Hadron wechselwirkt.

strom. Schon 1960 machte Sakurai den Vorschlag, daß die beiden Hadronen des Paares stark gekoppelt sein sollen und ein Vektormeson bilden, wie in Bild 10.15(b) gezeigt [16]. Das Photon würde sich so in ein Vektormeson transformieren, wie das in Bild IV.2 vorweggenommen wurde. Sakurai machte seinen Vorschlag lange bevor die Vektormesonen experimentell entdeckt wurden. Theoretische Spekulationen können nützliche Führer bei der Planung von Experimenten sein, aber nur die experimentellen Ergebnisse liefern die Schlüssel für die Natur der Wechselwirkung zwischen Photon und Hadronen.

Drei Arten von Experimenten, die Informationen über die Photon-Hadron-Wechselwirkung liefern können, sind durch Feynmandiagramme in Bild 10.16 illustriert. Zwei davon bringen virtuelle Photonen mit, das dritte reelle. In allen drei Fällen ist der Photon-Hadron-Vertex von Interesse.

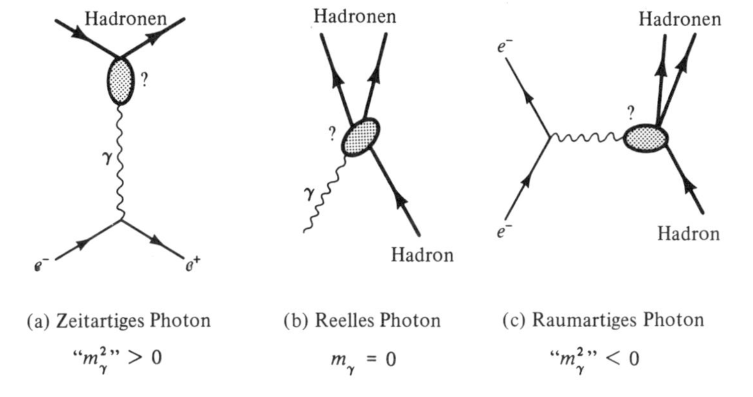

(a) Zeitartiges Photon "m_γ^2" > 0 (b) Reelles Photon $m_\gamma = 0$ (c) Raumartiges Photon "m_γ^2" < 0

Bild 10.16 Diagramme von drei experimentellen Möglichkeiten, die Wechselwirkung von Photonen mit Hadronen zu studieren. Details werden im Text erklärt.

16 J. J. Sakurai, *Ann. Phys.* (New York) **11**, 1 (1960); J. J. Sakurai, *Currents and Mesons*, University of Chicago Press, Chicago, 1969.

In diesem Abschnitt diskutieren wir zeitartige Photonen in der Elektron-Positron-Streuung; im nächsten Abschnitt werden reelle und raumartige Photonen behandelt.

Die experimentelle Anordnung, um die Produktion von Hadronen in Elektron-Positron-Stößen zu studieren, ist ähnlich der in Bild 10.14 gezeigten. Nur ein wesentlicher Unterschied existiert: die Aufnahme der Funkenkammerereignisse werden nach Hadronen abgetastet und nicht nach Leptonen[12), 17)]. Das virtuelle Photon, das in Elektron-Positron-Zusammenstößen erzeugt wird, ist zeitartig, wie aus den Gln. 10.84 und 10.85 folgt; im $e^- - e^+$ c.m. System hat es Energie, aber keinen Impuls. Das System der Hadronen, die durch zeitartige Photonen erzeugt werden, muß Quantenzahlen besitzen, die durch diejenige des Photons bestimmt werden. Da die elektromagnetische Wechselwirkung Hyperladung, Parität und Ladungskonjugation erhält, können nur Endzustände mit Hyperladung 0, negativer Parität und negativer Ladungsparität erzeugt werden. Zusätzlich erfordert die Drehimpulserhaltung, daß der Endzustand Drehimpuls 1 hat. Gibt es solche Endzustände, die häufig erzeugt werden? Die Experimente deuten darauf hin, daß Hadronen, die alle Bedingungen erfüllen, tatsächlich erzeugt werden. Man betrachte zuerst Bild 10.17. Es zeigt die Zahl der Pionenpaare, die bei einer gegebenen Gesamtenergie der zusammenstoßen-

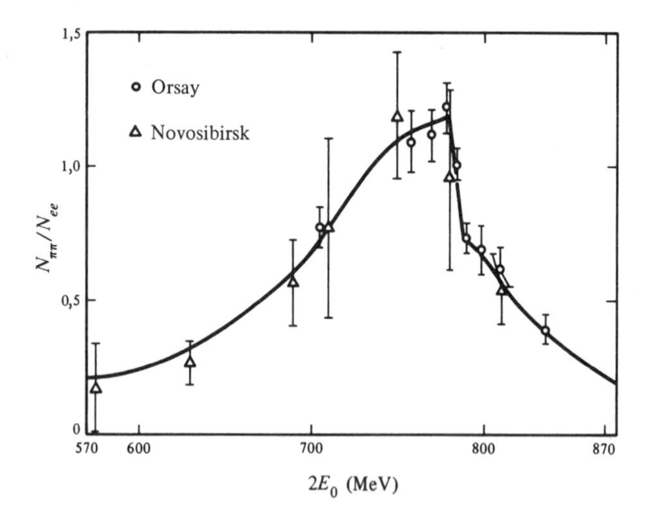

Bild 10.17 Der Prozeß $e^+e^- \to \pi^+\pi^-$. Die Zahl der Pionen, die bei einer gegebenen Energie $2E_0$ beobachtet werden. $2E_0$ ist die Energie der beiden zusammenstoßenden Teilchen [Nach D. Benaksas et al., *Phys. Letters* **39B**, 289 (1972)] Die Daten aus Novosibirsk stammen von Auslander et al., *Soviet J. Nucl. Phys.* **9**, 69 (1969).

17 V. L. Auslander, et al., *Phys. Letters* **25B**, 433 (1967); *Soviet J. Nucl. Phys.* **9**, 144 (1969). J. E. Augustin et al., *Phys. Letters* **28B**, 508 (1969). D. Benaksas, et al., *Phys. Letters* **39B**, 289 (1972); V. E. Balakin et al., *Phys. Letters* **34B**, 328 (1971).

den Elektronen beobachtet werden, normiert durch die Division mit der Zahl der Elektronen, die bei der gleichen Energie beobachtet werden. Ein deutlicher Peak zeigt sich bei 770 MeV mit einer Breite von etwa 100 MeV. Der Leser mit einem guten Gedächtnis wird sagen "aha", und zu Bild 5.12 zurückkehren, wo ein ähnlicher Peak bei der gleichen Energie gezeigt ist. Dieser Peak wurde mit dem ρ-Meson identifiziert. Warum taucht das ρ hier auf? Vor der Beantwortung dieser Frage werden zwei weitere Experimente diskutiert, um zusätzliche Informationen bereit zu haben. In Bild 10.18 ist der Wirkungsquerschnitt für den Prozeß $e^+e^- \longrightarrow K^+K^-$ als Funktion der totalen Energie $2E_0$ gezeigt. Wieder erscheint ein Resonanzpeak, aber diesmal mit einer Peakenergie von ungefähr 1020 MeV und einer Breite von ungefähr 4 MeV. Tabelle A4 im Anhang zeigt, daß das ϕ^0 Meson

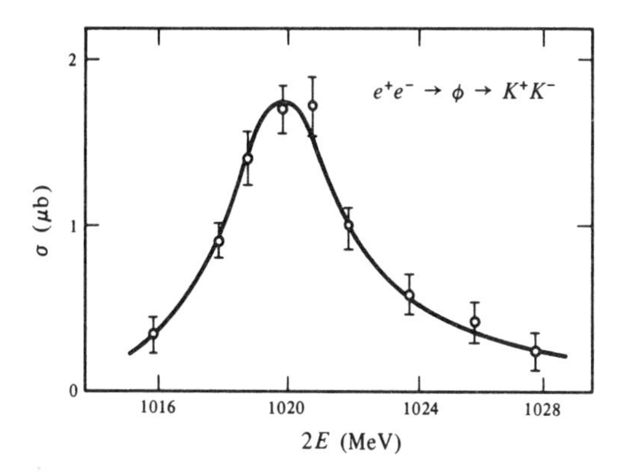

Bild 10.18 Wirkungsquerschnitt für den Prozeß $e^+e^- \to K^+K^-$. [Aus V.A. Sidorov (NOVOSIBIRSK), *Proceedings of the 4th International Symposium on Electrons and Photon Interactions,* (D.W. Braben, ed.) Daresbury Nuclear Phys. Lab., 1969.]

diese beiden Eigenschaften besitzt. Die Beobachtung der Reaktion $e^+e^- \longrightarrow \pi^+\pi^-\pi^0$ liefert einen Peak bei ungefähr 780 MeV mit einer ungefähren Breite von 10 MeV. Diese Werte weisen auf das ω^0 hin. Das virtuelle Photon in der Reaktion $e^+e^- \longrightarrow$ Hadronen erzeugt Resonanzen an den Stellen von ρ^0, ω^0 und ϕ^0. Um zu sehen, was diese drei Mesonen gemeinsam haben, fassen wir ihre Eigenschaften in Tabelle 10.1 zusammen.

Tabelle 10.1 Vektor-Mesonen. π ist die Parität und η_c die Ladungsparität des Vektor-Mesons.

Meson	I	J	π	η_c	Y	Ruh-Energie (*MeV*)	Breite (*MeV*)	Hauptsächlicher Zerfallsmodus
ρ^0	1	1	−1	−1	0	770	146	$\pi\pi$
ω^0	0	1	−1	−1	0	784	10	$\pi^+\pi^-\pi^0$
ϕ^0	0	1	−1	−1	0	1019	4	$K\bar{K}$

Die drei Mesonen in Tabelle 10.1 genügen den oben gestellten Bedingungen: sie haben Spin $J = 1$, negative Parität, negative Ladungsparität und Hyperladung 0. Da ein Vektor negative Parität hat und die gleiche Anzahl von unabhängigen Komponenten wie ein Spin 1-Teilchen, werden die Mesonen Vektormesonen genannt. Das ρ hat Isospin 1 und ist ein Isovektor, während die beiden anderen Isoskalare sind. Wie in Abschnitt 8.6 nach Gl. 8.30 ausgeführt, ist der Operator der elektrischen Ladung aus einem Isoskalar und der dritten Komponente eines Isovektors zusammengesetzt. Das Photon als Träger der elektromagnetischen Kraft sollte die gleichen Transformationseigenschaften haben, und es stimmt mit den Vektormesonen in ihren Isospineigenschaften überein. Die Diagramme für die Erzeugung der drei Vektormesonen aus Tabelle 10.1 sind in Bild 10.19 gegeben.

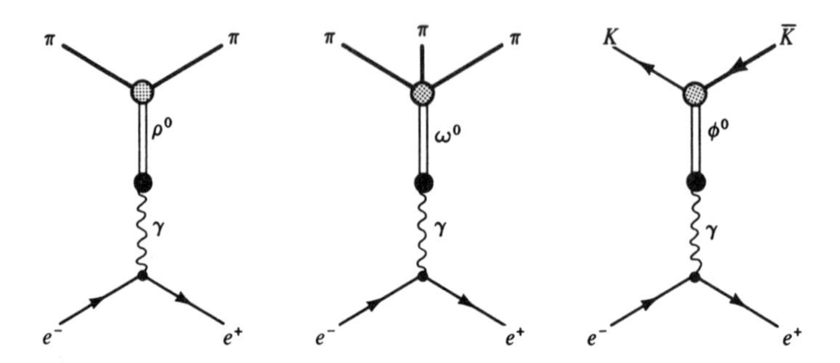

Bild 10.19 Die Umwandlung eines virtuellen Photons in ein Vektormeson gibt Anlaß zu Resonanzen und ihren Zerfällen in Experimenten, die man in Speicherringen beobachtet.

10.8 *Die Photon-Hadron-Wechselwirkung: reelle und raumartige Photonen*

Are there not other original Properties of the Rays of Light, besides those already described?

Newton, *Opticks*

Die Wechselwirkung von reellen Photonen mit Hadronen bei kleiner und mittlerer Energie (etwa unterhalb 20 MeV) war der Gegenstand umfangreicher Untersuchungen in den letzten 40 Jahren. Ein Beispiel, die Multipolstrahlung, wurde in Abschnitt 10.5 behandelt. Ein anderer, sehr bekannter Fall, ist die Photospaltung des Deuterons

$$\gamma d \longrightarrow pn,$$

die 1934 durch Chadwick und Goldhaber [18]) entdeckt und zur Messung der

18 J. Chadwick und M. Goldhaber, *Proc. Roy. Soc.* (London) **A151**, 479 (1935).

Deuteronenmasse benutzt wurde. Ein drittes Beispiel ist die Untersuchung von angeregten Kernzuständen mit γ-Strahlen als Geschoßteilchen. Der Wirkungsquerschnitt für Gammastrahlenabsorption zeigt die Existenz von individuellen angeregten Zuständen und das Auftreten von Riesendipolresonanzen [19]). Die grundlegenden Eigenschaften des resultierenden Wirkungsquerschnitts wurden schon in Bild 5.27 gezeigt. Solche Untersuchungen liefern eine Menge von Informationen über die Kernstruktur, aber sie bringen uns wenig Neues über die Natur der Photon-Hadron-Wechselwirkung bei: das Photon wechselwirkt mit den Ladungen und Strömen im Kern. Die Verteilungen der Ladungen und Ströme sind durch die hadronischen Kräfte bestimmt. Nimmt man an, daß sie gegeben sind, dann kann die Wechselwirkung mit den untersuchten Photonen mit dem Hamiltonoperator Gl. 10.87 beschrieben werden. Unterhalb von etwa 100 MeV für das einfallende Photon kann dieses Verhalten verstanden werden: die reduzierte Photonenwellenlänge ist von der Größenordnung 2 fm oder größer. Kurz genug, um einige Details der Kernladung und der Stromverteilungen zu untersuchen, aber nicht kurz genug, um Einzelheiten der Photon-Nukleon-Wechselwirkung zu studieren [20]).

Die Wechselwirkungen von Photonen mit sehr hohen Energien ($E \geqq$ einige GeV) mit Hadronen bringt ein anderes Bild und neue Aspekte tauchen auf: die Photonen zeigen hadronenähnliche Eigenschaften [21]). Die Wurzeln dieser Eigenschaften können mit Konzepten verstanden werden, die schon früher eingeführt wurden. In Abschnitt 3.3 wurde die Produktion von reellen Elektron-Positronpaaren durch reelle Photonen erwähnt. Im vorigen Abschnitt wurde gefunden, daß zeitartige Photonen Hadronen erzeugen können, wie Bild 10.19 andeutet. Um das Hochenergieverhalten reeller Photonen zu beschreiben, betrachten wir jetzt solche Prozesse detaillierter. Wie schon in Abschnitt 3.3 (Aufgabe 3.22) festgestellt wurde, kann ein Photon kein reelles Paar schwerer Teilchen im freien Raum erzeugen. Ein Kern muß vorhanden sein, der den Impuls aufnimmt, um die Erhaltungssätze für Energie und Impuls zu erfüllen. Das Unbestimmtheitsprinzip erlaubt jedoch eine Verletzung der Energieerhaltung um den Betrag ΔE für Zeiten kleiner als $\hbar/\Delta E$. Ein Photon kann daher ein virtuelles Paar oder ein virtuelles Teilchen mit den gleichen Quantenzahlen wie das Photon und mit der Gesamtenergie ΔE erzeugen, aber ein solcher Zustand kann nur für eine Zeit kleiner als $\hbar/\Delta E$ existieren. Man betrachte als einfaches Beispiel den virtuellen Zerfall eines Photons der Energie E_γ in ein Hadron h mit der Masse m_h. Die

19 Siehe z.B., F. W. K. Firk, *Ann. Rev. Nucl. Sci.* **20**, 39 (1970).

20 • Durch verschiedene Rechnungen wurde gezeigt, daß die Streuung von Photonen, deren Energie gegen Null geht, insgesamt durch die statischen Teilcheneigenschaften, Masse, Ladung und höhere Momente bestimmt wird. W. Thirring, *Phil. Mag.* **41**, 1193 (1950); F. E. Low, *Phys. Rev.* **96**, 1428 (1954); M. Gell-Mann und M. L. Goldberger, *Phys. Rev.* **96**, 1433 (1954).•

21 L. Stodolsky, *Phys. Rev. Letters* **18**, 135 (1967); S. J. Brodsky und J. Pumplin, *Phys. Rev.* **182**, 1794 (1969); V. N. Gribov, *Soviet Phys. JETP* **30**, 709 (1970).

Impulserhaltung fordert, daß Photon und Hadron den gleichen Impuls $p \equiv p_\gamma = E_\gamma/c$ haben. Die Energie eines freien Hadrons mit der Masse m_h und dem Impuls p ist

$$E_h = [(pc)^2 + m_h^2c^4]^{1/2} = [E_\gamma^2 + m_h^2c^4]^{1/2},$$

und die Energiedifferenz zwischen Photon und virtuellem Hadron wird

$$\Delta E = E_h - E_\gamma = [E_\gamma^2 + m_h^2c^4]^{1/2} - E_\gamma. \tag{10.94}$$

Die Grenzfälle für Photonenenergien, klein und groß, verglichen mit m_hc^2, sind

$$\Delta E = m_hc^2, \qquad E_\gamma \ll m_hc^2, \tag{10.95a}$$

$$\Delta E = \frac{m_h^2c^4}{2E_\gamma}, \qquad E_\gamma \gg m_hc^2. \tag{10.95b}$$

Die Zeiten, während derer die Hadronen "virtuell existieren" können, sind

$$T = \frac{\hbar}{m_hc^2}, \qquad E_\gamma \ll m_hc^2, \tag{10.96a}$$

$$T = \frac{2\hbar E_\gamma}{m_h^2c^4}, \qquad E_\gamma \gg m_hc^2. \tag{10.96b}$$

Das Hadron kann höchstens Lichtgeschwindigkeit haben, und der Abstand, den es während seiner virtuellen Existenz durchläuft, ist durch

$$L \lesssim \frac{\hbar}{m_hc} = \bar{\lambda}_h, \qquad E_\gamma \ll m_hc^2, \tag{10.97a}$$

$$L \lesssim \frac{2\hbar E_\gamma}{m_h^2c^3} = 2\bar{\lambda}_h\frac{E_\gamma}{m_hc^2}, \qquad E_\gamma \gg m_hc^2 \tag{10.97b}$$

begrenzt, wobei $\bar{\lambda}_h$ die reduzierte Comptonwellenlänge des Hadrons ist. Die Quantenzahlen des Photons erlauben keinen Zerfall des Photons in ein Pion; der kleinste mögliche Hadronenzustand besteht aus zwei Pionen, und $\bar{\lambda}_h$ ist daher durch

$$\bar{\lambda}_h \lesssim \frac{\hbar}{2m_\pi c} \approx 0{,}7\ \text{fm}. \tag{10.98}$$

begrenzt. Das Teilchen der kleinsten Masse mit $J^\pi = 1^-$ ist das ρ-Meson, für das $\bar{\lambda}_h \approx 0{,}3$ fm ist. Gleichung 10.97a zeigt dann, daß die Weglänge von virtuellen Hadronen, die mit Photonen geringer Energie verbunden sind, viel kleiner ist als die Kern- und sogar kleiner als die Nukleonendimension. Gleichung 10.97b aber macht klar, daß die Weglängen bei Photonenenergien, die über einige GeV hinausgehen, viel größer als die Kerndurchmesser werden können.

Das bisher gegebene Argument bringt eine Erklärung, wie weit ein virtuelles Hadron laufen kann, wenn es das Photon begleitet, es macht aber keine

Aussage darüber, wie oft eine hadronische Fluktuation entsteht. Um die zweite Eigenschaft zu beschreiben, geben wir die normierte Zustandsfunktion $|\gamma\rangle$ des reellen Photons an:

$$|\gamma\rangle = c_0|\gamma_0\rangle + c_h|h\rangle. \tag{10.99}$$

Hier ist $c_0|\gamma_0\rangle$ der reine elektromagnetische Teil des Photons (nacktes Photon) und $c_h|h\rangle$ der hadronische Anteil (Hadronenwolke). Das Absolutquadrat $c_h^* c_h$ gibt die Wahrscheinlichkeit an, das Photon in einem Hadronenzustand zu finden; wie wir später sehen werden, ist sie proportional zu α. Wir werden weiter unten zu einer genaueren Diskussion von $|h\rangle$ zurückkehren, bemerken aber hier, daß wir z.B. in Analogie zu der Produktion von reellen Leptonenpaaren (Bild 3.7) erwarten, daß das Verhältnis c_h/c_0 mit steigender Energie größer wird. Selbst ein kleiner Anteil wird experimentell beobachtbar sein, weil die hadronische Kraft so viel stärker ist als die elektromagnetische. In Bild 10.20 stellen wir nieder- und hochenergetische Photonen zusammenfassend dar.

Die Frage, ob das Photon tatsächlich von einer Hadronenwolke begleitet wird, muß durch das Experiment entschieden werden. Wir wollen zwei Beispiele diskutieren, die die Existenz einer hadronischen Komponente deutlich machen. Das erste ist die Streuung von Photonen an Nukleonen. Die Gesamtwirkungsquerschnitte der Photonenstreuung mit Energien bis zu 16 GeV an Protonen und Neutronen wurden gemessen, und das Ergeb-

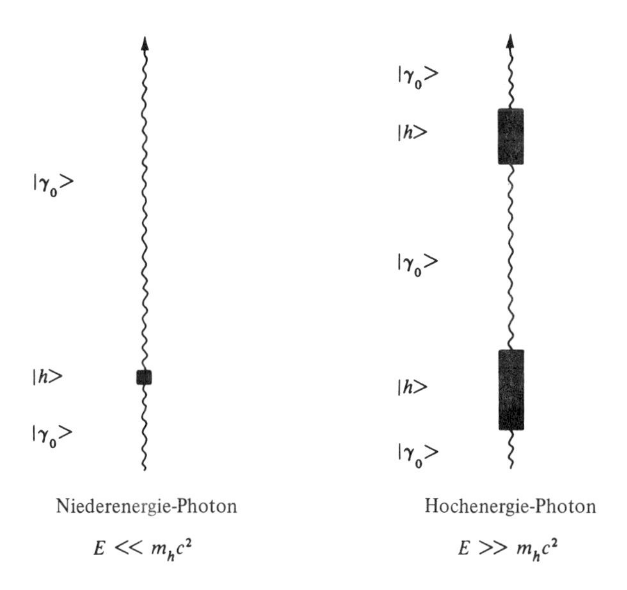

Bild 10.20 Photonen mit niedriger und hoher Energie. Der hadronische Anteil für Photonen mit niedriger Energie ist unbedeutend. Das Photon mit hoher Energie wird von einer Hadronenwolke umgeben, die zu beobachtbaren Effekten führt.

nis ist in Bild 10.21 gezeigt [22]. Wenn die Energie über einige GeV ansteigt, beginnen die beiden Wirkungsquerschnitte zusammenzulaufen. Wenn die Photonen nur mit der elektrischen Ladung wechselwirken würden, dann müßten Proton und Neutron verschiedene Gesamtwirkungsquerschnitte haben, weil ihre elektromagnetischen Eigenschaften verschieden sind, wie es durch ihre Formfaktoren G_E und G_M angezeigt wird. Die Gln. 6.46 und 6.48 deuten an, daß der elektrische Formfaktor des Neutrons verschwindet, d.h. daß das Neutron nicht nur überall neutral ist, sondern überhaupt eine sehr kleine elektrische Ladung besitzt. Der magnetische Formfaktor des Neutrons ist im Verhältnis $|\mu_n/\mu_p| \approx 0,7$ kleiner als der des Protons. Wenn das Photon nur mit den elektrischen Ladungen und Strömen wechselwirken würde, dann wäre die Streuung an Neutronen kleiner als die am Proton. Für die hadronische Komponente $c_h|h\rangle$ ist die Situation anders. Proton und Neutron bilden ein Isospinduplett. Nach Gl. 8.15 kommutiert der hadronische Hamiltonoperator mit $\vec{I}$ und die hadronische Struktur ist unabhängig von der Orientierung im Isospinraum. Protonen und Neutronen haben daher die gleiche hadronische Struktur. Die Kräfte zwischen Hadronen sind ladungsunabhängig und hängen nicht von der Orientierung des Nukleonenisospinvektors ab. Experimentell ist tatsächlich bekannt, daß Hadronen-Protonen- und Hadronen-Neutronen-Wirkungsquerschnitte bei hohen Energien ungefähr gleich sind [23]. Die Komponente $c_h|h\rangle$ sollte daher gleiche Streuung an Protonen und Neutronen erzeugen. Wie Bild 10.21 zeigt, nähern sich die Wirkungsquerschnitte $\sigma(\gamma, p)$ und $\sigma(\gamma, n)$ bei Energien $E_\gamma \gg m_h c^2$ tatsächlich einander an und zeigen damit, daß der Term $c_h|h\rangle$ dominant wird.

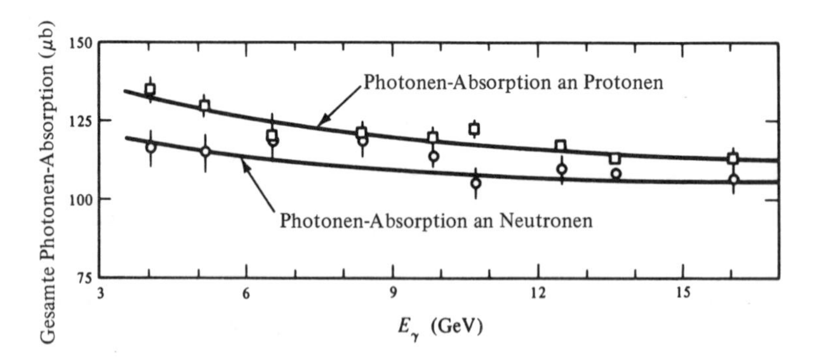

Bild 10.21 Totaler Absorptionsquerschnitt von Photonen an Nukleonen. Sehr unterschiedliche Wirkungsquerschnitte werden erwartet, wenn das Photon mit der elektrischen Ladung wechselwirkt. Wenn die Absorption über Vektormesonen (Hadronen) erfolgt, sollte die Absorption für Neutronen- und Protonen-Targets die gleiche sein. [Nach D.O. Caldwell et al., *Phys. Rev. Letters* **25**, 613 (1970).]

22 D. O. Caldwell, et al., *Phys. Rev. Letters* **25**, 609, 613 (1970); *Phys. Rev.* **D7**, 1362 (1973).
23 J. V. Allaby et al., *Phys. Letters* **30B** 500 (1969).

Das Verhalten des Gesamtwirkungsquerschnitts für Photonen an Kernen als Funktion der Baryonenzahl A des Streuers liefert einen zweiten deutlichen Hinweis für eine hadronische Eigenschaft von hochenergetischen Photonen. Unterhalb von einigen GeV ist der totale Wirkungsquerschnitt proportional zu A,

$$\sigma_{\text{tot}}(\gamma) \propto A, \qquad E < \text{GeV}, \tag{10.100}$$

während er bei ca. 15 GeV weniger steil mit der Massenzahl A ansteigt [24]) [25]) :

$$\sigma_{\text{tot}}(\gamma) \propto A^{0,9}, \qquad E \approx 15\,\text{GeV}. \tag{10.101}$$

Die Abweichung vom Exponenten 1 liegt wenigstens sechsmal außerhalb der Fehlergrenzen. Um zu zeigen, daß dies experimentelle Ergebnis mehr Evidenz für die Existenz eines hadronischen Beitrags zum Photon liefert, wollen wir das Verhalten der beiden Komponenten $|\gamma_0\rangle$ und $|h\rangle$ getrennt diskutieren. Betrachten wir zuerst ein nacktes Photon $|\gamma_0\rangle$. Die mittlere freie Weglänge von Photonen mit ca. 15 GeV Energie in Kernmaterie (ein unendlich großer Kern) beträgt ungefähr 600 fm. Diese Zahl folgt aus den Werten der Photon-Nukleon-Wechselwirkung in Bild 10.21, $\sigma \approx 10^{-2}\,\text{fm}^2$, und die Kerndichte beträgt ungefähr $\rho_n \approx 0{,}17$ Nukleonen/fm^3 [s. Gl. 6.36]. Da der Kerndurchmesser, auch der schwersten Kerne, kleiner als 20 fm ist, "beleuchten" nackte Photonen die Kerne gleichförmig und der Beitrag des Terms $c_0|\gamma_0\rangle$ zum Wirkungsquerschnitt ist proportional zu A (Bild 10.22). Der hadronische Term $c_h|h\rangle$ liefert zwei Beiträge zum Gesamtquerschnitt. Wie im Kapitel 12 gezeigt werden soll, ist der Wirkungsquerschnitt der Hadronen von der Größenordnung von 3 fm^2 und die mittlere freie Weglänge beträgt etwa 2 fm. Wenn sich das Photon innerhalb des Kerns in den Hadronenzustand transformiert, dann wird das Hadron in der Nähe sei-

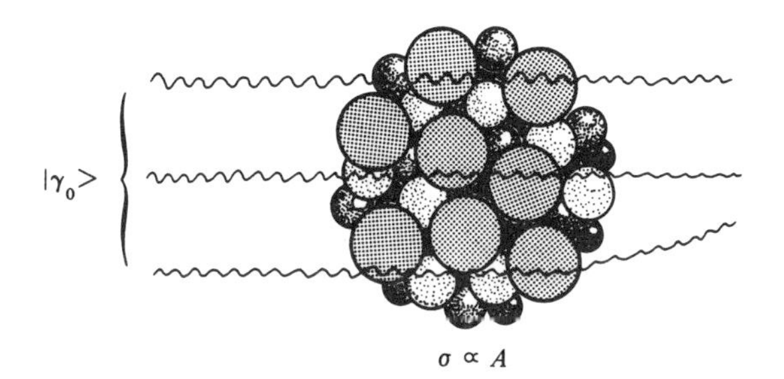

Bild 10.22 Das nackte Photon ohne hadronische Wechselwirkung hat in Kernmaterie eine mittlere freie Weglänge von etwa 600 fm; es beleuchtet die Kerne gleichförmig. Der entsprechende Wirkungsquerschnitt ist proportional zur Massenzahl A.

24 E. M. Henley, *Comments Nucl. Particle Phys.* 4, 107 (1970); F. V. Murphy und D. E. Yount, *Sci. Amer.* 224, 94 (Juli 1971).

25 D. O. Caldwell, V. B. Elings, W. P. Hesse, G. E. Jahn, R. J. Morrison, F. V. Murphy und D. E. Yount, *Phys. Rev. Letters* 23, 1256 (1969).

ner Entstehung wechselwirken (Bild 10.23). Da das Hadron überall entstehen kann, ist der Anteil zum gesamten Querschnitt proportional zu A, genauso wie bei einem nackten Photon. Andererseits wechselwirken Photonen, die entstehen, **bevor** sie auf den Kern treffen, mit Nukleonen der Oberfläche wegen ihrer kurzen freien mittleren Weglänge. Der entsprechende Anteil zum totalen Wirkungsquerschnitt ist daher proportional zur Kernoberfläche oder zu $A^{2/3}$. Bei einer gegebenen Photonenenergie ist der Gesamtwirkungsquerschnitt die Summe der drei Anteile und er sollte die Form

$$\sigma(\gamma A) = aA + bA^{2/3} \qquad (10.102)$$

haben. Wie oben festgestellt, kommt der zweite Term von Photonen, die sich in Hadronen transformieren, bevor sie den Kern treffen; Bild 10.23 macht klar, daß solche Hadronen eine Chance haben zu wechselwirken, wenn sie innerhalb der Entfernung L erzeugt werden. Bei hohen Photonenenergien ist nach Gl. 10.97b L groß gegen die Kerndurchmesser und proportial zu E_γ. Bei gleichen Bedingungen sollte der Koeffizient b daher proportional zu E_γ sein und der Oberflächenterm sollte bei Energien, die groß im Vergleich zu $m_h c^2$ sind, dominant werden. Das Verhalten des Wirkungsquerschnitts in den Gln. 10.100 und 10.101 kann daher mit virtuellen Hadronen verstanden werden.

Den Ausdruck für die Hadronenwolke des Photons, $c_h|h\rangle$, kann man in einer informativen Form unter Verwendung der Störungstheorie schreiben. Die Zustände der verschiedenen Hadronen und des Photons seien in Abwesenheit einer elektromagnetischen Wechselwirkung durch die Schrödinger-Gleichung

$$H_h|\gamma_0\rangle = 0$$
$$H_h|n\rangle = E_n\,|n\rangle \qquad (10.103)$$

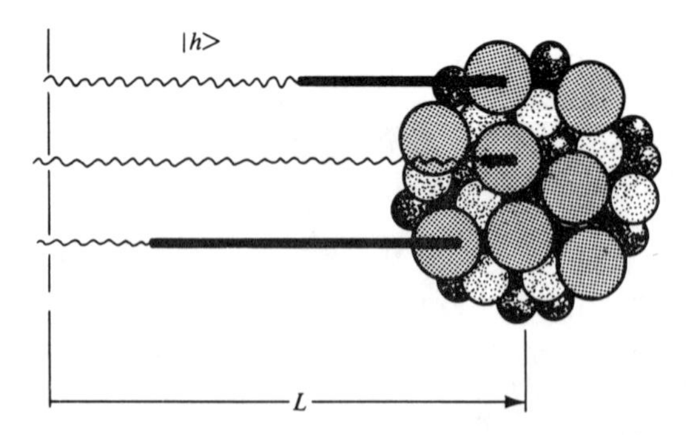

Bild 10.23 Photonen, die sich in virtuelle Hadronen verwandeln, wechselwirken mit Kernen auf zwei Arten: wenn sich das Photon innerhalb des Kerns umwandelt, ist der Beitrag zum Wirkungsquerschnitt proportional zu A. Wenn die Umwandlung vor dem Kern auftritt, wechselwirken die Hadronen in der Oberfläche, und der Wirkungsquerschnitt ist proportional zu $A^{2/3}$. Das Bild zeigt nur wechselwirkende Photonen. Weit mehr Photonen durchlaufen den Kern ohne eine Umwandlung in Hadronen.

gegeben. H_h ist der hadronische Hamiltonoperator, $|\gamma_0\rangle$ die Zustandsfunktion des nackten Photons und $|n\rangle$ stellt einen hadronischen Zustand dar. Wird die elektromagnetische Wechselwirkung eingeschaltet, dann werden dem Zustand des nackten Photons hadronische Zustände überlagert:

$$|\gamma\rangle = c_0|\gamma_0\rangle + \sum_n c_n|n\rangle \tag{10.104}$$
$$|c_0|^2 + \sum_n |c_n|^2 = 1.$$

Da H_{em} viel schwächer als H_h ist, sind die Entwicklungskoeffizienten c_n klein und $c_0 \approx 1$. Der Zustand des physikalischen Photons ist eine Lösung der vollständigen Schrödinger-Gleichung

$$(H_h + H_{em})|\gamma\rangle = E_\gamma|\gamma\rangle. \tag{10.105}$$

Setzt man die Entwicklung Gl. 10.104 in Gl. 10.105 ein, so erhält man mit Gl. 10.103 und $\langle n|\gamma_0\rangle = 0$, $c_n \ll 1$,

$$c_n = \frac{\langle n|H_{em}|\gamma_0\rangle}{E_\gamma - E_n}. \tag{10.106}$$

Die Energiedifferenz zwischen der Photonenenergie E_γ und der Hadronenenergie E_n ist durch Gl. 10.94 gegeben; für große Photonenenergien wird der Entwicklungskoeffizient mit Gl. 10.95b

$$c_n = \langle n|H_{em}|\gamma_0\rangle\frac{2E_\gamma}{m_h^2c^4}. \tag{10.107}$$

Das Quadrat des Matrixelements ist von der Größenordnung $\alpha \approx 1/137$; wenn es konstant ist, dann sollte der Beitrag des hadronischen Zustandes $|n\rangle$ zum Photonenzustand proportional zur Photonenenergie sein. Bei E_γ-Werten, die klein gegen m_hc^2 sind, verhält sich das Photon wie ein gewöhnliches Lichtquant. Um wirkliche Werte von c_n zu berechnen und so die Hadronenwolke zu finden, müssen die Wellenfunktion des Zustands $|n\rangle$ und H_{em} bekannt sein. Gegenwärtig glaubt man, daß H_{em} durch die minimale elektromagnetische Wechselwirkung gegeben ist, und daß alle Schwierigkeiten bei der Berechnung der Matrixelemente von dem Fehlen eines detaillierten Verständnisses der Struktur des Hadronenzustands $|n\rangle$ herstammen.

● Da es, wie wir gerade festgestellt haben, keine allgemeine Theorie gibt, die eine vollständige Berechnung von $|h\rangle$ erlaubt, werden dafür vereinfachte Modelle hergenommen. Kein Modell beschreibt gegenwärtig alle Experimente, aber das Vektor-Dominanz-Modell (VDM) ist bei der Korrelierung vieler Aspekte verhältnismäßig erfolgreich. Dieses Modell wurde von Sakurai[16]) eingeführt, und es beruht auf der Annahme, daß die leichtesten Vektormesonen ρ, ω und ϕ die einzigen hadronischen Zustände von Bedeutung in der Summe der Gl. 10.104 sind. Daher erscheinen nur drei Matrixelemente der Form $\langle V|H_{em}|\gamma_0\rangle$ und die genäherten Werte davon erhält man aus Experimenten bei der Erzeugung von Vektormesonen in Speicherringen.

Als Beispiel für die Anwendung des VDM wollen wir wieder kurz die A-Abhängigkeit des Gesamtquerschnitts für die Photonen-Kernwechselwirkung diskutieren[24]). Man betrachte zuerst die in Bild 10.24 gezeigten Prozesse. Ein einfallendes Photon transformiert sich in ein Vektormeson V mit einer Wahrscheinlichkeitsamplitude g_V, und die Wechselwirkung mit dem Kern erfolgt durch das Vek-

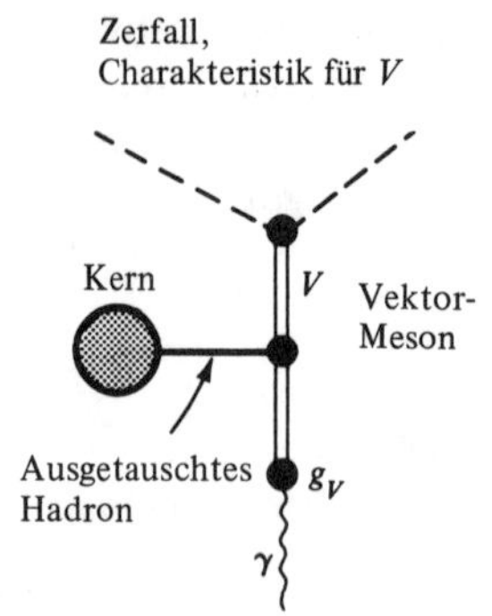

Bild 10.24 Vorwärtsstreuung eines Vektormesons. Das einfallende, hochenergetische Photon verwandelt sich in ein Vektormeson, das dann mit dem Kern durch den Austausch eines Hadrons wechselwirkt.

tormeson V. Der Gesamtquerschnitt $\sigma_{tot}(V)$ für die Wechselwirkung von V mit dem Kern erhält man aus dem optischen Theorem, Gl. 6.63,

$$\sigma_{tot}(V) = \frac{4\pi}{k} \operatorname{Im} f_V(0°). \tag{10.108}$$

Hier ist $f_V(0°)$ die elastische Streuamplitude bei 0° (Vorwärtsstreuung). An diesem Punkt ergibt sich ein neues Problem: Streuung kann durch Transformation eines Photons in ein ρ, ω oder ϕ auftreten. Können wir die drei Wirkungsquerschnitte addieren oder müssen wir die Amplituden addieren? Die Antwort ist aus der Optik und Quantenmechanik gut bekannt: die Intensitäten (Wirkungsquerschnitte) können addiert werden, wenn entschieden werden kann, durch welchen Kanal ein gegebenes Ereignis aufgetreten ist. In diesem Fall ist eine solche Entscheidung möglich: das vorwärtsgestreute Vektormeson kann durch seine Zerfallprodukte identifiziert werden. Aus Gl. 10.108 folgt dann, daß keine Interferenz zwischen den drei Wirkungsquerschnitten $\sigma(\rho)$, $\sigma(\omega)$ und $\sigma(\phi)$ auftritt. Wenn die Wahrscheinlichkeitsamplitude des Photons, das sich in ein ρ-Vektormeson transformiert, durch g_ρ gegeben ist, dann ist der Wirkungsquerschnitt für die Wechselwirkung durch die Erzeugung eines Rho durch $|g_\rho|^2\sigma_{tot}(\rho)$ gegeben. Der Gesamtquerschnitt für die Gammastrahlung ist die Summe über die drei Anteile

$$\sigma_{tot}(\gamma) = \sum_V |g_V|^2 \sigma_{tot}(V). \tag{10.109}$$

Da die Vektormesonen in Kernmaterie eine mittlere freie Weglänge von etwa 1 fm haben[26]), wechselwirken sie nur mit den Nukleonen an der Kernoberfläche, und der gesamte Wirkungsquerschnitt für das Vektormeson ist proportional zur Kernoberfläche

$$\sigma_{tot}(V) \propto A^{2/3}. \tag{10.110}$$

Diese Gleichung sagt aus, daß der Photonengesamtquerschnitt proportional zu dem der Vektormesonen, oder zu $A^{2/3}$ sein sollte. Wir haben so den Oberflächenterm aus Gl. 10.102 mit einem speziellen Modell zurückgewonnen.

Schließlich kommen wir zum dritten Fall, s. Bild 10.16, dem Austausch von raumartigen Photonen in der Leptonen-Hadronenstreuung. Ein Spezialfall, die elastische Elektron-Nukleon-Streuung, wurde schon in Abschnitt 6.7 diskutiert. Dort wiesen wir darauf hin, daß die Nukleonenstruktur Anlaß zu einer Abweichung des Streuquerschnitts von dem gibt, den man für ein Punktteilchen erwartet, und daß diese Abweichung durch Formfaktoren ausgedrückt wird. Ein Beispiel, der magnetische Formfaktor des Protons, ist in Bild 6.13 gezeigt. Die Blase in Bild 10.16 (c) ist nur ein Ausdruck für die gleiche Tatsache, und der Formfaktor beschreibt die Eigenschaften der Wechselwirkung von raumartigen Photonen mit dem Nukleon. Es ist interessant festzustellen, daß die erste Vermutung für die Existenz eines isoskalaren Vektormesons im Jahre 1957 von Nambu kam, um den Formfak-

26 J. G. Asbury, U. Becker, W. K. Bertram, P. Joos, M. Rohde, A. S. S. Smith, C. L. Jordan und S. C. C. Ting, *Phys. Rev. Leters* **19**, 865 (1967).

tor des Nukleons[27]) zu erklären; ein Isovektor-Vektormeson wurde ebenso postuliert[28]). Da daher Vektormesonen erfunden wurden, um den Formfaktor von Nukleonen zu beschreiben, und da Nukleonenformfaktoren raumartige Photonen involvieren, würde man annehmen, daß das VDM raumartige Photonen besonders gut beschreiben würde. Diese Erwartung wird jedoch nicht erfüllt. Das einfache VDM beschreibt die Formfaktoren nicht angemessen. Weiterhin kann Elektronenstreuung auch zu inelastischen Ereignissen führen, wobei das Proton im Endzustand durch andere Hadronen begleitet wird, die während der Wechselwirkung entstanden sind. Von besonderem Interesse ist die „tiefinelastische Elektronenstreuung", bei der der Impulsübertrag auf das Nukleon groß ist und das Nukleon hoch angeregt wird[29]) (Abschnitt 6.8). Versuche, die Eigenschaften dieser Prozesse mit der Vektordominanz zu erklären, schlugen fehl, und ein anderer Wechselwirkungsmechanismus muß sich abspielen. Wie das Photon wechselwirkt, wird noch nicht verstanden. ●

Die Ergebnisse der letzten beiden Abschnitte können folgendermaßen zusammengefaßt werden: das Photon zeigt hadronenähnliche Eigenschaften bei seiner Hochenergiewechselwirkung mit Hadronen, aber es existiert gegenwärtig keine genauere Erklärung für diese Eigenschaften.

10.9 *Zusammenfassung und offene Probleme*

Are not all Hypotheses erroneous which have hitherto been invented for explaining the Phaenomena of Light, by new Modifications of the Rays?

Newton, *Opticks*

Die Quantenelektrodynamik, die Beschreibung der Wechselwirkung von Photonen und Leptonen, ist eine extrem erfolgreiche Theorie. Brodski und Drell sagen zu dieser Situation[13]): "QED ist mit vollem und phantastischem Erfolg über einen Bereich von 24 Dekaden für die Wellenlänge des Photons angewendet worden, von subnuklearen Dimensionen von 10^{-14} cm bis hin zu $5,5 \times 10^{10}$ cm (ungefähr 80 Erdradien)". Die Quantenelektrodynamik gibt präzise Antworten auf Fragen, die die Wechselwirkungen zwischen Leptonen und Photonen betreffen. Probleme bleiben, aber sie sind viel tiefer und scheinen außerhalb des Rahmens der QED zu liegen: warum ist die Ladung quantisiert? Was bestimmt die Ladung und Masse des Elektrons? Warum existieren nur zwei geladene Leptonen? Gibt es einen fundamentalen Grund für diese Beschränkung oder gibt es in der Natur schwere Leptonen? Fragen dieser Art werden wahrscheinlich einen tieferen Einblick in die Natur aller Wechselwirkungen erlauben, nicht nur der elektromagnetischen[30]).

27 Y. Nambu, *Phys. Rev.* **106**, 1366 (1957).

28 W. R. Frazer und J. Fulco, *Phys. Rev. Letters* 2, 365 (1959).

29 H. W. Kendall und W. K. H. Panofsky, *Sci Amer.* **224**, 61 (Juni 1971).

30 Der Solvay-Kongreß von 1961 war der Quantenfeldtheorie gewidmet (*The Quantum Theory of Fields*, Wiley-Interscience, New York, 1961). Während einige Berichte und Erklärungen überholt sind, und einige weit über dem Niveau dieses Buches liegen, fasziniert der Rest des Buches, und gibt einen Einblick in das Denken von Menschen, die die Grundlagen der bestehenden Theorie geschaffen haben.

Die Wechselwirkung von Photonen mit Hadronen wird nicht länger durch die Quantenelektrodynamik bestimmt. Einige Experimente mit Hochenergiephotonen können mit der Annahme erklärt werden, daß sich Photonen in Vektormesonen transformieren, und daß diese mit den Hadronen koppeln. Andere Experimente, besonders die tiefinelastische Streuung der Elektronen, können nicht durch die Vektordominanz beschrieben werden. Wann ist das Vektordominanzmodell anwendbar und welche Grenzen gibt es? Welche Wechselwirkung erklärt die tiefinelastische Elektronenstreuung? Gibt es ein verbindendes Prinzip, das die Beschreibung der Photon-Hadron-Wechselwirkung bei allen Energien und in raum- und zeitartigen Gebieten beschreibt? Wir stehen hier am Anfang eines Gebietes und weitere Überraschungen sind zu erwarten.

Schließlich kommen wir zu einem anderen, ungelösten Aspekt der elektromagnetischen Wechselwirkung, der möglichen Existenz von magnetischen Monopolen. Die klassiche Elektrodynamik beruht auf der Beobachtung, daß elektrische, aber nicht magnetische Ladungen existieren. Das Magnetfeld wird immer durch magnetische Dipole, niemals durch magnetische Ladungen (Monopole) erzeugt. Diese Tatsache wird durch die Maxwellgleichung

$$\nabla \cdot \mathbf{B} = 0 \tag{10.111}$$

ausgedrückt. Da diese Relation einen experimentellen Befund beschreibt, muß die Frage nach ihrer Gültigkeit gestellt werden. Schon 1931 schlug Dirac eine Theorie mit magnetischen Monopolen vor [31]). In dieser Theorie wird Gl. (10.111) durch

$$\nabla \cdot \mathbf{B} = 4\pi \rho_m \tag{10.12}$$

ersetzt, wo ρ_m die magnetische Ladungsdichte ist. In einer Erweiterung seines Werks zeigte Dirac, daß die Regeln der Quantenmechanik zu einer Quantisierung der elektrischen Ladung e und der magnetischen Ladung g führen [32]):

$$eg = \tfrac{1}{2} n\hbar c, \tag{10.113}$$

wobei n eine ganze Zahl ist. Schwinger bestätigte diese Beziehung [33]), (aber mit einem Faktor 2 statt $\frac{1}{2}$) und zog daraus einige spekulative Schlüsse. Zwei wichtige Eigenschaften folgen aus Gl. 10.113: (1) die Existenz eines magnetischen Monopols würde die Quantisierung der elektrischen Ladung erklären. (2) Das Quadrat der Gl. 10.113 gibt ungefähr

$$\frac{g^2}{\hbar c} \approx \frac{\hbar c}{e^2} \approx 137. \tag{10.114}$$

31 P. A. M. Dirac, *Proc. Roy. Soc.* (London) **A133**, 60 (1931).

32 P. A. M. Dirac, *Phys. Rev.* **74**, 817 (1948).

33 J. Schwinger, *Science* **165**, 757 (1969).

Die dimensionslose Konstante, die die Wechselwirkung zwischen zwei magnetischen Monopolen beschreibt, ist außerordentlich groß: diese Wechselwirkung könnte daher für die hadronische Kraft verantwortlich sein. Trotz beträchtlichem experimentellem Aufwand wurden keine magnetischen Monopole entdeckt[34]. Die gargantueske Stärke der Monopol-Monopol-Wechselwirkung könnte diesen Mangel erklären: Monopole sind wahrscheinlich sehr schwer und könnten mit den heutigen Beschleunigern nicht erzeugt werden. Experimente mit höheren Energien werden hoffentlich mehr Einblick in diese Frage gewähren.

10.10 *Literaturhinweise*

Eine klare Einführung in die klassische Elektrodynamik wird in den Feynman lectures, Band II gegeben. Eine komplettere und abstraktere Behandlung findet man bei Jackson.

Eine sehr einfache Einführung in die Quantenelektrodynamik gibt es nicht. Doch ist der Artikel von Fermi, wie schon in Fußnote 6 erwähnt, (*Rev. Modern Phys.* 4, 87 (1932)) und das Buch von Feynman (*Quantenelektrodynamik*) auch von vordiplomierten Studenten zu lesen, wenn sie nicht zu schnell aufgeben. Kurze Einführungen in die Quantisierung des elektromagnetischen Feldes können z. B. in den Quantenmechaniktexten von Merzbacher, Messiah oder E. G. Harris, *Quantenfeldtheorie, Eine elementare Einführung*, R. Oldenbourg München / J. Wiley New York, 1975 gefunden werden.

Auf einem anspruchsvolleren Niveau gibt es eine Anzahl von exzellenten Büchern, aber sie sind nicht leicht zu lesen. Trotzdem schreiben wir hier drei solcher Bücher für den Leser auf, der sich darum bemüht, die Quantenelektrodynamik zu verstehen: (1) W. Heitler, *Die Quantentheorie der Strahlung*, Oxford University Press, London 1954. Dieses Buch ist durch drei Auflagen gegangen und viele Physiker haben daraus ihre Strahlungstheorie gelernt. Es ist ein bißchen altmodisch, aber die physikalischen Gesichtspunkte werden klar dargestellt. (2) J.D. Bjorken und S.D. Drell, *Relativistische Quantenmechanik*, Mc Graw-Hill, New York, 1964 (in deutscher Übersetzung als BI-Taschenbuch Bd. 98, 1966). Dieses Buch ist moderner als das von Heitler und bringt eine klare Darstellung der physikalischen Ideen und der Rechenmethoden der relativistischen Quantenmechanik. (3) J. J. Sakurai, *Advanced Quantum Mechanics*, Addison-Wesley, Reading, Mass., 1967. Dieses Buch ist ein idealer Begleiter zu Bjorken und Drell. Es beleuchtet viele der gleichen Probleme von einem anderen Standpunkt aus.

---

34 H. H. Kolm, F. Villa und A. Odian, *Phys. Rev.* **D4**, 1285 (1971); L. W. Alvarez, P. H. Eberhard, R. Ross und R. D. Watt, *Science* **167**, 701 (1970); P. H. Eberhard, R. R. Ross, L. W. Alvarez und R. D. Watt, *Phys. Rev.* **D4**, 3260 (1971). Siehe auch A. O. Barut, *Phys. Letters* **38B**, 97 (1972).

Die klassischen Veröffentlichungen über QED sind zusammengefaßt und herausgegeben in J. Schwinger, ed., *Quantum Elektrodynamics*, Dover, New York, 1958.

Der gegenwärtige Beweis für die Gültigkeit der Quantenelektrodynamik wird diskutiert von S.J. Brodski und S.D. Drell, *Ann. Rev. Nucl. Sci.* 20, 147 (1970); R. Gatto in *High Energy Physics*, Vol. 5 (E.H.S. Burhop, ed.) Academic Press, New York, 1972; und B.E. Lautrup, A. Peterman, und E. de Rafael, *Phys. Rept.* 3C, 196 (1972). Die Literatur, die Tests der Quantenelektromechanik betrachtet, wird bei M.M. Sternheim, "Resource Letter TQE-1" *Am. J. Phys.* 40, 1363 (1972) zusammengefaßt.

Die speziellen Eigenschaften der Wechselwirkung von Hochenergiephotonen und Hadronen haben in den Textbüchern noch nicht ihren Platz gefunden. Der Leser, der etwas mehr über dies rasch wachsende Gebiet lernen will, muß zu Originalveröffentlichungen und Abhandlungen der verschiedenen internationalen Konferenzen und Sommerschulen greifen, z.B. zu J. Cummings und H. Osborne, eds., *Hadronic Interactions of Photons and Electrons*, Academic Press, New York, 1971. Ebenfalls betrachte man D.R. Yennie, *1972 Cargese Summer Institute on Electromagnetic Interactions of Elementary Systems* (wird veröffentlicht), und K. Gottfried, in *1971 International Symposium on Electron and Photon Interactions at High Energies*, Cornell Univ. 1972. Die Physik der Speicherringe wird in B.Touschek, ed., *Physics with Intersecting Storage Rings* (Italian Phys. Soc. Course 46), Academic Press, New York, 1971 behandelt.

Eine Behandlung der Wechselwirkung von Photonen in der MeV Gegend mit Kernen ist in J.M. Eisenberg und W. Greiner, *Nuclear Theory*, Vol. 2 enthalten: *Excitation Mechanisms of the Nucleus.*, North Holland, Amsterdam, 1970. Eine große Anzahl von Artikeln und Büchern geben einen Überblik über den Kernphotoeffekt; wir erwähnen nur einen der neueren, wo auch zusätzliche Referenzen gegeben werden: F.W. Firk, *Ann. Rev. Nucl. Sci.* 20, 39 (1970).

Aufgaben

10.1 Zeichnen Sie den Faktor der Übergangswahrscheinlichkeit $P_{N\alpha}(T)/4|\langle N|H_{\text{int}}|\alpha\rangle|^2$ aus Gl. 10.13 für die folgenden Zeiten T:
a) $T = 10^{-7}$ s.
b) $T = 10^{-22}$ s.

10.2 Leiten Sie die Goldene Regel Nr. 1, Gl. 10.21, ab, indem Sie die Näherung in Gl. 10.19 bis zur zweiten Ordnung entwickeln.

10.3 Betrachten Sie eine nichtrelativistische Streuung eines Teilchens mit dem Impuls $\mathbf{p} = m\mathbf{v}$ an einem festen Potential $H_{\text{int}} \equiv V(\mathbf{x})$ [Bild 10.1(b)]. Nehmen Sie an, daß die einfallenden und gestreuten Teilchen durch ebene

Wellen beschrieben werden können (Born'sche Näherung). L^3 ist das Quantisierungsvolumen.
a) Zeigen Sie mit der Goldenen Regel, daß die Übergangsrate in den Raumwinkel $d\Omega$ durch

$$dw = \frac{v}{L^3}\left|\frac{m}{2\pi\hbar^2}\int d^3x e^{i(\mathbf{p}_\alpha-\mathbf{p}_\beta)\cdot\mathbf{x}/\hbar}H_{\text{int}}\right|^2 d\Omega$$

gegeben ist.
b) Zeigen Sie, daß die Verbindung zwischen Wirkungsquerschnitt $d\sigma$ und Übergangsrate durch

$$w_{\beta\alpha} = F\,d\sigma$$

gegeben ist, wobei F der einfallende Fluß ist (Gl. 6.2).
c) Verifizieren Sie den Ausdruck der Bornschen Näherung, Gl. 6.13, für die Streuamplitude $f(\mathbf{q})$.

10.4 Verifizieren Sie die Gl. 10.26 durch die Berechnung der Zustandszahl in einem drei-dimensionalen Kasten mit dem Volumen L^3.

10.5 Leiten Sie die Lorentz-Kraft ab, wobei Sie mit der Hamiltongleichung 10.40 beginnen.

10.6 Zeigen Sie, daß der Term $q^2A^2/2mc^2$ in Gl. 10.41 in realistischen Situationen vernachlässigt werden kann.

10.7 Zeigen Sie, daß $q\rho(\mathbf{x})\mathbf{v}(\mathbf{x})$ in Gl. 10.46 die Ladung ist, die in der Zeiteinheit durch die Flächeneinheit geht.

10.8 Zeigen Sie, daß die Kontinuitätsgleichung, Gl. 10.50, eine Konsequenz der Maxwell'schen Gleichungen ist.

10.9 Beweisen Sie, daß die Gesamtenergie in einer ebenen elektromagnetischen Welle in einem Volumen V durch

$$W = V\frac{\overline{|\boldsymbol{\mathcal{E}}|^2}}{4\pi}$$

gegeben ist, wobei der $\boldsymbol{\mathcal{E}}$ der Vektor des elektrischen Feldes ist.

10.10 Gleichung 10.67 beschreibt die Übergangsrate der spontanen Emission einer Dipolstrahlung im Übergang $\alpha \longrightarrow \beta$.

a) Berechnen Sie den entsprechenden Ausdruck für die Absorption eines Photons durch Dipolstrahlung, die den Übergang $\beta \longrightarrow \alpha$ veranlaßt.
b) Vergleichen Sie die Übergangsraten für Emission und Absorption. Vergleichen Sie die Rate mit der, die man aus Zeitumkehr-Invarianz erwartet.

10.11 Beweisen Sie Gl. 10.69 und Gl. 10.70.

10.12 Stellen Sie das Strahlungsmuster dar, das durch die Gln. 10.73 und 10.74 für die Dipolstrahlung vorhergesagt wird, wenn man annimmt, daß der Vektor $\langle\beta|\mathbf{x}|\alpha\rangle$ in die z-Richtung zeigt. Vergleichen Sie damit das Strahlungsmuster einer klassischen Dipolstrahlung.

10.13 Verwenden Sie die Gl. 10.75 für eine grobe Abschätzung der mittleren Lebensdauer eines elektrischen Dipolübergangs
a) in einem Atom, $E_\gamma = 10\,\text{eV}$,
b) in einem Kern, $E_\gamma = 1\,\text{MeV}$.
Bestimmen Sie die relevanten Übergänge in Kernen und Atomen und vergleichen Sie Ihr Ergebnis mit den wirklichen Werten.

10.14 Diskutieren Sie eine genaue Methode zur Bestimmung der Feinstrukturkonstante.

10.15 Warum haben Kerne und Teilchen kein permanentes Dipolmoment? Warum können manche Moleküle ein dauerndes elektrisches Dipolmoment haben?

10.16 Warum erfolgt der Übergang $\Sigma^0 \longrightarrow \Lambda^0$ durch einen elektromagnetischen, und nicht durch einen hadronischen Zerfall?

10.17 Welcher Multipolübergang tritt bei dem Zerfall $\Sigma^0 \longrightarrow \Lambda^0$ auf? Verwenden Sie eine Extrapolation von Bild 10.11, um die mittlere Lebensdauer abzuschätzen. Vergleichen Sie den Wert mit dem jetzt bekannten Grenzwert.

10.18 Erklären Sie Zeit-Amplituden-Wandler (Converter) (TAC's).
a) Beschreiben Sie die Funktion eines TAC's.
b) Wie kann ein TAC zur Messung der mittleren Lebensdauer verwendet werden?
c) Zeichnen Sie das Blockdiagramm eines TAC's.

10.19 Zeigen Sie, daß ein $2^+ \xrightarrow{\gamma} 0^+$ Übergang, wie z.B. in Bild 10.8, nicht durch Dipolstrahlung zerfallen kann.

10.20 Zeigen Sie, daß die Auswahlregeln in Gl. 10.78 und die Erhaltungsgesetze in Gl. 10.79 zusammen zu den Multipolzuordnungen führen, die in Bild 10.10 angegeben sind.

10.21 Der Übergang von einem angeregten in einen Kerngrundzustand kann durch zwei konkurrierende Prozesse erfolgen, Emission von Photonen und Emission von Konversionselektronen.
a) Erklären Sie den Prozeß der internen Konversion.
b) Nehmen Sie an, daß ein bestimmter Zerfall eine Halbwertszeit von 1 s und einen Konversionskoeffizienten von 10 hat. Wie groß ist die Halbwertszeit eines nackten Kerns, d.h. wenn alle seine Elektronen abgestreift sind?
c) Das Nuklid ^{111}Cd hat einen ersten angeregten Zustand bei 247 keV Anregungsenergie. Beobachtet man das Elektronenspektrum dieses Nuklids, so treten Linien auf. Zeichnen Sie die Position der Konversions-Elektronenlinien für den 247-keV Übergang.

10.22 Betrachten Sie die Møller-Streuung wie in Bild 10.13 (symmetrischer Fall).

a) Nehmen Sie an, daß das einfallende Elektron eine kinetische Energie von 1 MeV hat. Berechnen Sie den Winkel θ_{lab}.
b) Wiederholen Sie das Problem für ein einfallendes Elektron mit 1 GeV Energie.
c) Berechnen Sie das Verhältnis der Wirkungsquerschnitte aus a) und b), indem Sie annehmen, daß die Winkelverteilung $f(\theta)$ in beiden Fällen die gleiche ist.

10.23 Betrachten Sie die Møller-Streuung. Nehmen Sie an, daß die Elektronen vollständig in Richtung der einfallenden Elektronen polarisiert sind. Versuchen Sie mit dem Pauliprinzip eine Idee davon zu bekommen, wie einfallende Elektronen, die longitudinal polarisiert sind, streuen, wenn ihr Spin a) parallel und b) antiparallel zu dem Spin des Targets steht. Betrachten Sie nur die symmetrische Streuung, die in Bild 10.13 gezeigt wird.

10.24 Um das Hochenergieverhalten von Photonen zu studieren, sind monoenergetische Teilchen erforderlich. Ein einfallsreiches Experiment, solche Photonen zu erzeugen, bedient sich eines intensiven Laserpulses, der mit einem gut fokussierten Elektronenstrahl zusammenstößt. Die Photonen, die um 180° gestreut werden, verbrauchen beträchtliche Energien. Berechnen Sie die Energie der Photonen aus einem Rubin-Laser, die durch Elektronen mit einer Energie von
a) 1 MeV
b) 1 GeV
c) 20 GeV
um 180° gestreut werden.

10.25 Schätzen Sie das Wahrscheinlichkeitsverhältnis für die Emission eines ρ zu der Emission eines γ-Strahls aus einem hochenergetischen Nukleon ab, das nahe bei einem anderen vorbeiläuft.

10.26 Magnetische Monopole (magnetische Ladungen) würden bemerkenswerte Eigenschaften haben:
a) Wie würde ein magnetischer Monopol mit Materie wechselwirken?
b) Wie würde die Spur eines Monopols in einer Blasenkammer aussehen?
c) Wie könnte ein Monopol entdeckt werden?
d) Berechnen Sie die Energie eines Monopols, der in einem Feld von 20 kG beschleunigt wird.

10.27 Schätzen Sie die Masse eines magnetischen Monopols mit der folgenden, sehr spekulativen Beziehung: der klassische Elektronenradius r_e ist durch

$$r_e = \frac{e^2}{m_e c^2}$$

gegeben. Nehmen Sie an, daß der magnetische Monopol einen ähnlichen Radius hat, wobei e durch g und m_e durch die Monopolmasse ersetzt wird.

10.28 Beweisen Sie Gl. 10.106.

11. Die schwache Wechselwirkung

Die Erforschung der schwachen Wechselwirkung liest sich wie eine Folge von Kriminalgeschichten. Jede Geschichte beginnt mit einem ungelösten Rätsel, das zunächst nur undeutlich als solches erkannt wird, dann aber immer klarer hervortritt. Die Hinweise zur Lösung sind vorhanden, werden aber, meist aus falschen Gründen, übersehen oder beiseitegeschoben. Am Ende findet der Held die richtige Lösung und alles ist klar, bis die nächste Leiche auftaucht. Bei der elektromagnetischen Wechselwirkung konnte man sich bei der Entwicklung der Quantenelektrodynamik von der bekannten klassischen Theorie, richtig übersetzt und umformuliert, leiten lassen. Eine solche klassische Analogie gibt es für die schwache Wechselwirkung nicht. Die richtigen Eigenschaften muß man dem Experiment und Analogien mit der elektromagnetischen Wechselwirkung entnehmen. Wir werden hier einige der Rätsel und ihre Lösungen darstellen. Dies wird durch den selbstauferlegten Verzicht auf die Diractheorie erschwert. Wir können deshalb die Wechselwirkung nicht exakt darstellen, sondern müssen uns mit der Erklärung der wesentlichen Begriffe begnügen.

11.1 *Das kontinuierliche β-Spektrum*

Das kontinuierliche β-Spektrum würde verständlich, wenn man annimmt, daß beim β-Zerfall mit jedem Elektron ein leichtes neutrales Teilchen emittiert wird, so daß die Gesamtenergie des Elektrons und des Neutrinos konstant bleibt.

W. Pauli

1896 wurde von Becquerel die Radioaktivität entdeckt und innerhalb weniger Jahre war bekannt, daß die zerfallenden Kerne drei Arten von Strahlung emittieren, die α-, β- und γ-Strahlen genannt wurden. Bei den β-Strahlen blieb ein Problem ungelöst. Sorgfältige Messungen über mehr als 20 Jahre ergaben, daß die β-Teilchen Elektronen sind und nicht mit diskreten Energien emittiert werden, sondern als Kontinuum. Ein Beispiel für ein solches β-Spektrum ist in Bild 11.1 gezeigt. Die Besprechung der Kernzustände in Kapitel 5 ergab quantisierte Zustände. Quantisierte Zustände waren 1920 wohl bekannt und das erste Rätsel, das das kontinuierliche β-Spektrum aufgab, war deshalb: Warum ist das Spektrum der Elektronen kontinuierlich und nicht diskret? Ein zweites, genauso ernstes Pro-

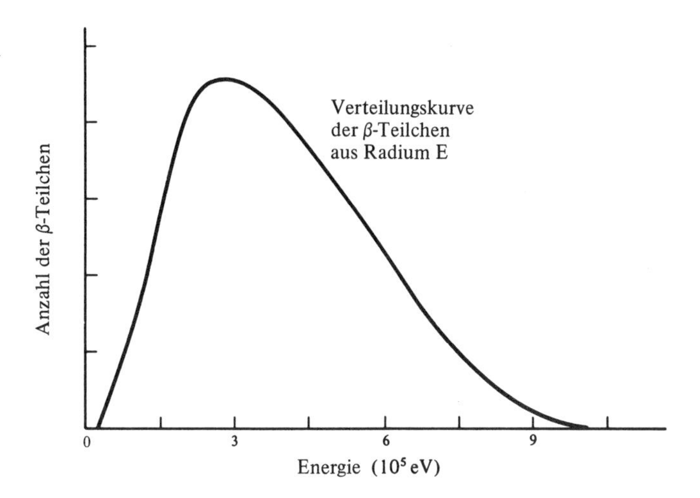

Bild 11.1 Beispiel eines β-Spektrums. Diese Abbildung wurde einer der klassischen Veröffentlichungen entnommen: C. D. Ellis und W. A. Wooster, *Proc. Roy. Soc.* (London) **A117**, 109 (1927). Die heutigen experimentellen Techniken liefern genauere Energiespektren, aber in der hier wiedergegebenen Kurve sind bereits alle wesentlichen Aspekte enthalten.

blem ergab sich einige Jahre später, als man feststellte, daß es im Kern keine Elektronen gibt. Woher kommen also die Elektronen?

Das erste Rätsel wurde von Pauli gelöst, der die Existenz eines neuen, sehr leichten, ungeladenen Teilchens, des Neutrinos, vorschlug, daß Materie fast ungehindert durchläuft. [1]) Bei der heute bekannten Fülle von Teilchen erregt die Einführung eines neuen Teilchens kaum noch Aufsehen. 1930 jedoch war dies ein revolutionärer Akt. Es waren nur zwei Teilchen bekannt, das Elektron und das Proton. Die Einfachheit der subatomaren Welt durch die Einführung eines neuen Bewohners zu stören, wurde als Häresie betrachtet und so nahmen wenige Leute diese Idee ernst. Einer der es jedoch tat, war Fermi. Er benutzte die Neutrino-Hypothese von Pauli, um das zweite Rätsel zu lösen. Fermi nahm mit Pauli an, daß bei jedem β-Zerfall zusammen mit dem β-Teilchen ein Neutrino emittiert wird. Folglich sieht der einfachste nukleare β-Zerfall, der des Neutrons, so aus

$$n \longrightarrow pe^-\bar{\nu}.$$

Da das Neutrino ungeladen ist, sieht man es im Spektrometer nicht. Das Elektron und das Neutrino teilen sich die Zerfallsenergie, dabei hat das

1 Pauli schlug das Neutrino zum ersten mal in einem Brief an einige Frunde vor, die eine physikalische Tagung in Tübingen besuchten. Er erklärt, daß er bei dem Treffen nicht anwesend sein könne, da er an dem berühmten Jahresball der Eidgenössischen Technischen Hochschule teilnehmen wolle. Dieser Brief sollte von jedem Physiker gelesen werden. Er ist abgedruckt in R. Kronig und V. F. Weisskopf, eds., *Collected Scientific Papers by Wolfgang Pauli*, Vol. II, Wiley-Interscience, New York 1964, S. 1316.

Elektron manchmal sehr wenig davon und manchmal fast alles. Das in Bild 11.1 gezeigte Spektrum ist damit qualitativ erklärt. Um das Problem der Elektronen im Kern zu umgehen, postulierte Fermi, daß das Elektron und das Neutrino erst beim Zerfall entstehen, genauso, wie ein Photon entsteht, wenn ein Atom oder ein Kern von einem angeregten Zustand in den Grundzustand übergeht, oder wie zwei Photonen beim Zerfall des neutralen Pions entstehen.

Fermi spekulierte nicht nur einfach darüber, wie der β-Zerfall stattfinden könnte. Er führte Berechnungen durch, um Ausdrücke für das Elektronenspektrum und die Zerfallswahrscheinlichkeit zu finden. Seine Originalarbeit [2]) ist zu anspruchsvoll für uns und kann hier nur verdünnt wiedergegeben werden. In diesem Abschnitt werden wir aber zeigen, daß schon eine grobe Näherung die Form des β-Spektrums liefert. Da die für den β-Zerfall verantwortliche Wechselwirkung schwach ist, kann man mit der Störungstheorie rechnen. Die Übergangsrate wird dann durch die Goldene Regel Gl. 10.1 gegeben

$$dw_{\beta\alpha} = \frac{2\pi}{\hbar} |\langle\beta | H_w | \alpha\rangle|^2 \rho(E).$$

Dabei ist H_w der für den β-Zerfall verantwortliche Hamiltonoperator und wir haben $dw_{\beta\alpha}$ statt $w_{\beta\alpha}$ geschrieben, um anzuzeigen, daß wir an der Übergangsrate für Elektronen mit Energie zwischen E_e und $E_e + dE_e$ interessiert sind. Wir betrachten zunächst die Zustandsdichte $\rho(E)$. Im Endzustand sind drei Teilchen anwesend, $\rho(E)$ ist also nach Gl. 10.34

$$\rho(E) = \frac{V^2}{(2\pi\hbar)^6} \frac{d}{dE_{\max}} \int p_e^2\, dp_e\, d\Omega_e p_\nu^2\, dp_\nu\, d\Omega_\nu. \tag{11.1}$$

V ist das Quantisierungsvolumen. Da die Ergebnisse von diesem Volumen unabhängig sind, wird es gleich 1 gesetzt. Zur Ableitung $d/dE_{\max}$ ist etwas anzumerken. $E_{\max}$ ist konstant, also sieht es so aus, als müßte $d/dE_{\max}$ verschwinden. Die Differentiation hat hier jedoch die Bedeutung einer Variation; $(d/dE_{\max}) \int \cdots$ gibt an, wie sich das Integral mit der Variation der maximalen Energie verändert.

Um $\rho(E)$ zu finden, müssen wir uns zuerst entschließen, was wir berechnen wollen. Bild 11.1 zeigt das Elektronenspektrum, d.h. die Anzahl von emittierten Elektronen mit einer Energie zwischen E_e und $E_e + dE_e$. Um die entsprechende Übergangsrate zu berechnen, werden E_e und folglich auch p_e konstant gehalten. Dann beeinflußt $d/dE_{\max}$ in Gl. 11.1 die Terme für die Elektronen nicht und Gl. 11.1 wird zu

$$\rho(E) = \frac{d\Omega_e\, d\Omega_\nu}{(2\pi\hbar)^6} p_e^2\, dp_e p_\nu^2 \frac{dp_\nu}{dE_{\max}}. \tag{11.2}$$

2 E. Fermi, *Z. Physik* 88, 161 (1934); englisch in *The Development of Weak Interaction Theory* (P. K. Kabir, ed.), Gordon & Breach, New York, 1963.

Der nächste Schritt wird sehr vereinfacht, da der Kern im Endzustand sehr viel schwerer ist als die beiden Leptonen und deshalb sehr wenig Rückstoßenergie aufnimmt. In guter Näherung teilen sich somit Elektronen und Neutrino in die Gesamtenergie:

(11.3) $$E_e + E_{\bar{\nu}} = E_{max}.$$

Für das masselose Neutrino gilt $E_{\bar{\nu}} = p_{\bar{\nu}}c$ und für konstante E_e wird

$$\frac{dp_{\bar{\nu}}}{dE_{max}} = \frac{1}{c}\frac{dE_{\bar{\nu}}}{dE_{max}} = \frac{1}{c},$$

so daß

(11.4) $$\rho(E) = \frac{d\Omega_e d\Omega_{\bar{\nu}}}{(2\pi\hbar)^6 c} p_e^2 p_{\bar{\nu}}^2 \, dp_e.$$

Wie angegeben, ist $\rho(E)$ der Dichtefaktor für den Übergang von Elektronen mit einem Impuls zwischen p_e und $p_e + dp_e$, die in den Raumwinkel $d\Omega_e$ emittiert werden. Mit Gl. 11.3 wird $p_{\bar{\nu}}^2$ durch $(E_{max} - E_e)^2/c^2$ ersetzt. Wenn das Matrixelement $\langle\beta|H_w|\alpha\rangle$ über den Winkel zwischen dem Elektron und dem Neutrino gemittelt wird, kann $dw_{\beta\alpha}$ über $d\Omega_e d\Omega_{\bar{\nu}}$ integriert werden und man erhält mit Gl. 11.4

(11.5) $$dw_{\beta\alpha} = \frac{1}{2\pi^3 c^3 \hbar^7} \overline{|\langle pe^-\bar{\nu}|H_w|n\rangle|^2} p_e^2 (E_{max} - E_e)^2 \, dp_e.$$

Dieser Ausdruck gibt die Übergangsrate für den Zerfall eines Neutrons in ein Proton, ein Elektron und ein Antineutrino an, wobei das Elektron einen Impuls zwischen p_e und $p_e + dp_e$ besitzt. Wie gut stimmt dieser Ausdruck mit dem Experiment überein? Da wir noch nichts über das Matrixelement wissen, ist es am einfachsten, anzunehmen, daß es vom Impuls des Elektrons unabhängig ist, und zu prüfen, wie die anderen Faktoren in Gl. 11.5 in das beobachtete β-Spektrum passen. Im Prinzip könnte dann die Funktion

$$p_e^2 (E_{max} - E_e)^2 \, dp_e$$

an die experimentellen Daten angepaßt werden. Es gibt jedoch einen einfacheren Weg: Gleichung 11.5 wird umgeschrieben in

(11.6) $$\left[\frac{dw_{\beta\alpha}}{p_e^2 \, dp_e}\right]^{1/2} = \text{const.} \left(\overline{|\langle pe^-\bar{\nu}|H_w|n\rangle|^2}\right)^{1/2} (E_{max} - E_e).$$

Wird der Ausdruck auf der linken Seite experimentell bestimmt und gegen die Elektronenenergie E_e aufgetragen, so muß eine gerade Linie herauskommen, falls das Matrixelement vom Impuls unabhängig ist. Eine solche Darstellung heißt Fermi- oder Kurie-Darstellung (bzw. -"plot"). Bild 11.2 zeigt die Kurie-Darstellung für den Neutronenzerfall. Sie ist tatsächlich über fast den ganzen Energiebereich eine Gerade. Die Abweichung am niederenergetischen Ende ist eine Folge der experimentellen Schwierigkeiten dieser frühen Messung. Der Elektronenzähler hatte nämlich ein Fenster

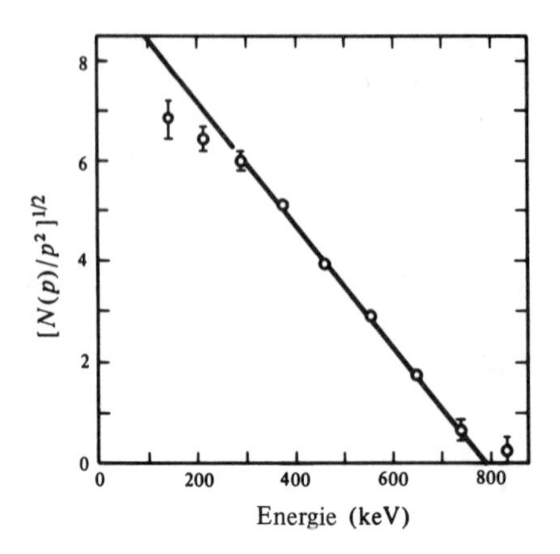

Bild 11.2 Kurie-Darstellung für den Neutronenzerfall. Aus J. M. Robson, *Phys. Rev.* 83, 349 (1951).

von 5 mg/cm² Dicke und absorbierte niederenergetische Elektronen, siehe Bild 3.8 und Gl. 3.7. Dieser Verlust ist in Bild 11.2 nicht berücksichtigt.

Die eben beschriebene Technik läßt sich auch auf andere β-Zerfälle und nicht nur auf den des Neutrons anwenden, aber bevor wir dies tun, müssen wir uns mit einem noch nicht erwähnten Problem befassen. Wenn ein Kern mit der Ladung Ze durch β-Emission zerfällt, spürt das Lepton die Coulombkraft, sobald es den Kern verlassen hat. Diese Kraft bremst Elektronen und beschleunigt Positronen. Das Spektrum wird verzerrt: Es wird mehr Positronen mit hoher Energie und mehr Elektronen mit niedriger Energie geben, als in Gl. 11.5 vorhergesagt. Glücklicherweise kann der Einfluß des Coulombpotentials auf die emittierten Elektronen genau berechnet werden. Die Coulombkorrektur wird durch einen zusätzlichen Faktor in Gl. 11.5 beschrieben. Für den Zerfall $N \longrightarrow N'e\nu$ gilt

$$dw_{\beta\alpha} = \frac{1}{2\pi^3 c^3 \hbar^7} \overline{|\langle N'e\nu|H_w|N\rangle|^2} F(\mp, Z, E_e) p_e^2 (E_{\max} - E_e)^2 \, dp_e. \tag{11.7}$$

$F(\mp, Z, E)$ heißt Fermifunktion. Das Vorzeichen gibt an, ob es sich um Elektronen oder Positronen handelt, Ze ist die Kernladung und E_e die Elektronenenergie. Es wurden ausführliche Tabellen der Fermifunktion erstellt und veröffentlicht.[3])

Durch die Fermifunktion wird auch die Kurie-Darstellung um die Coulombstörung korrigiert. Die Impulsabhängigkeit des Matrixelements kann an vielen Zerfällen überprüft werden. Es stellt sich heraus, daß das Matrixelement in allen interessanten Fällen bis hinauf zu Zerfallsenergien von

3 H. Behrens und J. Jänecke, *Numerical Tables for Beta Decay and Elctron Capture, Landolt-Börnstein*, New Series, Vol. I/4, Springer, Berlin, 1969.

einigen MeV im wesentlichen impulsunabhängig ist. Die Form des Elektronenspektrums für β-Zerfälle wird durch Phasenraumbetrachtungen und nicht durch die Eigenschaften des Matrixelements bestimmt. Folglich kann man aus der Form des Spektrums nicht viel über die Struktur der schwachen Wechselwirkung lernen.

11.2 *Halbwertszeiten beim β-Zerfall*

Während die Form des β-Spektrums dafür nicht sehr nützlich ist, kann man aus der Lebensdauer der β-Emitter etwas über den Wert des Matrixelements erfahren. Da gezeigt wurde, daß das Matrixelement impulsunabhängig ist, kann man die gesamte Übergangsrate $w_{\beta\alpha}$ und die mittlere Lebensdauer τ aus Gl. 11.7 durch Integration über den Impuls erhalten:

$$w = \frac{1}{\tau} = \frac{1}{2\pi^3 c^3 \hbar^7} \overline{|\langle N'ev|H_w|N\rangle|^2} \int_0^{p_{\max}} dp_e F(\mp, Z, E_e) p_e^2 (E_{\max} - E_e)^2. \tag{11.8}$$

Das Integral läßt sich berechnen, wenn F bekannt ist. Speziell für große Energien, für die $E_{\max} \approx cp_{\max}$ und für kleine Z, für die $F \approx 1$ gilt, wird es zu

$$\int_0^{p_{\max}} dp_e p_e^2 (E_{\max} - E_e)^2 \simeq \frac{1}{30c^3} E_{\max}^5. \tag{11.9}$$

Obwohl diese Beziehung manchmal für Abschätzungen ganz nützlich ist, braucht man doch für die vernünftige Auswertung von Meßergebnissen genauere Werte des Integrals. Glücklicherweise ist es tabelliert. [3] Um die Tabellen lesen zu können, muß man die folgende Abkürzung kennen:

$$\int_0^{p_{\max}} dp_e F(\mp, Z, E_e) p_e^2 (E_{\max} - E_e)^2 = m_e^5 c^7 f(E_{\max}). \tag{11.10}$$

Der Faktor $m_e^5 c^7$ wurde eingeführt, um f dimensionslos zu machen. Mit Gl. 11.10 und Gl. 11.8 wird das Matrixelement zu

$$\overline{|\langle N' ev|H_w|N\rangle|^2} = \frac{2\pi^3}{f\tau} \frac{\hbar^7}{m_e^5 c^4}. \tag{11.11}$$

Hat man τ gemessen und f berechnet, [3] so erhält man das Quadrat des Matrixelements aus Gl. 11.11. Unglücklicherweise ist es üblich, $ft_{1/2}$ und nicht $f\tau$ zu tabellieren. $ft_{1/2}$ heißt die komparative oder reduzierte Halbwertszeit. Der Name kommt daher, daß alle Zustände, die β-Zerfall zeigen, gleiche Werte für $ft_{1/2}$ besäßen, wenn alle Matrixelemente gleich wären. In der Natur gibt es einen großen Bereich von $ft_{1/2}$-Werten, von etwa 10^3 bis 10^{23} s. Wenn diese Spanne dadurch zustande käme, daß die schwache Wechselwirkung H_w nicht universell ist, sondern sich von Zerfall zu Zerfall ändert, dann wäre das Verständnis der schwachen Prozesse hoffnungslos. Man nimmt an, daß H_w für alle Zerfälle gleich ist und daß die nuklearenWellenfunktionen, die in $\langle N'e\nu|H_w|N\rangle$ eingehen, für die Unterschiede verantwortlich sind. Im allgemeinen kann man dann erwarten, daß die fundamentalsten Zerfälle die "beste" Wellenfunktion haben und die größten Matrixelemente liefern. Diese Zerfälle sollten folglich die kleinsten $ft_{1/2}$ -Werte besitzen. Einige wichtige Fälle sind in Tabelle 11.1 aufgezählt.

Tabelle 11.1 Relative Halbwertzeiten einiger β-Zerfälle.

Zerfall	Spin-Parität Übergang	$t_{1/2}$	E_{max} (MeV)	$ft_{1/2}$ (s)
$n \longrightarrow p$	$\frac{1}{2}^+ \longrightarrow \frac{1}{2}^+$	10,6 min	0,782	1100
$^6He \longrightarrow {^6Li}$	$0^+ \longrightarrow 1^+$	0,813 s	3,50	810
$^{14}O \longrightarrow {^{14}N}$	$0^+ \longrightarrow 0^+$	71,4 s	1,812	3100

Mit $ft_{1/2} = (\ln 2)f\tau$, siehe Gl. 5.33, und mit den Zahlenwerten der Konstanten, wird Gl. 11.11 zu

$$(11.12) \qquad \overline{|\langle N'\,e\nu|H_w|N\rangle|^2} = \frac{43 \times 10^{-6}\ \text{MeV}^2\text{-fm}^6\text{-s}}{ft_{1/2}\,(\text{in s})}.$$

Für den Fall des Neutronenzerfalls, mit dem $ft_{1/2}$-Wert aus Tabelle 11.1, wird der Wert des Matrixelements von H_w

$$(11.13) \qquad \overline{|\langle pe\bar{\nu}|H_w\,|n\rangle|} \approx 2 \times 10^{-4}\ \text{MeV-fm}^3.$$

Das Matrixelement Gl. 11.13 hat die Dimension Energie mal Volumen. Das Volumen des Protons folgt aus Gl. 6.51 zu annähernd 2 fm^3. Die Energie der schwachen Wechselwirkung, verteilt über das Protonenvolumen, ist von der Größenordnung

$$(11.14) \qquad H_w \approx 10^{-4}\ \text{MeV}.$$

Diese Zahl zeigt deutlich die Schwäche der schwachen Wechselwirkung: Man setzt voraus, daß die Masse des Protons, etwa 1 GeV, durch die starke Wechselwirkung gegeben wird. Die schwache Wechselwirkung ist folglich etwa um den Faktor 10^7 kleiner.

11.3 *Die Strom-Strom-Wechselwirkung*

In den beiden vorhergehenden Abschnitten wurde zweierlei deutlich: Die beherrschenden Eigenschaften des β-Spektrums sind durch den Phasenraumfaktor bestimmt und die Wechselwirkung des β-Zerfalls ist so schwach, daß man die Störungstheorie anwenden kann. Wir haben jedoch wenig über den für den β-Zerfall verantwortlichen Hamiltonoperator erfahren. Kann man dennoch versuchen, einen Hamiltonoperator für die schwache Wechselwirkung zu konstruieren? Wir sagten oben, daß die erste erfolgreiche Theorie des β-Zerfalls von Fermi formuliert wurde [2]) und daß 1933 noch weniger über den β-Zerfall bekannt war, als wir bis jetzt hier gebracht haben. Es ist deshalb nur gerecht, zu zeigen, wie Fermis Genialität zu einem tieferen Verständnis der schwachen Wechselwirkung führte. Wir folgen der Argumentation Fermis, benutzen aber eine modernere Ausdrucksweise.

Fermi nahm an, daß das Elektron und das Neutrino beim Zerfallsprozeß entstehen. Dieser Entstehungsvorgang ist dem bei der Photonenemission ähnlich. 1933 war die Quantentheorie der Strahlung gut verstanden und Fermi baute seine Theorie nach dieser Vorlage auf. Das Ergebnis war unglaublich erfolgreich und widerstand allen Anfechtungen für beinahe 25 Jahre. Als 1957 die Parität unterging, mußte Fermis Theorie schließlich modifiziert werden. Die erfolgreichste Erweiterung stammt von Feynman und Gell-Mann und, in etwas anderer Form, von Marshak und Sudershan.[4]) Erstaunlicherweise hält sich die modifizierte Theorie, die die Grundlage der gegenwärtig üblichen Formulierung ist, sehr eng an die ursprüngliche Version von Fermi. Man kann sagen, die schwache Wechselwirkung versucht so gut wie möglich, wie ihr stärkerer Verwandter, die elektromagnetische Wechselwirkung, auszusehen.

Bild 11.3(a) zeigt das Diagramm für den Zerfall des Neutrons. Ein solcher Zerfall ist nicht der günstigste, um eine Wechselwirkung schematisch darzustellen, da ein Teilchen ankommt und drei Teilchen entstehen. Die Analogie zur elektromagnetischen Kraft ist leichter für den Fall zu sehen, in dem zwei Teilchen zerstört werden und zwei entstehen. In Abschnitt 7.5 lernten wir, daß man Antiteilchen als Teilchen betrachten kann,

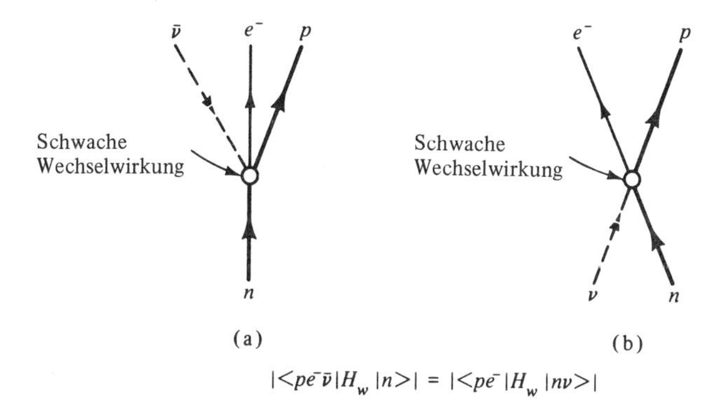

Bild 11.3 Neutronenzerfall und Neutrinoabsorption. Man nimmt an, daß die Absolutwerte der Matrixelemente für beide Prozesse gleich sind.

4 R. P. Feynman und M. Gell-Mann, *Phys. Rev.* **109**, 193 (1958); E. C. G. Sudarshan und R. E. Marshak, *Phys. Rev.* **109**, 1860 (1958).

die sich rückwärts in der Zeit bewegen. Deshalb ist es sinnvoll, eines der entstehenden Teilchen, z. B. das Antineutrino, durch ein ankommendes Teilchen zu ersetzen, hier also durch ein Neutrino. Der Prozeß läuft dann ab wie in Bild 11.3(b). Man nimmt an, daß die Matrixelemente für die beiden Prozesse in Bild 11.3(a) und (b) denselben Wert haben. [Die Übergangsraten sind jedoch verschieden, wegen der verschiedenen Phasenraumfaktoren $\rho(E)$.]

Im nächsten Schritt vergleichen wir die elektromagnetische und die schwache Wechselwirkung (Bild 11.4). Die elektromagnetische Wechselwirkung hat die inzwischen vertraute Form, bei der die Kraft durch ein virtuelles Photon übertragen wird. Die schwache Wechselwirkung wurde gegenüber Bild 11.3(b) nochmals verändert, und zwar wurde ein hypothetisches Teilchen eingeführt, das intermediäre Boson oder W (für weak, d.h. schwach). Die Annahme eines solchen kraftübertragenden Teilchens macht die Analogie direkter. Die meisten der folgenden Überlegungen sind auch richtig, ohne daß man die Existenz des W voraussetzt, aber mit ihm sind sie durchsichtiger und leichter zu merken.

Zunächst sei der Fall betrachtet, bei dem zwei Ströme, die jeweils durch ein Teilchen mit der Ladung e erzeugt werden, über ein virtuelles Photon wechselwirken. Die Wechselwirkungsenergie ist durch Gl. 10.49 gegeben:

$$H_{em} = -\frac{e^2}{c^2}\int d^3x\, d^3x'\, \mathbf{j}(\mathbf{x})\cdot\mathbf{j}'(\mathbf{x}')\frac{1}{|\mathbf{x}-\mathbf{x}'|}. \tag{11.15}$$

Die Ladungserhaltung verlangt, daß die Ladung in jedem Zweig erhalten bleibt, da das Photon neutral ist. Die große Reichweite der Kraft, mit $|\mathbf{x}-\mathbf{x}'|^{-1}$, kommt von der verschwindenden Masse des Photons.

Für die schwache Wechselwirkung, wie sie Bild 11.4 zeigt, nimmt man an, daß sie von einer schwachen Strom-Strom-Wechselwirkung herrührt und daß die Form von H_w nach dem Muster von H_{em} gebaut ist. Die Leptonenerhaltung im schwachen Fall entspricht der Ladungserhaltung bei der elektromagnetischen Wechselwirkung und jeder

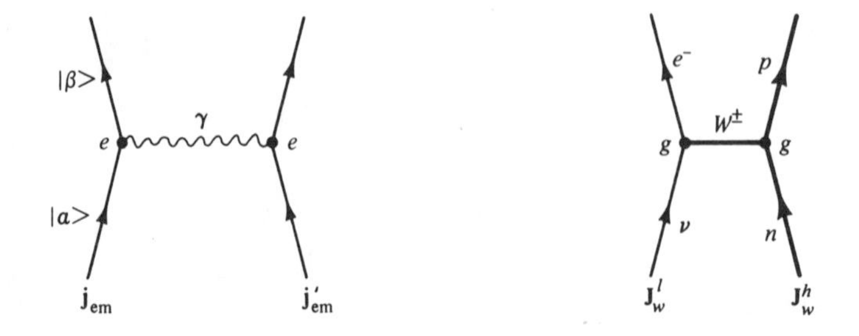

Bild 11.4 Vergleich der elektromagnetischen und der schwachen Wechselwirkung. Die Indizes l und h geben die schwachen Ströme von Leptonen und Hadronen an.

schwache Strom behält seine Leptonenzahl. Demnach muß die Leptonenzahl von W Null sein. [Hätten wir beim Übergang von Bild 11.3(a) nach (b) das entstehende Proton durch ein ankommendes Antiproton ersetzt, so hätten die Ströme diesen Erhaltungssatz nicht erfüllt.] Die schwachen Ströme in Bild 11.4 ändern an der Verknüpfungsstelle den Wert der elektrischen Ladung um eine Einheit, z. B. wird das Neutrino zum Elektron. Ein solcher Wechsel der elektrischen Ladung tritt in fast allen bisher beobachteten schwachen Prozessen auf. Da die elektrische Ladung in der Gesamtreaktion erhalten bleiben muß, muß das W immer geladen sein. Diese Beobachtung drückte man ursprünglich so aus, indem man sagte, daß es keine schwachen neutralen Ströme gäbe. In den letzten Jahren hat man jedoch bei Neutrinoreaktion schwache neutrale Ströme gefunden (siehe Abschnitt 11.11). Wir werden trotzdem die Behandlung hier auf geladene Ströme beschränken.

H_w und H_{em} unterscheiden sich in folgenden Punkten: (1) Die Koppelungskonstante e wird durch die schwache Koppelungskonstante g ersetzt. (2) Der elektromagnetische Strom $\mathbf{j}_{em}$ wird durch die schwachen Ströme $\mathbf{J}_w^l$ und $\mathbf{J}_w^h$ ersetzt. Die Indizes l und h geben an, ob $\mathbf{J}_w$ ein schwacher Strom aus Leptonen oder Hadronen ist. (3) W ist nicht masselos und neutral, sondern hat Masse und ist elektrisch geladen. Da W noch nicht beobachtet wurde, ist seine Masse unbekannt. Aus der Suche nach ihm deutet sich jedoch als bisheriges Ergebnis an, daß sie größer als einige GeV/c^2 sein muß. Aus Gl. 5.51 folgt dann, daß die Reichweite R_W der schwachen Kraft kleiner als

$$R_W = \frac{\hbar}{m_W c} \lesssim 0{,}1 \text{ fm} \tag{11.16}$$

sein muß. In Analogie zur elektromagnetischen Wechselwirkung Gl. 11.15 kann der schwache Hamiltonoperator jetzt als

$$H_w = -\frac{g^2}{c^2}\int d^3x\, d^3x'\, \mathbf{J}_w^l(\mathbf{x})\cdot\mathbf{J}_w^h(\mathbf{x}')f(r) \tag{11.17}$$

geschrieben werden, wobei $r = |\mathbf{x} - \mathbf{x}'|$ und $f(r)$ die Abhängigkeit der schwachen Kraft von der Entfernung ist. Das genaue Verhalten von $f(r)$ ist unbekannt, aber wenn es das W gibt, dann ist die Reichweite von $f(r)$ durch Gl. 11.16 gegeben. Da die Reichweite so klein ist, ist die genaue Form von $f(r)$ für die momentan erreichbaren Energiewerte unwichtig. Üblicherweise werden solche kurzreichweitigen Kräfte durch ein Yukawapotential beschrieben:

$$f(r) = \frac{e^{-r/R_W}}{r}. \tag{11.18}$$

Wir werden in Kapitel 12 zu dieser Form zurückkehren. Hier reicht es, festzustellen, daß es eine Funktion ist, die nur für Abstände der Größenordnung R_W oder kleiner merklich von Null verschieden ist. Wenn wir noch annehmen, daß sich die schwachen Ströme über eine Entfernung der Größenordnung R_W wenig ändern, dann ist $\mathbf{J}_w^h(\mathbf{x}') \approx \mathbf{J}_w^h(\mathbf{x})$, Gl. 11.18 kann in Gl. 11.17 eingesetzt werden, und das Integral über d^3x' läßt sich ausführen. Das Ergebnis ist

$$(11.19) \qquad H_w = -4\pi \frac{g^2 R_W^2}{c^2} \int d^3x \, \mathbf{J}_w^l(\mathbf{x}) \cdot \mathbf{J}_w^h(\mathbf{x}).$$

Da die Masse von W und folglich R_W nicht bekannt ist, wird Gl. 11.19 umgeschrieben zu

$$(11.20) \qquad H_w = -\frac{G}{\sqrt{2}\, c^2} \int d^3x \, \mathbf{J}_w^l(\mathbf{x}) \cdot \mathbf{J}_w^h(\mathbf{x}),$$

mit

$$(11.21) \qquad G = \sqrt{2}\, 4\pi g^2 R_w^2 = \sqrt{2}\, 4\pi \left(\frac{\hbar}{m_W c}\right)^2 g^2.$$

Der Faktor $1/\sqrt{2}\, c^2$ in Gl. 11.20 ist Konvention. G ist eine neue schwache Kopplungskonstante, die nicht mehr dieselbe Dimension wie die elektrische Ladung e hat.

So wie Gl. 11.20 dasteht, ist die Gleichung aus folgenden Gründen noch nicht ganz richtig: H_w muß ein hermitescher Operator sein. Wenn die Ströme $\mathbf{J}_w^l$ und $\mathbf{J}_w^h$ hermitesch wären, so wäre auch H_w hermitesch. Bei der elektromagnetischen Wechselwirkung ist die Hermitezität von $\mathbf{j}_{em}$ dadurch garantiert, daß der elektromagnetische Strom beobachtet werden kann. Das Photon ist neutral. Eine solche Garantie gibt es für die schwache Wechselwirkung nicht und tatsächlich, wie bereits angedeutet, ist der schwache Strom nicht hermitesch. H_w muß deshalb hermitesch gemacht werden. Es gibt zwei Methoden, um dies zu erreichen. Eine davon ist, den hermitesch konjugierten Ausdruck zu Gl. 11.20 zu addieren. Die zweite folgt wieder aus der Analogie zum elektromagnetischen Fall. In Gl. 10.93 wurde der elektromagnetische Strom als Summe aus zwei Beiträgen geschrieben, wobei einer von den Leptonen und der andere von den Hadronen herrührt. Ähnlich wird angenommen, daß der gesamte schwache Strom aus zwei Bestandteilen zusammengesetzt ist, die von den Leptonen und Hadronen stammen,

$$(11.22) \qquad \mathbf{J}_w = \mathbf{J}_w^l + \mathbf{J}_w^h.$$

Der schwache Hamiltonoperator ist dann hermitesch, wenn Gl. 11.20 zu

$$(11.23) \qquad H_w = -\frac{G}{\sqrt{2}\, c^2} \int d^3x \, \mathbf{J}_w(\mathbf{x}) \cdot \mathbf{J}_w^\dagger(\mathbf{x})$$

verallgemeinert wird. Diese Form ist immer noch unvollständig. Unser Ausgangspunkt, die elektromagnetische Wechselwirkung der Form Gl. 11.15 beschreibt nur die Energie, die von zwei Strömen herrührt, läßt aber die Coulombwechselwirkung außer acht. Die Coulombenergie zwischen zwei Ladungen, die durch die elektrischen Ladungsdichten $e\rho(\mathbf{x})$

und $e\rho'(\mathbf{x})'$ beschrieben sind, ist durch

$$H_c = e^2 \int d^3x\, d^3x' \frac{\rho(\mathbf{x})\rho'(\mathbf{x}')}{|\mathbf{x} - \mathbf{x}'|}$$

gegeben. Wenn es schwache Ladungen $g\rho_w$ gibt, so kann man die Überlegungen, die zu Gl. 11.23 führen, wiederholen und erhält als vollständigen schwachen Hamiltonoperator

$$H_w = \frac{G}{\sqrt{2}\,c^2} \int d^3x [c^2 \rho_w(\mathbf{x})\rho_w^\dagger(\mathbf{x}) - \mathbf{J}_w(\mathbf{x}) \cdot \mathbf{J}_w^\dagger(\mathbf{x})]. \tag{11.24}$$

Mit H_w in dieser Form lassen sich schwache Wechselwirkungen behandeln. Eine allgemeinere Formulierung macht die Überlegungen jedoch einfacher und durchsichtiger. Die Wahrscheinlichkeitsdichte und der Wahrscheinlichkeitsstrom bilden zusammen einen Vierervektor, wie bereits in Gl. 10.89 angegeben:

$$J_w = (c\rho_w, \mathbf{J}_w).$$

Für den Rest dieses Kapitels bezeichnen wir Vierervektoren mit gewöhnlichen Buchstaben. Das Skalarprodukt zweier Vierervektoren wird durch Gl. 10.88 definiert. Das Produkt $J_w \cdot J_w^\dagger$ ist

$$J_w \cdot J_w^\dagger = c^2 \rho_w \rho_w^\dagger - \mathbf{J}_w \cdot \mathbf{J}_w^\dagger,$$

und der schwache Hamiltonoperator wird zu

$$H_w = \frac{G}{\sqrt{2}\,c^2} \int d^3x\, J_w(\mathbf{x}) \cdot J_w^\dagger(\mathbf{x}). \tag{11.25}$$

Diese Gleichung macht die Lorentzinvarianz von H_w deutlich.

Der Leser, dem Vierervektoren Unbehagen bereiten, kann ohne großen Schaden das Produkt als gewöhnliches Skalarprodukt betrachten.

Die Begriffe der schwachen Ströme und der schwachen Ladung bedürfen noch einiger erklärender Bemerkungen. Wir sind an elektrische Ladungen und Ströme gewöhnt, sie lassen sich beobachten und messen und sind Bestandteil unseres täglichen Lebens. Für schwache Ströme und schwache Ladungen andererseits gibt es keine klassische Analogie. Der einzige Weg, um mit ihnen vertraut zu werden, ist ihr Vorhandensein vorauszusetzen und die sich daraus ergebenden Konsequenzen zu untersuchen. Wenn alle Experimente mit den Vorhersagen übereinstimmen, die auf der schwachen Strom-Strom-Wechselwirkung beruhen, wie sie in Gl. 11.25 gegeben ist, so ist das Vertrauen in die Existenz von schwachen Ladungen und Strömen gerechtfertigt. Wenn es Experimente gibt, die nicht mit H_w in Einklang zu bringen sind, so muß man nach einer anderen Art der Beschreibung suchen. In den folgenden Abschnitten werden wir drei mit H_w im Zusammenhang stehende Fragen untersuchen: (1) Welche Erscheinungen werden durch H_w beschrieben? (2) Welche Form hat der schwache Strom J_w? (3) Wie groß ist der Wert der Kopplungskonstanten G?

11.4 *Ein Überblick über schwache Prozesse*

Die Diskussion blieb bislang auf den β-Zerfall beschränkt, er ist das älteste und bekannteste Beispiel einer schwachen Wechselwirkung. Wenn er der einzige Fall der schwachen Kraft wäre, so wäre das Interesse daran nicht so groß. Inzwischen ist jedoch eine überraschende Vielfalt von schwachen Prozessen bekannt und sie bilden eine reiche Quelle unerwarteter neuer Phänomene. Wir erwähnen nur eins davon, den Zusammenbruch der Paritätserhaltung. Experimente an sehr hochenergetischen Beschleunigern, z. B. am NAL, versprechen, die Kette der Überraschungen nicht abreißen zu lassen. In diesem Abschnitt werden wir die schwachen Vorgänge in Kategorien einteilen, einige Beispiele anführen und feststellen, warum sie alle als schwach bezeichnet werden.

Die Klassifizierung der schwachen Prozesse kann auf der Teilung des schwachen Stroms in einen leptonischen und einen hadronischen Anteil, siehe Gl. 11.22, aufbauen. Einsetzen von Gl. 11.22 in der Form $J_w = J_w^l + J_w^h$ in den schwachen Hamiltonoperator Gl. 11.25 liefert vier Skalarprodukte. Eines enthält nur Leptonen und eines nur Hadronen und zwei verbinden leptonische und hadronische Ströme. Man führt die Klassifizierung gemäß diesen Termen durch:

$$\begin{aligned} &\text{leptonische Prozesse: } J_w^l \cdot J_w^{l\dagger} \\ &\text{semileptonische Prozesse: } J_w^l \cdot J_w^{h\dagger} + J_w^h \cdot J_w^{l\dagger} \qquad (11.26) \\ &\text{hadronische Prozesse: } J_w^h \cdot J_w^{h\dagger}. \end{aligned}$$

Von jeder dieser drei Kategorien sind schwache Prozesse bekannt. In Kapitel 10, bei der Behandlung der elektromagnetischen Wechselwirkung, hörten wir, daß das Leben sehr einfach wäre, wenn es nur Leptonen gäbe. Dies wiederholt sich bei der schwachen Wechselwirkung: Leptonische Prozesse lassen sich berechnen und die Theorien stimmen mit dem Experiment überein. Semileptonische Prozesse machen schon viele Schwierigkeiten und schwache Prozesse, bei denen nur Hadronen beteiligt sind, sind noch nicht genau zu erklären. Wir werden nun Prozesse von jeder der drei Klassen aufzählen.

Leptonische Prozesse. Der einzige rein leptonische Zerfall, der bis jetzt untersucht wurde, ist der des Myons,

$$\mu \longrightarrow e\bar{\nu}\nu. \qquad (11.27)$$

Der Zerfall des Myons wird im folgenden Abschnitt besprochen, wo es sich zeigen wird, daß die maximale Energie der emittierten Elektronen etwa 53 MeV und die Lebensdauer $2{,}2\,\mu$s ist, und die Parität nicht erhalten bleibt.

Die Streuung von Neutrinos an geladenen Leptonen ist ebenfalls rein leptonisch. Die Prozesse

$$\begin{aligned} &\nu_e e^- \longrightarrow \nu_e e^- \\ &\nu_\mu e^- \longrightarrow \nu_e \mu^- \end{aligned} \tag{11.28}$$

erfolgen ohne elektromagnetische oder hadronische Störungen und sie sind, zusammen mit den entsprechenden Vorgängen mit Antineutrinos, ideal zur Untersuchung der schwachen Wechselwirkung bei hoher Energie. Der gegenwärtig zur Verfügung stehende Neutrinofluß und die Nachweiswahrscheinlichkeit sind jedoch klein, weshalb die Neutrino-Leptonen-Streuung noch nicht hinreichend untersucht ist.

Semileptonische Prozesse. In semileptonischen Prozessen ist ein Strom leptonisch und einer hadronisch. Ein typisches Beispiel dafür zeigt Bild 11.4 und der Prototyp ist der Neutronenzerfall. Drei semileptonische Zerfälle sind in Tabelle 11.2 aufgeführt. Weitere sind in Tabelle A.3 im Anhang angegeben.

Tabelle 11.2 Zerfallseigenschaften von drei semileptonischen Zerfällen. $t_{1/2}$ bezeichnet die partielle Halbwertszeit.

Zerfall	Spin-Parität Übergang	$t_{1/2}$ (s)	$E_{\max}$ (MeV)	$ft_{1/2}$ (s)
$\pi^\pm \longrightarrow \pi^0 e\nu$	$0^- \longrightarrow 0^-$	1,8	4,1	2×10^3
$n \longrightarrow pe\bar{\nu}$	$\frac{1}{2}^+ \longrightarrow \frac{1}{2}^+$	640	0,78	$1{,}2 \times 10^3$
$\Sigma^- \longrightarrow \Lambda^0 e^- \bar{\nu}$	$\frac{1}{2}^+ \longrightarrow \frac{1}{2}^+$	$1{,}7 \times 10^{-6}$	79	5×10^3

Bei Betrachtung der Tabelle 11.2 drängt sich eine Frage auf: Reichen die Erkenntnisse aus Zerfällen aus, um die schwache Wechselwirkung vollständig zu erklären? Die maximale Energie in Tabelle 11.2 ist 79 MeV, aber die elektromagnetische Wechselwirkung lehrt uns, daß zur Erforschung einiger Eigenschaften Energien in der Größenordnung von GeV notwendig sind. Gibt es schwache Zerfälle mit solchen Energiewerten? In den Tabellen finden sich keine und der Grund ist offensichtlich: Wenn der Zustand eine solch hohe Anregungsenergie besitzt, kann er über die starke Wechselwirkung zerfallen, die schwache kommt dann nie zum Zug. Das Hochenergieverhalten der schwachen Wechselwirkung kann also nur in Neutrinoreaktionen untersucht werden. Man hat semileptonische Neutrinoreaktionen beobachtet, wie z.B.

$$\begin{aligned} &\nu_\mu n \longrightarrow \mu^- p \\ &\bar{\nu}_\mu p \longrightarrow \mu^+ n. \end{aligned} \tag{11.29}$$

In den bisher aufgeführten semileptonischen Prozessen gab es beim schwachen Zerfall nie eine Änderung der Strangeness. Zwar treten bei dem Zerfall $\Sigma^- \longrightarrow \Lambda^0 e^- \bar{\nu}$ in Tabelle 11.2 seltsame Teilchen auf, aber die Hadronen im Anfangs- und Endzustand besitzen dieselbe Strangeness. Wir haben jedoch in Abschnitt 7.6 erwähnt, daß die Strangeness bzw. die Hyperladung bei der schwachen Wechselwirkung nicht notwendig erhalten bleibt. Tatsächlich gibt es schwache Zerfälle, bei denen sich die Strangeness ändert. Drei davon sind in Tabelle 11.3 aufgeführt.

Tabelle 11.3 Hyperladungsänderung bei semileptonischen Zerfällen. $t_{1/2}$ ist die partielle Halbwertszeit.

Zerfall	Spin-Parität Übergang (der Hadronen)	$t_{1/2}$ (s)	$E_{max}(e)$ (MeV)	$ft_{1/2}$ (s)
$K^+ \longrightarrow \pi^0 e^+ \nu_e$	$0^- \longrightarrow 0^-$	$1{,}8 \times 10^{-7}$	230	1×10^5
$\Lambda^0 \longrightarrow p e^- \bar{\nu}_e$	$\frac{1}{2}^+ \longrightarrow \frac{1}{2}^+$	2×10^{-7}	160	2×10^4
$\Sigma^- \longrightarrow n e^- \bar{\nu}_e$	$\frac{1}{2}^+ \longrightarrow \frac{1}{2}^+$	$0{,}95 \times 10^{-7}$	230	7×10^4

Hadronische Prozesse. Beispiele für schwache Zerfälle, bei denen nur Hadronen auftreten, sind

$$\begin{aligned} K^+ &\longrightarrow \pi^+\pi^0 \\ &\longrightarrow \pi^+\pi^+\pi^- \\ &\longrightarrow \pi^+\pi^0\pi^0 \end{aligned} \tag{11.30}$$

und

$$\begin{aligned} \Lambda^0 &\longrightarrow p\pi^- \\ &\longrightarrow n\pi^0. \end{aligned} \tag{11.31}$$

Andere schwache Zerfälle, bei denen ausschließlich Hadronen beteiligt sind, stehen in den Tabellen im Anhang. Alle diese Zerfälle gehorchen der Auswahlregel für die Hyperladung

$$|\Delta Y| = 1. \tag{11.32}$$

Das Fehlen von Übergängen mit $\Delta Y = 0$ ist einfach zu erklären: Übergänge ohne Änderung der Hyperladung gibt es bei starken oder elektromagnetischen Zerfällen, der schwache ist daneben nicht zu sehen.

Warum werden alle diese gezeigten Prozesse schwach genannt, unabhängig davon, ob Leptonen, Hadronen oder beide dabei mitwirken? Dies ist gerechtfertigt, da die Stärke der Wechselwirkung, die für diese verschiedenen Vorgänge verantwortlich ist, dieselbe zu sein scheint. Eine zusätzliche Bestätigung erfährt man durch Betrachtung der Auswahlregeln und der Feststellung, daß alle Prozesse, die man nach ihrer Stärke als schwach eingestuft hat, auch die Verletzung der Parität und der Ladungskonjugation zeigen.

Die S t ä r k e einer für einen Zerfall verantwortlichen Wechselwirkung äußert sich in der Zerfallszeit, bei sonst gleichen Bedingungen. Die Zerfälle in Tabelle 11.2 sind von der Art $A \longrightarrow Bev$. Während die Zerfallsenergie etwa um den Faktor 100 und die Zustandsdichten um den Faktor 10^{10} variieren, sind die ft-Werte annähernd dieselben. Es ist deshalb wahrscheinlich, daß die drei verschiedenen Zerfälle in Tabelle 11.2 durch dieselbe Kraft verursacht werden. Eine Unstimmigkeit erscheint dann, wenn man die Werte von ft in Tabelle 11.2 und 11.3 vergleicht. Während hier die Zerfälle ähnlich scheinen, sind die ft-Werte für die Zerfälle mit Änderung der Hyperladung zwischen einer und zwei Größenordnungen größer als die entsprechenden Werte für Zerfälle, bei denen die Hyperladung erhalten bleibt. Wir werden in Abschnitt 11.8 auf diese Unstimmigkeit zurückkommen und zeigen, daß sie innerhalb des Rahmens der schwachen Strom-Strom-Wechselwirkung zu erklären ist.

Die Paritätsverletzung wurde bereits in Abschnitt 9.3 behandelt. Bei der elektromagnetischen und der starken Kraft bleibt die Parität erhalten, aber bei der schwachen wird sie verletzt. Das in Abschnitt 9.3 besprochene Beispiel war ein semileptonischer Zerfall. Der ursprüngliche Beweis für die Nichterhaltung der Parität kam vom Zerfall der geladenen Kaonen in zwei und drei Pionen. In diesen schwachen Zerfällen treten Hadronen auf. Im nächsten Abschnitt werden wir zeigen, daß auch beim rein leptonischen Zerfall des Myons die Parität nicht erhalten bleibt. Diese Beispiele zeigen, daß die verschiedenen Prozesse alle die Parität verletzen. Dies allein würde es jedoch noch nicht rechtfertigen, sie alle in einer Kategorie zusammenzufassen, es zeigt jedoch, daß die Form der Wechselwirkung, die diese Zerfälle verursacht, ähnlich ist und unterstützt deshalb die Schlußfolgerung, die bereits aus der Betrachtung der Zerfallszeiten gewonnen wurde.

In Gl. 7.45 wurde die Erhaltung der Strangeness bzw. der Hyperladung bei der starken und der elektromagnetischen Wechselwirkung postuliert. Die in Abschnitt 7.6 und in diesem Abschnitt besprochenen Beispiele der schwachen Wechselwirkung zeigen, daß viele Fälle bekannt sind, bei denen sich die Hyperladung um eine Einheit ändert. Es ist jedoch kein Fall bekannt, bei dem eine Änderung um zwei Einheiten auftritt. Die Auswahlregel für die Hyperladung,

	$\Delta Y = 0$	bei der starken und elektromagnetischen Wechselwirkung
(11.33)	$\Delta Y = 0, \pm 1$	bei der schwachen Wechselwirkung,

stellt deshalb eine weitere charakteristische Eigenschaft der schwachen Wechselwirkung dar.

11.5 *Der Zerfall des Myons*

Im vorhergehenden Abschnitt gaben wir einen Überblick über schwache Prozesse und wir haben die erste Frage am Ende von Abschnitt 11.3 teilweise beantwortet, nämlich die, welche Phänomene durch H_w beschrieben werden. Die Form des schwachen Stroms und der Wert der Kopplungskonstante müssen noch untersucht werden. Es ist zu erwarten, daß die grundlegenden Eigenschaften der schwachen Wechselwirkung in den rein leptonischen Prozessen am einfachsten zu erkunden sind, da dort kein ernsthafter Einfluß der starken Kraft besteht. Bis heute wurde erst eine solche Erscheinung beobachtet und zwar der Zerfall des Myons. In diesem Abschnitt werden wir die hervorstechenden Eigenschaften des Myonenzerfalls beschreiben.

Myonen nehmen an der starken Wechselwirkung teil und deshalb ist es unmöglich, sie in einer Reaktion direkt und massenhaft zu erzeugen. Der Zerfall von geladenen Pionen stellt jedoch eine brauchbare Myonenquelle dar. Die Pionen werden z.B. mit einem Beschleuniger erzeugt. Dann sortiert man in einem Pionenkanal die richtigen aus und bremst sie in einem Absorber ab (Bild 11.5). Sie kommen gewöhnlich zur Ruhe, bevor sie folgendermaßen zerfallen

(11.34) $\pi^+ \longrightarrow \mu^+\nu_\mu.$

Was nun geschieht, ist weitgehend durch Erhaltungssätze bestimmt: Die Erhaltung der Leptonen- und Myonenzahl verlangt, daß das neutrale Teilchen ein myonisches Neutrino ist. Die Impulserhaltung verlangt, daß das Myon und das myonische Neutrino gleich großen und entgegengesetzten Impuls im Schwerpunktsystem besitzen. Das myonische Neutrino hat seinen Spin entgegengesetzt zu seinem Impuls, wie in Bild 7.2 gezeigt wurde. Da

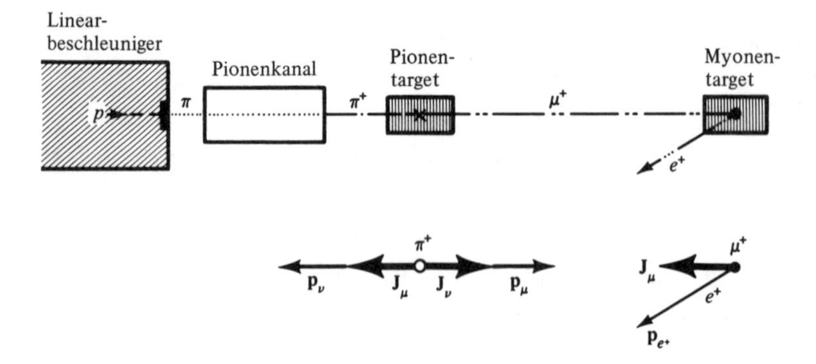

Bild 11.5 Ein positives Pion wird im Pionenkanal ausgesondert und kommt im Pionentarget zur Ruhe. Der Pionenzerfall liefert ein vollständig polarisiertes Myon. Das Myon verläßt das Pionentarget und kommt im Myonentarget zur Ruhe. Sein Spin zeigt in die Richtung aus der es kam. Anschließend wird das Zerfallselektron beobachtet.

das Pion den Spin 0 hat, verlangt die Drehimpulserhaltung folglich die vollständige Polarisation des Myons, mit seinem Spin entgegengesetzt zu seinem Impuls. Die Myonen verlassen das Piontarget und einige werden im Myonentarget aufgehalten. Ihr Zerfallspositron kann man nachweisen. Durch geeignete Wahl des Myonentargets bleibt das Myon bis zum Zerfall polarisiert, mit Spin **J** in die Richtung, aus der es kam.

Der eben beschriebene und in Bild 11.5 gezeigte Vorgang erlaubt eine Anzahl von Messungen, von denen jede Erkenntnisse über die schwache Wechselwirkung liefert. Wir werden hier drei Gesichtspunkte erläutern, nämlich die Nichterhaltung der Parität, die Zerfallszeit des Myons und das Spektrum des Zerfallselektrons.

Verletzung der Parität. In Bild 11.5 sieht man an zwei Stellen eine Verletzung der Parität. Man erwartet ein polarisiertes Myon, weil das gleichzeitig emittierte Neutrino polarisiert ist. Ein longitudinal polarisiertes Myon verletzt die Parität, wie in Abschnitt 9.3 erklärt wurde. Beobachtet man also eine Polarisation des Myons, so beweist dies, daß die Parität beim schwachen Zerfall des Pions nicht erhalten bleibt. Diese Polarisation wurde nachgewiesen.[5]) Die zweite Stelle, an der sich die Nichterhaltung der Parität zeigt, ist der Zerfall des Myons. Wie in Bild 11.5 skizziert, zeigt der Spin des Myons in eine wohldefinierte Richtung und die Wahrscheinlichkeit der Positronenemission kann nun bezüglich dieser Richtung bestimmt werden. Dieses Experiment verläuft analog zu dem in Abschnitt 9.3 erläuterten und in Bild 9.6 gezeigten. Tatsächlich fand man, wie im Wu-Ambler-Experiment, daß das Positron bevorzugt parallel zum Spin des einfallenden Myons emittiert wird, was bedeutet, daß auch beim Myonenzerfall die Parität verletzt wird.[6])

Zerfallszeit des Myons. Die experimentelle Anordnung zur Bestimmung der Myonenlebensdauer wurde schon in Kapitel 4 beschrieben. In Bild 4.15 wurden die logischen Elemente gezeigt und man sieht sofort, wie sie sich in den Aufbau von Bild 11.5 einfügen. Die Elektronenzahl, die im Zähler D als Funktion der Verzögerungszeit zwischen den Zählern B und D gemessen wird, liefert eine Kurve von der in Bild 5.15 gezeigten Form. Die Neigung der Kurve bestimmt die Lebensdauer des Myons. Der gegenwärtig beste Wert ist in Tabelle A2 im Anhang aufgeführt. Für die meisten Abschätzungen reicht der Wert 2,2 μs.

Elektronenspektrum. Zur Untersuchung des Elektronenspektrums mißt man die Anzahl der Elektronen als Funktion des Impulses. Zur Bestimmung des Impulses wird der Weg des Elektrons in einem Magnetfeld beobachtet, z.B.

5 G. Backenstoss, B. D. Hyams, G. Knop, P. C. Marin und U. Stierlin, *Phys. Rev. Letters* **6**, 415 (1961); M. Bardon, P. Franzini und J. Lee, *Phys. Rev. Letters* 7, 23 (1961).

6 R. L. Garwin, L. M. Lederman und M. Weinrich, *Phys. Rev.* **105**, 1415 (1957); J. L. Friedman und V. L. Telegdi, *Phys. Rev.* **105**, 1681 (1957).

in einer Drahtfunkenkammer.[7]) Das Ergebnis eines solchen Experiments zeigt Bild 11.6. Es besteht einige Ähnlichkeit mit dem Elektronenspektrum des β-Zerfalls, Bild 11.1, aber der Abfall bei hohen Werten des Elektronenimpulses ist viel steiler. Das Elektronenspektrum wird nicht mehr nur durch den Phasenraumfaktor allein bestimmt. Man erwartet deshalb aus dem genauen Vergleich mit der Theorie einige Erkenntnisse über die Form des schwachen Hamiltonoperators.

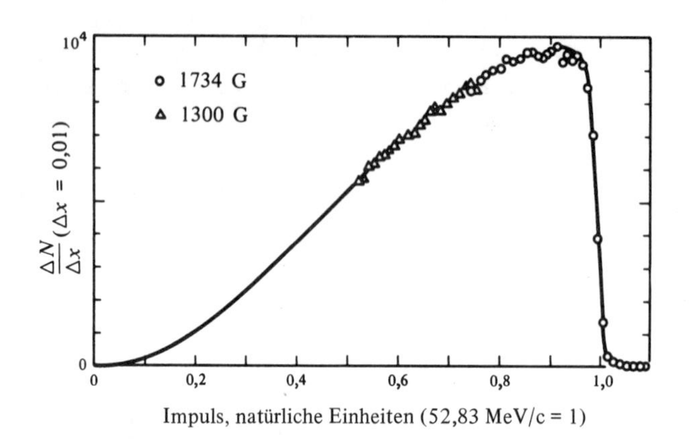

Bild 11.6 Elektronenspektrum von unpolarisierten Myonen. Der Impuls wurde in Einheiten des maximalen Elektronenimpulses gemessen. Aus B. A. Sherwood, *Phys. Rev.* **156**, 1475 (1967).

11.6 *Der schwache Strom aus Leptonen*

Im vorhergehenden Abschnitt wurden einige der wichtigsten Eigenschaften des Myonenzerfalls besprochen. Diese Daten und einige zusätzliche Erkenntnisse werden wir nun verwenden, um den schwachen Hamiltonoperator Gl. 11.25 genauer zu konstruieren. Insbesondere werden wir die Form des schwachen Stroms J_w^l bestimmen müssen, soweit dies mit unseren beschränkten Mitteln möglich ist. Als erstes werden wir die unheimliche Ähnlichkeit zwischen Elektron und Myon benutzen, eine Ähnlichkeit, die oft mit den Worten Myon-Elektron-Universalität beschrieben wird. Diese Universalität drückt man aus, indem man den gesamten schwachen Leptonenstrom als Summe eines Elektronen- und eines Myonenstroms schreibt,

(11.35) $$J_w^l = J_w^e + J_w^\mu$$

und annimmt, daß sich beide gleich verhalten. Den leptonischen Anteil des

7 M. Bardon, P. Norton, J. Peoples, A. M. Sachs und J. Lee-Franzini, *Phys. Rev. Letters* **14**, 449 (1965); B. A. Sherwood, *Phys. Rev.* **156**, 1475 (1967).

schwachen Hamiltonoperators H_w findet man, indem man Gl. 11.35 in Gl. 11.25 einsetzt:

$$(11.36) \qquad H_w = \frac{G}{\sqrt{2}\,c^2}\int d^3x\{J_w^e\cdot J_w^{e\dagger} + J_w^e\cdot J_w^{\mu\dagger} + J_w^\mu\cdot J_w^{e\dagger} + J_w^\mu\cdot J_w^{\mu\dagger}\}.$$

Um den schwachen Strom J_w^e explizit auszudrücken, verwenden wir die Analogie zum Elektronmagnetismus. In Kapitel 10 gingen wir systematisch vom klassischen Hamiltonoperator Gl. 10.47

$$H_{em} = \frac{e}{c}\int d^3x\,\mathbf{j}\cdot\mathbf{A}$$

zum Matrixelement Gl. 10. 58,

$$\langle\beta|H_{em}|\alpha\rangle = -i\frac{e\hbar}{mc}\int d^3x\,\psi_\beta^*\nabla\psi_\alpha\cdot\mathbf{A}.$$

Der Vergleich dieser beiden Ausdrücke zeigt, daß die Substitution

$$(11.37) \qquad \mathbf{j}_{em} = -i\frac{\hbar}{m}\psi_\beta\nabla\psi_\alpha = \psi_\beta^*\left(\frac{\mathbf{p}_{\rm op}}{m}\right)\psi_\alpha = \psi_\beta^*\mathbf{v}_{\rm op}\psi_\alpha$$

den Übergang vom klassischen Hamiltonoperator zum quantenmechanischen Matrixelement bewirkt. Die entsprechende Substitution für die Wahrscheinlichkeitsdichte lautet

$$(11.38) \qquad \rho_{em} = \psi_\beta^*\psi_\alpha.$$

Die Gleichungen 11.37 und 11.38 gelten für nichtrelativistische Elektronen. Um Verallgemeinerungen möglich zu machen, führen wir zwei Operatoren V_0 und $\mathbf{V}$ ein und schreiben

$$\rho_{em} = \psi_\beta^* V_0\psi_\alpha, \qquad \mathbf{j}_{em} = c\psi_\beta^*\mathbf{V}\psi_\alpha\,.$$

Die Lichtgeschwindigkeit c wurde eingeführt, um $\mathbf{V}$ dimensionslos zu machen. Ladungsdichte und Stromdichte bilden zusammen einen Vierervektor,

$$j_{em} = (c\rho, \mathbf{j}),$$

oder, mit den Operatoren V_0 und $\mathbf{V}$,

$$(11.39) \qquad j_{em} = c\psi_\beta^* V\psi_\alpha.$$

Die Schreibweise $V \equiv (V_0, \mathbf{V})$ soll daran erinnern, daß sich das "sandwich" $\psi^* V\psi$ wie ein Vierervektor transformiert. Mit den Gln. 11.37 und 11.38 wird die explizite Form von V für ein nichtrelativistisches Elektron

$$(11.40) \qquad V \equiv (V_0, \mathbf{V}), \qquad V_0 = 1, \qquad \mathbf{V} = \frac{\mathbf{p}}{mc}.$$

Die schwache Stromdichte J_w^e lautet jetzt in Analogie zur elektromagnetischen

$$(11.41) \qquad J_w^e = c\psi_e^* V\psi_{\nu_e}.$$

Der wesentliche Unterschied zwischen der elektromagnetischen und der schwachen Stromdichte besteht in der Wahl der Wellenfunktion: ψ_α und ψ_β in Gl. 11.39 beschreiben den Anfangs- und Endzustand desselben Elektrons, während ψ_ν und ψ_e das Neutrino im Anfangszustand bzw. das Elektron im Endzustand beschreiben. Der Unterschied wird am deutlichsten in Bild 11.4, wo zu sehen ist, daß beim schwachen Strom die elektrische Ladung nicht erhalten bleibt.

Es zeigt sich schnell, daß der schwache Strom komplizierter ist, als der elektromagnetische und daß die Form Gl. 11.41 nur die halbe Wahrheit darstellt. Bevor wir uns jedoch diesem Punkt zuwenden, werden wir die einfache Form von Gl. 11.41 benutzen, um mehr über die darin enthaltene Physik zu erfahren. Dazu betrachten wir den zu J_w^e hermitesch konjugierten Strom. Der Operator V ist hermitesch. Da für eine einkomponentige Wellenfunktion $\psi^\dagger = \psi^*$ gilt, folgt

(11.42) $$J_w^{e\dagger} = c(\psi_e^* V \psi_{\nu_e})^\dagger = c\psi_{\nu_e}^* V \psi_e.$$

Der Vergleich mit J_w^e und Bild 11.4 zeigt, daß $J_w^{e\dagger}$ die Vernichtung eines Elektrons und die Erzeugung eines Neutrinos beschreibt. Das Produkt $J_w^e \cdot J_w^{e\dagger}$ in H_w^e ist demnach für die Streuung von elektronischen Neutrinos an Elektronen verantwortlich, $\nu_e e^- \longrightarrow \nu_e e^-$, ein Vorgang, der schon in Gl. 11.28 enthalten ist. Die beiden Ströme und der Streuprozeß sind in Bild 11.7 gezeigt.

Der Operator $J_w^e \cdot J_w^{e\dagger}$ kann aber noch mehr, als nur Neutrinos streuen. Da man annimmt, daß Projektil und emittiertes Antiteilchen gleich sein sollen, ist der Operator auch für die Reaktion

(11.43) $$e^+ \bar{\nu}_e \longrightarrow e^+ \bar{\nu}_e$$

verantwortlich, d.h. für die Streuung von Antineutrinos an Positronen. Die anderen Terme im Hamiltonoperator Gl. 11.36 beschreiben auf ähnliche Weise schwache Prozesse, in denen nur Leptonen vorkommen. Den Term, der für den Myonenzerfall verantwortlich ist, findet man leicht

(11.44) $$J_w^e \cdot J_w^{\mu\dagger} = c^2 \psi_e^* V \psi_{\nu_e} \cdot \psi_{\nu_\mu}^* V \psi_\mu.$$

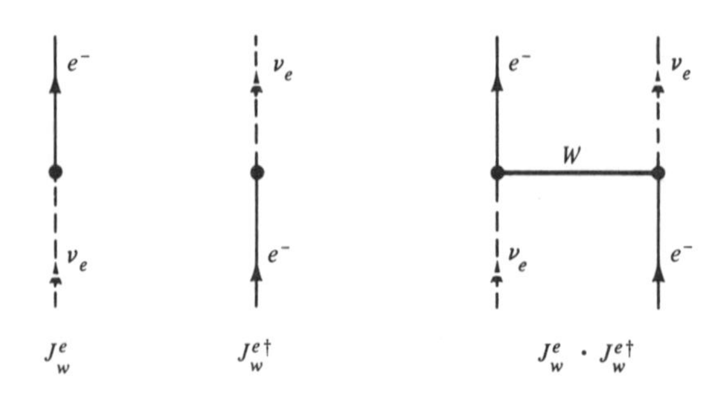

Bild 11.7 Darstellung der Ströme J_w^e und $J_w^{e\dagger}$ und des Skalarprodukts $J_w^e J_w^{e\dagger}$.

Im vorhergehenden Abschnitt wurde der Zerfall des Myons besprochen und die Folgerungen aus Gl. 11.44 müssen nun mit den experimentellen Ergebnissen verglichen werden. Man sieht dann schnell, daß die Form von Gl. 11.44 nicht allgemein genug ist, um die Effekte der beim Myonenzerfall beobachteten Paritätsverletzung zu beschreiben. Nach der Goldenen Regel ist die Übergangsrate proportional zum Quadrat des Matrixelements, also

$$w_\mu \propto \left| \int d^3x\, \psi_e^* V \psi_{\nu_e} \cdot \psi_{\nu_\mu}^* V \psi_\mu \right|^2.$$

Der Operator $V = (V_0, \mathbf{V})$ verhält sich bei der Paritätsoperation wie

$$(11.45) \qquad V_0 \xrightarrow{P} V_0 \qquad \mathbf{V} \xrightarrow{P} -\mathbf{V}.$$

Der Vorzeichenwechsel für den Vektorteil folgt aus Gl. 9.1. V_0 andererseits ist eine Wahrscheinlichkeitsdichte und ändert sich deshalb bei der Paritätsoperation nicht. Das Vektorprodukt $V \cdot V = V_0 V_0 - \mathbf{V} \cdot \mathbf{V}$ bleibt bei P unverändert. Wenn w_μ^P die Übergangsrate nach der Paritätsoperation ist, so ist sie gleich w_μ:

$$w_\mu^P = w_\mu.$$

Dieses Ergebnis stimmt nicht mit der beim Zerfall des Myons beobachteten Elektronenasymmetrie überein. Wie aber läßt sich der Ausdruck für den schwachen Strom so verallgemeinern, daß die Analogie zum elektromagnetischen Strom nicht vollständig zerstört wird, daß er aber die Paritätsverletzung enthält? Einen Hinweis auf die Lösung dieses Problems erhält man durch den Vergleich des Impulses mit dem Drehimpuls. Bei gewöhnlicher Drehung des Bezugssystems verhalten sich beide gleich. Dies wurde nicht im Einzelnen gezeigt, aber der Beweis ist mit den in Abschnitt 8.2 gegebenen Argumenten einfach zu führen. Bei der Paritätsoperation zeigt sich der Unterschied zwischen dem polaren Vektor $\mathbf{p}$ und dem axialen Vektor $\mathbf{J}$: $\mathbf{p}$ ändert das Vorzeichen, während $\mathbf{J}$ dies nicht tut. Diese Eigenschaften gelten für beliebige Operatoren V und A: V und A verhalten sich gleich bei gewöhnlichen Rotationen, aber verschieden bei der Raumspiegelung. Die Eigenschaften eines allgemeinen axialen Vierervektors A bei P sind gegeben durch

$$(11.46) \qquad A_0 \xrightarrow{P} -A_0 \qquad \mathbf{A} \xrightarrow{P} \mathbf{A}.$$

Das Verhalten der a x i a l e n W a h r s c h e i n l i c h k e i t s d i c h t e sieht man nicht so einfach, wie das für die gewöhnliche Wahrscheinlichkeitsdichte: Mit der elektrischen Ladung hat man zwar ein Beispiel für die Eigenschaften von V_0, aber es gibt kein klassisches Beispiel für eine axiale Ladung.[8])

8 Wenn es magnetische Monopole gibt, so stellen sie ein Beispiel für axiale Ladungen dar. Die magnetische Ladungsdichte ρ_m, in Gl. 10.112 eingeführt, ändert ihr Vorzeichen bei der Paritätsoperation. Dies kann man beweisen, indem man die Energie eines magnetischen Monopols im magnetischen Feld betrachtet und Invarianz bezüglich P für den entsprechenden Hamiltonoperator annimmt.

Die naheliegende Verallgemeinerung des schwachen Stroms Gl. 11.41 ist

(11.47) $J_w^e = c\psi_e^*(V + A)\psi_{\nu_e}$.

Mit Gl. 10.1 und Gl. 11.47 wird die Übergangsrate für den Zerfall des Myons

$$w_\mu = \frac{\pi G^2}{\hbar}\left|\int d^3x\, \psi_e^*(V + A)\psi_{\nu_e}\cdot\psi_{\nu_\mu}^*(V + A)\psi_\mu\right|^2 \rho(E),$$

oder

(11.48) $w_\mu = \frac{\pi G^2}{\hbar}|M_g + M_u|^2\rho(E)$,

mit

$$M_g = \int d^3x\, [\psi_e^* V\psi_{\nu_e}\cdot\psi_{\nu_\mu}^* V\psi_\mu + \psi_e^* A\psi_{\nu_e}\cdot\psi_{\nu_\mu}^* A\psi_\mu]$$

$$M_u = \int d^3x\, [\psi_e^* V\psi_{\nu_e}\cdot\psi_{\nu_\mu}^* A\psi_\mu + \psi_e^* A\psi_{\nu_e}\cdot\psi_{\nu_\mu}^* V\psi_\mu],$$

wobei g für gerade und u für ungerade steht.

Bei der Paritätsoperation bleibt M_g unverändert, während M_u das Vorzeichen wechselt. Die Übergangsrate wird also zu

(11.49) $w_\mu^P = \frac{\pi G^2}{\hbar}|M_g - M_u|^2\rho(E)$.

Der Vergleich von Gl. 11.48 mit Gl. 11.49 zeigt, daß

$$w_\mu^P \neq w_\mu.$$

Das gleichzeitige Auftreten eines Vektor- und eines axialen Vektoroperators im schwachen Strom erlaubt die Beschreibung der beobachteten Verletzung der Parität. Die Verletzung wird am größten, wenn V und A die gleiche Größenordnung besitzen.

Die genaue Berechnung von Übergangsraten oder Wirkungsquerschnitten kann man nur durchführen, wenn man die explizite Form der Operatoren V und A kennt. Diese Form hängt von der Art der Teilchen ab, die den jeweiligen schwachen Strom bilden. Für nichtrelativistische Elektronen sind die Operatoren V_0 und $\mathbf{V}$ in Gl. 11.40 gegeben. Der axiale Vektorstrom wird normalerweise nicht in den Anfängervorlesungen über Quantenmechanik behandelt, wir müssen deshalb seine Form hier aus Erhaltungssätzen herleiten. Ein Elektron wird durch seine Energie, seinen Impuls $\mathbf{p}$ und seinen Spin $\mathbf{J}$ beschrieben. Es ist üblich, anstelle des Spins $\mathbf{J}$ den dimensionslosen Pauli-Spinoperator $\boldsymbol{\sigma}$ zu verwenden; er hängt mit $\mathbf{J}$ folgendermaßen zusammen:

(11.50) $\boldsymbol{\sigma} = \frac{2\mathbf{J}}{\hbar}$.

Der einzige axiale Vektor, der hier auftritt ist $\mathbf{J}$ bzw. $\boldsymbol{\sigma}$. Der Operator $\mathbf{A}$ muß deshalb proportional zu $\boldsymbol{\sigma}$ sein. Der axiale Ladungsoperator A_0 ändert bei der Paritätsoperation sein Vorzeichen nicht, wie in Gl. 11.46 angegeben. Da $\boldsymbol{\sigma}\cdot\mathbf{p}$ dieses Verhalten zeigt, setzen wir

$$A = (A_0, \mathbf{A}), \qquad A_0 = \frac{\boldsymbol{\sigma}\cdot\mathbf{p}}{mc}, \qquad \mathbf{A} = \boldsymbol{\sigma}. \tag{11.51}$$

Der Faktor $1/mc$ in A_0 wurde eingeführt, um den Operator dimensionslos zu machen.

Die nichtrelativistischen Operatoren Gl. 11.40 und Gl. 11.51 sind zur Beschreibung des Myonenzerfalls unbrauchbar, da alle Teilchen im Endzustand relativistisch zu behandeln sind. Die Verallgemeinerung der Operatoren V und A auf relativistische Leptonen ist jedoch bekannt.[9] Berechnungen mit den relativistischen Operatoren liegen hier jenseits unserer Möglichkeiten und wir geben deshalb die Übergangsrate für den Myonenzerfall ohne Beweis an. Die Rate $dw_\mu(E_e)$ für die Emission eines Elektrons mit einer Energie zwischen E_e und $E_e + dE_e$ wird für $E_e \gg m_e c^2$

$$dw_\mu(E_e) = G^2 \frac{m_\mu^2 c^4}{4\pi^3\hbar^7} E_e^2 \left[1 - \frac{4}{3}\frac{E_e}{m_\mu c^2}\right] dE_e. \tag{11.52}$$

Dieser Ausdruck stimmt, wenn man die Energie durch den Impuls ausdrückt, sehr gut mit dem in Bild 11.6 gezeigten Spektrum überein.

11.7 *Die schwache Kopplungskonstante G*

Die elektromagnetische Kopplungskonstante e läßt sich bestimmen, indem man die Kraft auf ein geladenes Teilchen in einem bekannten Feld beobachtet, den Rutherfordschen oder Mottschen Streuquerschnitt, Gl. 6.17 bzw. Gl. 6.19, an einem punktförmigen Streuzentrum mißt, oder durch Bestimmung der Zerfallszeit bei bekanntem Matrixelement $\langle f|\mathbf{x}|i\rangle$, Gl. 10.75. Auf welche Weise läßt sich die schwache Kopplungskonstante G am besten bestimmen? Es gibt auch hier eine Anzahl von Möglichkeiten und ein gutes Verfahren ist, die Lebensdauer des Myons zu benutzen. Dafür gibt es zwei Gründe: Der Zerfall des Myons verläuft ohne Hadronen, so daß keine Störungen von der starken Wechselwirkung zu berücksichtigen sind, und die Lebensdauer des Myons wurde sehr genau bestimmt.

Die gesamte Übergangsrate für den Myonenzerfall erhält man durch Integration von Gl. 11.52,

$$w_\mu = \int_0^{E_{max}} dw_\mu(E_e) = G^2 \frac{m_\mu^2 c^4}{4\pi^3\hbar^7} \int_0^{E_{max}} dE_e E_e^2 \left[1 - \frac{4}{3}\frac{E_e}{m_\mu c^2}\right] = \frac{G^2 m_\mu^5 c^4}{192\pi^3\hbar^7}. \tag{11.53}$$

9 Merzbacher, Abschnitt 23.3; Messiah, Abschnitt 20.10; W. A. Blanpied, *Modern Physics*, Holt, Rinehart und Winston, New York, 1971, Abschnitt 15.4 und 25.5.

Die mittlere Lebensdauer des Myons ist der Kehrwert von w_μ, also

$$\tau_\mu = \frac{192\pi^3\hbar^7}{G^2 m_\mu^5 c^4}.$$

Mit der gemessenen Lebensdauer wird die Kopplungskonstante [10])

$$\begin{aligned} G &= (1{,}435 \pm 0{,}001) \times 10^{-49}\ \text{erg-cm}^3 \\ &= (0{,}896 \pm 0{,}001) \times 10^{-4}\ \text{MeV-fm}^3. \end{aligned} \tag{11.54}$$

Im elektromagnetischen Fall haben wir die Stärke der Wechselwirkung ausgedrückt, indem wir e^2 dimensionslos machten, siehe Gl. 10.77,

$$\alpha = \frac{e^2}{\hbar c} \approx \frac{1}{137}.$$

Der Vergleich von Gl. 11.15 und Gl. 11.17 macht deutlich, daß die schwache Analogie zur elektrischen Ladung g und nicht G ist. Wie e^2 wird g^2 durch Division durch $\hbar c$ dimensionslos gemacht. Die Verbindung mit G, wie sie in Gl. 11.21 gegeben ist, erlaubt uns dann $g^2/\hbar c$ als Funktion von G und der Masse m zu schreiben,

$$\frac{g^2}{\hbar c} = \frac{1}{\sqrt{2}\,4\pi} \frac{1}{\hbar c} \left(\frac{m_W c}{\hbar}\right)^2 G.$$

Mit dem Zahlenwert von G ist die dimensionslose schwache Kopplungskonstante durch

$$\frac{g^2}{\hbar c} \approx 0{,}65 \times 10^{-12} (m_W c^2)^2 \tag{11.55}$$

beschrieben, wobei die Ruhenergie $m_W c^2$ in MeV ausgedrückt ist. Gegenwärtig ist noch nicht bekannt, ob W existiert. Um eine zusätzliche Vorstellung von der Größenordnung der dimensionslosen Kopplungskonstanten zu geben, wird m_W durch die Nukleonenmasse ersetzt, wodurch die dimensionslose schwache Kopplungskonstante zu

$$\frac{g^2}{\hbar c} \approx 0{,}57 \times 10^{-6}$$

wird.

● Wenn man die hier angegebenen Ausdrücke für g^2 mit solchen aus der Literatur vergleichen will, muß man sich daran erinnern, daß wir nichtrationalisierte Einheiten verwenden, während die meisten Veröffentlichungen rationalisierte Einheiten benutzen. Rationalisierte und nichtrationalisierte Ladungen sind durch

$$e^2(\text{rat.}) = 4\pi e^2(\text{unrat.}), \qquad g^2(\text{rat.}) = 4\pi g^2(\text{unrat.}).$$

verknüpft. ●

10 M. Roos und A. Sirlin, *Nucl. Phys.* **B29**, 296 (1971).

11.8 *Seltsame und nichtseltsame schwache Ströme*

Die universelle Fermi-Wechselwirkung in der Strom-Strom-Form Gl. 11.36 mit $V - A$-Strömen beschreibt erfolgreich alle beobachteten schwachen leptonischen Wechselwirkungen. Bei den Berechnungen sind zwar mehr Tricks nötig, als wir sie hier zur Verfügung haben, aber es tritt kein neues physikalisches Prinzip auf und wir können behaupten, daß bei Energiewerten unter einigen GeV die schwache leptonische Wechselwirkung so gut verstanden ist wie die elektromagnetische. Weniger klar ist die Lage bei der Behandlung der schwachen semileptonischen und hadronischen Vorgänge, bei denen die starken Effekte Schwierigkeiten machen. Das erste Problem taucht beim Vergleich der schwachen Zerfälle ohne und mit Änderung der Hyperladung auf. Zerfälle ähnlicher Teilchenzustände, aber ohne und mit Änderung der Hyperladung sind in den Tabellen 11.2 und 11.3 aufgeführt. Die wesentlichen Eigenschaften der sechs Zerfälle sind in Tabelle 11.4 zusammengestellt. In der letzten Spalte dieser Tabelle ist das Verhältnis der relativen Halbwertszeiten der Zerfälle mit Hyperladungserhaltung zu denen mit Änderung der Hyperladung angegeben. Die verglichenen Zerfälle sind immer ähnlicher Natur. Das Neutron und das Λ z.B. haben ähnliche hadronische und elektromagnetische Eigenschaften und die Zerfälle $n \longrightarrow pev$ und $\Lambda \longrightarrow pev$ sollten deshalb ähnliche ft-Werte besitzen. Die ft-Werte der Zerfälle mit $|\Delta Y| = 1$ in Tabelle 11.4 sind jedoch wenigstens eine Größenordnung größer als die entsprechenden Werte für $\Delta Y = 0$. Mit anderen Worten, die Übergangsraten für $|\Delta Y| = 1$ sind generell um etwa den Faktor 20 langsamer als die entsprechenden Raten für $\Delta Y = 0$. Dieser Unterschied wäre im Prinzip zu verstehen, wenn die Matrixelemente stark von der Zerfallsenergie abhingen, da die Zerfälle mit $|\Delta Y| = 1$ größere Energie besitzen als die entsprechenden Zerfälle mit $\Delta Y = 0$. Es gibt jedoch keinen Beweis für eine solche Energieabhängigkeit.

Tabelle 11.4 Vergleich der $ft_{1/2}$-Werte für ähnliche Zerfälle mit und ohne Änderung der Hyperladung.

Art	Hyperladungs-erhaltung $\Delta Y = 0$	Hyperladungs-änderung $\|\Delta Y\| = 1$	$\frac{ft(\|\Delta Y\| = 1)}{ft(\Delta Y = 0)}$
$0^- \longrightarrow 0^-$	$\pi^\pm \longrightarrow \pi^0 e\nu$	$K^+ \longrightarrow \pi^0 e^+ \nu$	50
$\frac{1}{2}^+ \longrightarrow \frac{1}{2}^+$	$n \longrightarrow pe^-\bar{\nu}$	$\Lambda \longrightarrow pe^-\bar{\nu}$	17
$\frac{1}{2}^+ \longrightarrow \frac{1}{2}^+$	$\Sigma^- \longrightarrow \Lambda^0 e^-\bar{\nu}$	$\Sigma^- \longrightarrow ne^-\bar{\nu}$	12

Cabibbo[11]) schlug eine Modifikation des schwachen Stroms vor, die die experimentellen Ergebnisse erklärt. Wir beschreiben einige Züge seiner Theorie, indem wir die Analogie zum elektrischen Strom I benutzen, der

11 N. Cabibbo, *Phys. Rev. Letters* **10**, 531 (1963).

durch zwei Widerstände fließt, siehe Bild 11.8(a). Ist der Widerstand R_1 unendlich, so fließt der gesamte Strom durch R_0. Ist R_1 jedoch endlich, so wird Strom durch diesen Zweig fließen. Hält man den Gesamtstrom I konstant, so wird der Strom I_1 dem anderen Zweig fehlen, da das Kirchhoffsche Gesetz besagt, daß $I = I_0 + I_1$. Jetzt betrachten wir den schwachen Strom aus Hadronen und nehmen zunächst an, daß bei der schwachen Wechselwirkung die Hyperladung erhalten bleibt. Der gesamte schwache Strom von Hadronen fließt dann in den Zweig mit Hyperladungserhaltung. Wenn jedoch die Hyperladung nicht erhalten bleibt, werden Zerfälle mit $|\Delta Y| = 1$ möglich. Diese neuen Zerfälle stehlen den Zerfällen mit $\Delta Y = 0$ einiges von ihrer Stärke, wenn man annimmt, daß der gesamte schwache Strom J_w^h unverändert bleibt. Um diese Analogie der schwachen Wechselwirkung zum Kirchhoffschen Gesetz auszudrücken, wird der schwache Hadronenstrom als

$$J_w^h = aJ_w^0 + bJ_w^1$$

geschrieben. Hierbei sind J_w^0 und J_w^1 die Ströme, die den Übergängen $\Delta Y = 0$ bzw. $|\Delta Y| = 1$ entsprechen. J_w^0 und J_w^1 sind so normiert, daß die Stärke der entsprechenden Übergänge durch die Koeffizienten a und b gegeben wird. Man nimmt an, daß der gesamte schwache Wahrscheinlichkeitsstrom J_w^h unverändert bleibt, deshalb gilt für die Koeffizienten a und b die Einschränkung

$$|a|^2 + |b|^2 = 1. \tag{11.56}$$

Cabibbos Bezeichnung folgend, ist es heute üblich $a = \cos\theta$ und $b = \sin\theta$ zu schreiben. Die Normierungsbedingung Gl. 11.56 ist dann von selbst erfüllt und der schwache Hadronenstrom wird zu

$$J_w^h = \cos\theta\, J_w^0 + \sin\theta\, J_w^1. \tag{11.57}$$

Um einen Näherungswert für den Cabibbo-Winkel θ zu finden, halten wir fest, daß die Übergangsrate proportional zu $|\langle\beta|H_w|\alpha\rangle|^2$ ist. Die Rate

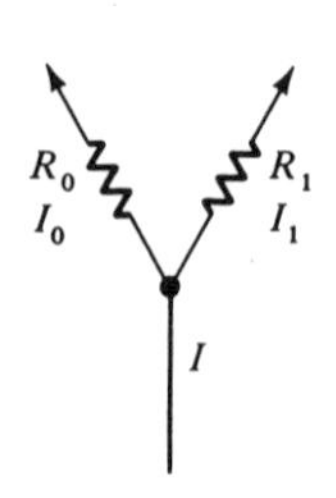

(a) Elektromagnetischer Strom

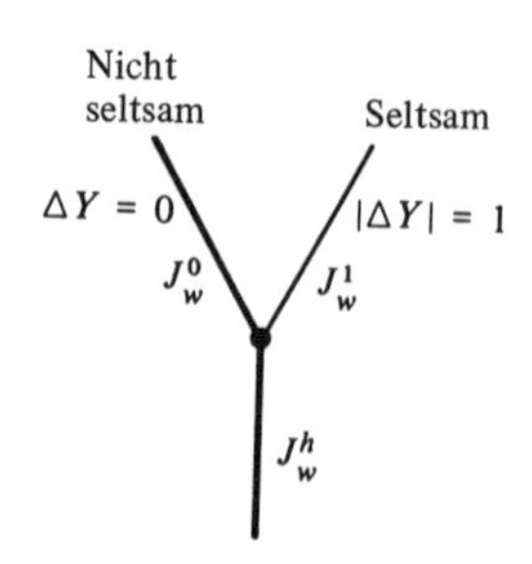

(b) Schwacher Hadronenstrom

Bild 11.8 Kirchhoffsche und Cabibbosche Regel: Verzweigung des elektromagnetischen und des schwachen Stroms. (a) Elektromagnetischer Strom. (b) Schwacher Hadronenstrom.

für Übergänge mit $\Delta Y = 0$ ist folglich proportional zu $G^2 \cos^2\theta$ und die für $|\Delta Y| = 1$ zu $G^2 \sin^2\theta$ Das Verhältnis der in Tabelle 11.3 aufgeführten ft-Werte ergibt $\cot^2\theta$:

$$\cot^2\theta \approx \frac{ft(|\Delta Y| = 1)}{ft(\Delta Y = 0)}.$$

Die Zerfälle des Neutrons und des Λ sind bestens bekannt: Aus $\cot^2\theta = 17$ folgt $\theta = 0{,}24$. Eine ausgefeiltere Betrachtung[12]) liefert $\theta = 0{,}188 \pm 0{,}006$. Vergangene Erfahrungen mit Fehlergrenzen raten jedoch zur Vorsicht und wir werden den Wert

$$\theta = 0{,}20 \pm 0{,}02 \tag{11.58}$$

benutzen. In diesem Abschnitt haben wir Cabibbos Form des schwachen Hadronenstroms auf eine ziemlich willkürliche Art eingeführt. Die Rechtfertigung ergibt sich hauptsächlich daraus, daß Berechnungen, die auf Gl. 11.57 aufbauen, gut mit den Experimenten übereinstimmen.

11.9 *Schwache Ströme in der Kernphysik*

Die Erforschung der Struktur von schwachen Hadronenströmen ist ein Problem, das viele Physiker für lange Zeit beschäftigte. Auch jetzt ist sie noch nicht vollständig bekannt, aber eine Anzahl von Eigenschaften haben sich herausgeschält. In diesem Abschnitt werden Erkenntnisse behandelt, die man aus dem nuklearen β-Zerfall gewinnen kann. Tatsächlich ist die Fülle an experimentellem Material, das allein im β-Zerfall vorliegt, überwältigend. Wir beschränken uns jedoch auf ein Beispiel, den Zerfall $^{14}\mathrm{O} \xrightarrow{\beta^+} {}^{14}\mathrm{N}$. Die Auswahl dieses speziellen Zerfalls werden wir gleich begründen. Schon aus diesem einen Übergang erfahren wir wichtige Tatsachen. Bild 8.5 zeigt die Isobare $A = 14$, ^{14}C, ^{14}N und ^{14}O. Der Grundzustand von ^{14}C und ^{14}O und der erste angeregte Zustand von ^{14}N bilden ein Isospintriplett. Der Positronenzerfall, der hier wichtig ist, führt vom Grundzustand des ^{14}O zum angeregten Zustand des ^{14}N. Die maximale Positronenenergie ist 1,81 MeV, die Halbwertszeit des ^{14}O beträgt 73 s und der ft-Wert ist 3100 s (siehe Tabelle 11.1). Zwei Gründe machen diesen Zerfall so nützlich: (1) Der Übergang findet zwischen Mitgliedern eines Isospinmultipletts statt. Abgesehen von elektromagnetischen Korrekturen, beschreiben die Wellenfunktionen des Anfangs- und Endzustands bei diesem Zerfall konsequenterweise denselben hadronischen Zustand und sind folglich in ihren Spin- und Raumeigenschaften identisch. Die Matrixelemente, in denen sie vorkommen, können genau berechnet werden. Solche

12 E. Fischbach, M. M. Nieto, H. Primakoff, C. K. Scott und J. Smith, *Phys. Rev. Letters* 27, 1403 (1971).

Übergänge heißen übererlaubt. (2) Anfangs- und Endzustand besitzen die Konfiguration $J^\pi = 0^+$. Die Auswahlregeln für die Parität und den Drehimpuls beschränken dann die Matrixelemente drastisch, wie wir bald sehen werden.

Das Ziel ist es, Gl. 11.57 für den schwachen Hadronenstrom so weit wie möglich zu bestätigen. Im β-Zerfall von Atomkernen bleibt die Hyperladung immer erhalten, so daß

$$J_w^h \text{ (Kernphysik)} = \cos\theta\, J_w^0. \tag{11.59}$$

Bezeichnet man die Wellenfunktionen des Anfangs- und Endzustands mit $\psi_{0^+\alpha}$ und $\psi_{0^+\beta}$ und schreibt den schwachen Strom J_w^0 in derselben Form wie J_w^e, Gl. 11.47, so wird $\mathbf{J}_w^h$ zu

$$J_w^h(0^+ \longrightarrow 0^+) = c\cos\theta\, \psi_{0^+\beta}^* (V + A)\psi_{0^+\alpha}.$$

Mit Gl. 11.25 und Gl. 11.47 wird das Matrixelement von H_w dann zu

$$\langle\beta|H_w|\alpha\rangle = \frac{1}{\sqrt{2}} G\cos\theta \int d^3x\, \psi_{e^+}^*(V + A)\psi_{\bar\nu_e} \cdot \psi_{0^+\beta}^*(V + A)\psi_{0^+\alpha}.$$

Das Positron und das Neutrino sind Leptonen, sie haben also keine starke Wechselwirkung mit dem Kern. Nach der Emission können sie folglich wie freie Teilchen als ebene Wellen beschrieben werden:

$$\psi_{e^+} = u_e e^{i\mathbf{p}_e\cdot\mathbf{x}/\hbar}, \qquad \psi_{\bar\nu} = u_{\bar\nu} e^{i\mathbf{p}_\nu\cdot\mathbf{x}/\hbar}. \tag{11.60}$$

Hier sind die Spinanteile der Wellenfunktion u_e und $u_{\bar\nu}$ nicht mehr Funktionen von $\mathbf{x}$. (Die ebene Welle des Elektrons ist durch das Coulombfeld des Kerns geringfügig gestört. Die Störung bewirkt eine kleine Korrektur, die in Abschnitt 11.2 erläutert wurde und durch die dort eingeführte Funktion F gegeben ist.) Die Energie der Leptonen ist kleiner als einige MeV, die reduzierte Wellenlänge $\lambda\!\!\!^- = \hbar/p$ ist lang verglichen mit dem Kernradius und die Wellenfunktion der Leptonen kann durch ihren Wert am Ursprung, u_e bzw. $u_{\bar\nu}$, ersetzt werden. Das Matrixelement wird dann

$$\langle\beta|H_w|\alpha\rangle = \frac{1}{\sqrt{2}} G\cos\theta u_e^*(V + A)u_{\bar\nu} \cdot \int d^3x\psi_{0^+\beta}^*(V + A)\psi_{0^+\alpha}. \tag{11.61}$$

Die Erhaltungssätze für die Parität und den Drehimpuls vereinfachen diesen Ausdruck beträchtlich. Wir betrachten zunächst die Parität [13]. Unter P bleiben die nuklearen Wellenfunktionen $\psi_{0^+\alpha}$ und $\psi_{0^+\beta}$ unverändert. Gemäß Gl. 11.45 und Gl. 11.46 ändern $\mathbf{V}$ und A_0 ihr Vorzeichen. Folglich sind die zugehörigen Integranden ungerade unter P und das Integral verschwindet. Um zu zeigen, daß der Term mit $\mathbf{A}$ auch verschwindet, stellen wir fest, daß die Wellenfunktionen Skalare bezüglich der Rotation sind,

13 Auf den ersten Blick scheint das Paritätsargument hier falsch am Platz, da bei der schwachen Wechselwirkung die Parität nicht erhalten bleibt. Die Parität des Anfangs- und Endzustands ist jedoch durch die starke Wechselwirkung gegeben und V und A besitzen wohldefinierte Transformationseigenschaften bezüglich P. Das Argument ist deshalb zutreffend.

während sich **A** wie ein Vektor verhält. Der Mittelwert eines Vektors über eine Kugeloberfläche verschwindet: Skalare transformieren sich wie Y_0 und Vektoren wie Y_1 und das Integral $\int d^3x Y_0^* Y_1 Y_0$ verschwindet. Der einzige Term, der unter dem Integral übrigbleibt, ist V_0, also erhält das Matrixelement die Form

$$\langle\beta|H_w|\alpha\rangle = \frac{1}{\sqrt{2}} G \cos\theta u_e^*(V_0 + A_0)u_{\bar{\nu}}\langle 1\rangle, \tag{11.62}$$

wobei $\langle 1\rangle$ das Symbol ist, das in der Kernphysik für das Integral

$$\langle 1\rangle = \int d^3x \psi_{0^+\beta}^* V_0 \psi_{0^+\alpha} \tag{11.63}$$

steht. Die auf den zerfallenden Kern übertragene Rückstoßenergie ist sehr klein, so daß das nukleare Matrixelement $\langle 1\rangle$ nichtrelativistisch berechnet werden kann. Als Ergebnis erhält man

$$\langle 1\rangle = \sqrt{2}. \tag{11.64}$$

● Um Gl. 11.64 zu beweisen, verwendeten wir den nichtrelativistischen Operator $V_0 = 1$ aus Gl. 11.40, so daß

$$\langle 1\rangle = \int d^3x \psi_{0^+\beta}^* \psi_{0^+\alpha}.$$

Hier ergibt sich ein neues Problem. Die Wellenfunktionen ψ_β und ψ_α gehören zu verschiedenen Isobaren und sind deshalb orthogonal. So wie es dasteht, ist das Integral Null. Die Lösung wird einfach, wenn man den Isospinformalismus einführt. Die Zustände ^{14}O und ^{14}N gehören zum selben $I = 1$ Isospinmultiplett, mit den I_3-Werten 1 bzw. 0. Sie haben dieselbe räumliche Wellenfunktion, so daß die gesamte Wellenfunktion als

$$^{14}\mathrm{O}: \quad \psi_\alpha = \psi_0(\mathbf{x})\Phi_{1,1}$$

$$^{14}\mathrm{N}: \quad \psi_\beta = \psi_0(\mathbf{x})\Phi_{1,0}$$

geschrieben werden kann, wobei $\Phi_{1,1}$ und $\Phi_{1,0}$ die normierten Isospinfunktionen bezeichnen. Der schwache Strom verwandelt ^{14}O in ^{14}N, er vermindert den I_3-Wert um eine Einheit. Diese Verminderung wird durch den in Gl. 8.26 gegebenen Absteigeoperator I_- ausgedrückt. Im Isospinformalismus wird das vollständige Matrixelement $\langle 1\rangle$ demnach

$$\langle 1\rangle = \int d^3x \psi_0^*(x)\psi_0(x)\Phi_{1,0}^* I_- \Phi_{1,1}.$$

Der Isospinteil wird mit Gl. 8.27 berechnet:

$$\Phi_{1,0}^* I_- \Phi_{1,1} = \sqrt{2}\Phi_{1,0}^*\Phi_{1,0} = \sqrt{2}.$$

Die räumliche Wellenfunktion wird auf 1 normiert. so daß das endgültige Ergebnis, $\langle 1\rangle = \sqrt{2}$ in Gl. 11.64 bewiesen ist. ●

Mit Gl. 11.64 wird das Quadrat des Matrixelements von H_w

$$|\langle\beta|H_w|\alpha\rangle|^2 = G^2\cos^2\theta|u_e^*(V_0 + A_0)u_{\bar{\nu}}|^2.$$

Den Wert des leptonischen Matrixelements erhält man, indem man vom nichtrelativistischen Elektron ohne Spin ausgeht und zunächst nur den Vektorterm proportional zu V_0 betrachtet. Gleichung 11.40 gibt dann

$$u_e^* V_0 u_{\bar{\nu}} = u_e^* u_{\bar{\nu}} \quad \text{und} \quad |u_e^* V_0 u_{\bar{\nu}}|^2 = u_e^* u_e u_{\bar{\nu}}^* u_{\bar{\nu}}.$$

Wenn die Leptonen auf ein Teilchen pro Volumeneinheit normiert sind, gibt Gl. 11.60 $u_e^* u_e = u_\nu^* u_\nu = 1$. Das Matrixelement von A_0 verschwindet im nichtrelativistischen Fall, wie man aus Gl. 11.51 mit $p/m \longrightarrow 0$ sieht. Für stark relativistische Elektronen geht $p/mc \longrightarrow pc/E \longrightarrow 1$ und das Matrixelement von A_0 nähert sich dem von V_0. Zwischen A_0 und V_0 besteht in diesem Fall keine Interferenz, so daß das Quadrat des leptonischen Matrixelements

$$(11.65) \qquad |u_e^*(V_0 + A_0)u_\nu|^2 = 2$$

wird. Das Quadrat des Matrixelements für einen schwachen Übergang $0^+ \longrightarrow 0^+$ ist demnach

$$(11.66) \qquad |\langle\beta|H_w|\alpha\rangle|^2 = 2G^2 \cos^2\theta.$$

Mit Gl. 11.11 und $ft_{1/2} = f\tau \ln 2$ erhält man als endgültiges Ergebnis

$$(11.67) \qquad G^2 \cos^2\theta = \pi^3 \ln 2 \frac{\hbar^7}{m_e^5 c^4} \frac{1}{ft_{1/2}}.$$

Der ft-Wert von ^{14}O ist in Tabelle 11.1 gegeben. Es wurden noch eine Anzahl anderer übererlaubter Übergänge der Art $0^+ \longrightarrow 0^+$ sorgfältig untersucht. Bei Berücksichtigung kleiner Korrekturen wird der Wert für $G \cos\theta$ schließlich[12)] [14)]

$$(11.68) \qquad G_V \cos\theta_V = (1{,}410 \pm 0{,}002) \times 10^{-49}\ \text{erg-cm}^3.$$

Die Indizes V an G und θ besagen, daß diese Konstanten in einem Zerfall bestimmt wurden, bei dem nur die Vektorwechselwirkung im nuklearen (hadronischen) Matrixelement auftritt. Untersuchungen von Zerfällen, bei denen die axiale Vektorwechselwirkung beiträgt, z.B. dem des Neutrinos, liefern den Wert für die entsprechende Kopplungskonstante G_A. Das Verhältnis $|G_A/G_V|$ wurde bestimmt: [14)]

$$(11.69) \qquad \left|\frac{G_A}{G_V}\right| = 1{,}24 \pm 0{,}01.$$

In vielen Kriminalgeschichten verstecken sich die wesentlichen Hinweise zunächst unter völlig normal erscheinenden Gesichtspunkten und der offensichtlich Schuldige stellt sich meist als unschuldig heraus. Wir haben nun G, $\cos\theta$, $G_V \cos\theta_V$ und $|G_A/G_V|$, gegeben in Gl. 11.54, Gl. 11.58, Gl. 11.68 und Gl. 11.69. Innerhalb der angegebenen Fehlergrenzen gelten die folgenden Beziehungen:

$$(11.70) \qquad \begin{aligned} G_V &= G \\ \theta_V &= \theta \\ G_A &\neq G. \end{aligned}$$

14 R. J. Blin-Stoyle und J. M. Freeman, *Nucl. Phys.* **A150**, 369 (1970); S. A. Fayans, *Phys. Letters* **37B**, 155 (1971); C. J. Christensen, A. Nielsen, A. Bahnsen, W. K. Brown und B. M. Rustad, *Phys. Rev.* **D5**, 1628 (1972).

Was sagen uns diese Beziehungen über die schwache Wechselwirkung? Auf den ersten Blick sieht es so aus, als ob die gleichen Kopplungskonstanten für den Vektorstrom (G_V) und für den rein leptonischen Strom (G) einfach die Universalität der schwachen Wechselwirkung ausdrückt und daß $G_A \neq G$ erklärt werden muß. Leider ist die Sache nicht so einfach. Ein Proton z.B. ist ja nicht einfach ein Diracproton, sondern von einer Mesonenwolke umhüllt, siehe Bild 6.10. Warum sollte die Mesonenwolke dieselbe schwache Wechselwirkung wie das nackte Diracteilchen besitzen? Es gibt a priori keinen Grund, warum G_V und G gleich sein sollten. Das Ergebnis $G_A \neq G$ scheint mehr mit den intuitiven Argumenten übereinzustimmen und die eigentliche Frage ist die Erklärung von $G_V = G$. Die Lösung dieses Rätsels ist die Hypothese von der Erhaltung des Vektorstroms ("conserved vector current", CVC). Sie wurde zuerst von Gershtein und Zeldovich [15] eher provisorisch vorgeschlagen und dann von Feynman und Gell-Mann [4] in eine sehr wirksame Form gebracht. Um die CVC-Hypothese zu erklären, betrachten wir zunächst den elektromagnetischen Fall. In Abschnitt 7.2 wurde dargelegt, daß die elektromagnetische Ladung erhalten bleibt. Das Positron und das Proton besitzen dieselbe elektrische Ladung, obwohl das Proton von einer Mesonenwolke umgeben ist, das Positron jedoch nicht. Oder anders ausgedrückt, die Kopplungskonstante e, die die Wechselwirkung mit dem elektromagnetischen Feld charakterisiert, ist dieselbe für Teilchen gleicher Ladung, unabhängig ihrer anderen Wechselwirkungseigenschaften. Die virtuellen Mesonen ändern den Wert der Kopplungskonstanten e nicht. Der klassische Begriff für diese Tatsache ist der der Stromerhaltung Gl. 10.50. Ein spezielles Beispiel ist das Kirchhoffsche Gesetz, wie es Bild 11.8(a) zeigt. Die CVC-Hypothese postuliert, daß der schwache Vektorstrom auch erhalten bleibt:

$$\frac{1}{c}\frac{\partial V_0}{\partial t} + \nabla \cdot \mathbf{V} = 0. \tag{11.71}$$

Dann folgt, daß die Kopplungskonstanten G_V und G gleich sind: Wenn sich ein Hadron virtuell in andere Hadronen zerlegt (z.B. ein Proton in ein Neutron und ein negatives Pion), bleibt der schwache Strom erhalten. Die schwache Wechselwirkung des nackten Hadrons und des Hadrons mit Wolke ist dieselbe. Die Gleichheit von G_V und G ist aber nicht der einzige Hinweis auf die Erhaltung des Vektorstroms (CVC), sondern es gibt viele zusätzliche Experimente, die Gl. 11.71 unterstützen. [16]

Die Hypothese von der Erhaltung des Vektorstroms beruht auf der Analogie mit dem elektrischen Strom, der ebenfalls ein Vektorstrom ist. Es gibt keinen axialen elektromagnetischen Vektorstrom, deshalb ist es

15 S. S. Gershtein und A. B. Zeldovich, *Zh. Eksperim. i. Teor. Fiz.* **29**, 698 (1955); (Tr.) *Soviet phys. JETP* **2**, 576 (1957).

16 C. S. Wu, *Rev. Modern Phys.* **36**, 618 (1964).

nicht möglich, sich auf eine bekannte Theorie als Anleitung zu stützen. Tatsächlich zeigt $G_A \neq G$, daß der axiale Vektorstrom nicht erhalten bleibt. Die Tatsache, daß G_A von G um nicht mehr als 25% abweicht, zeigt jedoch, daß der axiale Strom fast erhalten bleibt. Die genaue Beschreibung dieser Tatsache heißt PCAC-Hypothese oder die Hypothese von der teilweisen Erhaltung des axialen Vektorstroms ("partially conserved axial vector current").

Schließlich stellen wir noch fest, daß die Übereinstimmung zwischen G_V und G beinhaltet, daß der hadronische Strom, bei dem die Hyperladung erhalten bleibt, durch eine Kopplungskonstante $G \cos\theta$ und nicht einfach durch G charakterisiert ist. Ohne den Faktor $\cos\theta$ würden Theorie und Experiment um einige Prozent voneinander abweichen, weit mehr als es die Fehlergrenzen erlauben. Der Cabibbowinkel wird also nicht nur gebraucht, um den langsamen Zerfall mit Änderung der Hyperladung zu erklären, sondern auch um Übereinstimmung zwischen den Zerfallsraten des Myons und der übererlaubten Kernübergänge herzustellen.

11.10 *Der schwache Strom von Hadronen bei hoher Energie*

Hohe Energien sind für die Erforschung von zwei Aspekten der schwachen Wechselwirkung unerläßlich: (1) Nukleonen und Kerne besitzen schwache Ladungen und schwache Ströme. Um ihre Verteilung (schwache Formfaktoren) zu untersuchen, benötigt man schwach wechselwirkende Geschosse mit Wellenlängen kleiner als die zu untersuchende Struktur. Das Problem ist ähnlich der Untersuchung von elektromagnetischen Strukturen subatomarer Teilchen, wie sie in Kapitel 6 besprochen wurde. Wenn die schwachen Formfaktoren dasselbe Verhalten wie die elektromagnetischen zeigen, dann folgt aus der Erläuterung in Kapitel 6, daß schwache Geschosse mit Energien in der Größenordnung von einigen GeV benötigt werden. (2) Die Reichweite der schwachen Wechselwirkung ist noch nicht bekannt. Wenn man, um der Folgerungen willen, annimmt, daß die schwache Wechselwirkung durch ein W übertragen wird, dann ist ihre Reichweite durch $\hbar/m_w c$ gegeben. Die zur Untersuchung der Form der Wechselwirkung benötigte Energie hängt also von m_w ab und kann extrem hoch werden. Der erste Gesichtspunkt, die Untersuchung der schwachen Struktur von Hadronen, liegt heute innerhalb des verfügbaren Energiebereichs. Der zweite Punkt, die Messung der Reichweite der schwachen Wechselwirkung, kann sehr leicht noch für viele Jahre unerreichbar bleiben.

Im elektromagnetischen Fall führt man die Strukturuntersuchungen mit geladenen Leptonen (Elektronen oder Myonen) und Photonen durch. Wie kann man entsprechende hochenergetische Messungen von schwachen Effekten durchführen? Das Elektron nimmt an der schwachen Wechselwirkung teil.

Kann man es zur Untersuchung verwenden? Die Antwort lautet, leider, nein. Die elektromagnetischen Effekte würden jeden schwachen Effekt überdecken, zumindest bei den gegenwärtig zur Verfügung stehenden Energien. Die Energie von schwachen Zerfällen reicht nie in den GeV-Bereich. Das Neutrino ist die richtige Wahl. Es ist in vieler Hinsicht gut geeignet, aber die Neutrinostreuquerschnitte sind sehr klein. Um Messungen durchführen zu können, benötigt man große Flußdichten und große Zähler. Im folgenden werden wir einige theoretische Gesichtspunkte der Neutrinostreuung besprechen, ein Experiment skizzieren und einige Ergebnisse zeigen.

Wir betrachten einen Strahl von Antineutrinos, der auf ein Wasserstofftarget trifft. Die Antineutrinos können, wie in Gl. 11.29 beschrieben, eingefangen werden:

$$\bar{\nu}_e p \longrightarrow e^+ n, \qquad \bar{\nu}_\mu p \longrightarrow \mu^+ n,$$

oder allgemeiner geschrieben,

$$\bar{\nu} p \longrightarrow l^+ n, \tag{11.72}$$

wobei l^+ ein positives Lepton ist. Die Übergangsrate für diesen semileptonischen Prozeß wird durch die Goldene Regel bestimmt,

$$dw = \frac{2\pi}{\hbar} |\langle nl^+ | H_w | p\bar{\nu}\rangle|^2 \rho(E).$$

Die Übergangsrate gibt die Anzahl von Teilchen an, die pro Zeiteinheit an einem Streuzentrum gestreut werden. Gleichung 6.5 zeigt dann, daß der Streuquerschnitt und die Übergangsrate durch

$$d\sigma = \frac{dw}{F} \tag{11.73}$$

zusammenhängen. Antineutrinos bewegen sich mit Lichtgeschwindigkeit, mit der Normierung von einem Teilchen pro Volumeneinheit wird der Fluß F gleich der Lichtgeschwindigkeit, $F = c$. Folglich wird der Streuquerschnitt

$$d\sigma = \frac{2\pi}{\hbar c} |\langle nl^+ | H_w | p\bar{\nu}\rangle|^2 \rho(E). \tag{11.74}$$

Die Zustandsdichte für zwei Teilchen im Endzustand, in ihrem Schwerpunktsystem, ist durch Gl. 10.31 gegeben. Mit $V = 1$ ist $\rho(E)$ durch

$$\rho(E) = \frac{E_n E_l p_l}{(2\pi\hbar)^3 c^2 (E_n + E_l)} d\Omega_l$$

gegeben, wobei $d\Omega_l$ das Raumwinkelelement ist, in welches das Lepton gestreut wird. Der differentielle Wirkungsquerschnitt für den Antineutrinoeinfang im Schwerpunktsystem wird

$$d\sigma_{\text{cm}}(\bar{\nu}p \longrightarrow ln) = \frac{1}{4\pi^2\hbar^4 c^3} \frac{E_n E_l p_l}{E_n + E_l} |\langle nl | H_w | p\bar{\nu}\rangle|^2 \, d\Omega_l. \tag{11.75}$$

Zunächst werden wir diesen Ausdruck auf den Einfang niederenergetischer elektronischer Antineutrinos anwenden. Diese Anwendung wird zwar nicht die versprochenen Erkenntnisse über die schwache Struktur der Hadronen liefern, aber sie wird zeigen, daß Gl. 11.75 die richtigen Wirkungsquerschnitte vorhersagt. Wie wir weiter oben ausführten, nimmt man an, daß das Matrixelement $\langle ne^+|H_w|p\bar{\nu}\rangle$ gleich dem des Neutronenzerfalls, $\langle pe^-\bar{\nu}|H_w|n\rangle$, ist. Das Matrixelement des Neutronenzerfalls ist mit dem $f\tau$-Wert von Neutronen durch Gl. 11.11 verbunden. Die Integration von Gl. 11.75 über $d\Omega_l$, Einsetzen von Gl. 11.11 in Gl. 11.75 und Berücksichtigung, daß für niedere Energie $E_n \approx m_n c^2$, $E_e \ll m_n c^2$ gilt, liefert

$$\sigma(\bar{\nu}_e p \longrightarrow e^+ n) = \frac{2\pi^2\hbar^3}{m_e^5 c^7} \frac{p_e E_e}{(f\tau)_{\text{neutron}}}. \tag{11.76}$$

Mit den Zahlenwerten für die Konstanten und dem gemessenen $f\tau$-Wert (Tabelle 11.1) und unter Verwendung geeigneter Energie- und Impulseinheiten, wird der Wirkungsquerschnitt zu

$$\sigma\,(\mathrm{cm}^2) = 2{,}3 \times 10^{-44} \frac{p_e}{m_e c} \frac{E_e}{m_e c^2}.$$

Bei den Antineutrinoenergien, wie sie an Reaktoren auftreten, kann die Rückstoßenergie des Neutrons in der Reaktion $\bar{\nu}p \longrightarrow e^+n$ vernachlässigt werden, wodurch die Gesamtenergie des Positrons mit der Antineutrinoenergie durch $E_{e^+} = E_{\bar{\nu}} + (m_p - m_n)c^2 = E_{\bar{\nu}} - 1{,}293$ MeV zusammenhängt. Für eine Antineutrinoenergie von 2,5 MeV wird der Wirkungsquerschnitt $12 \times 10^{-44}\,\mathrm{cm}^2$.

Der Antineutrinoeinfang wurde erstmals von Reines, Cowan und Mitarbeitern 1956 beobachtet. [17]) Sie bauten nahe einem Reaktor einen großen und gut abgeschirmten Szintillationszähler auf. Reaktoren emittieren einen intensiven Antineutrinofluß, beim Los Alamos Experiment waren es etwa $10^{13}\bar{\nu}/\mathrm{cm}^2$-s. Ein paar davon werden in der Flüssigkeit eingefangen und erzeugen ein Neutron und ein Positron und diese lösen ein charakteristisches Signal aus. Die Gruppe in Los Alamos war in der Lage, den Wirkungsquerschnitt zu bestimmen, und zwar

$$\sigma_{\text{exp}} = (11 \pm 4) \times 10^{-44}\,\mathrm{cm}^2.$$

Um diese Zahl mit der aus Gl. 11.76 erwarteten zu vergleichen, muß man das Antineutrinospektrum kennen. Es kann aus dem β-Spektrum der Spaltprodukte von ^{238}U abgeleitet werden. [18]) Auf diese Weise wurde ein Wirkungsquerschnitt von etwa $10 \times 10^{-44}\,\mathrm{cm}^2$ berechnet, was mit dem tatsächlich beobachteten Wert gut übereinstimmt. Die Übereinstimmung ist er-

17 F. Reines und C.L. Cowan, *Science* **124**, 103 (1956); *Phys. Rev.* **113**, 273 (1959); F. Reines, C.L. Cowan, F.B. Harrison, A.D. McGuire und H.W. Kruse, *Phys. Rev.* **117**, 159 (1960).

18 R.E. Carter, F. Reines, J.J. Wagner und M.E. Wyman, *Phys. Rev.* **113**, 280 (1959).

mutigend, sie bedeutet, daß die niederenergetischen Eigenschaften der schwachen Wechselwirkungstheorie in der Lage sind, Neutrinoreaktionen zu beschreiben.

Als nächstes wenden wir uns Neutrinoreaktionen bei hohen Energien zu. Pontecorvo und Schwartz wiesen auf die Möglichkeit solcher Experimente hin.[19] Lee und Yang erforschten als erste die theoretischen Möglichkeiten.[20] Wie so oft in der Physik, ist die zugrundeliegende Idee einfach. Sie ist in Bild 11.9 skizziert: Protonen aus einem hochenergetischen Beschleuniger treffen auf ein Target und erzeugen hochenergetische Pionen. Pionen mit einer bestimmten Ladung, z. B. π^+, werden ausgesondert und in eine gewünschte Richtung fokussiert. Wenn ihnen auf ihrer Bahn keine Materie im Weg steht, so zerfallen sie im Flug und erzeugen dabei positive Myonen und myonische Neutrinos. Im Schwerpunktsystem des Pions werden das Myon und das Neutrino mit entgegengesetztem Impuls emittiert. Wegen des großen Impulses des zerfallenden Pions im Laborsystem, fliegen die meisten der Zerfallsprodukte in einem schmalen Kegel gerade aus weiter. Der Detektor wird in die Strahlrichtung gesetzt, aber so gut abgeschirmt, daß ihn nur die Neutrinos erreichen können. Auf den ersten Blick erscheinen Neutrinoexperimente an hochenergetischen Beschleunigern hoffnungslos, da der Neutrinofluß dort viel kleiner ist, als an Reaktoren. Gleichung 11.75 sagt jedoch einen schnellen Anstieg des Streuquerschnitts mit der Energie voraus, wenn das Matrixelement nicht zu schnell mit der Energie abnimmt. Lee und Yang berechneten mit der Hypothese von der Erhaltung des Vektorstroms von Gell-Mann und Feynman die zu erwartenden Wirkungsquerschnitte. Das Ergebnis ist in Bild 11.10 zu sehen. Der Wirkungsquerschnitt steigt sehr steil an, bis zu Neutrinoenergien (im Laborsystem) von etwa 1 GeV und flacht dann ab. Der maximale Wirkungsquerschnitt ist von der Größenordnung 10^{-38} cm^2, etwa fünf Größenordnungen höher als der im Neutrinoexperiment von Los Alamos beobachtete. Dieser

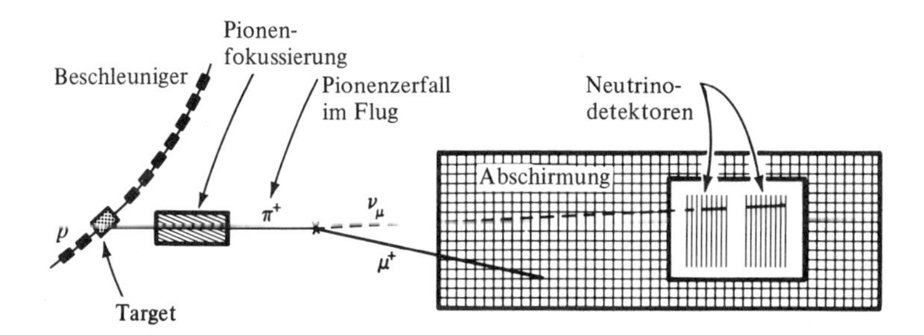

Bild 11.9 Prinzipieller Aufbau hochenergetischer Experimente mit myonischen Neutrinos.

19 B. Pontecorvo, *Soviet Phys. JETP* **37**, 1751 (1959); M. Schwartz, *Phys. Rev. Letters* **4**, 306 (1960). Eine faszinierende persönliche Darstellung steht bei B. Maglich, ed., *Adventures in Experimental Physics*, Vol. α, World Science Communications, Princeton, N.J., 1972, S. 82.

20 T.D. Lee und C.N. Yang, *Phys. Rev. Letters* **4**, 307 (1960); *Phys. Rev.* **126**, 2239 (1962).

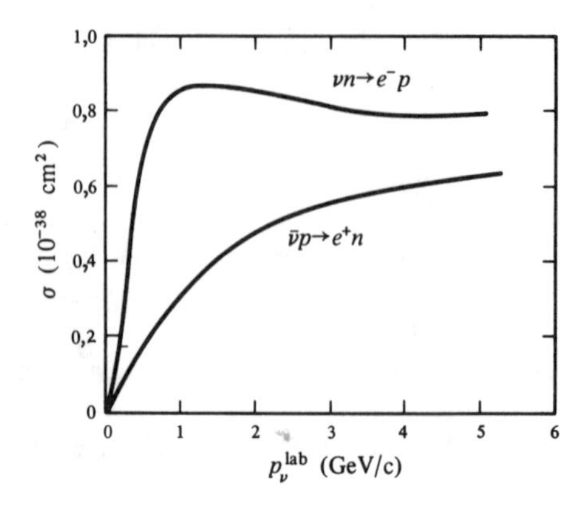

Bild 11.10 Wirkungsquerschnitt für die Reaktion $\nu n \longrightarrow l^- p$, wie sie von T. D. Lee und C. N. Yang, *Phys. Rev. Letters*, 4, 307 (1960), vorhergesagt wurde.

größere Wirkungsquerschnitt machte es der Gruppe aus Columbia möglich, das bemerkenswerte Experiment durchzuführen, bei dem die Existenz von zwei Arten von Neutrinos gezeigt wurde (Abschnitt 7.4). In diesem Kapitel setzen wir die Existenz des myonischen Neutrinos voraus und wenden uns dem Verhalten des Matrixelements von H_w bei hoher Energie zu. Wir werden den Wirkungsquerschnitt für die Reaktion $\nu_\mu N \longrightarrow \mu^- N'$ berechnen, wobei N und N' hypothetische Nukleonen ohne Spin sind. Wir werden die für echte Nukleonen notwendigen Korrekturen später besprechen. Der Wirkungsquerschnitt für diese Reaktionen ist durch Gl. 11.75 gegeben, mit geringfügigen Änderungen bei den Bezeichnungen. Bei hoher Energie kann man die Leptonenmasse vernachlässigen und E_μ durch $p_\mu c$ ersetzen. Gleichung 11.75 lautet dann

$$d\sigma_{\text{c.m.}}(\nu_\mu N \longrightarrow \mu^- N') = \frac{1}{4\pi^2\hbar^4c^2}\frac{E}{W}p_\mu^2|\langle\mu^- N'|H_w|\nu N\rangle|^2\, d\Omega.$$

Dabei ist E die Energie von N' und W die gesamte Energie im Schwerpunktsystem. Die Reaktion $\nu_\mu N \longrightarrow \mu^- N'$ ist in Bild 11.11 dargestellt. Im Schwerpunktsystem haben alle Impulse die gleiche Größe, so daß das Quadrat des Impulsvektors zu

$$(11.77) \qquad -q^2 = (\mathbf{p}_\nu - \mathbf{p}_\mu)^2 = 2p_\mu^2(1 - \cos\vartheta)$$

wird, wobei ϑ der Streuwinkel im Schwerpunktsystem ist. Mit Gl. 11.77

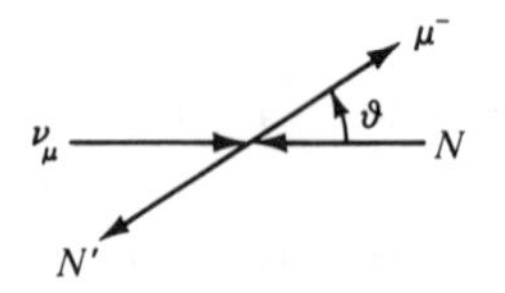

Bild 11.11 „Elastische" Reaktion $\nu_\mu N \longrightarrow \mu^- N'$ im Schwerpunktsystem.

kann man das Raumwinkelelement $d\Omega = 2\pi \sin \vartheta \, d\vartheta$ als

(11.78) $$d\Omega = -\frac{\pi}{p_\mu^2} dq^2$$

schreiben, so daß

(11.79) $$d\sigma = \frac{-1}{4\pi\hbar^4 c^2} \frac{E}{W} |\langle \mu^- N' | H_w | \nu N \rangle|^2 \, dq^2.$$

Das zentrale Problem ist jetzt das Matrixelement. Bei niedriger Energie, bei der die Teilchenstruktur zu vernachlässigen ist, haben wir schon schwache Übergänge $0^+ \longrightarrow 0^+$ betrachtet: Das Matrixelement ist in Gl. 11.66 gegeben und der differentielle Wirkungsquerschnitt für diesen Fall ist

(11.80) $$d\sigma = -\frac{G^2 \cos^2 \theta}{2\pi\hbar^4 c^2} \frac{E}{W} dq^2.$$

Den gesamten Wirkungsquerschnitt erhält man durch Integration über dq^2 Der minimale Impulsübertrag ist $-4p_\mu^2$, der maximale ist durch Gl. 11.77 als 0 gegeben, die Integration von 0 bis $-4p_\mu^2$ liefert

(11.81) $$\sigma_{\text{tot}} = \frac{2G^2 \cos^2 \theta}{\pi\hbar^4 c^2} \frac{E}{W} p_\mu^2.$$

Bei hoher Energie wird $E \approx W/2$ und der gesamte Wirkungsquerschnitt nimmt mit p_μ^2 zu. Ein unbegrenztes Anwachsen des Wirkungsquerschnitts ist physikalisch jedoch nicht sinnvoll, deshalb muß etwas den Wirkungsquerschnitt bei hoher Energie d ä m p f e n. In unserem Beispiel rührt die Dämpfung von der Struktur der Hadronen her. Bis jetzt hatten wir ein punktförmiges Teilchen angenommen. Gleichung 11.80 entspricht so der Rutherfordschen Streuformel Gl. 6.17 oder dem Mottschen Streuquerschnitt Gl. 6.19, die beide für punktförmige Teilchen berechnet wurden. In Kapitel 6 wurden die Modifikationen, die sich für eine endliche Teilchengröße ergeben, für Teilchen ohne Spin abgeleitet. Die Teilchenstruktur wurde durch einen Formfaktor ausgedrückt und der Wirkungsquerschnitt wurde mit dem Quadrat von $F(q^2)$ multipliziert, wie in Gl. 6.20 gezeigt. Auf ähnliche Weise wird der Wirkungsquerschnitt für den Neutrinoeinfang mit einem s c h w a c h e n F o r m f a k t o r multipliziert, was zur modifizierten Gleichung 11.80 führt

(11.82) $$d\sigma = -\frac{G^2 \cos^2 \theta}{2\pi\hbar^4 c^2} \frac{E}{W} |F_w(q^2)|^2 \, dq^2.$$

Der schwache Formfaktor F_w läßt sich prinzipiell aus dem Experiment bestimmen. Da jedoch solche Experimente sehr schwierig sind, ist eine theoretische Führung sehr willkommen, und eine solche gibt es. In Abschnitt 11.9 wurde die Hypothese von der Erhaltung des Vektorstroms erläutert und mit Gl. 11.71 die Erhaltung des schwachen Stroms postuliert. CVC beinhaltet jedoch viel mehr als Gl. 11.71: Feynman und Gell-Mann postulierten, daß die vektoriellen Formfaktoren in den elektromagnetischen und schwachen Strömen dieselbe Form besitzen müssen. Für unser vereinfachtes Beispiel besagt CVC, daß für die vektorielle Wechselwirkung gilt:

$$F_w(q^2) = F_{em}(q^2). \tag{11.83}$$

Es gibt kein Nukleon ohne Spin, weshalb der Formfaktor F_{em} für unser spezielles Beispiel nicht bestimmt werden kann. Wir können jedoch annehmen, daß F_{em} dieselbe Form hat wie die Formfaktoren, die die Nukleonenstruktur beschreiben. Insbesondere können wir F_{em} mit G_D aus Gl. 6.47 identifizieren: Der schwache Wirkungsquerschnitt wird dann mit Gl. 11.83 zu

$$d\sigma = \frac{G^2 \cos^2 \theta}{2\pi\hbar^4 c^2} \frac{E}{W} \frac{dq^2}{(1 + |q^2|/q_0^2)^4}. \tag{11.84}$$

Den gesamten Wirkungsquerschnitt erhält man durch Integration von 0 bis $-4p_\mu^2$,

$$\sigma = \frac{G^2 \cos^2 \theta E q_0^2}{6\pi\hbar^4 c^2 W} \left\{1 - \frac{1}{(1 + 4p_\mu^2/q_0^2)^3}\right\}. \tag{11.85}$$

Dieser Ausdruck zeigt alle wesentlichen Eigenschaften der in Bild 11.10 gezeigten theoretischen Wirkungsquerschnitte: Bei niedriger Energie kann der Ausdruck in den geschweiften Klammern entwickelt werden, das Ergebnis ist dann dasselbe wie in Gl. 11.81 und der Wirkungsquerschnitt nimmt mit p_μ^2 zu. Bei sehr hoher Energie wird der Term in den geschweiften Klammern eins und der Wirkungsquerschnitt bleibt konstant.

Der in Gl. 11.85 gegebene Wirkungsquerschnitt wurde mit unrealistischen Annahmen abgeleitet. Da er für Übergänge $0^+ \longrightarrow 0^+$ gilt, erscheint nur der Operator V und ein Formfaktor. Echte Nukleonen haben Spin $\frac{1}{2}$ und man braucht zur Beschreibung des Wirkungsquerschnitts mehr als einen Formfaktor. Man nimmt an, daß die Teilchenstruktur den Transformationscharakter des schwachen Stroms nicht ändert. Da der schwache Strom für punktförmige Teilchen zwei Operatoren, V und A, enthält, werden zwei Arten von Formfaktoren eingeführt, ein vektorieller und ein axialer. Gegenwärtig liefern die Neutrinoexperimente noch nicht genug Informationen, um alle Formfaktoren eindeutig zu bestimmen. Man wählt deshalb eine halbtheoretische Behandlung: Man nimmt an, die vektoriellen Formfaktoren mit den elektromagnetischen Formfaktoren G_E und G_M aus der Rosenbluthformel sind identisch. Weiter wird angenommen, daß ein axialer Formfaktor stark überwiegt und daß er dieselbe Form wie G_D in Gl. 6.47 hat. Auf diese Weise bleibt nur ein freier Parameter übrig, $q_0^2 \equiv M_A^2 c^2$. Bild 11.12 zeigt Daten von CERN für die elastische Streuung $\nu_\mu n \longrightarrow \mu^- p$. Die theoretischen Kurven sind Wirkungsquerschnitte, die mit drei Formfaktoren, G_E, G_M und G_A berechnet wurden. G_E und G_M sind in Gl. 6.48 und G_A in Gl. 6.47 gegeben, mit $q_0^2 \equiv M_A^2 c^2$ und M_A wie in Bild 11.12 angegeben. Die Daten zeigen die Verträglichkeit der experimentellen Ergebnisse mit diesen Form-

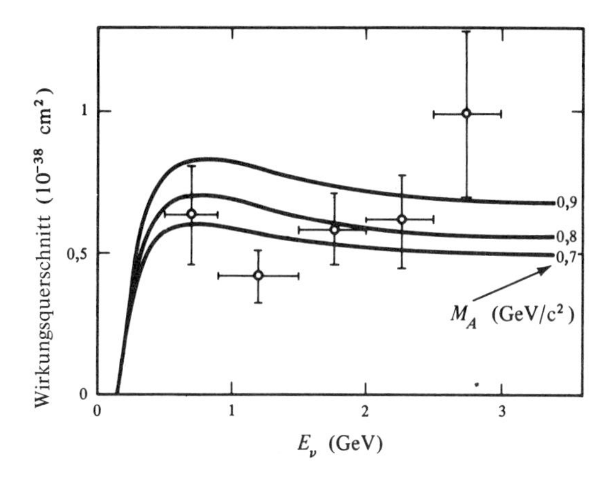

Bild 11.12 Wirkungsquerschnitt für die Reaktion $\nu_\mu n \longrightarrow \mu^- p$, gemessen bei CERN mit einer Blasenkammer. Es werden drei theoretische Anpassungskurven gezeigt. Nach I. Budagov et al., *Nuovo Cimento Lettere* 2, 689 (1969).

faktoren und mit der axialen Masse M_A, die nicht sehr verschieden von der vektoriellen Masse $M_V \equiv q_0/c = 0{,}71\ \text{GeV}/c^2$ ist.

Bis jetzt war die Erörterung der Neutrinoreaktionen auf den elastischen Fall beschränkt, bei dem im Endzustand nur ein Lepton und ein Hadron vorhanden sind. Neutrinos sind jedoch in der Lage, eine Vielzahl von inelastischen Reaktionen auszulösen, z.B.

$$\nu_\mu p \longrightarrow \mu^- \pi^+ p.$$

Folglich ist der gesamte Wirkungsquerschnitt für die Neutrinostreuung größer als der bisher besprochene: Bild 11.13 besagt, daß der gesamte Wirkungsquerschnitt, sowohl für die Neutrino-, als auch für die Antineutrinostreuung an Protonen, annähernd mit der Energie der Neutrinos im Laborsystem zunimmt, bis zu den höchsten erreichbaren Energien. Demgegenüber bleibt der elastische Wirkungsquerschnitt oberhalb von 1 GeV konstant. Wie weit wird der lineare Anstieg weitergehen?

Wahrscheinlich werden in der Zukunft Neutrinoreaktionen weit bessere Daten liefern, da neue Beschleuniger intensivere und energiereichere Neutrinostrahlen möglich machen und da die Detektorsysteme "besser und größer" werden. Bild 11.14 zeigt eine zuerst von C.A. Ramm 1968 [21]) erstellte und seitdem von C.H. Llewellyn-Smith [21]) auf dem neuesten Stand gehaltene Vorhersage. Sie zeigt die bis 1980 extrapolierte Rate der Neutrinoreaktionen. Bemerkenswert ist dabei, daß die wichtigste Entdeckung, die Existenz von zwei Neutrinoarten, 1961 gemacht wurde, als die Rate am klein-

21 C.A. Ramm, *Nature* **217**, 913 (1968); C.H. Llewellyn-Smith, *Phys. Rept.* **3C**, 261 (1972).

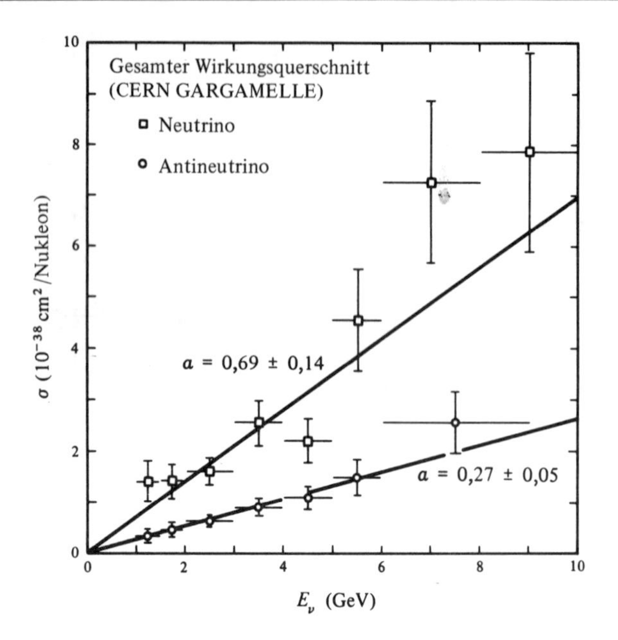

Bild 11.13 *Schwache Wechselwirkung:* Gesamter Wirkungsquerschnitt für die Streuung von Neutrinos und Antineutrinos an Kernen als Funktion der Neutrino- und Antineutrinoenergie im Laborsystem. Die Daten stammen von Neutrinoreaktionen in Freon- und Propanblasenkammern. Die Linien sind einfache Anpassungskurven an $\sigma = \alpha E$, mit α in Einheiten von 10^{-38} cm²/GeV. Aus D. H. Perkins, *XVI Intrn. Conf. on High Energy Physics,* Batavia, 1972.

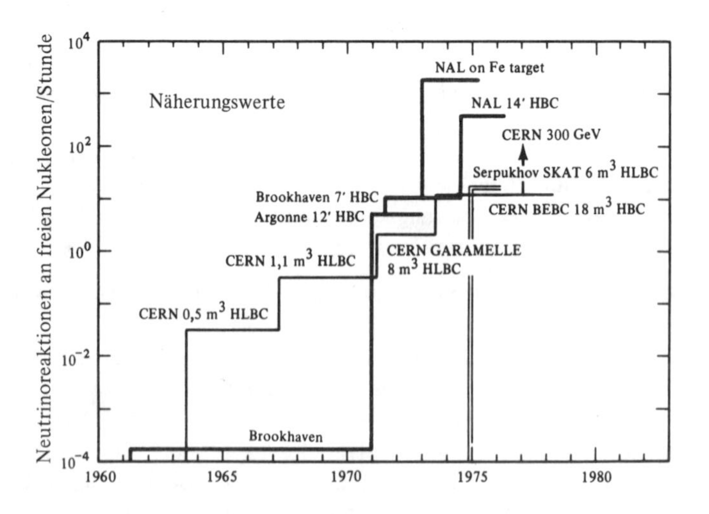

Bild 11.14 Rate der beobachteten Neutrinoreaktionen als Funktion der Zeit, für verschiedene Beschleuniger und Detektoren. Nach C. H. Llewellyn-Smith, *Phys. Rept.* **3C**, 261 (1972), mit einigen neueren Daten.

sten war. Man hofft jedoch, daß die viel höheren Neutrinoenergien, die am NAL verfügbar sein werden, zu neuen Entdeckungen ähnlicher Bedeutung führen.

11.11 *Zusammenfassung und offene Fragen*

In diesem Kapitel haben wir gezeigt, daß viele Erscheinungen der schwachen Wechselwirkung durch eine Wechselwirkung erklärt werden können, die man als universelle Fermi-Wechselwirkung bezeichnet. Der universelle schwache Hamiltonoperator ist durch Gl. 11.25 gegeben,

$$H_w = \frac{G}{\sqrt{2}\,c^2} \int d^3x\, J_w(\mathbf{x}) \cdot J_w^\dagger(\mathbf{x}),$$

wobei G die schwache Kopplungskonstante aus Gl. 11.54 ist. Der schwache Strom besteht aus vier Anteilen, wie in Gl. 11.35 und Gl. 11.57 gezeigt wurde:

$$J_w = J_w^e + J_w^\mu + \cos\theta J_w^0 + \sin\theta J_w^1.$$

Die beiden ersten Terme beziehen sich auf Leptonen: Das Elektron und das Myon treten gleichartig auf, was man als Elektron-Myon-Universalität bezeichnet. Der hadronische Strom verzweigt sich in einen Anteil mit $\Delta Y = 0$ und einen mit $|\Delta Y| = 1$, wobei der Cabibbowinkel θ aus Gl. 11.58 die Stärke der Zweige bestimmt. Jeder schwache Strom ist von der Form Gl. 11.47

$$J_w = c\psi_f^* (V + A)\psi_i\,;$$

jeder enthält einen vektoriellen und einen axialen Anteil. Für Leptonen ist bei den heute zugänglichen Energien die Form der Operatoren V und A vollständig bekannt. Die Form des hadronischen Stroms versteht man weniger gut, aber die folgenden Tatsachen scheinen festzustehen: Der Vektorstrom bleibt erhalten und die niederenergetischen semileptonischen Zerfälle, bei denen nur die vektorielle Wechselwirkung auftritt, werden von derselben Kopplungskonstante bestimmt wie die leptonischen. Bei hoher Energie spielen dann Formfaktoren eine Rolle und man erwartet, daß sie proportional zu den elektromagnetischen Formfaktoren sind. Eine solche Analogie und Proportionalität gibt es für den axialen Vektorstrom nicht, da es in der Natur keinen axialen elektromagnetischen Strom gibt. Trotzdem scheint der axiale Strom teilweise erhalten zu bleiben und die hochenergetischen Neutrinoexperimente sind mit der Annahme verträglich, daß der axiale Formfaktor nicht stark vom vektoriellen abweicht.

Man hat mit der universellen schwachen Wechselwirkung viele Zerfälle und Reaktionen berechnet und überall, wo man die Schwierigkeiten, die durch die starke Wechselwirkung auftraten, in den Griff bekam, ist die Übereinstimmung mit dem Experiment befriedigend. Es bleiben jedoch noch ungelöste Probleme. Wir werden einige davon kurz darstellen, um zu zeigen, daß noch viel theoretische und experimentelle Arbeit auf diesem Gebiet zu tun ist.

Das intermediäre Boson (W). Trotz der intensiven Suche nach ihm, wurde das W noch nicht beobachtet. So lange das flüchtige Teilchen nicht entdeckt ist, haben die Theoretiker freies Spiel bei der Vorhersage seiner Masse. Wir haben z. B. gezeigt, daß die Hypothese von der Erhaltung des Vektorstroms gleiche elektromagnetische und schwache vektorielle Formfaktoren beinhaltet. Diese Idee läßt sich erweitern, indem man annimmt, daß die schwache und die elektromagnetische Wechselwirkung denselben Ursprung haben. Insbesondere kann man annehmen, daß die schwache und die elektromagnetische Kopplungskonstante von derselben Größenordnung sind. Mit $g = e$ und Gl. 11.55 wird die Ruheenergie des W zu $m_W c^2 \approx$ 100 GeV. Eine etwas sorgfältigere Behandlung liefert $g = e/2\sqrt{2}$, was zu $m_W c^2 = 37{,}29$ GeV führt [22]) und wieder eine andere Berechnung ergibt eine doppelt so große Masse. [23]) Nur das Experiment kann entscheiden, ob diese Vermutungen zutreffen. Wenn W gefunden wird und man seine Eigenschaften erhellen kann, so wird die Theorie der schwachen Wechselwirkung glaubwürdiger. Wird es nicht gefunden, so wird die Suche nach anderen Erklärungen für die Übertragung der schwachen Kraft dringlich.

Die Form der schwachen Wechselwirkung. Ist die Strom-Strom-Wechselwirkung die richtige? Der oben beschriebene Hamiltonoperator erklärt viele Eigenschaften der schwachen Wechselwirkung. Eine Anzahl von entscheidenden Vorhersagen wurden jedoch noch nicht völlig überprüft. Besonders zwei davon müssen noch gründlicher erforscht werden, nämlich diagonale (selbst-wechselwirkende) Terme und neutrale Ströme. Wir betrachten zunächst die diagonalen Terme. Die Strom-Strom-Wechselwirkung enthält Ausdrücke der Form $J^l_w \cdot J^{l\dagger}_w$ und $J^h_w \cdot J^{h\dagger}_w$. Der erste Audruck führt zu Prozessen der Art

$$\nu_e e^- \longrightarrow \nu_e e^-$$

$$\bar{\nu}_e e^- \longrightarrow \bar{\nu}_e e^-,$$

und der zweite erzeugt z. B. eine schwache Wechselwirkung zwischen Nukleonen. Gibt es solche Vorgänge? Wir betrachten als erstes die Neutrinostreuung an Elektronen. Erste Hinweise auf Vorgänge dieser Art erhielt man aus der Beobachtung von hellen Sternen, die man als weiße Zwerge bezeichnet. [24]) Experimente mit Neutrinos aus Reaktoren [25]) und

22 T.D. Lee, *Phys. Rev. Letters* **26**, 801 (1971); J. Schechter und Y. Ueda, *Phys. Rev.* **D2**, 736 (1970).

23 S. Weinberg, *Phys. Rev. Letters* **19**, 1264 (1967) und *Phys. Rev. Letters* **27**, 1688 (1971).

24 R.B. Stothers, *Phys. Rev. Letters* **24**, 538 (1970).

25 F. Reines und H.S. Gurr, *Phys. Rev. Letters* **24**, 1448 (1970); H.S. Gurr, F. Reines und H.W. Sobel, *Phys. Rev. Letters* **28**, 1406 (1972); H.H. Chen, *Phys. Rev. Letters* **25**, 768 (1970).

Beschleunigern[26]) haben noch nicht die notwendige Nachweisgenauigkeit und den ausreichenden Neutrinofluß erreicht, aber wahrscheinlich werden diese Neutrinoreaktionen in den nächsten Jahren eindeutig beobachtet, wenn die Wirkungsquerschnitte sich so verhalten, wie es die universelle Fermiwechselwirkung vorhersagt. Die schwache Wechselwirkung zwischen Hadronen, beschrieben durch $J_w^h \cdot J_w^{h\dagger}$, scheint auf den ersten Blick nicht nachweisbar zu sein, da die starke Wechselwirkung alles zudeckt. Die schwache Wechselwirkung hat jedoch eine charakteristische Eigenschaft, die die starke nicht hat: Sie verletzt die Parität. Die Entdeckung einer Komponente der Kraft zwischen zwei Nukleonen, die die Parität verletzt, kann folglich als indirekter, aber überzeugender Beweis für das Vorhandensein einer schwachen Kraft zwischen Nukleonen angesehen werden. Eine solche Komponente wurde in vielen Experimenten gefunden.[27]) Unglücklicherweise kommen bei allen diesen Experimenten nukleare Zerfälle vor und es ist deshalb schwierig, einen eindeutigen Vergleich zwischen den experimentellen Daten und den theoretischen Vorhersagen zu ziehen. Auf jeden Fall gilt die Existenz der diagonalen Terme in der hadronischen Komponente des schwachen Stroms heute als gesichert.

Die schwache Wechselwirkung enthält in der bis jetzt beschriebenen Form keine neutralen Ströme. Beim schwachen Strom J_w bleibt die Leptonen- und Myonenzahl erhalten, aber die elektrische Ladung ändert sich um eine Einheit. Beispiele sind die Ströme $\nu_e \longrightarrow e^-$, $n \longrightarrow p$, $e^+ \longrightarrow \bar{\nu}_e$. Wie Bild 11.4 zeigt, ist das ausgetauschte W dann immer geladen. Prinzipiell könnte es auch neutrale schwache Ströme geben. Bei ihnen bliebe die elektrische Ladung erhalten und das entsprechende intermediäre Boson wäre neutral. Solche Ströme würden Prozesse der folgenden Art bewirken.

$$\begin{aligned} \nu_\mu e^- &\longrightarrow \nu_\mu e^- & \nu p &\longrightarrow \nu p \\ K^0 &\longrightarrow e^+ e^- & K^+ &\longrightarrow \pi^+ e^+ e^- \\ &\longrightarrow \mu^+ \mu^- & &\longrightarrow \pi^+ \nu \bar{\nu}. \end{aligned}$$

Diese Zerfälle und Reaktionen sind nach allen Auswahlregeln erlaubt, können aber nur (zumindest in erster Ordnung) stattfinden, wenn es neutrale schwache Ströme gibt. Keiner dieser Vorgänge wurde bisher mit einer Rate beobachtet, die einem endlichen neutralen schwachen Strom entspräche. Neutrinoreaktionen bei CERN und NAL haben jedoch gezeigt, daß neutrale Ströme existieren. Daher muß der schwache Hamiltonoperator entsprechend erweitert werden.

---

26 H.J. Steiner, *Phys. Rev. Letters* **24**, 746 (1970); D.C. Cundy, G. Myatt, F.A. Nezbrick, J.B.M. Pattison, D.H. Parkins, C.A. Ramm, W. Venus und H.W. Wachsmuth, *Phys. Letters* **31B**, 478 (1970); C.H. Albright, *Phys. Rev.* **D2**, 1330 (1970).

27 L.B. Okin, *Comments Nucl. Particle Phys.* **1**, 181 (1967); E.M. Henley, *Comments Nucl. Particle Phys.* **4**, 206 (1970). Einzelheiten und weitere Literaturangaben findet man in E.M. Henley, *Ann. Rev. Nucl. Sci.* **19**, 367 (1969); E. Fischbach und D. Tadic, *Phys. Rept.* **6C**, 123 (1973); M. Gari, *Phys. Rept.* **6C**, 317 (1973).

Sehr hohe Energien. Die Streutheorie lehrt, daß der maximale Streuquerschnitt in jedem beliebigen Drehimpulszustand durch die Erhaltung der Wahrscheinlichkeit beschränkt wird. Für eine Punktwechselwirkung findet die Streuung mit Drehimpuls Null statt (s-Wellen) und die sogenannte Unitaritätsgrenze ist durch

$$\sigma_{\max} = \frac{4\pi\hbar^2}{p^2} \tag{11.86}$$

gegeben.[28] Wir wenden uns nun der Neutrinostreuung an Elektronen zu. Bei Vernachlässigung des Spins ist der Streuquerschnitt im Schwerpunktsystem für Neutrino-Elektron-Streuung bei hoher Energie nach Gl. 11.81 als

$$\sigma_{\text{tot}} = \frac{G^2 \cos^2\theta}{\pi\hbar^4 c^2}\, p^2$$

gegeben. Diese Beziehung gilt für punktförmige Teilchen ohne Spin und Kontaktwechselwirkung, d.h. Kräften mit Reichweite Null. In diesem Fall kann die Streuung nur in s-Wellen stattfinden. Der Wirkungsquerschnitt nimmt mit p^2 zu und wird gleich der Unitaritätsgrenze Gl. 11.86, bei der Energie

$$E_{\text{crit}}^4 = (pc)^4 = \frac{4\pi^2(\hbar c)^6}{G^2}$$

oder

$$E_{\text{crit}} \approx 600 \text{ GeV}.$$

Sorgfältigere Rechnungen ergeben eine kritische Energie von 300 GeV. Obwohl diese Energie für das Schwerpunktsystem weit jenseits gegenwärtiger experimenteller Möglichkeiten liegt, wird das grundlegende Problem trotzdem sichtbar: Was hindert die schwache Wechselwirkung der Leptonen daran, diese Grenze zu überschreiten? Ein möglicher, aber nicht unbedingt ausreichender Dämpfungsmechanismus, ist das intermediäre Boson. Wenn es existiert, dann hat die Wechselwirkung eine sehr kurze, aber nicht verschwindende Reichweite. Um diese Frage zu erhellen, ist noch weitere experimentelle und theoretische Arbeit notwendig.

CP- und T-Verletzung. In Kapitel 9 wurden die Operationen C, P und T besprochen. Es stellte sich heraus, daß C und P bei der schwachen Wechselwirkung verletzt werden. Man sieht direkt, daß der in diesem Kapitel besprochene Operator H_w C und P verletzt. Die gleichzeitige Operation CP und die Zeitumkehr bleiben jedoch bei H_w erhalten. Wie in Abschnitt 9.8 vorgeführt wurde, zeigen Experimente mit neutralen Kaonen, daß CP und T beim Zerfall des K^0 verletzt werden. Die Abweichung ist klein ($\sim 10^{-3}$), aber sicher nachgewiesen. Gegenwärtig ist nicht bekannt, woher sie stammt und ob sie auf das System neutraler Kaonen beschränkt ist. Einige Hinweise deuten auf eine neue und sonst nicht beobachtete super-

28 Merzbacher, Gl. 11.62.

schwache Wechselwirkung als Täter hin.[29] Eine solche Wechselwirkung könnte um den Faktor 10^8 schwächer sein, als die gewöhnliche schwache und immer noch die beobachtete CP-Verletzung verursachen.

Es gibt keine Theorie der schwachen Wechselwirkung. Puristen behaupten, daß die Theorie der schwachen Wechselwirkung nicht existiert. Sicherlich stimmt die Strom-Strom-Wechselwirkung, wie sie jetzt verwendet wird, gut mit vielen Experimenten überein und beschreibt einen großen Teil der Daten gut. Es tritt dabei jedoch ein wichtiges Problem auf: Alle Berechnungen werden mit Störungstheorie niedrigster Ordnung durchgeführt. Berechnungen schwacher Prozesse höherer Ordnung divergieren zu sinnlosen Unendlichkeiten. Von den Experimenten her ist jedoch bekannt, daß die Häufigkeit schwacher Prozesse höherer Ordnung extrem klein ist. Folglich ist die Theorie in ihrer gegenwärtigen Form nicht befriedigend. Es wurden verschiedene Heilverfahren vorgeschlagen, um die Unendlichkeiten zu kurieren und die Theorie normierbar zu machen. Die aufregendste dieser Kuren erreicht dies durch Kombination der schwachen mit der elektromagnetischen Wechselwirkung.[23,30,31] Wenn sie stimmt, würde eine solche Vereinigung gleichwertig neben der Maxwellschen Theorie stehen, die die elektrischen und magnetischen Kräfte vereint. Zur Zeit gibt es eine große Anzahl verschiedener Modelle.[22,23,32] In allen werden schwere Bosonen (W) vorausgesetzt. Darüberhinaus verlangen die Theorien die Existenz schwerer Leptonen (Teilchen mit den Quantenzahlen des Elektrons oder Myons) und/oder das Auftreten von neutralen Strömen. Die Bestätigung oder Verwerfung dieser Theorien verlangt weitere experimentelle Ergebnisse. Der eindeutigste Beweis für ein spezielles Modell wäre die Entdeckung aller darin vorhergesagten Teilchen. Da die Massen sehr groß sein können, kann es noch eine geraume Weile dauern, bis ein solcher Beweis durchführbar ist. Die weitere Untersuchung neutraler Ströme, wie sie schon oben angesprochen wurde, kann ebenfalls für oder gegen einige Modelle sprechen. Schließlich stellt sich heraus, daß sich die Normierungstheorien von der Standardtheorie im Wirkungsquerschnitt der Diagonalelemente unterscheiden. Man hofft demnach, daß die gerade stattfindenden Neutrino-Elektron-Streuexperimente eine Entscheidung über die Zukunft der schwachen Wechselwirkung bringen.

29 L. Wolfenstein, *Phys. Rev. Letters* **13**, 562 (1964); T.D. Lee und L. Wolfenstein, *Phys. Rev.* **138B**, 1490 (1965).

30 A. Salam, *Elementary Particle Physics* (N. Svartholm, ed.), Almquist und Wiksell, Stockholm, 1968, S. 367.

31 G. 't Hooft, *Nucl. Phys.* **B33**, 173 (1971), **B35** , 167 (1971).

32 T.D. Lee, *Phys. Today* **25**, 23 (April 1972); T.D. Lee und G. C. Wick, *Phys. Rev.* **D2**, 1033 (1970); H. Georgi und S.L. Glashow, *Phys. Rev.* **D6**, 2977 (1972); B.W. Lee, *Phys. Rev.* **D6**, 1188 (1972); J. Prentki und B. Zumino, *Nucl. Phys.* **B47**, 99 (1972).

11.12 *Literaturhinweise*

Es gibt viele Übersichtsartikel über die schwachen Wechselwirkungen. Wir führen hier nur ein paar Bücher und Veröffentlichungen an. Diese enthalten ausführliche Literaturverzeichnisse, so daß der Leser ohne großen Aufwand weitere Literaturstellen finden kann. Sehr wenige Artikel befassen sich mit dem gesamten Gebiet der schwachen Wechselwirkungen. Die Betonung liegt meist entweder auf dem β-Zerfall von Kernen oder der schwachen Wechselwirkung von Elementarteilchen. Wir geben zuerst Bücher an, die den nuklearen β-Zerfall behandeln.

C.S. Wu und S.A. Moszkowski in *Beta Decay*, Wiley-Interscience, New York, 1966, geben eine ausgewogene und klare Behandlung von Theorie und Experiment, die den nuklearen β-Zerfall gründlich abhandelt, aber auch Teilchenzerfälle bespricht. Das Niveau ist etwa das gleiche wie in diesem Werk und es ist als einfachste Möglichkeit weitere Informationen zu erlangen, zu empfehlen.

Die beiden nächsten Bücher sind anspruchsvoller:

E.J. Konopinski, *The Theory of Beta Decay*, Oxford University Press, London, 1966;

H.F. Schopper, *Weak Interactions and Nuclear Beta Decay*, North-Holland, Amsterdam, 1966.

Beide Bücher sind gründlich und vollständig und können zu Rate gezogen werden, wenn in Wu und Moszkowski etwas nicht zu finden ist.

Eine leicht lesbare Einführung in die physikalischen Vorstellungen beim nuklearen β-Zerfall, speziell bei Experimenten, die die Nichterhaltung der Parität testen, ist H. J. Lipkin, *Beta Decay for Pedestrian*, North-Holland, Amsterdam, 1962.

Die experimentellen Gesichtspunkte des nuklearen β-Zerfalls werden in Siegbahn und in O.M. Kofoed-Hansen und C.J. Christensen, *Experiments on Beta Decay*, in *Encyclopedia of Physics*, Vol. XLI/2, (S. Flügge, ed.), Springer, Berlin, 1962, besprochen.

Informationen über die schwache Wechselwirkung von Teilchen findet man an zwei Stellen:

R.E. Marshak, Riazuddin, und C.P. Ryan, *Theory of Weak Interactions in Particle Physics*, Wiley-Interscience, New York, 1969;

T.D. Lee und C.S. Wu, "Weak Interactions", *Ann. Rev. Nucl. Sci.* 15, 381 (1965); 16, 471 (1966).

Diese beiden Quellen liegen jedoch hoffnungslos über dem Niveau dieses Buches. Jedoch findet der Leser möglicherweise die richtige Antwort oder den richtigen Hinweis in einem davon, auch wenn er den Rest nicht versteht.

Das Neutrino spielt in nahezu allen schwachen Wechselwirkungen eine bedeutende Rolle und es wurden viele aufregende Berichte seiner Geschichte und seiner Eigenschaften verfaßt. Literaturhinweise sind in L. M. Lederman, "Resource Letter Neu-1, History of the Neutrino", *Am. J. Phys.* 38, 129 (1970) gegeben und kommentiert. Neuere Experimente sind auch in A.W. Wolfendale, "Neutrino Physics", in *Essays in Physics* (G.K.T. Conn und G.N. Fowler, eds.), Academic Press, New York, 1970, besprochen. Einige der ungelösten Probleme der Neutrinophysik sind in B. Pontecorvo, *Soviet Phys. Usp.* 14, 235 (1971) zusammengefaßt. Neutrinoreaktionen werden in C.H. Llewellyn-Smith, *Phys. Rept.* 3C, 261 (1972) ausführlicher behandelt.

Viele der bedeutsamen Veröffentlichungen über schwache Wechselwirkungen, einschließlich einer Übersetzung von Fermis klassischer Arbeit, sind abgedruckt in P.K. Kabir, *The Development of Weak Interaction Theory*, Gordon Breach, New York, 1963. Originalveröffentlichungen, mit einführenden Erläuterungen versehen, sind auch in C. Strachan, *The Theory of Beta Decay*, Pergamon, Elmsford, N.Y., 1969, gesammelt.

Die Normierungstheorien, die die schwache und die elektromagnetische Wechselwirkung vereinigen, sind zusammengefaßt in B.W. Lee, *Proceedings of the XVI International Conference on High Energy Physics*, Vol. 4, National Accelerator Laboratory, 1973; E.S. Abers und B.W. Lee, *Phys. Rept.* C9, 1 (1973); S. Weinberg, *Rev. Mod. Phys.* 46, 255 (1974).

Aufgaben

11.1 Zeigen Sie, daß die Rückstoßenergie des Protons bei der Behandlung des β-Zerfalls des Neutrons vernachlässigt werden kann.

11.2 Zeichnen Sie die Phasenraumverteilung Gl. 11.4 und zeigen Sie, daß ein typisches β-Spektrum durch sie gut wiedergegeben wird.

11.3 Erläutern Sie, wie das obere Ende des β-Spektrums und die Kurie-Darstellung gestört würden, wenn das Neutrino eine endliche Ruhemasse hätte.

11.4 Erläutern Sie den β-Zerfall des Neutrons:
a) Skizzieren Sie, wie Halbwertszeit gemessen wird.
b) Erläutern Sie die Aufnahme des Spektrums.
c) Berechnen Sie mit Hilfe von Gl. 11.9 und Gl. 11.10 den Wert von f für den Neutronenzerfall. Nehmen Sie an, daß $F(-, 1, E) = 1$ gilt. Vergleichen Sie den ft-Wert, den Sie erhalten, mit dem in Tabelle 11.1.
d) In welchen Meßgrößen zeigt sich die Paritätsverletzung beim Neutronenzerfall? Wie ist sie experimentell zu bestimmen? Erläutern Sie die Ergebnisse solcher Messungen.

11.5 β-Spektren sind mit einer Vielzahl von Instrumenten aufzunehmen. Zwei häufig benützte sind das magnetische β-Spektrometer und die Halbleiterdetektoren.

a) Erläutern Sie beide Verfahren. Vergleichen Sie Impulsauflösung und Zählercharakteristik für eine gegebene Strahlerstärke.
b) Was sind die Vorzüge und Nachteile jedes Verfahrens?

11.6 Nehmen Sie an, der Massenunterschied zwischen den geladenen und dem neutralen Pion rührt von der elektromagnetischen Wechselwirkung her. Vergleichen Sie die entsprechende Energie mit der in Gl. 11.14 gegebenen schwachen Energie.

11.7 Überprüfen Sie die Integration, die zu Gl. 11.19 führt.

11.8 Geben Sie drei nukleare β-Zerfälle an, einen mit einem sehr kleinen, einen mit einem mittleren und einen mit einem sehr großen ft-Wert. Betrachten Sie die auftretenden Spins und Paritäten und erklären Sie, warum die verschiedenen ft-Werte kein Argument gegen die universelle Fermiwechselwirkung sind.

11.9 Berechnen Sie das Verhältnis der Halbwertszeiten für diese Zerfälle

$$\Sigma^+ \longrightarrow \Lambda^0 e^+ \nu \qquad \text{und} \qquad \Sigma^- \longrightarrow \Lambda^0 e^- \bar{\nu}.$$

Vergleichen Sie Ihren Wert mit dem experimentellen Ergebnis.

11.10 Überprüfen Sie alle Angaben in Tabelle 11.3.

11.11 Betrachten Sie die Zerfallsverzweigung (Intensitätsverhältnis)

$$\frac{\pi \longrightarrow e\nu}{\pi \longrightarrow \mu\nu}.$$

a) Wie werden diese beiden Zerfallsarten beobachtet?
b) Berechnen Sie die zu erwartende Zerfallsverzweigung, wenn die Matrixelemente für beide Zerfälle als gleich angenommen werden. Vergleichen Sie das Ergebnis mit dem experimentellen Wert.
c) Erläutern Sie die Helizitäten der im Pionenzerfall emittierten geladenen Leptonen. Nehmen Sie an, daß die Neutrinos und Antineutrinos vollständig polarisiert sind, wie in Bild 7.2 gezeigt. Skizzieren Sie die Helizitäten von e^+ und e^-.
d) Das Experiment zeigt, daß die Helizität der beim β-Zerfall emittierten negativen Leptonen durch $-v/c$ gegeben ist, wobei v die Leptonengeschwindigkeit ist. Benutzen Sie diese Tatsache, zusammen mit dem Ergebnis aus c), um das geringe Verhältnis der Zerfallsverzweigung zu erklären, das man experimentell findet.

11.12 Warum kommen positive Myonen in Materie gewöhnlich zum Stillstand, bevor sie zerfallen? Beschreiben Sie die Vorgänge und geben Sie Näherungswerte für die charakteristischen Zeiten, die in die Betrachtungen eingehen. Warum verhalten sich negative Pionen anders?

11.13 Erläutern Sie die experimentelle Bestimmung der Polarisation des im Pionenzerfall emittierten Myons.

11.14 Erläutern Sie die experimentelle Bestimmung des Elektronenspektrums beim Myonenzerfall:
a) Skizzieren Sie eine typische Versuchsanordnung.
b) Wie dünn sollte das Target sein (in g/cm^2), um das Spektrum nicht merklich zu beeinträchtigen?
c) Wie kann man sichergehen, daß das beobachtete Spektrum das der unpolarisierten Myonenquelle ist?
d) Wie kann man das Spektrum für kleine Impulswerte der Elektronen aufnehmen?

11.15 Verwenden Sie das Spektrum aus Bild 11.6, um eine näherungsweise Kurie-Darstellung des Myonenzerfalls anzugeben. Zeigen Sie, daß ein einfaches Phasenraumspektrum nicht zu den gemessenen Werten paßt.

11.16 Zählen Sie die Reaktionen und Zerfälle auf, die durch den leptonischen Hamiltonoperator Gl. 11.36 beschrieben werden.

11.17 Zeigen Sie, daß der Impuls und der Drehimpuls bei gewöhnlichen Rotationen dasselbe Transformationsverhalten zeigen.

11.18 Bestätigen Sie, daß bei den schwachen Stromdichten Gl. 11.41 und Gl. 11.42 die Baryonen-, Leptonen- und Myonenzahl erhalten bleibt, aber die elektrische Ladung sich ändert.

11.19 Zeigen Sie, daß das Elektronenspektrum in Bild 11.6 nach geeigneter Änderung der Variablen mit Gl. 11.52 angepaßt werden kann.

11.20
a) Bestimmen Sie den Wert von $E_{\max}$ in Gl. 11.53. Nehmen Sie an, daß $m_e = 0$ gilt.
b) Bestätigen Sie das Ergebnis der Integration in Gl. 11.53.
c) Verwenden Sie den Wert für die Lebensdauer des Myons aus dem Anhang, um den in Gl. 11.54 gegebenen Wert von G zu bestätigen.

11.21 Beweisen Sie Gl. 11.55.

11.22
a) Welche Eigenschaften besitzt W nach den in Abschnitt 11.3 und 11.6 vorgebrachten Überlegungen?
b) Erläutern Sie Experimente, die Informationen über W liefern könnten.

11.23 Suchen Sie Beispiele, außer den in Tabelle 11.3 gegebenen, die zeigen, daß die schwachen Zerfälle, bei denen sich die Hyperladung ändert, grundsätzlich langsamer ablaufen, als die entsprechenden mit Hyperladungserhaltung. Berechnen Sie aus Ihren Beispielen den Cabibbowinkel.

11.24 Bestätigen Sie, daß die in Gl. 11.60 gegebenen Wellenfunktionen des Neutrinos und des Elektrons über das Kernvolumen im wesentlichen konstant sind.

11.25 Beweisen Sie im Einzelnen, daß das Integral in Gl. 11.61, das A enthält, verschwindet.

11.26 Die Berechnung der leptonischen Matrixelemente in Gl. 11.65 ergibt

$$|u_e^*(V_0 + A_0)u_{\bar{\nu}}|^2 = 2\left(1 + \frac{v}{c}\cos\theta_{e\nu}\right),$$

wobei v die Positronengeschwindigkeit und $\theta_{e\nu}$ der Winkel zwischen dem Impuls des Positrons und des Neutrinos ist.
a) Wie kann man die Positron-Neutrino-Korrelation messen? Erläutern Sie das Prinzip und ein typisches Experiment.
b) Zeigen Sie, daß die beobachtete Positron-Neutrino- (und Elektron-Antineutrino-) Korrelation in Übereinstimmung mit einer V- A-Wechselwirkung steht.

11.27 Zählen Sie übererlaubte Übergänge $0^+ \longrightarrow 0^+$ auf und zeigen Sie, daß ihre ft -Werte alle nahezu identisch sind.

11.28 Hochenergetische Neutrinos wurden in Blasenkammern (Propan und Wasserstoff) und in Funkenkammern gefunden.
a) Vergleichen Sie die typischen Zählraten.
b) Was sind die Vor- und Nachteile der verschiedenen Detektoren?

11.29 Zeichnen Sie einige Zahlenwerte des Wirkungsquerschnitts Gl. 11.85 als Funktion des Neutrinoimpulses auf,
a) im Schwerpunktsystem.
b) im Laborsystem.
Vergleichen Sie Ihre Werte mit denen in den Bildern 11.10 und 11.12.

11.30 Betrachten Sie den schwachen Strom aus Hadronen, z.B. den Fall $\Lambda^\circ \longrightarrow p$. Ein solcher Strom erfüllt die Auswahlregel

$$\Delta S = \Delta Q,$$

wobei ΔS die Änderung der Strangeness und ΔQ die Ladungsänderung ist.
a) Geben Sie einige weitere beobachtete Ströme an, die diese Auswahlregeln erfüllen.
b) Hat man Ströme mit $\Delta S = -\Delta Q$ gefunden? (Die Quantenzahlen S und Q beziehen sich immer auf die Hadronen.)
c) Welche Auswahlregel erfüllt die Fermiwechselwirkung, wie sie in Abschnitt 11.11 beschrieben wurde?

11.31 Erläutern Sie die Auswahlregeln für den Isospin, die von der schwachen Wechselwirkung eingehalten werden,
a) in nichtseltsamen Zerfällen.
b) in Zerfällen mit Änderung der Strangeness.
c) welche Experimente kann man zur Überprüfung dieser Auswahlregeln durchführen?

11.32 Erwägen Sie die Beweise für und wider die Existenz neutraler Ströme.

11.33 Leiten Sie die Unitaritätsgrenze Gl. 11.86 her.

11.34 Welche Experimente kann man durchführen, um das Fehlen von schwachen Strömen mit $\Delta S \geq 2$ zu überprüfen?

12. Hadronische Wechselwirkungen

Alle guten Dinge müssen zu einem Ende kommen. Die beiden letzten Kapitel haben gezeigt, daß die elektromagnetischen und die schwachen Wechselwirkungen der Leptonen durch einheitliche Theorien beschrieben werden können. Bei der Beschreibung der elektromagnetischen und schwachen Wechselwirkungen der Hadronen ergeben sich Schwierigkeiten, aber es gibt Gründe dafür zu glauben, daß die hadronische Wechselwirkung die Schuld daran trägt. Ohne diese Komplikationen, erscheinen beide Wechselwirkungen als universell: alle Teilchen werden durch das gleiche Gesetz beherrscht, und jede Wechselwirkung wird durch eine Kopplungskonstante charakterisiert. Bei den hadronischen Wechselwirkungen ist die Situation in drei Aspekten verschieden: (1) die hadronischen Wechselwirkungen sind so stark, daß die Störungstheorie nur schlecht oder überhaupt nicht anwendbar ist. Wenn eine Berechnung Resultate liefert, die nicht mit den Beobachtungen übereinstimmen, ist es nicht immer klar, ob die zugrundeliegenden Annahmen oder die Rechentechniken für die Abweichungen verantwortlich sind. (2) Die hadronische Wechselwirkung ist sehr komplex. In der Nukleon-Nukleon-Wechselwirkung erscheint z.B. fast jeder Term notwendig, der durch allgemeine Symmetriegesetze erlaubt ist, um die experimentellen Daten zu fitten. Diese Situation ist in scharfem Gegensatz zu den anderen drei Wechselwirkungen; die Natur verwendet nur einen Term in den elektromagnetischen und Gravitationswechselwirkungen; die erste ist eine Vektor- und die zweite eine Tensorkraft. In der schwachen Wechselwirkung erscheinen zwei Ausdrücke, ein Vektor und ein achsialer Vektor. Die Komplexität der hadronischen Wechselwirkung kann ein Hinweis darauf sein, daß wir noch nicht die wirklich fundamentalen Kräfte sehen, sondern nur sekundäre.

(3) Die hadronischen Wechselwirkungen scheinen nicht von einer universellen Kopplungskonstante beherrscht zu sein. Die elektromagnetische Wechselwirkung wird durch eine Konstante e charakterisiert, die schwache Wechselwirkung durch G und die Gravitationswechselwirkung durch die universelle Gravitationskonstante. In den hadronischen Wechselwirkungen taucht eine Anzahl von Konstanten auf. Man betrachte z.B. die Bilder IV.1 und IV.3. Die Stärke der Wechselwirkung des Pions mit den Baryonen wird im ersten Fall durch die Konstante $f_{\pi NN^*}$ beschrieben und im zweiten Fall durch $f_{\pi NN}$. Die beiden Konstanten sind nicht identisch. Die Wechselwirkung des Pions mit Pionen ist wieder durch eine andere Konstante charakterisiert. Da viele

Hadronen existieren, gibt es eine große Zahl von Kopplungskonstanten. Die entsprechenden Wechselwirkungen werden hadronisch oder stark genannt, weil sie ungefähr ein bis zwei Größenordnungen stärker sind als die elektromagnetische. Sie sind jedoch nicht exakt gleich. Während einige Beziehungen zwischen den Kopplungskonstanten durch Benutzung von Symmetrieargumenten abgeleitet werden können, wurden diese Relationen nie genau geprüft, und viele Konstanten erscheinen gegenwärtig ohne Zusammenhang zu sein. Die Situation ähnelt einem Puzzle, in dem nicht bekannt ist, ob alle Stücke vorhanden sind, und in dem die Form der Stücke nicht klar erkannt werden kann.

Wegen der oben beschriebenen Schwierigkeiten können wir keine kohärente und eindeutige Behandlung der hadronischen Kraft liefern. Eine Beschreibung von Fall zu Fall für alle hadronischen Wechselwirkungen wäre kaum interessanter als ein Telephonbuch. Wir wollen daher versuchen, die wesentlichen Merkmale der hadronischen Wechselwirkung durch Konzentration auf zwei Kräfte, die Pion-Nukleon- und die Nukleon-Nukleon-Kräfte darzustellen. Die erste liefert Einsichten in die Konstruktion einer Wechselwirkung aus Invarianzargumenten und die zweite zeigt, wie der Austausch von Mesonen zu einer hadronischen Kraft zwischen zwei Nukleonen führt.

12.1 *Reichweite und Stärke hadronischer Wechselwirkungen*

Alle hadronischen Wechselwirkungen haben einige Eigenschaften gemeinsam, und in diesem Abschnitt wollen wir zwei der wichtigsten beschreiben, Reichweite und Stärke. Die meisten Informationen wurden historisch durch das Studium der Kerne gewonnen, und daher kommt hier die Kraft zwischen den Nukleonen stark in die Diskussion.

Reichweite. Die frühen Alphateilchenstreuexperimente von Rutherford machten klar, daß die Kernkräfte höchstens eine Reichweite von einigen fm haben. Wigner zeigte 1933, daß ein Vergleich der Bindungsenergien des Deuterons, des Tritons und des Alphateilchens zum Schluß führte, daß die Kernkräfte eine ungefähre Reichweite von 1 fm haben und sehr stark sein müssen[1]). Die Argumentation läuft folgendermaßen. Die Bindungsenergien der drei Nuklide sind in Tabelle 12.1 gegeben. Ebenso sind die Bindungsenergien pro Teilchen und pro "Bindung" aufgeführt. Das Ansteigen der Bindungsenergie kann nicht nur von der größeren Zahl der Bindungen verursacht sein. Wenn die Kraft jedoch von sehr kurzer Reichweite ist, kann der Anstieg erklärt werden: die größere Zahl der Bindungen zieht die Nukleonen näher zusammen, und sie erfahren ein tieferes Potential; die Bindungsenergien pro Partikel und pro Bindung wachsen entsprechend.

1 E. P. Wigner, *Phys. Rev.* 43, 252 (1933).

Tabelle 12.1 Bindungsenergien von ^{2}H, ^{3}H und ^{4}He.

Nuklide	Zahl der Bindungen	Bindungsenergie (MeV) Gesamt	pro Teilchen	pro Bindung
^{2}H	1	2,2	2,2	2,2
^{3}H	3	8,5	2,8	2,8
^{4}He	6	28	7	4,7

Stärke. Die Stärke einer hadronischen Kraft wird am besten durch eine Kopplungskonstante beschrieben. Um jedoch eine Kopplungskonstante aus experimentellen Daten zu gewinnen, muß eine definierte Form des hadronischen Hamiltonoperators angenommen werden. Wir wollen das in späteren Abschnitten tun. Hier vergleichen wir die Stärke der hadronischen Kräfte mit der der elektromagnetischen und schwachen durch Angabe der totalen Wirkungsquerschnitte. Der totale Absorptionsquerschnitt für Photonen an Nukleonen bei hohen Energien ist in Bild 10.21 gegeben. Der totale Wirkungsquerschnitt für Neutrinostreuung an Nukleonen ist in Bild 11.13 gezeigt. Zwei Beispiele hadronischer Prozesse sind in den Bildern 12.1 und 12.2 zu sehen. Schließlich sind die verschiedenen Wirkungsquerschnitte in Bild 12.3 miteinander verglichen.

Die relativen Stärken der drei Wechselwirkungen können etwas willkürlich als Verhältnis der Wirkungsquerschnitte bei einigen GeV angesehen werden; aus Bild 12.3 folgt dann

(12.1) $$\text{hadronisch/elektromagnetisch/schwach} \approx 1/10^{-2}/10^{-12}.$$

Da die dimensionslose Kopplungskonstante der elektromagnetischen Wechselwirkung von der Größenordnung 10^{-2} ist, wie in Gl. 10.77 angedeutet,

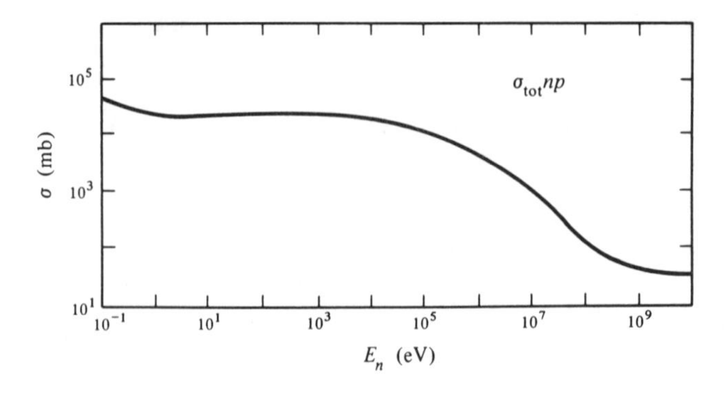

Bild 12.1 Hadronische Wechselwirkung: totaler Wirkungsquerschnitt der *np*-Streuung.

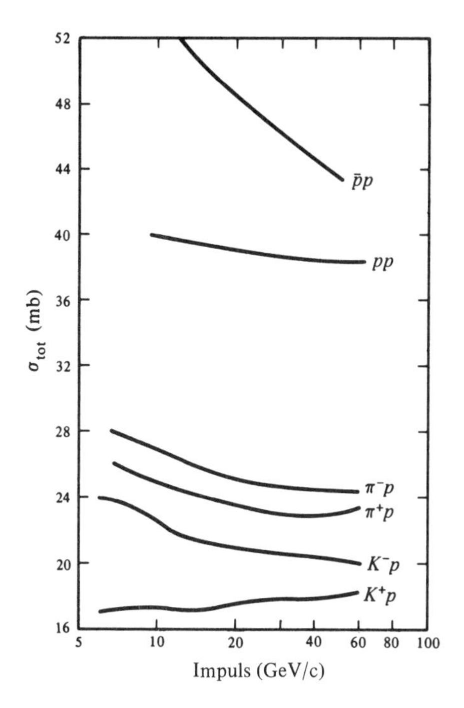

Bild 12.2 Totale Wirkungsquerschnitte bei hohen Energien. [Nach S. P. Denisor et al., *Phys. Letters* **36B**, 415 (1971).]

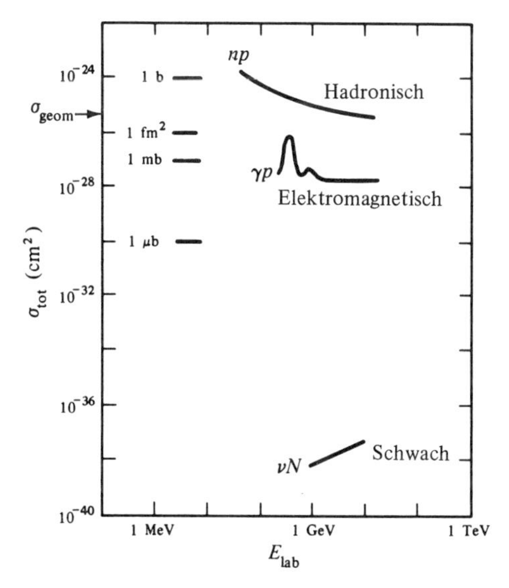

Bild 12.3 Vergleich der Gesamtwirkungsquerschnitte von hadronischen, elektromagnetischen und schwachen Prozessen an Nukleonen. σ_{geom} bezeichnet den geometrischen Wirkungsquerschnitt eines Nukleons.

hat die entsprechende Kopplungskonstante der hadronischen Kraft ungefähr die Größenordnung 1. Die Störungsbehandlung ist daher für die Theorie der hadronischen Wechselwirkungen höchstens von begrenztem Wert.

Die Tatsache, daß die absolute Stärke der hadronischen Wechselwirkung durch eine Kopplungskonstante der Größenordnung 1 charakterisiert wird, kann auf verschiedenen Wegen eingesehen werden. Bei Energien, bei denen der Vergleich der Kopplungskonstanten durchgeführt wurde, nämlich bei einigen GeV, ist der hadronische Wirkungsquerschnitt von der Größenordnung des geometrischen Protonenquerschnitts, der ungefähr 3 fm^2 beträgt. Wenn das Proton für die einfallenden Hadronen transparent wäre, würden wir erwarten, daß der Wirkungsquerschnitt viel kleiner sein sollte als der geometrische Querschnitt. Die Größenordnung des Wirkungsquerschnitts von einigen fm^2 zeigt jedoch, daß fast jedes einfallende Hadron tatsächlich gestreut wird, das in die "Reichweite" eines Streuzentrums kommt. In diesem Sinne ist die hadronische Wechselwirkung stark. Auch wenn sie noch viel stärker wäre, könnte sie nicht merklich mehr streuen.

12.2 *Die Pion-Nukleon-Wechselwirkung – Überblick*

Die Erklärung der Kernkräfte war seit den frühen Tagen der subatomaren Physik eine ihrer Hauptaufgaben. Wir haben schon in Abschnitt 5.8 darauf hingewiesen, daß fast vollständige Unkenntnis über die Natur der Kernkraft herrschte, bevor Yukawa 1934 die Existenz eines schweren Bosons postulierte [2]. Yukawas revolutionärer Schritt löste das Problem der Kernkraft nicht vollständig, weil keine Berechnung die Daten gut reproduzierte, und weil es nicht einmal klar war, welche Eigenschaften das vorgeschlagene Quant haben sollte [3]. Als das Pion entdeckt, mit dem Yukawateilchen identifiziert, und als ein pseudoskalares Isovektorteilchen erkannt wurde, waren einige Unsicherheiten beseitigt, aber es war noch nicht möglich, die Kernkraft befriedigend zu beschreiben. Heute wissen wir, daß viel mehr Teilchen existieren und berücksichtigt werden müssen. Trotzdem spielen das Pion und dessen Wechselwirkung mit den Nukleonen eine besondere Rolle. Erstens lebt das Pion lang genug, so daß man starke Pionenstrahlen erzeugen und die Wechselwirkung der Pionen mit Nukleonen im Detail studieren kann. Zweitens ist das Pion des leichteste Meson; es ist mehr als dreimal leichter als das nächst schwerere. Im Energiebereich bis hinauf zu 500 MeV kann die Pion-Nukleon Wechselwirkung ohne Interferenz mit anderen Mesonen studiert werden. Außerdem ist die Reichweite der Kraft, $R = \hbar/mc$, umgekehrt proportional zu der Masse des Teilchens; das Pion ist somit allein verantwortlich für den langreichweitigen Anteil der Kernkraft. Prinzipiell können die Eigenschaften der Kernkräfte jenseits

2 H. Yukawa, *Proc. Phys. Math. Soc. Japan* 17, 48 (1935).

3 W. Pauli, *Meson Theory of Nuclear Forces*, Wiley-Interscience, New York, 1946.

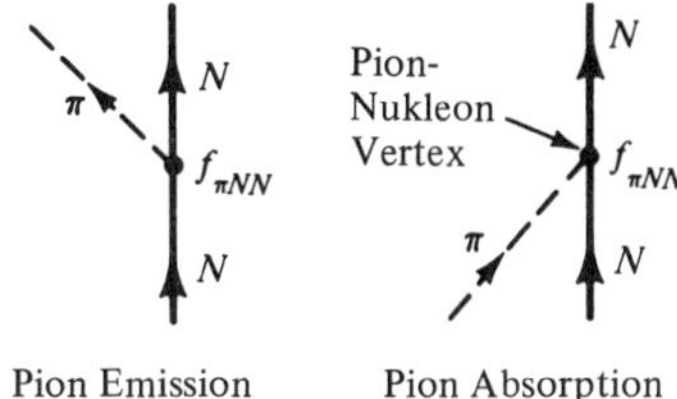

Bild 12.4 Pionen können einzeln emittiert und absorbiert werden. Die Stärke einer Pion-Nukleon-Wechselwirkung wird durch die Kopplungskonstante $f_{\pi NN}$ gekennzeichnet.

einer Entfernung von ungefähr 1 fm ohne ernste Komplikationen von anderen Mesonen mit den theoretischen Vorhersagen verglichen werden. Die Pionen spielen somit, experimentell und theoretisch, die Rolle eines Testfalles und wir wollen daher einige wichtige Aspekte diskutieren.

Pionen als Bosonen können einzeln emittiert und absorbiert werden, s. Bild 12.4. Die wirkliche experimentelle Untersuchung der Pion-Nukleon-Kraft erfolgt z. B. durch Studien von Pion-Nukleon-Streuung und der Photoerzeugung der Pionen. Zwei typische Diagramme sind in Bild 12.5 gezeigt. So können prinzipiell verschiedene Pion-Nukleon-Streuprozesse beobachtet werden, aber nur die folgenden drei lassen sich bequem untersuchen:

(12.2) $\pi^+p \longrightarrow \pi^+p$

(12.3) $\pi^-p \longrightarrow \pi^-p$

(12.4) $\pi^-p \longrightarrow \pi^0 n.$

Die totalen Wirkungsquerschnitte für die Streuung positiver und negativer Pionen wurden in Bild 5.28 gezeigt. Die Wirkungsquerschnitte für die elastischen Prozesse, Gln. 12.2 und 12.3 und für den Ladungsaustausch, Gl. 12.4, sind bis zu einer kinetischen Energie der Pionen von ungefähr 500 MeV [4]) in Bild 12.6 eingezeichnet. Die am besten bekannten Prozesse

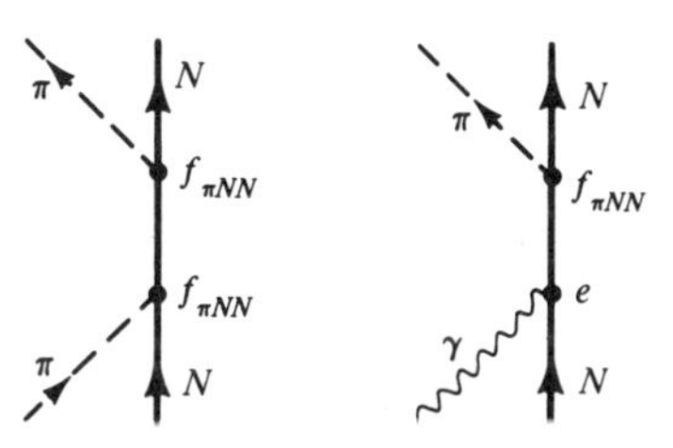

Bild 12.5 Typische Diagramme für Pion-Nukleon-Streuung und für Pion-Photoproduktion.

4 Zur Zeit ist es nicht besonders sinnvoll, genaue Daten über Wirkungsquerschnitte in Lehrbüchern anzugeben, da man jederzeit vollständige und aktuelle Computerlisten vom Lawrence Radiation Laboratory, Berkeley und von CERN, Genf bekommen kann. Z. B. sind die Pion-Nukleon-Streudaten in G. Giacomelli, P. Pini und S. Stagni, ,,A Compilation of Pion-Nukleon Scattering Data", *CERN/HERA Report 69-1*, 1969 enthalten.

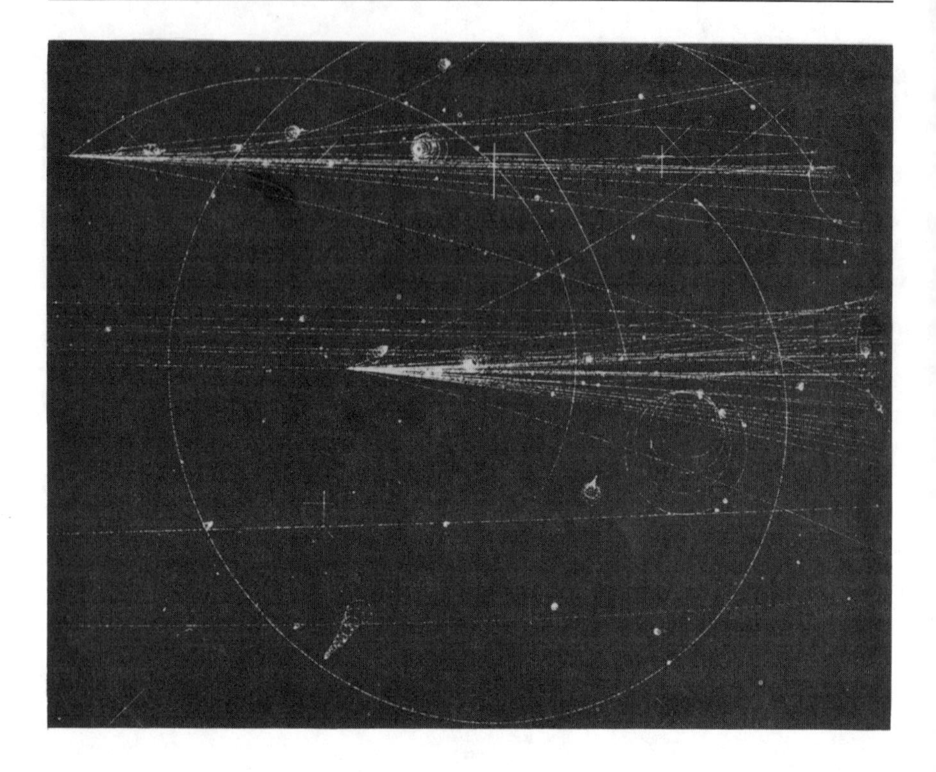

Photo 11: Ein Ereignis hoher Multiplizität, das durch 300 GeV-Protonen hervorgerufen wurde. (Mit freundlicher Genehmigung des National Accelarator Laboratory) (s.S. 342)

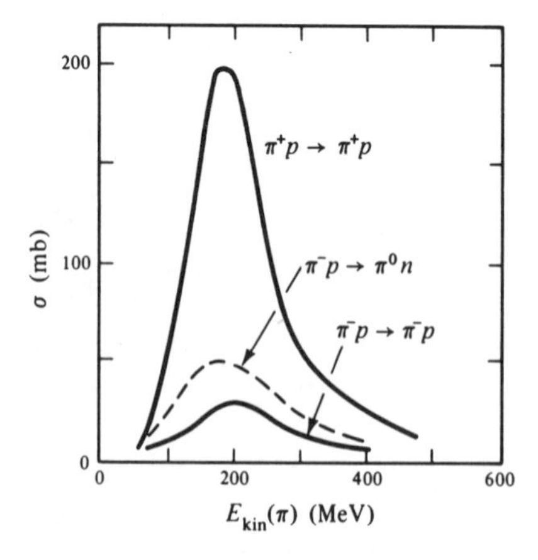

Bild 12.6 Wirkungsquerschnitte von niederenergetischen elastischen und Ladungsaustausch – Pion-Proton Reaktionen.

der Photoerzeugung sind

(12.5) $\gamma p \longrightarrow \pi^0 p$

(12.6) $\gamma p \longrightarrow \pi^+ n.$

Auch die Reaktion γn kann studiert werden, wenn man Deuteriumtargets verwendet und den Protonenanteil abzieht. Die Wirkungsquerschnitte für die Prozesse in den Gln. 12.5 und 12.6 sind in Bild 12.7 gezeigt. Eine hervorstechende Eigenschaft, die die Gln. 12.2 - 12.6 beherrscht, ist das Auftreten einer Resonanz. Bei der Pionstreuung tritt sie bei einer kinetischen Energie von etwa 170 MeV auf; in der Photonproduktion beträgt die Photon-Energie am Peak etwa 300 MeV. Trotz der unterschiedlichen kinetischen Energien können die Peaks bei der Pion-Streuung und bei der Pion-Photon-Erzeugung durch ein Phänomen erklärt werden, die Bildung eines angeregten Nukleonenzustands N^*, s. Bild 12.8. Die Masse dieses Resonanzteilchens ist bei der Pion-Streuung gegeben durch $m_{N^*} \approx m_N + m_\pi + E_{\text{kin}}/c^2 =$ 1250 MeV/c^2 und durch $m_{N^*} \approx m_N + E_\gamma = 1240$ MeV/c^2 bei der Photon-Produktion. Bessere Berechnungen, die den Rückstoß des N^* berücksichtigen, ergeben für beide Prozesse eine Masse von 1236 MeV/c^2 und es ist verlockend, sie als die gleiche Resonanz zu betrachten. Die Entdeckung dieser Resonanz, genannt $\Delta(1236)$, wurde schon in Abschnitt 5.11 beschrieben. Die Wirkungsquerschnitte in den Bildern 12.6 und 12.7 zeigen, daß die Wechselwirkung der Pionen mit Nukleonen bei Energien unterhalb etwa 500 MeV durch diese Resonanz beherrscht werden.

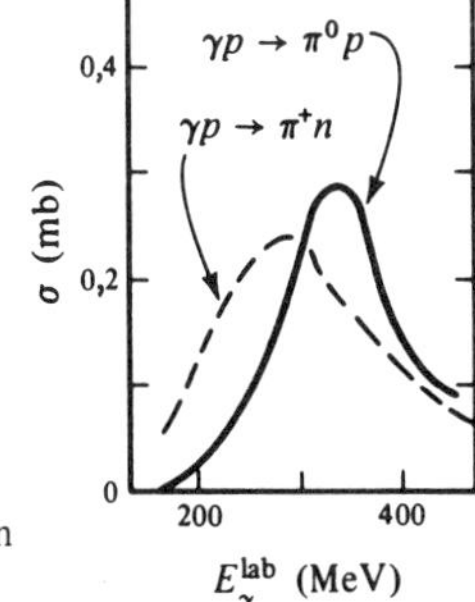

Bild 12.7 Gesamtwirkungsquerschnitte für die Photoproduktion von neutralen und geladenen Pionen in Wasserstoff, als Funktion der Energie der einfallenden Photonen.

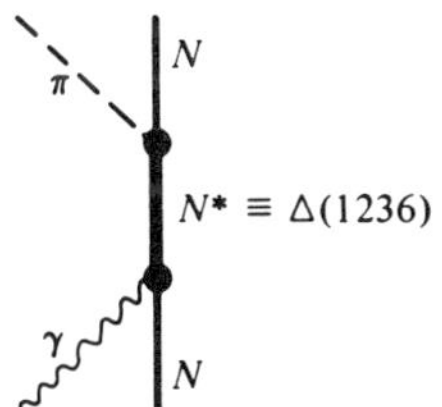

Bild 12.8 Pionstreuung und Pion-Photoproduktion bei niedrigen Energien werden von der Bildung eines angeregten Nukleons, N^*, beherrscht, das man gewöhnlich Δ (1236) nennt.

Isospin und Spin von $\Delta(1236)$ können durch einfache Argumente bestimmt werden. Pion ($I = 1$) und Nukleon ($I = \frac{1}{2}$) können Zustände mit $I = \frac{1}{2}$ und $I = \frac{3}{2}$ bilden. Wenn $\Delta(1236)$ $I = \frac{1}{2}$ hätte, dann würden nur zwei Ladungszustände der Resonanz erscheinen. Nach der Gell-Mann-Nishijima-Relation, Gl. 8.30, würden sie die gleichen elektrischen Ladungen wie die Nukleonen haben, nämlich 0 und 1. Diese beiden Resonanzen Δ^0 (1236) und Δ^+ (1236) werden tatsächlich beobachtet. Zusätzlich jedoch erscheint $\Delta^{++}(1236)$ im Prozeß $\pi^+p \longrightarrow \pi^+p$ und Δ muß daher $I = \frac{3}{2}$ haben. Das vierte Mitglied des Isospinmultipletts, $\Delta^-(1236)$, kann mit Protonentargets nicht beobachtet werden; Deuteronentargets erlauben die Untersuchung der Reaktion $\pi^-n \longrightarrow \pi^-n$, wobei Δ^- auftritt. Um den Spin von $\Delta(1236)$ zu bestimmen, bemerken wir, daß der maximale Wirkungsquerschnitt für die Streuung unpolarisierter Teilchen durch [5])

$$\sigma_{\max} = 4\pi\lambda\!\!\!^{-2}\frac{2J+1}{(2J_\pi+1)(2J_N+1)} = 4\pi\lambda\!\!\!^{-2}(J+\tfrac{1}{2}) \tag{12.7}$$

gegeben ist. J, J_π und J_N sind die Spins der Resonanz und der zusammenstoßenden Teilchen, und $\lambda\!\!\!^{-}$ ist die reduzierte Pionwellenlänge an der Resonanz. $4\pi\lambda\!\!\!^{-2}$ bei 190 MeV ist ungefähr 100 mb und $\sigma_{\max}$ ungefähr 200 mb, so daß $J+\frac{1}{2} \approx 2$ oder $J = \frac{3}{2}$. Um einen Zustand mit Spin $\frac{3}{2}$ bei der Pion-Nukleon-Streuung zu bilden, müssen die einlaufenden Pionen eine Einheit des Bahndrehimpulses mit sich führen. Pion-Nukleon-Streuung bei niedrigen Energien erfolgt hauptsächlich in p-Wellen.

● Die Tatsache, daß Pion-Nukleon-Streuung bei niedrigen Energien hauptsächlich im Zustand $J = \frac{3}{2}, I = \frac{3}{2}$ (die sog. 3-3 Resonanz) erfolgt, kann durch eine Spin-Isospin-Phasenverschiebungsanalyse bestätigt werden. Wir wollen hier nicht die ganze Analyse vorführen, sondern nur den Isospinteil ausführen, da er ein Beispiel für die Anwendung der Isospin-Invarianz liefert. Zuerst stellen wir fest, daß die experimentellen Zustände mit wohldefinierten Ladungen versehen sind. Theoretisch jedoch ist es sinnvoller, gut definierte Werte für den Gesamtisospin zu verwenden. Es ist daher notwendig, die experimentell hergestellten Zustände durch Eigenzustände von I und I_3 auszudrücken, $|I, I_3\rangle$. Mit der in Problem 13.7 verwendeten Technik werden folgende Relationen erstellt [6]):

$$\begin{aligned} |\pi^+p\rangle &= |\tfrac{3}{2}, \tfrac{3}{2}\rangle \\ |\pi^-p\rangle &= \sqrt{\tfrac{1}{3}}\,|\tfrac{3}{2}, -\tfrac{1}{2}\rangle - \sqrt{\tfrac{2}{3}}\,|\tfrac{1}{2}, -\tfrac{1}{2}\rangle \\ |\pi^0n\rangle &= \sqrt{\tfrac{2}{3}}\,|\tfrac{3}{2}, -\tfrac{1}{2}\rangle + \sqrt{\tfrac{1}{3}}\,|\tfrac{1}{2}, -\tfrac{1}{2}\rangle. \end{aligned} \tag{12.8}$$

Um die Pion-Nukleon-Streuung zu beschreiben, wird der Streuoperator S eingeführt. Der Operator S ist nicht so schrecklich wie er dem Anfänger erscheint, und alles, was wir über ihn wissen müssen, sind zwei Eigenschaften, 1) Die Streuamplitude f für einen Stoß $ab \to cd$ ist proportional zu dem Matrixelement von S

$$f \propto \langle cd|S|ab\rangle.$$

Der Wirkungsquerschnitt ist mit f durch Gl. 6.10 verbunden, oder $d\sigma/d\Omega = |f|^2$.

---

5 Der Maximalquerschnitt für spinlose Teilchen mit einem Bahndrehimpuls von Null ist durch Gl. 11.86 gegeben. Ein Teilchen mit dem Spin J ist $(2J+1)$-fach entartet. Nimmt man an, daß Gl. 11.86 für jeden Unterzustand gilt, so folgt Gl. 12.7 aus Gl. 11.86.

6 Merzbacher, Abschnitt 16.6.

2) Die Pion-Nukleon-Kraft ist hadronisch und wird als ladungsunabhängig angenommen. Der Hamiltonoperator $H_{\pi N}$ muß daher mit dem Isospinoperator

$$[H_{\pi N}, \vec{I}] = 0$$

kommutieren. Da die Pion-Nukleon-Streuung durch die Pion-Nukleon-Kraft verursacht wird, s. Bild 12.5, kann der Streuoperator aus $H_{\pi N}$ konstruiert werden. Er muß daher auch mit $\vec{I}$ kommutieren

$$(12.9) \qquad [S, \vec{I}] = 0$$

und mit I^2,

$$(12.10) \qquad [S, I^2] = 0.$$

Ist daher $|I, I_3\rangle$ ein Eigenzustand von I^2 mit den Eigenwerten $I(I+1)$, so ist es auch $S|I, I_3\rangle$. Daher ist der Zustand $S|I, I_3\rangle$ orthogonal zu dem Zustand $|I', I'_3\rangle$, und das Matrixelement verschwindet, wenn nicht $I' = I$ und $I'_3 = I_3$ ist. Weiter hängt S nicht von I_3 ab, wie durch Gl. 12.9 angedeutet wird; das Matrixelement ist unabhängig von I_3 und kann einfach als $\langle I|S|I\rangle$ geschrieben werden. Mit den Abkürzungen

$$f_{1/2} = \langle \tfrac{1}{2}|S|\tfrac{1}{2}\rangle, \qquad f_{3/2} = \langle \tfrac{3}{2}|S|\tfrac{3}{2}\rangle$$

und den Gln. 12.8 werden die Matrixelemente für die elastischen und Ladungsaustauschprozesse

$$(12.11) \qquad \begin{aligned} \langle \pi^+ p|S|\pi^+ p\rangle &= f_{3/2} \\ \langle \pi^- p|S|\pi^- p\rangle &= \tfrac{1}{3} f_{3/2} + \tfrac{2}{3} f_{1/2} \\ \langle \pi^0 n|S|\pi^- p\rangle &= \frac{\sqrt{2}}{3} f_{3/2} - \frac{\sqrt{2}}{3} f_{1/2}. \end{aligned}$$

Die Matrixelemente sind komplexe Zahlen; drei Reaktionen genügen nicht, um $f_{1/2}$ und $f_{3/2}$ zu bestimmen. Wenn jedoch die in Bild 12.6 gezeigten Resonanzen im $I = \frac{3}{2}$ Zustand erscheinen, dann sollte $f_{3/2}$ bei der Resonanzenergie dominieren. Mit $|f_{3/2}| \gg |f_{1/2}|$ und mit $\sigma \propto |f|^2$ sagt die Gl. 12.11 für die Verhältnisse der Wirkungsquerschnitte an der Resonanz

$$(12.12) \qquad \sigma(\pi^+ p \longrightarrow \pi^+ p)/\sigma(\pi^- p \longrightarrow \pi^- p)/\sigma(\pi^- p \longrightarrow \pi^0 n) = 9/1/2$$

voraus. Die Übereinstimmung dieser Voraussage mit dem Experiment liefert eine zusätzliche Unterstützung für die Hypothese der Ladungsunabhängigkeit der Pion-Nukleon-Kraft. ●

12.3 *Die Form der Pion-Nukleon-Wechselwirkung*

In diesem Abschnitt wollen wir eine mögliche Form für den Hamiltonoperator $H_{\pi N}$ bei niedrigen Pionenenergien konstruieren, indem wir Invarianzargumente mit Eigenschaften der Pionen und Nukleonen verbinden. Das Pion ist ein pseudoskalares Boson mit Isospin 1; daher ist die Wellenfunktion $\vec{\Phi}$ des Pions ein Pseudoskalar im gewöhnlichen Raum, aber ein Vektor im Isospinraum. Das Nukleon ist ein Spinor im gewöhnlichen und im Isospinraum. Der Hamiltonoperator $H_{\pi N}$ muß ein Skalar im gewöhnlichen und im Isospinraum sein. Im nichtrelativistischen Fall (statischer Grenzfall) wird der Nukleonenrückstoß vernachlässigt und die möglichen Elemente für die Konstruktion von $H_{\pi N}$ sind

$$(12.13) \qquad \vec{\Phi}, \qquad \vec{\tau}, \qquad \boldsymbol{\sigma}.$$

Hier ist $\vec{\Phi}$ die Wellenfunktion des Pions, $\vec{\tau} = 2\vec{I}$ der Nukleon-Isospin-Operator, und $\boldsymbol{\sigma} = 2\mathbf{J}/\hbar$ ist mit dem Nukleon-Spinoperator verknüpft. Der

Hamiltonoperator ist ein Skalar im Isospinraum, wenn er proportional zum Skalarprodukt der zwei Isovektoren aus Gl. 12.13 ist

$$H_{\pi N} \propto \vec{\tau} \cdot \vec{\Phi}.$$

$H_{\pi N}$ ist ein Skalar im gewöhnlichen Raum, wenn er proportional ist zu dem Skalarprodukt zweier Vektoren oder zweier Achsialvektoren. Die Liste 12.13 enthält nur einen Achsialvektor $\boldsymbol{\sigma}$, und einen Pseudoskalar Φ. Der einfachste Weg, einen zweiten achsialen Vektor zu erzeugen, ist die Bildung des Gradienten von $\vec{\Phi}$:

$$H_{\pi N} \propto \boldsymbol{\sigma} \cdot \boldsymbol{\nabla} \vec{\Phi}.$$

Nimmt man die gewöhnlichen und die isoskalaren Faktoren zusammen, so erhält man

$$H_{\pi N} = F_{\pi N} \boldsymbol{\sigma} \cdot (\vec{\tau} \cdot \boldsymbol{\nabla} \vec{\Phi}(\mathbf{x})), \tag{12.14}$$

wo $F_{\pi N}$ eine Kopplungskonstante ist. Dieser Hamiltonoperator beschreibt eine Punktwechselwirkung: Pion und Nukleon wechselwirken nur, wenn sie am gleichen Ort sind. Um die Wechselwirkung zu verschmieren, wird eine Gewichts-(Quellenfunktion) $\rho(\mathbf{x})$ eingeführt; $\rho(\mathbf{x})$ kann man z. B. als die Wahrscheinlichkeitsfunktion $\rho = \psi^* \psi$ ansehen. Die Funktion $\rho(\mathbf{x})$ fällt außerhalb von 1 fm sehr schnell nach Null ab und ist so normiert, daß

$$\int d^3x \, \rho(\mathbf{x}) = 1. \tag{12.15}$$

Der Hamiltonoperator zwischen einem Pion und einem ausgedehnten Nukleon, das fest im Nullpunkt des Koordinatensystems sitzt, wird

$$H_{\pi N} = F_{\pi N} \int d^3x \, \rho(\mathbf{x}) \boldsymbol{\sigma} \cdot (\vec{\tau} \cdot \boldsymbol{\nabla} \vec{\Phi}(\mathbf{x})). \tag{12.16}$$

Diese Wechselwirkung ist die einfachste, die zu einer Einzelemission und Absorption von Pionen führt. Sie ist nicht eindeutig; zusätzliche Ausdrücke wie $F' \vec{\Phi}^2$ können auftreten. Weiterhin ist sie nichtrelativistisch und daher in ihrem Geltungsbereich eingeschränkt.

Bei höheren Energien jedoch, wo Gl. 12.16 nicht länger gilt, komplizieren andere Teilchen und Prozesse die Situation, so daß die Betrachtung der Pion-Nukleon-Kraft alleine in jedem Fall bedeutungslos wird.

Das Integral in Gl. 12.16 verschwindet für eine kugelförmige Quellenfunktion $\rho(r)$, es sei denn, daß die Pion-Wellenfunktion eine p-Welle ($l = 1$) beschreibt. Diese Voraussage stimmt mit den experimentellen Daten überein, die im vorigen Abschnitt beschrieben wurden.

Die erste erfolgreiche Beschreibung der Pion-Nukleon-Streuung und der Pion-Photoerzeugung stammt von Chew und Low [7]), die den Hamilton-

7 G. F. Chew, *Phys. Rev.* **95**, 1669 (1954); G. F. Chew und F. E. Low, *Phys. Rev.* **101**, 1570 (1956); G. C. Wick, *Rev. Modern Phys.* 27, 339 (1955).

operator Gl. 12.16 verwendeten. Wegen der Drehimpulsbarriere im $l = 1$-Zustand kann der niederenergetische Pion-Nukleon-Streuquerschnitt (unterhalb etwa 100 MeV) mit der Störungstheorie berechnet werden. Bei höheren Energien wird die Behandlung komplizierter, aber man kann zeigen, daß der Hamiltonoperator Gl. 12.16 zu einer anziehenden Kraft in den Zuständen $I = \frac{3}{2}$ und $J = \frac{3}{2}$ führt und daher die beobachtete Resonanz erklären kann[8]. Bei noch höheren Energien ist die nichtrelativistische Behandlung nicht mehr zulässig.

Der numerische Wert der Pion-Nukleon-Kopplungskonstanten $F_{\pi N}$ wird durch Vergleich der gemessenen und der berechneten Werte der Pion-Nukleon-Streuquerschnitte gewonnen. Es ist üblich, nicht $F_{\pi N}$ anzuführen, sondern die entsprechende dimensionslose und rationalisierte Kopplungskonstante $f_{\pi NN}$. Die Dimension von $F_{\pi N}$ in Gl. 12.16 hängt von der Normierung der Pion-Wellenfunktion $\vec{\Phi}$ ab. Da die Pionen relativistisch behandelt werden sollten, ist die Wahrscheinlichkeitsdichte nicht auf 1 normiert, sondern auf E, die Zustandsenergie. Diese Normierung gibt der Wahrscheinlichkeitsdichte die korrekten Eigenschaften der Lorentztransformation; die Wahrscheinlichkeitsdichte ist kein relativistischer Skalar, sondern transformiert sich wie die Nullkomponente eines Vierervektors. Mit dieser Normierung hat $\vec{\Phi}$ die Dimension $E^{-1/2} L^{-3/2}$ und die dimensionslose rationalisierte Kopplungskonstante hat den Wert[9]

$$(12.17) \qquad f_{\pi NN}^2 = \frac{m_\pi^2}{4\pi\hbar^5 c} F_{\pi N}^2 = 0{,}080 \pm 0{,}005.$$

Als das Pion das einzige bekannte Meson war, spielte die Erscheinung der Pion-Nukleon-Wechselwirkung in den theoretischen und experimentellen Untersuchungen eine beherrschende Rolle. Man glaubte, daß die vollständige Kenntnis dieser Wechselwirkung der Schlüssel für das komplette Verständnis der Hadronenphysik sein würde. Jedoch waren Versuche, die Nukleon-Nukleon-Kraft und die Struktur der Nukleonen durch Pionen alleine zu erklären, niemals erfolgreich. Andere Mesonen wurden postuliert; sie und einige nicht erwartete wurden entdeckt. Es wurde klar, daß die Pion-Nukleon-Wechselwirkung nicht das einzige interessante Problem ist, und daß eine Erklärung mit einzelnen, immer neuen Wechselwirkungen nicht notwendig das gesamte Problem löst. Andere Methoden, die hauptsächlich auf analytischen Eigenschaften der Streuamplitude beruhen, wurden eingeführt[10].

---

8 Genaue Beschreibungen der Chew-Low-Behandlung findet man in G. Källen, *Elementary Particle Physics*, Addison-Wesley, Reading, Mass., 1964; E. M. Henley und W. Thirring, *Elementary Quantum Field Theory*, McGraw-Hill, New York, 1962; und J. D. Bjorken und S. D. Drell, *Relativistic Quantum Mechanics*, New York, 1964. Diese Darstellungen sind aber nicht elementar und enthalten mehr Details als die Originalveröffentlichungen.

9 R. G. Moorhouse, *Ann. Rev. Nucl. Sci.* **19**, 301 (1969).

10 Als G. F. Chew 1962 gefragt wurde, was er für die wichtigste Entdeckung in der Hochenergiephysik der letzten Jahre halte, antwortete er: „Die komplexe Ebene“.

Gegenwärtig ist das Gebiet sehr kompliziert und weit entfernt von einer kurzen und leicht verständlichen Beschreibung. Unsere Diskussion ist daher begrenzt; wir wollen keine anderen Wechselwirkungen behandeln oder zu höheren Energien gehen, sondern uns der Nukleon-Nukleon-Kraft zuwenden, weil sie eine Rolle in der Kern- und Teilchenphysik spielt.

12.4 *Die Yukawa-Theorie der Kernkräfte*

Wir haben zu Beginn des Abschnitts 12.2 festgestellt, daß Yukawa 1934 ein schweres Boson für die Erklärung der Kernkräfte eingeführt hat. Die grundlegende Idee datiert also die Entdeckung des Pions um Jahre zurück. Die Rolle der Mesonen in der Kernphysik wurde nicht experimentell entdeckt; sie wurde durch eine brillante theoretische Spekulation vorhergesagt. Aus diesem Grund wollen wir zuerst die zugrundeliegende Idee von Yukawas Theorie schildern, bevor wir zu den experimentellen Tatsachen übergehen. Wir wollen das Yukawa-Potential in seiner einfachsten Form durch Analogie mit der elektromagnetischen Wechselwirkung einführen. Die Wechselwirkung eines geladenen Teilchens mit einem Coulombpotential wurde in Kapitel 10 diskutiert. Das Skalarpotential A_0, das durch eine Ladungsverteilung $q\rho(\mathbf{x}')$ erzeugt wird, genügt der Wellengleichung [11])

$$\nabla^2 A_0 - \frac{1}{c^2}\frac{\partial^2 A_0}{\partial t^2} = -4\pi q\rho. \tag{12.18}$$

Wenn die Ladungsverteilung zeitunabhängig ist, reduziert sich die Wellengleichung zur Poissongleichung

$$\nabla^2 A_0 = -4\pi q\rho. \tag{12.19}$$

Es ist einfach zu sehen, daß das Potential Gl. 10.45

$$A_0(\mathbf{x}) = \int d^3x' \frac{q\rho(\mathbf{x}')}{|\mathbf{x} - \mathbf{x}'|} \tag{12.20}$$

die Poissongleichung löst [12]). Für eine Punktladung q, die im Ursprung ruht, reduziert sich A_0 zum Coulomb-Potential

$$A_0(r) = \frac{q}{r}. \tag{12.21}$$

Als 1934 Yukawa die Wechselwirkung zwischen Nukleonen betrachtete, be-

---

11 Die inhomogene Wellengleichung findet man in den meisten Lehrbüchern der Elektrodynamik, z.B. in Jackson, Gl. 6.37. Wie in Kapitel 10 unterscheidet sich unsere Notation etwas von der bei Jackson; ρ bezeichnet die Wahrscheinlichkeitsverteilung und nicht die Ladungsverteilung.

12 S. z.B. Jackson, Abschnitt 1.7. Der entscheidende Schritt läßt sich in der Beziehung $\nabla^2(1/r) = -4\pi\delta(\mathbf{x})$ zusammenfassen, wobei δ die Dirac'sche Deltafunktion ist.

merkte er, daß die elektromagnetische Wechselwirkung als Modell dienen kann, aber daß sie nicht genügend schnell mit der Entfernung abfiel. Um einen schnelleren Abfall zu erhalten, fügte er einen Term $k^2\Phi$ zur Gl. 12.19 hinzu:

$$(\nabla^2 - k^2)\Phi(\mathbf{x}) = 4\pi g\rho(\mathbf{x}). \tag{12.22}$$

Das elektromagnetische Potential A_0 wurde durch das Feld $\Phi(\mathbf{x})$ ersetzt und die Stärke des Feldes wird durch die hadronische Quelle $g\rho(\mathbf{x})$ bestimmt, wo g die Stärke und ρ die Wahrscheinlichkeitsdichte festlegt. Das Vorzeichen des Quellenterms wurde entgegengesetzt zum elektromagnetischen Fall gewählt [3]). Die Lösung von Gl. 12.22, die im Unendlichen verschwindet, ist

$$\Phi(\mathbf{x}) = -g\int \frac{e^{-k|\mathbf{x}-\mathbf{x}'|}}{|\mathbf{x}-\mathbf{x}'|}\rho(\mathbf{x}')d^3x'. \tag{12.23}$$

Für eine hadronische Punktquelle bei $\mathbf{x}' = 0$ ist die Lösung das Yukawa-Potential,

$$\Phi(r) = -g\frac{e^{-kr}}{r}. \tag{12.24}$$

Die Konstante k kann bestimmt werden, wenn man Gl. 12.22 für ein nicht geladenes Teilchen $[\rho(\mathbf{x}) = 0]$ betrachtet und sie mit der entsprechenden quantisierten Gleichung vergleicht.

Die Substitution

$$E \longrightarrow i\hbar\frac{\delta}{\delta t}, \qquad \mathbf{p} \longrightarrow -i\hbar\Delta \tag{12.25}$$

ändert die Energie-Impuls-Beziehung

$$E^2 = (pc)^2 + (mc^2)^2$$

in die Klein-Gordon-Gleichung

$$\left\{\frac{1}{c^2}\frac{\partial^2}{\partial t^2} - \nabla^2 + \left(\frac{mc}{\hbar}\right)^2\right\}\Phi(\mathbf{x}) = 0 \tag{12.26}$$

um. Für ein zeitunabhängiges Feld und für $\rho(\mathbf{x}) = 0$ liefert der Vergleich der Gln. 12.26 und 12.22

$$k = \frac{mc}{\hbar}. \tag{12.27}$$

Die Konstante k im Yukawa-Potential ist gerade das Inverse der Compton-Wellenlänge des Feldquants. Die Masse des Feldquants bestimmt die Reichweite des Potentials. Damit haben wir das gleiche Resultat erhalten, wie in Abschnitt 5.8. Zusätzlich haben wir eine radiale Abhängigkeit des Potentials für eine Punktquelle gefunden. Die einfache Form der Yukawa-Theorie liefert eine Beschreibung des hadronischen Potentials, das durch ein Punktnukleon erzeugt wird; dieses Potential drückt man durch die Masse des Feldquants aus. Es erklärt die kurze Reichweite der hadronischen Kräfte. Bevor wir tiefer in die Mesonentheorie eindringen, wollen wir genauer beschreiben, was über die Kräfte zwischen den Nukleonen bekannt ist.

12.5 *Eigenschaften der Nukleon-Nukleon-Kraft*

Die Eigenschaften der Kräfte zwischen Nukleonen können direkt in Streuexperimenten oder indirekt durch Extraktion der Eigenschaften gebundener Systeme, nämlich der Kerne, studiert werden. In diesem Abschnitt wollen wir zuerst die Eigenschaften der Kernkraft diskutieren, wie sie aus Kerncharakteristika deduziert werden können, und dann einige Ergebnisse darstellen, die man bei Streuexperimenten unterhalb einiger hundert MeV erhält.

Aus den beobachteten Eigenschaften der Kerne können etliche Schlüsse über die Kernkraft gezogen werden, d.h. über die hadronische Kraft zwischen Nukleonen. Die wichtigsten sollen hier aufgeführt werden.

Anziehung. Die Kraft ist überwiegend anziehend; ansonsten könnten keine stabilen Kerne bestehen.

Reichweite und Stärke. Wie in Abschnitt 12.1 erklärt, zeigt der Vergleich der Bindungsenergien von ^{2}H, ^{3}H und ^{4}He, daß die Reichweite der Kernkraft von der Größenordnung 1 fm ist. Wenn die Kraft durch ein Potential dieser Reichweite dargestellt wird, so findet man eine Tiefe von etwa 50 MeV (Abschnitt 14.2).

Ladungsunabhängigkeit. Wie in Kapitel 8 erklärt, ist die hadronische Kraft ladungsunabhängig. Nach einer Korrektur für die elektromagnetische Wirkung sind die *pp*, *nn*- und *np*-Kräfte in gleichen Zuständen identisch.

Sättigung. Wenn jedes Nukleon mit jedem anderen attraktiv wechselwirkte, gäbe es $A(A-1)/2$ verschiedene Wechselwirkungspaare. Die Bindungsenergie sollte proportional zu $A(A-1) \approx A^2$ sein, und alle Kerne würden einen Durchmesser haben, der der Reichweite der Kernkraft gleich ist. Beide Voraussagen: Bindungsenergie proportional A^2 und konstantes Volumen widersprechen offensichtlich dem Experiment mit $A > 4$. Für die meisten Kerne sind Volumen und Bindungsenergie proportional zur Massenzahl A. Die erste Tatsache wird in Gl. 6.34 ausgedrückt; die zweite wird in Abschnitt 14.1 diskutiert. Die Kernkraft zeigt daher Sättigungscharakter: ein Teilchen zieht nur eine begrenzte Zahl anderer Teilchen an; zusätzliche Nukleonen werden entweder nicht beeinflußt oder abgestoßen. Ein ähnliches Verhalten zeigt sich bei der chemischen Bindung und bei van der Waals' Kräften. Sättigung kann auf zwei Arten erklärt werden; durch Austauschkräfte[13])

13 W. Heisenberg, *Z. Physik* 77, 1 (1932).

oder durch stark abstoßende Kräfte bei kurzen Abständen (hard core)[14]. Austauschkräfte führen in der chemischen Bindung zur Sättigung, während diese in klassischen Flüssigkeiten mit dem hard-core Modell erklärt wird. Im hadronischen Fall kann eine Entscheidung zwischen beiden nicht getroffen werden, wenn man Kerneigenschaften betrachtet, aber Streuexperimente zeigen, daß beide dazu beitragen. Wir wollen später auf beide Phänomene zurückkommen.

Die nächsten beiden Eigenschaften erfordern eine etwas längere Diskussion; nach der Aufzählung ihrer Eigenschaften sollen beide gemeinsam behandelt werden.

Spinabhängigkeit. Die Kraft zwischen zwei Nukleonen hängt von der Orientierung der Nukleonenspins ab.

Nichtzentrale Kräfte. Kernkräfte enthalten ein nicht zentrales Potential.

Die beiden Eigenschaften folgen aus den Quantenzahlen des Deuterons und aus der Tatsache, daß es nur einen gebundenen Zustand hat. Das Deuteron besteht aus einem Proton und einem Neutron. Spin, Parität und magnetisches Moment werden zu

$$J^{\pi} = 1^{+}$$
$$\mu_d = 0{,}85742\mu_N \qquad (12.28)$$

gefunden. Der Gesamtspin des Deuterons ist die Vektorsumme der beiden Nukleonenspins und ihres relativen Bahndrehimpulses

$$\mathbf{J} = \mathbf{S}_p + \mathbf{S}_n + \mathbf{L}.$$

Die gerade Parität des Deuterons impliziert, daß L gerade sein muß. Dann gibt es nur zwei Möglichkeiten für die Bildung des Gesamtdrehimpulses 1, nämlich $L = 0$ und $L = 2$. Im ersten Fall, s. Bild 12.9(a), addieren sich die beiden Nukleonenspins zum Deuteron-Spin; im zweiten, Bild 12.9(b) sind Bahn- und Spinbeiträge antiparallel. Im s-Zustand mit $L = 0$ ist das erwartete magnetische Moment die Summe der Momente des Protons und des Neutrons oder

$$\mu(s\text{-Zustand}) = 0{,}879634\mu_N.$$

(a)
$L = 0$
s-Zustand

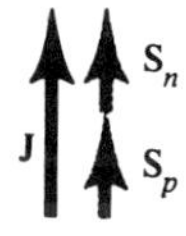

(b)
$L = 2$
d-Zustand

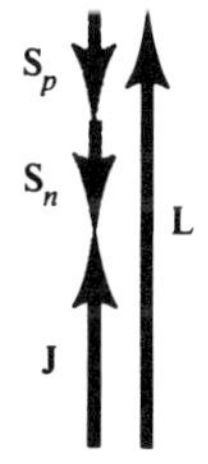

Bild 12.9 Die beiden möglichen Wege, auf denen Spin- und Bahnbeitrag einen Deuteron mit Spin 1 brechen können.

14 R. Jastrow, *Phys. Rev.* 81, 165 (1951).

Das wirkliche Deuteron-Moment weicht von diesem Wert um einige Prozent ab

$$\frac{\mu_d - \mu(s)}{\mu_d} = -0{,}026. \tag{12.29}$$

Die ungefähre Übereinstimmung zwischen μ_d und $\mu(s)$ zeigt, daß sich das Deuteron vorwiegend im s-Zustand aufhält, wobei sich beide Nukleonenspins zum Deuteron-Spin addieren. Wären die Kernkräfte spinunbabhängig, könnten Proton und Neutron einen gebundenen Zustand mit Spin 0 bilden. Die Abwesenheit eines solchen gebundenen Zustands ist ein Beweis für die Spinabhängigkeit der Nukleon-Nukleon-Kraft. Die Abweichung des wirklichen Deuteron-Moments vom Moment des s-Zustands kann erklärt werden, wenn man annimmt, daß der Deuteronengrundzustand eine Überlagerung von s- und d-Zuständen ist. Zeitweise hat das Deuteron einen Bahndrehimpuls $L = 2$. Ein unabhängiger Beweis für diese Tatsache stammt aus der Beobachtung, daß das Deuteron ein kleines, aber endliches Quadrupolmoment hat. Das elektrische Quadrupolmoment mißt die Abweichung einer Ladungsverteilung von einer kugelförmigen Verteilung. Man betrachte einen Kern mit der Ladung Ze, dessen Spin $\mathbf{J}$ in Richtung der z-Achse weist, Bild 12.10. Die Ladungsdichte am Punkt $\mathbf{r} = (x, y, z)$ ist durch $Ze\rho(\mathbf{r})$ gegeben. Das klassische Quadrupolmoment ist durch

$$Q = Z\int d^3r\,(3z^2 - r^2)\rho(\mathbf{r}) = Z\int d^3r\, r^2(3\cos^2\theta - 1)\rho(\mathbf{r}) \tag{12.30}$$

definiert. Für kugelsymmetrisches $\rho(\mathbf{r})$ verschwindet das Quadropolmoment. Für einen zigarrenförmigen Kern (prolate) ist die Ladung entlang der z-Achse konzentriert und Q ist positiv. Das Quadrupolmoment eines scheibenförmigen (oblate) Kerns ist negativ. Das hier definierte Q hat die Dimension einer Fläche und wird in cm^2, barn ($10^{-24}\,cm^2$) oder fm^2 angegeben. In einem externen, inhomogenen Magnetfeld erfährt ein Kern mit Quadrupolmoment eine Energie, die von der Orientierung des Kerns zum Feldgradienten abhängt [15]. Diese Wechselwirkung erlaubt die Bestimmung

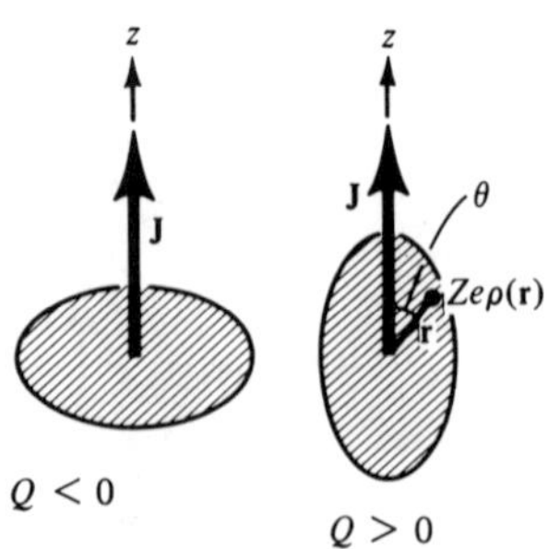

Bild 12.10 Zigarren- und diskusförmige Kerne, deren Spins in die z-Richtung weist. Die Kerne sollen axialsymmetrisch sein; z ist die Symmetrieachse.

15 Eine sorgfältige Diskussion des Quadrupolmoments findet man bei E. Segrè, *Nuclei and Particles*, Benjamin, Reading, Mass., Abschnitt 6.8; und bei Jackson, Abschnitt 4.2.

von Q; für das Deuteron wurde ein nichtverschwindender Wert gefunden[16]. Der gegenwärtige Wert ist

(12.31) $Q_d = 0{,}282 \text{ fm}^2.$

s-Zustände sind kugelsymmetrisch und haben $Q = 0$. Der nichtverschwindende Wert von Q_d rechtfertigt den Schluß, den man aus der Nichtadditivität der magnetischen Momente gezogen hat: der Deuterongrundzustand muß eine Beimischung aus dem d-Zustand besitzen. (S. a. Abschnitt 6.9, besonders Bild 6.29.)

Die Gegenwart einer d-Zustandskomponente impliziert, daß die Kernkraft nicht nur zentral sein kann, da der Grundzustand in einem Zentralpotential immer ein s-Zustand ist; die Energie von Zuständen mit $L \neq 0$ wird durch das Zentrifugalpotential angehoben. Die nichtzentrale Kraft, die das Quadrupolmoment des Deuterons verursacht, wird Tensorkraft genannt. Eine solche Kraft hängt ab vom Winkel zwischen dem Vektor, der die beiden Nukleonen verbindet, und dem Deuteron-Spin. Bild 12.11 zeigt zwei extreme Positionen. Da das Deuteron-Quadrupolmoment positiv ist, zeigt der Vergleich zwischen den Bildern 12.10 und 12.11, daß die Tensorkraft bei der oblaten Konfiguration anziehend und bei der prolaten Form abstoßend sein muß. Ein einfaches und gut bekanntes Beispiel einer klassischen Tensorkraft ist in Bild 12.11 gezeigt. Zwei Stabmagnete mit den Dipolmomenten $\mathbf{m}_1$ und $\mathbf{m}_2$ ziehen sich in der zigarrenförmigen Anordnung an, stoßen sich aber in der scheibenförmigen ab. Die Wechselwirkungsenergie zwischen den Dipolen ist gut bekannt[17]:

(12.32) $E_{12} = \frac{1}{r^3}(\mathbf{m}_1 \cdot \mathbf{m}_2 - 3(\mathbf{m}_1 \cdot \hat{\mathbf{r}})(\mathbf{m}_2 \cdot \hat{\mathbf{r}})).$

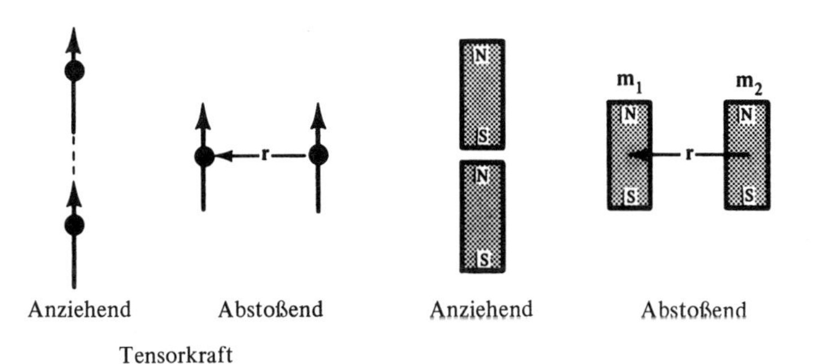

Bild 12.11 Die Tensorkraft im Deuteron ist für die zigarrenförmige Konfiguration anziehend und für die diskusförmige abstoßend. Zwei Stabmagnete dienen als klassisches Beispiel der Tensorkraft.

16 J. M. B. Kellog, I. I. Rabi und J. R. Zacharias, *Phys. Rev.* **55**, 318 (1939).

17 Jackson, Abschnitt 4.2.

Der Vektor $\mathbf{r}$ verbindet die beiden Dipole; $\hat{\mathbf{r}}$ ist ein Einheitsvektor in Richtung $\mathbf{r}$. In Analogie zu diesem Ausdruck wird ein Tensoroperator eingeführt, um den nichtzentralen Teil der Kraft zwischen zwei Nukleonen zu beschreiben. Dieser Operator ist durch

$$S_{12} = 3(\boldsymbol{\sigma}_1 \cdot \hat{\mathbf{r}})(\boldsymbol{\sigma}_2 \cdot \hat{\mathbf{r}}) - \boldsymbol{\sigma}_1 \cdot \boldsymbol{\sigma}_2 \tag{12.33}$$

definiert, wobei $\boldsymbol{\sigma}_1$ und $\boldsymbol{\sigma}_2$ die Spinoperatoren der beiden Nukleonen sind (Gl. 11.50). E_{12} und S_{12} haben die gleiche Abhängigkeit von der Orientierung der beiden Komponenten. S_{12} ist dimensionslos; der Term $\boldsymbol{\sigma}_1 \cdot \boldsymbol{\sigma}_2$ mittelt den Wert von S_{12} über alle Winkel zu Null und eliminiert daher Komponenten der Zentralkraft von S_{12}.

Die bisher vorgetragenen Argumente zeigen, daß die Eigenschaften der Kerne viele Rückschlüsse auf die Nukleon-Nukleon-Wechselwirkung erlauben. Es ist jedoch hoffnungslos, die Stärke und die radiale Abhängigkeit der verschiedenen Komponenten der Kernkraft aus Kerninformationen zu extrahieren. Streuexperimente mit Nukleonen sind für eine vollständige Klärung der Nukleon-Nukleon-Wechselwirkung erforderlich. Hier wollen wir zeigen, daß Streuexperimente den Beweis für Austausch- und Spin-Bahn-Kräfte liefern.

Austauschkräfte. Die Existenz von Austauschkräften ist leicht ersichtlich aus der Winkelverteilung (differentieller Wirkungsquerschnitt als Funktion des Streuwinkels) der np-Streuung bei Energien von einigen hundert MeV. Die erwartete Winkelverteilung kann mit Hilfe der Bornschen Näherung bestimmt werden. Diese Näherung ist hier vernünftig, da die kinetische Energie des einfallenden Teilchens viel größer ist als die Tiefe des Potentials. Das Teilchen durchläuft daher den Potentialbereich schnell und spürt kaum eine Wechselwirkung. Der differentielle Wirkungsquerschnitt für einen Streuprozeß ist mit den Gln 6.10 und 6.13 zu

$$\frac{d\sigma}{d\Omega} = |f(\mathbf{q})|^2$$

gegeben, wobei

$$f(\mathbf{q}) = -\frac{m}{2\pi\hbar^2} \int V(\mathbf{x}) e^{i\mathbf{q}\cdot\mathbf{x}/\hbar}\, d^3x. \tag{12.34}$$

Hier ist $V(\mathbf{x})$ das Wechselwirkungspotential und $\mathbf{q} = \mathbf{p}_i - \mathbf{p}_f$ der Impulsübertrag. Für die elastische Streuung im Schwerpunktsystem ist $p_i = p_f = p$ und der Betrag des Impulstransfers wird

$$q = 2p \sin \tfrac{1}{2}\theta.$$

Der maximale Impulstransfer ist $q_{\max} = 2p$. Bei niedrigen Energien gilt $2pR/\hbar \ll 1$, wo R die Reichweite der Kernkraft ist. Gl. 12.34 sagt dann isotrope Streuung voraus. Bei höheren Energien, wo $2pR/\hbar \gg 1$, liegt eine andere Situation vor. Für die Vorwärtsstreuung bei einem genügend kleinem Streuwinkel θ ist q klein und der Wirkungsquerschnitt bleibt groß.

Bei Rückwärtsstreuung ist $q \approx q_{\max} = 2p$, der Exponentialausdruck in Gl. 12.34 oszilliert stark und das Integral wird klein. Das vorhergesagte Verhalten, Isotropie bei kleinen Energien und Vorwärtsstreuung bei höheren Energien, ist in Bild 12.12 gezeigt. Die beiden Eigenschaften hängen nicht von der Bornschen Näherung ab; sie sind allgemeiner. Streuung bei niedriger Energie in einem kurzreichweitigen Potential ist immer isotrop, und die Hochenergiestreuung erfordert gewöhnlich einen brechungsähnlichen Charakter, wo kleine Winkel (kleiner Impulstransfer) bevorzugt werden.

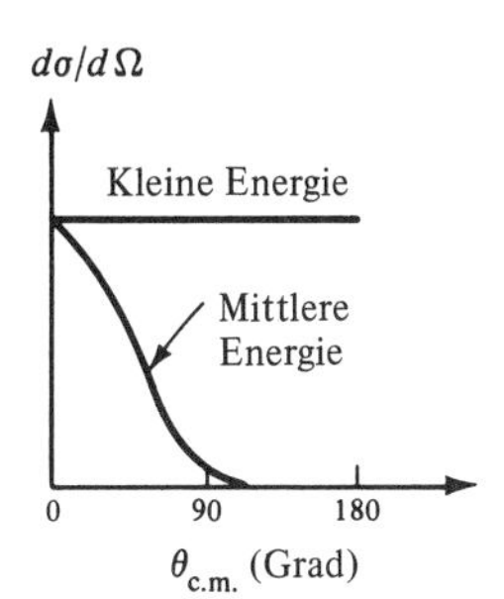

Bild 12.12 Vorhergesagter differentieller Wirkungsquerschnitt der *np*-Streuung bei kleinen und mittleren Energien. Die Kurven folgen aus der ersten Bornschen Näherung, wobei ein gewöhnliches Potential verwendet wurde.

Experimente bei kleinen Energien geben tatsächlich einen isotropen, differentiellen Querschnitt im Schwerpunktsystem. Auch bei einer Neutronenenergie von 14 MeV ist die Winkelverteilung isotrop, wie in Bild 12.13(a) gezeigt [18]. Bei höheren Energien ist das Verhalten jedoch sehr verschieden von dem in Bild 12.12 gezeigten. Eine frühe Messung bei einer Neutronenenergie von 400 MeV ist in Bild 12.13(b) reproduziert [19]. Der differen-

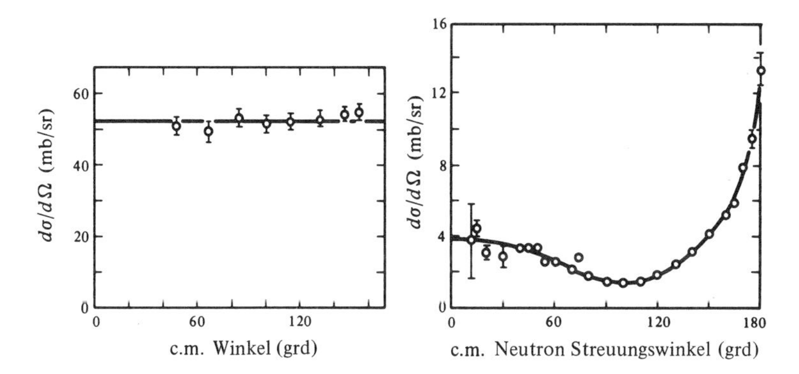

Bild 12.13 Beobachtete differentielle Wirkungsquerschnitte der *np*-Streuung. (a) Die Winkelverteilung bei einer Neutronenenergie von 14 MeV ist isotrop. [J. C. Alred et al., *Phys. Rev.* **91**, 90 (1953).] (b) Bei einer Neutronenenergie von 400 MeV ist ein deutlicher Rückwärtspeak zu sehen. [A. J. Hartzler et al., *Phys. Rev.* **95**, 591 (1954).]

18 J. C. Alred, A. H. Armstron und L. Rosen, *Phys. Rev.* **91**, 90 (1953).

19 A. J. Hartzler, R. T. Siegel und W. Opitz, *Phys. Rev.* **95**, 591 (1954).

tielle Wirkungsquerschnitt zeigt einen deutlichen Peak in Rückwärtsrichtung. Solch ein Verhalten kann nicht mit einem gewöhnlichen Potential verstanden werden, das das Neutron als Neutron und das Proton als Proton beläßt. Es ist der Beweis für eine Austauschwechselwirkung, die das einfallende Neutron in ein Proton verwandelt, wobei ein geladenes Meson mit dem Targetproton ausgetauscht wird. Das vorwärtslaufende Nukleon wird nun zum Proton und das Rückstoß-Targetproton zum Neutron. Tatsächlich wird dann das Neutron nach der Streuung in Rückwärtsrichtung beobachtet.

Spin-Bahn-Kraft. Die Existenz einer Spin-Bahn-Wechselwirkung kann in Streuexperimenten erkannt werden, die polarisierte Teilchen oder polarisierte Targets verwenden[20]). Die zu Grunde liegende Idee solcher Experimente kann mit einem einfachen Beispiel erklärt werden: Streuung polarisierter Nukleonen an einem spinlosen Targetkern, z.B. ^{4}He oder ^{12}C. Angenommen die Nukleon-Kernkraft ist attraktiv: das ergibt dann Trajektorien, wie sie in Bild 12.14(a) gezeigt sind. Weiter sei angenommen, daß die beiden einfallenden Teilchen vollständig polarisiert sind, mit Spins "up" senkrecht zur Streuebene. Proton 1 wird nach rechts gestreut und hat einen Bahndrehimpuls $\mathbf{L}_1$, der, bezogen auf den Kern, nach unten ("down") weist. Das nach links gestreute Proton 2 hat seinen Bahndrehimpuls $\mathbf{L}_2$ nach oben ("up"). Man nehme an, daß die Kernkraft aus zwei Termen, einem Zentralpotential V_c und einem Spin-Bahn-Potential der Form $V_{LS}\mathbf{L}\cdot\boldsymbol{\sigma}$ besteht:

(12.35) $$V = V_c + V_{LS}\mathbf{L}\cdot\boldsymbol{\sigma}.$$

Bild 12.14(b) impliziert, daß das Skalarprodukt $\mathbf{L}\cdot\boldsymbol{\sigma}$ für die Nukleonen 1 und 2 verschiedenes Vorzeichen hat. Das gesamte Potential V ist daher für ein Nukleon größer als für das andere, und polarisierte Nukleonen werden nach der einen Seite häufiger gestreut als nach der anderen. Experimentell werden solche Links-Rechts-Asymmetrien beobachtet[20]) und liefern den Beweis für die Existenz einer Spin-Bahn-Kraft.

Die in diesem Kapitel gewonnenen Informationen können zusammengefaßt werden, indem man die potentielle Energie zwischen zwei Teilchen 1 und 2 als

(12.36) $$V_{NN} = V_c + V_{sc}\boldsymbol{\sigma}_1\cdot\boldsymbol{\sigma}_1 + V_T S_{12} + V_{LS}\mathbf{L}\cdot\tfrac{1}{2}(\boldsymbol{\sigma}_1 + \boldsymbol{\sigma}_2)$$

schreibt. Hier sind $\boldsymbol{\sigma}_1$ und $\boldsymbol{\sigma}_2$ die Spinoperatoren der beiden Nukleonen und $\mathbf{L}$ ist ihr relativer Bahndrehimpuls

(12.37) $$\mathbf{L} = \tfrac{1}{2}(\mathbf{r}_1 - \mathbf{r}_2) \times (\mathbf{p}_1 - \mathbf{p}_2).$$

---

20 Ausführliche Informationen über solche Experimente findet man in verschiedenen Tagungsberichten über Polarisationsphänomene der Kerne, z.B. H. H. Barschall und W. Haeberli, eds., *Proceedings of the 3rd International Symposium on Polarization Phenomena in Nuclear Reactions*, Univ. of Wisconsin, Madison, 1970. S. auch G. G. Ohlsen, *Rept. Progr. Phys.* 35, 399 (1972).

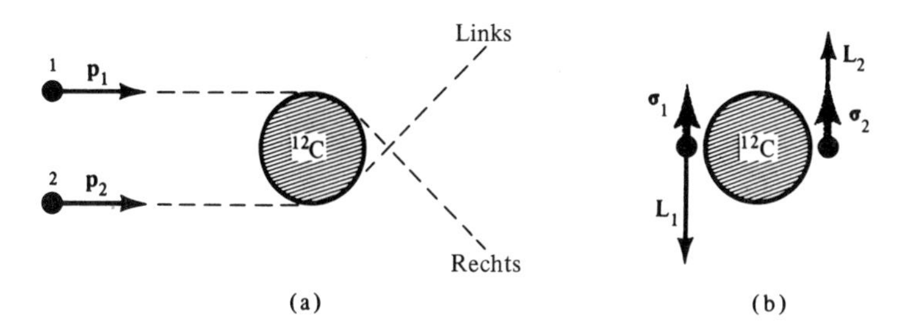

Bild 12.14 Streuung polarisierter Protonen an einem spinlosen Kern. (a) Die Teilchenbahnen in der Streuebene. (b) Spins und Bahndrehimpulse der Nukleonen 1 und 2.

V_c in Gl. 12.36 beschreibt die gewöhnliche potentielle Zentralenergie, V_{sc} ist der spinabhängige Zentralterm, der oben diskutiert wurde. V_T gibt die Tensorkraft an; der Tensoroperator S_{12} wird in Gl. 12.33 definiert. V_{LS} charakterisiert die Spin-Bahn-Kraft, die in Gl. 12.35 eingeführt wurde. V_{NN} in Gl. 12.36 ist fast die allgemeinste Form, die durch Invarianzgesetze erlaubt wird [21]).

Die Ladungsunabhängigkeit der hadronischen Kraft impliziert Invarianz gegen Rotation im Isospinraum. Die beiden Isospinoperatoren $\vec{I}_1$ und $\vec{I}_2$ der beiden Nukleonen können nur in der Kombination

$$1 \quad \text{und} \quad \vec{I}_1 \cdot \vec{I}_2$$

auftreten. Daher kann jeder Koeffizient V_i in V_{NN} immer noch die Form

$$V_i = V_i' + V_i'' \vec{I}_1 \cdot \vec{I}_2 \qquad (12.38)$$

haben, wo V' und V'' Funktionen von $r \equiv |\mathbf{r}_1 - \mathbf{r}_2|, p = \frac{1}{2}|\mathbf{p}_1 - \mathbf{p}_2|$ und $|\mathbf{L}|$ sein können.

Die Koeffizienten V_i müssen durch das Experiment bestimmt werden. Eine unglaubliche Menge von *pp*- und *np*-Streuexperimenten wurden bisher durchgeführt [22,23]). Zusätzlich zu Gesamtwirkungsquerschnitten und Winkelverteilungen wurden Stöße mit polarisierten Projektilen und polarisierten Targets studiert. Die Koeffizienten V_i aus den experimentellen Wirkungsquerschnitten zu erhalten, ist wenigstens im Prinzip recht einfach: ein Probepotential der Form von Gl. 12.36 wird in die Schrödinger-Gleichung eingesetzt, die dann mit dem Computer gelöst wird. Aus der Lösung wird anschließend der theoretische Wirkungsquerschnitt berechnet. Die Koeffizienten des Probepotentials werden solange variiert, bis Über-

21 S. Okubo und R. E. Marshak, *Ann. Phys.* **4**, 166 (1958). In Gl. 12.36 fehlt aber ein Term, der durch Invarianzargumente erlaubt wäre: der quadratische Spin-Bahn-Term.

22 M. H. MacGregor, *Phys. Today* 22, 21 (Okt. 1969).

23 *Rev. Modern Phys.* **39**, 495 (1967).

einstimmung zwischen Berechnung und Beobachtung erreicht wird. Gegenwärtig werden die Experimente durch eine Anzahl verschiedener Annahmen etwa gleich gut angepaßt[24]. In verschiedenen Fits sind die wesentlichen Eigenschaften von V_{NN} gleich. Besonders erfordern alle die Gegenwart aller der Terme, die in Gl. 12.36 auftreten. Die Koeffizienten V_i hängen ab von Spin und Parität des Zustands, in dem die Wechselwirkung auftritt.

Die Kraft ist stark anziehend in geraden Paritätszuständen (L gerade) und schwach in ungeraden Paritätszuständen (L ungerade). Eine stark abstoßende Kraft erscheint bei einem Radius von ungefähr 0,5 fm in den meisten (oder allen) Zuständen. Bei großen Radien fällt V_{NN} ab, wie es das Yukawa-Potential voraussagt. Bei Radien kleiner als 1 fm unterscheiden sich die verschiedenen Anpassungen. Diese Tatsache ist nicht überraschend: Nukleonen mit einer kinetischen Energie von 350 MeV haben eine reduzierte de Broglie Wellenlänge von etwa 1 fm und eignen sich daher nicht besonders gut, Details kleiner als 1 fm zu untersuchen. Weiter paßt das Konzept eines nichtrelativistischen Potentials nicht länger, um die Nukleon-Nukleon-Kraft bei solchen Entfernungen zu beschreiben.

Ein von Hamada und Johnston[25] eingeführtes Potential verwendet die Unempfindlichkeit der experimentellen Daten, die kaum auf die radiale Abhängigkeit von V_i bei kleinen Radien reagieren: der Rumpf (hard core) soll in allen Zuständen den gleichen Radius haben und bei einem Radius

$$r(\text{hard core}) = 0{,}48 \text{ fm} \tag{12.39}$$

unendlich und abstoßend werden. Bild 12.15 zeigt eine Komponente des

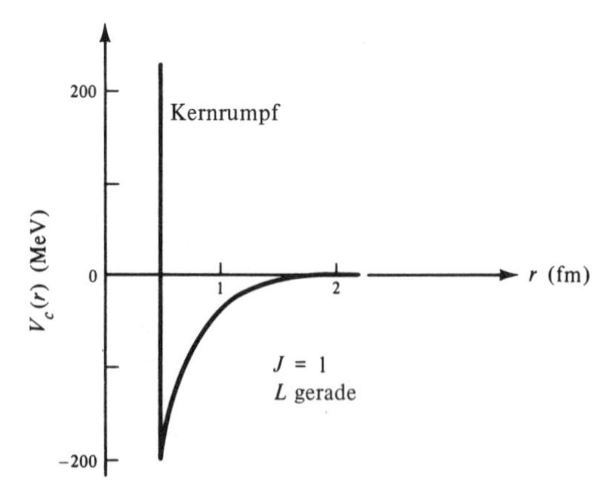

Bild 12.15 Hamada-Johnston-Potential für den zentralen Teil des Spintriplett-Zustands mit gerader Parität.

24 P. Signell, *Advan. Nucl. Phys.* 2, 223 (1969).

25 T. Hamada und I. D. Johnston, *Nucl. Phys.* **34**, 382 (1962).

Hamada-Johnston-Potentials. Wir haben dieses Potential hier ausgewählt, weil es sich bei den Berechnungen der Kerneigenschaften, z. B. der Bindungsenergien, die durch die Kernkraft ausgedrückt werden, sehr nützlich erwiesen hat. Es scheint die wesentlichen physikalischen Eigenschaften der Kernkraft zu umfassen.

12.6 *Mesonentheorie der Nukleon-Nukleon-Kraft*

● Im vorigen Abschnitt wurde die Nukleon-Nukleon-Kraft als ein phänomenologisches Potential V_{NN} beschrieben. In diesem Abschnitt wollen wir zeigen, daß ein Teil von V_{NN} auf der Basis von Pionenaustausch verstanden werden kann und daß wahrscheinlich das gesamte V_{NN} mit den bekannten Mesonen erklärbar ist.

In Abschnitt 12.4 wurde das Yukawa-Potential in Analogie zum Elektromagnetismus eingeführt, in dem man die Lösung einer Poisson-Gleichung mit einem Massenterm suchte. In diesem Abschnitt werden wir den Ausdruck für die Wechselwirkungsenergie zwischen zwei Nukleonen angeben. Wir beginnen mit dem einfachsten Fall, bei dem die Wechselwirkung durch den Austausch eines neutralen Skalar-Mesons vermittelt wird. Die Emission und Absorption eines solchen Mesons wird durch einen Wechselwirkungsoperator beschrieben. Für den pseudoskalaren Fall wurde der entsprechende Hamiltonoperator $H_{\pi N}$ in Abschnitt 12.3 diskutiert. Den Hamiltonoperator H_s für die skalare Wechselwirkung erhält man durch ähnliche Invarianzargumente: Φ ist jetzt ein Skalar im gewöhnlichen und im Isospinraum, und der einfachste Ausdruck für die Wechselwirkungsenergie zwischen einem Skalar-Meson und einem festen Nukleon, das durch eine Quellenfunktion $\rho(\mathbf{x})$ charakterisiert ist, ergibt sich zu

$$H_s = g \int d^3x\, \Phi(\mathbf{x})\rho(\mathbf{x}). \tag{12.40}$$

Zwischen Emission und Absorption ist das Meson frei. Die Wellenfunktion eines freien spinlosen Mesons erfüllt die Klein-Gordon-Gleichung, Gl. 12.26. Im zeitunabhängigen Fall gilt

$$\left[\nabla^2 - \left(\frac{mc}{\hbar}\right)^2\right]\Phi(\mathbf{x}) = 0. \tag{12.41}$$

Zusammen mit der Hamiltonschen Bewegungsgleichung[26]) führen die Gln. 12.40 und 12.41 zu

$$\left[\nabla^2 - \left(\frac{mc}{\hbar}\right)^2\right]\Phi(\mathbf{x}) = 4\pi g\rho(\mathbf{x}). \tag{12.42}$$

Dieser Ausdruck ist identisch mit Gl. 12.22. In Abschnitt 12.4 konstruierten wir ihn, ausgehend von der entsprechenden Gleichung des Elektromagnetismus, durch Hinzufügen eines Masseterms. Hier folgt er logisch aus der Wellenfunktion des Skalar-Mesons zusammen mit der einfachsten Form des Wechselwirkungsoperators. Die Lösung zu Gl. 12.42 wurde schon in Abschnitt 12.4 angegeben. Im besonderen ist es das Yukawa-Potential, Gl. 12.42, für ein Punktnukleon an der Stelle $\mathbf{x} = 0$. Das Nukleon wirkt als eine Quelle des Mesonenfelds und

$$\Phi(\mathbf{x}) = -\frac{g}{r}e^{-kr}, \qquad r = |\mathbf{x}|, \qquad k = \frac{mc}{\hbar} \tag{12.43}$$

ist das Feld, das bei $\mathbf{x}$ durch ein Punktnukleon im Ursprung erzeugt wird. Die Wechselwirkungs-

26 Eine kurze Ableitung wird in W. Pauli, *Meson Theory of Nuclear Forces*, Wiley Interscience, New York, 1946, gegeben. Die Elemente der Lagrange- und Hamiltonmechanik findet man in den meisten Lehrbüchern der Mechanik. Die Anwendung auf Wellenfunktionen (Felder) ist in E. M. Henley und W. Thirring, *Elementary Quantum Field Theory*, McGraw-Hill, New York, 1962, S. 29, oder F. Mandl, *Introduction to Quantum Field Theory*, Wiley Interscience, New York, 1959, Kapitel 2, beschrieben.

energie zwischen diesem und einem zweiten Punktnukleon an der Stelle **x** findet man durch Einsetzen der Gl. 12.43 in Gl. 12.40 und mit Hilfe der Tatsache, daß $\rho(\mathbf{x})$ nun auch ein Punktnukleon beschreibt. Die Wechselwirkungsenergie wird dann

$$V_s = -g^2 \frac{e^{-kr}}{r}. \tag{12.44}$$

Das negative Vorzeichen bedeutet Anziehung; zwei Nukleonen ziehen sich daher an, wenn die Kraft durch ein neutrales Skalar-Meson erzeugt wird.

Pionen sind pseudoskalare, aber nicht skalare Teilchen. Ist die eben geführte Diskussion daher vollständig akademisch? Tabelle A4 im Anhang zeigt, daß neutrale Skalar-Mesonen existieren. das mit einer Masse von etwa 700 MeV/c^2 ist eines davon. Bei Abständen in der Größenordnung von 0,2 fm sollte sich daher ein Beitrag der potentiellen Energie V_s bemerkbar machen. Es existieren jedoch viele andere Mesonen mit kleineren Massen,die berücksichtigt werden müssen. Der nächste Schritt ist der Beitrag von einem Pseudo-Skalar-Meson. Tabelle A4 im Anhang zeigt, daß η mit einer Masse von 549 MeV/c^2 ein solches Teilchen ist. Der Wechselwirkungsoperator ist dem in Gl. 12.16 gegebenen sehr ähnlich; für isokalare Teilchen vereinfacht sich diese Beziehung zu

$$H_p = F \int d^3x\, \rho(\mathbf{x}) \boldsymbol{\sigma} \cdot \nabla \Phi. \tag{12.45}$$

Das freie pseudoskalare Meson wird ebenfalls durch die Klein-Gordon-Gleichung, Gl. 12.41, beschrieben, weil es nicht möglich ist, zwischen freien skalaren und pseudoskalaren Teilchen zu unterscheiden. Die Gln. 12.45 und 12.41 zusammen liefern in Gegenwart eines Nukleons für das Mesonenfeld

$$\left[\nabla^2 - \left(\frac{mc}{\hbar}\right)^2\right]\Phi = 4\pi F \rho(x) \boldsymbol{\sigma} \cdot \nabla.$$

Eine partielle Integration bringt den Gradientenoperator vor die Quellenfunktion $\rho(\mathbf{x})$, so daß $\Phi(\mathbf{x})$

$$\left[\nabla^2 - \left(\frac{mc}{\hbar}\right)^2\right]\Phi = -4\pi F \boldsymbol{\sigma} \cdot \nabla \rho(\mathbf{x}) \tag{12.46}$$

erfüllt. Diese Gleichung wird wie in Abschnitt 12.4 gelöst. Einsetzen der Lösung in Gl. 12.45 gibt dann die potentielle Energie,die durch den Austausch eines neutralen Pseudoskalar-Mesons zwischen Punktnukleonen A und B erzeugt wird:

$$V_P = F^2 (\boldsymbol{\sigma}_A \cdot \nabla)(\boldsymbol{\sigma}_B \cdot \nabla) \frac{e^{-kr}}{r}. \tag{12.47}$$

Die Differentiationen können ausgeführt werden und das Endresultat ist[27])

$$V_P = F^2 \left\{ \frac{1}{3} \boldsymbol{\sigma}_A \cdot \boldsymbol{\sigma}_B + S_{AB} \left[\frac{1}{3} + \frac{1}{kr} + \frac{1}{(kr)^2} \right] \right\} k^2 \frac{e^{-kr}}{r}, \tag{12.48}$$

wo k durch Gl. 12.43 gegeben ist und S_{AB} der in Gl. 12.33 definierte Tensoroperator ist. V_p kann sofort auf das Pion verallgemeinert werden: die einzige Modifikation ist ein Faktor $\vec{I}_A \cdot \vec{I}_B$ mit dem die Gl. 12.48 multipliziert wird.

Bemerkenswert ist, daß der Austausch eines pseudoskalaren Mesons zu der experimentell beobachteten Tensorkraft führt. Schon bevor das Pion entdeckt und seine pseudoskalare Natur bestätigt wurde, war Gl. 12.48 bekannt und wurde als Hinweis auf die Eigenschaften des Yukawa-Quants betrachtet[3]). Es erwies sich jedoch als unmöglich alle Eigenschaften der Nukleon-Nukleon-Kraft allein durch den Austausch von Pionen zu erklären. Heute kennen wir den Grund für das Versagen: das Pion ist nur eines unter vielen Mesonen; es ist verantwortlich für den Anteil der Nukleon-Nukleon-Kraft mit der längsten Reichweite; für Entfernungen kleiner als ungefähr 2 fm müssen die

27 Einzelheiten findet man bei L. R. B. Elton, *Introductory Nuclear Theory*, 2nd ed., Saunders, Philadelphia, Abschnitt 10.3. Das in Gl. 12.48 gegebene V_p ist nicht vollständig; es fehlt ein Term proportional zu $\delta(\mathbf{r})$. Die Vernachlässigung ist aber unwichtig, da die kurzreichweitige Abstoßung zwischen den Nukleonen diesen Term unwirksam macht.

anderen berücksichtigt werden[28]). Tabelle A4 im Anhang zeigt, daß Skalar-, Pseudoskalar- und Vektor-Mesonen unterhalb einer Masse von 1 GeV/c^2 auftreten. Wir haben bereits die Potentiale diskutiert, die durch skalare und pseudoskalare Mesonen erzeugt werden. In ähnlicher Weise erhält man das Potential, das durch den Austausch von Vektor-Mesonen entsteht. Der Austausch des ω-Mesons ist z.B. für einen abstoßenden Rumpf verantwortlich, s. Bild 12.15. Moderne Behandlungen des Potentialproblems beruhen auf diesen physikalischen Ideen, die mathematischen Techniken aber sind anspruchsvoller[29]). Das wesentliche Ergebnis kann folgendermaßen zusammengefaßt werden: Führt man alle bekannten Mesonen bis zu einer Masse von ungefähr 1 GeV/c^2 mit ihren experimentell bestimmten Massen und Kopplungskonstanten (soweit bekannt) ein und berücksichtigt den Austausch zweier Pionen[30]), so kann das experimentell bestimmte Nukleon-Nukleon-Potential V_{NN} befriedigend reproduziert werden. Das Potentialkonzept verliert oberhalb von etwa 500 MeV seine Gültigkeit, wie schon früher festgestellt wurde. Es ist jedoch möglich, die Ergebnisse von Streuexperimenten direkt mit Rechnungen zu vergleichen; es zeigt sich, daß die Mesonentheorie die Daten der Nukleon-Streuung bis hinauf zu 3 GeV erklären kann[31]). Mindestens bis zu diesen Energien wird die fundamentale Idee von Yukawa, nämlich die Erklärung der Nukleon-Nukleon-Kraft durch den Austausch von schweren hadronischen Quanten, bestätigt. ●

12.7 *Hadronische Prozesse bei hohen Energien*

Frühe Erforscher der Erde sahen sich einem ungewissen Schicksal gegenüber. Sie wußten nicht, ob sie in das Unbekannte fallen würden, wenn sie das Ende der scheibenförmigen Welt erreichten. Den möglichen Katastrophen wurden Grenzen gesetzt, als man feststellte, daß die Erde eine kugelförmige Gestalt hat. Weitere Entdeckungen führten zu weiteren Einschränkungen und die heutigen topographischen Karten lassen wenig Raum für größere Überraschungen. Die Situation der Hochenergiephysik spiegelt die der frühen Entdecker wider. Die unmittelbare Nachbarschaft, die hadronische Wechselwirkung bis zu Energien von etwa 30 GeV, ist experimentell gut untersucht. Vieles bleibt zu erklären, aber es ist wahrscheinlich, daß keine größeren Überraschungen in dieser Energieregion bei zukünftigen Experimenten auftreten werden. Bei höheren Energien könnte sich jedoch für uns eine neue Welt auftun. Experimente mit den seltenen kosmischen Strahlen und am ISR bei Cern gestatten einige flüchtige Blicke in diesen Ultrahochenergiebereich, aber man wird sehr wahrscheinlich in den nächsten Jahren viel mehr lernen. In diesem Abschnitt wollen wir drei Aspekte der Ultrahoch-Energie-Stöße skizzieren.

---

28 Die Nukleon-Nukleon-Kraft wird in vielen Veröffentlichungen durch Mesonenaustausch beschrieben. Bei M. J. Moravcsik und H. P. Noyes, *Ann. Rev. Nucl. Sci.* **11**, 95 (1961) und in den Beiträgen zu *Progr. Theoret. Phys.* (*Kyoto*) *Suppl. 39* (1967) findet man umfangreiche Informationen darüber.

29 M. H. Partovi und E. L. Lomon, *Phys. Rev.* **D2**, 1999 (1970); R. A. Bryan und A. Gersten, *Phys. Rev.* **D6**, 341 (1972); M. J. Moravcsik, *Rept. Progr. Phys.* **35**, 587 (1972).

30 M. Chemtob, J. W. Durso und D. O. Riska, *Nucl. Phys.* **B38**, 141 (1972).

31 T. Ueda, *Phys. Rev. Letters* **26**, 588 (1971).

Inelastische Stöße. [32]) Die meisten Diskussionen beschränkten sich bis jetzt auf elastische Stöße, die bei niedrigen Energien dominieren. Wenn die Energie steigt, können mehr und mehr Teilchen erzeugt werden. Bei ultrahohen Energien kann die Wechselwirkung zweier Teilchen tatsächlich zu einem spektakulären Ereignis werden. Ein solches Ereignis, hervorgerufen durch 300 GeV Protonen, ist in Photo 11 auf Seite 376 gezeigt. Die experimentellen Daten, die man an verschiedenen Hochenergie-Beschleunigern und durch Studien mit kosmischen Strahlen gewonnen hat, zeigen folgende hervorstechende Eigenschaften:

1) kleine transversale Impulse. Der elastische differentielle Wirkungsquerschnitt der pp-Streuung in Bild 6.23 fällt exponentiell mit dem Impulsquadrat t ab: Stoßereignisse mit großem, senkrechten Impulstransfer sind selten. Die Abneigung der Teilchen, Impulse senkrecht zur Bewegungsrichtung zu übertragen, äußert sich in inelastischen Ereignissen. Die Zahl der erzeugten Teilchen fällt als Funktion von p_T, dem zum einfallenden Strahl transversalen Impuls, steil ab. Der Durchschnittswert von p_T ist von der Größenordnung 0,3 GeV/c und von der einfallenden Energie fast unabhängig.
2) Niedrige Multiplizität. Die Multiplizität, die Zahl n der Sekundärteilchen, kann mit dem Maximum verglichen werden, das durch die Energieerhaltung erlaubt ist. Gemessen an diesem Kriterium wächst n nur langsam mit der Energie. Die durchschnittliche Multiplizität geladener Sekundärteilchen $\langle n_{ch} \rangle$ ist in Bild 12.16 als Funktion der Laborenergie des einfallenden Protons gezeigt. Die gestrichelte Kurve repräsentiert die Beziehung [33])

$$(12.49) \qquad \langle n_{ch} \rangle = \text{const. } E_{\text{lab.}}^{1/4}$$

3) Poisson-ähnliche Verteilungen. Die Wirkungsquerschnitte für die Erzeugung von Ereignissen mit n Verzweigungen sind für zwei Energien in Bild 12.17 gezeigt [34]). Die Verteilungen sind ähnlich in der Form, aber breiter als Poisson-Verteilungen, Gl. 4.3, gleichen Durchschnitts.
4) Pionisation. Die meisten Sekundärteilchen sind Pionen. Im Schwerpunktsystem der zusammenstoßenden Protonen haben fast alle kleine Impulse. Die Bildung einer solchen Pionen-Wolke wird Pionisation genannt.

Die theoretische Beschreibung hochenergetischer Stöße steckt noch in den Kinderschuhen. Ein Problem ist der numerische Wert der Multiplizität: er ist zu groß, als daß er eine einfache Beschreibung in Termen des wohldefinierten Teilchenaustausches erlaubte, und zu klein, als daß man ihn gut mit

32 Die Lehrbücher enthalten sehr wenige Informationen über Reaktionen, die bei sehr hohen Energien stattfinden. Am meisten darüber erfährt man aus den Proceedings zu verschiedenen Hochenergiekonferenzen. Weitere Informationen findet man in einem neueren Übersichtsbericht von W. R. Frazer, L. Ingber, C. H. Metha, C. H. Poon, D. Silverman, K. Stowe, P. D. Ting und H. J. Yesian, *Rev. Modern Phys.* **44**, 284 (1972). S. a. J. D. Jackson, *Rev. Modern Phys.* **42**, 12 (1970) und R. P. Feynman, *Phys. Rev. Letters* **23**, 1415 (1969). D. Horn, *Phys. Reports* **4C**, 2 (1972).

33 P. Carruthers und Minh Duong-van, *Phys. Letters* **41B**, 597 (1972).

34 W. H. Sims et al., *Nucl. Phys.* **B41**, 317 (1972); G. Charlton et al., *Phys. Rev. Letters* **29**, 515 (1972).

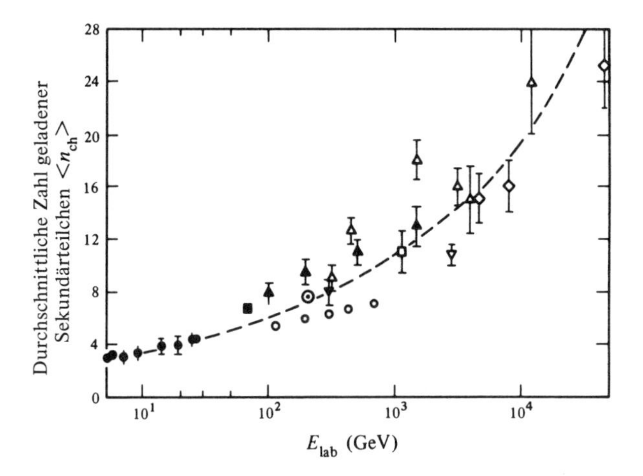

Bild 12.16 Multiplizität, $\langle n_{ch} \rangle$, geladener Sekundärteilchen bei pp-Zusammenstößen als Funktion der Laborenergie. Die gestrichelte Kurve beschreibt $\langle n_{ch} \rangle = 1{,}97 E_{lab}^{1/4}$. (Nach Carruthers und Minh Duong-van.)[33])

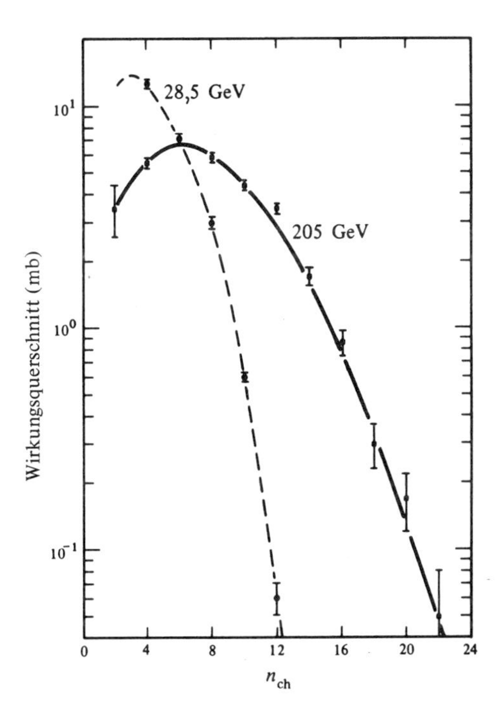

Bild 12.17 Wirkungsquerschnitte für die Produktion von n geladenen Teilchen in pp-Zusammenstößen bei 28,5 GeV und 205 GeV.[34]) Die Werte bei $n = 2$ (bei 205 GeV) schließen den elastischen Streuquerschnitt nicht mit ein.

statistischen Theorien behandeln könnte. Die zahlreichen Modelle, die bisher erfunden wurden [32, 33], sind daher noch zu roh und die experimentellen Daten noch nicht genau und vollständig genug, um eine Konzentration auf ein Modell zu erlauben.

Hochenergie Theoreme (Asymptotischer Bereich).
Wie Bild 12.16 zeigt, können Prozesse bei ultrahohen Energien sehr komplex sein. Trotzdem ist es möglich, Daten niedriger Energie zu extrapolieren, um Eigenschaften der Wirkungsquerschnitte vorherzusagen, die sich ergeben sollten, wenn die Gesamtenergie W im Schwerpunktsystem gegen unendlich geht. Dieser Energiebereich wird gewöhnlich "asymptotisch" genannt und es ist nicht klar, ob und wo dieses fremde Land beginnt.

In Abschnitt 9.8 stellten wir fest, daß das TCP Theorem mit sehr allgemeinen Argumenten bewiesen werden kann. Diese basieren auf der axiomatischen Quantenfeldtheorie, die eine Erweiterung der Quantenmechanik in das relativistische Gebiet ist. Diese Theorie kann auch dazu verwendet werden, Theoreme für Hochenergie-Stöße abzuleiten [35]. Quantenfeldtheorie liegt weit außerhalb des Themas dieses Buchs, aber wir wollen zwei Theoreme erwähnen, weil sie typisch sind in den Resultaten, die man von dieser Behandlung erwarten kann. Das erste Theorem folgt streng aus der Quantenfeldtheorie [35], und es gibt eine obere Grenze an für den Gesamtwirkungsquerschnitt, wenn $s = W^2$ gegen unendlich geht:

$$\sigma_{\text{tot}} < \text{const.}(\log s)^2. \tag{12.50}$$

Diese Grenze wurde von Froissart [36] entdeckt und sie beschränkt den Anstieg des Gesamtwirkungsquerschnitts mit wachsender Energie, unabhängig davon, welcher Typ der Wechselwirkung beteiligt ist. Ein Beispiel eines Wirkungsquerschnitts, der mit wachsender Energie ansteigt, ist in Bild 6.24 gezeigt, nämlich der pp-Gesamtquerschnitt bei Werten von s größer als ungefähr 1000 GeV^2. Es ist nicht klar, ob dieser Anstieg der Maximalrate folgt, die durch die Froissart-Grenze gegeben ist, Gl. 12.50, oder ob er viel langsamer vor sich geht. Ist dieser Anstieg unbeschränkt oder wird der Wirkungsquerschnitt wieder flacher? Die Antwort auf diese Fragen und die physikalische Bedeutung des Anstiegs ist noch unklar. Das zweite Theorem folgt aus der Quantenfeldtheorie, wenn man zusätzlich annimmt, daß die Gesamtwirkungsquerschnitte bei asymptotischen Energien konstant werden. Das Pomeranchuk-Theorem sagt dann voraus [37], daß die Gesamtwirkungsquerschnitte für Teilchen-Target- und Antiteilchen-Target-Stöße sich dem gleichen Wert nähern, wenn die Energie gegen unendlich geht:

35 A. Martin, *Nuovo Cimento* **42**, 930 (1966); R. J. Eden, *Rev. Modern Phys.* **43**, 15 (1971).

36 M. Froissart, *Phys. Rev.* **123**, 1053 (1961).

37 I. Ia. Pomeranchuk, *Soviet Phys. JETP* **7**, 499 (1958).

(12.51) $$\frac{\sigma_{tot}(\bar{A}+B)}{\sigma_{tot}(A+B)} \longrightarrow 1 \quad \text{im asymptotischen Bereich.}$$

Mit einer vereinfachten, geometrischen Erklärung kann das Pomeranchuk-Theorem folgendermaßen verstanden werden: wenn die Energie gegen unendlich geht, so sind viele Reaktionen möglich, so daß man sich den Stoß so vorstellen kann, als ob er zwischen zwei total absorbierenden schwarzen Scheiben stattfinden würde. Der Wirkungsquerschnitt ist daher wesentlich geometrisch (die Radien der beiden Objekte sind nicht genau definiert, aber uns genügt ein qualitatives Argument). Da die geometrischen Strukturen der positiven und negativen Pionen identisch sind (die Ladung ist sicher nicht wichtig), erwartet man, daß die Wirkungsquerschnitte für π^+p und π^-p identisch sind. Die Tatsache, daß π^+p nur einen Isospinzustand $I=\frac{3}{2}$ haben kann, während π^-p in zwei Zustände, $I=\frac{3}{2}$ und $I=\frac{1}{2}$ streuen kann, ist nicht von Bedeutung, da es in beiden Fällen eine riesige (unendliche) Menge von möglichen Endzuständen gibt. Das gleiche Argument z.B. kann für die $\bar{p}p$- und pp-Streuung verwendet werden. Die experimentellen Daten scheinen das Pomeranchuk-Theorem zu rechtfertigen. Bild 12.18 zeigt einige Resultate aus Serpuchow. Die relevanten Wirkungsquerschnitte tendieren wirklich zu einem gemeinsamen, konstanten Wert und die Unterschiede $\Delta\sigma$ gehen gegen Null.

Skaleninvarianz. [38]) Wo liegt das asymptotische Gebiet? Gegenwärtig ist diese Frage noch nicht beantwortet, aber man erhält mit einfachen Argumenten einen gewissen Einblick. Man betrachte zuerst eine Welt, in der nur

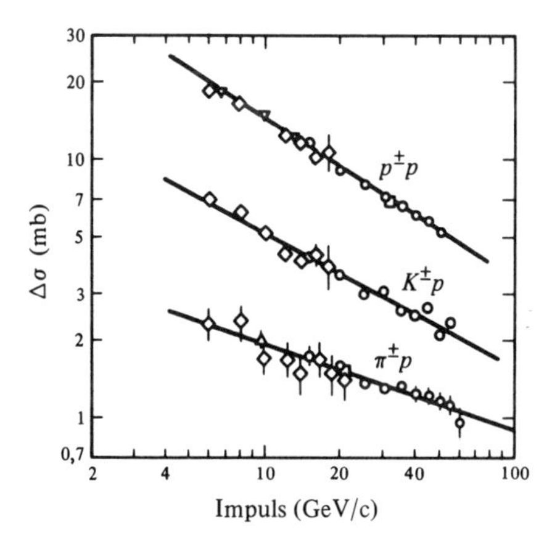

Bild 12.18 Die Unterschiede der Wirkungsquerschnitte für Teilchen-Target und Antiteilchen-Traget-Reaktionen gehen mit steigender Energie gegen Null. Die Messung stammt von Gorin et al. aus Serpuchow.

38 T. D. Lee, *Phys. Today* **25**, 23 (April 1972); R. Jackiw, *Phys. Today* **25**, 23 (Jan. 1972); J. D. Bjorken, *Phys. Rev.* **179**, 1547 (1969). M. S. Chanowitz und S. D. Drell, *Phys. Rev. Letters* **30**, 807 (1973).

Elektronen und Positronen existieren. Das gebundene System in einer solchen Welt ist das Positronium, ein "Atom", in dem sich ein Elektron und ein Positron um den gemeinsamen Schwerpunkt bewegen. Die Energieniveaus des Positroniums sind durch die Bohrsche Formel

$$E_n = -\alpha^2 m_e c^2 \frac{1}{(2n)^2}, \qquad n = 1, 2, \ldots, \tag{12.52}$$

gegeben, wo $\alpha = e^2/\hbar c$ die Feinstrukturkonstante ist. Abgesehen von dem Faktor $(2n)^{-2}$ werden die Energieniveaus von zwei Faktoren, α^2 und $m_e c^2$, bestimmt. Der erste beschreibt die Stärke der Wechselwirkung und der zweite bestimmt den Maßstab. Bei Energien von der Größenordnung oder kleiner als die Skalenenergie $m_e c^2$ werden die physikalischen Phänomene durch die Existenz diskreter Energieniveaus beherrscht. Bei Energien groß im Vergleich zu $m_e c^2$ hat die Positronium-Welt Asymptotia erreicht und die physikalischen Phänomene genügen einfachen Gesetzen, in denen m_e nicht auftritt. Man betrachte die Bhabha-Streuung

$$e^+e^- \longrightarrow e^+e^-. \tag{12.53}$$

Der Gesamtwirkungsquerschnitt für die Elektron-Positron-Streuung im asymptotischen Bereich kann nur von W, der gesamten Schwerpunktenergie, und dem Stärkefaktor α^2 abhängen, aber nicht von m_e. Der Wirkungsquerschnitt hat die Dimension einer Fläche, und die einzig mögliche Form, die m_e nicht enthält, ist

$$\sigma = \text{const.} \frac{\alpha^2}{W^2}, \qquad \text{im asymptotischen Bereich.} \tag{12.54}$$

Diese Form drückt die Skaleninvarianz aus: es ist nicht möglich, aus dem gemessenen Wirkungsquerschnitt die Masse der stoßenden Teilchen zu bestimmen. Natürlich gilt diese Skaleninvarianz nur genähert; sie wäre nur dann exakt, wenn die stoßenden Teilchen die Masse Null hätten.

Nun betrachten wir die e^+e^--Streuung in der realen Welt. Gleichung 12.54 gilt für Energien größer als einige MeV. Bei Energien von einigen hundert MeV treten Abweichungen auf und ein Peak erscheint bei $W = 760$ MeV, s. Bild 10.17. Die Abweichung und die beobachtete Resonanz zeigen, daß m_e nicht die einzige Masse ist, die die Skala bestimmt, sondern daß Teilchen mit größerer Masse existieren, in diesem Fall Pionen und ihre Resonanzen. Zusätzlich zur Bhabha-Streuung werden Prozesse wie

$$e^+e^- \longrightarrow \text{Hadronen} \tag{12.55}$$

möglich, und σ hängt von den Massen der verschiedenen Hadronen ab. Die Abweichung des Gesamtquerschnitts von der Form der Gl. 12.54 zeigt, daß eine neue grundlegende Energieskala gültig wird. Die Energieskala ist jetzt durch

$$E_h = m_h c^2 \tag{12.56}$$

gegeben, wo m_h die Masse eines passend gewählten Hadrons ist. Gewöhnlich nimmt man für m_h die Nukleonenmasse: $m_h = m_N$. Was man als asymptotischen Bereich für die Bhabha-Streuung angesehen hatte, erwies sich als nichts anderes als ein Übergangsbereich. Man kann jedoch das Spiel wiederholen. Bei Energien, die groß sind im Vergleich zu der neuen Skalenenergie, können wir wiederum erwarten, daß der gesamte Wirkungsquerschnitt unabhängig von der Hadronenmasse ist. Dimensionsargumente zeigen dann, daß σ_{tot} wieder von der Form der Gl. 12.54 sein muß:

$$(12.57) \qquad \sigma_{tot} = \text{const.}\, \frac{\alpha^2}{W^2}, \qquad \text{für } W \gg m_h c^2.$$

Die Konstante kann von der in Gl. 12.54 gegebenen verschieden sein, aber die Energieabhängigkeit bleibt die gleiche. Gilt nun Gl. 12.57 bis zu beliebigen Energien oder ist der neue, hadronische asymptotische Bereich wieder nur eine Übergangsregion? Die Antwort auf diese Frage ist nicht bekannt, aber man kann einige Bemerkungen machen. In Abschnitt 11.11 wurde gezeigt, daß eine ansprechende Spekulation zur Einführung eines intermediären Bosons (W) mit einer Masse von etwa 40 GeV/c^2 führt. Wenn Teilchen dieser Masse existieren, dann ist es wahrscheinlich, daß der gegenwärtige hadronische Asymptotenbereich wieder nur einen Übergang bedeutet, und daß eine neue fundamentale Energieskala bei etwa 40 GeV/c^2 beginnt. Subatomare Physik, wie wir sie heute kennen, ist dann nur der Anfang und es kann ohne weiteres in der Hadronen-Physik eine Revolution ausbrechen. Nur Experimente können diese fundamentale Frage beantworten.

12.8 *Literaturhinweise*

Die Literatur für das Gebiet der starken Wechselwirkung ist immens. Die meisten Texte und Übersichtsartikel, und besonders die theoretischen Originalveröffentlichungen sind sehr anspruchsvoll. Im folgenden führen wir einige Übersichtsartikel und Bücher auf, aus denen mit einigem Aufwand auch bei dem hier angenommenen Niveau einige Informationen gewonnen werden können.

Das Buch *Pion-Nukleon-Scattering* von R.J. Cence, Princeton University Press, Princeton, N.J. 1969, bringt die wesentlichen experimentellen Daten und sorgt bei der Diskussion dieser Daten für den nötigen theoretischen Untergrund.

Eine dichte und elegante Einführung in die theoretische Behandlung der Pion-Nukleon-Wechselwirkung wird in J.D. Jackson, *The Physics of Elementary Particles*, Princeton University Press, Princeton, N.J., 1958 gegeben. Die Pion-Nukleon-Wechselwirkung wird auch ausführlich in den Büchern von S. De Benedetti, *Nuclear Interactions*, Wiley, New York, 1964 und von H. Muirhead, *The Physics of Elementary Particles*, Pergamon, Elmsford, N.Y., 1965 diskutiert.

Eine interessante Einführung in die Kernkräfte und eine Sammlung einiger Pionier-Veröffentlichungen findet man bei D.M. Brink, *Kernkräfte*, Vieweg, Braunschweig, 1971.

Die Nukleon-Nukleon-Wechselwirkung wird in folgenden Büchern und Übersichtsartikeln behandelt:

G. Breit und R.D. Haracz, "Nucleon-Nucleon Scattering", in *High-Energy Physics* (E.H.S. Burhop, ed.), Academic Press, New York, 1967.

M.J. Moravcsik, *The Two Nucleon Interaction*, Oxford University Press, Inc., London, 1963.

P. Signell, "The Nuclear Potential", *Advan. Nucl. Phys.* 2, 223 (1969).

R. Wilson, *The Nucleon-Nucleon Interaction*, Wiley-Interscience, New York, 1963.

Eine gute Einführung in die Mesonentheorie der Kernkräfte wird von L.B.R. Elton, *Introductory Nuclear Theory*, Saunders, Philadelphia, 1966 gegeben.

Hochenergie-Streuung wird bei R.J. Eden *High-Energy Collisions of Elementary Particles*, Cambridge University Press, Cambridge, 1967 behandelt.

Aufgaben

12.1
a) Geben Sie die 10 möglichen Pion-Nukleon-Streuprozesse an.
b) Welche davon sind durch die Zeitumkehrinvarianz miteinander verbunden?
c) Drücken Sie alle Wirkungsquerschnitte durch $M_{1/2}$ und $M_{3/2}$ aus.

12.2 Skizzieren Sie eine experimentelle Anordnung zum Studium der Pion-Nukleon-Streuung.
a) Wie wird der Gesamtwirkungsquerschnitt bestimmt?
b) Wie wird die Ladungsaustauschreaktion untersucht?

12.3 Verwenden Sie die gemessenen Wirkungsquerschnitte, um zu zeigen, daß die Peaks der ersten Resonanz bei der Pion-Nukleon-Streuung und bei Photo-Nukleon-Reaktionen bei der gleichen Masse von Δ erscheinen. Berücksichtigen Sie dabei Rückstoßeffekte.

12.4 Behandeln Sie die Pion-Nukleon-Streuung in der ersten Resonanz klassisch: berechnen Sie den klassischen Abstand vom Zentrum des Nukleons, bei welchem ein Pion mit dem Drehimpuls $l = 0, 1, 2, 3$ (in Einheiten von $\hbar$) vorbeifliegt. Welche Teilwellen tragen signifikant zu diesem Argument bei? Benutzen Sie dabei ein Paritätsargument, um die Werte $l = 0$ und $l = 2$ auszuschließen.

12.5 Rechtfertigen Sie Gl. 12.7 durch ein einfaches (nicht strenges) Argument.

12.6 Verifizieren Sie die Entwicklungen in Gl. 12.8.

12.7 Betrachten Sie $H_{\pi N}$, Gl. 12.16. Nehmen Sie eine sphärische Quellenfunktion $\rho(r)$ an. Die Pion-Wellenfunktion soll eine ebene Welle sein. Zeigen Sie, daß nur der p-Wellenteil dieser ebenen Welle zu einem nichtverschwindenden Integral beiträgt.

12.8 Betrachten Sie Bild 5.28. Die zweite und dritte Resonanz im π^-p-System haben kein Analogon im π^+p-System. Welchen Isospin haben diese Resonanzen?

12.9

a) Erlauben die Erhaltungsgesetze in der Pion-Nukleon-Wechselwirkung quadratische Ausdrücke in der Pion-Wellenfunktion $\vec{\Phi}$?

b) Wiederholen Sie Teilfrage a) für kubische Terme in $\vec{\Phi}$.

12.10 Verwenden Sie die nichtrelativistische Störungstheorie zweiter Ordnung und die beiden Diagramme in Bild P. 12.10, um den Wirkungsquerschnitt der niederenergetischen Pion-Nukleon-Streuung zu berechnen. Vergleichen Sie den Wert mit den experimentellen Daten.

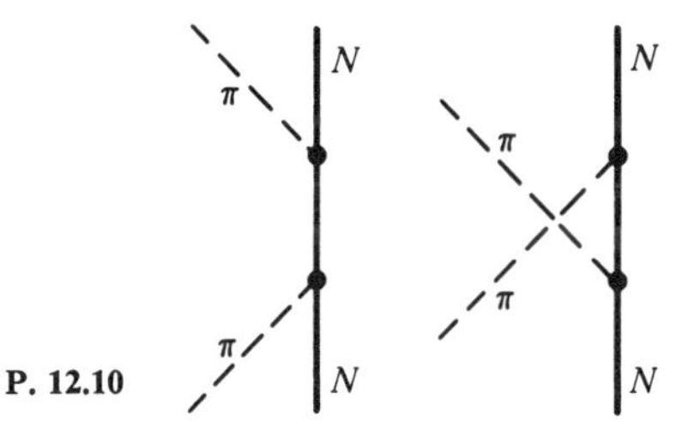

P. 12.10

12.11 Verwenden Sie den Zerfall $\Delta \longrightarrow \pi N$ um einen groben Näherungswert für die Kopplungskonstante $f_{\pi N\Delta}$ zu erhalten. Vergleichen Sie mit $f_{\pi NN}$.

12.12 Nehmen Sie an, daß Teilchen mit einer kinetischen Energie von 1 GeV in einem Eisenkern erzeugt werden. Schätzen Sie den Bruchteil der Partikel ab, der ohne Wechselwirkung aus dem Kern entweicht, wenn die Teilchen

a) hadronisch

b) elektromagnetisch

c) schwach

wechselwirken.

12.13 Zeigen Sie, daß das Coulombpotential, Gl. 12.21, die Poissongleichung, Gl. 12.19, löst.

12.14 Zeigen Sie, daß das Yukawa-Potential, Gl. 12.24, eine Lösung der Gl. 12.22 ist.

12.15 Nehmen Sie anziehende, sphärisch symmetrische Kernkräfte an mit einer Reichweite R, die zwischen Punktnukleonen wirken. Zeigen Sie, daß der stabilste Kern einen Durchmesser hat, der ungefähr der Reichweite R der Kräfte entspricht. (Hinweis: Betrachten Sie die gesamte Bindungsenergie, die Summe der kinetischen und der potentiellen Energie, als eine Funktion des Kerndurchmessers. Der Kern befindet sich in seinem Grundzustand; die Nukleonen gehorchen der Fermistatistik. Die Argumente des Kapitels 14 dürften hilfreich sein.)

12.16 Deuteron - experimentell. Beschreiben Sie, wie die folgenden Deuteroneigenschaften bestimmt wurden:
a) Bindungsenergie,
b) Spin,
c) Isospin,
d) magnetisches Moment,
e) Quadrupolmoment.

12.17 Zeigen Sie, daß der Grundzustand eines Zweikörpersystems mit einer Zentralkraft ein s-Zustand sein muß, d.h. einen Bahndrehimpuls Null haben muß.

12.18 Deuteron-Theorie. Behandeln Sie das Deuteron als dreidimensionales Kastenpotential, mit einer Tiefe $-V_0$ und einer Reichweite R.
a) Geben Sie die Schrödinger-Gleichung an. Rechtfertigen Sie den verwendeten Massenwert in der Schrödinger-Gleichung.
b) Nehmen Sie an, daß der Grundzustand sphärisch symmetrisch ist. Bestimmen Sie die Wellenfunktion innerhalb und außerhalb des Potentials. Bestimmen Sie die Bindungsenergie in Termen von V_0 und R. Zeigen Sie, daß B nur das Produkt $V_0 R^2$ festlegt.
c) Zeichnen Sie die Grundzustandswellenfunktion. Schätzen Sie den Anteil der Zeit ab, den Neutron und Proton außerhalb ihrer gegenseitigen Kraftanziehung verbringen. Warum zerfällt das Deuteron nicht, wenn die Nukleonen sich außerhalb des gegenseitigen Kraftbereichs bewegen?

12.19 Diprotonen und Dineutronen, d.h. gebundene Zustände zweier Protonen oder zweier Neutronen, sind nicht stabil. Erklären Sie, warum das so ist, mit den Informationen, die über das Deuteron bekannt sind.

12.20 Die Evidenz für einen gebundenen Zustand, der aus einem Antiproton und einem Neutron besteht, wurde gefunden; die Bindungsenergie dieses $\bar{p}n$-Systems ist 83 MeV. [L. Gray, P. Hagerty, and T. Kalogeropoulos, Phys. Rev. Letters **26**, 1491 (1971).] Beschreiben Sie dieses System durch ein Kastenpotential mit dem Radius $b = 1{,}4$ fm und mit einer Tiefe von V_0. Berechnen Sie V_0 und vergleichen Sie den numerischen Wert mit dem des Deuterons.

12.21 Antideuteronen wurden beobachtet. Wie werden sie identifiziert? [D. E. Dorfan et al., Phys. Rev. Letters **14**, 1003 (1965); T. Massam et al., Nuovo Cimento **39**, 10 (1965).]

12.22 Verifizieren Sie, daß ein zigarrenförmiger Kern, dessen Kernsymmetrieachse parallel zu der z-Achse ausgerichtet ist, ein positives Quadrupolmoment hat.

12.23 Zeigen Sie, daß das Quadrupolmoment eines Kerns mit dem Spin $\frac{1}{2}$ Null ist.

12.24 Zeigen Sie, daß das Quadrupolmoment eines Deuterons klein ist, d.h. es entspricht einer kleinen Deformation.

12.25 Der niedrigste Singulett-Zustand des Neutron-Proton-Systems mit den Quantenzahlen $J = 0$, $L = 0$ wird manchmal Singulett-Deuteron genannt. Es ist nicht gebunden, und Streuexperimente weisen darauf hin, daß es gerade einige keV über der Nullenergie gebildet wird; es ist gerade nicht gebunden. Nehmen Sie an, daß der Singulettzustand bei der Energie Null auftritt; finden Sie die Beziehung zwischen Potentialradius und -tiefe. Nehmen Sie an, daß die Singulett- und Triplettradien gleich sind, und zeigen Sie, daß die Singulettiefe kleiner ist als die des Triplettzustands.

12.26 Zeigen Sie, daß der Tensoroperator, Gl. 12.33, verschwindet, wenn er über alle Richtungen $\hat{\mathbf{r}}$ gemittelt wird.

12.27 Beweisen Sie, daß der Operator $L = \frac{1}{2}(\mathbf{r}_1 - \mathbf{r}_2) \times (\mathbf{p}_1 - \mathbf{p}_2)$ (Gl. 12.37) der Bahndrehimpuls zweier zusammenstoßender Nukleonen in ihrem Schwerpunktsystem ist.

12.28 Zeigen Sie, daß die Hermitizität von V_{NN}, Gl. 12.36, erfordert, daß die Koeffizienten V_i reell sind.

12.29 Zeigen Sie, daß die Translationsinvarianz für die Koeffizienten V_i in Gl. 12.36 fordert, daß sie nur von der relativen Koordinate $\mathbf{r} = \mathbf{r}_1 - \mathbf{r}_2$ der beiden zusammenstoßenden Teilchen abhängen, und nicht von $\mathbf{r}_1$ und $\mathbf{r}_2$ einzeln.

12.30 Die Galilei-Invarianz verlangt, daß bei einer Transformation

$$\mathbf{p}_i' = \mathbf{p}_i + m\mathbf{v}$$

die V_i in Gl. 12.36 unverändert bleiben. Zeigen Sie, daß diese Bedingung impliziert, daß die V_i nur vom relativen Impuls $\mathbf{p} = \frac{1}{2}(\mathbf{p}_1 - \mathbf{p}_2)$ abhängen.

12.31 Zeigen Sie, daß die Spinoperatoren $\boldsymbol{\sigma}_1$ und $\boldsymbol{\sigma}_2$ die Beziehungen

$$\sigma_x^2 = \sigma_y^2 = \sigma_z^2 = 1$$

$$\sigma_x\sigma_y + \sigma_y\sigma_x = 0$$

$$\boldsymbol{\sigma}^2 = 3$$

$$(\mathbf{a}\cdot\boldsymbol{\sigma})^2 = a^2$$

$$(\boldsymbol{\sigma}_1\cdot\boldsymbol{\sigma}_2)^2 = 3 - 2\boldsymbol{\sigma}_1\cdot\boldsymbol{\sigma}_2$$

erfüllen.

12.32 Zeigen Sie, daß die folgenden Eigenwertgleichungen gelten:

$$\boldsymbol{\sigma}_1 \cdot \boldsymbol{\sigma}_2 |t\rangle = -1|t\rangle$$
$$\boldsymbol{\sigma}_1 \cdot \boldsymbol{\sigma}_2 |s\rangle = -3|s\rangle.$$

Hier sind $|s\rangle$ und $|t\rangle$ die Spineigenzustände des Zwei-Nukleonensystems: $|s\rangle$ ist der Singulett- und $|t\rangle$ der Triplett-Zustand.

12.33 Zeigen Sie, daß der Operator

$$P_{12} = \tfrac{1}{2}(1 + \boldsymbol{\sigma}_1 \cdot \boldsymbol{\sigma}_2)$$

die Spinkoordinaten der beiden Nukleonen in einem Zwei-Nukleonen-System vertauscht.

12.34 Bei welcher Energie im Laborsystem wird die pp-Streuung inelastisch, d.h. wann können Pionen erzeugt werden?

12.35 Zeigen Sie, daß die Hamiltongleichungen der Bewegung zusammen mit den Gln. 12.40 und 12.41 zu der Gl. 12.42 führen.

12.36 Verifizieren Sie Gl. 12.47.

12.37 Zeigen Sie, daß Gl. 12.48 aus Gl. 12.47 folgt.

12.38

a) Berechnen Sie den Erwartungswert der potentiellen Energie für den Ein-Pion-Austausch in den s-Zuständen zweier Nukleonen.
b) Berechnen Sie die effektive Kraft in einem Zustand mit geradem Drehimpuls mit dem Spin 1 und Spin 0.

12.39 Erklären Sie, warum die $\bar{p}p$- und die $\bar{p}n$-Wirkungsquerschnitte wesentlich größer sind als die der pp- und der pn-Reaktionen. [J.S. Ball and G.F. Chew, Phys. Rev. **109**, 1385 (1958).]

12.40 Verifizieren Sie Gl. 12.52.

12.41 Zeigen Sie, daß eine Dimensionsanalyse zu Gl. 12.53 führt.

12.42 Zeigen Sie, daß der totale Wirkungsquerschnitt für die Streuung von Neutrinos und Nukleonen asymptotisch durch

$$\sigma_{\text{tot}} = \text{const.}\, G^2 W^2$$

gegeben ist, wobei G die Kopplungskonstante der schwachen Wechselwirkung und W die Gesamtenergie im Schwerpunktsystem darstellt. Vergleichen Sie das Ergebnis mit dem Experiment.

Teil V – Modelle

Ein Modell ist wie ein österreichischer Fahrplan. Österreichische Züge haben immer Verspätung. Ein preussischer Besucher fragt einen österreichischen Schaffner, warum sie sich mit dem Drucken von Fahrplänen Mühe machten. Der Schaffner antwortet: „Wie wüßten wir sonst, wie spät die Züge dran sind?“

V. F. Weisskopf

Die Atomphysik wird sehr gut verstanden. Ein einfaches Modell, das Rutherfordmodell, beschreibt die wesentliche Struktur: ein schwerer Kern erzeugt ein Zentralfeld und die Elektronen bewegen sich hauptsächlich in diesem Zentralfeld. Die Kraft ist gut bekannt. Die Gleichung, die diese Dynamik beschreibt, ist die Schrödingergleichung, oder bei Berücksichtigung der Relativität, die Diracgleichung. Historisch ist dieses befriedigende Bild nicht das Endresultat einer einzigen Forschungslinie, sondern der Zusammenfluß vieler verschiedener Forschungsrichtungen, Richtungen, die ursprünglich nichts miteinander gemeinsam zu haben schienen. Die Mendelejewtafel der Elemente, die Balmerserien, das Coulombgesetz, Elektrolyse, Strahlung des schwarzen Körpers, Streuung von Alphateilchen und das Bohrsche Modell waren wesentliche Schritte und Meilensteine. Wie sieht es mit den Teilchen und Kernen aus? Wir haben den Elementarteilchenzoo und die Natur der Kräfte beschrieben. Genügen die bekannten Tatsachen, um ein kohärentes Bild der subatomaren Welt aufzubauen? Die Antwort ist nein. Die theoretische Beschreibung ist in ziemlich gutem Zustand: es existieren erfolgreiche Modelle und die meisten Aspekte der Struktur und der Wechselwirkung der Nukleonen können vernünftig beschrieben werden. Die meisten dieser Modelle beginnen jedoch nicht mit den ersten Prinzipien. Sie involvieren die bekannten Eigenschaften der Kernkräfte, aber zielen ab auf einfache Bewegungsarten. Viel bleibt zu tun, bis die Kerntheorie ebenso vollständig und frei von Annahmen ist, wie die Atomphysik. In der Teilchenphysik ist die Situation noch ungünstiger: Sie befindet sich eher in einem Zustand wie die Atomphysik zur Zeit von Mendelejew, als zur Zeit von Bohr, Schrödinger und Heisenberg. Einige Eigenschaften des Teilchenzoos können recht gut durch die Einführung von Untereinheiten mit bestimmten Eigenschaften (Quarks) erklärt werden, aber solche Untereinheiten wurden noch nicht direkt gesehen und sie existieren möglicherweise auch gar nicht.

Photo V.I Sky and Water I, (1938). Aus The Graphic Work of M.C. Escher, Hawthorn Books, New York. (Mit freundlicher Genehmigung der M.C. Escher Foundation, Gemeente Museum, The Hague). Vergleichen Sie diese Darstellung mit Bild 13.3.

In den folgenden Kapiteln werden wir kurz das Quarkmodell der Teilchen und einige der erfolgreichsten Kernmodelle darstellen. Die Diskussion in diesen Kapiteln ist auf Hadronen beschränkt; die mysteriösen Teilchen, die Leptonen, wurden ausgelassen. Sie werden überhaupt nicht verstanden.

13. Quarks und Reggepole

Betrachtet man alle Substanz, kann man darunter irgend eine Selbsterhaltung entdecken? Ist das nicht alles Zusammengesetztes, das früher oder später auseinanderbricht und zerfällt?

Aus Buddhas Lehren

Die Zahl der Teilchen ist mindestens so groß wie die Zahl der Elemente. Um herauszufinden, wie sich ein Fortschritt beim Verständnis des Teilchenzoos entwickeln konnte, mag es eine gute Idee sein, kurz die Geschichte der Chemie und der Atomphysik zu betrachten. Die Entdeckung des Periodensystems der Elemente war ein wesentlicher Meilenstein für die Entwicklung der systematischen Chemie. Rutherfords Atommodell brachte ein erstes Verständnis der Atomstruktur und es bildete die Basis, mit der das Periodensystem der Elemente erklärt werden konnte. Die Quantenmechanik ermöglichte dann eine tiefere Einsicht in das Bohrsche Atom und in das periodische System. Fortschritt in der Atomtheorie begann so aus der empirischen Beobachtung, kam weiter durch ein Modell und zu einem Abschluß durch die Entdeckung der dynamischen Gleichungen.

Der Zeitunterschied zwischen der Erkenntnis von Gesetzmäßigkeiten und der vollständigen Erklärung war groß. Die Balmerformel wurde 1885 vorgeschlagen, die Schrödingergleichung erschien 40 Jahre später. Die Tafel des Periodensystems wurde 1869 entdeckt; die Erklärung durch das Ausschließungsprinzip kam 55 Jahre später. Wo stehen wir in der Teilchenphysik? Wie wir in den folgenden Abschnitten sehen werden, wurden eindrucksvolle Gesetzmäßigkeiten gefunden und teilweise erklärt, aber ein tiefes und volles Verständnis fehlt uns noch. Wir wissen auch nicht, ob alle Schlüssel zur Hand sind oder ob sie noch entdeckt werden müssen.

13.1 *Die Urteilchen*

Im Jahre 1949 bemerkten Fermi und Yang, daß ein Pion die gleichen Quantenzahlen hat wie der s_0-Zustand eines Nukleon-Antinukleon Paares ($A = 0$, $J^\pi = 0^-$, $S = 0$, $q = 0$ oder ± 1); sie machten den Vorschlag, daß man das Pion als gebundenen Zustand eines Teilchen-Antiteilchen-Paares mit sehr großer Bindungsenergie betrachten sollte [1]). Nach der Entdeckung seltsa-

1 E. Fermi und C. N. Yang, *Phys. Rev.* **76**, 1739 (1949).

mer Teilchen zeigte Sakato, daß das Modell von Fermi und Yang zur Berücksichtigung der Quantenzahl S erweitert werden kann, indem man das Λ zur Menge der ursprünglichen Objekte hinzufügt[2]. Manchmal nennt man die drei Teilchen, p, n, und Λ, Sakatonen.

Das Triplett der drei Sakatonen genügt, um alle Teilchen aufzubauen; trotzdem existieren einige Probleme. Die drei fundamentalen Teilchen können einmal auftreten als Bausteine und einmal als ein kombiniertes System; sie zeigen damit einen gewissen Mangel an Symmetrie. Wichtiger jedoch: es können Teilchen konstruiert werden, die in der Natur nicht beobachtet werden. Es existieren zusätzliche Gründe, eine andere Menge von Primärobjekten zu bevorzugen. Der wichtigste ist der Erfolg der SU(3), und ein Wort darüber ist hier angebracht. SU(3) ist eine mathematische Gruppe, die "spezielle unitäre Gruppe der Ordnung 3". Gell-Mann und, unabhängig von ihm, Ne'eman, zeigten, daß man diese Gruppe mit ungeheuerem Erfolg verwenden kann, um die Systematik der Teilchen zu erklären[3]. Wir wollen hier die gruppentheoretische Behandlung nicht durchführen, aber möchten bemerken, daß die Diskussion in diesem Kapitel mit Termen der SU(3) verstanden werden kann. Ein zweiter wichtiger Grund, eine neue Menge fundamentaler Objekte anzunehmen, ist die Beobachtung einer möglichen Struktur der Nukleonen. Wenn ein Nukleon wirklich aus einigen Bestandteilen aufgebaut ist, dann ist es logisch, solche Konstituenden als Bausteine für alle Teilchen zu verwenden.

In diesem Kapitel wollen wir die Familienbeziehungen zwischen den Teilchen einführen, indem wir zu früheren Konzepten zurückgehen. Obwohl diese Konzepte nur schwer durch direkte Experimente zu testen sind, bilden sie einen nützlichen Führer zu einem Verständnis der formaleren Aspekte der Teilchenmodelle.

In den Abschnitten 8.2 und 8.5 diskutierten wir das Aufbrechen der Symmetrie in einem externen magnetischen Feld und durch die elektromagnetische Wechselwirkung. Zur Erinnerung wiederholen wir in Bild 13.1 drei Fälle. Beim Proton sind die beiden magnetischen Unterzustände $M = \frac{1}{2}$ und $M = -\frac{1}{2}$ bei Abwesenheit eines externen magnetischen Feldes entartet. Das magnetische Feld hebt dann die Entartung auf, und die verschiedenen magnetischen Unterzustände haben verschiedene Massen. Die Zustände sind durch die Werte des Spins J und der magnetischen Quantenzahl M gekennzeichnet. Beim Nukleon und beim Pion π kann die elektromagnetische Wechselwirkung nicht abgeschaltet werden, aber man nimmt an, daß die verschiedenen Mitglieder des Isomultipletts die gleiche Masse hätten, wenn H_{em} nicht da wäre. Die verschiedenen Teilchenzustände werden durch I und I_3 gekennzeichnet, die Werte des Isospins und seiner dritten Komponente. Diese Ideen wurden im Kapitel 8 ausführlich diskutiert.

2 S. Sakata, *Progr. Theoret. Phys.* **16**, 636 (1956).

3 Siehe M. Gell-Mann und Y. Ne'eman, *The Eightfold Way*, Benjamin, Reading, Mass. 1964.

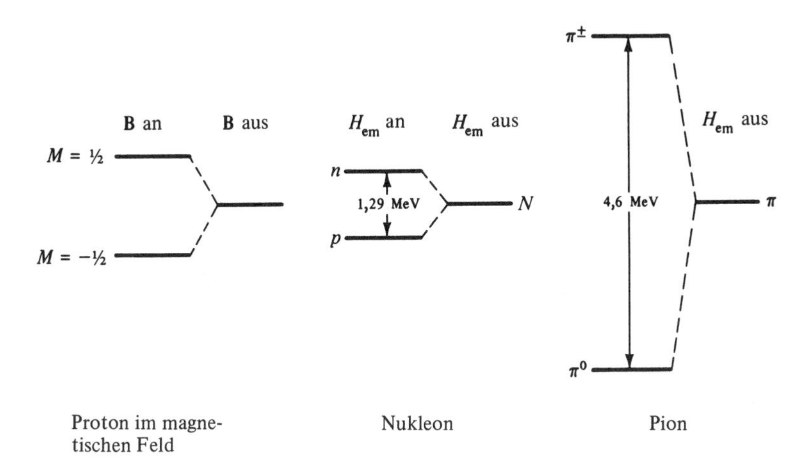

Bild 13.1 Massen-(Energie-)aufspaltung in einem Feld. Das Magnetfeld kann ausgeschaltet werden; die beiden magnetischen Subniveaus des Protons sind dann entartet. Die elektromagentische Wechselwirkung kann dagegen nur in einem Gedankenexperiment ausgeschaltet werden.

Es erhebt sich nun die Frage: Wenn man Teile der starken Wechselwirkung ausschalten könnte, ergäbe sich dann eine zusätzliche Vereinfachung? Um diese Frage zu beantworten, betrachten wir die Teilchen mit gleichem Spin und gleicher Parität innerhalb einer vernünftigen Massenregion. Um vernünftige Massenregion abzuschätzen, bemerken wir, daß die Massenaufspaltung durch die elektromagnetische Wechselwirkung in der Größenordnung einiger MeV liegt, wie Bild 13.1 zeigt. Da die hadronische (starke) Wechselwirkung etwa 100 mal stärker als die elektromagnetische ist, kann eine Massenaufspaltung von einigen 100 MeV erwartet werden. Das Pion ist das leichteste Hadron und daher ist es verlockend, zuerst nach den niedrig liegenden 0^- Bosonen zu schauen. Tabelle A4 im Anhang zählt neun solcher Teilchen unter 1 GeV auf: drei Pionen, zwei Kaonen, zwei Antikaonen, das Eta und das Eta' (oder X^0). Diese Teilchen sind in Bild 13.2 links gezeigt. In der Natur sind nur die positiven und negativen Mitglieder des gleichen Multipletts entartet, alle anderen besitzen verschiedene Massen. Wird die schwache Wechselwirkung ausgeschaltet, so verschwindet die sehr kleine Aufspaltung zwischen K^0 und $\overline{K^0}$. Wird zusätzlich H_{em} ausgeschaltet, so werden die neutralen und geladenen Mitglieder des gleichen Isospinmultipletts entartet. Schließlich nimmt man an, daß alle neun Mitglieder Entartung zeigen, wenn Teile der hadronischen Wechselwirkung ausgeschaltet werden. Wir nennen den resultierenden, neunfach entarteten Pseudoskalar das Pseudoskalar-Urteilchen. Die Masse des Urteilchens wird durch den Teil der hadronischen Wechselwirkung bestimmt, der nicht ausgeschaltet wurde. Nach Bild 13.2 entsteht aus dem 0^- Urteilchen eine natürliche Familie mit neun verschiedenen Mitgliedern. Eine nä-

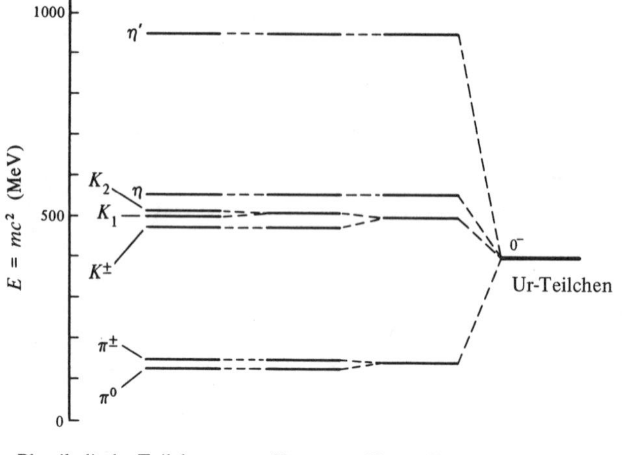

Bild 13.2 Die neun Pseudoskalar-Mesonen mit Massen unter 1 GeV. Links sind die Massen angegeben, wie sie in der Natur vorkommen. Geht man von links nach rechts, so wird zuerst die schwache Wechselwirkung ausgeschaltet, dann die elektromagnetische und schließlich ein Teil der hadronischen. Die Massenaufspaltung durch H_w und H_{em} wird aufgehoben. Die Lage des Urteilchens ist unbekannt.

here Betrachtung zeigt, daß man drei weitere Urteilchen unter 1 GeV unterscheiden kann. Die Charakteristika der vier Urteilchen sind in Tabelle 13.1 zusammengefaßt. Die Masse oder Ruhenergie der Urteilchen ist natürlich unbekannt: wir haben sie ungefähr in die Mitte der Massen der zusammengehörigen Teilchen gesetzt. Bei Bosonen fällt die Menge der Antiurteilchen mit der Menge der Urteilchen zusammen, bei Fermionen unterscheiden sich die Mengen durch die entgegengesetzte Baryonenzahl.

Die entscheidende Frage ist nun: Ist dieses Schema nutzlos, oder kann es in eine präzisere Form gebracht werden? Liefert es dann neue Voraussagen? Um eine quantitative Klassifizierung zu erreichen, wenden wir uns einer Diskussion der Quarks zu.

Tabelle 13.1 *Urteilchen.* Vier Urteilchen, die am niedrigsten liegen, sind aufgeführt. Sie sind für insgesamt 36 Teilchen verantwortlich. Als Ruhenergie wurde die Energie in der Mitte des Multipletts angegeben.

Spin-Parität J^π	Ruhenergie (GeV)	Typ	Mitglieder des Multipletts	Zahl der Mitglieder
0^-	0,4	Boson	$\pi K \bar{K} \eta \eta'$	9
1^-	0,8	Boson	$\rho K^* \bar{K}^* \omega \phi$	9
$\frac{1}{2}^+$	1,2	Fermion	$N \Lambda \Sigma \Xi$	8
$\frac{3}{2}^+$	1,4	Fermion	$\Delta \Sigma^* \Xi^* \Omega$	10

13.2 *Quarks*

Wir haben oben festgestellt, daß alle Teilchen aus drei Sakatonen, Neutron, Proton und Lambda, konstruiert werden können. 1964 schlugen Gell-Mann und, unabhängig von ihm, Zweig ein unterschiedliches Baryonentriplett vor, bestehend aus drei hypothetischen Teilchen mit bemerkenswerten Eigenschaften[4]. Gell-Mann nannte seine Teilchen Quarks, nach Finnigans Wake[5]; Zweig seine Teilchen Asse. Der Name Quark gewann. Gegenwärtig erklärt das Quarkmodell viele Eigenschaften der Elementarteilchen, aber Rätsel verbleiben dennoch. Das Modell ist jedoch einfach zu verstehen und gibt einen guten Einblick in die Struktur der hadronischen Abteilung des Elementarteilchenzoos.

Zur Einführung der Quarks fragen wir: Was sind die einfachsten Bausteine, mit denen man alle Elementarteilchen aufbauen kann? Was sind die Quantenzahlen dieser Bausteine und wieviele benötigen wir? Die folgende Diskussion dieser Fragen ist nicht die einzig mögliche, aber andere Zuordnungen der Quantenzahlen führen zu äquivalenten physikalischen Voraussagen. Die wesentlichen Schritte zur Konstruktion eines Quarkschema sind folgende:

1. Quarks müssen Fermionen sein; nur mit fermionischen Bausteinen können Fermionen und Bosonen konstruiert werden.

2. In Analogie zur ursprünglichen Idee von Fermi und Yang wird angenommen, daß Bosonen Quark-Antiquark-Teilchen sind

(13.1) $\quad$ Boson $= (q\bar{q})$.

Jedes Fermion, das kein ursprüngliches Quark ist, muß aus mindestens 3 Quarks aufgebaut werden. Man nimmt an, daß die niedrigliegenden Fermionen aus 3 Quarks bestehen:

(13.2) $\quad$ Fermion $= (qqq)$.

Es ist nicht ausgeschlossen, daß Teilchen mit mehr Bausteinen existieren. Z.B. können Bosonen zwei Quark-Antiquark Paare $(qq\bar{q}\bar{q})$ enthalten und Fermionen aus fünf Quarks $(qqqq\bar{q})$ gebildet sein. Wir beschränken unsere Betrachtungen auf die beiden einfachsten Systeme $(q\bar{q})$ und (qqq).

3. Zur Berücksichtigung der nichtseltsamen Teilchen mit der Ladung 0 und ± 1 braucht man mindestens zwei Quarks. (Da Quarks als Fermionen angesehen werden, impliziert die Aussage "zwei Quarks" die Existenz entsprechender Antiquarks, die sich von den Quarks unterscheiden.) Die beiden nichtseltsamen Quarks können entweder beide Isosinguletts oder die beiden Mitglieder eines Isodubletts sein. Mit zwei $I = 0$ Teilchen ist es unmöglich, Mesonen mit $I = 1$ zu bauen, wie zum Beispiel die Pionen.

4 M. Gell-Mann, *Phys. Letters* 8, 214 (1964); G. Zweig, *CERN Report 8182/Th. 401* (1964) (nicht veröffentlicht).

5 James Joyce, *Finnegan's Wake*, Viking, New York, 1939, S. 383.

Folglich müßten die beiden nichtseltsamen Quarks Mitglieder eines Isodubletts sein. Um seltsame Mesonen und seltsame Baryonen zu konstruieren, ist mindestens ein seltsamer Quark nötig. Zur Konstruktion seltsamer und nichtseltsamer Hadronen sind mindestens d r e i Quarks nötig. Tatsächlich finden wir, daß 3 Quarks und 3 Antiquarks zum Aufbau aller Elementarteilchen genügen, die im Jahre 1974 bekannt waren. [Die Entdeckung von Teilchen mit "Charm" weist auf die Existenz eines weitern Quarks hin, doch werden wir hier nicht darauf eingehen.]

Das seltsame Quark erscheint nur in einer Form und es muß ein Isosingulett sein. Das Quarktriplett besteht aus einem $I = \frac{1}{2}$ nichtseltsamen Dublett und einem $I = 0$ seltsamen Singulett. Die Isospin- und Seltsamkeitsquantenzahlen der 3 Quarks stimmen mit denen des Proton, des Neutron und des Lambda überein und wir bezeichnen die Quarks durch q_p, q_n, q_λ. Üblicherweise setzt man die Seltsamkeit von $q_\lambda = -1$, genauso wie für das Λ^0.

4. In Analogie zu p, n und Λ^0 wird angenommen, daß die drei Quarks identische Raum-Zeit-Quantenzahlen A, J und π haben. Die Gln. 13.1 und 13.2 ergeben dann

$$(13.3) \qquad A(q) = -A(\bar{q}) = \tfrac{1}{3}.$$

Da die Quarks Fermionen sind, muß ihr Spin halbzahlig sein. Zur Vereinfachung nehmen wir dafür den niedrigsten Wert an, und setzen die Parität positiv:

$$(13.4) \qquad J(q) = \tfrac{1}{2}, \qquad \pi(q) = +.$$

5. Nimmt man an, daß die Gell-Mann-Nishijima-Relation, Gl. 8.30, für Quarks gilt, so ergeben sich die elektrischen Ladungen[6])

$$(13.5) \qquad q(q_p) = \tfrac{2}{3}e, \qquad q(q_n) = q(q_\lambda) = -\tfrac{1}{3}e.$$

Die Quantenzahlen der drei Quarks sind in Tabelle 13.2 zusammengefaßt. Hervorstechende Merkmale sind die gebrochenen Baryonenzahlen und die gebrochenen elektrischen Ladungen. Diese Eigenschaften erheben die Quarks

Tabelle 13.2 Eigenschaften der Quarks.

	Quantenzahlen						
Quark	J	A	S	Y	I	I_3	q/e
q_p	$\frac{1}{2}$	$\frac{1}{3}$	0	$\frac{1}{3}$	$\frac{1}{2}$	$\frac{1}{2}$	$\frac{2}{3}$
q_n	$\frac{1}{2}$	$\frac{1}{3}$	0	$\frac{1}{3}$	$\frac{1}{2}$	$-\frac{1}{2}$	$-\frac{1}{3}$
q_λ	$\frac{1}{2}$	$\frac{1}{3}$	-1	$-\frac{2}{3}$	0	0	$-\frac{1}{3}$

6 Bei einiger Aufmerksamkeit kann es keine Verwechslung zwischen der elektrischen Ladung q und dem Quark q geben.

zu einer einmaligen Stellung im Elementar-Teilchenzoo. Wenn sie einmal entdeckt worden sind, werden sie sicher nicht leicht mit anderen Teilchen verwechselt werden können.

Die Quantenzahlen in Tabelle 13.2 führen zu einigen deutlichen Folgerungen:

1. Quarks können nicht vollständig in bekannte Teilchen zerfallen, da ein solcher Zerfall die Baryonen- und Ladungserhaltung verletzen würde.

2. Quarks können durch schwache Wechselwirkung in ein anderes zerfallen. Der auftretende Zerfallstyp hängt von den Massen der Quarks ab. Wenn z.B. das seltsame Quark q_λ das schwerte ist, können Zerfälle wie

$$q_\lambda \longrightarrow q_p\pi^-, \quad q_n\pi^0, \quad q_n\gamma, \quad q_p e^-\bar{\nu}, \quad \ldots . \tag{13.6}$$

auftreten. Wenn q_p und q_n ungleiche Massen haben, kann das schwerere in das leichtere zerfallen. Das leichteste Quark ist immer stabil.

13.3 *Jagd auf Quarks*

Existieren Quarks wirklich? Von vielen experimentellen Gruppen wurde seit 1964 ein beträchtlicher Aufwand betrieben, um Quarks zu finden, aber kein endgültiger, positiver Hinweis wurde entdeckt. Die Suche ist schwierig, da die Masse der Quarks nicht bekannt ist. Glücklicherweise würde die gebrochene elektrische Ladung die Quarks in sorgfältigen Experimenten eindeutig kennzeichnen.

Im Prinzip können die Quarks durch hochenergetische Protonen durch Reaktionen des Typs

$$\begin{aligned} pN &\longrightarrow NNq\bar{q} + \text{Bosonen} \\ pN &\longrightarrow Nqqq + \text{Bosonen.} \end{aligned} \tag{13.7}$$

erzeugt werden.

Die Schwellen der Reaktionen hängen von den Massen m_q der Quarks ab, die Größenordnungen der Wirkungsquerschnitte werden durch die Kräfte zwischen den Hadronen und den Quarks bestimmt. Da weder die Kräfte noch die Quarkmassen bekannt sind, ist die Suche eine unsichere Sache. Wenn man die Quarks nicht findet, weiß man nicht, ob es daran liegt, weil sie nicht existieren, weil ihre Masse zu groß oder der Produktionsquerschnitt zu klein ist.

Die hohen Energien, die zur Erzeugung massiver Teilchen nötig sind, können mit den größten Beschleunigern, mit Hochenergiespeicherringen und in der Höhenstrahlung erreicht werden. Mehr noch, wenn Quarks existieren und wenn die Welt durch einen "big bang" entstanden ist, dann ist es wahrscheinlich, daß Quarks während der ersten Stufe erzeugt wurden, wo die Temperatur extrem hoch war. Einige dieser ursprünglichen Quarks könnten noch vorhanden sein.

Quarks können in Beschleunigern und in den kosmischen Strahlen gejagt werden. Da mindestens ein Quark stabil ist, sollten sie sich darüberhinaus noch in der Erdkruste, in Meteoriten oder im Mondgestein angesammelt haben. Quarks können von anderen Teilchen unterschieden werden entweder durch ihre nicht ganzzahlige Ladung oder durch ihre Masse. Wenn die Masse studiert wird, betrachte man die Stabilität als zusätzliches Kriterium. Wird die Ladung als Hinweis betrachtet, so ist die Idee simpel. Gl. 3.2 zeigt, daß der Energieverlust eines Teilchens in Materie proportional ist zum Quadrat seiner Ladung. Ein Quark der Ladung $e/3$ würde 1/9 der Ionisation eines einfach geladenen Teilchens mit der gleichen Geschwindigkeit ergeben. Ist das Teilchen relativistisch, so produziert es angenähert die Minimalionisation (s. Bild 3.5). Ein relativistisches Quark der Ladung $e/3$ würde daher nur 1/9 der Minimalionisation zeigen und sollte eine völlig andere Wirkung zeigen als ein normal geladenes Teilchen. Ein Quark mit $2e/3$ ergäbe 4/9 der Standardionisation.

In Wirklichkeit sind die Experimente komplizierter, da es schwierig ist, schwache Spuren zu finden. Wir wollen hier keines der verschiedenen Experimente erläutern, da alle zuverlässigen davon negative Resultate geliefert haben[7]. Wenn Quarks gefunden werden, dann wird die Aufregung so enorm sein, daß die relevanten Experimente sehr schnell bekannt werden.

13.4 *Mesonen als gebundene Zustände*

Gemäß Gl. 13.1 werden Mesonen als gebundene Zustände eines Quark-Antiquark-Paares betrachtet. Die beiden Spin $\frac{1}{2}$-Quarks q_p und $\bar{q}_n$ können in einem $^1S_0$ oder $^3S_1$ Zustand sein, wenn wir annehmen, daß ihr relativer Bahndrehimpuls 0 ist[8]. Die Eigenparität eines Fermion-Antifermion-Paares ist negativ und die zwei Möglichkeiten geben

$^1S_0$	$J^\pi = 0^-$	pseudoskalare Mesonen
$^3S_1$	$J^\pi = 1^-$	Vektormesonen.

7 L. W. Jones, *Rev. Mod. Phys.* **49**, 717 (1977). G. Morpurgo, in *Subnuclear Phenomena*, 1969 Intern. Sch. of Physics „Ettore Majorana" (A. Zichichi ed.). Academic Press, New York. 1970, S. 640.

8 Es wird die übliche spektroskopische Bezeichnung verwendet, wobei der Großbuchstabe den Bahndrehimpuls und der Index rechts unten den Wert des Gesamtdrehimpulses angeben. Der Index oben ist gleich $2S + 1$, wobei S den Spin bezeichnet. $^3S_1$ kennzeichnet daher einen Zustand mit $l = 0, J = 1, S = 1, 2S + 1 = 3$.

Die Wechselwirkungsenergie dieser gebundenen Systeme muß extrem groß sein. Die Bindungsenergie ist durch

(13.8) $$B = (2m_q - m_{\text{Meson}})c^2.$$

gegeben.

Die besten gegenwärtigen Experimente deuten an, daß die Quarkmasse größer als 5 GeV/c^2 sein muß, wenn Quarks frei existieren. Die Bindungsenergie ist daher in der Größenordnung von 10 GeV. Die möglichen Kombinationen von Quarks q und Antiquarks $\bar{q}$ sind

(13.9) $$\begin{array}{ccc} q_p\bar{q}_p & q_n\bar{q}_p & q_\lambda\bar{q}_p \\ q_p\bar{q}_n & q_n\bar{q}_n & q_\lambda\bar{q}_n \\ q_p\bar{q}_\lambda & q_n\bar{q}_\lambda & q_\lambda\bar{q}_\lambda . \end{array}$$

Es ist nun offensichtlich, daß neun verschiedene Mesonen entstehen, in Übereinstimmung mit den in Tab. 13.1 aufgeführten Zahlen. Jedoch wurde die Anordnung in Gl. 13.9 nicht nach den Quantenzahlen durchgeführt, und ein Vergleich mit experimentell beobachteten Mesonen ist daher nicht leicht. In Tab. 13.1 wurden die Kombinationen nach den Werten der Hyperladung Y und der Isospinkomponente I_3 neugeordnet. Tab. 13.2 ist für solche Umordnungen hilfreich. Die Zustände in Tab. 13.3 können nun mit den neun Pseudoskalar- und den neun Vektormesonen verglichen werden. Die Anordnung der Pseudoskalarmesonen in dieses gleiche Schema liefert

(13.10) $$\begin{array}{ccccc} & K^0 & & K^+ & \\ \pi^- & & \pi^0\eta^0\eta' & & \pi^+ \\ & K^- & & \overline{K^0} & \end{array}$$

und für die Vektormesonen

(13.11) $$\begin{array}{ccccc} & K^{*0} & & K^{*+} & \\ \rho^- & & \rho^0\omega^0\phi^0 & & \rho^+ . \\ & K^{*-} & & \overline{K^{*0}} & \end{array}$$

In beiden Fällen sind die Zuordnungen der 6 Zustände im äußeren Ring eindeutig. Die drei Zustände in der Mitte haben die gleichen Quantenzahlen Y und I_3. Wie hängen die Zustände $q_p\bar{q}_p$, $q_n\bar{q}_n$ und $q_\lambda\bar{q}_\lambda$ mit den entsprechenden Mesonen mit $Y = I_3 = 0$ zusammen? Da jede Linearkombination

Tabelle 13.3 Umordnung der $q\bar{q}$-Zustände nach der Hyperladung Y und der Isospinkomponente I_3.

	$I_3 = -1$	$-\frac{1}{2}$	0	$\frac{1}{2}$	1
$Y = 1$		$q_n\bar{q}_\lambda$		$q_p\bar{q}_\lambda$	
$Y = 0$	$q_n\bar{q}_p$		$q_p\bar{q}_p, q_n\bar{q}_n, q_\lambda\bar{q}_\lambda$		$q_p\bar{q}_n$
$Y = -1$		$q_\lambda\bar{q}_p$		$q_\lambda\bar{q}_n$	

der Zustände $q_p\bar{q}_p$, $q_n\bar{q}_n$ und $q_\lambda\bar{q}_\lambda$ die gleichen Quantenzahlen hat, ist es nicht möglich, eine Quarkkombination mit einem Meson zu identifizieren. Um mehr Information zu erhalten, fassen wir die Eigenschaften der nicht seltsamen neutralen Mesonen in Tab. 13.4 zusammen. Die Tabelle zeigt, daß man ohne Schwierigkeiten die Quarkzusammensetzung des neutralen Pions und neutralen ρ finden kann: diese beiden Teilchen sind Mitglieder von Isospintripletts. Die Kenntnis der Quarkzuordnung der anderen Mitglieder des Isospintripletts sollte hier helfen. Man betrachte z. B. die drei ρ-Mesonen

$$\rho^+ = q_p\bar{q}_n, \qquad \rho^0 = ?, \qquad \rho^- = q_n\bar{q}_p.$$

Die geladenen Mitglieder der ρ enthalten keine Beimischung des seltsamen Quarks q_λ in ihren Wellenfunktionen. Das neutrale ρ bildet mit seinen beiden geladenen Verwandten ein Isospintriplett und sollte daher keine seltsamen Komponenten besitzen. Von den drei Produkten in Tab. 13.3 mit $I_3 = 0$ und $Y = 0$ können hier nur die beiden ersten erscheinen und die Wellenfunktion muß die Form

$$\rho^0 = \alpha q_n\bar{q}_n + \beta q_p\bar{q}_p$$

haben. Normierung und Symmetrie geben

$$|\alpha|^2 + |\beta|^2 = 1, \qquad |\alpha| = |\beta|$$

oder

$$\alpha = \pm\beta = \frac{1}{\sqrt{2}}\,.$$

Wenn wir zwei gewöhnliche Spin-$\frac{1}{2}$-Teilchen zu einem Spin-1-System koppeln sollen, ist es leicht, den korrekten Spin zu bestimmen: Die Linearkombination muß eine Eigenfunktion von J^2 mit dem Eigenwert $j(j+1)\hbar^2 = 2\hbar^2$ sein. Diese Bedingung liefert ein positives Vorzeichen [9]. Hier ist die Situation anders, da wir es mit Teilchen-Antiteilchen-Paaren zu tun haben; das Antiteilchen bringt ein Minuszeichen herein. Wir wollen das Auftreten des Minuszeichen nicht rechtfertigen, da es in keiner meßbaren Größe in unserer Diskussion auftritt. Die Wellenfunktionen der drei ρ-Mesonen, aus-

Tabelle 13.4 Neutrale, nichtseltsame Teilchen.

Meson	$I(J^\pi)$	Ruhenergie (MeV)	Meson	$I(J^\pi)$	Ruhenergie (MeV)
π^0	$1(0^-)$	135	ρ^0	$1(1^-)$	770
η^0	$0(0^-)$	549	ω^0	$0(1^-)$	784
η'	$0(0^-)$	958	ϕ^0	$0(1^-)$	1019

9 Park, Gl. 6.43; Merzbacher, Gl. 16.85; G. Baym, *Lectures in Quantum Mechanics*, Benjamin, Reading, Mass., 1969, Kapitel 15.

gedrückt durch ihre Quarkbestandteile, sind

$$\rho^+ = q_p\bar{q}_n$$

$$\rho^0 = \frac{q_n\bar{q}_n - q_p\bar{q}_p}{\sqrt{2}} \tag{13.12}$$

$$\rho^- = q_n\bar{q}_p.$$

Diese Quarkkombinationen gelten auch für die Pionen; der Unterschied zwischen dem ρ und dem Pion liegt im gewöhnlichen Spin. Das ρ ist ein Vektormeson ($J^\pi = 1^-$), während das Pion ein Pseudoskalarmeson ($J^\pi = 0^-$) ist. Die anderen neutralen Mesonen werden in Abschnitt 13. 6 diskutiert werden.

13.5 *Baryonen als gebundene Quarkzustände*

Drei Quarks bilden ein Baryon. Da die Quarks Fermionen sind, muß die Gesamtwellenfunktion der drei Quarks antisymmetrisch sein; die Wellenfunktion muß bei beliebigem Austausch zweier Quarks ihr Vorzeichen ändern:

$$|q_1q_2q_3\rangle = -|q_2q_1q_3\rangle. \tag{13.13}$$

Um deutlich zu machen, daß die Wellenfunktion der drei Quarks antisymmetrisch sein muß, werden die Ideen aus Kapitel 8 verallgemeinert. Mit der Einführung des Isospin wurden dort Proton und Neutron als zwei Zustände des gleichen Teilchens betrachtet. Die gesamte Wellenfunktion eines Zweinukleonen Systems, einschließlich Isospin, muß daher bei Austausch zweier Nukleonen antisymmetrisch sein. Hier nimmt man an, daß die drei Quarks drei Zustände des gleichen Teilchens sind, und Gl. 13.13 ist dann der Ausdruck für das Pauliprinzip. Die einfachste Situation entsteht, wenn die drei Quarks keinen Bahndrehimpuls haben und ihre Spins parallel stehen.[10]) Das resultierende Baryon hat dann Spin $\frac{3}{2}$ und positive Parität. Wie im Fall des Mesons findet man die Quantenzahlen der verschiedenen Quarkkombinationen ohne Schwierigkeiten. Man betrachte z.B. die Kombination $q_pq_pq_p$:

$$q_pq_pq_p\colon\quad A = 1, \qquad Y = 1, \qquad I_3 = \tfrac{3}{2}, \qquad q = 2e, \qquad J^\pi = (\tfrac{3}{2})^+.$$

Das sind gerade die Quantenzahlen von Δ^{++}, dem doppelt geladenen Mitglied von $N^*_{3/2}(1236)$. Die drei Quarks q_p, q_n und q_λ können zu zehn Kombinationen zusammengefügt werden; für alle zehn existieren Teilchen. Die

10 Das Fehlen eines Gesamtdrehimpulses bedeutet nicht, daß es keinen Bahn-Drehimpuls zwischen Paaren von Quarks gibt. Z.B. muß für drei identische Quarks die Ortswellenfunktion antisymmetrisch sein. Ein Beispiel für eine antisymmetrische Ortswellenfunktion mit einem Gesamtdrehimpuls $L = 0$ ist

$$\psi(\mathbf{r}_1, \mathbf{r}_2, \mathbf{r}_3) = (r_{12}^2 - r_{13}^2)(r_{23}^2 - r_{21}^2)(r_{32}^2 - r_{31}^2)\Phi(\mathbf{r}_1, \mathbf{r}_2, \mathbf{r}_3),$$

wobei $\Phi(\mathbf{r}_1, \mathbf{r}_2, \mathbf{r}_3)$ eine symmetrische Funktion ist und $\mathbf{r}_{ij} \equiv \mathbf{r}_i - \mathbf{r}_j$.

Quarkkombinationen und die entsprechenden Baryonen sind in Bild 13.3 gezeigt. Ebenso sind die Ruhenergien der Isomultipletts angegeben. Da es zehn Teilchen gibt, wird das Feld das $(\frac{3}{2})^+$ Decimet (oder Dekuplett) genannt. Die Ähnlichkeit mit Eschers "Sky and Water I" auf S. 408 ist eindrucksvoll, besonders wenn man berücksichtigt, daß auch das Dekuplett der Antiteilchen existiert.

Y ↑ → I_3

	$q_\lambda q_\lambda q_\lambda$				Ω^-			1675 MeV
	$q_p q_\lambda q_\lambda$	$q_n q_\lambda q_\lambda$			Ξ^{*0}	Ξ^{*-}		1529 MeV
	$q_p q_p q_\lambda$	$q_p q_n q_\lambda$	$q_n q_n q_\lambda$		Σ^{*+}	Σ^{*0}	Σ^{*-}	1383 MeV
$q_p q_p q_p$	$q_p q_p q_n$	$q_p q_n q_n$	$q_n q_n q_n$	Δ^{++}	Δ^+	Δ^0	Δ^-	1236 MeV

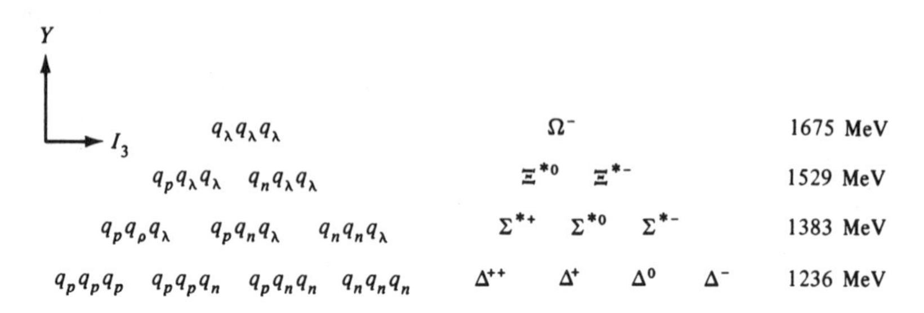

Bild 13.3 Quarks und das $(\frac{3}{2})^+$-Dekuplett. Die Zustände und Teilchen sind so angeordnet, daß die x-Achse I_3 und die y-Achse Y bezeichnet. Die Ruhenergien sind rechts angegeben.

Drei Spin-$\frac{1}{2}$ Fermionen können auch gekoppelt werden, um einen Zustand mit Spin $\frac{1}{2}$ und positiver Parität zu bilden. Tabelle 13.1 zeigt, daß nur acht Mitglieder der $(\frac{1}{2})^+$-Familie bekannt sind. Die acht Teilchen und die entsprechenden Quarkkombinationen werden in Bild 13.4 gezeigt.

Beim Vergleich der existierenden Teilchen und der Quarkkombinationen in Bild 13.4 ergeben sich zwei Fragen: 1) Warum sind die Eckteilchen $q_p q_p q_p$, $q_n q_n q_n$ und $q_\lambda q_\lambda q_\lambda$ im $(\frac{3}{2})^+$ Dekuplett vorhanden, aber nicht im $(\frac{1}{2})^+$ Oktett? 2) Warum erscheint die Kombination $q_p q_n q_\lambda$ im Oktett zweimal, aber im Dekuplett nur einmal? Beide Fragen lassen sich einfach beantworten:

1. Es kann kein antisymmetrischer Zustand mit Spin $\frac{1}{2}$ und Drehimpuls Null aus drei identischen Fermionen gebildet werden (versuchen Sie es!). Die "Eckteilchen" im $(\frac{1}{2})^+$-Oktett sind daher durch das Pauliprinzip, Gl. 13.13, verboten und werden in der Natur tatsächlich nicht gefunden.

	$q_p q_\lambda q_\lambda$	$q_n q_\lambda q_\lambda$		Ξ^0	Ξ^-	1314 MeV
	$q_p q_n q_\lambda$					
$q_p q_p q_\lambda$		$q_n q_n q_\lambda$	Σ^+	Σ^0	Σ^-	1192 MeV
	$q_p q_n q_\lambda$			Λ^0		1115 MeV
	$q_p q_p q_n$	$q_p q_n q_n$		p	n	939 MeV

Bild 13.4 Das $(\frac{1}{2})^+$-Baryon-Oktett und die entsprechenden Quarkkombinationen. Die Ruhenergien des Isomultipletts sind rechts angegeben.

2. Wenn die z-Komponente eines jeden Quark-Spins durch einen Pfeil bezeichnet wird, so gibt es drei Möglichkeiten, einen Zustand mit $L = 0$ und $J_z = +\frac{1}{2}$ zu bilden:

$$q_p\uparrow q_n\uparrow q_\lambda\downarrow, \qquad q_p\uparrow q_n\downarrow q_\lambda\uparrow, \qquad q_p\downarrow q_n\uparrow q_\lambda\uparrow. \tag{13.14}$$

Aus diesen drei Zuständen lassen sich drei verschiedene Linearkombinationen erzeugen, die alle zueinander orthogonal sind und einen Gesamtspin J haben. Zwei dieser Kombinationen haben Spin $J = \frac{1}{2}$ und eine hat Spin $J = \frac{3}{2}$. Die Kombination mit $J = \frac{3}{2}$ tritt im Dekuplett auf; die anderen beiden sind Mitglieder des Oktetts.

13.6 *Die Hadronenmassen*

Eine erstaunliche Regelmäßigkeit macht sich bemerkbar, wenn man die Massen der Teilchen gegen ihre Quarkbestandteile aufträgt. In den beiden letzten Abschnitten haben wir bestimmte Zuordnungen von Quarkkombinationen zu den meisten Hadronen gefunden, die den Satz der vier Urteilchen in Tabelle 13.1 umfassen. Ein sorgfältiger Blick auf die Massenwerte verschiedener Zustände zeigt, daß die Masse stark von der Anzahl der λ-Quarks abhängt. In Bild 13.5 sind die Ruhenergien der meisten Teilchen aufgezeichnet, und die Zahl der seltsamen Quarks ist für jeden Zustand angegeben. Die Massen der verschiedenen Zustände kann man verstehen, wenn man annimmt, daß die nichtseltsamen Quarks die gleiche Mas-

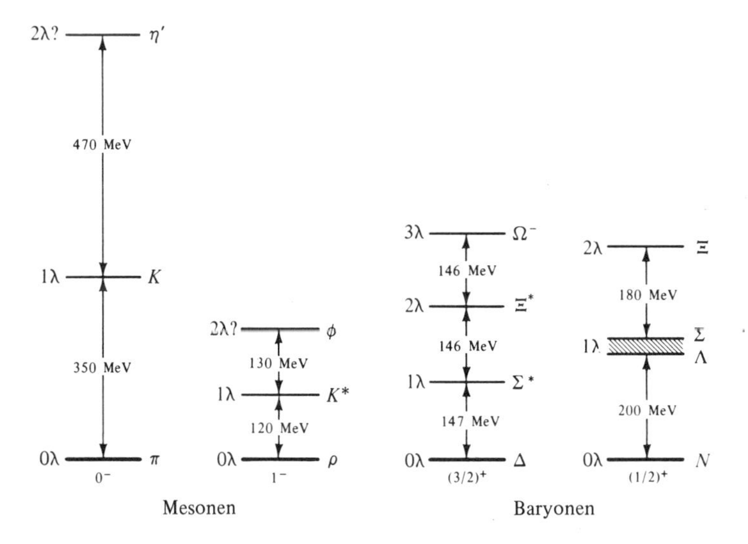

Bild 13.5 Teilchen-Ruhenergien. Jedes Niveau ist durch die Zahl der λ-Quarks gekennzeichnet, die es enthält.

se haben, daß aber die seltsamen Quarks um einen Betrag Δ schwerer sind:

$$\begin{aligned} m(q_p) &= m(q_n) \\ m(q_\lambda) &= m(q_p) + \Delta. \end{aligned} \tag{13.15}$$

Bild 13. 5 impliziert, daß der Wert von Δ in der Größenordnung von einigen 100 MeV/c^2 liegt. Die Tatsache, daß die beobachteten Niveaus nicht alle den gleichen Abstand haben, ist nicht überraschend. Die Masse eines Mesons aus den Quarks q_1 und $\bar{q}_2$ ist durch

$$m = m(q_1) + m(\bar{q}_2) - \frac{B}{c^2}.$$

gegeben. Es wäre zu viel verlangt, daß die Bindungsenergie B für alle Mesonen und Baryonen die gleiche ist. B wird sehr wahrscheinlich von der Natur der Kräfte zwischen Quarks und von dem Zustand der Quarks abhängen. Bild 13. 5 liefert daher nur einen groben Wert für die Massendifferenz Δ.

Einige Beobachtungen folgen sofort aus den einfachen Argumenten, die bis jetzt vorgetragen wurden. Die erste bezieht sich auf Ω^-. Als Gell-Mann zuerst die Strangeness (Seltsamkeit) einführte, kam er zu dem Schluß, daß ein Teilchen mit der Strangeness -3 existieren müßte, und er nannte es Ω^-. Einige Jahre später führte er die Gruppe SU(3) in die Teilchenphysik ein und sagte die Masse des Ω^- voraus[3]). Die Voraussage kann man leicht verstehen, wenn man Bild 13.3 betrachtet. Nachdem Gell-Mann alle Teilchen außer dem Ω^- hingeschrieben hatte, folgte die Spitze der Pyramide logischerweise. Bild 13. 5 zeigt, daß die Energieunterschiede zwischen den drei unteren Lagen der Pyramide etwa 146 MeV betragen. Konsequenterweise sollte die Spitze der Pyramide 146 MeV über der Ruhenergie des Ξ^* liegen und dort wurde das Ω^- gefunden.[11])

Die zweite Beobachtung betrifft die postulierten Urteilchen. Bild 13.5 kann als Hinweis darauf dienen, daß die Aufspaltung zwischen den verschiedenen Niveaus - in Bild 13.2 der erste Schritt von rechts - dadurch hervorgerufen wird, daß sich die Kraft zwischen einem seltsamen und nichtseltsamen Hadron von der unterscheidet, die zwischen zwei seltsamen und zwei nichtseltsamen Hadronen wirkt. Die Masse des Urteilchens würde durch eine hadronische Kraft gegeben sein, die nicht zwischen seltsamen und nichtseltsamen Teilchen unterscheidet. Auf jeden Fall nimmt man im Quarkmodell an, daß die verschiedenen Teilchen, die zu einer Familie gehören, ähnliche hadronische Eigenschaften haben. Wenn die Kraft, die die Aufspaltung verursacht, ausgeschaltet werden könnte, so

11 Das erste Ω^- wurde wahrscheinlich in einem Experiment mit kosmischer Strahlung 1954 festgestellt [Y. Eisenberg, *Phys. Rev.* **96**, 541 (1954)]. Die eindeutige Bestimmung erfolgte jedoch 1964 [Barnes et al., *Phys. Rev. Letters* **12**, 204 (1964)]. S. auch W. P. Fowler und N. P. Samios, *Sci. Amer.* **211**, 36 (April 1964).

würden alle Teilchen in einen degenerierten Zustand zusammenfallen. Die unitären Multipletts in Tabelle 13.1 sind daher Verallgemeinerungen von Isospinmulitpletts.

Die dritte Beobachtung führt uns zu dem Problem der neutralen Mesonen zurück. Dieses Problem wurde in Abschnitt 13.4 nur teilweise gelöst. In Gl. 13.12 wurde die Quarkkombination von ρ^0 gegeben, aber ω^0 und ϕ^0 wurden ohne Zuordnung belassen. Bild 13.5 impliziert, daß ϕ^0 mit 130 MeV über K^* aus zwei seltsamen Quarks besteht:

(13.16) $\phi^0 = q_\lambda \bar{q}_\lambda.$

Man findet nun die Zustandsfunktion von ω^0, indem man

(13.17) $\omega^0 = c_1 q_p \bar{q}_p + c_2 q_n \bar{q}_n + c_3 q_\lambda \bar{q}_\lambda$

schreibt. Der Zustand, der ω_0 repräsentiert, sollte orthogonal zu ρ^0 und ϕ^0 sein. Mit den Gln. 13.16 und 13.12 wird dann der ω^0-Zustand zu

(13.18) $\omega^0 = \frac{1}{\sqrt{2}}(q_p \bar{q}_p + q_n \bar{q}_n),$

und die Masse von ω^0 sollte

(13.19) $m_{\omega^0} \approx m_{\rho^0}$

erfüllen. Diese Voraussage stimmt angenähert mit der Wirklichkeit überein.

13.7 *Münchhausentrick (Bootstrapping) und Regge-Pole*

Auch wenn Quarks reale Teilchen, entdeckt und ihre Eigenschaften klar wären, so blieben einige Fragen unbeantwortet: sind die Quarks die letzten Bausteine, oder sind auch sie wieder aus anderen Einheiten aufgebaut? Wenn sie zusammengesetzt sind, geht dann dieses Spiel unendlich weiter? Wenn nicht, wie kann ihre Existenz gerechtfertigt und verstanden werden? Von Chew und Frautschi wurde eine fundamentale Behandlung vorgeschlagen[12]: sie nehmen an, daß alle Hadronen gleiche Bedeutung haben. Jedes Hadron soll aus allen anderen aufgebaut werden, so daß es unmöglich ist, zu sagen, welches elementar und welches zusammengesetzt ist. Gell-Mann nannte dieses Bild Nukleare Demokratie. Man nimmt an, daß ein solches Modell zu selbstkonsistenten Bedingungen führt und daß diese so beschaffen sind, daß die Massen aller Hadronen und ihre Kopplungskonstanten das eindeutige Ergebnis der Selbstkonsistenzforderung oder des Münchhausentricks sind[13].

12 G. F. Chew und S. C. Frautschi, *Phys. Rev. Letters* 7, 394 (1961).

13 Bootstrapping wurde wahrscheinlich zuerst von Hieronymus Karl Friedrich, Freiherr von Münchhausen (Oxford, 1786) durchgeführt, der sich und sein Pferd an seinen Haaren aus dem Sumpf zog. Die Franzosen beanspruchen die Priorität für Baron de Crac.

Um die Idee des Bootstrapping (Münchhausentrick) zu erklären, betrachte man eine Welt, in der nur Pionen und Rho's existieren. Das ρ-Meson wurde schon einige Male erwähnt, besonders in den Abschnitten 5.3 und 10.7. Es ist ein kurzlebiges Teilchen, das in zwei Pionen zerfällt, und es kann als ein Resonanzzustand zweier Pionen angesehen werden. In unserer hypothetischen Welt kann es stabil sein, aber es hat die gleichen Quantenzahlen wie das reale ρ.

Man nimmt an, daß die Kraft zwischen zwei Pionen durch den Austausch eines virtuellen ρ erzeugt wird, s. Bild 13.6(a). Die Kraft kann man grob als ein Potential mit der konstanten Tiefe V_0 und dem Radius R_0 beschreiben. Der Radius R_0 ist natürlich durch die Compton-Wellenlänge des ρ gegeben:

$$R_0 = \frac{\hbar}{m_\rho c}.$$

Wenn das Potential V_0, charakterisiert durch die Kopplungskonstante g_ρ, schwach ist, so geschieht nichts Besonderes. Jedoch erscheint für ein Rechteckpotential mit dem Radius R_0 und der Tiefe V_0 ein gebundener Zustand, wenn

$$V_0 R_0^2 \geq \frac{\pi^2 \hbar^2}{4 m_\pi}$$

oder

$$V_0 \gtrsim \frac{\pi^2 \hbar^2}{4 m_\pi R_0^2} = \frac{\pi^2}{4} m_\rho c^2 \left(\frac{m_\rho}{m_\pi}\right).$$

In ähnlicher Weise tritt für ein genügend großes g_ρ und einen relativen Drehimpuls von 1 eine Resonanz auf (und für noch stärkere g_ρ auch ein gebundener Zustand). Die Resonanz ist gerade das ρ, wie in Bild 13.6(b) gezeigt. Die Pion-Pion-Kraft, durch ein virtuelles ρ vermittelt, hat sich selbst aus dem Sumpf gezogen, um ein reales ρ zu bilden. Eine genauere Rechnung zeigt tatsächlich, daß die vom ρ-Austausch herrührende Kraft im $J = 1$, $I = 1$-Zustand attraktiv ist; dieser Zustand hat die Quantenzahlen des ρ. In einer vollständig selbstkonsistenten Theorie sollte sich die Stärke der Wechselwirkung, die Masse und die Breite des ρ ergeben. Die Erweiterung dieser Behandlung auf alle beobachteten Teilchen ist so schwierig und komplex, daß es unmöglich ist, festzustellen, ob die Bootstrap-Methode wirklich der richtige Weg ist, den Elementarteilchenzoo zu be-

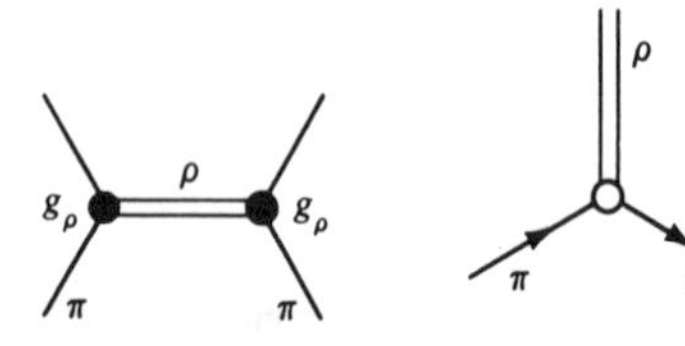

(a) Pion-Pion-Kraft

(b) Reales Rho

Bild 13.6 (a) Man nimmt an, daß die Kraft zwischen zwei Pionen vollständig durch Rho-Mesonen hervorgerufen wird.
(b) Die Kraft ist so stark geworden, daß die beiden Pionen gemeinsam ein Rho produzieren.

handeln. Wir wollen diese Linie nicht weiter verfolgen, sondern uns einem anderen Aspekt des gleichen Problems zuwenden, nämlich der Beschreibung der Regge-Pole.

Bei der Suche nach einer perfekten Kern-Demokratie spielen die Regge-Pole eine wichtige Rolle. Wir wollen daher einige relevante Ideen aufzeigen und beginnen mit der Erläuterung der Energieniveaus eines dreidimensionalen, harmonischen Oszillators. Da diese Energieniveaus auch beim Kernschalenmodell in Kapitel 15 auftreten, wird der harmonische Oszillator hier genauer behandelt, als es sonst nötig wäre [14]. Die physikalischen Tatsachen sind einfach, aber die gesamte Mathematik ist etwas umfangreich; nur die Punkte, die auch in Kapitel 15 benötigt werden, sollen hier behandelt werden.

Ein Teilchen, das in Richtung auf einen festen Punkt durch eine Kraft angezogen wird, die proportional ist zum Abstand r' von dem Punkt, hat eine potentielle Energie

(13.20) $$V(r') = \tfrac{1}{2}\kappa r'^2.$$

Die Schrödinger-Gleichung für einen solchen dreidimensionalen Oszillator ist

(13.21) $$\nabla^2\psi + \frac{2m}{\hbar^2}\left(E - \frac{1}{2}\kappa r'^2\right)\psi = 0.$$

Mit den Substitutionen

(13.22) $$\kappa = m\omega^2, \qquad r' = \left(\frac{\hbar}{m\omega}\right)^{1/2} r, \qquad E = \frac{1}{2}\hbar\omega\lambda$$

wird die Schrödinger-Gleichung

(13.23) $$\nabla^2\psi + (\lambda - r^2)\psi = 0.$$

Da der harmonische Oszillator kugelsymmetrisch ist, läßt sich die Schrödinger-Gleichung vorteilhaft in sphärischen Polarkoordinaten r, θ und φ schreiben. In diesen Koordinaten ergibt sich der Operator ∇^2 zu

(13.24) $$\nabla^2 = \frac{1}{r^2}\frac{\partial}{\partial r}\left(r^2\frac{\partial}{\partial r}\right) - \frac{1}{r^2\hbar^2}L^2$$

mit L^2 als Operator des quadratischen Drehimpulses

(13.25) $$L^2 = -\hbar^2\left[\frac{1}{\sin\theta}\frac{\partial}{\partial\theta}\left(\sin\theta\frac{\partial}{\partial\theta}\right) + \frac{1}{\sin^2\theta}\frac{\partial^2}{\partial\varphi^2}\right].$$

Ein Ansatz der Form

(13.26) $$\psi = R(r)Y_l^m(\theta,\varphi)$$

14 Der eindimensionale Oszillator wird z.B. bei Eisberg, Abschnitt 8.6 behandelt. Der dreidimensionale Oszillator ist im Messiah, Abschnitt 12.15, zu finden oder im Detail bei J. L. Powell und B. Crasemann, *Quantum Mechanics*, Addison-Wesley, Reading, Mass., 1961, Abschnitt 7.4.

löst Gl. 13.23. Hier sind die Y_l^m Kugelflächenfunktionen, die in Tabelle A8 im Anhang gegeben sind. Y_l^m ist eine Eigenfunktion von L^2 und L_z (vgl. Gl. 5.7),

$$L^2 Y_l^m = l(l+1)\hbar^2 Y_l^m$$
(13.27)
$$L_z Y_l^m = m\hbar Y_l^m.$$

Die radiale Wellenfunktion $R(r)$ erfüllt

(13.28) $$\frac{1}{r^2}\frac{d}{dr}\left(r^2\frac{dR}{dr}\right) + \left(\lambda - r^2 - \frac{l(l+1)}{r^2}\right)R = 0.$$

Diese Gleichung läßt sich einfach lösen[14]; die interessierenden Resultate können, wie folgt, zusammengefaßt werden[15]. Gl. 13.28 hat erlaubte Lösungen nur, wenn

(13.29) $$E_N = (N + \tfrac{3}{2})\hbar\omega$$

gilt, wobei N eine ganze Zahl ist, $N = 0, 1, 2, \ldots$. Das Potential und die Energieniveaus sind in Bild 13.7 gezeigt. Die vollständige Wellenfunktion ist durch

(13.30) $$\psi_{Nlm} = \left(\frac{2}{r}\right)^{1/2} \Lambda_k^{l+1/2}(r^2) Y_l^m(\theta, \varphi), \qquad k = \frac{1}{2}(N - l)$$

gegeben, wobei $\Lambda(r^2)$ eine Laguerre-Funktion ist. Sie ist mit den bekannteren Laguerre-Polynomen $L_k^\alpha(r)$ durch

(13.31) $$\Lambda_k^\alpha(r^2) = \left[\Gamma(\alpha+1)\binom{k+a}{k}\right]^{-1/2} e^{-r^2/2} r^\alpha L_k^\alpha(r^2)$$

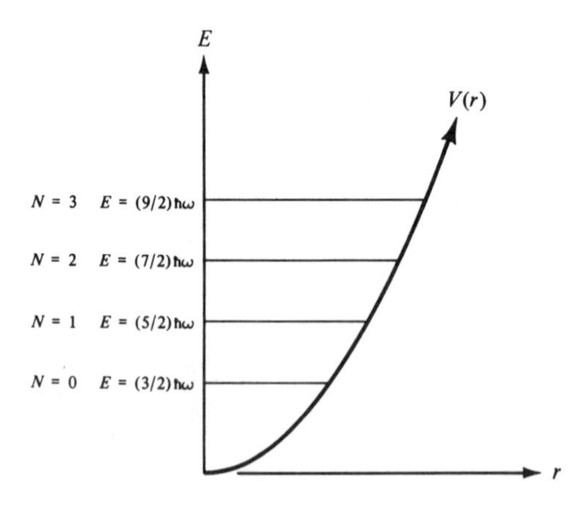

Bild 13.7 Dreidimensionaler harmonischer Oszillator und seine Energieniveaus.

15 Es sind verschiedene Definitionen der Quantenzahlen gebräuchlich. Unsere Bezeichnung stimmt mit der von A. Bohr und B. R. Mottelson, *Nuclear Structure*, Vol. I. Benjamin, Reading, Mass., 1969, S. 220, überein.

verbunden. Zuerst sehen diese Funktionen schrecklich aus. Sie werden jedoch durchsichtig, wenn man einfach ihre Eigenschaften und ihr Verhalten in einem der vielen Bücher der mathematischen Physik nachschaut [16]). Die radialen Wellenfunktionen der ersten drei Niveaus sind in Bild 13.8 gezeigt. Welche physikalische Bedeutung haben die Indizes N, l und m? N wurde schon in Gl. 13.29 definiert; es numeriert die Energieniveaus. Gl. 13.27 zeigt, daß l die Bahndrehimpulsquantenzahl ist; sie ist auf Werte $l \leq N$ beschränkt. Für jeden Wert von l kann die magnetische Quantenzahl m $2l+1$ Werte annehmen, von $-l$ bis l. Die Parität jedes Zustands ist durch Gl. 9.10 zu

$$\pi = (-1)^l$$

bestimmt. Es existieren Zustände gerader und ungerader Parität, und folglich sind die möglichen Bahndrehimpulse eines Zustands mit der Quantenzahl N durch

$$\text{(13.32)} \quad \begin{array}{lll} N \text{ gerade} & \pi \text{ gerade} & l = 0, 2, \ldots, N \\ N \text{ ungerade} & \pi \text{ ungerade} & l = 1, 3, \ldots, N. \end{array}$$

gegeben. Die Entartung eines jeden Zustands N kann man nun durch Abzählen erhalten: die möglichen Drehimpulse sind durch Gl. 13.32 festgelegt; jeder Drehimpuls steuert $2l + 1$ Unterzustände bei und die Gesamtentartung wird

$$\text{(13.33)} \quad \text{Entartung} = \tfrac{1}{2}(N + 1)(N + 2).$$

Die radiale Wellenfunktion $R(r) = (2/r)^{1/2}\Lambda$ ist durch die Zahl der Knoten n_r charakterisiert. Es ist üblich, die Knoten bei $r = 0$ von der Zählung auszuschließen, dagegen bei $r = \infty$ die Knoten mitzuzählen. Das Beispiel in Bild 13.8 zeigt dann

$$\text{(13.34)} \quad n_r = 1 + k = 1 + \tfrac{1}{2}(N - l).$$

Diese Beziehung gilt für alle radialen Wellenfunktionen $R(r)$.

Nach dieser langen Vorbereitung kommen wir zu unserer Aufgabe zurück und verbinden die Eigenschaften des harmonischen Oszillators mit dem Teilchenmodell. Der Zustand eines Teilchens kann durch seine Masse (Energie) und seinen Drehimpuls charakterisiert werden. Für den harmonischen Oszillator ist in Bild 13.9 der Drehimpuls l gegen die Energie aufgetragen. Die Zustände in Bild 13.9 können auf verschiedene Art in Familien angeordnet werden: Zustände mit gleichem N oder l oder n_r können verbunden werden. In Bild 13.9 wurde die letzte Möglichkeit gewählt, und das Resultat ist eine Reihe von Geraden, die mit wachsender Energie ansteigen. Die Linearität ist eine Eigenschaft des harmonischen Oszillators; wählt man eine andere Potentialform, so sind die Linien im allgemeinen

16 Z.B. P. M. Morse und H. Feshbach, *Methods of Theoretical Physics*, McGraw-Hill, New York, 1953, Abschnitt 12.3, Gl. 12.3.37.

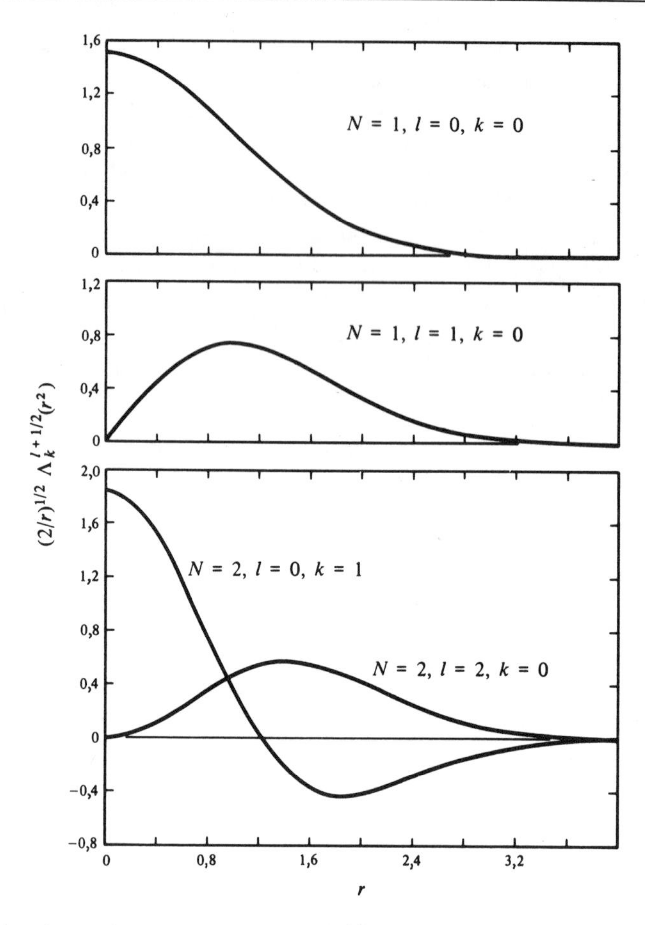

Bild 13.8 Normierte radiale Wellenfunktionen $(2/r)^{1/2}\ \Lambda$ des dreidimensionalen, harmonischen Oszillators. Der Abstand r wird in Einheiten von $(\hbar/m\omega)^{1/2}$ gemessen.

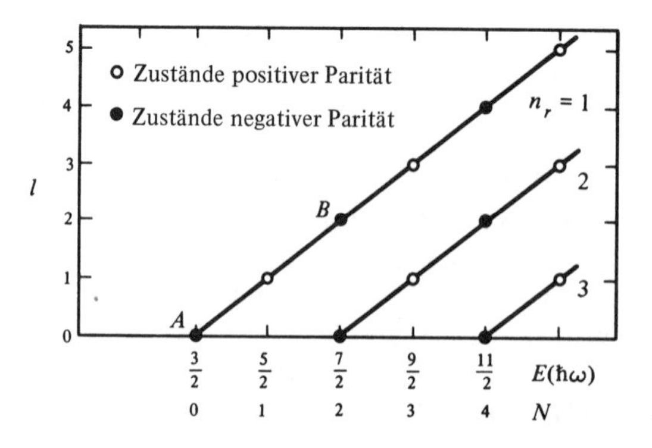

Bild 13.9 In dieser Darstellung sind die Drehimpulse gegen die Energie der Zustände des dreidimensionalen harmonischen Oszillators aufgetragen.

keine Geraden mehr, aber das Gesamtbild bleibt gleich. Warum wurden die Zustände mit gleichem n_r und nicht gleichem l verbunden? Die Quantenzahlen l und n_r haben verschiedenen physikalischen Ursprung. Im Prinzip können wir ein quantenmechanisches System nehmen und es mit verschiedenen Werten seines Drehimpulses herumdrehen, ohne seine interne Struktur zu ändern. Die Quantenzahl l beschreibt das Verhalten des Systems bei Rotation im Raum, und sie kann eine externe Quantenzahl genannt werden. Die Zahl der radialen Knoten jedoch ist eine Eigenschaft der Zustandsstruktur und n_r (wie die Eigenparität) kann man eine interne Quantenzahl nennen. In diesem Sinn haben die Zustände auf einer Trajektorie eine ähnliche Struktur. Tatsächlich können die Teilchen auf einer gegebenen Linie weiterhin unterteilt werden: Zustände mit der gleichen Parität treten in Intervallen von $\Delta l = 2$ wieder auf.

Das Verhalten des harmonischen Oszillators in Bild 13.9 kann in folgender Weise interpretiert werden: alle Zustände sind gleich fundamental. Es gibt keinen wesentlichen Unterschied zwischen Grundzustand und angeregtem Zustand, und kein Zustand erscheint als ein fundamentaler Baustein. Zustand B in Bild 13.9 wird als Wiederkehr von Zustand A mit höherem Drehimpuls angesehen. Nun ergibt sich die Frage: zeigen die Teilchen ein ähnliches Verhalten, wenn die Teilchenmasse gegen den Teilchenspin für Teilchen aufgetragen wird, die die gleichen internen Quantenzahlen haben? Tatsächlich treten ausgeprägte Regelmäßigkeiten auf[17]; wir stellen in Bild 13.10 ein Beispiel vor, nämlich die Hyperonen mit Isospin $\frac{3}{2}$, Hyperladung 1 und positiver Parität. Die Zeichnung wird äußerst eindrucksvoll, wenn der Spin gegen das Quadrat der Teilchenmasse aufgetragen wird. Das Auftreten einer Familie ist klar und die Ähnlichkeit mit Bild 13.9 evident.

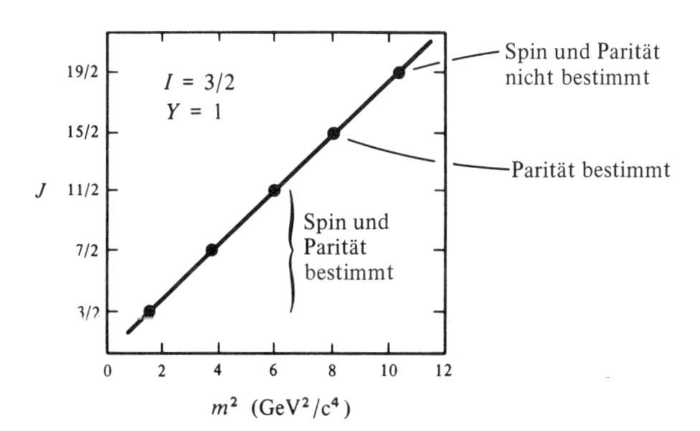

Bild 13.10 Darstellung des Spins in Abhängigkeit der (Masse)^2 für Hyperonen mit Isospin $\frac{1}{2}$, Hyperladung 1 und positiver Parität.

17 V. D. Barger und D. B. Cline, *Phenomenological Theories of High Energy Scattering, An Experimental Evaluation*, Benjamin, Reading, Mass., 1969.

Die Teilchen mit größerer Masse werden Regge-Pole (Wiederkehren) des Zustands mit der kleinsten Masse genannt. Wie beim harmonischen Oszillator weisen solche Darstellungen auf subatomare Demokratie hin: alle Zustände erscheinen auf gleicher Basis und keiner ist fundamentaler als der andere. Wir wollen die Diskussion der Teilchenmodelle mit dieser Beobachtung abschließen, aber dazu betonen, daß die "Reggeologie", die Wissenschaft (oder Kunst) der Teilchendarstellung in einer Drehimpulsebene, hier nur beginnt.

13.8 *Ausblick und Probleme*

Wir haben nur ein bißchen an der Oberfläche der Teilchenmodelle gekratzt. Eine detaillierte Diskussion geht wesentlich tiefer und beinhaltet nicht nur die Zuordnung von Teilchen zu Quarkkombinationen, sondern auch die Diskussion von Teilcheneigenschaften, wie Zerfall und Formfaktoren, und von der Streuung bei hohen Energien. Das Quarkmodell ist sehr erfolgreich. Obwohl es nicht alle Phänomene erklärt, gelingt es doch, eine große Zahl von Beobachtungen miteinander zu verknüpfen. Der Erfolg führt zu einer Anzahl von Fragen; einige sind so fundamental, daß sie hier aufgeführt werden sollten:

1. Existieren Quarks wirklich? Welche Eigenschaften und Wechselwirkungen haben sie dann? Wenn sie nicht entdeckt werden, warum nicht? Diese Frage ist für Experimentalphysiker besonders anziehend, denn die möchten gerne richtige Quarks fangen und beobachten. Theoretiker betreiben eine geruhsame Absonderung und behaupten, daß theoretische Quarks genauso wertvoll sind wie reale. Nur das Experiment wird diese Frage entscheiden können, aber wenn Quarks nicht entdeckt werden, muß eine Erklärung für den Erfolg des Quarkmodells auf anderer Basis gefunden werden.

2. Die Basis unserer Diskussion war das Quarkmodell mit der Zuordnung Boson $= (q\bar{q})$ und Fermion $= (qqq)$. Weiter werden nur Zustände mit Bahndrehimpuls $L = 0$ betrachtet. Warum ist dieses einfache Modell so erfolgreich?
Existieren Zustände mit $L \neq 0$ oder mit Zuordnungen

$$\text{Boson} = (q\bar{q}q\bar{q}), \qquad \text{Fermion} = (qqqq\bar{q})\,?$$

Wenn nicht, warum nicht? Wenn ja, wo sind sie und welche Eigenschaften haben sie?

3. Die im vorigen Paragraphen aufgeführten Eigenschaften veranlassen eine Reihe von Fragen über den Charakter der Kräfte zwischen den Quarks. Es gibt eine Anzahl von ernsten Rätseln. Eines der schwierigsten kann folgenderweise dargestellt werden: in Abschnitt 13. 5 wurde darauf hingewiesen,

daß drei identische Quarks, z.B. $q_\lambda q_\lambda q_\lambda$ ein Hadron mit dem Spin $\frac{3}{2}$, hier ein Ω^-, erzeugen. Gesamtdrehimpuls $L = 0$ wird angenommen; da der Spinzustand der Quarks in Ω^- symmetrisch ist, muß der Zustand im Ortsraum antisymmetrisch sein. Für die meisten Kräfte ist der niedrigste Ortszustand symmetrisch (s-Zustand), und während es möglich ist, einen antisymmetrischen Ortszustand mit $L = 0$ zu bilden[18]), ist es schwierig, Kräfte zu erfinden, die einen solchen Zustand als Grundzustand liefern. Die Frage nach den Kräften zwischen den Quarks, und die mögliche Existenz von starken Dreikörperkräften zwischen ihnen ist noch ungelöst. Die dynamischen Gleichungen für die Bewegung der Quarks in den Hadronen sind unbekannt. [In den letzten Jahren wurde ein symmetrischer Ortsraumzustand durch Einführung einer neuen Quantenzahl, genannt "Farbe" (color), erzwungen.]

4. Gibt es einen alternativen Weg, um alle Resultate aus dem Quarkmodell zu erklären? Es scheint, daß die meisten der Ergebnisse auch mit anderen Theorien erklärt werden können. Jedoch ist das Quarkmodell dasjenige, das am leichtesten mit nicht-technischen Termen erklärt werden kann. Es hat sich fast immer gezeigt, daß Teilchen, die auf einer vernünftigen Basis postuliert wurden, auch im aktuellen Zoo auftraten, auch wenn die Zeit zwischen Vorhersage und experimentellem Nachweis in einigen Fällen quälend lang war. Wir können hoffen, daß die Arbeiten bei CERN und NAL wenigstens einige Fragen über Quarks beantworten werden.

5. Wir haben nur kurz das Gebiet der Regge-Pole gestreift, aber auch hier gibt es eine enorme Anzahl offener Probleme. Beschreiben die Regge-Pole wirklich alle Teilchen? Wird eine selbstkonsistente Beschreibung schließlich die ganze Hadronen-Physik erklären?

6. Alle Bemerkungen dieses Kapitels beziehen sich auf Hadronen. Es gibt kein Modell für Leptonen. Versuche, Leptonen-Quarks einzuführen, schlugen fehl und es ist noch nicht klar, ob Hadronen und Leptonen in irgendeiner Beziehung stehen. Auch weiß man nicht, ob die gegenwärtig bekannten Leptonen alle Möglichkeiten ausschöpfen, oder ob Leptonen vorkommen, die schwerer als das Myon sind. [Auch hier sind kürzlich wesentliche neue Resultate erschienen. Ein schweres Lepton scheint gefunden worden zu sein und es ist möglich, daß eine Lepton-Quark Symmetrie existiert.]

7. Wie sind die Quarks mit den Partonen verknüpft? Da die Existenz beider Teilchen nicht gesichert ist, erscheint die Frage etwas voreilig. Wenn eine oder beide hypothetischen Einheiten gefunden werden, ist eine Antwort leichter. Wenn sie sich nicht zeigen, müssen die relevanten Experimente an einem bestimmten Punkt in einem gemeinsamen Bild beschrieben werden.

18 R. H. Dalitz, in *High Energy Physics*, École d'Été de Physique Théorique (C. DeWitt und M. Jacob, eds.), Les Houches, 1965, Gordon & Breach, New York 1965.

13.9 *Literaturhinweise*

Die beiden folgenden Artikel bringen eine sehr leichte und lesbare Einführung in die Grundideen des Quarkmodells:

Ya. B. Zel'dovich, *Soviet Phys. Usp.* 8, 489 (1965).
L. Brown, *Phys. Today* 19, 44 (Febr. 1966).

Auf wesentlich höherem Niveau wird das Quarkmodell in den folgenden drei Büchern diskutiert:

B.T. Feld, *Models of Elementary Particles*, Ginn/Blaisdell, Waltham, Mass., 1969.
J.J.J. Kokkedee, *The Quark Model*, Benjamin, Reading, Mass., 1969.
D.B. Lichtenberg, *Unitary Symmetry and Elementary Particles*, Academic Press, New York, 1970.

Neue Ergebnisse sind zusammengefaßt bei G. Morpurgo "A Short Guide to the Quark Model", *Ann. Rev. Nucl. Sci.* 20, 105 (1970). Dieser Artikel enthält auch eine auf den neuesten Stand gebrachte Liste von Referenzen, die auch auf Reviewartikel, theoretische und experimentelle Veröffentlichungen verweisen.

Die unitäre Symmetrie ist eng mit dem Quarkmodell verbunden. Eine gute erste Einführung ist

H.J. Lipkin, *Lie Groups for Pedestrians*, North-Holland, Amsterdam, 1965.

Die Originalveröffentlichungen über die unitäre Symmetrie wurden in M. Gell-Mann und Y. Ne'eman, *The Eightfold Way*, Benjamin, Reading, Mass., 1964 gesammelt und herausgegeben.

Eine leichtverständliche Einführung in das Gebiet der Regge-Pole ist uns nicht bekannt. Auf höherem Niveau existieren eine große Anzahl von Büchern und Übersichtsartikeln. Relativ leicht zu lesen sind

R.J. Eden, *High Energy Collisions of Elementary Particles*, Cambridge University Press, Cambridge, 1967.
R. Omnès und M. Froissart, *Mandelstam Theory and Regge Poles, An Introduction for Experimentalists*, Benjamin, Reading, Mass., 1963.

Eine Referenzliste und eine Zusammenfassung der experimentellen Informationen wird in V.D. Barger und D.B. Cline, *Phenomenological Theories of High Energy Scattering, An Experimental Evaluation,* Benjamin, Reading Mass., 1969 gegeben. S.a. D.V. Shirkov, *Soviet Phys. Usp.* 13, 599 (1971).

Bootstrapping wird bei G.F. Chew, *Phys. Rev.* **D4**, 2330 (1971) und G.F. Chew, *The Analytic S Matrix*, Benjamin, Reading, Mass., 1966 behandelt.

Aufgaben

13.1 Nehmen Sie an, daß die nichtseltsamen Quark q_p und q_n stabil sind. Beschreiben Sie ihren Lebensweg, wenn sie in einen Festkörper gelangen. Was ist das End-Schicksal eines jeden von beiden und wo kommen sie ihrer Meinung nach zur Ruhe?

13.2 Beschreiben Sie die Möglichkeiten, an Beschleunigern nach Quarks zu suchen. Wie kann man Quarks von anderen Teilchen unterscheiden? Was beschränkt die Masse der Quarks, die gefunden werden können?

13.3 Könnte man Quarks in einem Experiment des Millikan-Typs (Öltröpfchen) sehen? Schätzen Sie die untere Grenze der Konzentration ab, die in einem Experiment mit gewöhnlichen Öltröpfchen beobachtet werden kann. Wie kann die Untersuchung verbessert werden?

13.4 Verwenden Sie das Quarkmodell, um das Verhältnis der magnetischen Momente von Proton und Neutron zu berechnen.

13.5 Verwenden Sie ein einfaches Potential mit einer Reichweite, die durch den Austausch eines Vektor-Mesons gegeben ist, um die nichtrelativistische Behandlung der Quarks in einem Quarkmodell zu rechtfertigen.

13.6 Zeigen Sie, daß nur ein Baryonenzustand aus drei identischen Quarks mit $L = 0$ gebildet werden kann.

13.7
a) Zeigen Sie, daß das Quadrat der Summe zweier Drehimpulsoperatoren $\mathbf{J}$ und $\mathbf{J}'$ als

$$\begin{aligned}(\mathbf{J} + \mathbf{J}')^2 &= J^2 + J'^2 + 2\mathbf{J}\cdot\mathbf{J}' \\ &= J^2 + J'^2 + 2J_zJ'_z + J_+J'_- + J_-J'_+\end{aligned}$$

geschrieben werden kann, wobei

$$J_\pm = J_x \pm iJ_y, \qquad J'_\pm = J'_x \pm iJ'_y$$

die Aufsteige- und Absteigeoperatoren sind, deren Eigenschaften in Gl. 8.27 angegeben wurden.
b) Betrachten Sie die beiden Quark-Zustände

$$|\alpha\rangle = |q_p\uparrow\rangle|q_n\downarrow\rangle$$

$$|\beta\rangle = |q_p\downarrow\rangle|q_n\uparrow\rangle,$$

wo z.B. $|q_p\uparrow\rangle$ ein p-Quark mit Spin nach oben ($J_z = \frac{1}{2}$), und $|q_n\downarrow\rangle$ ein n-Quark mit Spin nach unten ($J'_z = -\frac{1}{2}$) beschreibt. Benutzen Sie das Ergebnis aus Teil (a), um eine Linearkombination der Zustände $|\alpha\rangle$ und $|\beta\rangle$ zu finden, die den Werten $J_{tot} = 1$ und $J_{tot} = 0$ des Gesamtdrehimpulses der Quantenzahl der beiden Quarks entspricht.

13.8 Verifizieren Sie die Gln. 13.18 und 13.19. Warum müssen die verschiedenen Teilchenzustände orthogonal zueinander sein?

13.9 Wenden Sie das Argument, das zu Gl. 13.19 führt, auf die neutralen Pseudoskalar-Mesonen an. Suchen Sie nach einer Erklärung, warum die Übereinstimmung mit dem Experiment weniger befriedigend ist als bei den Vektor-Mesonen.

13.10 Anstatt der Zuordnungen in Tabelle 13.2 kann man auch folgende wählen

	J	A	S	I	I_3
q_p'	$\frac{1}{2}$	1	0	$\frac{1}{2}$	$\frac{1}{2}$
q_n'	$\frac{1}{2}$	1	0	$\frac{1}{2}$	$-\frac{1}{2}$
q_λ'	$\frac{1}{2}$	1	-1	0	0.

a) Wie groß ist in diesem Fall q/e und Y für jedes Quark?
b) Mesonen würden wie zuvor aus $q'\bar{q}'$ zusammengesetzt werden, die Baryonen dagegen aus $q'q'\bar{q}'$, wobei das $\bar{q}'$ ein Antiquark ist. Ist diese Zuordnung erlaubt? Erklären Sie alle Schwierigkeiten, die dabei auftreten.
c) Warum wird dieses Modell nicht verwendet? [S. Sakata, Progr. Theoret. Phys. **16**, 686 (1956)].

13.11 Sollte man jemals ein reales Quark entdecken, wie kann man es unter Verschluß halten? Wozu könnte es verwendet werden?

13.12
a) Zeigen Sie, daß "normale" Quarkkonfigurationen für Bosonen $B = (q\bar{q})$ die Bedingung

$$|S| \leq 1, \qquad |I| \leq 1, \qquad \left|\frac{q}{e}\right| \leq 1$$

erfüllen müssen.
b) Wurden exotische Mesonen, d.h. Mesonen, die diese Bedingungen nicht erfüllen, gefunden?

13.13 Verifizieren Sie Gl. 13.23.

13.14 Zeigen Sie, daß L^2, Gl. 13.25, tatsächlich der Operator des Quadrats des Bahndrehimpulses ist.

13.15 Zeigen Sie, daß $R(r)$ die Gl. 13.28 erfüllt.

13.16 Beweisen Sie Gl. 13.33.

13.17 Stellen Sie die Energieniveaus des Wasserstoffatoms, wie in Bild 13.9 dar.

13.18 Suchen Sie zwei weitere Beispiele der Regge-Darstellungen (Bild 13.10) und vergleichen Sie die Steigungen der Trajektorien.

14. Das Tröpfchen-Modell
Das Fermi-Gas-Modell

In Kapitel 12 haben wir gesehen, daß die Beschreibung der Kernkräfte nicht vollständig ist, und daß einige Unklarheiten verbleiben, gerade im Bereich unterhalb von etwa 350 MeV. Weiterhin sind Berechnungen der Kerneigenschaften mit den besten Modell-Kräften von vorneherein extrem schwierig und überlasten auch die größten Computer. Die Kraft ist sehr kompliziert, und die Kerne stellen Vielkörperprobleme dar. Es ist deshalb bei den meisten Kernproblemen nötig, sie zu vereinfachen und spezifische Kernmodelle mit simplifizierten Kräften zu verwenden.

Im allgemeinen können Kernmodelle eingeteilt werden in Einteilchenmodelle (IMP - "independent particle models"), wo angenommen wird, daß sich die Nukleonen in erster Ordnung fast unabhängig in einem gemeinsamen Kernpotential bewegen, und Modelle starker Wechselwirkung (kollektive Modelle) (SIM - "strong interaction models"), in denen die Nukleonen stark aneinander gekoppelt sind. Das einfachste SIM ist das Tröpfchenmodell; das einfachste IPM ist das Fermi-Gas-Modell. Beide werden in diesem Kapitel behandelt. In den beiden folgenden Kapiteln wollen wir das Schalenmodell (IPM) diskutieren, in dem sich die Nukleonen fast unabhängig in einem statischen, sphärischen Potential bewegen, das durch die Kerndichteverteilung bestimmt ist, und das kollektive Modell (SIM), in dem die kollektiven Bewegungen des Kerns betrachtet werden. Das "unified" (vereinigte) Modell kombiniert Eigenschaften des Schalenmodells und des kollektiven Modells: die Nukleonen bewegen sich fast unabhängig in einem gemeinsamen, langsam veränderlichen, nichtsphärischen Potential, und man betrachtet die Anregungen der individuellen Nukleonen und des gesamten Kerns.

14.1 *Das Tröpfchenmodell*

Eine bemerkenswerte Eigenschaft der Kerne ist die annähernd konstante Kerndichte: das Volumen eines Kerns ist proportional zur Zahl A der Konstituenten. Die gleiche Tatsache gilt für Flüssigkeiten, und eines der frühen Kernmodelle war nach dem Muster des Flüssigkeitstropfens gebildet; Bohr [1]) und von Weizsäcker [2]) führten es ein. Kerne werden als fast in-

1 N. Bohr, *Nature* **137**, 344 (1936).

2 C. F. von Weizsäcker, *Z. Physik* **96**, 431 (1935).

kompressible Flüssigkeitstropfen mit extrem hoher Dichte angesehen. Das Modell führt zu einem Verständnis des Trends der Bindungsenergien, mit der Massenzahl größer zu werden; ebenso gibt es ein physikalisches Bild des Spaltungsprozesses. In diesem Kapitel wollen wir die einfachsten Aspekte des Tröpfchenmodells betrachten.

In Abschnitt 5.3 wurden die Messungen der Kernmasse eingeführt und in Abschnitt 5.4 wurden einige grundlegende Eigenschaften der Kerngrundzustände erwähnt. Im besonderen zeigt Bild 5.20 die stabilen Kerne in der NZ-Ebene. Wir kommen hier auf die Kernmassen zurück und wollen ihr Verhalten detaillierter als in Kapitel 5 beschreiben. Man betrachte einen Kern aus A Nukleonen mit Z Protonen und N Neutronen. Die gesamte Masse eines solchen Kerns ist wegen der Bindungsenergie B, die die Nukleonen zusammenhält, etwas kleiner als die Summe der Massen seiner Bestandteile. Für gebundene Zustände ist B positiv und repräsentiert die Energie, die erforderlich ist, den Kern in seine Bestandteile, Neutronen und Protonen, zu zerlegen. B ist durch

$$\frac{B}{c^2} = Zm_p + Nm_n - m_{\text{Kern}}(Z, N) \tag{14.1}$$

gegeben. Hier ist $m_{\text{Kern}}(Z, N)$ die Masse des Kerns mit Z Protonen und N Neutronen. Es ist üblich, A t o m - und nicht Ke r n massen anzugeben. Die Atommasse schließt die Elektronenmasse mit ein. Die Einheit der Atommasse ist definiert als ein Zwölftel der Masse des ^{12}C-Atoms; sie wird Masseneinheit genannt und mit u abgekürzt. In MeV und g ist u durch

$$1\ \text{u} = 931{,}481\ \text{MeV} = 1{,}66043 \times 10^{-24}\ \text{g} \tag{14.2}$$

gegeben. Mit der Atommasse $m(Z, N)$ kann die Bindungsenergie als

$$\frac{B}{c^2} = Zm_H + Nm_n - m(Z, N) \tag{14.3}$$

geschrieben werden. Der kleine Beitrag der Atombindung ist in Gl. 14.3 vernachlässigt; m_H ist die Masse des Wasserstoffatoms. Der Unterschied zwischen der Atomruheenergie $m(Z, N)c^2$ und der Massenzahl mal u wird Massenexzeß (oder Massendefekt) genannt:

$$\Delta = m(Z, N)c^2 - A\ \text{u}. \tag{14.4}$$

Die Werte der Massenexzesse sind im Anhang, Tabelle A6 gegeben. Ein Vergleich zwischen den Gln. 14.3 und 14.4 zeigt, daß $-\Delta$ und B im wesentlichen die gleiche Größe messen und sich nur durch einen kleinen Energiewert unterscheiden. Gewöhnlich wird Δ angegeben, da das die Größe ist, die sich aus massenspektroskopischen Messungen ergibt. Die durchschnittliche Bindungsenergie pro Nukleon B/A ist in Bild 14.1 eingezeichnet. Diese Kurve zeigt eine Reihe von interessanten Eigenschaften:

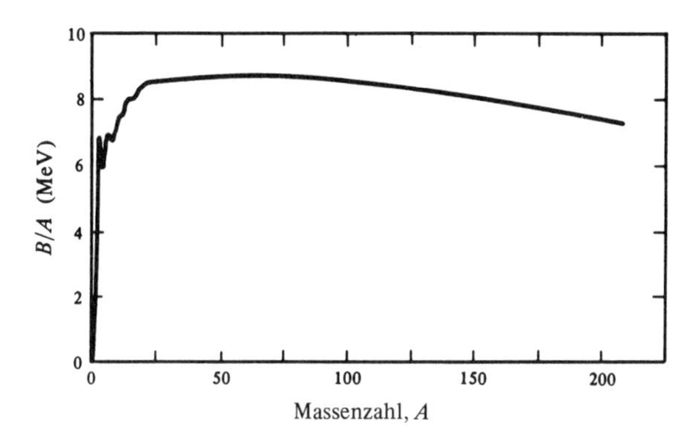

Bild 14.1 Bindungsenergie pro Teilchen in Kernen.

1. Über den größten Bereich der stabilen Kerne ist B/A angenähert konstant und von der Größenordnung 8-9 MeV. Die Konstanz ist ein anderer Hinweis auf die Sättigung der Kernkräfte, die in Abschnitt 12.5 diskutiert wurde. Wenn alle Nukleonen innerhalb eines Kerns in den Kraftbereich eines jeden anderen gezogen würden, so sollte die Bindungsenergie proportional zur Zahl der Bindungen oder ungefähr proportional zu A^2 ansteigen. B/A wäre dann proportional zu A.

2. B/A erreicht sein Maximum in der Gegend von Eisen ($A \approx 60$). Es fällt zu großen A hin langsam, und zu kleinem A hin steiler ab. Dieses Verhalten ist ausschlaggebend für die Kernenergieproduktion: wenn ein Kern, z.B. $A = 240$ in zwei Teile mit $A \approx 120$ aufgespalten wird, so ist die Bindung in den beiden Teilen stärker als bei dem ursprünglichen Nuklid; dabei wird Energie freigesetzt. Dieser Prozeß ist für die Energieproduktion bei der Spaltung verantwortlich. Wenn andererseits zwei leichte Nuklide fusionieren, ist die Bindungsenergie des vereinten Systems stärker, und wiederum wird Energie frei. Diese Freisetzung von Energie ist die Grundlage für die Energieproduktion bei der Fusion.

Die Regelmäßigkeit und die Fast-Konstanz der Bindungsenergie B/A als Funktion der Massenzahl A lassen vermuten, daß man die Kernmasse durch eine einfache Formel ausdrücken könnte. Die erste semiempirische Massenformel entwickelte von Weizsäcker, der feststellte, daß die konstante, durchschnittliche Bindungsenergie pro Teilchen und die konstante Kerndichte ein Tröpfchenmodell nahelegen [2]). Als erste Tatsache, die für die Ableitung einer Massenformel nötig ist, bietet sich die Tendenz von B/A an, für $A \gtrsim 50$ angenähert konstant zu bleiben. Die Bindungsenergie pro Teilchen eines unendlichen Kerns ohne Oberfläche sollte daher einen konstanten Wert a_v haben, die Bindungsenergie der Kernmaterie. Da es A Teilchen im Kern gibt, ist der Volumenbeitrag E_v zur Bindungsenergie

(14.5) $$E_v = +a_v A.$$

Nukleonen an der Oberfläche haben weniger Bindungen und die endliche Größe eines realen Kerns führt zu einem Energiebeitrag E_s, der proportional zur Oberfläche ist und die Bindungsenergie verkleinert

(14.6) $$E_s = -a_s A^{2/3}.$$

Volumen- und Oberflächenterm entsprechen dem Tröpfchenmodell. Wären nur diese beiden Terme vorhanden, so wären die Isobaren stabil, unabhängig von dem Wert von N und Z. Bild 5.20 jedoch zeigt, daß nur Nuklide in einem engen Band stabil sind. Bei leichteren Kernen sind die selbstkonjugierten Isobare ($N = Z$ oder $A = 2Z$) die stabilsten, während schwerere stabile Isobare $A > 2Z$ haben. Diese Eigenschaften werden durch zwei weitere Terme, den Symmetrieterm und die Coulombenergie, erklärt.

Die Coulombenergie ergibt sich aus der abstoßenden, elektrischen Kraft zwischen zwei Protonen; diese Energie bevorzugt Kerne mit Neutronenüberschuß. Zur Vereinfachung nehmen wir an, daß die Protonen gleichmäßig über den kugelförmigen Kern mit dem Radius $R = R_0 A^{1/3}$ verteilt sind; mit Gl. 8.37 wird die Coulombenergie

(14.7) $$E_c = -a_c Z^2 A^{-1/3}.$$

Die Tatsache, daß nur Nuklide in einem schmalen Band stabil sind, wird durch einen weiteren Term, den Symmetrieterm, erklärt. Die Wirkung der Symmetrieenergie wird am besten eingesehen, wenn man den Massenexzeß Δ gegen Z für alle Isobare aufträgt, die durch einen gegebenen Wert von A charakterisiert sind. Ein Beispiel ist in Bild 14.2 für $A = 127$ gegeben. Die Figur erscheint wie ein Schnitt durch ein tiefes Tal; der isobare Kern am Grund ist der einzig stabile; Kerne, die an den steilen Wänden hängen, fallen auf den Talgrund herab; gewöhnlich durch Elektronen- und Positronenemission. Die Isobare mit $A = 127$ sind kein isolierter Fall; wie man in Tabelle A6 im Anhang erkennt, zeigen auch die Mas-

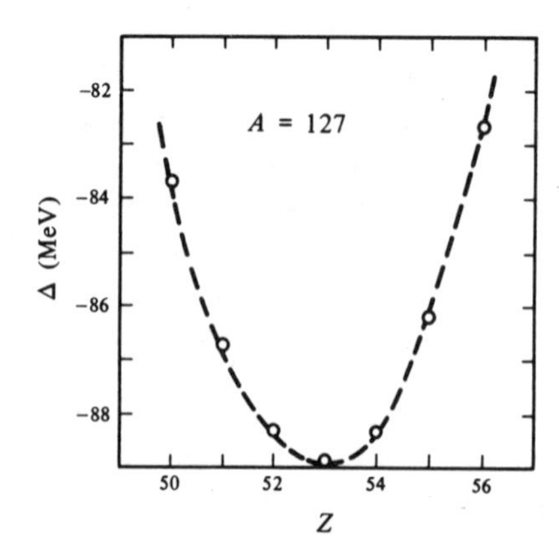

Bild 14.2 Massenexzess Δ als Funktion von Z für $A = 127$.

senexzesse aller anderen Isobare die Form eines Talquerschnitts. Man kann daher Bild 5.20 informativer darstellen, indem man eine dritte Dimension in die Zeichnung bringt: die Bindungsenergie oder den Massenexzeß. Eine solche Zeichnung ist analog zu einer topographischen Karte und Bild 14.3 bringt die Konturkarte der Bindungsenergie in einer NZ-Ebene. Bild 14.2 ist der Querschnitt durch das Tal in der Position, die in Bild 14.3 angedeutet ist. Die Wände des Tals sind steil und es ist daher nicht möglich, experimentell das Tal nach "oben" zu erforschen, da die Kerne zu kurzlebig sind. Diese Tatsache wird in Bild 14.3 durch die gestrichelten Konturlinien angedeutet; dort ist eine experimentelle Untersuchung nicht mehr möglich.

Die Symmetrieenergie ergibt sich aus dem Ausschließungsprinzip, das vom Kern einen größeren Energieaufwand verlangt, wenn er Nukleonen einer Sorte bevorzugt einbauen will. Im folgenden Abschnitt wollen wir einen Näherungsausdruck für die Symmetrieenergie ableiten; er ist von der Form

$$E_{\text{sym}} = -a_{\text{sym}}\frac{(Z-N)^2}{A}. \tag{14.8}$$

Sammelt man die Terme, so ergibt sich die Bethe-Weizsäcker-Beziehung für die Bindungsenergie eines Kerns (Z, N)

$$B = a_v A - a_s A^{2/3} - a_{\text{sym}}(Z-N)^2 A^{-1} - a_c Z^2 A^{-1/3}. \tag{14.9}$$

Die Bindungsenergie pro Teilchen wird

$$\frac{B}{A} = a_v - a_s A^{-1/3} - a_{\text{sym}}\frac{(Z-N)^2}{A^2} - a_c Z^2 A^{-4/3}. \tag{14.10}$$

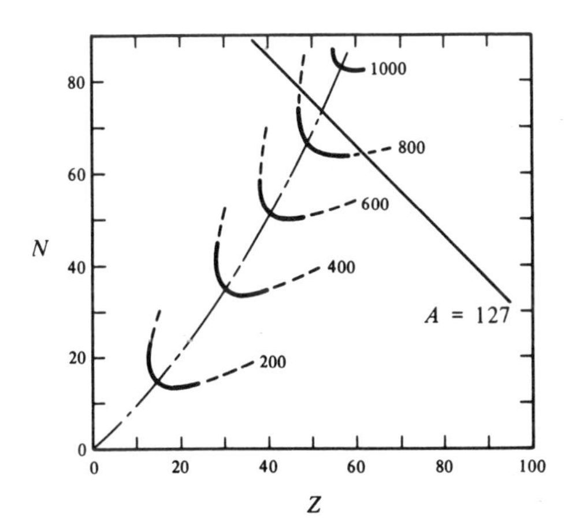

Bild 14.3 Die Bindungsenergie B ist in Form von Höhenlinien in der $N = Z$-Ebene eingetragen. Das Energietal zeigt sich deutlich; es bildet einen Canyon in der $N = Z$-Ebene. Die Zahlen an den Höhenlinien geben die gesamte Bindungsenergie in MeV an.

Die Konstanten in dieser Relation werden durch Anpassung an experimentell beobachtete Bindungsenergien bestimmt; ein typischer Satz ist

$$\begin{aligned} a_v &= 15{,}6 \text{ MeV} \\ a_s &= 17{,}2 \text{ MeV} \\ a_{sym} &= 22{,}5 \text{ MeV} \\ a_c &= 0{,}70 \text{ MeV}. \end{aligned} \tag{14.11}$$

Mit diesen Werten wird der allgemeine Trend der Kurven in den Bildern 14.1 und 14.2 gut reproduziert. Natürlich werden feinere Details nicht wiedergegeben, und Beziehungen mit viel mehr Termen werden angewendet, wenn kleine Abweichungen von dem glatten Verlauf studiert werden [3]). Zwei Bemerkungen zur Bindungsenergie sind noch angebracht.

1. Hier haben wir angenommen, daß die Koeffizienten in Gl. 14.9 adjustierbare Parameter sind, die durch das Experiment bestimmt werden. In einer gründlicheren Behandlung der Kernphysik werden die Koeffizienten aus den Charakteristiken der Kernkräfte abgeleitet. Im besonderen hat die Berechnung des wichtigsten Koeffizienten, a_v, theoretische Physiker für lange Zeit beschäftigt, da er sehr eng mit den Eigenschaften der K e r n e n e r g i e verbunden ist. Kernmaterie ist der Zustand der Materie, wie sie in einem unendlichen Kern existieren würde. Die beste Annäherung an die Kernmaterie dürften die Neutronensterne sein (Kapitel 18).

2. Die Bethe-Weizsäcker-Beziehung kann man zur Erforschung der Stabilitätseigenschaften der Materie verwenden, indem man in nicht gut bekannte Bereiche extrapoliert. Solche Studien sind z.B. bei der Suche nach künstlichen superschweren Kernen, bei der Behandlung von Kernexplosionen und in der Astrophysik wichtig.

14.2 *Das Fermi-Gas-Modell*

Die im vorigen Abschnitt bestimmte Beziehung beruht auf der Behandlung des Kerns als Flüssigkeitstropfen. Solch eine Analogie ist eine starke Vereinfachung, und der Kern hat viele Eigenschaften, die einfacher durch das Verhalten unabhängiger Teilchen erklärt werden können, als durch das Bild der starken Wechselwirkung, das durch das Tröpfchenmodell impliziert wird. Man erhält das primitivste Einteilchenmodell, wenn man den Kern als entartetes Fermi-Gas der Nukleonen behandelt. Die Nukleonen können sich innerhalb einer Kugel mit dem Radius $R = R_0 A^{1/3}$, $R_0 = 1{,}3$ fm frei bewegen, wenn man von Effekten absieht, die das Ausschließungsprin-

3 S. z. B. J. Wing und P. Fong, *Phys. Rev.* **136**, B923 (1964); N. Zeldes, M. Gronau und A. Lev, *Nucl. Phys.* **63**, 1 (1965); oder G. T. Garvey, W. J. Gerace, R. L. Jaffe, I. Talmi und I. Kelson, *Rev. Modern Phys.* **41**, Nr. 4, Teil II (1969).

zip verlangt. Die Situation wird in Bild 14.4 durch zwei Potentiale dargestellt; eines gilt für die Neutronen, das andere für die Protonen. Freie Neutronen und freie Protonen haben die gleiche Energie, wenn sie sich weit weg vom Potential befinden, die Nullniveaus der beiden Potentiale sind gleich. Die beiden Potentiale haben jedoch wegen der Coulombenergie, Gl. 8.37, verschiedene Formen und Tiefen: Der Grund des Protonenpotentials liegt um den Betrag E_c höher als der des Neutronenpotentials; außerdem zeigt das Protonenpotential eine Coulombbarriere. Protonen, die versuchen von außen in den Kern zu gelangen, werden durch die Kernladung abgestoßen; sie müssen entweder durch die Barriere tunneln oder genügend Energie mitbringen, um darüber zu kommen.

Die Potentiale enthalten eine endliche Anzahl von Niveaus. Jedes Niveau kann durch zwei Nukleonen besetzt werden, eines mit Spin nach oben und eines mit Spin nach unten. Man nimmt an, daß die Kerntemperatur so niedrig ist, daß die Nukleonen die niedrigsten Zustände besetzen, die für sie zur Verfügung stehen. Diese Situation wird durch den Begriff "degeneriertes Fermi-Gas" beschrieben. Die Nukleonen besetzen alle Zustände bis zu einer maximalen kinetischen Energie, der Fermi-Energie E_F. Die Gesamtzahl n der Zustände mit Impulsen bis zu p_{max} folgt aus Gl. 10.26, nach Integration über d^3p als

$$n = \frac{Vp_{max}^3}{6\pi^2\hbar^3}. \tag{14.12}$$

Jeder Impulszustand kann zwei Nukleonen aufnehmen, so daß die Gesamtzahl einer Nukleonenart mit Impulsen bis zu p_{max} gleich $2n$ ist. Werden Neutronen betrachtet, dann ist $2n = N$, die Zahl der Neutronen, und N ist durch

$$N = \frac{Vp_N^3}{3\pi^2\hbar^3} \tag{14.13}$$

gegeben. Hier ist p_N der maximale Neutronenimpuls und V das Kernvolu-

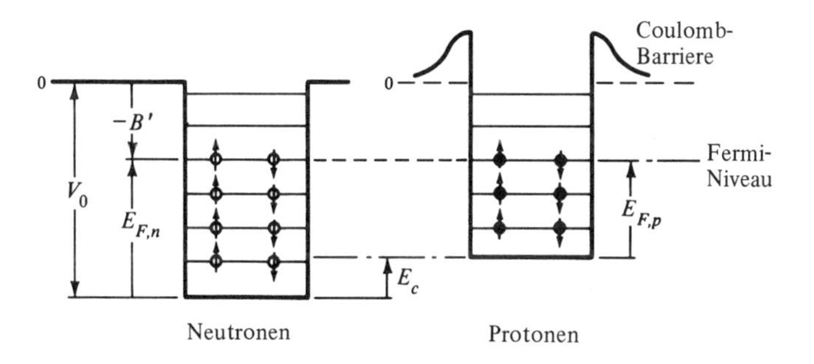

Bild 14.4 Kastenpotential für Neutronen und Protonen. Die Parameter des Potentials sind so gewählt, daß sie die beobachtete Bindungsenergie B' ergeben.

men. Mit $V = 4\pi R^3/3 = 4\pi R_0^3 A/3$ folgt daher der maximale Neutronenimpuls aus Gl. 14.13 zu

$$p_N = \frac{\hbar}{R_0}\left(\frac{9\pi N}{4A}\right)^{1/3}. \tag{14.14}$$

Ähnlich erhält man den Protonenimpuls

$$p_Z = \frac{\hbar}{R_0}\left(\frac{9\pi Z}{4A}\right)^{1/3}. \tag{14.15}$$

Der entsprechende Wert der Fermienergie ergibt sich, wenn man selbstkonjugierte Kerne mit $N = Z$ betrachtet. Gl. 14.14 liefert nach Einsetzen der numerischen Werte und mit der nichtrelativistischen Beziehung zwischen Energie und Impuls

$$E_F = \frac{p_F^2}{2m} \approx 40 \text{ MeV}. \tag{14.16}$$

Ebenso kann man die durchschnittliche kinetische Energie pro Nukleon berechnen, und es ergibt sich

$$\langle E\rangle = \frac{\int_0^{p_F} E d^3p}{\int_0^{p_F} d^3p} = \frac{3}{5}\left(\frac{p_F^2}{2m}\right) \approx 25 \text{ MeV}. \tag{14.17}$$

Mit den Gln. 14.14 und 14.15 wird die gesamte durchschnittliche kinetische Energie

$$\langle E(Z, N)\rangle = N\langle E_N\rangle + Z\langle E_Z\rangle = \frac{3}{10m}(Np_N^2 + Zp_Z^2)$$

oder

$$\langle E(Z, N)\rangle = \frac{3}{10m}\frac{\hbar^2}{R_0^2}\left(\frac{9\pi}{4}\right)^{2/3}\frac{(N^{5/3} + Z^{5/3})}{A^{2/3}}. \tag{14.18}$$

Für Protonen und Neutronen wurden gleiche Massen und gleiche Potentialtiefen angenommen. Außerdem bewegen sich Neutronen und Protonen unabhängig voneinander. Die Wechselwirkung zwischen den verschiedenen Teilchen wurde durch die endliche Ausdehnung des Kerns ersetzt und durch das Potential dargestellt.

Für einen gegebenen Wert von A hat $\langle E(Z, N)\rangle$ ein Minimum für gleiche Protonen- und Neutronenzahl, oder $N = Z = A/2$. Um das Verhalten von $\langle E(Z, N)\rangle$ in der Gegend dieses Minimums zu studieren, setzen wir

$$Z - N = \epsilon$$
$$Z + N = A \qquad \text{(fest)}$$

oder $Z = \frac{1}{2}A(1 + \epsilon/A)$, $N = \frac{1}{2}A(1 - \epsilon/A)$ und nehmen an, daß $(\epsilon/A) \ll 1$. Mit

$$(1 + x)^n = 1 + nx + \frac{n(n-1)}{2}x^2 + \cdots,$$

und nach Wiedereinsetzen von $Z - N$ für ϵ wird Gl. 14.18 in der Nähe von $N = Z$

$$\langle E(Z, N)\rangle = \frac{3}{10m}\frac{\hbar^2}{R_0^2}\left(\frac{9\pi}{8}\right)^{2/3}\left\{A + \frac{5}{9}\frac{(Z-N)^2}{A} + \cdots\right\}. \tag{14.19}$$

Der erste Term ist proportional zu A und beschreibt die Volumenenergie. Die Abweichung hat die Form der Symmetrieenergie in Gl. 14.18, der Koeffizient von $(Z - N)^2/A$ kann numerisch entwickelt werden:

$$\frac{1}{6}\left(\frac{9\pi}{8}\right)^{2/3}\frac{\hbar^2}{mR_0^2}\frac{(Z-N)^2}{A} \approx 11\ \mathrm{MeV}\frac{(Z-N)^2}{A}. \tag{14.20}$$

Die Entwicklung hat die erwartete Form der Symmetrieenergie geliefert, aber der Koeffizient ist nur etwa die Hälfte von a_{sym} in Gl. 14.11. Wir wollen nun kurz beschreiben, wo der fehlende Beitrag zur Symmetrieenergie geblieben ist. [4])

In der Diskussion, die zu Gl. 14.19 führte, wurde stillschweigend angenommen, daß die Potentialtiefe V_0 (Bild 14.4) nicht vom Neutronenüberschuß $(Z - N)$ abhängt. Diese Annahme ist nicht besonders gut, da die durchschnittliche Wechselwirkung zwischen ähnlichen Nukleonen schwächer ist als die zwischen Neutronen und Protonen, hauptsächlich wegen des Ausschließungsprinzips. Das Pauliprinzip schwächt die Wechselwirkung zwischen gleichen Teilchen, indem es einige Zweikörperzustände verbietet, während die Wechselwirkung zwischen Neutronen und Protonen in allen Zuständen erlaubt ist. Die Änderung der Potentialtiefe wurde bestimmt, und sie ist von der Größenordnung [5])

$$\Delta V_0\,(\text{in MeV}) \approx (30 \pm 10)\frac{(Z-N)}{A}. \tag{14.21}$$

Diese Abnahme der Potentialtiefe sorgt für den fehlenden Beitrag zur Symmetrieenergie [6]).

14.3 *Literaturhinweise*

Die Literatur über Kernstruktur bis 1964 ist bei M. A. Preston "Resource Letter NS-1 on Nuclear Structure" beschrieben und aufgeführt. Diese Resource Letter und eine Anzahl informativer Nachdrucke sind in *Nuclear Structure-Selected Reprints*, American Institute of Physics, New York 1965, gesammelt.

4 K. A. Brueckner, *Phys. Rev.* **97**, 1353 (1955).

5 F. G. Perey, *Phys. Rev.* **131**, 745 (1963).

6 B. L. Cohen, *Am. J. Phys.* **38**, 766 (1970).

Alle Texte über die Kernphysik enthalten Abschnitte oder Kapitel über Kernmodelle. Eine moderne Beschreibung der Kernstruktur auf ungefähr dem gleichen Niveau wie dieses Buch, aber viel vollständiger, gibt B.L. Cohen, *Concept of Nuclear Physics*, McGraw-Hill, New York, 1971. Dieses Buch enthält auch eine zusätzliche, gute Literaturliste.

Vieles über die Kernmodelle ist schon lange bekannt oder die grundlegenden Ideen lassen sich eine Reihe von Jahren zurückdatieren. Zwei Bücher sind für die meisten heutigen Physiker beim Kernphysikunterricht wesentlich: E. Fermi, *Nuclear Physics*, notes compiled by J. Orear, A. H. Rosenfeld und R.A. Schluter, University of Chicago Press, Chicago, 1950, und J.M. Blatt und V.F. Weisskopf, *Theoretical Nuclear Physics*, Wiley, New York, 1952. Obwohl veraltet, sind diese beiden Bücher immer noch Goldminen; es ist oft eine gute Idee, sie sich vorzunehmen, wenn man einen schwierigen Punkt klar dargestellt finden will.

Das maßgebliche Werk über die Kernstruktur ist A. Bohr und B.R. Mottelson, *Nuclear Structure*, Vol. I, Benjamin, Reading, Mass., 1969. (Deutsch, Bd. 1, Kernstruktur, Verlag der Wissenschaften Berlin 1975) Dieses Buch ist nicht immer einfach zu lesen. Nach dem Studium eines Buchs von geringerem Niveau ergeben sich jedoch nach der Lektüre des gleichen Materials im Bohr-Mottelson zusätzliche Einsichten.

Eine Ableitung der semiempirischen Massenformel, die auf einer Nukleon-Nukleon-Wechselwirkung beruht, wird in J.P. Wesley und A.E.S. Grenn, *Am. J. Phys.* 36, 1093 (1968) gegeben.

Wir haben in der Einführung zu diesem Kapitel darauf hingewiesen, daß die Kernphysik noch weit davon entfernt ist, die Kernkräfte zwischen den Nukleonen zu erklären. Für weitere Informationen über dieses Problem s. S.M. Austin und G.M. Crawley, eds., *The Two-Body Force in Nuclei*, Plenum, New York, 1972.

Aufgaben

14.1 Schätzen Sie die Größe der Korrektur ab, die man in Gl. 14.3 anbringen muß, um Effekte der Atombindung zu berücksichtigen.

14.2 Finden Sie die Beziehung zwischen der Bindungsenergie B und dem Massenexzeß Δ. Können beide Größen verwendet werden, wenn man z.B. die Stabilität von Isobaren studiert?

14.3 Diskutieren Sie die Zerfälle der Nuklide in Bild 14.2.

14.4 Verwenden Sie die Bethe-Weizsäcker-Formel, um in Bild 14.2 die Lage der Isobare mit $A = 127$ mit $Z = 48$, 49, 57 und 58 zu schätzen. Wie würden diese Isobare zerfallen? Mit welchen Zerfallsenergien? Schätzen Sie grob die Lebensdauern.

14.5 Stellen Sie eine ähnliche Zeichnung wie Bild 14.2 für die Isobare mit $A = 90$ her. Zeigen Sie, daß zwei Parabeln entstehen. Erklären Sie, warum. Wie kann man diese beiden Kurven in der Beziehung für die Bindungsenergie berücksichtigen?

14.6 Betrachten Sie mögliche Zerfälle $(A, Z) \longrightarrow (A', Z')$. Beschreiben Sie Kriterien, die die entsprechenden Atommassen $m(A, Z)$ involvieren und die einen Hinweis geben, ob der Kern (A, Z) stabil gegen
a) Alphazerfall
b) Elektronenzerfall
c) Positronenzerfall
d) Elektroneneinfang
ist.

14.7 Leiten Sie Gl. 14.7 ab und bestimmen Sie einen Ausdruck für den Koeffizienten a_c in Abhängigkeit von R_0. Berechnen Sie a_c und vergleichen Sie diesen mit dem empirischen Wert aus Gl. 14.11.

14.8 Verwenden Sie die Bilder 14.1 - 14.3, um Näherungswerte für die Koeffizienten der Bethe-Weizsäcker-Formel zu bestimmen.

14.9 Zeigen Sie, daß die Nukleonen im Grundzustand eines Kerns tatsächlich ein entartetes Fermigas bilden, d.h. daß sie bei den Temperaturen, die man im Laboratorium erreichen kann, alle erlaubten Niveaus bis zur Fermigrenze besitzen. Bei welcher Temperatur wäre ein beträchtlicher Teil der Nukleonen angeregt?

14.10 Wie groß wäre das Verhältnis Z/A für einen Kern, wenn das Ausschließungsprinzip nicht bestände?

14.11 Betrachten Sie einen Kern mit $A = 237$. Verwenden Sie die semiempirische Massenformel,

a) um Z für das stabilste Isobar zu bestimmen.
b) um die Stabilität dieses Nuklides für verschiedene wahrscheinliche Zerfälle zu diskutieren.

14.12 Symmetrische Spaltung ist der Zerfall eines Kerns (A, Z) in zwei gleiche Fragmente $(A/2, Z/2)$. Verwenden Sie die Bethe-Weizsäcker-Beziehung, um eine Bedingung für die Spaltungsinstabilität abzuleiten.
a) Bestimmen Sie die Abhängigkeit von Z und A.
b) Für welchen Wert von A ist für Nuklide, die auf der Stabilitätslinie liegen, Spaltung möglich (Bild 5.20).
c) Vergleichen Sie das Ergebnis aus Teil (b) mit der Wirklichkeit.
d) Berechnen Sie die Energie, die bei der Spaltung von ^{238}U frei wird, und vergleichen Sie mit dem wirklichen Wert.

14.13
a) Betrachten Sie Isobare mit ungeradem A. Wieviele stabile Isobare erwartet man für einen gegebenen Wert von A? Warum?

b) Betrachten Sie Isobare mit geradem N und Z. Erklären Sie, warum mehr als ein stabiles Isobar auftreten kann. Diskutieren Sie ein tatsächliches Beispiel

14.14 Verifizieren Sie Gl. 14.19.

14.15 B/A beschreibt die durchschnittliche Bindungsenergie eines Nukleons im Kern. Die Separationsenergie ist die Energie, die nötig ist, das am leichtesten gebundene Nukleon aus dem Kern zu entfernen.
a) Bestimmen Sie die Separationsenergie in Abhängigkeit von der Bindungsenergie.
b) Verwenden Sie Tabelle A6 im Anhang, um die Neutronen-Separationsenergie in ^{113}Cd und ^{114}Cd zu bestimmen.

14.16 Vergleichen Sie das Verhältnis der Bindungsenergie zur Masse des Systems von Atomen, Kernen und Elementarteilchen. (Nehmen Sie an, daß die Elementarteilchen aus schweren Quarks bestehen.)

14.17 Verwenden Sie Abhängigkeit der Potentialtiefe V_0 von $N-Z$, s. Gl. 14.21, um den entsprechenden Beitrag zur Symmetrieenergie zu berechnen.

14.18 Diskutieren Sie die Symmetrieenergie für
a) eine gewöhnliche Zentralkraft.
b) ein Raum- und Spin-Austausch-Potential (Heisenberg-Kraft). Wenn s_1 und s_2 die Spins der Teilchen 1 und 2 sind, ist dieses Potential durch

$$V\psi(\mathbf{r}_1, s_1; \mathbf{r}_2, s_2) = f(r)\psi(\mathbf{r}_2, s_2; \mathbf{r}_1, s_1)$$

gegeben, wobei $\mathbf{r} = \mathbf{r}_1 - \mathbf{r}_2$.

15. Das Schalenmodell

Das Tröpfchen- und das Fermi-Gas-Modell beschreiben den Kern in recht grober Weise. Sie geben zwar die Kerneigenschaften im allgemeinen ganz gut wieder, können aber spezielle Erscheinungen angeregter Kernzustände nicht erklären. Im Abschnitt 5.10 haben wir einige Aspekte des Energiespektrums eines Kerns gegeben, und wir haben auch darauf hingewiesen, daß Fortschritte in der Atomphysik eng mit der Aufklärung der Atomspektren verbunden waren. In der Atomphysik, der Festkörperphysik und der Quantenmechanik begann die Erforschung mit dem Einteilchenmodell (IPM). Es überrascht daher nicht, daß diese Behandlung auch zu Beginn der Kerntheorie versucht wurde. Bartlett und Elsasser [1]) wiesen darauf hin, daß Kerne besonders stabile Konfigurationen haben, wenn Z oder N (oder beide) eine magische Zahl ist:

(15.1) 2, 8, 20, 28, 50, 82, 126.

Der damalige, hautpsächliche Hinweis bestand in der Zahl der Isotope, der Emissionsenergien der Alphateilchen und der Elementhäufigkeit. Elsasser versuchte diese Stabilität durch die Annahme zu verstehen, daß sich die Neutronen und Protonen unabhängig voneinander in einem Einteilchenpotential bewegen, aber er war nicht im Stande, die Stabilität von N oder $Z = 50$ und 82 und $N = 126$ zu erklären. Seine Arbeit fand aus zwei Gründen wenig Beachtung. Erstens schien das Modell keine theoretische Basis zu haben. Kerne haben, anders als die Atome, kein festes Zentrum, und die kurze Reichweite der Kernkräfte scheint zu bedeuten, daß man kein glattes, mittleres Potential brauchen kann, um das wirkliche Potential zu beschreiben, das ein Nukleon spürt. Der zweite Grund war das damals magere experimentelle Tatsachenmaterial.

Die Evidenz für das Vorhandensein der magischen Zahlen nahm jedoch laufend zu. Wie bei den Atomen, deuten magische Zahlen auf die Existenz einer schalenähnlichen Struktur im Kern hin. Schließlich wurden die magischen Zahlen 1948 von Maria Goeppert Mayer [2]) und J.H.D. Jensen [3]) durch Einteilchenbahnen erklärt. Das entscheidende Element für

1 J. H. Bartlett, *Phys. Rev. 41*, 370 (1932); W. M. Elsasser, *J. Phys. Radium* 4, 549 (1933); 5, 625 (1934).

2 M. G. Mayer, *Phys. Rev.* 74, 235 (1948); 75, 1969); 78, 16 (1950).

3 O. Haxel, J. H. D. Jensen und H. Suess, *Phys. Rev.* 75, 1766 (1949); *Z. Physik* 128, 295 (1950).

das Verständnis der abgeschlossenen Schalen bei 50, 82 und 126 war die Einsicht, daß Spin-Bahn-Kräfte eine entscheidende Rolle spielen. Weiter erkannte man, daß das Pauliprinzip Zusammenstöße zwischen Nukleonen verbietet und daher für fast ungestörte Bahnen der Nukleonen in der Kernmaterie sorgt [4].

Das naive Schalenmodell nimmt an, daß sich die Nukleonen unabhängig voneinander in einem sphärischen Potential bewegen. Die Annahmen der Unabhängigkeit und der Kugelform sind starke Vereinfachungen. Es gibt Wechselwirkungen zwischen den Nukleonen, die nicht durch ein mittleres Potential beschrieben werden können, und die Kernform ist bekannterweise nicht immer sphärisch. Man kann das Schalenmodell verbessern, wenn man einige Restwechselwirkungen berücksichtigt und Bahnen in einem deformierten Potential betrachtet.

Im folgenden Abschnitt wollen wir einige experimentelle Hinweise für die Existenz der magischen Zahlen behandeln. Wir werden dann Schalenabschüsse und das Einteilchenschalenmodell diskutieren, und schließlich einige Verbesserungen andeuten.

15.1 *Die magischen Zahlen*

In diesem Abschnitt werden wir einige Hinweise dafür bringen, daß Nuklide besonders stabil sind, wenn ihr Z oder N eine magische Zahl 2, 8, 20, 28, 50, 82 oder 126 ist. Natürlich werden diese Zahlen durch das Schalenmodell gut erklärt, aber das Adjektiv "magisch" wurde beibehalten, da es so anschaulich ist.

In Bild 15.1 ist die relative Häufigkeit verschiedener gerade-gerade Nuklide als Funktion des Atomgewichts A für $A > 50$ eingetragen. Nuklide mit $N = 50$, 82 und 126 bilden drei deutliche Peaks.

Klare Hinweise auf magische Zahlen kommen von den Separationsenergien der letzten Nukleonen. Um dieses Konzept zu erklären, betrachten wir Atome. Die Separationsenergie oder das Ionisationspotential ist die Energie, die man benötigt, um das am schwächsten gebundene (das letzte) Elektron von einem neutralen Atom zu entfernen. Die Separationsenergien sind in Bild 15.2 gezeigt. Die Atomschalen sind verantwortlich für die ausgeprägten Peaks: Wenn das Elektron eine Hauptschale auffüllt, ist es besonders fest gebunden, und die Separationsenergie erreicht ein Maximum. Das nächste Elektron befindet sich außerhalb einer abgeschlossenen Schale, ist sehr schwach gebunden und kann leicht entfernt werden. Die zum Ionisationspotential analoge Größe im Kern ist die Separations-

4 E. Fermi, *Nuclear Physics*, University of Chicago Press, Chicago, 1950; V. F. Weisskopf, *Helv. Phys. Acta* 23, 187 (1950); *Science* 113, 101 (1951).

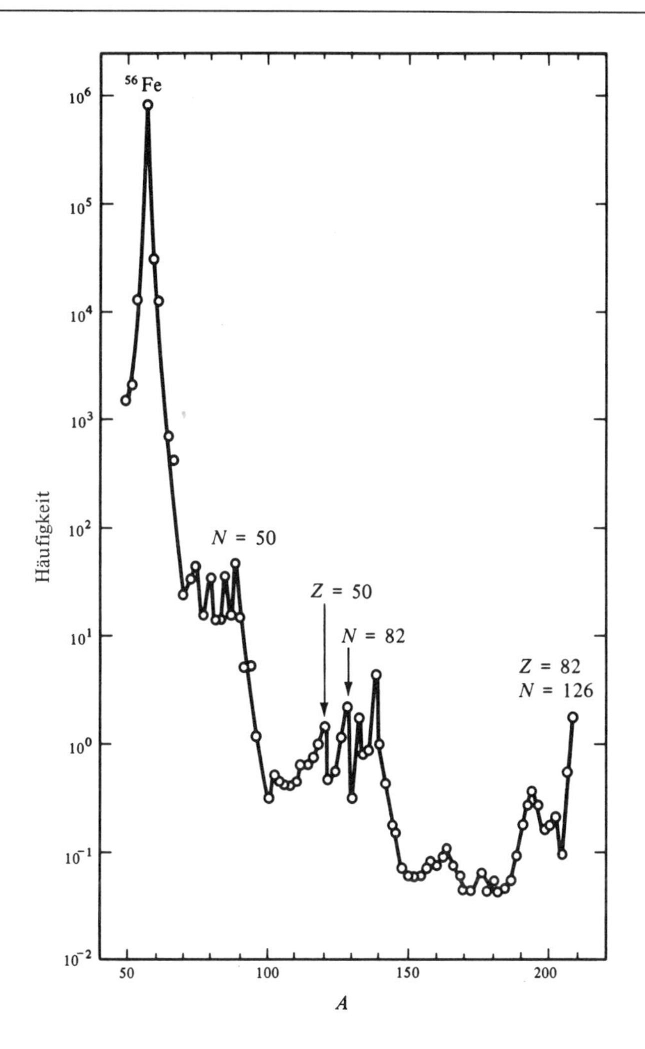

Bild 15.1 Relative Häufigkeit H verschiedener g-g-Kerne als Funktion von A. Die Häufigkeiten sind relativ zu Si gemessen, wobei $H(\mathrm{Si}) = 10^6$ ist. [Nach A. G. W. Cameron, „ A New Table of Abundance of the Elements in the Solar System“, *Origin and Distribution of the Elements* (L. H. Arens, ed.), Pergamon Press, New York, 1968, p. 125.]

energie des letzten Nukleons. Wenn z.B. ein Neutron aus einem Nuklid (Z, N) entfernt wird, entsteht ein Nuklid $(Z, N-1)$. Die dafür benötigte Energie ist die Differenz der Bindungsenergien zwischen diesen beiden Nukliden

$$(15.2) \qquad S_n(Z, N) = B(Z, N) - B(Z, N-1).$$

Ein analoger Ausdruck gilt für die Protonenseparationsenergie. Mit den

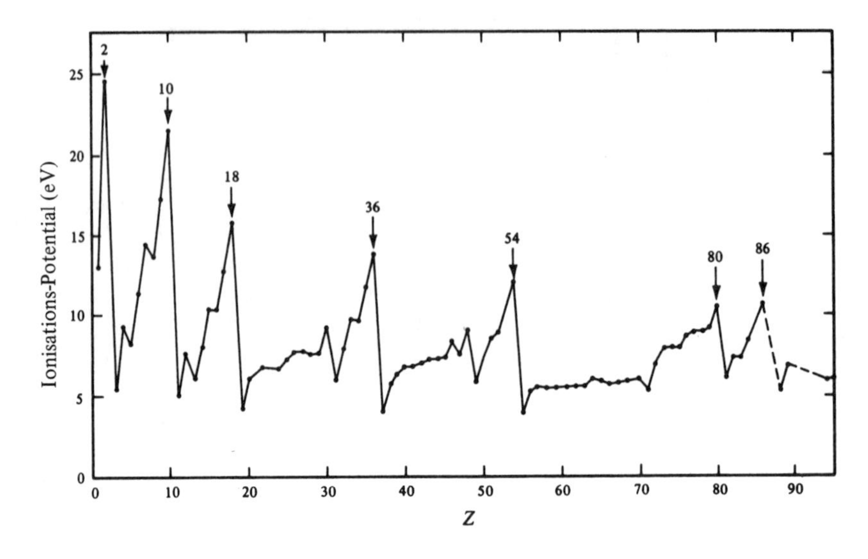

Bild 15.2 Separationsenergien neutraler Atome (Ionisationspotentiale). (Nach Daten von V. E. Moore, „Ionization Potentials and Ionization Limits Derived from the Analysis of optical Spectra," *NSRDS-NBS 34*, 1970.)

Gln. 14.3 und 14.4 kann man die Separationsenergie durch den Massendefekt ausdrücken:

$$S_n(Z, N) = m_n c^2 - u + \Delta(Z, N-1) - \Delta(Z, N). \tag{15.3}$$

Mit den numerischen Werten der Neutronenmasse und der Atommassen ergibt sich

$$S_n(Z, N) = 8{,}07 \text{ MeV} + \Delta(Z, N-1) - \Delta(Z, N).$$

Der Massendefekt ist im Anhang, Tabelle A6, gegeben und die Separationsenergie kann sofort ausgerechnet werden. Das Resultat läßt sich auf zweierlei Art darstellen: entweder ist Z fest, oder der Neutronenüberschuß $N - Z$ wird konstant gehalten. Der erste Fall läßt sich leichter überschauen: wir beginnen mit einem bestimmten Nuklid und fügen weitere Neutronen hinzu; dann berechnet man die dazu benötigte Energie. In Bild 15.3 wird diese Situation für die Isotope von Cer, $Z = 58$ dargestellt. Es zeigen sich zwei Effekte: ein gerade-ungerade Unterschied und eine Diskontinuität bei einer abgeschlossenen Schale. Das gerade-ungerade Verhalten weist darauf hin, daß Neutronen fester gebunden sind, wenn N gerade ist. Das gleiche gilt bei Protonen. Diese Tatsache zusammen mit der empirischen Beobachtung, daß alle gerade-gerade Kerne im Grundzustand den Spin 0 haben, zeigt, daß eine spezielle Wechselwirkung auftritt, wenn sich zwei gleiche Teilchen zu einem Drehimpuls von 0 paaren. Diese Paarwechselwirkung ist für das Verständnis der Kernstruktur im Schalenmodell wichtig; wir werden es später erklären. Hier erwähnen wir nur, daß ein ähnlicher

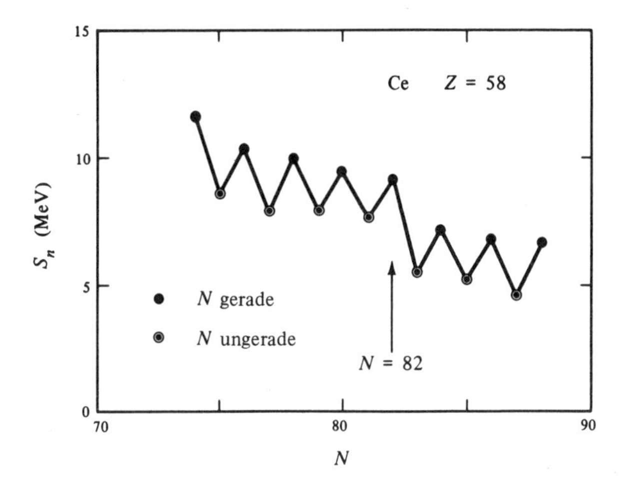

Bild 15.3 Separationsenergie für das letzte Neutron der Cer-Isotope.

Effekt bei den Supraleitern auftritt, wo die Elektronen mit entgegengesetzten Impulsen und Spins ein Cooperpaar bilden [5]). Aus Bild 15.3 folgt eine Paarungsenergie von etwa 2 MeV für Cer. Hat man einmal eine Korrektur für diese Paarung durchgeführt, indem man z.B. nur Isotope mit geradem N betrachtet, so zeigt sich der zweite Effekt, nämlich der Einfluß der abgeschlossenen Schale bei $N = 82$. Neutronen sind nach einer abgeschlossenen Schale um etwa 2 MeV weniger stark gebunden als vor einer abgeschlossenen Schale. Mit den Daten aus Tabelle A6 im Anhang können ähnliche Figuren wie in Bild 15.3 für andere Regionen hergestellt werden, und man kann bei allen magischen Zahlen einen Schalenabschluß beobachten.

Abgeschlossene Schalen sollten kugelsymmetrisch sein, einen Gesamtdrehimpuls Null haben und besonders stabil sein. Die Stabilität der abgeschlos-

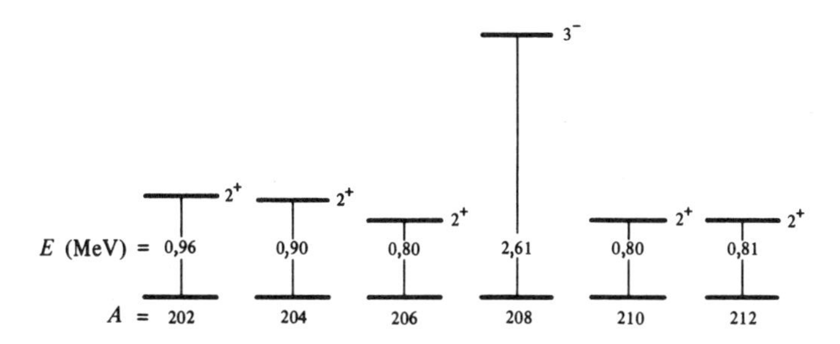

Bild 15.4 Grundzustände und erste angeregte Zustände der gerade-A-Isotope von Pb.

5 S. z.B. G. Baym, *Lectures on Quantum Mechanics*, Benjamin, Reading, Mass., 1969, Kapitel 8.

senen Schale kann man an den Energien der ersten angeregten Zustände erkennen; eine deutliche Stabilität verlangt, daß die Anregung einer abgeschlossenen Schale schwierig ist, und daher sollte der erste angeregte Zustand besonders hoch liegen. Ein Beispiel für dieses Verhalten zeigt Bild 15.4, wo der Grundzustand und der erste angeregte Zustand der Pb-Isotope mit geradem A gezeigt werden. ^{208}Pb mit $N = 126$ hat eine Anregungsenergie, die um fast zwei MeV größer ist als die der anderen Isotope. Außerdem hat der erste angeregte Zustand von ^{208}Pb Spin und Parität 3^-, im Gegensatz zu den anderen Isotopen mit 2^+. Die abgeschlossene Schale wirkt nicht nur auf die Energie des ersten angeregten Zustands, sondern auch auf seinen Spin und seine Parität.

15.2 *Die abgeschlossenen Schalen*

Die erste Aufgabe bei der Konstruktion des Schalenmodells ist die Erklärung der magischen Zahlen. Im Einteilchenmodell (IPM) nimmt man an, daß sich die Teilchen unabhängig voneinander im Kernpotential bewegen. Wegen der kurzen Reichweite der Kernkräfte entspricht dieses Potential der Kerndichteverteilung. Um diese Ähnlichkeit deutlich zu sehen, betrachten wir Zweikörperkräfte vom Typ

$$V_{12} = V_0 f(\mathbf{r}_1 - \mathbf{r}_2), \tag{15.4}$$

wobei V_0 die Tiefe in der Potentialmitte ist, und f seine Form beschreibt. Die Funktion f soll dabei glatt und von sehr kurzer Reichweite sein. Eine grobe Abschätzung der Stärke des Zentral-Potentials, das auf Teilchen 1 wirkt, erhält man durch Mittelung über Nukleon 2. Eine solche Mittelung repräsentiert die Wirkung aller Nukleonen (ausgenommen 1) auf 1. Die Mittelung wird durchgeführt, indem man V_{12} mit der Dichteverteilung $\rho(\mathbf{r}_2)$ des Nukleons 2 im Kern multipliziert

$$V(1) = V_0 \int d^3r_2\, f(\mathbf{r}_1 - \mathbf{r}_2)\rho(\mathbf{r}_2).$$

Wenn f eine genügend kurze Reichweite hat, kann $\rho(\mathbf{r}_2)$ durch $\rho(\mathbf{r}_1)$ angenähert werden und man erhält für $V(1)$

$$\begin{aligned} V(1) &= CV_0\rho(\mathbf{r}_1), \\ C &= \int d^3r\, f(\mathbf{r}). \end{aligned} \tag{15.5}$$

Das Potential, das von einem Teilchen gesehen wird, ist tatsächlich proportional zur Kerndichteverteilung. Die Dichteverteilung wiederum entspricht etwa der Ladungsverteilung. Die Ladungsverteilung eines kugelförmigen Kerns wurde in Abschnitt 6.5 studiert, und es zeigte sich, daß sie in erster Näherung durch die Fermiverteilung dargestellt werden kann. Es wäre daher angebracht, die Untersuchung der Einteilchenniveaus mit dem Potential zu beginnen, das die Form der Fermiverteilung hat, aber attraktiv ist. Die Schrödinger-Gleichung kann für ein solches Potential nicht in geschlossener Form gelöst werden. Für viele Diskussionen wird daher das wirkliche Potential durch ein einfacheres ersetzt; das ist entweder ein Rechteckpotential oder das Potential eines harmonischen Oszillators. Dieses Oszillatorpotential haben wir in Abschnitt 13.7 behandelt, und wir können hier die entsprechenden Informationen mit sehr geringen Änderungen verwenden. Das Kernpotential und seine Näherung durch das Potential des harmonischen Oszillators sind in Bild 15.5 gezeigt.

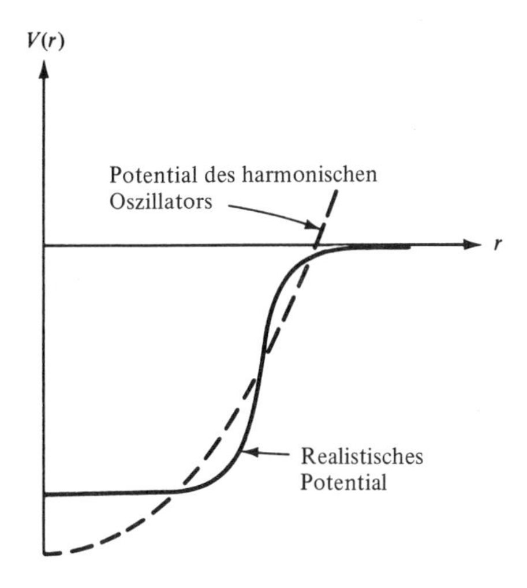

Bild 15.5 Das realistischere Potential, das die aktuelle Kerndichteverteilung beschreibt, wird durch das Potential des harmonischen Oszillators ersetzt.

Man betrachte zuerst den harmonischen Oszillator und seine Energieniveaus in Bild 13.7. Die Gruppe der degenerierten Niveaus, die zu einem bestimmten Wert von N gehören, nennt man eine Oszillatorschale. Die Entartung jeder Schale wird durch Gl. 13.33 bestimmt. Auf Kerne angewendet, heißt das, jedes Niveau kann durch zwei Nukleonen besetzt werden, und die Entartung ist daher durch $(N+1)(N+2)$ gegeben. In Tabelle 15.1 sind die Oszillatorschalen, ihre Eigenschaften und die Gesamtzahl der Zustände bis zur Schale N aufgelistet. Die Orbitale sind durch eine Zahl und einen Buchstaben gekennzeichnet; z.B. bedeutet $2s$ das zweite Niveau mit dem Bahndrehimpuls 0.

Tabelle 15.1 zeigt, daß der harmonische Oszillator die Schalenabschlüsse bei den Nukleonenzahlen 2, 8, 20, 40, 70, 112 und 168 vorhersagt. Die ersten drei stimmen mit den magischen Zahlen überein, aber nach $N = 2$ unterscheiden sich die realen Schalenabschlüsse von den vorhergesagten. Wir können daraus zwei Schlüsse ziehen: entweder ist die Übereinstimmung zu-

Tabelle 15.1 Oszillator-Schalen des dreidimensionalen Oszillators.

N	Orbitale	Parität	Entartung	Totalzahl der Zustände
0	$1s$	+	2	2
1	$1p$	−	6	8
2	$2s, 1d$	+	12	20
3	$2p, 1f$	−	20	40
4	$3s, 2d, 1g$	+	30	70
5	$3p, 2f, 1h$	−	42	112
6	$4s, 3d, 2g, 1i$	+	56	168

fällig, oder es fehlt noch eine wichtige Eigenschaft. Natürlich weiß man jetzt recht gut, daß der zweite Schluß richtig ist. Um die fehlende Eigenschaft einzuführen, wenden wir uns wieder dem Niveaudiagramm zu.

Die Energiezustände des harmonischen Oszillators sind aus zwei verschiedenen Gründen entartet. Man betrachte z.B. den $N = 2$-Zustand, der die Orbitale $2s$ und $1d$ enthält. Der $2s$-Zustand hat $l = 0$ und er kann wegen der beiden möglichen Spinzustände zwei Teilchen aufnehmen. Rotationssymmetrie gibt dem d-Zustand ($l = 2$) eine $(2l + 1)$-fache Entartung, und betrachtet man die beiden Spinzustände, so führt diese Entartung zu $2(4 + 1) = 10$ Zuständen. Die Tatsache, daß der $2s$- und der $1d$-Zustand die gleiche Energie haben, ist eine spezielle Eigenschaft des harmonischen Oszillators. Es ist etwas unglücklich, daß der harmonische Oszillator, der sonst so einfach zu verstehen ist, diese dynamische Entartung besitzt. Was geschieht mit der Entartung in einem realistischeren Potential, wie es in Bild 15.5 gezeigt wird? Die Wellenfunktionen des harmonischen Oszillators in Bild 13.8 zeigen, daß Teilchen in Zuständen mit höheren Drehimpulsen wahrscheinlicher bei größeren Radien zu finden sind als in Zuständen mit kleinen oder keinen Bahndrehimpulsen. Bild 15.5 zeigt, daß das Fermipotential einen flachen Boden hat; für identische Tiefen in der Mitte ist es daher bei großen Radien tiefer als das Oszillatorpotential. Die Zustände mit höherem Drehimpuls sehen daher im realistischen Fall ein tieferes Potential, die Entartung wird aufgehoben, und die Zustände mit hohem l erscheinen bei einer kleineren Energie. Die Aufhebung der Entartung durch diese Eigenschaft kann für das Rechteckpotential explizit gezeigt werden; die Resultate sind in Bild 15.6 dargestellt. Die Zahlen der Nukleonen in jeder Schale bleiben unverändert, die magischen Zahlen 50, 82 und 126 können immer noch nicht erklärt werden. Bisher wurden die Energieniveaus nur durch n und l gekennzeichnet, während der Nukleonenspin nicht berücksichtigt wurde. Ein Nukleon in einem Zustand mit dem Bahndrehimpuls l ergibt zwei Zustände mit dem Gesamtdrehimpuls $l \pm \frac{1}{2}$. Als Beispiel betrachte man die Oszillatorschale $N = 1$. Ein Nukleon im Zustand $1p$ kann den Gesamtdrehimpuls $\frac{1}{2}$ und $\frac{3}{2}$ haben, und die entsprechenden Zu-

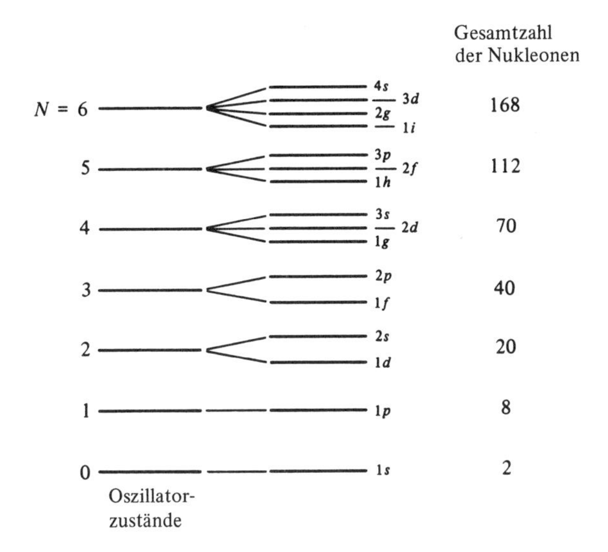

Bild 15.6 Oszillatorschalen. Links die Zustände des harmonischen Oszillators. Wenn die zufällige Entartung in jeder Oszillatorschale durch einen Wechsel der Potentialform aufgehoben wird, so erscheint das Niveaudiagramm rechts. Die Gesamtzahl der Nukleonen, die im Potential bis zu der angegebenen Schale untergebracht werden können, ist ebenfalls angeschrieben.

stände werden durch $1p_{1/2}$ und $1p_{3/2}$ gekennzeichnet. Im Potential des zentralen harmonischen Oszillators und im Rechteckpotential sind diese Zustände entartet. Diese Situation wird durch s p i n a b h ä n g i g e Kräfte geändert. Man betrachte z. B. die niedrigsten Energieniveaus von ^{5}He und ^{5}Li in Bild 15. 7. Die Grundzustände dieser Nuklide haben Spin $\frac{3}{2}$ und negative Parität, und die ersten angeregten Zustände Spin $\frac{1}{2}$ und negative Parität. Diese Quantenzahlen werden dadurch erklärt, daß man ^{5}He(^{5}Li) als Kern mit abgeschlossener Schale plus ein Proton (Neutron) betrachtet. Im ^{4}He sind die $1s$-Zustände für Neutronen und Protonen gefüllt und es ist der erste, doppelt magische Kern. Das nächste Nukleon, Neutron oder Proton, muß in einen der $1p$-Zustände gehen, entweder $1p_{1/2}$ oder $1p_{3/2}$. Die Spins der beobachteten Niveaus (Bild 15. 8) zeigen uns, daß das $1p_{3/2}$-Niveau die niedrigere Energie hat. Wenn das Nukleon über der abgeschlossenen Schale, das sog. Valenznukleon, auf das nächst höhere Niveau gehoben wird, so

Bild 15.7
Die niedrigsten Energieniveaus von ^{5}He und ^{5}Li. Die Zustände sind allerdings sehr kurzlebig und haben sehr große Energiebreiten. Mit unserer momentanen Argumentation haben diese Breiten aber nichts zu tun; sie sind daher nicht eingezeichnet.

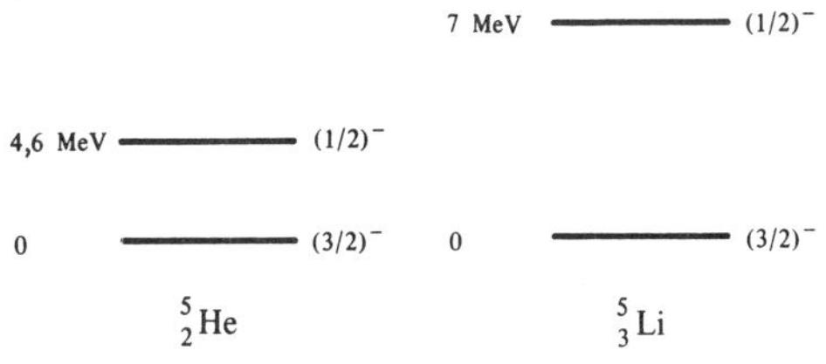

4,6 MeV (1/2)$^-$
0 (3/2)$^-$
$^5_2$He

7 MeV (1/2)$^-$
0 (3/2)$^-$
$^5_3$Li

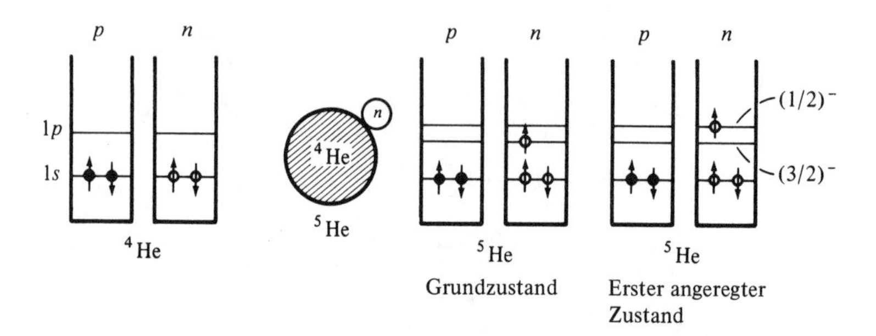

Bild 15.8 Besetzung der Kernenergieniveaus in ^{4}He, ^{5}He und ^{5}He*. Zur Vereinfachung wurde die Coulombwechselwirkung vernachlässigt; die Neutronen- und Protonenpotentiale sind gleich gezeichnet.

ergibt sich der erste angeregte Zustand von ^{5}He. Die Spin und Paritätswerte $(\frac{1}{2})^-$ dieses Zustands zeigen, daß das ein $1p_{1/2}$-Einteilchenzustand ist. Die Entartung der $1p_{1/2}$ und $1p_{3/2}$-Zustände wird in realen Kernen aufgehoben und die Energieaufspaltung beträgt bei leichten Kernen einige MeV. Dieser Schluß kann durch die Annahme verallgemeinert werden, daß die Entartung zwischen den Niveaus $l+\frac{1}{2}$ und $l-\frac{1}{2}$ in realen Kernen immer aufgehoben ist, wie Bild 15.9 zeigt.

Die Aufspaltung zwischen $l+\frac{1}{2}$ und $l-\frac{1}{2}$-Zuständen wird primär durch die Wechselwirkung zwischen Nukleonenspin und Bahndrehimpuls hervorgerufen. Solch eine Spin-Bahn-Kraft ist in der Atomphysik gut bekannt [6]), aber man erwartete nicht, daß sie in den Kernen so stark sein würde. Wir kommen im nächsten Abschnitt auf die Spin-Bahn-Kraft zurück, hier aber wollen wir zeigen, daß man die magischen Zahlen erklären kann, wenn ihre Effekte berücksichtigt werden. Ein Nukleon, das sich im Zentralpotential des Kerns mit dem Bahndrehimpuls $\mathbf{l}$, Spin $\mathbf{s}$ und dem Gesamtdrehimpuls $\mathbf{j}$

(15.6) $$\mathbf{j} = \mathbf{l} + \mathbf{s}$$

bewegt, erhält eine zusätzliche Energie

(15.7) $$V_{ls} = C_{ls}\mathbf{l}\cdot\mathbf{s}.$$

Den Effekt dieses zusätzlichen Operators der potentiellen Energie auf einen Zustand $|\alpha; j, l, s\rangle$ müssen wir bestimmen. Hier beschreibt α alle Quanten-

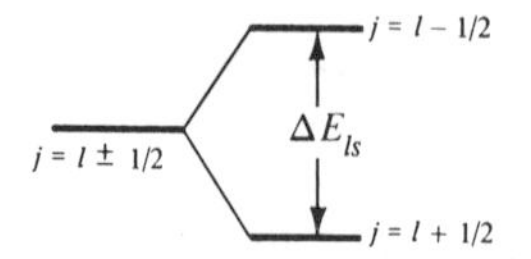

Bild 15.9 Aufspaltung der Zustände mit einem gegebenem Wert l in zwei Zustände: Die Spin-Bahn-Wechselwirkung drückt den Zustand mit dem Gesamtdrehimpuls $j = l + \frac{1}{2}$ nach unten und hebt den Zustand mit $j = l - \frac{1}{2}$ an.

6 Eisberg, Abschnitt 11.4; H. A. Bethe und R. Jackiw, *Intermediate Quantum Mechanics*, 2nd ed., Benjamin, Reading Mass., 1968, Kapitel 8; Park, Kapitel 14; G. P. Fisher, *Am J. Phys.* **39**, 1528 (1971).

zahlen außer j, l, s. (Daß j, l, s gleichzeitig angegeben werden können, liegt daran, daß Zustände von $l = j \pm \frac{1}{2}$ entgegengesetzte Parität haben, und bei der hadronischen Kraft bleibt die Parität erhalten.) Mit dem Quadrat der Gl. 15.6 wird der Operator $\mathbf{l}\cdot\mathbf{s}$ geschrieben als

$$\mathbf{l}\cdot\mathbf{s} = \tfrac{1}{2}(j^2 - l^2 - s^2). \tag{15.8}$$

Die Wirkungen der Operatoren j^2, l^2 und s^2 auf $|\alpha; j, l, s\rangle$ sind in Gl. 15.7 gegeben, so daß

$$\mathbf{l}\cdot\mathbf{s}\,|\alpha; j, l, s\rangle = \tfrac{1}{2}\hbar^2\{j(j+1) - l(l+1) - s(s+1)\}\,|\alpha; j, l, s\rangle \tag{15.9}$$

gilt. Für ein Nukleon mit dem Spin $s = \frac{1}{2}$ existieren nur zwei Möglichkeiten, nämlich $j = l + \frac{1}{2}$ und $j = l - \frac{1}{2}$, und dafür ergibt Gl. 15.9

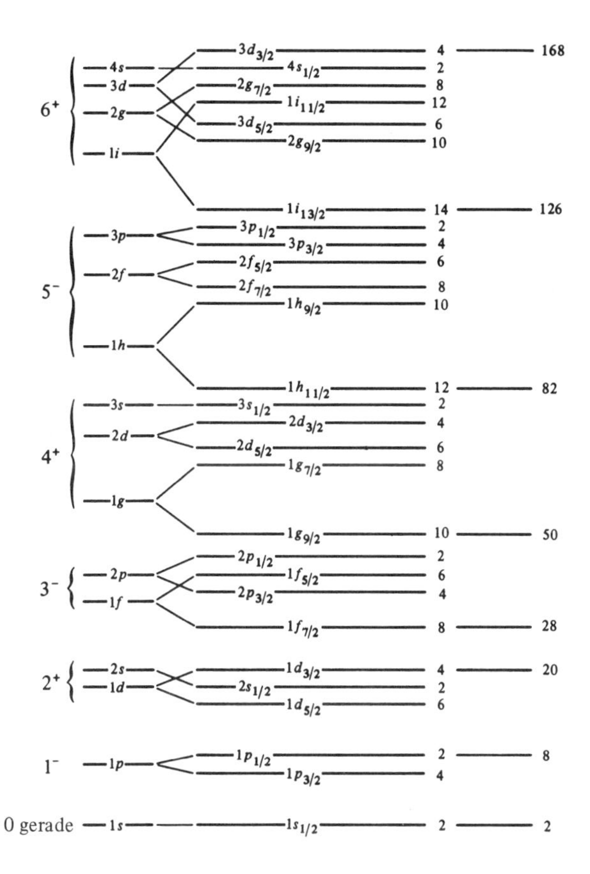

Bild 15.10 Ungefähres Niveauschema der Nukleonen. Die Zahl der Nukleonen in jedem Zustand und die kumulierte Summe sind angegeben. Die Oszillatoranordnung ist links gezeigt. Neutronen und Protonen haben im wesentlichen bis hinauf zu 50 das gleiche Muster. Von da an treten einige Abweichungen auf. Niedrige Neutronendrehimpulse werden gegenüber niedrigen Protonendrehimpulsen bevorzugt.

(15.10) $$\mathbf{l}\cdot\mathbf{s}|\alpha; j, l, \tfrac{1}{2}\rangle = \begin{cases} \tfrac{1}{2}\hbar^2 l|\alpha; j, l, \tfrac{1}{2}\rangle & \text{für } j = l + \tfrac{1}{2} \\ -\tfrac{1}{2}\hbar^2(l+1)|\alpha; j, l, \tfrac{1}{2}\rangle & \text{für } j = l - \tfrac{1}{2}\,. \end{cases}$$

Die Energieaufspaltung ΔE_{ls} in Bild 15.9 ist proportional zu $l + \frac{1}{2}$

(15.11) $$\Delta E_{ls} = (l + \tfrac{1}{2})\hbar^2 C_{ls}.$$

Die Spin-Bahn-Aufspaltung wächst mit größer werdendem Bahndrehimpuls l. Daher gewinnt sie für schwere Kerne an Bedeutung, wo größere l-Werte erscheinen. Für einen gegebenen Wert von l liegt der Wert mit größeren Gesamtdrehimpuls $j = l + \frac{1}{2}$ niedriger und er hat eine Entartung von $2j + 1 = 2l + 2$. Der höhere Zustand, $j = l - \frac{1}{2}$, ist $2l$-fach entartet. Mit diesen Ausführungen kann man den Schalenabschluß bei magischen Zahlen verstehen. Man betrachte Bild 15.6. Die Gesamtzahl der Nukleonen bis zur Oszillatorschale $N = 3$ ist 40; die korrekte magische Zahl ist 50. Das $1g_{9/2}$-Niveau ist 10-fach entartet, wie Bild 15.10 zeigt. Dieses Niveau wird durch die Spin-Bahn-Wechselwirkung herabgedrückt, so daß es in die Oszillatorschale $N = 3$ gelangt; die Gesamtzahl der Nukleonen addiert sich zu 50, dem richtigen magischen Abschluß. Ähnlich hat der $1h_{11/2}$-Zustand eine 12-fache Entartung; heruntergezogen und zur $N = 4$-Oszillatorschale addiert, ergibt er die Zahl 82. Der $1i_{13/2}$, in die $N = 5$-Schale heruntergezogen, steuert 14 Nukleonen bei und das ergibt die magische Zahl 126. Die Situation ist in Bild 15.10 zusammengefaßt, wo das Niveauschema gezeigt wird. Im Detail gibt es kleine Unterschiede für Neutronen und Protonen; diese Tatsache wird in Abschnitt 19.1 wichtig sein. Die Situation läßt sich mit der Aussage zusammenfassen, daß eine genügend starke Spin-Bahn-Wechselwirkung, die in den $j = l + \frac{1}{2}$-Zuständen attraktiv wirkt, die experimentell beobachteten Schalenabschlüsse erklären kann.

15.3 *Die Spin-Bahn-Wechselwirkung*

Im vorigen Abschnitt wurde gezeigt, daß eine Spin-Bahn Wechselwirkung in der Form der Gl. 15.7 die experimentell beobachteten Schalenabschlüsse erklären kann, vorausgesetzt, die Konstante C_{ls} ist genügend groß. Stimmen diese Schlüsse aus Kerneigenschaften überein mit dem, was über das Nukleon-Nukleon-Potential bekannt ist? In Abschnitt 12.5 wurde gezeigt, daß die potentielle Nukleon-Nukleon-Energie in Gl. 12.36 einen Spin-Bahn-Term

(15.12) $$V_{LS}\mathbf{L}\cdot\mathbf{S}$$

enthält. Hier ist $\mathbf{L} = \frac{1}{2}(\mathbf{r}_1 - \mathbf{r}_2) \times (\mathbf{p}_1 - \mathbf{p}_2)$, der relative Bahndrehimpuls der beiden Nukleonen und $\mathbf{S} = \mathbf{s}_1 + \mathbf{s}_2 = \frac{1}{2}(\boldsymbol{\sigma}_1 + \boldsymbol{\sigma}_2)$, die Summe der Spins. Solch ein Term in der Nukleon-Nukleon-Kraft erzeugt einen Ausdruck

$$V_{ls} = C_{ls}\mathbf{l}\cdot\mathbf{s}$$

im Kernpotential. Hier ist $\mathbf{l}$ der Bahndrehimpuls des Nukleons, das sich im Kernpotential bewegt, und $\mathbf{s}$ ist sein Spin. Um die Verbindung zu sehen, betrachten wir eine Bahn, wie sie in Bild 15.11 gezeigt wird. Im Innern des Kerns, wo die Kerndichte konstant ist, ist die Zahl der Nukleonen auf beiden Seiten der Bahn innerhalb der Reichweite der Kernkräfte gleich. Die Spin-Bahn-Wechselwirkung mittelt sich daher heraus. In der Nähe der Oberfläche jedoch befinden sich die Nukleonen nur auf der inneren Seite der Bahn; der relative Bahndrehimpuls $\mathbf{L}$ in Gl. 15.12 zeigt immer in die gleiche Richtung, und die Zweikörper-Spin-Bahn-Wechselwirkung veranlaßt einen Term in der Form von Gl. 15.7. Um dieses Argument präziser auszudrücken, wird die Energie der Spin-Bahn-Wechselwirkung Gl. 15.12 zwischen zwei Nukleonen 1 und 2 als

(15.13) $$V(1,2) = \tfrac{1}{2}V_{LS}(r_{12})(\mathbf{r}_1 - \mathbf{r}_2) \times (\mathbf{p}_1 - \mathbf{p}_2)\cdot(\mathbf{s}_1 + \mathbf{s}_2)$$

geschrieben. Wenn Teilchen 1 das untersuchte Teilchen ist, so kann man eine Abschätzung des Kernspin-Bahn-Potentials durch Mittelung von $V(1,2)$ über Nukleon 2 erhalten:

(15.14) $$V_{ls}(1) = \mathrm{Av}\int d^3r_2\, \rho(\mathbf{r}_2)V(1,2),$$

wobei Av andeutet, daß wir über den Spin und den Impuls des Nukleon 2 mitteln müssen, und wobei $\rho(\mathbf{r}_2)$ die Wahrscheinlichkeitsdichte von Nukleon 2 ist. Nach Einsetzen von $V(1,2)$ aus Gl. 15.13 wird $V_{ls}(1)$

(15.15) $$V_{ls}(1) = \tfrac{1}{2}\int d^3r_2\, \rho(\mathbf{r}_2)V_{LS}(r_{12})(\mathbf{r}_1 - \mathbf{r}_2) \times \mathbf{p}_1\cdot\mathbf{s}_1\,;$$

das Mittel über alle anderen Teilchen ist null. Die Kerndichte am Ort $\mathbf{r}_2$ kann durch eine Taylorreihe um $\mathbf{r}_1$ entwickelt werden, da die Reichweite der Spin-Bahn-Kraft sehr klein ist:

(15.16) $$\rho(\mathbf{r}_2) = \rho(\mathbf{r}_1) + (\mathbf{r}_2 - \mathbf{r}_1)\cdot\nabla\rho(\mathbf{r}_1) + \cdots.$$

Nach Einsetzen der Entwicklung in $V_{ls}(1)$ verschwindet das Integral, das den Faktor $\rho(\mathbf{r}_1)$ enthält. Das verbleibende Integral kann berechnet werden; unter der Annahme, daß die Reichweite der Nukleonenspin-Bahn-Wech-

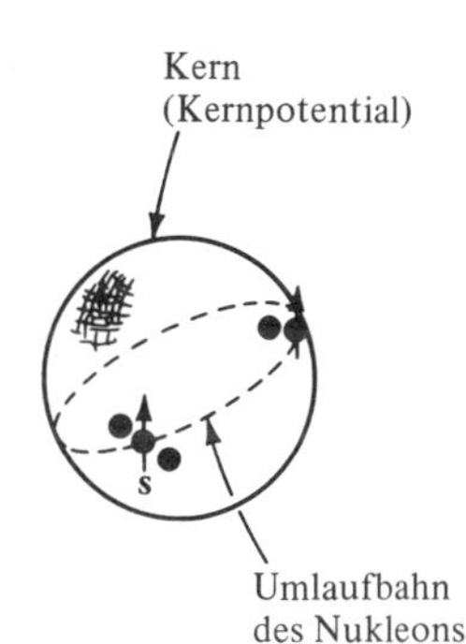

Bild 15.11 Nukleonen mit dem Banddrehimpuls l und dem Spin s im Kernpotential.

selwirkung klein ist im Vergleich zu der Dicke der Kernoberfläche - nur hier macht sich $\nabla\rho$ bemerkbar - ergibt sich

$$V_{ls}(1) = C\frac{1}{r_1}\frac{\partial\rho(r_1)}{\partial r_1}\mathbf{l}_1\cdot\mathbf{s}_1 \tag{15.17}$$

mit

$$C = -\frac{1}{6}\int V_{LS}(r)r^2d^3r. \tag{15.18}$$

Die Nukleon-Nukleon-Spin-Bahn-Wechselwirkung führt zu einer Spin-Bahn-Wechselwirkung für ein Nukleon, das sich in einem gemittelten Kernpotential bewegt. Wie Gl. 15.17 zeigt, verschwindet die Wechselwirkung dort, wo die Dichte konstant ist, und sie ist am stärksten an der Kernoberfläche. Numerische Abschätzungen mit den Gln. 15.17 und 15.18 ergeben für V_{ls} die richtige Größenordnung.

15.4 *Das Einteilchen-Schalen-Modell*

Das einfachste Atomsystem ist der Wasserstoff, der nur ein Elektron besitzt, das sich im Feld des schweren Kerns bewegt. Die in ihrer Einfachheit nächsten Atome sind die Alkaliatome, die aus einer abgeschlossenen Atom-Schale und einem zusätzlichen Elektron bestehen. In erster Näherung nimmt man an, daß sich ein Valenzelektron im Feld des Kerns bewegt, der durch die abgeschlossene Elektronenschale abgeschirmt wird, die ein kugelsymmetrisches System mit dem Drehimpuls 0 bildet. Der Gesamtdrehimpuls des Atoms stammt vom Valenzelektron (und vom Kern). In der Kernphysik hat das Zweikörpersystem (Deuteron) nur einen gebundenen Zustand und liefert nicht sehr viel Informationen. In Analogie zum Atom sind die nächst einfachen Kerne solche, die eine abgeschlossene Schale und ein zusätzliches Valenznukleon haben (oder Nuklide mit abgeschlossenen Schalen, in denen ein Nukleon fehlt). Bevor wir solche Nuklide studieren, betrachten wir abgeschlossene Schalen.

Welche Quantenzahlen haben Nuklide mit abgeschlossenen Schalen? Im Schalenmodell werden Protonen und Neutronen unabhängig voneinander behandelt. Man betrachte zuerst eine Unterschale mit einem gegebenen Wert des Gesamtdrehimpulses j, z.B. die Protonenunterschale $1p_{1/2}$ (Bild 15.10). Es gibt $2j + 1 = 2$ Protonen in dieser Unterschale. Da die Protonen Fermionen sind, muß die Gesamtwellenfunktion antisymmetrisch sein. Die Ortswellenfunktion von zwei Protonen in der gleichen Schale ist symmetrisch, und daher muß die Spinwellenfunktion antisymmetrisch sein. Von zwei Protonen kann nur ein total antisymmetrischer Zustand gebildet werden; aber e i n Zustand, der durch e i n e einzige Wellenfunktion beschrieben wird, muß Spin $J = 0$ haben. Das gleiche Argument gilt für jede andere abgeschlossene Unterschale, oder eine Protonen- oder Neutronenschale: abgeschlossene Schalen haben immer einen Gesamtdrehimpuls von Null. Die Parität einer abgeschlossenen Schale ist gerade, weil sie von einer geraden Anzahl von Nukleonen gefüllt wird.

Grundzustandsspin und Parität von Nukliden, die über einer abgeschlossenen Schale ein zusätzliches Teilchen haben oder denen zum Schalenabschluß ein Teilchen fehlt, sind nun leicht vorherzusagen. Man betrachte zuerst ein einzelnes Proton außerhalb einer abgeschlossenen Schale. Da eine abgeschlossene Schale Drehimpuls Null und gerade Parität hat, werden Drehimpuls und Spin des Kerns vom Valenzproton bestimmt. Drehimpuls und Parität des Protons findet man in Bild 15.10. Das entsprechende Niveauschema der Neutronen ist sehr ähnlich. Ein erstes Beispiel wurde schon in Bild 15.8 gezeigt, aus dem wir als Zuordnung des ^{5}He-Grundzustands $p_{3/2}$ ableiteten, oder Spin $= \frac{3}{2}$ und negative Parität. Einige wenige zusätzliche Beispiele sind in Tabelle 15.2 gezeigt. Die vorhergesagten und beobachteten Werte von Spin und Parität stimmen vollständig überein. Ebenso kann man mit Bild 15.10 die Quantenzahlen von Kernen bestimmen, denen ein Teilchen in einer abgeschlossenen Schale fehlt. Ein solcher Ein-Loch-Zustand kann mit der Sprache für Antiteilchen aus Abschnitt 7.5 beschrieben werden; das Loch erscheint als Antiteilchen, und Gl. 7.42 sagt uns, daß der Drehimpuls des Zustands der gleiche sein muß, wie der des fehlenden Nukleons. Ebenso muß der Lochzustand die Parität des fehlenden Nukleons haben [7]). Diese Eigenschaften der Löcher folgen auch aus der Tatsache, daß ein Loch und ein Teilchen, das dieses Loch auffüllen kann, für die abgeschlossene Schale zu $J = 0^+$ koppeln können. Als einfaches Beispiel betrachte man ^{4}He in Bild 15.8. Entfernt man ein Neutron von ^{4}He, so erhält man ^{3}He. Das herausgenommene Neutron war in einem $s_{1/2}$-Zustand; die Abwesenheit wird durch das Symbol $(s_{1/2})^{-1}$ beschrieben. Die entsprechende Zuordnung für Spin und Parität von ^{3}He ist $(\frac{1}{2})^+$, in Übereinstimmung mit dem Experiment. Zuordnungen für

Tabelle 15.2 Spin und Parität einiger Grundzustände, vorhergesagt durch das Einteilchenschalenmodell und beobachtet.

Nuklid	Z	N	Schalenmodell Anordnung	Beobachteter Spin und Parität
^{17}O	8	9	$d_{5/2}$	$\frac{5}{2}^+$
^{17}F	9	8	$d_{5/2}$	$\frac{5}{2}^+$
^{43}Se	21	22	$f_{7/2}$	$\frac{7}{2}^-$
^{209}Pb	82	127	$g_{9/2}$	$\frac{9}{2}^+$
^{209}Bi	83	126	$h_{9/2}$	$\frac{9}{2}^-$

7 Eine genaue Diskussion der Lochzustände und der Teilchen-Loch-Konjugation steht in A. Bohr und B. R. Mottelson, *Nuclear Structure*, Benjamin, Reading, Mass., 1969. Siehe Vol. I, p. 312 und Anhang 3B.

andere Ein-Loch-Nuklide kann man leicht angeben; auch sie stimmen mit den experimentellen Werten überein.

Als nächstes wenden wir uns den angeregten Zuständen zu. Im Geiste des extremen Einteilchen-Modells werden sie als Anregungen des Valenznukleons alleine beschrieben; es gelangt in eine höhere Bahn. Der Rumpf (abgeschlossene Schale) soll dabei ungestört bleiben. Bis zu welchen Energien kann man erwarten, daß dieses Bild gültig bleibt? Die Bilder 15.3 und 15.4 zeigen, daß die Paarungsenergie in der Größenordnung von 2 MeV liegt. Bei einer Anregungsenergie von einigen MeV ist es daher möglich, daß das Valenznukleon in seinem Grundzustand verbleibt, aber daß ein Paar aufgebrochen wird, wobei eines der Nukleonen aus dem Paar auf die nächst höhere Schale gehoben wird. Ebenso ist es möglich, daß ein Paar in die nächst höhere Schale angeregt wird. In beiden Fällen ist das resultierende Energieniveau nicht länger durch das Einteilchen-Modell beschreibbar. Es ist daher nicht überraschend, "fremde" Niveaus bei einigen MeV zu finden. Zwei Beispiele sind in Bild 15.12 gezeigt, beides doppelt magische Kerne mit einem zusätzlichen Valenznukleon. Bei ^{57}Ni gelten die Zuordnungen des Einteilchen Schalen-Modells bis etwa 1 MeV, aber oberhalb von 2,5 MeV erscheinen fremde Zustände. Die fremden Zustände sind nicht wirklich fremd. Während sie nicht mit Ausdrücken des extremen Einteilchen-Schalen-Modells beschrieben werden können, ist es möglich, sie mit Termen des allgemeinen Schalenmodells zu verstehen, durch Anregungen des Rumpfs. Im Falle von ^{209}Pb erscheint der erste entsprechende Zustand bei 2,15 MeV. Die Vermutung aus den Bildern 15.3 und 15.4, daß die Rumpfanregung bei etwa 2 MeV eine Rolle spielt, erweist sich als richtig. Wir

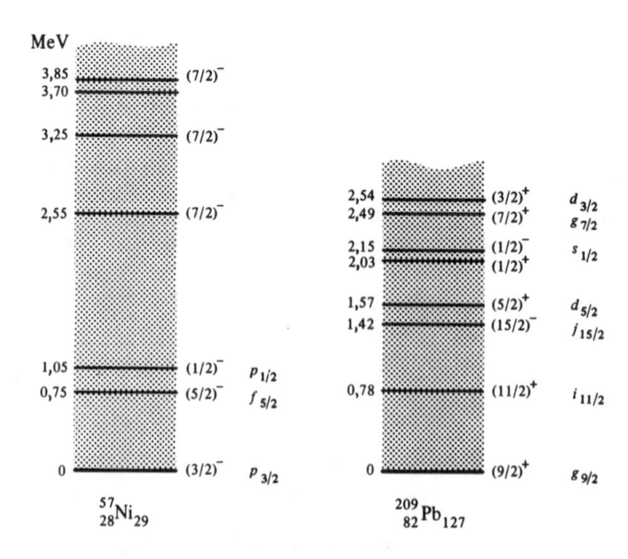

Bild 15.12 Angeregte Zustände in ^{57}Ni und ^{208}Pb. Die Zustände, die eine eindeutige Schalenmodell-Zuordnung erlauben, sind mit den entsprechenden Quantenzahlen versehen.

haben nur zwei Eigenschaften des Kerns diskutiert, die gut durch das Einteilchen-Modell erklärt werden; Spin und Parität des Grundzustands, die Niveaufolge und die Quantenzahlen der niedrigsten angeregten Zustände. Es gibt andere Eigenschaften, die durch das extreme Einteilchen-Modell erklärt werden, z.B. die Existenz von recht langlebigen, ersten angeregten Zuständen in bestimmten Regionen von N und Z, die sog. Inseln der Isomerie. Das Modell ist jedoch nur auf eine beschränkte Klasse von Kernen anwendbar, nämlich diejenigen, die ein Nukleon außerhalb einer abgeschlossenen Schale haben. Eine Erweiterung auf allgemeinere Bedingungen ist notwendig.

15.5 *Verallgemeinerung des Einteilchen-Modells*

Das extreme Einteilchen-Schalen-Modell, das im vorigen Abschnitt besprochen wurde, beruht auf einer Anzahl von recht unrealistischen Annahmen: die Nukleonen bewegen sich in einem festen, sphärischen Potential, Wechselwirkungen zwischen den Teilchen werden nicht berücksichtigt, und nur das letzte ungerade Teilchen trägt zu den Niveaueigenschaften bei. Diese Einschränkungen werden schrittweise und bis zu verschiedenen Graden der Abstraktion aufgehoben. Wir führen kurz einige der Verallgemeinerungen vor.

1. Alle Teilchen außerhalb einer abgeschlossenen Schale werden berücksichtigt. Die Drehimpulse dieser Teilchen können durch verschiedene Kombinationen zum resultierenden Drehimpuls zusammengesetzt werden. Die beiden wichtigsten Schemata sind die Russel-Saunders- oder LS-Kopplung, und die jj-Kopplung. Bei der ersten wird angenommen, daß die Drehimpulse mit den Spins schwach gekoppelt sind; Spins und Drehimpulse aller Nukleonen in einer Schale werden separat addiert und man erhält $\mathbf{L}$ und $\mathbf{S}$: $\Sigma_i \mathbf{l}_i = \mathbf{L}$, $\Sigma_i \mathbf{s}_i = \mathbf{S}$. Der Gesamtbahndrehimpuls $\mathbf{L}$ und der Gesamtspin $\mathbf{S}$ aller Nukleonen werden dann zur Bildung eines gegebenen $\mathbf{J}$ addiert. Im jj-Kopplungsschema wird angenommen, daß die Spin-Bahn-Kraft stärker ist als die Restkraft zwischen individuellen Nukleonen, so daß Spin und Drehimpuls eines jeden Nukleons zuerst zu einem Gesamtdrehimpuls $\mathbf{j}$ addiert werden; diese $\mathbf{j}$'s werden dann zu einem Gesamt $\mathbf{J}$ kombiniert. In den meisten Kernen weist die empirische Erfahrung darauf hin, daß die jj-Kopplung näher bei der Wirklichkeit liegt; in den leichtesten Kernen ($A \lesssim 16$) scheint das Kopplungsschema zwischen der LS- und der jj-Kopplung zu liegen.

2. Zwischen den Teilchen außerhalb von abgeschlossenen Schalen werden Restkräfte eingeführt. Daß man solche Restkräfte benötigt, sieht man auf verschiedene Weise. Man betrachte z.B. ^{69}Ga. Es hat 3 Protonen im $2p_{3/2}$-Zustand außerhalb der abgeschlossenen Protonenschale. Diese drei Protonen können ihre Spins zu Werten $J = \frac{1}{2}, \frac{3}{2}, \frac{5}{2}, \frac{7}{2}$ und $\frac{9}{2}$ addieren. Ohne Rest-

wechselwirkung sind diese Zustände degeneriert. Experimentell beobachtet man einen niedrigsten Zustand - oft ist das der Zustand $J = j$ ($= \frac{3}{2}$ in diesem Fall). Es muß eine Wechselwirkung geben, die die entarteten Zustände aufspaltet. Im Prinzip sollte man die Restwechselwirkung als das ableiten, was übrig bleibt, wenn man die Nukleon-Nukleon-Wechselwirkung durch ein mittleres Ein-Nukleon-Potential ersetzt. In der Praxis ist ein solches Programm zu schwierig, und man bestimmt die Restwechselwirkung empirisch. Jedoch kann man viele Eigenschaften der Restwechselwirkung auf theoretischer Basis verstehen. Man betrachte z. B. die Paarungskraft, die in Abschnitt 15.1 beschrieben wurde. Wir haben darauf hingewiesen, daß es zwei gleiche Nukleonen vorziehen in einem antisymmetrischen Spinzustand zu sein, mit entgegengerichtetem Spin und mit einem relativen Bahndrehimpuls null ($^1S_0$). Wenn die Restkraft eine sehr kurze Reichweite hat und attraktiv ist, kann dieses Verhalten sofort verstanden werden. Man betrachte zur Vereinfachung eine Kraft mit der Reichweite null. Die beiden Nukleonen bemerken eine solche Kraft nur, wenn sie in einem relativen s-Zustand sind; das Ausschließungsprinzip zwingt dann ihre Spins in entgegengesetzte Richtungen, was man tatsächlich beobachtet. Obwohl die wahren Kernkräfte nicht von so kurzer Reichweite sind (bei etwa 0,5 fm wird die Kraft abstoßend), bleibt der Nettoeffekt unverändert. Die Energie, die durch die Wirkung der Paarungskraft gewonnen wird, nennt man Paarungsenergie; sie wird empirisch zu etwa $12A^{-1/2}$ MeV bestimmt. Die Paarungsenergie führt zu einem Verständnis der Energie der ersten angeregten Zustände von gerade-gerade Kernen: ein Paar muß aufgebrochen werden, und der entsprechende erste angeregte Zustand liegt ca. 1-2 MeV über dem Grundzustand.

3. Es ist bekannt, daß viele Nuklide permanent deformiert sind; sie können daher durch ein sphärisches Potential nicht korrekt genug beschrieben werden. Bei solchen Kernen nimmt man an, daß sich die Einzelteilchen in einem nichtsphärischen Potential bewegen[8]). Dieses deformierte Schalen- oder Nillsson-Modell wird in Abschnitt 16.4 behandelt.

Mit diesen drei hier diskutierten Verallgemeinerungen kann das Schalenmodell viele Zustände sehr gut beschreiben. Es bleiben jedoch immer noch Eigenschaften übrig, die das Modell nicht erklären kann. Wir haben schon die Existenz von Zuständen erwähnt, die einer Rumpf-Anregung zuzuschreiben sind, und solche Anregungen müssen berücksichtigt werden. Informativer jedoch sind einige systematische Abweichungen von den Eigenschaften, die das Schalenmodell voraussagt. Die beiden wichtigsten sind: Quadrupolmomente, die viel größer als erwartet sind, und elektrische Quadrupolübergänge, die viel schneller als berechnet vor sich gehen. Diese Erscheinungen sind weit weg von einer abgeschlossenen Schale am deutlich-

8 S. G. Nilsson, *Kgl. Danske Videnskab. Selskab, Mat.-fys. Medd.* **29**, Nr. 16 (1955).

sten und sie weisen auf die Existenz von kollektiven Freiheitsgraden hin, die wir noch nicht betrachtet haben. Im nächsten Kapitel werden wir uns mit dem kollektiven Modell beschäftigen.

15.6 *Isobare Analog-Resonanzen*

„Since 1964 isopin has become an industry."

D. H. Wilkinson in *Isospin in Nuclear Physis*, D. H. Wilkinson, ed., North-Holland, Amsterdam, 1969, Ch. 1.

Bisher haben wir Zustände eines gegebenen Nuklids diskutiert, ohne benachbarte Isobare zu betrachten. In Abschnitt 8.7 haben wir bewiesen, daß die Ladungsunabhängigkeit der Kernkräfte dazu führt, einem Kernzustand den Isospin I zuzuordnen; solange man die Coulombwechselwirkung vernachlässigen kann, zeigt ein solcher Zustand $2I + 1$ Isobare. Solche isobare Analogzustände wurden sogar in mittelschweren und schweren Kernen [9], [10] gefunden, und sie werden wegen ihres Werts für Kernstrukturuntersuchungen [11] mit großer Aufmerksamkeit behandelt.

Um Analogzustände zu beschreiben, betrachten wir die Isobare (Z, N) und $(Z + 1, N - 1)$. Die Energieniveaus in Abwesenheit der Coulombwechselwirkung sind in Bild 15.13 gezeigt. Die Differenz der Energien zwischen den

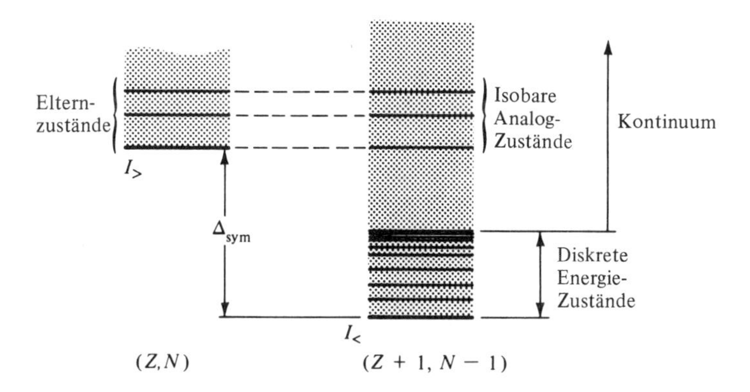

Bild 15.13 Energieniveauschema für die Isobare (Z, N) und $(Z + 1, N - 1)$, wobei die Coulombwechselwirkung ausgeschaltet ist.

9 J. D. Anderson und C. Wong, *Phys. Rev. Letters* 7, 250 (1961); J. D. Anderson, C. Wong und T. W. McClure, *Phys. Rev.* **126**, 2170 (1962).

10 J. D. Fox, C. F. Moore und D. Robson, *Phys. Rev. Letters* **12**, 198 (1964).

11 H. Feshbach und A. Kerman, *Comments Nucl. Particle Phys.* **3**, 107 (1969); M. H. Macfarlane und J. P. Schiffer, *Comments Nucl. Particle Phys.* **3**, 107 (1969). D. Robson, *Science* **179**, 133 (1973).

beiden Grundzuständen kann aus dem Symmetrieterm der semiempirischen Massenformel, Gl. 14.8, berechnet werden:

$$\Delta_{sym} = E_{sym}(Z+1, N-1) - E_{sym}(Z, N) = -4a_{sym}\frac{N-Z-1}{A}$$

oder

$$\Delta_{sym}\,(\text{in MeV}) = -90\,\frac{N-Z-1}{A}\,. \tag{15.19}$$

Die Volumen- und Oberflächenterme sind für Isobare gleich, und daher liegt der Grundzustand des Isobars mit höherem Z um den Betrag Δ_{sym} tiefer. Für das Paar ^{209}Pb und ^{209}Bi z.B. beträgt Δ_{sym} ungefähr 19 MeV. In Abwesenheit der Coulombwechselwirkung ist der Isospin eine gute Quantenzahl. Wie in Abschnitt 8.7 festgestellt wurde, nimmt der Isospin eines Grundzustands eines Isobars (Z, N) den kleinsten erlaubten Wert an. Der Grundzustandsisospin eines Isobars (Z, N) ist daher durch Gl. 8.34 gegeben als

$$I_> = \frac{N-Z}{2}, \tag{15.20}$$

während für das Isobar $(Z+1, N-1)$ die Zuordnung

$$I_< = \frac{N-Z}{2} - 1 = I_> - 1 \tag{15.21}$$

gilt. Wegen der Ladungsunabhängigkeit erscheinen die Zustände des Elternkerns (Z, N) mit der gleichen Energie im Isobar $(Z+1, N-1)$. Diese Analogzustände sind in Bild 15.13 gezeigt. Hier zeigt sich ein wesentlicher Unterschied zwischen leichten und schweren Kernen. Um ihn zu berücksichtigen, kehren wir zu Bild 5.27, Tabelle 5.7 und Gl. 15.3 zurück und stellen fest, daß die Kerne diskrete Niveaus (gebundene Zustände) bis zu einer Anregungsenergie von etwa 8 MeV haben. Oberhalb von 8 MeV wird die Emission von Nukleonen möglich und das Spektrum ist kontinuierlich. In leichten Kernen, wo die Symmetrieenergie klein ist, liegen die isobaren Analogzustände im diskreten Teil des Spektrums und sind folglich gebundene Zustände. Ein Beispiel ist in Bild 8.5 gezeigt, wo der 0^+-Zustand von ^{14}C der Elternzustand ist; der erste angeregte Zustand in ^{14}N ist der isobare Analogzustand. Die Situation in schweren Kernen ist in Bild 15.13 gezeigt: die Symmetrieenergie ist größer als die Energie, bei der das Kontinuum beginnt; die Analogzustände liegen im Kontinuum. Trotzdem bleiben die Analogzustände in Abwesenheit der Coulombwechselwirkung gebunden, wie man folgenderweise sieht. Der Zerfall durch Neutronenemission führt zu einem Neutron und einem Kern $(Z+1, N-2)$. Der Isospin des Grundzustands und der niedrig liegenden angeregten Zustände des Nuklids $(Z+1, N-2)$ ist durch $I = \frac{1}{2}(N-Z-3) = I_> - \frac{3}{2}$ gegeben. Die Isospinerhaltung verbietet den Zerfall des Analogzustands mit $I = I_>$ in einen Zustand mit $I_> - \frac{3}{2}$ und ein Neutron. In Abwesenheit der Coulombwechselwirkung ist die Schwelle für Neutronenemission so hoch, daß ein Zerfall des Analogzustands nicht möglich ist.

Schaltet man die Coulombwechselwirkung ein, so ergeben sich zwei Effekte: die Analogzustände werden gegenüber den Energien der Elternzustände angehoben und sind im allgemeinen auch bei leichteren Kernen nicht länger gebunden, sondern werden zu R e s o n a n z e n. Nun betrachten wir zuerst die Verschiebung der Energieniveaus. Die Coulombenergie ist für die beiden Isobare (Z, N) und $(Z+1, N-1)$ verschieden. Mit Gl. 14.7 wird die relative Niveauverschiebung

$$\Delta_c = a_c \frac{2Z+1}{A^{1/3}}. \tag{15.22}$$

Für das Paar ^{209}Pb und ^{209}Bi ist Δ_c ungefähr 19 MeV. Die Verschiebung durch die Coulombenergie hebt daher die Verschiebung durch die Symmetrieenergie ungefähr auf, und es ergibt sich ein Niveauschema, wie es Bild 15.14 zeigt. Die Coulombwechselwirkung beeinflußt die Zerfallseigenschaften der isobaren Analogzustände in zweierlei Weise. Der Isospin bleibt nicht länger vollständig erhalten, und der Zerfall der Analogzustände durch Neutronenemission wird möglich. Weiterhin wird die Schwelle für die Protonenemission herabgesetzt, so daß die Analogzustände auch durch Protonenemission zerfallen können. Wäre die Breite dieser Analogresonanzen sehr groß, z.B. viele MeV, so wäre es extrem schwierig, sie zu beobachten, und sie wären nicht sehr interessant. Die Resonanzen sind aber mit einer Breite von etwa 200 keV tatsächlich recht schmal. Bevor wir die geringe Breite erklären, wollen wir für das Beispiel in Bild 15.14 zeigen, wie die isobaren Analogresonanzen beobachtet werden. Konzeptmäßig der einfachste Weg, isobare Analogresonanzen in ^{209}Bi zu erreichen, ist der durch Ladungsaustauschreaktionen, z.B.

$$p + {}^{209}\text{Pb} \longrightarrow n + {}^{209}\text{Bi}^*$$

oder[12])

$$\pi^+ + {}^{209}\text{Pb} \longrightarrow \pi^0 + {}^{209}\text{Bi}^*.$$

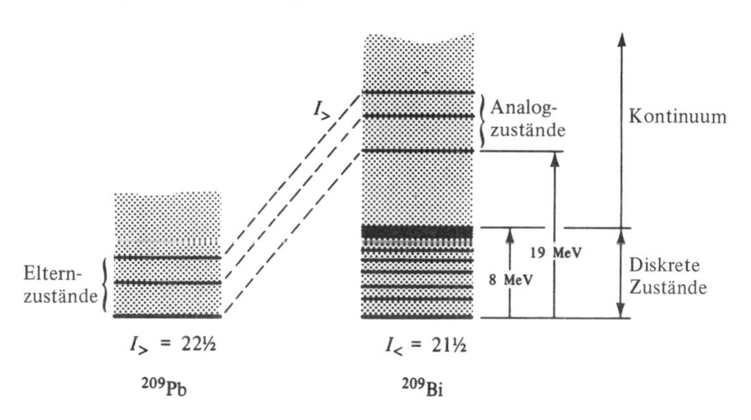

Bild 15.14 Energiediagramm für die Isobaren (Z, N) und $(Z + 1, N - 1)$ bei $A = 209$, $Z = 82$.

12 J. Alster, D. Ashery, A. I. Yavin, J. Duclos, J. Miller und M. A. Moinester, *Phys. Rev. Letters* 28, 313 (1972).

In beiden Fällen beginnt man mit dem Elternkern und wandelt ein Neutron in ein Proton um. (Tatsächlich ist ^{209}Pb unstabil und hat eine Halbwertszeit von etwa 3 Std. Die hier diskutierten Experimente wären daher recht schwierig durchzuführen. Die Ideen jedoch werden durch die Radioaktivität von ^{209}Pb nicht berührt.) In der Tat wurden isobare Analogresonanzen zuerst in (p,n)-Reaktionen beobachtet [9]. Hier wollen wir eine andere Methode erläutern, in der der Anfangszustand nicht der Elternkern ist. Man betrachte die Reaktion [13]

$$p + {}^{208}\text{Pb} \longrightarrow {}^{209}\text{Bi}^* \longrightarrow p' + {}^{208}\text{Pb}^*. \tag{15.23}$$

Der Isospin von ^{208}Pb ist $I_0 = 22$. Nimmt man Isospin-Invarianz an, kann die Reaktion $p + {}^{208}$Pb in ^{209}Bi zu angeregten Zuständen mit Isospin $21\frac{1}{2}$ und $22\frac{1}{2}$ führen. Wie Bild 15.14 zeigt, haben die Analogresonanzen einen Isospin $22\frac{1}{2}$ und können daher mit der Reaktion 15.23 erzeugt werden. Sie treten drastisch hervor, wenn die Energie des gestreuten Protons p' so ausgewählt wird, daß der Restkern ^{208}Pb* in einem bestimmten Zustand ist. [14] Den Grund für diese Tatsache wollen wir weiter unten diskutieren. Das Experiment geht wie folgt vor sich: der Wirkungsquerschnitt für inelastische Protonstreuung wird als Funktion der Energie des einfallenden Protons gemessen. Die Energie des gestreuten Protons wird so ausgewählt, daß der Restkern immer im gleichen angeregten Zustand ist. Ergebnisse sind in Bild 15.15 gezeigt. Links sind die Energieniveaus von ^{209}Pb angegeben. Die Wirkungsquerschnitte rechts zeigen das Auftreten der isobaren Analogresonanzen, die den verschiedenen Elternzuständen in ^{209}Pb entsprechen.

● Die in Bild 15.15 gezeigten Ergebnisse kann man verstehen, wenn man die Analogresonanzen genauer betrachtet. Der Übergang von einem Elternzustand zu der Analogresonanz entspricht dem Austausch eines Neutrons gegen ein Proton. Eine solche Transformation wird durch den Aufsteigeoperator I_+, Gl. 8.26, ausgedrückt [15]:

$$I_+|\text{Eltern}\rangle = \textbf{const.}\,|\textbf{analog}\rangle. \tag{15.24}$$

Da der Grundzustand und die niedrigliegenden angeregten Zustände des Elternkerns durch $I_> = |I_3|$ oder $I_3 = -I_>$ gekennzeichnet sind, kann Gl. 15.24 als

$$I_+|I_>, -I_>\rangle = (2I_>)^{1/2}\,|\textbf{analog}\rangle \tag{15.25}$$

geschrieben werden, wobei die Konstante aus Gl. 8.27 entnommen wurde. Zur weiteren Behandlung benötigt man ein Modell. ^{209}Pb, der Elternzustand, besteht aus einem doppelt magischen Kern und einem zusätzlichen Valenznukleon (Tabelle 15.2). Diese Situation bringt man üblicherweise durch das Schema in Bild 15.16 zum Ausdruck: die gefüllten Protonen- und Neutronenschalen werden als Blöcke gezeigt; der Neutronenblock ist größer, weil der Rumpf von ^{209}Pb, nämlich ^{208}Pb, 44 Neutronen mehr enthält als Protonen. Das einzelne Neutron wird über der gefüllten Neu-

13 S. A. A. Zaidi, J. L. Parish, J. G. Kulleck, C. F. Moore und P. von Brentano, *Phys. Rev.* **165**, 1312 (1968).

14 P. von Brentano, W. K. Dawson, C. F. Moore, P. Richard, W. Wharton und H. Wieman, *Phys. Letters* **26B**, 666 (1968).

15 Wie in Kapitel 8 festgestellt, ist die hier benutzte Konvention entgegengesetzt zu der in der Kernphysik üblichen, wo I_+ als I_- geschrieben wird.

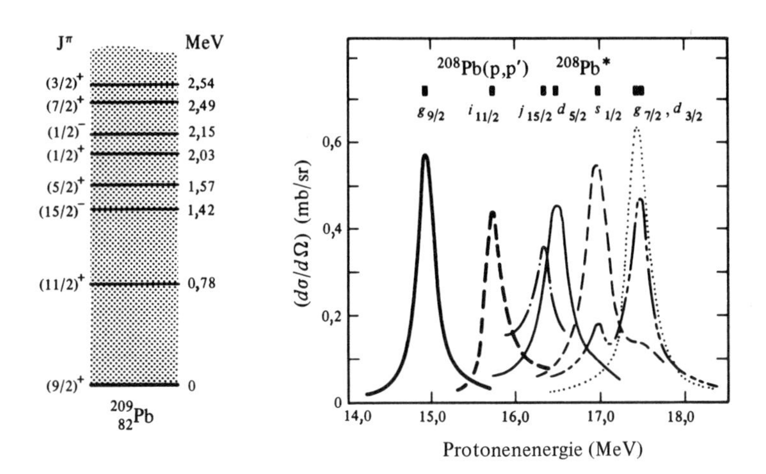

Bild 15.15 Links sind die Energieniveaus von ^{209}Pb gezeigt (vgl. Bild 15.12). Rechts die entsprechenden Analogresonanzen in ^{209}Bi*. [P. von Brentano et al., *Phys. Letters* **26B**, 666 (1968).] Die Kurven geben die Wirkungsquerschnitte als Funktion der Energie der einfallenden Protonen für die inelastische Protonenstreuung an, die zu speziellen Endzuständen führt. Beachten Sie die eindeutige Zuordnung zwischen den Resonanzen und den Elternzuständen in ^{209}Pb.

tronenschale angebracht. In der Schalenmodellnäherung kann die Wellenfunktion von ^{209}Pb daher als

(15.26) $$|^{209}\text{Pb}\rangle = |\text{Rumpf}\rangle|\text{Valenzneutron}\rangle \equiv |^{208}\text{Pb}\rangle|n\rangle$$

geschrieben werden, so das Valenzneutron im $g_{9/2}$-Zustand sitzt, s. Bild 15.12. Der Aufsteigeoperator kann in zwei Teile zerlegt werden

(15.27) $$I_+ = I_+^c + I_+^{sp},$$

wobei c den Rumpf und sp das Einzelteilchen andeutet. Mit den Gln. 15.25 - 15,27 wird der Analogzustand

(15.28) $$\begin{aligned}|\text{analog}\rangle &= (2I_>)^{-1/2}\,(I_+^c + I_+^{sp})|^{209}\text{Pb}\rangle \\ &= (2I_>)^{-1/2}\{|^{208}\text{Pb}\rangle I_+^{sp}|n\rangle + (I_+^c|^{208}\text{Pb}\rangle)|n\rangle\}.\end{aligned}$$

Gleichung 8.27 gibt

(15.29) $$I_+^{sp}|n\rangle = |p\rangle,$$

wo sich das Proton jetzt im gleichen Zustand befindet, wie das Neutron vorher, nämlich im $g_{9/2}$. Der Term $I_+^c|^{208}\text{Pb}\rangle$ beschreibt einen Zustand, in dem ein Neutron aus dem Rumpf in ein Proton verwandelt wurde, das dabei in dem sonst gefüllten Neutronenniveaus ein Loch hinterläßt. Das Pauliprinzip erlaubt keine zwei Protonen im gleichen Zustand; nur Neutronen über der 82-Linie sind in Bild 15.16 daran beteiligt. Der ursprüngliche Rumpf entspricht ^{208}Pb; vertauscht man ein Neutron gegen ein Proton, so ergibt sich ein angeregter Zustand von ^{208}Bi. Die Isospinquantenzahl von ^{208}Pb ist $I_> - \frac{1}{2}$, so daß Gl. 8.27

(15.30) $$I_+^c|^{208}\text{Pb}\rangle = (2I_> - 1)^{1/2}|^{208}\text{Bi}^*\rangle$$

ergibt. Mit den Gln. 15.29 und 15.30 wird der Analogzustand

(15.31) $$|\text{analog}\rangle = \left(\frac{1}{2I_>}\right)^{1/2}|^{208}\text{Pb} + p\rangle + \left(\frac{2I_> - 1}{2I_>}\right)^{1/2}|^{208}\text{Bi}^* + n\rangle.$$

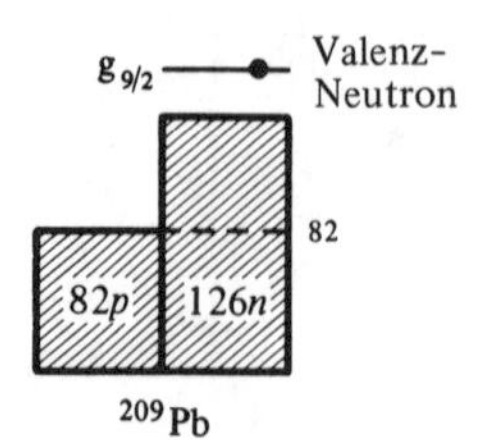

Bild 15.16 Schematische Darstellung des ^{209}Pb-Kerns. Der Rumpf ist durch die Kästchen angedeutet.

Die Analogresonanz wird in Bild 15.17 in ähnlicher Weise wie in Bild 15.16 gezeigt. Bild 15.17 und Gl. 15.31 erlauben die Diskussion einiger Punkte, die ohne Rechtfertigung angeführt werden. Zuerst betrachtet man den Zerfall der isobaren Analogresonanz. Es kann entweder Protonen- oder Neutronenemission stattfinden. Bild 15.17 läßt folgende Zerfallsarten möglich erscheinen

$$\text{analog}\begin{cases} \longrightarrow {}^{208}\text{Pb} + p \\ \longrightarrow {}^{208}\text{Pb}^* + p \\ \longrightarrow {}^{208}\text{Bi}^* + n \end{cases}$$

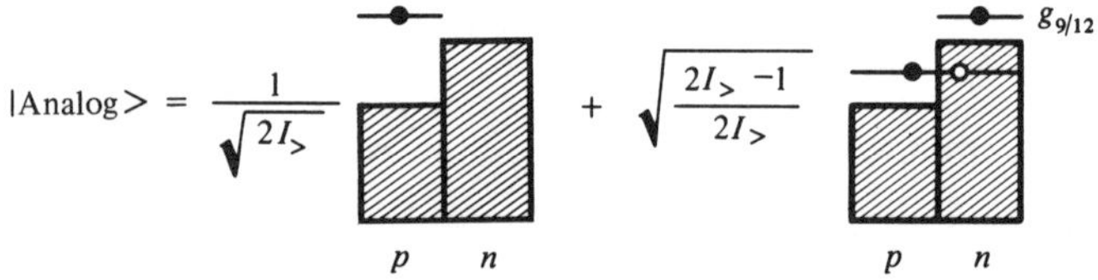

$$|\text{Analog}\rangle = \frac{1}{\sqrt{2I_>}} \quad + \quad \sqrt{\frac{2I_> - 1}{2I_>}}$$

p n p n $g_{9/12}$

Bild 15.17 Darstellung der Analogzustände eines Einteilchen-Schalenmodell-Zustands.

Der erste Fall kommt vom ersten Term in Bild 15.17, während die anderen beiden aus dem zweiten Term stammen. Man betrachte zuerst die *Neutronenemission.* Wie oben festgestellt, ist sie verboten, wenn die Isospininvarianz gilt; sie kann nur bei Isospinverunreinigungen auftreten, die durch die Coulombwechselwirkung verursacht werden. Aus zwei Gründen sind diese Verunreinigungen klein[16]). Als erstes führt ein konstantes elektrisches Feld zu einer Aufspaltung der Niveaus mit verschiedenen I_3-Werten, verursacht aber keine Übergänge zwischen Zuständen mit verschiedenen I. In einem schweren Kern ist das elektrische Feld über fast das ganze Kern-Volumen konstant, wie in Bild 6.7 gezeigt, und Übergänge treten im wesentlichen nur in der Nähe der Oberfläche auf. Zweitens zeigen die Überschußneutronen in einem Kern keine Coulombwechselwirkung. Da ihre Zahl $N - Z$ groß ist, *verringern* sie die Isospinverunreinigung, die durch die Protonen verursacht wird. Damit wird im allgemeinen die Breite der isobaren Analogzustände durch die Neutronenemission viel kleiner als man zuerst erwartet. Protonenemission ist durch die Isospinauswahlregeln erlaubt. Der Zerfall, der durch den ersten Term in Bild 15.17 beschrieben wird, ist jedoch durch $(2I_>)^{-1}$, das Quadrat des Entwicklungskoeffizienten, reduziert. Da $I_>$ in schweren Kernen groß ist, wird diese Reduktion beträchtlich. Das Proton aus dem zweiten Term hat eine kleinere Energie als das aus dem ersten und sein Zerfall wird ebenfalls behindert. Alle diese Faktoren arbeiten zusammen, um die Zerfallsraten der Analogresonanzen zu verkleinern, und sie erklären die geringe Breite der beobachteten Resonanzen.

Die Analogresonanzen in ^{209}Bi* kann man genauer verstehen, wenn man den zweiten Ausdruck in Bild 15.17 so betrachtet, als ob er aus einem angeregten Zustand von ^{208}Pb mit einem zusätzlichen Proton bestünde. Etwas anders ausgedrückt kann der Zustand $|{}^{208}\text{Bi}^* + n\rangle$ in Gl. 15.31 in Aus-

16 A. M. Lane und J. M. Soper, *Nucl. Phys.* **37**, 633 (1962); L. A. Sliv und Yu. I. Kharitenov, *Phys. Letters* **16**, 176 (1965); A. Bohr und B. R. Mottelson, *Nuclear Structure*, Benjamin, Reading, Mass., 1969. Vol. I, Abschnitt 2.1.

drücke der $|{}^{208}\mathrm{Pb}^i + p^i\rangle$-Zustände entwickelt werden, wobei ${}^{208}\mathrm{Pb}^i$ der i-te angeregte Zustand von ${}^{208}\mathrm{Pb}$ ist, der gleichen Spin und gleiche Parität wie der Elternzustand hat, und p^i ist das Proton, das beim Übergang zu diesem Zustand emittiert wird. Mit einer solchen Erweiterung wird Gl. 15.31 zu

$$|\text{analog}\rangle = a_0 |{}^{208}\mathrm{Pb}^0 + p^0\rangle + a_1 |{}^{208}\mathrm{Pb}^1 + p^1\rangle + \cdots. \tag{15.32}$$

Diese Gleichung drückt die Nützlichkeit von Experimenten mit Analogresonanzen für Studien der Kernstruktur aus: im Prinzip können die Koeffizienten a_i experimentell durch die Messung der Zerfallsrate bestimmt werden, mit der ein spezieller Analogzustand in den angeregten Zustand von ${}^{208}\mathrm{Pb}^i$ zerfällt. Die Wellenfunktion des Analogzustands kann daher untersucht und mit den Voraussagen verglichen werden, die auf einem speziellen Kernmodell beruhen. Gleichung 15.32 erläutert auch das Bild 15.15: angenommen, für eine bestimmte Analogresonanz ist der Koeffizient a_k besonders groß. Dann kann die Analogresonanz sehr leicht durch die Untersuchung der Reaktion $p + {}^{208}\mathrm{Pb} \longrightarrow p^k + {}^{208}\mathrm{Pb}^k$ beobachtet werden. Für diesen speziellen, inelastischen Kanal wird der Wirkungsquerschnitt besonders groß sein, und die Analogresonanz wird sich deutlich zeigen. Die Kurven in Bild 15.15 wurden auf diese Weise bestimmt. ●

15.7 *Literaturhinweise*

Eine sehr sorgfältige und leicht lesbare Einführung in das Schalenmodell, die auch eine eingehende Diskussion des experimentellen Materials enthält, wird durch die beiden Begründer des Modells gegeben: M. Goeppert Mayer und J.H.D. Jensen, *Elementary Theory of Nuclear Shell Structure*, Wiley, New York, 1955.

Die modernen Aspekte des Schalenmodells und ein kritischer Überblick vieler experimenteller Aspekte ist in Kapitel 3 von A. Bohr und B.R. Mottelson, *Nuclear Structure*, Vol. 1. W.A. Benjamin, Reading, Mass. 1969.

Ein elementarer Zugang, der sich beträchtlich von dem im gegenwärtigen Kapitel gegebenen unterscheidet, wird in Kapitel 4 von B.L. Cohen, *Concepts of Nuclear Physics*, McGraw-Hill, New York, 1971, gegeben.

Eine ausgedehnte Behandlung der experimentellen und theoretischen Begründungen des Schalenmodells, wie es vor etwa 15 Jahren galt, ist J.P. Elliott und A.M. Lane, "The Nuclear Shell Model", in *Encyclopedia of Physics*, Vl. 39 (S. Flügge, ed.), Springer, Berlin, 1957.

Ein prägnanter Überblick neuer Resultate ist H.J. Mang und H.A. Weidenmüller, *Ann. Rev. Nucl. Sci.* 18, 1 (1968).

Die mathematischen Probleme, die beim Schalenmodell auftreten, werden im Detail in A. de-Shalit und I. Talmi, *Nuclear Shell Theory*, Academic Press, New York, 1963, erläutert.

Kurze Einführungen zu den isobaren Analogzuständen werden in H. Feshbach und A. Kerman, *Comments Nucl. Particle Phys.* 1, 66 (1967), und M.H. Macfarlane und J.P. Schiffer, *Comments Nucl. Particle Phys.* 3, 107 (1969) gegeben. Beträchtlich mehr Details werden in einer Reihe von

Übersichtsartikeln in D.H. Wilkinson, ed., *Isospin in Nuclear Physics*, North-Holland, Amsterdam, 1969, gegeben.

Die Theorie der Analogresonanzen wird mit einem etwas höheren Niveau in N. Auerbach, J. Hüfner, A.K. Kerman, und C.M. Shakin, *Rev. Modern Phys.* 44, 48 (1972) zusammengefaßt und im Überblick behandelt.

Aufgaben

15.1 Benutzen Sie die Massenexzesse aus Tabelle A6 im Anhang, um die Evidenz der Schalenabschlüsse zu diskutieren, die man aus den Protonenseparationsenergien erhält:
a) Zeichnen Sie die Protonenseparationsenergie für einige Nuklide in der Umgebung magischer Zahlen bei konstantem N.
b) Wiederholen Sie Teil (a) bei konstantem $N - Z$.

15.2 Diskutieren Sie weitere Hinweise für die Existenz der magischen Zahlen, indem Sie folgende Eigenschaften betrachten:
a) Die Zahl der stabilen Isotope und Isotone.
b) Neutronen-Absorptions-Wirkungsquerschnitte.
c) Die Anregungsenergien der ersten angeregten Zustände von g-g-Nukliden.
d) β-Zerfallsenergien.

15.3 Fügen Sie folgenden Spin-Spin-Term der Zweikörperkraft, Gl. 15.4, hinzu:

$$\boldsymbol{\sigma}_1 \cdot \boldsymbol{\sigma}_2 V_0' g(\mathbf{r}_1 - \mathbf{r}_2).$$

Nehmen Sie an, daß g glatt ist und eine sehr kurze Reichweite hat. Zeigen Sie, daß dieser Term keinen Beitrag zu $V(1)$, Gl. 15.5, bei Kernen mit abgeschlossenen Schalen liefert. Zeigen Sie, daß der Term für einen Kern vernachlässigt werden kann, der ein Nukleon außerhalb einer abgeschlossenen Schale hat.

15.4 Studieren Sie die Niveaufolge in einem dreidimensionalen Kastenpotential. Vergleichen Sie diese Folge mit derjenigen, die man durch den harmonischen Oszillator erhält, s. Bild 15.6.

15.5 Diskutieren Sie einen weiteren Hinweis für die Existenz eines starken Spin-Bahn-Terms in der Nukleon-Kern-Wechselwirkung, indem Sie die Streuung von Protonen an ^{4}He betrachten.

15.6 Verifizieren Sie Gl. 15.10.

15.7 Verifizieren Sie die Gln. 15.17 und 15.18.

15.8
a) Schätzen Sie die A-Abhängigkeit der Spin-Bahn-Kraft.
b) Wie groß muß die Zwei-Körper-Spin-Bahn-Kraft sein, um den empiri-

schen Wert für die Spin-Bahn-Aufspaltung des Kerns zu erhalten. Vergleichen Sie mit den Werten für ^{5}He und ^{5}Li.
c) Welches Vorzeichen hat die Zwei-Körper-Spin-Bahn-Kraft, die den korrekten Spin-Bahn-Term des Kerns ergibt?

15.9 Verifizieren Sie den Schritt von Gl. 15.14 zu 15.15. Beweisen Sie, daß die Terme, die nicht in Gl. 15.15 gezeigt sind, sich herausmitteln.

15.10 Bestimmen Sie Spin und Paritätszuordnung für die folgenden Einloch-Kerngrundzustände: ^{15}O, ^{15}N, ^{41}K, ^{115}In, ^{207}Pb. Vergleichen Sie Ihre Vorhersagen mit den gemessenen Daten.

15.11 Vergleichen Sie die ersten angeregten Zustände der Nuklide ^{15}N, ^{17}O, und ^{39}K mit den Vorhersagen des Einteilchenschalenmodells. Diskutieren Sie Spin-, Paritäts- und Niveauanordnung.

15.12 Verwenden Sie das Einteilchen-Schalenmodell, um die magnetischen Momente von Kernen mit ungerader Masse als Funktion des Spins für
a) Z ungerade und
b) N ungerade
auszurechnen.
c) Vergleichen Sie das Ergebnis mit experimentellen Werten.

15.13 Welchen Isospinwert erwarten Sie für den Grundzustand eines Kernes mit ungerader Masse (Z, N) nach dem Schalenmodell?

15.14 Verwenden Sie das Einteilchenschalenmodell, um zu erklären, warum "Inseln der Isomerie" existieren. (Traditionsgemäß wird ein langlebiger, angeregter Kernzustand Isomer genannt.) Im speziellen ist zu erklären, warum das Nuklid ^{85}Sr bei 0,225 MeV einen angeregten Zustand mit einer Halbwertszeit von ca. 70 min hat.

15.15 Diskutieren Sie direkte Kernreaktionen, z.B. $(p, 2p)$ im Schalenmodell und zeigen Sie für den Fall eines speziellen Beispiels (z.B. $p\,^{16}\text{O} \longrightarrow 2p\,^{15}\text{N}$), daß sich durch die verschiedenen Wirkungsquerschnitte die Schalenstruktur deutlich bemerkbar macht. [Z.B., s. Th.A. Maris, P. Hillman und H. Tyren, Nucl. Phys. 7, 1 (1958).]

15.16 Erklären Sie den Reaktionsmechanismus für die Anregung von Analogzuständen durch die (d, n)-Reaktion. Suchen Sie ein Beispiel in der Literatur.

15.17 Die Kraft, die auf ein Nukleon wirkt, wenn es auf einen Kern geschossen wird, kann durch ein optisches Einteilchenpotential dargestellt werden. Ein solches Potential kann den Term

$$C\vec{I}\cdot\vec{I}'f(\mathbf{r})$$

enthalten, wobei $\vec{I}$ der Isospin des einfallenden Nukleons und $\vec{I}'$ der Isospin des Targetnukleus sind.
a) Zeigen Sie, daß ein solcher Term erlaubt ist.

b) Erklären Sie, warum ein solcher Term die Anregung isobarer Analogresonanzen in (p, n) und (n, p)-Reaktionen, neben anderen, erlaubt. Sind diese Reaktionen (eine oder beide) noch erlaubt, wenn die elektromagnetische Wechselwirkung ausgeschaltet wird?

c) Schätzen Sie die Größe und die Massenzahlabhängigkeit der Konstanten C.

15.18 Betrachten Sie den Zustand eines Protons mit geringer Anregungsenergie in einem schweren Kern. Erklären Sie, warum die Anwendung des Operators I_-, der die Ladung vermindert, auf einen solchen Zustand Null ergibt.

16. Kollektiv-Modell

Obwohl das Schalenmodell die magischen Zahlen und die Eigenschaften vieler Niveaus sehr gut beschreibt, zeigt es doch eine Reihe von Unzulänglichkeiten. Die auffallendste ist die Tatsache, daß viele Quadrupolmomente größer sind als vom Schalenmodell vorhergesagt[1]. Rainwater zeigte, daß man solch große Quadrupolmomente im Rahmen des Schalenmodells erklären kann, wenn man annimmt, daß der Rumpf mit abgeschlossener Schale deformiert ist[2]. Tatsächlich zeigt ein ellipsoidförmiger Rumpf ein Quadrupolmoment, das zur Deformation proportional ist. Die Rumpfdeformation ist ein Beweis für Vielkörpereffekte, und kollektive Anregungen sind möglich. Ihr Auftreten ist nicht überraschend. Lord Rayleigh erforschte 1877 Stabilität und Schwingungen von elektrisch geladenen Flüssigkeitstropfen[3], und Niels Bohr und F. Kalckar zeigten 1936, daß ein Teilchensystem, das durch gegenseitige Anziehung zusammengehalten wird, kollektive Schwingungen ausführen kann[4]. Ein klassisches Beispiel solch kollektiver Effekte sind Plasmaschwingungen[5]. Die Existenz von großen Kernquadrupolmomenten bringt den Beweis für die Möglichkeit von kollektiven Kerneffekten. Ungefähr seit 1950 begannen Aage Bohr und Ben Mottelson mit dem systematischen Studium von kollektiven Bewegungen in Kernen[6]; im Laufe der Jahre haben sie und ihre Mitarbeiter die Behandlung so verbessert, daß das Modell heute die gewünschten Eigenschaften des Schalen- und kollektiven Modells verbindet; man nennt dieses Modell das "unified" Kernmodell (kombiniertes oder vereinigtes Kernmodell).

Die wichtigsten Eigenschaften können sehr leicht mit der Beschreibung zweier extremer Situationen erläutert werden. Kerne mit abgeschlossenen Schalen sind kugelsymmetrisch und nicht deformiert. Die ersten kollektiven Bewegungen solcher Kerne sind Oberflächenschwingungen, ähnlich wie die Oberflächenwellen eines Flüssigkeitstropfens. Für kleine Oszillationen

1 C. H. Townes, H. M. Foley und W. Low, *Phys. Rev.* **76**, 1415 (1949).

2 J. Rainwater, *Phys. Rev.* **79**, 432 (1950).

3 J. W. S. Rayleigh, *The Theory of Sound*, Vol. II, Macmillan, New York, 1877, § 364.

4 N. Bohr, *Nature* **137**, 344 (1936); N. Bohr und F. Kalckar, *Kgl. Danske Videnskab. Selskab. Mat.-fys. Medd.* **14**, Nr. 10 (1937).

5 Feynman, Vorlesungen über Physik, Band II, Kapitel 7; Jackson, Kapitel 10.

6 A. Bohr, *Phys. Rev.* **81**, 134 (1951); A. Bohr und B. R. Mottelson, *Kgl. Danske Videnskab. Selskab. Mat-fys. Medd.* **27**, *Nr. 16 (1953).*

werden harmonische, rücktreibende Kräfte angenommen, und es ergeben sich äquidistante Vibrationsniveaus. Weit weg von der abgeschlossenen Schale polarisieren die Nukleonen außerhalb einer Schale den Kernrumpf, der dadurch eine dauernde Deformation erhält. Der gesamte deformierte Kern kann rotieren, und diese Art der kollektiven Anregung führt zum Auftreten von Rotationsbanden. Der deformierte Kern wirkt wie ein nichtsphärisches Potential für die viel schnellere Einteilchenbewegung; die Energieniveaus eines Einzelteilchens in einem solchen Potential können untersucht werden, und das Ergebnis ist das Nilssonmodell[7]), das schon am Ende des vorigen Kapitels erwähnt wurde.

Wir wollen die Diskussion in diesem Kapitel mit Deformationen und Rotationsanregungen beginnen, da diese beiden Eigenschaften am leichtesten zu verstehen sind und den deutlichsten Effekt geben.

16.1 *Kerndeformationen*

Schon 1935 gaben optische Spektren einen Hinweis auf die Existenz von Kernquadrupolmomenten[8]). In Abschnitt 12.5 sind wir auf das Quadrupolmoment gestoßen und wir haben dort gesehen, daß es die Abweichung der Kernladungsverteilung von der Kugelform beschreibt. Die Existenz eines Quadrupolmoments impliziert daher nichtsphärische (deformierte) Kerne. Für die Diskussion von Kernmodellen ist das Vorzeichen und die Größe der Deformation wichtig. Wie wir unten sehen werden, sind die Quadrupolmomente weit weg von abgeschlossenen Schalen so groß, daß sie nicht von einem einzelnen Teilchen herrühren und daher nicht durch das naive Schalenmodell erklärt werden können. Die Diskrepanz ist besonders deutlich bei $A \approx 25$ (Al, Mg), $150 < A < 190$ (Lanthaniden) und $A > 220$ (Aktiniden).

Die klassische Definition des Quadrupolmoments wurde schon in Gl. 12.30 als

(16.1) $$Q = Z \int d^3r\,(3z^2 - r^2)\rho(\mathbf{r})$$

gegeben. Das hier definierte Quadrupolmoment hat die Dimension einer Fläche. In einigen Veröffentlichungen wird in die Definition von Q ein zusätzlicher Faktor e eingeführt. Für Abschätzungen wird Q für ein homogen geladenes Ellipsoid mit der Ladung Ze und den Halbachsen a und b berechnet. Mit b entlang der z-Achse wird Q

(16.2) $$Q = \tfrac{2}{5}Z\,(b^2 - a^2).$$

Wenn die Abweichung von der Kugelform nicht zu groß ist, kann der mitt-

7 S. G. Nilsson, *Kgl. Danske Videnskab. Selskab. Mat.-fys. Medd.* 29, Nr. 16 (1955).

8 H. Schüler und T. Schmidt, *Z. Phys.* **94**, 457 (1935).

lere Radius $\bar{R} = \frac{1}{2}(a + b)$ und $\Delta R = b - a$ eingeführt werden. Mit $\delta = \Delta R/\bar{R}$ wird das Quadrupolmoment

(16.3) $\quad Q = \frac{4}{5}ZR^2\delta.$

Quantenmechanisch wird die Wahrscheinlichkeitsdichte $\rho(r)$ durch $\psi^*_{m=j}\psi_{m=j}$ ersetzt. Hier ist j die Spinquantenzahl des Kerns und $m = j$ deutet an, daß der Kernspin entlang der z-Achse betrachtet wird. Daher gilt

(16.4) $\quad Q = Z \int d^3r\psi^*_{m=j}(3z^2 - r^2)\psi_{m=j}.$

Es ist üblich, ein reduziertes Quadrupolmoment

(16.5) $\quad Q_{\text{red}} = \frac{Q}{ZR^2}$

einzuführen. Für ein gleichförmig geladenes Ellipsoid zeigt Gl. 16.3, daß das reduzierte Quadrupolmoment angenähert gleich dem Deformationsparameter δ ist:

(16.6) $\quad Q_{\text{red}}$ (Ellipsoid) $= \frac{4}{5}\delta.$

Nach diesen einführenden Bemerkungen wenden wir uns einigen experimentellen Hinweisen zu. Bild 16.1 zeigt die reduzierten Quadrupolmomente als eine Funktion der Zahl von ungeraden Nukleonen (Z oder N); man sieht, daß die Kerndeformation in der Nähe magischer Zahlen sehr klein ist, daß

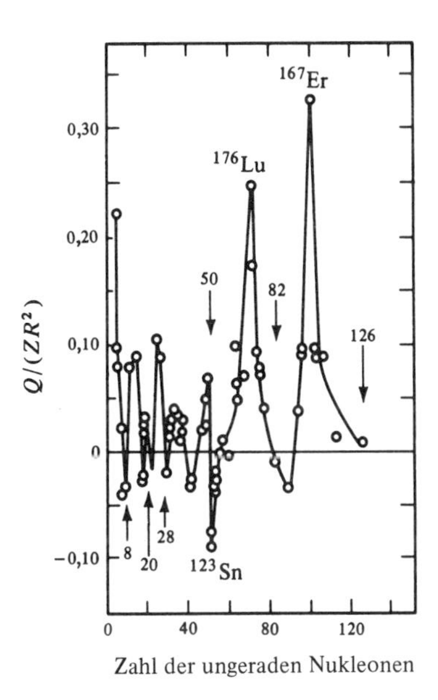

Bild 16.1 Reduziertes Quadrupolmoment, als Funktion der Zahl ungerader Nukleonen (Z oder N). Die Pfeile geben die Lage der abgeschlossenen Schalen an, für die $Q = 0$ ist.

sie aber zwischen abgeschlossenen Schalen Werte bis zu 0,4 annimmt. Die großen Deformationen sind alle positiv. Gl. 16.1 bedeutet dann, daß diese Kerne in Richtung ihrer Symmetrieachse verlängert sind; sie sind zigarrenförmig (prolate).

Die erste Frage ist nun: können die beobachteten Deformationen durch das Schalenmodell erklärt werden? Im Einteilchen-Schalenmodell werden die elektromagnetischen Momente durch das letzte Nukleon bestimmt; der Rumpf ist kugelsymmetrisch und trägt nichts zum Quadrupolmoment bei. Die Situation für ein einzelnes Proton und ein einzelnes Protonloch ist in Bild 16.2 dargestellt. Um das Quadrupolmoment, das von einem einzelnen Teilchen stammt, zu berechnen, wird eine Einteilchenwellenfunktion, wie z.B. in Gl. 13.30 in Gl. 16.4 eingesetzt; es ergibt sich

$$(16.7) \qquad Q_{sp} = -\langle r^2 \rangle \frac{2j-1}{2(j+1)}.$$

Hier ist j die Drehimpulsquantenzahl des Einzelteilchens und $\langle r^2 \rangle$ ist der mittlere quadratische Radius der Einnukleonenbahn. Mit $\langle r^2 \rangle \approx R^2$ wird das reduzierte Quadrupolmoment für ein einzelnes Proton ungefähr

$$(16.8) \qquad Q^p_{red.\,sp} \approx -\frac{1}{Z}.$$

Ein einzelnes Neutron erzeugt in erster Ordnung kein Quadrupolmoment. Jedoch beeinflußt seine Bewegung die Protonenverteilung durch Verschiebung des Schwerpunkts und der entsprechende Wert ist

$$(16.9) \qquad Q^n_{sp} \approx \frac{Z}{A^2} Q^p_{sp}.$$

Für Einloch-Zustände gelten Beziehungen ähnlich wie die Gln. 16.7 und 16.9, nur ist das Vorzeichen positiv.

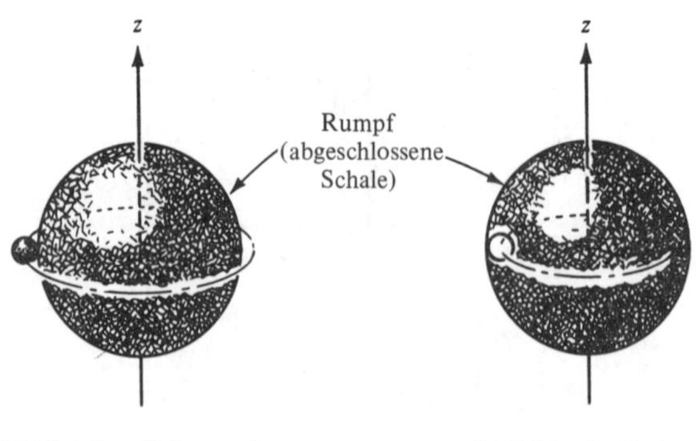

Bild 16.2 Quadrupolmoment, das (a) durch eine abgeschlossene Schale mit einem zusätzlichen Proton und (b) durch ein Protonenloch entsteht.

Schon ein schneller Blick auf Bild 16.1 zeigt, daß viele der beobachteten Quadrupolmomente viel größer sind als die mit den Gln. 16.8 und 16.9 abgeschätzten. Ein ausführlicher Vergleich für vier spezielle Fälle ist in Tabelle 16.1 gegeben. Für die Schätzung der vorhergesagten Einteilchenquadrupolmomente wurde $\langle r^2 \rangle$ gleich dem Quadrat des Radius c bei halber Dichte genommen, der in Gl. 6.35 gegeben ist. Die Tabellenwerte zeigen im Falle eines doppeltmagischen Kerns mit einem zusätzlichen Proton, daß die Einteilchenabschätzung vernünftig mit dem aktuellen Quadrupolmoment übereinstimmt. In den anderen Fällen sind die beobachteten Werte sehr viel größer als die vorhergesagten. Bei ^{175}Lu ist auch noch das Vorzeichen falsch. Die in Tabelle 16.1 für einige wenige, typische Fälle gezeigten Eigenschaften behalten ihre Gültigkeit, wenn mehr Nuklide betrachtet werden. Das naive Einteilchenschalenmodell kann die beobachteten großen Quadrupolmomente nicht erklären.

Tabelle 16.1 Vergleich beobachteter und vorhergesagter Einteilchen-Quadrupolmomente.

Nuklid	Z	N	Charakter	j	Q_{obs} (fm^2)	Q_{sp} (fm^2)	Q_{obs}/Q_{sp}
^{17}O	8	9	Doppelt magisch + 1 Neutron	$\frac{5}{2}$	−2,6	−0.1	20
^{39}K	19	20	Doppelt magisch + Protonenloch	$\frac{3}{2}$	+5,5	+5	1
^{175}Lu	71	104	Zwischen Schalen	$\frac{7}{2}$	+560	−25	−20
^{209}Bi	83	126	Doppelt magisch + 1 Proton	$\frac{9}{2}$	−35	−30	1

Wie läßt sich dafür eine Erklärung finden? Wie schon früher bemerkt, hat Rainwater entscheidend zur Lösung des Rätsels beigetragen. Im naiven Schalenmodell nimmt man an, daß die abgeschlossenen Schalen nicht zu den Kernmomenten beitragen: der Rumpf wird als kugelförmig angesehen. Rainwater machte nun den Vorschlag, daß der Rumpf der Nuklide mit großen Quadrupolmomenten nicht kugelförmig, sondern durch Valenznukleonen permanent *deformiert* sein soll. Da der Rumpf die meisten der Nukleonen und daher auch die meiste Ladung enthält, erzeugt auch schon eine kleine Deformation ein beträchtliches Qudrupolmoment. Eine Abschätzung der Deformation, die nötig ist, um ein bestimmtes reduziertes Quadrupolmoment zu erzeugen, erhält man mit Gl. 16.6. Im Fall von ^{17}O z.B. ist nur eine Deformation $\delta = 0,07$ nötig, um den beobachtenen Wert zu erhalten.

Die Kerndeformation läßt sich verstehen, wenn man bei einem Nuklid mit abgeschlossener Schale beginnt. Wie in Kapitel 15 erläutert, macht die kurzreichweitige Paarungskraft einen solchen Kern kugelförmig, der dann Drehimpuls Null hat.

Kommen bei einem Kern mit abgeschlossener Schale weitere Nukleonen hinzu, so versuchen sie den Rumpf durch den langreichweitigen Teil der Kernkraft zu polarisieren. Wenn es nur ein Nukleon außerhalb einer abgeschlossenen Schale gibt, ist die Störung von der Größenordnung $1/A$. Da ungefähr Z elektrische Ladungen im Kern vorhanden sind, führt eine solche Störung zu einem induzierten Quadrupolmoment der Größenordnung $(Z/A)Q_{sp}$. Die Störung durch Protonen und die durch Neutronen ist ungefähr gleich, und Kerne mit einem Neutron außerhalb einer abgeschlossenen Schale sollten daher ein Quadropolmoment mit gleichem Vorzeichen und von ungefähr der gleichen Größe haben wie Nuklide mit ungerader Protonenzahl. Das in Tabelle 16.1 aufgeführte Quadrupolmoment von ^{17}O kann man daher leicht verstehen. Wenn mehr Nukleonen außerhalb einer abgeschlossenen Schale hinzukommen, wird der Polarisationseffekt verstärkt, und die beobachteten Quadrupolmomente können erklärt werden. Die Existenz einer Kerndeformation macht sich nicht nur bei statischen Quadrupolmomenten bemerkbar, sondern auch bei einer Anzahl anderer Eigenschaften. Wir wollen zwei davon in den folgenden Abschnitten diskutieren: das Auftreten eines Rotationsspektrums und das Verhalten von Schalenmodellzuständen in einem deformierten Potential.

16.2 *Rotationsspektren von Kernen ohne Spin*

Im vorigen Abschnitt haben wir gezeigt, daß deutliche Beweise für die Existenz von permanent deformierten Kernen vorhanden sind. Eine Kerndeformation impliziert, daß die Orientierung eines solchen Kerns im Raum bestimmt und durch einen Satz von Winkeln beschrieben werden kann. Diese Möglichkeit führt zu einer Vorhersage [9]). Es existiert eine Ungenauigkeitsrelation zwischen dem Winkel φ und dem entsprechenden Bahndrehimpulsoperator $L_\varphi = -i\hbar\,(\partial/\partial\varphi)$

(16.10) $\Delta\varphi\Delta L_\varphi \gtrapprox \hbar.$

Da der Winkel mit einer bestimmten Genauigkeit gemessen werden kann, darf der entsprechende Drehimpuls nicht auf einen scharfen Wert beschränkt sein, sondern es müssen verschiedene Drehimpulszustände existieren. Solche Drehimpulszustände wurden in vielen Nukliden beobachtet. Sie werden R o t a t i o n s z u s t ä n d e genannt, und ihre physikalischen Charakteristika werden weiter unten detaillierter erklärt. Ein besonders schönes Beispiel eines Rotationsspektrums wird in Bild 16.3 gezeigt. Eine große Zahl ähnlicher Spektren ist in anderen Nukliden gefunden worden.

9 A. K. Kerman, „Nuclear Rotational Motion“, in *Nuclear Reactions*, Vol. I, (P. M. Endt und M. Demeur, eds.), North Holland, Amsterdam, 1959. Die Unschärferelation, Gl. 16.10, die hier diskutiert wird, veranlaßt interessante Probleme und Argumente. Wen solche Argumente interessieren, der sollte M. M. Nieto, *Phys. Rev. Letters* 18, 182 (1967) und P. Carruthers und M. M. Mieto, *Rev. Modern Phys.* 40, 411 (1968) lesen.

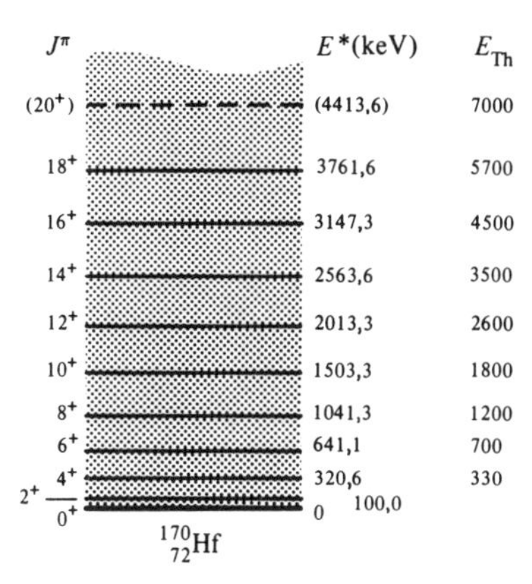

Bild 16.3 Rotationsspektrum des stark verformten Kerns ^{170}Hf. [Nach F. S. Stephens, N. L. Lark und R. M. Diamond, *Nucl. Phys.* **63**, 82 (1965).] Die Niveaus wurden in der Reaktion ^{165}Ho(^{11}B, $6n$)^{170}Hf beobachtet, die Werte E_{Th} sind der Gl. 16.14 entnommen, mit E_2 = 100 keV.

Die Niveaus von ^{170}Hf in Bild 6.3 zeigen bemerkenswerte Regularitäten: alle Zustände haben die gleiche Parität, der Spin wächst in Einheiten von 2 und die Abstände zwischen benachbarten Niveaus werden mit steigendem Spin größer. Diese Eigenschaften unterscheiden sich stark von jenen der Schalenmodellzustände, die in Kapitel 15 diskutiert wurden. Weiter ist ^{170}Hf ein gerade-gerade Kern. Wir erwarten, daß im Grundzustand alle Nukleonen ihre Spins gepaart haben. Die Energie, die man zum Aufbrechen des Paares benötigt, liegt bei etwa 2 MeV (Bild 15.3) und ist viel größer als die Energie des ersten angeregten Zustands von ^{170}Hf. Die Zustände erfordern also kein Aufbrechen eines Paares. ^{170}Hf ist keine Ausnahme. Bild 16.4 zeigt die Energien der niedrigsten 2^+ Zustände in gerade-gerade Kernen. Mit sehr wenigen Ausnahmen, die fast alle bei magischen Kernen erscheinen, sind das die ersten angeregten Zustände. Das Bild macht deutlich, daß die Anregungsenergien weit weg von abgeschlossenen Schalen viel kleiner sind als die Paarungsenergie.

Wir wollen nun zeigen, daß Zustände, wie sie in Bild 16.3 gezeigt werden, durch kollektive Rotationen deformierter Kerne erklärt werden können. Zur Vereinfachung nehmen wir an, daß der deformierte Kern achsialsymmetrisch (sphäroidal) ist, wie in Bild 16.5 gezeigt. Ein kartesisches System mit den Achsen 1, 2 und 3 ist im Kern fixiert, wobei 3 als Kernsymmetrieachse gewählt wurde. Die Achsen 1 und 2 sind äquivalent. Naiv könnte man erwarten, daß ein solcher Kern um seine Symmetrieachse genau so gut rotieren kann, wie um eine dazu senkrechte Achse. Die Rotation um die Symmetrieachse ist jedoch in der Quantenmechanik ein bedeutungsloses Konzept. Das kann man folgendermaßen einsehen: man bezeichnet den Winkel

Bild 16.4 Dreidimensionales Modell der ersten angeregten 2^+-Zustände von *g-g*-Kernen. Die Abhängigkeit der Anregungsenergie dieser Zustände von der Protonen- und Neutronenzahl ist hier zu erkennen. Die magischen Zahlen sind durch starke Striche in der *Z-N*-Ebene gekennzeichnet. Das Modell zeigt, daß die Anregungsenergien zwischen den magischen Zahlen sehr klein und bei den magischen Zahlen sehr groß sind. (Mit freundlicher Genehmigung von Gertrude Scharff-Goldhaber, Brookhaven National Laboratory; die Daten beruhen auf einer Arbeit, die mit *Physics* **18**, 1105 (1952) und *Phys. Rev.* **90**, 587 (1953) beginnt, und Daten bis einschließlich 1967 enthält.)

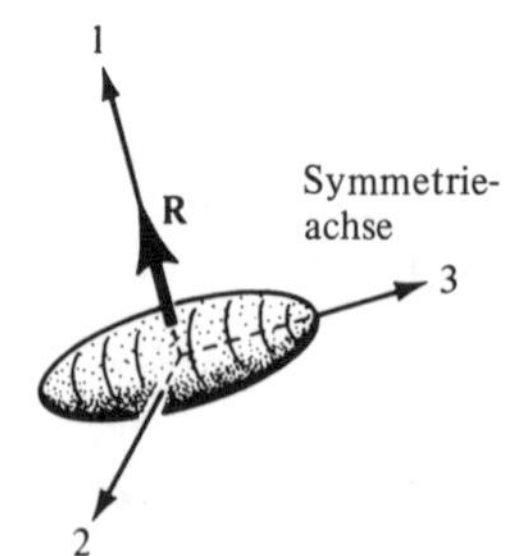

Bild 16.5 Permanent deformierter, axial-symmetrischer Kern. **R** ist der Drehimpuls der Rotation, der im Text erklärt wird.

um die Symmetrieachse 3 mit ϕ. Achsialsymmetrie bedeutet, daß die Wellenfunktion ψ unabhängig von ϕ ist

$$\frac{\partial \psi}{\partial \phi} = 0.$$

R_3, der Operator der Drehimpulskomponente entlang der 3-Achse ist durch $R_3 = -i\hbar(\partial/\partial\phi)$ gegeben. Achsialsymmetrie bedeutet dann, daß die Drehimpulskomponente entlang der Symmetrieachse Null ist: es kann keine kollektive Rotation um die Symmetrieachse auftreten. Rotation um eine Achse senkrecht zur Symmetrieachse kann jedoch zu beachtbaren Resultaten führen. Zur Vereinfachung nehmen wir zuerst einen deformierten Kern mit Eigendrehimpuls Null an und betrachten Rotationen um die 1-Achse (Bild 16.5). Wenn der Kern einen Rotationsdrehimpuls **R** besitzt, ist die Energie der Rotation durch

(16.11) $$H_{\text{rot}} = \frac{R^2}{2\mathscr{I}}$$

gegeben, wobei $\mathscr{I}$ das Trägheitsmoment um die 1-Achse ist. Überträgt man das in die Quantenmechanik, so ergibt sich die Schrödinger-Gleichung

(16.12) $$\frac{R^2_{\text{op}}}{2\mathscr{I}}\psi = E\psi.$$

Dem Operator R^2_{op} sind wir schon in Kapitel 13 begegnet; dort haben wir ihn L^2 genannt und er ist durch Gl. 13.25 gegeben. Nach Gl. 13.27 sind die Eigenwerte und Eigenfunktionen von R^2_{op} durch

(16.13) $$R^2_{\text{op}}Y^M_J = J(J+1)\hbar^2 Y^M_J, \qquad J = 0, 1, 2, \ldots,$$

gegeben, wo Y^M_J eine Kugelflächenfunktion ist (Anhang, Tabelle A8). Die Parität von Y^M_J wird durch Gl. 9.10 zu $(-1)^J$ bestimmt. Der spinlose Kern, den wir hier betrachten, ist invariant gegen Reflexion an der 1-2-Ebene. Da die Kugelfunktionen mit ungeradem J eine ungerade Parität haben, ändern sie bei einer solchen Reflexion das Vorzeichen; sie sind daher keine erlaubten Eigenfunktionen. Nur gerade Werte von J sind zugelassen; mit Gl. 16.12 werden die Eigenwerte der Rotationsenergie des Kerns

(16.14) $$E_J = \frac{\hbar^2}{2\mathscr{I}}J(J+1), \qquad J = 0, 2, 4, \ldots.$$

Die Spinzuordnung der Zustände in Bild 16.3 stimmt mit diesen Werten überein. Wenn die Energie des ersten angeregten Zustands als gegeben angenommen wird, so folgen die Energien der höheren Niveaus aus Gl. 16.14 als

(16.15) $$E_J = \tfrac{1}{6}J(J+1)E_2.$$

Die Werte E_J in ^{170}Hf, die durch diese Beziehung vorausgesagt werden, sind in Bild 16.3 gegeben. Der allgemeine Trend des experimentellen Spektrums wird reproduziert, aber die berechneten Werte sind höher als die beobachteten.

Die Abweichung kann durch eine zentrifugale Streckung erklärt werden; berücksichtigt man diese Streckung, so sind die beobachteten Werte von ^{170}Hf zu verstehen[10].

10 A. S. Davydov und A. A. Chaban, *Nucl. Phys.* **20**, 499 (1960); R. M. Diamond, F. S. Stephens und W. J. Swiatecki, *Phys. Rev. Letters* **11**, 315 (1964).

In Gl. 16.14 werden die Energien der Rotationsniveaus durch das Trägheitsmoment $\mathcal{J}$ beschrieben. Die experimentellen Werte dieses Parameters für einen bestimmten Kern kann man durch die beobachteten Anregungsenergien erhalten, und dieser Wert kann dann mit dem für ein Modell berechneten verglichen werden. Zwei extreme Modelle bieten sich von selbst an, Bewegungen des starren Körpers und wirbelfreie Drehungen. Für einen gleichförmigen, kugelförmigen Körper mit dem Radius R_0 und der Masse Am ist das Trägheitsmoment durch

(16.16) $$\mathcal{J}_{\text{starr}} = \tfrac{2}{5} AmR_0^2$$

gegeben. Im anderen Extrem wird die Kernrotation als eine Welle betrachtet, die auf der Kernoberfläche wandert; die Kernoberfläche rotiert und die Nukleonen oszillieren. Das Trägheitsmoment ist durch

(16.17) $$\mathcal{J}_{\text{wf}} = \tfrac{2}{5} Am(\Delta R)^2$$

oder

(16.18) $$\mathcal{J}_{\text{wf}} = \mathcal{J}_{\text{starr}} \delta^2$$

gegeben. Hier ist $\delta = \Delta R/R_0$ der Deformationsparameter, der schon in Gl. 16.3 auftauchte. Das Stromlinienbild der beiden Rotationstypen, vom rotierenden Koordinatensystem aus gesehen, ist in Bild 16.6 gezeigt[11].

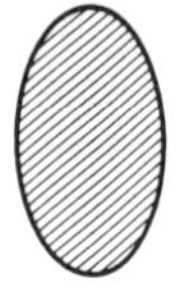

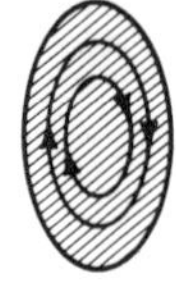

Bild 16.6 Starre und wirbelfreie Rotaion. Die beiden Rotationen werden in einem Koordinatensystem betrachtet, das mit dem Kern rotiert. Bei der starren Rotation verschwinden die Geschwindigkeiten. Bei der wirbelfreien Rotation bilden die Stromlinien geschlossene Schleifen. Die Teilchen rotieren entgegengesetzt zu der Rotation des gesamten Kerns.

Der empirische Wert des Trägheitsmoments liegt zwischen beiden Extremen. Der Kern ist sicher kein starrer Rotator, aber der Fluß ist auch nicht vollständig wirbelfrei.

Zum Schluß kommen wir zu einem begrifflichen Problem: eine beliebte Prüfungsfrage in den Quantenmechanik ist, warum ein Teilchen mit Spin J kleiner 1 kein beobachtbares Quadrupolmoment haben kann. Wir haben doch angenommen, daß ein Kern ohne Spin, wie in Bild 16.5 eine permanente Deformation besitzt. Wie stimmt diese Annahme mit dem eben erwähnten Theorem überein? Die Lösung des Problems liegt in einer Unterscheidung zwischen dem statischen Quadrupolmoment und dem beobachteten Quadrupolmoment[12]. Ein spinloser Kern kann eine permanente

11 Die beiden Modelle können besser verstanden werden, wenn man mit einem rohen und einem hartgekochten Ei spielt.

12 K. Kumar, *Phys. Rev. Letters* **28**, 249 (1972).

Deformation (inneres Quadrupolmoment) haben, und der Effekt davon kann in der Existenz von Rotationsniveaus gesehen werden, ebenso in der Übergangsrate, die zu $J = 0$ führt, oder von dort kommt. Jedoch kann das Quadrupolmoment nicht direkt beobachtet werden, da das Fehlen eines endlichen Spins es nicht erlaubt, eine besondere Achse auszuzeichnen. In jeder Messung tritt eine Mittelung über alle Richtungen auf und die permanente Deformation erscheint nur als eine besonders große Hautdicke.

16.3 *Rotationsfamilien*

Im Grundzustand zeigen deformierte Kerne mit dem Spin 0 eine Rotationsbande mit Spin-Paritätszuordnungen 0^+, 2^+, ... Da aber viele deformierte Kerne mit Spin ungleich 0 existieren, müssen die Rotationen allgemeiner behandelt werden. Dann wird die Situation komplizierter; wir werden nur den einfachsten Fall besprechen, nämlich einen Kern, der aus einem deformierten, axialsymmetrischen, spinlosen Rumpf und aus einem Valenznukleon besteht, und wir werden die Wechselwirkung zwischen der Eigen- und Kollektiv-(Rotations-)Bewegung vernachlässigen. Wir nehmen an, daß das Valenznukleon nicht auf den Rumpf wirkt, so daß er sich wie der deformierte spinlose Kern benimmt, der im vorigen Abschnitt behandelt wurde. Der Rumpf ist dann verantwortlich für einen Rotationsdrehimpuls $\mathbf{R}$ senkrecht zur Symmetrieachse 3, so daß $R_3 = 0$. Das Valenznukleon verursacht einen Drehimpuls $\mathbf{j}$; $\mathbf{R}$ und $\mathbf{j}$ sind in Bild 16.7(a) gezeigt; sie addieren sich zum totalen Kerndrehimpuls $\mathbf{J}$:

$$\mathbf{J} = \mathbf{R} + \mathbf{j}. \tag{16.19}$$

Der Gesamtdrehimpuls $\mathbf{J}$ und seine Komponente J_3, entlang der Kernsymmetrieachse, bleiben erhalten und sie erfüllen die Eigenwertgleichung

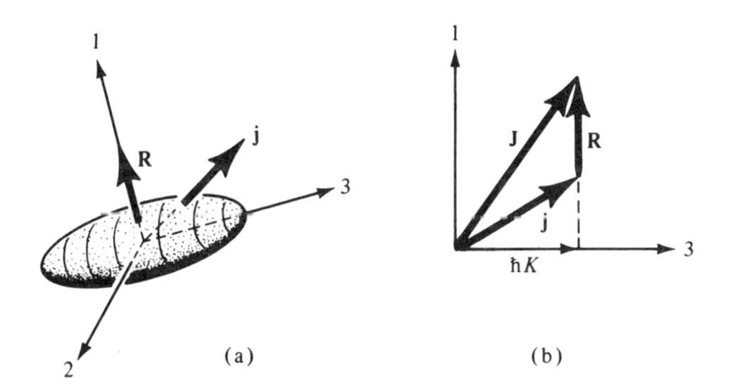

Bild 16.7 (a) Der deformierte Rumpf erzeugt einen kollektiven Drehimpuls $\mathbf{R}$; das Valenznukleon erzeugt den Drehimpuls $\mathbf{j}$. (b) $\mathbf{R}$ und $\mathbf{j}$ zusammen geben den Gesamtdrehimpuls $\mathbf{J}$ des Kerns. Die Eigenwerte der Komponente von $\mathbf{J}$ entlang der Symmetrieachse 3 sind mit $\hbar K$ bezeichnet.

$$\text{(16.20)}\quad \begin{aligned} J_{op}^2\psi &= J(J+1)\hbar^2\psi \\ J_{3,op}\psi &= K\hbar\psi. \end{aligned}$$

Da $R_3 = 0$, ist der Eigenwert von $j_{3,op}$ ebenfalls durch $\hbar K$ gegeben.

Wenn, wie angenommen, der Zustand des Valenznukleons nicht durch die kollektive Rotation beeinflußt wird, dann kann angenommen werden, daß jeder Zustand des Valenznukleons die Basis (den Kopf) einer eigenen Rotationsbande bilden kann. Im folgenden werden wir die Energieniveaus dieser Banden berechnen. Der Hamiltonoperator ist die Summe der Rotationsenergie und der Energie des Valenznukleons,

$$H = H_{rot} + H_{nuk}$$

oder mit den Gln. 16.11 und 16.19

$$H = \frac{R_{op}^2}{2\mathcal{I}} + H_{nuk} = \frac{1}{2\mathcal{I}}(\mathbf{J}_{op} - \mathbf{j}_{op})^2 + H_{nuk}.$$

Die physikalische Bedeutung wird klarer, wenn der Hamiltonoperator als Summe von drei Termen geschrieben wird

$$\text{(16.21)}\quad \begin{aligned} H &= H_R + H_p + H_c \\ H_R &= \frac{1}{2\mathcal{I}}(J_{op}^2 - 2J_{3,op}j_{3,op}) \\ H_p &= H_{nuk} + \frac{1}{2\mathcal{I}}j_{op}^2 \\ H_c &= -\frac{1}{\mathcal{I}}(J_{1,op}j_{1,op} + J_{2,op}j_{2,op}). \end{aligned}$$

Der dritte Ausdruck gleicht der klassischen Corioliskraft und wird Coriolis- oder Rotations-Teilchenkopplungsterm genannt. Er kann bis auf den speziellen Fall $K = \frac{1}{2}$ [13]) vernachlässigt werden. Der zweite Term ist unabhängig vom Rotationszustand des Kerns, und sein Beitrag zur Energie kann durch die Lösung von

$$H_p\psi = E_p\psi$$

bestimmt werden. Der erste Term beschreibt die Energie der Rotationsbewegung. Mit Gl. 16.20 sind die Energieeigenwerte dieses Terms durch

$$\text{(16.22)}\quad E_R = \frac{\hbar^2}{2\mathcal{I}}[J(J+1) - 2K^2], \qquad J \geq K$$

gegeben. Die totale Energie ist dann [13])

$$\text{(16.23)}\quad E_{J,K} = \frac{\hbar^2}{2\mathcal{I}}[J(J+1) - 2K^2] + E_p.$$

Diese Beziehung beschreibt die Folge der Niveaus, ähnlich wie sie durch die Gl. 16.14 für spinlose Teilchen gegeben ist. Folgt man der Terminologie

13 Zur Behandlung des Falles $K = \frac{1}{2}$, s. Ref. 6 und 9.

der Molekülphysik, so wird die Folge, die zu einem speziellen Wert von K gehört, eine Rotationsbande genannt, und der Zustand mit dem kleinsten Spin heißt Bandenkopf. Charakteristische Unterschiede existieren für $K = 0$ und $K \neq 0$.

1. Die Spins für den Fall $K = 0$ sind gerade und ganzzahlig, während die Spins für $K \neq 0$ durch

(16.24) $$J = K, K+1, K+2, \ldots, \qquad K \neq 0$$

gegeben sind.

2. Die Verhältnisse der Anregungsenergien über den Bandenköpfen sind nicht durch Gl. 16.15 gegeben. Z.B. ist das Verhältnis der Anregungsenergien des zweiten zum ersten angeregten Zustand nicht $\frac{10}{3}$, sondern

(16.25) $$\frac{E_{K+2,K} - E_{K,K}}{K_{K+1,K} - E_{K,K}} = 2 + \frac{1}{K+1}.$$

Der Wert der Komponente K kann durch dieses Verhältnis bestimmt werden. Als Beispiel für das Auftreten von Rotationsbanden in einem "ungerade A-Kern" ist das Niveaudiagramm von ^{249}Bk in Bild 16.8 gezeigt. Die Energiezustände mit Spin und Parität sind links gezeigt. Es können drei Banden unterschieden werden; ihre Bandenköpfe haben Zuordnungen von $K = (\frac{7}{2})^+$, $(\frac{3}{2})^-$ und $(\frac{5}{2})^+$. Die Niveaufolge erfüllt Gl. 16.24 und die Energien werden durch die Gl. 16.23 vernünftig beschrieben. Die Werte von K folgen eindeutig aus der Gl. 16.25.

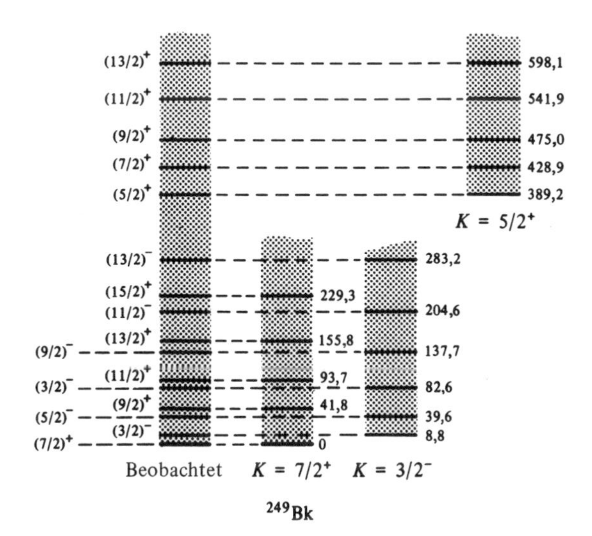

Bild 16.8 Energieniveaus von ^{249}Bk. Alle beobachteten Energieniveaus bis zu einer Anregungsenergie von ca. 600 keV sind links angegeben. Die Niveaus gehören zu drei Rotationsbanden, die rechts gezeigt sind. Alle Energien in keV.

Die Rotationsfamilien können als Trajektorien in einer Drehimpulszeichnung eingetragen werden, wie in Bild 13.9 die Niveaus des harmonischen Oszillators und in Bild 13.10 die Niveaus einiger Hyperonen. Solch eine Zeichnung ist in Bild 16.9 für drei Familien gezeigt, die aus dem Zerfallsschema von ^{249}Bk in Bild 16.8 hervorgehen. Die Zustände auf einer Trajektorie haben die gleiche interne Struktur und zeigen nur bei ihrer kollektiven Rotationsbewegung Unterschiede.

So weit haben wir Kerndeformationen und resultierende Rotationsstrukturen der Energieniveaus diskutiert. Während die Beschreibung sehr abstrakt war und viele Komplikationen und Rechtfertigungen ausgelassen wurden, zeigten sich dennoch die wichtigsten physikalischen Ideen. In den folgenden Abschnitten müssen zwei weitere Aspekte der kollektiven Bewegung betrachtet werden - der Einfluß der Kerndeformationen auf die Schalenmodellzustände (Nilssonmodell) und kollektive Schwingungen.

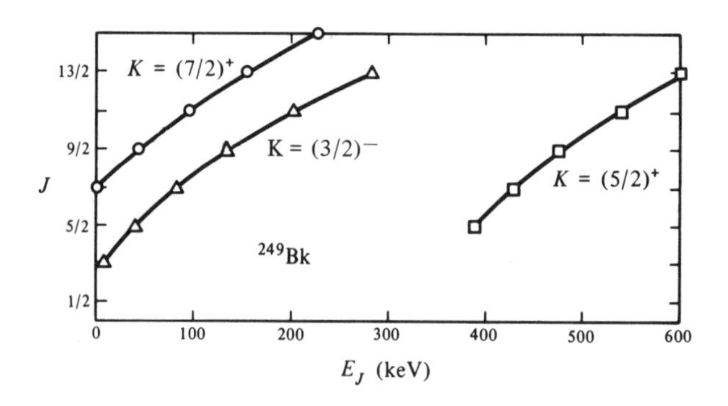

Bild 16.9 Die Energieniveaus der drei Rotationsfamilien von ^{249}Bk aus Bild 16.8 in der Drehimpulsdarstellung.

16.4 *Einteilchenbewegung in deformierten Kernen (Nilssonmodell)*

In Kapitel 15 wurde das Schalenmodell behandelt; im vorhergehenden Abschnitt wurden die Kerne als kollektive Systeme betrachtet, die rotieren können. Diese beiden Modelle sind Prototypen zweier extremer und entgegengesetzter Ansichten. Gibt es einen Weg, beide Modelle zu einem zu vereinigen? Im jetzigen Abschnitt werden wir den ersten Schritt zu einem gemeinsamen Bild beschreiben, nämlich dem Nilssonmodell[7]. Dieses Modell betrachtet einen deformierten Kern so, als ob er aus unabhängigen Teilchen bestünde, die sich in einem deformierten Potential bewegen. In Kapitel 15 wurden Schalenmodellzustände in einem sphärischen Potential behandelt. Wie in Abschnitt 15.2 bewiesen wurde, ähnelt das mittlere Potential, das von den Nukleonen gesehen wird, der Dichteverteilung im Kern. Mit den Gln. 13.20, 13.22 und 15.17 kann das Potential für das sphärische Schalenmodell als

(16.26) $$V(r) = \tfrac{1}{2}m\omega^2 r^2 - C\mathbf{l}\cdot\mathbf{s}$$

geschrieben werden. Der erste Term ist das Zentralpotential und der zweite das Spin-Bahnpotential. Der Faktor ω ist durch Gl. 13.29: $E = (N + \frac{3}{2})\hbar\omega$ mit der Energie eines Oszillatorpotentials verknüpft (s. Bild 13.7). Die Zustände im Potential Gl. 16.26 sind z.B. in Bild 15.10 gegeben; sie sind durch die Quantenzahlen N, l und j gekennzeichnet.

Wegen der Rotations- und Paritätsinvarianz sind der gesamte Drehimpuls j und der Bahndrehimpuls l (oder die Parität) des Nukleons gute Quantenzahlen, und N, l und j werden benutzt, um die Niveaus zu kennzeichnen.

Da manche Kerne große permanente Deformationen besitzen, wie in Abschnitt 16.1 beschrieben wurde, bewegen sich die Nukleonen nicht immer in einem sphärischen Potential; Gl. 16.26 muß daher verallgemeinert werden. Eine gutbekannte Verallgemeinerung geht auf Nilsson zurück, der statt Gl. 16.26

(16.27) $$V_{\text{def}} = \tfrac{1}{2}m[\omega_\perp^2(x_1^2 + x_2^2) + \omega_3^2 x_3^2] + C\mathbf{l}\cdot\mathbf{s} + Dl^2$$

schrieb. Dieses Potential beschreibt eine achsialsymmetrische Situation; man kann es bei den meisten Kernen anwenden. Die Koordinaten x_1, x_2, x_3 sind im Kern fixiert. x_3 liegt in Richtung der Symmetrieachse 3 (Bild 16.5). C bestimmt die Stärke der Spin-Bahnwechselwirkung. Der Term Dl^2 korrigiert die radiale Abhängigkeit des Potentials: das Oszillatorpotential unterscheidet sich beträchtlich von dem realen Potential in der Nähe der Kernoberfläche, wie in Bild 15.5 gezeigt wird. Zustände mit großem Bahndrehimpuls sind sehr empfindlich für diesen Unterschied, und der Term Dl^2 mit $D < 0$ verkleinert die Energie dieser Zustände. Kernmaterie ist fast imkompressibel: daher hängen die Koeffizienten $\omega_\perp$ und ω_3 für eine gegebene Form der Deformation voneinander ab. Für eine reine Quadrupoldeformation, die in dem folgenden Abschnitt beschrieben wird, wird die Beziehung zwischen den Koeffizienten $\omega_\perp$ und ω_3 durch einen Deformationsparameter ϵ ausgedrückt

(16.28) $$\begin{aligned} \omega_3 &= \omega_0(1 - \tfrac{2}{3}\epsilon) \\ \omega_\perp &- \omega_0(1 + \tfrac{1}{3}\epsilon) \end{aligned}$$

Für $\epsilon^2 \ll 1$ erfüllen $\omega_\perp^2$ und ω_3

(16.29) $$\omega_\perp^2\omega_3 = \omega_0^3$$

und diese Beziehung drückt die Konstanz des Kernvolumens bei einer Deformation aus. Der Parameter ϵ ist mit dem Deformationsparameter δ, der in Abschnitt 16.1 eingeführt wurde, durch

(16.30) $$\delta = \epsilon(1 + \tfrac{1}{2}\epsilon)$$

verknüpft. Mit den Gln. 16.3, 16.30 und 6.37 kann das innere Quadrupolmoment durch

$$(16.31) \qquad Q = \tfrac{4}{3}Z\langle r^2\rangle\epsilon(1 + \tfrac{1}{2}\epsilon)$$

beschrieben werden. Die Gln. 16.27 und 16.28 zeigen, daß V_{def} durch 4 Parameter, ω_0, C, D und ϵ, bestimmt wird. Nur ϵ wird stark von der Kernform beeinflußt. Für ein gegebenes Nuklid bestimmt man ϵ durch Messung von Q und $\langle r^2\rangle$. Die ersten drei Parameter ω_0, C, D sind für $\epsilon^2 \ll 1$ unabhängig von der Kernform, und sie werden durch die Spektren und Radien der sphärischen Kerne bestimmt, wobei $\epsilon = 0$ ist. Angenäherte Werte dieser Parameter sind

$$(16.32) \qquad \hbar\omega_0 \approx 41 A^{-1/3}\ \text{MeV}$$

und

$$(16.33) \qquad C \approx -0{,}1\hbar\omega_0, \qquad D \approx -0{,}02\hbar\omega_0.$$

Die Wahl 16.27 für das Potential V_{def} ist nicht eindeutig, und andere Formen als die von Nilsson eingeführten wurden ausgiebig studiert.[14]) Da die Haupteigenschaft der resultierenden Spektren ungeändert bleibt, beschränken wir die Diskussion auf das Nilssonmodell.

Im Nilssonmodell, wie im sphärischen Einteilchenmodell, das im Kapitel 15 behandelt wurde, nimmt man an, daß alle Nukleonen bis auf das letzte ungerade Nukleon gepaart sind und nicht zu den Kernmomenten beitragen. Um die Wellenfunktion und die Energie für das letzte Nukleon zu finden, muß die Schrödinger-Gleichung mit dem Potential V_{def} numerisch mit Hilfe eines Computers gelöst werden. Ein typisches Ergebnis für kleine A wird in Bild 16.10 gezeigt. Für eine Nulldeformation stimmen die Niveaus mit denen in Bild 15.10 überein, und sie können durch die Quantenzahlen N, j und l gekennzeichnet werden. (N charakterisiert die Oszillatorschale und ist in Tabelle 15.1 gegeben.) Bei diesem Extremwert ($\epsilon = 0$) sind die Zustände $(2j + 1)$-fach entartet. Die Deformation hebt die Entartung auf, wie man in Bild 16.10 erkennt: der Zustand $p_{3/2}$ spaltet in zwei, und der Zustand $d_{5/2}$ in drei Niveaus auf. Ein Nukleon mit dem totalen Drehimpuls j ist im sphärischen Fall Anlaß für $\frac{1}{2}(2j + 1)$ verschiedene Energieniveaus, mit K-Werten $j, j-1, j-2, \ldots, \frac{1}{2}$. Der Faktor $\frac{1}{2}$ beschreibt eine verbleibende zweifache Entartung, die durch die Symmetrie des Kerns in der 1-2 Ebene hervorgerufen wird: die Zustände K und $-K$ haben die gleiche Energie (s. Bild 16.11). Ein Zustand mit einem gegebenem K-Wert kann zwei Nukleonen von gegebener Art aufnehmen.

Welche Quantenzahlen beschreiben die Zustände in einem deformierten Potential? Die Rotationssymmetrie ist bis auf die um die Symmetrie-

14 Eine genaue Untersuchung der Einteilchen-Niveaus in nicht-sphärischen Kernen in der Gegend $150 < A < 190$ stammt von W. Ogle, S. Wahlborn, R. Piepenbring und S. Fredriksson, *Rev. Modern Phys.* 43, 424 (1971).

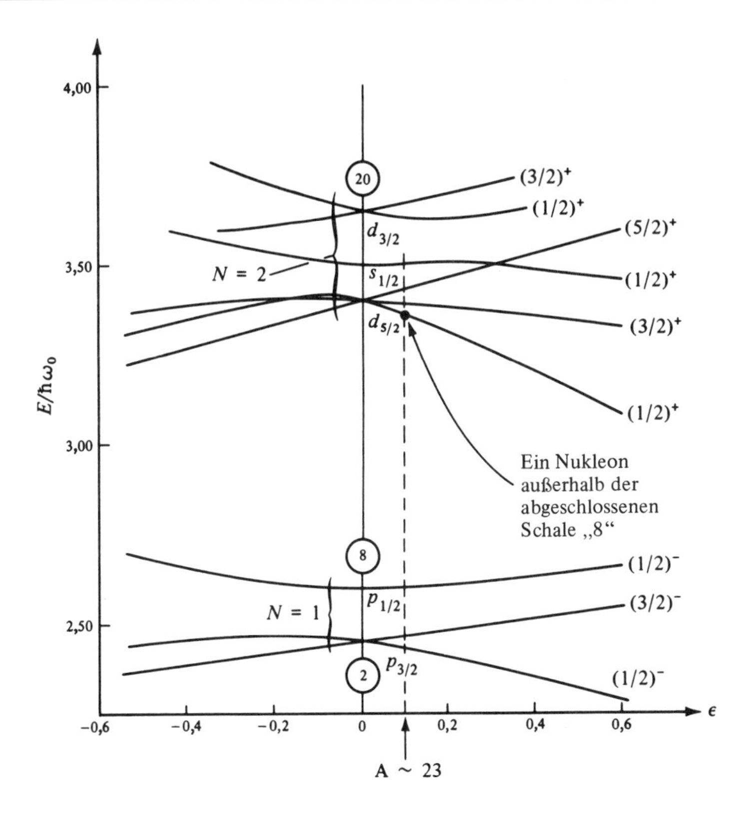

Bild 16.10 Niveaudiagramm im Nilsson-Modell. Die Bezeichnungen sind im Text erklärt. Jeder Zustand kann zwei Nukleonen aufnehmen.

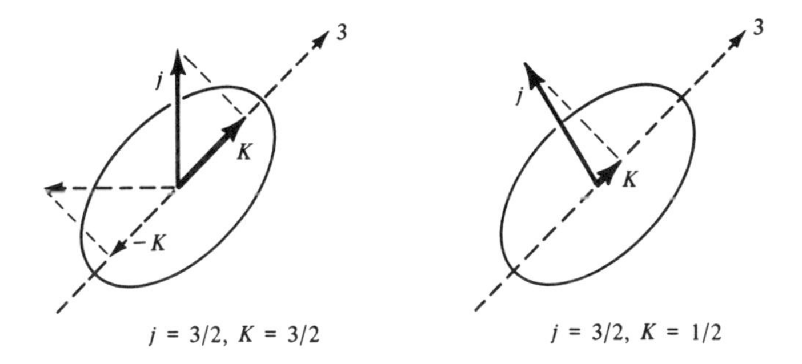

Bild 16.11 In einem nichtsphärischen Kern ist der Gesamtdrehimpuls j eines Nukleons keine Erhaltungsgröße mehr. Nur seine Komponente K entlang der Kernsymmetrieachse bleibt erhalten. Ein Nukleon mit dem Spin j (im sphärischen Fall) verursacht K-Werte j, $j-1, \ldots, \frac{1}{2}$. Die Zustände K und $-K$ haben die gleiche Energie.

achse gestört, und die Drehimpulse **j** und **l** bleiben nicht länger erhalten. Nur zwei Quantenzahlen bleiben im Nilssonmodell erhalten: die Parität $\pi = (-1)^N$ und die Komponente K. (Die Tatsache, daß ein Nukleon mit dem Gesamtdrehimpuls j verschiedene Zustände K verursacht, kann im Vektormodell verstanden werden: der Drehimpuls **j** präzediert schnell um seine Symmetrieachse 3. Jede zu 3 senkrechte Komponente wird herausgemittelt und hat keinen Einfluß.) Ein Zustand wird daher mit K^π bezeichnet. Tatsächlich werden drei teilweise erhaltene Quantenzahlen verwendet, um ein gegebenes Niveau zu beschreiben. Wir benützen diese asymptotischen Quantenzahlen hier jedoch nicht.

Als eine Anwendung des Nilssonmodells betrachten wir die Grundzustände einiger Nuklide mit einer Neutronen- oder Protonenzahl um 11 herum. Bild 16.1 zeigt, daß diese Nuklide eine Deformation der Größenordnung 0,1 haben sollten; man müßte das Nilssonmodell anwenden können. Die entsprechenden Eigenschaften für eine Anzahl von Nukliden sind in Tabelle 16.2 zusammengefaßt. Wenn man annimmt, daß die Kerne durch das Einteilchen-Schalen-Modell beschrieben werden, so kann man die Spin- und Paritätszuordnung für den Grundzustand aus Bild 15.10 ablesen: nur das letzte ungerade Nukleon soll die Momente bestimmen. Die aufgelisteten Nuklide haben ein oder drei Nukleonen außerhalb der abgeschlossenen 8-er Schale: nach Bild 15.10 sollten alle eine $(\frac{5}{2})^+$-Zuordnung haben. In Wirklichkeit sind die Spins verschieden, sogar für ^{19}F, das nur ein Proton außerhalb einer abgeschlossenen Schale mit der magischen Zahl 8 hat. Das Quadrupolmoment wurde für zwei der aufgeführten Kerne gemessen, und $\langle r^2 \rangle$ kann aus Gl. 6.34 entnommen werden. Gl. 16.31 liefert dann den Deformationsparameter δ ($\approx \epsilon$). In Übereinstimmung mit der Schätzung aus Bild 16.1 hat δ die Größenordnung 0,1. Der Wert $\delta = 0{,}1$ ist in Bild 16.10 eingezeichnet. Folgt man dieser Linie, so kann man die vorausgesagte Zuordnung ablesen: für ein Nukleon außerhalb einer abgeschlossenen 8er-Schale ergibt sich $(\frac{1}{2})^+$. Drei Nukleonen außerhalb der Schale führen zu $(\frac{3}{2})^+$. Wie Tabelle 16.2 zeigt, stimmen diese Werte mit dem Experiment überein und demonstrieren, daß das Nilssonmodell wenigstens einige Eigenschaften deformierter Kerne erklären kann. (Bei allen diesen Zuordnungen wird angenommen, daß die ge-

Tabelle 16.2 Deformierte Kerne bei $A \approx 23$.

Nuklid	Z	N	Q	$\delta \approx \epsilon$	Grundzustand beobachtet	Grundzustand Schalenmodell	Grundzustand Nilssonmodell
^{19}F	9	10			$(\frac{1}{2})^+$	$(\frac{5}{2})^+$	$(\frac{1}{2})^+$
^{21}Ne	10	11	9 fm²	0,09	$(\frac{3}{2})^+$	$(\frac{5}{2})^+$	$(\frac{3}{2})^+$
^{21}Na	11	10			$(\frac{3}{2})^+$	$(\frac{5}{2})^+$	$(\frac{3}{2})^+$
^{23}Na	11	12	14 fm²	0,11	$(\frac{3}{2})^+$	$(\frac{5}{2})^+$	$(\frac{3}{2})^+$
^{23}Mg	12	11			$(\frac{3}{2})^+$	$(\frac{5}{2})^+$	$(\frac{3}{2})^+$

rade Anzahl von Nukleonen, z.B. die 10 Neutronen in ^{19}F zu Null gekoppelt sind.)

Die Voraussage der Grundzustandsmomente ist nur einer der Erfolge des Nilssonmodells. Ebenso ist es in der Lage, viele andere Eigenschaften deformierter Kerne zu deuten [15] [16].

Bisher haben wir die Bewegung eines einzelnen Teilchens in einem stationären deformierten Potential untersucht, ohne eine Bewegung dieses Potentials zu berücksichtigen, das im Kern fixiert ist. Wenn der Kern rotiert, so rotiert das Potential mit ihm. Im vorigen Abschnitt haben wir gezeigt, daß die Rotation eines deformierten Kerns eine Rotationsbande verursacht. Nun ergibt sich die Frage: ist es korrekt, die Rotation und die Eigenbewegung wie in Gl. 16.21 getrennt zu behandeln? Die Trennung ist zulässig, wenn die Bewegung des Teilchens im deformierten Kern schnell ist im Vergleich zur Rotation des Potentials, und das Teilchen viele Umläufe in einer Periode der kollektiven Bewegung erlebt hat. In realen Kernen ist diese Bedingung genügend gut erfüllt, da bei der Rotation A Nukleonen beteiligt sind; die Bewegung ist daher langsamer als die Bewegung des einzelnen Valenznukleons. Nichts destoweniger muß man bei realistischer Behandlung den Einfluß der Rotationsbewegung auf die innere Niveaustruktur berücksichtigen, die durch den Term H_p in Gl. 16.21 gegeben ist [17] [18].

Nach der Feststellung, daß Eigen- und Rotationsbewegung in guter Näherung tatsächlich unabhängig sind, können wir zur Interpretation der Spektren deformierter Kerne zurückkehren. Da der Kern in jedem Zustand des deformierten Kerns rotieren kann, ist jedes innere Niveau (Nilssonniveau) der Bandenkopf einer Rotationsbande. Mit anderen Worten, auf jedem Eigenniveau ist eine Rotationsbande aufgebaut. Bild 16.8 gibt ein Beispiel von drei Banden, die auf drei verschiedenen Nilssonzuständen aufgebaut sind.

16.5 *Vibrationszustände in sphärischen Kernen*

Bisher haben wir zwei Arten von Kernzuständen diskutiert, innere Zustände und Rotationszustände. Das Auftreten verschiedener Anregungen ist nicht auf die Kerne beschränkt; seit langem ist bekannt, daß zweiatomige Moleküle auf drei verschiedene Arten angeregt werden können: innere (elektro-

15 B. R. Mottelson und S. G. Nilsson, *Kgl. Danske Videnskab. Selskab. Mat-fys. Medd.* **1**, Nr. 8 (1959).

16 M. E. Bunker und C. W. Reich, *Rev. Modern Phys.* **43**, 348 (1971).

17 O. Nathan und S. G. Nilsson, in *Alpha-, Beta- und Gamma-Ray Spectroscopy*, Vol. 1 (K. Siegbahn, ed.), North-Holland, Amsterdam, 1965, S. 646.

18 A. K. Kerman, *Kgl. Danske Videnskab. Selskab Math.-fys. Medd.* **30**, Nr. 15 (1956).

nische), Rotations- und Vibrationsanregungen [19]. In erster Näherung kann man die Wellenfunktion eines gegebenen Zustands durch

$$(16.34) \qquad |\text{Total}\rangle = |\text{inner}\rangle|\text{Rotation}\rangle|\text{Vibration}\rangle.$$

schreiben. Es zeigt sich, daß Kerne den Molekülen darin ähnlich sind, daß sie ebenfalls zu Vibrationen angeregt werden können [6] [20] [21]. In diesem Abschnitt werden wir einige Aspekte der Kernvibrationen beschreiben, wobei wir die Behandlung auf sphärische Kerne beschränken.

Die einfachste Vibration entspricht einer Dichtefluktuation um den Gleichgewichtswert, s. Bild 16.12(a). Da eine solche Bewegung keinen Drehimpuls hat, wird sie Monopolschwingung genannt. Die Kompressibilität von Kernen ist jedoch extrem hoch; daher sind die Energien solcher Monopolschwingungen sehr hoch, und sie wurden bis jetzt nicht gefunden.

Auch ein inkompressibles System kann Gestaltsoszillationen ohne Dichteänderung ausführen. Solche Oszillationen wurden zuerst von Rayleigh [3] behandelt, der sagte: "Die Flüssigkeitstropfen, in die ein Strahl sich auflöst, nehmen nicht sofort eine sphärische Form an und behalten sie bei, sondern führen eine Reihe von Oszillationen durch, indem sie abwechselnd in Richtung der Symmetrieachse komprimiert und ausgedehnt werden." Untersuchungen über die Kernvibrationen folgen hauptsächlich der Methode, wie sie von Rayleigh angewendet wurde; natürlich sind die Oszillationen quantisiert. Bevor wir Gestaltsoszillationen beschreiben,

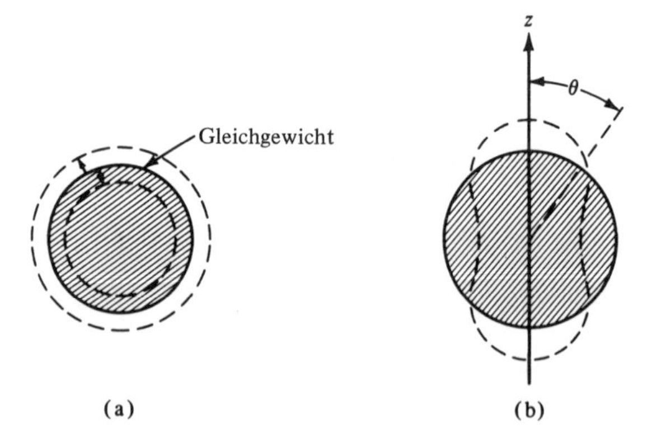

Bild 16.12 (a) Monopol-Vibration. (b) Quadrupol-Vibration, $l = 2, m = 0$.

19 G. Herzberg, *Molecular Spectra and Molecular Structure*, Van Nostrand Rinehold, New York, 1950; L. D. Landau und E. M. Lifshitz, *Quantum Mechanics*, Pergamon, Elmsford, N.Y., 1958, Kapitel 11 und 13.

20 N. Bohr und J. A. Wheeler, *Phys. Rev.* **56**, 426 (1939). D. L. Hill und J. A. Wheeler, *Phys. Rev.* **89**, 1102 (1953).

21 A. Bohr, *Kgl. Danski Videnskab. Selskab. Mat.-fys. Medd.* **26**, Nr. 14 (1952).

wollen wir kurz zeigen, wie man permanente Kerndeformationen mathematisch darstellt. Nach Rayleigh kann die Oberfläche einer Figur mit beliebiger Form durch

$$R = R_0\left[1 + \sum_{l=0}^{\infty}\sum_{m=-l}^{l}\alpha_{lm}Y_l^m(\theta, \varphi)\right] \tag{16.35}$$

entwickelt werden, wobei $Y_l^m(\theta, \varphi)$ Kugelflächenfunktionen sind, die im Anhang, Tabelle A8, aufgeführt sind; θ und φ sind Polarwinkel in Bezug auf eine beliebige Achse, und die α_{lm} sind Entwicklungskoeffizienten. Wenn die Entwicklungskoeffizienten zeitunabhängig sind, beschreibt Gl. 16.35 eine permanente Deformation des Kerns. Ist α_{lm} zeitabhängig, dann fehlt der Term $l = 0$, da Kerne im wesentlichen inkompressibel sind. Der Term $l = 1$ entspricht einer Verschiebung des Schwerpunkts und ist nicht erlaubt, da keine äußere Kraft auf das System wirkt [22]. Der kleinste Term von Interesse ist der mit $l = 2$, der eine Quadrupoldeformation beschreibt. Da dabei die auffälligsten Eigenschaften von kollektiven Kernvibrationen auftreten, beschränken wir die folgende Diskussion auf diese Terme. Der Kernradius wird dann durch

$$R = R_0\left[1 + \sum_{m=-2}^{2}\alpha_{2m}Y_2^m(\theta, \varphi)\right] \tag{16.36}$$

beschrieben. Die Quadrupoldeformation wird durch fünf Konstante α_{2m} bestimmt. Für eine Schwingung mit $\alpha_{2m} = 0, m \neq 0$ ist der Radius (s. im Anhang Tabelle 8)

$$R(t) = R_0\left[1 + \alpha_{20}\left(\frac{5}{16\pi}\right)^{1/2}(3\cos^2\theta - 1)\right]. \tag{16.37}$$

Solch eine Deformation ($l = 2$, $m = 0$) ist im Bild 16.12(b) gezeigt. Gleichung 16.36 beschreibt eine Quadrupoldeformation, wenn die Koeffizienten α_{2m} konstant sind. Gestaltvibrationen werden durch die Zeitabhängigkeit der Entwicklungskoeffizienten ausgedrückt. Bevor wir die entsprechende Hamiltonfunktion angeben, weisen wir darauf hin, daß man nur Bewegungen mit kleinen Schwingungen um die Gleichgewichtslage als harmonische behandeln kann. Für eine solche harmonische Bewegung ist die kinetische Energie durch $\frac{1}{2}mv^2 = \frac{1}{2}m\dot{x}^2$, die potentielle durch $\frac{1}{2}m\omega^2r^2$ und die Hamiltonfunktion durch $H = \frac{1}{2}m\dot{x}^2 + \frac{1}{2}m\omega^2r^2$ gegeben, wie wir in Abschnitt 13.7 gesehen haben. In der jetzigen Situation ist die dynamische Variable die Abweichung des Radiusvektors von seinem Gleichgewichtswert. Diese ist durch α_{2m} gegeben, so daß die Hamiltonfunktion eines schwingenden Flüssigkeits-

22 Die Dipolvibration der Protonen gegen die Neutronen ist dagegen erlaubt, weil sie den Kernschwerpunkt nicht bewegt. Die Riesendipolresonanz, die in Kernen zwischen 10 und 20 MeV auftritt, entsteht durch solche Dipolvibrationen; sie kann besonders deutlich in elektromagnetischen Prozessen beobachtet werden.

tröpfchens mit $l = 2$ und kleinen Deformationen in der Form[3] [21] [23]

$$(16.38) \qquad H = \frac{1}{2} B \sum_m |\dot{\alpha}_{2m}|^2 + \frac{1}{2} C \sum_m |\alpha_{2m}|^2$$

dargestellt werden kann. Hier entspricht B der Masse und C der potentiellen Energie. H beschreibt einen fünfdimensionalen harmonischen Oszillator, weil es fünf unabhängige Variable α_{2m} gibt. In Analogie zu Gl. 13.29 sind die Energien des quantisierten Oszillators durch

$$(16.39) \qquad E_N = \left(N + \frac{5}{2}\right)\hbar\omega, \qquad \hbar\omega = \left(\frac{C}{B}\right)^{1/2}$$

gegeben. Die Winkelabhängigkeit der Formänderungen wird durch die Kugelflächenfunktionen Y_2^m beschrieben, und wir wissen aus Gl. 13.27, daß diese Eigenfunktionen des Gesamtdrehimpulses mit der Quantenzahl $l = 2$ sind. Die Vibrationen haben den Drehimpuls 2 und positive Parität. Die Kernphysiker haben sich den Ausdruck Phononen von ihren Festkörperkollegen geborgt [24]. Die Situation wird beschrieben, indem man sagt, daß der Phononendrehimpuls den Wert 2 hat und daß im ersten angeregten Zustand ein Phonon vorhanden ist, im zweiten zwei und so fort. Da der Grundzustand von gerade-gerade Kernen immer den Spin Null hat, sollte der erste angeregte Zustand eine 2^+-Zuordnung haben. Zwei Phononen haben eine Energie von $2\hbar\omega$ und sie können zu $0^+, 2^+, 4^+$-Zuständen koppeln. Die Zustände mit Spin 1 und 3 sind durch die Forderung verboten, daß die Wellenfunktion zweier identischer Bosonen bei Austausch symmetrisch sein muß. Das erwartete Spektrum wird in Bild 16.13 gezeigt.

Tatsächlich haben die Kerne Spektren mit den Charakteristika, wie sie durch das Vibrationsmodell[25] vorhergesagt werden. Sie zeigen sich in gerade-gerade Kernen in der Nähe abgeschlossener Schalen. Die Entar-

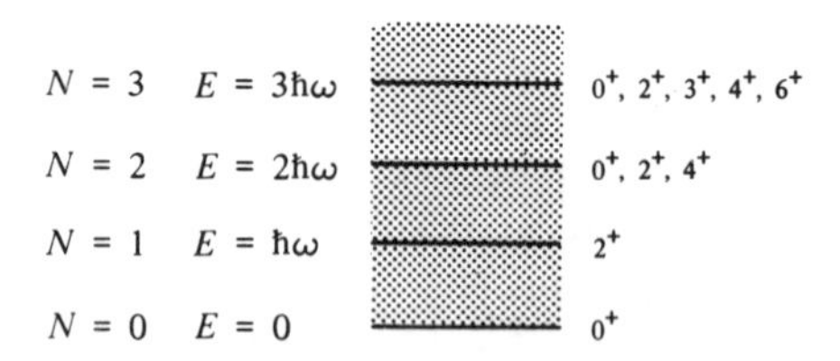

Bild 16.13 Vibrationszustände. Das Vibrationsphonon hat den Drehimpuls 2 und positive Parität. Die Zustände sind durch die Zahl N der Phononen gekennzeichnet. Die Energie des Grundzustands wurde gleich Null gesetzt.

23 Eine detaillierte Ableitung der Gl. 16.38 wird von S. Wohlrab gegeben, im *Lehrbuch der Kernphysik*, Bd. 2 (G. Hertz, ed.), Verlag Werner Dausien, 1961, S. 592.

24 C. Kittel, *Introduction to Solid State Physiks*, 3rd ed., Wiley, New York, 1968, Kapitel 5; J. M. Ziman, *Electrons and Phonons*, Clarendon Press, Oxford University, 1960. J. A. Reisland, *The Physics of Phonons*, Wiley, New York, 1973.

25 G. Scharff-Goldhaber und J. Weneser, *Phys. Rev.* **98**, 212 (1955).

tung zwischen den 0^+, 2^+, 4^+-Zuständen wird durch die Restkräfte aufgehoben; nicht in allen Fällen wurden alle drei Mitglieder des zweiten angeregten Zustands gefunden. In Bild 16.14 wird das Beispiel eines Vibrationsspektrums gezeigt.

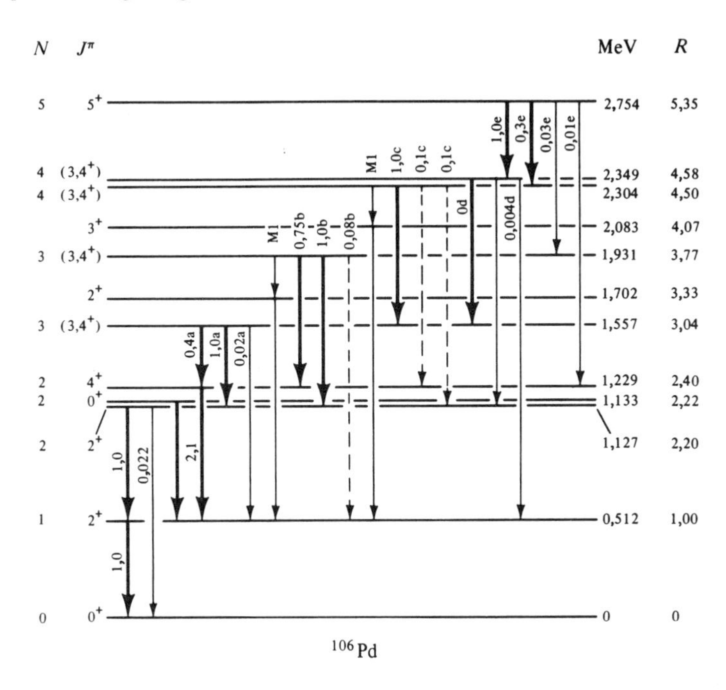

Bild 16.14 Beispiel eines Vibrationsspektrums. [Nach O. Nathan und S. G. Nilsson, in *Alpha-, Beta- and Gamma-Ray Spectroscopy*, Vol. 1 (K. Siegbahn, ed.), North-Holland, Amsterdam, 1965.] Die Niveaus, die versuchsweise als Vibrationszustände identifiziert wurden, sind durch die Phononenzahl N gekennzeichnet.

16.6 *Kernmodelle – Abschließende Bemerkungen und einige Probleme*

In den letzten drei Kapiteln haben wir die einfachsten Aspekte der Kernmodelle diskutiert. Im besonderen haben wir zwei extreme Näherungen behandelt, das Schalen- und das Kollektivmodell. Das Schalenmodell ist sehr erfolgreich bei Kernen in der Nähe von magischen Zahlen, das kollektive Modell bei Kernen, deren Nukleonenzahl zwischen abgeschlossenen Schalen liegt. Das deformierte Schalenmodell (Nilssonmodell) vereinigt wesentliche Aspekte dieser beiden Extreme. Betrachtet man die Zustände der Nukleonen in einem deformierten Potential und kollektive Anregungen gleichzeitig, so können die Spektren der niedrigliegenden Zustände der meisten Kerne befriedigend erklärt werden. Jedoch gibt ein solches vereinigtes ("unified") Modell nicht die letzte Antwort, da es nur phänomenologisch aufgebaut ist. Was wirklich benötigt wird, ist eine mikroskopische Theorie, in der die beobachteten Erscheinungen des vereinigten Modells durch die bekannten Eigenschaften der Kernkräfte erklärt werden. Ein solches Programm ist sehr ehrgeizig, aber man hat dabei in der letzten Dekade beachtliche Fortschritte erzielt.

Wir wollen die mikroskopische Theorie der Kerne nicht im einzelnen beschreiben, sondern nur einige Bemerkungen dazu machen. Man erhält das Potential des Schalenmodells durch Mittelung der Zweikörper-Kräfte über den Kern. Befindet sich jedoch ein Nukleon sehr nahe bei einem anderen, so bleiben Effekte übrig, die nicht in das gemittelte Potential eingeschlossen werden können. Eine solche kurzreichweitige Restkraft führt zur Paarung. Die Evidenz einer solchen Paarung folgt aus der Beobachtung einer Energielücke in den Kernspektren. Die erste Eigenanregung eines schweren gerade-gerade Kerns liegt bei etwa 1 MeV (s. Bild 15.4), während benachbarte, ungerade Kerne schon viele Niveaus unterhalb dieser Energie besitzen. Gerade-gerade Kerne zeigen daher eine Energielücke, die als Beweis für die Paarkraft dient[26]): Nukleonen bevorzugen die Bildung von Paaren mit dem Drehimpuls 0; die Energielücke entsteht dadurch, daß eine Mindestenergie zum Aufbrechen eines solchen Paares nötig ist. Die Paarung von Nukleonen zeigt eine starke Ähnlichkeit mit den Cooperpaaren in der Supraleitung[27]); es war möglich, die Werkzeuge und Ideen, die zur Erklärung der Supraleitung entwickelt wurden[28]), in der Kernphysik zu verwenden.

Es verbleibt die Frage nach der genaueren Natur der Restkraft zwischen den Nukleonen. Hat sie die Eigenschaften der freien Nukleon-Nukleon-Kraft? Bisher sind die Experimente nicht so aufschlußreich; aber wie die neueren Untersuchungen andeuten, scheinen sie denjenigen der Kraft zwischen freien Nukleonen ähnlich zu sein[29]). Es ist jedoch schwierig, Effekte der Restkraft von denen des gemittelten Potentials zu trennen. Z.B. können sich zwei nahe beieinander liegende Nukleonen wie ein quasi gebundener Zustand verhalten, teilweise durch die Wirkung der Restkraft. Man kann hoffen, solche Nukleon-Nukleon-Beziehungen durch (e, epp)-Reaktionen zu studieren, aber die beobachteten Korrelationen werden nicht nur durch die wechselseitige Kraft zwischen den Protonen, sondern auch durch den mittleren Einfluß aller anderen Nukleonen im Kern beeinflußt. Trotzdem zeigen sich die kurzreichweitigen Korrela-

---

26 A. Bohr, B. R. Mottelson und D. Pines, *Phys. Rev.* **110**, 936 (1958).

27 L. N. Cooper, *Phys. Rev.* **104**, 1189 (1956).

28 J. Bardeen, L. N. Cooper und J. R. Schrieffer, *Phys. Rev.* **108**, 1175 (1957).

29 G. E. Brown, *Unified Theory of Nuclear Models and Forces*, 3d ed. North-Holland, Amsterdam, 1971, Kapitel 13; T. T. S. Kuo und G. E. Brown, *Nucl. Phys.* **85**, 40 (1966); M. Conze, H. Feldmeier und P. Manakos, *Phys. Letters* **43B**, 101 (1973).

tionseffekte bei der Vielfachstreuung (Abschnitt 6.9) von hochenergetischen Nukleonen an Kernen[30].

Es ist möglich, den Erfolg des sphärischen Schalenmodells für Kerne in der Nähe abgeschlossener Schalen und den Übergang zu deformierten Kernen weit weg von den magischen Zahlen zu verstehen, wenn man die Konkurrenz zwischen der kurzreichweitigen Paarungskraft und der längerreichweitigen Polarisationskraft betrachtet. Das ist die Kraft, die Nukleonen außerhalb einer abgeschlossenen Schale auf die weiter innengelegenen ausüben. Für ein einzelnes Nukleon über einer abgeschlossenen Schale ist der Polarisationseffekt zu klein, um den Kern zu deformieren. Sind zwei Nukleonen außerhalb einer abgeschlossenen Schale vorhanden, so treten zwei konkurrierende Effekte auf: die Paarungskraft versucht den Kern kugelförmig zu halten, während die Polarisationskraft den Kern deformieren will. Befinden sich nur wenige Nukleonen außerhalb einer abgeschlossenen Schale, so überwiegt die Paarungskraft; die polarisierenden Kräfte aber werden dominant, sobald mehr und mehr Nukleonen hinzukommen. Dieses Verhalten ist in Bild 16.15 schematisch dargestellt.

Das Kernpotential, das auf ein Nukleon wirkt, kann auch mit Hyperkernen[31] untersucht werden, wo ein, oder manchmal auch zwei Nukleonen durch Hyperonen ersetzt werden, meistens Lambdas. Obwohl das Potential, das die Lambdas sehen, nicht mit dem identisch ist, das auf die Nukleonen wirkt, sind doch beide eng miteinander verbunden; allerdings wirkt auf das Lambda nicht das Paulische Ausschließungsprinzip. Das Studium der Hyperkerne steckt noch in den Kinderschuhen. Diese Methode wirft sofort eine Schar anderer Fragen auf. Nukleonen sind vermutlich Objekte, die von Mesonen umgeben sind. Sind diese Mesonenwolken im Kern verzerrt, so daß sich gebundene Nukleonen anders verhalten als freie?[32] Bis zu welchem

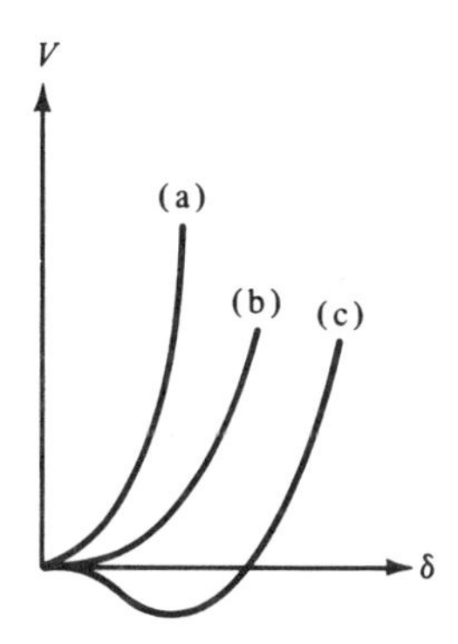

Bild 16.15 Oberfläche der potentiellen Energie als Funktion der Deformation (s. Abschnitt 16.1). Die drei Kurven sind für (a) einen Kern mit abgeschlossener Schale, (b) einen Kern in der Umgebung einer abgeschlossenen Schale und (c) einen Kern weit entfernt von einer abgeschlossenen Schale. Im letzten Fall erscheint eine permanente Deformation.

30 V. G. Neudatchin und Yu. F. Smirnov, *Progress Nucl. Phys.* **10**, 273 (1969).

31 D. H. Davis und J. Sacton, in *High Energy Physics*, Vol. II. (E. H. S. Burhop, ed.), Academic Press, New York, 1967.

32 G. E. Brown, *Comments on Nuclear and Particle Physics* **5**, 6 (1972).

Ausmaß spielen angeregte Nukleonenzustände im Kern eine Rolle? Neuere Ergebnisse sprechen dafür, sie für Abweichungen von etwa 1 - 5 % in einigen Eigenschaften des Zwei- und Dreikörperproblems verantwortlich zu machen [33]) [34]).

Bis jetzt haben wir nur Zweikörperkräfte zwischen Nukleonen besprochen. Mesonentheoretische Überlegungen führen jedoch dazu, Dreikörperkräfte anzunehmen; diese Kräfte sind aber nur dann von Bedeutung, wenn sich d r e i Nukleonen nahe genug kommen. Im allgemeinen nimmt man an, daß solche Kräfte im Kern keine größere Rolle spielen; es sind aber weitere theoretische und experimentelle Arbeiten nötig, bevor man eine Aussage über die Existenz oder Nichtexistenz von Dreikörperkräften machen kann [34]).

Ein weiteres Problem taucht, ähnlich wie bei Nukleonen, bei Kernstrukturuntersuchungen auf. Während niedrigliegende Anregungszustände eingehend untersucht wurden, ist die genaue Erforschung hochangeregter Zustände vernachlässigt worden, wenn man von den Riesenresonanzen absieht. Man betrachte die ersten Niveaus im Kontinuum. Gibt es Monopol- oder Quadrupolresonanzen bei höheren Energien? Wie sollen solche Kontinuumszustände untersucht und theoretisch beschrieben werden? Es gibt Anzeichen für kollektiv angeregte Zustände bei 8 - 12 MeV Anregungsenergie, aber es ist noch wenig über diese Zustände bekannt [35]). Gibt es bei diesen höheren Energien kollektive Rotations- und Vibrationszustände, die auf Einteilchenzuständen aufgebaut sind? Gerade hochangeregte gebundene Zustände sind nur teilweise verstanden worden. Von besonderem Interesse sind die Y r a s t zustände [36]). Ein Yrastzustand eines bestimmten Nuklids bei gegebenem Drehimpuls ist der Zustand mit der kleinsten Energie für diesen Drehimpuls [37]). Solche Zustände spielen in vielen Kernreaktionen eine entscheidende Rolle [38]). Die Yrastlinie - das ist die Linie, die die Yrastzustände eines gegebenen Nuklids verbindet - zeigt, wie sich das

33 A. K. Kerman und L. S. Kisslinger, *Phys. Rev.* **180**, 1483 (1969); J. S. Vincent et al., *Phys. Rev. Letters* **24**, 236 (1970). H. Arenhövel und H. J. Weber, *Springer Tracts in Nodern Physics* **65**, 58 (1972).

34 R. D. Amado, *Ann. Rev. Nucl. Sci.* **19**, 61 (1969); H. P. Noyes, G. E. Brown und R. D. Amado in *International Confer. on Few Particle Problems in the Nuclear Interaction* (Los Angeles, 1972) North-Holland, Amsterdam, 1973.

35 G. Chenevert et al., *Phys. Rev. Letters* **27**, 434 (1971); G. R. Satchler, *Nuclear Phys.* **A195**, 1 (1972); A. Bohr und B. R. Mottelson, *Nuclear Structure*, Vol. II, W. A. Benjamin, Reading.

36 J. R. Grover, *Phys. Rev.* **157**, 832 (1967).

37 Der Ursprung des Wortes „yrast" wird von Grover erklärt [36]):
Die englische Sprache scheint keine geeignete Superlativform für das Adjektiv zu haben, das die Rotation beschreibt. Professor F. Ruplin (vom Department für Germanische Sprachen der State University of New York, Stony Brook) schlug vor, das schwedische Adjektiv *yr* zur Kennzeichnung dieser speziellen Niveaus zu verwenden. Dieses Wort entstammt dem gleichen altnordischen Verb *hvirfla* (sich drehen) wie das englische Verb *whirl*, und bildet den natürlichen Superlativ *yrast*. Es kann daher mit „whirlingest" (höchst drehend) übersetzt werden; aus dem Schwedischen korrekt übersetzt bedeutet es aber „verrücktest" oder „höchst verwirrt".

38 J. R. Grover, *Phys. Rev.* **127**, 2142 (1962).

Trägheitsmoment mit der Winkelgeschwindigkeit des Kerns ändert[39]. Solche Untersuchungen waren in den letzten Jahren sehr aufregend - Schwerionenbeschleuniger erlauben die Erzeugung sehr hoher Spinzustände. Die Eigenschaft der Kernmaterie kann daher unter dem Einfluß enormer Rotationskräfte studiert werden. Um einige experimentelle Ergebnisse zu verstehen, machen wir darauf aufmerksam, daß die Winkelgeschwindigkeit und das Trägheitsmoment eines achsialsymmetrischen Rotors mit dem Drehimpuls $\hat{J} = \hbar[J(J+1)]^{1/2}$ durch[40]

(16.40) $$\omega_{\text{rot}} = \frac{dE}{d\hat{J}} = \frac{dE}{\hbar d[J(J+1)]^{1/2}} \approx \frac{dE}{\hbar dJ},$$

(16.41) $$\mathscr{I} = \frac{\hat{J}}{\omega_{\text{rot}}} \approx \frac{\hbar J}{\omega_{\text{rot}}}$$

definiert sind. Diese beiden Definitionen zusammen geben

(16.42) $$\mathscr{I} \approx \hbar^2 J \frac{dJ}{dE}.$$

Die Yrastlinie eines Kerns stellt E als Funktion von J dar, wie in Bild 16.9 für die Rotationsfamilien gezeigt wurde. Mit einer solchen Zeichnung und den Gln. 16.40 und 16.42 kann man ω_{rot} und $\mathscr{I}$ der Yrastzustände bestimmen. Üblicherweise zeichnet man $2\mathscr{I}/\hbar^2$ gegen das Quadrat der Rotationsenergie $(\hbar\omega_{\text{rot}})^2$. Die Punkte auf der Kurve sind durch die Werte der Spins verschiedener Yrastzustände gekennzeichnet. Wenn nichts Bemerkenswertes passiert, dann zeigt eine solche Darstellung ein glattes Ansteigen der Rotationsenergie mit J, und ebenso des Trägheitsmoments mit der Rotationsenergie. Bei vielen Kernen wird tatsächlich ein solches Verhalten beobachtet. In einigen Kernen jedoch kann man eine drastische Abweichung von dem glatten Verlauf bemerken[39]. Bei einigen Werten des Spins J steigt das Trägheitsmoment so stark an, daß die Rotationsfrequenz tatsächlich fällt, wenn Zustände mit höherem Spin erreicht werden. Als Beispiel wird in Bild 16.16 die Yrastlinie für gerade Spinzustände in ^{132}Ce gezeigt. Die Yrastzustände bis $J = 18$ wurden mit Hilfe der Reaktion $^{16}\text{O} + {}^{120}\text{Sn} \rightarrow 4n + {}^{132}\text{Ce}$[41] untersucht. Bei $J = 10$ macht die Kurve eine Wendung (Backbending) und bei $J = 14$ ist die Rotationsfrequenz fast die gleiche wie bei $J = 2$! Die Änderung im Trägheitsmoment könnte durch einen Phasenübergang zwischen einem superfluiden und einem normalen Zustand erfolgen, der durch die Corioliskraft induziert wird[42].

39 A. Johnson, H. Ryde und S. A. Hjorth, *Nucl. Phys.* **A179**, 753 (1972).

40 Die Gln. 16.41 und 16.42 sind Rotationsanaloge der Beziehungen $v = dE/dp$ und $m = p/v$.

41 O. Taras et al., *Phys. Letters* **41B**, 295 (1972).

42 B. R. Mottelson und J. G. Valatin, *Phys. Rev. Letters* **5**, 511 (1960. J. Krumlinde und Z. Szymanski, *Phys. Letters* **36B**, 157 (1971); **40B**, 314 (1972). Aber s.a. F. S. Stephens und R. S. Simon, *Nucl. Phys.* **A183**, 257 (1972). A. Molinari und T. Regge, *Phys. Lett.* **41B**, 93 (1972). A. Johnson und Z. Szymanski, *Phys. Rept.* **7C**, 182 (1973). R. A. Sorensen, *Rev. Modern Phys.* **45**, 353 (1973).

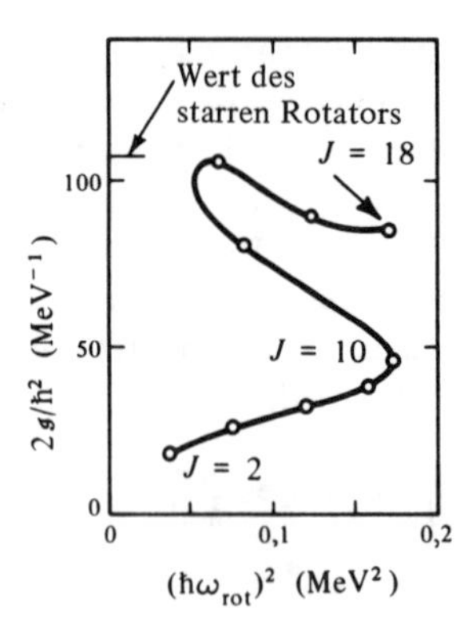

Bild 16.16 Darstellung des Kernträgheitsmoments als Funktion der Drehfrequenz zum Quadrat. Der Wert des starren Rotators wurde für den Kern im Grundzustand berechnet ($\omega = 0$). [Nach O. Taras et al., *Phys. Letters* **41B**, 295 (1972).]

Wir haben dieses Beispiel gebracht, um zu zeigen, wie neue Techniken, z. B. Schwerionenbeschleuniger, die Erforschung von Kernen in neuen Gebieten - hier bei sehr hohen Drehimpulsen - erlauben. Solche Erweiterungen führen zur Erforschung neuer Gebiete.

16.7 *Literaturhinweise*

Die theoretische Behandlung der Kernmodelle hängt ab von der Verfügbarkeit vollständiger und zuverlässiger Informationen über die Kernspektroskopie und der Kernmomente. Die entsprechenden experimentellen Techniken sind beschrieben in K. Siegbahn, ed., *Alpha-, Beta- and Gamma-Ray Spectroscopy*, North-Holland, Amsterdam, 1965, und in H. Kopfermann, *Nuclear Moments*, Academic Press, New York, 1958; N. F. Ramsey, "Nuclear Moments and Statistics" in *Experimental Nuclear Physics*, Vol. I (E. Segrè, ed.), Wiley New York, 1953; und K. Alder und R. M. Steffen, *Ann. Rev. Nucl. Sci.* **14**, 403 (1964).

Das maßgebende Werk für die phänomenologische Beschreibung des kollektiven Kernmodells ist A. Bohr und B. R. Mottelson, *Nuclear Structure*, Vol. II, Benjamin, Reading, Mass.

Eine sorgfältige und umfassende Beschreibung der gleichen Aspekte wird in J. P. Davidson, *Collective Models of the Nucleus*, Academic Press, New York, 1968, gegeben.

Detaillierte Vergleiche zwischen theoretischen Vorhersagen und experimentellen Daten werden gegeben in Bohr und Mottelson, *Nuclear Structure*, Vol. II, und in B. R. Mottelson und S. G. Nilsson, *Kgl. Danske Videnskab.*

Selskab. Mat.-fys. Medd. 1, No. 8 (1959); M.E. Bunker und C.W. Reich, *Rev. Modern Phys.* 43, 348 (1971); und W. Ogle, S. Wahlborn, R. Piepenbring und S. Fredriksson, *Rev. Modern Phys.* 43, 424 (1971).

Die mikroskopische Theorie der Kernmodelle (Quasiteilchen, vereinigtes Modell, Hartree-Fock) ist in folgenden Büchern und Artikeln beschrieben:

M. Baranger, "Theory of Finite Nuclei" in *Cargèse Lectures in Theoretical Physics* (M. Lévy, ed.), Benjamin, Reading, Mass., 1963. Eine gute erste Einführung.

A.M. Lane, *Nuclear Theory*, Benjamin, Reading, Mass., 1964.

D. Nathan und S.G. Nilsson, "Collective Nuclear Motion and the Unified Model", in Siegbahn, Vol. I.

G.E. Brown, *Unified Theory of Nuclear Models and Forces*, 3rd ed., North-Holland, Amsterdam, 1971.

S.T. Belyaev, *Collective Excitations in Nuclei*, Gordon & Breach, New York, 1968.

A.B. Migdal, *Nuclear Theory: The Quasiparticle Method*, Benjamin, Reading, Mass., 1968.

D.J. Rowe, *Nuclear Collective Motion*, Methuen, London, 1970.

J.M. Eisenberg und W. Greiner, "Nuclear Theory", Vol. III, *Microscopic Theory of the Nucleus*, North-Holland, Amsterdam, 1972.

Eine vollständige Erklärung der Kernmodelle sollte auch die *Kernmaterie* beinhalten. Eine lesbare, erste Einführung ist L. Gomes, J.D. Walecka und V.F. Weisskopf, *Ann. Phys. (New York)* 3, 241 (1958), nachgedruckt in *Nuclear Structure*, selected reprints of the American Institute of Physics, New York, 1965.

Ein umfassender Überblick stammt von H. A. Bethe, *Ann. Rev. Nucl. Sci.* 21, 93 (1971).

Aufgaben

16.1 Bestimmen Sie den Ausdruck für die Energie einer Wechselwirkung zwischen einem System mit dem Quadrupolmoment Q und einem elektrischen Feld $\boldsymbol{\mathcal{E}}$ mit dem Feldgradienten $\boldsymbol{\Delta\mathcal{E}}$.

16.2 Das elektrische Quadrupolmoment eines Kerns kann mit Hilfe eines Atomstrahls bestimmt werden.

a) Beschreiben Sie das der Methode zugrunde liegende Prinzip.

b) Skizzieren Sie den experimentellen Aufbau.

c) Welche hauptsächlichen Einschränkungen und Fehlerquellen treten auf?

16.3 Wiederholen Sie Aufgabe 16.2 bei der Methode, die die optische Hyperfeinstruktur verwendet.

16.4 Quadrupolmomente können auch mit Hilfe von Kernquadrupolresonanzen und des Mössbauereffekts bestimmt werden. Beantworten Sie die Fragen aus Aufgabe 16.2 für diese beiden Methoden.

16.5 Verifizieren Sie Gl. 16.2.

16.6 Die Riesendipolresonanz hat stark unterschiedliche Formen in sphärischen Kernen und in stark deformierten Kernen. Skizzieren Sie typische Resonanzen in beiden Fällen. Erklären Sie das Auftreten zweier Peaks bei deformierten Kernen. Wie kann man das Quadrupolmoment des Grundzustands aus der Lage der beiden Peaks ableiten? Wie wurden die diesbezüglichen Experimente durchgeführt? [F.W. Firk, Ann. Rev. Nucl. Sci. **20**, 39 (1970).]

16.7 Wie kann man die Deformation in einem Elektronenstreuexperiment beobachten? [S., z.B. F.J. Uhrhane, J.S. McCarthy und M.R. Yearian, Phys. Rev. Letters, **26**, 578 (1971).]

16.8 Deuten Sie in einer *Z–N* Ebene die Gegenden an, wo Sie sphärische Kerne und große Deformationen erwarten. Tragen Sie die Lage einiger typischer Nuklide ein. [E. Marshalek, L.W. Person und R.K. Sheline, Rev. Modern Phys. **35**, 108 (1963).]

16.9 Verifizieren Sie Gl. 16.7.

16.10 Zeigen Sie, daß der Erwartungswert des Quadrupoloperators in Zuständen mit Spin 0 und $\frac{1}{2}$ verschwindet.

16.11 Erklären Sie die Übergangsraten für elektrische Quadrupolübergänge in stark deformierten Kernen:
a) Suchen Sie ein bestimmtes Beispiel und vergleichen Sie die beobachtete Halbwertszeit mit der, die durch eine Einteilchenabschätzung vorhergesagt wird.
b) Wie läßt sich die beobachtete Diskrepanz erklären?

16.12 Coulombanregung. Erklären Sie:
a) den physikalischen Prozeß der Anregung und
b) die experimentelle Ausführung.
c) Welche Informationen sind aus der Coulombanregung zu gewinnen?
d) Skizzieren Sie die Informationen, die die Annahme kollektiver Anregungen in stark deformierten Kernen unterstützen. [K. Alder und A. Winther, Coulomb Excitation, Academic Press, New York, 1966; K. Alder et al., Rev. Modern Phys. **28**, 432 (1956).]

16.13 Verifizieren Sie die Zahlen in Tabelle 16.1.

16.14 Berechnen Sie die Einteilchenquadrupolmomente für ^{7}Li, ^{25}Mg und ^{167}Er. Vergleichen Sie diese mit den beobachteten Werten.

16.15
a) Zeichnen Sie die Energienieveaus von ^{166}Yb, ^{172}W und ^{234}U. Vergleichen Sie die Verhältnisse E_4/E_2, E_6/E_2, und E_8/E_2 mit denen, die auf Grund der Rotation sphärischer Kerne vorhergesagt werden.
b) Wiederholen Sie Teil (a) für ^{106}Pd und ^{114}Cd. Vergleichen Sie die Werte mit den Vorhersagen des Vibrationsmodells.

16.16 Nehmen Sie an, daß ^{170}Hf ein starrer Körper ist. Berechnen Sie grob die Zentrifugalkraft im Zustand $J = 20$. Was würde dem Kern passieren, wenn er ähnliche Eigenschaften wie Stahl hätte? Machen Sie zu Ihren Überlegungen eine grobe Rechnung.

16.17 Verifizieren Sie die Unschärferelation Gl. 16.10.

16.18 Verifizieren Sie die Gln. 16.16 und 16.17.

16.19 Bild 16.6 zeigt die Stromlinien der Teilchen für starre und wirbelfreie Bewegung in einem rotierenden Koordinatensystem. Zeichnen Sie die entsprechenden Stromlinien in einem Laborsystem.

16.20 Nehmen Sie an, daß das Trägheitsmoment $\mathscr{I}$ in Gl. 16.14 eine Funktion der Energie E_J ist. Berechnen Sie $\mathscr{I}(E_J)$ (in Einheiten von $\hbar^2$/MeV) für die Rotationsniveaus in ^{170}Hf, ^{184}Pt und ^{238}U. Zeichnen Sie $\mathscr{I}(E_J)$ als Funktion von E_J und zeigen Sie, daß ein linearer Fit $\mathscr{I}_{\text{eff}} = c_1 + c_2 E_J$ die empirischen Daten gut reproduziert.

16.21 Betrachten Sie einen g-g-Kern mit einer Gleichgewichtsdeformation δ_0 und dem Spin $J = 0$ in seinem Grundzustand. Die Energie in einem Zustand mit dem Spin J und der Deformation δ ist die Summe eines potentiellen und eines kinetischen Terms.

$$E_J = a(\delta - \delta_0)^2 + \frac{\hbar^2}{2\mathscr{I}} J(J+1).$$

a) Nehmen Sie wirbelfreie Bewegung an, $\mathscr{I} = b\delta^2$. Verwenden Sie die Bedingung $(dE/d\delta) = 0$, um die Gleichung der Gleichgewichtsdeformation δ_{eq} in einem Zustand mit dem Spin J zu bestimmen.
b) Zeigen Sie für kleine Abweichungen der Deformation von der Grundzustandsdeformation, daß sich der Kern streckt und daß die Energie des Rotationszustands als

$$E_J = AJ(J+1) + B[J(J+1)]^2$$

geschrieben werden kann.
c) Verwenden Sie diese Form von E_J, um die beobachteten Energieniveaus von ^{170}Hf anzupassen, indem Sie die Konstanten A und B aus den beiden niedrigsten Niveaus bestimmen. Prüfen Sie dann, wie gut die berechnete Energie mit der beobachteten bis zu $J = 20$ übereinstimmt.

16.22 Betrachten Sie einen axialsymmetrischen, deformierten Rumpf mit einem zusätzlichem Valenznukleon (Bild 16.7). Warum sind J und K, nicht aber j, gute Quantenzahlen?

16.23 Warum sind die Zustände mit ungeradem J nicht aus der Sequenz (16.24) ausgeschlossen?

16.24 Diskutieren Sie die Rotationsfamilien von ^{249}Bk (Bild 16.8):
a) Prüfen Sie, wie gut Gl. 16.23 die beobachteten Energieniveaus in jedem Band beschreibt.
b) Zeigen Sie, daß K in jedem Band eindeutig aus den 3 niedrigsten Niveaus eines Bands mit Gl. 16.25 bestimmt werden kann.

16.25 Vergleichen Sie den Term H_c in Gl. 16.21 mit der klassischen Coriolis-Kraft.

16.26 Verwenden Sie die Steigung der Trajektorien in Bild 16.9 und die Gl. 16.23 für E_J, um das Trägheitsmoment als Funktion von J zu bestimmen. Tragen Sie $\mathcal{J}$ gegen J für die drei Familien auf. Tritt "stretching" auf?

16.27 Suchen Sie ein anderes Beispiel für Rotationsfamilien und machen Sie eine ähnliche Zeichnung wie Bild 16.9.

16.28 Bestimmen Sie die Energieniveaus eines anharmonischen Oszillators, der durch das Potential

$$V = \tfrac{1}{2}m[\omega_\perp(x_1^2 + x_2^2) + \omega_3^2 x_3^2]$$

beschrieben wird.

16.29 Beschreiben Sie die komplette Zuordnung von Nilssonniveaus.

16.30 Verifizieren Sie Gl. 16.30.

16.31 Zeigen Sie, daß die Rotations- und Eigenbewegung in deformierten Kernen separiert werden kann, indem man Näherungswerte für die Rotationszeit und die Zeit bestimmt, die ein Nukleon benötigt, um den Kern zu durchqueren.

16.32 Diskutieren Sie das Niveaudiagramm von ^{165}Ho [M.E. Bunker und C.W. Reich, Rev. Modern Phys. **43**, 348 (1971)]:
a) Bestimmen Sie die verschiedenen Bandenköpfe und ihre Rotationsspektren.
b) Tragen Sie die Banden in einen Regge-plot ein.
c) Verwenden Sie ein Nilssondiagramm, um eine vollständige Zuordnung der Quantenzahlen für jeden Bandenkopf zu bestimmen.

16.33 Betrachten Sie einen vollständig asymmetrischen Kern mit $\omega_1 > \omega_2 > \omega_3$. Wie sieht das Spektrum von Einteilchenniveaus in einem solchen Kern aus, wenn $\omega_1/\omega_2/\omega_3 = \alpha/\beta/1$ gilt. (Hinweis: Verwenden Sie kartesische Koordinaten.)

16.34 Vergleichen Sie Molekül- und Kernspektren. Erklären Sie die Energien und die Energieverhältnisse, die bei den drei Typen der Anregung auftreten. Erklären Sie die entsprechenden charakteristischen Zeiten. Skizzieren Sie die wesentlichen Eigenschaften der Spektren.

16.35 Zeigen Sie, daß der Term $l = 1$ in Gl. 16.35 einer Translation des Kernschwerpunkts entspricht. Zeichnen Sie ein Beispiel.

16.36 Suchen Sie eine Beziehung zwischen den Koeffizienten α_{lm} und $\alpha^*_{l,-m}$ in Gl. 16.35, indem Sie die Realität von R und die Eigenschaften der Y_l^m verwenden, s. Tab. A8 im Anhang.

16.37 Zeichnen Sie mit Hilfe von Gl. 16.35 einen deformierten Kern, der durch $\alpha_{30} \neq 0$, alle anderen $\alpha = 0$, beschrieben wird.

16.38 Verifizieren Sie die Lösung (16.39).

16.39 Zeigen Sie, daß die semiempirische Massenformel in einem inkompressiblen, wirbelfreien Kern die Koeffizienten B und C in Gl. 16.38 zu

$$B^{-1} = \frac{3}{8\pi} AmR^2$$

$$C = 4R^2 a_s - \frac{6}{5}\frac{Z^2 e^2}{R}$$

bestimmt.

16.40 Zeigen Sie, daß die Vibrationsbewegung die Existenz angeregter Vibrationszustände voraussetzt. (Hinweis: Betrachten Sie die Kerndichte und zeigen Sie, daß die Dichte immer konstant ist, wenn nur ein Zustand existiert. Betrachten Sie dann eine kleine Beimischung eines angeregten Zustands.)

16.41 Diskutieren Sie eine Darstellung des Energieverhältnisses E_2/E_1 für g-g Kerne. Zeigen Sie, wo Rotations- und Vibrationsspektren auftreten. Vergleichen Sie die entsprechenden Anregungsenergien E_1.

16.42 Warum kann bei $N = 3$ ein 3^+-Zustand auftreten, aber nicht bei $N = 2$, s. Bild 16.13?

16.43 Betrachten Sie nicht-azimutale, symmetrische Quadrupoldeformationen

$$R = R_0\left(1 + \sum_m \alpha_{2m} Y_2^m\right)$$

$$\alpha_{20} = \beta \cos\gamma, \qquad \alpha_{22} = \alpha_{2,-2} = \frac{1}{\sqrt{2}}\beta \sin\gamma.$$

a) Was ist $V(\beta)$ für einen sphärischen, harmonischen Oszillator mit $\gamma = 0$?
b) Wie sieht $V(\beta)$ für einen diskusförmigen Kern bei harmonischen Kräften aus?

c) Betrachten Sie harmonische γ-Vibrationen für einen diskusförmigen Kern. Wie ist die Form des Potentials und das Energiespektrum dieser Vibrationen?

16.44 Wie macht sich ein Oktupolterm in Gl. 16.35 bei
a) einem Vibrationsspektrum
b) permanenten Deformationen
c) einem Rotationsspektrum
bemerkbar?

16.45 Kennzeichnen Sie Drehimpulse und zeigen Sie die Abstände der ersten beiden angeregten Zustände bei Kernoktupolvibrationen. (Beachten Sie dabei Kernsymmetrien.)

Teil VI – Kernphysik und Technik

Naturwissenschaft ist die beste Technik. nach Helmholtz[1])

I think the relation between application and basic science is like that between fish and water. Without water there can be no fish; without basic science there can be no application. T. D. Lee

Unser ganzes Leben - im Guten oder Schlechten - wird von der Technik beherrscht. Technik wird durch Grundlagenforschung ermöglicht. Elektrizität, Kernenergie, Halbleiterelektronik, Laser und Röntgenstrahlen sind Beweise für diesen Kausalzusammenhang; sie alle sind Nebenprodukte der Grundlagenforschung. Es ist unwahrscheinlich, daß man auf der Suche nach einem besseren Werkzeug, um gebrochene Knochen zu studieren, die Röntgenstrahlen gefunden hätte, oder daß die Laser in einem anwendungsbezogenen Forschungsprojekt entdeckt worden wären, das zur Entwicklung eines besseren Werkzeugs zum Ausrichten von Backsteinen geplant war. Die subatomare Physik ermöglicht vielseitige Anwendungen in anderen Bereichen. Auf der einen Seite ist das in der subatomaren Physik gewonnene Wissen eine wesentliche Komponente für das Verständnis der fundamentalen Prozesse in der Kosmologie, der Entstehung der Elemente, der Prozesse in Neutronensternen und Supernovae. Auf der anderen Seite werden die in der subatomaren Physik entwickelten Verfahren, wie große Supraleiter oder Funkenkammern, in der Technik verwendet. Dazwischen liegen Kenntnisse und Techniken wie Kernfusion, Kernspaltung, Radioisotope und Mössbauereffekt, die bei vielen menschlichen Bemühungen, die von der Energieproduktion bis zur Archäologie reichen, wesentlich und hilfreich sind.

Die folgenden Kapitel sollten dem Leser einige Gebiete zeigen, in denen die subatomare Physik mit anderen Bereichen wechselwirkt. Da die Erläuterungen sehr gedrängt sind, geben wir genügend Referenzen an, um dem interessierten Studenten ein tieferes Eindringen zu ermöglichen. Anwendungen der subatomaren Physik im allgemeinen werden in einer Reihe von Büchern geschildert [2]) [3]). Die Hefte aus der Reihe "Understanding the Atom" liefern leicht verständliche Beschreibungen von Anwendungen der Kernphysik.[4])

1 C. S. Slichter, *Science in a Tavern*, University of Wisconsin Press, Madison, 1958, S. 51.

2 G. T. Seaborg und W. R. Corliss, *Man and Atom*, Dutton, New York, 1971.

3 L. C. L. Yuan, ed., *Elementary Particles, Science, Technology, and Society*, Academic Press, New York 1971.

4 *Understanding the Atom*, eine Serie von Heften, die durch USAEC Division of Technical Information Extension, Oak Ridge, Tenn. herausgegeben wird.

17. Kernenergie

The (Human) race may date its development from the day of the discovery of a method of utilizing atomic energy.

Rutherford

Rutherford sprach diese Worte vor mehr als 50 Jahren aus, lange bevor die Kernenergie Realität war. In diesen 50 Jahren ereignete sich vieles, und die Kernenergie wurde Realität. Drei verschiedene Kernenergiequellen scheinen möglich; sie basieren auf Spaltung, Fusion und Radioaktivität. Die erste und letzte werden bereits verwendet; die Zukunft der Fusion ist noch nicht gesichert. In diesem Kapitel wollen wir die drei möglichen Quellen erklären und einige Anwendungen beschreiben.

17.1 *Die Spaltung*

Bald nach der Entdeckung des Neutrons 1932 begann Fermi mit systematischen Studien von Reaktionen, die durch Neutronenbombardierung in schweren Kernen induziert werden [1]. Experimente mit Uran ergaben rätselhafte Resultate, die erst 1939 durch Hahn und Strassmann [2] gedeutet wurden: Nach Neutronenbeschuß produziert Uran Kerne wie Barium, die eine wesentlich kleinere Ladungszahl als Uran haben. Meitner und Frisch [3] verifizierten das Resultat schnell und nahmen an, daß sich der Urankern nach Neutroneneinfang in zwei Kerne mit etwa der gleichen Masse teilen muß; dafür entlehnten sie den Namen "Spaltung" aus der Biologie. Sie zeigten auch die Analogie zwischen dem Spaltprozeß und der Teilung eines Flüssigkeitstropfens in kleinere Bestandteile. Das theoretische Verständnis des Spaltprozesses wurde durch Bohr und Wheeler [4] einen großen Schritt vorangetrieben. Ihre Veröffentlichung beinhaltet fast den ganzen Rahmen

1 E. Fermi, *Nature* **133**, 757 (1934).

2 O. Hahn und F. Strassmann, *Naturwissenschaften* **27**, 89 (1939).

3 L. Meitner und O. R. Frisch, *Nature* **143**, 471 (1939).

4 N. Bohr und J. A. Wheeler, *Phys. Rev.* **56**, 426 (1939).

und die Sprache für die Behandlung des Spaltprozesses, wie sie auch heute noch verwendet wird [5]).

Um den Spaltprozeß in einem einfachen Modell zu beschreiben, betrachten wir folgende Spaltreaktion

(17.1) $n + {}^{235}U \longrightarrow {}^{236}U \longrightarrow {}^{139}La + {}^{95}Mo + 2n.$

Der ^{235}U-Kern fängt ein Neutron ein, dadurch entsteht der Compoundkern ^{236}U. Im Grundzustand ist ^{236}U im wesentlichen stabil; es hat eine Halbwertszeit von $2{,}4 \times 10^7$ a. Wie in Abschnitt 16.5 diskutiert und in Bild 16.2 gezeigt wird, kann ein solcher Kern Vibrationen um seine Gleichgewichtslage ausführen, ohne daß es zur Spaltung kommt. Wenn jedoch ^{235}U ein Neutron einfängt, ist der Compoundkern ^{236}U hoch angeregt und die Amplitude der Vibration wird so groß, daß der Kern in zwei Teile zerfällt. Dann treibt die Coulombkraft zwischen den beiden Bruckstücken diese mit beträchtlicher Energie auseinander. Die verschiedenen Stufen des Spaltprozesses sind in Bild 17.1 gezeigt. Jedoch geht nicht alle verfügbare Energie in die kinetische Energie; etwas davon wird als innere (Anregungs-) Energie der beiden Spaltfragmente gespeichert. Diese Energie wird vorrangig durch Verdampfen von Neutronen abgegeben. Die Hauptprodukte des Spaltprozesses sind daher zwei ungefähr gleiche Kerne und einige Neutronen.

Wir wollen einige wichtige Eigenschaften des Spaltprozesses auf der Basis des Tröpfchenmodells diskutieren, das wir eben beschrieben haben. Jedoch sollte man das Modell nicht zu wörtlich nehmen; eine detaillierte Behandlung des Spaltprozesses ist beträchtlich verwickelter [6])–[8]). Trotzdem gibt die folgende halbklassische Analyse ein Gefühl für die auftretenden Größenordnungen. Zuerst betrachten wir die bei einer Spaltung *freiwerdende Energie*. Eine grobe Schätzung erhält man aus der Bindungsenergiekurve, Bild 14.1: die Bindungsenergie / Teilchen, B/A, ist für $A = 250$ ungefähr 7 MeV und für $A = 125$ etwa 8 MeV. Die Kerne mittlerer Masse sind stärker gebunden als die schwereren; die bei der Spaltung $A = 250 \longrightarrow 2\ (A = 125)$ freigesetzte Energie ist ungefähr 250 MeV. Die Bethe-Weizsäcker Beziehung ergibt eine zuverlässigere Schätzung. Obwohl die Spaltung zwei ungleiche Bruchstücke ergibt, wie z.B. in Gl. 17.1 gezeigt, kann die Trennung in zwei gleiche Teile zur Schätzung der freiwer-

5 Die Geschichte der Spaltung liest sich wie ein erstklassiger Abenteuerroman. Die Entdeckung wurde, aus verschiedenen Gründen, von etlichen Wissenschaftlern nicht beachtet. Als sie schließlich bestätigt wurde, brachte Niels Bohr die Nachricht in die Vereinigten Staaten; in vielen Labors begannen fieberhafte Aktionen. Die Geschichte wird in etlichen Büchern erzählt, und wir verweisen für eine anregende Lektüre auf folgende: L. Fermi, *Atoms in the Family*, University of Chicago Press, Chicago, 1954; R. Moore, *Niels Bohr*, Knopf, New York, 1966; O. R. Frisch und J. A. Wheeler, *Phys. Today* **20**, 43 (Nov. 1967).

6 - 8 I. Halpern, *Ann. Rev. Nucl. Sci.* **9**, 245 (1959); J. S. Fraser und J. C. D. Milton, *Ann. Rev. Nucl. Sci.* **16**, 379 (1966); L. Wilets, *Theories of Nuclear Fision*, Clarendon Press, Inc., Oxford, 1964.

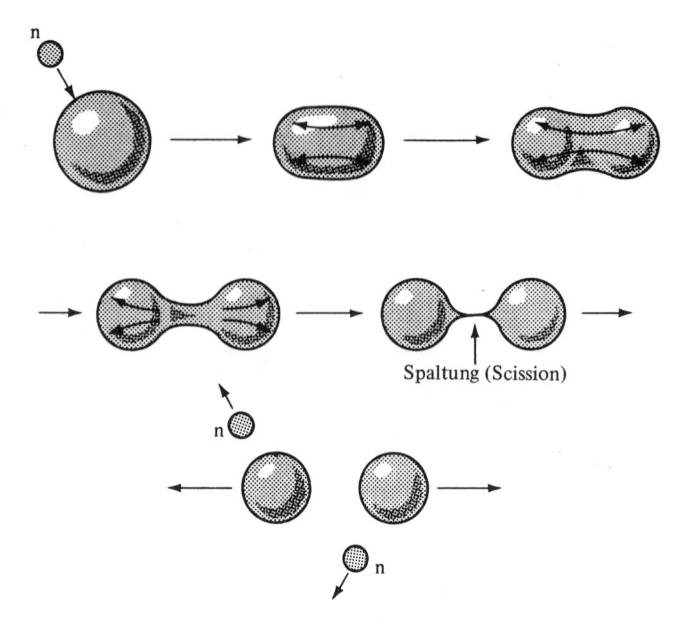

Bild 17.1 Die verschiedenen Schritte beim Spaltungsvorgang. Die Pfeile deuten den Fluß der Kernmaterie an. *Scission* bezeichnet die aktuelle Trennung.

denden Energie benutzt werden. Für einen Prozeß $(A, Z) \longrightarrow 2(A/2, Z/2)$ wird mit Gl. 14.9

$$Q = 2B\left(\frac{A}{2}, \frac{Z}{2}\right) - B(A, Z) = (1 - 2^{1/3})a_s A^{2/3} + (1 - 2^{-2/3})a_c Z^2 A^{-1/3},$$

oder mit den durch Gl. 14.11 gegebenen Werten der Konstanten

(17.2) $\qquad Q(\text{in MeV}) = -4{,}5A^{2/3} + 0{,}26Z^2A^{-1/3}.$

Für ^{235}U wird Q ungefähr 180 MeV.

Die eben durchgeführte Rechnung ergibt einen vernünftigen Q-Wert, der sich aus der Anfangs- und Endkonfiguration ergibt; er ist eher statisch als dynamisch und sagt nichts darüber aus, für welche Kerne man Spaltung erwarten kann, wieviel Energie aufgebracht werden muß, um Spaltung hervorzurufen, und, wichtiger für die dynamischen Betrachtungen eines Reaktors, ob die Energie Q in die Anregungsenergie oder in die kinetische Energie der beiden Spaltfragmente geht. Es ist wünschenswert, daß ein beträchtlicher Anteil in die Anregungsenergie geht, um Neutronen zu erzeugen, da die Neutronen für die Kettenreaktion des Reaktors verantwortlich sind.

Wir beginnen mit den dynamischen Betrachtungen, wobei wir auf kleine Deformationen eines Kerns sehen, der zuerst kugelsymmetrisch war. Dann ist es möglich, das Modell des kugelförmigen Tröpfchens zu benutzen, um die Bedingungen zu studieren, die zu Instabilitäten bei kleinen Deformationen führen. Wenn die Bindungsenergie in dem Maße sinkt, wie die Kugel deformiert wird, dann ist die Kugelform stabil; wenn die Bindungsenergie aber größer wird, dann kann Spaltung auftreten. Bei kleinen Deformationen eines zigarrenförmigen Kerns (prolate) sind kleine und große Halbachse durch

$$a = R(1 + \epsilon)$$

(17.3) $$b = R(1 - \tfrac{1}{2}\epsilon)$$

gegeben, so daß das Volumen konstant bleibt. Die Oberflächenenergie E_s wird als proportional zu der Oberfläche angenommen und die Verallgemeinerung der Gl. 14.6 ist

(17.4) $$E_s = -a_s A^{2/3}\,(1 + \tfrac{2}{5}\epsilon^2 + \cdots),$$

wie man zeigen kann. Die Coulombenergie eines Ellipsoids ergibt sich aus der Verallgemeinerung der Gl. 14.7

(17.5) $$E_c = -a_c Z^2 A^{-1/3}\,(1 - \tfrac{1}{5}\epsilon^2 + \cdots).$$

Geht man von der Kugel zum Ellipsoid über, so hängt für kleine Deformationen die Änderung der gesamten Energie ΔE quadratisch vom Deformationsparameter ϵ ab

(17.6) $$\Delta E = \alpha\epsilon^2,$$

wobei

(17.7) $$\alpha = \tfrac{1}{5}[a_c Z^2 A^{-1/3} - 2a_s A^{2/3}].$$

Der Koeffizient α ist für

(17.8) $$\frac{Z^2}{A} > \frac{2a_s}{a_c} = 49$$

positiv. Die Gln. 17.6 und 17.7 besagen, daß die Coulombkraft den Kern aus seiner Kugelform deformieren will, während ihn die Oberflächenspannung kugelförmig halten will. Die Coulombkraft überwiegt, wenn Gl. 17.8 erfüllt ist.

Die Betrachtungen, die zu den Gln. 17.6 und 17.7 geführt haben, gelten nur für kleine Deformationen; sie können uns keine Informationen bei größeren liefern. Trotzdem kann man erraten, was passieren kann, wenn man auch die potentielle Energie eines spaltenden Kerns betrachtet, nachdem sich die Teile getrennt haben; man führt eine glatte Interpolation im Bereich zwischen kleinen Deformationen und dem Zustand nach der Spaltung durch (Scission ist der Prozeß der aktuellen Trennung). Das resultierende Bild der potentiellen Energie eines spaltenden Kerns als Funktion des Abstands r der Mittelpunkte der beiden Spaltfragmente ist in Bild 17.2 gezeigt. Die potentielle Energie ist durch $V(r) = \text{const.} - B$ gegeben. Sie fällt, wenn

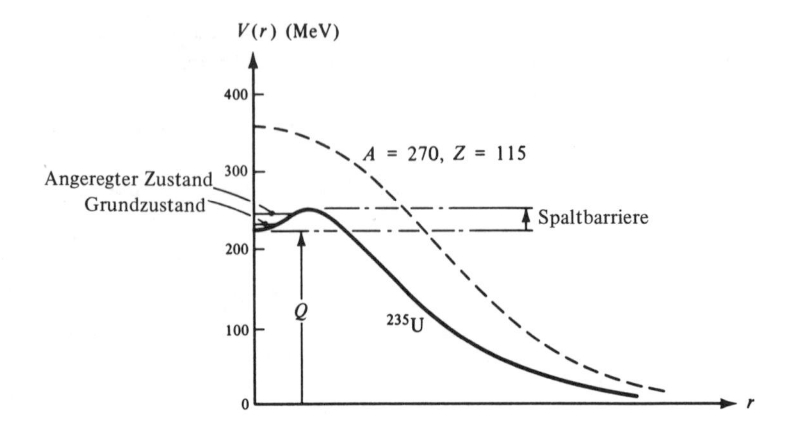

Bild 17.2 Die potentielle Energie $V(r)$ = const. $-B$ als Funktion des Abstands r (Separation) zwischen den Fragmenten.

die Bindungsenergie B steigt. Die Konstante ist so gewählt, daß $V(\infty) = 0$ ist. Für den Separationsabstand 0 ist V gleich der freigesetzten Energie Q, wie sie durch Gl. 17.2 gegeben ist. Für kleine Vibrationen ist der Abstand proportional zum Quadrat des Deformationsparameters, oder mit $r \approx 2\epsilon$

$$V(r) = Q - \Delta E = Q - \frac{\alpha}{4}\left(\frac{r}{R}\right)^2, \quad r \ll R. \tag{17.9}$$

Nach der Trennung wird $V(r)$ durch das Coulombpotential

$$V(r) = \frac{Z_1 Z_2 e^2}{r} \tag{17.10}$$

bestimmt, wobei $Z_1 e$ und $Z_2 e$ die Ladungen der beiden Fragmente sind. $V(r)$ wird in Bild 17.2 für $Z^2/A = 49$ und $Z^2/A = 36$ gezeigt. Der erste Fall gilt für einen hypothetischen Kern mit $Z = 115$ und $A = 270$, der zweite z.B. für ^{235}U. Das Verhalten von $V(r)$ in dem Bereich der von den Gln. 17.9 und 17.10 nicht beschrieben wird, ist durch eine glatte Verbindung zwischen kleinen und großen r dargestellt. Tatsächlich bringt die untere Kurve in Bild 17.2 eine sehr vereinfachte Figur. Die meisten spaltenden Kerne sind in ihrem Grundzustand nicht kugelförmig; dann erscheint das Minimum der Kurve der potentiellen Energie nicht bei $r = 0$. Ferner gibt es bei vielen Kernen Hinweise für eine doppelhöckrige Spaltbarriere[9]). Wir wollen diese komplexere Situation hier nicht behandeln, sondern die spontane und induzierte Spaltung mit Hilfe des einfachen Potentials behandeln, das in Bild 17.2 gezeigt wird.

9 W. J. Swiatecki und S. Bjornholm, *Phys. Rept.* **4C**, 326 (1972).

Man betrachte zuerst die obere Kurve in Bild 17.2. Der Kern $Z = 115$, $A = 270$ würde instabil sein und innerhalb der charakteristischen Kernzeit ($\approx 10^{-22}$s) spalten. Die Spaltung begrenzt daher den Bereich der stabilen und langlebigen Kerne. Auch bei kleineren Werten von Z und A, mit $Z^2/A < 49$, kann spontane Spaltung auftreten[10]: Quantenmechanisches Tunneln durch die Spaltungsbarriere erlaubt den Zerfall in Spaltprodukte. Obwohl Gl. 17.8 nur für kleine Deformationen gilt, kann sie doch als Führer dienen, der vermuten läßt, daß die Lebensdauer eines Kerns (A, Z) gegenüber der spontanen Spaltung von Z^2/A abhängt. Tatsächlich zeigt das allgemeine Verhalten der Lebensdauer einen deutlichen, angenähert exponentiellen Trend als Funktion von Z^2/A, s. Bild 17.3.

Wenn die Spaltbarriere - Bild 17.2 - zu hoch wird, beobachtet man keine spontane Spaltung mehr. Spaltung kann aber durch Anregung des Kerns induziert werden. Um die neutroneninduzierte Spaltung zu verstehen, kehren wir zu Bild 15.3 zurück, das die Separationsenergie des letzten Neutrons zeigt. Wenn z.B. ^{235}U ein langsames Neutron einfängt, wird die Bindungsenergie des Neutrons, ungefähr 6 MeV, auf das Kernsystem übertragen. Der Compoundkern ^{236}U befindet sich daher nicht im Grundzustand, sondern in einem hochangeregten Zustand. Es ist dann für

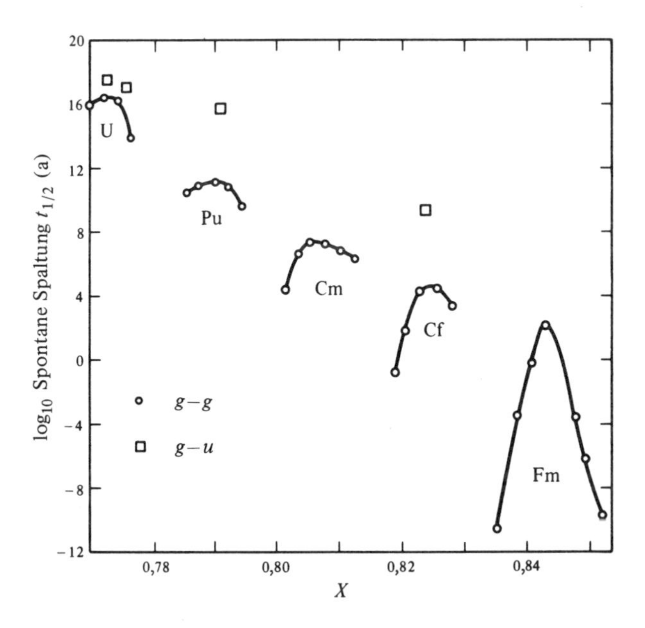

Bild 17.3 Halbwertzeit der spontanen Spaltung als Funktion von x, mit $x = (Z^2/A)/(Z^2/A)_{\text{krit.}}$. $(Z^2/A)_{\text{krit.}} \approx 49$ ist im wesentlichen durch Gl. 17.8 gegeben. (Aus R. Vandenbosch und J. R. Huizenga, *Nuclear Fission*, Academic Press, New York, 1973, Copyright © 1973 by Academic Press, New York.)

10 G. N. Flerov und K. A. Pertshak, *Phys. Rev.* **58**, 89 (1940).

den Kern viel leichter, die Spaltbarriere zu überwinden, und die Spaltung wird wahrscheinlich. Der Vergleich von ^{235}U und ^{238}U zeigt noch folgendes: Der aus ^{235}U durch Neutroneneinfang entstehende Compoundkern ist ^{236}U; bei $^{238}U + n$ ist es ^{239}U. Bild 15.3 zeigt, daß die Separationsenergie für gerade-gerade Kerne, wie ^{236}U, größer ist als für ungerade A-Kerne, wie ^{239}U. Nach Einfang langsamer Neutronen ist bei $^{235}U + n$ (6,4 MeV) mehr Anregungsenergie vorhanden als in $^{238}U + n$ (4,8 MeV). Tatsächlich kann im ersten Fall Spaltung mit thermischen Neutronen induziert werden, während im zweiten Fall schnelle Neutronen nötig sind.

Für die Kettenreaktion im Kernreaktor sind einige Eigenschaften des Spaltprozesses ausschlaggebend, von denen man im besonderen drei kennen muß: die Zahl der pro Spaltung emittierten Neutronen, die Energieverteilung dieser Neutronen und den Spaltwirkungsquerschnitt als Funktion der Neutronenenergie. Für $^{235}U + n$ ist die Zahl der durchschnittlich emittierten Neutronen etwa 2,5. Die Energieverteilung ist in Bild 17.4, der totale und der Spaltwirkungsquerschnitt in Bild 17.5 gezeigt. Der totale Wirkungsquerschnitt ist größer als σ_f, da auch andere Prozesse, wie elastische Streuung und Strahlungseinfang auftreten.

Als letzten Punkt diskutieren wir die Aufteilung der gesamten Spaltenergie in kinetische Energie und Anregungsenergie der Fragmente. Wenn bei kleinen Deformationen Spaltung auftritt, dann ist die kinetische Energie der Fragmente groß, da sie einen beträchtlichen Weg zurücklegen, wenn sie die Kurve der potentiellen Energie durchlaufen, Bild 17.2. Wenn andererseits die Spaltung bei großen Deformationen erfolgt, wird mehr Energie in den gestreckten und verzogenen Fragmenten und weniger als kinetische Energie gespeichert. Eine Entscheidung zwischen diesen beiden extremen Modellen kann auf der Basis des einfachen Flüssigkeitsmodells nicht getroffen werden. Die durchschnittliche Deformation der Fragmente bei der Spaltung ist

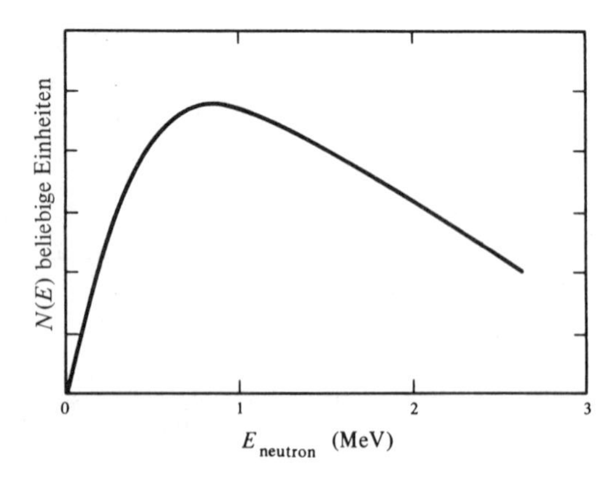

Bild 17.4 Spaltungsspektrum von $n + {}^{235}U$.

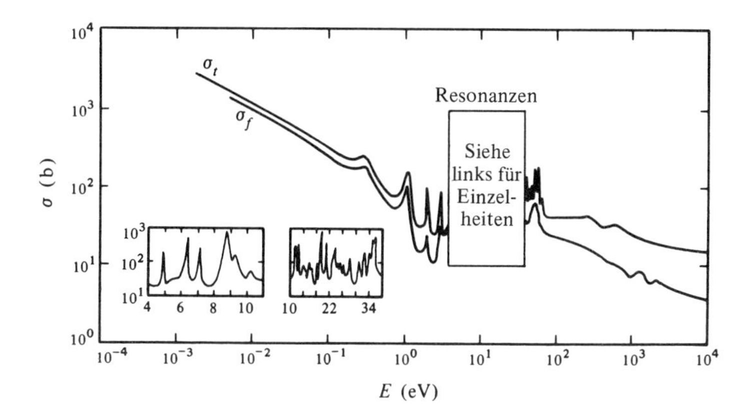

Bild 17.5 Gesamt- (σ_t) und Spaltungsquerschnitt (σ_f) von ^{235}U. (1 b = 10^{-24} cm^2).

so groß, daß sie genügend Anregungsenergie besitzen, um einige Neutronen zu emittieren, s. Bild 17.6. Nach Gl. 17.2, steigt die durchschnittliche Energieabgabe erwartungsgemäß mit Z. Obwohl auch die gemessene kinetische Energie mit Z wächst, ist der Energieanstieg bei den Fragmenten weniger stark als die durchschnittliche Energieabgabe. Daher ist der von Z abhängige prozentuale Anstieg der als Anregungsenergie gespeicherten Energie der Fragmente - die Differenz zwischen den beiden Kurven - viel größer. Die in den Fragmenten gespeicherte Energie ist für die Leistung der Kernreaktoren entscheidend. In Bild 17.6 erkennt man, warum man Ra und leichtere Elemente dazu nicht verwenden kann.

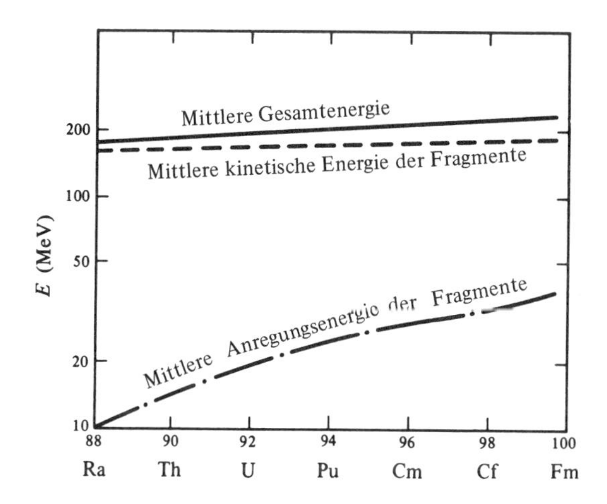

Bild 17.6 Energieverteilung der Spaltung als Funktion von Z. Die Kurven sind angenähert. (Mit freundlicher Genehmigung von I. Halpern).

17.2 *Spaltreaktoren*

Of all modern technologies, nuclear reactor technology is unique in having sprung up full blown almost overnight. Only four years separate the date of the discovery of fission (1938) and the date of the first chain reaction (1942).

A. M. Weinberg und E. P. Wigner[12])

Die Ideen, die dem Kernreaktor zugrunde liegen, lassen sich mit dem im vorigen Kapitel behandelten Stoff verstehen. Die detaillierten Berechnungen sind jedoch sehr komplex und anspruchsvoll. Wir wollen hier nur die Ideen skizzieren und verweisen für weitere Studien auf die Literatur in Abschnitt 17.7.

Die wichtigsten Komponenten einer Kernenergieanlage sind in Bild 17.7 schematisch gezeigt. Die Wärme, die durch die Spaltung entsteht und durch einen Wärmeaustauscher abtransportiert wird, dient zum Antrieb von Turbinen und wird dann in elektrische Energie umgewandelt. Interessant für uns sind hier die Prozesse im Reaktorkern [11]) [12]). Um sie zu verstehen, betrachten wir eine Anordnung aus Natururan und Graphit, Bild 17.8. Natururan besteht aus 99,3% ^{238}U und 0,7% ^{235}U. Nur bei ^{235}U ist thermische Spaltung möglich. Die Bilder 17.4 und 17.5 zeigen, daß die Spaltung hauptsächlich schnelle Neutronen produziert, aber am effektivsten

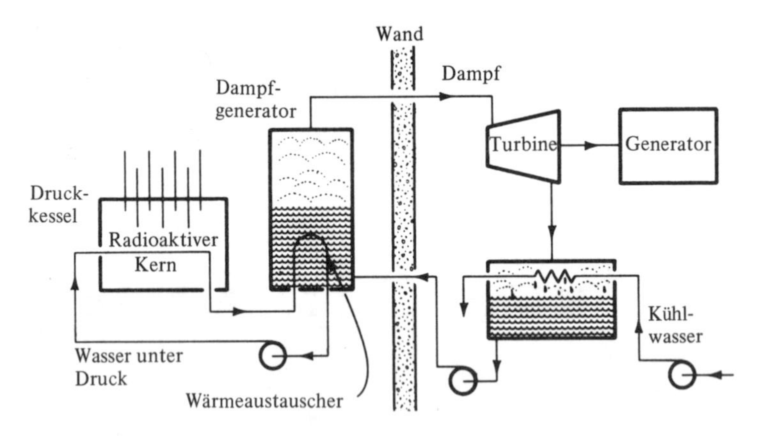

Bild 17.7 Kernreaktor. Die Uranspaltung im Reaktorkern unterhält sich durch eine Kettenreaktion selbst. Die freigesetzte Energie wird in Wärmeenergie verwandelt; die Wärme wird durch ein Kühlmittel abtransportiert; hier ist es Wasser unter Druck. Durch einen Wärmeaustauscher wird die Energie in ein zweites Dampfsystem übertragen, das eine Turbine betreibt.

11 Die Originalbeschreibung der Kettenreaktion ist immer noch lesenswert: E. Fermi, *Science* **105**, 27 (Jan. 1947), Nachdruck in E. Fermi, *Nuclear Physics*, Notizen von J. Orear, A. H. Rosenfled und R. A. Schluter, University of Chicago Press, Chicago, 1949, S. 208.

12 Eine klare Beschreibung geben auch A. M. Weinberg und E. P. Wigner, *The Physical Theory of Neutron Chain Reactors*, University of Chicago Press, Chicago, 1958. Copyright © by the University of Chicago Press.

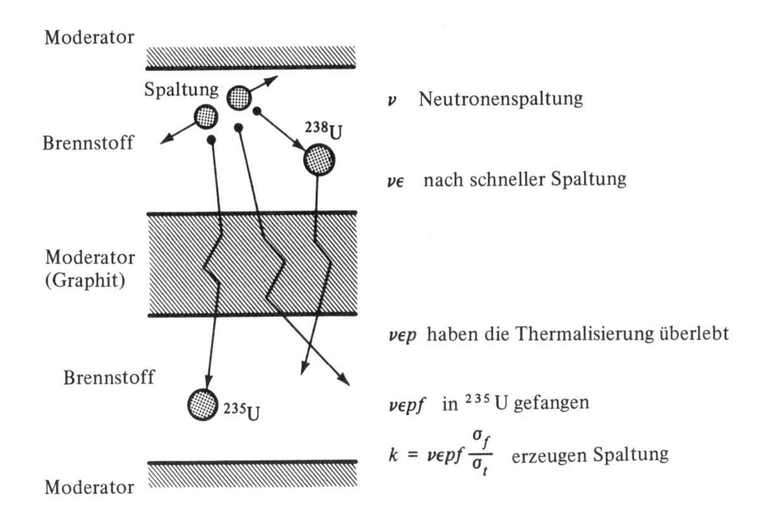

Bild 17.8 Lebenslauf eines Neutrons in einem Natururanreaktor.

durch langsame Neutronen angeregt wird. Um eine lebensfähige Kettenreaktion zu erzeugen, müssen die emittierten schnellen Neutronen im Moderator durch Stöße mit Kernen auf thermische Energie abgebremst werden.

Die in Bild 17.8 gezeigten Prozesse können beschrieben werden, indem man mit einem Spaltereignis beginnt: die Spaltung eines ^{235}U Kerns erzeugt im Durchschnitt ν schnelle Neutronen. Einige davon sorgen wieder für Spaltung, bevor sie abgebremst werden, und die Ereignisse vergrößern die Zahl der schnellen Neutronen um den Faktor ϵ der schnellen Spaltung. Von den $\nu\epsilon$ Neutronen, die in den Moderator eintreten, überlebt nur ein Bruchteil p (Resonanzentweichwahrscheinlichkeit) die Thermalisierung, der Rest wird im Moderator eingefangen. Von den überlebenden $\nu\epsilon p$ Neutronen wird ein Bruchteil f, der thermische Nutzfaktor, im Uran eingefangen. Der Anteil $\sigma_f/\sigma_{\text{tot}}$ der $\nu\epsilon pf$ eingefangenen Neutronen ist für die Spaltung verantwortlich.

Ein Spaltereignis erzeugt also

$$k = \nu\epsilon pf \frac{\sigma_f}{\sigma_{\text{tot}}} \tag{17.11}$$

sekundäre Spaltungen; k wird Reproduktionsfaktor genannt. Eine Kettenreaktion erfolgt bei $k > 1$.

Typische Zahlen der verschiedenen Faktoren in einem Gitter aus Natururan und Graphit als Moderator sind $\nu = 2{,}47$, $\epsilon = 1{,}02$, $p = 0{,}89$, $f = 0{,}88$, $\sigma_f/\sigma_{\text{tot}} = 0{,}54$ und $k = 1{,}07$. Die Erörterung liefert den Reproduktionsfaktor für ein unendliches Gitter; in einem endlichen Gitter entkommen einige Neutronen und k_{eff} ist kleiner als k.

Die Kettenreaktion ist die Grundlage aller Kernreaktoren. Es existieren verschiedene Typen von Reaktoren, und sie werden als Forschungsinstrumente, für die Produktion von Radioisotopen und für die Energieerzeugung verwendet. Wir wollen keinen dieser Reaktoren näher erklären, sondern nur einige Bemerkungen dazu machen. Energieerzeugung mag wohl die wichtigste Aufgabe der Reaktoren sein. Der Lebensstandard ist eng verbunden mit der Verfügbarkeit billiger Energie; um den Standard anzuheben, wo es am nötigsten ist, sind Energiequellen erforderlich[13]. Der Verbrauch von hydroelektrischer, Kohle-, Öl- und Gasenergie erschöpft die natürlichen Quellen, die nicht mehr aufgefüllt werden können. Sind Kernreaktoren in der Lage, die benötigte Energie ohne Zerstörung der Umwelt und ohne Erschöpfung unersetzbarer Vorräte zu liefern? Eine klare Antwort läßt sich noch lange nicht geben, aber einige Aspekte sind gut verstanden. Wenn alle Reaktoren Uran verwenden, wie hier beschrieben, dann wird das wertvolle Erz innerhalb weniger Dekaden verbraucht sein. Dieses Problem kann man wahrscheinlich durch Konstruktion von Brutreaktoren umgehen[14]. Solche Reaktoren erzeugen mehr Brennstoff als sie verbrauchen, und wir wollen die wesentlichen Ideen beschreiben. Wenn mehr spaltbares Material produziert als verbraucht wird, spricht man von Brüten. Das Prinzip ist schon lange bekannt: Fermi und Zinn begannen 1944 mit dem Entwurf eines Brutreaktors. Voraussetzung für eine Brutreaktion ist spaltbares Material, das durch Neutroneneinfang und durch aufeinanderfolgende Zerfälle eines "fruchtbaren" Nuklids erzeugt werden kann. Als Beispiel betrachte man einen Reaktorkern mit ^{239}Pu als Brennstoff und mit ^{238}U als brutfähigem Nuklid. Ein spaltender ^{239}Pu Kern erzeugt im Durchschnitt 2,91 Neutronen. Eins von diesen schnellen Neutronen kann Spaltung in einem anderen ^{239}Pu -Kern hervorrufen, ein zweites kann in ^{238}U eingefangen werden, wodurch folgende Kette

$$n + {}^{238}\mathrm{U} = {}^{239}\mathrm{U} + \gamma$$

$$^{239}\mathrm{U} \xrightarrow[\beta^-]{t_{1/2} = 25\,\mathrm{min}} {}^{239}\mathrm{Np} \xrightarrow[\beta^-]{t_{1/2} = 2{,}3d} {}^{239}\mathrm{Pu}.$$

entsteht. Durch Neutroneneinfang in brutfähigen Nukliden entstehen spaltfähige Nuklide. In einem gut entworfenen Brutreaktor kann sich das spaltbare Material in 7 - 10 Jahren verdoppeln. Gegenwärtig sind Forschung und Entwicklung auf dem Gebiet der Brutreaktoren aktiv, und es ist wahrscheinlich, daß sich Brutreaktoren innerhalb von zwei Dekaden zu einer wichtigen Komponente der Energieversorgung entwickeln.

---

13 Energie, ihre Rolle im menschlichen Leben, Energiequellen und viele andere Aspekte dieser äußerst wichtigen Grundlage werden in *Sci. Amer.* 224 (Sept. 1971) behandelt.

14 G. T. Seaborg und J. L. Bloom, *Sci. Amer.* 223, 13 (Nov. 1970); W. Häfele, D. Faude, E. A. Fischer und H. J. Laue, *Ann. Rev. Nucl. Sci.* 20, 393 (1970); A. M. Perry und A. M. Weinberg, *Ann. Rev. Nucl. Sci.* 22, 317 (1972); F. L. Culler und W. O. Harms, *Phys. Today* 25, 28 (Mai 1972).

17.3 *Fusion und Fusionsenergie*

> *Barring nuclear war and some general collapse of civilization, world power demands will probably be far higher than conventional extrapolations allow. We base this prophecy on three observations:*
> *1. Much of the world ist hungry.*
> *2. Much of the world is poor.*
> *3. Much of the world is polluted.*
>
> G. T. Seaborg und W. R. Corliss[15])

Das Zeitalter der fossilen Energie, kaum begonnen, wird sehr wahrscheinlich bald zu Ende gehen. Drei Gründe sind dafür verantwortlich: der Vorrat an fossilem Brennstoff ist begrenzt [16]), er produziert wesentlich Verschmutzung und kann nicht wieder ergänzt werden. An der Zeitskala der Geschichte gemessen, wird die Herrschaft des fossilen Brennstoffs wahrscheinlich nur ein kurzes Zwischenspiel darstellen, wie in Bild 17.9 gezeigt. Auch wenn obiges Zitat einen zu großen Energieverbrauch annimmt, muß der kommende Mangel mit anderen Energiequellen ausgeglichen werden. Favorit unter den Kandidaten ist die Kernenergie, in Verbindung mit supraleitender Energieübertragung [17]) und mit Wasserstoff als Sekundärbrennstoff [18]). Konventionelle Spaltreaktoren werden sehr wahrscheinlich nur für eine begrenzte Zeit eine Bedeutung haben. Brutreaktoren dagegen könnten für Jahrhunderte dominieren. Sie besitzen jedoch zwei Unzulänglichkeiten: sie produzieren eine große Menge von radioaktivem Abfall, und sie führen zu einer Wärmebelastung. Es ist wahrscheinlich, daß beide

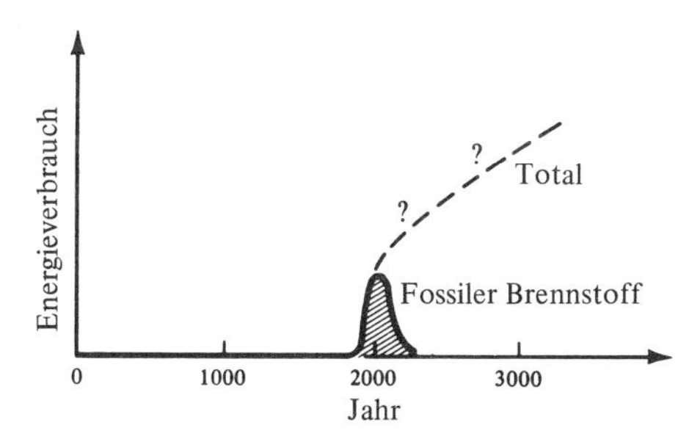

Bild 17.9 Die kurze Herrschaft fossiler Energie.

15 Aus dem Buch *Man and Atom: Building a New World Through Nuclear Technology* von Glenn T. Seaborg und Wiliam R. Corliss. Copyright © 1971 by Glenn T. Seaborg und Wiliam R. Corliss. Veröffentlicht von E. P. Dutton & Co., Inc. New York und mit ihrer Erlaubnis verwendet.

16 In Einheiten von Q mit $Q \approx 10^{21}$ **J**, ist die gesamte Weltreserve an Kohle ungefähr 200 Q, bei Naturgas und Öl je etwa 10 Q. 1960 betrug der Weltverbrauch etwa 0,1 Q/y; für 1975 erwartet man etwa 0,4 Q/y.

17 W. D. Metz, *Science* **178**, 968 (1972).

18 L. Lessing, *Fortune*, 138 (Nov. 1972). D. P. Gregory, *Sci. Amer.* **228**, 13 (Jan. 1973).

Probleme zu beherrschen sind[19]), aber eine andere Energiequelle, die Fusion, könnte sauberer und wirkungsvoller sein.

Die Fusion wird mit Hilfe von Bild 14.1 verständlich: Sehr leichte Kerne sind weniger fest gebunden als etwas schwerere; den Grund dafür haben wir in Abschnitt 12.1 erklärt. Wenn zwei leichte Kerne miteinander fusionieren können, wird eine Energie Q in Form kinetischer Energie erzeugt. Für eine gegebene Reaktion $ab \longrightarrow cd + Q$ kann Q mit den Gln. 14.3 und 14.4 und mit den Werten der Massenexzesse aus Tabelle A6 im Anhang leicht berechnet werden. Wir führen hier einige Fusionsreaktionen mit ihren Q-Werten auf (t bezeichnet das Triton, den Kern des Tritiums ^{3}H)

(17.12) $d\ d \longrightarrow {}^3\text{He}\ \ n + 4{,}0\ \text{MeV}$

(17.13) $d\ d \longrightarrow t\ \ p + 3{,}25\ \text{MeV}$

(17.14) $t\ d \longrightarrow {}^4\text{He}\ \ n + 17{,}6\ \text{MeV}$

(17.15) ${}^3\text{He}\ d \longrightarrow {}^4\text{He}\ \ p + 18{,}3\ \text{MeV}.$

Eine Fusionsreaktion beginnt, wenn die beiden Partner in den Bereich ihrer gegenseitigen, hadronischen Anziehung gebracht werden. Um einander genügend nahe zu kommen, müssen die zusammenstoßenden Kerne ihre gegenseitige, langreichweitige, elektrostatische Abstoßung, die Coulombbarriere, überwinden (oder hindurchtunneln). Die Fusionsreaktionsrate wird daher verschwindend klein sein für Energien unter einigen keV, aber sie steigt schnell mit steigender, kinetischer Energie der Reaktionspartner. Die relevanten Wirkungsquerschnitte sind in Bild 17.10 gezeigt. In einem Beschleuniger können die zur Fusion benötigten Energien sehr leicht erreicht werden. Die Hauptaufgabe der Fusionsforschung ist es jedoch, eine sich selbsterhaltende Reaktion aufzubauen.

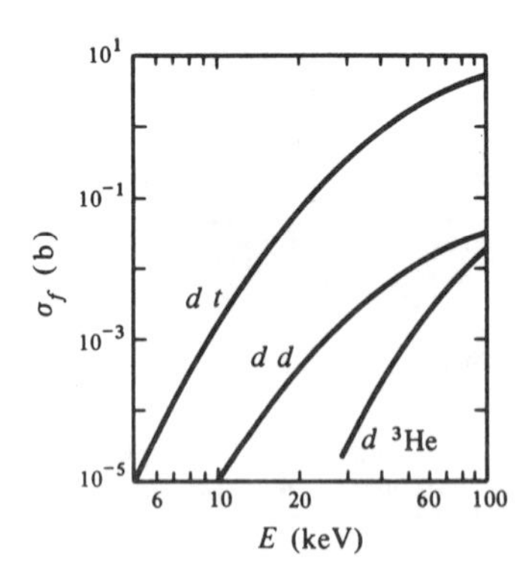

Bild 17.10 Wirkungsquerschnitte für die Fusionsreaktionen als Funktion der Deuteronenenergie, siehe Gln. 17.12 - 17.14.

19 Moderne Pyramiden wurden z.B. als elegante Lösungen für die Speicherung von radioaktivem Abfall empfohlen [C. Starr und R. P. Hammond, *Science* 177, 744 (1972)].

Dazu muß die Reaktionsmischung auf eine Temperatur gebracht werden, bei der die kinetische Energie groß genug ist, um die Coulombbarriere zu überwinden. Um im speziellen eine Teilchenenergie von 10 keV zu erreichen, ist eine Temperatur von ungefähr 10^8 K nötig. Zum Vergleich hat die Sonnenoberfläche etwa eine Temperatur von 6000 K. (In der Plasmaphysik ist es üblich, die "Temperatur" in eV oder keV anzugeben. 1 keV entspricht einer Temperatur von $11,6 \times 10^6$ K.) Bei einer Temperatur von 10 keV sind die Gasatome vollständig ionisiert und bilden ein Plasma. Die Zahl der Fusionsreaktionen pro Zeit- und Volumeneinheit ist durch

(17.16) $$R_{ab} = n_a n_b w_{ab}(T)$$

gegeben, wo n_a und n_b die Anzahl der Teilchen a und b pro Volumeneinheit sind. Die Reaktionswahrscheinlichkeit $w_{ab}(T)$ ist das Produkt des Wirkungsquerschnitts und der relativen Geschwindigkeit, gemittelt über die Geschwindigkeitsverteilung im Plasma

(17.17) $$w_{ab}(T) = \overline{\sigma_{ab} v_{ab}};$$

sie hängt nur von der Plasmatemperatur T ab. Pro Volumeneinheit entsteht in der Zeit τ die Energie

(17.18) $$W = R_{ab} Q_{ab} \tau = n_a n_b w_{ab}(T) Q_{ab} \tau.$$

Für $n_a = n_b = 10^{15}$ Teilchen/cm^3 bei einer Temperatur $T = 100$ keV setzt die dt-Reaktion ungefähr 10^3 W/cm^3-s frei.

Ein Fusionsreaktor sollte mehr Energie liefern, als er für die Wärme und den Einschluß des Plasmas benötigt. Die Gln. 17.16 - 17.18 besagen, daß drei Bedingungen für eine sich selbsterhaltende Plasmareaktion erfüllt sein müssen: das Plasma muß auf die erforderliche Temperatur gebracht werden, die Plasmadichte muß adäquat sein und die Dichte muß für genügend lange Zeit aufrechterhalten werden. Die zum Aufheizen von $n_a + n_b \approx 2n$ Teilchen auf eine Temperatur T benötigte Energie ist durch $3nkT$ mit k als Boltzmannkonstante gegeben. Ein Plasmareaktor erfordert daher

(17.19) $$n^2 w_{ab} Q_{ab} \tau > 3nkT.$$

Berücksichtigt man Verluste, dann führt diese Bedingung zu Lawson's Kriterium[20] für die dt-Reaktion

(17.20) $$n\tau > 10^{14} \text{ s-cm}^{-3} \quad \text{für } T = 10 \text{ keV}.$$

Es war die Aufgabe der Plasmaphysik in den letzten zwanzig Jahren, dieses Kriterium zu erreichen und zu überwinden. Anfänglich erschien es, als ob das nicht besonders schwierig wäre, und es wurden auch bald thermonukleare Neutronen beobachtet. Die Natur hat jedoch viele Überraschungen

20 J. D. Lawson, *Proc. Phys. Soc.* **B70**, 6 (1957).

bereit - es traten unerwartet Instabilitäten und Verluste auf. Was man sich als schnellen Zugang zu einem technischen Ziel gedacht hatte, erwies sich als mühsamer Pfad durch das sich immer weiter und tiefer ausdehnende Feld der Plasmaphysik. Das Ziel scheint nun sichtbar zu werden[21]). Zwei Wege scheinen zu Laborfusionsreaktoren zu führen, die sich schließlich zu wirtschaftlichen Energiequellen entwickeln könnten. Plasma von 10^8 K kann natürlich in keine materielle Behälter eingeschlossen werden und die beiden Wege unterscheiden sich durch die Art, wie das Plasma eingeschlossen und aufgeheizt wird. Bei Experimenten mit magnetischem Einschluß wird das Plasma in geeignet geformten, elektromagnetischen Feldern gehalten und elektromagnetisch aufgeheizt. Eine große Anzahl von Feldkonfigurationen wurde untersucht und das russische Tokamak-Projekt, in anderen Ländern kopiert und modifiziert, dürfte die größten Aussichten haben[22]). In den letzten Jahren tauchte die Laserfusion auf[23]). Dabei wird ein kleines Kügelchen von Deuterium und Tritium durch starke Laserimpulse aufgeheizt. Der Einschluß erfolgt durch die Trägheit: das Aufheizen muß so schnell vor sich gehen, daß die Fusionsreaktion eintritt, bevor das Kügelchen explodiert ist. Vorhandene gepulste Laser haben schon jetzt Leistungen, die für kurze Zeit die gesamte elektrische Leistungskapazität der Vereinigten Staaten übertreffen. Pulse mit 100 J in weniger als einer 1 ns sind Routine; noch größere Laser sind in Konstruktion. Gegenwärtig ist es nicht klar, ob die Laserfusion zu wirtschaftlichen Reaktoren führt, oder ob die wirklichen Probleme erst noch auftreten werden. Experten sind auf jeden Fall davon überzeugt, daß die Fusion noch vor Ende des Jahrhunderts Wirklichkeit wird.

17.4 *Kernbomben*

In Kernreaktoren wird die Kettenreaktion so gesteuert, daß die Ausgangsleistung niemals eine Sicherheitsgrenze übersteigt; nur ein sehr geringer Bruchteil des Brennstoffes wird in jeder Sekunde genutzt. Kernbomben dagegen sind so entworfen, daß der anfängliche, exponentielle Anstieg in der Reaktionsrate andauert, bis der Spaltstoff verbraucht ist.

In Kernbomben werden zwei Mechanismen angewendet: Spaltung (Atombomben) und Spaltung-Fusion (*H*-Bomben). Obwohl Einzelheiten geheim gehalten werden, sind die grundsätzlichen Tatsachen zugänglich[24]), und

21 D. J. Rose, *Science* 172, 797 (1971); W. C. Gough und B. J. Eastlund, *Sci. Amer.* 224, 50 (Feb. 1971).

22 B. Coppi und J. Rem, *Sci Amer.* 227, 65 (Juli 1972).

23 M. J. Lubin und A. P. Fraas, *Sci. Amer.* 224, 21 (Juni 1971); W. D. Metz, *Science* 177, 1180 (1972); J. Nuckolls, J. Emmett und L. Wood, *Phys. Today* 26, 46 (August 1973).

24 S. Glasstone, ed., *The Effects of Nuclear Weapons*, Government Printing Office, Washington, D. C., 1964; H. F. York, „The Great Test-Ban Debate", *Sci. Amer.* 227, 15 (Nov. 1972); H. L. Brode, *Ann. Rev. Nucl. Sci.* 18, 153 (1968).

sie können an Hand des Bildes 17.11 erklärt werden. Der Sprengstoff in einer Spaltbombe besteht aus fast reinem ^{235}U oder ^{239}Pu, beides spaltbare Nuklide[25]). Eine kleine Menge dieses Materials kann nicht explodieren, da zu viele Neutronen entweichen. Eine genügend große (kritische) Masse kann jedoch eine Kettenreaktion verursachen. Ein zufälliges, anfängliches Neutron stößt die Spaltung an. Die Erklärung der Kettenreaktion in reinem ^{235}U erfolgt in Analogie zu einem System, das aus Natururan mit einem Moderator besteht, Abschnitt 17.2. Wenn N Neutronen zur Zeit t vorhanden sind, steigt ihre Anzahl in der Zeit dt um

$$dN = \alpha(t)N(t)dt.$$

Hier ist $\alpha(t)$ eine komplizierte Funktion der Geometrie, des Materials und der Zeit. Ein typischer Wert für das anfängliche α liegt in der Größenordnung von $10^8\,s^{-1}$. So lange man $\alpha(t)$ als konstant betrachten kann, nimmt die Neutronenzahl exponentiell zu

$$N(t) = N(0)e^{+t/\tau_g}, \tag{17.21}$$

wobei $\tau_g = 1/\alpha$ Generationsalter genannt wird. Die Spaltbombe in Bild 17.11 funktioniert auf folgende Weise: Vor dem Auslöseimpuls ist das Spaltmaterial in subkritischen Mengen getrennt, um eine zufällige Explosion zu vermeiden. Nach dem elektrischen Auslöseimpuls schießen chemische Sprengstoffe die unterkritischen Teile in das Zentrum, wodurch eine kritische Masse entsteht. Dann setzt die Kettenreaktion ein und baut sich nach Gl. 17.21 exponentiell auf. Nach etwa 50 Generationen oder 0,5 μs ist genügend Energie entstanden, so daß das System zu explodieren beginnt. Die Neutronenzahl wird dann kleiner und geht schließlich gegen Null. Eine

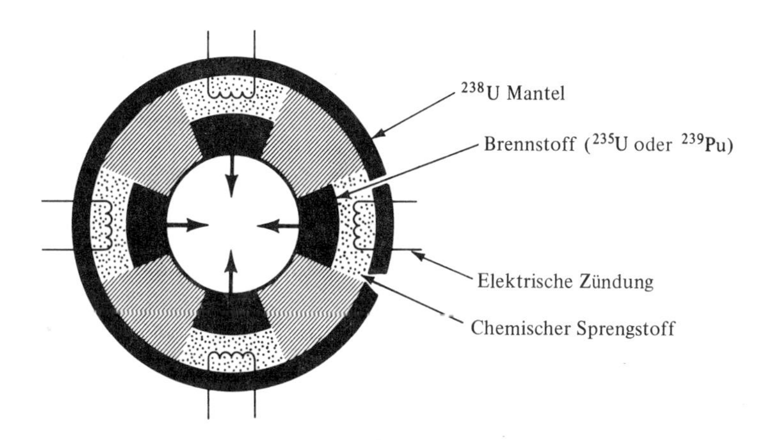

Bild 17.11 Spaltbombe.

25 Isotopenseparation im großen Maßstab war ein Schlüsselproblem bei der Herstellung der ersten Atombombe. Siehe H. D. Smyth, *Atomic Energy for Military Purposes*, Princeton University Press, Princeton, N.J., 1945.

logarithmische Darstellung der Neutronenzahl als Funktion der Zeit und eine lineare Darstellung der entsprechenden Ausgangsleistung (Reaktionsrate) ist in Bild 17.12 gezeigt[26].

In einer thermonuklearen Bombe befindet sich das spaltbare Material im Zentrum und ist von Lithiumdeuterid umgeben. Explosionen des inneren Kerns, wie sie oben beschrieben wurden, erzeugen eine sehr hohe Temperatur, einen sehr großen Neutronenfluß und führen im äußeren Teil zu einer thermonuklearen Explosion.

Wissenschaftliche[27] [28] und technische[29] Anwendungen von Kernexplosionen beruhen auf zwei Tatsachen: intensiver Neutronenfluß

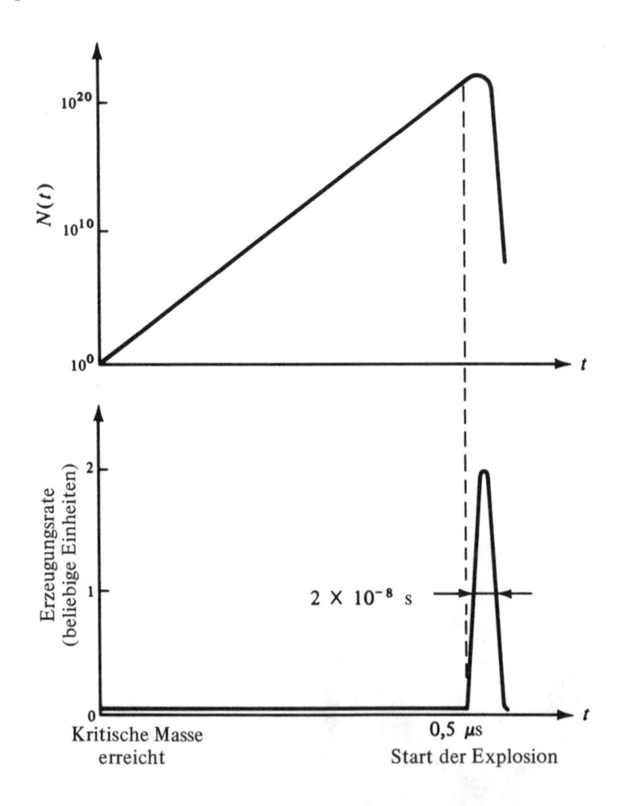

Bild 17.12 Logarithmische Darstellung der Neutronenzahl und lineare Darstellung der Reaktionsrate (freigesetzte Energie pro Zeiteinheit) als Funktion der Zeit für eine Spaltbombe. [Aus H. A. Sandmeier, S. A. Dupree und G. E. Hansen, *Nucl. Sci. Eng.* **48**, 343 (1972).]

26 H. A. Sandmeier, S. A. Dupree und G. E. Hansen, *Nucl. Sci. Eng.* **48**, 343 (1972).

27 B. C. Diven, *Ann. Rev. Nucl. Sci.* **20**, 79 (1970).

28 H. C. Rodean, *Nuclear-Explosion Seismology*, AEC Critical Review Series, National Technical Information Service, Springfield, Va., 1971.

29 Proceedings, *Engineering with Nuclear Explosives*, Clearinghouse for Federal Scientific and Technical Information, Springfield, Va., 1970, 2 Bde.

und große Energieabgabe. Ein typisches Beispiel: es entstehen etwa 10^{24} Neutronen innerhalb von 10^{-7} s; dabei werden in der gleichen Zeit zwischen 1 und 100 kilo-Tonnen Energie frei (1 kilo-Tonne = 1 kt = 10^{12} cal = 2,61 $\times$ 10^{31} eV). Wir erwähnen nur zwei Beispiele für die Anwendungen: die Elemente Einsteinium (99) und Fermium (100) wurden zuerst 1952 in den Trümmern einer großen thermonuklearen Explosion entdeckt. Kernreaktionen und Niveaus können wegen der großen Intensität des Neutronenflusses studiert werden. Auch in Entfernungen von einigen hundert Metern hat der Neutronenfluß noch Größenordnungen von 10^{14} n/cm^2. Da der anfängliche Neutronenausstoß scharf begrenzt ist (s. Bild 17.12), erlaubt die Flugzeitmessung eine Trennung der Neutronen nach ihren Energien.

17.5 *Energie von Radionukliden*

Kernreaktoren erzeugen reichlich Radionuklide. Spaltprodukte sind neutronenreich und zerfallen daher bevorzugt durch Emission von Elektronen und Antineutrinos. Mit dem intensiven Neutronenstrahl aus dem Reaktor können α-aktive Kerne erzeugt werden. Die Energien der Elektronen und der α-Teilchen liegen typischerweise in der Größenordnung von einigen MeV. Durch die Absorption der emittierten, geladenen Teilchen und Umsetzung der dadurch erzeugten Wärme in Elektrizität können zuverlässige und langlebige Energiequellen konstruiert werden [30] [31]. Die grundsätzliche Anordnung ist in Bild 17.13 gezeigt. Der Brennstoff, ein Radionuklid, ist

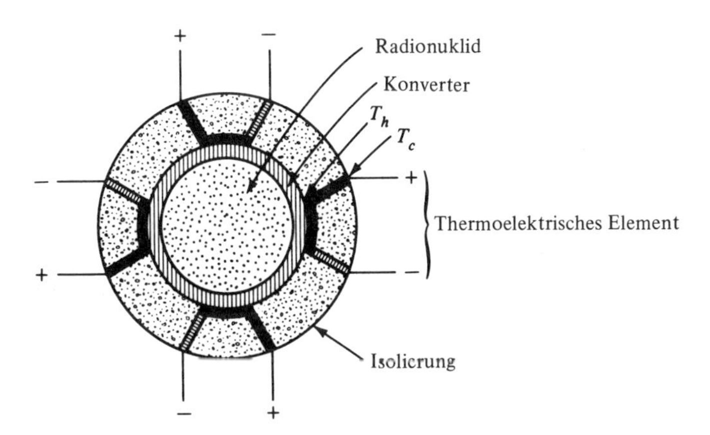

Bild 17.13 Querschnitt durch einen zylindrischen Radionuklidgenerator.

30 W. R. Corliss und D. G. Harvey, *Radioisotope Power Generation*, Prentice-Hall, Englewood Cliffs, N.J., 1964.

31 Y. Wang, ed., *Handbook of Radioactive Nuclides*, Chemical Rubber Co., Cleveland, 1969, S. 449 - 568.

im Zentrum angebracht, so daß alle geladenen Teilchen im Konverter absorbiert werden. Thermoelemente, z.B. Ge-Si-Paare sind in einem isolierenden Mantel eingebettet, so daß ihre Verbindung die Temperatur T_h des Konverters hat. Die äußeren Enden befinden sich auf einer niedrigeren Temperatur T_c. Der maximale Carnot-Wirkungsgrad ist durch

$$\epsilon = \frac{T_h - T_c}{T_c}$$

gegeben. In der Praxis können etwa 5% erreicht werden. Mit einer kleinen Dampfmaschine (Turbogenerator) kommt man bis zu einem Wirkungsgrad von etwa 25%.

Die Eigenschaften der beiden am häufigsten verwendeten Radionuklide sind in Tabelle 17.1 zusammengestellt. Generatoren dieser Art werden erfolgreich in Satelliten, Leuchtbojen, Wetterstationen, akustischen Unterwasserbaken [31]), Herzschrittmachern, und sogar als nukleare Herzpumpe in einem Kalb verwendet [32]). Diese Arbeit könnte möglicherweise zu einem vollständig künstlichen Herz führen [33]).

Tabelle 17.1 Radionuklide als Energiequellen[31]).

Nuklid	Halbwertszeit (a)	Strahlung	Leistungsdichte (W/cm³) theoretisch	Leistungsdichte (W/cm³) wirklich
^{90}Sr	27,7	β	1,1–1,7	0,85–1,5
^{238}Pu	87,5	α	4,8	3,6

17.6 *Nuklearer Antrieb*

Obwohl der Mensch in der Lage war, sicher zum Mond und zurückzukommen, liegt der Weltraum brach und wartet auf Erforschung und möglicherweise Besiedlung. Ebenso müssen Bereiche der näheren Umgebung, die Ozeane, intensiver studiert werden; auch sie werden begreiflicherweise auf der Suche nach mehr Lebensraum "kolonisiert" werden. Der nukleare Antrieb wird wahrscheinlich für diese Forschungen entscheidend sein. Schon jetzt ist er ein wesentlicher Bestandteil bei Unterseebooten. Das mit einem Kernreaktor bestückte U-Boot Nautilus begann im Januar 1955 zu arbeiten, und seine Unterseeforschungen sind die moderne Verwirklichung von Jule Vernes Träumen und Prophezeiungen. Der Eisbrecher Lenin

32 *The New York Times* 37 (21. März 1972).

33 E. E. Fowler, *Isotopes Radiation Technol.* **9**, 253 (1972).

war das erste nicht militärische kernkraftgetriebene Schiff. Die Savannah [34] diente lange Jahre als Frachtschiff. Nach einer Übergangsperiode werden wahrscheinlich weit mehr kernkraftgetriebene Schiffe konstruiert werden, weil sie gegenüber den konventionellen Schiffen Vorteile bieten: die Zeit zwischen Brennstofftanken ist länger; ein Schiff mit Kernkraftantrieb kann ohne Brennstoffnachschub 2 - 5 Jahre unterwegs sein. Die Brennstoffkosten sind geringer. Man erreicht höhere Geschwindigkeiten, und die Ladungskapazitäten sind größer [35]. Gegenwärtig sind konventionelle Schiffe im Ganzen noch wirtschaftlicher als kernkraftgetriebene (Kapitaleinsatz, Betrieb, Brennstoff). Die konventionellen Fahrzeuge sind aber das Produkt einer langen Entwicklung und können kaum noch verbessert werden; Kernkraftschiffe dagegen stecken noch in den Kinderschuhen. Die Prognose hält große Handelsschiffe (80 000 PS an der Welle und größer) mit nuklearem Antrieb noch vor 1980 für wirtschaftlich konkurrenzfähig. [36]

Bild 17.14 zeigt einen Längsschnitt durch des deutsche "Atom"-Schiff Otto Hahn [37], das wie die Savannah ein Studienprojekt ist. Die grundlegenden Gesichtspunkte eines Schiffreaktors unterscheiden sich nicht von denen eines stationären Reaktors. Nur die Umgebung ist verschieden; die Abschirmung muß optimiert werden, um die Mannschaft zu schützen, ohne das Schiff zu überlasten. Sicherheit schließt Vorkehrungen gegen ernste Unfälle bei einem Zusammenstoß oder bei anderen Schäden ein. Wir wollen diese Probleme hier nicht diskutieren, sondern uns Raketen zuwenden.

Raketen mit nuklearem Antrieb erlauben, im Vergleich zu chemischen Antrieben, einen effizienteren Verbrauch von Energie, längere Reisen und

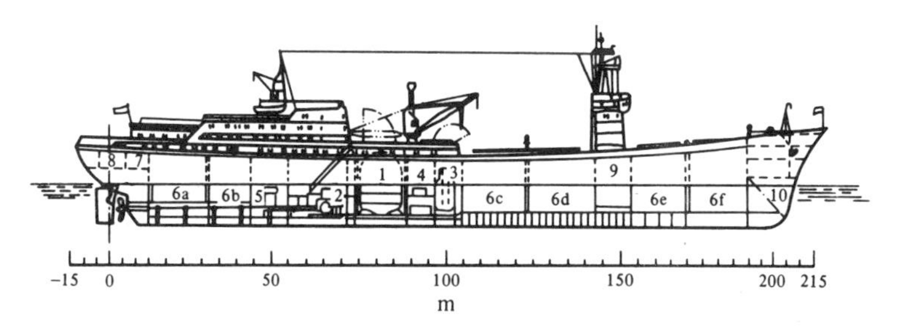

Bild 17.14 Deutsches „Atom" Schiff Otto Hahn. 1 Behälter. 2 Maschinenraum. 3 Serviceraum. 4 Hilfsräume. 5 Hilfsmaschine. 6 Laderäume. 7 Drinkwasserversorgung. 8 Servosteuerung. 9 Notmaschine. 10 Vorschiff. [Nach D. Bünemann et al., *Advan. Nucl. Sci. Technol.* 6, 2 (1972).]

34 *National Geographic Magazine* 122, 28 (Aug. 1962).

35 A. W. Kramer, *Nuclear Propulsion for Merchant Ships*, Government Printing Office, Washington, D. C., 1962.

36 *The Wall Street Journal*, 13 (20. Okt. 1972).

37 D. Bünemann, M. Kolb, H. Henssen, E. Müller und W. Rossbach, *Advan. Nucl. Sci. Technol.* 6, 2 (1972).

größere Nutzlasten[38]. Um die Ursache dieser Vorteile zu verstehen, betrachten wir kurz den Mechanismus des Raketenantriebs. Der Raketenschub mit konstanter Ausströmgeschwindigkeit v ist durch Newtons Gesetz

$$(17.22) \qquad F = \frac{dp}{dt} = v\frac{dM}{dt}$$

gegeben. Hier bedeutet dM/dt die Masse des pro Zeiteinheit ausgestoßenen Treibstoffs. Ist der Treibstoff ein Molekül der Masse m, das bei einer Temperatur T ausgestoßen wird, so ist die Energie durch

$$E = \tfrac{1}{2}mv^2 = \tfrac{3}{2}kT$$

gegeben, so daß

$$v = \left(\frac{3kT}{m}\right)^{1/2}$$

und

$$(17.23) \qquad F = \frac{dM}{dt}\left(\frac{3kT}{m}\right)^{1/2}$$

gilt. In einer Rakete ist die gesamte Treibstoffmasse $M = \int dM$ ebenso wie die Temperatur T gegeben, für die das System entworfen werden kann. In Gl. 17.23 ist daher m, die Masse des Treibstoffmoleküls, die einzige freie Variable. Das ist der Punkt, wo die Nuklearrakete nicht zu übertreffen ist: In einer chemischen Maschine ist der Konstrukteur gezwungen, das Endprodukt der energieerzeugenden Verbrennung als Treibstoff zu verwenden. Die Verbrennung von Wasserstoff und Sauerstoff liefert Wasser, und das wird ausgestoßen. In einer Nuklearrakete wird die Energie von einem Kernkraftwerk geliefert, und der Treibstoff kann unabhängig davon gewählt werden. Mit Wasserstoff ergibt sich ein Geschwindigkeitsverhältnis von

$$\frac{v_{\text{nuc}}}{v_{\text{chem}}} = \left(\frac{m_{H_2}}{m_{H_2O}}\right)^{1/2} \approx 3.$$

Die Treibstoffgeschwindigkeit in einer Nuklearrakete ist dreimal so groß wie in einer chemischen Rakete. In einer Nuklearrakete wird dann der Treibstoff durch den heißen Reaktorkern gepumpt; er wird dort aufgeheizt und dann ausgestoßen, wodurch die Rakete angetrieben wird.[39]

38 R. W. Bussard und R. D. DeLauer, *Fundamentals of Nuclear Flight*, McGraw-Hill, New York, 1965; R. S. Cooper, *Ann. Rev. Nucl. Sci.* 18, 203 (1968); H. Löb, ed., *Nuclear Engineering for Satellites and Rockets*, K. Thiemig, München, 1970.

39 Eine anregende Behandlung des nuklearen Raketenantriebs stammt von F. J. Dyson, in *Adventures in Experimental Physics*, Beta (B. Maglich, ed.), World Science Communications, Princeton, N.J.,1972.

17.7 *Literaturhinweise*

Eine Übersicht der Literatur über Kernenergie und über Energie im allgemeinen enthalten zwei ausgezeichnete "Resource letters":

P. Michael und R.I. Schermer, "Resource Letter Rea-1 on Reactors", *Am. J. Phys.* **36**, 1 (1968).
R.H. Romer, "Resource Letter ERPEE-1 on Energy; Resources, Production, and Environmental Effects", *Am. J. Phys.* **40**, 805 (1972).

Der Spaltprozeß. Die grundlegenden Veröffentlichungen und Reports über den Spaltprozeß sind in H.G. Graetzer und D.L. Anderson, *The Discovery of Nuclear Fission: A Documentary History*, Van Nostrand, Reinhold, New York, 1971, gesammelt. Eine Zusammenfassung der experimentellen Aspekte der Spaltung findet sich bei E.K. Hyde, *Nuclear Properties of the Heavy Elements, III: Fission Phenomena*, Prentice-Hall, Englewood Cliffs, N.J., 1964.

Einzelheiten des Spaltprozesses und der entsprechenden Theorien sind in folgenden Übersichtsartikeln und Büchern zu finden

J.S. Fraser und J.C.D. Milton, *Ann. Rev. Nucl. Sci.* **16**, 379 (1966).
I. Halpern, *Ann. Rev. Nucl. Sci.* **9**, 245 (1949).
L. Wilets, *Theories of Nuclear Fission*, Oxford University Press, Oxford, 1964.
R. Vandenbosch und J.R. Huizenga, *Nuclear Fission*, Academic Press, New York, 1973.

Der erste ist am leichtesten zu lesen; zur Beschreibung verwendet er praktisch keine formale Theorie.

Spaltreaktoren. Das authentische Werk über Reaktorphysik, einschließlich der nötigen kernphysikalischen Grundlage, ist A.M. Weinberg und E.P. Wigner, *The Physical Theory of Neutron Chain Reactors*, University of Chicago Press, Chicago, 1958.

Reaktortechnik wird in Büchern behandelt, die in dem oben erwähnten "Resource Letter Rea-1" aufgeführt sind. Zusätzlich liefern die beiden folgenden periodischen Veröffentlichungen eine enorme Anzahl an Informationen:

E.J. Henley und J.Lewins, eds., *Advances in Nuclear Science and Technology*, Academic Press, New York.
International Series of Monographs on Nuclear Energy, Pergamon, Elmsford, N.Y.

Ein modernes Buch über fortgeschrittene Reaktortheorie ist George I. Bell und S. Glasstone, *Nuclear Reactor Theory*, Van Nostrand Reinhold, New York, 1971.

Fusion und Fusionsenergie. Die Literatur über *Fusion und Plasmaphysik* wächst rapid. Leicht lesbare, erste Einführungen findet man in den folgenden beiden Büchern:

A.S. Bishop, *Project Sherwood – The U. S. Program in Controlled Fusion*, Doubleday, Garden City, N.Y., 1960.
E.R. Hulme, *Nuclear Fusion*, Wykeham Publications, London, 1969.

Tiefer und detaillierter wird die Fusion in den folgenden Darstellungen behandelt:

L.A. Artsimovich, *Controlled Thermonuclear Reactions*, Van Nostrand Rinehold, New York, 1960.
R.F. Post, *Ann. Rev. Nucl. Sci.* 20, 509 (1970).

Eine gute Möglichkeit, auf dem laufenden zu bleiben, ohne die Originalliteratur durchzuarbeiten, ist die Lektüre von B.D. Fried, ed., *Comments on Plasma Physics and Controlled Fusion*, Gordon & Breach, New York.

Gründlichere Übersichtsartikel werden im Journal *Nuclear Fusion* veröffentlicht (vierteljährlich, Wien).

18. Nukleare Astrophysik

The marriage between elementary particle physics and astrophysics is still fairly new. What will be born from this continued intimacy, while not foreseeable, is likely to be lively, entertaining, and perhaps even beautiful.

M. A. Ruderman und W. A. Fowler[1])

Seit Jahrtausenden faszinieren die Sterne, die Sonne und der Mond den Menschen; ihre Eigenschaften haben mannigfaltige Spekulationen angeregt. Bis vor kurzem war jedoch die Beobachtung des Himmels auf das sehr enge, optische Fenster zwischen 400 und 800 nm beschränkt, und die Mechanik war der Zweig der Physik, mit dem die Astronomie am engsten verbunden war. In diesem Jahrhundert hat sich die Situation jedoch grundlegend gewandelt, und Physik und Astronomie sind eine sehr enge Verbindung eingegangen. In diesem Kapitel wollen wir einige Gebiete der Kernphysik und der Astrophysik näher betrachten, bei denen sich ein enger Zusammenhang zeigt.

18.1 *Kosmische Strahlung*

The planetary system is a gigantic laboratory where nature has been performing an extensive high-energy physics experiment for billions of years.

T. A. Kirsten und O. A. Schaeffer[2])

Dauernd werden wir durch energiereiche Teilchen aus dem Weltraum bombardiert. Etwa ein Teilchen trifft pro Sekunde auf jeden cm^2 der Erdoberfläche. Diese Strahlen wurden 1912 durch Victor Hess entdeckt, der damals die Ionisation in einem Elektrometer beobachtete, das von einem bemannten Ballon getragen wurde. Etwa 1 000 m über dem Meeresspiegel begann die Intensität zu steigen und verdoppelte sich bei etwa 4 000 m[3]). Seit 1912 werden diese kosmischen Strahlen intensiv untersucht. Ihre Zusammensetzung, ihr Energiespektrum, ihre räumliche und zeitliche Vertei-

1 M. A. Ruderman und W. A. Fowler, „Elementary Particles", *Science, Technology and Society* (L. C. L. Yuan, ed.), Academic Press, New York, 1971, S. 72. Copyright © 1971 by Academic Press.

2 T. A. Kirsten und O. A. Schaeffer, „Elementary Particles". *Science, Technology and Society* (L. C. L. Yuan, ed.), Academic Press, New York, 1971, S. 76, Copyright © 1971 by Academic Press.

3 V. F. Hess, *Physik. Z.* 13, 1084 (1912).

lung werden mit ständig besseren Experimenten erforscht und manche Theorien über ihren Ursprung sind schon vorgeschlagen worden. Kosmische Strahlung ist ein Hauptbestandteil des Milchstraßensystems. Diese Behauptung gründet sich auf die Tatsache, daß die Energiedichte der kosmischen Strahlung in unserem Milchstraßensystem etwa 1 eV/cm³ beträgt und damit von der gleichen Größenordnung ist, wie die Energiedichte des magnetischen Feldes der Galaxis, und damit etwa der thermischen Bewegung des interstellaren Gases gleichkommt.

Kosmische Strahlung wurde in verschiedenen Höhen beobachtet und studiert, tief unter dem Boden, in Laboratorien auf Berggipfeln, mit Ballons in Höhen bis zu etwa 40 km, mit Raketen und Satelliten. Viele der zukünftigen Experimente werden sicher in extraterrestrischen Beobachtungsstationen in Satelliten, möglicherweise auf dem Mond vorgenommen.

Die auf die Erdatmosphäre einfallende Strahlung besteht aus Kernen, Elektronen und Positronen, Photonen und Neutrinos. Es ist üblich, nur die geladenen Teilchen kosmische Strahlung zu nennen. Röntgenstrahlen-Astronomie[4]) hat kürzlich zu spektakulären Entdeckungen[5]) geführt, aber wir werden sie hier nicht weiter behandeln. Man betrachte zuerst das Schicksal eines hochenergetischen Protons aus der kosmischen Strahlung, das in die Erdatmosphäre eindringt. Es wird mit einem Sauerstoff- oder Stickstoffkern wechselwirken, und dabei wird eine Prozeßkaskade ausgelöst. Ein vereinfachtes Schema ist in Bild 18.1 gezeigt. Wie in den Abschnitten 12.7 und 6.9 diskutiert, wird die Wechselwirkung eine große Zahl von Hadronen erzeugen. Pionen überwiegen, aber auch Antinukleonen, Kaonen und Hyperonen werden auftreten. Diese Hadronen können nun wiederum mit den Sauerstoff- und Stickstoffkernen wechselwirken. Die unstabilen zerfallen über die schwache Wechselwirkung. Die Zerfälle erzeugen Elektronen, Myonen, Neutrinos und Photonen (Kap. 11). Die Photonen können Paare produzieren, die Myonen werden wegen der Zeitverschiebung Gl. 1.9 den stabilen Mantel der Erde durchdringen, bevor auch sie zerfallen. Alles in allem erzeugt die sehr hohe Protonenenergie eine große Zahl von Photonen und Leptonen (Bild 3.10). So ein Schauer von kosmischen Strahlen kann eine Fläche von mehreren km² auf der Erdoberfläche überdecken[6]). Wir werden die Erscheinungen in der Atmosphäre nicht weiter diskutieren, sondern uns auf die Primärstrahlen beschränken.

Die Zusammensetzung der nuklearen Komponente des Primärstrahls wird in Bild 18.2 [7]) gezeigt, und zum Vergleich die univer-

4 H. Friedman, *Ann. Rev. Nucl. Sci.* **17**, 317 (1967); G. W. Clark, *Ann. Rev. Astronomy Astrophys.*

5 Siehe die Sonderausgabe über den Röntgenstern Cygnus X3, *Nature* **239**, Nr. 95 (1972).

6 G. Cocconi, „Extensive Air Showers", in *Encyclopedia of Physics*, Vol. 46, 1, Springer, Berlin 1961.

7 M. M. Shapiro und R. Silberberg, *Ann. Rev. Nucl. Sci.* **20**, 323 (1970); P. B. Price und R. L. Fleischer, *Ann. Rev. Nucl. Sci.* **21**, 295 (1971).

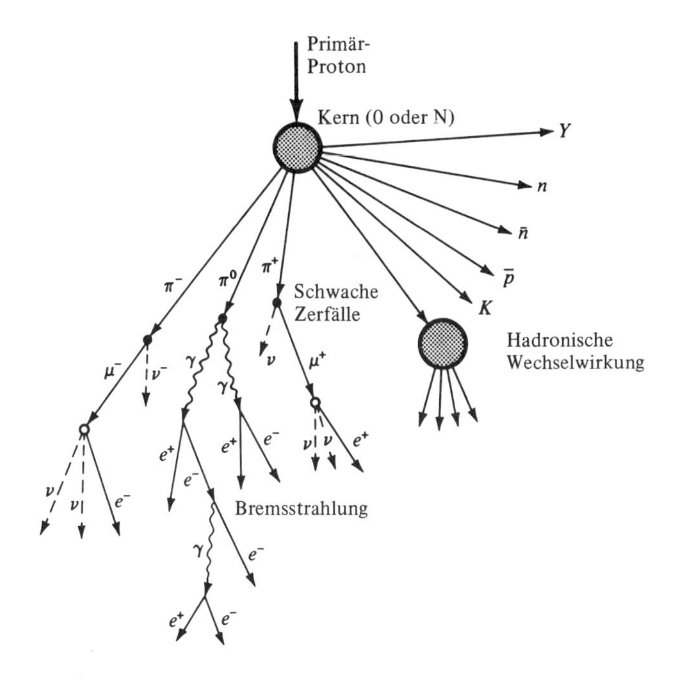

Bild 18.1 Ein einfallendes, hochenergetisches Proton tritt in die Atmosphäre ein und erzeugt einen Kaskadenschauer.

selle Verteilung, die man in der Sonnenatmosphäre und in Meteoriten beobachtet. Einige bemerkenswerte Tatsachen lassen sich durch den Vergleich der kosmischen Strahlung und den universellen Daten beobachten: (1) Die Elemente Li, Be und B sind etwa 10^5 mal häufiger in der kosmischen Strahlung vertreten als universell. (2) Das Verhältnis von ^{3}He zu ^{4}He ist in der kosmischen Strahlung etwa 300 mal größer. (3) Sehr schwere Kerne beobachtet man viel häufiger in der kosmischen Strahlung. Die ersten beiden Tatsachen können durch die Annahme erklärt werden, daß die kosmische Strahlung einige g/cm² Materie zwischen seiner Entstehung und dem Beginn der Erdatmosphäre durchlaufen hat. Bei einer solchen Materiedicke erzeugen Kernreaktionen die beobachtete Verteilung. Da die interstellare Dichte etwa 10^{-25} g/cm³ beträgt, haben die kosmischen Strahlen eine Laufzeit von etwa 10^7–10^8 Jahre hinter sich. Zwei weitere Tatsachen haben sich als wichtig für Theorien erwiesen, die die Entstehung der kosmischen Strahlen beschreiben: (4) Bis jetzt wurden keine Antihadronen im primären kosmischen Strahl beobachtet[8]. (5) Auch Elektronen sind im Primärstrahl vertreten – im gleichen Energieintervall haben sie einen Anteil von etwa 1 % der Kerne; Positronen bilden etwa 10 % der Elektronenkomponente.

8 A. Bufington, L. H. Smith, G. F. Smoot, L. W. Alvarez und M. A. Wahlig, *Nature* **236**, 335 (1972).

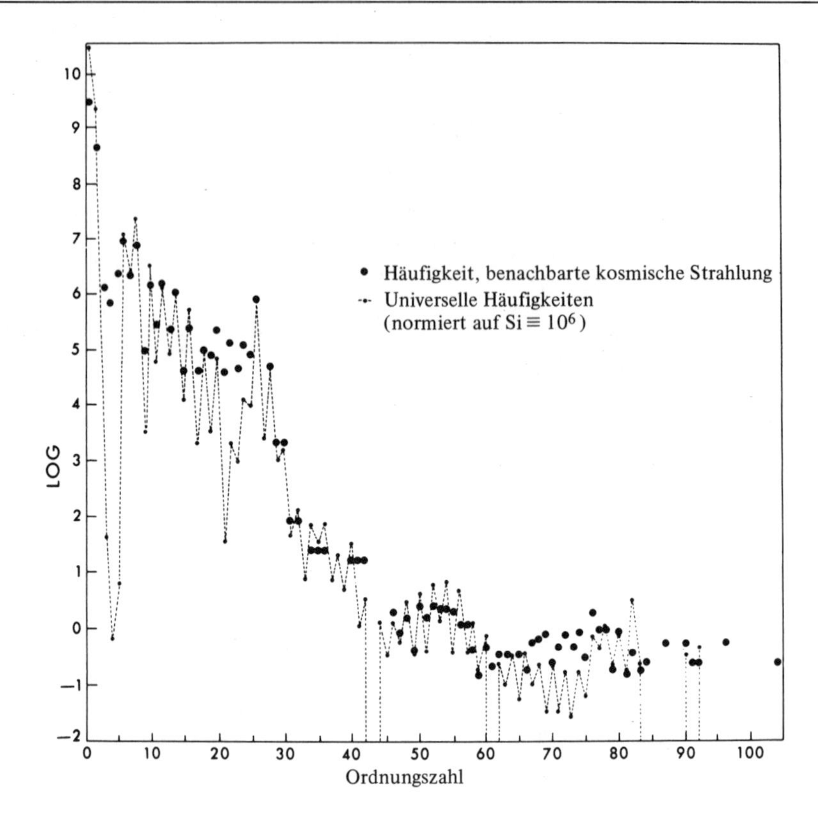

Bild 18.2 Zusammensetzung der nuklearen Komponente der primären kosmischen Strahlen. Zum Vergleich ist die Verteilung im Universum gezeigt.[Mit freundlicher Genehmigung von P. B. Price, aktualisiert von P. B. Price und R. L. Fleischer, *Ann. Rev. Nucl. Sci.* 21, 295 (1971).]

Das Energiespektrum - die Zahl der Primärteilchen als Funktion ihrer Energie - wurde über einen sehr großen Bereich gemessen. In Bild 18. 3 wird das für die Nuklearkomponente gezeigt. Die Daten erstrecken sich über 14 Dekaden in der Energie und 32 Dekaden in der Intensität. Die höchste beobachtete Energie ist 4×10^{21} eV oder ungefähr 60 Joules[9]. Bild 18. 3 beweist, daß die Verteilung der kosmischen Strahlung eine andere Form als die Wärmestrahlung hat. Der Abfall erfolgt nicht exponentiell, sondern viel langsamer. Ein guter Datenfit, mit Ausnahme der kleinsten Energien, ist durch

$$I(E) \propto E^{-2,6} \tag{18.1}$$

gegeben, wo $I(E)$ die Intensität der nuklearen Komponente mit der Energie E darstellt. Das Elektronenspektrum ist ähnlich wie Bild 18. 3 für Energien

9 K. Suga, H. Sakuyama, S. Kawaguchi und T. Hara, *Phys. Rev. Letters* 27, 1604 (1971).

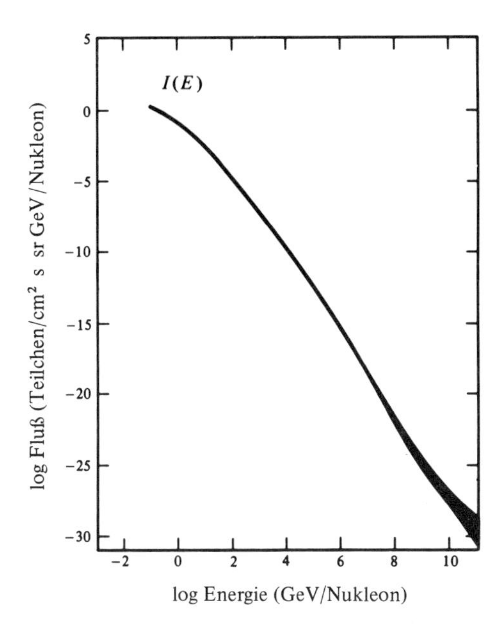

Bild 18.3 Energiespektrum der nuklearen Komponente der primären kosmischen Strahlen.

oberhalb von 1 GeV, aber etwas flacher darunter. Zwei weitere Tatsachen sind bei der Diskussion der Entstehung der kosmischen Strahlung wichtig, wenn man die Energiespektren betrachtet. Eine ist die Isotropie der kosmischen Strahlung, die andere ist die Konstanz über längere Zeit. Messungen im äußeren Raum zeigen, daß der Fluß der kosmischen Strahlung im wesentlichen isotrop ist. Es ist allerdings möglich, daß der Fluß aus dem Zentrum unseres Milchstraßensystems etwa 1% größer ist als der durchschnittliche Wert, diese Annahme konnte jedoch noch nicht eindeutig bewiesen werden. Die Zeitabhängigkeit der Intensität über lange Perioden wurde mit Hilfe der Verteilung von Nukliden in Mondproben und Meteoriten untersucht. Die Intensität der kosmischen Strahlung ist etwa über eine Periode von 10^9 Jahren konstant geblieben.

Die oben diskutierten experimentellen Ergebnisse fordern also für die Quellen der kosmischen Strahlung folgende Eigenschaften[10]: es müssen kosmische Strahlung bis zu Energien von 10^{22} eV mit einem Energiespektrum erzeugt werden, das durch Gl. 18.1 gegeben ist. Die gesamte produzierte Energie muß in unserem Milchstraßensystem die Größenordnung 10^{49} erg/a haben. Die kosmische Strahlung muß isotrop und über 10^9 a konstant sein. Das Primärspektrum muß schwere Elemente bis $Z = 100$ einschließen, aber weniger als 1% Antihadronen.

10 V. L. Ginzburg, *Sci. Amer.* 220, 50 (Februar 1969); R. Cowsik und P. B. Price, *Phys. Today* 24, 30 (Oktober 1971).

Kein Modellvorschlag kann bis heute eindeutig und befriedigend alle Daten erklären. Drei der wichtigsten Fragen bleiben unbeantwortet. 1. Woher kommen die kosmischen Strahlen. 2. Wie werden sie erzeugt. 3. Wie werden sie beschleunigt. Zu jedem dieser Probleme lassen sich einige Bemerkungen machen.

1. Die 1. Frage kann mit Hilfe des Bildes 18.4 beantwortet werden, indem man einen Querschnitt durch unser Milchstraßensystem legt. Kosmische Strahlen können in dem inneren Ring oder dem galaktischen Halo entstehen, oder sie können von außen in das Milchstraßensystem eindringen [11]. Bis heute weiß man nicht, wo der Hauptteil der kosmischen Strahlen entsteht, aber die meisten Experten bevorzugen das Milchstraßensystem.

2. Man nimmt heute an, daß Supernovae und Neutronensterne die kosmischen Strahlen mit den entsprechenden Eigenschaften erzeugen können [12]. In unserem Milchstraßensystem erscheint alle 30 Jahre eine Supernova; eine Supernova kann etwa 10^{51} bis $10^{52,5}$ erg Energie erzeugen. Deshalb könnten die Supernovae die erforderlichen 10^{49} erg pro Jahr liefern.

3. Möglicherweise werden die kosmischen Strahlen mit einem Energiespektrum emittiert, wie es schon in Gl. 18.1 beschrieben wurde. Es ist jedoch ebenfalls möglich, daß die Natur die Technik der Hochenergiebeschleuniger anwendet, nämlich eine Beschleunigung in Abschnitten. (Siehe Abschnitt 2.5.) Ein Mechanismus für die Beschleunigung im interstellaren Raum, nämlich ein Zusammenstoß mit sich bewegenden Magnetfeldern, wurde durch Fermi vorgeschlagen [13].

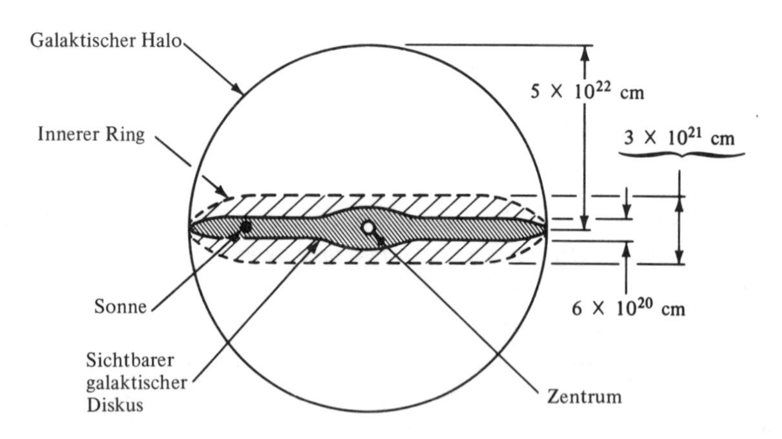

Bild 18.4 Querschnitt durch unsere Galaxie.

11 V. L. Ginzburg und V. S. Ptuskin, *Rev. Mod. Phys.* 48, 161 (1976).

12 R. M. Kulsrud, J. P. Ostriker und J. E. Gunn, *Phys. Letters* 28, 636 (1972).

13 E. Fermi, *Phys. Rev.* 75, 12 (1949). Reprinted in *Cosmic Rays, Selected Reprints*, American Institute of Physics, New York.

18.2 *Sternenergie*

Und Gott sprach, es werde Licht! und es ward Licht.

Genesis

Im vorigen Abschnitt haben wir gezeigt, daß die Quelle der energiereichsten Strahlung, die auf die Erde trifft - die kosmische Strahlung -, immer noch mit einem Geheimnis umgeben ist. Eine andere Strahlungsquelle ist jedoch gut bekannt, die Sonne. Man glaubt, den Mechanismus der Energieproduktion in der Sonne zu verstehen, und wir werden ihn als Beispiel für die Energieerzeugung der Sterne diskutieren. In Abschnitt 17.3 haben wir darauf hingewiesen, daß die Konstruktion eines terrestrischen Fusionsreaktors schwierig ist. Das Hauptproblem liegt in der Umhüllung: Ein Plasma mit einer Temperatur von ungefähr 10^8 K muß in einem endlichen Volumen gehalten werden. Feste Wände können einer solchen Temperatur nicht standhalten, und so verwendet man magnetische Umhüllungen. Das Volumen des magnetischen Feldes muß relativ klein sein (einige m^3). Ansonsten wären die Kosten für Energie und Konstruktion unerschwinglich. Der Schöpfer der Sonne hat zwar keinen sehr eleganten, aber doch gangbaren Weg gefunden. Er machte den Behälter sehr groß, mit einem Radius von ungefähr 7×10^{10} cm, mit einer Außentemperatur von ungefähr 6000 K, und mit einer Zentraltemperatur von etwa $1{,}4 \times 10^7$ K. Die Fusionsreaktion verläuft dann viel langsamer als das bei terrestrischen Reaktoren nötig ist. Trotzdem ist die Produktion der Gesamtenergie immens, da das Volumen groß ist.

Bevor die Kernreaktionen entdeckt wurden, war die Energieproduktion in der Sonne unerklärlich. Keine bekannte Quelle konnte genügend Energie liefern; im besonderen war durch geophysikalische Studien bekannt, daß die Sonne für mindestens 10^9 Jahre etwa die gleiche Temperatur geliefert haben muß. Einer der ersten, der die Natur der Energieerzeugung erkannte, war Eddington [14]. Er zeigte, daß bei einer Fusion von 4 Wasserstoffatomen zu einem Atom Helium etwa 7 MeV/Nukleon erzeugt werden; die Fusion liefert daher millionenmal mehr Energie als eine chemische Reaktion. Ein Problem bleibt jedoch ungelöst. Klassisch kann keine Fusion auftreten, auch bei Sterntemperaturen nicht, da die Protonen nicht genügend Energie besitzen, um ihre gegenseitige Abstoßung zu überwinden. Quantenmechanisch jedoch erlaubt der Tunneleffekt Reaktionen auch bei viel kleineren Temperaturen [15]; man führte spezifische Reaktionen ein, die für die Produktion der Sternenergie verantwortlich sind [16]. Die erste Reaktionsfolge, die

---

14 A. S. Eddington, *Brit. Assoc. Advan. Sci. Rept. Cardiff*, 1920. In dieser Rede sagte Eddington auch: „Wenn tatsächlich die subatomare Energie in den Sternen frei verwendet wird, um die Energieproduktion zu unterhalten, so scheint das unseren Traum der Erfüllung etwas näher zu bringen, diese latente Energie zum Wohle der Menschheit einzusetzen – oder zum Selbstmord.

15 R. Atkinson und F. Houtermans, *Z. Physik* **54**, 656 (1928).

16 H. A. Bethe, *Phys. Rev.* **55**, 434 (1939); C. F. Weizsäcker, *Physik. Z.* **39**, 633 (1938); H. A. Bethe und C. L. Critchfield, *Phys. Rev.* **54**, 248 (1938).

vorgeschlagen wurde, war der Kohlenstoff- oder CNO-Zyklus, in dem ein ^{12}C und 4 Protonen in ein α-Teilchen und ein ^{12}C umgewandelt werden. Dieser Zyklus läuft in folgender Weise ab:

$$^{12}C\,p \longrightarrow {}^{13}N\,\gamma$$
$$^{13}N \longrightarrow {}^{13}C\,e^+\,\nu$$
$$^{13}C\,p \longrightarrow {}^{14}N\,\gamma$$
$$^{14}N\,p \longrightarrow {}^{15}O\,\gamma$$
$$^{15}O \longrightarrow {}^{15}N\,e^+\,\nu$$
$$^{15}N\,p \longrightarrow {}^{12}C\,{}^{4}He. \tag{18.2}$$

In dieser Folge wirkt ^{12}C als Katalysator. Er wird zwar Änderungen unterworfen, aber nicht aufgebraucht, und erscheint im Endzustand wieder. Die Gesamtreaktion ist

$$4p \longrightarrow {}^{4}He.$$

Die gesamte freiwerdende Energie in dieser Reaktion kann man leicht mit Hilfe der Massenwerte berechnen, die in Tafel A 6 gegeben sind. Es ergibt sich

$$Q(4p \longrightarrow {}^{4}He) = 26{,}7\text{ MeV}. \tag{18.3}$$

Von dieser Energie heizen etwa 25 MeV den Stern auf und der Rest wird von den Neutrinos davongetragen. Der CNO-Zyklus dominiert in heißen Sternen; in kühleren Sternen, speziell in der Sonne, ist jedoch der *pp* Zyklus wichtiger. Die wesentlichen Schritte des *pp* Zyklus sind

$$\left.\begin{array}{c} pp \longrightarrow de^+\nu \\ \text{oder} \\ ppe^- \longrightarrow d\nu \end{array}\right\} \; dp \longrightarrow {}^{3}He\,\gamma \tag{18.4}$$

und

$$\begin{array}{c} ^{3}He\,{}^{3}He \longrightarrow {}^{4}He\,2p \\ \text{oder} \\ ^{3}He\,{}^{4}He \longrightarrow {}^{7}Be\,\gamma. \end{array} \tag{18.5}$$

Im ersten Teil der Gl. 18.5 wurde die Gesamtreaktion $4p \rightarrow {}^{4}He + 2e^+ + 2\nu$ schon aufgeführt. Im zweiten Teil wird ^{7}Be gebildet, aus dem dann ^{4}He durch die beiden Reihen:

$$^{7}Be\,e^- \longrightarrow {}^{7}Li\,\nu; \qquad {}^{7}Li\,p \longrightarrow 2\,{}^{4}He$$

(18.6) oder

$$^{7}Be\,p \longrightarrow {}^{8}B\,\gamma; \qquad {}^{8}B \longrightarrow {}^{8}Be^*\,e^+\nu; \qquad {}^{8}Be^* \longrightarrow 2\,{}^{4}He$$

entsteht. Der *pp* Zyklus liefert die gleiche Energie wie der CNO-Zyklus, Gl. 18.3. Um die Reaktionsraten zu berechnen, sind zwei sehr verschiedene Eingangsdaten nötig. 1. Die Temperaturverteilung im Innern der Sonne muß bekannt sein. Das Originalwerk geht auf Eddington zurück.[17] Die verbesserte Version[18] wird für zuverlässig gehalten und die Astrophysiker sind bereit zu wetten, daß die Temperatur der Sonne im Inneren ungefähr 14 Millionen K beträgt.

2. Der Wirkungsquerschnitt für die oben aufgeführten Reaktionen bei einer Temperatur von 14 Mill. K muß bekannt sein. Diese Temperatur entspricht einer kinetischen Energie von nur einigen keV, und die entsprechenden Wirkungsquerschnitte sind extrem klein. Ein Blick auf die Gln. 18.4 - 18.6 zeigt, daß zwei Typen von Reaktionen auftreten, hadronische und schwache. Alle Reaktionen, bei denen Neutrinos entstehen, nennt man schwach. Die mittlere Lebensdauer des Zerfalls von ^{8}B nach ^{8}Be* $e^+\nu$ wurde gemessen. Die beiden schwachen Reaktionen in Gl. 18.4 jedoch sind so langsam, daß sie nicht im Laboratorium gemessen werden können. Sie müssen mit Hilfe des schwachen Hamiltonoperators berechnet werden, der in Kap. 11 diskutiert wurde[19]. Um den Wirkungsquerschnitt für hadronische Reaktionen zu finden, mißt man die Werte bei höheren Temperaturen und extrapoliert sie hinunter bis zu einigen keV. Die meisten relevanten, sehr sorgfältig ausgeführten Experimente wurden am California Institute of Technology unter der Leitung von W. A. Fowler[20] durchgeführt. Experimentelle und theoretische Kernphysiker sind überzeugt, daß ihre Zahlen zuverlässig sind und kaum geändert werden müssen. Beide Aspekte, die Sternstruktur und die Kernphysik der Sonnenenergieproduktion, scheinen daher verstanden zu sein. Wir werden jedoch auf diesen Punkt im nächsten Abschnitt zurückkommen.

18.3 *Neutrino-Astronomie*

Die klassische Astronomie beruht auf Beobachtungen in dem engen Band des sichtbaren Lichtes von 400 bis 800 nm. In wenigen Jahrzehnten erweiterte sich dieses Fenster enorm durch die Radioastronomie auf der einen Seite und durch die Röntgenstrahlen- und γ-Strahlenastronomie auf der anderen. Die geladenen kosmischen Strahlen sorgten für eine weitere Ausdehnung. Allerdings zeigt sich bei all diesen Beobachtungen eine allgemeine Beschränkung. Sie verschaffen uns keinen Einblick in das Innere der Sterne,

17 A. S. Eddington, *Internal Consitution of Stars*, Cambridge University Press, Cambridge, 1926.

18 D. D. Clayton, *Principles of Stellar Evolution and Nucleosynthesis*, McGraw-Hill, New York, 1968; M. Schwarzschild, *Structure and Evolution of the Stars*, Princeton University Press, Princeton, N.J., 1958.

19 J. N. Bahcall und R. M. May, *Astrophys. J.* **155**, 501 (1969); J. N. Bahcall und C. P. Moeller, *Astrophys. J.* **155**, 511, (1969).

20 T. A. Tombrello, in *Nuclear Research with Low Energy Accerators* (J. B. Marion und D. M. van Patter, eds.), Academic Press, New York, 1967, S. 195. S.a.: *New Uses for Low-Energy Accelerators*, National Acad. Sciences, Washington, D. C., 1968. C. A. Barnes, in *Advances in Nuclear Physics*, Vol. 4 (M. Baranger und E. Vogt, eds.), Plenum Press, New York, 1971.

da die Strahlung in einem relativ kleinen Bereich der Materie absorbiert wird (Kapitel 3). Glücklicherweise gibt es ein Teilchen, das, wie allgemein angenommen wird, auch aus dem Inneren der Sterne entweicht, nämlich das Neutrino, und die Neutrino-Astronomie[21][22], obwohl extrem schwierig, verspricht ein unersetzliches Instrument in der Astrophysik zu werden. Die einzigartigen Eigenschaften des Neutrinos wurden schon in Abschnitt 7.4 und 11.10 behandelt:

1. Die Absorption von Neutrinos und Antineutrinos in Materie ist sehr klein. Für den Absorptionsquerschnitt, Gl. 11.76, ergibt sich

$$\sigma(\mathrm{cm}^2) = 2{,}3 \times 10^{-44} \frac{p_e}{m_e c} \frac{E_e}{m_e c^2}, \tag{18.7}$$

p_e und E_e sind dabei Impuls und Energie des Restelektrons in der Reaktion $\nu N \longrightarrow eN'$. Mit den Gln. 6.8 und 6.9 findet man dann den mittleren freien Weg eines 1-MeV Neutrinos in Wasser zu etwa 10^{21} cm. Das überschreitet bei weitem die lineare Dimension der Sterne, die bis zu 10^{13} cm beträgt. (Siehe auch Bild 1.1.)

2. Neutrino und Antineutrino können durch ihre Reaktionen mit der Materie unterschieden werden.

Wir werden weniger die Möglichkeiten der Neutrino-Astronomie im allgemeinen behandeln, sondern den Fall der Sonnen-Neutrinos besprechen, da das eine geheimnisvolle Geschichte ist, deren Ende noch nicht abzusehen ist. In den Gln. 18.4 bis 18.6 werden die Schritte des *pp*-Zyklus beschrieben. Vier Reaktionen in diesem Zyklus erzeugen Neutrinos. Diese Reaktionen sind in Tabelle 18.1 dargestellt, zusammen mit der Neutrino-Energie und mit deren errechneten, relativen Intensität[23]. Im Jahre 1964 wurde von Bahcall und Davis[24] darauf hingeweisen, daß es möglich sein sollte, direkt das Erscheinen der *pp*-Fusionsreaktion in der Sonne zu veri-

Tabelle 18.1 Neutrinoerzeugende Reaktionen, *pp*-Zyklus.

Reaktion	Relative Intensität	Neutrino-Energie	
$pp \longrightarrow de^+\nu_e$	0,9975	Spektrum	$E_{\max} = 0{,}42$ MeV
$ppe^- \longrightarrow d\nu_e$	0,0025	Monoenerg.	$E = 1{,}44$ MeV
$^7\mathrm{Be}\, e^- \longrightarrow {}^7\mathrm{Li}\, \nu_e$	0,86	Monoenerg.	$E = 0{,}86$ MeV
$^8\mathrm{B} \longrightarrow {}^8\mathrm{Be}^*\, e^+\nu_e$	0,002	Spektrum	$E_{\max} = 14{,}1$ MeV

21 P. Morrison, *Sci. Amer.* **207**, 90 (Aug. 1962).

22 H. Y. Chiu, *Ann. Rev. Nucl. Sci.* **16**, 591 (1966).

23 J. N. Bahcall und R. K. Ulrich, *Astrophys. J.* **170**, 479 (1971).

24 J. N. Bahcall, *Phys. Rev. Letters* **12**, 300 (1964); R. Davis, Jr., *Phys. Rev. Letters* **12**, 303 (1964). J. N. Bahcall, *Sci. Amer.* **221**, 28 (Juli 1969).

fizieren, indem man die Sonnenneutrinos durch die Gl. 7.31 nachweist:

(18.8) $\nu_e\ {}^{37}\mathrm{Cl} \longrightarrow e^-\ {}^{37}\mathrm{Ar}$.

Elektronenneutrinos (aber nicht Antineutrinos) mit einer Energie größer als 0,814 MeV werden von ^{37}Cl eingefangen. Das Ergebnis ist ^{37}Ar und ein Elektron. Wie Gl. 18.7 zeigt, ist der Wirkungsquerschnitt für diesen Prozeß extrem klein, jedoch sollte es aus vier Gründen möglich sein, diese Reaktion zu entdecken: (1) Der Neutrinofluß von der Sonne ist extrem groß. Die Größenordnung beträgt etwa 10^{11} Neutrinos/cm^2 s auf der Oberfläche der Erde. Es folgt dann aus Tabelle 18.1, daß der Fluß der energiereichen Neutrinos ungefähr 2×10^8 Neutrinos/cm^2 s beträgt. (2) Die Detektoren können sehr groß gemacht werden. (3) Das ^{37}Ar kann selbst in winzigen Quantitäten nachgewiesen werden, da es radioaktiv ist. Es zerfällt durch Elektroneneinfang,

(18.9) $e^-\ {}^{37}\mathrm{Ar} \longrightarrow \nu_e\ {}^{37}\mathrm{Cl}$,

mit einer Halbwertszeit von 35 Tagen. Das Elektron wird gewöhnlich aus der K-Schale eingefangen und hinterläßt dort ein Loch. Wenn ein Elektron von einer höheren Schale in dieses Loch hineinfällt, wird die freiwerdende Energie als Röntgenstrahlung emittiert oder dazu benutzt, ein Elektron aus einer äußeren Schale hinaus zu werfen; dieses Elektron nennt man Auger-Elektron. Diese Auger-Elektronen haben eine wohldefinierte Energie, in diesem Fall 2,8 keV; sie können daher sauber gezählt werden. (4) Ar ist ein Edelgas. Folglich läßt es sich leicht von Chlor separieren und konzentrieren.

Das Experiment von Davis und Mitarbeitern basiert auf den oben angeführten vier Punkten[25]. Ein Tank mit 390 000 Litern von C_2Cl_4 (Tetrachchloräthylen, ein übliches Reinigungsmittel) wurde in einer Felsenhöhle in der Homestake-Goldmine in Lead, South Dakota, untergebracht. Er befindet sich 1,5 km unter dem Boden, um den Untergrund der kosmischen Strahlen zu reduzieren. Die Häufigkeit des kritischen Isotops ^{37}Cl beträgt 25%. Eine Neutrino-Reaktion produziert ^{37}Ar. Das radioaktive Argon wird dann für einige Monate gesammelt und durch eine Spülung mit Helium wird es aus dem Tank entfernt. Das Argon wird dann vom Helium durch Adsorption in einer kalten Holzkohlenfalle separiert und in einem 0,5 cm^3 Proportionalzähler gezählt. Das Resultat wird in Sonnen-Neutrino-Einheiten ausgedrückt, wo 1 SNU = 10^{-36} Ereignisse/Sekunde · Targetatom beträgt.

Die theoretisch vorhergesagten Neutrino-Zählraten sind in Tabelle 18.2 eingetragen.[26]

25 R. Davis, Jr., D. S. Harmer und K. C. Hoffman, *Phys. Rev. Letters* 20, 1205 (1968).

26 J. N. Bahcall, *Comments Nuclear Particle Phys.* 5, 59 (1972).

Tabelle 18.2 Theoretische Vorhersagen der Neutrinozählrate. (1 SNU = 10^{-36} Neutrinoeinfänge/s Targetatom).

Annahme	Erwartete Zählrate (SNU)
CNO-Zyklus für die Sonnenenergie	35
Gegenwärtig beste Theorie, *pp*-Zyklus	6 ± 3
Untere Grenze, mit der Theorie konsistent	1,7 ± 0,3

Die neuesten Ergebnisse von Davis [26] [27] betragen

Experimenteller Wert < 1 SNU.

Es besteht eine ernste Diskrepanz zwischen dem Experiment und der Vorhersage. Sonnenneutrinos gehen verloren, und niemand weiß warum. Entweder ist das Experiment falsch, oder einige Aspekte der Sonnentheorie müssen modifiziert werden, oder die kernphysikalischen Eingangsdaten müssen radikal geändert werden, oder einige unerwartete Erscheinungen der Teilchenphysik, z.B. Neutrinozerfall, haben ihre Existenz angedeutet.

18.4 *Kernsynthese*

Am Anfang schuf Gott Himmel und Erde.

Genesis

Nach Gamow [28] war am Anfang eine extrem heiße und hochkomprimierte Neutronenwolke vorhanden, die von Strahlung umgeben war. Wegen seiner großen internen Energie begann dieser anfängliche Feuerball oder Ylem [29] zu expandieren, und die Neutronen zerfielen zu Protonen. Wenn dann die Temperatur des Ylem wegen der Expansion bis auf 10^9 K gesunken war, blieben die Deuteronen stabil, die durch die Einfangsreaktion

$$np \longrightarrow d\gamma$$

entstanden waren. Weiterer Neutroneneinfang führte zu der Bildung von ^{3}H. Die ^{3}H-Kerne zerfielen durch β-Emission zu ^{3}He, das ein weiteres Neutron einfing, um ^{4}He zu bilden. Es ist also möglich, ^{4}He durch den *pp* Fusionszyklus zu erreichen, der in Abschnitt 18.2 diskutiert wurde. Je-

27 *Phys. Today*, **25**, 17 (August 1972).

28 G. Gamow, *Phys. Rev.* **70**, 572 (1946); *Rev. Modern Phys.* **21**, 367 (1949). Es sollte klar sein, daß die hier beschriebene Nukleosynthese eine Hypothese ist. Sie erklärt die meisten Tatsachen gut, aber es ist möglich, daß sie in Zukunft durch eine andere Theorie ersetzt wird.

29 Gamow führte das Wort „Ylem" ein, es ist ein veralteter Begriff und bedeutet die primäre Substanz, aus der die Elemente entstanden. Im wissenschaftlichen Slang wird der Augenblick der Entstehung „big bang" (Urknall) genannt.

doch kann man mit dem Neutroneneinfang keine Elemente erzeugen, die schwerer sind als ^{4}He: $n + {}^4$He führt zu ^{5}He, das unstabil ist und wiederum nach ^{4}He zerfällt. Des weiteren führt die Einfangsreaktion von α-Teilchen

(18.10) $\quad {}^4\text{He}\,{}^4\text{He} \longrightarrow {}^8\text{Be},$

zu dem hochinstabilen Nuklid ^{8}Be, das sofort wieder in zwei α-Teilchen zerfällt. Daher existieren einige Zeit nach dem Big-bang die Elemente H und He in dem sich ausdehnenden Feuerball, schwere Elemente aber lassen sich nicht durch Neutroneneinfang erzeugen.

Obwohl einige Physiker glaubten, daß andere Reaktionen in dem sich ausdehnenden Feuerball die Bildung aller Elemente erklären könnte, wurde diese Meinung nur von wenigen geteilt. Da es wenige Informationen über die Temperatur des Ylem gab, war es schwierig, diese Hypothese zu eliminieren. Im Jahre 1965 jedoch entdeckten Penzias und Wilson eine Mikrowellenhintergrundstrahlung [30]). Diese Strahlung stimmt im wesentlichen mit dem Spektrum eines schwarzen Körpers mit einer Temperatur von ungefähr 2,7 K überein und wird interpretiert als die Strahlung, die von dem Ur-Feuerball übrigblieb; sie liefert daher einige Informationen über die Bedingungen in dem Ylem. Die Big-bang-Kernsynthese wurde wieder hervorgeholt und es war sofort klar: für die heutzutage vorhandene Temperatur von 2,7 K und bei einer universellen Dichte von $\lesssim 10^{-28}$ g/cm^3 kann die beobachtete Häufigkeit der schweren Elemente durch die Big-bang-Synthese [31]) nicht erklärt werden. Schwerere Elemente wurden offensichtlich erst später erzeugt, als die Sterne bereits vorhanden waren. Die Kernsynthese, die Erklärung der Häufigkeit der nuklearen Spezies, ist daher eng mit den Problemen der Sternstruktur und der Evolution verbunden.

In einem Stern versucht der Gravitationsdruck das Volumen des Sternes zu verkleinern, während der Druck des Gases im Inneren in die entgegengesetzte Richtung wirkt. Druck und Temperatur im Inneren eines Sternes sind immens. In der Sonne z.B. beträgt der Druck im Inneren ungefähr 2×10^{10} atm und die Temperatur 14 MK. Unter diesen Umständen sind die Atome vollständig ionisiert, und es ergibt sich eine Mischung aus freien Elektronen und nackten Kernen. Diese Mischung bildet das "Gas", das oben erwähnt wurde. Der innere Druck wird unterhalten durch die Kernreaktion, die die Energie für die Sternstrahlung liefert. Solange diese Reaktion vor sich geht, halten sich Gravitations- und innerer Druck die Waage, und der Stern ist im Gleichgewicht. Was passiert jedoch, wenn der Brennstoff aufgebraucht ist? Oder um ein Beispiel zu geben, was ereignet sich in unserer Sonne, wenn der gesamte Wasserstoff verbraucht ist und der pp-Zyklus aufhört? An diesem Punkt wird sich der Stern durch die Gravitation zusammenziehen und die zentrale Temperatur und der zentrale Druck steigt. Bei

30 A. A. Penzias und R. W. Wilson, *Astrophys. J.* **142**, 419 (1964). S. a. G. B. Fields in „The Growth Points of Physics," *Rivista del Nuovo Cimento* **1**, 87, (1969) und P. J. E. Peebles und D. T. Wilkinson, *Sci. Amer.* **216**, 28 (Juni 1967).

31 R. V. Wagoner, W. A. Fowler und F. Hoyle, *Astrophys. J.* **148**, 3 (1967).

einer höheren Temperatur treten neue Reaktionen auf, ein neues Gleichgewicht stellt sich ein und neue Elemente werden gebildet. Es finden also alternierende Vorgänge des nuklearen Brennvorganges und der Kontraktion statt. Der Brennvorgang kann gleichmäßig sein wie in der Sonne oder explosiv wie in den Supernovae, aber beide sind bei der Synthese von schwereren Elementen beteiligt.

Der nächste wichtige Schritt nach der Bildung von ^{4}He ist die Erzeugung von ^{12}C. Das durch die Reaktion Gl. 18.10 gebildete ^{8}Be ist unstabil. Ist jedoch die Dichte von ^{4}He sehr hoch, so sind meßbare Quantitäten von ^{8}Be in der Gleichgewichtsituation vorhanden

$$^{4}\mathrm{He}\,^{4}\mathrm{He} \rightleftarrows {}^{8}\mathrm{Be}^{*}.$$

Dann kann der Einfang von α-Teilchen stattfinden.

$$^{4}\mathrm{He}\,^{8}\mathrm{Be}^{*} \longrightarrow {}^{12}\mathrm{C}. \tag{18.11}$$

Diese Einfangreaktion wird bevorzugt, da die Bildung von ^{12}C hauptsächlich über den Resonanzeinfang zu einem angeregten Zustand ^{12}C* erfolgt.

Die Bildung von ^{16}O kann über den CNO-Zyklus erfolgen, Gl. 18.2, aber das Helium-Brennen ist die dominante Reaktion:

$$^{4}\mathrm{He}\,^{12}\mathrm{C} \longrightarrow {}^{16}\mathrm{O}\,\gamma. \tag{18.12}$$

Diese Folge kann die Leiter der Elemente hinauf wiederholt werden, und n und p Einfang-Reaktionen können die Elemente bilden, die zwischen den α-ähnlichen Nukliden liegen. Fusionsreaktionen jedoch, manchmal auch Kohlenstoffbrennen genannt, zeigen sich verantwortlich für die Häufigkeit der Elemente $20 \lesssim A \lesssim 32$. Diese Reaktionen

$$\begin{aligned} ^{12}\mathrm{C}\,^{12}\mathrm{C} &\longrightarrow {}^{20}\mathrm{Ne}\,\alpha \\ &\longrightarrow {}^{23}\mathrm{Na}\,\mathrm{p} \\ &\longrightarrow {}^{23}\mathrm{Mg}\,\mathrm{n} \end{aligned} \tag{18.13}$$

erfordern Temperaturen, die größer sind als ungefähr 10^{9} K. Solche Temperaturen sind nur in einigen sehr massiven Sternen möglich, und das Kohlenstoffbrennen findet daher hauptsächlich in explodierenden Sternen statt, wie man glaubt. Wenn man annimmt, daß die Temperatur in explodierenden Sternen ungefähr 2×10^{9} K beträgt, so stimmt die Häufigkeit der Elemente mit den Beobachtungen überein, wie in Bild 18.5 gezeigt ist. Ebenso kann das Sauerstoffbrennen

$$\begin{aligned} ^{16}\mathrm{O}\,^{16}\mathrm{O} &\longrightarrow {}^{28}\mathrm{Si}\,\alpha \\ &\longrightarrow {}^{31}\mathrm{P}\,\mathrm{p} \\ &\longrightarrow {}^{31}\mathrm{S}\,\mathrm{n} \end{aligned} \tag{18.14}$$

die Häufigkeit der Elemente von $32 \lesssim A \lesssim 42$ erklären; dazu ist aber eine

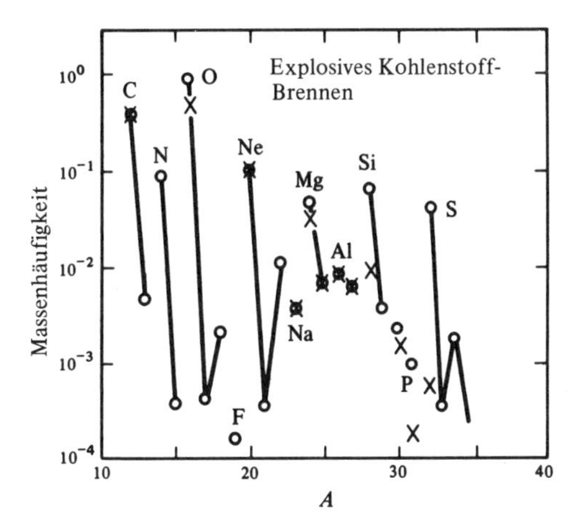

Bild 18.5 Produkte des Kohlenstoff-Brennens in einem explodierendem Stern. Die Kreise stellen die Häufigkeit im Sonnensystem dar, die berechneten Häufigkeiten sind als Kreuze gezeigt. Die durchgezogenen Linien verbinden alle stabilen Isotope eines gegebenen Elements. Die angenommene Maximaltemperatur ist $2 \cdot 10^9$ K, die Dichte 10^5 g/cm^3. [Nach W. D. Arnett und D. D. Clayton, *Nature* 227, 780 (1970).]

Temperatur von ungefähr $3{,}6 \times 10^9$ K erforderlich. Das Siliziumbrennen erklärt die Bildung der Elemente bis zu Nickel.

Wenn die Element-Bildung Eisen erreicht, tritt ein neuer Aspekt auf. Wie in Bild 14.1 gezeigt, hat die Bindungsenergie pro Nukleon ein Maximum in der Eisengruppe. Bei Elementen, die darüber liegen, nimmt die Bindungsenergie pro Nukleon ab. Daher können die Eisenisotope nicht als Brennstoff dienen, und das Brennen hört auf, sobald das Eisen gebildet ist. Diese Eigenschaft erklärt, warum die Elemente um Eisen häufiger sind als andere.

Die meisten Elemente, die schwerer als Eisen sind, wurden wahrscheinlich durch Neutronen- und Protoneneinfang gebildet. Diese Prozesse erfolgen solange, wie die Sternoberflächen oder Explosionen Neutronen und Protonen produzieren. Sobald einmal die Reaktionen für die Energieproduktion zu Ende gehen, wird auch die weitere Bildung von schweren Elementen unterbunden.

Die Synthese der Elemente, wie sie hier beschrieben wurde, übergeht die Elemente Li, Be und B. Die Häufigkeiten dieser Elemente sind in Bild 18.2 gezeigt und können durch Spallationsreaktionen erklärt werden. Kosmische Strahlen wechselwirken mit schweren Kernen im interstellaren Staub. Diese Kerne brechen in verschiedene Teile, von denen einer leichter ist als der andere. Neueste Experimente zeigen jedoch, daß Be und Li Häufigkeiten haben, die um einen Faktor 300 größer sind als in Bild 18.2 angegeben.

Es ist möglich, daß Reaktionen in explodierenden Sternen auch für diese Elemente verantwortlich sind.

Wir haben nur die einfachsten Ideen der Kernsynthese dargestellt. Die Richtigkeit dieser Überlegungen kann nur durch detaillierte Berechnungen geprüft werden, die Kernphysik und Sternevolution einschließen. Solche Untersuchungen haben ermutigende Resultate gebracht: die meisten, augenfälligsten Eigenschaften der Häufigkeitsverteilung können wenigstens qualitativ erklärt werden. Weitere Untersuchungen sind jedoch erforderlich, bevor man volles Verständnis erreicht hat. [32)–34)]

18.5 *Neutronensterne*

Twinkle, twinkle, little star,
How I wonder what you are,
Up above the world so high,
Like a diamond in the sky.

Im vorhergehenden Abschnitt haben wir die verschiedenen Brennprozesse in Sternen beschrieben. Durch diese Fusionsreaktionen entstehen die Elemente. Gleichzeitig verbrauchen sie immer mehr von dem Kernbrennstoff. Was passiert, wenn der Kernbrennstoff ausgeht? Nach der heutigen Theorie kann ein Stern auf vier verschiedene Arten sterben. Er kann ein schwarzes Loch werden, ein weißer Zwerg, ein Neutronenstern oder er kann völlig auseinanderbrechen. Das endgültige Schicksal wird durch die Anfangsmasse des Sternes bestimmt. Wenn diese Masse kleiner ist als ungefähr vier Sonnenmassen, dann gibt der Stern Masse ab, bis er ein weißer Zwerg wird. Ist die anfängliche Masse größer als ungefähr vier Sonnenmassen, so entwickelt er sich zu einer Supernova, die dann entweder zu einem Neutronenstern, einem schwarzen Loch wird oder völlig zerbricht. Schwarze Löcher ziehen sich immer mehr zusammen und nähern sich einem Radius von ungefähr 3 km, den sie aber nie erreichen, und einer Dichte, die 10^{16} g/cm^3 übersteigt. Neutronensterne haben ungefähr einen Radius von 10 km und eine Zentraldichte, die die Kerndichte von ungefähr 10^{14} g/cm^3 übertrifft. Wir werden unsere Diskussion auf die Neutronensterne beschränken [35)].

32 E. M. Burbidge, G. R. Burbidge, W. A. Fowler und F. Hoyle, *Rev. Modern Phys.* **29**, 548 (1957). Reprinted in *Origin of the Elements*, Selected Reprints, American Institute of Physics, New York.

33 J. W. Truran, „Theories of Nucleosynthesis", in *Symposium on Cosmochemistry*, Cambridge, Mass., 1972.

34 W. D. Arnett und D. D. Clayton, *Nature*, **227**, 780 (1970); D. D. Clayton, *Comments Astrophys. Space Phys.* **3**, 13 (1971).

35 M. A. Ruderman, *Sci. Amer.*, **224**, 24 (Feb. 1971).

Der Querschnitt durch einen typischen Neutronenstern nach der heutigen Theorie ist in Bild 18.6 [36]) gezeigt. Wie kann der Stern diesen Endzustand erreichen und warum kollabiert er nicht vollständig? Die Antwort auf diese Fragen stammt aus vielen Gebieten: Relativität, Quantentheorie, Kern-, Teilchen- und Festkörperphysik. Hier weisen wir auf einige der Eigenschaften hin, die für die Kern- und Teilchenphysik interessant sind.

Man betrachte zuerst Dichte und Zusammensetzung. Für eine gegebene Sternmasse kann der Radius und die Dichteverteilung berechnet werden [37]). Für einen Stern mit einem Radius von 10 km liegt die zentrale Dichte in der Größenordnung von 10^{14} bis 10^{15} g/cm³. Die Dichte wächst daher von Null am Beginn der Atmosphäre bis zu einem Wert im Inneren, der größer ist als die Dichte der Kernmaterie. Aus der Kenntnis der Dichte kann auf die Komposition in einer gegebenen Tiefe geschlossen werden. In früheren Zeiten der stellaren Evolution, wo die Temperaturen hoch waren, dominierten hadronische Prozesse. Diese sind schnell im Vergleich zu Vorgängen, die charakteristisch für stellare Evolution sind und die sich entwikelnden Sterne bleiben in einem nuklearen Gleichgewicht. Später, wenn die schwache Wechselwirkung wichtig wird, bleibt das Gleichgewicht nicht länger erhalten, sondern die Sterne werden versuchen, einen energetisch möglichst vorteilhaften Zustand zu erreichen. Jedes Mal, wenn ein Proton einen

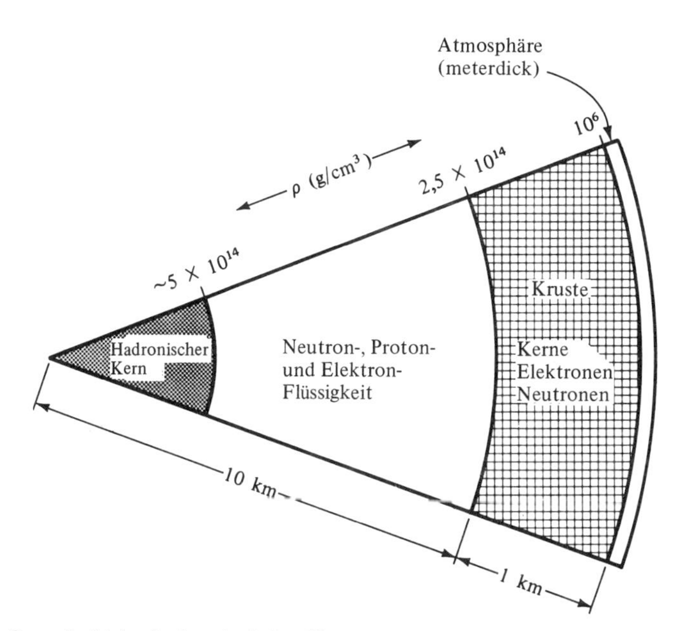

Bild 18.6 Querschnitt durch einen typischen Neutronenstern.

36 G. Baym, *Computational Solid State Physics*, (F. Herman, N. W. Dalton und T. R. Koehler, eds.), Plenum, New York, 1972.

37 G. A. Baym, *Neutron Stars*, Nordita, Kopenhagen, 1970.

β-Zerfall in ein Neutron erlebt oder umgekehrt, wird ein Neutrino emittiert. Es verläßt den Stern und trägt Energie und Entropie mit sich.

Der absolute Grundzustand der Materie als eine Funktion des Druckes beinhaltet Atom- und Kernphysik. Bei einem Druck Null wird die Antwort durch Bild 14.1 oder Tafel A.6 und Gl. 14.3 gegeben. Das stabilste Atom beim Druck Null ist ^{56}Fe. Um die niedrigste Festkörperenergie zu bekommen, wird das Eisenatom in einem Gitter angeordnet. Die äußersten Lagen eines Neutronensterns sind daher erwartungsgemäß aus ^{56}Fe aufgebaut. Weiter drinnen im Stern steigt der Druck. Bei einer Dichte von ungefähr 10^4 g/cm^3 beginnen die Atomkerne sich zu berühren, die Atome werden vollständig ionisiert und die Elektronen sind nicht mehr an ein bestimmtes Atom gebunden. Das Verhalten dieser Elektronen ist für die Evolution des Sterns wichtig; mit Hilfe des Fermigas-Modells kann man das verstehen, s. Abschnitt 14.2. Wir nehmen an, daß die Elektronen ein Gas von extrem relativistischen freien Fermionen bilden, das in ein Volumen V eingeschlossen ist. Alle möglichen Zustände bis zur Fermienergie E_F sind besetzt. Dieses degenerierte Elektronengas sorgt für den Druck, der mit der Gravitation im Gleichgewicht steht. Zur Berechnung dieses Druckes bestimmen wir zuerst die gesamte Energie der n extrem relativistischen Elektronen in einem Volumen V, indem wir den Schritten von Gl. 14.3 - Gl. 14.8 folgen, allerdings unter Verwendung der extrem relativistischen Beziehung $E = pc$. Die gesamte Energie des Elektrons wird dann

$$(18.15) \qquad E = \left(\frac{\pi^2}{4}\right)^{1/3} \hbar c \, \frac{n^{4/3}}{V^{1/3}}.$$

Der Druck dieses Fermigases ist

$$(18.16) \qquad p = -\frac{\partial E}{\partial V} = \frac{1}{3}\left(\frac{\pi^2}{4}\right)^{1/3} \hbar c \left(\frac{n}{V}\right)^{4/3},$$

und dieser Druck hält der Gravitationsanziehung an diesem Punkt in der Entwicklung des Neutronensterns das Gleichgewicht.

Bei Dichten von ungefähr 10^7 g/cm^3 und darüber ist ^{56}Fe nicht mehr der niedrigste Energiezustand. Die Elektronen haben genügend Energie gewonnen, um ^{56}Fe-Kerne durch mehrfachen Elektroneneinfang-Prozeß in ^{62}Ni umzuwandeln. Wie früher festgestellt, nehmen die Neutrinos, die bei diesen Elektroneneinfangprozessen emittiert werden, Energie mit und erniedrigen damit die gesamte Energie des Sterns. Wenn der Druck steigt, geschehen weitere Elektroneneinfangprozesse und bei ungefähr 4×10^{11} g/cm^3 sind Kerne mit 82 Neutronen, wie ^{118}Kr am stabilsten[38]. Auf der Erde hat gewöhnliches Krypton $A = 84$. Die stabilsten Nuklide bei hohem Druck sind daher sehr neutronenreich. Unter gewöhnlichen Umständen würden solche Kerne durch Elektronenemission zerfallen. Bei dem betrachteten Druck

38 G. Baym, C. Pethick und P. Sutherland, *Astrophys. J.* **170**, 299 (1971).

jedoch sind alle erreichbaren Energieniveaus schon durch Elektronen besetzt, und das Pauli-Prinzip verbietet Elektronenzerfall.

Das letzte Neutron in ^{118}Kr ist kaum gebunden. Wenn die Dichte über 4×10^{11} g/cm^3 steigt, beginnen die Neutronen vom Kern abzuwandern und bilden eine entartete Flüssigkeit. Steigt der Druck weiter, dann werden die Kerne unter diesem Neutronentropfregime immer neutronenreicher und wachsen in ihrer Größe. Bei einer Dichte von ungefähr $2{,}5 \times 10^{14}$ g/cm^3 berühren sie sich, tauchen ineinander ein und bilden eine kontinuierliche Flüssigkeit von Neutronen, Protonen und Elektronen[39]. Die Neutronen überwiegen und die Protonen bilden nur ungefähr 4% der Materie. Neutronen können nicht in Protonen zerfallen, da das Zerfallselektron eine Energie unterhalb der Elektronen-Fermi-Energie haben würde. Der Zerfall ist daher durch das Pauli-Prinzip verboten.

Bei noch höheren Energien wird es energetisch möglich, noch schwerere Teilchen durch Elektroneneinfang zu erzeugen, z.B.

$$e^- n \longrightarrow \nu \Sigma^- .$$

Diese Teilchen können wiederum wegen des Ausschließungsprinzips stabil sein[40]. Die Zahl der Materiebestandteile als eine Funktion der Dichte ist in Bild 18.7 gezeigt. Diese Kurven sind natürlich das Ergebnis einer speziellen Berechnung und können falsch sein.

Wir wenden uns nun wieder dem internen Druck in einem Neutronenstern zu. Wir haben oben gesehen, daß das entartete Elektronengas für einen Druck sorgt, der einen Zusammenbruch bei niedrigerem Druck verhindert. Bei höherem Druck wird der vollständige Zusammenbruch durch eine Kombination von zwei Eigenschaften verhindert, nämlich der abstoßende Rumpf in der Nukleon-Nukleon-Kraft (Bild 12.15) und die Entartungsenergie der Neutronen. Bild 18.7 zeigt, daß Neutronen bei höchsten Drücken überwiegen. Sie bilden ein entartetes Fermigas und die Argumente, die zu Gl. 18.16 geführt haben, können nichtrelativistisch wiederholt werden. Wiederum, wie in Gl. 18.16, wächst der Entartungsdruck mit abnehmendem Volumen bis er zusammen mit der "hard core"-Abstoßung der Gravitationsanziehung das Gleichgewicht hält.

Neutronensterne wurden lange vorausgesagt[41], aber die Hoffnung, sie zu beobachten, war sehr gering; sie blieben lange Zeit ein mythisches Objekt. Ihre Entdeckung kam unerwartet. Im Jahre 1967 wurde eine fremde, neue Klasse von Himmelsobjekten an der Universität von Cambridge beobach-

39 G. Baym, H. A. Bethe und C. J. Pethick, *Nucl. Phys.* **A175**, 225 (1971).

40 V. R. Pandharipande, *Nucl. Phys.* **A178**, 123 (1971).

41 W. Baade und F. Zwicky, *Proc. Nat. Acad. Sci. Amer.* **20**, 259 (1934); L. D. Landau, *Phys. Z. Sowiet* **1**, 285 (1932).

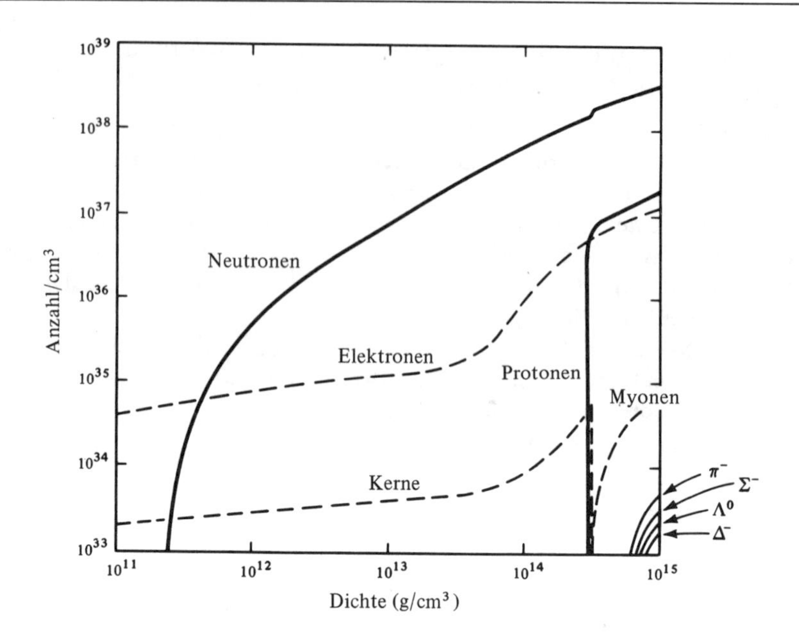

Bild 18.7 Zahl der Bestandteile der Materie gegen die Dichte. Der Bereich, wo die Neutronen aus den Sternen entweichen, beginnt bei 4×10^{11} g/cm³. Bei einer Dichte von $2{,}5\times10^{14}$ g/cm³ beginnen die Sterne sich aufzulösen. Bei höheren Dichten erscheinen Myonen und seltsame Teilchen (mit freundlicher Genehmigung von M. A. Ruderman).

tet [42]). Die Objekte waren punktähnlich, sicher außerhalb des Sonnensystems, und emittierten periodische Radiosignale. Sie bekamen einen Spitznamen, "Pulsare", und trotz der Tatsache, daß sie nicht pulsieren, sondern rotieren, wurde ihr Name akzeptiert. Mehr als 100 Pulsare sind bekannt. Jeder hat eine eigene charakteristische Signatur. Die Perioden der Pulsare reichen von 33 ms bis 3,75 s, und sie verlängern sich in einer sehr regelmäßigen Weise. Der Pulsar mit der kürzesten Periode (33 ms) ist der Crab Nebel im Sternbild Stier, wo im Jahre 1054 A.D. von den Chinesen und Koreanern eine Supernova beobachtet wurde. Der Pulsar mit der kürzesten Periode scheint folglich mit einer jungen Supernova assoziiert zu sein.

Ein Pulsar ist nach Gold ein Neutronenstern [43]). Die Pulsarperiode ist mit der Rotationsperiode des Neutronensterns verbunden. Die Abnahme wird durch einen Verlust an Rotationsenergie erklärt. Die Rotationsenergie, die verloren geht, im Crab Nebel z.B., ist von der gleichen Größenordnung wie die gesamte Energie, die durch diesen Nebel emittiert wird. Der Neutronenstern ist daher die Energiequelle für den riesigen Crab Nebel.

42 A. Hewish, S. J. Bell, J. D. S. Pilkington, P. F. Scott und R. A. Collins, *Nature* 217, 709 (1968). A. Hewish, *Sci. Amer.* 219, 25 (Okt. 1968); J. P. Ostriker, *Sci. Amer.* 224, 48 (Jan. 1971).

43 T. Gold, *Nature* 218, 731 (1968).

Pulsare wurden nicht nur als Radiosterne beobachtet; in einem Fall zeigt sich eine periodische Lichtemission. Die Perioden, ihre zeitliche Abnahme und plötzliche Wechsel in der Periode wurden sehr sorgfältig studiert. Schritt für Schritt enthüllten die Pulsare ihre Natur und zeigten dabei Eigenschaften von Neutronensternen. Auf einem indirekten Weg haben Astrophysiker und Kernphysiker Zutritt zu einem Laboratorium erhalten, in dem Dichten über 10^{15} g/cm^3 erreichbar sind; die Eigenschaften der Kernmaterie können daher in einer schönen Kombination verschiedener Disziplinen studiert werden.

18.6 *Literaturhinweise*

Die nukleare Astrophysik entwickelt sich so schnell, daß keine Beschreibung lange auf dem neuesten Stand bleibt. Wir empfehlen dem Leser in den folgenden drei Periodica der letzten Jahre zu suchen, nachden er sich einige Informationen aus den weiter unten aufgeführten Büchern oder Übersichtsartikeln verschafft hat:

Comments on Astrophysics and Space Physics
Annual Review of Nuclear Science
Annual Review of Astronomy and Astrophysics

Das gesamte Gebiet der nuklearen Astrophysik bis zum Jahre 1966, wird in klarer und leicht lesbarer Form in W.A. Fowler, *Nuclear Astrophysics*, American Philosophical Society, Philadelphia, 1967, behandelt.

Kosmische Strahlung. Eine Übersicht der Literatur über kosmische Strahlung bis zum Jahre 1966 ist enthalten in J.R. Winckler und D.J. Hofmann, "Resource Letter CR-1 on Cosmic Rays", *Am. J. Phys.* 35, (1967). Dieser "Resource Letter" und eine Anzahl von wichtigen Veröffentlichungen sind in *Cosmic Rays, Selected Reprints*, American Institute of Physics, New York zusammengestellt.

Stellare Energie. Ein leicht lesbarer Bericht über die Energieproduktion in Sternen ist Oakes Ames, "Stars and Nuclei", *The Physics Teacher* (April und Mai 1972). Eine etwas veraltete aber immer noch erwähnenswerte Besprechung der Energieproduktion in Sternen steht in G. Gamow und C.L. Critchfield, *Theory of the Atomic Nucleus and Nuclear Energy Sources*, Clarendon Press, Oxford, 1949. Eine moderne Behandlung bringt D.D. Clayton, *Principles of Stellar Evolution and Nucleosynthesis*, McGraw-Hill, New York, 1968. Ein Meisterstück der populärwissenschaftlichen Darstellung stammt von G. Gamow, *The Birth and Death of the Sun*, Viking, New York, 1953.

Neutrino Astronomie. In Ergänzung zu den im Text aufgeführten Übersichtsartikeln konsultiere man L.M. Lederman, Resource Letter Neu-1, History of the Neutrino, *Am. J. Phys.* 38, 129 (1970). S.a. J. Bahcall und R.L. Sears, "Solar Neutrinos", *Ann. Review Astronomy and Astrophys.* 10, 25(1972). M.A. Ruderman, "Astrophysical Neutrinos", *Rept. Progr. Phys.* 28, 411 (1965); abgedruckt in *Astrophysics*, Benjamin, Reading, Mass., 1969.

Kernsynthese. Die Literaturübersicht steht bei W.A. Fowler und W.E. Stephens, "Resource Letter OE-1, Origin of the Elements", *Am. J. Phys.* 36, 289 (1958). Dieser "Resource Letter" ist zusammen mit ausgewählten Nachdrucken in zwei Sammlungen enthalten: *Origin of the Elements*, American Institute of Physics, New York, und *Synthesis and Abundances of the Elements*, American Institute of Physics, New York.

Neutronensterne. Die folgenden Übersichtsartikel behandeln Neutronensterne und Pulsare:

A.G.W. Cameron, "Neutron Stars", *Ann. Rev. Astronomy Astrophys.* 8, 179 (1970).
V.L. Ginzburg, "Pulsars", *Soviet Phys. Usp.* 14, 83 (1971).
F.G. Smith, "Pulsars", *Rept. Progr. Phys.* 35, 399 (1972).
D. Ter Haar, *Physics Reports* 3C, 57 (1972).
M. Ruderman, "Pulsars", *Ann. Rev. Astronomy Astrophys.* 10, 427 (1972).

19. Kerne in der Chemie

Subatomare Physik und Chemie zeigen eine wechselseitige Beeinflussung. Kerne und Teilchen können mit chemischen Mitteln studiert werden und die Chemie kann mit Hilfe von kernphysikalischen Instrumenten untersucht werden. Wir werden uns hier nur mit dem zweiten Aspekt beschäftigen, weil wir zeigen wollen, wie die subatomare Physik andere Gebiete beeinflußt.

19.1 *Synthetische Elemente*

Vor der Konstruktion von Teilchenbeschleunigern und Kernreaktoren war die Zahl der Elemente, die man studieren konnte, fest. Fehlte ein Element, so blieben seine Eigenschaften Hypothese. Nach der Entwicklung von Beschleunigern und Reaktoren wurden neue Elemente erreichbar; wir werden drei Wege aufzeigen, auf denen die Kernphysik die Chemie bereichert hat, nämlich durch die Produktion von Elementen, die unterhalb von Uran im periodischen System fehlten, durch Erzeugung von Transuran-Elementen und von exotischen Atomen, wie Positronium und Myonium. Es ist möglich, daß superschwere Elemente mit Z ungefähr **111** bald in diese Liste eingefügt werden können.

Fehlende Elemente. Vor 1937 waren vier Elemente unterhalb von Uran unbekannt. Die Ladungszahlen der fehlenden Kerne waren 43, 61, 85, 87. Trotz verschiedener Versuche und einer Überfülle von vorgeschlagenen Namen gab es keinen festen Hinweis darauf, ob überhaupt eines dieser Elemente existierte. Im Jahre 1935 erhielten Perrier und Segrè in Italien Molybdän, das mit Deuteronen in Berkeley Cyclotron beschossen worden war. Sie stellten zweifelsfrei fest, daß es eine radioaktive Substanz mit dem Element 43 enthielt[1]. Das neue Element wurde durch die Reaktion

$$d + \text{Mo} \longrightarrow n + 43, \qquad \text{Mo}(d, n)43$$

erzeugt und wurde Technetium (Tc) genannt. Um den elementaren Charakter dieses Stoffes festzustellen, wurde das bestrahlte Molybdän in Königswasser aufgelöst. Perrier und Segrè prüften dann, ob die Radioaktivität durch Zirkon ($Z = 40$), Niob ($Z = 41$), Molybdän ($Z = 42$) oder Mangan

1 C. Perrier und E. Segre, *J. Chem. Phys.* **5**, 715 (1937).

und Rhenium weggetragen wurde. Sie fanden, daß die Radioaktivität nicht den ersten Dreien folgte, sondern den letzten beiden. Rhenium und Mangan sind Homologe von 43, Elemente, die im periodischen System darüber und darunter liegen; die chemische Natur von Technetium war somit bestimmt. Bis jetzt kennt man 16 Isotope von Tc, deren A von 93 bis 107 reicht. Das Element 87 wurde 1939 beim Zerfall des natürlich radioaktiven Nuklids ^{227}Ac gefunden und Frankium (Fr) getauft. Das Element 85, Astatin, wurde 1940 durch die Reaktion Bi(α, $2n$) At erzeugt. Das letzte fehlende Element 61 war ein Produkt der Spaltung 1945. Es wurde Promethium getauft, da Prometheus der Menschheit das Feuer vom Himmel brachte, genau wie die Spaltung die Energie des Kernes zugänglich gemacht hat.

Transuran-Elemente. Wir erwähnten in Abschnitt 17.1, daß Fermi schon 1934 schwere Kerne mit Neutronen beschoß. Er erwartete, Transuranelemente zu erzeugen und dachte, er hätte es geschafft. In Wirklichkeit hatte er jedoch Spaltung induziert. Das erste wirkliche Transuranelement, Neptunium ($Z = 93$), wurde im Jahre 1940 durch McMillan und Abelson[2]) durch die Kette

$$^{238}\mathrm{U}(n, \gamma)^{239}\mathrm{U}; \qquad ^{239}\mathrm{U} \xrightarrow{2{,}3d} {}^{239}\mathrm{Np}\, e^-\bar{\nu}$$

erzeugt.

Plutonium, das nächste Element, wurde bald danach durch die Kette

$$^{238}\mathrm{U}(d, 2n)^{238}\mathrm{Np}; \qquad ^{238}\mathrm{Np} \xrightarrow{2{,}1d} {}^{238}\mathrm{Pu}\, e^-\bar{\nu}$$

gefunden. Plutonium ist das wichtigste Transuran, da es fast unbegrenzt Verwendung als Kernbrennstoff findet. Siehe Abschnitt 17.2.

Bei der Erforschung der chemischen Eigenschaften der neuen Transuranelemente zeigte sich eine unerwartete Eigenschaft. Es wurde allgemein angenommen, daß die Elemente Homologe der V. Periode sein würden, da Ac, Th, Pa und U den Elementen Y, Hf, Ta und W ähnlich sind. Das Neptunium sollte daher ein chemisches Homolog zum Rhenium sein. Tatsächlich benahm es sich jedoch eher wie ein Element der Seltenen Erde. Diese Ähnlichkeit zwischen den Seltenen Erden (Lanthaniden) und den Transuranelementen gilt auch für die, die später entdeckt wurden. Die verschiedenen Transuranelemente füllen innere Schalen und gehören chemisch auf einen Platz - auf den des Aktiniums -. Sie werden daher Aktiniden genannt. Im Laufe der Zeit wurden Aktiniden bis zu $Z = 105$ produziert[3]). Mit wachsendem Z steigt die Schwierigkeit der Erzeugung und der Identifikation neuer Elemente rapid. Auf der einen Seite können die Targets, von denen die Produktion ausgeht, selbst radioaktiv sein und daher nur in kleinsten Mengen existieren. Auf der anderen Seite wird die Lebensdauer der

2 E. M. McMillian und P. H. Abelson, *Phys. Rev.* 57, 1185 (1940).

3 Die Geschichte des Elements 101 wird von einem der Entdecker, A. Ghiorso, in *Adventures in Experimental Physics*, Beta, 1972, Kapitel 11 erzählt.

neuen Nuklide kürzer und die Identifikation muß sich auf die Zerfallprodukte stützen. Die Aktiniden bis zu $Z = 103$ sind in Tabelle 19.1 aufgeführt, zusammen mit den entsprechenden Lanthaniden. Ansprüche auf die Entdeckung der Elemente 104 und 105 werden von amerikanischen und russischen Gruppen gestellt, aber die Elemente wurden bisher noch nicht benannt.

Exotische (neue) Atome. Die Kerne gewöhnlicher Atome sind aus Protonen und Neutronen aufgebaut und ihre Schalen durch negative Elektronen. Exotische Atome ergeben sich, wenn man einen oder mehrere dieser stabilen Bausteine durch ein anderes Elementarteilchen ersetzt. Das erste exotische Atom, Positronium, wurde von Deutsch entdeckt[4]). Gegenwärtig sind viele neue Atome bekannt, und sie alle sind in verschiedenen Gebieten der Physik von Interesse[5]). Wir führen hier nur die auf, die gegenwärtig als Instrumente in der Chemie verwendet werden[6]), nämlich Positronium $(e^+ e^-)$, Myonium $(\mu^+ e^-)$, und μ und π Mesonatome. In Mesonatomen spielt ein negatives Myon oder Pion die Rolle eines Elektrons. Alle exotischen Atome sind instabil, und das Interesse des Chemikers basiert auf dieser Eigenschaft. Lebensdauer und die Zerfallscharakteristiken werden durch die chemische Umgebung beeinflußt, und daher können sie als Sonde dafür dienen.

Superschwere Elemente [7]) [8]). Bild 17.3 zeigt, daß die Halbwertszeit gegen spontane Spaltung wie eine Funktion von Z^2/A abnimmt. Die Darstellung könnte zur Überlegung Anlaß geben, daß die Nuklide oberhalb von $Z = 105$ so schnell zerfallen, daß sie nicht mehr beobachtet werden können. Jedoch verändert der nukleare Schaleneffekt das Bild. In Kapitel 15 wurde gezeigt, daß $N = 126$ ein Schalenabschluß für Neutronen ist. Es wurde daher für einige Jahre angenommen, daß $Z = 126$ auch für Protonen eine magische Zahl wäre. Ein Kern mit $Z = 126$ ist soweit von den letzten stabilen Kernen entfernt, daß es kaum möglich ist, ihn zu erzeugen. Jedoch zeigten im Jahre 1959 Mottelson und Nilsson, daß der Protonen-Schalenabschluß schon bei $Z = 114$ erscheinen sollte. Im Jahre 1966 kam man zum Schluß, daß ein Kern mit $Z = 114$ und $N = 184$ doppelt magisch sein könnte[9]). Die Vor-

4 M. Deutsch, *Phys. Rev.* 82, 455 (1951); 83, 866 (1951).

5 Siehe z.B. V. W. Hughes, *Ann. Rev. Nucl. Sci.* 16, 445 (1966) (Myonium); G. Backenstoss, *Ann. Rev. Nucl. Sci.* 20, 467 (1970) (pionische Atome); V. I. Goldanskii, *At. Energy Rev.* 6, 3 (1968) (Positronium); C. S. Wu und L. Wilets, *Ann. Rev. Nucl. Sci.* 19, 527 (1969) (myonische Atome) und E. H. S. Burhop, *High Energy Phys.* 3 (1969) (Mesonatome).

6 V. I. Goldanskii und V. G. Firsov, *Ann. Rev. Phys. Chem.* 22, 209 (1971).

7 S. G. Thompson und C. F. Tsang, *Science* 178, 1047 (1972).

8 J. R. Nix, *Phys. Today* 25, 30 (April 1972); *Ann. Rev. Nucl. Sci.* 22, 65 (1972); G. N. Flerov, V. A. Druin und A. A. Pleve, *Soviet Phys. Usp.* 13, 24 (1970).

9 B. R. Mottelson und S. G. Nilsson, *Kgl. Danske Viedenskab Selskab, Mat.-fys. Medd.* 1, Nr. 8 (1959); H. W. Meldner, private Mitteilung an W. D. Myers und W. J. Swiatecki, *Nucl. Phys.* 81, 1 (1966); A. Sobiczewski, F. A. Gareev und B. N. Kalinkin, *Phys. Letters* 22, 500 (1966); S. G. Nilsson et al., *Nucl. Phys.* A131, 1 (1969).

Tabelle 19.1 Lanthaniden und Aktiniden. Im periodischen System haben alle Lanthaniden chemische Eigenschaften, die denen des La, $Z = 57$ ähnlich sind. Alle Aktiniden sind ähnlich dem Aktinium, $Z = 89$. Der Schlüssel zu der Tabelle ist unten angegeben.

Lanthaniden	**58** +3 +4 Ce 140,12 -20-8-2	**59** +3 Pr 140,9077 -21-8-2	**60** +3 Nd 144,24 -22-8-2	**61** +3 Pm (145) -23-8-2	**62** +2 +3 Sm 150,4 -24-8-2	**63** +2 +3 Eu 151,96 -25-8-2	**64** +3 Gd 157,25 -25-9-2	**65** +3 Tb 158,9254 -27-8-2	**66** +3 Dy 162,50 -28-8-2	**67** +3 Ho 164,9303 -29-8-2	**68** +3 Er 167,26 -30-8-2	**69** +3 Tm 168,9342 -31-8-2	**70** +2 +3 Yb 173,04 -32-8-2	**71** +3 Lu 174,97 -32-9-2
Aktiniden	**90** +4 Th 232,0381 -18-10-2	**91** +5 +4 Pa 231,0359 -20-9-2	**92** +3 +4 +5 +6 U 238,029 -21-9-2	**93** +3 +4 +5 +6 Np 237,0482 -22-9-2	**94** +3 +4 +5 +6 Pu (244) -24-8-2	**95** +3 +4 +5 +6 Am (243) -25-8-2	**96** +3 Cm (247) -25-9-2	**97** +3 +4 Bk (247) -27-8-2	**98** +3 Cf (251) -28-8-2	**99** Es (254) -29-8-2	**100** Fm (257) -30-8-2	**101** Md (256) -31-8-2	**102** No (254) -32-8-2	**103** Lr -32-9-2

Die Zahlen in den Klammern geben die Massenzahl des stabilsten Isotops dieses Elements an.

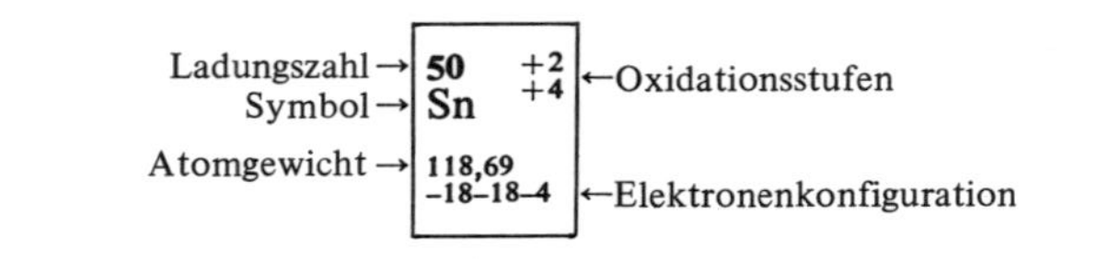

hersage, daß $Z = 114$ eher als $Z = 126$ magisch sein könnte, läßt sich teilweise mit Bild 15.10 verstehen. Ein Kern mit Z ungefähr 120 hat eine Massenzahl A von ungefähr 300, wobei $N \approx 120$ einer Massenzahl $A \approx 200$ entspricht. Ein Kern mit $Z \approx 120$ hat daher einen viel größeren Radius als einer mit $N \approx 120$. In einem Potential mit größerem Radius bewegen sich die Zustände mit höherem Drehimpuls langsamer, die Zustände $1h_{9/2}$, $2f_{7/2}$ und $1i_{13/2}$ kommen daher herunter und trennen sich von $2f_{5/2}$, $3p_{3/2}$ und $3p_{1/2}$; der Schalenabschluß erscheint bei $Z = 114$. Jedoch soll daran erinnert werden, daß diese Vorhersage experimentell noch nicht verifiziert wurde. Seit 1966 wurden Rechnungen der Spaltungsbarriere für Kerne in der Nachbarschaft von doppeltmagischen Kernen ($Z = 114$, $N = 184$) mit immer größerem technischen Raffinement durchgeführt[10]; ein Resultat ist in Bild 19.1 gezeigt. Die Halbinsel (Festland) der stabilen Kerne, s. Bild 5.20, ist durch eine Meerenge von der magischen Insel der superschweren Elemente getrennt. Einige dieser superschweren Nuklide sollten erwartungsgemäß Halbwertszeiten zwischen 10^3 und 10^{15} Jahren haben. In den vergangenen Jahren wurde nach solchen Elementen sehr intensiv gesucht. Bis jetzt hat man jedoch keines mit Sicherheit gesehen, weder in der Natur (als Reste des Big bang oder in Supernovae) noch mit Hilfe von Beschleunigern. Jedoch sollten die neuen Schwerionenbeschleuniger erlauben, mit Reaktionen wie

$$^{76}\text{Ge} + {}^{232}\text{Th} \longrightarrow {}^{304}122 + 4\text{n}$$
$$\searrow {}^{301}120 + {}^{4}\text{He} + 3\text{n}$$

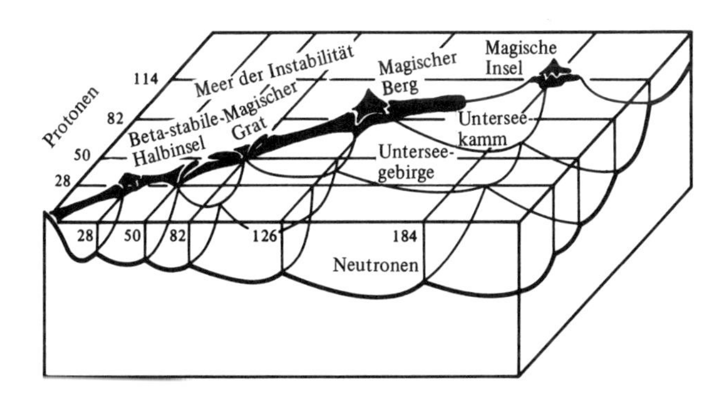

Bild 19.1 Darstellung der nuklearen Stabilität: in einem Meer der Instabilität liegt eine Halbinsel der bekannten Elemente und eine Insel der vorausgesagten Stabilität (Kerne etwa bei $Z = 114$ und $N = 184$). Die Gitterlinien bezeichnen die magischen Zahlen der Protonen und Neutronen, die eine besondere Stabilität verursachen. Magische Gebiete auf der Halbinsel sind durch Berge oder Grate angedeutet. [Aus S. G. Thompson und C. F. Tsang, *Science* **178**, 1047 (1972). Copyright © 1972 by the American Association for the Advancement of Science.]

10 V. M. Strutinsky, *Soviet J. Nucl. Phys.* **3**, 449 (1966); *Nucl. Phys.* **A95**, 420 (1967): **A122**, 1 (1968). M. Brack et al., *Rev. Mod. Phys.* **44**, 320 (1972).

diesen Graben zu überspringen. Um sicherzustellen, daß superschwere Elemente erzeugt wurden, wird der Zahl der Neutronen pro Spaltung bestimmt. Bild 17.6 zeigt, daß die Anregungsenergie der Fragmente rapid mit Z steigt. Superschwere Nuklide sollten etwa 10 Neutronen pro Spaltung emittieren.

Die Produktion von Nukliden auf der magischen Insel würde nicht nur für Kernphysiker, sondern auch für Atomphysiker und Chemiker interessant sein. Relativistische Effekte in der Atomschale sind groß, und Spin-Bahn-Aufspaltungen der Atomniveaus werden dominant. Einige der neuen Elemente sollten radikale neue chemische Eigenschaften zeigen. Element 115 z.B. ist ein Homolog von Arsen, Antimon und Wismuth. Während diese Elemente jedoch Oxidationszustände von +3, +5 und −3 zeigen, wird 115 als Monovalent angesehen[11].

19.2 *Chemische Analyse*

Sherlock Holmes was good, but
Could he find a thimbleful of poison in 10 tank cars of water?
Could he trap a suspect through an invisible trace of antimony on his hand?

From the advertisement of a company
providing an activation analysis service

Subatomare Techniken erwiesen sich in der Analyse von chemischen Systemen als unersetzlich. Wir wollen zwei wichtige Untersuchungsmethoden beschreiben, nämlich Massenspektrometrie und Aktivierungsanalyse.

Die Massenspektrometrie wurde schon in Abschnitt 5.3 erklärt, und Bild 5.7 zeigt das Grundprinzip des Astonschen Massenspektrometers. Moderne Instrumente arbeiten immer noch nach dem gleichen Prinzip, sind aber viel raffinierter und haben eine höhere Auflösung.[12] [13] Sie wurden bis zu einem Punkt perfektioniert, wo sie als Routineanalyseinstrumente eingesetzt werden können; man schätzt, daß gegenwärtig etwa 10000 Instrumente und mehr im Einsatz sind. Die hohe Auflösung macht es möglich, zwei Verbindungen zu trennen, die zwar die gleiche Massenzahl haben, deren effektive Masse aber nicht ganz gleich ist. Ein Beispiel gibt Bild 19.2: zwei Hydrokarbonate mit der Massenzahl 432, aber verschiedener Zusammensetzung, können separiert werden. Bei der routinemäßigen Anwendung der Massenspektrometrie machen sich zahlreiche Vorteile bemerkbar. On-line Computer, direkte Kopplung mit einem Gaschromatographen, und die Exi-

11 B. Fricke und J. T. Waber, *Actinides Rev.* 1, 433 (1971).

12 Siehe z.B. *Mass Spectrometry; Techniques and Applications* (G. W. A. Milne, ed.), Wiley-Interscience, New York, 1971.

13 A. O. C. Nier, *Am. Sci.* 54, 59 (1966).

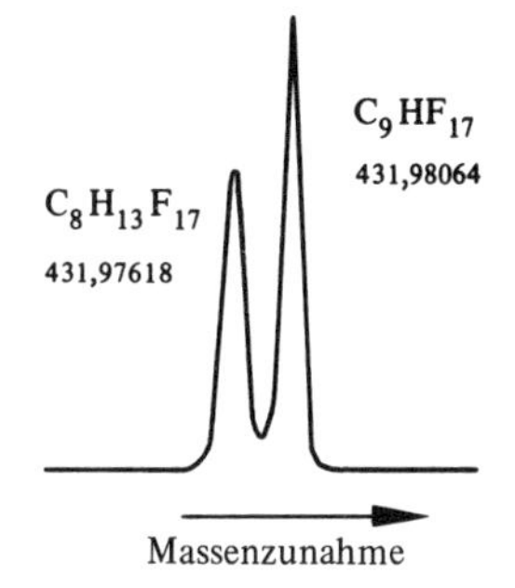

Bild 19.2 Dublett eines Perfluorkerosens bei der Masse 432, das eine Trennung zweier Hydrokarbone zeigt, die sich nur um 4/100 000 in der Masse unterscheiden. (Mit freundlicher Genehmigung von W. N. Howland, Mass Spectrographic Laboratory, Univ. of Washington.)

stenz von Massenspektrometer-Datenzentren sind einige der Eigenschaften, die die Massenspektrometrie zu einem universellen Instrument im chemischen Labor gemacht haben [14]).

Die A k t i v i e r u n g s a n a l y s e hilft bei der Bestimmung der E l e m e n t e, die in einer gegebenen Probe vorhanden sind. Die Methode ist einfach [15]); eine Probe wird mit geeigneten Teilchen bestrahlt (gewöhnlich mit thermischen oder hochenergetischen Neutronen, aber manchmal auch mit Photonen oder geladenen Teilchen); die Kernreaktionen führen zu radioaktiven Nukliden, und diese werden durch ihre Strahlung identifiziert. Aktivierungsanalyse ist selektiv, nicht zerstörend, und die Proben können aus der Ferne untersucht werden. Mehr als 70 Elemente können mit Hilfe der Aktivierungsanalyse bestimmt werden. Mengen von ungefähr 10^{-12} g können benutzt werden und die typische Genauigkeit liegt zwischen 2 und 5%.

Die Aktivierungsanalyse wurde bei zahlreichen Proben verwendet [16]), unter anderem bei Mondgestein, bei Proben aus Erdöllagerstätten, bis hin zu archäologischen Kunstgegenständen; weiterhin dient sie in der Biochemie, Medizin, Kriminologie und beim Testen von hochreinem Material als wirkungsvolles Hilfsmittel. Die Überwachung der Umwelt gegenüber Verschmutzung ist ein Feld, in der die Neutronenaktivierungsanalyse schon eine beachtliche Rolle gespielt hat. Quecksilber, Arsen und Selen sind drei toxische Elemente, deren Konzentration dauernd überwacht werden muß. Dazu werden Proben von Wasser, Schmutz, Pflanzen, Fisch, Kohle, Öl und gefilterten Luftteilchen in eine Plastik- oder Quarzampulle gebracht und im Kernreaktor bestrahlt. An Quecksilber z.B. treten dann die Reaktionen ^{196}Hg(n, γ) ^{197}Hg, ^{196}Hg(n, γ) ^{197m}Hg und ^{202}Hg (n, γ) ^{203}Hg auf. Die drei Iso-

14 A. Quayle, ed., *Advances in Mass Spectrometry*, Elsevier, Amsterdam, 1971.

15 E. V. Sayre, *Ann. Rev. Nucl. Sci.* 13, 145 (1963).

16 P. Kruger, *Principles of Activation Analysis*, Wiley, New York, 1971; M. Rakovic, *Neutron Activation Analysis*, CRC, Cleveland, 1970. *Advances in Activation Analysis*. (J. M. A. Lenihan, S. J. Thomson und V. P. Guinn, eds.), Academic Press, New York, 1972.

tope, die entstehen, sind radioaktiv (sie emittieren γ-Strahlung) und haben charakteristische Halbwertszeiten

^{197}Hg:	$T_{1/2}$ = 2,7 Tage	E_γ = 0,07734 MeV
^{197m}Hg:	24 Stunden	0,1340; 0,1653 MeV
^{203}Hg:	47 Tage	0,27918 MeV.

Die γ-Strahlen, und wenn nötig die Halbwertszeiten, können mit Halbleiterdetektoren untersucht werden. Mit Hilfe von Bild 4.8 kann man sich klar machen, daß die hohe Auflösung solcher Zähler die Trennung der Quecksilber-γ-Strahlen erlaubt. Quecksilber ist daher eindeutig gekennzeichnet und kann in sehr kleinen Mengen bestimmt werden.

19.3 *Chemische Struktur*

Die Aufgabe des Chemikers ist nicht damit beendet, wenn er die Zusammensetzung eines Moleküls bestimmt. Der nächste Schritt ist die Untersuchung der Struktur, der räumlichen Anordnungen der Atome im Molekül. Hier trägt die Kernphysik wesentlich bei. Wir wollen drei verschiedene Aspekte beim Studium der chemischen Struktur mit Hilfe von kernphysikalischen Meßmethoden diskutieren: die Synchroton-Strahlung, die Hyperfein-Wechselwirkung und die Spektroskopie der inneren Schalen.

Synchroton-Strahlung. Die wirkungsvollste Methode bei der Bestimmung der dreidimensionalen Struktur von Molekülen ist die Röntgenstrahlbeugung. Die grundlegende Idee ist mit der identisch, die wir in Abschnitt 6.9 für Teilchen und Kerne diskutierten. Röntgenstrahlen mit einer Wellenlänge, die vergleichbar ist mit oder kleiner als die Dimension des Körpers, werden von der Probe gebeugt. Die Streuung ergibt ein Beugungsmuster, aus dem man mit viel Arbeit und Computerzeit die Struktur des Streuers ableiten kann. Die Röntgenstrahlen werden dadurch erzeugt, daß ein Metalltarget mit einem intensiven Elektronenstrahl bestrahlt wird. Entweder ergibt sich die charakteristische Röntgenstrahlung oder die Bremsstrahlung. Beide Effekte sind jedoch zum Studium der Struktur nur beschränkt anwendbar. Die Intensität solcher Röntgenstrahlen ist durch die Energie begrenzt, die im Target verloren geht, und es gibt nur wenige nützliche Röntgenstrahllinien. Die Synchrotronstrahlung verspricht jedoch, diese beiden Beschränkungen aufzuheben. Wir haben am Ende des Abschnitts 2.5 bemerkt, daß das Elektronensynchrotron einen bemerkenswerten Teil der Input-Energie als Strahlung verliert. Die Strahlung in einem gegebenen Punkt ist keulenförmig und tangential zu der Elektronenbahn. Für eine gegebene Strahlenergie und einen bestimmten Krümmungsradius ist das Intensitätsspektrum und die Polarisation der Synchrotronstrahlung gut bekannt[17][18]. Als Beispiel zeigen wir in Bild 19.3 die Intensität der Strahlung, die von DESY, dem Elektronensynchrotron in Hamburg, als eine Funktion der Maschinenenergie ausgestrahlt wird. Beim Vergleich des Spektrums mit anderen Lichtquellen in der gleichen Gegend (zwischen 0,1 Å und 10^3 Å, 1 Å = 0,1 nm = 10^{-10} m) kann man folgendes feststellen:

1. Zwischen 1000 und 500 Å ist die Synchrotronstrahlung wesentlich stärker als jede vergleichbare Lichtquelle.

2. Zwischen 500 und 200 Å ist sie die einzige intensive Quelle.

3. Unterhalb 200 Å gibt es keine intensivere Quelle. Gerade in einer Gegend, wo energiereiche Röntgenstrahlenquellen existieren, ungefähr um 1 Å, ist die Synchrotronstrahlung um Größenordnungen intensiver[19].

4. Die Synchrotronstrahlung ist linear polarisiert.

Diese Vorteile werden teilweise dadurch kompensiert, daß ein Synchrotron nicht immer greifbar ist; jedoch ist es wahrscheinlich, daß Speicherringe gebaut werden, die billiger als vollständige Synchrotrons sind und als exzellente Lichtquellen dienen können.

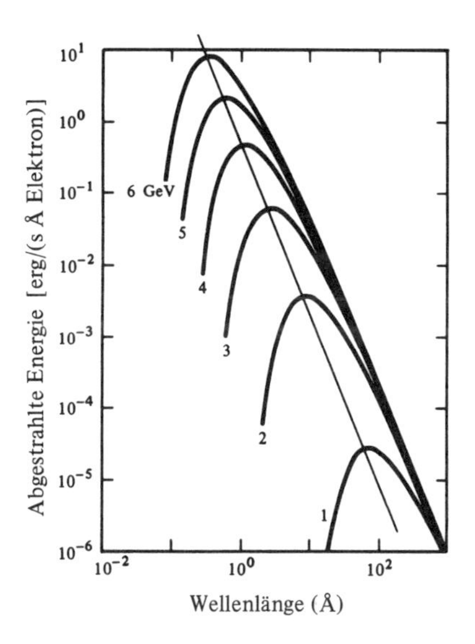

Bild 19.3 Intensität der Synchrotronstrahlung, die von Elektronen auf einem Radius von 31,7 m (DESY) bei verschiedenen Energien emittiert wird. (Nach R. P. Goodwin. „Synchrotron Radiation as a Light Source", *Springer Tracts in Modern Physics,* **51**, Springer, Berlin, Heidelberg, New York, 1969).

17 Feynman Lectures 1-34-3; Jackson, Kapitel 14; A. A. Sokolov und J. M. Ternov, *Synchroton Radiation*, Akademie, Berlin 1968.

18 R. P. Godwin, *Springer Tracts Modern Phys.* **51**, 1 (1969). R. Codling, *Rept. Progr. Phys.* **36**, 541 (1973).

19 G. Rosenbaum, K. C. Holmes und J. Witz, *Nature* **230**, 434 (1971).

Während die Röntgenstrahlen das Werkzeug sind, um die Gesamtstruktur eines Moleküls zu untersuchen, kann der Kern als Sonde benutzt werden, um spezielle Eigenschaften zu studieren. Drei Eigenschaften sind dafür verantwortlich: Die ausgedehnte Ladungsverteilung (endlicher Radius), die magnetischen Dipol-Momente und die elektrischen Quadrupol-Momente. Die "Chemiekalien" in der Umgebung erzeugen elektromagnetische Felder am Ort des Kerns. Die Wechselwirkung dieser Felder mit dem Kern verschiebt oder spaltet die Kernniveaus auf und liefert daher Informationen über die Umgebung. Wir wollen die grundlegenden Ideen der Hyperfein-Struktur diskutieren und dann die entsprechenden Techniken behandeln.

Hyperfein-Wechselwirkung. Die Hyperfein-Energie ist die Wechselwirkungsenergie zwischen dem Kern und dem elektrischen und magnetischen Feld, das durch die umgebenden Atom- und Molekularelektronen erzeugt wird. Die mathematische Behandlung dieser Energie ist durch die Multipol-Entwicklung gut bekannt [20]). Es gibt drei Typen der Hyperfein-Wechselwirkung: magnetischer Dipol, elektrische Monopol- und Quadrupol-Wechselwirkungen. Die Wechselwirkung des magnetischen Dipoles wurde schon in Kapitel 5 diskutiert. Wenn ein Kern mit einem magnetischen Moment μ in ein magnetisches Feld B gebracht wird, so erleben seine Niveaus eine Zeeman-Aufspaltung, wie in Bild 5. 5 gezeigt. Eine Messung der Energiedifferenz zwischen zwei Zeeman-Niveaus liefert eine Möglichkeit, um das magnetische Feld B zu bestimmen, das am Kern herrscht, wenn das magnetische Moment des Kerns bekannt ist. Zur Bestimmung der elektromagnetischen Wechselwirkung benützen wir Gl. 10. 87, um die Wechselwirkung zwischen einem Kern mit der Ladungsdichte $Ze\rho(\mathbf{x})$ und einem Skalarpotential A_0 als

$$H_{em} = Ze \int d^3x\, \rho(\mathbf{x}) A_0(\mathbf{x}) \tag{19.1}$$

zu schreiben, wobei sich die Integration über das ganze Kernvolumen erstreckt. Entwicklung von $A_0(\mathbf{x}) \equiv A_0(x_1, x_2, x_3)$ in eine Potenzreihe um das Zentrum des Kernes liefert mit $\int d^3x\, \rho(\mathbf{x}) = 1$ (Gl. 6.26)

$$\begin{aligned} H_{em} &= H_{em}^{(0)} + H_{em}^{(1)} + H_{em}^{(2)}, \\ H_{em}^{(0)} &= Ze\, A_0(0) \\ H_{em}^{(1)} &= Ze \sum_{i=1}^{3} \left(\frac{\partial A_0}{\partial x_i}\right)_0 \int d^3x\, \rho(\mathbf{x}) x_i \\ H_{em}^{(2)} &= \frac{Ze}{2} \sum_{i=1}^{3} \left(\frac{\partial^2 A_0}{\partial x_i^2}\right)_0 \int d^3x\, \rho(\mathbf{x}) x_i^2 . \end{aligned} \tag{19.2}$$

Das Koordinatensystem wurde so gewählt, daß die gemischten Terme der Form $(\partial^2 A_0/\partial x_i \partial x_j) x_i x_j$ verschwinden. Der Term $H_{em}^{(0)}$ vertritt die Wechsel-

20 Jackson, Kapitel 4.

wirkung eines punktförmigen Kerns der Ladung Ze mit dem Potential A_0. Der Term $H_{em}^{(1)}$ verschwindet, weil die Kerne eine definierte Parität haben. Der dritte Term $H_{em}^{(2)}$ interessiert uns hier. Die zweite Ableitung $\partial^2 A_0/\partial x_i^2$ ist der Gradient des elektrischen Feldes entlang der x_i-Achse am Punkt $\mathbf{x} = 0$. Wir verwenden die übliche Notation

$$\left(\frac{\partial^2 A_0}{\partial x_i^2}\right)_0 \equiv V_{ii}, \qquad V_{33} \equiv V_{zz}, \qquad r^2 = x_1^2 + x_2^2 + x_3^2,$$

und spalten den Term in zwei Komponenten auf:

$$H_{em}^{(2)} = H_M + H_Q$$

$$H_M = \frac{Ze}{6} \sum_i V_{ii} \int d^3x\, \rho(\mathbf{x}) r^2 \tag{19.3}$$

$$H_Q = \frac{Ze}{6} \sum_i V_{ii} \int d^3x\, \rho(\mathbf{x})(3x_i^2 - r^2).$$

Der Monopolterm H_M kann mit Hilfe der Poisson-Gleichung als

$$\nabla^2 V = \sum_i V_{ii} = -4\pi q \rho_e \tag{19.4}$$

geschrieben werden[21]. Die Ladungsdichte $q\rho_e$ am Kernort wird durch die Atom- und Molekularelektronen erzeugt und ist durch

$$q\rho_e(0) = -e\,|\psi(0)|^2 \tag{19.5}$$

gegeben, wobei $|\psi(0)|^2$ die Elektronenaufenthaltswahrscheinlichkeit am Kernort ist. Das Integral in H_M ist der mittlere quadratische Radius des Kerns, Gl. 6.29, so daß der Monopolterm

$$H_M = \frac{2\pi}{3} Ze^2 \langle r^2 \rangle |\psi(0)|^2 \tag{19.6}$$

wird. H_M erzeugt eine Verschiebung des Kernenergieniveaus, wenn es mit dem eines punktförmigen Kerns $\langle r^2 \rangle = 0$ verglichen wird. Die Verschiebung ist proportional zu dem mittleren quadratischen Radius und der Wahrscheinlichkeit der Elektronendichte am Kernort. Bei der Diskussion des Mössbauer-Effekts, weiter unten, wird sich dieser Term als wichtig für chemische Studien erweisen.

Der Quadrupolterm H_Q beschreibt die Wechselwirkung zwischen dem Gradienten des elektrischen Feldes und dem Quadrupolmoment des Kernes.

Für einen sphärischen Kern gilt $\int d^3x\, \rho(\mathbf{x}) 3x_i^2 = \int d^3x\, \rho(\mathbf{x}) r^2$, H_Q verschwindet dabei. Um H_Q für einen nichtsphärischen Kern zu finden, betrachten wir zuerst die sphärisch-symmetrischen Elektronen, z.B. s-Elektronen. Für solche Elektronen gilt $V_{11} = V_{22} = V_{33} \equiv V_{zz}$, und

$$H_Q = \tfrac{1}{6} Ze V_{zz} \int d^3x\, \rho(\mathbf{x}) \sum_{i=1}^{3} (3x_i^2 - r^2)$$

21 Jackson, Abschnitt 1.7.

verschwindet, weil $\sum_{i=1}^{3}(3x_i^2 - r^2) = 0$. Der einzige Betrag zu H_Q kommt von Elektronen mit einer nichtsphärischen Ladungsverteilung. Für solche Elektronen gilt $\psi(0) = 0$, und das Poissongesetz vereinfacht sich zu dem Laplace-Gesetz

$$V_{xx} + V_{yy} + V_{zz} = 0. \tag{19.7}$$

Für einen axialsymmetrischen Feldgradienten, für den $V_{xx} = V_{yy}$ gilt, wird die Quadrupolwechselwirkung

$$H_Q = \tfrac{1}{4} e V_{zz} \int Z\, d^3x\, \rho(\mathbf{x})(3z^2 - r^2). \tag{19.8}$$

Beim Vergleich der Gl. 19.8 mit der Gl. 12.30 und speziell mit Bild 12.10 zeigt sich, daß das Integral der Gl. 19.8 das Quadrupolmoment des Kernes ist, wenn der Kernspin in die Richtung der Quantisierungsachse z weist. Im allgemeinen ist der Kernspin J jedoch in eine andere Richtung ausgerichtet, die durch die magnetische Quantenzahl m in Bild 19.4 beschrieben wird. Mit einigem Aufwand läßt sich das Integral in Gl. 19.8 durch das nukleare Quadrupolmoment Q, s. Gl. 12.30, und durch J und m ausdrücken:

$$H_Q = \frac{1}{4} e V_{zz} Q \frac{3m^2 - J(J+1)}{J(2J-1)} \tag{19.9}$$

Die Quadrupolwechselwirkung gibt Anlaß zu einer Aufspaltung des Kernenergieniveaus mit Spins $J \geq 1$. Die Aufspaltung ist proportional zu dem Kernquadrupolmoment Q und dem elektrischen Feldgradienten V_{zz}. Die Zustände mit m und $-m$ haben die gleiche Energie.

Die Gln. 5.21, 19.6 und 19.9 liefern den Hintergrund, um die Verwendung der Hyperfein-Wechselwirkung beim Studium der chemischen Struktur zu erklären. Wir werden einige wenige Anwendungen beschreiben, die nicht nur in der Chemie nützlich sind, sondern auch in vielen anderen Gebieten.

Magnetische Kernresonanz (NMR). [22] Die wesentlichen Eigenschaften eines magnetischen Kernresonanz-Spektrometers sind in Bild 19.5 gezeigt. Eine Probe wird in ein Magnetfeld B_0 gebracht und von einer Spule umgeben, die

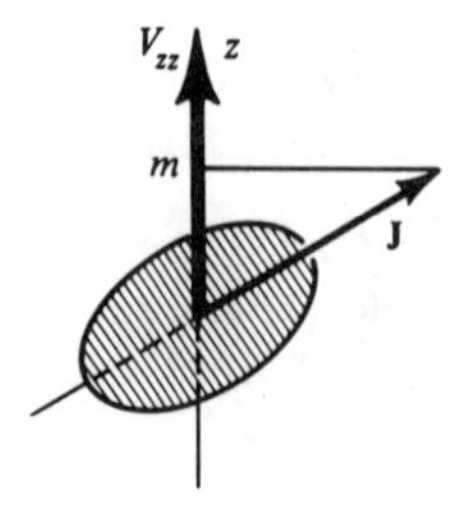

Bild 19.4 Die Energie eines Kerns mit dem Quadrupolmoment Q in einem elektrischen Feldgradienten V_{zz} hängt von der Orientierung des Spins J bezüglich der Richtung des Feldgradienten V_{zz} ab.

22 C. P. Slichter, *Principles of Magnetic Resonance*, Harper & Row, New York, 1963; A. Carrington und A. D. McLachlan, *Introduction to Magnetic Resonance*, Harper & Row, New York, 1967.

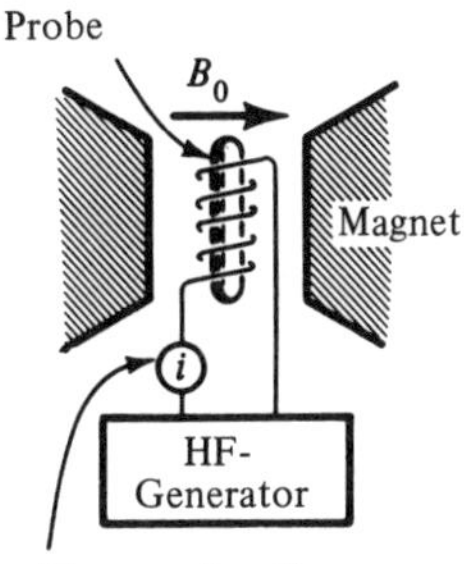

Bild 19.5 Einfaches NMR-Spektrometer.

ein kleines, oszillierendes Magnetfeld der Frequenz $\omega = 2\pi f$ erzeugt. Man betrachte der Einfachheit halber ein Proton in der Probe. Es hat den Spin $\frac{1}{2}$ und ein magnetisches Moment von $\mu = 2,79278\ \mu_N$. Das angelegte Feld B_o spaltet die beiden Zustände $m = \pm\frac{1}{2}$ um den Betrag $2\ \mu B_o$ auf. Der untere Zustand wird wegen Gl. 9.31 stärker besetzt. Wenn die externe Hochfrequenz die Resonanzbedingung

$$2\ \mu B_o = \hbar\omega$$

erfüllt, wird solange Energie absorbiert, bis in der Probe beide Energieniveaus gleich stark besetzt sind, und diese Absorption kann als ein Wechsel im Strom i des Bildes 19.5 gesehen werden. In der Praxis hält man die Hochfrequenz konstant, z.B. bei $f = 100$ MHz und man ändert das Magnetfeld B_o. Um zu sehen, was man durch ein simples NMR Spektrum lernen kann, betrachte man das Spektrum des Äthylalkohols (CH_3–CH_2–OH) in Bild 19.6. Drei Eigenschaften kann man unterscheiden: 1. Das Verhältnis der Fläche unter diesen drei Gruppen beträgt 1:2:3; es zeigt die Zahl der Protonen in jeder Gruppe an. 2. Die Protonen in den drei Gruppen sind nicht äquivalent. Ihre Energieaufspaltung ist etwas verschieden. Der Grund dafür ist die chemische NMR-Verschiebung: das externe Magnetfeld induziert elektrische Ströme in dem Molekül. Diese Ströme wiederum erzeugen Magnetfelder in den Protonen. Im allgemeinen sind die induzierten Felder den externen entgegengerichtet und das resultierende Feld am Proton wird kleiner sein als das angelegte. Die Größe dieses Effektes erlaubt Rückschlüsse, die die elektrische Umgebung betreffen. 3. Wenn sich zwei oder drei Protonen in der gleichen Gruppe befinden, dann teilen sich die NMR-Linien auf. Diese Aufspaltung wird durch die Spin-Spin-Wechselwirkung zwischen den Protonen in der gleichen Gruppe hervorgerufen. Das Magnetfeld eines Protons an der Stelle eines anderen kann entweder zum externen Feld addiert oder subtrahiert werden. In der Situation, die in Bild 19.6 gezeigt wird, wirkt die magnetische Dipol-Wechselwirkung nicht direkt zwischen den Protonen, sondern wird vermittelt durch die Elektronen des Kohlenstoffatoms, das zwischen den Wasserstoffatomen liegt.

Im Spektrum von Bild 19.6 wird die Aufspaltung der verschiedenen Linien durch die magnetische Wechselwirkung verursacht, und durch die Gl. 5.21

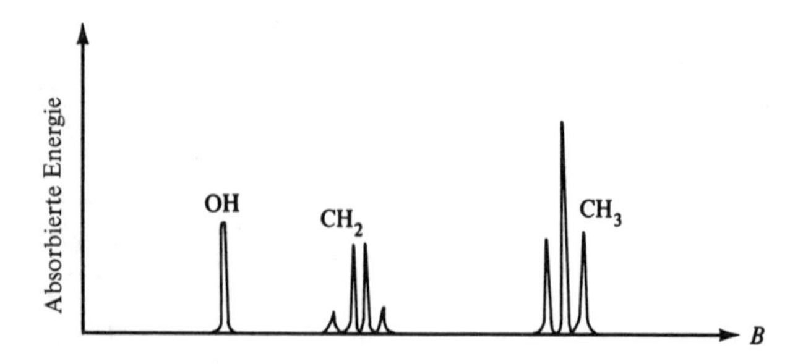

Bild 19.6 Schematische Darstellung eines Protonen-NMR-Spektrums von Äthylalkohol (CH_3-CH_2-OH).

beschrieben. In vielen Molekülen entsteht die dominante Aufspaltung durch elektrische Feldgradienten. *p*-Elektronen können am Kernort sehr große elektrische Feldgradienten erzeugen. Die Protonenresonanz ist nicht empfindlich für solche Feldgradienten, da das Proton kein Quadrupolmoment hat. Nuklide mit Quadrupolmomenten, wie ^{35}Cl, ^{79}Br und ^{127}I erfahren eine Aufspaltung der nuklearen Grundzustände durch die Feldgradienten der Atom- und Molekularelektronen. Das Spektrum der Quadrupolaufspaltung kann im wesentlichen auf dem gleichen Weg wie die magnetische Aufspaltung erklärt werden. Die Information, die man mit Gl. 19.9 erhält, liefert einen Wert für das Produkt $V_{zz}Q$. Mit dem Quadrupolmoment ist auch V_{zz} bekannt. Aus V_{zz} kann man etwas über die Natur der chemischen Bindung und über die lokale Symmetrie erfahren.

Soweit haben wir die Aufspaltung der NMR-Linien besprochen. Relaxationsphänomene [22]) sind bei der Erklärung der NMR für die Chemie ebenso wichtig. Wir haben als Prinzip der protonenmagnetischen Resonanz beschrieben, daß die Energieabsorption in einer Probe dann aufhört, sobald die beiden magnetischen Subzustände gleich stark besetzt sind. Eine solche Situation entspricht einer unendlich hohen Spin-Temperatur, was man aus Gl. 9.31 erkennt. Wären die Protonen von ihrer Umgebung isoliert, so würden sie in einem solchen Zustand für lange Zeit verweilen. Jedoch ist die Umgebungstemperatur des Kernes endlich, und die Protonen versuchen daher ein normales thermisches Gleichgewicht durch Wechselwirkung mit der Umgebung herzustellen. Anders ausgedrückt, die Wechselwirkung zwischen den Protonen und dem Gitter verringert die unendliche Spintemperatur und erhöht die Temperatur des Gitters leicht. Die Zeitcharakteristik dieser Spin-Gitter-Relaxation kann auf verschiedene Weise gemessen werden, z.B. durch die Bestimmung der Zeit, die man benötigt, bis die Protonenspins zu dem thermischen Gleichgewicht zurückkehren, nachdem die externe HF-Energiequelle ausgeschaltet wurde. Die Spingitterrelaxationszeit hängt z.B. von der chemischen Bindung ab, und die Relaxationstechniken sind für die Chemie unersetzlich geworden.

Mössbauer-Effekt.[23]) Kern-Gamma-Übergänge wurden in Abschnitt 10.5 behandelt. Wir kehren hier zu diesem Phänomen zurück, um einen Effekt zu diskutieren, dessen Entdeckung überraschte: nämlich die rückstoßfreie γ-Emission. Man betrachte ein spezifisches Beispiel, die Emission der 14,4 keV γ-Strahlung vom ersten angeregten Zustand in ^{57}Fe. Die Haupteigenschaft des Zerfallschemas ist in Bild 19.7 gezeigt. Die Halbwertszeit des ersten angeregten Zustandes wurde zu $9{,}8 \times 10^{-8}$ s bestimmt. In Abschnitt 5.7 wurde gezeigt, daß die Strahlung von einem Niveau mit endlicher Halbwertszeit nicht monoenergetisch sein kann, sondern eine natürliche Linienbreite hat, wie in Bild 5.17 gezeigt. Die Breite Γ ist durch Gl. 5.45 gegeben; für den $(\frac{3}{2})^-$-Zustand in ^{57}Fe, ergibt sich

$$\Gamma\left[\left(\frac{3}{2}\right)^-\right] = \frac{\hbar}{\tau} = \frac{\hbar \ln 2}{t_{1/2}} = 4{,}67 \times 10^{-9}\,\text{eV}. \tag{19.10}$$

Das Verhältnis der Zerfallsenergie zur Breite ist enorm,

$$\frac{E}{\Gamma} = 3{,}2 \times 10^{12}.$$

Dabei entstehen zwei Fragen: Besitzen γ-Strahlen wirklich eine so geringe, natürliche Linienbreite? Kann sie beobachtet werden? Sicherlich sind die energie-sensitiven Detektoren des Kapitels 4 zu grob, um solche Linien zu studieren, wie sie hier auftreten und die erste Frage läßt sich daher nicht durch die Messung der γ-Strahlen mit konventionellen Detektoren beantworten. Jedoch liefert die Theorie Teile für die Antwort auf die erste Frage. In den meisten Situationen werden die Kerngammas von Kernen emittiert, die Teil eines Atomsystems bilden. Die thermische Bewegung des Systems verbreitet die emittierte γ-Strahlung. Mehr noch, die γ-Strahlung überträgt einen Rückstoß auf den emittierenden Kern und diese Rückstoßenergie geht der γ-Strahlenenergie verloren. Folglich ist der emittierte γ-Strahl sehr stark verbreitert und in der Energie nach kleineren Werten verscho-

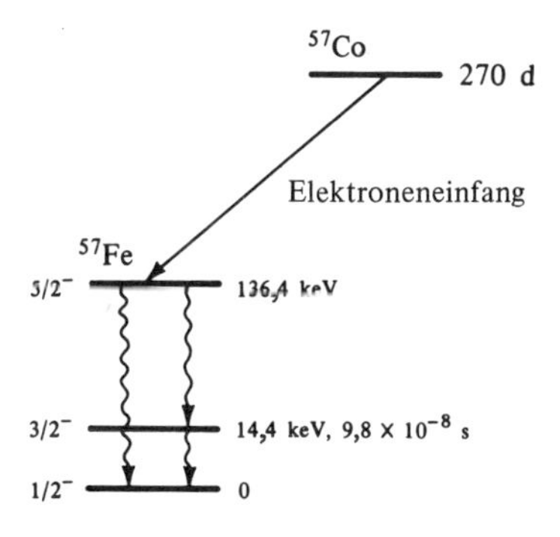

Bild 19.7 Haupteigenschaften des Zerfalls ^{57}Co → ^{57}Fe.

23 R. H. Herber, *Sci. Amer.* **225**, 86 (Okt. 1971).

ben. Im Jahre 1957 jedoch fand Mössbauer eine γ-Strahlung mit der vollen Übergangsenergie und mit der natürlichen Linienbreite [24]. Um das Auftreten solcher rückstoßfreien Übergänge zu verstehen, kehren wir einen Moment zur elastischen Elektronenstreuung in Kapitel 6 zurück [25]. Bei der elastischen Streuung nimmt der Kern keine interne Anregungsenergie auf. Anfangs- und Endzustand des Kerns sind identisch. In Analogie betrachten wir den γ-Strahlung emittierenden Kern als Teil eines Festkörpers. Der Festkörper ist ein quantenmechanisches System; ein rückstoßfreier Übergang tritt auf, wenn Anfangs- und Endzustand des Festkörpers identisch sind. Der Festkörper hat dann keine interne Energie aufgenommen und folglich muß das γ-Quant die volle Energie besitzen und auch die natürliche Linienbreite zeigen. Die Wahrscheinlichkeit f für die Emission eines γ-Quants ohne Rückstoßenergieverlust kann berechnet werden. Bei niedrigen Temperaturen ist sie durch

$$f = e^{-3R/2k\theta} \tag{19.11}$$

gegeben. Hier beschreibt θ die Debye-Temperatur des Festkörpers, $k = 8{,}62 \times 10^{-5}\, eV/\mathrm{K}$ ist die Boltzmann-Konstante und R ist die Rückstoßenergie eines freien Kerns, gegeben durch

$$R = \frac{E_\gamma^2}{2Mc^2}. \tag{19.12}$$

Für den 14,4-keV Übergang in ^{57}Fe ist R nur $1{,}9 \times 10^{-3}$ eV. Die Debye-Temperatur vieler Festkörper ist von der Größenordnung von 200 K und $k\theta$ ist ungefähr $1{,}7 \times 10^{-2}$ eV. Der Exponent in Gl. 19.11 ist dann klein, f liegt nahe bei 1 und der 14,4-keV γ-Strahl aus ^{57}Fe wird normalerweise ohne Energieverlust und mit der natürlichen Linienbreite emittiert. Warum wurde diese Tatsache nicht vor 1957 beobachtet? Eine Teilantwort wurde oben schon gegeben. Kein konventioneller Detektor hatte eine Energieauflösung, die mit der natürlichen Linienbreite vergleichbar war. Mössbauer konnte diese Beschränkung mit einer genialen Idee überwinden, nämlich mit der Resonanzabsorption. Gl. 12.7 drückt die Tatsache aus, daß Streuung in einer Resonanz einen Maximalwert hat. Ähnlich wird der Absorptionsquerschnitt seinen größten Wert annehmen, wenn ein Photon der Energie E_0 auf einen Absorber trifft, der einen angeregten Zustand hat, der genau dieser Energie entspricht, und wenn keine Energie in der Absorption verloren geht. Die Elemente eines Mössbauer-Spektrometers werden in Bild 19.8 gezeigt.

Quelle und Absorber enthalten das gleiche Nuklid, nämlich ^{57}Fe. Nehmen wir für einen Moment an, daß beide Nuklide in der gleichen chemischen Umgebung eingebettet sind. Die Kernenergiezustände sind dann identisch in

24 R. L. Mössbauer, *Z. Physik* **151**, 124 (1958); *Naturwissenschaften* **45**, 538 (1958).

25 Eine einfache Einführung in die Theorie des Mössbauereffektes stammt von P. G. Debrunner und Hans Frauenfelder, *An Introduction to Mössbauer Spectroscopy* (L. May, ed.), Plenum, New York, 1971.

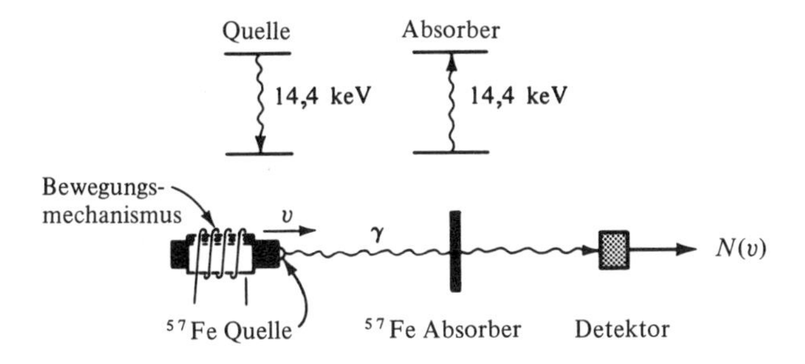

Bild 19.8 Elemente des Mössbauer-Spektrometers.

der Quelle und im Absorber. Das emittierte γ-Quant wird ohne Rückstoß eine natürliche Linienbreite um die Energie E_0 herum zeigen (s. Gl. 5.44). Das Profil für rückstoßfreie Absorption wird das gleiche sein und der γ-Strahl, der auf den Absorber trifft, wird maximal abgeschwächt, wenn Quelle und Absorber beide in Ruhe sind. Um die Form der Linien zu studieren, wird die Quelle oder der Absorber auf ein bewegliches Gerät gebracht, z.B. in eine elektromagnetische Tauchspule, die eine konstante Geschwindigkeit v liefert. Die Energie des emittierten γ-Strahls ist dann um den Betrag

$$\Delta E = \frac{v}{c} E_0 \tag{19.13}$$

Doppler-verschoben und die γ-Strahlintensität bei der Energie $E_0 + \Delta E$ kann gemessen werden. Die Intensität wird dann als Funktion von v beobachtet. Das Resultat wird in Bild 19.9 gezeigt. Das Überlappen zweier Lorentz-Kurven mit der Breite Γ ist wiederum eine Lorentz-Kurve, aber mit der Breite 2Γ. Ein Mössbauer-Spektrometer erlaubt daher die Erforschung der Linienform des Absorbers, wenn die Linienform der Quelle bekannt ist.

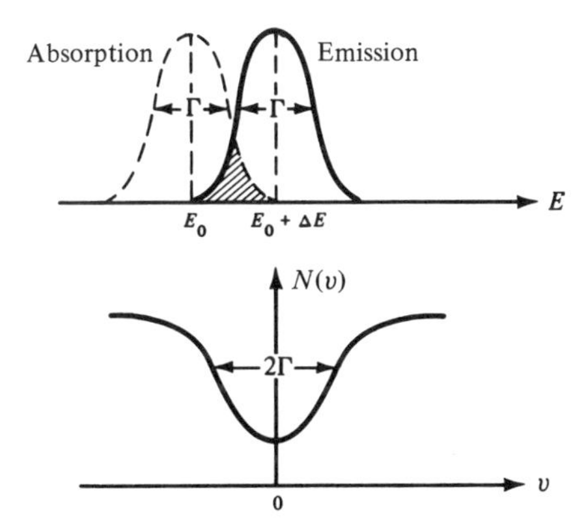

Bild 19.9 Überlapp der Emissions- und der Absorptionslinie. $N(v)$ ist die transmittierte Intensität als Funktion der Quellengeschwindigkeit v.

Die Anwendung der Mössbauer-Spektrometrie auf chemische Probleme läßt sich mit Bild 19.10 verstehen. Hier sind die Energiezustände von ^{57}Fe in drei verschiedenen Situationen gezeigt, für Punktkerne, für wirkliche Kerne in einer Umgebung ohne externes elektromagnetisches Feld und in einer Umgebung mit elektrischem Feldgradienten. Die Verschiebung der Energieniveaus von dem Punkt zum realen Kern ist durch Gl. 19.6 gegeben. Die Aufspaltung der angeregten Zustände im elektrischen Feldgradienten wird durch die Gl. 19.9 bestimmt.

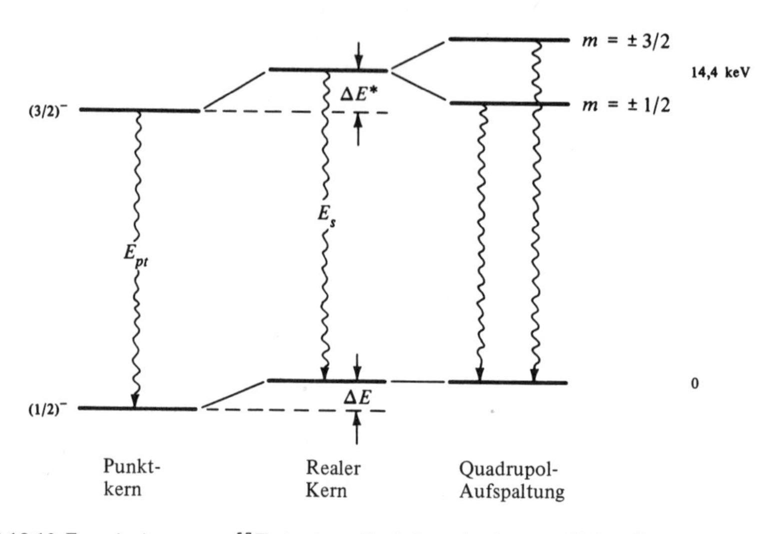

Bild 19.10 Energieniveaus von ^{57}Fe in einem Punktkern, in einem endlichen Kern und in einem endlichen Kern in einem äußeren elektrischen Feldgradienten.

Man betrachte zuerst die Quadrupol-Wechselwirkung. Wie Bild 19.10 zeigt, spaltet der äußere elektrische Feldgradient den Übergang $\frac{3}{2}^- \longrightarrow \frac{1}{2}^-$ in ein Quadrupol-Doublett auf. Man kann dieses Quadrupol-Doublett durch die Übergänge der Quadrupolaufspaltung im Absorber beobachten und dabei die Transmission einer Linien-Quelle bestimmen. Die Energiedifferenz zwischen den beiden Linien folgt aus Gl. 19.9 als

$$\Delta E_Q = \tfrac{1}{2} e V_{zz} Q, \qquad (19.14)$$

wo Q das Quadrupolmoment des ersten angeregten Zustandes von ^{57}Fe ist. Dieses Quadrupolmoment wurde durch einige Mössbauer Experimente bestimmt. Es ist $Q(\frac{3}{2}) \approx +0{,}28 \times 10^{-24}\,\mathrm{cm}^2$. Aus der gemessenen Aufspaltung ΔE_Q kann der Feldgradient V_{zz} bestimmt werden, und man kann auf die Struktur und die Elektronen-Konfiguration schließen, die V_{zz} bestimmen. Diese Technik hat zahlreiche Anwendungen in der Festkörperphysik, Metallurgie und auch in manchen Zweigen der Chemie gefunden. Hier wählen wir ein Beispiel aus der Biochemie aus und zeigen in den Bildern 19.11 und 19.12 die Mössbauer Spektren von oxidierten und reduzier-

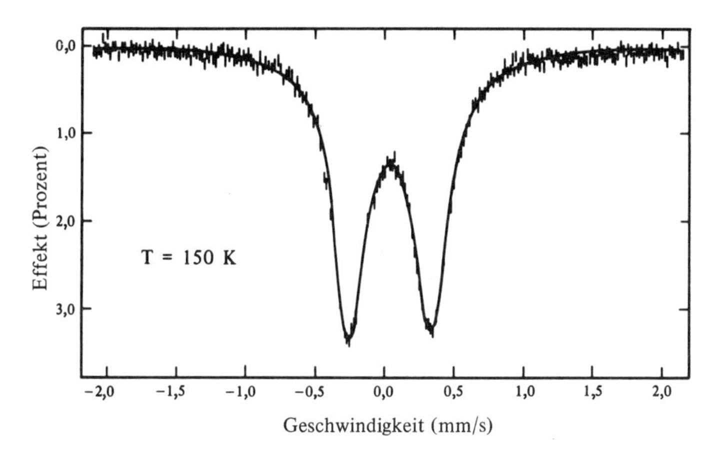

Bild 19.11 Mössbauerspektrum von oxidiertem Putidaredoxin. [Aus E. Münck et al., *Biochem.* **11**, 855 (1972). Copyright © 1972 by the American Chemical Society, Nachdruck mit Erlaubnis des Copyrightinhabers.]

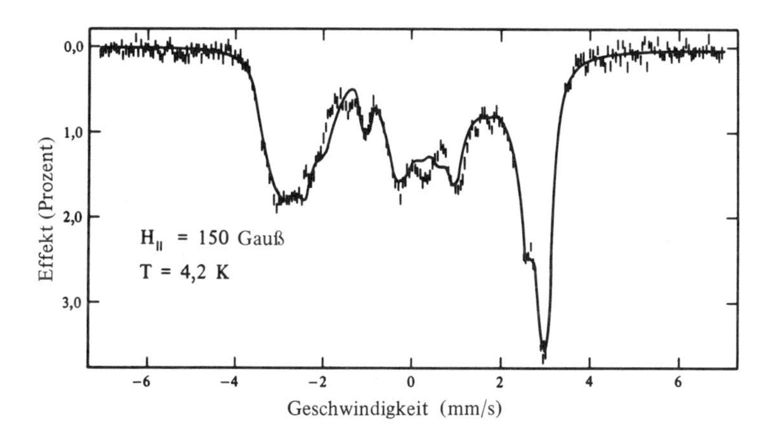

Bild 19.12 Mössbauerspektrum von reduziertem Putidaredoxin, gemessen in einem magnetischen Feld von 150 G parallel zu den γ-Strahlen. [Aus E. Münck et al., *Biochem.* **11**, 855 (1972). Copyright © 1972 by the American Chemical Society, Nachdruck mit Erlaubnis des Copyrightinhabers.]

ten Putidaredoxinen[26]). Wir machen zuerst auf die "Energie"-Skala aufmerksam. Sie ist in mm/s gegeben. Diese Einheiten sind in der Mössbauer-Spektrometrie üblich und können mit Hilfe der Gl. 19.3 berechnet werden. Die Energieverschiebung ist proportional zur Geschwindigkeit v, mit der die Quelle sich auf den Absorber zu oder von ihm weg bewegt. Für den 14,4 keV Übergang in ^{57}Fe ergibt die Umrechung 1 mm/s $= 4{,}8 \times 10^{-8}$ eV.

26 E. Münck, P. G. Debrunner, J. C. M. Tsibris und I. C. Gunsalus, *Biochem.* **11**, 855 (1972).

Putidaredoxin ist ein Eisen-Schwefel-Protein, das als ein Elektronen-Transfer-Enzym wirkt. Jedes Molekül mit einem Molekulargewicht von 12 500 daltons enthält zwei Eisenatome. Das Mössbauer-Spektrum in der oxidierten Form zeigt ein Quadrupol-Doublett. Da Putidaredoxin zwei Eisenatome pro Molekül hat, und nur ein Quadrupol-Doublett beobachtet wird, so schließt man daraus, daß die Eisenatome auf äquivalenten Stellen sitzen. Nach Reduktion, d.h. nach Hinzufügen eines Elektrons pro Molekül wird das Spektrum etwas komplizierter, wie aus Bild 19.12 ersichtlich ist. Eine detaillierte Analyse ergibt das folgende Resultat: die beiden Eisenatome sind nicht mehr äquivalent. Der Spin des einen Atoms ist $S = 2(Fe^{2+})$; der andere ist $S = 5/2(Fe^{3+})$. Beide Spins koppeln antiferromagnetisch, um einen elektronischen Grundzustand mit $S = 1/2$ zu erzeugen. Das Spektrum des reduzierten Putidaredoxins besteht daher aus einer Überlagerung von zwei Spektren, eines von jedem Eisen. Jedes der Teilspektren zeigt magnetische und elektrische Hyperfeinstrukturen und das gesamte Spektrum benötigt 21 Parameter für eine volle Beschreibung. Diese Parameter erhält man durch Kombination der Mössbauer-Daten, die bei verschiedenen angelegten Magnetfeldern und bei verschiedenen Temperaturen gemessen werden, mit Ergebnissen aus anderen Experimenten.

Als nächstes wollen wir uns der Verschiebung zuwenden, die durch die endliche Kerngröße gegeben wird. Mit Bild 19.10 und Gl. 19.16 wird die Energie der emittierten γ-Strahlen

$$E_s = E_{pt} + \Delta E^* - \Delta E = E_{pt} + \frac{2\pi}{3} Ze^2 |\psi(0)|_s^2 \{\langle r^2\rangle_e - \langle r^2\rangle_g\}, \tag{19.15}$$

wobei der Index s Quelle und e und g sich auf den angeregten, bzw. auf den Grundzustand beziehen. Ein ähnlicher Ausdruck gilt für die Energie des absorbierten Photons

$$E_a = E_{pt} + \frac{2\pi}{3} Ze^2 |\psi(0)|_a^2 \{\langle r^2\rangle_e - \langle r^2\rangle_g\}. \tag{19.16}$$

Die Differenz zwischen Quellen- und Absorberenergie ist

$$\delta = E_a - E_s = \frac{2\pi}{3} Ze^2 \{\langle r^2\rangle_e - \langle r^2\rangle_g\}[|\psi(0)|_a^2 - |\psi(0)|_s^2]. \tag{19.17}$$

Die Größe δ wird Isomerie- oder chemische Verschiebung genannt, relativ zu einer gegebenen Strahlenquelle. (Diese chemische Verschiebung ist verschieden von der, die wir bei der NMR einführten. δ ist ein elektrischer Effekt, wohingegen die chemische Verschiebung bei der NMR magnetischer Natur ist.) Die Isomerieverschiebung ist ein gutes Instrument, um chemische Verbindungen zu studieren. Nehmen wir an, daß wir eine $^{57}Co \rightarrow {}^{57}Fe$-Quelle, in einem Standardmaterial eingebettet, verwenden und nehmen wir an, daß wir die Größe $\{\langle r^2\rangle_e - \langle r^2\rangle_g\}$ schon bestimmt hätten. Die Größe δ kann dann für die Verbindung gemessen werden, und es ergibt sich ein Wert für $|\psi(0)|_a^2$ für diese Verbindung in Bezug auf die Standardquelle. Da der Wert von $|\psi(0)|^2$ durch die s-Elektronen bestimmt wird, ist es möglich, Informationen über die Dichte der s-Elektronen für diese Verbindung zu erhalten. ^{57}Co, eingebettet in rostfreien Stahl, wird manchmal als eine solche Standardquelle verwendet. Öfters jedoch dient ein Natrium-Nitroprussid-Absorber als Standard. Die Information, die man aus der Isomerie-Verschiebung erhält, ist aus Bild 19.13 ersichtlich[27].

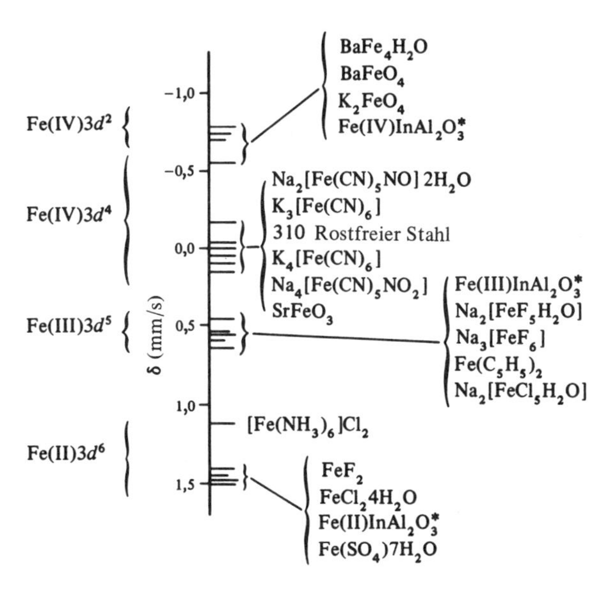

Bild 19.13 Isomerverschiebungen in Eisenverbindungen. [Aus J. Danon, *Mössbauer Spectroscopy and its Applications*, International Atomic Energy Agency, Wien, 1972.]

Spektroskopie der inneren Schalen.[28] Die inneren Elektronen in einem Atom erfahren nur einen geringen Einfluß von den Valenz-Elektronen; von der chemischen Bindung und von Struktureffekten spüren sie daher kaum etwas. Für viele Jahre wurden sie deshalb weitestgehend von den Chemikern vernachlässigt. Verbesserte spektroskopische Techniken, aus der Kernphysik[29] entliehen, haben die Situation geändert, und die Innerschalenspektroskopie entwickelt sich schnell zu einem mächtigen Werkzeug der Chemie. Ein Innerschalenspektrometer (auch oft ESCA-Spektrometer genannt: Elektronenspektroskopie für chemische Analyse) wird in Bild 19.14 schematisch gezeigt[30]. Monochromatische Röntgenstrahlen fallen auf die

27 J. Danon, *Mössbauer Spectroscopy and Its Applications*, International Atomic Energy Agency, Wien, 1972.

28 J. M. Hollander und D. A. Shirley, *Ann. Rev. Nucl. Sci.* **20**, 435 (1970).

29 S. B. M. Hagström, C. Nordling und K. Siegbahn, *Z. Phys.* **178**, 439 (1964).

30 K. Siegbahn, D. Hammond, H. Fellner-Feldegg und E. F. Barnett, *Science* **176**, 245 (1972).

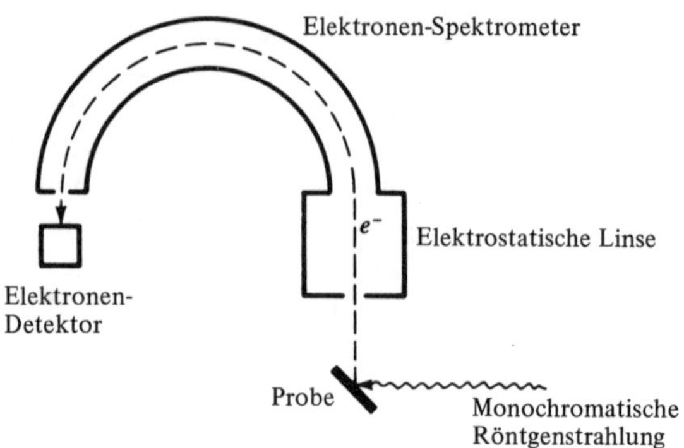

Bild 19.14 Innerschalenspektrometer.

Probe und schlagen Elektronen heraus. Diese werden durch ein elektrostatisches Linsensystem auf ein Elektronenspektrometer fokussiert. Das Elektronenspektrometer ist die erwähnte Beteiligung der Kernphysik. Es wurde fast bis zur Perfektion bei der Suche nach besseren β-Spektroskopien entwickelt[31].

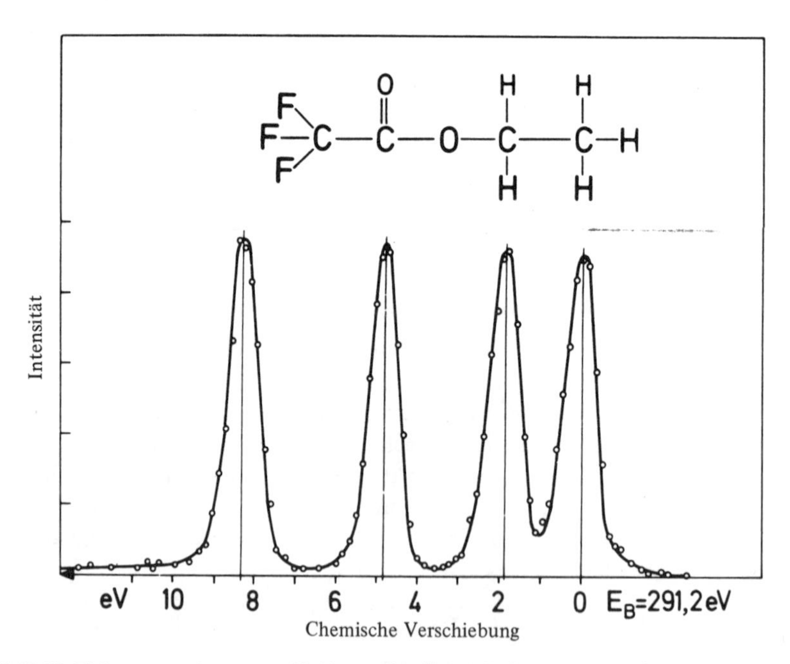

Bild 19.15 Elektronenspektrum von Kohlenstoff in Äthyl-Trifluoroazetat. Alle vier Atome dieses Moleküls werden im Spektrum unterschieden. Die Linien treten in der gleichen Reihenfolge von links nach rechts auf wie die entsprechenden Kohlenstoffatome in der gezeichneten Struktur. [Aus K. Siegbahn, *Endeavour* **32**, Nr. 116, S. 51 (1973).]

31 K. Siegbahn, in *Alpha-, Beta- and Gamma-Ray Spectroscopy* (K. Siegbahn, ed.), North-Holland, Amsterdam, 1965.

Die Energie der herausgeschlagenen inneren Schalenelektronen ist durch

$$E_i = E_x - B$$

gegeben, wobei E_x die Energie des einfallenden Röntgenstrahls und B die Bindungsenergie des emittierten Elektrons ist. B hängt von der chemischen Bindung über die Abschirmung durch die Valenzelektronen ab. Diese Abschirmung ist proportional zu der gesamten Elektronenpopulation auf der Valenzschale.

Ein Beispiel der Information, die man durch photoelektronische Spektroskopie der inneren Schale erhalten kann, ist in Bild 19.15 gezeigt [32]. Die vier Grundstoffatome in einem Äthyl-Trifluorazetat können klar unterschieden werden.

19.4 *Radionuklide (Radiotracer, radioaktive Indikatoren)*

Die von den Radionukliden ausgesandte Strahlung macht sie zu exzellenten Signalen, und der Pfad eines bestimmten Elementes kann selbst in kleinsten Mengen verfolgt werden, indem man die entsprechende Strahlung beobachtet. Radiotracer wurden zuerst von G. Hevesy im Jahre 1911 benützt; die Geschichte wird von Glasstone erzählt [33]: Um herauszufinden, ob seine Wirtin entgegen ihren Behauptungen etwaige Überreste der Sonntagspastete in die Mahlzeiten hineingab, die später in der Woche serviert wurden, machte 1911 G. Hevesy ein Experiment, das er später wie folgt beschrieb: Am kommenden Sonntag brachte ich etwas aktives Thorium in die frisch bereitete Pastete, und am folgenden Mittwoch demonstrierte ich mit Hilfe eines Elektroskopes meiner Wirtin die Präsenz des aktiven Materials in dem Soufflé. Diese kurze Beschreibung enthält alle wesentlichen Eigenschaften der Tracertechnik. Nur drei Dinge haben sich seit 1911 geändert: Die Zahl der radioaktiven Nuklide und ihre Verwendbarkeit haben sich enorm vergrößert; die Entdeckungsmethoden wurden bezüglich der Empfindlichkeit, Geschwindigkeit und Energieauflösung verbessert; niemand kann heute ein solches Experiment ohne den Gesundheitsphysiker und das Ausfüllen von Formularen durchführen.

Die Radiotracer bieten zwei Vorteile gegenüber anderen Methoden, nämlich S e n s i t i v i t ä t und S p e z i f i t ä t. Die enorme Sensitivität kann daran erkannt werden, daß das Element ^{101}Mv mit nur 20 Atomen identifiziert wurde [34]. Die Spezifität kommt von der eindeutigen Zuordnung, die durch die

32 K. Siegbahn et al., *ESCA – Atomic, Molecular and Solid State Structure Studied by Means of Electron Spectroscopy*. Nova Acta Regiae Societatis Scientiarum Upsaliensis Ser. IV, Vol. 20. Almqvist & Wiksell Uppsala, 1967. K. Siegbahn, *Endeavour*, 32, Nr. 116, S. 51 (1973).

33 S. Glasstone, *Sourcebook on Atomic Energy*, Van Nostrand Rinehold, New York, 1967, S. 666.

34 A. Ghiorso, B. G. Harvey, G. R. Choppin, S. G. Thompson und G. T. Seaborg, *Phys. Rev.* 98, 1518 (1955).

Messungen der emittierten Strahlung möglich gemacht wird. Bild 4.8 zeigt, daß Halbleiterzähler mit ihrer hohen Auflösung und ihrer genauen Energiekalibrierung eindeutige Zuordnungen der meisten γ-Strahlen erlauben.

Zwei Annahmen werden beim Gebrauch von Radionukliden implizit gemacht, die chemische Identität eines Radioisotops mit dem entsprechenden stabilen Isotop und die Unabhängigkeit der beobachteten Eigenschaften vom radioaktiven Zerfall. Die erste Annahme wird nur dann inkorrekt, wenn Masseneffekte wichtig sind. In der Praxis sind solche Effekte nur bei Wasserstoff-Deuterium-Tritium Komponenten zu beachten. Die zweite Annahme ist korrekt, solange die Tracerkonzentration sehr klein ist.

Viele Radionuklide sind greifbar und sie werden in allen Gebieten der Physik, der Biologie und Medizin, und in vielen industriellen Anwendungen benutzt [35]. Da die zugrunde liegende Idee der Tracerstudien so simpel ist, werden wir nicht weiter darauf eingehen.

19.5 *Strahlenchemie*

Die Radiotracer-Studien geben mit Hilfe der Kernstrahlung Informationen über die Existenz und den Ort der Radionuklide. In der Strahlenchemie induzieren Strahlungen Veränderungen der chemischen Eigenschaften. Aus der enormen Anzahl von Prozessen, die studiert wurden, greifen wir zwei heraus: strahlungsinduzierte chemische Prozesse und die Impulsstrahlungszersetzung. Das erste Beispiel ist typisch für die angewandte Seite der Strahlungschemie, während das zweite Beispiel "fundamental" ist.

Strahlungsinduzierte chemische Prozesse [36] implizieren die Verwendung von ionisierender Strahlung für die Synthese oder Modifikation von chemischen Produkten. Diese Technik findet eine vielseitige Anwendung, angefangen bei der Routinesterilisation wegwerfbarer medizinischer Geräte durch γ-Strahlung bis hin zur Nahrungssterilisation [37]. Wir wollen hier als Beispiel die Vernetzung eines Polyäthylens durch Strahlung anführen [38]. Polyäthylen, C_nH_{2n}, ist ein lineares Kettenmolekül mit bis zu 2000 C-Atomen. Nach der Bestrahlung mit Neutronen, Elektronen oder γ-Strahlen verbinden sich die Moleküle zu neuen C-C-Brücken auf Kosten der C-H-Brücken. Das Resultat ist ein Polymer mit einem stärkeren Gitter. In der gleichen Weise funktioniert die Vernetzung, Bild 19.16: die Strahlung erzeugt ein Wasserstoffatom und ein Polymerradikal. Das Wasserstoffatom entfernt ein anderes Wasserstoffatom aus der benachbarten Poly-

35 Y. Wang, ed., *Handbook of Radioactive Nuclides*, Chemical Rubber Co., Cleveland, 1969.

36 V. T. Stannett und E. P. Stahel, *Ann. Rev. Nucl. Sci.* **21**, 397 (1971).

37 F. E. Fowler, *Isotopes Radiation Technol.* **9**, 253 (1972).

38 A. Chapiro, *Radiation Chemistry of Polymeric Systems*, Wiley-Interscience, New York, 1962.

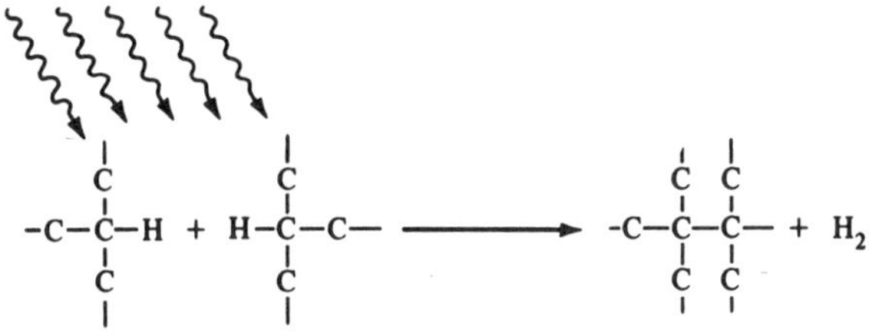

```
       |         |                      |  |
       C         C                      C  C
       |         |                      |  |
  -C—C—H  +  H—C—C—    ————————►    -C—C—C—  +  H2
       |         |                      |  |
       C         C                      C  C
       |         |                      |  |
```

Bild 19.16 Vernetzung von Polymerketten durch Strahlung.

merkette und formt so Wasserstoffgas und ein zweites Radikal. Zwei Radikale kombinieren dann zu einer C-C-Brücke. Vernetzte Polyäthylene werden oft verwendet, z.B. als Drähte, Kabel und Decken. Der gleichen Technik bedient man sich auch bei Textilien, um Fabrikate mit einem verbesserten Schrumpfwiderstand und einer größeren Wasserabweisung zu erhalten. Die wichtigste Anwendung dürfte in der Abfallverwertung liegen; das beruht auf folgender Überlegung: bestrahlte Zementpolymer-Kombinationen übertreffen bei weitem normalen Zement an Härte und Dauerhaftigkeit. Ähnliche Kombinationen, die Abfall einschließen (z.B. zerschlagene Flaschen oder Abwasserfeststoffe), könnten bei der Verhütung von Umweltsverschmutzungen helfen, gleichzeitig wären sie ein hervorragendes Baumaterial. Bei allen Bestrahlungstechnologien sind große Elektronenbeschleuniger die beste Strahlungsquelle. Es ist bemerkenswert, daß hier eine weitere Querverbindung zwischen Grundlagen- und angewandter Forschung aufgetaucht ist. Der Entwurf des Los Alamos Linear-Protonen-Beschleunigers hat zu stark verbesserten Nieder-Energie-Elektronen-Linacs geführt, die im steigenden Maße in Kliniken und Industriewerken eingesetzt werden.

Impulsradiolyse[39] ist eine relativ neue Technik, die eine verbesserte Untersuchung der Kinetik und der Reaktionsmechanismen in chemischen und biochemischen Prozessen erlaubt. Ein kurzer (ns bis μs) und sehr intensiver Impuls ionisierender Strahlung, z.B. von Elektronen, wird auf die Probe gerichtet. Der detaillierte Prozeß, der einem solchen Impuls folgt, ist komplex, aber die Haupterscheinungen sind ziemlich gut verstanden. Als Hauptprodukte in Wasser ergeben sich nach etwa 10^{-11} s

$$\mathrm{H}, \quad \mathrm{OH}, \quad \mathrm{H_3O^+_{aq}} \quad \text{und} \quad e^-_{aq}.$$

Alle diese Teile können weitere Reaktionen eingehen, aber von speziellem Interesse ist das hydratisierte Elektron e^-_{aq}[40], weil es das einfachste negative Wasserion und außerordentlich reaktionsfähig ist. Es hat ein Standardpotential von 2,7 V und ist daher als das reaktionsfähigste Sy-

39 M. S. Matheson und L. M. Dorfman, *Pulse Radiolysis*, M. I. T. Press, Cambridge, Mass., 1969.

40 E. J. Hart, *Accounts Chem. Res.* 2, 161 (1969); E. J. Hart und M. Anbar, *The Hydrated Electron*, Wiley-Interscience, New York, 1970.

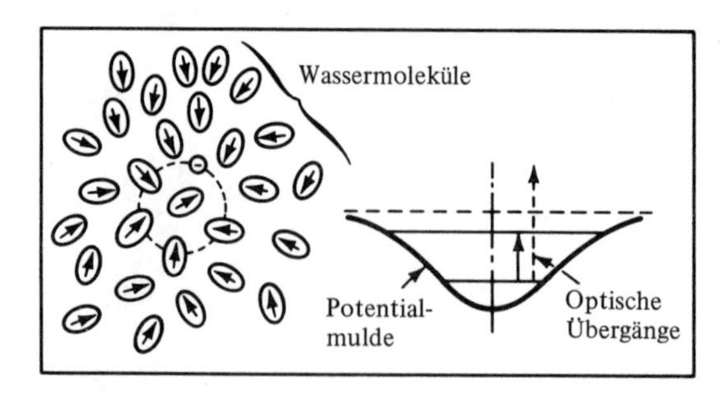

Bild 19.17 Das hydratisierte Elektron polarisiert Wassermoleküle und bewegt sich mit seinem Anhang herum. Rechts die Energieniveaus.

stem bekannt. Aber was ist ein hydratisiertes Elektron? Seine Konstitution kann mit Hinweis auf Bild 19.17 erklärt werden. Das freie Elektron, das sich viel schneller als die schweren Wassermoleküle bewegt, polarisiert einige davon und schafft sich selbst eine Potentialmulde. Während seiner Bewegung schleppt es diese Wassermoleküle mit sich herum. Sein Bohr-radius ist ungefähr 3 Å und es hat ein Absorptionsspektrum mit einem Maximum bei 700 nm. Da e^-_{aq} so reaktionsfreundlich ist, kann es verwendet werden, um eine große Anzahl von Reaktionen zu initiieren. Die Erzeugung von hydratisierten Elektronen im Pulsbetrieb erlaubt kinetische Studien bis hinab in den ns Bereich. Ein kerntechnisches Werkzeug, nämlich ein gepulster Elektronenbeschleuniger, erlaubt so chemische Studien mit einem bemerkenswerten Wesen, mit dem hydratisierten Elektron.

19.6 *Literaturhinweise*

Bücher und Übersichtsartikel der Kernchemie, und mit besonderer Betonung der Radiochemie, sind aufgeführt und kurz beschrieben in "Source Material for Radiochemistry", *Nuclear Science Series Report Number 42*, National Academy of Sciences, Washington, D.C. 1970. Die beiden folgenden Texte behandeln eine große Materialmenge der Kern- und Radiochemie:

G. Friedlander, J.W. Kennedy und J.M. Miller, *Nuclear and Radiochemistry*, 2nd ed., Wiley, New York, 1964.

M. Haissinsky, *Nuclear Chemistry and Its Applications*, Addison-Wesley, Reading, Mass., 1964.

Ergänzend zu den schon im Text aufgeführten Referenzen geben die folgenden Titel weitere Informationen:

Synthetische Elemente

G.T. Seaborg, *Man-Made Transuranium Elements*, Prentice-Hall, Englewood Cliffs, N.J., 1963.

G.T. Seaborg, *Ann. Rev. Nucl. Sci.* 18, 53 (1968).

Chemische Struktur. Das gesamte Feld der Hyperfeinwechselwirkungen wird in dem Übersichtsartikel von A.J. Freeman und R.B. Frankel, eds., *Hyperfine Interactions*, Academic Press, New York, 1967, behandelt. Die Anzahl der Veröffentlichungen über NMR überschreitet 500 pro Monat und jedes Jahr erscheinen neue Bücher. Um auf dem laufenden zu bleiben, konsultiere man folgende periodische Veröffentlichungen:

Advances in Magnetic Resonance
Progress in Nuclear Magnetic Resonance Spectroscopy
Annual Review of NMR Spectroscopy

Die früheren Veröffentlichungen und Bücher über den Mößbauereffekt sind bei G.K. Wertheim, "Resource Letter ME-1 on the Mössbauer Effect", *Am. J. Phys.* 31, 1 (1963), aufgeführt. Dieser Resource Letter und eine Anzahl von Veröffentlichungen sind in *Mössbauer Effect*, American Institute of Physics, New York, im Nachdruck erschienen.

Einführungen zu dem Mößbauereffekt sind in zwei kleinen Büchern zu finden:

G.K. Wertheim, *Mössbauer Effect, Principles and Applications*, Academic Press, New York, 1964.

L. May, ed., *An Introduction to the Mössbauer Effect*, Plenum, N.Y., 1971.

Umfassende Darstellungen der Anwendungen, besonders in der Chemie, stehen in

V.I. Goldanskii und R.H. Herber, eds., *Chemical Applications of Mössbauer Spectroscopy*, Academic Press, New York, 1968.

N.N. Greenwood und T.C. Gibb, *Mössbauer Spectroscopy*, Champman & Hall, London, 1971.

Die Reihe *Mössbauer Effect Methodology*, (I.J. Gruverman, ed.), Plenum, New York, bringt viele authentische Artikel.

In *Mössbauer Effect Data Index*, (J.G. Stevens und V.E. Stevens, eds.), Plenum, New York, 1971 wird jedes Jahr ein Überblick über die Mößbauerliteratur veröffentlicht.

Teil VII – Anhang Tabellen

Tabelle A1

Die am häufigsten verwendeten Konstanten

Sie sind hier nur mit Rechenschiebergenauigkeit angegeben. Für genauere Werte verwende man die nächste Tabelle.

Lichtgeschwindigkeit	c	$2{,}998 \times 10^{23}$ fm/sec
Dirac'sches $\hbar$	$\hbar$	$6{,}58 \times 10^{-22}$ MeV sec
	$\hbar c$	197,3 MeV fm
Boltzmann-Konstante	k	$8{,}62 \times 10^{-11}$ MeV/K
Feinstruktur-Konstante	$e^2/\hbar c$	1/137,0
„Elektronenradius"	$e^2/m_e c^2$	2,818 fm
Comptonwellenlänge		
Elektron	$\hbar/m_e c$	386 fm
Pion	$\hbar/m_\pi c$	1,414 fm ($\approx \sqrt{2}$ fm)
Proton	$\hbar/m_p c$	0,210 fm
Kernmagneton	$e\hbar/2m_p c$	$3{,}153 \times 10^{-18}$ MeV/Gauss
Massen: Elektron	m_e	0,511 MeV/c^2
Pion, neutral	m_π°	135,0 MeV/c^2
Pion, geladen	$m_\pi^\pm$	139,6 MeV/c^2
Proton	m_p	938,3 MeV/c^2

Tabelle A2

Physikalische und numerische Konstanten *

Physikalische Konstanten

		Unsicherheit (ppm)
N_A	$= 6{,}022\,045(31)\times10^{23}$ mole^{-1}	5,1
V_m	$= 22413{,}83(70)$ cm^3 mole^{-1} = molares Volumen des idealen Gases im Normalzustand	31
c	$= 2{,}997\,924\,58(1{,}2)\times10^{10}$ cm sec^{-1}	0,004
e	$= 4{,}803\,242(14)\times10^{-10}$ esu $= 1{,}602\,189\,2(46)\times10^{-19}$ Coulomb	2,9; 2,9
1 MeV	$= 1{,}602\,189\,2(46)\times10^{-6}$ erg	2,9
$\hbar=h/2\pi$	$= 6{,}582\,173(17)\times10^{-22}$ MeV sec $= 1{,}054\,588\,7(57)\times10^{-27}$ erg sec	2,6; 5,4
$\hbar c$	$= 1{,}973\,285\,8(51)\times10^{-11}$ MeV cm $= 197{,}32858(51)$ MeV Fermi	2,6; 2,6
	$= 0{,}624\,007\,8(16)$ GeV mb$^{1/2}$	2,6
α	$= e^2/\hbar c = 1/137{,}03604(11)$	0,82
$k_{Boltzmann}$	$= 1{,}380\,662(44)\times10^{-16}$ erg °K^{-1}	32
	$= 8{,}61735(28)\times10^{-11}$ MeV °K^{-1} = 1 eV/11604,50(36) °K	32; 31
m_e	$= 0{,}511\,003\,4(14)$ MeV $= 9{,}109\,534(47)\times10^{-28}$ g	2,8; 5,1
m_p	$= 938{,}2796(27)$ MeV $= 1836{,}15152(70)\ m_e = 6{,}722\,776(65)\ m_{\pi\pm}$	2,8; 0,38; 9,7
	$= 1{,}007\,276\,470(11)$ amu	0,011
1 amu	$= 1/12\ m_{C^{12}} = 931{,}5016(26)$ MeV	2,8
m_d	$= 1875{,}6280(53)$ MeV	2,8
r_e	$= e^2/m_ec^2 = 2{,}817\,938\,0(70)$ fermi (1 fermi = 10^{-13} cm)	2,5
$\lambda\!\!\!^{-}_e$	$= \hbar/m_ec = r_e\alpha^{-1} = 3{,}861\,590\,5(64)\times10^{-11}$ cm	1,6
$a_{\infty Bohr}$	$= \hbar^2/m_ee^2 = r_e\alpha^{-2} = 0{,}529\,177\,06(44)$ Å (1 Å = 10^{-8} cm)	0,82
$\sigma_{Thomson}$	$= (8/3)\pi r_e^2 = 0{,}665\,244\,8(33)$ barn (1 barn = 10^{-24} cm^2)	4,9
μ_{Bohr}	$= e\hbar/2m_ec = 0{,}578\,837\,85(95)\times10^{-14}$ MeV Gauss^{-1}	1,6
μ_N	$= e\hbar/2m_pc = 3{,}152\,451\,5(53)\times10^{-18}$ MeV Gauss^{-1}	1,7
μ_p/μ_{Bohr}	$= 0{,}001\,521\,032\,209(16)$	0,011
$1/2\omega^e_{zyklotron}$	$= e/2m_ec = 8{,}794\,024(25)\times10^6$ rad sec^{-1} Gauss^{-1}	2,8
$1/2\omega^p_{zyklotron}$	$= e/2m_pc = 4{,}789\,378(14)\times10^3$ rad sec^{-1} Gauss^{-1}	2,8

Wasserstoffähnliches Atom (nichtrelativistisch, μ = reduzierte Masse):

$$\frac{v}{c})_{rms} = \frac{ze^2}{n\hbar c};\quad E_n = \frac{\mu}{2}v^2 = \frac{\mu z^2e^4}{2(n\hbar)^2};\quad a_n = \frac{n^2\hbar^2}{\mu ze^2}$$

$R_\infty = m_ee^4/2\hbar^2 = m_ec^2\alpha^2/2 = 13{,}605\,804(36)$ eV (Rydberg)		2,6
$= m_ec\alpha^2/2h = 109\,737{,}3177(83)$ cm^{-1}		0,075
$pc = 0{,}3\ H\rho$ (MeV, kilogauss, cm)		
1 Jahr (siderisch)	$= 365{,}256$ Tage $= 3{,}1558\times10^7$ sec ($\approx\pi\times10^7$ sec)	
Dichte trockener Luft	$= 1{,}204$ mg cm^{-3} (at 20°C, 760 mm)	
Gravitationsbeschleunigung	$= 980{,}62$ cm sec^{-2} (Meeresspiegel, 45°)	
Gravitationskonstante	$= 6{,}6720(41)\times10^{-8}$ cm^3 g^{-1} sec^{-2}	615
1 Kalorie (thermochemisch)	$= 4{,}184$ Joule	
1 Atmosphäre	$= 1{,}01325$ bar (1 bar = 10^6 dyn cm^{-2})	
1 eV pro Teilchen	$= 11604{,}50(36)$ °K (aus $E = kT$)	31

Numerische Konstanten

π	= 3,141 592 7	1 rad	= 57,295 779 5°	$\sqrt{\pi}$	= 1,772 453 85
e	= 2,718 281 8	1/e	= 0,367 879 4	$\sqrt{2}$	= 1,414 213 6
ln2	= 0,693 147 2	ln10	= 2,302 585 1	$\sqrt{3}$	= 1,732 050 8
$\log_{10}2$	= 0,301 030 0	$\log_{10}e$	= 0,434 294 5	$\sqrt{10}$	= 3,162 277 7

* Im April 1978 von Barry N. Taylor überarbeitet. Ursprünglich bearbeitet von Stanley J. Brodsky, hauptsächlich basierend auf „1973 Least-Squares Adjustment of the Fundamental Constants“ von E. R. Cohen und B. N. Taylor, *J. Phys. Chem. Ref. Data* 2, 663 (1973). Die Zahlen in Klammern entsprechen der einfachen Standardabweichung in den letzten Ziffern der Hauptzahl. Die äquivalente Unsicherheit in parts per million (ppm) ist in der

(Fortsetzung)

letzten Spalte gegeben. Man beachte, daß die Unsicherheiten der nach der Methode des kleinsten Quadrates abgeleiteten Werte im allgemeinen korreliert sind; das allgemeine Gesetz der Fehlerfortpflanzung muß bei der Berechnung zusätzlicher Größen angewendet werden.

Die Menge der Konstanten, die aus der Anpassung von Cohen und Taylor, 1973, resultierte, ist für den internationalen Gebrauch von CODATA (Committee on Data for Science and Technology) empfohlen worden und stellt die aktuellsten und allgemein akzeptierten Werte dar, die gegenwärtig greifbar sind. Jedoch wurden seit der Veröffentlichung des Angleichs von 1973 eine Anzahl von neuen Experimenten durchgeführt, die verbesserte Werte einiger Konstanten lieferten: $N_A = 6{,}022\,097\,8(63) \times 10^{23}\ \mathrm{mol}^{-1}$ (1,04 ppm); $\alpha^{-1} = 137{,}035\,987(29)$ (0,21 ppm) [mit Hilfe des Josephsoneffekts]; und $R_\infty = 109\,737{,}3143(10)\ \mathrm{cm}^{-1}$ (0,009 ppm). [S. Atomic Masses and Fundamental Constants 5, Ed. by J. H. Sanders and A. H. Wapstra, Plenum Pub. Co., (1976).] Man muß aber auch beachten, daß man vorsichtig sein muß bei Rechnungen, in denen man abgeleitete Werte aus dem Angleich von 1973 und Ergebnisse aus neueren Experimenten verwendet, in denen die nach der Methode der kleinsten Quadrate bestimmten Werte in komplexer Weise korreliert sind und ein Wechsel im gemessenen Wert einer Konstanten gewöhnlich zu entsprechenden Änderungen in den angeglichenen Wert der anderen führt. Zur Vervollständigung ist eine neue Anpassung für 1980 geplant.

Tabelle A3

Eigenschaften stabiler Teilchen

April 1978

Nachdruck aus *Physics Letters*, Band 75 B, Nr. 1, April 1978.

N. Barash-Schmidt, A. Barbaro-Galtieri, C. Bricman, R. L. Crawford,

C. Dionisi, R. J. Hemingway, C. P. Horne, R. L. Kelly,

M. J. Losty, M. Mazzucato, L. Montanet, A. Rittenberg,

M. Roos, T. G. Trippe, G. P. Yost

(Redaktionsschluß: 1. Januar 1978)

Stabile Teilchen

Weitere Parameter, s. Anhang zu dieser Tabelle

Größen in Kursivdruck haben sich um mehr als eine (alte) Standardabweichung geändert.

Teilchen	$I^G(J^P)C_n$ [a]	Masse (MeV) Masse^2 (GeV)^2	mittlere Lebensdauer (sec) $c\tau$ (cm)	Zerfall Art	Anteil [b]	p oder p_{max} [c] (MeV/c)
γ	$0,1(1^-)-$	$0(<6\times10^{-22})$	stabil	stabil		
ν_e	$J=\frac{1}{2}$	$0(<0,00006)$	stabil $(>3\times10^8 m_{\nu_e}(\text{MeV}))$	stabil		
e	$J=\frac{1}{2}$	0,5110034 ±,0000014	stabil $(>5\times10^{21}a)$	stabil		
ν_μ	$J=\frac{1}{2}$	$0(<0,57)$	stabil $(>1,3\times10^4 m_{\nu_\mu}(\text{MeV}))$	stabil		
μ	$J=\frac{1}{2}$	105,65946	$2,197134\times10^{-6}$	$\mu^- \xrightarrow{d}$ $e^-\bar{\nu}\nu$	(98,6)%	53
		±,00024	±,000077	$e^-\bar{\nu}\nu\gamma$	[e](1,4 ±0.4)%	53
		$m^2=0,01116392$	$c\tau=6,5868\times10^4$	$e^-\gamma\gamma$	(<4)$\times10^{-6}$	53
		$m_\mu-m_{\pi^\pm}=-33,9074$		$e^-e^+e^-$	(<1,9)$\times10^{-9}$	53
		±,0012		$e^-\gamma$	(<3,6)$\times10^{-9}$	53
				$e^-\nu_e\bar{\nu}_\mu$	(<25)%	53
→ τ	$J=\frac{1}{2}$ [f]	1807		$\tau^- \xrightarrow{d}$ $\mu^-\bar{\nu}\nu$	(17,5 ±1,7)%	900
		±20		$e^-\bar{\nu}\nu$	(17,0 ±2,8)%	903
		$m^2=3,27$				
$\pi^\pm$	$1^-(0^-)$	139,5669	$2,6030\times10^{-8}$	$\pi^+ \xrightarrow{d}$ $\mu^+\nu$	100 %	30
		±,0012	±,0023	$e^+\nu$	(1,267±0,023)$\times10^{-4}$	70
		$m^2=0,0194789$	$c\tau=780,4$	$\mu^+\nu\gamma$	[e](1,24±0,25)$\times10^{-4}$	30
			$(\tau^+-\tau^-)/\bar{\tau}=$	$e^+\nu\pi^0$	(1,02±0,07)$\times10^{-8}$	5
			(0,05±0,07)%	$e^+\nu\gamma$	[e](2,15±0,50)$\times10^{-8}$	70
			(Test der CPT)	$e^+\nu e^+e^-$	(<5)$\times10^{-9}$	70
π^0	$1^-(0^-)+$	134,9626	$0,828\times10^{-16}$	$\gamma\gamma$	(98,85±0,05)%	67
		±,0039	±,057 S=1,8*	γe^+e^-	(1,15±0,05)%	67
		$m^2=0,0182149$	$c\tau=2,5\times10^{-6}$	$\gamma\gamma\gamma$	(<5)$\times10^{-6}$	67
		$m_{\pi^\pm}-m_{\pi^0}=4,6043$		$e^+e^-e^+e^-$	[g](3,32)$\times10^{-5}$	67
		±,0037		$\gamma\gamma\gamma\gamma$	(<6)$\times10^{-5}$	67
				e^+e^-	(<2)$\times10^{-6}$	67

Stabile Teilchen (Fortsetzung)

Teilchen	$I^G(J^P)C_n$ [a]	Masse (MeV) Masse^2 (GeV)^2	mittlere Lebensdauer (sec) $c\tau$ (cm)	Zerfall: Art	Zerfall: Anteil [b]	p oder p_{max} [c] (MeV/c)
η	$0^+(0^-)+$	548,8	$\Gamma=(0{,}85\pm0{,}12)$ keV [i]	$\gamma\gamma$	(38,0 ±1,0)% S=1,2*	274
		±0,6	Neutrale Zerfälle	$\pi^0\gamma\gamma$	[h] (3,1 ±1,1)% S=1,2*	258
		S=1,4*	(71,0±0,7)%	$3\pi^0$	(29,9 ±1,1)% S=1,1*	180
		$m^2=0{,}3012$	S=1,1*	$\pi^+\pi^-\pi^0$	(23,6 ±0,6)% S=1,1*	175
				$\pi^+\pi^-\gamma$	(4,89±0,13)% S=1,1*	236
				$e^+e^-\gamma$	(0,50±0,12)%	274
				$e^+e^-\pi^0$	(<4)×10^{-5}	258
				$\pi^+\pi^-$	(<0,15)%	236
			Geladene Zerfälle	$e^+e^-\pi^+\pi^-$	(0,1 ±0,1)%	236
			(29,0±0,7)%	$\pi^+\pi^-\pi^0\gamma$	(<6)×10^{-4}	175
			S=1,1*	$\pi^+\pi^-\gamma\gamma$	(<0,2)%	236
				$\mu^+\mu^-$	(2,2 ±0,8)×10^{-5}	253
				$\mu^+\mu^-\pi^0$	(<5)×10^{-4}	211
				e^+e^-	(<3)×10^{-4}	274
				$K^+\to$ [d]		
$K^\pm$	$\frac{1}{2}(0^-)$	*493,668*	$1{,}2371\times10^{-8}$	$\mu^+\nu$	(63,50±0,16)%	236
		±0,018	±,0026 S=1,9*	$\pi^+\pi^0$	(21,16±0,15)%	205
		$m^2=0{,}24371$	$c\tau=370{,}9$	$\pi^+\pi^+\pi^-$	(5,59±0,03)% S=1,1*	125
			$(\tau^+-\tau^-)/\bar{\tau}=$	$\pi^+\pi^0\pi^0$	(1,73±0,05)% S=1,3*	133
			(,11±,09)%	$\mu^+\nu\pi^0$	(3,20±0,09)% S=1,7*	215
			(test of CPT)	$e^+\nu\pi^0$	(4,82±0,05)% S=1,1*	228
			S=1,2*	$\mu^+\nu\gamma$	[e] (5,8 ±3,5)×10^{-3}	236
				$e^+\nu\pi^0\pi^0$	(1,8 $^{+2,4}_{-0,6}$)×10^{-5}	207
	$m_{K^\pm}-m_{K^0}=-4{,}01$			$e^+\nu\pi^+\pi^-$	(3,90±0,15)×10^{-5}	203
	±0,13			$e^-\bar{\nu}\pi^+\pi^+$	(<5)×10^{-7}	203
	S=1,1*			$\mu^+\nu\pi^+\pi^-$	(0,9 ±0,4)×10^{-5}	151
				$\mu^-\bar{\nu}\pi^+\pi^+$	(<3,0)×10^{-6}	151
				$e^+\nu$	(1,54±0,09)×10^{-5}	247
				$e^+\nu\gamma$	[e] (1,62±0,47)×10^{-5}	247
				$\pi^+\pi^0\gamma$	[i,e] (2,75±0,16)×10^{-4}	205
				$\pi^+\pi^+\pi^-\gamma$	[e] (1,0 ±0,4)×10^{-4}	125
				$\mu^+\nu\pi^0\gamma$	[e] (<6)×10^{-5}	215
				$e^+\nu\pi^0\gamma$	[e] (3,7 ±1,4)×10^{-4}	228
				$e^+e^-\pi^+$	(2,6 ±0,5)×10^{-7}	227
				$e^+e^+\pi^-$	(<1)×10^{8}	227
				$\mu^+\mu^-\pi^+$	(<2,4)×10^{-6}	172
				$\pi^+\gamma\gamma$	[e] (<3,5)×10^{-5}	227
				$\pi^+\gamma\gamma\gamma$	[e] (<3,0)×10^{-4}	227
				$\pi^+\nu\bar{\nu}$	(<0,6)×10^{-6}	227
				$\pi^+\gamma$	(<4)×10^{-6}	227
				$e^+\mu^\pm\pi^\mp$	(<7)×10^{-9}	214
				$e^-\mu^+\pi^+$	(<5)×10^{-9}	214
				$\mu^+\nu\nu\bar{\nu}$	(<6)×10^{-6}	236
				$\mu^+\nu e^+e^-$	(11 ±3)×10^{-7}	236
				$\mu^-\nu e^+e^+$	(<2,0)×10^{-8}	236
				$e^+\nu e^+e^-$	(2 $^{+2}_{-1}$)×10^{-7}	247
K^0	$\frac{1}{2}(0^-)$	497,67	50% K_{kurz}, 50% K_{lang}			
$\bar{K}^0$		±0,13				
		S=1,1*				
		$m^2=0{,}24768$				
K^0_S	$\frac{1}{2}(0^-)$		$0{,}8923\times10^{-10}$ [j]	$\pi^+\pi^-$	(68,61±0,24)% S=1,1*	206
			±,0022	$\pi^0\pi^0$	(31,39±0,24)% S=1,1*	209
			$c\tau=2{,}675$	$\mu^+\mu^-$	(<3,2)×10^{-7}	225
				e^+e^-	(<3,4)×10^{-4}	249
				$\pi^+\pi^-\gamma$	[e] (1,85±0,10)×10^{-3}	206
				$\gamma\gamma$	(<0,4)×10^{-3}	249
K^0_L	$\frac{1}{2}(0^-)$		$5{,}183\times10^{-8}$	$\pi^0\pi^0\pi^0$	(21,5 ±0,7)% S=1,3*	139
			±,040	$\pi^+\pi^-\pi^0$	(12,39±0,18)% S=1,2*	133
			$c\tau=1554$	$\pi^\pm\mu^\mp\nu$	(27,0 ±0,5)% S=1,1*	216
				$\pi^\pm e^\mp\nu$	[k] (38,8 ±0,5)% S=1,1*	229
				$\pi e\nu\gamma$	[k,e] (1,3 ±0,8)%	229
	$m_{K_L}-m_{K_S}=0{,}5349\times10^{10}\hbar\ \sec^{-1}$			$\pi^+\pi^-$	[j] (0,203±0,005)%	206
	±0,0022			$\pi^0\pi^0$	(0,094±0,018)% S=1,5*	209
				$\pi^+\pi^-\gamma$	[e] (6,0 ±2,0)×10^{-5}	206
				$\pi^0\gamma\gamma$	(<2,4)×10^{-4}	231
				$\gamma\gamma$	(4,9 ±0,5)×10^{-4}	249
				$e\mu$	(<2,0)×10^{-9}	238
				$\mu^+\mu^-$	(9,1 ±1,8)×10^{-9}	225
				$\mu^+\mu^-\gamma$	(<7,8)×10^{-6}	225
				$\mu^+\mu^-\pi^0$	(<5,7)×10^{-5}	177
				e^+e^-	(<2,0)×10^{-9}	249
				$e^+e^-\gamma$	(<2,8)×10^{-5}	249
				$\pi^+\pi^-e^+e^-$	(<8,8)×10^{-6}	206
				$\pi^0\pi^\pm e^\mp\nu$	(<2,2)×10^{-3}	207

Stabile Teilchen (Fortsetzung)

Teilchen	$I^G(J^P)C_n$ [a]	Masse (MeV) / Masse² (GeV)²	mittlere Lebensdauer (sec) / $c\tau$ (cm)	Zerfall: Art	Zerfall: Anteil [b]	p oder p_{max} [c] (MeV/c)
				$D^+ \rightarrow$ [d]		
$D^\pm$	$\frac{1}{2}(0^-)$ [f]	1868,3 [l]		$K^-\pi^+\pi^+$	(3,9 ±1,0)%	845
		±0,9		$K^0\pi^+$	(1,5 ±0,6)%	862
		m^2= 3,491		$e^\pm$ irgendwas [m]	(9,8 ±1,4)%	934
		$m_{D^\pm}-m_{D^0}$= 5,0		$\pi^+\pi^+\pi^-$	(<0,31)%	908
		±0,8		$\pi^+K^+K^-$	(<0,6)%	743
				$K^+\pi^+\pi^-$	(<0,20)%	845
				$D^0 \rightarrow$ [d]		
D^0 $\overline{D}^0$	$\frac{1}{2}(0^-)$ [f]	1863,3 [l]		$K^-\pi^+$	(1,8 ±0,5)%	860
		±0,9		$K^-\pi^+\pi^0$	(12 ±6)%	843
		m^2= 3,472		$K^-\pi^+\pi^+\pi^-$	(3,5 ±0,9)%	812
				$K^0\pi^0$	(<6)%	860
		$\frac{\Gamma(D^0\rightarrow\overline{D}^0\rightarrow K^+\pi^-)}{\Gamma(D^0\rightarrow K\pi)}$ <0,16		$K^0\pi^+\pi^-$	(4,4 ±1,1)%	841
				$e^\pm$ irgendwas [m]	(9,8 ±1,4)%	932
				$\pi^+\pi^-$	(<0,13)%	921
				K^+K^-	(<0,13)%	790
→ p	$\frac{1}{2}(\frac{1}{2}^+)$	938,2796	stabil (>2×10^30 a)			
		±0,0027				
		m^2= 0,880369				
n	$\frac{1}{2}(\frac{1}{2}^+)$	939,5731	918±14	$pe^-\nu$	100 %	1
		±0,0027	$c\tau$=2,75×10^13			
		m^2= 0,882798				
		m_p-m_n=−1,29343				
		±0,00004				
Λ	$0(\frac{1}{2}^+)$	1115,60	*2,632×10^−10*	$p\pi^-$	(64,2 ± 0,5)%	100
		±0,05	*±,020* S=1,6*	$n\pi^0$	(35,8)%	104
		S=1,2*	$c\tau$=*7,89*	$pe^-\nu$	(8,07±0,28)×10^−4	163
		m^2= 1,2446		$p\mu^-\nu$	(1,57±0,35)×10^−4	131
		$m_\Lambda-m_{\Sigma^0}$= −76,87		$p\pi^-\gamma$	[e](0,85±0,14)×10^−3	100
		±0,08				
Σ^+	$1(\frac{1}{2}^+)$	1189,37	0,802×10^−10	$p\pi^0$	(51,6 ±0,7)%	189
		±0,06	±,005	$n\pi^+$	(48,4)%	185
		S=1,8*	$c\tau$=2,40	$p\gamma$	(1,24±0,18)×10^−3 S=1,4*	225
		m^2= 1,4146		$n\pi^+\gamma$	[e](0,93±0,10)×10^−3	185
				$\Lambda e^+\nu$	(2,02±0,47)×10^−5	71
		$m_{\Sigma^+}-m_{\Sigma^-}$= −7,98	$\frac{\Gamma(\Sigma^+\rightarrow\ell^+n\nu)}{\Gamma(\Sigma^-\rightarrow\ell^-n\nu)}$<,04 ←	$n\mu^+\nu$	(<3,0)×10^−5	202
		±,08		$ne^+\nu$	(<0,5)×10^−5	224
		S=1,2*		pe^+e^-	(<7)×10^−6	225
Σ^0	$1(\frac{1}{2}^+)$	1192,47	5,8×10^−20	$\Lambda\gamma$	100 %	74
		±0,08	±1,3	Λe^+e^-	[g](5,45)×10^−3	74
		m^2= 1,4220	$c\tau$=1,7×10^−9	$\Lambda\gamma\gamma$	(<3)%	74
Σ^-	$1(\frac{1}{2}^+)$	1197,35	1,483×10^−10	$n\pi^-$	100 %	193
		±0,06	±,015 S=1,4*	$ne^-\nu$	(1,08±0,04)×10^−3	230
		m^2= 1,4336	$c\tau$=4,45	$n\mu^-\nu$	(0,45±0,04)×10^−3	210
				$\Lambda e^-\nu$	(0,60±0,06)×10^−4	79
		$m_{\Sigma^0}-m_{\Sigma^-}$= −4,88		$n\pi^-\gamma$	[e](4,6 ±0,6)×10^−4	193
		±,06				
Ξ^0	$\frac{1}{2}(\frac{1}{2}^+)$ [n]	1314,9	2,90×10^−10	$\Lambda\pi^0$	100 %	135
		±0,6	±,10	$\Lambda\gamma$	(0,5 ±0,5)%	184
		m^2= 1,7290	$c\tau$=8,69	$\Sigma^0\gamma$	(<7)%	117
				$p\pi^-$	(<3,6)×10^−5	299
				$pe^-\nu$	(<1,3)×10^−3	323
				$\Sigma^+e^-\nu$	(<1,1)×10^−3	120
				$\Sigma^-e^+\nu$	(<0,9)×10^−3	112
		$m_{\Xi^0}-m_{\Xi^-}$=−6,4		$\Sigma^+\mu^-\nu$	(<1,1)×10^−3	64
		±,6		$\Sigma^-\mu^+\nu$	(<0,9)×10^−3	49
				$p\mu^-\nu$	(<1,3)×10^−3	309
Ξ^-	$\frac{1}{2}(\frac{1}{2}^+)$ [n]	1321,32	1,654×10^−10	$\Lambda\pi^-$	100 %	139
		±0,13	±,021	$\Lambda e^-\nu$	[o](0,69±0,18)×10^−3	190
		m^2= 1,7459	$c\tau$=4,96	$\Sigma^0e^-\nu$	(<0,5)×10^−3	123
				$\Lambda\mu^-\nu$	(3,5 ±3,5)×10^−4	163
				$\Sigma^0\mu^-\nu$	(<0,8)×10^−3	70
				$n\pi^-$	(<1,1)×10^−3	303
				$ne^-\nu$	(<3,2)×10^−3	327
				$n\mu^-\nu$	(<1,5)%	313
				$\Sigma^-\gamma$	(<1,2)×10^−3	118
				$p\pi^-\pi^-$	(<4)×10^−4	223
				$p\pi^-e^-\nu$	(<4)×10^−4	304
				$p\pi^-\mu^-\nu$	(<4)×10^−4	250
				$\Xi^0e^-\nu$	(<2,3)×10^−4	6

Stabile Teilchen (Fortsetzung)

Teilchen	$I^G(J^P)C_n$ [a]	Masse (MeV) / Masse^2 (GeV)^2	mittlere Lebensdauer (sec) / $c\tau$ (cm)	Zerfall: Art	Zerfall: Anteil [b]	Zerfall: p oder p_{max} [c] (MeV/c)
Ω^-	$0(\frac{3}{2}^+)^n$	1672,2 ±,4 m^2= 2,7963	$1,1^{+0,4}_{-0,3}\times10^{-10}$ [p] S=2,5* $c\tau$=3	$\Xi^0\pi^-$	100%	293
				$\Xi^-\pi^0$		290
				ΛK^-		211

→

Anhang zu der Tabelle

Stabile Teilchen

e — Magnetisches Moment: 1,001 159 652 41 ±,000 000 000 20 $\frac{e\hbar}{2m_ec}$

μ — Magnetisches Moment: 1,001 165 922 ±,000 000 009 $\frac{e\hbar}{2m_\mu c}$

μ Zerfallsparameter [q]

ρ = 0,752±0,003	η = − 0,12 ±0,21	
ξ = 0,972±0,013	δ = 0,755±0,009	h = 1,00±0,13
$\lvert g_A/g_V\rvert=0,86^{+0,33}_{-0,11}$	ϕ = 180°±15°	

η

Zerfall	Links-Rechts-Asymmetrie	Sextantenasymmetrie	Quadrantenasymmetrie
$\pi^+\pi^-\pi^0$	(0,12±,17)%	(0,19±0,16)%	(−0,17±0,17)%
$\pi^+\pi^-\gamma$	(0,88±,40)%		β=0,047±0,062

K±

Zerfall	Anteil an der Zerfallsrate(sec^{-1})	
$\mu\nu$	$(51,33\pm0,17)\times10^6$	S=1,2*
$\pi\pi^0$	$(17,10\pm0,13)\times10^6$	S=1,1*
$\pi\pi^+\pi^-$	$(4,52\pm0,02)\times10^6$	S=1,1*
$\pi\pi^0\pi^0$	$(1,40\pm0,04)\times10^6$	S=1,3*
$\mu\pi^0\nu$	$(2,58\pm0,07)\times10^6$	S=1,7*
$e\pi^0\nu$	$(3,90\pm0,04)\times10^6$	S=1,1*

Steigung für $K\to3\pi$ [r]

$K^+\to\pi^+\pi^+\pi^-$	g=−0,215±,004	S=1,5*
$K^-\to\pi^-\pi^-\pi^+$	g=−0,214±,007	S=2,7*
$K^\pm\to\pi^0\pi^0\pi^\pm$	g= 0,561±,021	S=1,7*
$K^0_L\to\pi^+\pi^-\pi^0$	g= *0,670±,014*	S=1,6*

s. Data Card Listings für quadratische Koeffizienten

$K^+_{\ell3}$: λ^e_+= 0,029±,004; λ^μ_+= 0,026±,008 S=1,5*; λ^μ_0= −0,003±,007 S=1,5*

$K^0_{\ell3}$: λ^e_+= 0,0300±,0018 S=1,2*; λ^μ_+= 0,034 ±,006 S=2,5*; λ^μ_0= 0,020 ±,007 S=2,5*

s. Data Card Listings für ξ, f_S und f_t

K^0_S

$\pi^+\pi^-$	[s] $(0,7689\pm,0033)\times10^{10}$	
$\pi^0\pi^0$	[s] $(0,3517\pm,0029)\times10^{10}$	S=1,1*

K^0_L

$\pi^0\pi^0\pi^0$	$(4,14 \pm0,15)\times10^6$	S=1,3*
$\pi^+\pi^-\pi^0$	$(2,39 \pm0,04)\times10^6$	S=1,2*
$\pi\mu\nu$	$(5,21 \pm0,10)\times10^6$	S=1,1*
$\pi e\nu$	$(7,49 \pm0,11)\times10^6$	S=1,1*
$\pi^+\pi^-$	[j,s] $(3,91 \pm0,10)\times10^4$	
$\pi^0\pi^0$	[s] $(1,81 \pm0,35)\times10^4$	S=1,5*

Parameter der CP-Verletzung [t,s,j]

$\lvert\eta_{+-}\rvert=(2,274\pm,022)\times10^{-3}$		$\lvert\eta_{00}\rvert=(2,32\pm,09)\times10^{-3}$ S=1,1*
$\phi_{+-}=(45,0\pm1,2)°$		$\phi_{00}=(48\pm13)°$
$\lvert\eta_{+-0}\rvert^2<0,12$	$\lvert\eta_{000}\rvert^2<0,28$	$\delta=(0,330\pm,012)\times10^{-2}$

$\Delta S = -\Delta Q$

Re x=0,009±,020 S=1,4* Im x = −0,004±,026 S=1,1*

	Magnetisches Moment ($e\hbar/2m_pc$)	Zerfall	Zerfallsparameter [u] gemessen: α	gemessen: $\phi°$	abgeleitet: γ	abgeleitet: $\Delta°$	g_A/g_V	g_V/g_A
p	2,7928456 ±,0000011							
n	−1,91304211 ±,00000088	$pe^-\nu$					−1,253±0,007 δ=(180,20±0,19)°	
Λ	−0,606 ±,034	$p\pi^-$	0,642±0,013	(−6,5±3,5)°	0,76	$(7,7^{+4,0}_{-4,1})°$		
		$n\pi^0$	0,646±0,044					
		$pe\nu$					−0,62±0,05 S=1,2*	
Σ^+	2,83 ±,25	$p\pi^0$	−0,978±0,016	(36±34)°	0,17	(187±6)°		
		$n\pi^+$	+0,072±0,015	(167±20)°	−0,97	$(-72^{+132}_{-11})°$		
		$p\gamma$	$-1,03^{+0,52}_{-0,42}$	S=1,1*				
Σ^-	−1,48 ±,37	$n\pi^-$	−0,069±0,008	(10±15)°	0,98	$(249^{+12}_{-115})°$		
		$ne^-\nu$					±(*0,385±0,070*) S=2,3*	
		$\Lambda e^-\nu$						0,24±0,23 S=1,3*
Ξ^0		$\Lambda\pi^0$	−0,44±0,08 S=1,3*	(21±12)°	0,84	$(216^{+13}_{-19})°$		
Ξ^-	−1,85 ±,75	$\Lambda\pi^-$	−0,392±0,021	(2±6)° S=1,1*	0,92	(185±13)°		
Ω^-		ΛK^-	$-0,66^{+0,36}_{-0,30}$					

Tabelle Stabile Teilchen (Fortsetzung)

$\rightarrow$ deutet einen Eintrag in die Data Card Listings der Stabilen Teilchen an, der nicht in die Tabelle Stabile Teilchen aufgenommen wurde. Wir betrachten diese nicht als nachgewiesene Teilchen.

*S = Skalenfaktor $=\sqrt{\chi^2/(N-1)}$ mit N $\approx$ Zahl der Experimente. S sollte ≈ 1 sein. Wenn S $>$ 1 ist, haben wir den mittleren Fehler $\delta\bar{x}$ vergrößert, d.h. $\delta\bar{x} \rightarrow S\delta\bar{x}$. Diese Konvention ist nicht ganz korrekt, da bei S $\gg$ 1 die Experimente wahrscheinlich inkonsistent sind, und daher ist die wirkliche Unsicherheit wahrscheinlich auch größer als $S\delta x$. S. Text und Ideogramm in den Data Card Listings der Stabilen Teilchen.

a Die Baryonenzahl B, Strangeness S und Charm C der Hadronen in den Tabellen sind

Mesonen (B = 0)	S	C	Baryonen (B = 1)	S	C
π,η	0	0	p,n	0	0
K^+,K^0	+1	0	Λ,Σ	−1	0
$K^-,\bar{K}^0$	−1	0	Ξ	−2	0
D^+,D^0	0	+1	Ω^-	−3	0
$D^-,\bar{D}^0$	0	−1			

b Die angegebenen oberen Grenzen entsprechen einem Vertrauensbereich von 90%.

c In Zerfällen mit mehr als zwei Teilchen bezeichnet p_{max} den Maximalimpuls, den eines dieser Teilchen annehmen kann.

d Zur Vereinfachung wird für die aufgeführten Teilchen der Zerfall der geladenen Zustände gezeigt. Für Antiteilchenzerfälle muß man alle Teilchen mit der konjugierten Ladung betrachten.

e S. die Data Card Listings der Stabilen Teilchen für die Energiegrenzen, die man bei dieser Messung benutzte.

f Die angegebenen Quantenzahlen werden bevorzugt, sind aber noch nicht nachgewiesen. S. Data Card Listings.

g Theoretischer Wert; s. Data Card Listings der Stabilen Teilchen.

h S. die Anmerkungen in den Data Card Listings der Stabilen Teilchen.

i Der Verzweigungsanteil der direkten Emission beträgt $(1{,}56 \pm {,}35) \cdot 10^{-5}$.

j Die $\tau(K_S^0)$ und $|\eta_{+-}|$ Mittelwerte (und die entsprechenden $K_L^0 \rightarrow \pi^+\pi^-$ Verzweigungsanteile und Zerfallsratenmittelwerte) enthalten nur Ergebnisse, die aus der Zeit nach 1971 stammen. Die Mittelwerte aus den Jahren vor 1971 sind $|\eta_{+-}| = (1{,}95 \pm 0{,}03) \times 10^{-3}$ und $\tau(K_S^0) = (0{,}862 \pm 0{,}006) \times 10^{-10}$ sec. S. die Anmerkungen zu den Unstimmigkeiten von $|\eta_{+-}|$ und $\tau(K_S^0)$ in den Data Card Listings der Stabilen Teilchen.

k Der Verzweigungsanteil von $K_L^0 \rightarrow \pi e \nu$ enthält auch die Strahlungsereignisse $K_L^0 \rightarrow \pi e \nu \gamma$.

l Der Fehler enthält nicht die 0,13% Unsicherheit in der absoluten SPEAR Energiekalibrierung. Schätzung: $m_\psi = 3095$ MeV.

m Dies ist ein gewichtetes Mittel von $D^\pm$- und D^0-Verzweigungsanteilen mit unbestimmten Wichtungen.

n P für Ξ und J^P für Ω^- wurden noch nicht gemessen. Die angegebenen Werte sind Vorhersagen der SU(3).

o Die Zerfallsrate von $\Xi^- \rightarrow \Sigma^0 e^- \nu$ wird als klein angenommen im Vergleich zu $\Xi^- \rightarrow \Lambda e^- \nu$.

p Warnung. Das ist ein Mittelwert aus zwei inkompatiblen Ergebnissen:

ABCLV collaboration $(1{,}41^{+0{,}15}_{-0{,}24}) \cdot 10^{-10}$ s und

ACNO collaboration $(0{,}75^{+0{,}14}_{-0{,}11}) \cdot 10^{-10}$ s

s. Anmerkung in den Data Card Listings.

q $|g_A/g_V|$ definiert durch $g_A^2 = |C_A|^2 + |C'_A|^2$, $g_V^2 = |C_V|^2 + |C'_V|^2$ und $\Sigma\langle\bar{e}|\Gamma_i|\mu\rangle\langle\bar{\nu}|\Gamma_i(C_i + C'_i\gamma_5)|\nu\rangle$; ϕ definiert durch $\phi = -\mathrm{Re}(C_A^* C'_V + C'_A C_V^*)/g_A g_V$ [Für weitere Einzelheiten, s. Text Abschnitt VI A].

r Die Definition des Steigungsparameters im Dalitzplot ist folgende: [s. a. Text Abschnitt VI B.1]:

$$|M|^2 = 1 + g\left(\frac{s_3 - s_0}{m_{\pi^+}^2}\right).$$

(Fortsetzung)

s Die $K_S^0 \to \pi\pi$ und $K_L^0 \to \pi\pi$ Zerfallsraten (und Verzweigungsanteile) stammen von unabhängigen Fits und enthalten keine Ergebnisse aus den K_L^0-K_S^0-Interferenzexperimenten. Die $|\eta_{+-}|$ und $|\eta_{00}|$ Werte, die im Anhang angegeben sind, sind diese Zerfallsraten, kombiniert mit den Ergebnissen von $|\eta_{+-}|$ und $|\eta_{00}|$ aus Interferenzexperimenten.

t Die Definiton der Parameter der CP-Verletzung [s.a. Text Abschnitt VI B.3]:

$$\eta_{+-} = |\eta_{+-}|e^{i\phi_{+-}} = \frac{A(K_L^0 \to \pi^+\pi^-)}{A(K_S^0 \to \pi^+\pi^-)} \qquad \eta_{00} = |\eta_{00}|e^{i\phi_{00}} = \frac{A(K_L^0 \to \pi^0\pi^0)}{A(K_S^0 \to \pi^0\pi^0)}$$

$$\delta = \frac{\Gamma(K_L^0 \to \ell^+) - \Gamma(K_L^0 \to \ell^-)}{\Gamma(K_L^0 \to \ell^+) + \Gamma(K_L^0 \to \ell^-)}, \quad |\eta_{+-0}|^2 = \frac{\Gamma(K_S^0 \to \pi^+\pi^-\pi^0)^{\text{CP viol.}}}{\Gamma(K_L^0 \to \pi^+\pi^-\pi^0)}, \quad |\eta_{000}|^2 = \frac{\Gamma(K_S^0 \to \pi^0\pi^0\pi^0)^{\text{CP viol.}}}{\Gamma(K_L^0 \to \pi^0\pi^0\pi^0)}$$

u Die Definition dieser Größen [für weitere Einzelheiten über die Vorzeichen-Konvention, s. Text Abschnitt VI B] ist durch

$\alpha = \dfrac{2|s||p|\cos\Delta}{|s|^2+|p|^2}$	$\beta = \sqrt{1-\alpha^2}\sin\phi$	g_A/g_V definiert durch $\langle B_f|\gamma_\lambda(g_V - g_A\gamma_5)|B_i\rangle$
$\beta = \dfrac{-2|s||p|\sin\Delta}{|s|^2+|p|^2}$	$\gamma = \sqrt{1-\alpha^2}\cos\phi$	δ definiert durch $g_A/g_V = |g_A/g_V|e^{i\delta}$

gegeben.

Tabelle A4

Mesonen-Tabelle

April 1978

Zusätzlich zu den Einträgen in der Mesonentabelle enthalten die Data Card Listings der Mesonen alle wesentlichen vermuteten Mesonenresonanzen. S. unter dem Inhalt der Data Card Listings der Mesonen.

Größen in Kursivdruck sind neu oder haben sich um mehr als eine (alte) Standardabweichung seit April 1976 geändert.

Name: G \ I: 0, 1; −: ω/φ, π; +: η, ρ. ⊢⊣ etab.

Name	$I^G(J^P)C_n$	Masse M (MeV)	Gesamtbreite Γ (MeV)	M^2 ±ΓM[a] (GeV)^2	Zerfall: Art	Anteil (%) [obere Grenze ist 1σ (%)]		p oder p_{max}[b] (MeV/c)
$\pi^{\pm}$ π^0	$1^-(0^-)+$	139,57 134,96	0,0 7,95 eV ±,55 eV	0,019479 0,018215	s. Tabelle Stabile Teilchen			
η	$0^+(0^-)+$	548,8 ±0,6	0,85 keV ±,12 keV	0,301 ±,000	Neutral geladen	71,0 29,0	s. Tabelle Stabile Teilchen	
ρ(770)	$1^+(1^-)-$	776[¶][§] ±3[§]	155[¶][§] ±3[§]	0,602 ±,120	ππ	≈ 100		362
					πγ	0,024 ±,007		375
					e^+e^-	0,0043±,0005 (d)		388
					$\mu^+\mu^-$	0,0067±,0012 (d)		373
					ηγ	*beobachtet*[¶]		194
M und Γ des neutralen Zerfalls					Für die obere Grenze, s. Fußnote (e)			
ω(783)	$0^-(1^-)-$	782,6 ±0,3 S=1,3*	10,1 ±,3	0,612 ±,008	$\pi^+\pi^-\pi^0$	89,9±0,6	S=1,2*	327
					$\pi^+\pi^-$	1,3±0,3	S=1,5*	366
					$\pi^0\gamma$	8,8±0,5		380
					e^+e^-	0,0076±,0017	S=1,9*	391
					ηγ	*beobachtet*[¶]		199
					Für die obere Grenze, s. Fußnote (f)			
η′(958)	$0^+(0^-)+$[¶]	957,6 ±0,3	< 1	0,917 <,001	ηππ	66,2±1,7		231
					$\rho^0\gamma$	29,8±1,7	S=1,1*	165
					ωγ	*2,1±0,4*		159
					γγ	2,0±0,3		479
					Für die obere Grenze, s. Fußnote (g)			
δ(980)	$1^-(0^+)+$	980[(h)][§] ±5[§]	50[(h)][§] ±10[§]	0,960 ±,049	ηπ	beobachtet		318
					$K\bar{K}$	*beobachtet*[¶]		
S*(980)	$0^+(0^+)+$	∿ *980*[(c)§][§] *±10*[§]	40[(c)§][§] ±10[§]	0,960 ±,039	$K\bar{K}$	beobachtet[¶]		
					ππ	beobachtet		470
S. Anmerkung zu ππ und $K\bar{K}$ S-Wellen[¶].								
Φ(1020)	$0^-(1^-)-$	1019,6 ±0,2 S=1,5*	4,1 ±,2	1,040 ±,004	K^+K^-	48,6±1,2	S=1,3*	128
					K_LK_S	35,1±1,2	S=1,5*	111
					$\pi^+\pi^-\pi^0$ (incl. ρπ)	*14,7±0,7*	S=1,2*	462
					ηγ	1,6±0,2		362
					$\pi^0\gamma$	0,14±0,05		501
					e^+e^-	,031±,001	S=1,1*	510
					$\mu^+\mu^-$	,025±,003		499
					Für die obere Grenze, s. Fußnote (i)			
A_1(1100)	$1^-(1^+)+$	∿ 1100[¶]	∿ 300[¶]	1,21 ±,33	ρπ	∿ 100		249
B(1235)	$1^+(1^+)-$	1231[§] ±10[§]	128[§] ±10[§]	1,52 ±,16	ωπ	nur diese Zerfallsart wurde beobachtet		347
					[D/S Amplitudenverhältnis = ,29±,05]			
					Für die obere Grenze, s. Fußnote (j)			

Mesonen-Tabelle (Fortsetzung)

Name	$I^G(J^P)C_n$ ⟼ etab.	Masse M (MeV)	Gesamtbreite Γ (MeV)	M^2 $\pm\Gamma M$[a] $(GeV)^2$	Zerfall: Art	Anteil (%) [obere Grenze ist 1σ (%)]	p oder p_{max}[b] (MeV/c)
f(1270)	$0^+(2^+)+$	1271§ ±5§	180§ ±20§	1,62 ±,23	ππ	80,3±0,3	620
					$2\pi^+2\pi^-$	2,8±0,3 S = 1,1*	557
					$K\bar{K}$	3,1±0,4 S = 1,3*	395
					$\pi^+\pi^-2\pi^0$	beobachtet	560
					Für die obere Grenze, s. Fußnote (l)		
D(1285)	$0^+(1^+)\underline{+}$	1282§ ±5§	25§ ±10§	1,64 ±,03	$K\bar{K}\pi$	beobachtet	301
					ηππ	beobachtet	481
					†[δπ	beobachtet]	238
					$2\pi^+2\pi^-$ (prob. $\rho^0\pi^+\pi^-$)	beobachtet	563
ε(1300)	$0^+(0^+)+$	∼ *1300*	*200–400*		ππ	beobachtet	
					$K\bar{K}$	*beobachtet*	
S. Anmerkung zu ππ und $K\bar{K}$ S-Wellen¶.							
$A_2(1310)$	$1^-(2^+)+$	1312§ ±5§	102§ ±5§	1,72 ±,13	ρπ	70,3±2,1	411
					ηπ	14,4±0,9	531
					ωππ	10,6±2,5	356
					$\bar{K}K$	4,7±0,5	430
					η′π	<1	281
					πγ	*0,45±0,11*	649
E(1420)	$0^+(A\ )+$	1416§ ±10§	60§ ±20§	2,01 ±,08	$K\bar{K}\pi$	beobachtet	421
					†[$K^*\bar{K}$ + $\bar{K}^*K$	beobachtet	130
					ηππ	beobachtet]	564
					†[δπ	möglicherweise beobachtet]	349
Keine sicher nachgewiesene Resonanz.							
f′(1515)	$0^+(2^+)+$	1516§ ±10§	*65*§ ±10§	2,30 ±,10	$K\bar{K}$	dominierend	572
					ππ	*beobachtet*	745
					Für die obere Grenze, s. Fußnote (k)		
ρ′(1600)	$1^+(1^-)-$	∼ 1600¶	∼ *300*¶	2,56 ±,48	4π	*75*§*±10*§	738
					†[$\rho\pi^+\pi^-$	beobachtet mit $\pi^+\pi^-$ in der S-Welle]	572
					ππ	*25*§*±10*§	788
$A_3(1640)$	$1^-(2^-)+$	∼ 1640	∼ 300	2,69 ±,49	fπ	dominierend	304
Keine sicher nachgewiesene Resonanz.¶							
ω(1670)	$0^-(3^-)-$	1668§ ±10§	160§ ±15§	2,78 ±,27	ρπ	beobachtet	645
					3π	möglicherweise beobachtet	806
					5π	möglicherweise beobachtet	740
					†[ωππ	möglicherweise beobachtet]	615
g(1680)¶	$1^+(3^-)-$	1688§ ±20§	180§ ±30§	2,85 ±,30	2π	24±5§	832
					4π (incl. ππρ,ρρ,$A_2\pi$,ωπ)	groß	786
					$K\bar{K}$	klein	682
					$K\bar{K}\pi$ (incl. $K^*\bar{K}$)	klein	623
J^P, M und Γ aus dem 2π Zerfall							
S(1935)¶ J < 4		*1935*§ ±*2*§	*9*§ ±*4*§	3,74 ±,02	$N\bar{N}$	*dominierend*	236
h(2040)	$0^+(4^+)+$	2040 ±20	193 ±50	4,16 ±,39	ππ	beobachtet	1010
					$K\bar{K}$	beobachtet	890
T(2190)¶	$1^+(3^-)\underline{-}$	*2192*§ ±*10*§	*150*§ ±*50*§	4,80 ±,33	$N\bar{N}$	*dominierend*	564
					ππ	*beobachtet*	1086
U(2350)¶	$0^+(4^+)\underline{+}$	*2350*§ ±*25*§	∼ *200*§	5,52 ±,47	$N\bar{N}$	*dominierend*	707
					ππ	*beobachtet*	1167

Tabelle Name (Legende): G \ I: 0, 1; −: ω/φ, π; +: η, ρ

Mesonen-Tabelle (Fortsetzung)

Name	$I^G(J^P)C_n$ etab.	Masse M (MeV)	Gesamtbreite Γ (MeV)	M^2 $\pm\Gamma M$[a] $(GeV)^2$	Zerfall: Art	Anteil (%) [obere Grenze ist 1σ (%)]	p oder p_{max}[b] (MeV/c)
ψ(3100) oder J	$0^-(1^-)-$	3097±2	0,067±0,012	9,598 ±,000	e^+e^-	7±1	1549
					$\mu^+\mu^-$	7±1	1545
					Hadronen	86±2	
					†[$2(\pi^+\pi^-)\pi^0$	*3,7±0,5*	1496
					$3(\pi^+\pi^-)\pi^0$	*2,9±0,7*	1433
					$\pi^+\pi^-\pi^0K^+K^-$	*1,2±0,3*	1369
					$\rho\pi$	*1,1±0,2*	1448
					$4(\pi^+\pi^-)\pi^0$	*0,9±0,3*	1345
					$K^{*0}(890)\ \bar{K}^{*0}(1430)$	*0,67±0,26*	1007
					$K\bar{K}^*$	*0,61±0,08*	1373
					$p\bar{p}\pi^+\pi^-$	*0,41±0,08*	1108
					$2(\pi^+\pi^-)$	*0,4±0,1*	1517
					$3(\pi^+\pi^-)$	*0,4±0,2*	1466
					$p\bar{n}\pi^-$	*0,38±0,08*	1174
					$2(\pi^+\pi^-)K^+K^-$	*0,31±0,13*	1320
					$K^0K^{+-}\pi^{-+}$	*0,26±0,07*	1440
					$\phi\pi^+\pi^-$	*0,21±0,09*	1365
					$p\bar{p}$	*0,21±0,02*	1232
					$p\bar{p}\eta$	*0,19±0,04*	948
					$\phi K\bar{K}$	*0,18±0,08*	1176
					$\Lambda\bar{\Lambda}$	*0,16±0,08*	1075
					$p\bar{p}\pi^+\pi^-\pi^0$	*0,11±0,04*	1033
					$p\bar{p}\pi^0$	*0,10±0,02*	1175
					$\phi\eta$	*0,10±0,06*]	1320
					†[$\gamma\eta'$	*0,25±0,06*	1401
					γf	*0,20±0,07*	1288
					$\gamma X(2830)\to 3\gamma$	*0,14±0,04*]	256
					Für kleinere Verzweigungsverhältnisse, obere Grenzen und Resonanzunterkanäle der obigen Zerfälle s. Listing. ¶		
χ(3415)	$0^+(0^+)+$	3413±5		11,649	$2(\pi^+\pi^-)$ (incl. $\pi\pi\rho$)	*4,4±0,8*	1678
					$\pi^+\pi^-K^+K^-$ (incl. $\pi K\bar{K}^*$)	*3,7±1,0*	1579
					$\gamma J/\psi(3100)$	*3,3±1,0*	300
					$3(\pi^+\pi^-)$	*1,9±0,7*	1632
					$\pi^+\pi^-$	*1,0±0,3*	1701
					K^+K^-	*1,0±0,3*	1634
					$p\bar{p}\pi^+\pi^-$	*0,5±0,2*	1319
→ P_C or χ(3510)	$0^+(A)+$	3508±4		12,306	$\gamma J/\psi(3100)$	*23,4±0,8* S = *2,4**	388
					$3(\pi^+\pi^-)$	*2,4±0,8*	1682
					$2(\pi^+\pi^-)$ (incl. $\pi\pi\rho$)	*1,5±0,6*	1727
					$\pi^+\pi^-K^+K^-$ (incl. $\pi K\bar{K}^*$)	*0,9±0,4*	1632
$J^P = 1^+$ bevorzugt					$\pi^+\pi^-p\bar{p}$	*0,14±0,11*	1381
χ(3555)	$0^+(N)+$	3554±5		12,631	$\gamma J/\psi(3100)$	*16±3* S = *1,3**	427
					$\pi^+\pi^-K^+K^-$ (incl. $\pi K\bar{K}^*$)	*2,0±0,6*	1655
					$3(\pi^+\pi^-)$	*1,1±0,7*	1706
					$\pi^+\pi^-$ and K^+K^-	*0,29±0,15*	
					$\pi^+\pi^-p\bar{p}$	*0,29±0,14*	1408
$J^P = 2^+$ bevorzugt					$2(\pi^+\pi^-)$ (incl. $\pi\pi\rho$)	*0,23±0,06*	1750
ψ(3685)	$0^-(1^-)-$	3686±3	0,228±0,056	13,587 ±,001	e^+e^-	0,9±0,1	1842
					$\mu^+\mu^-$	0,8±0,2	1839
					Hadronen	98,1±0,3	
					†[$J/\psi\ \pi^+\pi^-$	33±3]	474
	$m_{\psi(3685)} - m_{\psi(3100)} = 588{,}6\pm0{,}8$				†[$J/\psi\ \pi^0\pi^0$	17±2]	478
					†[$J/\psi\ \eta$	4,2±0,7]	189
					†[$2(\pi^+\pi^-)\pi^0$	*0,4±0,2*]	1798
					†[$\pi^+\pi^-K^+K^-$	*0,14±0,04*]	1725
					†[$2(\pi^+\pi^-)$	*0,08±0,02*]	1816
					†[$\gamma\ \chi(3415)$	7±2]	261
					†[$\gamma\ \chi(3510)$	7±2]	172
					†[$\gamma\ \chi(3555)$	7±2]	128
ψ(3770)	$(1^-)-$	*3772* *±6*	*28* *±5*	14,228 ±,106	e^+e^-	*0,0013±0,0002*	1885
→					$D\bar{D}$	*dominierend*	184

Mesonen-Tabelle (Fortsetzung)

Name	$I^G(J^P)C_n$ etab.	Masse M (MeV)	Gesamtbreite Γ (MeV)	M^2 $\pm\Gamma M$[a] $(GeV)^2$	Zerfall: Art	Zerfall: Anteil (%) [obere Grenze ist 1σ (%)]	Zerfall: p oder p_{max}[b] (MeV/c)
ψ(4415)	$(1^-)-$	4414±7	33±10	19,483 ±,146	e^+e^-	0,0013±0,0003	2207
					Hadronen	dominierend	
ϒ(9500)	$(1^-)-$	∿ *9500*		90,25	$\mu^+\mu^-$	***beobachtet***	4750
					e^+e^-	***beobachtet***	4750
Beobachtet, aufgespalten in zwei Peaks m_1 = 9410±13, m_2=10060±30. Eine weitere Struktur mag vorhanden sein¶.							
K^+	$1/2(0^-)$	493,67		0,244	S. Tabelle Stabile Teilchen		
K^0		497,67		0,248			
$K^*(892)$	$1/2(1^-)$	892,2 ±0,4	49,5 ±1,5	0,796 ±,044	Kπ	≈ 100	288
					Kππ	< 0,2	216
					Kγ	0,15±0,07	309
M und Γ aus geladenem Zerfall; $m^0 - m^\pm$ = 4,1±0,6 MeV.							
$Q_1(1280)$	$1/2(1^+)$	∿ *1280*	∿ *120*	1,64 ±,19	Kππ	*dominierend*	501
					†[Kρ	*groß*]	62
					†[$K^*\pi$	*möglicherweise beobachtet*]	307
Existenz einer zweiten Resonanz, Q_2 (1400), Zerfall hauptsächlich in $K^*\pi$, nicht sicher nachgewiesen¶					Kω	*möglicherweise beobachtet*	
κ(1400)	$1/2(0^+)$	*1400–1450*	*200–300*		Kπ	beobachtet	
S. Anmerkung zu Kπ S-Welle¶.							
$K^*(1430)$	$1/2(2^+)$	*1434*§ ±*5*§	100§ ±10§	2,06 ±,14	Kπ	*49,1±1,6*	623
					$K^*\pi$	*27,0±2,2*	424
					$K^*\pi\pi$	*11,8±2,5*	374
					Kρ	6,6±1,5	327
					Kω	3,7±1,6	320
					Kη	2,5±2,5	492
L(1770)	1/2(A)	1765§ ±10§	140§ ±50§	3,11 ±,25	Kππ	dominierend	788
					Kπππ	beobachtet	757
					†[$K^*(1430)\pi$	und andere Nebenreaktionen¶]	
Keine sicher nachgewiesene Resonanz¶.							
$K^*(1780)$¶	$1/2(3^-)$	*1784* ±*10*§	*135*§ ±*40*§	3,19 ±,24	Kππ	*groß*	798
					†[Kρ	*groß*]	619
					†[$K^*\pi$	*groß*]	660
					Kπ	*19±5*§	817
D^+	$1/2(0^-)$	1868,3		3,491	S. Tabelle der Stabilen Teilchen		
D^0		1863,3		3,472			
$D^{*+}(2010)$	$1/2(1^-)$	2008,6 ±1,0	<2,0	4,034	$D^0\pi^+$	*60±15*	39
					$D^+\pi^0$ }	*40±15*	37
					$D^+\gamma$ }		135
$m_{D^{*+}} - m_{D^0}$ = 145,3 ± 0,5 MeV							
$D^{*0}(2010)$	$1/2(1^-)$	2006 ±1,5	< 5	4,024	$D^0\pi^0$	*55±15*	45
					$D^0\gamma$	*45±15*	138

Mesonen-Tabelle (Fortsetzung)

Inhalt der Data Card Listings der Mesonen

Nichtseltsam (S = 0, C = 0)						Seltsam (|S| = 1, C = 0)	
Eintrag	$I^G(J^P)C_n$	Eintrag	$I^G(J^P)C_n$	Eintrag	$I^G(J^P)C_n$	Eintrag	$I\ (J^P)$
π	$1^-(0^-)+$	A_2 (1310)	$1^-(2^+)+$	→ e^+e^-(1100-3100)		K	$1/2(0^-)$
η	$0^+(0^-)+$	E (1420)	$0^+(A\ )+$	→ χ (2830)		K^*(892)	$1/2(1^-)$
ρ (770)	$1^+(1^-)-$	→ X (1410-1440)		ψ (3100) or J	$0^-(1^-)-$	Q_1(1280)	$1/2(1^+)$
ω (783)	$0^-(1^-)-$	f′(1515)	$0^+(2^+)+$	χ (3415)	$0^+(0^+)+$	→ Q_2(1400)	$1/2(1^+)$
→ M (940-953)		→ F_1(1540)	1 (A)	→ χ (3455)		→ K′(1400)	$1/2(0^-)$
η′ (958)	$0^+(0^-)+$	ρ′(1600)	$1^+(1^-)-$	P_c or χ(3510)	$0^+(A\ )+$	κ (1400)	$1/2(0^+)$
δ (980)	$1^-(0^+)+$	A_3(1640)	$1^-(2^-)+$	χ (3555)	$0^+(N\ )+$	K^*(1430)	$1/2(2^+)$
S^* (980)	$0^+(0^+)+$	ω (1670)	$0^-(3^-)-$	ψ (3685)	$0^-(1^-)-$	→ K_N(1700)	1/2
→ H (990)		g (1680)	$1^+(3^-)-$	ψ (3770)	$(1^-)-$	L (1770)	1/2(A)
φ (1020)	$0^-(1^-)-$	→ X (1690)		→ ψ (4030)	$(1^-)-$	K^*(1780)	$1/2(3^-)$
→ M (1033-1040)		→ A_4(1900)	1^-	ψ (4415)	$(1^-)-$	→ K^*(2200)	
→ η_N(1080)	$0^+(N\ )+$	→ X (1900)	$1^-(4^+)+$	T (9500)	$(1^-)-$	→ I (2600)	
A_1(1100)	$1^-(1^+)+$	S (1935)	1	→ T (10060)	$(1^-)-$	Charme (|C| = 1)	
→ M (1150-1170)		h (2040)	$0^+(4^+)+$			D (1870)	$1/2(0^-)$
B (1235)	$1^+(1^+)-$	T (2190)	$1^+(3^-)-$			D^*(2010)	$1/2(1^-)$
→ ρ′(1250)	$1^+(1^-)-$	U (2350)	$0^+(4^+)+$			→ F (2030)	
f (1270)	$0^+(2^+)+$	→ $\bar{N}N$(2360)	1			→ F^*(2140)	
D (1285)	$0^+(A\ )+$	→ $\bar{N}N$(1400-3600)					
ε (1300)	$0^+(0^+)+$	→ X (1900-3600)				→ Exotisch	

→ Bezeichnet einen Eintrag in den Data Card Listings der Mesonen, der in der Mesonentabelle nicht aufgeführt wurde. Wir betrachten das als nicht sicher nachgewiesene Resonanz. Alle Einträge sind in der Tabelle Data Card Listings der Mesonen zu finden.

¶ S. Data Card Listings der Mesonen.

* Der angegebene Fehler enthält den Skalenfaktor $S = \sqrt{\chi^2/(N-1)}$. S. Fußnote in der Tabelle Stabile Teilchen.

† Eckige Klammern zeigen eine Unterreaktion der vorhergehenden (ungeklammerten) Zerfallsart(en).

§ Das ist nur eine Schätzung; der angegebene Fehler ist größer als der durchschnittliche Fehler der veröffentlichten Werte. (S. Data Card Listings der Mesonen für letztere).

(a) ΓM ist ungefähr die Halbwertsbreite einer Resonanz, wenn sie gegen M^2 aufgetragen wird.

(b) Bei Zerfällen in ≥ 3 Teilchen ist p_{max} der Maximalimpuls, den eines der drei Teilchen im Endzustand haben kann. Die Impulse wurden mit Hilfe der durchschnittlichen Werte der Zentralmasse berechnet,ohne die Breiten der Resonanzen zu berücksichtigen.

(c) Aus der Pollage $(M - i\Gamma/2)$.

(d) Das e^+e^--Verzweigungsverhältnis stammt allein aus Experimenten $e^+e^- \to \pi^+\pi^-$. Die $\omega\rho$-Interferenz ergibt sich dann nur aus der $\omega\rho$-Mischung und die Masse nimmt sie als klein an. S. die Bemerkung in der Data Card Listings der Mesonen. Das $\mu^+\mu^-$ Verzweigungsverhältnis stammt aus 3 Experimenten; jedes möglicherweise mit beträchtlicher $\omega\rho$-Interferenz. Der Fehler belegt diese Unsicherheit; s. Bemerkungen in den Data Card Listings der Mesonen. Wenn die $e\mu$-Universalität gilt, dann ist $\Gamma(\rho^0 \to \mu^+\mu^-) = \Gamma(\rho^0 \to e^+e^-) \times 0{,}99785$.

(e) Empirische Grenzen der Anteile anderer Zerfälle, von ω(770) sind $\pi^{\pm}\eta < 0.8\%$, $\pi^+\pi^+\pi^-\pi^- < 0{,}15\%$, $\pi^{\pm}\pi^+\pi^-\pi^0 < 0{,}2\%$.

(f) Empirische Grenzen der Anteile anderer Zerfälle von ω (783) sind $\pi^+\pi^-\gamma < 5\%$, $\pi^0\pi^0\gamma < 1\%$, η + Neutral(e) $< 1{,}5\%$, $\mu^+\mu^- < 0{,}02\%$, $\pi^0\mu^+\mu^- < 0{,}2\%$.

(Fortsetzung)

(g) Empirische Grenzen der Anteile anderer Zerfälle von η' (958): $\pi^+\pi^- < 2\%$, $\pi^+\pi^-\pi^0 < 5\%$, $\pi^+\pi^+\pi^-\pi^- < 1\%$, $\pi^+\pi^+\pi^-\pi^-\pi^0 < 1\%$, $6\pi < 1\%$, $\pi^+\pi^-e^+e^- < 0{,}6\%$, $\pi^0e^+e^- < 1{,}3\%$, $\eta e^+e^- < 1{,}1\%$, $\pi^0\rho^0 < 4\%$.

(h) Masse und Breite stammen allein von $\eta\pi$-Zerfall. Wenn der $K\bar{K}$-Kanal stark gekoppelt ist, kann die Breite 300 MeV oder mehr betragen.

(i) Empirische Grenzen der Anteile anderer Zerfälle von ϕ (1020) sind $\pi^+\pi^- < 0{,}03\%$, $\pi^+\pi^-\gamma < 0{,}7\%$, $\omega\gamma < 5\%$, $\rho\gamma < 2\%$, $2\pi^+2\pi^-\pi^0 < 1\%$.

(j) Empirische Grenzen der Anteile anderer Zerfälle von B (1235): $\pi\pi < 15\%$, $K\bar{K} < 2\%$, $4\pi < 50\%$, $\phi\pi < 1{,}5\%$, $\eta\pi < 25\%$, $(\bar{K}K)^{\pm}\pi^0 < 8\%$, $K_SK_S\,\pi^{\pm} < 2\%$, $K_SK_L\,\pi^{\pm} < 6\%$.

(k) Empirische Grenzen der Anteile anderer Zerfälle von f' (1515) sind $\eta\eta < 50\%$, $\eta\pi\pi < 30\%$, $K\bar{K}\pi + K^*\bar{K} < 35\%$, $2\pi^+2\pi^- < 32\%$.

(l) Empirische Grenzen der Anteile anderer Zerfälle von f (1270) sind $\eta\pi\pi < 1\%$, $K^0K^-\pi^+ + c.c. < 1\%$, $\eta\eta < 2\%$.

Etablierte Nonetts und Oktett-Singulett-Mischungswinkel aus Anhang II B, Gl. (2'). Bei den beiden Isosinguletts wird zuerst das „Hauptoktett“ angegeben, gefolgt von einem Semikolon.

$(J^P)C_n$	Nonett-Mitglieder	$\theta_{lin.}$	$\theta_{quadr.}$
$(0^-)+$	π, K, η; η'	$-24 \pm 1°$	$-11 \pm 1°$
$(1^-)-$	ρ, K^*, ϕ; ω	$38 \pm 1°$	$40 \pm 1°$
$(2^+)+$	A_2, $K^*(1430)$, f'; f	$24 \pm 2°$	$26 \pm 2°$

Tabelle A5

Baryonen-Tabelle

April 1978

Die folgende kurze Liste gibt den Status aller Baryonen-Zustände in den Data Card Listings an. Zusätzlich zum Zustand werden der Name, die nominelle Masse und die Quantenzahlen (soweit bekannt) gezeigt. Zustände mit drei oder vier Sternen-Status sind in die Haupt-Baryonentabelle eingefügt; die anderen wurden weggelassen, da der Beweis für die Existenz des Effekts und/oder für seine Interpretation als eine Resonanz sehr unsicher ist.

N	Δ / Z	Λ	Σ	Ξ / Ω / ...
N(939) P11 ****	Δ(1232) P33 ****	Λ(1115) P01 ****	Σ(1193) P11 ****	Ξ(1317) P11 ****
N(1470) P11 ****	Δ(1550) P31 *	Λ(1330) Dead	Σ(1385) P13 ****	Ξ(1530) P13 ****
N(1520) D13 ****	Δ(1650) S31 ****	Λ(1405) S01 ****	Σ(1480) *	Ξ(1630) **
N(1535) S11 ****	Δ(1670) D33 ***	Λ(1520) D03 ****	Σ(1580) D13 **	Ξ(1820) 13 ***
N(1540) P13 *	Δ(1690) P33 ***	Λ(1600) P01 **	Σ(1620) S11 **	Ξ(1940) **
N(1670) D15 ****	Δ(1890) F35 ****	Λ(1670) S01 ****	Σ(1660) P11 ***	Ξ(2030) 1 ***
N(1688) F15 ****	Δ(1900) S31 *	Λ(1690) D03 ****	Σ(1670) D13 ****	Ξ(2120) *
N(1700) S11 ****	Δ(1910) P31 ****	Λ(1800) P01 **	Σ(1670) **	Ξ(2250) *
N(1700) D13 ***	Δ(1950) F37 ****	Λ(1800) G09 *	Σ(1690) **	Ξ(2500) **
N(1780) P11 ***	Δ(1960) D35 ***	Λ(1815) F05 ****	Σ(1750) S11 ***	
N(1810) P13 ***	Δ(2160) ***	Λ(1830) D05 ****	Σ(1765) D15 ****	Ω(1672) P03 ****
N(1990) F17 **	Δ(2420) H3 11 ***	Λ(1860) P03 ***	Σ(1770) P11 *	
N(2000) F15 **	Δ(2850) ***	Λ(1870) S01 ***	Σ(1840) P13 *	Λ_c(2260) *
N(2040) D13 **	Δ(3230) ***	Λ(2010) **	Σ(1880) P11 **	
N(2100) S11 *		Λ(2020) F07 *	Σ(1915) F15 ****	Σ_c(2430) *
N(2100) D15 **		Λ(2100) G07 ****	Σ(1940) D13 ***	
N(2190) G17 ***	Z0(1780) P01 *	Λ(2110) F05 ***	Σ(2000) S11 *	Dibaryonen
N(2200) G19 ***	Z0(1865) D03 *	Λ(2325) D03 *	Σ(2030) F17 ****	S = 0 *
N(2220) H19 ***	Z1(1900) P13 *	Λ(2350) ****	Σ(2070) F15 *	S = −1 *
N(2650) I1 11 ***	Z1(2150) *	Λ(2585) ***	Σ(2080) P13 **	S = −2 *
N(3030) ***	Z1(2500) *		Σ(2100) G17 *	
N(3245) *			Σ(2250) ****	
N(3690) *			Σ(2455) ***	
N(3755) *			Σ(2620) ***	
			Σ(3000) **	

**** Gut, klar und fehlerfrei
*** Gut, aber bedarf der Klärung oder ist nicht absolut sicher.
** Bedarf der Bestätigung
* Schwach

[S. die Bemerkungen zu N's und Δ's, Z*'s, Λ's und Σ's, Ξ*'s und Dibaryonen am Beginn dieser Abteilungen in den Data Card Listings der Baryonen; s. auch die Bemerkungen zu den individuellen Resonanzen in diesen Listings.]

Teilchen[a]	I $(J^P)^a$ etab.	π- oder K-Strahl[b] p_{Strahl} (GeV/c) $\sigma = 4\pi\lambda^2$ (mb)	Masse M^c (MeV)	Volle Breite Γ^c (MeV)	M^2 $\pm\Gamma M^b$ (GeV^2)	Zerfall[f] Art	Anteil[c] %	p oder p_{max}[d] (MeV/c)
p n	1/2(1/2⁺)		938,3 939,6		0,880 0,883	S. Tabelle der Stabilen Teilchen		
N(1470)[g]	1/2(1/2⁺)P'_{11}	p = 0,66 σ = 27,8	1390 bis 1470	180 bis 240 (200)	2,16 ±0,29	Nπ Nη Nππ [Nε [Δπ [Nρ	~60 ~18 ~25 ~ 7][e] ~23][e] ~ 7][e]	420 *d* 368 *d* 177 *d*
N(1520)[g]	1/2(3/2⁻)D'_{13}	p = 0,74 σ = 23,5	1510 bis 1530	110 bis 150 (125)	2,31 ±0,19	Nπ Nππ [Nε [Nρ [Δπ Nη	~55 ~45 < 5][e] ~19][e] ~23][e] < 1	456 410 *d* *d* 228 *d*
N(1535)[g]	1/2(1/2⁻)S'_{11}	p = 0,76 σ = 22,5	1500 bis 1545	50 bis 150 (100)	2,36 ±0,15	Nπ Nη Nππ [Nρ [Nε [Δπ	~30 ~65 ~ 5 ~ 3][e] ~ 2][e] ~ 1][e]	467 182 422 *d* *d* 243

Baryonen-Tabelle (Fortsetzung)

Teilchen[a]	I (J^P)[a] — etab.	π- oder K-Strahl[b] p_{Strahl} (GeV/c) $\sigma = 4\pi\lambda^2$ (mb)	Masse M[c] (MeV)	Volle Breite Γ[c] (MeV)	M^2 ±ΓM[b] (GeV^2)	Zerfall[f] Art	Anteil[c] %	p oder p_{max}[d] (MeV/c)
N(1670)[g]	1/2(5/2⁻)D'₁₅	p = 1,00 σ = 15,6	1650 bis 1685	145 bis 170 (155)	2,79 ±0,26	Nπ Nππ [Δπ [Nρ ΛK Nη	~45 ~55 ~47][e] ~ 5][e] < 0,3 < 0,5	560 525 360 *d* 200 368
N(1688)[g]	1/2(5/2⁺)F'₁₅	p = 1,03 σ = 14,9	1670 bis 1690	120 bis 145 (140)	2,85 ±0,24	Nπ Nππ [Nε [Nρ [Δπ Nη	~60 ~40 ~15][e] ~13][e] ~12][e] < 0,3	572 538 340 *d* 375 388
N(1700)[g]	1/2(1/2⁻)S''₁₁	p = 1,05 σ = 14,3	1660 bis 1700	100 bis 200 (150)	2,89 ±0,26	Nπ Nππ [Nε [Nρ [Δπ ΛK ΣK	~55 ~30 <10][e] 7-21][e] 4-15][e] ~10 2-7	580 547 355 *d* 385 250 109
N(1700)[g]	1/2(3/2⁻)D''₁₃	p = 1,05 σ = 14,3	1660 bis 1710	80 bis, 120[h] (120)	2,89 ±0,20	Nπ Nππ [Nε [Nρ [Δπ ΛK	~10 ~90 <40][e] < 5][e] 15-40][e] ~ 1	580 547 355 *d* 385 250
N(1780)	1/2(1/2⁺)P''₁₁	p = 1,20 σ = 12,2	1650 bis 1750	100 bis 180 (160)	3,17 ±0,28	Nπ Nππ [Nε [Nρ [Δπ ΛK ΣK Nη	~20 >50 15-40][e] 40-65][e] 10-20][e] < 5 ~10 2-20[i]	633 603 440 249 448 353 267 476
N(1810)	1/2(3/2⁺)P''₁₃	p = 1,26 σ = 11,5	1650 bis 1750	100 bis 300 (200)	3,28 ±0,36	Nπ Nππ [Nε [Nρ [Δπ ΛK ΣK Nη	~20 ~70 ~20][e] 45-70][e] ~20][e] 1-4 ~ 2 < 5	652 624 468 297 471 386 307 503
N(2190)	1/2(7/2⁻)G₁₇	p = 2,07 σ = 6,21	2140 bis 2250	150 bis 300 (250)	4,80 ±0,55	Nπ	15-35	888
N(2200)	1/2(9/2⁻)G₁₉	p = 2,10 σ = 6,12	2130 bis 2270	200 bis 300 (250)	4,84 ±0,55	Nπ	~10	894
N(2220)[g]	1/2(9/2⁺)H₁₉	p = 2,14 σ = 5,97	2200 bis 2250	250 bis 350 (300)	4,93 ±0,67	Nπ	~20	905
N(2650)	1/2(11/2⁻)I₁ ₁₁[j]	p = 3,26 σ = 3,67	2580 bis 2700	~400 (400)	7,02 ±1,06	Nπ	~5	1154
N(3030)	1/2(?) —	p = 4,41 σ = 2,62	~3030	~400 (400)	9,18 ±1,21	Nπ	(J + 1/2) x <0,1[k]	1366

Baryonen-Tabelle (Fortsetzung)

Teilchen[a]	I (J^P)[a] — etab.	π- oder K-Strahl[b] p_{Strahl} (GeV/c) $\sigma = 4\pi\lambda\!\!\!^{-2}$ (mb)	Masse M[c] (MeV)	Volle Breite Γ[c] (MeV)	M^2 $\pm\Gamma M$[b] (GeV^2)	Zerfall: Art	Zerfall: Anteil[c] %	p oder p_{max}[d] (MeV/c)[f]
Δ(1232)[g]	3/2(3/2⁺)P'_{33} —	p = 0,30 σ = 94,3	1230 bis 1234	110 bis 120 (115)	1,52 ±0,14	Nπ	~99,4	227
						$N\pi^+\pi^-$	~ 0	80
	Δ(++)	Pollage:[l] M - iΓ/2 = (1211,0 ± 0,8) - i(49,9 ± 0,6)						
	Δ(0)	Pollage:[l] M - iΓ/2 = (1210,9 ± 1,0) - i(53,1 ± 1,0)						
Δ(1650)[g]	3/2(1/2⁻)S'_{31} —	p = 0,96 σ = 16,4	1600 bis 1695	120 bis 200 (140)	2,72 ±0,23	Nπ	~32	547
						Nππ	~65	511
						[Nρ	10-25][e]	*d*
						[Δπ	~50][e]	344
Δ(1670)[g]	3/2(3/2⁻)D_{33} —	p = 1,00 σ = 15,6	1620 bis 1720	190 bis 240 (200)	2,79 ±0,33	Nπ	~15	560
						Nππ	~85	525
						[Nρ	<40][e]	*d*
						[Δπ	45-60][e]	361
Δ(1690)[g]	3/2(3/2⁺)P''_{33} —	p = 1,03 σ = 14,9	1650 bis 1900[m]	150 bis 350 (250)	2,86 ±0,42	Nπ	10-20	573
						Nππ	~80	540
						[Nρ	10-20][e]	*d*
						[Δπ	>45][e]	377
Δ(1890)[g]	3/2(5/2⁺)F_{35} —	p = 1,42 σ = 9,88	1860 bis 1910	150 bis 300 (250)	3,57 ±0,47	Nπ	~15	704
						Nππ	~80	677
						[Nρ	~60][e]	403
						[Δπ	10-30][e]	531
						ΣK	< 3	400
Δ(1910)[g]	3/2(1/2⁺)P''_{31} —	p = 1,46 σ = 9,54	1780 bis 1960	200 bis 280 (220)	3,65 ±0,42	Nπ	15-25	716
						Nππ	>40	691
						[Nρ	~40][e]	429
						[Δπ	small][e]	545
						ΣK	2-20	420
Δ(1950)[g]	3/2(7/2⁺)F_{37} —	p = 1,54 σ = 8,90	1910 bis 1950	200 bis 280 (240)	3,80 ±0,47	Nπ	~40	741
						Nππ	>25	716
						[Nρ	~10][e]	471
						[Δπ	~20][e]	574
						ΣK	< 1	460
Δ(1960)[g]	3/2(5/2⁻)D_{35} —	p = 1,56 σ = 8,75	1890 bis 1950	100 bis 300 (200)	3,84 ±0,39	Nπ	7-15	748
						ΣK	<10	469
Δ(2160)[n]	3/2(?⁻) —	p = 2,00 σ = 6,46	2150 bis 2240	160 bis 440 (300)	4,67 ±0,65	Nπ	(J + 1/2)x =0,4 - 1,4[k]	870
Δ(2420)[g]	3/2(11/2⁺)$H_{3\,11}$ —	p = 2,64 σ = 4,60	2380 bis 2450	300 bis 500 (300)	5,86 ±0,73	Nπ	10-15	1023
Δ(2850)	3/2(?⁺)	p = 3,85 σ = 3,05	2800 bis 2900	~400 (400)	8,12 ±1,14	Nπ	(J + 1/2)x ~0,25[k]	1266
Δ(3230)	3/2(?)	p = 5,08 σ = 2,25	3200 bis 3350	~440 (440)	10,43 ±1,42	Nπ	(J + 1/2)x ~0,05[k]	1475

Z*	Der Beweis für Zustände mit der Strangeness +1 ist nicht schlüssig. S. die Baryonen Data Card Listings für Daten und Diskussion.

Baryonen-Tabelle (Fortsetzung)

Teilchen[a]	I (J^P)[a] — etab.	π- oder K-Strahl[b] p Strahl (GeV/c) $\sigma = 4\pi\lambda\!\!\!^{-2}$ (mb)	Masse M[c] (MeV)	Volle Breite Γ[c] (MeV)	M^2 $\pm\Gamma M$[b] (GeV^2)	Zerfall[f] Art	 Anteil[c] %	 p oder p_{max}[d] (MeV/c)
Λ	0(1/2$^+$)		1115,6		1,245	S. Tabelle Stabile Teilchen		
Λ(1405)	0(1/2$^-$)S'_{01}	Unter der K^-p Schwelle	1405 ±5[o]	40 ± 10[o] (40)	1,97 ±0,06	Σπ	100	142
Λ(1520)	0(3/2$^-$)D'_{03}	p = 0,389 σ = 84,5	1520 ±2[o]	16 ± 2[o] (16)	2,31 ±0,02	$N\bar{K}$ Σπ Λππ Σππ	46 ± 1 42 ± 1 10 ± 1 0,9 ± 0,1	234 258 250 140
Λ(1670)	0(1/2$^-$)S''_{01}	p = 0,74 σ = 28,5	1660 bis 1680	20 bis 60 (40)	2,79 ±0,07	$N\bar{K}$ Λη Σπ	15-25 15-35 20-60	410 64 393
Λ(1690)	0(3/2$^-$)D''_{03}	p = 0,78 σ = 26,1	1690 ±10[o]	40 bis 80 (60)	2,86 ±0,10	$N\bar{K}$ Σπ Λππ Σππ	20-30 20-40 ~25 ~20	429 409 415 352
Λ(1815)	0(5/2$^+$)F'_{05}	p = 1,05 σ = 16,7	1820 ±5[o]	70 bis 90 (80)	3,29 ±0,15	$N\bar{K}$ Σπ Σ(1385)π	55-65 5-15 5-10	542 508 362
Λ(1830)	0(5/2$^-$)D_{05}	p = 1,09 σ = 15,8	1810 bis 1830	60 bis 110 (95)	3,35 ±0,17	$N\bar{K}$ Σπ Σ(1385)π	<10 35-75 >15	554 519 375
Λ(1860)	0(3/2$^+$)P'_{03}	p = 1,14 σ = 14,7	1850 bis 1920	60 bis 200 (100)	3,46 ±0,19	$N\bar{K}$ Σπ	15-40 3-10	576 534
Λ(1870)	0(1/2$^-$)S'''_{01}	p = 1,16 σ = 14,2	1700 bis 1850	200 bis 400 (300)	3,50 ±0,56	$N\bar{K}$ Σπ	20-60 beobachtet	582 542
Λ(2100)	0(7/2$^-$)G_{07}	p = 1,68 σ = 8,68	2080 bis 2120	100 bis 300 (250)	4,41 ±0,53	$N\bar{K}$ Σπ Λη ΞK Λω	~30 ~5 <3 <3 <8	748 699 617 483 443
Λ(2110)	0(5/2$^+$)F''_{05}	p = 1,70 σ = 8,48	2050 bis 2150	150 bis 300 (200)	4,45 ±0,42	$N\bar{K}$ Σπ	5-25 <40	756 709
Λ(2350)	0(9/2$^+$)	p = 2,29 σ = 5,85	2340 bis 2420	100 bis 250 (120)	5,52 ±0,28	$N\bar{K}$ Σπ	~12 ~10	913 865
Λ(2585)	0(?)	p = 2,91 σ = 4,37	~2585	~300 (300)	6,68 ±0,78	$N\bar{K}$	(J+1/2)x ~1,0[k]	1058
Σ	1(1/2$^+$)		(+)1189,4 (0)1192,5 (-)1197,4		1,415 1,422 1,434	S. Tabelle Stabile Teilchen		
Σ(1385)	1(3/2$^+$)P'_{13}	Unter der K^-p Schwelle	(+)1382,3±0,4 S = 1,6[p] (-)1387,5±0,6 S = 1,0[p] (0)1382,0±2,5 S = 1,6[p]	(+) 35±2 S = 2,2[p] (-) 40±2 S = 1,9[p] (35)	1,92 ±0,05	Λπ Σπ	88 ± 2 12 ± 2	208 117

Baryonen-Tabelle (Fortsetzung)

Teilchen[a]	I (J^P)[a] etab.	π- oder K-Strahl[b] p_{Strahl} (GeV/c) $\sigma = 4\pi\lambda\!\!\!^{-2}$ (mb)	Masse M[c] (MeV)	Volle Breite Γ[c] (MeV)	M^2 ±ΓM[b] (GeV²)	Zerfall[f] Art	Anteil[c] %	p oder p_{max}[d] (MeV/c)
Σ(1660)[q]	$1(1/2^+)P'_{11}$	p = 0,72	1580 bis	30 bis	2,76	$N\bar{K}$	<30	402
		σ = 30,1	1690	200	±0,17	Σπ	beobachtet	383
				(100)		Λπ	beobachtet	440
Σ(1670) →→	$1(3/2^-)D''_{13}$	p = 0,74	1675[o]	35 bis	2,79	$N\bar{K}$	5-15	410
		σ = 28,5	±10	70	±0,08	Σπ	20-60	387
				(50)		Λπ	<20	447
Σ(1750)	$1(1/2^-)S''_{11}$	p = 0,91	1730 bis	50 bis	3,06	$N\bar{K}$	10-40	483
		σ = 20,7	1820	160	±0,13	Λπ	5-20	507
				(75)		Σπ	<8	450
						Ση	15-55	54
Σ(1765) →→→	$1(5/2^-)D_{15}$	p = 0,94	1774	105 bis	3,12	$N\bar{K}$	~41	496
		σ = 19,6	±7[o]	135	±0,21	Λπ	~14	518
				(120)		Λ(1520)π	~19	187
						Σ(1385)π	~ 9	315
						Σπ	~ 1	461
Σ(1915)[g]	$1(5/2^+)F'_{15}$	p = 1,25	1905 bis	70 bis	3,67	$N\bar{K}$	5-15	612
		σ = 13,0	1930	160	±0,19	Λπ	10-20	619
				(100)		Σπ	beobachtet	568
Σ(1940)[q] →	$1(3/2^-)D'''_{13}$	p = 1,32	1890 bis	100 bis	3,76	$N\bar{K}$	<20	678
		σ = 12,0	1960	300	±0,43	Λπ	beobachtet	680
				(220)		Σπ	beobachtet	589
						Λ(1520)π	beobachtet	370
Σ(2030)[g] →→→	$1(7/2^+)F_{17}$	p = 1,52	2020 bis	120 bis	4,12	$N\bar{K}$	~20	700
		σ = 9,93	2040	200	±0,37	Λπ	~20	700
				(180)		Σπ	5-10	652
						ΞK	<2	412
						Λ(1520)π	5-20	429
						Σ(1385)π	12	530
Σ(2250)[q]	1(?)[r]	p = 2,04	2200 bis	50 bis	5,06	$N\bar{K}$	<10	849
		σ = 6,76	2300	150	±0,22	Λπ	beobachtet	841
				(100)		Σπ	beobachtet	801
Σ(2455)	1(?)	p = 2,57	~2455	~120	6,03	$N\bar{K}$	(J + 1/2) x	979
		σ = 5,09		(120)	±0,29		~0,2[k]	
Σ(2620)	1(?)	p = 2,95	~2600	~200	6,86	$N\bar{K}$	(J + 1/2) x	1064
		σ = 4,30		(200)	±0,52		~0,3[k]	
Ξ	$1/2(1/2^+)$		(0) 1314,9		1,729	S. Tabelle Stabile Teilchen		
			(-) 1321,3		1,746			
Ξ(1530) →	$1/2(3/2^+)P_{13}$		(0) 1531,8±0,3	(0) 9,1±0,5	2,34	Ξπ	100	144
			S = 1,3[p]		±0,02			
			(-) 1535,0±0,6	(-) 10,1±1,9				
				(10)				
Ξ(1820) →	1/2(3/2)		1823	20^{+15}_{-10}[o]	3,31	$\Lambda\bar{K}$	~45	396
			±6[o]		±0,04	Ξ(1530)π	~45	234
				(20)		$\Sigma\bar{K}$	~10	306
						Ξπ	klein	413
Ξ(2030)[s] →→→	1/2(?)		2024	16^{+15}_{-5}[o]	4,12	$\Sigma\bar{K}$	~80	524
			±6[o]		±0,03	$\Lambda\bar{K}$	~20	587
				(16)		Ξπ	klein	573
						Ξ(1530)π	klein	418
Ω^- →→→→→	$0(3/2^+)$		1672,2		2,796	S. Tabelle Stabile Teilchen		

Baryonen-Tabelle (Fortsetzung)

→ Zur Vereinfachung sind alle Baryonenzustände,über die Informationen in den Data Card Listings der Baryonen existieren, am Beginn der Baryonentabelle aufgeführt. Zustände mit nur einem oder zwei Sternen (*) in dieser Liste, wurden aus der Haupt-Baryonentabelle weggelassen; jeder weggelassene Zustand ist durch einen Pfeil am linken Rand der Tabelle angedeutet. In den Listings steht ein Pfeil unter dem Namen eines jeden Zustands, der in der Tabelle weggelassen wurde.

a) Die Namen der Baryonenzustände in Spalte 1 [z.B. N (1470)] enthalten eine nominelle Masse, die hauptsächlich zur Identifikation dient. S. Spalte 4 für aktuelle Massenwerte. Für die Verwendung des Apostrophs in der spektroskopischen Notation, bei den Quantenzahlen in Spalte 2 (z.B. p'_{11}) gilt folgende Konvention: wenn die Data Card Listings nur eine Resonanz in der gegebenen Partialwelle angeben, so wird kein Apostroph angefügt; gibt es mehr als eine Resonanz, so wurde die erste mit einem Apostroph versehen; die zweite mit zweien etc. Ebenso stehen der Name und die Quantenzahlen eines jeden Zustands in Großdruck am Beginn der Data Card Listings für diesen Zustand. S. Fußnote a der Tabelle Stabile Teilchen für die Strangeness-Quantenzahlen der Baryonen; zusätzlich zu den dort aufgeführten verwenden wir N und Δ für S = 0 Baryonen, und Z* für S = +1 Baryonen.

b) Die Zahlen in Spalte 3 und 6 wurden berechnet mit M als nomineller Masse (s. a. oben) und Γ (s. c. unten) als nomineller Breite.

c) Für Massen, Breiten und Verzweigungsraten der meisten Baryonen geben wir hier einen Bereich anstelle von Mittelwerten an. Mittelwerte sind angebracht, wenn jedes Ergebnis auf unabhängigen Messungen beruht; sie sind aber nicht geeignet, wenn Streuung in den Parametern auftritt, weil verschiedene Modelle oder Prozeduren auf eine gemeinsame Menge von Daten angewendet wurden. Die in der Tabelle gegebenen Bereiche wurden im allgemeinen mäßig groß gewählt. S. die Data Card Listings für individuelle Werte, die aus spezifischen Analysen stammen. Ein Einzelwert mit einen Näherungswertzeichen (~) deutet an, daß nicht genug Daten vorhanden sind, um ein sinnvolles Intervall anzugeben. Eine nominelle Breite ist in Spalte 5 in Klammern eingeschlossen; diese nominelle Breite wird zur Berechnung des TM-Wertes in Spalte 6 verwendet.

d) Bei Zweikörperzerfällen geben wir den Impuls p der Zerfallsprodukte im zerfallenden Baryonenruhesystem an. Bei Zerfällen in ⩾3 Teilchen geben wir den Maximalimpuls p_{max} an, den eines dieser Teilchen im Endzustand in diesem System haben kann. Die Impulse wurden mit der nominellen Masse (s.a. oben) des zerfallenden Baryons und der irgend eines Isobars im Endzustand berechnet. Einige Zerfälle, die für die nominelle Masse energetisch verboten wären, treten aber tatsächlich auf wegen der endlichen Breiten des zerfallenden Baryons und/oder Isobars im Endzustand. In diesen Fällen ist in Spalte 9 der Zerfallsimpuls weggelassen und durch einen Verweis auf diese Fußnote ersetzt.

e) Eckige Klammern bei einem isobaren Zerfall deuten an, daß das eine Reaktion des vorhergehenden, ungeklammerten Zerfalls ist.

f) Viele der Verzweigungsverhältnisse in der Tabelle wurden aus Ergebnissen extrahiert, die man signifikant genauer aus $\sqrt{xx'}$-Typ-Kopplungen in Partialwellenanalysen gewinnt. Die originalen $\sqrt{xx'}$-Werte sind in den Baryonen Data Card Listings angegeben. Für Informationen der strahlenden Zerfälle von N's und Δ's s. den Minireview, der den Baryonen Data Card Listings vorangeht.

g) Nur Informationen aus Partialwellenanalysen wurden hier verwendet. Für experimentelle Daten bei der Produktion s. die Baryonen Data Card Listings.

h) Der hier angegebene Bereich enthält nicht die Breite von einigen Hundert MeV, über die von LONGACRE 75 und LONGACRE 77 berichtet wurde.

i) Der hier angegebene Bereich enthält nicht das Verzweigungsverhältnis von ca. 80%, über das FELTESSE 75 berichtet.

j) Die Existenz einer $I_{1\,11}$-Resonanz bei dieser Masse wurde bestätigt, aber die Möglichkeit verbleibt, daß es in der Nähe andere I = 1/2 Resonanzen gibt. S. den Minireview, der den Baryonen Data Card Listings vorangeht.

h) Dieser Zustand wurde nur beobachtet in einem energieabhängigen Fit an den Daten des Gesamt-, Kanal- oder Festwinkelwirkungsquerschnitts. J ist unbekannt; $x = \Gamma_{el}/\Gamma$.

l) S. die Anmerkung zu der Bestimmung der Resonanzparameter in den Baryonen Data Card Listings. Die Werte der Masse und der Breite hängen von der Form der Resonanz ab, die man zum Anpassen der Daten verwendet. Die Pollage hängt viel weniger von der verwendeten Parametrisierung ab. Die hier angegebenen Pollagen stammen aus Ergebnissen (in den Data Card Listings), die aus Anpassungen an Phasenverschiebungen ohne Coulombkorrekturen von CARTER 73 stammen.

m) Es gibt möglicherweise mehr als eine P_{33}-Resonanz in diesem Massenbereich oder in dessen Nähe.

n) Es gibt wahrscheinlich mehr als eine Δ-Resonanz in der Nähe von 2160 MeV. Die Parameter in der Tabelle entsprechen den Beobachtungen von REY 74. S. die Baryonen Data Card Listings für andere Möglichkeiten.

(Fortsetzung)

o) Der hier angegebene Fehler ist nur eine vorsichtige Schätzung; er ist größer als der mittlere Fehler der veröffentlichten Werte (s. die Baryonen Data Card Listings für letztere).

p) Der angegebene Fehler enthält einen S (Skalen)-Faktor. S. zweite Fußnote in der Tabelle Stabile Teilchen.

q) Da das elastische Verzeigungsverhältnis dieser Resonanz kaum bestimmt ist, besteht keine Möglichkeit inelastische Verzweigungsverhältnisse aus der Partialwellenkopplung zu extrahieren. S. die Baryonen Data Card Listings für die Partialwellenkopplung.

r) Jüngste Partialwellenanalysen von der France-Saclay-Gruppe ergeben einen Hinweis auf eine $5/2^-$ und $9/2^-$ Σ-Resonanz bei dieser Masse. S. die Baryonen Data Card Listings.

s) Dieser Zustand gilt jetzt als sicher nachgewiesen, auch wenn die Quantenzahlen und Zerfallsraten nicht genügend gut bekannt sind.

Tabelle A6

Kerndaten *

Es soll betont werden, daß die hier vorgelegten Informationen nicht unabhängig gesammelt wurden, sondern einfach aus den unten aufgeführten Veröffentlichungen zusammengestellt wurden.

Massenexzeß (*M-A, in keV*) sind von Mattauch, Thiele und Wapstra, *Nuclear Physics* **67**, 1 (1965), ausgenommen einige Werte, die bei Lauritsen und Ajzenberg-Selove [*Nuclear Physics* **78**, 1 (1966); ibid. **A114**, 1 (1968)] und bei Endt und Van der Leun [*Nuclear Physics* **A105**, 1 (1967)] diskutiert werden.

J^π [aufgeführt als *J, P* und in Einheiten von $\hbar$]

T [*Halbwertszeit* in Sekunden (S), Minuten (M), Stunden (H), Tagen (D) und Jahren (Y)]

A [*Häufigkeit* in Prozent] oder *W* [*Breite* der Zustände in eV (E), keV (K) oder MeV (M) stammen grundsätzlich aus folgenden Werken: GE „Chart of the Nuclides" (7/69); Sechste Ausgabe der „Table of Isotopes" (Lederer, Hollander und Pearlman, J. Wiley Inc. 1967); „Nuclear Data Sheets" und „Recent References" – Zusammenstellungen der O.R.N.L. Nuclear Data Group; Fuller und Cohen, *Nuclear Data Tables* **A5**, 433 (1969). Für leichte Kerne wurden auch die Zusammenstellungen von Lauritsen und Ajzenberg-Selove und von Endt und Van der Leun verwendet.

* Zusammengestellt von G. Morse und F. Ajzenberg-Selove, University of Pennsylvania, Philadelphia, Dez. 1971, mit einigen Änderungen. Mit freundlicher Genehmigung F. Ajzenberg-Selove.

Tabelle A 6 (Fortsetzung)

Z		A	J,P	M-A(KEV)	T,A,OR W
0	N	1	1/2+	8 071.69	T=10.6M
1	H	1	1/2+	7 289.22	A=99.9855
1	H	2	1+	13 136.27	A=0.015
1	H	3	1/2+	14 950.38	T=12.33Y
2	HE	3	1/2+	14 931.73	A=E-4
2	HE	4	0+	2 424.94	A=100.
2	HE	5	3/2-	11 390.	W=0.58M
3	LI	5	3/2-	11 680.	W=1.5M
2	HE	6	0+	17 597.3	T=0.802S
3	LI	6	1+	14 087.5	A=7.5
4	BE	6	0+	18 375.	W=92K
3	LI	7	3/2-	14 908.6	A=92.5
4	BE	7	3/2-	15 770.3	T=53.4D
2	HE	8	0+	31 650.	T=0.122S
3	LI	8	2+	20 947.5	T=0.848S
4	BE	8	0+	4 941.8	W=6.8EV
5	B	8	2+	22 922.3	T=0.774S
3	LI	9	3/2-	24 966.	T=0.172S
4	BE	9	3/2-	11 348.4	A=100.0
5	B	9	3/2-	12 415.7	W=0.54K
6	C	9	3/2-	28 912.	T=0.127S
4	BE	10	0+	12 608.1	T=2.7E+6Y
5	B	10	3+	12 052.3	A=19.8
6	C	10	0+	15 702.7	T=19.41S
4	BE	11	1/2+	20 177.	T=13.68S
5	B	11	3/2-	8 667.95	A=80.2
6	C	11	3/2-	10 650.2	T=20.39M
5	B	12	1+	13 370.4	T=0.0204S
6	C	12	0+	0.	A=98.892
7	N	12	1+	17 344.	T=0.0110S
5	B	13	3/2-	16 562.0	T=0.0186S
6	C	13	1/2-	3 125.27	A=1.108
7	N	13	1/2-	5 345.7	T=9.961M
6	C	14	0+	3 019.95	T=5692.Y
7	N	14	1+	2 863.82	A=99.64
8	O	14	0+	8 008.59	T=70.98S
6	C	15	1/2+	9 873.5	T=2.33S
7	N	15	1/2-	101.8	A=0.36
8	O	15	1/2-	2 861.1	T=122.24S
6	C	16	0+	13 693.	T=0.74S
7	N	16	2-	5 683.5	T=7.13S
8	O	16	0+	-4 736.68	A=99.756
9	F	16	0-	10 693.	W=50K
7	N	17	1/2-	7 871.	T=4.16S
8	O	17	5/2+	- 807.4	A=0.039
9	F	17	5/2+	1 951.9	T=66.0S
10	NE	17	1/2-	16 480.	T=0.108S
8	O	18	0+	- 782.50	A=0.205
9	F	18	1+	872.8	T=109.8M
10	NE	18	0+	5 319.0	T=1.67S
8	O	19	5/2+	3 332.3	T=26.91S
9	F	19	1/2+	-1 486.1	A=100.0
10	NE	19	1/2+	1 752.1	T=17.4S
8	O	20	0+	3 800.	T=13.57S
9	F	20	2+	-15.7	T=11.03S
10	NE	20	0+	-7 041.7	A=90.5
11	NA	20	2+	6 840.	T=0.450S
9	F	21	5/2+	-46.	T=4.4S
10	NE	21	3/2+	-5 731.2	A=0.27
11	NA	21	3/2+	-2 183.	T=22.8S
12	MG	21	5/2+	10 911.	T=0.121S
9	F	22		2 828.	
10	NE	22	0+	-8 025.1	A=9.2
11	NA	22	3+	-5 182.2	T=2.601Y
12	MG	22	0+	-384.	T=3.99S
10	NE	23	5/2+	-5 150.0	T=37.6S
11	NA	23	3/2+	-9 529.0	A=100.0
12	MG	23	3/2+	-5 472.4	T=12.S
13	AL	23	5/2+	6 770.	T 0.48S
10	NE	24	0+	-5 948.	T=3.38M
11	NA	24	4+	-8 416.7	T=15.00H
12	MG	24	0+	-13 931.3	A=78.99
13	AL	24	4+	-49.	T=2.09S
11	NA	25	5/2+	-9 356.	T=59.6S
12	MG	25	5/2+	-13 191.5	A=10.00
13	AL	25	5/2+	-8 912.3	T=7.23S
14	SI	25	5/2+	3 820.	T=0.22S
11	NA	26	2,3+	-6 853.	T=1.00S
12	MG	26	0+	-16 213.4	A=11.01
13	AL	26	5+	-12 208.8	T=7.4E+5Y
14	SI	26	0+	-7 147.	T=2.1S
12	MG	27	1/2+	-14 584.7	T=9.45M
13	AL	27	5/2+	-17 195.0	A=100.0
14	SI	27	5/2+	-12 385.4	T=4.16S
12	MG	28	0+	-15 017.	T=21.1H
13	AL	28	3+	-16 848.8	T=2.246M
14	SI	28	0+	-21 491.1	A=92.2
15	P	28	3+	-7 154.	T=0.270S

Tabelle A 6 (Fortsetzung)

Z	El	A	Spin	Massenexzess	T/A
13	AL	29	5/2+	-18 213.	T=6.52M
14	SI	29	1/2+	-21 893.3	A=4.7
15	P	29	1/2+	-16 950.	T=4.18S
13	AL	30	2,3+	-15 890.	T=3.27S
14	SI	30	0+	-24 431.3	A=3.1
15	P	30	1+	-20 203.9	T=2.50M
16	S	30	0+	-14 065.	T=1.23S
14	SI	31	3/2+	-22 947.9	T=157.3M
15	P	31	1/2+	-24 439.6	A=100.0
16	S	31	1/2+	-18 998.	T=2.62S
14	SI	32	0+	-24 091.	T=2.8E+2Y
15	P	32	1+	-24 304.2	T=14.28D
16	S	32	0+	-26 014.3	A=95.0
17	CL	32	2+	-13 263.	T=0.297S
15	P	33	1/2+	-26 337.0	T=25.3D
16	S	33	3/2+	-26 586.0	A=0.75
17	CL	33	3/2+	-21 002.4	T=2.50S
15	P	34	1+	-24 830.	T=12.4S
16	S	34	0+	-29 929.2	A=4.2
17	CL	34	0+	-24 438.4	T=1.58S
18	AR	34	0+	-18 395.	T=0.9S
16	S	35	3/2+	-28 845.6	T=87.2D
17	CL	35	3/2+	-29 013.0	A=75.77
18	AR	35	3/2+	-23 049.4	T=1.77S
16	S	36	0+	-30 665.9	A=0.015
17	CL	36	2+	-29 521.8	T=3.0E+5Y
18	AR	36	0+	-30 230.5	A=0.34
16	S	37	7/2-	-26 907.	T=5.06M
17	CL	37	3/2+	-31 761.5	A=24.23
18	AR	37	3/2+	-30 947.4	T=34.8D
19	K	37	3/2+	-24 798.4	T=1.23S
20	CA	37	3/2+	-13 230.	T=0.173S
16	S	38	0+	-26 863.	T=170.M
17	CL	38	2-	-29 800.	T=37.2M
18	AR	38	0+	-34 714.4	A=0.07
19	K	38	3+	-28 792.	T=7.63M
20	CA	38	0+	-22 023.	T=0.46S
17	CL	39	3/2+	-29 802.	T=55.5M
18	AR	39	7/2-	-33 240.	T=269.Y
19	K	39	3/2+	-33 805.3	A=93.3
20	CA	39	3/2+	-27 283.	T=0.87S
17	CL	40	2-	-27 540.	T=1.42M
18	AR	40	0+	-35 039.2	A=99.59
19	K	40	4-	-33 534.1	A=0.012 T=1.3E+9Y
20	CA	40	0+	-34 845.7	A=96.94
21	SC	40	4-	-20 521.	T=0.182S
18	AR	41	7/2-	-33 066.1	T=1.83H
19	K	41	3/2+	-35 558.3	A=6.7
20	CA	41	7/2-	-35 137.1	T=8.E+4Y
21	SC	41	7/2-	-28 641.	T=0.60S
18	AR	42	0+	-34 420.	T=33.Y
19	K	42	2-	-35 021.4	T=12.36H
20	CA	42	0+	-38 538.1	A=0.65
21	SC	42	0+	-32 107.0	T=0.683S
22	TI	42	0+	-25 121.	T=0.20S
19	K	43	3/2+	-36 582.	T=21.8H
20	CA	43	7/2-	-38 399.0	A=0.14
21	SC	43	7/2-	-36 179.0	T=3.89H
22	TI	43	7/2-	-29 320.	T=0.49S
19	K	44	2-	-35 805.	T=22.M
20	CA	44	0+	-41 463.6	A=2.08
21	SC	44	2+	-37 814.	T=3.92H
22	TI	44	0+	-37 548.	T=47.Y
19	K	45	3/2+	-36 611.	T=17.M
20	CA	45	7/2-	-40 806.3	T=162.7D
21	SC	45	7/2-	-41 063.1	A=100.0
22	TI	45	7/2-	-39 000.7	T=3.08H
19	K	46	2-	-35 426.	T=110.S
20	CA	46	0+	-43 138.	A=0.003
21	SC	46	4+	-41 758.4	T=83.80D
22	TI	46	0+	-44 125.8	A=8.00
23	V	46	0+	-37 071.4	T=0.426S
19	K	47	1/2+	-35 704.	T=18.S
20	CA	47	7/2-	-42 343.	T=4.54D
21	SC	47	7/2-	-44 328.9	T=3.41D
22	TI	47	5/2-	-44 929.2	A=7.5
23	V	47	3/2-	-42 004.8	T=31.2M
20	CA	48	0+	-44 222.	A=0.19
21	SC	48	6+	-44 495.	T=43.7H
22	TI	48	0+	-48 485.6	A=73.7
23	V	48	4+	-44 470.2	T=16.18D
24	CR	48	0+	-42 816.	T=22.96H
20	CA	49	3/2-	-41 292.	T=8.72M
21	SC	49	7/2-	-46 552.	T=57.3M
22	TI	49	7/2-	-48 557.3	A=5.5
23	V	49	7/2-	-47 956.1	T=331.D
24	CR	49	5/2-	-45 388.	T=42.0M
20	CA	50	0+	-39 578.	T=14.S
21	SC	50	5+	-44 545.	T=1.71M
22	TI	50	0+	-51 433.6	A=5.3
23	V	50	6+	-49 216.7	T 4.E+16Y A=0.25
24	CR	50	0+	-50 255.7	A=4.35
25	MN	50	0+	-42 624.6	T=0.29S
21	SC	51	7/2-	-43 227.	T=13.S

Tabelle A 6 (Fortsetzung)

22	TI	51	3/2-	-49 739.	T=5.76M
23	V	51	7/2-	-52 197.4	A=99.75
24	CR	51	7/2-	-51 446.0	T=27.71D
25	MN	51	5/2-	-48 240.	T=45.9M
22	TI	52	0+	-49 470.	T=1.7M
23	V	52	3+	-51 436.9	T=3.75M
24	CR	52	0+	-55 415.0	A=83.79
25	MN	52	6+	-50 705.	T=5.63D
26	FE	52	0+	-48 333.	T=8.3H
23	V	53	7/2-	-51 861.	T=1.55M
24	CR	53	3/2-	-55 283.8	A=9.50
25	MN	53	7/2-	-54 686.5	T=1.1E+7Y
26	FE	53	7/2-	-50 942.	T=8.53M
23	V	54	5+	-49 930.	T=43.S
24	CR	54	0+	-56 932.3	A=2.36
25	MN	54	3+	-55 557.	T=313.D
26	FE	54	0+	-56 251.7	A=5.8
27	CO	54	0+	-48 002.	T=0.194S
24	CR	55	3/2-	-55 121.	T=3.56M
25	MN	55	5/2-	-57 710.0	A=100.0
26	FE	55	3/2-	-57 478.4	T=2.7Y
27	CO	55	7/2-	-54 012.4	T=18.H
24	CR	56	0+	-55 266.	T=5.9M
25	MN	56	3+	-56 908.7	T=2.582H
26	FE	56	0+	-60 609.4	A=91.7
27	CO	56	4+	-56 041.2	T=77.3D
28	NI	56	0+	-53 908.	T=6.10D
25	MN	57	5/2-	-57 620.	T=1.59M
26	FE	57	1/2-	-60 183.8	A=2.14
27	CO	57	7/2-	-59 347.0	T=271.D
28	NI	57	3/2-	-56 104.	T=36.1H
25	MN	58		-56 060.	T=1.1M
26	FE	58	0+	-62 155.1	A=0.31
27	CO	58	2+	-59 847.2	T=71.4D
28	NI	58	0+	-60 235.	A=68.
29	CU	58	1+	-51 668.	T=3.21S
26	FE	59	3/2-	-60 670.0	T=45.D
27	CO	59	7/2-	-62 235.7	A=100.0
28	NI	59	3/2-	-61 162.6	T=8E+4Y
29	CU	59	3/2-	-56 363.	T=81.8S
26	FE	60	0+	-61 435.	T=E+5Y
27	CO	60	5+	-61 655.6	T=5.269Y
28	NI	60	0+	-64 479.2	A=26.1
29	CU	60	2+	-58 352.	T=23.M
26	FE	61	3/2-	-59 030.	T=6.0M
27	CO	61	7/2-	-62 920.	T=1.65H
28	NI	61	3/2-	-64 227.0	A=1.1
29	CU	61	3/2-	-61 981.8	T=3.37H
30	ZN	61	3/2-	-56 580.	T=87.S

27	CO	62	5+	-61 530.	T=13.9M
28	NI	62	0+	-66 751.9	A=3.6
29	CU	62	1+	-62 805.	T=9.78M
30	ZN	62	0+	-61 115.	T=9.15H
27	CO	63		-61 863.	T=27.S
28	NI	63	1/2-	-65 521.5	T=92.Y
29	CU	63	3/2-	-65 587.4	A=69.1
30	ZN	63	3/2-	-62 222.	T=38.5M
31	GA	63	3/2-	-56 720.	T=31.S
28	NI	64	0+	-67 109.3	A=0.9
29	CU	64	1+	-65 431.8	T=12.74H
30	ZN	64	0+	-66 006.4	A=48.9
31	GA	64	0+	-58 934.	T=2.6M
28	NI	65	5/2-	-65 133.	T=2.54H
29	CU	65	3/2-	-67 264.8	A=30.9
30	ZN	65	5/2-	-65 914.1	T=243.7D
31	GA	65	3/2-	-62 655.	T=15.2M
32	GE	65		-56 360.	T=1.5M
28	NI	66	0+	-66 060.	T=54.6H
29	CU	66	1+	-66 259.8	T=5.1M
30	ZN	66	0+	-68 894.5	A=27.8
31	GA	66	0+	-63 719.	T=9.5H
32	GE	66	0+	-61 617.	T=2.27H
28	NI	67		-63 200.	T=50.S
29	CU	67	3/2-	-67 302.	T=61.6H
30	ZN	67	5/2-	-67 876.7	A=4.1
31	GA	67	3/2-	-66 876.	T=78.2H
32	GE	67		-62 450.	T=19.0M
29	CU	68	1+	-65 420.	T=31.S
30	ZN	68	0+	-70 004.3	A=18.6
31	GA	68	1+	-67 085.	T=68.2M
32	GE	68	0+	-66 698.	T=287.D
30	ZN	69	1/2-	-68 416.2	T=57.M
31	GA	69	3/2-	-69 323.0	A=60.2
32	GE	69	5/2-	-67 097.5	T=39.1H
33	AS	69		-63 130.	T=15.M
30	ZN	70	0+	-69 559.7	A=0.62
31	GA	70	1+	-68 906.	T=21.1M
32	GE	70	0+	-70 559.5	A=20.7
33	AS	70	4	-64 338.	T=52.5M
34	SE	70	0+		T=39.M
30	ZN	71	1/2-	-67 332.	T=2.4M
31	GA	71	3/2-	-70 138.1	A=40.
32	GE	71	1/2-	-69 903.0	T=11.D
33	AS	71	5/2-	-67 894.	T=64.H
34	SE	71	5/2-	-62 890.	T=4.9M
30	ZN	72	0+	-68 131.	T=46.5H
31	GA	72	3-	-68 587.6	T=14.1H

Tabelle A 6 (Fortsetzung)

32	GE	72	0+	-72 580.7	A=27.5
33	AS	72	2-	-68 230.	T=26.H
34	SE	72	0+	-67 630.	T=8.5D
31	GA	73	3/2-	-69 740.	T=4.88H
32	GE	73	9/2+	-71 293.2	A=7.7
33	AS	73	3/2-	-70 954.	T=76.D
34	SE	73	9/2+	-68 214.	T=7.1H
31	GA	74	3-	-67 920.	T=8.2M
32	GE	74	0+	-73 422.4	A=36.4
33	AS	74	2-	-70 858.7	T=17.7D
34	SE	74	0+	-72 213.0	A=0.9
35	BR	74	1+	-65 210.	T=37.M
36	KR	74	0+	-62 110.	T=16.M
32	GE	75	1/2-	-71 841.	T=82.8M
33	AS	75	3/2-	-73 029.7	A=100.
34	SE	75	5/2+	-72 164.9	T=120.D
35	BR	75	3/2-	-69 155.	T=96.M
36	KR	75		-64 050.	T=5.5M
32	GE	76	0+	-73 212.3	A=7.7
33	AS	76	2-	-72 286.2	T=26.3H
34	SE	76	0+	-75 254.6	A=9.0
35	BR	76	1	-70 150.	T=16.H
36	KR	76	0+	-69 150.	T=14.8H
32	GE	77	7/2+	-71 160.	T=11.3H
33	AS	77	3/2-	-73 917.	T=38.8H
34	SE	77	1/2-	-74 601.4	A=7.5
35	BR	77	3/2-	-73 236.9	T=56.H
36	KR	77	7/2+	-70 237.	T=1.19H
32	GE	78	0+	-71 780.	T=1.45H
33	AS	78	2-	-72 760.	T=1.515H
34	SE	78	0+	-77 026.8	A=23.5
35	BR	78	1+	-73 453.	T=6.5M
36	KR	78	0+	-74 147.	A=0.35
37	RB	78			T=6.5M
33	AS	79	3/2-	-73 690.	T=9.M
34	SE	79	7/2+	-75 933.0	T 6.5E+4Y
35	BR	79	3/2-	-76 074.1	A=50.69
36	KR	79	1/2-	-74 443.	T=34.9H
37	RB	79	3/2-	-70 920.	T=23.M
33	AS	80	1+	-71 760.	T=15.3S
34	SE	80	0+	-77 757.0	A=50.
35	BR	80	1+	-75 885.3	T=17.4M
36	KR	80	0+	-77 896.	A=2.25
37	RB	80	1+	-72 100.	T=30.S
33	AS	81	3/2-	-72 590.	T=32.S
34	SE	81	1/2-	-76 387.	T=18.6M
35	BR	81	3/2-	-77 974.	A=49.31
36	KR	81	7/2+	-77 680.	T=2.1E+5Y
37	RB	81	3/2-	-75 420.	T=4.58H

33	AS	82	5-		T=13.3S
34	SE	82	0+	-77 587.	A=9.0
35	BR	82	5-	-77 503.	T=35.4H
36	KR	82	0+	-80 591.0	A=11.6
37	RB	82	1+	-76 194.	T=1.25M
38	SR	82	0+	-75 590.	T=25.D
34	SE	83	9/2+	-75 440.	T=22.6M
35	BR	83	3/2-	-79 018.	T=2.41H
36	KR	83	9/2+	-79 987.0	A=11.5
37	RB	83	5/2-	-78 949.	T=83.D
38	SR	83	7/2+	-76 699.	T=32.4H
34	SE	84	0+	-75 920.	T=3.3M
35	BR	84	2-	-77 730.	T=31.8M
36	KR	84	0+	-82 433.2	A=57.0
37	RB	84	2-	-79 753.0	T=33.D
38	SR	84	0+	-80 639.8	A=0.56
39	Y	84	4-	-73 690.	T=40.M
35	BR	85	3/2-	-78 670.	T=2.87M
36	KR	85	9/2+	-81 472.6	T=10.73Y
37	RB	85	5/2-	-82 159.6	A=72.17
38	SR	85	9/2+	-81 096.	T=65.2D
39	Y	85	9/2+	-77 836.	T=4.8H
35	BR	86	1,2	-75 960.	T=54.S
36	KR	86	0+	-83 261.3	A=17.3
37	RB	86	2-	-82 738.3	T=18.66D
38	SR	86	0+	-84 509.4	A=9.9
39	Y	86	4-	-79 236.	T=14.6H
40	ZR	86	0+	-77 940.	T=16.5H
35	BR	87		-74 200.	T=55.7S
36	KR	87	5/2+	-80 700.	T=76.4M
37	RB	87	3/2-	-84 592.6	T=5.E+10Y
					A=27.83
38	SR	87	9/2+	-84 866.1	A=7.0
39	Y	87	1/2-	-82 984.	T=80.3H
40	ZR	87		-79 484.	T=1.78H
35	BR	88			T=16.S
36	KR	88	0+	-79 700.	T=2.8H
37	RB	88	2-	-82 604.	T=17.8M
38	SR	88	0+	-87 907.6	A=82.6
39	Y	88	4-	-84 289.	T=107.D
40	ZR	88	0+	-83 610.	T=85.D
41	NB	88	8+	-76 410.	T=14.M
35	BR	89			T=4.4S
36	KR	89	5/2+	-76 560.	T=3.16M
37	RB	89	3/2-	-81 710.	T=15.2M
38	SR	89	5/2+	-86 196.	T=50.5D
39	Y	89	1/2-	-87 685.6	A=100.
40	ZR	89	9/2+	-84 851.	T=78.4H
41	NB	89	9/2+	-80 980.	T=1.9H
36	KR	90	0+	-74 890.	T=32.3S
37	RB	90	1-	-79 300.	T=2.7M

Tabelle A 6 (Fortsetzung)

Z		A	Spin	Massenexzess		
38	SR	90	0+	-85	927.9	T=28.9Y
39	Y	90	2-	-86	473.9	T=64.H
40	ZR	90	0+	-88	762.6	A=51.4
41	NB	90	8+	-82	652.	T=14.6H
42	MO	90	0+	-80	165.	T=5.7H
36	KR	91	5/2+	-71	500.	T=9.0S
37	RB	91	-	-78	000.	T=58.5S
38	SR	91	5/2+	-83	684.	T=9.48H
39	Y	91	1/2-	-86	349.	T=58.6D
40	ZR	91	5/2+	-87	893.5	A=11.2
41	NB	91	9/2+	-86	632.	T=LONG
42	MO	91	9/2+	-82	188.	T=15.49M
36	KR	92	0+			T=1.9S
37	RB	92		-75	020.	T=4.48S
38	SR	92	0+	-82	920.	T=2.7H
39	Y	92	2-	-84	834.	T=3.53H
40	ZR	92	0+	-88	456.9	A=17.1
41	NB	92	7+	-86	453.	T=2.E+7Y
42	MO	92	0+	-86	808.4	A=14.8
43	TC	92	8,9+	-78	860.	T=4.4M
36	KR	93				T=1.29S
37	RB	93		-73	050.	T=5.87S
38	SR	93		-79	950.	T=7.5M
39	Y	93	1/2-	-84	254.	T=10.2H
40	ZR	93	5/2+	-87	143.7	T=9.5E+5Y
41	NB	93	9/2+	-87	207.1	A=100.
42	MO	93	5/2+	-86	809.	T=3.E+3Y
43	TC	93	9/2+	-83	623.	T=2.73H
36	KR	94	0+			T=0.20S
37	RB	94				T=2.71S
38	SR	94	0+	-78	740.	T=78S
39	Y	94	2-	-82	260.	T=20.3M
40	ZR	94	0+	-87	263.1	A=17.5
41	NB	94	6+	-86	364.3	T=2.E+4Y
42	MO	94	0+	-88	409.9	A=9.1
43	TC	94	6,7+	-84	150.	T=4.9H
44	RU	94	0+	-82	569.	T=52.M
37	RB	95				T=0.36S
38	SR	95		-75	540.	T=26.S
39	Y	95	-	-81	236.	T=10.5M
40	ZR	95	5/2+	-85	666.0	T=65.5D
41	NB	95	9/2+	-86	788.5	T=35.D
42	MO	95	5/2+	-87	713.3	A=15.9
43	TC	95	9/2+	-86	012.	T=20.H
44	RU	95	5/2+	-83	450.	T=1.65H
38	SR	96	0+			T=4.S
39	Y	96		-78	630.	T=2.3M
40	ZR	96	0+	-85	426.0	A=2.8
41	NB	96	5+	-85	609.	T=23.5H
42	MO	96	0+	-88	795.9	A=16.7
43	TC	96	7+	-85	860.	T=4.3D
44	RU	96	0+	-86	073.	A=5.5

Z		A	Spin	Massenexzess		
39	Y	97	1/2-	-76	830.	T=1.11S
40	ZR	97	1/2+	-82	933.	T=16.8H
41	NB	97	9/2+	-85	605.	T=73.6M
42	MO	97	5/2+	-87	540.2	A=9.5
43	TC	97	9/2+	-87	195.	T=2.6E+6Y
44	RU	97	5/2+	-86	040.	T=2.89D
45	RH	97	9/2+	-82	550.	T=33.M
40	ZR	98	0+	-81	273.	T=31.S
41	NB	98	1+	-83	510.	T=51.M
42	MO	98	0+	-88	110.9	A=24.4
43	TC	98	7,6+	-86	520.	T=1.5E+6Y
44	RU	98	0+	-88	223.0	A=1.9
45	RH	98	2+	-83	166.	T=8.7M
40	ZR	99		-78	360.	T=2.4S
41	NB	99	9/2+	-82	860.	T=2.4M
42	MO	99	1/2+	-85	956.	T=66.3H
43	TC	99	9/2+	-87	328.	T=2.1E+5Y
44	RU	99	5/2+	-87	620.2	A=12.7
45	RH	99	1/2-	-85	568.	T=15.0D
46	PD	99	5/2+	-82	163.	T=21.4M
47	AG	99		-76	130.	T=1.8M
41	NB	100		-80	190.	T=2.9M
42	MO	100	0+	-86	185.1	A=9.6
43	TC	100	1+	-85	850.	T=16.S
44	RU	100	0+	-89	221.9	A=12.6
45	RH	100	1-	-85	592.	T=21.H
46	PD	100	0+	-85	190.	T=3.7D
47	AG	100	5+	-77	890.	T=8.M
41	NB	101		-79	400.	T=7.S
42	MO	101	1/2+	-83	504.	T=14.6M
43	TC	101	9/2+	-86	325.	T=14.2M
44	RU	101	5/2+	-87	955.7	A=17.1
45	RH	101	1/2-	-87	402.	T=3.Y
46	PD	101	5/2+	-85	412.	T=8.3H
47	AG	101	9/2+	-81	010.	T=10.8M
42	MO	102	0+	-83	600.	T=11.M
43	TC	102	1+	-84	600.	T=5.3S
44	RU	102	0+	-89	100.2	A=31.6
45	RH	102	1-	-86	778.	T=207.D
46	PD	102	0+	-87	927.	A=1.0
47	AG	102	5+	-82	367.	T=13.M
48	CD	102	0+	-79	470.	T=5.5M
42	MO	103		-80	500.	T=60.S
43	TC	103		-84	900.	T=50.S
44	RU	103	5/2+	-87	253.	T=39.6D
45	RH	103	1/2-	-88	016.0	A=100.
46	PD	103	5/2+	-87	463.	T=17.5D
47	AG	103	7/2+	-84	780.	T=1.1H
48	CD	103		-80	380.	T=7.3M
42	MO	104	0+	-80	190.	T=1.6M
43	TC	104		-82	790.	T=18.M
44	RU	104	0+	-88	094.0	A=18.6

Tabelle A 6 (Fortsetzung)

45	RH	104	1+	-86 944.	T=42.S
46	PD	104	0+	-89 411.	A=11.0
47	AG	104	5+	-85 311.	T=67.M
48	CD	104	0+	-84 010.	T=56.M
42	MC	105			T=0.9M
43	TC	105		-82 530.	T=8.0M
44	RU	105	5/2+	-85 930.	T=4.44H
45	RH	105	7/2+	-87 847.	T=35.5H
46	PD	105	5/2+	-88 413.	A=22.2
47	AG	105	1/2-	-87 078.	T=41.D
48	CD	105	5/2+	-84 280.	T=56.D
43	TC	106		-79 820.	T=37.S
44	RU	106	0+	-86 323.	T=1.01Y
45	RH	106	1+	-86 362.	T=30.S
46	PD	106	0+	-89 902.	A=27.3
47	AG	106	1+	-86 928.	T=24.0M
48	CD	106	0+	-87 130.2	A=1.2
49	IN	106		-80 390.	T=5.32M
44	RU	107		-83 710.	T=4.2M
45	RH	107	5/2+	-86 860.	T=21.7M
46	PD	107	5/2+	-88 373.0	T=6.5E+6Y
47	AG	107	1/2-	-88 408.0	A=51.83
48	CD	107	5/2+	-86 991.	T=6.49H
49	IN	107	9/2+	-83 500.	T=32.7M
44	RU	108	0+	-83 710.	T=4.5M
45	RH	108	1+	-85 030.	T=16.8S
46	PD	108	0+	-89 526.	A=26.7
47	AG	108	1+	-87 605.	T=2.41M
48	CD	108	0+	-89 248.0	A=0.9
49	IN	108	2+	-84 100.	T=40.M
50	SN	108	0+	-82 000.	T=10.5M
45	RH	109		-85 110.	T 90.S
46	PD	109	5/2+	-87 606.	T=13.46H
47	AG	109	1/2-	-88 721.5	A=48.17
48	CD	109	5/2+	-88 539.	T=453.D
49	IN	109	9/2+	-86 520.	T=4.2H
50	SN	109		-82 720.	T=18.0M
45	RH	110	1+	-82 940.	T=3.0S
46	PD	110	0+	-88 340.	A=11.8
47	AG	110	1+	-87 455.5	T=24.57S
48	CD	110	0+	-90 346.4	A=12.4
49	IN	110	2+	-86 420.	T=69.1M
50	SN	110	0+	-85 824.	T=4.0H
46	PD	111	5/2+	-86 020.	T=22.M
47	AG	111	1/2-	-88 224.	T=7.47D
48	CD	111	1/2+	-89 251.6	A=12.8
49	IN	111	9/2+	-88 426.	T=2.83D
50	SN	111	7/2+	-85 918.	T=35.3M
46	PD	112	0+	-86 280.	T=20.12H
47	AG	112	2-	-86 580.	T=3.12H
48	CD	112	0+	-90 576.9	A=24.0
49	IN	112	1+	-87 989.	T=14.4M
50	SN	112	0+	-88 648.	A=1.0
51	SB	112	3+	-81 850.	T=53.S
46	PD	113			T=1.5M
47	AG	113	1/2-	-87 035.	T=5.37H
48	CD	113	1/2+	-89 044.9	A=12.3
49	IN	113	9/2+	-89 342.	A=4.3
50	SN	113	1/2+	-88 317.	T=115.2D
51	SB	113	5/2+	-84 419.	T=6.7M
46	PD	114	0+		T=2.4M
47	AG	114		-85 010.	T=5.1S
48	CD	114	0+	-90 014.2	A=28.8
49	IN	114	1+	-88 584.	T=71.9S
50	SN	114	0+	-90 565.	A=0.66
51	SB	114	3+	-84 870.	T=3.6M
52	TE	114	0+	-82 170.	T=17.M
47	AG	115	1/2-	-84 910.	T=21.M
48	CD	115	1/2+	-88 090.	T=53.5H
49	IN	115	9/2+	-89 541.	A=95.7 T=5.E+14Y
50	SN	115	1/2+	-90 027.	A=0.35
51	SB	115	5/2+	-86 997.	T=31.9M
52	TE	115	1/2+	-82 460.	T=6.M
47	AG	116		-82 420.	T=2.68M
48	CD	116	0+	-88 715.0	A=7.6
49	IN	116	1+	-88 248.	T=14.2S
50	SN	116	0+	-91 521.8	A=14.4
51	SB	116	3+	-87 020.	T=16.M
52	TE	116	0+	-85 460.	T=2.5H
48	CD	117	1/2+	-86 408.	T=2.6H
49	IN	117	9/2+	-88 929.	T=44.M
50	SN	117	1/2+	-90 392.6	A=7.6
51	SB	117	5/2+	-88 640.	T=2.8H
52	TE	117	1/2+	-85 150.	T=64.M
53	I	117	5/2+	-80 840.	T=2.5M
48	CD	118	0+	-86 704.	T=50.3M
49	IN	118	1+	-87 450.	T=5.S
50	SN	118	0+	-91 648.3	A=24.1
51	SB	118	1+	-87 953.	T=3.5M
52	TE	118	0+	-87 650.	T=6.0D
53	I	118		-81 550.	T=14.2M
54	XE	118	0+	-78 250.	T=6.M
48	CD	119		-84 210.	T=9.45M
49	IN	119	9/2+	-87 714.	T=2.83M
50	SN	119	1/2+	-90 061.6	A=8.6
51	SB	119	5/2+	-89 483.	T=38.1H
52	TE	119	1/2+	-87 189.	T=15.9H
53	I	119	5/2+	-83 990.	T=18.23M
54	XE	119		-79 000.	T=6.M
49	IN	120	1+	-85 490.	T=3.2S
50	SN	120	0+	-91 094.3	A=32.8

Tabelle A 6 (Fortsetzung)

51	SB	120	1+	-88 414.	T=15.9M
52	TE	120	0+	-89 402.	A=0.09
53	I	120		-84 100.	T=53.4M
54	XE	120	0+	-81 900.	T=40.1M
49	IN	121	9/2+	-85 820.	T=28.S
50	SN	121	3/2+	-89 202.7	T=27.06H
51	SB	121	5/2+	-89 589.9	A=57.3
52	TE	121	1/2+	-88 590.	T=17.1D
53	I	121	5/2+	-86 220.	T=2.12H
54	XE	121		-82 430.	T=38.8M
49	IN	122		-83 240.	T=10.0S
50	SN	122	0+	-89 935.6	A=4.7
51	SB	122	2-	-88 325.6	T=64.34H
52	TE	122	0+	-90 303.8	A=2.4
53	I	122	1+	-86 160.	T=3.62M
54	XE	122	0+	-85 060.	T=20.1H
49	IN	123	9/2+	-83 420.	T=5.97S
50	SN	123	11/2-	-87 809.	T=129.2D
51	SB	123	7/2+	-89 219.1	A=42.7
52	TE	123	1/2+	-89 162.	A=0.87
					T 1.2E+13Y
53	I	123	5/2+	-87 960.	T=13.2H
54	XE	123	1/2+	-85 290.	T=2.08H
49	IN	124		-80 830.	T=4.S
50	SN	124	0+	-88 229.0	A=5.8
51	SB	124	3-	-87 614.2	T=60.2D
52	TE	124	0+	-90 514.1	A=4.6
53	I	124	2-	-87 354.	T=4.17D
54	XE	124	0+	-87 450.	A=0.10
50	SN	125	11/2-	-85 890.	T=9.63D
51	SB	125	7/2+	-88 262.	T=2.77Y
52	TE	125	1/2+	-89 027.3	A=7.0
53	I	125	5/2+	-88 879.3	T=59.9D
54	XE	125	1/2+	-87 140.	T=17.H
55	CS	125	1/2+	-84 070.	T=45.M
56	BA	125		-79 570.	T=3.0M
50	SN	126	0+	-86 013.	T=E+5Y
51	SB	126	8-	-86 330.	T=12.4D
52	TE	126	0+	-90 064.9	A=18.7
53	I	126	2-	-87 914.	T=13.02D
54	XE	126	0+	-89 165.	A=0.09
55	CS	126	1+	-84 160.	T=98.6S
56	BA	126	0+	-82 360.	T=97.M
50	SN	127	11/2-	-83 510.	T=2.12H
51	SB	127	7/2+	-86 708.	T=91.2H
52	TE	127	3/2+	-88 289.	T=9.23H
53	I	127	5/2+	-88 981.4	A=100.
54	XE	127	1/2+	-88 317.	T=36.4D
55	CS	127	1/2+	-86 227.	T=6.3H
56	BA	127		-82 730.	T=18.M
50	SN	128	0+	-83 400.	T=59.3M
51	SB	128	8-	-84 700.	T=9.01H
52	TE	128	0+	-88 988.9	A=31.8
53	I	128	1+	-87 735.1	T=25.1M
54	XE	128	0+	-89 860.1	A=1.9
55	CS	128	1+	-85 953.	T=3.8M
56	BA	128	0+	-85 250.	T=2.43D
57	LA	128		-78 450.	T=4.2M
50	SN	129			T=7.5M
51	SB	129	7/2+	-84 591.	T=4.31H
52	TE	129	3/2+	-87 004.	T=68.7M
53	I	129	7/2+	-88 503.	T=1.6E+7Y
54	XE	129	1/2+	-88 694.0	A=26.4
55	CS	129	1/2+	-87 590.	T=33.1H
56	BA	129		-85 150.	T=2.13H
57	LA	129	3/2+	-81 150.	T=10.0M
51	SB	130	5+	-82 350.	T=5.7M
52	TE	130	0+	-87 345.4	A=34.5
53	I	130	5-	-86 888.	T=12.3H
54	XE	130	0+	-89 880.1	A=3.9
55	CS	130	1+	-86 857.	T=29.1M
56	BA	130	0+	-87 297.	A=0.10
57	LA	130	3+	-81 600.	T=8.7M
58	CE	130	0+		T=30.M
51	SB	131	7/2+	-82 090.	T=23.0M
52	TE	131	3/2+	-85 191.	T=25.0M
53	I	131	7/2+	-87 443.2	T=8.065D
54	XE	131	3/2+	-88 414.0	A=21.2
55	CS	131	5/2+	-88 059.	T=9.7D
56	BA	131	1/2+	-86 719.	T=11.7D
57	LA	131	1/2+	-83 760.	T=1.0H
58	CE	131		-79 460.	T=10.M
51	SB	132	7,8-	-79 590.	T=4.1M
52	TE	132	0+	-85 193.	T=78.H
53	I	132	4+	-85 698.	T=2.3H
54	XE	132	0+	-89 278.4	A=27.0
55	CS	132	2-	-87 179.	T=6.58D
56	BA	132	0+	-88 451.	A=0.095
57	LA	132	2-	-83 740.	T=4.8H
58	CE	132	0+	-82 340.	T=4.8H
51	SB	133	7/2+	-79 000.	T=2.3M
52	TE	133	3/2+	-82 900.	T=12.5M
53	I	133	7/2+	-85 860.	T=20.9H
54	XE	133	3/2+	-87 660.	T=5.31D
55	CS	133	7/2+	-88 087.	A=100.
56	BA	133	1/2+	-87 572.	T=10.35Y
57	LA	133	5/2+	-85 670.	T=4.H
58	CE	133	5/2+	-82 370.	T=5.40H
52	TE	134	0+	-82 570.	T=41.8
53	I	134	4+	-83 970.	T=52.5M
54	XE	134	0+	-88 123.0	A=10.5
55	CS	134	4+	-86 906.	T=2.06Y
56	BA	134	0+	-88 965.	A=2.4
57	LA	134	1+	-85 255.	T=6.7M

Tabelle A 6 (Fortsetzung)

58	CE	134	0+	-84 750.	T=72.H
59	PR	134		-78 550.	T=16.4M
53	I	135	7/2+	-83 776.	T=6.7H
54	XE	135	3/2+	-86 502.	T=9.14H
55	CS	135	7/2+	-87 659.	T=2.3E+6Y
56	BA	135	3/2+	-87 868.	A=6.5
57	LA	135	5/2+	-86 830.	T=19.5H
58	CE	135	1/2+	-84 530.	T=17.7H
59	PR	135	5/2+	-80 950.	T=25.4M
60	ND	135			T=5.5M
53	I	136	2-	-79 420.	T=82.8S
54	XE	136	0+	-86 423.	A=8.9
55	CS	136	5+	-86 356.	T=13.5D
56	BA	136	0+	-88 904.	A=7.8
57	LA	136	1+	-86 030.	T=9.87M
58	CE	136	0+	-86 462.	A=0.19
59	PR	136	2+	-81 260.	T=13.1M
60	ND	136	0+	-78 800.	T=55.M
53	I	137		-76 810.	T=24.6S
54	XE	137	7/2-	-82 213.	T=3.82M
55	CS	137	7/2+	-86 561.	T=30.13Y
56	BA	137	3/2+	-87 734.	A=11.2
57	LA	137	7/2+	-87 230.	T=6.E+4Y
58	CE	137	3/2+	-86 030.	T=9.0H
59	PR	137	5/2+	-83 280.	T=76.6M
60	ND	137	1/2+	-79 280.	T=40.M
54	XE	138	0+	-80 070.	T=14.2M
55	CS	138	3-	-82 870.	T=32.2M
56	BA	138	0+	-88 274.	A=71.9
57	LA	138	5-	-86 480.	A=0.09
					T=1.1E+11Y
58	CE	138	0+	-87 536.	A=0.26
59	PR	138	1+	-83 099.	T=1.44M
54	XE	139		-75 980.	T=39.7S
55	CS	139		-80 780.	T=9.53M
56	BA	139	7/2-	-84 926.	T=85.2M
57	LA	139	7/2+	-87 186.	A=99.91
58	CE	139	3/2+	-86 911.	T=137.5D
59	PR	139	5/2+	-84 799.	T=4.41H
60	ND	139	3/2+	-82 000.	T=30.M
54	XE	140	0+	-73 240.	T=13.6S
55	CS	140		-77 540.	T=63.8S
56	BA	140	0+	-83 241.	T=12.8D
57	LA	140	3-	-84 276.	T=40.23H
58	CE	140	0+	-88 042.	A=88.5
59	PR	140	1+	-84 654.	T=3.39M
60	ND	140	0+	-84 180.	T=3.37D
54	XE	141			T=1.73S
55	CS	141		-74 870.	T=24.9S
56	BA	141		-79 970.	T=18.3M
57	LA	141		-82 969.	T=3.87H
58	CE	141	7/2-	-85 399.	T=32.53D
59	PR	141	5/2+	-85 980.	A=100.
60	ND	141	3/2+	-84 175.	T=2.46H
61	PM	141	5/2+	-80 450.	T=20.9M
54	XE	142	0+		T=1.22S
55	CS	142		-71 070.	T=1.7S
56	BA	142	0+	-77 770.	T=10.7M
57	LA	142	2-	-79 970.	T=92.4M
58	CE	142	0+	-84 487.	A=11.1
					T 5.E+16Y
59	PR	142	2-	-83 752.	T=19.2H
60	ND	142	0+	-85 916.	A=27.1
61	PM	142	1+	-81 100.	T=40.S
62	SM	142	0+	-79 050.	T=72.5M
63	EU	142	1+		T=1.2M
54	XE	143			T=1.0S
55	CS	143			T=1.7S
56	BA	143		-74 010.	T=13.6S
57	LA	143		-78 210.	T=14.M
58	CE	143	3/2-	-81 593.	T=33.0H
59	PR	143	7/2+	-83 038.	T=13.6D
60	ND	143	7/2-	-83 970.	A=12.2
61	PM	143	5/2+	-82 901.	T=265.D
62	SM	143	3/2+	-79 422.	T=8.83M
63	EU	143	5/2+	-74 420.	T=2.6M
58	CE	144	0+	-80 403.	T=284.4D
59	PR	144	0-	-80 719.	T=17.3M
60	ND	144	0+	-83 716.	A=23.9
					T=2.1E+15Y
61	PM	144	6-	-81 340.	T=1.0Y
62	SM	144	0+	-81 904.	A=3.1
63	EU	144	1+	-75 577.	T=10.5S
58	CE	145		-77 110.	T=3.3M
59	PR	145	7/2+	-79 599.	T=5.98H
60	ND	145	7/2-	-81 404.	A=8.3
61	PM	145	5/2+	-81 234.	T=17.7Y
62	SM	145	7/2-	-80 596.	T=340.D
63	EU	145	5/2+	-77 876.	T=5.96D
64	GD	145	1/2+	-72 880.	T=22.9M
58	CE	146	0+	-75 740.	T=14.2M
59	PR	146	3-	-76 820.	T=24.2M
60	ND	146	0+	-80 898.	A=17.2
61	PM	146	3,4-	-79 421.	T=5.5Y
62	SM	146	0+	-80 947.	T=1.E+8Y
63	EU	146	4-	-77 075.	T=4.6D
64	GD	146	0+	-75 880.	T=48.3D
59	PR	147		-75 430.	T=12.M
60	ND	147	5/2-	-78 129.	T=10.99D
61	PM	147	7/2+	-79 023.	T=2.623Y
62	SM	147	7/2-	-79 248.	A=15.0
					T=1.1E+11Y
63	EU	147	5/2+	-77 486.	T=24.3D
64	GD	147	7/2-	-75 158.	T=38.H
65	TB	147	5/2-	-70 560.	T=1.6H

Tabelle A 6 (Fortsetzung)

59	PR	148		-72 480.	T=2.M
60	ND	148	0+	-77 381.	A=5.7
61	PM	148	1-	-76 852.	T=5.4D
62	SM	148	0+	-79 317.	A=11.2
					T=8.E+15Y
63	EU	148	5-	-76 217.	T=54.5D
64	GD	148	0+	-76 207.	T=93.Y
65	TB	148		-70 590.	T=70.M
59	PR	149		-71 380.	T=2.3M
60	ND	149	5/2-	-74 377.	T=1.73H
61	PM	149	7/2+	-76 046.	T=53.1H
62	SM	149	7/2-	-77 118.	A=13.8
					T 1.E+16Y
63	EU	149	5/2+	-76 360.	T=93.D
64	GD	149	7/2-	-75 072.	T=9.3D
65	TB	149		-71 375.	T=4.13H
60	ND	150	0+	-73 662.	A=5.6
61	PM	150	1	-73 530.	T=2.68H
62	SM	150	0+	-77 033.	A=7.4
63	EU	150	0,1-	-74 719.	T=12.6H
64	GD	150	0+	-75 728.	T=1.8E+6Y
65	TB	150		-71 060.	T=3.1H
66	DY	150	0+	-69 100.	T=7.2M
60	ND	151		-70 899.	T=12.4M
61	PM	151	5/2+	-73 365.	T=28.4H
62	SM	151	3/2-	-74 553.	T=93.Y
63	EU	151	5/2+	-74 629.	A=47.8
64	GD	151	7/2-	-74 165.	T=120.D
65	TB	151	1/2	-71 557.	T=17.6H
66	DY	151	7/2	-68 552.	T=18.M
67	HO	151		-63 500.	T=35.6S
61	PM	152		-71 350.	T=4.2M
62	SM	152	0+	-74 749.	A=26.7
63	EU	152	3-	-72 863.	A=14.Y
64	GD	152	0+	-74 691.	A=0.20
					T=1.1E+14Y
65	TB	152	2-	-70 871.	T=17.6H
66	DY	152	0+	-70 057.	T=2.38H
67	HO	152		-63 670.	T=2.5M
61	PM	153		-70 740.	T=5.5M
62	SM	153	3/2+	-72 544.	T=46.6H
63	EU	153	5/2+	-73 347.	A=52.2
64	GD	153	3/2+	-73 106.	T=241.D
65	TB	153	5/2-	-71 310.	T=2.34D
66	DY	153	7/2	-69 090.	T=6.3H
67	HO	153		-64 832.	T=9.3M
68	ER	153		-60 250.	T=36.S
61	PM	154		-68 450.	T=2.5M
62	SM	154	0+	-72 451.	A=22.8
63	EU	154	3-	-71 713.	T=8.Y
64	GD	154	0+	-73 691.	A=2.2
65	TB	154		-70 290.	T=20.H
66	DY	154	0+	-70 356.	T=E+6Y
67	HO	154	1	-64 598.	T=11.8M
68	ER	154	0+	-62 400.	T=4.5M
62	SM	155	3/2-	-70 193.	T=22.3M
63	EU	155	5/2+	-71 818.	T=4.8Y
64	GD	155	3/2-	-72 065.	A=14.9
65	TB	155	3/2+	-71 220.	T=5.3D
66	DY	155	3/2-	-69 121.	T=9.9H
67	HO	155	5/2	-65 820.	T=47.M
68	ER	155		-62 010.	T=5.5M
62	SM	156	0+	-69 359.	T=9.4H
63	EU	156	0+	-70 072.	T=15.17D
64	GD	156	0+	-72 524.	A=20.6
65	TB	156	3-	-70 220.	T=5.1D
66	DY	156	0+	-70 491.	A=0.06
					T=2.E+14Y
67	HO	156	1	-65 390.	T=55.M
62	SM	157			T=0.5M
63	EU	157		-69 461.	T=15.2H
64	GD	157	3/2-	-70 821.	A=15.7
65	TB	157	3/2+	-70 757.	T=160.Y
66	DY	157	3/2-	-69 394.	T=8.1H
67	HO	157	7/2	-66 890.	T=15.M
68	ER	157	3/2	-62 990.	T=24.M
63	EU	158		-67 250.	T=46.M
64	GD	158	0+	-70 680.	A=24.7
65	TB	158	3-	-69 440.	T=150.Y
66	DY	158	0+	-70 384.	A=0.10
67	HO	158	5+	-66 407.	T=11.3M
68	ER	158	0+	-64 910.	T=2.3H
63	EU	159	5/2+	-65 920.	T=18.1M
64	GD	159	3/2-	-68 553.	T=18.6H
65	TB	159	3/2+	-69 503.	A=100.
66	DY	159	3/2-	-69 138.	T=144.D
67	HO	159	7/2-	-67 440.	T=33.M
68	ER	159	3/2-	-64 340.	T=36.M
64	GD	160	0+	-67 934.	A=21.7
65	TB	160	3-	-67 813.	T=72.4D
66	DY	160	0+	-69 648.	A=2.3
67	HO	160	5+	-66 728.	T=25.M
68	ER	160	0+	-65 930.	T=28.6H
64	GD	161	5/2-	-65 494.	T=3.7M
65	TB	161	3/2+	-67 445.	T=6.92D
66	DY	161	5/2+	-68 027.	A=18.9
67	HO	161	7/2-	-67 210.	T=2.5H
68	ER	161	3/2-	-65 161.	T=3.1H
69	TM	161	7/2	-61 640.	T=39.M
65	TB	162	1-	-65 690.	T=7.47M
66	DY	162	0+	-68 151.	A=25.5
67	HO	162	1+	-65 981.	T=13.M
68	ER	162	0+	-66 299.	A=0.14

Tabelle A 6 (Fortsetzung)

69	TM	162	1-	-61 600.	T=21.8M
65	TB	163	3/2+	-64 670.	T=19.5M
66	DY	163	5/2-	-66 351.	A=24.9
67	HO	163	7/2-	-66 342.	T=33.Y
68	ER	163	5/2-	-65 134.	T=75.M
69	TM	163	1/2+	-62 717.	T=1.8H
65	TB	164		-62 590.	T=3.04M
66	DY	164	0+	-65 934.	A=28.2
67	HO	164	1+	-64 955.	T=24.M
68	ER	164	0+	-65 918.	A=1.6
69	TM	164	1+	-61 956.	T=1.9M
70	YB	164	0+	-60 860.	T=77.M
66	DY	165	7/2+	-63 577.	T=2.35H
67	HO	165	7/2-	-64 873.	A=100.
68	ER	165	5/2-	-64 501.	T=10.36H
69	TM	165	1/2+	-62 936.	T=30.1H
70	YB	165	5/2-	-60 184.	T=10.M
66	DY	166	0+	-62 563.	T=81.5H
67	HO	166	0-	-63 044.	T=26.8H
68	ER	166	0+	-64 904.	A=33.4
69	TM	166	2+	-61 869.	T=7.7H
70	YB	166	0+	-61 609.	T=56.7H
67	HO	167	7/2-	-62 298.	T=3.1H
68	ER	167	7/2+	-63 268.	A=22.9
69	TM	167	1/2+	-62 521.	T=9.3D
70	YB	167	5/2-	-60 566.	T=17.5M
71	LU	167		-57 500.	T=55.M
67	HO	168		-60 200.	T=3.0M
68	ER	168	0+	-62 968.	A=27.0
69	TM	168	3+	-61 270.	T=93.D
70	YB	168	0+	-61 549.	A=0.14
71	LU	168	1-	-57 190.	T=6.1M
72	HF	168	0+	-55 190.	T=26.M
67	HO	169		-58 750.	T=4.7M
68	ER	169	1/2-	-60 899.	T=9.3D
69	TM	169	1/2+	-61 251.	A=100.
70	YB	169	7/2+	-60 344.	T=31.D
71	LU	169	7/2+	-58 074.	T=1.42D
72	HF	169	5/2-	-54 700.	T=3.25M
68	ER	170	0+	-60 091.	A=15.0
69	TM	170	1-	-59 773.	T=129.D
70	YB	170	0+	-60 741.	A=3.0
71	LU	170	0+	-57 301.	T=2.0D
72	HF	170	0+	-56 100.	T=16.0H
68	ER	171	5/2-	-57 700.	T=7.5H
69	TM	171	1/2+	-59 190.	T=1.92Y
70	YB	171	1/2-	-59 287.	A=14.3
71	LU	171	7/2+	-57 890.	T=8.2D
72	HF	171		-55 290.	T=12.2H
68	ER	172	0+	-56 480.	T=49.H
69	TM	172	2-	-57 369.	T=63.6H
70	YB	172	0+	-59 239.	A=21.9
71	LU	172	4-	-56 740.	T=6.70D
72	HF	172	0+	-56 340.	T=5.Y
73	TA	172		-51 340.	T=44.M
68	ER	173		-53 420.	T=12.M
69	TM	173	1/2+	-56 215.	T=8.2H
70	YB	173	5/2-	-57 535.	A=16.2
71	LU	173	7/2+	-56 845.	T=500.D
72	HF	173	1/2-	-55 250.	T=23.6H
73	TA	173	7/2+	-52 350.	T=3.6H
69	TM	174	4-	-53 870.	T=5.5M
70	YB	174	0+	-56 933.	A=31.8
71	LU	174	1-	-55 562.	T=3.6Y
72	HF	174	0+	-55 760.	A=0.18
					T=2.E+15Y
73	TA	174	4-	-51 760.	T=1.2H
74	W	174	0+	-49 860.	T=29.M
69	TM	175	1/2+	-52 280.	T=16.M
70	YB	175	7/2-	-54 681.	T=4.19D
71	LU	175	7/2+	-55 149.	A=97.4
72	HF	175	5/2-	-54 542.	T=70.D
73	TA	175	7/2+	-52 340.	T=10.5H
74	W	175	1/2-	-49 340.	T=34.M
69	TM	176		-49 340.	T=1.4M
70	YB	176	0+	-53 485.	A=12.7
71	LU	176	7-	-53 370.	A=2.6
72	HF	176	0+	-54 559.	A=5.2
73	TA	176	1-	-51 460.	T=8.1H
74	W	176	0+	-50 460.	T=2.5H
78	PT	176	0+	-27 850.	T=6.6S
70	YB	177	9/2+	-50 975.	T=1.9H
71	LU	177	7/2+	-52 371.	T=6.7D
72	HF	177	7/2-	-52 868.	A=18.5
73	TA	177	7/2+	-51 710.	T=56.6H
74	W	177		-49 710.	T=2.2H
75	RE	177		-46 110.	T=14.M
71	LU	178	1+	-50 170.	T=28.4M
72	HF	178	0+	-52 422.	A=27.2
73	TA	178	1+	-50 510.	T=9.3M
74	W	178	0+	-50 420.	T=21.5D
75	RE	178	5-	-45 760.	T=13.2M
71	LU	179	7/2+	-49 100.	T=4.6H
72	HF	179	9/2+	-50 450.	A=13.8
73	TA	179	7/2+	-50 331.	T=600.D
74	W	179	7/2-	-49 230.	T=38.M
75	RE	179	5/2+	-46 540.	T=20.M
71	LU	180	3-	-46 470.	T=5.6M
72	HF	180	0+	-49 766.	A=35.1
73	TA	180	8+	-48 840.	A=0.012

Tabelle A 6 (Fortsetzung)

Z		A			
74	W	180	0+	-49 650.	A=0.13
75	RE	180	1-	-45 860.	T=2.45M
76	OS	180	0+	-43 960.	T=23.M
72	HF	181	1/2-	-47 389.	T=42.4D
73	TA	181	7/2+	-48 412.	A=99.988
74	W	181	9/2+	-48 225.	T=130.D
75	RE	181	5/2+	-46 430.	T=19.H
76	OS	181		-43 400.	T=105.M
72	HF	182	0+	-45 900.	T=9.E+6Y
73	TA	182	3-	-46 403.	T=115.D
74	W	182	0+	-48 208.	A=26.3
75	RE	182	7+	-45 348.	T=64.H
76	OS	182	0+	-44 250.	T=21.5H
77	IR	182	5-	-38 950.	T=15.M
72	HF	183	3/2-	-43 219.	T=64.M
73	TA	183	7/2+	-45 259.	T=5.0D
74	W	183	1/2-	-46 327.	A=14.3
75	RE	183	5/2+	-45 771.	T=70.D
76	OS	183	9/2+	-43 370.	T=14.H
77	IR	183		-39 970.	T=58.M
73	TA	184	5-	-42 637.	T=8.7H
74	W	184	0+	-45 667.	A=30.7
75	RE	184	3-	-44 060.	T=38.D
76	OS	184	0+	-44 158.	A=0.02
77	IR	184		-39 440.	T=3.0H
78	PT	184	0+	-36 940.	T=17.3M
79	AU	184		-30 140.	T=52.S
80	HG	184	0+	-25 590.	T=30.9S
73	TA	185	7/2+	-41 380.	T=49.M
74	W	185	3/2-	-43 345.	T=75.D
75	RE	185	5/2+	-43 774.	A=37.5
76	OS	185	1/2-	-42 759.	T=94.D
77	IR	185	3/2+	-40 260.	T=14.H
78	PT	185		-36 460.	T=1.1H
79	AU	185		-31 490.	T=4.3M
80	HG	185		-25 930.	T=51.S
73	TA	186		-38 580.	T=10.6M
74	W	186	0+	-42 475.	A=28.6
75	RE	186	1-	-41 881.	T=91.H
76	OS	186	0+	-42 958.	A=1.6
77	IR	186	6-	-39 127.	T=15.6H
78	PT	186	0+	-37 500.	T=2.1H
79	AU	186		-31 500.	T=10.7M
80	HG	186	0+	-27 960.	T=1.4M
74	W	187	3/2-	-39 870.	T=23.9H
75	RE	187	5/2+	-41 181.	T=62.5
					T=5.E+10Y
76	OS	187	1/2-	-41 184.	A=1.6
77	IR	187	3/2+	-39 680.	T=11.2H
78	PT	187		-36 780.	T=2.36H
79	AU	187		-32 750.	T=8.6M
80	HG	187		-27 910.	T=2.4M
74	W	188	0+	-38 634.	T=69.D
75	RE	188	1-	-38 983.	T=16.8H
76	OS	188	0+	-41 101.	A=13.3
77	IR	188	2-	-38 268.	T=41.4H
78	PT	188	0+	-37 728.	T=10.2D
79	AU	188		-32 430.	T=8.8M
80	HG	188	0+	-29 520.	T=3.2M
74	W	189		-35 440.	T=11.5M
75	RE	189	5/2+	-37 942.	T=24.H
76	OS	189	3/2-	-38 952.	A=16.1
77	IR	189	3/2+	-38 450.	T=13.3D
78	PT	189		-36 550.	T=10.4H
79	AU	189		-33 550.	T=28.7M
80	HG	189		-29 350.	T=7.7M
75	RE	190		-35 490.	T=3.M
76	OS	190	0+	-38 674.	A=26.4
77	IR	190	4+	-36 620.	T=12.2D
78	PT	190	0+	-37 293.	A=0.013
					T=7.E+11Y
79	AU	190	1-	-32 890.	T=42.M
80	HG	190	0+	-30 890.	T=20.M
75	RE	191		-34 460.	T=10.M
76	OS	191	9/2-	-36 362.	T=15.3D
77	IR	191	3/2+	-36 672.	A=37.4
78	PT	191	3/2-	-35 672.	T=2.96D
79	AU	191	3/2+	-33 770.	T=3.2H
80	HG	191		-30 470.	T=56.M
75	RE	192			T=6.S
76	OS	192	0+	-35 850.	A=41.0
77	IR	192	4-	-34 799.	T=74.3D
78	PT	192	0+	-36 256.	A=0.78
79	AU	192	1-	-32 742.	T=5.0H
80	HG	192	0+	-31 840.	T=5.H
81	TL	192	2-	-25 540.	T=10.M
76	OS	193	3/2-	-33 367.	T=30.2H
77	IR	193	3/2+	-34 499.	A=62.6
78	PT	193	1/2-	-34 438.	T 620.Y
79	AU	193	3/2+	-33 440.	T=17.6H
80	HG	193	3/2-	-31 100.	T=4.H
81	TL	193	1/2+	-26 900.	T=22.M
76	OS	194	0+	-32 397.	T=6.Y
77	IR	194	1-	-32 494.	T=19.15H
78	PT	194	0+	-34 733.	A=32.9
79	AU	194	1-	-32 224.	T=39.5H
80	HG	194	0+	-32 174.	T=1.3Y
81	TL	194	(2-)	-26 670.	T=33.M
77	IR	195	11/2-	-31 851.	T=2.7H
78	PT	195	1/2-	-32 786.	A=33.8
79	AU	195	3/2+	-32 557.	T=184.D
80	HG	195	1/2-	-31 160.	T=9.5H
81	TL	195	1/2+	-27 960.	T=1.17H

Tabelle A 6 (Fortsetzung)

Z	El.	A	J	Δ	T/A
82	PB	195		-23 360.	T=17.M
77	IR	196		-29 460.	T=53.S
78	PT	196	0+	-32 635.	A=25.3
79	AU	196	2-	-31 153.	T=6.18D
80	HG	196	0+	-31 837.	A=0.15
81	TL	196	2-	-27 440.	T=1.8H
82	PB	196	0+	-25 040.	T=37.M
77	IR	197		-28 410.	T=7.M
78	PT	197	1/2-	-30 414.	T=20.0H
79	AU	197	3/2+	-31 161.	A=100.
80	HG	197	1/2-	-30 746.	T=64.1H
81	TL	197	1/2+	-28 350.	T=2.84H
82	PB	197	3/2-	-24 650.	
78	PT	198	0+	-29 906.	A=7.2
79	AU	198	2-	-29 602.	T=2.696D
80	HG	198	0+	-30 975.	A=10.1
81	TL	198	2-	-27 510.	T=5.3H
82	PB	198	0+	-26 010.	T=2.4H
83	BI	198		-19 110.	T=11.9M
78	PT	199	5/2-	-27 406.	T=30.8M
79	AU	199	3/2+	-29 099.	T=3.139D
80	HG	199	1/2-	-29 552.	A=16.9
81	TL	199	1/2+	-28 150.	T=7.42H
82	PB	199	5/2-	-25 350.	T=1.5H
83	BI	199	9/2	-20 550.	T=27.M
78	PT	200	0+	-26 610.	T=11.5H
79	AU	200	1-	-27 310.	T=48.4M
80	HG	200	0+	-29 509.	A=23.1
81	TL	200	2-	-27 055.	T=26.1H
82	PB	200	0+	-26 350.	T=21.5H
83	BI	200	7+	-20 350.	T=35.M
84	PO	200	0+	-16 630.	T=11.5M
79	AU	201		-26 160.	T=26.M
80	HG	201	3/2-	-27 662.	A=13.2
81	TL	201	1/2+	-27 250.	T=73.5H
82	PB	201	5/2-	-25 450.	T=9.4H
83	BI	201	9/2-	-21 450.	T=100.M
84	PO	201	3/2-	-16 420.	T=15.3M
79	AU	202	1-	-23 850.	T=29.S
80	HG	202	0+	-27 346.	A=29.7
81	TL	202	2-	-26 109.	T=12.2D
82	PB	202	0+	-26 059.	T=3.E+5Y
83	BI	202	5+	-20 860.	T=1.67H
84	PO	202	0+	-17 890.	T=45.M
79	AU	203		-22 770.	T=55.S
80	HG	203	5/2-	-25 267.	T=46.59D
81	TL	203	1/2+	-25 758.	A=29.5
82	PB	203	5/2-	-24 776.	T=52.1H
83	BI	203	9/2-	-21 590.	T=11.76H
84	PO	203	5/2-	-17 430.	T=30.M
80	HG	204	0+	-24 686.	A=6.8
81	TL	204	2-	-24 342.	T=3.78Y
82	PB	204	0+	-25 105.	A=1.4
					T=1.4E+17Y
83	BI	204	6+	-20 710.	T=11.3H
84	PO	204	0+	-18 450.	T=3.52H
80	HG	205	1/2-	-22 282.	T=5.2M
81	TL	205	1/2+	-23 811.	A=70.5
82	PB	205	5/2-	-23 768.	T=1.4E+7Y
83	BI	205	9/2-	-21 064.	T=15.31D
84	PO	205	5/2-	-17 700.	T=1.8H
81	TL	206	0-	-22 244.	T=4.20M
82	PB	206	0+	-23 777.	A=24.1
83	BI	206	6+	-20 125.	T=6.243D
84	PO	206	0+	-18 308.	T=8.8D
85	AT	206		-12 620.	T=31.4M
81	TL	207	1/2+	-21 014.	T=4.77M
82	PB	207	1/2-	-22 446.	A=22.1
83	BI	207	9/2-	-20 041.	T=38.Y
84	PO	207	5/2-	-17 132.	T=5.7H
85	AT	207		-13 290.	T=1.8H
81	TL	208	5+	-16 749.	T=3.07M
82	PB	208	0+	-21 743.	A=52.4
83	BI	208	5+	-18 875.	T=3.68E+5Y
84	PO	208	0+	-17 464.	T=2.898Y
85	AT	208	7+	-12 540.	T=1.63H
81	TL	209	1/2+	-13 632.	T=2.2M
82	PB	209	9/2+	-17 609.	T=3.31H
83	BI	209	9/2-	-18 257.	A=100.
84	PO	209	1/2-	-16 364.	T=102.Y
85	AT	209	9/2-	-12 882.	T=5.42H
81	TL	210	4,5	- 9 224.	T=130.M
82	PB	210	0+	-14 720.	T=22.3Y
83	BI	210	1-	-14 783.	T=5.01D
84	PO	210	0+	-15 944.	T=138.40D
85	AT	210	5+	-12 069.	T=8.1H
86	RN	210	0+	- 9 723.	T=2.5H
82	PB	211	9/2+	-10 463.	T=36.1M
83	BI	211	9/2-	-11 839.	T=2.13M
84	PO	211	9/2+	-12 429.	T=0.56S
85	AT	211	9/2-	-11 637.	T=7.21H
86	RN	211	1/2-	- 8 741.	T=14.6H
82	PB	212	0+	- 7 544.	T=10.64H
83	BI	212	1-	- 8 117.	T=60.60M
84	PO	212	0+	-10 364.	T=3.04E-7S
85	AT	212	1-	- 8 624.	T=0.314S
86	RN	212	0+	- 8 648.	T=25.M
82	PB	213		- 3 130.	T=10.2M
83	BI	213	9/2-	- 5 226.	T=46.M
84	PO	213	9/2+	- 6 647.	T=4.E-6S

Tabelle A 6 (Fortsetzung)

Z		A			
85	AT	213		- 6 578.	T=1.1E-7S
86	RN	213		- 5 696.	T=2.50E-2S
82	PB	214	0+	- 147.	T=26.8M
83	BI	214	1-	- 1 183.	T=19.8M
84	PO	214	0+	- 4 460.	T=1.64E-4S
85	AT	214		- 3 409.	T=2.E-6S
86	RN	214	0+	- 4 310.	T=2.7E-7S
87	FR	214	1-	- 1 056.	T=5.1E-3S
83	BI	215	9/2-	1 730.	T=7.4M
84	PO	215	9/2+	- 514.	T=1.78E-3S
85	AT	215		- 1 254.	T=E-4S
86	RN	215		- 1 165.	T=2.3E-6S
84	PO	216	0+	1 786.	T=0.15S
85	AT	216	1-	2 260.	T=3.E-4S
86	RN	216	0+	262.	T 4.5E-5S
87	FR	216		2 976.	T=7.0E-7S
85	AT	217		4 398.	T=32.E-3S
86	RN	217	9/2+	3 666.	T=5.4E-4S
87	FR	217		4 318.	T 2.2E-5S
84	PO	218	0+	8 390.	T=3.05M
85	AT	218		8 117.	T=2.S
86	RN	218	0+	5 232.	T=3.5E-2S
87	FR	218		7 013.	T=5.E-3S
85	AT	219		10 540.	T=0.9M
86	RN	219	3/2+	8 856.	T=3.96S
87	FR	219		8 614.	T=0.02S
88	RA	219		9 392.	T=1.E-2S
86	RN	220	0+	10 616.	T=55.6S
87	FR	220		11 483.	T=28.S
88	RA	220	0+	10 279.	T=0.023S
86	RN	221		14 390.	T=25.M
87	FR	221		13 280.	T=4.8M
88	RA	221		12 974.	T=29.S
89	AC	221		14 529.	T=0.05S
86	RN	222	0+	16 402.	T=3.824D
87	FR	222		16 364.	T=15.M
88	RA	222	0+	14 336.	T=38.S
89	AC	222		16 569.	T=5.S
86	RN	223			T=43.M
87	FR	223	3/2+	18 406.	T=22.M
88	RA	223	1/2+	17 257.	T=11.43D
89	AC	223	5/2-	17 821.	T=2.2M
87	FR	224		21 730.	T=2.7M
88	RA	224	0+	18 828.	T=3.64D
89	AC	224		20 231.	T=2.9H
90	TH	224	0+	20 008.	T=1.04S
88	RA	225	5/2-	22 011.	T=14.8D
89	AC	225	3/2-	21 639.	T=10.0D
90	TH	225	3/2+	22 319.	T=8.M
88	RA	226	0+	23 694.	T=1600.Y
89	AC	226		24 327.	T=29.H
90	TH	226	0+	23 212.	T=31.M
91	PA	226		25 980.	T=1.8M
88	RA	227		27 201.	T=41.2M
89	AC	227	3/2-	25 871.	T=21.772Y
90	TH	227	3/2+	25 827.	T=18.72D
91	PA	227	5/2-	26 827.	T=38.3M
88	RA	228	0+	28 962.	T=5.75Y
89	AC	228	3+	28 907.	T=6.13H
90	TH	228	0+	26 770.	T=1.913Y
91	PA	228	3+	28 883.	T=26.H
92	U	228	0+	29 236.	T=9.1M
90	TH	229	5/2+	29 604.	T=7340.Y
91	PA	229	5/2-	29 899.	T=1.4D
92	U	229	3/2+	31 216.	T=58.M
90	TH	230	0+	30 886.	T=7.7E+4Y
91	PA	230	2-	32 190.	T=17.4D
92	U	230	0+	31 628.	T=20.8D
90	TH	231	5/2+	33 829.	T=25.52H
91	PA	231	3/2-	33 443.	T=3.25E+4Y
92	U	231	5/2-	33 800.	T=4.2D
90	TH	232	0+	35 467.	T=1.41E+10Y A=100.
91	PA	232	2,3	35 953.	T=1.31D
92	U	232	0+	34 608.	T=72.Y
90	TH	233	1/2+	38 752.	T=22.3M
91	PA	233	3/2-	37 508.	T=27.0D
92	U	233	5/2+	36 937.	T=1.59E+5Y
93	NP	233		38 020.	T=35.M
90	TH	234	0+	40 645.	T=24.10D
91	PA	234	4+	40 382.	T=6.67H
92	U	234	0+	38 168.	T=2.44E+5Y A=0.0055
93	NP	234	0+	39 976.	T=4.4D
91	PA	235	3/2-	42 330.	T=24.1M
92	U	235	7/2-	40 934.	A=0.720 T=7.1E+8Y
93	NP	235	5/2+	41 057.	T=396.D
94	PU	235	5/2+	42 190.	T=24.3M
91	PA	236	1-	45 560.	T=9.1M
92	U	236	0+	42 460.	T=2.4E+7Y
93	NP	236	6-	43 437.	T 5000.Y
94	PU	236	0+	42 900.	T=2.851Y
91	PA	237	3/2-	47 710.	T=8.7M

Tabelle A 6 (Fortsetzung)

92	U	237	1/2+	45 407.	T=6.75D
93	NP	237	5/2+	44 889.	T=2.14E+6Y
94	PU	237	7/2-	45 113.	T=45.63D
92	U	238	0+	47 335.	T=4.49E+9Y
					A=99.28
93	NP	238	2+	47 481.	T=2.117D
94	PU	238	0+	46 186.	T=87.75Y
95	AM	238		48 490.	T=1.6H
92	U	239	5/2+	50 604.	T=23.54M
93	NP	239	5/2+	49 326.	T=2.35D
94	PU	239	1/2+	48 602.	T=24390.Y
95	AM	239	5/2-	49 406.	T=12.1H
92	U	240	0+	52 742.	T=14.1H
93	NP	240	5+	52 230.	T=65.M
94	PU	240	0+	50 140.	T=6540.Y
95	AM	240	3-	51 540.	T=51.H
96	CM	240	0+	51 721.	T=26.8D
93	NP	241	5/2+	54 330.	T=16.M
94	PU	241	5/2+	52 972.	T=14.8Y
95	AM	241	5/2-	52 951.	T=433.Y
96	CM	241	1/2+	53 723.	T=36.D
94	PU	242	0+	54 742.	T=3.87E+5Y
95	AM	242	1-	55 494.	T=16.02H
96	CM	242	0+	54 827.	T=163.0D
94	PU	243	7/2+	57 777.	T=4.96H
95	AM	243	5/2-	57 189.	T=7370.Y
96	CM	243	5/2+	57 196.	T=28.Y
97	BK	243	3/2-	58 702.	T=4.6H
94	PU	244	0+	59 831.	T=8.3E+7Y
95	AM	244	6-	59 898.	T=10.1H
96	CM	244	0+	58 469.	T=17.9Y
97	BK	244	4-	60 740.	T=4.4H
98	CF	244	0+	61 474.	T=20.M
94	PU	245	9/2-	63 182.	T=10.5H
95	AM	245	5/2+	61 922.	T=2.04H
96	CM	245	7/2+	61 020.	T=8.7E+3Y
97	BK	245	3/2-	61 840.	T=4.98D
98	CF	245	1/2+	63 403.	T=44.M
94	PU	246	0+	65 320.	T=10.85D
95	AM	246	2+	64 940.	T=39.M
96	CM	246	0+	62 641.	T=4.65E+3Y
97	BK	246	2-	64 240.	T=1.8D
98	CF	246	0+	64 121.	T=36.H
95	AM	247	5/2	67 160.	T=22.M
96	CM	247	9/2-	65 556.	T=1.54E+7Y
97	BK	247	3/2-	65 500.	T=1.4E+3Y
98	CF	247	7/2+	66 220.	T=2.5H
96	CM	248	0+	67 417.	T=3.4E+5Y
97	BK	248	8-	68 010.	T 9.Y
98	CF	248	0+	67 264.	T=350.D
99	ES	248		70 320.	T=27.M
100	FM	248	0+	71 900.	T=37.S
96	CM	249	1/2+	70 776.	T=64.M
97	BK	249	7/2+	69 868.	T=311.D
98	CF	249	9/2-	69 742.	T=352.Y
99	ES	249	7/2+	71 146.	T=1.7H
100	FM	249	7/2+	73 530.	T=2.6M
96	CM	250	0+	73 070.	T=1.1E+4Y
97	BK	250	2-	72 970.	T=3.22H
98	CF	250	0+	71 195.	T=13.1Y
99	ES	250		73 200.	T=8.3H
100	FM	250	0+	74 094.	T=30.M
97	BK	251	7/2+	75 280.	T=57.M
98	CF	251	1/2+	74 153.	T=900.Y
99	ES	251	3/2-	74 517.	T=33.H
100	FM	251	9/2-	76 010.	T=7.H
98	CF	252	0+	76 059.	T=2.65Y
99	ES	252	7+	77 180.	T=140.D
100	FM	252	0+	76 842.	T=23.H
98	CF	253	7/2+	79 337.	T=17.8D
99	ES	253	7/2+	79 038.	T=20.5D
100	FM	253	1/2+	79 373.	T=3.0D
102	NO	253	9/2-	84 350.	T=1.6M
98	CF	254	0+	81 430.	T=60.D
99	ES	254	7+	82 021.	T=276.D
100	FM	254	0+	80 934.	T=3.24H
102	NO	254		84 754.	T=56.S
99	ES	255		84 110.	T=39.D
100	FM	255	7/2+	83 821.	T=20.1H
101	MD	255	7/2-	84 890.	T=27.M
102	NO	255	1/2+	86 870.	T=3.2M
99	ES	256		87 280.	T=22.M
100	FM	256	0+	85 518.	T=2.63H
101	MD	256	0-	87 510.	T=77.M
102	NO	256	0+	87 820.	T=3.5S
103	LR	256		91 820.	T 35.S
100	FM	257	9/2+	88 628.	T=82.D
101	MD	257		89 060.	T=5.H
102	NO	257		90 249.	T=26.S
103	LR	257		92 700.	
104		257			T 4.5S
101	MD	258			T=55.D
104		259			T 3.S

Tabelle A7

Kumulierter Index von A-Ketten

(Mit freundlicher Genehmigung des Nuclear Data Project, Oak Ridge National Laboratory.)

Zusammengestellt durch Nuclear Data Project
April 1973
Kumulierter Index der A-Ketten

A	Kerne	Referenz	Datum	A	Kerne	Referenz	Datum	A	Kerne	Referenz	Datum	A	Kerne	Referenz	Datum
1	H			64	Ni,Zn	B2-3-65	1967	130	Te..Ba	R-1149	1961*	196	Pt,Hg	B7-395	1972
2	H			65	Cu	B2-6-1	1968	131	Xe	R-1158	1961	197	Au	B7-129	1972
3	He		*	66	Zn	B2-6-43	1968	132	Xe,Ba	R-1181	1961	198	Pt,Hg	B6-319	1971
4	He	NP A109,1	1968*	67	Zn	B2-6-71	1968	133	Cs	R-1197	1961*	199	Hg	B6-355	1971
5		NP 78,5	1966	68	Zn	B2-6-93	1968	134	Xe,Ba	R-1211	1961	200	Hg	B6-387	1971
6	Li	NP 78,19	1966	69	Ga	B2-6-111	1968	135	Ba	R-1229	1961	201	Hg	B5-561	1971
7	Li	NP 78,36	1966	70	Zn,Ge	B8-1	1972	136	Xe..Ce	R-1239	1961*	202	Hg	B5-581	1971
8	Be	NP 78,54	1966	71	Ga	B1-6-13	1966*	137	Ba	R-1248	1961	203	Tl	B5-531	1971
9	Be	NP 78,79	1966	72	Ge	B1-6-27	1966	138	Ba,Ce	R-1261	1961*	204	Hg,Pb	B5-601	1971
10	B	NP 78,104	1966	73	Ge	B1-6-47	1966	139	La	R-1271	1961	205	Tl	B6-425	1971
11	B	NP A114,2	1968	74	Ge,Se	B1-6-59	1966	140	Ce	R-1284	1959*	206	Pb	B7-161	1972
12	C	NP A114,36	1968	75	As	B1-6-79	1966	141	Pr	R-1300	1961*	207	Pb	B5-207	1971
13	C	NP 152,3	1970	76	Ge,Se	B1-6-103	1966	142	Ce,Nd	B2-1-1	1967*	208	Pb	B5-243	1971
14	N	NP 152,42	1970	77	Se	NDS 9,229	1973	143	Nd	B2-1-25	1967*	209	Bi	B5-287	1971
15	N	NP 152,93	1970	78	Se,Kr	B1-4-33	1966*	144	Nd,Sm	B2-1-47	1967*	210	Po	B5-631	1971
16	O	NP A166,1	1971	79	Br	B1-4-49	1966	145	Nd	B2-1-181	1967*	211	Po	B5-319	1971
17	O	NP A166,61	1971	80	Se,Kr	B1-4-69	1966	146	Nd,Sm	B2-4-1	1967	212	Po	B8-165	1972
18	O	NP A190,1	1972	81	Br	B1-4-85	1966	147	Sm	B2-4-35	1967*	213	Po	B1-5-1	1966
19	F	NP A190,56	1972	82	Se,Kr	B1-4-103	1966	148	Nd,Sm	B2-4-79	1967	214	Po	B1-5-7	1966
20	Ne	NP A190,105	1972	83	Kr	B1-4-125	1966	149	Sm	R-1401	1962*	215	At	B1-5-25	1966
21	Ne	NP 11,288	1959	84	Kr,Sr	B5-109	1971	150	Nd..Gd	R-1415	1964*	216	Po,Rn	B1-5-29	1966
21	Ne	NP A105,11	1967	85	Rb	B5-131	1971	151	Eu	R-1445	1963	217	Rn	B1-5-33	1966
22	Ne	NP 11,295	1959	86	Kr,Sr	B5-151	1971	152	Sm,Gd	R-1471	1964	218	Rn	B1-5-37	1966
22	Ne	NP A105,17	1967	87	Sr	B5-457	1971	153	Eu	R-1503	1963*	219	Fr	B1-5-41	1966
23	Na	NP 11,298	1959	88	Sr	A8-4-345	1970	154	Sm..Dy	R-1529	1964	220	Rn,Ra	B1-5-45	1966
23	Na	NP A105,26	1967	89	Y	A8-4-373	1970	155	Gd	R-1555	1963	221	Ra	B1-5-49	1966
24	Mg	NP 11,300	1959	90	Zr	A8-4-407	1970	156	Gd,Dy	R-1578	1964	222	Ra	B1-5-55	1966
24	Mg	NP A105,40	1967	91	Zr	B8-477	1972	157	Gd	NDS 9,273	1973	223	Ra	B1-5-61	1966
25	Mg	NP A105,65	1967	92	Zr,Mo	B7-299	1972	158	Gd,Dy	R-1612	1963*	224	Ra,Th	B1-5-75	1966
26	Mg	NP A105,84	1967	93	Nb	B8-527	1972	159	Tb	R-1629	1962*	225	Ac	B1-5-82	1966*
27	Al	NP A105,103	1967	94	Zr,Mo	R-661	1960*	160	Gd,Dy	R-1642	1964	226	Ra,Th	B1-5-91	1966
28	Si	NP A105,124	1967	95	Mo	B8-29	1972	161	Dy	R-1677	1963	227	Th	B1-5-97	1966
29	Si	NP A105,150	1967	96	Mo,Ru	B8-599	1972	162	Dy,Er	R-1694	1964	228	Th	B1-5-107	1966
30	Si	NP A105,167	1967	97	Mo	R-706	1960*	163	Dy	B8-295	1972	229	Th	B6-209	1971
31	P	NP A105,180	1967	98	Mo,Ru	R-719	1960	164	Dy,Er	R-1719	1964*	230	Th,U	B4-543	1970
32	S	NP A105,196	1967	99	Ru	R-729	1961	165	Ho	R-1733	1964*	231	Pa	B6-225	1971
33	S	NP A105,213	1967	100	Mo,Ru	R-745	1961	166	Er	R-1769	1964	232	Th,U	B4-561	1970
34	S	NP A105,226	1967	101	Ru	R-755	1961*	167	Er	R-1802	1964	233	U	B6-257	1971
35	Cl	NP A105,238	1967	102	Ru,Pd	R-767	1961*	168	Er,Yb	R-1818	1964*	234	U	B4-581	1970
36	S,Ar	NP A105,248	1967	103	Rh	R-779	1961*	169	Tm	R-1836	1964*	235	U	B6-287	1971
37	Cl	NP A105,261	1967	104	Ru,Pd	R-791	1961*	170	Er,Yb	R-1863	1964	236	U,Pu	B4-623	1970
38	Ar	NP A105,275	1967	105	Pd	R-805	1961*	171	Yb	R-1877	1964*	237	Np	B6-539	1971
39	K	NP A105,290	1967	106	Pd,Cd	R-820	1960*	172	Yb	R-1897	1965	238	U,Pu	B4-635	1970
40	Ar,Ca	NP A105,302	1967	107	Ag	B7-1	1972	173	Yb	R-1927	1965	239	Pu	B6-577	1971
41	K	NP A105,322	1967	108	Pd,Cd	B7-33	1972	174	Yb	R-1947	1965*	240	Pu	B4-661	1970
42	Ca	NP A105,344	1967	109	Ag	B6-1	1971	175	Lu	R-1961	1965	241	Am	B6-621	1971
43	Ca	NP A105,357	1967	110	Pd,Cd	B5-487	1971	176	Hf	R-1980	1965	242	Pu,Cm	B4-683	1970
44	Ca	NP A105,368	1967	111	Cd	B6-39	1971	177	Hf	R-1998	1965	243	Am	B3-2-1	1969
45	Sc	B4-237	1970	112	Cd,Sn	B7-69	1972	178	Hf	R-2035	1965	244	Pu,Cm	B3-2-13	1969
46	Ca,Ti	B4-269	1970	113	In	B5-181	1971	179	Hf	R-2055	1965	245	Cm	B3-2-23	1969
47	Ti	B4-313	1970	114	Cd,Sn	R-933	1960*	180	Hf,W	R-2067	1965	246	Cm	B3-2-37	1969
48	Ti	B4-351	1970	115	Sn	R-951	1960*	181	Ta	R-2083	1965*	247	Bk	B3-2-51	1969
49	Ti	B4-397	1970	116	Cd,Sn	R-967	1960*	182	W	B1-1-1	1966	248	Cm,Cf	B3-2-57	1969
50	Ti,Cr	B3-5,6-1	1970	117	Sn	R-983	1960	183	W	B1-1-37	1966*	249	Cf	B3-2-61	1969
51	V	B3-5,6-37	1970	118	Sn	R-994	1960*	184	W	B1-1-63	1966*	250	Cf	B3-2-71	1969
52	Cr	B3-5,6-85	1970	119	Sn	R-1005	1960	185	Re	B1-1-83	1966*	251	Cf	B3-2-77	1969
53	Cr	B3-5,6-127	1970	120	Sn,Te	R-1016	1960	186	W,Os	B1-2-1	1966*	252	Cf,Fm	B3-2-85	1969
54	Cr,Fe	B3-5,6-161	1970	121	Sb	B6-75	1971	187	Os	B1-2-23	1966	253	Es	B3-2-91	1969
55	Mn	B3-3,4-1	1970	122	Sn,Te	B7-419	1972	188	Os	B1-2-53	1966*	254	Cf,Fm	B3-2-99	1969
56	Fe	B3-3,4-43	1970	123	Sb	B7-363	1972	189	Os	B1-2-85	1966	255	Fm	B3-2-107	1969
57	Fe	B3-3,4-103	1970	124	Sn..Xe	R-1064	1960*	190	Os,Pt	R-2223	1963*	256	Fm	B3-2-113	1969
58	Fe,Ni	B3-3,4-145	1970	125	Te	B7-465	1972	191	Ir	R-2237	1963*	257	Fm	B3-2-117	1969
59	Co	B2-5-1	1968	126	Te,Xe	NDS 9,125	1973	192	Os,Pt	NDS 9,195	1973	258	Fm	B3-2-121	1969
60	Ni	B2-5-41	1968	127	I	B8-77	1972	193	Ir	B8-389	1972	259		B3-2-123	1969
61	Ni	B2-5-81	1968	128	Te,Xe	NDS 9,157	1973	194	Pt	B7-95	1972	260		B3-2-123	1969
62	Ni	B2-3-1	1967*	129	Xe	B8-123	1972	195	Pt	B8-431	1972	261		B3-2-123	1969
63	Cu	B2-3-31	1967												

Erklärung

Der kumulierte Index gibt für jeden Massenwert A die neueste Sammlung der experimentellen Information der Kernniveaus. Bei A = 20 – 24 macht die Zusammenstellung von 1967 diejenige von 1959 nur teilweise ungültig.

Kerne	β-stabile(s) Mitglied(er) dieser A-Kette	
Referenz	NP	Nuclear Physics
	NDS 9, 125	Nucelar Data Sheets, Band 9, S. 125
	R – 779	Nachdruck der Nuclear Data Sheets (1959 – 1966), S. 779
	B4 – 269	Nuclear Data Sheets B4, 269
	B1 – 4 – 85	Nuclear Data Sheets B1 – 4 – 85
	A8 – 4 – 345	Nucelar Data Tables A8 – 4 – 345
Datum	Das Jahr, in dem die Zusammenstellung veröffentlicht wurde. Ein Stern (*) deutet an, daß eine Neufassung in Arbeit ist.	

Tabelle A8

Kugelfunktionen

Die Kugelfunktionen $Y_l^m(\theta, \varphi) \equiv Y_{lm}(\theta, \varphi)$ sind die Eigenfunktionen der Operatoren L^2 und L_z [Gl. 13.27]:

$$L^2 Y_{lm} = l(l+1)\hbar^2 Y_{lm},$$

$$L_z Y_{lm} = m\hbar Y_{lm}.$$

Sie genügen der *Symmetriebeziehung*

$$Y_{l,-m}(\theta, \varphi) = (-1)^m Y_{lm}^*(\theta, \varphi)$$

und sind *orthonormiert*, d.h. es gilt

$$\int_0^{2\pi} d\varphi \int_0^{\pi} \sin\theta \, d\theta \; Y_{l'm'}^*(\theta, \varphi) Y_{lm}(\theta, \varphi) = \delta_{l'l}\delta_{m'm}.$$

Eine beliebige, reguläre Funktion $g(\theta, \varphi)$ kann nach Kugelfunktionen entwickelt werden:

$$g(\theta, \varphi) = \sum_{l=0}^{\infty} \sum_{m=-1}^{l} A_{lm} Y_{lm}(\theta, \varphi),$$

wobei die Koeffizienten

$$A_{lm} = \int d\Omega \; Y_{lm}^*(\theta, \varphi) g(\theta, \varphi)$$

sind.

Explizite Ausdrücke für die Kugelfunktionen bis zu $l = 3$ sind unten gegeben. Die Werte für negative m folgen aus der Symmetriebeziehung.

Kugelfunktionen $Y_{lm}(\theta, \varphi)$

$l = 0$ $\quad Y_{00} = \frac{1}{\sqrt{4\pi}}$

$$l = 1 \quad \begin{cases} Y_{11} = -\sqrt{\frac{3}{8\pi}} \sin\theta \, e^{i\varphi} \\ Y_{10} = \sqrt{\frac{3}{4\pi}} \cos\theta \end{cases}$$

$$l = 2 \quad \begin{cases} Y_{22} = \frac{1}{4}\sqrt{\frac{15}{2\pi}} \sin^2\theta \, e^{2i\varphi} \\ Y_{21} = -\sqrt{\frac{15}{8\pi}} \sin\theta \cos\theta \, e^{i\varphi} \\ Y_{20} = \sqrt{\frac{5}{4\pi}}\left(\frac{3}{2}\cos^2\theta - \frac{1}{2}\right) \end{cases}$$

Kugelfunktionen (Fortsetzung)

$$
l = 3 \quad \begin{cases}
Y_{33} = -\frac{1}{4}\sqrt{\frac{35}{4\pi}} \sin^3\theta \, e^{3i\varphi} \\
Y_{32} = \frac{1}{4}\sqrt{\frac{105}{2\pi}} \sin^2\theta \cos\theta \, e^{2i\varphi} \\
Y_{31} = -\frac{1}{4}\sqrt{\frac{21}{4\pi}} \sin\theta \, (5\cos^2\theta - 1) e^{i\varphi} \\
Y_{30} = \sqrt{\frac{7}{4\pi}}\left(\frac{5}{2}\cos^3\theta - \frac{3}{2}\cos\theta\right)
\end{cases}
$$

Beziehungen, die Kugelfunktionen involvieren (auch als Kugelflächenfunktionen erster Art bekannt) stehen bei W. Magnus und F. Oberhettinger, *Formulas and Theorems for the Function of Mathematical Physics*, Chelsea Publishing Co., New York, 1954, S. 53 – 55.

Sachregister